浮选药剂的化学原理

（第三版）

朱玉霜　朱建光　编著

·长　沙·

序

著者从1955年开始从事浮选药剂研究，1956年在《有色金属》第10期53～57页发表《加工蓖麻油做为起泡剂的研究》一文，利用蓖麻油裂解成仲辛醇的化学原理，研究起泡剂的合成及起泡性能；1956—1957年研究大孤山铁矿新捕收剂时，发现松香钠皂用空气氧化后，能很好地捕收赤铁矿，即利用共轭双键加氧的原理，研究将松酯酸合成氧化矿捕收剂并研究其捕收性能；1957年以矿物表面金属离子与药剂成键(化学吸附)及药剂与水分子形成氢键的观点，研究了单宁酸、没食子酸抑制方解石的作用机理；1962年研究了有机化合物分子结构与起泡剂性能的关系及N－苯甘氨酸、N－萘甘氨酸螯合捕收剂，提出了氨基酸的碱性越强则生成的螯合物越稳定、捕收能力越强的论点；1964年总结自己的科研成果，写成《有机浮选药剂》一书，由中国工业出版社出版，书中论述了利用化学原理研究浮选药剂的合成和浮选性能，这是我国自己出版的第一本较完整的浮选药剂专著。

《湖南省志第十八卷科学技术志(下)》，第373页写道:“中南矿冶学院朱建光从20世纪70年代末开始，将有机化学原理用于研究浮选剂。”此话有误，时间应改为20世纪50年代中期，并且研究工作不是朱建光一人所为，发表的专著及论文作者也不是朱建光一人。

20世纪70年代末，著者从浮选药剂的同系列同分异构原理出发，与株洲选矿药剂厂部分同志在工业上成功地合成了甲苯胂酸的同分异构体——苄基胂酸，并在广西大厂长坡选厂、云锡新冠选厂、江西浒坑钨矿、铁山垅钨矿等选厂浮选锡石或黑钨矿，获得成功。从此，苄基胂酸在选矿工业上得到推广应用，直至今日，浮选锡石细泥、黑钨矿细泥、金红石细泥的选厂仍在使用该药剂作为捕收剂。该项成果1981年通过部级鉴定，1982年分别获湖南省、冶金部四等奖。1983年，著者将研究锡石与黑钨浮选药剂的数据与文献资料汇总，写成《黑钨与锡石细泥浮选药剂》一书，由冶金工业出版社出版。

1987年，《黑钨与锡石细泥浮选药剂》一书和《一种新的浮选黑钨和锡石细泥的捕收剂》等26篇论文，作为“浮选药剂结构理论及找药分子设计”项目的实践部分，与他人合作申请国家教委科技奖，获一等奖；申请国家自然科学奖，获三等奖。

在研究苄基胂酸的合成及选矿性能时，著者即在研究报告及当时使用的教材中表明用同分异构原理寻找新药剂的论点。接着在此论点指导下研究了浮锡灵、亚磷酸脂、两性捕收剂和苯甲氧肟酸等一系列氧化矿捕收剂，逐步充实浮选药剂的同分异构原理。此理论研究结果于 1993 年获中国有色金属工业总公司科技进步三等奖。1995 年《矿冶工程》第 15 卷第 2 期发表戴子林等的论文，该文应用这一原理，在工业上合成了苯甲羟肟酸，用于柿竹园"八・五"攻关项目，浮选黑钨细泥工业试验获得成功，进一步证明了浮选药剂的同分异构原理的正确性。

混合用药是浮选药剂的研究方向之一，著者在浮选锡石细泥和黑钨细泥时，所用捕收剂药方均为混合药剂，共用过 F_{203} - TBP、苄基胂酸 - 黄药等八组混合捕收剂，其中四组做了工业试验，效果均比单一用药佳；并对混合药剂的协同效应机理进行了研究，有关论文都收集在《浮选药剂的同分异构原理和混合用药》一书中。

著者在起泡剂方面研究了加工蓖麻油、甘苄油、W - O2、RB 系列药剂等，均做了工业浮选试验，取得了良好效果。加工蓖麻油(仲辛醇)在有色矿山选厂用得少，在选煤行业用得多。甘苄油和 RB 系列起泡剂通过部级鉴定，甘苄油在桃林铅锌矿选厂使用过多年。RB 系列起泡剂曾在桃林矿选厂、黄沙坪铅锌矿选厂、宝山矿选厂、水口山铅锌矿选厂使用，1995 年获中国有色金属工业总公司四等奖。

著者研究了 FX - 127 和新 FX - 127 两种选煤油，前者在云南田坝煤矿选煤工业试验成功，后者在邯郸选煤厂选煤工业试验成功，均曾在工业生产上应用。

著者曾为研究生开设了选矿药剂课程，使用的教材以《浮选药剂的化学原理》为主。1987 年中南工业大学出版社为该书出第一版，1996 年出修定版补充作者近几年的研究成果，比原书多了第 6 章两性捕收剂(一)、第 7 章两性捕收剂(二)、第 8 章混合用药、第 12 章浮选药剂的同分异构原理，其他章亦有修改。

《浮选药剂的化学原理》出修订版后，获 1996 年中国有色金属工业总公司首届优秀科技图书二等奖(见附录 1)。此后著者连续在《国外金属矿选矿》杂志上发表浮选药剂的进展一文，每年一篇；至此，积累了一些国际及国内选矿药剂进展方面的资料，发表出来供同行参考，参加这一工作的还有周菁、周艳红。

1996 年，著者利用浮选混合用药的协同效应，研制了浮选磷矿的捕收剂，并在湖北王集磷矿做了工业试验，结果达到现场用药剂的指标，且混合药剂较便宜，故有经济效益。同年，利用混合用药的协同效应，研制浮选钛铁矿捕收剂

MOS，于1997年5月在攀枝花选钛厂浮选钛铁矿工业试验成功，给矿品位为22.55% Ti，获得精矿品位47.31% Ti、回收率61.65%的良好指标，得到同行专家好评，认为这是浮选钛铁矿的重大突破，达到国际先进水平(见《金属矿山》，2000(4)：8～15)。从此，MOS在攀枝花选钛厂、龙蟒选钛厂得到推广使用(见附录2～4)。

2000年在广东云浮硫铁矿进行黄铁矿捕收剂和起泡剂改善使用研究，捕收剂试验结果由厂方工程人员发表，起泡剂试验结果由著者发表。

2002年，因MOS在攀枝花选矿厂和龙蟒选钛厂已使用多年，根据形势要求，有必要改进，著者研制了选钛新药剂MOH。工业试验表明，获得的指标比MOS高，从此MOH代替MOS，成为选钛新捕收剂(见附录2～4)。

2009年12月，著者编著的《钛铁矿、金红石和稀土选矿技术》由中南大学出版社出版，在编写该书过程中所收集的资料对编写本书也有参考价值。

2011年，著者的《浮选药剂的同分异构原理和混合用药》由中南大学出版社出版，书中内容包括著者几十年的研究成果，并将研究成果上升到理论，故该书对编写本书第三版也有帮助。

近两年来著者发表了关于用浮选药剂的同分异构原理寻找新药剂的文章，总共10篇，也收集在本书中，丰富了第12章的内容。

本版内容与1996年版相比较，主要变动如下：

(1)1996年版第6、7两章是两性捕收剂(一)、(二)，本版将这两章压缩，改为第5章含氮的氧化矿捕收剂——肟和羟肟酸，第6章含氮的氧化矿捕收剂——胺和两性捕收剂。

(2)本版第8章混合用药浮选黑白钨矿，在1996年版中是没有的，在此是介绍我国浮选黑白钨共生矿的新成就。

(3)本版第12章浮选药剂的同分异构原理，在1996年版中叙述用此原理寻找新药剂的实例较少，在本次修订中，共列举了20个实例，这些实例分布在硫化矿捕收剂、氧化矿捕收剂、起泡剂和有机抑制剂中，都证明了浮选药剂的同分异构原理在有机浮选药剂中客观存在。

(4)近10多年来，在文献中用代号表示的选矿药剂不少，本次修订时，在硫化矿捕收剂、氧化矿捕收剂、调整剂中，对一些代号药剂简略说明其出处和用途，用列表方式表明，供读者参考。

(5)所有章节都在1996年版的内容上有不同程度的增加。

著者在中南大学出版社的支持下决定再版该书。再版有两个目的：一是满足热爱中国的选矿工程事业，特别是从事浮选工作的同行们的需要。二是纪念本书的作者之一——中南大学有机化学和选矿药剂教授朱建光先生，他离开中国的有机化学和选矿药剂的教学与科研已有五年了，让我们一起怀念他。

《浮选药剂的化学原理》此次的再版受到很多同行和读者的鼓励和帮助，他们是(排名不分先后)：张习凯、郭新学、王绍芬、肖四平、曲华东、陈鹏程、刘慎常、李先恩、鲁新州、刘新、黄丽萍、张冶、衣前进、孙吉鹏、王国刚、范志鸿、杨志勇、宋长生、罗梦星、朱文龙、何毅、李国忠、王巧玲、刘新刚、郭继辞、易永昌、陈克峰、廖茂根、谢善国、张之明、吕旭光、陶东平、黄明聪、邹正平、黄会春、傅永华、蒋仕来、陈子起、刘步友、肖云飞、何斌、李兴文、莫欢、杜有花、杨鲜卫、范士清、曾见喜、王在谦等，在此一并致谢。

最后感谢湖南有色金属研究院教授级高级工程师周菁和朱一民，感谢他们为本书的再版作出的努力和贡献。

中南大学化学化工学院教授　朱玉霜

2019 年 10 月于岳麓山下

目　录

绪　言

什么是浮选药剂？在浮游选矿过程中，用来改变矿物表面物理化学性质或创造条件调节矿物可浮性的药剂，都称为浮选药剂。例如某铅、锌、萤石矿选厂所处理的矿石中，含方铅矿、闪锌矿、萤石等有用矿物，脉石主要是石英。将矿石破碎并磨至有用矿物单体解离后，调成矿浆，采用优先浮铅抑锌的方法浮选。浮铅时先用碳酸钠调整矿浆 pH 为 7 ~7.5 后，用硫酸锌和氰化物抑制闪锌矿，用黑药和黄药捕收方铅矿，加松醇油使鼓入空气时产生的气泡稳定，首先将方铅矿浮出。浮方铅矿后的尾矿，用碳酸钠将矿浆 pH 调至 8 左右，加入硫酸铜活化闪锌矿，再加黄药并加松醇油浮选闪锌矿。浮闪锌矿后的尾矿，用碳酸钠调矿浆 pH 为 8 ~9，加水玻璃抑制石英，用油酸捕收萤石，浮出萤石，脉石从尾矿排掉。在这个例子中要解决的问题是：有用矿物和脉石分离以及有用矿物各个分离；解决的方法是：优先浮选法。浮选过程中用到的黄药、黑药、油酸、松醇油、硫酸锌、氰化钠、水玻璃、碳酸钠、硫酸铜等化合物都是浮选药剂。

为什么这些药剂能将有用矿物与脉石及有用矿物之间彼此浮选分离呢？因为，这些药剂能改变矿物表面的物理化学性质，调节矿物的可浮性，创造条件使目的矿物易浮而另一些矿物不易浮，从而达到分选的目的。

矿物的可浮性决定于两个因素。一是内因，即决定于矿物的组成和结构。有些矿物由于本身的组成和结构亲水性大，天然可浮性小，如石英、云母等；有些矿物亲水性小，天然可浮性大，如石墨、辉钼矿、自然硫等。仅利用矿物天然可浮性的差别是难以达到分选目的的。另一个因素是外因，是人为地创造条件，改变矿物表面的物理化学性质，调整其可浮性，从而达到分选的目的。使用浮选药剂的目的是改变矿物表面的物理化学性质，调节矿物的可浮性。浮选药剂对矿物分选起着重要的作用。

没有黄药、黑药的捕收作用，方铅矿和闪锌矿就不能很好地浮游；没有油酸的捕收作用，萤石也不能浮游；没有水玻璃对石英的抑制作用，被污染了的石英就会在油酸的捕收作用下与萤石一道浮游，达不到分选目的；没有硫酸铜对闪锌矿的活化作用，被硫酸锌和氰化钠抑制过的闪锌矿就不能浮出；而松醇油的作用则是使矿浆产生较稳定的泡沫，这种泡沫能将浮游的矿物带出矿浆表面，使有用矿物与脉石分离。

浮选技术和浮选药剂的发展是互相联系的。20 世纪 20 年代浮游选矿发展的初期，只有几种矿物油和焦油作浮选药剂使用，药剂简单，能分选的矿物种类也不多。待到黄药、黑药、氰化物等药剂被发现和应用后，就使复杂的硫化矿分选发展起来。随着生产的需要，各种特效药剂不断出现，浮选矿物的类型及分选效果也不断增加和改善。

要提高浮选指标，合成更有效的浮选药剂是途径之一。熟悉浮选药剂的来源、性能和作用机理，一方面可以更好地使用药剂，帮助掌握和调整浮选工艺，另一方面可以寻找或合成新的药剂，为选矿事业做出贡献。

在浮选工业中，曾经试验作为浮选药剂并有一定效果的物质有 8000 种以上，用得较多的约有 100 多种，本书基本上包括了常用的浮选药剂。这些浮选药剂在选矿过程中按其作用划分，可分为如下几类：

捕收剂——在矿浆中能够吸附(物理吸附或化学吸附)在矿物表面，形成疏水薄膜，使矿物的疏水性增大，从而增加矿物浮游性的药剂，称为捕收剂，如黄药、黑药、油酸等。

起泡剂——在矿浆中能使气泡稳定的药剂，如松醇油、酚、醇等。

pH 调整剂——调整矿浆 pH 的药剂，如硫酸、石灰、碳酸钠、氢氧化钠等。

抑制剂——在矿浆中使矿物表面生成亲水薄膜而降低矿物可浮性的药剂称为抑制剂，如硫酸锌、氰化钠、淀粉等。

活化剂——能改变矿物表面性质，促进矿物与捕收剂发生作用的药剂称为活化剂，如硫酸铜是闪锌矿和黄铁矿的活化剂。

絮凝剂——使细粒矿物絮凝，以便于浮选或脱水的药剂称为絮凝剂。絮凝剂的功能在于降低或中和矿粒的表面电性，或起“桥链”作用使细粒絮凝。

同一种药剂在不同浮选条件下，往往有不同作用。例如水玻璃对矿泥有分散作用，对石英有抑制作用，也能调整矿浆的 pH。所以，药剂的分类有它的灵活性，水玻璃既可作抑制剂又可作分散剂。

pH 调整剂、抑制剂、活化剂、絮凝剂、分散剂通称调整剂。总的来说，浮选药剂按其作用可分为捕收剂、起泡剂、调整剂三大类，本书按这种分类法编写。

1 烃油捕收剂

1.1 概 述

烃油捕收剂亦称中性油捕收剂，以下简称烃油，主要是指煤油、柴油、变压器油、太阳油及焦油等，其中以煤油、柴油的应用较为普遍。烃油主要用来浮选辉钼矿和煤泥，为了节省烃油，选矿工作者常用植物油浮选辉钼矿，并研制了多种浮钼捕收剂和选煤油作为烃油的代用品。

1.1.1 烃油的主要成分及其基本性质

烃油的主要成分是脂肪烃、脂环烃及芳香烃等，然而不同来源的烃油在组成上往往存在很大差异。例如，从石油中提取的烃油，其主要成分常随石油产地而异。如我国大庆石油的主要成分为烷烃，玉门石油则含有环烷烃，属烷－环混合型，印度尼西亚的石油属芳香型，而苏联巴库的石油则属环烷烃。又如，从炼焦工业副产品所获得的煤焦油，其主要成分是芳香烃，并含有少量的酚、醇、有机酸和有机碱等极性化合物。

烃类的基本特点是整个分子的碳氢原子都通过共价键结合，化学活性很低，与偶极水分子基本不发生作用，表现出明显的疏水性和难溶性，同时也不能电离为离子，故通常称烃油为中性油捕收剂，或称为非极性油捕收剂。

1.1.2 烃油在矿物浮选中的应用与捕收机理

烃油在浮选中的应用，一是作为极性捕收剂的辅助性捕收剂或难溶性药剂的溶剂；二是作为非极性矿物的主要捕收剂。

烃油作为辅助性捕收剂应用较为普遍，效果良好，应引起重视。适量的烃油与极性捕收剂混合使用，可以增强极性捕收剂在矿物表面的吸附性，增强矿物表面的疏水性，提高极性捕收剂的捕收能力，因而可加强对粗矿粒的捕收，提高浮选的粒度上限，并可降低极性捕收剂的用量。对于微细粒矿物而言，辅加适量的烃油，常有利于形成疏水性絮团，可加强对微细粒矿物的回收。此外，当浮选多孔性的细粒矿物时，辅加适量的烃油使之吸附在矿粒表面形成油膜，既可堵塞孔洞减少极性捕收剂的消耗，又可降低矿浆中难免离子的浓度，故常可获得较好的效果。

烃油作为矿物浮选的主要捕收剂，起始于浮选发展初期的“全油浮选”时期，当时曾用焦油作为硫化矿物的捕收剂，其中所含的少量极性化合物是起捕收剂作用的有效成分。然而，由于烃油的主要成分烃类仅起辅助性捕收作用，同时药剂条件简单，故用油量很大，后被人工合成的水溶性捕收剂，如黄药等所取代。用烃油作主要捕收剂能有效浮选的矿物为数不多，通常是用于浮选表面呈非极性的矿物，因而可用于具有良好天然可浮性的一些“非极性矿物”，如辉钼矿、石墨、天然硫、滑石及煤等。其中，以煤油或柴油浮选辉钼矿的研究较多。

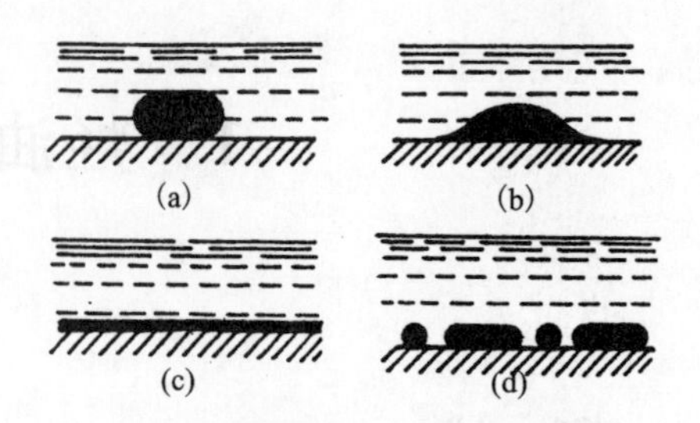

图1-1　烃油在矿物表面附着示意图

烃油在矿物表面的附着过程，可用图1-1示意。对于天然可浮性较好的非极性矿物而言，烃油与矿物表面的作用过程，大体可分解成如下几个步骤。

1. 油滴在矿物表面黏附

在强烈机械搅拌下，烃油在矿浆中被分散成微细的油滴。与此同时，微细的油滴与矿粒发生接触和碰撞，于是在范德华力作用下，使油滴黏附在矿物表面，如图1-1(a)所示。

2. 油滴在矿物表面展开

由于非极性矿物表面的疏水性较强，亲油性较大，被黏附的油滴容易沿矿物表面逐渐展开，如图1-1(b)所示。

3. 形成疏水性油膜

被黏附的油滴沿矿物表面继续展开，结果在矿物表面形成一层薄薄的疏水性油膜，如图1-1(c)所示。

对于天然疏水性不太强、亲油性不太大的矿物，油滴在矿物表面黏附后虽不易展开，但在强烈的机械搅拌下，矿浆中存在剩余油滴，不断与矿粒发生接触和碰撞，使矿物表面黏附的油滴增多，或由于油滴的兼并作用，使矿物表面黏附的为数不多的油滴兼并成不连续的油团，如图1-1(d)所示，结果使矿粒也具有一定的疏水性和可浮性。

总之，除了极少数完全亲水、润湿接触角等于零的矿物外，多数矿物都或多或少具有一定程度的亲油性。而且表面疏水性越强的矿物，亲油性越大，烃油的附着越容易，吸附的量也越多，吸附速度也越快。所以，对不同的矿物而言，烃油的捕收作用亦能呈现出一定的选择性，尤其是在分离极性矿物与非极性矿物时，用烃油做捕收剂可获得良好的分离效果。

当非极性矿物与气泡接触时，矿物表面所形成的烃油疏水膜，在三相界面力作用下，或浓集于固－液－气三相接触周边，或介于非极性矿粒与气泡之间，见图1－2。所有这些均有利于提高矿粒与气泡黏附的牢固程度，并大大提高矿物的可浮性。

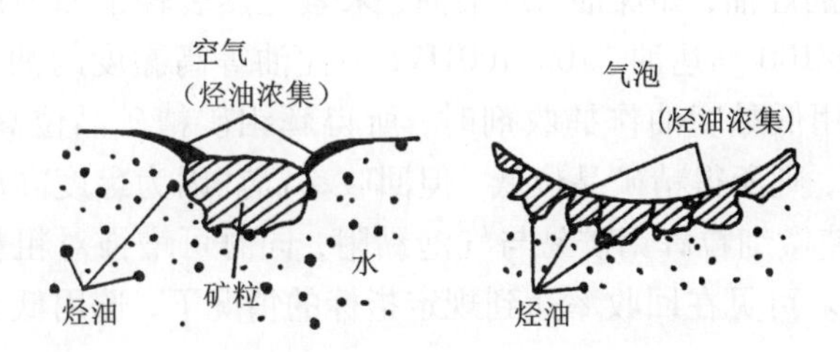

图1－2 烃油浮选非极性矿物在相界面浓集示意图

1.1.3 烃油的组成对捕收性能的影响

1. 烃油的组成和化学结构与捕收性能的关系

烃油的捕收性能与其组成、化学结构密切相关，其中用单环芳烃（苯、甲苯、二甲苯）、双环芳烃（萘）、三环芳烃以及煤油作捕收剂浮选辉钼矿的结果表明：单环芳烃的捕收能力很弱；双环芳烃由于分子尺寸增大，捕收能力增强，但比煤油弱；三环芳烃则呈现出更强的捕收能力，且优于煤油。可见，在提炼煤油的残余物中，含有一定数量分子较大的芳香烃时，更适宜用作辉钼矿的捕收剂。

2. 烃油所含表面活性物质对捕收性能的影响

表1－1列出了三种烃油的碘值、酸值及辉钼矿与这些烃油作用后所测得的接触角数值。

表1－1 辉钼矿与几种烃油作用所测得的接触角数值

捕收剂名称	与水接触界面上表面张力 $/(10^{-5}N\cdot cm^{-2})$	碘 值	酸 值	平面的润湿接触角/(°)	
				解理面	垂直断裂面
变压器油	45	8.70	0.63	50	60
煤油	30	11.23	0.82	45	65
机油（V型）	29	11.97	1.65	50	78

酸值增大，说明烃油中所含酸性物质增多，碘值增大说明烃油的不饱和程度增大，含不饱和碳氢化合物增多。由表1－1可见，随着烃油碘值和酸值的增大，辉钼矿垂直断裂面的接触角亦随之增大，而鳞片状解理面上的接触角数值则与烃油碘值和酸值的变化无关。因为垂直断裂面呈现为共价键并暴露出钼原子，与酸

性表面活性物质和不饱和烃双键发生作用，使之在垂直断裂面上吸附，增强疏水性，使接触角增大，而且烃油中所含酸性表面活性物质和不饱和碳氢化合物越多，接触角数值的增大亦越显著。

3.烃油的黏度对捕收性能的影响

用不同黏度的烃油，如煤油、重柴油、未氢化热裂轻柴油等低黏度的油和太阳DX汽油、100/100马达油、100/100HVI中性油等高黏度的油，浮选辉钼矿试验研究表明：使用低黏度油作捕收剂时，所得辉钼矿精矿品位高，但回收率低；使用高黏度油时，则所得精矿品位低，但回收率高。因为黏度高反映其分子尺寸大，捕收力强，使微细粒辉钼矿易与气泡黏附，同时可增强对粗粒辉钼矿及其连生体的捕收作用。可见在回收率达到规定指标的情况下，选用低黏度油作辉钼矿捕收剂较为适宜。

1.2 煤　油

1.2.1 煤油各馏分的捕收性能

将辉钼矿单矿物分别置于不同馏分煤油的乳化液中，所测得的接触角数值见表1-2。由表1-2看出，沸程较高的煤油馏分与辉钼矿作用后，形成较大的接触角，其中高于220℃的煤油馏分，可使接触角数值最大。浮选试验也证明，表1-2所列接触角数值越大的煤油馏分，其浮选效果亦越显著。

表1-2　辉钼矿在煤油的各馏分乳化液中的接触角

药　剂	接触角 θ/(°)
蒸馏水	59.5
初级煤油	60.3
150℃馏分煤油	63.1
150~180℃馏分煤油	73.2
180~220℃馏分煤油	76.0
高于220℃馏分煤油	84.5

1.2.2 同一沸程馏分煤油中正构烷烃的捕收能力

我国石油五厂沸程为180~310℃的馏分煤油，其主要成分是烷烃、环烷烃和芳香烃的混合物。用尿素与之作用所脱出的液态石蜡简称重蜡，重蜡中的正构烷烃含量占90%以上，组分分析结果如表1-3所示。用重蜡浮选杨家仗子钼矿的小型试验结果见表1-4。实验室小型试验和生产实践均已证明，在该沸程范围内，正构烷烃比煤油对辉钼矿具有更强的捕收能力。与煤油相比，使用以正构烷烃为主的重蜡作捕收剂，粗选回收率可提高1%~2%，总回收率可提高1%以上，松醇油用量可减少10 g/t，但黄铁矿上浮率稍有增加，须稍增大氰化钠用量。

表 1－3 重蜡组分分析结果

碳链长度	C_{12}烷以下	C_{13}烷	C_{14}烷	C_{15}烷	C_{16}烷	C_{17}烷	C_{18}烷	C_{19}烷	C_{20}烷
试样 1/%	微量	8.73	19.27	22.20	21.35	15.87	—	3.7	微量
试样 2/%	2.96	9.61	18.81	21.61	20.38	16.27	7.93	2.47	—

表 1－4 重蜡和煤油浮选辉钼矿结果对比

矿 样	药剂用量/$(g\cdot t^{-1})$		精矿品位/%	回收率/%	回收率提高幅度/%
	煤 油	重 蜡			
给矿品位 0.11%	160	160	3.63	93.10	
			3.48	94.22	1.12
给矿品位 0.11%	155	155	5.28	84.52	
			5.36	85.85	1.33

1.2.3 煤油与松醇油不同配比的浮选结果

在煤油与松醇油不同配比，总用量为1400 g/t，矿浆 pH 为 6.4～6.6，温度为15.7～17.0℃的条件下，浮选辉钼矿试验结果如图 1－3 所示。从图 1－3 看出，在煤油和松醇油总用量为 1400 g/t 的条件下，随着煤油配比百分数的增大，辉钼矿和铁(黄铁矿)的回收率 ε 亦随之下降。但辉钼矿回收率降低较少，而黄铁矿的回收率则急剧下降；且当煤油的百分比大于松醇油时，即可显著改善浮选过程的选择性。例如，当煤油的配比百分数大于 80%时，浮选精矿中辉钼矿的品位可获得显著提高，而铁品位则明显下降。

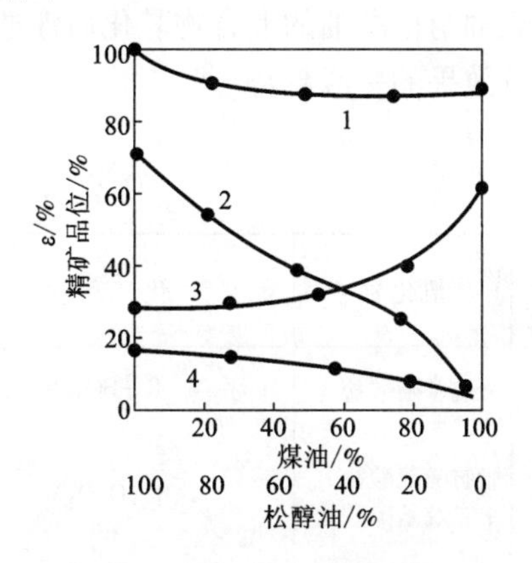

图 1－3 煤油与松醇油不同配比对辉钼矿浮选指标的影响

1—辉钼矿回收率；2—黄铁矿回收率；3—辉钼矿品位；4—铁品位

1.2.4 煤油与硫酸铜、黑药混合的浮选结果

某矽卡岩型钼矿石的试验研究表明，将煤油与硫酸铜和黑药混合使用，与只用煤油和松醇油相比，钼精矿回收率提高 4.5%、品位提高 0.47%，试验结果如表 1－5 所示。

表 1-5 煤油、松醇油、硫酸铜、黑药混用浮选某钼矿指标

试验号	药剂用量/($g\cdot t^{-1}$)				钼精矿指标/%		
	煤油	松醇油	硫酸铜	黑药	产率	品位	回收率
1	120	40			1.75	2.40	83.03
2	120	20	100	46.5	1.62	2.70	87.22
3	120	20	200	46.5	1.84	2.87	87.53

用放射性同位素^{64}Cu研究表明，铜离子可以吸附在辉钼矿表面，且在 pH 为 7 时，吸附量最大。铜离子的吸附使辉钼矿表面带正电，有利于阴离子捕收剂(如黑药)的吸附。

配合使用阴离子捕收剂可以改善浮选指标的原因，还应该结合具体情况进行具体分析，一般可从辉钼矿的鳞片晶体断裂端头暴露出钼原子、矿石氧化、伴生某些重金属硫化矿物及连生体颗粒等多方面进行分析。

此外，煤油难溶于水，在矿浆中呈分子聚合体(油滴)存在，为了改善煤油的浮选性能提高药效，有的浮选厂还使用了乳化剂。例如，表 1-6 是用各种乳化剂将煤油与松醇油的混合物乳化后浮选辉钼矿的结果，从中可以概括出这些乳化剂浮选效果的一般趋势。

表 1-6 乳化剂及其浮选结果

序号	乳化剂	化学式	乳化剂名称或商品名称	纯度/%	精矿品位/%		回收率/%	
					MoS_2	Fe	MoS_2	Fe
Ⅰ	芳烷基磺酸盐	$R—SO_3Me$	芳烷基磺酸钠	特纯	34.52	11.71	91.2	42.3
			Nerger 粉剂	35	34.32	11.74	93.0	45.9
Ⅱ	脂肪醇硫酸盐 十二烷基硫酸盐	$R—OSO_3Me$	十二烷基硫酸钠	特纯	35.18	11.92	93.3	43.2
			Monogen 粉剂	35	32.24	11.83	94.6	47.4
			Monogen 糊	27	35.19	11.56	94.6	42.5
Ⅲ	硫酸化单甘酯	$RCOOCH_2CH(OH)CH_2OSO_3Me$	土耳其红油	46	30.27	12.83	91.1	52.7
Ⅳ	脂肪醇聚二乙醇醚	$RO(CH_2CH_2O)_nH$	Noigen ET80	99	39.89	11.38	90.7	35.3
			Noigen ET143	99	40.04	11.29	90.1	34.7
			Noigen ET190	99	41.10	10.84	90.4	32.6
Ⅴ	脂肪酸聚二乙醇酯	$RCOO(CH_2CH_2O)_nH$	Noigen ES90	99	41.46	11.38	92.8	35.9
			Noigen ES120	99	41.22	11.13	93.2	33.7
			Noigen ES160	99	39.70	11.56	95.1	37.9
Ⅵ	烷基酚聚乙二醇醚	$R—C_6H_4—O—(CH_2CH_2O)_nH$	Noigen EA80	99	45.44	11.71	93.3	32.8
			Noigen EA120	99	38.4	12.65	95.3	42.9
			Noigen EA160	99	39.01	12.65	94.0	41.6
	无乳化剂	—	—	—	39.24	9.57	88.3	29.4

①没有乳化剂时，泡沫产品的品位为 MoS_2 39.24%、Fe 9.57%，回收率分别为88.3%和29.4%。反之，当使用乳化剂时，MoS_2 和 Fe 的回收率都较高，其中尤以脂肪醇硫酸盐、脂肪酸聚二乙醇酯、烷基酚聚二乙醇醚对提高 MoS_2 回收率有效。

②添加阴离子乳化剂（表1-6中的Ⅰ、Ⅱ、Ⅲ）浮选结果，泡沫产品中 MoS_2 的品位较不加乳化剂时的 MoS_2 品位低，但添加非离子型乳化剂（表1-6中的Ⅳ、Ⅴ、Ⅵ）所得泡沫产品 MoS_2 品位与不加乳化剂时的相比接近或稍高，特别是使用 Noigen EA80 的泡沫产品，MoS_2 的品位是45.44%，有明显提高。

我国研究得最多、最有效的乳化剂是椰子油单甘硫酸酯，代号是 PF-100，结构式如下：

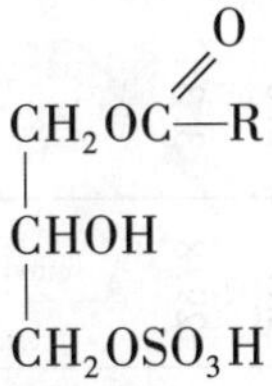

$$\begin{array}{l} \quad\quad\quad\;\; O \\ \quad\quad\quad\;\; \| \\ CH_2OC—R \\ | \\ CHOH \\ | \\ CH_2OSO_3H \end{array}$$

红外光谱证明其主要成分与国外的辛太克斯（Syntex）一致，具有表面活性剂的一般性质，浮选辉钼矿时作为烃油的乳化剂、分散剂，也有一定的起泡性能，无毒无臭易溶于水，能提高浮选速度和钼精矿指标。PF-100 用于浮选杨家仗子、小寺沟钼矿的效果显著。

1.3 天然植物油和香清油对辉钼矿的捕收性能

众所周知，大多数天然植物油和动物油是多种脂肪酸的甘油三酸酯的混合物。甘油三酸酯是羧酸与甘油反应的产物。植物油是多种脂肪酸甘油酯的混合物，其结构式如下：

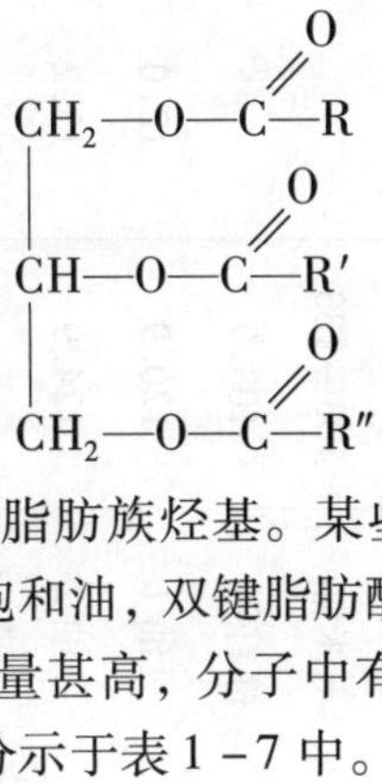

$$\begin{array}{l} \quad\quad\quad\quad\quad\;\; O \\ \quad\quad\quad\quad\quad\;\; \| \\ CH_2—O—C—R \\ | \quad\quad\quad\quad\;\; O \\ | \quad\quad\quad\quad\;\; \| \\ CH—O—C—R' \\ | \quad\quad\quad\quad\;\; O \\ | \quad\quad\quad\quad\;\; \| \\ CH_2—O—C—R'' \end{array}$$

式中，R、R′和R″分别代表不同脂肪族烃基。某些甘油酯，含有醇、醛和酮官能团。椰子油是一种饱和油或高饱和油，双键脂肪酸的含量几乎为零。而亚麻油为含18个碳原子的脂肪酸，其含量甚高，分子中有三个双键（下表用 $C_{18.3}$ 表示）。一些常见天然植物油的化学组分示于表1-7中。

表 1－7　常见天然植物油的组成

名称	碘值[①]	组　成/%											
	g/100 g	饱和脂肪酸	$C_{6.0}$	$C_{8.0}$	$C_{10.0}$	$C_{12.0}$	$C_{14.0}$	$C_{16.0}$	$C_{18.0}$[②]	$C_{18.1}$	$C_{18.2}$	$C_{18.3}$[③]	$C_{20.0}$	$C_{18.3}$
椰子油	6 ~ 11		0.4	5.2	5.6	47.0	19.4	7.5	4.3	4.3	1.8		1.0	
棕榈油	44 ~ 56						2.0	42.0	4.0	42.0	10.0			
橄榄油	75 ~ 94							15.0	75.0	10.0				88.0
蓖麻油	82 ~ 92						2.0	1.0	7.0	3.0				
杏仁油	81 ~ 123								5.5	66.0	27.0			
玉米油	103 ~ 133						0.2	11.8	2.0	24.1	61.7	0.7		
棉籽油	103.9						1.4	29.8	3.3	30.4	42.9		0.8	
豆油 1	120.9	12.0								60.0	25.0	2.9		
豆油 2	124.9	13.2								34.0	49.1	3.6		
豆油 3	127 ~ 140	12.5								28.6	52.8	6.8		
葵花籽油	128							6.0	4.1	24.4	64.3			
亚麻油	170 ~ 204							5.5	3.5	19.1	15.3	57.0		
桐油	—											85.0		
鳄梨油	—								14.0	70.0	15.0	1.0		

注：①碘值为 100 g 天然植物油所能吸收的碘的质量，表示天然植物油的不饱和程度；

②$C_{18.0}$表示含 18 个碳原子的脂肪酸酯；③$C_{18.3}$表示在 18 个碳原子的脂肪酸中有 3 个双键，以此类推。

以某些天然植物油和某些精油作辉钼矿捕收剂进行捕收剂性能试验。试验矿石含 Mo 0.0638%，1 kg 矿石以 65% 浓度(固体)在球磨机中磨至 -0.425 mm 占 90%，每种捕收剂按 100 g/t 加入球磨机中，磨后入单槽浮选机，按 40 g/t 加入起泡剂，搅拌 2 min，浮选 1 min，得第一次粗精矿，再搅拌 1 min，浮选 6 min，得第二次粗精矿(中矿)，分别分析粗精矿品位和计算钼回收率，结果示于表 1-8 和表 1-9 中。

表 1-8 辉钼矿浮选捕收剂试验结果

捕收剂名称	双键化合物含量/%					粗精矿品位(Mo)/%	回收率(Mo)/%	中矿品位(Mo)/%	回收率(Mo)/%
	0	1	2	3	5				
奥汽油(Oiticica Oil)①		75				2.19	68.9	0.892	72.5
花生油	15	45	0	0	0	1.15	57.9	0.602	71.9
椰子油	94	4	2			3.42	60.1	1.355	67.5
鲱油	18	18	37	13	14	4.14	59.0	0.938	66.8
棉籽油	27	30	43	0		4.44	51.1	1.084	60.1
桐油				85		3.57	54.8	0.989	59.1
向日葵油	12	24	64			3.21	48.8	0.736	58.1
玉米油	31	48	12	1		4.15	54.2	1.013	57.1
亚麻籽油	9	19	15	57		2.61	48.2	0.570	56.2
柴油	0	0	0	0	0	1.38	53.30	0.565	56.1

注：①含酮官能团。

表 1-9 一些精油作辉钼矿捕收剂的试验结果

捕收剂名称	类 型	粗精矿		扫选精矿	
		品位(Mo)/%	回收率(Mo)/%	品位(Mo)/%	回收率(Mo)/%
2-丁基辛油酸酯①	单不饱和酯	0.73	71.6	0.589	80.2
JoJoba 油	双不饱和酯	0.96	68.5	0.507	78.1
丁子香油	芳香基	2.08	73.5	0.817	77.9
柠檬油	环单萜烃	2.24	75.0	0.902	76.7
香茅油	酰基单萜烃	2.00	69.8	0.598	74.6
桉树油	双环醚	2.77	67.0	0.759	71.6
樟脑油	双环酮	4.41	61.0	1.056	64.9
柴油		1.38	53.3	0.565	56.1

注：①用鲸油和植物油经复分解反应合成的油。

结果表明，除亚麻籽油外，其余所试验的油类，其粗精矿品位与粗选回收率，加上扫选品位与总回收率均比使用柴油高出许多。其中奥汽油与花生油的捕收效能更好。

许多精油(香精油)作辉钼矿的捕收剂时，其捕收性能和选择性比柴油好得多，特别是2－丁基辛基油酸酯等。天然植物油产量多，价格便宜，易得到；香精油产量少，价格高。对于浮选辉钼矿而言，天然植物油作捕收剂比用香精油更有意义。

1.4 用代号表示的辉钼矿捕收剂

1.4.1 N－132选钼捕收剂

N－132是2000年报道的新药剂，对辉钼矿吸附牢固，用量少，具有一定的起泡性能。用它浮选金堆城钼矿石，小型试验结果表明，提高了精矿品位和回收率，这说明用N－132代替煤油是可行的，且N－132用量在60～80 g/t时，效果最佳，单耗为煤油的1/3。由于它有起泡性能，起泡剂松醇油的用量也比用煤油作捕收剂时减少1/3左右。

1.4.2 磁化烃油浮辉钼矿

辉钼矿常用煤油作捕收剂，由于煤油价格上涨，供应骤减，通过试验证明，XY油完全可以代替煤油作辉钼矿浮选的捕收剂；C_{18}～C_{24}烃油经磁场磁化降低了烃油分子间的作用力，且烃油在矿浆中易于分散，增加了对辉钼矿的捕收能力，试验结果表明，在浮选指标相当的情况下，磁化油用量可降低20%～50%，价格比煤油低10%～20%。

1.4.3 TBC－114浮钼捕收剂

对金堆城钼矿进行多种药剂筛选试验，发现中南大学化工冶金研究所将MAC－18捕收剂、增效捕收剂和烃油三种组分复配而成的混合物TBC－114捕收效果较好。该药剂呈黄褐色油状流体，密度0.91 g/cm³，毒性低于黄药，浮钼指标与煤油接近；2004年6—7月在磨浮车间第二和第三系列进行了对比工业试验，试验结果表明，精选段TBC－114用量40 g/t，可取代煤油110 g/t，松醇油21 g/t，得到与煤油接近的指标，但精选段仍用煤油。

1.4.4 F药剂代替煤油选钼

F药剂以烃油为主，呈淡黄色流体，在低温时流动性好，黏度适中，雾化性好，市场来源广，价格比煤油低10%，加药方式与煤油相同；钼浮选开路和闭路试验结果表明，钼精矿钼品位与用煤油一样，回收率提高近2%，效果较好。

1.4.5 含滑石的辉钼矿浮选剂

某含钼、锌、铁复杂多金属硫化矿，含有极好浮的滑石、蛇纹石（共占32.7%）。采用选择性捕收剂FT16 g/t反浮选滑石和蛇纹石，在滑石精矿中钼含量0.46%，钼损失2.65%。然后浮钼，用BK作捕收剂，BK－205作起泡剂；浮钼尾矿再进行锌硫混合浮选；浮选尾矿强磁选铁。采用该工艺流程闭路试验结果显示，得到含钼45.54%、回收率82.29%的钼精矿，含锌48.07%、回收率84.14%的锌精矿，含铁65.20%、回收率53.46%的铁精矿，同时得到含硫38.75%、回收率60.42%的硫精矿。

1.4.6 YC捕收剂

YC捕收剂亦是烃油，但其沸点比煤油高，馏分也不同。常用的煤油沸点低于150℃占3.03%，150～180℃占94.95%，180～220℃占2.02%，不含220～243℃馏分；而YC捕收剂没有180℃以下的馏分，180～220℃的占13.73%，220～243℃的占86.36%，可见YC捕收剂中的烃油分子比煤油中的烃油分子大。烃油的分子越大，沸点越高，对辉钼矿的捕收能力越强，这种结论文献上早有记载。YC捕收剂各馏分浮选辉钼矿试验亦得到相同结果。用YC捕收剂浮选某辉钼矿的工业试验结果对比如下：用煤油作捕收剂，原矿钼含量0.138%，精矿钼品位52.30%，回收率84.87%；用YC作捕收剂试验时原矿钼品位0.134%，精矿钼品位52.18%，回收率86.55%，用YC捕收剂时回收率比煤油高1.68%。

1.4.7 BK4浮钼捕收剂

针对河南某钼业公司提供的试样用新捕收剂BK4与现场使用的捕收剂煤油和松醇油进行了浮选试验，采用一粗两扫丢尾矿工艺流程，8次精选的闭路结果如下：煤油加松醇油，精矿钼品位45.02%，回收率94.98%；BK4加BK201作起泡剂，精矿钼品位45.83%，回收率96.58%，钼精矿品位比用煤油高0.81%，钼回收率高1.60%，可见用BK4比用煤油效果好。我国南方某铜选厂的给矿含Mo 0.125%，采用GM06作捕收剂，采用一粗一扫4次精选工艺流程，扫选精矿返回粗选，扫选尾矿和精1尾矿合并作尾矿丢弃，各次精选中矿顺序返回流程，闭路试验获得含Mo 45.91%、回收率95.39%的钼精矿。

1.4.8 BK310浮钼捕收剂

浮钼捕收剂BK310是一种在水中易弥散的液体，低温流动性好，对辉钼矿的捕收能力比常用的钼捕收剂——煤油或柴油强，比黑药类捕收剂选择性好。用

BK310 浮选河南某钼矿矿石，试验结果表明，采用一粗、两扫和粗精两次空白精选以及两段再磨后 8 次精选工艺流程，并以混合油和 BK310 作捕收剂，可获得含 Mo 53.83%、回收率 90.44% 的浮选指标。

1.5 选煤油

煤泥浮选一般用甲基异丁基甲醇(MIBC)、聚丙二醇甲醚(D－200、D－250)、仲辛醇等作起泡剂，烃油(如煤油或柴油)作捕收剂。运用这些浮选剂一般都能得到较好的指标，但单耗较高，每吨干煤泥需用药剂 3 ~4 kg。药剂单耗较高的原因主要是烃油在水中不易分散，若在烃油中添加乳化剂使之乳化，则能充分发挥其捕收作用，降低单耗。

20 世纪 60 年代中期，我国选煤厂先后使用有机化工厂的副产品取代松醇油，其中曾使用过杂醇油、仲辛醇、丁辛醇等十多种药剂，使浮选剂单耗降至每吨干煤泥 2 kg 左右。

目前，国内一些选煤厂将起泡剂与煤油混用，使浮选剂单耗降至每吨干煤泥 1.5 kg 左右。为了降低选煤油成本，研究高效、低毒、价廉的选煤油，对提高选煤厂的效益、保护环境是有意义的。下面介绍我们研制的两种选煤油 FX－127 和新 FX－127。

1.5.1 FX－127 选煤油的合成和性质

用一种工业副产品和其他原料按一定比例配合，在反应器中连续搅拌至反应完全，2 h 后出料就可以得到 FX－127 选煤油。该产品为淡黄色至暗红色油状液体，密度 $\rho = 0.8650 \sim 0.8700$ g/mL，在水中的溶解度为 1‰ ~0.5‰，能溶于多种有机溶剂。FX－127 及其水溶液呈中性，对金属无腐蚀性；毒性极低，对小白鼠的半致死剂量 $LD_{50} = 8874 \pm 42$ mg/kg，这个数据说明 FX－127 比常用的浮选剂的毒性小很多，60 kg 的哺乳动物服用 531 g 才致死一半。常压下将 FX－127 分馏，105 ~160℃馏分占 25% ~30%，180 ~220℃馏分占 35% ~45%，为合格产品，其主要成分为醇类。

1.5.2 FX－127 选煤油的两相泡沫性质

FX－127 选煤油的起泡能力和泡沫稳定性试验是在有刻度的、下端接有玻璃砂过滤漏斗的泡沫管中进行的。测定条件是空气流量 30 mL/s，气压 16.7 kPa，FX－127 浓度为 5 ~100 mg/L，pH 为 6.3，测得两相泡沫高度与浓度的关系如图 1－4所示；消泡时间与浓度的关系如图 1－5 所示。固定 FX－127 浓度为 50 mg/L，在不同 pH 下，测得两相泡沫高度与 pH 的关系如图 1－6 所示；消泡时间与 pH 的关系如图 1－7 所示。

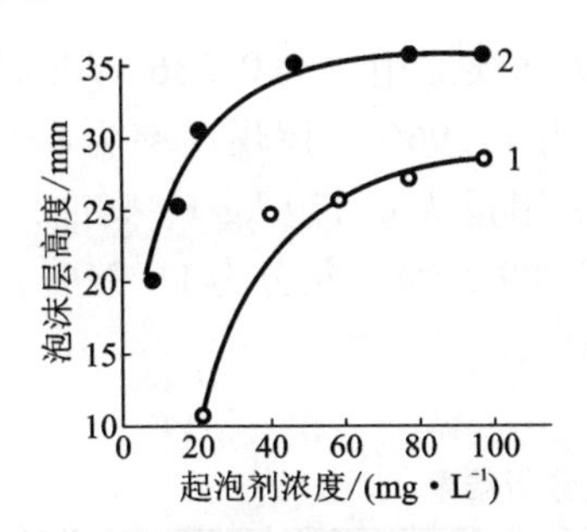

图 1-4 泡沫层高度与起泡剂浓度的关系

1—松醇油；2—FX-127

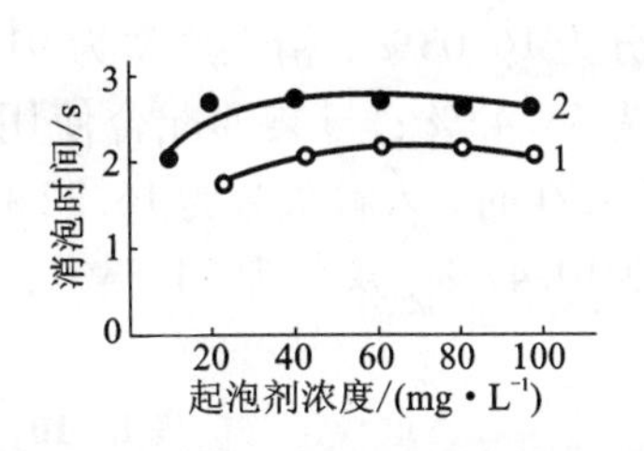

图 1-5 消泡时间与起泡剂浓度的关系

1—松醇油；2—FX-127

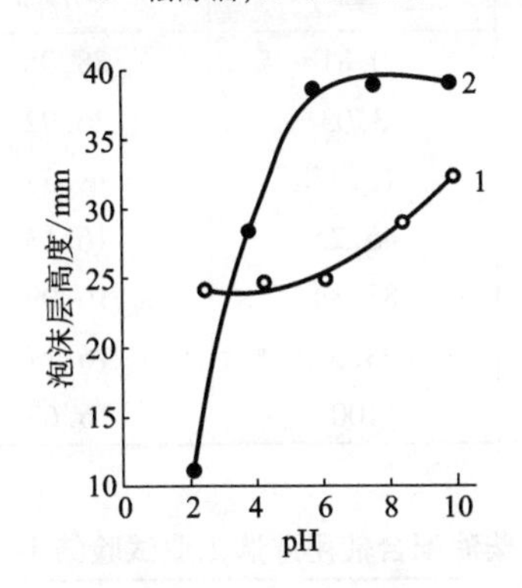

图 1-6 泡沫层高度与 pH 的关系

1—松醇油；2—FX-127

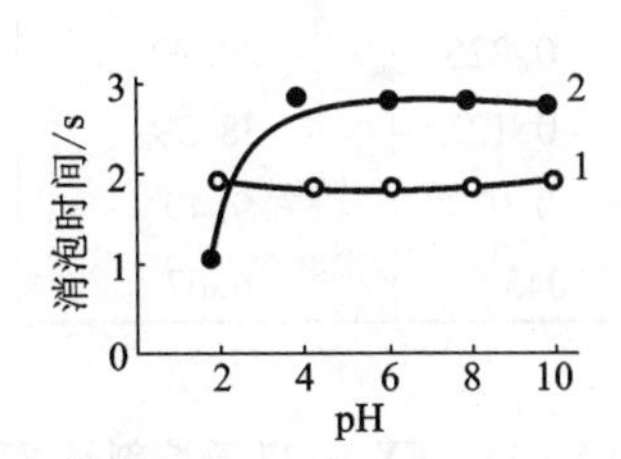

图 1-7 消泡时间与 pH 的关系

1—松醇油；2—FX-127

为说明 FX-127 选煤油的起泡能力，所有试验均同时用松醇油(2 号油)做对比，对比试验结果亦同时相应列于图 1-4 ~ 图 1-7 中。从图 1-4 看出，FX-127的泡沫量比松醇油大，即起泡能力比相应浓度的松醇油强；从图 1-5 看出，FX-127 的消泡时间较相应浓度的松醇油长，即泡沫较稳定；从图 1-6 看出 FX-127 在强酸性介质中的起泡能力弱，而在弱酸性或碱性介质中的起泡能力则比松醇油强得多；从图 1-7 看出，在 pH 为 4 ~ 10 范围内，FX-127 的消泡时间都比相应浓度的松醇油长，其泡沫都较稳定。因此，用 FX-127 浮选煤泥时，泡沫层厚，泡沫丰富。

1.5.3 FX-127 选煤油浮选田坝选煤厂煤泥工业试验

该厂入选的原料为焦煤和 1/3 焦煤，低硫、低磷、高发热量，属于难选煤。经跳汰后得到的煤泥进入浮选，煤泥粒度分析见表 1-10。

在不改变该选煤厂任何条件下，只用 FX-127 代替原使用的浮选剂进行工业试验。将入浮煤泥泵入矿浆分配器，在分配器内加入占用量 2/3 的 FX-127 或 FX-127 与柴油的混合物，其余 1/3 加入浮选槽内，经搅拌后入浮选槽，试验结果列于表1－11。从表1－11看出，当FX－127选煤油用量为0.286 kg/t时，入料灰分为16.03%，精煤产率为91.18%、灰分为11.96%，尾煤产率为9.82%、灰分为53.43%；与柴油配合使用时，FX－127用量为0.179 kg/t、柴油用量为0.505 kg/t时，入料灰分为16.22%，精煤产率为89.53%、灰分为11.74%，尾煤产率为10.47%、灰分为54.53%，皆符合生产要求。

表1－10 入选煤泥粒度分析结果

粒度/mm	产率/%	灰分/%	累计	
			产率/%	灰分/%
+1.00	0.81	28.08	0.81	28.08
0.45～1.00	2.22	26.52	3.03	26.92
0.225～0.45	12.32	16.52	15.35	18.57
0.125～0.225	29.90	14.88	45.25	16.13
0.077～0.125	38.59	16.65	83.84	16.09
0.045～0.077	9.49	16.32	93.33	16.17
-0.045	6.67	23.12	100	16.63

表1－11 FX－127浮选剂及FX－127浮选剂与柴油配合使用浮选工业试验结果

序号	入料		处理量		油耗		浮选指标			
							精煤		尾煤	
	浓度 /(g·L^{-1})	灰分 /%	矿浆 /(m^3·h^{-1})	干煤泥 /(t·d^{-1})	FX－127 /(kg·t^{-1})	柴油 /(kg·t^{-1})	产率 /%	灰分 /%	产率 /%	灰分 /%
1	153.61	15.49	226.28	205.90	0.296	—	90.85	12.34	9.2	46.89
2	127.42	16.30	272.36	236.60	0.244	—	85.14	11.53	14.86	43.63
3	141.65	16.57	269.44	149.60	0.322	—	89.70	11.59	10.30	61.71
4	117.50	15.77	235.50	156.40	0.336	—	93.12	12.39	6.88	61.49
平均	150.04	16.03	250.90	187.12	0.286	—	91.18	11.96	9.82	53.43
5	128.83	16.10	296.68	218.50	0.091	0.250	86.20	11.60	13.80	44.20
6	141.65	16.57	269.44	103.50	0.291	0.495	88.10	11.72	11.80	47.51
7	168.20	16.42	238.50	121.50	0.215	0.673	90.41	11.53	9.59	62.54
8	146.30	15.77	276.90	57.80	0.238	0.736	92.91	12.10	7.09	63.88
平均	146.24	16.22	270.38	125.32	0.179	0.505	89.53	11.74	10.47	54.53

从工业试验结果看出，FX－127起泡能力强，对煤有捕收作用，用量少且有选择性。从浮选剂费用看，每浮选1 t干煤泥的药剂费用只有现用浮选剂的1/5。不足之处是有些中药气味，为改善这一情况，合成了新FX－127选煤油，该选煤

油在邯郸选煤厂进行工业试验时，现场工人反映没有臭味。邯郸选煤厂入选原煤为低硫、高发热量中等可选焦煤，现行流程为不分级跳汰浮选联合流程，浮选入料为浓缩机底流，浮选机为3台XJX－T12型(5室)和4台XJM－4型(6室)。采用矿浆准备器一次加药，新FX－127选煤油和煤油按1:5混合，在试验期间每小时采一次精煤样及一次尾煤样，班终作班灰。在规定的加药制度下进行加油调整，分别以原煤量和入料干煤计算每吨原煤和每吨干煤泥油耗，对产品指标进行分析，从而评定新FX－127选煤油的效果。试验结果用GF油与煤油混用(GF油与煤油按1:10混合)的指标对比并列于表1－12中。从表1－12看出，新FX－127选煤油与煤油1:5配合使用，能满足邯郸选煤厂的生产要求，同时油耗有较大幅度降低，每吨干煤油耗比原来降低了0.4717 kg。

表1－12 邯郸选煤厂煤泥的浮选工业试验结果

浮选药剂	洗水浓度/(g·L^{-1})	入料灰分/%	浮精灰分/%	尾煤灰分/%	滤饼水分/%	原煤量/t	浮精煤量/t	抽出率/%	用油量/kg	吨原煤耗油/kg	吨干煤耗油/kg
GF浮选油	130	18.12	10.93	50.60	27.0	100045	22612	81.8	50155	0.5013	1.8144
新FX－127选煤油与煤油混合	108	16.95	10.51	46.45	27.0	35855	8004	82.1	13090	0.3651	1.3427
比较	－22	－1.20	－0.42	－4.17	0	—	—	+0.3	—	－0.1362	－0.4717

参考文献

[1] 中国科学院技术科学部，中国金属学会. 全国浮选药剂会议论文集[M]. 北京：中国工业出版社，1961.
[2] 张文钲. 辉钼矿浮选捕收剂的寻觅[J]. 中国钼业，2006，30(2)：3－6.
[3] 朱建光. N－132选钼捕收剂浮辉钼矿试验[J]. 有色矿山，2000，29(4)：30－32.
[4] 冯仲云. 烃油xy与煤油的钼粗选对比试验[J]. 中国钼业，2006，30(2)：15－17.
[5] 任骊东. 选钼捕收剂的应用研究与实践[J]. 中国钼业，2006，30(3)：18－20.
[6] 徐秋生. F药剂代替煤油选钼实践[J]. 有色金属(选矿部分)，2006(6)：46－47.
[7] 李崇德，陈金中. 某钼－锌－铁复杂的金属矿的选矿工艺研究[J]. 铜业工程，2006(1)：15－18.
[8] 张美鸽，徐秋生，刘迎春. YC药剂工业试验研究[J]. 有色金属(选矿部分)，2007(2)：48－50.
[9] 陈经华. 捕收剂BK310浮选钼矿石[J]. 有色金属，2008，60(3)：92－94.
[10] 朱玉霜，朱建光. FX－127浮选剂浮选煤泥试验研究[J]. 选煤技术，1993(5)：22－24.
[11] 朱建光，朱玉霜. 新FX－127#选煤油浮选煤泥试验[J]. 煤炭加工与综合利用，1994(3)：28－30.

2 硫化矿捕收剂

硫化矿捕收剂的特点是分子内部含有硫原子，其对硫化矿物有捕收作用，而对脉石矿物，如石英和方解石则没有捕收作用。所以，用这类捕收剂浮选硫化矿时，易将石英和方解石等脉石分离除去。

硫化矿捕收剂有一部分溶于水，电离出含有硫原子的阴离子，这种阴离子对硫化矿物有捕收作用，所以属阴离子捕收剂，如黄药、黑药、硫氮等；另一部分是在水中不能电离的极性油类化合物，它们是黄药、黑药、硫氮的衍生物，一般来说，它们的捕收能力比黄药弱，但选择性好，如双黄药、黄原酸酯、硫氨酯、双黑药、黑药酯等。

2.1 黄 药

黄药又名黄原酸盐，后者是它的学名，具有下面的结构式：

$$\mathrm{R-O-\overset{\overset{\displaystyle S}{\|}}{C}-SMe} \quad (\mathrm{Me}\ 为\ \mathrm{Na^{+}}\ 或\ \mathrm{K^{+}})$$

通常使用的是黄原酸钠盐，因钠盐易溶又较便宜。也有用钾盐的，称钾黄药，视分子中的R基不同而分别称为某基黄药。现举例如下：

$$\mathrm{CH_3CH_2O\overset{\overset{\displaystyle S}{\|}}{C}-SNa} \qquad 乙黄药或乙基钠黄药$$

$$\mathrm{CH_3CH_2CH_2O\overset{\overset{\displaystyle S}{\|}}{C}-SNa} \qquad 丙黄药或丙基钠黄药$$

$$\mathrm{CH_3(CH_2)_2CH_2O\overset{\overset{\displaystyle S}{\|}}{C}-SNa} \qquad 丁黄药或丁基钠黄药$$

R基含有四个碳原子以上的称为高级黄药。

黄药是应用最广的硫化矿捕收剂，黄药类捕收剂的优点是捕收性能强。低级黄药无起泡性能，水溶性良好，易制造，价格不高，缺点是有一定的毒性和臭味，且性质不大稳定。其用于硫化矿之间分选时，选择性不够理想，必须与适当的抑制剂配合使用，才能达到分选的目的。高级黄药也可用作铜铅等氧化矿的捕收剂，但在使用以前，必须用硫化钠等硫化剂将氧化矿硫化，使氧化矿颗粒表面生成一层硫化物薄膜，然后才可用高级黄药浮选。

由于黄药的性质不是很稳定，因此储存时宜放在通风、阴凉干燥的地方，防止分解。

2.1.1 黄药的制法

黄药的制造原理比较简单，醇、氢氧化钠、二硫化碳相互发生化学作用即可生成。一般可用如下的反应式表示：

$$ROH + NaOH \rightleftharpoons RONa + H_2O \tag{1}$$

$$RONa + CS_2 \rightleftharpoons ROC(=S)—SNa \tag{2}$$

式(1)+式(2)即得

$$ROH + NaOH + CS_2 \rightleftharpoons ROC(=S)—SNa + H_2O \tag{3}$$

制造黄药是一个放热反应，因此，反应器要有散热设备。选矿药剂厂生产黄药时，有两种配料比，其中一种采用 ROH∶NaOH∶CS_2 =1∶1∶1(摩尔比)。反应在捏和机中进行。先使醇和氢氧化钠作用，在25～30℃下使固体粉状氢氧化钠溶于醇中。在溶解过程中，应开动捏和机搅拌器充分搅拌，促使氢氧化钠溶解。氢氧化钠完全溶解后，在搅拌的同时，加入二硫化碳，生成黄药。利用加入二硫化碳的速度控制反应温度在30℃以下。加完二硫化碳后再充分搅拌，以便反应完全。打开捏和机即可得固体黄药。先将醇与二硫化碳混合，再使用氢氧化钠的反加料法，亦可制得黄药。这样制出的黄药含有水分，干燥后即可得到优质黄药。若不干燥，则出厂后的产品稳定性较差，不能存放过久。这种生产方法适用于制造低级黄药，若用于生产6个碳原子以上的黄药，则往往形成糊状产品。

另一个配料比是采用醇过量2倍(或更多)的方法。反应后所得产品是液体黄药。反应温度及加药次序与前面相同，可在反应器中先加入二硫化碳和醇，然后加入固体粉末状氢氧化钠，同时控制反应温度，可得液体黄药。这种黄药含有水和过量的醇，必须在减压条件下，在干燥系统中喷雾干燥，即得优质黄药。对含过量醇和水的混合物，利用分馏系统可以回收醇，供循环使用。这种方法的优点是产品的质量好、稳定，但流程复杂，原料消耗多。

我国选矿药剂厂利用捏和机法，一般生产乙基黄药与丁基黄药两种，已能基本满足各地选矿厂的要求。实际工作中前后用相应的醇生产或合成过异丁基黄药、仲丁基黄药、苄基黄药等，它们属于黄药类捕收剂，浮选性能基本一致。仲丁基黄药分子较大，用捏和机难合成，多为糊状产品，它的捕收力强，多用作氧化矿捕收剂。

2.1.2 黄药的一般性质

黄药是淡黄色的粉状物，因而得名，易溶于水，应用时视选厂的具体情况而定，可配成1% ~10%使用，用量一般为50 ~150 g/t。黄药的下列性质值得注意。

1. 电离、水解和分解

黄药是黄原酸钠盐或钾盐，在水中的溶解度较大，并且易发生电离。黄原酸盐是弱酸盐，在水中易水解生成部分黄原酸，黄原酸在酸性介质中容易分解。黄药在水中电离、水解和分解的反应，可用下面的反应式表示：

$$ROCSSNa \rightleftharpoons ROCSS^- + Na^+ \quad \text{黄原酸钠电离}$$

$$ROCSS^- + H_2O \rightleftharpoons ROCSSH + OH^- \quad \text{黄原酸根水解}$$

$$ROCSSH \rightleftharpoons CS_2 + ROH \quad \text{黄原酸分解}$$

$$ROCSSH \rightleftharpoons ROCSS^- + H^+ \quad \text{黄原酸电离}$$

黄原酸的酸性较弱，它的 pK_a 在 2 至 3 之间，因此黄原酸根有水解作用。分子量愈大的黄原酸在水中愈稳定。

一般认为 pH <7 时黄原酸根会水解成黄原酸，黄原酸进一步分解为醇和二硫化碳。

2. 氧化

在 pH 为 7 至 12 范围内，黄药在水溶液中会被氧化成双黄药。可用下面的反应式表示：

$$4ROCSS^- + 2H_2O + \underset{\text{(溶于水中的氧)}}{O_2} \rightleftharpoons 2ROC(=S)—S—S—C(=S)OR + 4OH^-$$

双黄药也是硫化矿捕收剂，其选择性能比黄药好。

3. 在 pH 为 7 ~12 时，黄药在水溶液中直接分解

一般认为 pH <7 时，黄药分解为醇和 CS_2，当 pH 为 7 ~12 时，则被水中的氧氧化成双黄药。有人认为，这是不全面的，除上述反应外，应还有如图2 -1所示的分解反应。在图中，二硫代碳酸氢根（$S{=}C(OH){—}S^-$）中的 $S{=}C\langle$ 基进行水解，水解产物是不稳定的，很快会变成最终产品 CO_3^{2-}、HCO_3^-、HS^- 以及三硫代碳酸根，因为反应很快，所以无法用化学方法测定这些中间产物的存在，但用中间产物的任一种与醇作用，均可得到少量的黄药。这就充分证明了这个平衡的存在。

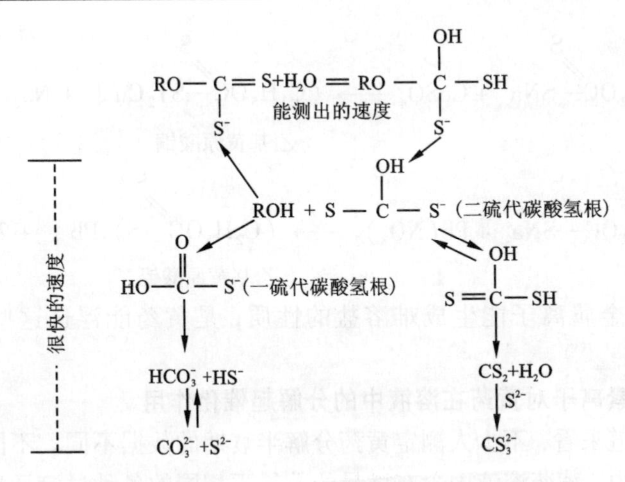

图 2-1 pH 为 7~12 时黄药的分解反应

4. 黄药在强酸性介质中的情况

黄药在强酸性介质中，除分解生成醇和二硫化碳外，溶液中还有与质子结合的黄原酸存在。黄药在强酸性介质中的平衡可用下式表示：

$$H^+ + ROCSS^- \rightleftharpoons ROCSSH$$

$$H^+ + ROCSSH \rightleftharpoons ROCSSH_2^+$$（与质子结合的黄原酸）

$$ROCSSH \rightleftharpoons ROH + CS_2$$

用分光光度法测定了不同的氢离子活度时 $ROCSS^-$、$ROCSSH$、$ROCSSH_2^+$ 三者在溶液中的比例，结果列于表 2-1 中。

表 2-1 不同氢离子活度时黄药溶液中 $ROCSS^-$、$ROCSSH$、$ROCSSH_2^+$ 的比例 %

HCl 浓度/($mol \cdot L^{-1}$)	$ROCSS^-$	$ROCSSH$	$ROCSSH_2^+$
0.47	8.78	85.58	5.64
1.01	3.37	84.64	11.90
1.99	0.94	77.45	21.61
3.01	0.29	70.11	29.60
4.02	0.09	63.85	36.02
5.00	0.03	58.76	41.24

但在强酸性介质中，生成的醇和二硫化碳是可逆的。黄药的分解是可逆反应的主导方向，故在短时间内，绝大部分黄药被分解。

5. 黄药与重金属离子作用生成难溶盐

例如：

$$2CH_3CH_2OC(=S)—SNa + CuSO_4 \longrightarrow (C_2H_5OC(=S)—S)_2Cu\downarrow + Na_2SO_4$$

乙基黄原酸铜

$$2CH_3CH_2OC(=S)—SNa + Pb(NO_3)_2 \longrightarrow (C_2H_5OC(=S)—S)_2Pb\downarrow + 2NaNO_3$$

乙基黄原酸铅

黄药与重金属离子能生成难溶盐的性质，是黄药能浮选这些矿物的主要原因。

6. 过渡元素离子对黄药在溶液中的分解起催化作用

从文献报道来看，不少人测定黄药分解半衰期的数据不同。不同的原因之一是在测量过程中，黄药溶液中含有微量的数量不相同的各种过渡元素离子。从表2-2中可以看出，在有氮或氧存在的情况下，由于某些金属离子的催化，黄药加速分解，分解半衰期便有显著改变。

为了进一步分析某些金属离子对黄药分解的催化作用，以Fe^{3+}离子为例讨论如下。在200 mL 0.1 mol/L黄药溶液中加入硫酸铁，使溶液中的Fe^{3+}浓度为0.001 mol/L，然后通入速度为0.25 L/min的氧和二氧化碳的混合气体(通入前即进行混合)，试验结果列于表2-3中。

表2-2 pH为8时乙基钾黄药的分解速度

存在气体	N_2	O_2												N_2
加入的金属离子	—	—	Zn^{2+}	Mn^{2+}	Ba^{2+}	Al^{3+}	Pb^{2+}	Ni^{2+}	Hg^{2+}	Cu^{2+}	Sn^{2+}	Co^{2+}	Fe^{2+}	痕迹(上项离子)
分解半衰期/h	520	520	520	500	450	435	435	373	352	335	310	310	236	520

表2-3 高铁离子在有氧和二氧化碳存在下对黄药分解的影响

通入O_2和CO_2时间/h	黄药分解率/%			
	乙基黄药	异丙基黄药	正丁基黄药	戊基黄药
0	0.0	0.0	0.0	0.0
0.5	5.2	5.4	5.3	7.5
1.0	7.0	7.4	7.2	10.0
1.5	9.1	9.5	9.1	11.6
2.0	10.9	11.3	10.9	13.4
2.5	12.8	12.4	12.5	14.3

续表 2-3

通入 O_2 和 CO_2 时间/h	黄药分解率/%			
	乙基黄药	异丙基黄药	正丁基黄药	戊基黄药
3.0	14.0	14.2	14.1	16.1
4.0	16.7	16.5	16.6	18.2
5.0	18.6	19.0	18.8	19.9
6.0	20.9	20.8	20.7	21.4
6 h后黄药氧化成双黄药/%	15.3	12.2	15.0	15.7

从表2-3中看出，高铁离子对黄药的分解影响十分显著。为什么铁离子能加速黄药的分解呢？可能是这样的，在试验过程中发生如下反应：

$$Fe_2(SO_4)_3 + 6ROC(=S)—SK \longrightarrow 3K_2SO_4 + 2Fe(ROCSS)_3\text{（高铁黄药）}$$

高铁黄药不稳定，在有 O_2 和 CO_2 存在的条件下，容易变成双黄药：

$$2Fe(ROCSS)_3 + 3H_2O + \frac{3}{2}O_2 + 6CO_2 \longrightarrow 3ROC(=S)—S—S—C(=S)—OR + 2Fe^{3+} + 6HCO_3^-$$

第二个反应生成的铁离子，又与未被氧化的黄药作用，如此循环进行会加速黄药氧化为双黄药的反应。

2.1.3 黄药类捕收剂的捕收机理

黄药是最常用的捕收剂。人们是通过实践、认识、再实践、再认识而逐步加深它与硫化矿的作用机理，在20世纪50年代前有化学假说，即认为黄药与硫化矿表面发生化学反应，反应产物的溶度积愈小，反应愈容易发生，对该矿物捕收力越强。也有人提出吸附假说，认为黄药与矿物表面的作用主要是吸附。持这种观点的人有认为“离子交换吸附”的，即黄药的阴离子与矿物表面的阴离子交换吸附，亦有认为是分子吸附的，即黄原酸分子在矿物表面吸附。从20世纪50年代开始著者就认识到氧化和氧化作用对黄药捕收硫化矿的重要性，接着进行了大量的研究工作，对作用机理的认识不断深入。

1. 硫化矿矿物表面适度氧化是进行浮选的重要条件

在常压下，1 L水中溶解氧达9 mg，硫化矿物的新鲜表面，不论是在空气中或在水中，不可避免地要与氧接触而被氧化。硫化矿物表面的氧化及其可浮性的影响，已研究多年，目前比较一致的看法是认为硫化矿物表面适度氧化是浮选的重要条件之一。下面是一些有代表性的看法。

(1)对方铅矿表面氧化的研究表明，氧化过程分四个阶段。第一是诱导期，此时溶解于矿浆中的氧分子急速向方铅矿表面吸附，从表面夺取电子，造成表面空穴，使方铅矿表面的N型(电子导电型)向P型(空穴导电型)转化；第二是加速期，此时表面开始生成硫代硫酸铅或硫酸铅；第三是按固定速度氧化期；第四是由于表面生成了氧化层的单独相，防止进一步氧化。

(2)另一部分的研究结果认为，用氧或氧化剂处理方铅矿时，氧分子吸附于矿物表面，由于它对电子有很强的亲和力，从表面夺取导电的电子，使空穴浓度增加。如果氧足量，可使表面反型，即电子导电型转化为空穴导电型，黄药阴离子此时可顺利地吸附于矿粒表面的阳极区(即空穴区)，阴离子上的价电子转移到矿物表面的正电荷中心，形成牢固的化学结合。

(3)通过测量矿物的电极电位(电化学电位)及表面双电层的微分电容，进一步把表面的反型理论与矿物的电化学电位联系起来，发现在含氧的溶液中，方铅矿、闪锌矿的电极电位比无氧溶液中的高，认为这正是表面空穴增加的结果。电化学电位的增加，对于黄药阴离子在矿物表面氧化为双黄药有重要意义，并成为解释药剂与矿物表面作用机理的主要依据。

(4)研究了氧化的化学机理。通过对方铅矿、闪锌矿氧化时，表面S^0析出的量、氧的吸附量及矿浆pH变化的测量、分析，发现在无氧矿浆中，矿物表面基本上无S^0析出，有氧时则有S^0析出，且在含氧量为其饱和值的20%时，S^0的析出量最大。进而发现，pH越小，S^0析出越多，矿浆中含氧越多，pH越高，从而提出了矿物表面氧化初期的反应机理：

$$\frac{1}{2}O_2 + H_2O + 2e^- \rightleftharpoons 2OH^-$$

$$PbS \rightleftharpoons Pb^{2+} + S^0 + 2e^-$$

$$H^+ + OH^- \rightleftharpoons H_2O$$

总反应式为

$$PbS + \frac{1}{2}O_2 + H^+ \rightleftharpoons Pb^{2+} + S^0 + OH^-$$

总反应式表明，氧化引起表面电子状态的变化，同时，若pH不大，还会在矿物表面析出S^0。S^0的析出及其作为表面疏水性的因素，在过去往往被人忽视。

总反应式还表明，方铅矿等硫化矿物的氧化和矿浆的pH大小有密切的关系。pH低，方铅矿表面Pb^{2+}就增多，S^0亦增多，有利于浮选；但pH<6.5时，氧化生成的硫氧离子开始阻碍黄药的吸附；pH<3时，黄药发生分解(半衰期仅5.5 min)；反之，pH大于10~11，则方铅矿表面将生成亚铅酸离子而溶解，在常用的黄药浓度下($10^{-5} \sim 10^{-4}$mol/L)，浮选已不可能进行。

2. 共吸附说

近年来带倾向性的主张是离子交换吸附及双黄药分子共吸附。这种观点认为，捕收剂在矿物表面的吸附层均由化学吸附产物 MeX(Me^+ 为金属离子，X^- 为黄原酸根)及物理吸附的 X_2 组成。以黄铁矿为例，当 pH 为 4 ~5 时，X_2 的吸附量有最大值，可占黄药总吸附量的45%。该观点还认为，为了保证方铅矿、黄铜矿、黄铁矿的有效浮选，分子吸附(即 X_2 吸附)至少应占总吸附量的10% ~30%以上，有人测定，在广泛 pH 范围内(4 ~12)，方铅矿表面 X_2 均组成吸附层，总量占50%左右；又有人指出，在方铅矿表面的共吸附层中，当 X^- 与 X_2 的摩尔比为 3∶1 时，方铅矿的浮选效果最佳。

持有共吸附观点的人均强调金属离子及矿物表面对 X^- 氧化的催化作用，认为硫化矿物对 X^- 氧化的催化作用表现在广泛 pH 范围内，除方铅矿外，其他硫化矿对黄药的吸附性质取决于他们对黄药的氧化能力。

3. 黄药的作用机理随矿物的性质而异

据报道16 种不同矿物和 C_1 ~ C_6 黄药作用的研究资料(摘录几种列于表2 -4中)表明，不同矿物与黄药的作用机理是不相同的，有的生成 MeX，有的生成 X_2，MeX 和 X_2 共存的并不多，仅在铜蓝表面发生。此结果实际上解释了前面几种矛盾的观点，也表明仅用少量的几种矿物所得到的结果，不能作为硫化矿与黄药作用的普遍规律，应具体问题具体分析。黄药与各种硫化矿表面作用，在表面上生成 MeX 或 X_2，取决于矿物和黄药在矿浆中的电位。若矿物的电位较 $X_2 + 2e^- \rightleftharpoons 2X^-$ 的平衡电位高，则生成 X_2；若比上式的平衡电位低，则表面生成 MeX 或不反应，从而把矿物的表面电位和吸附产物联系起来。

表 2 -4 几种矿物和黄药作用的产物

黄药	辉锑矿(1)	辉锑矿(2)	辰砂	方铅矿	斑铜矿	辉铜矿	铜 蓝	黄铁矿	磁黄铁矿	砷黄铁矿	辉铜矿	黄铜矿	闪锌矿
乙黄药	0	MeX	0	MeX	0	0	X	X_2	X_2	X_2	X_2 + ?	X_2	0
丁黄药	0	MeX	0	MeX	MeX	MeX	X_2 + MeX	X_2	X_2	X_2	X_2 + ?	X_2	0
戊黄药	0	MeX	0	MeX	MeX	MeX	X_2 + MeX	X_2	X_2	X_2	X_2 + ?	X_2	0

注：MeX——矿物晶格的黄原酸盐；X_2——双黄药；0——不能准确鉴定。

2.1.4 研究黄药的动向和实例

20 世纪 90 年代对黄药的研究和使用均向长碳链和同分异构体方面发展。有人用丁基、2 - 乙基已基、庚基和 C_8 ~ C_{10}、C_{10} ~ C_{12} 合成的黄药浮选铜钼硫化矿，研究了它们的用量与精矿品位和回收率的关系，并用已基黄药做了工业试验，铜和钼的浮选指标都得到提高。有人研究了长碳链黄药在辉铜矿和黄铜矿表面的吸附，认为在 pH 为 8 ~11 时有很好的选择性，浮选试验得到了进一步证实。广州有色金属研究院与江西铜业通过工业试验用新型黄药提高了黄金回收率，据称能提高黄金回收率 3% ~5%，这对我国有色矿山提高伴生黄金回收率有参考价值。

1. Y -89

1995 年曹宪源等合成了 Y -89，其主要成分是用甲基异丁基甲醇、二硫化碳和氢氧化钠为原料生产得到的六碳醇黄药，生产工艺流程和工艺参数与常规黄药相似。据报道该药剂能浮选铜、铅、锌、镍等硫化矿，并有利于提高金的回收率，现已发展成一系列产品。据报道共有 Y -89、Y89 -2、Y89 -3、Y89 -5 等 4 种。且在我国得到比较广泛的推广使用，下面列举一些厂矿使用结果。

Y -89 与丁基黄药浮选金银试验结果表明，Y -89 对金银的捕收能力优于丁基黄药，浮选精矿的金银品位和回收率均有明显提高。Y89 -5 作捕收剂浮选湖北鸡笼山金矿石，试验结果表明，它适应性强，比原用的丁铵黑药与黄药混合剂效果好，精矿金品位提高 0.579 g/t，铜品位提高 0.73%，金回收率提高4.79%，铜回收率提高 0.63%。

用 Y89 -3 代替传统用的丁基黄药浮选湘西金矿矿石效果好，在提高金锑精矿品位和回收率的同时，大幅度提高了金的回收率。经过一个月的生产实践，金回收率提高了 2.89%，并减少了捕收剂用量，降低了成本。又如新桥硫铁矿属低铜高硫复杂铜硫矿石，采用 Y -89 作捕收剂，石灰和硫化钠作抑制剂和氧化铜的硫化剂的抑硫浮铜生产实践表明，在铜精矿合格的前提下，用它代替丁基黄药和丁铵黑药，铜回收率提高了 4.82%。Y -89 和其他黄药一样不但可以浮铜，还可以浮铜锌等矿物。例如：某选厂处理锡石多金属硫化矿，用 Y -89 代替异丁基黄药作全硫浮选捕收剂进行试验和生产应用。结果表明，新捕收剂 Y -89 捕收能力强，浮选速度快，硫脱除率高，有利于缩短浮选时间，提高浮选机的处理量，比异丁基黄药优。Y -89 捕收剂与黄药浮选某金矿石粗选结果见表 2 -5。

表 2 -5 某金矿石粗选结果

金精矿品位/($g \cdot t^{-1}$)	回收率/%	捕收剂名称和用量/($g \cdot t^{-1}$)
86.90	87.91	Y -89 200
74.60	82.16	丁黄药 200
71.45	78.26	异丁基黄药 200
73.00	81.37	异丁基黄药 + 丁黄药 100 + 100
78.05	82.88	异丁黄药 + 丁铵黑药 180 + 20

从表2-5看出Y-89的选择性和捕收能力比常规药剂好。

对金川二矿区富矿矿石，用Y89-2+PN405新药方取代丁基黄药+J-622现场药方进行小型试验和工业试验，试验结果表明新药方优化选别指标，降低了精矿中MgO含量，提高了铜精矿中铜回收率。工业试验结果表明Y89-2和PN405混用稍优于丁黄药和J-622混用。新药方镍回收率比旧药方提高0.64%，铜回收率提高0.97%，镍精矿中MgO含量降低0.219%，颇有经济效益。

2. 甲基异戊基黄药

甲基异戊基黄药是Y-89的同分异构体，它们的分子式和结构式表示如下：

$$\underset{\text{甲基异戊基黄药}}{CH_3-CH(CH_3)-CH(CH_3)CH_2O-C(=S)-SNa} \longleftarrow \underset{\text{分子式}}{C_7H_{13}OS_2Na} \longrightarrow \underset{\text{Y-89}}{CH_3-CH(O-C(=S)-SNa)-CH_2-CH(CH_3)-CH_3}$$

从上式看出,Y-89与甲基异戊基黄药是同系列同分异构体，它们有相同的官能团，只是烷基异构，因此它们的化学性质和物理性质应相似，浮选药剂的浮选性能是其物理性质和化学性质的集中反应，因此Y-89和甲基异丁基黄药的捕收性能亦应十分相似。

(异)丁基黄药是铜矿物浮选常用黄药，故采用该黄药作参比药剂，来评价甲基异戊基黄药及复合黄药的浮选性能。根据冬瓜山矿石的浮选性质，仅做了必要的捕收剂用量和pH条件试验，对比试验结果见表2-6。

表2-6 甲基异戊基黄药及复合黄药与丁基(异)黄药对比试验结果

序号	药剂名称	pH	药剂用量/$(g \cdot t^{-1})$	粗精矿品位/%	粗精矿铜回收率/%
1	丁基黄药	自然	80	3.52	80.28
	异丁基黄药		80	3.64	80.65
	甲基异戊基黄药		80	3.79	81.62
	甲基异戊基复合黄药		80	3.81	80.76

续表 2-6

序号	药剂名称	pH	药剂用量/$(g\cdot t^{-1})$	粗精矿品位/%	粗精矿铜回收率/%
2	丁基黄药	9	80	5.20	80.79
	异丁基黄药		80	5.31	80.92
	甲基异戊基黄药		80	5.63	80.99
	甲基异戊基复合黄药		80	5.68	81.36
3	丁基黄药	11	80	7.51	74.55
	异丁基黄药		80	7.90	74.85
	甲基异戊基黄药		80	7.47	78.06
	甲基异戊基复合黄药		80	8.70	79.82

由表 2-6 结果可见：①在自然 pH 条件下，甲基异戊基黄药、复合黄药分别与丁基(异)黄药相比，回收率及精矿品位均高于丁基(异)黄药，甲基异戊基黄药优于其复合黄药；②在 pH =9 的条件下，甲基异戊基黄药及其复合黄药性能略高于丁基(异)黄药，复合黄药优于甲基异戊基黄药；③在 pH =11 的条件下，甲基异戊基黄药及其复合黄药明显优于丁基(异)黄药，复合黄药明显优于甲基异戊基黄药。

Y-89 对硫化铜矿的捕收性能比丁黄药好，因此能得到广泛地推广使用。甲基异戊基黄药、甲基异戊基复合黄药、正丁基黄药、异丁基黄药浮选冬瓜山铜矿石的对比试验结果表明：甲基异戊基黄药与甲基异戊基复合黄药的结果都比丁基黄药和异丁基黄药的指标高，这些实践证明用同分异构原理寻找新浮选药剂是可行的。

2.2 双黄药

双黄药是黄药的氧化产物，文献上亦称为复黄药、二黄素、二黄原、二硫化物等，其通式如下：

$$RO-\overset{\overset{S}{\|}}{C}-S-S-\overset{\overset{S}{\|}}{C}-OR$$

R 为乙基，称为乙基双黄药；R 为丙基，则称丙基双黄药，其余类推。

工业上应用双黄药比黄药少，文献上报道双黄药多系黄药捕收硫化矿时，在硫化矿表面生成黄原酸盐和双黄药共吸附，如前所述。但双黄药也是一种良好的硫化矿捕收剂，浮选硫化矿时，其选择性比黄药强，特别适宜于低 pH 时使用，对沉淀金属的捕收性能比黄药强。

2.2.1 双黄药的制法

双黄药可直接以黄药为原料氧化而成，也可以用醇、二硫化碳、氢氧化钠先合成液体黄药，再氧化成双黄药。氧化剂可用碘、亚硝酸、二氯硫酰（SO_2Cl_2）、次氯酸钠（NaClO）或过二硫酸钾（$K_2S_2O_8$）等。下面介绍制造双黄药的两种方法。

1. 实验室法

此法适用于制造少量的双黄药。取1 mol二硫化碳慢慢加入1 mol醇和1 mol 40%氢氧化钠的混合溶液中，保持温度在30℃以下，若加入二硫化碳时的温度高于30℃，可慢些加入，用冷水将反应器冷却从而降低温度。当温度降至30℃以下时，再慢慢加入，加完之后，搅拌0.5 h，反应完毕。这一步是制造液体黄药，反应式为

$$ROH + NaOH + CS_2 \xrightarrow{30℃以下} ROCSSNa + H_2O$$

液体黄药制成后，加入1.1 mol亚硝酸钠，将温度保持在 -3 ~ 0℃，再加入25%的硫酸，硫酸与亚硝酸钠作用生成亚硝酸，亚硝酸将黄药氧化，得双黄药，成油状液体析出。其反应式为

$$2ROCSSNa + H_2SO_4 \longrightarrow 2ROCSSH + Na_2SO_4$$

$$2ROCSSH \xrightarrow{(O)} RO\underset{\underset{S}{\|}}{C}—S—S—\underset{\underset{S}{\|}}{C}OR + H_2O$$

2. 工业生产法

取工业黄药188 kg（纯度90%），加入600 L水中，冷却到0℃，加入400 L 16%的次氯酸钠（NaClO）溶液，并通入30 kg二氧化碳，保持溶液pH在9 ~ 10最好，加完次氯酸钠后搅拌0.5 h，反应即告完毕，颜色从黄色变成青蓝色，从母液中分出油状双黄药，用水洗涤，减压干燥得到双黄药产品。

2.2.2 双黄药的性质

双黄药基本上是不溶于水的油状液体，作捕收剂时可直接加入矿浆中，也可以先加入水中制成乳浊液，然后用作捕收剂。

双黄药是非离子型的捕收剂，在酸性介质中比黄药稳定，但pH高时，会逐渐分解为黄药，即进行如下反应的逆过程。

$$4ROCSS^- + O_2 + 2H_2O \rightleftharpoons 2ROCSS—SSCOR + 4OH^-$$

pH低时，OH^-离子浓度低，反应向右进行，生成双黄药。因此，从化学平衡的观点看，双黄药或黄药溶液中都应该有黄药和双黄药存在，只不过它们的含量随溶液pH不同而改变。

2.2.3 双黄药的捕收性能

双黄药和黄药相似，多用作硫化矿的捕收剂。用来浮选方铅矿时，捕收性能与黄药相似。例如，用粒度为0.16 mm的石英90 g、粒度为0.15 mm的方铅矿10 g混合成人工混合矿，配成液固比为3∶1的矿浆，在20℃时加入捕收剂0.2 mol/t并搅拌5 min，然后浮选。浮选结果与用丁黄药的浮选结果相似。

铜铅分离时，用双黄药作捕收剂时的选择性比用黄药好。因为双黄药对重铬酸盐抑制后的方铅矿的捕收能力很差，从而能得到品位较高、含铅较少的铜精矿。

用双黄药浮选黄铜矿时，选择性比黄药好。例如，在pH为8.5时，用丙基双黄药浮选黄铜矿时回收率99%，铜精矿品位28.5%～30%；而用乙基黄药浮选所得的结果，比一般工业指标回收率97%～99%、铜品位24%还要低。双黄药浮选黄铜矿指标高的原因是因为它对黄铁矿的捕收能力较弱，从而提高了选择性。

对沉淀铜的浮选，双黄药的捕收能力也比黄药强。

从双黄药的烃基长短对捕收性能的影响来看，也与黄药极为相似，即烃基增长，则捕收能力增强。

2.2.4 双黄药的捕收机理

从双黄药的性质出发，像前面所叙述的一样，它在水中能分解为黄原酸离子：

$$4ROCSS^- + O_2 + 2H_2O \rightleftharpoons 2ROCSS\text{—}SSCOR + 4OH^-$$

这个反应在低pH时平衡向右移动，于是双黄药溶液中，含黄药离子较少；pH升高时，溶液中的OH^-离子浓度增大，平衡向左移动，有更多的双黄药分解成黄原酸离子。因此，用双黄药作捕收剂时，在矿物表面往往先发生黄原酸盐的化学吸附，双黄药在矿物表面再与化学吸附的黄原酸盐发生物理共吸附。例如，氧化铜和硫化铜与黄药作用时，在表面上都发生黄原酸盐和双黄药共吸附。用红外光谱数据可得到证明，见图2－2和图2－3。

图2－2中的红外光谱是图2－3红外光谱的标准，图中(6)用乙醚洗涤已得到的沉淀，除去双黄药。1020～1050 cm^{-1}的光带代表 C═S 基伸展特征；1100～1120 cm^{-1}和1150～1265 cm^{-1}的光带代表C—O—C基的伸展特征；双黄药显现出一个特征 C—O 的光带在1240～1265 cm^{-1}（但另据报道，这个特征应为 $>$C═S 的特征）；金属黄原酸盐的C—O光带发生在1150～1210 cm^{-1}处。

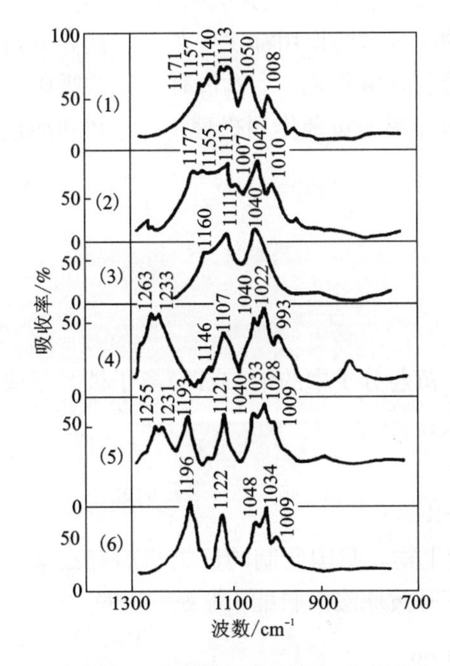

图 2－2 黄原酸化合物的红外光谱

(1)乙基黄原酸钾固体；
(2)乙基黄原酸钠固体；
(3)乙基黄原酸钠(或钾)水溶液；
(4)乙基双黄药毛细管液膜；
(5)乙基黄原酸亚铜和乙基双黄药共沉淀；
(6)乙基黄原酸亚铜固体

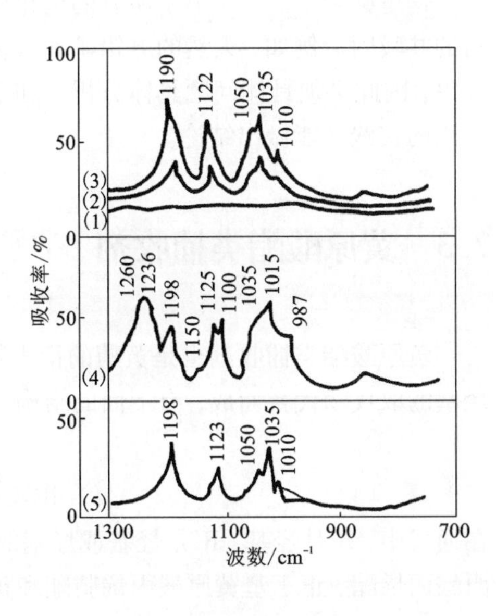

图 2－3 黄原酸类吸附在氧化铜和硫化铜上的红外光谱

(1)新鲜铜板表面；
(2)、(3)乙基黄原酸钾吸附在氧化铜板和硫化铜板上生成黄原酸亚铜；
(4)乙基双黄药吸附在氧化铜板或硫化铜板上生成黄原酸亚铜和乙基双黄药；
(5)用乙醚洗除去(4)铜板的影响

将图 2－3 的(3)和作为标准的图 2－2 的(6)比较便明显地看出，吸附生成物是乙基黄原酸亚铜。在 pH 为 2.4 或 2.0 时，用双黄药的乳化液处理表面被氧化的或硫化的铜板，然后用蒸馏水洗涤，它的红外光谱见图 2－3 中的(4)。把它与图 2－2 中的(5)比较，很明显，前者发生了乙基黄原酸亚铜和乙基双黄药的共吸附。用乙醚洗涤，并用乙基双黄药处理过的氧化或硫化铜板表面，其红外光谱见图 2－3 中的(5)，该图表明，双黄药已被乙醚全部洗去，只剩下乙基黄原酸亚铜的红外光谱。根据图 2－2 和图 2－3 的数据得出结论，当铜板表面上的氧化铜和硫化铜与双黄药乳化液接触时，其表面发生黄原酸亚铜和双黄药的共吸附，发生这种共吸附的结果增强了疏水性。例如，只是黄原酸离子吸附在铜板上时，接触角为 60°～63°；若铜板用双黄药乳化液处理，则接触角接近 80°，再用乙醚洗涤双黄药乳化液处理过的铜板表面，除去发生吸附的双黄药，只剩下乙基黄原酸亚铜，则接触角又变为60°。可见，双黄药和黄原酸亚铜发生共吸附增强了疏水性。

这里必须指出，并不是所有的硫化矿物和双黄药作用都发生黄原酸盐和双黄药的共吸附。例如，天然的方铅矿和双黄药乳化液作用时，就没有产生共吸附的现象，因此必须具体问题具体分析。和上面介绍的黄药作用机理一样，必须通过广泛的实践才能做出结论。

2.3 黄原酸酯类捕收剂

黄原酸酯类捕收剂也是黄药的衍生物，黄药分子中的钠(或钾)离子被烃基或烃基的取代物代替而成，有下面的结构通式：

$$\mathrm{ROC(=S)—SR'}$$

在通式中，R 是烃基，R′是烃基或烃基的衍生物。我国研制的这类药剂有乙基黄原酸丙烯酯、正丁基黄原酸丙烯腈酯和正丁基黄原酸丙腈酯，等等。

2.3.1 黄原酸丙烯酯的制法和捕收性能

在文献上，黄原酸丙烯酯常以 S－3302、AF－3302 为代号；丁基黄原酸丙烯酯常以 AБ－1 为代号，我国称 OS－43。

1. 黄原酸丙烯酯的制法

用相应的黄药与3－氯丙烯作用而得该类捕收剂，反应式如下：

$$\mathrm{ROC(=S)—SNa + ClCH_2CH{=}CH_2 \longrightarrow ROC(=S)—SCH_2CH{=}CH_2 + NaCl}$$

使用乙基黄药时，产品为乙黄原酸丙烯酯；使用丙基黄药时，产品为丙黄原酸丙烯酯，其余类推。

2. 黄原酸丙烯酯的捕收性能

黄原酸丙烯酯多为油状液体，分子具有极性，但与黄药不同，它在水中不电离，在水中的溶解度较小，是较好的硫化矿捕收剂，选择性比黄药强。从乙基至己基的各种烷基黄原酸丙烯酯，对黄铜矿、活化了的闪锌矿及黄铁矿的捕收能力，随着烷基碳链的增长而加强，但它们稍弱于丁基黄药，并且对于黄铁矿只有极弱的捕收能力。由于黄原酸酯对黄铁矿的捕收能力甚至比黑药还弱，即使被铜离子活化的黄铁矿，用它作为捕收剂时，只要有少量的氰化钠即能产生强烈的抑制效果。

丙基代替不饱和的丙烯基时，对黄原酸酯的浮选性能并不产生显著的影响。

从浮铅尾矿中浮锌，异丙基黄原酸丙烯酯的选择性比丁基黄药强。因此，用前者浮锌时，可得到品位较高的锌精矿。

黄原酸丙烯酯捕收剂主要用在铜钼硫化矿的浮选。使用丁基黄原酸丙烯酯及煤油浮铜钼矿，即使在较低 pH 条件下，也能获得良好的选别结果，并能提高浮选速度，有助于提高辉钼矿的回收率。用戊基黄原酸丙烯酯(S－3302)作硫化铜及辉钼矿的捕收剂时，铜和钼的回收率比用异丙基黄药都有所提高。将丁黄原酸丙烯酯与少量丁黄药混合使用，浮选硫化铜矿的工业试验表明，可以得到良好的指标，并能大幅度地降低黄药用量，减少药剂费用。

2.3.2 烷基黄原酸丙腈酯的制法和捕收性能

烷基黄原酸丙腈酯也是黄药的衍生物，它具有下面的结构式：

$$\mathrm{ROC(=S)—S—CH_2CH_2CN}$$

式中 R 是含 3～8 个碳原子的烷基，包括正丙基、异丙基、正丁基、仲丁基、异丁基、己基及辛基等。当 R 为正丁基时，称正丁基黄原酸丙腈酯，按照我国选矿药剂的命名法，称它为丁黄腈酯(OSN－43)。

1. 烷基黄原酸丙腈酯的合成

烷基黄原酸丙腈酯，可用相应的黄药与 β－卤代丙腈或丙烯腈反应制取。反应式为

$$\mathrm{ROC(=S)—SNa + XCH_2CH_2CN \longrightarrow ROC(=S)—SCH_2CH_2CN + NaX}$$

$$\mathrm{ROC(=S)—SNa + CH_2{=}CHCN \xrightarrow{H_2O} ROC(=S)—SCH_2CH_2CN + NaOH}$$

反应可在水、丙酮、四氢呋喃等有机溶剂中进行。例如，取 44.7 g β－氯代丙腈($ClCHCH_2CN$)加入含 79 g 异丙基钠黄药的水溶液中，搅拌，在室温的情况下放置过夜，分离出油状物，用四氯化碳将水相萃取一次，萃取液合并于油状物中，油状物用活性炭处理，然后过滤，在 80℃、133.32 Pa 状态下除去挥发物质，得 74.6 g 异丙基黄原酸丙腈酯，为黄色油状物质。用类似的方法可以制得其他烷基黄原酸丙腈酯。

也可用丙烯腈代替 β－卤代丙腈与相应的黄药作用制取烷基黄原酸酯。例如，用 28.6 g 丙烯腈加入 79 g 异丙基钠黄药溶液中，按上述制备过程可得产品 25.9 g，但纯度不高。如在反应过程中将二氧化碳通入到反应混合物中，以中和反应生成的碱，则产率可提高到 70%；如用盐酸代替二氧化碳并保持 pH 在 8.0 至 9.5之间，则产率可提高到 74%。

2. 烷基黄原酸丙腈酯的捕收性能

这类药剂是自然铜、金以及铜、铅、锌、铁、汞、砷、钼硫化矿的有效捕收剂。在某些情况下，与水溶性的捕收剂混合使用，可以改善分选效果。特别是在低 pH 时，浮选硫化铜矿，一般都超过戊黄原酸丙烯酯，但不如烃基黄原酸丙烯腈酯。

2.3.3 烷基黄原酸丙烯腈酯的制法和捕收性能

烷基黄原酸丙烯腈酯也是黄药的衍生物，有下面的结构式：

$$\mathrm{ROC(=S)—SCH{=}CHCN}$$

R 是烷基，含碳原子数可以多到十二个；也可以是芳基，但这里讨论的只限于 R 是烷基。

1. 烷基黄原酸丙烯腈酯的制法

可用顺式或反式的 β－卤代丙烯腈与相应的黄药作用制得，反应式为

$$\mathrm{ROC(=S)—SNa + XCH_2{=}CH_2CN \longrightarrow ROC(=S)—SCH_2{=}CH_2CN + NaX}$$

反应式中 X 可以是氯，也可以是溴；黄药可以是钠黄药，也可以是钾黄药。反应可在水或有机溶剂(如丙酮、氯仿、乙醚等)中进行，反应温度控制在 0～30℃之间。用甲、乙、异丙、正丁、仲丁、戊、己、辛、十二烷基黄药分别和 β－卤代丙烯腈作用，制得相应的烷基黄原酸丙烯腈酯。

2. 烷基黄原酸丙烯腈酯对铜矿的捕收性能

在原矿性质、浮选条件及药剂用量相同的情况下，用异丙基黄原酸丙烯腈酯为捕收剂时，尾矿含铜品位很低，即它的捕收能力最强；用烷基黄原酸丙腈酯作捕收剂，尾矿品位居中，即其捕收能力稍次；用戊基黄原酸丙烯酯为捕收剂时，其尾矿品位最高，即其捕收能力在这三类捕收剂中最弱。

2.3.4 烷基黄原酸次甲基膦酸二甲酯

烷基黄原酸次甲基膦酸二甲酯是黄药的衍生物，属黄原酸酯，为有色金属硫化矿的捕收剂，它的结构式如下：

$$\mathrm{ROC(=S)—S—CH_2P({=}O)(OCH_3)_2}$$

式中 R 为 C_2～C_4 的烷基。这种捕收剂为极性的油状物，捕收硫化矿时，极性的硫、氧原子吸附在矿物表面上，烷基疏水。

2.4 烷基黄原酸烷基甲酸酯

烷基黄原酸烷基甲酸酯也是黄药酯的一种，结构式如下：

$$ROC(=S)—S—C(=O)—OR'$$

式中 R、R′为 $C_1 \sim C_6$ 的烷基。随着 R、R′基的改变可合成一系列烷基黄原酸甲酸酯。例如：

$CH_3CH_2OC(=S)—SCOOC_2H_5$　　乙基黄原酸甲酸乙酯

$CH_3CH_2CH_2OC(=S)—SCOOC_2H_5$　　丙基黄原酸甲酸乙酯

$CH_3(CH_2)_2CH_2OC(=S)—SCOOC_2H_5$　　丁基黄原酸甲酸乙酯

$CH_3(CH_2)_3CH_2OC(=S)—SCOO_2H_5$　　戊基黄原酸甲酸乙酯

$ROC(=S)—S—COOC_2H_5$　　烷基黄原酸甲酸乙酯

如将 R、R′同时改变，则可合成更多的烷基黄原酸甲酸酯，有人合成了 9 种这类化合物。我国也有该类药剂的合成报道。青岛加华化工有限公司生产异丙基黄原酸甲酸乙酯、乙基黄原酸甲酸乙酯、异丁基黄原酸甲酸乙酯三种产品。

2.4.1 烷基黄原酸烷基甲酸酯的合成和浮选性能

这类药剂的合成反应如下：

$$ROC(=S)—SNa + ClCOOR' \longrightarrow ROC(=S)—S—C(=O)—OR' + NaCl$$

合成异丙基黄原酸甲酸乙酯时，配料比可采用 1.04 mol 异丙基黄药比1.00 mol氯甲酸乙酯，反应温度 25℃，反应时间 200 min，在此最佳条件下反应产率为 92%以上。

有人用 9 种黄原酸甲酸酯对硫化铜矿的单矿物进行浮选试验，得出了下面结果，捕收能力呈下述次序：黄铜矿（辉铜矿），铜蓝，斑铜矿，黄铁矿。用这种捕收剂浮选硫化铜矿时，便于与黄铁矿浮选分离。

用异丙基黄原酸甲酸乙酯浮选武山铜矿试验结果见表2－7。用传统黄药，如乙基黄药∶丁基黄药＝1∶1 做对比试验，结果见表2－8。

表2－7　异丙基黄原酸甲酸乙酯对武山铜矿硫化铜浮选试验结果

产品名称	产率/%	品位/%		回收率/%	
		Cu	S	Cu	S
铜精矿	1.881	23.10	27.90	82.52	3.70
硫精矿	26.575	0.186	44.30	9.12	90.58
尾矿	71.544	0.068	1.05	8.36	5.72
原矿	100	0.502	2.90	100	100

表2－8　传统黄药捕收剂对武山铜矿硫化铜矿石浮选试验结果

产品名称	产率/%	品位/%		回收率/%	
		Cu	S	Cu	S
铜精矿	1.726	22.50	28.05	80.56	3.74
硫精矿	25.291	0.195	44.90	9.29	87.79
尾矿	73.083	0.070	1.50	10.15	8.47
原矿	100	0.502	12.93	100	100

由表2－7和表2－8 比较可以看出，异丙基黄原酸甲酸乙酯的浮选效果良好，铜精矿中铜的品位和回收率均比黄药高。

2.4.2　烃基黄原酸甲酸酯浮选矿物的作用机理

烃基黄原酸甲酸酯是硫化铜矿的优良捕收剂，它浮选硫化铜矿的作用机理是分子中的一个硫原子、酯基中的氧原子与矿物表面的铜离子生成螯合物而牢固地吸附在矿物表面，因烃氧基疏水而起捕收作用，如图2－4 所示。

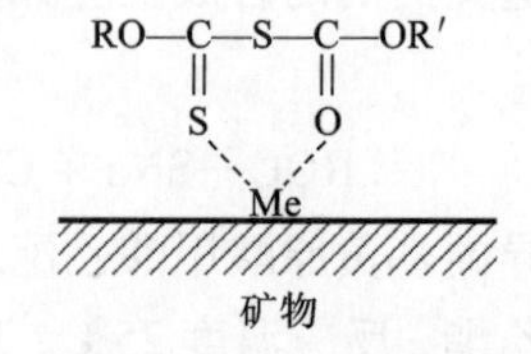

图2－4　烃基黄原酸甲酸酯吸附于矿物表面示意图

2.5 O－烷基－N－烷基硫逐氨基甲酸酯(硫氨酯)

硫氨酯也是硫化矿的捕收剂，黄原酸分子中的巯基被烷基氨基取代即成硫氨酯，所以，硫氨酯类捕收剂也是黄药的衍生物。

$$\underset{\text{钠黄药}}{ROC(=S)-SNa} \qquad \underset{\text{黄原酸}}{ROC(=S)-SH} \qquad \underset{\text{硫氨酯}}{ROC(=S)-N(R')-R''}$$

在硫氨酯分子中，与氧相连的 R 和与氮相连的 R′可以是相同的烷基，也可以是不相同的烷基，R″可以是氢原子，也可以是烷基。硫氨酯类捕收剂命名时，首先将分子中与氧连接的烃基列出，然后把与氮连接的烃基列出，再加上硫逐氨基甲酸酯即得化学名称，例如表 2－9 所示，其余类推。在简易名称中，括号中的基团与氧直接相连。这样，很明显地看出，硫氨酯类捕收剂是从甲酸衍生而来的。

Z－200 号是指(异丙)乙硫氨酯，也有用 UTK 符号代表的，其中 TK 代表硫氨酯类捕收剂。

改进硫逐氨基的结构，提高它的捕收性能，是研究和生产新硫氨酯的方向。在我国有用醚胺代替烷基胺生产醚胺硫氨酯，国外有人用丙烯胺代替烷胺生产烯丙基硫氨酯，亦有在硫氨酯分子中引进羰基的硫氨酯。它们的结构式如下：

$$C_4H_9OC(=S)-NHCH_2CH_2CH_2OCH_2CH_3$$

O－丁基N－乙氧基丙基硫逐氨基甲酸酯(简称2、3、4)

$$ROC(=S)-NHCH_2CH=CH_2$$

O－烷基N－烯丙基硫逐氨基甲酸酯(简称PAC)

$$ROC(=S)-NH-C(=O)OR$$

O－烷基N－烷氧基羰基硫逐氨基甲酸酯

常见的硫氨酯类捕收剂如表 2－9 所示。

表 2－9　一些常见的硫氨酯

结构式	化学名称	我国简易名称
$C_2H_5OC(=S)-N(C_2H_5)-H$	O－乙基－N－乙基硫逐氨基甲酸酯	(乙)乙硫氨酯

续表 2-9

结构式	化学名称	我国简易名称
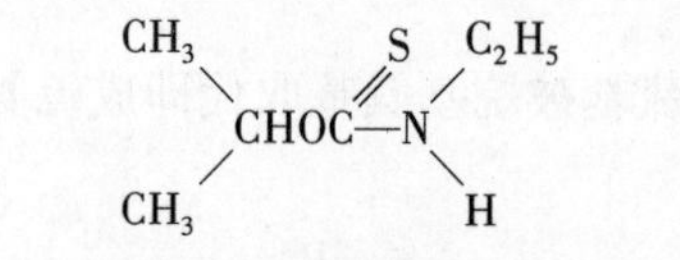 $(CH_3)_2CHOC(=S)N(C_2H_5)H$	O-异丙基-N-乙基硫逐氨基甲酸酯	(异丙)乙硫氨酯(Z-200)
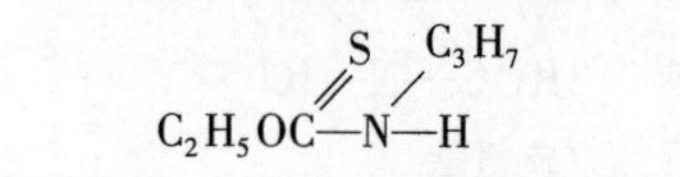 $C_2H_5OC(=S)N(C_3H_7)H$	O-乙基-N-丙基硫逐氨基甲酸酯	(乙)丙硫氨酯
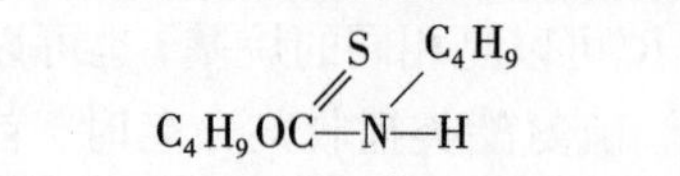 $C_4H_9OC(=S)N(C_4H_9)H$	O-丁基-N-丁基硫逐氨基甲酸酯	(丁)丁硫氨酯
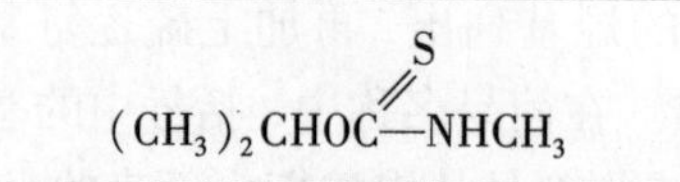 $(CH_3)_2CHOC(=S)NHCH_3$	O-异丙基-N-甲基硫逐氨基甲酸酯	(异丙)甲硫氨酯
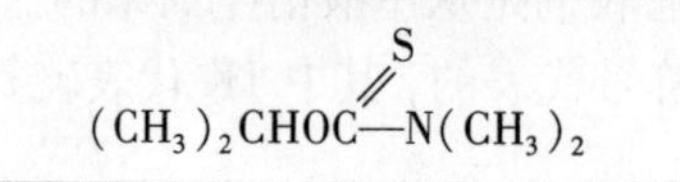 $(CH_3)_2CHOC(=S)N(CH_3)_2$	O-异丙基N,N-二甲基硫逐氨基甲酸酯	(异丙)二甲硫氨酯
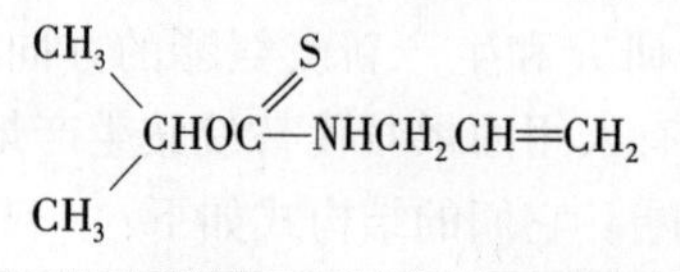 $(CH_3)_2CHOC(=S)NHCH_2CH=CH_2$	O-异丙基N-烯丙基硫逐氨基甲酸酯	(异丙)烯丙硫氨酯
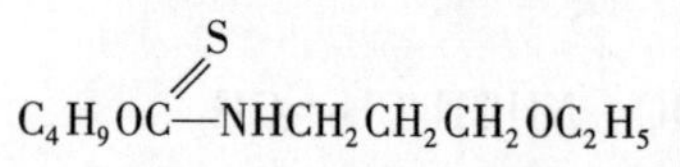 $C_4H_9OC(=S)NHCH_2CH_2CH_2OC_2H_5$	O-丁基N-乙氧丙基硫逐氨基甲酸酯	(丁)乙氧丙基硫氨酯
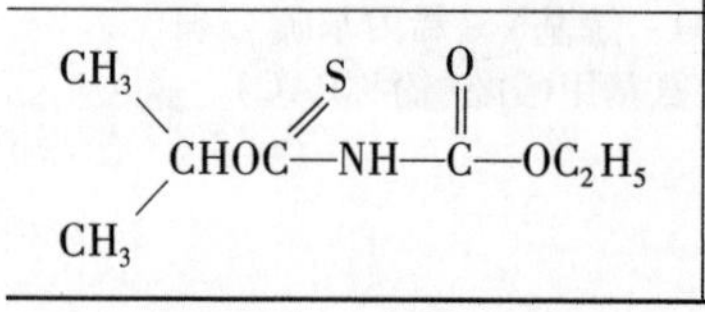 $(CH_3)_2CHOC(=S)NH-C(=O)-OC_2H_5$	O-异丙N-乙氧基羰基硫逐氨基甲酸酯	(异丙)乙氧羰基硫氨酯

2.5.1 硫氨酯类捕收剂的制法

硫氨酯类捕收剂的制法，一般有以下三种。

1. 卤代烷酯化法

制硫氨酯类捕收剂的基础原料是黄药，黄药经酯化后与低级烷基胺作用，很容易得到产品。反应式如下：

$$MeOH + CS_2 + ROH \xrightarrow[0.5\ h]{15 \sim 30℃} ROC(=S)-S-Me + H_2O$$

$$\mathrm{ROC(=S)—S—Me} + \mathrm{CH_3Cl} \xrightarrow[0.5\ \mathrm{h}]{25\sim70℃} \mathrm{ROC(=S)—S—CH_3} + \mathrm{MeCl}$$

$$\mathrm{ROC(=S)—S—CH_3} + \mathrm{R'NH_2} \xrightarrow{15\sim50℃} \mathrm{ROC(=S)—NHR'} + \underset{\text{油状物}}{\mathrm{CH_3SH}}$$

原料配方的摩尔比为

$$n(\mathrm{CS_2}):n(\mathrm{MeOH}):n(\mathrm{ROH}):n(\mathrm{RCl}):n(\mathrm{R'NH_2}) = 1:1.135:4.0:1.01:1.01$$

式中，Me 代表碱金属离子，R、R′代表烷基。在 15～30℃时，使脂肪醇、氢氧化钠及二硫化碳反应 30 min(这一步实际是制造黄药)，得到的混合物再与氯代烷在 25～70℃反应 30 min，在 15～50℃时引进烷基胺，将生成物进行分离，得到油状产品。这是制备硫氨酯类捕收剂的一般方法。

2. 一氯乙酸酯化法

制备硫氨酯类捕收剂的另一种方法是以一氯乙酸进行酯化。反应式为

$$2\mathrm{ClCH_2COOH} + \mathrm{Na_2CO_3} \longrightarrow 2\mathrm{ClCH_2COONa} + \mathrm{H_2O} + \mathrm{CO_2}$$

$$\mathrm{ROCSSMe} + \mathrm{ClCH_2COONa} \longrightarrow \mathrm{ROCSSCH_2COONa} + \mathrm{MeCl}$$

$$\mathrm{ROCSSCH_2COONa} + \mathrm{R'NH_2} \longrightarrow \mathrm{ROCSNHR'} + \mathrm{HSCH_2COONa}$$

先用碳酸钠中和一氯醋酸水溶液至 pH 为 8，加入黄药搅拌后放置过夜，加入烷基胺水溶液搅拌过夜，静置分层，硫氨酯在上层，下层为含巯基乙酸钠和氯化钠暗红色碱性溶液，分离上下两层之后，用醋酸酸化，然后用乙醚萃取产品，将萃取液蒸去乙醚，即得硫氨酯捕收剂。

3. 合成硫氨酯的新方法

由黄药与烷基胺在可溶性的镍盐或钯盐催化下直接合成：

$$\mathrm{ROC(=S)—SNa} + \mathrm{R'NH_2} \xrightarrow[60\sim90℃]{\text{催化剂}} \mathrm{ROC(=S)—N(R')(H)} + \mathrm{NaHS}$$

这样就省去了与卤化物的中间反应，并提高了产量，所用的催化剂也可以回收。

2.5.2 硫氨酯类捕收剂的性质

硫氨酯类捕收剂是油状液体，具有特殊气味，密度略低于水，在水中的溶解度较小，当每吨矿用几十克硫氨酯时，此药剂在矿浆中已有足够好的分散性，故可直接加入浮选槽或搅拌槽中使用。

硫氨酯类捕收剂在酸性及中性介质中呈分子的“硫逐”(C═S)形式存在，而在碱性介质中，则能从“硫逐”型部分转化为硫醇型，因而可以认为硫氨酯类捕收剂具有弱酸性：

$$\underset{\text{（酸性或中性介质）}}{\mathrm{ROC(=S)—NHR'}} \rightleftharpoons \underset{\text{（碱性介质）}}{\mathrm{ROC(—SH)=N—R'}}$$

硫氨酯类捕收剂的这种互变异构现象，已经被吸收光谱所证明。

在1% ~20%氢氧化钠溶液中，可能发生下列转化：

$$\left[\mathrm{ROC(—S—H)=NR'}\right] \rightleftharpoons \left[\mathrm{ROC(=S)—N(H)(R')}\right]$$

2.5.3 硫氨酯类捕收剂的捕收性能和捕收机理

硫氨酯是硫化矿的捕收剂，其特点是选择性强，用药量少。特别是对黄铁矿的捕收能力极弱，从而对含黄铜矿和黄铁矿的矿石优先浮选铜很有效，对锌硫的分离也能得到较好的效果。

1. 用硫氨酯类捕收剂选别铜、锌、硫类型矿物

丁硫氨酯浮选含铜、锌、硫的矿石时，随着矿浆 pH 升高黄铁矿的回收率急剧地下降，而铜和锌的回收率在很宽的 pH 范围内仍保持不变，且品位上升，因此，可在 pH 为10至10.5的范围内，用硫氨酯类捕收剂从硫中优先浮选铜和锌，则能得到较好的效果。

2.(异丙)乙硫氨酯对黄铜矿和黄铁矿的作用机理

为了查明(异丙)乙硫氨酯与黄铜矿和黄铁矿的作用机理，用放射性同位素^{35}S合成(异丙)乙硫氨酯和异丙基黄药并做了浮选试验。试验表明，(异丙)乙硫氨酯对黄铁矿的吸附比异丙基黄药低3 ~4倍，并且固着在黄铁矿表面上的(异丙)乙硫氨酯可以用水洗掉，而黄药却牢固地留在矿物表面上。这就说明了(异丙)乙硫氨酯对黄铁矿的捕收能力低。试验还表明，黄铜矿表面上的黄药和(丙异)乙硫氨酯在同样条件下用水洗四次，都仅有一小部分被洗掉，这说明他们在黄铜矿表面上的吸附都很牢固。以上说明了(异丙)乙硫氨酯和黄药对黄铁矿浮选的差别，即前者对黄铁矿是物理吸附，而后者是化学吸附，但它们对黄铜矿都是化学吸附。

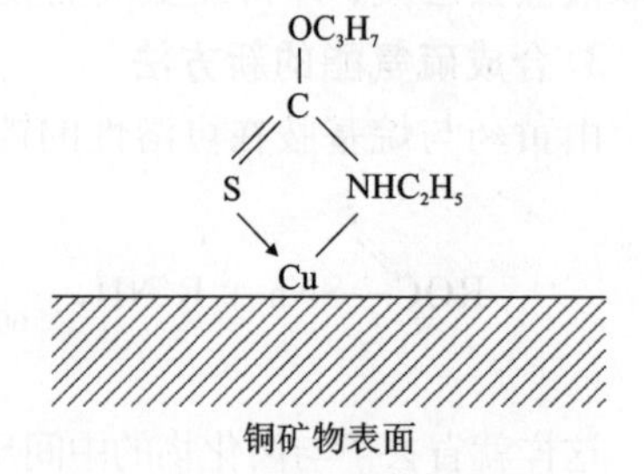

图2-5 (异丙)乙硫氨酯在铜矿物表面吸附模型

Bogdanov 和他的同事用红外光谱研究了(异丙)乙硫氨酯在黄铜矿上的吸附作用，根据研究结果和分子轨道理论，他们认为(异丙)乙硫氨酯在矿物表面上的化学吸附应归因于铜已充满的 d 轨道和硫的空轨道重叠生成一个 Cu—N 共价 σ 键和一个 π 键，(异丙)乙硫氨酯在铜矿物表面的吸附模型如图 2－5 所示。

3. O－烷基 N－烯丙基硫逐氨基甲酸酯

O－烷基 N－烯丙基硫逐氨基甲酸酯是新型硫化矿捕收剂，其代号为 PAC，全名为 promotor and collector，取这三个英文字的头一个字母即为 PAC。美国氰胺公司 20 世纪 90 年代推出的 Aero－5100 优于 Z－200，前者用量少，选择性更好，但售价太贵。以 NaSCN、RX、ROH 为原料用一步合成法生产了 PAC，其红外光谱图和质谱图均与Aero－5100相吻合，该系列药剂的亲固基团与Z－200一样，仍是

$$\overset{\displaystyle S}{\overset{/\!/}{—C—NH}}$$

，在碱性中成为

$$\overset{\displaystyle SH}{\overset{|}{—C{=}N—}}$$

。此药剂中的配位能力比黄药、黑药强，与许多金属形成的螯合物的容度积比黄药小，捕收能力更强，易与 Au、Pt、Pd、Cu 等形成 dπ 型反馈配键，对含有不同 d 电子形式的金属有很好的选择性。此类药剂用量少，捕收力强，选择性好，适宜在低 pH 时浮选，因此有人对一系列含有烯丙基的新型硫氨酯如 O－烷基 N－烯丙基硫逐氨基甲酸酯进行了研究，这类药剂的结构通式如下：

$$\overset{\displaystyle S}{\overset{/\!/}{ROC—NHCH_2CH{=}CH_2}}$$

式中 R 可为 $CH_3—$、$CH_3CH_2—$、$(CH_3)_2—CHCH_2—$、$CH_3CH_2CH_2CH_2—$。用上述各种不同的丙烯基硫逐氨基甲酸酯，对加拿大西部铜钼矿 A、B、C、E、F 五种矿样，智利铜矿试样 G，加拿大铜矿试样 H，美国铜、铅、锑矿试样做了实验室浮选试验，结果比 Z－200 好，这是由于双键在分子内存在的缘故，双键能促进药剂对硫化矿表面的螯合作用。试验证明，在这类药剂中最好的是 O－异丁基－N—烯丙基硫逐氨基甲酸酯，它对硫化铜矿的浮选用量比 Z－200 少，但能获得与 Z－200 同等的或更好的回收率和品位。

将 PAC 与 308 复合黄药及 BK201 组合使用，浮选我国里伍铜矿矿石，闭路试验获得铜精矿品位 27.10%，回收率 95.59%，与选厂原指标相比铜精矿品位提高了 2.61%，回收率提高了 4.09%。经过多年推广 PAC 已得到广泛应用。

4. O－烷氧基 N－烷氧基羰基硫逐氨基甲酸酯

O－烷氧基 N－烷氧基羰基硫逐氨基甲酸酯是一类新的硫氨酯，它与现用的 Z－200 为代表的硫氨酯的通式对比如下：

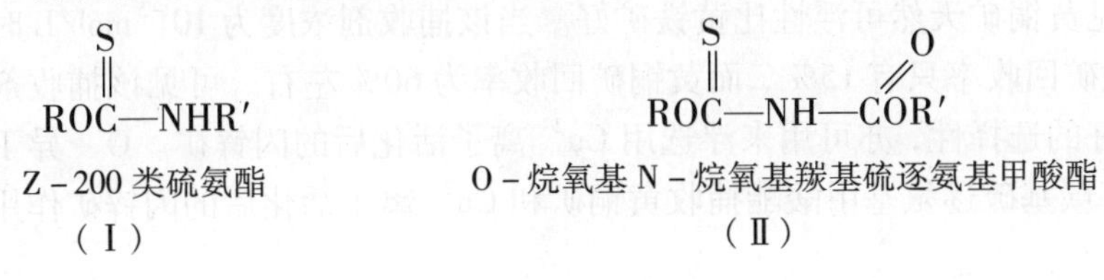

从(Ⅰ)、(Ⅱ)式对比看出，在(Ⅰ)式中R′与NH之间加进 $-\overset{\overset{\displaystyle O}{\|}}{C}-O-$ 便成(Ⅱ)式，式中R、R′是 $C_2 \sim C_8$ 的烷基、$C_3 \sim C_4$ 的烯基或 $C_6 \sim C_{10}$ 的芳基。R与R′可以相等，也可不相等。(Ⅰ)式用得最普遍的是Z－200，(Ⅱ)式中最有代表性的是O－异丁基N－乙氧基羰基硫逐氨基甲酸酯。它们的结构式可写成(Ⅲ)式和(Ⅳ)式：

$$(CH_3)_2CHOC(=S)-NHC_2H_5$$

Z－200

(Ⅲ)

$$(H_3C)_2CHCH_2OC(=S)NH-C(=O)-OC_2H_5$$

O－异丁基－N－乙氧基羰基硫逐氨基甲酸酯

(Ⅳ)

O－异丁基－N－乙氧基羰基硫逐氨基甲酸酯对硫化铜矿的捕收能力强，而对黄铁矿的捕收能力弱，因此用来从黄铁矿中浮出黄铜矿时选择性好，只用少量石灰作抑制剂。图2－6是用这种药剂浮选黄铜矿和黄铁矿的结果。

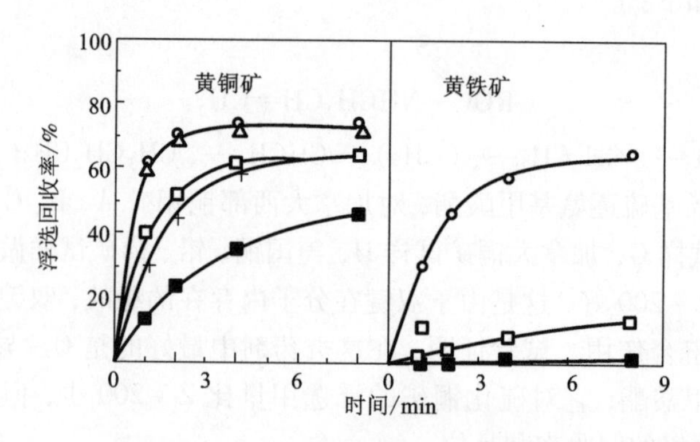

图2－6　用异丁基－N－乙氧基羰基硫逐氨基甲酸酯浮选黄铜矿和黄铁矿时浮选时间与回收率的关系

捕收剂浓度(mol/L)：(■)0；(＋)5×10^{-6}；(□)10^{-5}；(△)5×10^{-5}；(○)10^{-4}

矿浆 pH＝7

从图2－6看出，在不加捕收剂时，黄铁矿不浮，黄铜矿浮8 min后回收率达40%。可见黄铜矿天然可浮性比黄铁矿好。当该捕收剂浓度为 10^{-5} mol/L时浮选8 min黄铁矿回收率只有15%，而黄铜矿回收率为60%左右。可见该捕收剂对黄铜矿有较好的选择性，亦可用来浮选用 Cu^{2+} 离子活化后的闪锌矿。O－异丁基－N－乙氧基羰基硫逐氨基甲酸酯捕收黄铜矿和 Cu^{2+} 离子活化后的闪锌矿作用机理为：在该药剂的分子中有S、N、O三个供电原子，因此它能强烈地与铜离子作用，而对铁离子作用弱；它与金属离子螯合生成稳定的六元环，在矿物表面的第一层吸附属化学吸附，并且定向整齐地排列在矿物表面；第一层外的多层吸附属物理吸附，因此该药剂能捕收硫化铜矿和用铜离子活化后的闪锌矿。这种论点为红外光谱测试结果所证实。O－异丁基－N－乙氧基羰基硫逐氨基甲酸酯与黄铜矿和 Cu^{2+} 离子活化后的闪锌矿作用机理示意图见图2－7。

有人用O－异丁基－N－乙氧基羰基硫逐氨基甲酸酯作捕收剂研究与亚铜矿物作用机理，红外光谱测试结果认为在硫化亚铜矿表面发生化学吸附，接近单分子层的吸附定向排列，如图2－8所示。

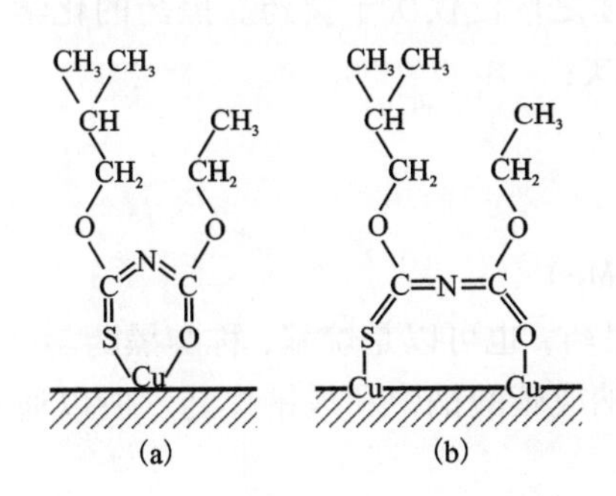

图2－7　O－异丁基－N－乙氧基羰基硫逐氨基甲酸酯在铜矿表面和 Cu^{2+} 离子活化硫化锌矿表面吸附示意图

(a)在 Cu^{2+} 离子活化的硫化锌矿表面吸附；
(b)在铜矿表面吸附

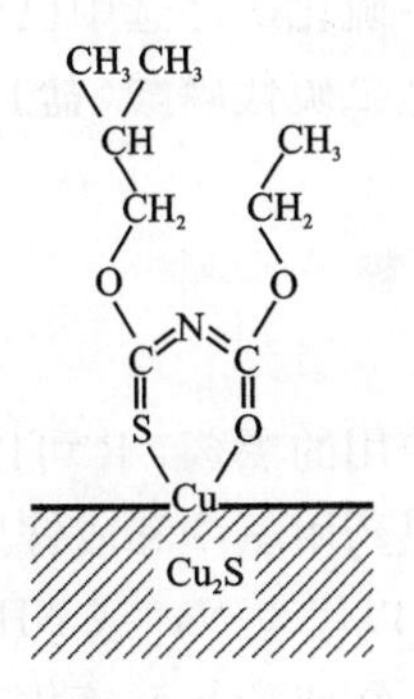

图2－8　O－异丁基－N－乙氧基羰基硫逐氨基甲酸酯在硫化亚铜矿表面吸附示意图

ECTC是一种新型的硫化矿捕收剂，中南大学化学化工学院对这种药剂已研究多年，2006年报道了用 $\mathrm{ROC(=S)—NH—COOC_2H_5}$ 作捕收剂浮选永平铜矿，式中R为 $C_2 \sim C_5$ 烷基。与丁基黄药做了一个月的对比工业试验，用丁基黄药作捕收剂时，给矿品位0.66% Cu，铜精矿品位和回收率分别为23.1% Cu和84.88%；用ECTC作捕收剂时，给矿品位0.674% Cu，铜精矿品位和回收率分别为23.84% Cu和87.49%。对比工业试验结果表明，用ECTC做捕收剂铜精矿品位提高了0.74%，铜回收率提高了2.61%。另外金和银回收率比用黄药作捕收剂提高了8.33%和9.08%。

2008年，又用乙氧基羰基硫逐氨基甲酸异辛酯(代号iOETCT)作捕收剂与丁基黄药做小型对比试验，之后在永平铜矿做了日处理量5000 t的工业试验。用丁黄药作捕收剂、松醇油作起泡剂进行铜硫分离时，要求 pH = 13，而用 iOECTC 作捕收剂浮铜抑硫时，pH = 8.5，因此大幅度降低石灰用量，铜精矿品位提高了 0.71%，回收率提高了 3.01%，金回收率提高了 8.33%，银回收率提高了 9.08%，效果比丁基黄药好。该捕收剂的结构式如下：

$$ROC_4H_8OC(=S)—NHCOOC_2H_5$$

2.6 黑 药

黑药在硫化矿浮选中已应用很久，其用途之广泛仅次于黄药。黑药的化学名称为二烃基二硫代磷酸(盐)，具有如下的通式：

$$(RO)_2P(=S)—SH(Me)$$

通常使用的黑药，R 可以是芳基，称酚黑药；也可以是烷基，称醇黑药。

酸式黑药用氨中和成铵黑药，用氢氧化钠或碳酸钠中和成钠黑药。所以通式中的 Me 可以代表 Na^+ 或 NH_4^+。

黑药用醇或酚与五硫化二磷作用而成，改变醇或酚的种类可以制出很多种黑药。我国常用的酚黑药有 15# 和 25# 黑药，它们是用甲酚与五硫化二磷反应制成，根据制备时五硫化二磷的含量分别为 15% 和 25% 而得名。我国常用的醇黑药有丁基铵黑药。文献报道和常见的黑药列于表 2－10 中。

表 2－10 一般常见的黑药

牌号或名称	主要成分	主要成分结构式
15# 黑药	甲酚黑药，含 15% P_2S_5	$(CH_3C_6H_4O)_2P(=S)SH$
25# 黑药	甲酚黑药，含 25% P_2S_5	$(CH_3C_6H_4O)_2—P(=S)—SH$

续表 2-10

牌号或名称	主要成分	主要成分结构式
31#黑药	25#黑药加6%白药	$(CH_3C_6H_4O)_2P(=S)SH$ $(C_6H_5NH)_2C=S$
241#黑药	25#黑药用 NH_3 中和产品	$(CH_3C_6H_4O)_2P(=S)SNH_4$
242#黑药	31#黑药用 NH_3 中和产品	$(CH_3C_6H_4O)_2P(=S)SNH_4$
苯酚黑药	苯酚基黑药	$(C_6H_5O)_2P(=S)H$
203#黑药	异丙基钠黑药	$((CH_3)_2CHO)_2P(=S)SNa$
213#黑药	异丙基氨黑药	$((CH_3)_2CHO)_2P(=S)SNH_4$
238#黑药	丁基钠黑药	$(CH_3CH_2CH_2CH_2O)_2P(=S)SNa$
226#黑药	丁基铵黑药	$(CH_3CH_2CH_2CH_2O)_2P(=S)SNH_4$

续表 2-10

牌号或名称	主要成分	主要成分结构式
239#黑药	戊基氨黑药，含10%乙醇或异丙醇	$(CH_3CH_2CH_2CH_2CH_2O)_2—P(=S)—SNH_4$
二甲苯酚黑药	二甲苯酚二硫代磷酸	$[(CH_3)_2C_6H_3O]_2—P(=S)—SH$
苯胺黑药	苯基胺黑药	$(C_6H_5—NH)_2—P(=S)—SH$
甲苯胺黑药	甲苯基胺黑药	$(CH_3—C_6H_4—NH)_2—P(=S)—SH$
环己胺黑药	环己基胺黑药	$(C_6H_{11}—NH)_2—P(=S)—SH$

注：$(CH_3C_6H_4—O)_2—P(=S)—SH$ 表示甲酚黑药的邻、间、对三种异构体均存在，以下同。

2.6.1 黑药的制法

前面提过，黑药是用醇或酚与五硫化二磷作用制得，反应式如下：

$$P_2S_5 + 4ROH \longrightarrow 2(RO)_2P(=S)—SH + H_2S$$

醇或酚　　黑药

但下面反应也会同时发生：

$$P_2S_5 + 2ROH \longrightarrow (RO)_2—P(=S)—SH + HPS_3$$

醇或酚

$$HPS_3 + 2ROH \longrightarrow (RO)_2—P(=S)—SH + H_2S$$

反应温度过高时，二分子酸式黑药会脱去一分子硫化氢而成为硫代磷酸酐衍生物。温度达到250~300℃时，便会分解成硫酚。故制造黑药时，要根据所制黑药的品种，选用合适的反应条件。下面介绍甲酚黑药和丁基铵黑药的制法。

1. 甲酚黑药的制法

甲酚黑药是用甲酚与占原料比重25%或15%的五硫化二磷合成。25#黑药或15#黑药的反应式如下：

$$4CH_3-C_6H_4-OH + P_2S_5 \xrightarrow{120\sim140℃} 2(CH_3-C_6H_4-O)_2-P(=S)-SH + H_2S$$

药剂厂生产甲酚黑药时，只要将反应物料在搅拌的情况下升温到130℃即可出料得到合格产品，因产品在储存器中要经过一段相当长的时间温度才能降至室温，故不需加热保温2 h。

甲酚黑药在贮存器中经过较长时间储存，产品中残留的五硫化二磷才能与甲酚反应完毕，或沉降于贮存器底部，上层才是合格产品。如未经过适当时间储存便急于出货，甲酚黑药内还混有未反应的五硫化二磷。当这种甲酚黑药与酒精等低分子醇接触时，便起化学反应，放出硫化氢气体污染环境。特别是夏天气温高，黑药与酒精混合量较大时，容易在混合容器中冲出，更使人难受。

2. 丁铵黑药的制法

先合成二丁基二硫代磷酸(丁黑药)，再与氨作用生成丁铵黑药。

二丁基二硫代磷酸的合成：将正丁醇放入反应器中，在搅拌下于70~80℃加入五硫化二磷，正丁醇与五硫化二磷的配料比以4∶1为宜；反应过程中放出的硫化氢用氢氧化钠吸收；原料加完后，在80~85℃保温2 h，冷却、静置、过滤，即得二丁基二硫代磷酸(丁黑药)。反应式如下：

$$4CH_3(CH_2)_3OH + P_2S_5 \xrightarrow{70\sim80℃} 2(CH_3CH_2CH_2CH_2O)_2P(=S)-SH + H_2S$$

二丁基二硫代磷酸铵的合成：将二丁基二硫代磷酸溶于轻汽油或己烷中，轻汽油与黑药比为3∶1左右，在搅拌下保持一定温度，通入氨气中和，中和后生成白色结晶，减压过滤，即得丁铵黑药，反应式如下：

$$\underset{\text{丁黑药}}{(CH_3CH_2CH_2CH_2O)_2P(=S)-SH} + NH_3 \longrightarrow \underset{\text{丁铵黑药}}{(CH_3CH_2CH_2CH_2O)_2P(=S)-SNH_4}$$

这种制造丁铵黑药的方法不安全，药剂厂已不用轻汽油作溶剂，而改用水作溶剂，反应生成丁铵黑药的水溶液，干燥后即得固体丁铵黑药。亦可用氢氧化钠代替氨合成丁钠黑药。

2.6.2 黑药的性质

我国常用的甲酚黑药是15#黑药和25#黑药，它们是黑绿色的油状液体，故称黑药。但许多同类捕收剂，如乙基钠黑药 $(CH_3CH_2O)_2P(=S)—SNa$ 是白色粉末，丁铵黑药也不是黑色的，而是白色或灰色粉末状，它们虽然颜色不黑，但习惯上也称黑药。

酸性黑药在水中的溶解度较小，铵黑药或钠黑药在水中的溶解度较大。

15#黑药、25#黑药和31#黑药含有游离的甲酚，所以有较强的起泡性能，使用这类黑药时可以少用或不用起泡剂；甲酚对皮肤有很强的腐蚀性，所以酚类黑药不宜与皮肤接触，以免损伤皮肉，特别要注意不要伤害眼睛，皮肉接触甲酚黑药时，要及时用大量清水冲洗；甲酚的邻、间、对三种异构体，以间－甲酚为原料合成的黑药捕收能力最强，对－甲酚次之，邻－甲酚最差，但这只在理论上有价值，在生产上无甚意义，因为选矿药剂厂生产甲酚黑药都是用混合甲酚为原料合成的。

在合成过程中，反应生成的硫化氢有部分溶解在黑药中，溶有硫化氢的黑药对氧化矿略有硫化作用，而有利于表面被氧化的硫化矿的硫化。

黑药还有下面三点主要的化学性质。

1. 氧化成双黑药

黑药较黄药稳定，在酸性矿浆中不像黄药那样易于分解，也较难氧化，但亦能氧化成双黑药。例如，使碘与黑药作用，能将黑药氧化成双黑药：

$$\underset{\text{黑药}}{2(RO)_2PSS^-} + I_2 \longrightarrow \underset{\text{双黑药}}{(RO)_2PSS-SSP(OR)_2)} + 2I^-$$

所以分析黑药时，可以和分析黄药一样，应用碘量法。双黑药也是硫化矿的良好捕收剂。

黑药在有 Cu^{2+}、Fe^{3+}、黄铁矿、辉铜矿存在下，部分被氧化成双黑药。

$$Cu^{2+} + 2DDP^- \rightleftharpoons DDPCu(S) + \frac{1}{2}(DDP)_2$$

$$Cu(OH)_2 + 2DDP^- + 2H^+ \rightleftharpoons DDPCu(S) + \frac{1}{2}(DDP)_2 + 2H_2O$$

在pH为8以下时，黑药被氧化成双黑药；pH为10时，乙基黑药不被氧化。这表明在高pH下，H^+离子很少，Cu^{2+}与OH^-作用生成的$Cu(OH)_2$很稳定，比二乙基二硫代磷酸亚铜还要稳定，故氧化反应不能进行，平衡不能向右移动。

辉铜矿破碎到一定粒度，有足够大的表面积时，辉铜矿表面上吸附的氧在低pH时能将部分乙基黑药氧化为双黑药，甚至在pH为10时，亦有少量氧化反应发生。

在低 pH 时加入 2.5×10^{-4} mol/L 三氯化铁，乙基黑药被 Fe^{3+} 氧化成乙基双黑药的量不多。在同样条件下，不加三氯化铁，而加入 2 g 100 ~ 200 μm 的黄铁矿，乙基黑药被氧化为乙基双黑药的量大约是加三氯化铁的十多倍。pH 升高，黑药被氧化程度减少。故由此估计吸附在黄铁矿表面的氧，其氧化乙基黑药的能力比三价铁离子强。

2. 酸性黑药呈弱酸性，在水溶液中有部分电离

$$(RO)_2P(=S)SH \rightleftharpoons (RO)_2P(=S)S^- + H^+$$

随着烃基的不同，电离常数亦有不同，例如乙基、正丙基、异丙基、异丁基黑药的电离常数相应为 2.4×10^{-2}、1.78×10^{-2}、1.5×10^{-2}、1.00×10^{-2}。

3. 黑药与一些金属离子作用生成难溶盐

$$Me^{n+} + n(RO)_2PSSH \longrightarrow [(RO)_2PSS]_nMe\downarrow + nH^+$$

n 可以是 1、2 或 3，Me^{n+} 代表某些一价、二价或三价的金属阳离子。

黑药与金属离子能生成难溶盐，是黑药能作捕收剂的重要原因。因黑药的金属盐的溶度积大，故黑药的捕收能力比黄药差，而选择性比黄药好。

甲酚黑药中含有大量甲酚，污染环境，故甲酚黑药不宜采用。

2.6.3 黑药的捕收性能

黑药的捕收性能与黄药相似，但捕收能力弱于黄药，而选择性比黄药强，特别是对黄铁矿的捕收能力很弱，所以在分选含黄铁矿的硫化铜矿或硫化铅锌矿时，可用黑药作捕收剂。

1. 用 25# 黑药作捕收剂时，对不同矿物的吸附曲线

图 2 - 9 是用 25# 黑药作捕收剂，在图中所述条件下，对黄铜矿、闪锌矿、黄铁矿所作的吸附曲线。在没有氰化钠的情况下，pH 为 6.5 ~ 8.5 时，黄铁矿是不附着的，而黄铜矿和闪锌矿是附着的。这说明在实验条件下，可从含黄铁矿的闪锌矿、黄铜矿中浮出黄铜矿和闪锌矿。

2. 生产实践证明图 2 - 9 反映出的原理是正确的

我国某选矿厂所处理的矿石是硫化矿，含铜、铅、锌、钼、铋等硫化矿物和黄铁矿，并含有白钨。该厂在粗选时，在 pH 为 6.5 ~ 7.0 下，用煤油和 25# 黑药作捕收剂，将铜、铅、锌、钼、铋的硫化矿物浮起，煤油是浮辉钼矿的捕收剂，黑药是铜、铅、锌、铋硫化矿物的捕收剂；粗选尾矿再用硫酸铜活化，用黄药浮黄铁矿；浮完黄铁矿后，再用油酸浮白钨，然后丢掉尾矿。可见，25# 黑药对黄铁矿的捕收能力确实很弱，对黄铁矿难浮，而对铜、铅、锌、铋等硫化矿物有选择性。

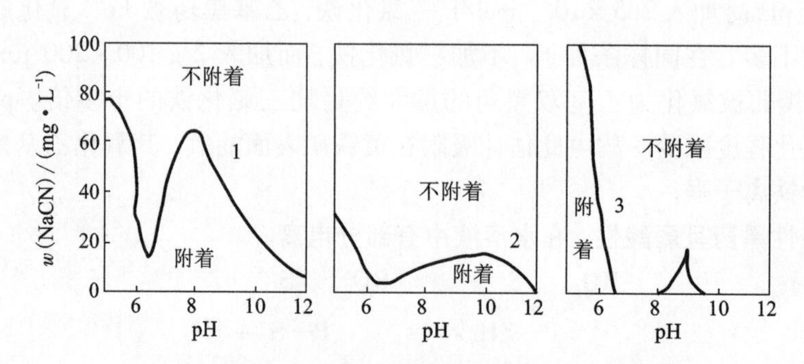

图 2-9 25[#]黑药作捕收剂时不同矿物的吸附曲线

$CuSO_4 \cdot 5H_2O$ 150 mg/L; Na_2CO_3 25 mg/L; 25[#]黑药 150 mg/L

1—黄铜矿; 2—闪锌矿; 3—黄铁矿

3. 烷基黑药对黄铁矿亦有选择性

图2-10是用45 g/t乙基黑药，在实验室中浮选含硫黄铜矿的结果。为了便于比较，也用45 g/t乙基黄药做了对比试验。从图2-10中看出，乙基黄药的选择性是较差的，在pH为11.5时，在精矿中铜和铁的回收率都为70%以上；而乙基黑药的选择性是较好的，在pH为11.5时，精矿中铜回收率达70%，而铁回收率只有10%左右。可见，烷基黑药对黄铁矿同样有选择性。

我国使用的烷基黑药多为丁铵黑药(或丁钠黑药)。根据篦子沟铜矿、建德铜矿、前进铜矿、拉么矿、张公岭铅锌矿、东南金矿家岭分矿等的报告，用丁铵黑药代替黄药浮选铜锌硫化矿、铅锌硫化矿时，浮选指标均能接近或优于黄药的指标。总的来说，丁铵黑药具有下列三个特点。

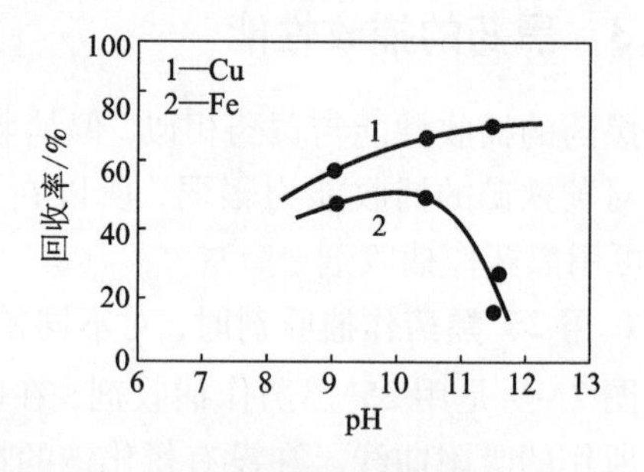

图 2-10 乙基黑药和乙基黄药浮选天然含硫黄铜矿时铜和铁回收率与 pH 的关系

乙基黑药/乙基黄药 45 g/t

(1)由于丁铵黑药有起泡性能，故用作捕收剂时，可以不加松醇油等起泡剂；

(2)由于丁铵黑药可在较低的pH浮铜或浮铅，故可以节省石灰用量；

(3)由于丁铵黑药的选择性好，故铜锌分离或铅锌分离时，可不用氰化钠、硫酸锌，或少用这些抑制剂，节省了药剂费用，消除或减少了环境污染，且铜精矿或铅精矿中金的含量提高。

用丁铵黑药代替丁黄药浮金时，生产实践表明，金回收率和精矿品位有较大的提高。由于丁铵黑药有以上特点，故选厂需求逐年增加，在我国得到了比较广泛的应用。

4. 黑药烃基的长短与捕收性能的关系

用乙基到癸基黑药作捕收剂浮选石英和方铅矿的混合物表明，当药剂用量为0.05 mol/t 时，随着黑药烃基的增大，浮选速度加快，到戊基黑药时达到最大值；从戊基到癸基黑药，随着烃基的增大，浮选速度变化不明显。用 C_8、C_9、C_{10}的醇和对－癸基苯酚、丁基－β－萘酚、叔丁基苯酚、氢化的叔丁基苯酚与五硫化二磷合成黑药时，醇和酚与五硫化二磷之比为5:1，用醇合成的黑药为液体产物，用高级酚合成的黑药为膏状或晶体产物，各产品含二烃基二硫代磷酸50%～80%；用来浮选铜、铅、锌硫化矿及氧化铜、氧化铅等，结果表明，高级酚黑药的起泡性能太强，矿化较少，高级醇黑药对硫化矿有较强捕收能力；用C_{10}～C_{12}混合醇做成的黑药(50 g/t)和乙基黄药(20 g/t)浮选铜矿石，其回收率比用丁基黄药与丙基黄药混合剂的回收率提高2.61%，尾矿铜品位明显下降。目前俄罗斯已工业化生产 C_{10}～C_{12}烷基黑药。

2.7 双黑药

双黑药捕收剂和黑药相似，也是硫化矿的捕收剂，但其应用没有黑药广泛。双黑药具有如下通式：

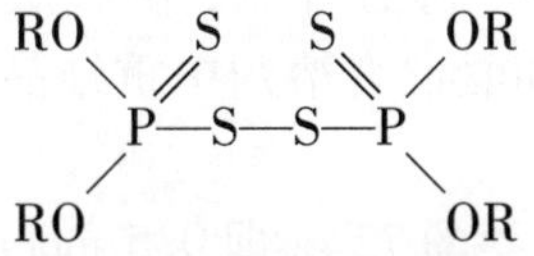

$$\begin{array}{c}RO\quad S\quad\ S\quad OR\\ \diagdown\ /\!/\quad\ \backslash\!\backslash\ \diagup\\ P{-}S{-}S{-}P\\ \diagup\qquad\qquad\ \diagdown\\ RO\qquad\qquad\ OR\end{array}$$

通式中的 R 基可以是烷基，也可以是芳基。黑药氧化可以得到双黑药，故双黑药可作为黑药的衍生物看待。黑药和双黑药的主要不同在于前者是阴离子型捕收剂，而后者是非离子型捕收剂。双黑药的特点是选择性强。

2.7.1 双黑药的制法

先用醇或酚与五硫化二磷合成黑药，用氯、溴、碘、亚硝酸或双氧水将黑药氧化成双黑药。反应通式如下：

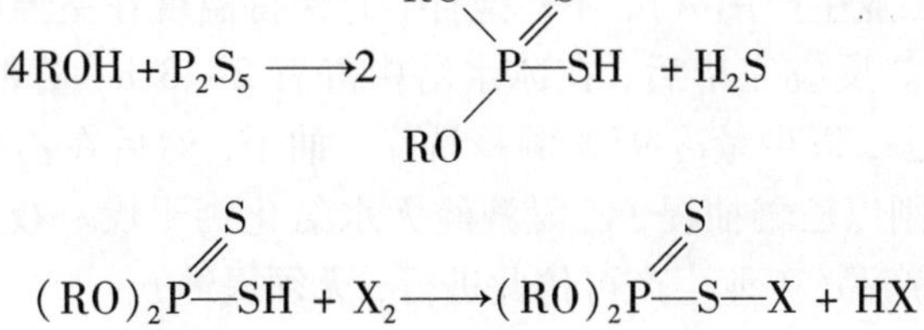

$$4ROH + P_2S_5 \longrightarrow 2\ (RO)_2P(=S){-}SH + H_2S$$

$$(RO)_2P(=S){-}SH + X_2 \longrightarrow (RO)_2P(=S){-}S{-}X + HX$$

$$(RO)_2P(=S){-}SX + (RO)_2P(=S){-}SH \longrightarrow (RO)_2P(=S){-}S{-}S{-}P(=S){-}(OR)_2 + HX$$

$$2(RO)_2P(=S){-}SH + H_2O_2 \longrightarrow (RO)_2P(=S){-}S{-}S{-}P(=S)(OR)_2 + 2H_2O$$

下面叙述制备过程。

1. 烷基黑药的制备

将0.25 mol五硫化二磷及1 mol醇置于三颈瓶中，瓶上装有一温度计、一密封搅拌器及一回流冷凝器。冷凝器上接一导管，导管与一盛氢氧化钠溶液洗气瓶相连接，以便吸收反应时放出的硫化氢，洗气瓶与冷凝器之间装有一个空瓶，以防碱液回吸，三颈瓶置水浴中加热，同时不断搅拌，保持反应温度在70至100℃之间，反应2~3 h。反应液呈褐黑色，并有少量黑色不溶物，滤去固体，取样以标准碱液滴定此反应液，推算黑药的生成率为80%~90%。制得的黑药供下一步用。甲醇、乙醇、异丙醇、正丁醇、异丁醇、正戊醇、异戊醇、环己醇及辛醇-2、多元醇均可在上述反应条件下制得醇黑药。

用酚类制备黑药时，稍有不同。例如制苯酚黑药，用苯酚90 g(1 mol苯酚)和五硫化二磷0.25 mol混合，置于三颈瓶中，三颈瓶的装置与上述相同，加热到130~140℃，搅拌2 h，冷却，加入苯60 mL，加热，滤去不溶固体，冷却，加入等量的石油醚(沸点30~60℃)，静置片刻，便有层状晶体析出，重74 g，产率48%，熔点59℃，在苯、石油醚混合溶剂中重结晶熔点61℃，与其他文献报道一致。

若制萘酚黑药，可取β-萘酚72 g(即0.5 mol)、五硫化二磷28 g(即0.125 mol)，在100 mL苯中回流约2 h，蒸去溶剂，然后在100~110℃加热1 h后冷却，加入100 mL苯，加热溶解和过滤，滤液中析出结晶69 g(产率71%)，熔点98~105℃；于苯中重结晶，即得淡红色晶体，熔点为113~114℃。

2. 双黑药的制备

将上面制得的黑药，用20%氢氧化钠溶液(中和较高级的醇黑药用10%或5%氢氧化钠溶液)中和，中和时用冰水冷却，保持在室温以下，使之成水溶液，用苯抽提此水溶液2次，使溶液呈透明无色。将水溶液放置冰水中冷却，并分批加入理论量的溴(工业生产用氯)，不停搅拌，并保持温度在室温以下，反应时油状液体即分离而出。反应完毕后，在冰水浴中静置2~3 h，若油状液体凝成固体，则以抽滤法滤去，以少量冷95%酒精洗涤，抽干，然后在乙醇中重结晶；若冷却后仍为液体，则以乙醚抽提，乙醚液经无水氯化钙干燥一夜，蒸去乙醚，残留油状液体即为纯产品(工业生产可仿此进行，无须提纯)。

2.7.2 双黑药的性质

双黑药是较难溶于水的非离子型捕收剂，纯粹的低分子双黑药除 R 为甲基、异丙基、异丁基、苯基者外，都是油状液体。烃基越大越趋于黏稠，环己基双黑药是透明不流动的胶液，在室温尚稳定，放置 3 ~4 个月不发生变化，但苯基双黑药性质不稳定，在室温放置三天即开始变质。其他化学性质与浮选有关的叙述如下。

1. 硫化钠溶液与双黑药作用析出硫，生成钠黑药

$$(RO)_2\underset{\underset{S}{\|}}{P}-S-S-\underset{\underset{S}{\|}}{P}(OR)_2 + Na_2S \longrightarrow 2(RO)_2\overset{\overset{S}{/\!/}}{P}-SNa + S\downarrow$$

2. 双黑药在水中能分解成黑药

双黑药分解成黑药的速度与 pH 有关，pH <8 时，乙基双黑药分解为乙基黑药的速度较慢，当 pH 为 10 时，分解很快。100 mL 水中含 4 mg 乙基双黑药的溶液，在 15 min 内已基本上分解为乙基黑药。反应式可能为

$$2\ (RO)(OR)P(=S)-S^- + \frac{1}{2}O_2 + H_2O \rightleftharpoons (RO)(OR)P(=S)-S-S-P(=S)(OR)(OR) + 2OH^-$$

在黑药一节中叙述过，黑药在 Fe^{3+} 或黄铁矿的催化下，可被溶解在水中的氧部分氧化为双黑药，此时，上述反应向右移动，反应达到平衡时，生成一定量的双黑药；而在双黑药的溶液中，也会达到上述平衡，产生一定量的黑药。故双黑药在水溶液中会分解成黑药，pH <8 时，溶液中的 OH^- 浓度降低，平衡向左移动不明显，即双黑药在这个条件下分解慢，当 pH 为 10 时，溶液中 OH^- 浓度增大，平衡向左移动，基本上很快都分解成黑药。

2.7.3 双黑药的捕收性能

双黑药和双黄药相似，也是硫化矿的捕收剂，亦能用来浮选沉积金属，但应用不及黄药广泛。双黑药的特点是选择性强。以乙基双黑药浮选辉铜矿和黄铁矿为例，从黄铁矿中分离辉铜矿，黄药无选择性，黑药有选择性(pH 为 11.5 时)，双黑药有选择性。用 68 g/t 乙基双黑药浮选天然矿时，pH 为 11.8 ~12 时，铁被抑制程度很大，而铜仍浮得比较好，可见，双黑药的选择性是较好的。

2.8 烃基二硫代磷酸硫醚酯——黑药酯

烃基二硫代磷酸硫醚酯也是黑药的衍生物，可视为黑药的酯，是硫化矿的捕

收剂，具有下面的结构式：

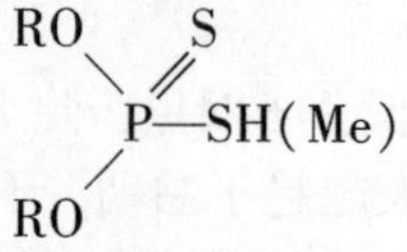

$$\mathrm{(RO)_2P(=S)-SH(Me)}$$

黑药

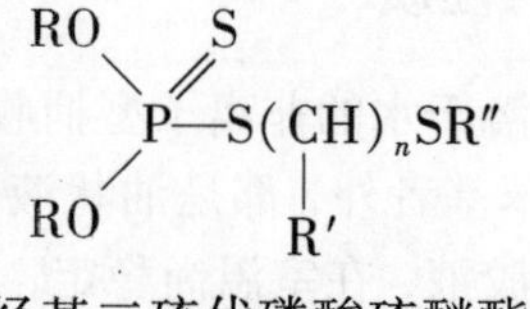

$$\mathrm{(RO)_2P(=S)-S(\underset{R'}{\underset{|}{C}}H)_nSR''}$$

烃基二硫代磷酸硫醚酯

在烃基二硫代磷酸硫醚酯通式中，R为含有少于或等于6个碳原子的烷基(如甲基、乙基、丙基、丁基、戊基、己基等)；R′为H原子或甲基；R″为含碳原子数较少的烷基(如甲基、乙基、丙基、丁基、戊基等)，烯烃基(如乙烯基和丙烯基)，芳香基(如苯基、甲苯基、萘基等)；n为小于3的正整数；通常，R为乙基或丙基，R′为H原子，R″为丙烯基、乙基、丙基或异丙基。

2.8.1 黑药酯的制法

含有活泼卤原子的β-卤代硫醚及其衍生物与钠、钾和铵黑药作用，或在碱性物质如吡啶、碳酸钠存在的条件下，与黑药作用生成相应的“黑药酯”。反应通式如下：

$$\mathrm{(RO)_2P(=S)-SH + ClCH_2CH_2SR'' \xrightarrow{吡啶或碳酸钠} (RO)_2P(=S)-SCH_2CH_2SR'' + HCl}$$

吡啶或碳酸钠能与反应生成的HCl作用，使反应向右进行。

如用钾、钠或铵黑药作原料时，可在合适的有机溶剂中进行反应，生成的氯化钠无机盐不溶于有机溶剂，而沉淀析出，促使反应向右进行。

$$\mathrm{(RO)_2P(=S)-SNH_4 + ClCH_2CH_2SR'' \xrightarrow{丁醇} (RO)_2P(=S)-S-CH_2CH_2SR'' + NH_4Cl}$$

例如，取氯乙基苯甲基硫醚 $\mathrm{C_6H_5-CH_2S(CH_2)_2Cl}$ 38 g，逐滴加入溶有41 g乙基铵黑药 $\mathrm{(C_2H_5O)P_2(=S)-SNH_4}$ 的60 mL丁醇溶液中，在90℃加热15 min，冷却到室温，即有氯化铵析出，过滤除去氯化铵，蒸去丁醇，得乙基黑药苯甲基乙基硫醚酯约47 g。

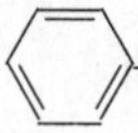

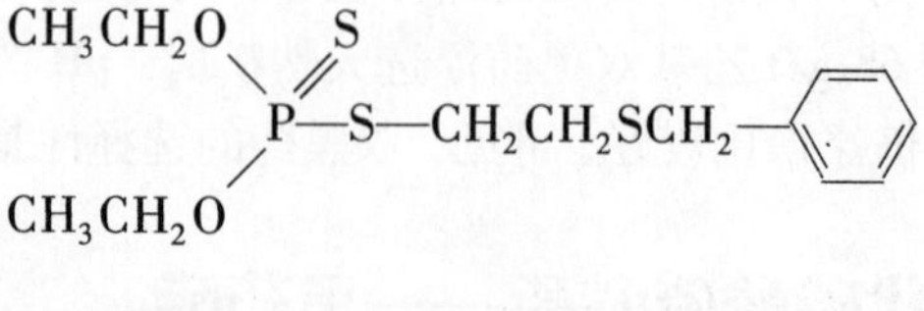

$$\mathrm{(CH_3CH_2O)_2P(=S)-S-CH_2CH_2SCH_2-C_6H_5}$$

2.8.2 黑药酯的捕收性能

黑药酯的捕收特点是在低pH条件下(pH为5)对硫化矿的浮选也能保持很

高的选择性。离子型捕收剂浮选硫化矿时，一般在 pH 为 9 ~ 11 时进行，对于许多自然 pH 低的硫化矿，往往消耗大量石灰。若用黑药酯浮选，在不加石灰的条件下，也能得到与石灰、黄药浮选时相似的结果。

特别值得注意的是，此种类型的捕收剂可以浮选经过活化的闪锌矿，但却完全不浮方铅矿。如用乙基黑药甲基乙基硫醚酯($(C_2H_5O)_2P(=S)—SCH_2SC_2H_5$)作捕收剂，用量在 45 g/t，亦不能从硫化铅矿的矿浆中浮选硫化铅。

2.9 苯胺黑药——磷胺类药剂

胺黑药又称磷胺类药剂，由芳香族胺、环烷胺与五硫化磷作用生成。我国曾研制和推广应用的有环已胺黑药(简称环黑药)、苯胺黑药或称磷胺 4 号。甲苯胺黑药或称磷胺 6 号，可作硫化铅锌矿或氧化铅锌矿的捕收剂。结构通式如下：

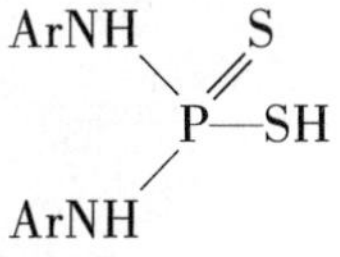

$$(ArNH)_2P(=S)—SH$$

式中 Ar 可以是苯基、甲苯基或环已基。

2.9.1 苯胺黑药和甲苯胺黑药

1. 苯胺黑药和甲苯胺黑药的合成

磷胺 4 号是以甲苯为溶剂，苯胺与五硫化二磷反应合成。反应式如下：

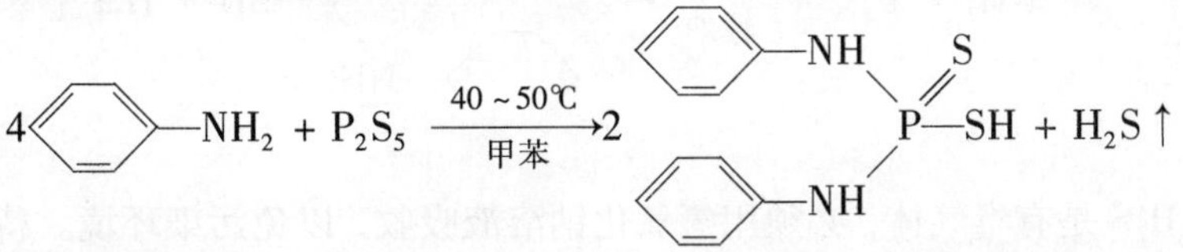

$$4\,C_6H_5—NH_2 + P_2S_5 \xrightarrow[\text{甲苯}]{40 \sim 50℃} 2\,(C_6H_5NH)_2P(=S)—SH + H_2S\uparrow$$

配料比为 m(苯胺) : m(五硫化二磷) = 4 : 1(质量比)。作为溶剂的甲苯为五硫化二磷质量的 12 ~ 13 倍，在 40 ~ 50℃下反应 1.5 h，反应混合物经分离残渣洗涤、真空干燥即得成品。合成反应放出的硫化氢用氢氧化钠溶液吸收消除污染，当碱液吸收硫化氢饱和后，蒸干得副产品硫化钠。

甲苯胺黑药以甲苯胺代替苯胺合成，配料比为 m(甲苯胺) : m(五硫化二磷) = 6 : 1(质量比)，甲苯为五硫化二磷质量的 16 ~ 17 倍，在 30 ~ 40℃反应 2 h，合成过程无须分离残渣，直接进行过滤、真空干燥即得成品。也可以不用溶剂，直接反应合成。

2. 苯胺黑药和甲苯胺黑药的性质和捕收性能

苯胺黑药分子式为$(C_6H_5NH)_2PSSH$，白色粉末，有臭味，不溶于水，溶于酒精和稀碱。在碱液中溶解后臭味消失，其光热稳定性差，暴露于空气中特别是暴露于潮湿空气中容易分解变质。若在稀酸稀碱或水中加热回流便会被水分解。甲苯胺黑药的性质与苯胺黑药相似。苯胺黑药具有选择性好、捕收能力强的特点，对细粒方铅矿的捕收比甲酚黑药和乙基黄药更有效，特别是可在低 pH 分选铅锌硫和铜硫。凡口铅锌矿工业试验表明，在相同流程条件下，与甲酚黑药、乙基黄药相比，铅精矿品位提高 1.09%，回收率提高 5.08%，锌精矿质量提高二级；栖霞山工业试验表明，铅锌精矿品位与回收率均提高1%以上，硫回收率提高6%以上；大宝山铜矿工业试验表明，铜精矿品位提高 1.28%，回收率提高 8.96%，硫精矿品位提高 5%左右，回收率提高 2% ~5%。甲苯胺黑药因与苯胺黑药为同系列化合物，二者相差不大，只是前者烃基较长，多了一个甲基，故其捕收性能与后者相似，捕收力稍强；水口山康家湾矿浮铅作业中用苯胺黑药与原用的 25#黑药对比，铅回收率相当，铅精矿品位略有提高，铅精矿中银回收率提高了5.8%，同时尾矿中消除了甲酚污染。

2.9.2 环己胺黑药

1. 环己胺黑药的制法

环己胺与五硫化二磷的配料比为 4∶1(摩尔比)。用轻油作溶剂，反应温度在 80℃左右。反应时间 3 h。产物先蒸馏回收轻油，再将产品在 50 ~60℃温度下减压干燥后粉碎，纯度可为 70% ~80%。反应式如下：

$$4\ C_6H_{11}{-}NH_2 + P_2S_5 \xrightarrow[\text{轻油}]{\text{加热}} 2\ (C_6H_{11}NH)_2P(=S){-}SH + H_2S\uparrow$$

反应产生的 H_2S 是有毒气体，必须用氢氧化钠溶液吸收，以免污染环境。待氢氧化钠溶液被硫化氢饱和后，将硫化钠溶液蒸干，除去水分可得副产品硫化钠。

2. 环己胺黑药的性质和捕收性能

环己胺黑药为白色或微黄色固体，略具臭味，在空气中较稳定，不溶于水、汽油和苯，可溶于 1% 氢氧化钠溶液，纯度 70% ~80%，熔点 178 ~185℃，含有五硫化二磷、环己胺等杂质，产品以含氮量为标准，一般产品含氮量在7%以上。

泗顶铅锌矿小型试验结果：泗顶铅锌矿为混合铅锌矿，氧化率较高，氧化率都在 25%以上。试验与 25#黑药和黄药混合使用的闭路指标进行对比。浮选流程为：使用 25#黑药和黄药混用时，采用两段流程(即硫、氧分选)；使用环己胺黑药时采用一段流程(即硫、氧同时浮选)。试验结果表明，使用环己胺黑药可使流程简化，铅精矿中含锌明显降低(达到合格标准)，可从含铅 1.288%、含锌6.34%

的给矿得到含铅56.203%、含锌6.899%、回收率Pb 79.42%的铅精矿；而用25#黑药和丁黄药做捕收剂时，可从含铅1.15%、含锌6.33%的给矿得到含铅60.05%、含锌9.50%、Pb回收率67.97%的铅精矿。可见使用环己胺黑药作捕收剂浮选指标优于用25#黑药和丁黄药作捕收剂。

另外，在柴河氧化矿浮选厂对柴河铅锌矿作了工业试验，环己胺黑药和丁黄药混合使用，比单用丁黄药做捕收剂作业回收率提高5%左右。

2.10 烷基二硫代氨基甲酸盐——"硫氮"类捕收剂

N，N－二烷基二硫代氨基甲酸盐（或称二烷基氨荒酸盐）类捕收剂在我国习惯上称为"硫氮"类捕收剂，有下面的通式：

$$\begin{matrix} R \\ \quad \diagdown \\ \quad\quad N—C(=S)—SMe \\ \quad \diagup \\ R_1 \end{matrix} \quad (Me 一般为 Na^+)$$

式中，R、R_1 一般都是相同的烷基；R、R_1 也可以是芳香基、脂烷基、杂环基等；但一般用的是R与R_1 相同的两个烷基；当R_1 为H时便成为N－烷基二硫代氨基甲酸盐，它的结构式如下：

$$RNH—C(=S)—SMe \quad (Me 一般为 Na^+)$$

这类捕收剂是作为甲酸的衍生物来命名的。

$$H—C(=O)—OH$$ 甲酸

$$H—C(=S)—SH$$ 二硫代甲酸

$$H_2N—C(=S)—SH$$ 二硫代氨基甲酸

$$R_2N—C(=S)—SH$$ N，N－二烷基二硫代氨基甲酸

$$R_2N—C(=S)—SMe$$ N，N－二烷基二硫代氨基甲酸盐

$$RNHC(=S)—SH$$ N－烷基二硫代氨基甲酸

$$RNHC(=S)—SMe$$ N－烷基二硫代氨基甲酸盐

我国20世纪60年代已经对“硫氮”类捕收剂做了比较详尽的研究，并将乙硫氮在全国推广使用。

后来有人发现，有些N，N－二烷基二硫代氨基甲酸盐与N－烷基二硫代氨基甲酸盐是同分异构体，它们有相同的分子式及相同的官能团 $C(=S)—S—$ ，和极相似的氨基，化学性质相似，捕收性能亦相似，但亦有差异，N－烷基二硫代氨基甲酸盐能捕收氧化铜矿。故本书中除介绍N，N－二烷基二硫代氨基甲酸盐和它的酯类外，另辟篇幅介绍N－烷基二硫代氨基甲酸盐。

2.10.1 乙硫氮——SN9#的制法

“硫氮”类捕收剂是由胺(第一或第二胺)和氢氧化钠、二硫化碳作用而成。以乙硫氮为例介绍如下:乙硫氮的学名是N，N－二乙基二硫代氨基甲酸钠，用二乙胺、氢氧化钠、二硫化碳合成，化学反应如下：

$$(CH_3CH_2)_2NH + CS_2 + NaOH + 2H_2O \longrightarrow (CH_3CH_2)_2N—C(=S)—SNa \cdot 3H_2O$$

配料比采用二乙胺 : CS_2 : NaOH : H_2O = 1.07 : 1 : 1 : 2(摩尔比)，因合成反应属放热过程，所以在合成过程中，必须用冰盐水冷却，将放出的热除去，使反应向生成乙硫氮的方向进行。为了控制温度，先将二乙胺和二硫化碳混合，然后在充分搅拌下以粉末氢氧化钠分批加入，反应温度为0～30℃，但以10～20℃较好，温度过高则引起副反应，生成杂质，如硫代碳酸盐、硫化物等，影响产品质量；温度过低，则反应速度太慢，影响单位时间内的产量。反应完毕，产品是结晶固体。

用这个方法合成的乙硫氮含三个结晶水，纯度为97%左右，产率为89%～92%。欲合成其他硫氮类捕收剂时，可以用相应的胺代替二乙胺，仿照乙硫氮的合成方法合成。如用二甲胺代替二乙胺，便得到甲硫氨。

2.10.2 乙硫氮——SN9#的性质

乙硫氮是白色晶体，易溶于水(溶解度为35 g/100 mL H_2O)，在使用和保管时应注意以下两个特性。

1. 在酸性介质中分解

乙硫氮在酸性介质中生成 N，N－二乙基二硫代氨基甲酸，这是一种弱酸，0℃时的电离常数为 4.5×10^{-4}（$pK_a=3.35$），很不稳定，甚至在弱酸性介质中也会发生分解，因此就限制了这类捕收剂在酸性介质中的应用。其分解速率与 H^+ 浓度成正比。不同的 pH，该捕收剂分解一半所需的时间——半分解期列于表 2－11 中。

表 2－11 N，N－二乙基二硫代氨基甲酸半分解期与 pH 的关系

pH	4.0	5.0	6.0	7.0	9.0
半分解期/min	0.5	4.9	51	498	5040

故此“硫氮”类捕收剂在潮湿空气中长期放置时，能吸水、分解变质，故应放在阴凉干燥处。

2. “硫氮”类捕收剂与某些金属离子能生成络合物

该络合物的红外光谱在频率为 1542～1480 cm^{-1} 处出现强的吸收带，这表明 C—N 键具有部分双键的特点，故认为络合物具有如下结构：

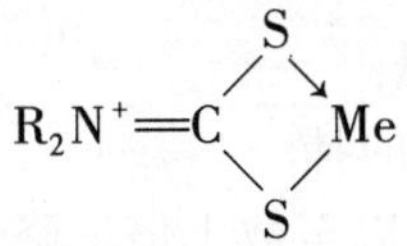

$$R_2N^+{=}C\langle^{S\searrow}_{S\nearrow}\rangle Me$$

对 Ni（Ⅱ）－硫氮盐的分析指出：

（1）四个 S 原子在 Ni（Ⅱ）周围形成四边形配位体；

（2）C ═S 双键在环中是均匀分布的；

（3）C—N 和 C—S 键的距离都较相应的单键的“键长”短。

能生成不溶性硫化物的金属离子，也可以与“硫氮”类捕收剂形成具有如下结构的沉淀：

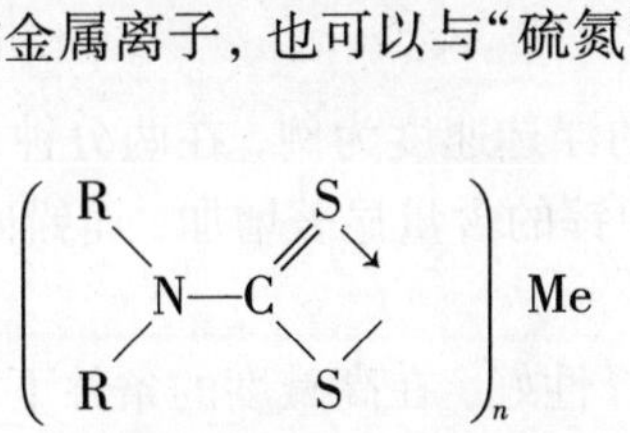

$$\left(\begin{matrix}R & & S\\ & N—C & \\ R & & S\end{matrix}\right)_n Me$$

通过交换反应，发现各种金属离子与硫氮生成盐的倾向，按下列顺序而降低：

Hg（Ⅱ）、Pd（Ⅱ）、Ag（Ⅰ）、Cu（Ⅱ）、Tl（Ⅲ）、Ni（Ⅱ）、Bi（Ⅲ）、Pb（Ⅱ）、Cd（Ⅱ）、Tl（Ⅰ）、Zn（Ⅱ）、In（Ⅲ）、Sb（Ⅲ）、Fe（Ⅲ）、Ti（Ⅵ）、Mn（Ⅱ）

例如，Cu（Ⅱ）可以从相应的金属乙硫氮盐中，将 Ti（Ⅲ）、Ni（Ⅱ）、Bi（Ⅲ）、Pb（Ⅱ）、Cd（Ⅱ）、Zn（Ⅱ）、Sb（Ⅲ）、Ti（Ⅵ）及 Mn（Ⅱ）定量置换出来。

2.10.3 “硫氮”类捕收剂的捕收性能

硫氮类捕收剂的捕收性能与黄药相似，但比黄药更优。下面介绍这类捕收剂的一些浮选特性。

1.“硫氮”类捕收剂的烃基与其润湿接触角的关系

烷基的“硫氮”类捕收剂，烷基越长则接触角越大；而芳基的“硫氮”类捕收剂，没有明显的规律。

2.“硫氮”类捕收剂浮选闪锌矿的临界曲线

图2－11是用几种“硫氮”类捕收剂及戊基黄药分别浮选闪锌矿的临界曲线图。从图2－11的临界曲线可看出，“硫氮”类捕收剂的烃基越长，越能在较高pH条件下浮选闪锌矿。故在铅锌分离时，以用烃基较短的“硫氮”类捕收剂为佳。

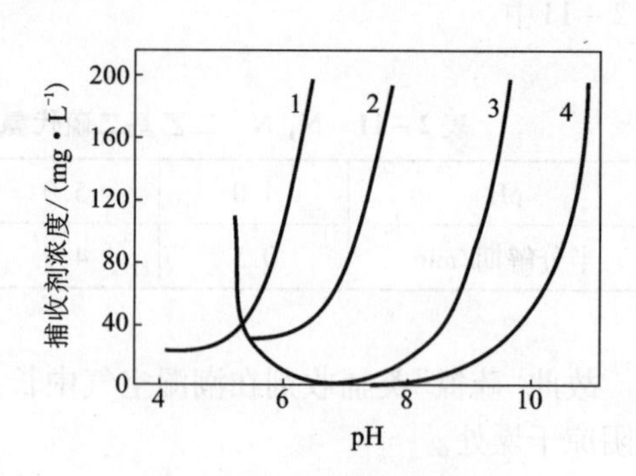

图2－11 “硫氮”类捕收剂浮选闪锌矿的临界曲线

1—戊基黄药；2—二乙基二硫代氨基甲酸；3—二丁基二硫代氨基甲酸；4—二戊基二硫代氨基甲酸

3. 乙硫氮捕收能力较黄药强

乙硫氮的捕收能力较黄药的捕收能力强，用药量比黄药成倍、以至数十倍地降低。下面举一例加以说明：用乙硫氮和黄药分别浮选某铜矿石，该矿石主要金属矿物为黄铁矿、黄铜矿、赤铁矿、辉铜矿等，主要脉石矿物为石英、白云母、绿泥石、方解石等，含铜品位0.731%，氧化率13%。分别用乙硫氮和黄药浮选时，在指标相近的情况下，乙硫氮的用量仅为黄药的三十分之一至二十分之一。

4. 浮选速度快

以乙硫氮浮选铅锌矿的浮选速度为例，在两分钟内便取得很好的指标，随着浮选时间的延长，铅精矿中锌的含量显著增加，而铅回收率无显著提高。

5. 选择性好

“硫氮”类捕收剂的选择性好，在高碱度的条件下浮选，能改善铅和锌之间的分选效果，可以不用或少用氰化钠。实践证明，工业上使用乙硫氮为捕收剂浮铅抑锌时，应采用浅刮泡、勤刮泡、高碱度、低循环、低消耗等混合措施，这对铅锌分离都有好处。

6. 甲硫氮的抑制性能

甲硫氮是乙硫氮的同系物，有相同的官能团，亦能吸附金属矿物表面，但烷基太短难起捕收作用。例如与黄铁矿作用时硫氮基吸附在铁离子上，占据了其他捕收剂的吸附位置，黄铁矿则被抑制。

2.11 N，N－二烷基二硫代氨基甲酸酯——硫氮酯

N，N－二烷基二硫代氨基甲酸酯，是“硫氮”类捕收剂的衍生物，将它的结构通式与“硫氮”类捕收剂的结构通式对比如下：

$$\begin{matrix}R\\ \quad\diagdown\\ \quad\quad N-\overset{\displaystyle S}{\overset{\|}{C}}-S-R_2\\ \quad\diagup\\ R_1\end{matrix}\qquad \text{硫氮酯}$$

$$\begin{matrix}R\\ \quad\diagdown\\ \quad\quad N-\overset{\displaystyle S}{\overset{\|}{C}}-SMe\\ \quad\diagup\\ R_1\end{matrix}\qquad \text{“硫氮”类捕收剂}$$

对比上面两个通式，知道硫氮酯是“硫氮”类捕收剂的金属离子 Me 被烃基或烃基的衍生物取代而成。硫氮酯分子中，R_1 可以是氢也可以是与 R 相同的含碳较少的烃基。

这类捕收剂的命名，先将氮原子上所连接的烷基列出，后加上二硫代氨基甲酸某酯即可。

结 构 式	化学名称	简易名称
$(CH_3CH_2)_2N-\overset{S}{\overset{\|}{C}}-SCH_2CH=CH_2$	N，N－二乙基二硫代氨基甲酸丙烯酯	
$(CH_3CH_2)_2N-\overset{S}{\overset{\|}{C}}-SCH_2CH_2CN$	N，N－二乙基二硫代氨基甲酸丙腈酯	硫氮腈酯
$(CH_3CH_2)_2N-\overset{S}{\overset{\|}{C}}-SCH=CHCN$	N，N－二乙基二硫代氨基甲酸丙烯腈酯	
⋮ ⋮		
$(R)(R_1)N-N-\overset{S}{\overset{\|}{C}}-SR_2$	通式	

2.11.1 硫氮丙烯酯的制法和捕收性能

可直接用相应的“硫氮”类捕收剂与3－卤代丙烯反应生成；或先用胺、二硫化碳、氢氧化钠作用生成“硫氮”类捕收剂，再与3－卤代丙烯反应制得，反应式如下：

$$R_2NH + CS_2 + NaOH \longrightarrow R_2N—C(=S)—SNa + H_2O$$

$$R_2N—C(=S)—SNa + XCH_2CH=CH_2 \longrightarrow R_2N—C(=S)—SCH_2CH=CH_2 + NaX$$

这类硫化矿捕收剂多为油状非离子型化合物，使用时可直接添加或经乳化后加入，欲将这类捕收剂与水乳化时，烷基酚、环氧乙烷的聚合物、磺化琥珀酸酯等均可用作乳化剂。

1. 硫氮丙烯酯浮选硫化铜矿

用各种硫氮丙烯酯6.8～13.6 g/t与异丙基黄药混合使用浮选硫化铜矿取得了良好结果。浮选条件是原矿含Cu 0.8%，CaO 1125 g/t，异丙基黄药为3.6 g/t，聚丙二醇作起泡剂，用量22.5 g/t，浮选6 min，精矿品位8.38%～12.5% Cu，回收率89.8%～92.29%，尾矿品位降到0.088%以下。硫氮酯与异丙基黄药混合使用是硫化铜矿的有效捕收剂。

2. “硫氮”类捕收剂与相应的硫氮丙烯酯对硫化铜矿捕收性能的比较

原矿含0.7% Cu，浮选条件是石灰用量675 g/t，氰化钠用量13.6 g/t，甲酚作起泡剂，用量36 g/t，浮选6 min，用N－乙基二硫代氨基甲酸钠作捕收剂时，精矿含9.7% Cu，回收率20.2%，而用4.5 g/t N－乙基二硫代氨基甲酸丙烯酯作捕收剂时，精矿品位14.1% Cu，回收率85.9%。可见，硫氮丙烯酯对硫化铜矿的捕收性能比相应的“硫氮”捕收性能强，得到较好的浮选指标。

3. 与Z－200、乙黄原酸酯类捕收剂比较

无论单独使用，或与水溶性离子型捕收剂混合使用，硫氮丙烯酯类捕收剂对黄铜矿一般都有较高的浮选活性。

4. 硫氮丙烯酯浮选闪锌矿结果良好

浮选的条件是原矿含7% Zn，活化剂硫酸铜400 g/t，硫氮丙烯酯的用量22.5～29.5 g/t，聚乙二醇起泡剂27 g/t，浮选时间5 min，得含锌57.29%～57.53%、回收率98.05%～98.30%的锌精矿，尾矿含锌0.20%～0.22%，效果较好。

2.11.2 硫氮丙烯腈酯的制法和捕收性能

硫氮丙烯腈酯的制法是取硫氮与β－卤代丙烯腈作用而制得。例如，22.5 g乙硫氮溶于170 mL丙酮中，1 h内加入8.8 g顺式的β－氯丙烯腈的丙酮溶液(25 mL丙酮)，加进β－氯丙烯腈丙酮溶液时，温度保持在10℃以下，加完后在10℃放置1 h，滤去氯化钠，在减压下蒸去溶剂，留下黑色油状液体21.1 g。将该黑色油状液体溶于三氯甲烷中，用活性炭脱色，过滤除去活性炭，将滤液在133.32 Pa、80℃下加热蒸去三氯甲烷，得17 g乙硫氮丙烯腈酯。反应式如下：

$$(CH_3CH_2)_2N-\overset{S}{\overset{\|}{C}}-SNa + ClCH{=}CHCN \longrightarrow (CH_3CH_2)_2N-\overset{S}{\overset{\|}{C}}-SCH{=}CHCN + NaCl$$

乙硫氮　　　　　　　　　　乙硫氮丙烯腈酯

乙硫氮丙烯腈酯用石油醚重结晶，得纯品，熔点53～54℃。

硫氮丙烯腈酯也是硫化矿的捕收剂，特别是对硫化铜矿的选择性比较强。据文献报道，在氮原子上取代的两个烷基可以是相同的，也可以是不相同的，烷基的碳原子可以多至18个，也可以是芳香基；分子中的氰基亦可用卤原子、硝基、氨基或碳原子数少的烷基代替。

2.11.3 硫氮丙腈酯(酯－105)的制法、性质和捕收性能

1. 硫氮丙腈酯的制法

硫氮丙腈酯曾称酯－105，学名是N，N－二乙基二硫代氨基甲酸丙腈酯。它的制法是将2 mol二乙胺加入反应釜中，开动搅拌器进行搅拌，先后将2.4 mol二硫化碳和2 mol丙烯腈缓慢加入反应釜中，为了减少二乙胺和二硫化碳的挥发损失，加入二硫化碳和丙烯腈的速度以反应温度不超过40℃为准，加料完毕，将反应物放入保温釜，在30～60℃下保温搅拌1 h，即得到硫氮丙腈酯产品，反应式如下：

$$(CH_3CH_2)_2NH + CS_2 + CH_2{=}CHCN \longrightarrow (CH_3CH_2)_2N\overset{S}{\overset{\|}{C}}-SCH_2CH_2CN$$

硫氮丙腈酯

2. 硫氮丙腈酯性质

工业产品呈棕色液体，有微弱的鱼腥味，密度1.11 g/mL左右，难溶于水，可溶于酒精、四氯化碳、乙醚等有机溶剂，化学性质稳定，主要成分含量70%以上，凝固点约22℃，由于它的凝固点较高，在浮选过程中添加药剂时，要采取加温措施或配成乳液使用。通化铜矿将它与松醇油混合使用，降低其熔点，虽在冬天使用亦得到春天使用一样的浮选指标。

3. 硫氮丙腈酯的捕收性能

硫氮丙腈酯具有捕收兼起泡性能，在铜陵狮子山铜矿、白银铜矿、德兴铜矿等硫化铜矿的工业试验表明，硫氮丙腈酯可代替黄药和松醇油，其用量为黄药和松醇油的1/4～1/3，可以显著地降低选矿药剂费用，对选矿指标有一定程度提高，很有推广价值。有人用二甲基二硫代氨基甲酸丙腈酯80 g/t、戊黄药30 g/t，浮选含铜1.18%的给矿得到含8.09% Cu、回收率96.37%的粗精矿；用300 g/t戊黄药作捕收剂，粗精矿含7.23% Cu，回收率92.80%，由于给矿品位相同，可见选择性和回收率都比戊基黄药强。因二甲基二硫代氨基甲酸丙腈酯分子量比酯-105小，熔点比酯-105低，适合在低温使用，且二甲胺比二乙胺便宜，应推广二甲基二硫代氨基甲酸丙腈酯代替酯-105。

2.11.4 硫氮次甲基膦酸二烷基酯

硫氮次甲基膦酸二烷基酯是硫氮的衍生物，属硫氮酯，是硫化矿捕收剂，结构式如下：

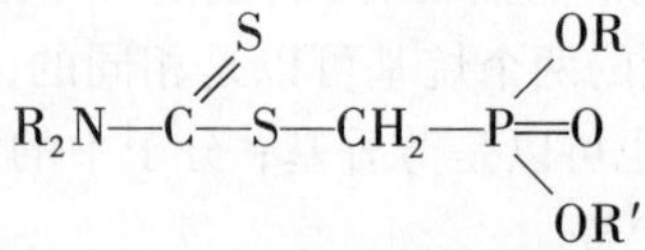

$$R_2N-\overset{\overset{S}{\|}}{C}-S-CH_2-\overset{\overset{OR}{|}}{\underset{\underset{OR'}{|}}{P}}=O$$

式中R、R′为C_1～C_4的烷基。用来浮选铜锌黄铁矿多金属硫化矿时，烷基增长，捕收能力增加，而选择性降低，式中R为乙基，R′为甲基时，对铁和铜有较高的选择性，用来浮选硫化铜矿，选择性和丁黄药相似，但用量比丁黄药降低30%，对锌和黄铁矿的选择性高于丁黄药，在浮选过程中(铜、锌、黄铁矿)，铜回收率增加3%，精矿品位亦有提高。

2.11.5 亚甲基双硫氮

两个硫氮基通过亚甲基相连，即构成亚甲基双硫氨，它的结构式为

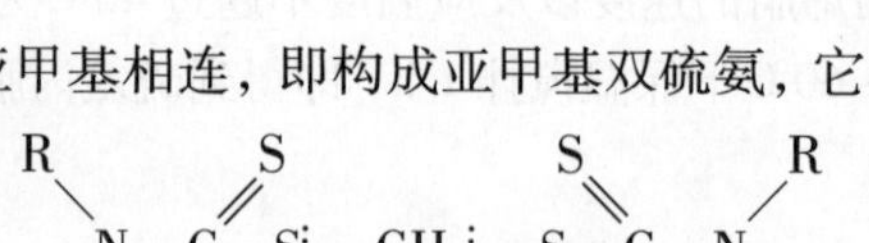

$$\begin{matrix}R\\ \quad\diagdown\\ \end{matrix}\!\!\!\! N-\overset{\overset{S}{\|}}{C}-S\,\vdots\!-CH_2-\!\vdots\,S-\overset{\overset{S}{\|}}{C}-N\!\!\!\!\begin{matrix}R\\ \diagup\quad\\ \end{matrix}$$
$$\begin{matrix}\quad\diagup\\ R\end{matrix}\qquad\qquad\qquad\qquad\qquad\qquad\begin{matrix}\diagdown\quad\\ R\end{matrix}$$

式中点线外边是硫氮基，点线内是亚甲基(也称次甲基)，故称亚甲基双硫氮。合成方法是仲胺与氢氧化钠、二硫化碳反应，生成硫氮，产品再与二氯甲烷等二卤代烷反应，即生成亚甲基双硫氮。反应式如下：

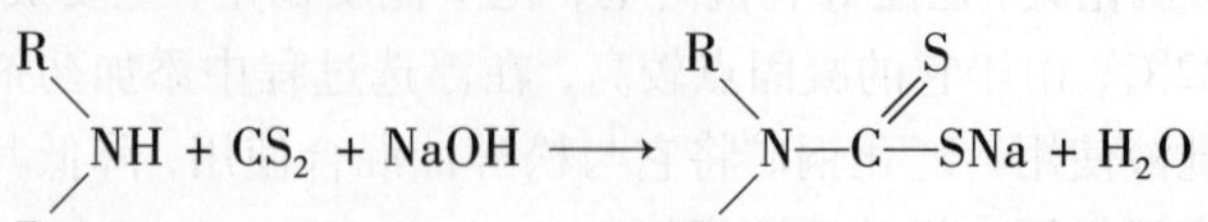

$$R_2NH + CS_2 + NaOH \longrightarrow R_2N-\overset{\overset{S}{\|}}{C}-SNa + H_2O$$

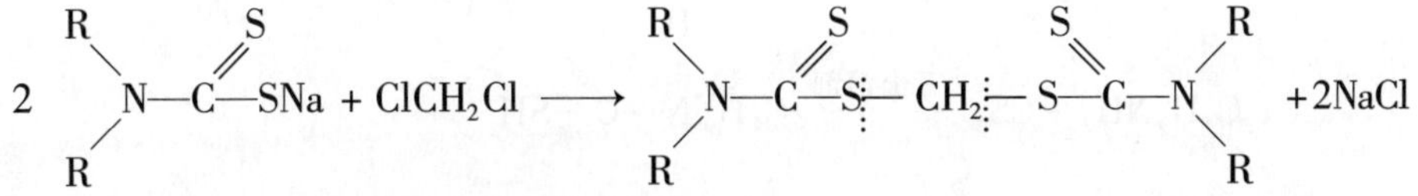

$$2\ \mathrm{R_2N{-}C(=S){-}SNa} + \mathrm{ClCH_2Cl} \longrightarrow \mathrm{R_2N{-}C(=S){-}S{-}CH_2{-}S{-}C(=S){-}NR_2} + 2NaCl$$

该捕收剂是非离子型油状物，是硫化矿捕收剂，对金亦有很好的捕收性能。

2.12 单烷基“硫氮”对铜矿的捕收性能

二乙基二硫代氨基甲酸钠与丁基二硫代氨基甲酸钠是同分异构体，二者有相同的分子式、相似和相同的官能团，其异构关系可用下式表示：

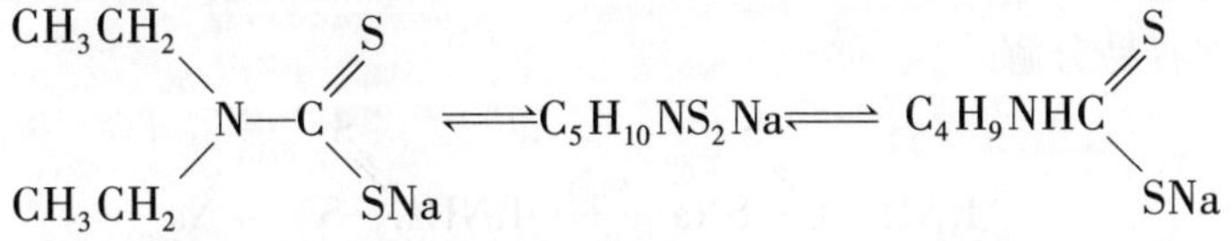

$$(\mathrm{CH_3CH_2})_2\mathrm{N{-}C(=S){-}SNa} \rightleftharpoons \mathrm{C_5H_{10}NS_2Na} \rightleftharpoons \mathrm{C_4H_9NHC(=S){-}SNa}$$

结构式　　　　分子式　　　　结构式

二乙基二硫代氨基甲酸钠（代号：乙硫氮，硫氮-9）　　　　丁基二硫代氨基甲酸钠

二丁基二硫代氨基甲酸钠与辛基二硫代氨基甲酸钠是同分异构体，二者有相同的分子式，相似和相同的官能团，其异构关系可用下式表示：

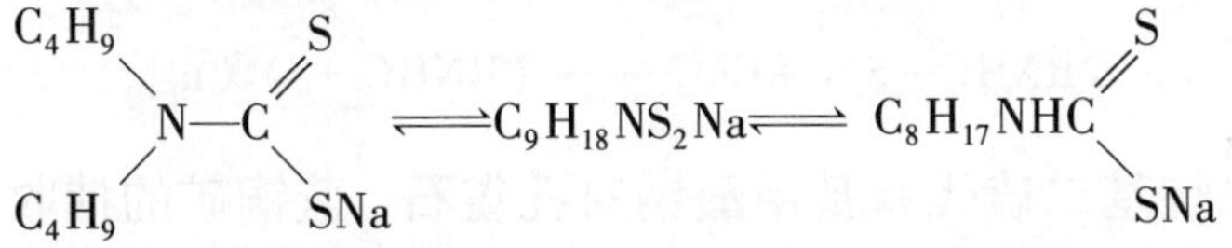

$$(\mathrm{C_4H_9})_2\mathrm{N{-}C(=S){-}SNa} \rightleftharpoons \mathrm{C_9H_{18}NS_2Na} \rightleftharpoons \mathrm{C_8H_{17}NHC(=S){-}SNa}$$

结构式　　　　分子式　　　　结构式

二丁基二硫代氨基甲酸钠　　　　辛基二硫代氨基甲酸钠

二烷基二硫代氨基甲酸钠分子中的氨基是叔氨基，单烷基二硫代氨基甲酸钠分子中的氨基是仲氨基，因此说二者相似。在二烷基二硫代氨基甲酸钠或单烷基二硫代氨基甲酸钠分子中都有 $\mathrm{{-}C(=S){-}S{-}Na}$ 基团，故说有相同的官能团，因此两者对矿物的捕收性能应十分相似。

2.12.1 单烷基二硫代氨基甲酸钠的制备和性质

以丁基二硫代氨基甲酸钠为代表，取丁胺 18.3 g(0.25 mol)溶于 250 mL 乙醚中，用冰水冷却到15℃，边搅拌边加入二硫化碳 31.5 g(0.4 mol)，温度保持在20℃以下，生成丁基二硫代氨基甲酸白色固体，悬浮在乙醚中。向悬浮液中加入 10 g(0.25 mol)粉状氢氧化钠后，将反应混合物加热至室温，并强烈搅拌 1 h。收集白色固体产品，放置使之干燥，得产品 41.6 g，产率 97%。反应式如下：

$$C_4H_9NH_2 + CS_2 \xrightarrow{\text{乙醚溶剂}} C_4H_9N(H)\text{—}C(=S)\text{—}SH$$

$$C_4H_9NH\text{—}C(=S)\text{—}SH + NaOH \xrightarrow{\text{乙醚溶剂}} C_4H_9NH\text{—}C(=S)\text{—}SNa + H_2O$$

其他单烷基二硫代氨基甲酸钠均可用相同的方法制得。工业生产时在混捏机中进行，不用乙醚作溶剂。

单烷基二硫代氨基甲酸钠是白色固体，性质与二烷基二硫代氨基甲酸钠相似，其特点分述如下。

(1)遇酸容易分解

$$RNH\text{—}C(=S)\text{—}SNa \xrightarrow{\text{离解}} RNHC(=S)\text{—}S^- + Na^+$$

$$RNH\text{—}C(=S)\text{—}S^- + H^+ \longrightarrow RNH_2 + CS_2$$

故在酸性矿浆中，特别是较强的酸性矿浆中不能使用。

(2)单烷基二硫代氨基甲酸钠遇 Cu^{2+}，生成难溶盐

$$2RNHC(=S)\text{—}S^- + Cu^{2+} \longrightarrow (RNHC(=S)\text{—}S)_2Cu\downarrow$$

2.12.2 单烷基二硫代氨基甲酸钠对孔雀石、蓝铜矿的捕收性能

1.单矿物浮选试验

所用捕收剂为辛基二硫代氨基甲酸钾、丁基二硫代氨基甲酸钾、二丁基二硫代氨基甲酸铵、戊黄药。其他药剂有65#起泡剂、硫氢化钠。所用单矿物是孔雀石和蓝铜矿，矿样细磨并筛分，取 -100 ~ +350 目(0.15 ~0.043 mm)部分。浮选试验用去离子水 95 mL，加试样 5 g，在小浮选槽中调浆，加捕收剂和起泡剂(4.5 g/t)，搅拌 1 min，浮选 45 s，上浮矿物质量的百分数记作回收率，用稀盐酸或氢氧化钠溶液调节 pH。表 2 - 12 是用各种捕收剂浮选孔雀石和蓝铜矿结果。从表 2 - 12 中看出，单烷基二硫代氨基甲酸盐比黄药(即使氧化铜矿进行硫化)或二烷基二硫代氨基甲酸盐都更有效。表 2 - 13 是用辛基二硫代氨基甲酸盐作捕收剂浮选孔雀石单矿物回收率与药剂用量的关系。表 2 - 14 是用辛基二硫代氨基甲酸盐浮选孔雀石单矿物，pH 与回收率的关系。从表 2 - 14 看出，当 pH <9.0 时，回收率急剧下降。表 2 - 15 表明随着烷基二硫代氨基甲酸盐捕收剂的烷基碳原子数增加，孔雀石的回收率亦增加。表 2 - 16 是用丁基二硫代氨基甲酸盐四种同分异构体分别作捕收剂，在相同用量、相同 pH 条件下，浮选孔雀石单矿物的试验结

果。表中数据说明烷基支链结构不同，会影响其对孔雀石的捕收性能，即捕收基团 $—NHC(=S)—S^-$ 与正丁烷基相连接，则捕收能力最强；与异丁烷基相连接，则捕收能力降低；与仲丁烷基相连接，则捕收能力再降低；与叔丁烷基相连接，则捕收能力最弱。

表 2－12 用各种捕收剂进行纯矿物微量浮选试验结果

试验号	矿物	捕收剂	pH	药剂用量/$(mg·L^{-1})$	回收率/%
1	孔雀石	戊黄药	9.5	100	36.9
2	孔雀石	NaSH，戊黄药	9.5	200，100	44.6
3	孔雀石	癸黄药	9.5	100	69.3
4	孔雀石	辛基二硫代氨基甲酸钾 $(C_8H_{17}NHCS_2-K^+)$	9.5	100	100
5	蓝铜矿	辛基二硫代氨基甲酸钾 $(C_8H_{17}NHCS_2-K^+)$	9.5	100	97.0
6	孔雀石	丁基二硫代氨基甲酸钾 $(C_4H_9NHCS_2-K^+)$	9.5	100	92.4
7	孔雀石	二丁基二硫代氨基甲酸铵 $[(C_4H_9)_2NCS_2-NH_4]$	9.5	100	19.1

表 2－13 用辛基二硫代氨基甲酸盐进行孔雀石微量浮选时回收率与药剂用量的关系

试验号	用量/$(mg·L^{-1})$	pH	回收率/%
1	700	9.5	100
2	50	9.5	96.2
3	20	9.5	51.0

表 2－14 用辛基二硫代氨基甲酸盐（50 mg/L）进行孔雀石微量浮选时回收率与 pH 的关系

试验号	pH	回收率/%
1	11.2	89.0
2	9.8	94.0
3	7.2	61.9
4	5.6	17.1

表 2-15 用各种二硫代氨基甲酸盐($RNHCS_2-Na^+$)进行孔雀石微量浮选结果

试验号	R	用量/($mg·L^{-1}$)	回收率/%
1	正辛基	100	100
2	正辛基	50	96.8
3	正己基	100	98.3
4	正己基	50	82.6
5	正戊基	100	96.2
6	正戊基	50	80.2
7	正丁基	100	94.2
8	正丁基	50	72.8

注：全部试验均用 NaOH 将 pH 调整到 9.5。

表 2-16 用各种二硫代氨基甲酸盐对孔雀石微量浮选时回收率与丁基特性的关系

试验号	药剂	回收率/%
1	正丁基	61.9
2	异丁基	53.3
3	仲丁基	37.3
4	叔丁基	31.0

注：在全部试验中，pH 均用 NaOH 调整到 9.5，捕收剂用量均为 50 mg/L。

2. 天然矿石浮选试验

试样取自玻利维亚，平均含铜 4.0% ~8.0%，其中 90% 为碳酸盐(孔雀石和铜蓝)，所含的硫化铜矿为辉铜矿，主要脉石为石英。

取 -10 目(2 mm)的试样 600 g，置于棒磨机中加入自来水至 60% 浓度，磨 17 min，磨后将试样用 400 目(0.04 mm)筛子湿筛、脱泥，所得矿浆的自然 pH 为 7.2。+400 目(0.04 mm)部分加入浮选机中，加自来水使矿浆浓度达到 25%(固体)，加石灰调整 pH 至 9.5，加入捕收剂搅拌 15 s，浮选 3 min。-400 目(0.04 mm)矿泥部分的浮选用相同流程进行。用二硫代氨基甲酸盐浮选天然矿石与常规药剂比较的试验结果见表 2-17。从表 2-17 看出，1 号试验只用戊基黄药做捕收剂，铜回收率只有 69.4%，其尾矿中所含的铜大部分是氧化铜。使用戊黄药和硫氢化钠的 2 号试验，取得好的回收率，但需要用大量的硫氢化钠进行活化。使用二硫代氨基甲酸盐作捕收剂的 3 号和 4 号试验中，硫化铜矿和氧化铜矿的回收率都很高，这时氧化铜矿并没有进行硫化。在这些试验中，对硫化矿的粗选阶段加少量戊基黄药(不需硫化)浮选硫化矿后，再加二硫代氨基甲酸盐浮选氧化铜矿，这样能更好评价二硫代氨基甲酸盐的作用。实践证明，辛基二硫代氨基甲酸盐或正丁基二硫代氨基甲酸盐对氧化铜的捕收能力均优于戊基黄药。

表 2-17 用二硫代氨基甲酸盐浮选天然矿石与常规法的比较

试验号	药剂	用量/($lb \cdot t^{-1}$)	产品	Cu 品位/%		Cu 回收率/%
				总铜	氧化铜	
1	戊基黄药 戊基黄药	0.10 0.75	硫化矿精矿 氧化矿精矿 尾矿	44.10 27.30 1.99		69.4
2	NaSH 戊基黄药	9.0 0.9	精矿 尾矿	24.40 0.58		93.9
3	戊基黄药 辛基二硫代氨基甲酸盐	0.10 0.75	硫化矿精矿 氧化矿精矿 尾矿	41.20 19.40 0.57	0.13	93.3
4	戊黄药 正丁基二硫代氨基甲酸盐	0.10 0.75	硫化矿精矿 氧化矿精矿 尾矿	44.30 23.70 0.65	0.14	91.3

注：2 号试验的药剂分几段添加；全部试验的 pH 均用石灰调整到 9.4~9.8；在这些试验中原矿品位约为 6.0% Cu；Aerofroth 65 起泡剂用量 0.025~0.05 lb/t；1 lb = 0.454 kg。

用辛基二硫代氨基甲酸盐浮选矿砂和矿泥的试验结果见表 2-18。表 2-18 所列矿砂和矿泥浮选的例子中，辛基二硫代氨基甲酸盐分别用在矿砂和矿泥浮选阶段，且分别计算了各段和整个样品的回收率。应特别指出的是，所获得的精矿品位很高，尤其是矿泥浮选阶段，这表明此种捕收剂有明显的选择性。

天然氧化铜矿浮选试验表明：辛基二硫代氨基甲酸钠是氧化铜矿、孔雀石和蓝铜矿的良好捕收剂。

表 2-18 用辛基二硫代氨基甲酸盐浮选矿砂和矿泥的结果

项目	药剂用量/($lb \cdot t^{-1}$)	pH	产品	Cu 品位/%		Cu 回收率/%	总回收率/%
				总铜	氧化铜		
矿砂浮选	0.5 0.25	9.5	粗选精矿 扫选精矿 尾矿	27.94 5.71 0.57	0.21	84.1 9.1 6.8	60.5
矿泥浮选	1.5	9.5	精矿 尾矿	29.88 0.34		89.1 10.9	31.4
合计							91.9

注：pH 用石灰调整。

2.13 胺醇黄药

胺醇黄药有如下通式：

$$\begin{matrix} R_1 \diagdown \\ \quad N-R_3-OC(=S)-SH(Na或K) \\ R_2 \diagup \end{matrix}$$

式中 R_1 为烃基，R_2 为烃基或 H，R_3 为 $\text{-(}CH_2\text{)}_n\text{-}$，一般 $n=1$ 或 2。下面是一些胺醇黄药的实例：

$(CH_3CH_2)_2N-CH_2OC(=S)-SNa$ 二乙胺甲醇钠黄药

$(CH_3CH_2)_2N-CH_2CH_2OC(=S)-SK$ 二乙胺乙醇钾黄药

$[CH_3(CH_2)_3]_2N-CH_2CH_2OC(=S)-SK$ 二丁胺乙醇钾黄药

$[CH_3(CH_2)_6CH_2]_2NCH_2CH_2OC(=S)-SK$ 二辛胺乙醇钾黄药

$(CH_2=CHCH_2)_2NCH_2CH_2OC(=S)-SK$ 二丙烯胺乙醇钾黄药

2.13.1 胺醇黄药的制法

视其结构不同，有下面两种制法。

1. 二烃基胺甲醇黄药的制法

例如，二乙胺甲醇黄药可用二乙胺与甲醛缩合成二乙胺甲醇，再与二硫化碳和氢氧化钠反应生成，化学反应式如下：

$$(CH_3CH_2)_2NH + HCHO \longrightarrow (CH_3CH_2)_2N{-}CH_2OH$$

$$(CH_3CH_2)_2N{-}CH_2OH + CS_2 + NaOH \longrightarrow (CH_3CH_2)_2NCH_2OC(=S){-}SNa + H_2O$$

在实验室中要制取少量二乙胺甲醇黄药时，可取二乙胺5.12 kg和5.25 kg 40%的甲醛水溶液，在60℃条件下混合搅拌。反应完成后分出油层，水层用1 kg食盐盐析，使溶于水的二乙胺甲醇[$(CH_3CH_2)_2NCH_2OH$]析出，总共可得二乙胺甲醇5.9 kg，后者用4.33 kg二硫化碳在低于40℃下反应，得二乙胺甲基黄原酸，其分子式为

$$(CH_3CH_2)_2NCH_2OC(=S){-}SH$$

如果用二硫化碳和氢氧化钠与二乙胺甲醇作用，则产品为二乙胺甲醇钠黄药：

$$(CH_3CH_2)_2NCH_2OC(=S){-}SNa$$

2. 二烃基胺乙醇黄药的制法

首先是合成二烃基胺乙醇，方法有两个。

(1)将氨基乙醇与卤代烷作用

$$2RX + H_2NCH_2CH_2OH \xrightarrow{\triangle} R_2N{-}CH_2CH_2OH + 2HX$$

(2)将适当的仲胺与卤代乙醇互相作用

$$R_2NH + ClCH_2CH_2OH \longrightarrow R_2NCH_2CH_2OH + HCl$$

这两种合成二烃基胺基乙醇的方法，后一种较好，因为后一种方法产量较高，且不伴随副反应，但受仲胺来源的限制。

制得二烃基胺基乙醇后，与二硫化碳、氢氧化钠反应，即得二烃基胺基乙醇黄药。化学反应式如下：

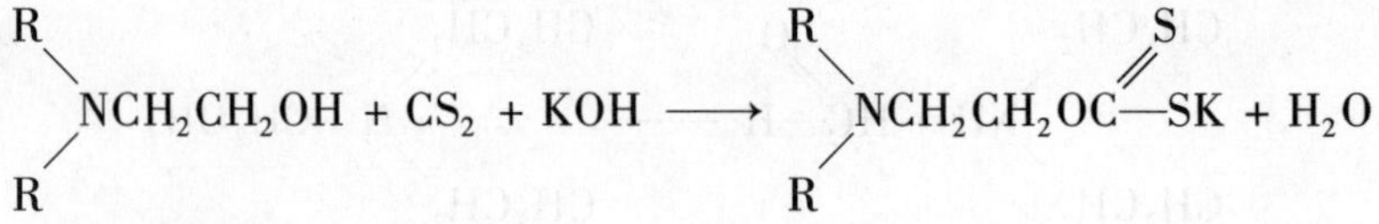

$$R_2NCH_2CH_2OH + CS_2 + KOH \longrightarrow R_2NCH_2CH_2OC(=S)—SK + H_2O$$

2.13.2 胺醇黄药的捕收性能

二乙胺甲醇黄药对铜及铜、铅、锌硫化矿浮选时，捕收能力很强，其捕收能力是常规捕收剂的2~5倍，用来浮选大屯硫化矿取得比黄药好的结果。这种药剂用量少，能减少废水的产生。

前面所列的各种胺醇黄药，经试验结果表明，二丁胺乙黄药对含镍磁黄铁矿的捕收能力良好，其对镍的捕收性能比丁基黄药强，是含镍磁黄铁矿的一种较强的捕收剂。

胺醇黄药分子中除含有黄药的官能团外，还含有叔胺基，在酸性、中性、弱碱性介质中分别与镍磁黄铁矿产生静电斥力、静电吸附、螯合作用。因此胺醇黄药在中性、弱碱性介质中对镍磁黄铁矿的捕收性能优于丁黄药。用胺醇黄药浮选金川二矿区富矿，可取得精矿品位7.60%~8.27%，镍回收率88.5%~89.13%的镍精矿，与丁基黄药相比精矿品位提高1%~2%。

2.14 硫脲类捕收剂

硫脲是尿素分子中的氧被硫原子取代而成，硫脲分子中没有烃基，不是复极性的结构，故不可能作捕收剂，因此硫脲类捕收剂分子中除了有硫脲基团的结构外还必须有疏水的烃基才有捕收作用。举例如下：

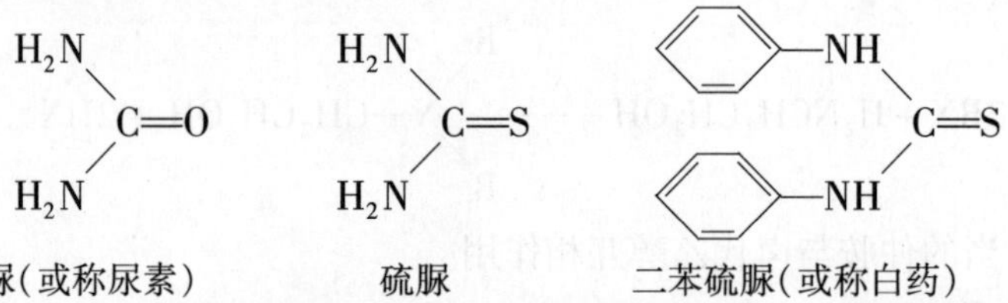

$$(H_2N)_2C=O \qquad (H_2N)_2C=S \qquad (C_6H_5NH)_2C=S$$

脲(或称尿素)　　硫脲　　二苯硫脲(或称白药)

脲和硫脲内不具备复极性分子的结构，不能作硫化矿的捕收剂。二苯硫脲是硫脲分子中两个氨基的一个氢原子被苯基取代而成，有了疏水的两个苯基，与N相连的一个氢原子能与硫原子结合发生互变异构现象。反应式如下：

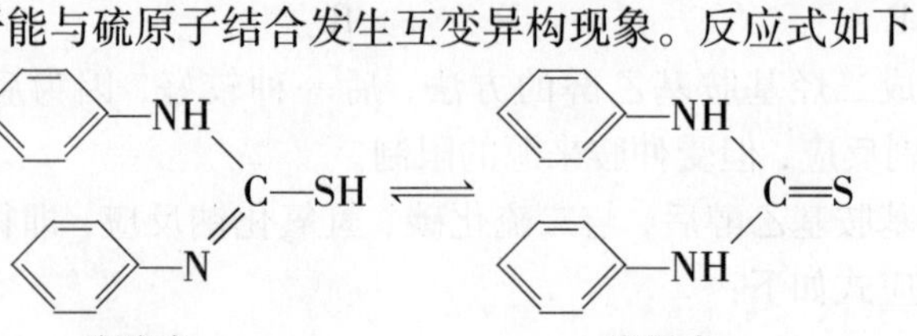

$$C_6H_5NH—C(—SH)=N—C_6H_5 \rightleftharpoons (C_6H_5NH)_2C=S$$

硫醇式　　硫酮式

硫醇式的巯基能与硫化矿的金属离子生成盐而吸附在硫化矿物表面上，苯基疏水而起捕收作用，白药便成了很好的硫化矿捕收剂。常见的硫脲类捕收剂有下列几种：

化学名称	结构式	国内简易名称或常用名
二苯硫脲	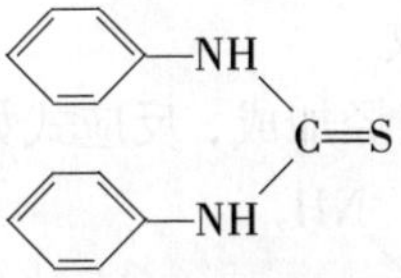 $(C_6H_5NH)_2C{=}S$	白药
S－烯丙基异硫脲盐酸盐	$H_2C{=}CHCH_2SC({=}NH)NH_2 \cdot HCl$	烯丙基白药
乙基硫脲	$CH_3CH_2NH{-}C({=}S){-}NH_2$	—
咪唑硫醇	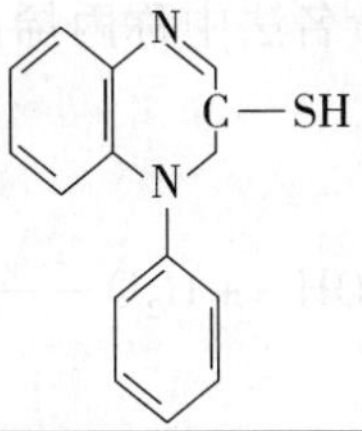 （苯并环结构，C—SH，N－苯基）	—

2.14.1 白药

白药学名二苯硫脲，由按理论量 2 mol 苯胺、1 mol 二硫化碳混合并加入等体积的酒精作溶剂反应制得；用常用回流装置，在 90～100℃回流 4～6 h，冷却得固体白药。酒精可减压过滤回收。反应式如下：

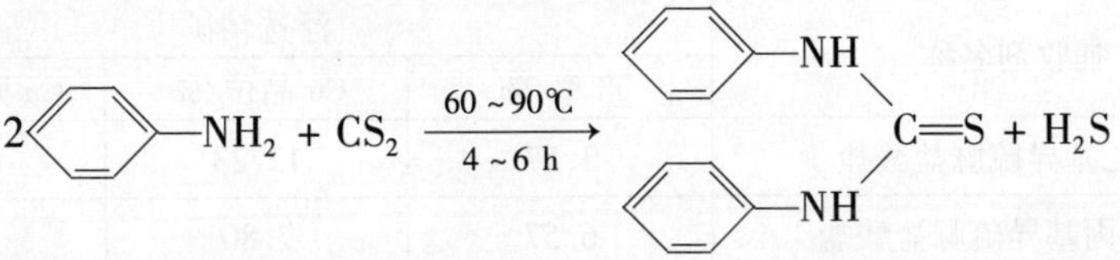

$$2C_6H_5NH_2 + CS_2 \xrightarrow[4\sim6\ h]{60\sim90℃} (C_6H_5NH)_2C{=}S + H_2S$$

如加入少量固体氢氧化钠作催化剂，则产量更高。放出的硫化氢为有毒气体，可用氢氧化钠溶液吸收防止污染。工业上也用此方法扩大生产。白药为白色片状晶体，熔点 150℃，分子能重排发生同分异构现象，分子中出现巯基，故可用作硫化矿捕收剂。

白药对黄铁矿的捕收能力很弱，适用于多金属硫化矿浮选，因它难溶于水，故在选矿时常添加于球磨机中或以苯胺或邻－甲基苯胺作溶剂配成浓度为

10% ~20%的溶液，称为TA或TT混合剂；或与25#黑药混合使用，将6%白药加入25#黑药中所得的混合物称31#黑药，也是硫化矿的捕收兼起泡剂。白药比黄药价高，且不方便使用，目前选厂使用甚少。

2.14.2 S－烃基异硫脲盐及其捕收性能

(1)S－烃基异硫脲盐的合成

硫脲的特征反应之一是与卤烃加成，反应式如下：

$$R—X + S{=}C\begin{matrix} NH_2 \\ NH_2 \end{matrix} \longrightarrow R—SC\begin{matrix} NH_2 \\ {=}NH \end{matrix} \cdot HX$$

反应很容易发生，生成物RSC(═NH)NH_2·HX称S－烃基异硫脲盐，是一种稳定的中性盐。

用脂肪烃或芳香烃卤代物与硫脲酒精溶液回流的方法制备了苯基、乙基、异丙基、丙烯基、丁基、戊基、2－乙基己基、正辛基、十二烷基、十四烷基异硫脲盐。S－丙烯基异硫脲盐在浮选命名法中称丙烯白药。它在碱性介质中易分解为硫醇：

$$\left[RSC\begin{matrix} NH_2 \\ {=}NH \end{matrix}\right]^+ + OH^- + H_2O \longrightarrow RSH + CO_2 + 2NH_3$$

硫醇对硫化矿有捕收作用，故S－烃基异硫脲盐可作硫化矿捕收剂。

(2)S－烃基异硫脲盐的捕收性能：用多种S－烃基异硫脲盐浮选含铜黄铁矿结果见表2－19。

表2－19 异硫脲盐浮选含铜黄铁矿试验结果

捕收剂名称	浮选精矿		
	产率/%	Cu品位/%	Cu回收率/%
S－乙基异硫脲盐酸盐	3.57	12.23	63.4
S－异丙基异硫脲盐酸盐	6.57	7.80	71.3
S－正戊基异硫脲盐酸盐	7.36	7.40	79.0
S－2－乙基己基异硫脲盐酸盐	6.96	7.33	71.9
S－正辛基异硫脲盐酸盐	8.00	7.18	76.5
S－十二烷基异硫脲盐酸盐	6.55	7.27	71.5

从表2－19看出S－正戊基异硫脲的浮选结果最好。烯丙基异硫脲盐酸盐与丁黄药混用浮选旧卡房矽卡岩含铜黄铁矿矿石，得到较好结果，该矿石含铜1.21%，主要是黄铜矿；含硫15.7%，主要为磁黄铁矿及黄铁矿；脉石矿物为透辉石、萤石（矿石含15% CaF_2）、阳起石、电气石、角闪石、金云母、方解石、石英等。单独使用S－烯丙基异硫脲盐酸盐作捕收剂铜回收率不高，但用异硫脲盐酸盐20 g/t与丁黄药20～50 g/t或者50 g/t异硫脲盐酸盐和50 g/t丁黄药混用，一般都得到较好的结果。按选厂生产条件，丁黄药用量200 g/t的实验室闭路试验，得到含铜18.62%的铜精矿，铜回收率93.8%，而异硫脲盐酸盐10 g/t与黄药50 g/t混用闭路试验结果为精矿含铜22.14%，回收率95.4%，比单用丁基黄药时精矿含铜提高了3.52%，回收率提高了1.6%。试验证明S－烯丙基异硫脲盐酸盐对含铜黄铁矿类矿石是一种选择性较好的捕收剂。

乙基硫脲是黄铜矿的捕收剂，它浮选黄铜矿的作用机理是：其分子中的S和N原子与黄铜矿表面的铜原子生成螯合物，吸附在黄铜矿表面，因乙基疏水而起捕收作用。而S－烃基异硫脲盐酸盐的作用机理应有所不同，可能是它先在碱性介质中分解为硫醇并放出二氧化碳和氨气，硫醇的巯基与黄铜矿表面的铜离子生成硫醇盐而固定/附着在黄铜矿表面，烃基疏水而起捕收作用。

2.14.3 咪唑硫醇

在有机化学中咪唑硫醇的全名应称为N－苯基2－巯基苯骈咪唑。我国选矿界称它为咪唑硫醇，结构式（式中有硫脲的骨架）如下：

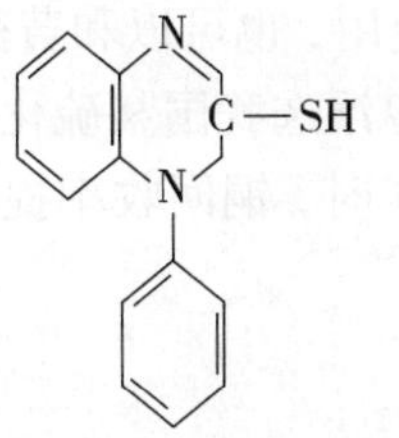

N
C—SH
N

1. 咪唑硫醇的制法

制取咪唑硫醇分三步进行，首先用邻－硝基氯苯和苯胺作用，合成邻－硝基二苯胺，为了使反应顺利进行，可加入碳酸钠以除去生成的HCl：

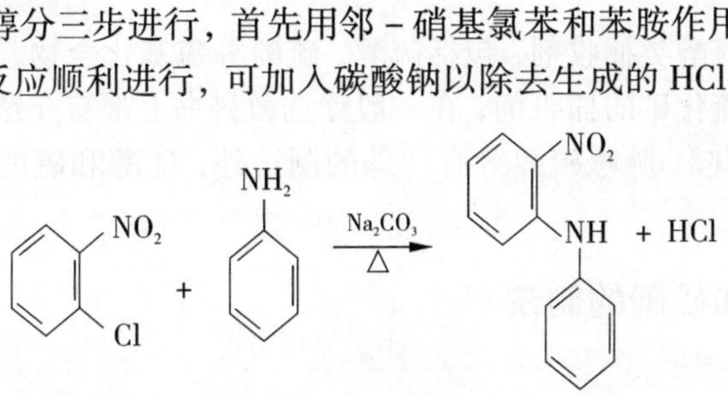

NO_2 NH_2 Na_2CO_3 △ NO_2
Cl + → NH + HCl

第二步硫化钠还原邻－硝基二苯胺，成为邻－氨基二苯胺：

$$\text{邻硝基二苯胺}\xrightarrow[Na_2S+H_2O]{6(H)}\text{邻氨基二苯胺}+2H_2O$$

第三步用邻－氨基二苯胺与二硫化碳缩合：

$$\text{邻氨基二苯胺}+CS_2\xrightarrow{\Delta}\text{咪唑硫醇（C—SH）}+H_2S\uparrow$$

2. 咪唑硫醇的性质和浮选性能

咪唑硫醇的工业产品系灰色粉末，有臭味，较稳定，不易分解变质，难溶于水，易溶于酒精、丙酮，亦可溶于碱液中成为盐：

$$\text{咪唑硫醇（C—SH）}+NaOH\longrightarrow\text{（C—SNa）}+H_2O$$

用作捕收剂时，可以单独使用，也可以和黄药混合使用，用于捕收氧化铜矿、难选硫化矿及自然金。咪唑硫醇浮选我国某硫化铜矿时，小型试验结果铜回收率提高10%；浮选我国某氧化铜矿时，铜回收率提高3%。咪唑硫醇的应用有待进一步推广。

2.15 硫醇类捕收剂

这里介绍的硫醇类捕收剂，包括硫醇、硫酚等巯基化合物。这类化合物在选矿方面大都用作硫化矿的捕收剂，在一般浮选教科书上都有介绍。这类化合物的制备，除白药、噻唑、咪唑硫醇等有特殊的制法外，硫醇和硫酚都可以用下面介绍的方法制得。

2.15.1 硫醇和硫酚的制法

1. 硫醇制法

用硫氢化钾与任何烃基化剂加热蒸馏制得，例如：

$$C_2H_5Cl + KSH \longrightarrow C_2H_5SH + KCl$$

$$C_2H_5SO_3 \cdot OK + KSH \longrightarrow C_2H_5SH + K_2SO_4$$

$$(C_2H_5)_2SO_4 + 2KSH \longrightarrow 2C_2H_5SH + K_2SO_4$$

制造分子量较小的硫醇，可以在常压下蒸馏将硫醇蒸去，反应生成的副产物无机盐氯化钾、硫酸钾等则留在蒸馏瓶中与硫醇分离；如制造相对分子质量较大的硫醇时，可用减压蒸馏。

2. 一卤代烷与硫脲作用

硫脲的特性反应之一是与卤代烷加成，加成产物在碱性介质中水解得硫醇，R 是什么基便得到什么硫醇。十二烷基硫醇可用该法合成：

$$RX + CS(NH_2)_2 \longrightarrow RSC(=NH)NH_3X$$

$$\left[R—S—C\begin{matrix} NH_3 \\ \| \\ NH \end{matrix} \right]^+ + OH^- + H_2O \longrightarrow RSH + CO_2 + 2NH_3$$

这个方法是合成硫醇比较理想的方法。

3. 烃基磺酰氯还原法

利用这个方法可以制备硫醇或硫酚，烷基磺酰氯用锌粉和6 mol/L 硫酸还原，得到硫醇；芳基磺酰氯用锌粉和 6 mol/L 硫酸还原，得到硫酚。反应式为

$$RSO_2Cl \xrightarrow[Zn + H_2SO_4]{(H)} \underset{硫醇}{RSH}$$

$$ArSO_2Cl \xrightarrow[Zn + H_2SO_4]{(H)} \underset{硫酚}{ArSH}$$

4. 硫代硫酸钠水解法

此法适用于含有比较活泼卤素的卤代烃作原料合成硫醇或把巯基引进有机化合物中。例如：苄氯分子中的氯原子比较活泼，适合用硫代硫酸钠法合成苄硫醇，反应式如下：

$$C_6H_5—CH_2Cl + Na_2S_2O_3 \xrightarrow[加热]{乙醇} C_6H_5—CH_2—S_2O_3Na + NaCl$$

$$C_6H_5—CH_2S_2O_3Na + H_2O \xrightarrow[加热]{H^+} C_6H_5—CH_2SH + NaHSO_4$$

先用苄氯与硫代硫酸钠水溶液反应生成布特(Bunte)盐，再在强酸性条件下用硫酸将布特盐水解，苄基硫醇成油状液体析出。粗产品微黄色含苄硫醇大约为 60% ~75% 便可作硫化矿捕收剂。

巯基乙酸异辛酯对硫化铜矿有很好的捕收性能，也是硫化矿的捕收剂。氯乙酸分子中的氯与苄氯分子中的氯极为相似，均有比较活泼的性质，可用于合成巯基乙酸异辛酯。反应式如下：

$$ClCH_2COOH + C_8H_{17}OH \xrightarrow[\text{加热}]{H^+} ClCH_2COOC_8H_{17} + H_2O$$

$$ClCH_2COOC_8H_{17} + Na_2S_2O_3 \xrightarrow[\text{加热}]{\text{乙醇}} C_8H_{17}OOCCH_2—S_2O_3Na + NaCl$$

$$C_8H_{17}OOCCH_2—S_2O_3Na \xrightarrow[\text{水解}]{Zn、H^+} HSCH_2COOC_8H_{17} + Na_2SO_3$$

由于反应生成的巯基乙酸异辛酯在空气中易被氧化成二硫化合物，故加入适量锌粉或铁粉将二硫化物还原为巯基乙酸异辛酯，提高产量。

$$2HSCH_2COOC_8H_{17} \xrightarrow{O_2\text{ 或空气}} C_8H_{17}OOCCH_2S—SCH_2COOC_8H_{17} + H_2O$$

$$C_8H_{17}OOCCH_2S—SCH_2COOC_8H_{17} \xrightarrow[Zn + H_2SO_4]{(H)} 2HSCH_2COOC_8H_{17}$$

巯基乙酸异辛酯分子中含有巯基，另一端有一个含 C_8 的烷基，故可捕收硫化矿。

2.15.2 硫醇和硫酚的性质

硫醇为易挥发物质，其沸点比同碳原子数的醇低，因为硫醇中的巯基的缔合能力较醇中羟基的缔合能力差。

分子量小的硫醇或硫酚都具有特殊的臭味，不适宜作浮选药剂，这样会影响工作人员的健康。但随着分子量的增大，其挥发性减少，臭味减弱，故分子量大的硫醇没有难闻的气味，宜用作捕收剂。

硫醇和硫酚都是弱酸性物质，在水中电离出少量的氢离子：

$$RSH \rightleftharpoons RS^- + H^+$$

$$ArSH \rightleftharpoons ArS^- + H^+$$

巯基化合物因具酸性，故能生成盐，与稀碱作用则生成碱金属盐而溶于水中：

$$RSH + NaOH \longrightarrow RSNa + H_2O$$

此外，还生成 Hg、Pb 等极难溶解的金属盐，例如硫醇与 HgO 或醋酸汞作用，生成无色的不溶解的硫醇汞：

$$HgO + 2RSH \longrightarrow (RS)_2Hg\downarrow + H_2O$$

与醋酸铅作用生成黄色的硫醇铅：

$$2RSH + Pb(CH_3COO)_2 \longrightarrow (RS)_2Pb\downarrow + 2CH_3COOH$$

巯基化合物与这些金属能生成难溶盐与它的捕收性能有密切的关系。

巯基化合物经温和的氧化剂或与空气作用，则慢慢地被氧化。如硫醇氧化为二烃基二硫化合物：

$$2RSH + \frac{1}{2}O_2 \longrightarrow R—S—S—R + H_2O$$

2.15.3　巯基化合物的捕收性能

1. 巯基化合物在矿物表面的接触角

测定乙硫醇、正－丁硫醇、硫酚等多种巯基化合物与方铅矿、闪锌矿、黄铁矿等多种矿物的接触角的试验结果表明，除乙基硫醇的平均接触角较小外，其他的平均接触角都在70°左右。可见，巯基化合物使硫化矿有一定的疏水性。

2. 巯基化合物的电离度对闪锌矿浮选的影响

实际上在捕收剂浓度为1.5×10^{-4} mol/L时，乙基黄原酸、戊基黄原酸、二乙基二硫代氨基甲酸等在任何pH范围内，对闪锌矿不发生浮选作用，它们的pK_a都在6以下；巯基苯骈噻唑在很窄pH范围内发生很少的浮选作用。其他捕收剂在1 min内浮选效果见图2－12，从图中可见，辛硫醇在适当pH时，浮选速度最快，在曲线的高台部分回收率ε达90%，比其他捕收剂效果好。

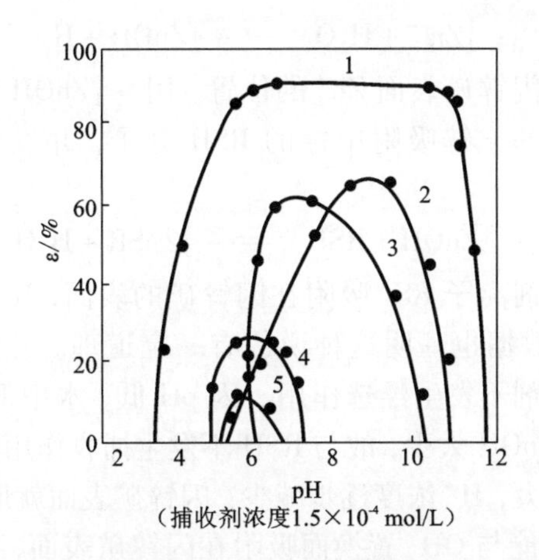

图2－12　捕收剂的电离度对闪锌矿浮选的影响

1—$C_8H_{17}SH$，pK_a 11.8；
2—C_4H_9SH，pK_a 10.7；
3—$C_6H_5CH_2SH$，pK_a 9.4；
4—C_6H_5SH，pK_a 6.5；
5—$C_6H_4SC(SH)N$，pK_a 6.3

$(C_2H_5)_2NCSSH$、$C_5H_{11}OCSSH$、C_2H_5OCSSH 不浮

五种酸性较弱的捕收剂（pK_a较大，都在6以上），浮选闪锌矿有一定的pH范围，在高酸度和高碱度都不发生浮选。pH从低逐步向高上升时，OH^-浓度逐渐增大，达到低的临界pH，开始出现浮选现象，这个低的临界pH各种捕收剂是

不同的；pH 进一步增加，在 1 min 内浮选回收率达到一个最大值，对各种捕收剂来说，也是不相同的；pH 再增加，回收率降低，直到不再浮选为止，到达的高临界 pH 对各种捕收剂也是不相同的。

这类捕收剂的酸性电离常数的负对数 pK_a(6 以上的 5 种)与 1 min 浮选的最大回收率成直线关系，试验结果见图 2-13。从图可看出，pK_a 越大，即酸性越弱，对闪锌矿的捕收能力越强，回收率(ε_{ZnO})越高；pK_a 越小，酸性越强，对闪锌矿的捕收能力越小，回收能力越低。

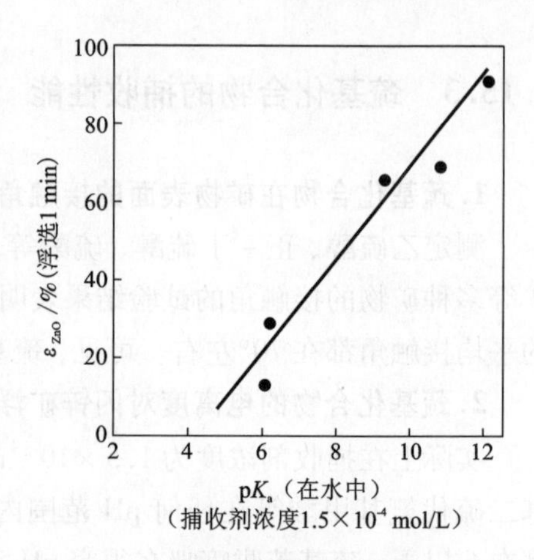

图 2-13 捕收剂的酸性与浮选闪锌矿(1 min)最大回收率的关系

3. 巯基类捕收剂对闪锌矿的捕收机理

一般认为闪锌矿表面的锌离子先与矿浆中的水作用，生成羟基化锌并游离出 H^+，可用反应式表示如下：

$$-]Zn^+ + H_2O \longrightarrow -]ZnOH + H^+$$

在上式中 $-]Zn^+$ 代表闪锌矿表面 Zn^+ 的位置，用 $-]ZnOH$ 代表矿粒表面的羟基化锌。矿粒表面的羟基化锌吸附中性的 RSH 分子，并发生取代作用，反应式如下：

$$-]ZnOH + RSH \rightleftharpoons -]ZnSR + H_2O$$

$-]ZnSR$ 代表有捕收剂离子 RS^- 吸附在闪锌矿的表面，R 基疏水使闪锌矿能上浮。图 2-12 的浮选数据也证明这种说法有一定道理。从图 2-12 中看出，在 pH 很低时，这类捕收剂不发生浮选作用。因 pH 低，水中 H^+ 浓度大，闪锌矿表面的 $-]Zn^+$ 变成 $-]ZnOH$ 太少，故与 RSH 不发生捕收作用；随着 pH 升高，矿浆中的 OH^- 浓度逐步增大，H^+ 浓度逐步减少，闪锌矿表面就形成足够的 $-]ZnOH$，与 RSH 作用并使 RS^- 能与 OH^- 置换而吸附在闪锌矿表面，发生浮选作用。因为巯基化合物都是弱酸性化合物，只有在较低 pH 的矿浆中才能以分子状态存在，pH 高到一定值时，RSH 便有相当一部分以离子状态存在：

$$RSH \rightleftharpoons RS^- + H^+$$

即上式平衡向右移动，故 pH 太高时，RSH 分子太少，没有足够量与 $-]ZnOH$ 发生作用，闪锌矿受到抑制。

pK_a 较大的巯基化合物，即其酸性较弱，在较高 pH 时，仍为分子状态，故能在较高 pH 时捕收闪锌矿。

4. 用硫醇作捕收剂浮选硫化矿实例

正十二烷基硫醇是美国 Penmwalt 公司出售的产品，称为 Pennfloat(TM)[3]，除主要成分是正十二烷基硫醇外，还加水溶性的分散剂。在许多处理金属硫化矿的工业试验中对用药量、加药地点和浮选 pH 进行研究，多数研究结果显著地表明，这种药剂能增加铜、钼和贵金属的回收率，而且用量比常用捕收剂低；通过 30 种以上实际硫化矿物的考查，证明这种药剂是高效的、多用途的捕收剂，在美国和加拿大的几个浮选厂积极推广应用。

用烷基硫醇配合活性炭浮选含铜钼的硫化矿，得到粗精矿后，加活性炭去活，再进行分离作业。例如，浮选含黄铜矿和辉钼矿的铜钼矿石时，用十二烷基硫醇作捕收剂，在浮钼的回路中，添加活性炭(112.5 ~235.53 g/t)，使铜含量从 30% 降到 17%。

十二烷基叔硫醇是正十二烷基硫醇的同分异构体。20% ~80% 十二烷基叔硫醇与 80% ~20% 硫代硫酸钠混用也是良好的铜钼矿浮选捕收剂。使用这种捕收剂能提高铜钼矿精矿的回收率，并对钼有较好的选择性。

烷基含 4 ~6C 以下的硫醇可以直接使用，因为烷基含 7 个 C 以上的硫醇溶解度逐渐降低，所以必须充分乳化才能取得良好效果，例如：硫化矿中含 0.482% ~0.484% Cu，磨至 76% 矿粒 <148 μm，在 pH 为 7.5 时，用十二烷基硫醇作捕收剂、MIBC 作起泡剂进行浮选，加入 Thio -52 作微型乳化剂，[Thio -52]结构式如下：

$$C_9H_{19}—C_6H_4—(CH_2CH_2)_5—OH$$

能使硫醇充分乳化分散。铜回收率达 79.5%，如用普通化剂乳化，铜回收率只有 15%，可见充分乳化十分必要。

为了改进高级硫醇的溶解度，在它的分子中引入亲水基团增加它的可溶性。例如菲利普石油公司研制的 2 - 羟基 1 - 巯基烷硫醇具有通式：$CH_3(CH_2)_nCH(OH)—CH_2SH$，用来浮选黄铜矿和辉钼矿，浮选效率大为提高。有报道，浮选银和金矿时，十二烷基硫醇和常规药剂混合使用，优先浮选银和金，明显提高了经济效益，精矿含银 11 ~12 kg/t。如降低或不用十二烷基硫醇，银回收率受到明显影响。

使用 S - 烷基异硫脲盐是使用硫醇的另一种方法。例如含铜 1.8% 的硫化矿湿磨后加入 27 g/t TEB 起泡剂，加入 1 - 辛基异硫脲溴化物 40 g/t 作捕收剂。在碱性介质中浮选药剂分解成辛基硫醇，立即与矿物作用，所得铜精矿含 28.9% Cu，回收率 88%。如果用戊基黄药进行浮选，精矿品位为 22.1%，回收率达 84%。

α - 萘硫酚亦可用作硫化矿捕收剂，该药剂与丁黄药混用浮选铅锌硫化矿比单用丁黄药浮选，铅锌回收率都有明显提高。

浮选铁闪锌矿的苯硫酚衍生物有下列三种：

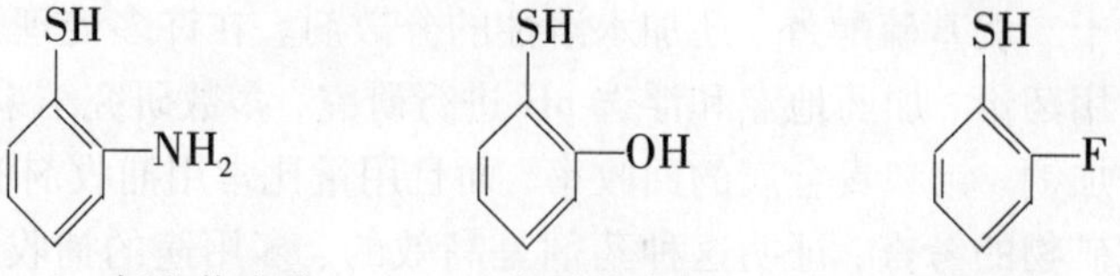

2-氨基苯硫酚　　2-羟基苯硫酚　　2-氟苯硫酚

分别用上述三种苯硫酚衍生物作捕收剂浮选未经硫酸铜活化的铁闪锌矿，试验结果表明，2-氨基苯硫酚捕收能力大于2-羟基苯硫酚大于氯基苯硫酚。这三种苯硫酚衍生物捕收未用硫酸铜活化的铁闪锌矿的捕收性能比丁基黄药好，用红外光谱测定结果表明：2-氨基苯硫酚和2-羟基苯硫酚对未被硫酸铜活化的铁闪锌矿发生了化学吸附，2-氯苯硫酚发生物理吸附。

巯基乙酸异辛酯与2，9-二巯基萜混合使用，利用它们的协同效应浮选闪锌矿，这种混合捕收剂含巯基乙酸异辛酯25%～75%，含2，9-二巯基萜75%～25%，给矿含2.16% Zn，浮选pH为8.2，调浆时加入这种混合捕收剂9～18 g/t，聚乙烯醇18～36 g/t作起泡剂进行浮选，锌回收率88%～95.7%。如单用2，9-二巯基萜为捕收剂时锌回收率为30.4%。

2.16 巯基苯骈噻唑及其衍生物

巯基苯骈噻唑具有如下的结构式：（N，S，C—SH），在橡胶工业中用作硫化促进剂，在浮选工业中可用作硫化矿或某些氧化矿的捕收剂，文献中常用MBT为代号。

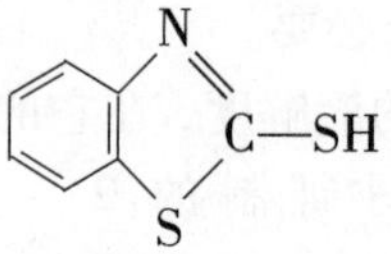

2.16.1 巯基苯骈噻唑的制法

苯胺、二硫化碳、硫在高压釜中加热到250℃，即生成巯基苯骈噻唑，反应式如下：

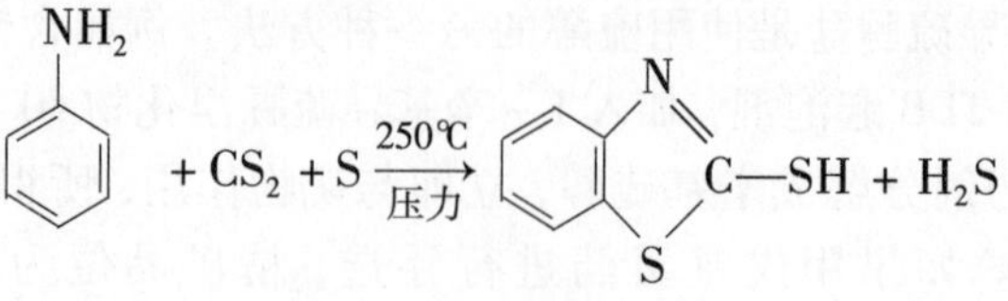

$$C_6H_5NH_2 + CS_2 + S \xrightarrow[\text{压力}]{250℃} C_6H_4(N)(S)C\text{—}SH + H_2S$$

巯基苯骈噻唑

2.16.2 巯基苯骈噻唑的性质

纯物质是白色晶体，熔点179℃，难溶于水，因具有微弱酸性，故溶于氢氧化钾、碳酸钠中，也能溶于醇或醚中。不纯时为黄色粉末。

在《有机化学》教科书中，认为巯基苯骈噻唑有互变异构现象：

NH C=S ⇌ N C—SH
S S

即硫醇式和硫酮式同时存在，若在碱性溶液中，硫醇式与碱作用而溶解，可全部转变为硫醇式，所以它能溶于碱溶液中：

N C—SH + NaOH ⟶ N C—SNa + H_2O
S S

2.16.3 巯基苯骈噻唑的捕收性能

据文献报道，巯基苯骈噻唑作为白铅矿的捕收剂时，不需要预先硫化；氧化铜矿硫化之后，用巯基苯骈噻唑浮选也是有效的；对金和含金黄铁矿是非常优越的捕收剂，用巯基苯骈噻唑代替黄药浮选黄铁矿，能使捕收剂的用量减少，硫的回收率增加，因而硫的成本下降，这一点希望读者能予以重视。

2.16.4 巯基苯骈噻唑的衍生物

用作捕收剂的巯基苯骈噻唑衍生物有取代巯基苯骈噻唑，结构式如下：

R— N
C—SMe
R′— S

式中，R 为氢、卤素、直链烷基、带支链的 $C_1 \sim C_9$ 的烷氧基、巯基烷基或苯基，R′除氢之外，其余均与 R 相同；Me 为氢、钠、钾或 NH_4^+。取代巯基苯骈噻唑与常用调整剂配合，适用于铜、铅、锌硫化矿的浮选分离。

2.16.5 巯基苯骈噁唑

巯基苯骈噁唑是硫化矿的捕收剂，它的结构式如下：

N
C—SH 巯基苯骈噁唑
O

巯基苯骈噁唑的衍生物有：

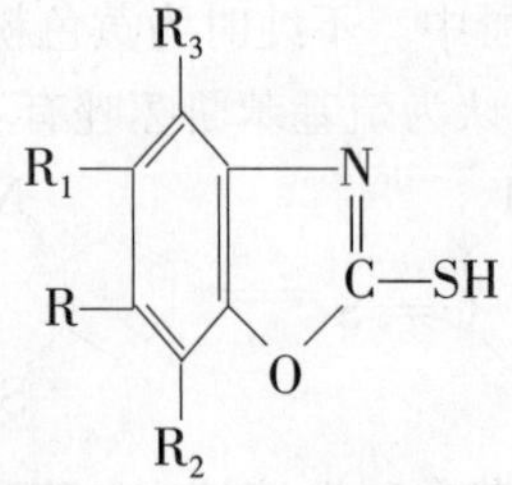

$$\text{(苯并噁唑环结构:取代基 } R, R_1, R_2, R_3\text{;环上 } N{=}C{-}SH, \ O\text{)}$$

式中, R、R_1、R_2、R_3 可以是氢, 也可以是小于 C_{12} 的直链烷基或有支链的烷基、烷氧基、羰烷基。实践证明 R、R_2、R_3 为氢原子, R_1 为甲基或壬基最好, 巯基则可形成钠盐或铵盐。使用这种捕收剂浮选硫化矿, 精矿品位和回收率都比黄药的高。

2.17 其他硫化矿捕收剂

2.17.1 环硫烯胺混合药剂的制法和捕收性能

环状硫化合物与胺作用生成一组新药剂, 一般对锌的浮选有不同程度的作用效果, 其中以环硫乙烯与苯胺作用的产物效果最佳, 但对这种药剂的组成尚未彻底弄清, 暂时命名为环硫烯胺混合药剂。制法可分下述三步进行。

1. 制备环硫乙烯

先将氧化乙烯连同盛器在 0℃冷却过夜, 然后慢慢加入过量的冰浴中冷却的硫氰酸钾溶液, 将混合物搅拌, 然后静置几小时, 用分液漏斗分出上层油状物, 将油状物蒸馏加以提纯, 得一种带有刺激臭味的无色液体, 沸点 54.5℃, 即为环硫乙烯。反应式如下:

$$\underset{\diagdown\ O\ \diagup}{CH_2-CH_2} + KSCN \longrightarrow \underset{\diagdown\ S\ \diagup}{CH_2-CH_2} + KOCN$$

2. 制备环硫丙烯

环硫丙烯的制法与环硫乙烯相似, 也是在冰浴冷至 0℃, 将环氧丙烯与硫氰酸钾反应 1 h 后, 分出油状液体, 继续搅拌 5 h, 将油状液体进行蒸馏, 收集具有大蒜臭味的无色液体, 沸点 75℃, 便是环硫丙烯。反应式如下:

$$\underset{\diagdown\ O\ \diagup}{CH_2-CH}-CH_3 + KSCN \longrightarrow \underset{\diagdown\ S\ \diagup}{CH_2-CH}-CH_3 + KOCN$$

3. 环硫丙烯与苯胺、二乙胺的反应

将等摩尔环硫丙烯与苯胺的混合物在蒸汽浴中回流 1 h, 由反应物颜色的变化可说明发生了反应。将等摩尔量的环硫丙烯与二乙胺混合, 在蒸汽浴中回流加热 9 h, 生成一种具有刺激性腥味的粉红色液体。反应机理尚未清楚, 根据环硫烯的特性，其一是与胺类等试剂反应时，环形破裂并发生加成作用；其二是环硫烯本身不稳定，放置后环形自发破裂而发生聚合作用。所以可以认为环硫烯与胺类作用生成胺基硫醇和其他化合物，它们对闪锌矿都有捕收作用。

$$C_6H_5NH_2 + \underset{S}{CH_2—CH_2} \longrightarrow C_6H_5NH—CH_2CH_2SH$$

β－苯胺基乙硫醇

$$(CH_3CH_2)_2NH + \underset{S}{CH_2—CH_2} \longrightarrow (CH_3CH_2)_2N—CH_2CH_2SH$$

β－二乙胺基乙硫醇

$$C_6H_5NH_2 + \underset{S}{CH_2—CH—CH_3} \longrightarrow C_6H_5NH—CH_2CH(CH_3)—SH$$

α－甲基 β－苯胺基乙硫醇

$$(CH_3CH_2)_2NH + \underset{S}{CH_2—CH_2—CH_3} \longrightarrow (CH_3CH_2)_2N—CH_2CH(CH_3)SH$$

α－甲基 β－二乙胺基乙硫醇

4. 环硫烯胺混合药剂的捕收性能

在铅锌矿选厂取未加药前的浮选铅尾矿做小型试验，结果表明，环硫乙烯－苯胺混合药剂浮选闪锌矿的效果与黄药、硫酸铜合用的结果接近，比单用黄药不用硫酸铜的结果好。环硫乙烯胺类药剂的特点是不必用硫酸铜作活化剂就可得到较好的效果。

2.17.2 硫醚和亚砜

硫醚和亚砜的结构式如下：

$$R—S—R' \qquad R—\underset{\underset{O}{\|}}{S}—R'$$

硫醚 亚砜

1. 硫醚和亚砜的制法

硫醇用氢氧化钠中和生成硫醇钠，再与卤代烷反应成为硫醚。反应式如下：

$$RSH + NaOH \longrightarrow RSNa + H_2O$$

$$RSNa + R'X \longrightarrow R\text{—}S\text{—}R' + NaX$$

硫醚在醋酸催化下用双氧水氧化可成为亚砜，如果继续氧化最后生成砜，反应式如下：

$$R\text{—}S\text{—}R' + H_2O_2 \xrightarrow{HAc} R\text{—}\underset{\underset{O}{\|}}{S}\text{—}R' + H_2O$$

$$R\text{—}\underset{\underset{O}{\|}}{S}\text{—}R' + H_2O_2 \xrightarrow{HAc} R\text{—}\overset{\overset{O}{\|}}{\underset{\underset{O}{\|}}{S}}\text{—}R' + H_2O$$

2. 硫醚和亚砜的捕收性能

据报道一化学公司研制了硫醚捕收剂，具有 R′—S—R″结构式，R′和 R″是被取代或不被取代的烃基。用5 g/t 乙基庚基硫醚浮选黄铜矿，铜回收率91.7%，富集比4.5，而用黄药做对比试验，铜回收率65.4%，富集比4.8，硫醚指标高。将二乙烯硫醚用双氧水氧化生成亚砜：

$$H_2C{=}\overset{H}{C}\text{—}S\text{—}\overset{H}{C}{=}CH_2 \xrightarrow{30\%\,H_2O_2} H_2C{=}\overset{H}{C}\text{—}\underset{\underset{O}{\|}}{S}\text{—}\overset{H}{C}{=}CH_2 \tag{1}$$

用式(1)的亚砜300 g/t 浮选方铅矿，与常规药剂相比，铅回收率从80.2%提高到87.18%，精矿品位则相近。

代号为 P－60 的金、银捕收剂就是高硫石油的中质馏分的氧化产物，其中以亚砜为主要有效成分。浮选铜绿山铜矿、狮子山铜矿、凤凰山铜矿工业试验结果表明，金银回收率一般提高3%～8%。

2.17.3 三硫代碳酸酯

三硫代碳酸酯是硫醇的衍生物，美国氰胺公司、菲利普石油公司均研究用三硫代碳酸酯和烷基芳烃浮选辉钼矿。三硫代碳酸酯的结构式如下：

$$R'\text{—}S\text{—}\overset{\overset{S}{\|}}{C}\text{—}SR$$

式中，R 为 C_4H_9，R′为丙烯基、乙烯基、苄基等。

1. 三硫代碳酸酯的制法

用硫醇、氢氧化钠和二硫化碳作用生成，反应式如下：

$$RSH + NaOH + CS_2 \longrightarrow R\text{—}S\text{—}\overset{\overset{S}{\|}}{C}\text{—}SNa + H_2O$$

$$R—S—\overset{\overset{S}{\|}}{C}—SNa + XR' \longrightarrow R—S—\overset{\overset{S}{\|}}{C}—SR' + NaX$$

2. 三硫代碳酸酯的性质和捕收性能

典型的代表是异丙基三硫代碳酸钠。因它易溶于水，在空气中与水蒸气作用放出硫醇气味。为了避免水解生成硫醇，毒化空气，故在合成和贮存时都必须用去湿剂防潮。常用的去湿剂为硅胶、活性陶土、活性炭或类似的吸湿剂。

用异丙基三硫代碳酸钠作捕收剂时，配成已烷溶液加入矿浆中，调浆后进行浮选，对铂族金属、镍和铜有效。用常用药剂浮选铂族金属回收率76.82%，用异丙基三硫代碳酸钠与黄药和黑药混用浮选铂族金属回收率达到83.58%。

用三硫代碳酸酯与碳原子个数大于11以上的芳烃混合使用浮选铂族金属均能提高选择性和回收率。菲利普石油公司提出一种铜、铅、锌、铁硫化矿捕收剂，其中含正丁基三硫代碳酸酯或钾钠盐[$n-C_4H_9—S—C—(S)—SMe$]20%～30%，乙基、丙基、或异丙基三硫代碳酸酯或钾钠盐0.8%～26%，其余为水分。使用此药剂时可和起泡剂、抑制剂混合使用。另一报道2-巯基苯骈咪唑与氢氧化钠和二硫化碳作用后能形成三硫化碳酸盐，反应式如下：

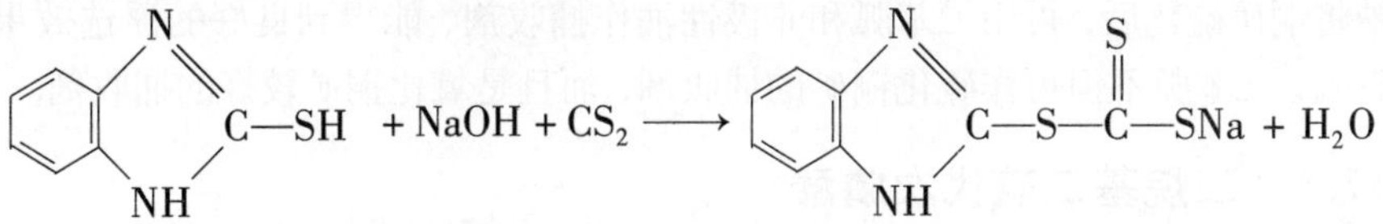

$$C_6H_4(N=)(NH)C—SH + NaOH + CS_2 \longrightarrow C_6H_4(N=)(NH)C—S—\overset{\overset{S}{\|}}{C}—SNa + H_2O$$

用这些三硫化碳酸盐(酯)浮选铅锌硫化矿比黄药得到更好的指标。

2.17.4 二苯胍

二苯胍是白药的衍生物，有下面的结构式：

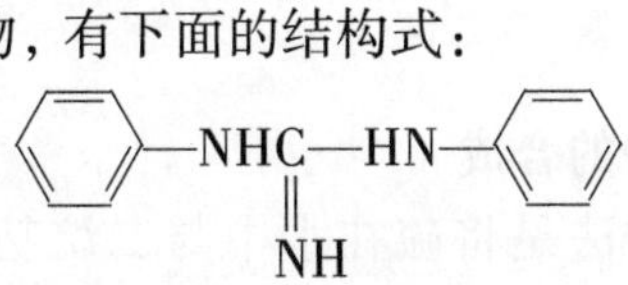

$$C_6H_5—NH\underset{\underset{NH}{\|}}{C}—HN—C_6H_5$$

1. 二苯胍的制法

按照白药的制法，将苯胺与二硫化碳制成白药，再将白药与氨的酒精溶液作用，加入稍过量二氧化铅，在碳酸钠存在的条件下，反应物料在高压釜中加热至100℃，冷却取出过滤，除去过量的二氧化铅和生成的硫化铅，滤液用水稀释，二苯胍沉淀析出。反应式如下：

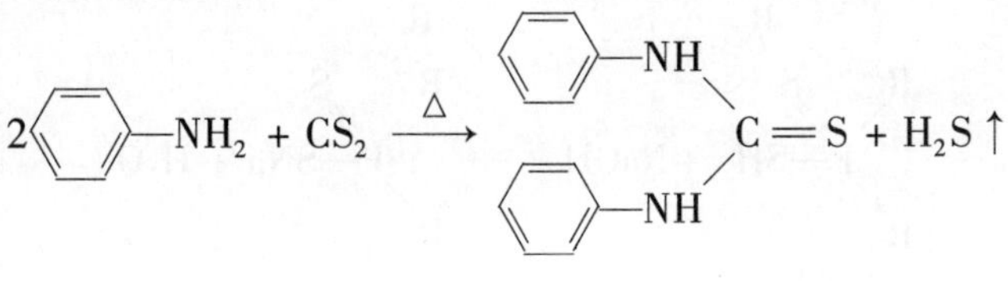

$$2C_6H_5—NH_2 + CS_2 \xrightarrow{\triangle} (C_6H_5—NH)_2C=S + H_2S\uparrow$$

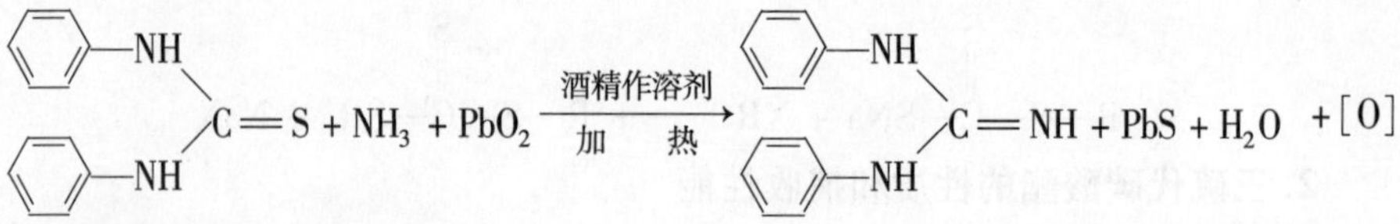

$$(C_6H_5NH)_2C{=}S + NH_3 + PbO_2 \xrightarrow[\text{加　热}]{\text{酒精作溶剂}} (C_6H_5NH)_2C{=}NH + PbS + H_2O + [O]$$

2. 二苯胍性质和捕收性能

酒精或甲苯重结晶得到的二苯胍是针状晶体，熔点148℃，温度高于170℃时分解，易溶于酒精、四氯化碳、三氯甲烷、热苯、热甲苯、稀无机酸中，微溶于水，与硝酸作用生成硝酸二苯胍，熔点195~196℃，熔化时分解。

二苯胍在国外铜镍、铜铳分选过程中作捕收剂和起泡剂，据称在这种过程中用二苯胍做捕收剂浮选硫化铜要比黄药浮选时的选择性好。用黄药浮选氧化铜矿时，由于溶解度大，表面层不稳定，会引起浮选困难，回收率低等问题，一般需要硫化使矿石表面生成硫化铜膜以稳定氧化铜表面，才能得到较好的指标，但效果仍不够理想。如果将氧化铜矿硫化后，再加络合剂二苯胍，因在矿物表面生成了稳定的络合物，降低了溶解度并产生了更为耐磨不易脱落的“表皮”而使氧化铜矿的表面更稳定，这种被二苯胍覆盖的表面只是略为疏水，但非常亲油，非极性油能选择性地覆盖在这种铜矿的表面上，使之转化为强疏水性的可浮状态，所以用硫化钠将铜矿硫化后，再用二苯胍和非极性油作捕收剂，能得到良好的浮选效果。由此看来，二苯胍不但可作硫化铜矿的捕收剂，而且是氧化铜矿较好的捕收剂。

2.17.5 二烷基二硫代次膦酸

二烷基二硫代次膦酸亦可作硫化矿的捕收剂，它的结构式如下：

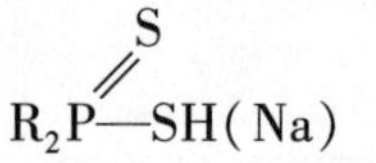

$$R_2P(=S)—SH(Na)$$

式中，R为烷基或芳香基。

1. 二烷基二硫代次膦酸的合成

合成这类捕收剂时，方法是将硫在水中与二烷基膦共热，然后用碱中和即成。例如，取67.2 g硫，加入172.8 g水中，加热到70℃，加入30.5 g二异丁基膦进行反应，再加入109.5 g二异丁基膦和80 g 50%的苛性钠，得95 g二异丁基二硫代次膦酸钠，反应式如下：

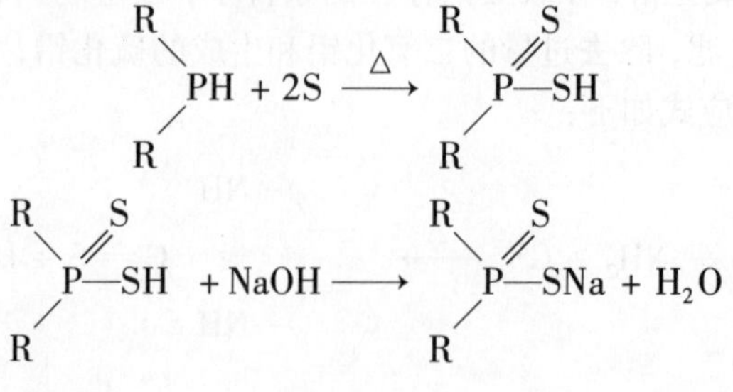

$$R_2PH + 2S \xrightarrow{\triangle} R_2P(=S)—SH$$

$$R_2P(=S)—SH + NaOH \longrightarrow R_2P(=S)—SNa + H_2O$$

如用烷基烷氧基膦为原料则生成烷基烷氧基二硫代次膦酸(盐):

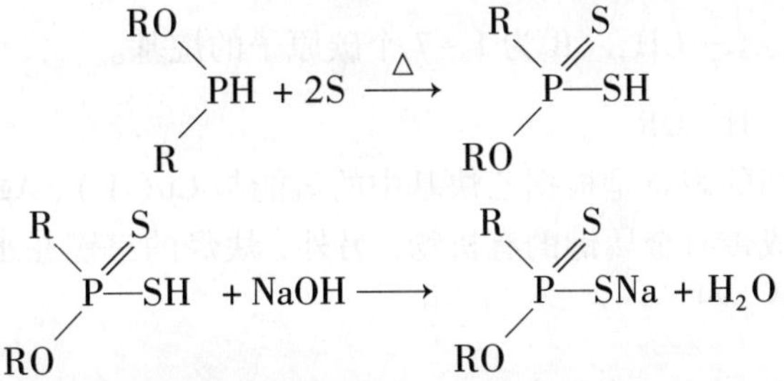

$$(RO)(R)PH + 2S \xrightarrow{\triangle} (R)(RO)P(=S)—SH$$

$$(R)(RO)P(=S)—SH + NaOH \longrightarrow (R)(RO)P(=S)—SNa + H_2O$$

2. 二烷基二硫代次膦酸的捕收性能

用二烷基二硫代次膦酸钠浮选黄铜矿时，先用石灰将矿浆 pH 调至 10.5，再加二异丁基二硫代次膦酸钠 18 g/t、甲基异丁基甲醇 23 g/t 进行浮选，铜回收率达 86.4%。该捕收剂也能有效地捕收金、银，用量较常用药剂低 20% ~30%。

用二丁基二硫代次膦酸钠代替黄药浮选含黄铁矿高的铅铜矿石和贵金属矿石，墨西哥已在选厂中使用，铅精矿中含银品位从 10 kg/t 提高到 30 kg/t。该药剂对方铅矿中 Pb^{2+} 亲和力大，对方铅矿选择性好。如矿浆中有 Pb^{2+}、Fe^{2+} 或 Fe^{3+} 离子时，会吸附在黄铁矿表面，降低浮选的选择性。

用二苯基硫代次磷酸作捕收剂浮选汞矿石，获得含 6.43% Hg，回收率为 93% 的汞精矿，而采用同一流程，用丁黄药 200 g/t 作捕收剂，汞品位低于 3.8%；用 450 g/t 二苯基二硫代磷酸钠浮铅，获得含铅 56.4%、回收率 94.2% 的铅精矿，与用黄药相比，在精矿品位提高的同时，铅回收率提高了 2.21%。

用 O－庚基丁基二硫代膦酸作捕收剂获得铋品位 1.48%、回收率 82% 的铋精矿。在捕收剂用量减少 1/2 的情况下，铋精矿回收率大幅度提高。

2.17.6 带乙炔官能团的捕收剂

含有炔烃结构的有机物可作为硫化矿的捕收剂，有关它们的结构式举例如下:

(1) 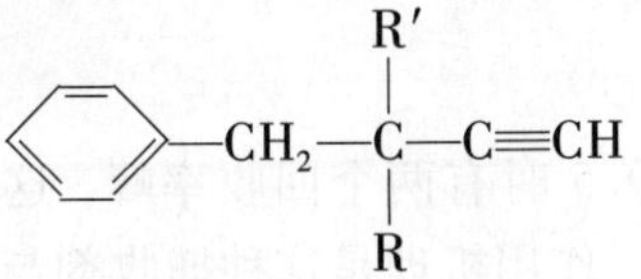 $C_6H_5—CH_2—C(R')(R)—C≡CH$　R 和 R′是烷基，如 CH_3—、C_2H_5—等；

(2) $ROCH═C(H)—C≡CH$　R 为 1 ~8 个碳原子的烷基；

(3) 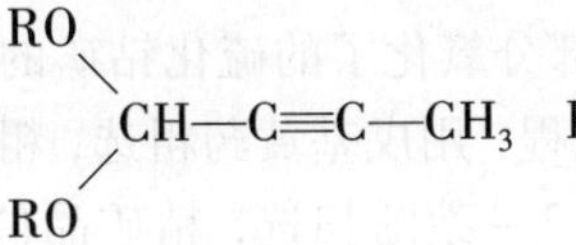 $(RO)_2CH—C≡C—CH_3$　R 为 1 ~7 个碳原子的烷基；

(4) 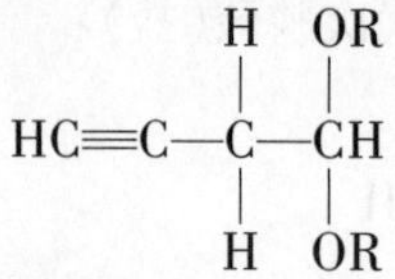 $HC\equiv C-CH(H)-CH(OR)_2$ R为1~7个碳原子的烷基。

制取这种药剂的观点是根据乙炔基中的氢能与Cu(Ⅰ)、Ag(Ⅰ)、Au(Ⅰ)在水溶液中作用生成带有金属键的有机物；另外，炔烃的三键在水溶液中能与金属离子生成络合物：

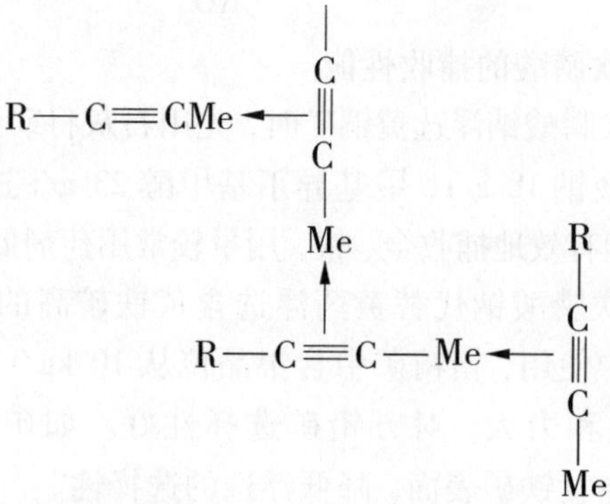

$$R-C\equiv CMe \leftarrow \left(-C\equiv C-\right)$$

$$R-C\equiv C-Me \leftarrow \left(R-C\equiv C-Me\right)$$

这种药剂通过产生金属炔盐络合物而固着在矿物表面，烃基疏水附着气泡而上浮。经实验室研究证实，该类物质是浮选硫化钼很有前途的捕收剂。我国对此类捕收剂亦做了研究，并且原料丰富，很有推广价值。

2.17.7 1-亚硝基-2-萘酚及其烷基衍生物

1-亚硝基-2-萘酚及其烷基衍生物可作钴矿的捕收剂，有如下结构通式：

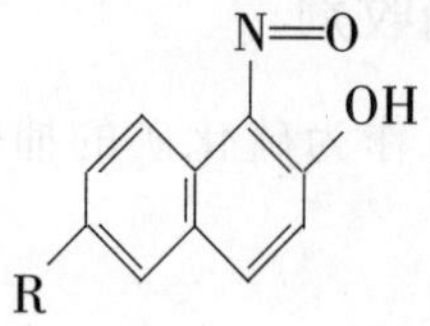

(萘环：1位 N=O，2位 OH，6位 R)

式中，R为H或叔丁基。

浮选钴的氧化矿物时，在pH为7.5和9.5时有两个回收率峰，这种捕收剂可以浮选钴的硫化矿，亦可浮选钴的氧化矿。作用机理是这种捕收剂与钴离子络合生成稳定的络合物而吸附在钴矿物表面。式中R为H时，选择性好，但钴的回收率低；R为叔丁基时，捕收力增强，回收率高，但选择性差，钴的品位低。推荐使用黄药和亚硝基萘酚混合用药的制度，用于部分氧化了的硫化钴矿的浮选。例如，浮选Mount Cabolt硫砷钴矿，用一粗一扫流程，用戊基黄药粗选，粗精矿品位31.13% Co，回收率96.4%，再用1-亚硝基-2-萘酚扫选，精矿品位3.22%，回收率2.8%，总回收率99.2%。用来浮选钴的共生氧化矿物时，效果没有硫化矿显著。

2.18 用代号表示的硫化矿捕收剂

近年来我国国内由于生产的发展，各种金属需求量急增。大型矿山的选矿问题已提到日程上来，于是出现了一系列高效浮选捕收剂，硫化矿捕收剂有Y－89系列、T－2K、KM－109及PAC等。氧化矿捕收剂突出的有GY捕收剂、CF捕收剂及MOS捕收剂等。

随着民营工业的发展，除原有国营四大选矿药剂厂外，民营浮选药剂厂大量出现。民营厂的产量已高于国营选矿药剂厂的产量。例如，山东栖霞选矿药剂厂年产黄药2.5万t，除少量内销外，大部分出口，成为我国最大的黄药生产厂家。

我国原有四大选矿药剂厂生产的浮选药剂，已基本上能满足国内需求，加上民营药剂厂的出现，竞争很激烈，部分同行之间相互保密，于是出现了很多以代号表示浮选药剂的名称。近年来用代号表示的部分硫化矿捕收剂列于表2－20。表中不乏优良的捕收剂，以T－2K为代表介绍如下：T－2K捕收剂是由中南大学化学化工学院研制，渭南中众化工科技有限公司生产的新型硫化铜矿捕收剂，是根据硬软酸碱理论和前线轨道理论设计的一种捕收能力强、选择性高的硫化矿捕收剂。T－2K药剂是黄色透明油状液体，在水中溶解度小，但容易分散于矿浆中，毒性比丁基黄药小，用量约为黄药的1/2～1/4。T－2K捕收剂克服了传统捕收力强、选择性好不能兼备的弱点，它对铜、金、银等软酸型矿物的捕收力强、对黄铁矿等中间酸或硬酸型矿物捕收力弱，是铜硫分离的优良捕收剂。

T－2K捕收剂用于德兴铜矿，分别提高了铜精矿中的铜、金回收率1.53%和2.45%；用于永平铜矿分别提高了铜精矿中的铜、金和银回收率1.95%、4.17%和6.08%；用于华光金属选矿厂，提高了铜精矿中回收率5%。

用代号表示新药剂有两种作用，其一是研制者和生产厂家保护了自己的知识产权，不为别人无偿使用，使研制者的辛勤劳动得到保护和尊重。而另一方面，阻碍了该药剂的传播和推广，对浮选药剂科学的发展不利，幸好各种刊物刊登论文的同时，注明了研制者的工作单位、地址和邮政编码，需要该技术者可直接与文章作者联系交流。因此，在表2－20中，除列出药剂代号、简要说明、捕收矿物性能外，还特别注明资料来源供读者使用。

表 2-20 用代号表示的硫化矿捕收剂

序号	代号	简单说明	捕收矿物	资料来源
1	Y-89	有 Y-89，Y-89-5，Y-89-3，Y-89-2 等多种	Cu、Ni 硫化矿，Au、Ag 等	化工矿物与加工，2004(9)：5~7 有色金属(选矿部分)，2001(3)：27~33 黄金，2001(3)：31~32 矿冶，2002(3)：29~43
2	MOS-2	MOS-2 与 MA 混用更好； 与钛铁矿捕收剂 MOS 不同，勿误会	硫化铜矿，Au、Ag	有色金属(选矿部分)，2001(3)：31~33 有色矿山，2001(6)：27~30 矿冶工程，2003(3)：22~24
3	T-2K	优于丁黄药和丁黄药-丁铵黑药混用	含 Au、Ag 硫化铜矿	金属矿山，2003(1)：31~33 矿冶工程，2003(3)：22~24 矿冶，2003(3)：21~24
4	KM-109	由多种螯合捕收剂组合而成，对黄铜矿捕收能力强，对黄铁矿捕收能力弱，优于乙、丁基黄药混用	含砷铜锡多金属硫化矿	有色金属(季刊)，2003(3)：87~89 矿冶工程，2004(2)：33~35 云南冶金，2003(增刊)(10)：163~167
5	Mac-10 Mac-12	优于黄药等常规药剂，能提高 Cu、Au 浮选指标	高硫含 Au 铜矿	有色金属(季刊)，2003(3)：87~89 金属矿山，2005(10)：33~36 矿冶工程，2005(5)：23~26
6	AP	易流动液体对硫化铜矿有良好捕收作用，对黄铁矿捕收能力弱	硫化铜矿	有色金属(选矿部分)，2002(2)：26~40 有色金属(选矿部分)，2010(5)：41~43
7	DY-I	硫化铜矿良好捕收剂优于黄药，能提高铜精矿品位	硫化铜矿	有色矿山，2000(3)：35~37
8	TF-3	对含 Co 硫化铜矿浮选比黄药好，能大幅度降低药剂用量，提高 Co 的浮选指标	含 Co 硫化铜矿	有色金属(选矿部分)，1999(6)：22~25
9	NXP-I	是捕收剂兼起泡剂，可在较低 pH 内浮铜，浮选指标比黄药高，铜硫分离效果好	硫化铜矿	有色金属(选矿部分)，2001(5)：27~29

续表 2-20

序号	代号	简单说明	捕收矿物	资料来源
10	JT-235	淡黄色油状液体，有鱼腥味，对铜选择性强，能提高铜硫浮选指标	硫化铜矿	有色金属(选矿部分)，2005(1)：45~46(36)
11	BS-1201	对易门火红山含Au、Ag铜矿石，在保证铜指标情况下，能提高Au、Ag回收率	含Au、Ag硫化铜矿	矿冶，2000(3)：34~38
12	PN405	棕色透明液体，浮铜比常规药剂好，与Y-89混用浮选铜镍矿	硫化铜矿，硫化铜镍矿	国外金属矿选矿，2002(5)：24~26 矿冶工程，2003(5)：33~35
13	T-208	T-208捕收剂有起泡性，能与H407配合使用，浮选硫化铜镍矿效果好	硫化铜镍矿	有色矿冶，2003(5)：21~23
14	BF系列捕收剂	为黄色粉末，有BF_3和BF_4两种，与丁黄药相比，能提高Ni、Cu回收率，降低精矿中MgO含量	铜、镍硫化矿	甘肃矿冶，2003增刊：57~59
15	PN403	PN403+Y89-2代替丁X+J-622能提高Cu、Ni回收率，降低精矿中MgO含量	金川Cu、Ni硫化矿	矿冶工程，2003(5)：33~35
16	FZ-9538	是一种快速浮选增效剂，使用它能提高Au、Ag回收率	Au、Ag矿	有色金属(选矿部分)，2001(1)：33~34 有色矿冶，2002(2)：22~25
17	ZJ-1 ZJ-02	浮选某地含砷、锑、硫和碳的难选金矿，比丁基黄药、Y-89浮选指标高	含砷、锑、硫、碳的金矿	有色金属(选矿部分)，2004(6)：46~48 中国矿山工程，2006(5)：35~36 有色金属(选矿部分)，2007(5)：17~19

续表 2-20

序号	代号	简单说明	捕收矿物	资料来源
18	BK905B 和 BK906	用 BK905B 浮铜药剂和 BK906 浮铅药剂浮选银、铜、铅和锌硫化矿可提高铜精矿和铅精矿中 Au、Ag 回收率	银、铜、铅、锌、硫化矿	矿冶, 2004(3): 38~41
19	ZY_{101}	棕色透明液体，毒性比丁黄药小，浮锌效果好	闪锌矿	有色金属(选矿部分), 2004(2): 41~43
20	BK_{320}	用 BK_{320} 代替丁铵黑药浮选贵溪银矿，对 Ag、Pb 回收率均有较大幅度提高	含 Pb、Zn 银矿	有色金属(选矿部分), 2001(4): 23~25
21	N-132	是石油化工副产品，浮选辉钼矿能提高精矿品位和回收率，单耗约为煤油的 1/3	辉钼矿	有色矿山, 2000(4): 30~32
22	36#黑药	是铅锌矿良好捕收剂，与 25#黑药相比，在指标相同的情况下，降低单耗 15%~30%	Pb、Zn 硫化矿	有色金属(选矿部分), 2003(4): 25~27
23	MA-2 加丁铵黑药	与丁黄药与丁铵黑药混用相比，金回收率提高 8%~10%；锑回收率提高 3%~6%	Au、Sb 硫化矿	黄金, 2005(1): 37~40
24	TBC114	可代替煤油和松油浮辉钼矿，指标相近，但 TBC114 价廉	辉钼矿	有色金属(选矿部分), 2005(2): 42~44 《中国钼业》, 2006(3): 18~28
25	EP 捕收剂	对硫化铜矿选择性强，在永平铜矿进行工业试验，提高了铜和硫回收率	硫化铜矿	有色金属(选矿部分), 2006(3): 46~49
26	QF 捕收剂	浮选含金、铜硫化矿能提高金、铜回收率	金、铜硫化矿	矿业研究与开发, 2006(1): 34~36

续表 2－20

序号	代号	简单说明	捕收矿物	资料来源
27	BK－330	毒性低,小白鼠能口服 LD50＝5000 mg/kg,能提高铜、锌回收率	铜、锌硫化矿	有色金属(选矿部分),2006(4):37～40 矿冶工程,2007(1):32～35 矿冶工程,2007(2):5～8
28	A666 与黑药混用	浮选铅、锌、金、银矿能提高铅、锌、金、银回收率	Pb、Zn、Au、Ag 矿	有色金属(季刊),2006(4):70～75(80) 甘肃冶金,2007(4):24～26
29	SGM－1 系列捕收剂	有 SGM－1,SGM－2,SGM－5 等多种,是 Cu、Zn、Au、Ag 硫化矿捕收剂,能提高 Cu、Zn、Au、Ag 回收率	含 Au、Ag 铜锌硫化矿	C,A,Vol. 144,373271
30	C－125 浮镍捕收剂	C－125 与丁黄药混用能提高镍精矿品位和回收率	硫化铜镍矿	金属矿山,2006(6):40～43
31	BJ－306 捕收剂	浮选铜、金、银矿,能较大幅度提高 Cu、Au、Ag 回收率	含 Au、Ag 硫化铜矿	有色金属(选矿部分),2007(2):43～47(50)
32	BK310 和混合油混用	BK310 与混合油混用浮辉钼矿,能获得含 53.23% 钼、回收率 90.44% 的钼精矿	辉钼矿	有色金属(季刊),2008(3):92～94
33	EML_3 和 EML_4	某铅锌矿用药,SN－9[#] 各种黑药浮选效果不理想,改用 EML_3 和 EML_4 做捕收剂得到较好指标	难选铅锌硫化矿	矿产综合利用,2008(3):3～8
34	BK301C	BK301C、BK330B、BK988 是针对不同类型铜钼矿采用的捕收剂,某钼矿采用 BK301 和煤油混用闭路结果可从含钼0.096% 的给矿,获得含钼 50.67%,回收率 90.26% 的钼精矿	辉钼矿	有色金属(选矿部分),2009(1):4～7

续表 2-20

序号	代号	简单说明	捕收矿物	资料来源
35	MA 与乙硫氮混用	某铅锌矿含方铅矿和铁闪锌矿,现场生产用 MA 与乙硫氮混合捕收剂与原用药剂相比,铅精矿品位和回收率分别提高 3.81% 和 7.7%,锌品位提高 2.09%,回收率提高 4.24%	硫化铅锌矿	矿冶工程, 2009(5): 43~44
36	NN+25 号黑药	某锑矿含锑 2.71%,采用 NN+25 号黑药(100+16 g/t)浮选,得到锑品位 48.26%、回收率 77.38% 的锑精矿	辉锑矿	湖南有色金属, 2009(4): 16~18(52)
37	AT-680 与丁铵黑药混用	用 AT-680 与丁铵黑药混用浮选某斑岩铜矿,经三个月生产实践,与原用药剂相比,铜精矿指标接近,金品位提高 1.29 g/t,金回收率提高了 61.50%,钼、银回收率也有不同程度提高	斑岩铜矿	中国矿业工程, 2010(39): 1, 8~11
38	SK9011	用 SK9011 浮金矿工业试验结果:金精矿比原用药剂提高了 33.18 g/t,金回收率提高了 9.69%,金精矿中铜品位提高了 2.05%	金矿	矿冶工程(增刊), 2010(30): 8, 30~34
39	WS 铜钼捕收剂	采用 WS 做捕收剂,铜钼矿混合闭路试验结果,可从含铜 0.36%~0.51%,含钼 0.021%~0.026% 的给矿,分别得到铜、钼品位分别为 23.89%~25.91%、0.59%~1.804%,铜、钼回收率分别为 90.60%~94.79%、84.34%~88.40% 的铜、钼精矿	硫化铜钼矿	有色金属(选矿部分), 2010(5): 37~40

续表 2-20

序号	代号	简单说明	捕收矿物	资料来源
40	CSU-31	CSU-31 在 pH 为 7~12 时对黄铜矿捕收力强,回收率达到 93%,而对黄铁矿捕收力弱,在 pH 为 7~12 时,回收率小于 10%,因 CSU-31 对黄铜矿吸附量大,而对黄铁矿吸附量小,故能将二者浮选分离	黄铜矿	中南大学学报(自然科学版),2010,41(2):406~416
41	CSU-23	CSU-23 是一种浮钼捕收剂,河南某钼矿闭路试验结果:给矿含钼 0.087%,粗精矿品位比煤油高 0.354%,钼回收率高 3.08%	辉钼矿	中国钼业,2009,33(5):11~13
42	MC 浮钼	经过多种药剂筛选,发现 MC 选择性好,捕收力强,用 MC 作捕收剂,闭路结果可从含钼 0.065% 的给矿得到含钼 46.15%、回收率 84.11% 的钼精矿	辉钼矿	中国矿业,2010,19(5):50~60,67
43	ys-324 ys-511	针对某铜钼矿,用 ys-324作铜钼混浮捕收剂,ys-511 作铜钼分离捕收剂,获得含铜 20.65%、回收率 86.5%的铜精矿和含钼 45.87%、回收率 78.47%的钼精矿	铜钼矿	有色矿冶,2010(3):25~27(52)

参考文献

[1] 刘龙利. 黄药的研究与应用概述[J]. 国外金属矿选矿,2005(7):11~12.
[2] 钱廷武,王军民. Y-89 捕收剂提高金银回收率的研究[J]. 化工矿物与加工,2001(9):

5 ~ 7.
[3] 丁大森. 应用Y89 - 5提高鸡笼山金矿选别指标的研究[J]. 有色金属(选矿部分), 2001(3): 27 ~ 33.
[4] 丁大森, 李希山, 彭子宜, 等. Y89 - 3黄药提高湘西金矿金锑回收率的研究与应用[J]. 黄金, 2001(5): 35 ~ 37.
[5] 罗惠华, 罗廉明, 王玉林. Y - 98捕收剂选金、铜的试验研究[J]. 金属矿山, 2001(3): 30 ~ 32.
[6] 王军民. Y - 89在新桥矿选铜厂的应用实践[J]. 化工矿物与加工, 2002(9): 19 ~ 20.
[7] 向平, 王熙, 周泰来, 等. Y89黄药用作锡石多金属硫化矿全硫浮选捕收剂[J]. 矿冶, 2003, 11(3): 39 ~ 43.
[8] 田松鹤, 罗新民, 刘忠荣. 高效捕收剂Y - 89对某金矿浮选工艺研究[J]. 有色金属(选矿部分), 2003(6): 24 ~ 26.
[9] 向平, 欧乐明, 刘继忠等. 金川富矿新组合捕收起泡药剂试验研究[J]. 矿冶工程, 2003, 23(5): 33 ~ 35.
[10] 李西山, 朱一民. 利用同分异构化学原理研究浮选药剂Y - 89的同分异构体甲基异戊基黄药[J]. 湖南有色金属, 2010, 26(2): 19 ~ 21.
[11] 朱继生. 新型甲基异戊基复合黄药研制及其浮选性能评价[J]. 有色金属(选矿部分), 2006(5): 47 ~ 49.
[12] 萨赛兰德, 克·尔, 等著. 昆明工学院选矿教研组译. 浮选原理[M]. 北京: 中国工业出版社, 1966.
[13] 苏联科学院矿业研究所. 浮选剂及其性质(中译本)[M]. 北京: 中国工业出版社, 1960.
[14] 蔡春林, 覃文庆, 邱冠周, 等. 新型浮选药剂的合成及对硫化铜矿的应用研究[J]. 中国矿山工程, 2006, 35(2): 34 ~ 36.
[15] P·K·阿克尔曼. 用黄原酸甲酸酯做捕收剂浮选硫化铜和黄铁矿[J]. 国外金属矿选矿, 2000(7): 22 ~ 26.
[16] P·K·阿克尔曼. 用螯合剂作为硫化铜矿物和黄铁矿浮选的捕收剂[J]. 国外金属矿选矿, 2000(1): 28 ~ 35.
[17] 栾和林. 新型捕收剂PAC系列产品的研制与应用[J]. 有色金属, 1998, 50(3): 33 ~ 39.
[18] 栾和林, 余美良, 付雄贵. PAC用于建德铜锌分选的试验研究[J]. 有色金属(选矿部分), 1998(6): 32 ~ 36.
[19] 栾和林, 姚文, 虞昌华. 新型捕收剂PAC铜锌分选性能初探[J]. 有色金属(选矿部分), 1997(5): 28 ~ 32.
[20] 王玲, 杨军臣, 栾和林. 采用捕收剂PAC提高里伍铜矿浮选指标[J]. 有色金属, 2002, 54(2): 70 ~ 73.
[21] 刘广义, 钟宏, 戴塔根. 乙氧羰基硫代氨基甲酸酯弱碱性条件下优先选铜[J]. 中国有色金属学报, 2006, 16(6): 1108 ~ 1114.
[22] 于文涌, 李友权, 刘蓉裳. 苯胺黑药合成与选矿工业实践[J]. 有色金属(选矿部分), 1981(5): 2 ~ 5.

[23] 刘望. 提高铅精矿中伴生银回收率的研究[J]. 矿产保护与利用, 2001(3): 33~35.
[24] 李文风, 陈雯. 一种新型硫化矿捕收剂——二甲基二硫代氨基甲酸丙烯腈酯的合成及应用[J]. 金属矿山, 2010(7): 55~56.
[25] 王伟东, 刘金华, 胡熙庚. 用两性捕收剂——胺醇黄药浮选金川硫化镍矿石[J]. 矿冶工程, 1990, 10(1): 37~39.
[26] 柳金章, 黄慧, 陈理, 等. 巯基乙酸异辛酯的合成[J]. 精细化工, 2003, 20(5): 314~316.
[27] Douglas R Shaw, 朱建光. 一种优良的硫化矿捕收剂: 十二烷基硫醇 [J]. 国外金属矿选矿, 1983(7): 1~11.
[28] E T 帕西纳 - 特雷维劳, 周廷熙, 李长根. 二异丁基二硫代次膦酸钠(Aerophine3418A)与活化和未活化的方铅矿和黄铁矿的相互作用 [J]. 国外金属矿选矿, 2004(6): 20~26.
[29] Π M 索洛仁金, 林森, 肖力子. 以磷的硫代酸盐为例选择预先规定性质的浮选药剂[J]. 国外金属矿选矿, 2003(9): 24~25.
[30] 王之德. 炔类浮选药剂[J]. 有色金属(选矿部分), 1981(3): 59~60.
[31] 钟宏, 刘广义, 王晖. 新型捕收剂 T-2K 在铜矿山中的应用[J]. 有色金属(选矿部分), 2005(1): 41~44.

3 羧酸类捕收剂

油酸是氧化矿的典型捕收剂，来源于动植物油，广泛存在于植物油中，故得名油酸。

从其结构式 $CH_3(CH_2)_7CH{=}CH(CH_2)_7COOH$ 看出，羧基一端是极性基，烃基一端是非极性基。在浮选过程中，羧基借吸附、化合或生成络合物而固着在氧化矿表面，而非极性端向外，使得矿粒疏水而起捕收作用。油酸能用来浮选赤铁矿、磷灰石、萤石、白钨、铀矿、方解石；在有钙离子或钡离子等活化下，还可以浮选石英，并能与黄药混合使用浮选方铅矿和闪锌矿等；在进行反浮选时，可用来浮选方解石和石英。因此，油酸是黑色、有色金属矿以及非金属矿的捕收剂。

本章讨论油酸及其他与油酸性能相似的羧酸类捕收剂。

3.1 从动植物油中提取脂肪酸

3.1.1 从动植物油中提取脂肪酸的方法

油脂广泛存在于自然界中，是动物的脂肪和植物种子的组成部分。油脂的组成是高级脂肪酸的甘油酯，常温下呈固体的一般称为脂肪，呈液体的称为油。它的结构可用下式表示：

$$\begin{array}{l} CH_2-O-\overset{\overset{\displaystyle O}{\|}}{C}-R \\ | \\ CH-O-\overset{\overset{\displaystyle O}{\|}}{C}-R' \\ | \\ CH_2-O-\overset{\overset{\displaystyle O}{\|}}{C}-R'' \end{array}$$

R、R′、R″可以是相同的，也可以是不同的；它们可以是饱和烃基，也可以是不饱和烃基。常见的油脂中，从动物身上取得的大部分是饱和脂肪酸甘油酯，熔点高，常温下为固体或半固体，如牛油、猪油；从植物种子中提取的油大部分是不饱和脂肪酸甘油酯，熔点低，常温下是油状液体，如常见的茶油、花生油、大豆油、葵花子油等。

在油脂成分中，常见的饱和脂肪酸是硬脂酸和软脂酸，但在椰子油中十二烷酸(月桂酸)成分含量很高，我国华南所产的椰子油含月桂酸50%以上；不饱和脂肪酸是油酸、亚油酸和亚麻酸等。

油脂比水轻，不溶于水，分子中没有适合捕收剂要求的极性基团，故不能用作氧化矿或非金属矿的捕收剂。但如果将油脂、氢氧化钠溶液共煮，则生成脂肪酸皂和甘油，这个反应称为皂化：

$$\begin{array}{l} CH_2-O-\overset{O}{\overset{\|}{C}}-R \\ | \\ CH-O-\overset{O}{\overset{\|}{C}}-R' \\ | \\ CH_2-O-\overset{O}{\overset{\|}{C}}-R'' \end{array} + 3NaOH \longrightarrow \begin{array}{l} CH_2-OH \\ | \\ CH-OH \\ | \\ CH_2-OH \end{array} \quad \begin{array}{l} RCOONa \\ +R'COONa \\ R''COONa \end{array}$$

甘油　　脂肪酸皂

该脂肪酸皂实际上是几种脂肪酸钠盐的混合物，可用作氧化矿或非金属矿的捕收剂。例如，湘西钨矿过去曾用肥皂作浮钨的捕收剂。

油脂、氢氧化钠溶液共煮所得的脂肪酸皂，除混合脂肪酸的钠盐外，还混有甘油，用水稀释，再用硫酸酸化，使皂液变成酸性(pH 为2~3)，则析出混合脂肪酸浮在液面，甘油和生成的硫酸钠溶于废液中。

$$\begin{array}{l} 2RCOONa \\ 2R'COONa \\ 2R''COONa \end{array} + 3H_2SO_4 \longrightarrow \begin{array}{l} 2RCOOH \\ 2R'COOH \\ 2R''COOH \end{array} \text{(浮在液面)} + 3Na_2SO_4\text{(溶于废液中)}$$

分离出混合脂肪酸，便可作氧化矿或非金属矿的捕收剂；减压蒸馏废液，可以回收甘油和硫酸钠。

碳原子数相同的脂肪酸，熔点低的比熔点高的浮选效果好。从动植物油中提取的脂肪酸都是混合物，为了提高浮选指标，可将熔点高的部分除去，以作别用。除去的方法一般是将混合脂肪酸冷至一定温度，熔点高的即凝成固体，熔点低的仍为液体，再用压滤法过滤使固体脂肪酸和液体脂肪酸分离。常温下用压滤法得到的液体脂肪酸，一般为油酸和亚油酸，它们是很好的氧化矿或非金属矿的捕收剂。

用皂化法从动植物油中提取脂肪酸成本高，要消耗大量的烧碱进行皂化，然后将皂酸化时又要用去大量的硫酸。故一些大型油脂厂提取脂肪酸时多用催化水解法生产：

$$
\begin{array}{l}
\text{CH}_2\text{—O—}\overset{\text{O}}{\overset{\|}{\text{C}}}\text{—R} \\
| \\
\text{CH—O—}\overset{\text{O}}{\overset{\|}{\text{C}}}\text{—R}' \\
| \\
\text{CH}_2\text{—O—}\overset{\text{O}}{\overset{\|}{\text{C}}}\text{—R}''
\end{array}
+ H_2O \xrightarrow[\triangle]{H^+ \text{加压}}
\begin{array}{l}
\text{CH}_2\text{OH} \\
| \\
\text{CHOH} \\
| \\
\text{CH}_2\text{OH} \\
\text{甘油}
\end{array}
\begin{array}{l}
\text{RCOOH} \\
\\
+\text{R}'\text{COOH} \\
\\
\text{R}''\text{COOH} \\
\text{混合脂肪酸}
\end{array}
$$

水解完毕混合脂肪酸浮在上层，下层是甘油水溶液。将混合脂肪酸用前面所述方法分离为工业油酸和工业硬脂酸，从废液中提取甘油。武汉油脂化工厂曾用此法从国外收购来的动物脂肪中提取油酸和硬脂酸。

3.1.2 从油脚中提取脂肪酸

将菜子、大豆、葵花子等含油种子压榨得到的油中，与油一道流出的还有蜡、不皂化物、叶绿素、固体残渣等，必须在沉降池中静置一段较长的时间，使密度较油大的物质沉降。沉降后的上层物为清油，即可供食用或工业用，下层为沉渣，称油脚。用苛性钠溶液将油脚在蒸汽加热下皂化，加食盐使之盐析，静置分层，上层为皂角，下层为水、盐、残渣物等；分离下层，将上层皂角再一次皂化，再盐析分层，则上层为第二次皂化的皂角，分离下层，用硫酸酸化到 pH 为 2～3 为止，则混合脂肪酸析出上浮与废液分离。将混合脂肪酸在减压下蒸馏，首先除去水分，再蒸出混合脂肪酸，使之与少量中性残渣分离。将混合脂肪酸冷却至 10℃，熔点高的脂肪酸凝成固体，用压滤法过滤，使固体脂肪酸与液体脂肪酸分离。固体脂肪酸不适合作捕收剂，可用作肥皂及其他化工原料。液体脂肪酸主要是油酸，并含有 20% 左右的亚油酸，一般来说，这种脂肪酸的酸值为 180～200，碘值为 90～100，不饱和程度较高，可作捕收剂使用。因为这种油酸含有亚油酸，经使用证明，它的效果比纯油酸好。

3.1.3 脂肪酸的性质与捕收性能

1. 几种动植物油中脂肪酸的组成

从棉籽油、牛油等 11 种动植物油脂水解得到的混合脂肪酸的组成见表 3－1。

从表 3－1 可以看出，猪油、牛油、羊油中含 C_{14}～C_{18} 的饱和脂肪酸较多。而从植物油中提取的饱和脂肪酸(椰子油除外)较少，不饱和脂肪酸较多。C_{14}～C_{18} 的饱和脂肪酸是固体，不宜作浮选捕收剂。C_{14}～C_{18} 的不饱和脂肪酸多属液体，宜作浮选捕收剂。

表 3－1　几种动植物油脂肪酸的化学成分(质量分数)　%

脂肪酸名称		猪油	牛油	羊油	棉籽油	花生油	茶子油	米糠油	大豆油	葵花子油	椰子油	桐油
饱和酸	十二酸	—	—	3.5							45.4～48.0	
	十四酸	1.3	6.3	2.1	2.1		0.3	0.5	—	—	17.5～18.0	
	十六酸	28.2	27.4	25.5	1.72	8.3	7.6	11.7	6.8	3.6	9.0～10.5	4.5
	十八酸	11.9	14.1	28.1	2.9	3.1	0.8	1.7	4.4	2.9	1.0～2.3	1.3
	二十酸	—	—	2.4	—	2.4	0.6	0.5	0.7	0.6		
	二十二酸	—	—	—	—	3.1	—	0.4	—	0.4		
不饱和酸	十四烯酸	0.2	—	—						—		
	十六烯酸	2.7	—		0.4	—	—	—		34.0		
	油酸	47.5	49.6	38.4	32.1	56	83.3	39.2	34.0	57.5	5.7～7.6	15
	亚油酸	6.0	2.5	—	40.3	26	7.4	35.1	52.0		1.2～2.6	—
	亚麻酸	—	—	—	—				2.0			
	C_{20}～C_{22}不饱和酸	2.1	—	—	—							

注：椰子油除表中成分外还含有己酸0.8%、辛酸5.4%～9.0%、癸酸6.8%～8.4%；桐油中脂肪酸除表3－1所列成分外还有80%的桐酸。

饱和脂肪酸和不饱和脂肪酸结构相似，故相互溶解度较大，用冷冻法将饱和脂肪酸冻成固体，用压榨法将固体脂肪酸与液体脂肪酸分离是分离不彻底的。固体脂肪酸中仍含有液体脂肪酸，液体脂肪酸中溶解有固体脂肪酸，液体脂肪酸亦会互相溶解，因此工业油酸是不纯的。工业油酸中往往含有亚油酸、亚麻酸和少量的饱和酸，因其含有亚油酸和亚麻酸，用作捕收剂时对浮选效果反而有好处。

2. 脂肪酸的酸性

用作捕收剂的脂肪酸一般含碳在 C_{12}～C_{20}之间，难溶于水，在水中电离成羧酸根和氢离子。例如油酸在矿浆中的电离可用下式表示：

$$C_{17}H_{33}COOH \rightleftharpoons C_{17}H_{33}COO^- + H^+$$

油酸的电离常数用 K 表示，因此，油酸阴离子的浓度为

$$[C_{17}H_{33}COO^-]=K\frac{[C_{17}H_{33}COOH]}{[H^+]}$$

K 为电离常数,在温度一定时是一个定值。在浮选条件下，油酸的用量不大(100~300 g/t)时，其阴离子的浓度主要受矿浆 pH 的影响。pH 高，$[H^+]$则小，油酸电离出的阴离子就越多，浮选效果越好；但当矿浆 pH 过高时，高浓度的 OH^-离子与矿物表面作用，排挤脂肪酸阴离子，降低了矿物的疏水性而起抑制作用。故在浮选各种矿物时，要根据矿物的性质选择不同的 pH 进行浮选。

3.脂肪酸能与多种金属离子生成难溶盐

表3-2 是常见脂肪酸盐溶度积的负对数。从表3-2 看出，软脂酸、油酸、硬脂酸与表中列出的金属原子生成的脂肪酸盐溶度积是很小的。这种性质是脂肪酸能作为含这些金属离子的矿物的捕收剂的主要原因。因为这些脂肪酸盐溶度积小，脂肪酸根便能与矿物表面的金属离子生成难溶盐而牢固地吸附在矿物表面上，烃基疏水而起捕收作用。

表3-2 常见脂肪酸盐溶度积的负对数值

金属离子	软脂酸	油酸	硬脂酸
Ca^{2+}	18.0	15.4	19.6
Ba^{2+}	17.6	14.9	19.1
Mg^{2+}	16.5	13.8	17.7
Ag^+	12.2	10.9	13.1
Pb^{2+}	22.9	19.8	24.4
Cu^{2+}	21.6	19.4	23.0
Zn^{2+}	20.7	18.1	22.0
Cd^{2+}	20.2	17.3	—
Fe^{2+}	17.8	15.4	19.6
Ni^{2+}	18.3	15.7	19.4
Mn^{2+}	18.4	15.3	19.7
Al^{3+}	31.2	30.0	33.6
Fe^{3+}	34.3	34.3	—

4.脂肪酸烃基的长短对捕收性能的影响

脂肪酸分子一端是羧基，另一端是烃基，前者是极性的，后者是非极性的，通常用"O—"符号来表示。当烃基太短时，在水中完全溶解，如甲酸、乙酸就是这种情况，不但没有捕收性能，可以说起泡性能也极其微弱；当碳链增长时，水分子不能把整个脂肪酸分子吸入水中，而脂肪酸分子在水表面形成定向排列，如图3-1所示。故分子较大的脂肪酸有起泡性能。一般$C_7 \sim C_9$碳原子的脂肪酸起泡性能良好，且已具有相当的捕收能力。在一定限度内，碳原子越多捕收能力越强；在pH为9.7时，用$C_8 \sim C_{12}$的饱和脂肪酸对方解石纯物种浮选的理论研究结果见图3-2。

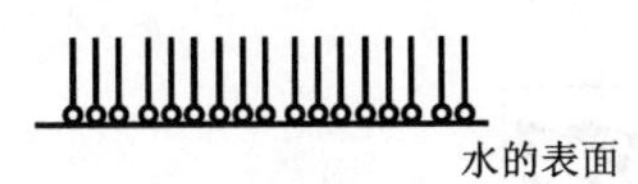

图3-1 脂肪酸分子在水面定向排列图

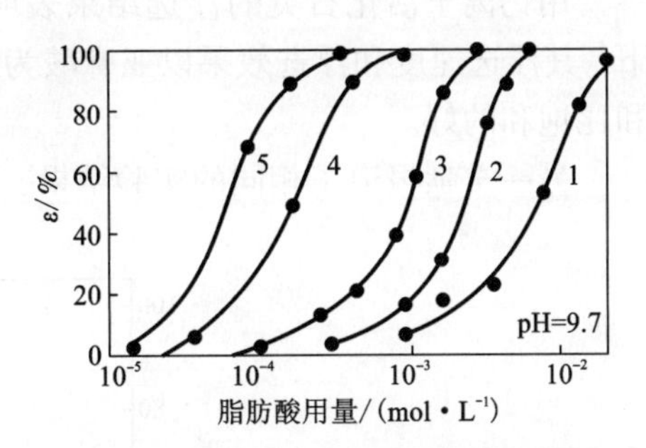

图3-2 用$C_8 \sim C_{12}$的饱和脂肪酸浮选方解石时脂肪酸用量与回收率的关系

1—C_8；2—C_9；3—C_{10}；4—C_{11}；5—C_{12}

从图3-2看出，当方解石达到全浮时，脂肪酸的碳原子越多，则用量越少；又如要得到方解石80%的回收率，则C_8脂肪酸的用量是C_{12}的脂肪酸用量的200倍。可见脂肪酸烃基的长短对捕收性能是有极大影响的。为什么会有这样的影响呢？可能有两个原因：

第一，脂肪酸分子增大，钙盐的溶度积变小，能够比较牢固地固着在方解石颗粒表面上。表3-3是脂肪酸钙溶度积数据，从表中可以看出，脂肪酸钙盐的溶度积随着脂肪酸分子中碳原子的增加而减少，与脂肪酸分子中碳原子增加，捕收能力加强成对应关系。

表3-3 饱和脂肪酸钙溶度积表(23℃)

脂肪酸的碳原子数	溶度积 K_{sp}
8	2.7×10^{-7}
9	8.0×10^{-9}
10	3.8×10^{-10}
11	2.2×10^{-11}
12	8.0×10^{-13}
14	1.0×10^{-15}
16	1.6×10^{-16}
18	1.4×10^{-18}

第二，由于脂肪酸烃基碳原子增加，疏水性能加强，故捕收能力加强。但是脂肪酸分子中的碳原子不能太多，一般在$C_{12} \sim C_{20}$为最适宜，C_{20}以上则溶解度太小，熔点太高，捕收能力逐步减弱。

3.1.4 脂肪酸分子烃基的饱和程度与熔点的关系及其对浮选性能的影响

1. 硬脂酸、油酸、亚油酸、亚麻酸的溶液对方解石接触角的影响

用硬脂酸、油酸、亚油酸、亚麻酸的溶液分别处理方解石，然后测定其接触角，试验结果表明，经过脂肪酸处理后的方解石接触角增大，脂肪酸不饱和程度越大，处理后的接触角越大。

2. 用硬脂酸、油酸、亚油酸、亚麻酸作捕收剂，用钙离子活化石英后的浮选结果

用钙离子活化石英的浮选结果表明，在相同 pH、相同温度、相同药剂浓度下，其浮选速度和浮选效果以亚麻酸为最好；应特别指出的是，脂肪酸烃基不饱和比饱和的好。

另一文献报道了相同的实验结果，见图 3－3。

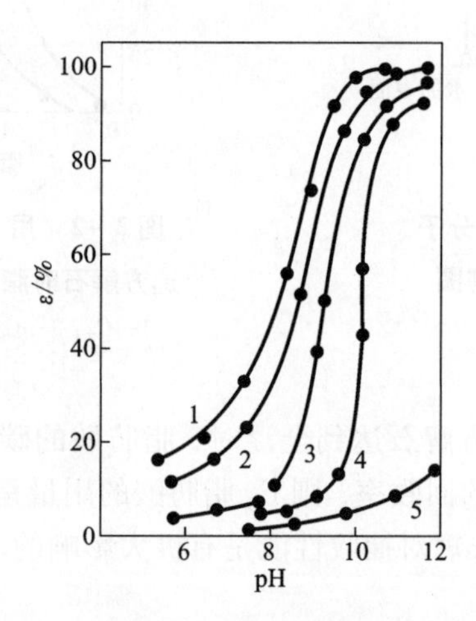

图 3－3 被钙离子活化后的石英采用各种脂肪酸的可浮性曲线

1—亚麻酸；2—亚油酸；3—油酸；4—反油酸；5—硬脂酸

3. 各种类型脂肪酸在升高温度时，与赤铁矿作用的接触角和浮选结果

在 pH 为 6、脂肪酸浓度为 3×10^{-5}mol/L、溶液温度为 70℃ 的条件下，赤铁矿接触角由小到大顺序：亚油酸(80°)、亚麻酸(81°)、油酸(88°)、反油酸(91°)、硬脂酸(103°)。

用上述各种类型的脂肪酸皂浮选赤铁矿，在升高温度的条件下，均有良好的捕收作用。

上面列举的试验证明，在常温下，同碳原子数的脂肪酸的浮选效果，不饱和脂肪酸较饱和脂肪酸好，不饱和程度越大，浮选效果越好；饱和脂肪酸必须在较高的温度时才能浮选。

对于这条规律似乎可以解释为羧酸分子中增加了双键，则熔点降低，不饱和程度越大，熔点越低，如表 3－4 所示。

由于熔点低，在水中容易溶解和弥散，故捕收作用强，熔点越低，越容易弥散，捕收作用越强。硬脂酸在室温还是固态，虽然也具有 18 个碳原子，但在水中不容易溶解和弥散，故捕收能力弱。如升高温度进行浮选，脂肪酸都成为液体，在水中都容易溶解和弥散，故浮选效果都好。表 3－4 中所列亚油酸和亚麻酸均为非共轭体系，而桐酸的三个双键成共轭体系，其熔点并不因为双键的增加而降低，相反，其熔点反而较油酸高。著者推想其浮选效果应较油酸差，后来实践证明这种推想是正确的。用桐酸浮赤铁矿及方解石的结果表明，其效果不如油酸及其他含二个以上双键的十八烯酸。结果见表 3－5。

表 3－4　十八碳羧酸熔点

化合物	结构式	熔点/℃
硬脂酸	$CH_3(CH_2)_{16}COOH$	65
十八烯酸$^{\Delta 9\sim10}$（油酸）	$CH_3(CH_2)_7CH=CH(CH_2)_7COOH$	16.5
十八二烯酸$^{\Delta 9\sim10;12\sim13}$（亚油酸）	$CH_3(CH_2)_4CH=CHCH_2CH=CH(CH_2)_7COOH$	-6.5
十八三烯酸$^{\Delta 9\sim10;12\sim13;15\sim16}$（亚麻酸）	$CH_3CH_2CH=CHCH_2CH=CHCH_2CH=CH(CH_2)_7COOH$	-12.8
十八三烯酸$^{\Delta 9\sim10;11\sim12;13\sim14}$（桐酸）	$CH_3(CH_2)_3CH=CHCH=CHCH=CH(CH_2)_7COOH$	48～49

表 3－5　各种不饱和脂肪酸浮选方解石结果

脂肪酸名称	主要成分	碘　值	双键情况	用药量为 200 g/t 时浮选方解石回收率/%
茶油脂肪酸	油酸	86.7	一个双键	66
亚麻仁油酸	亚麻酸	178.8	三个双键（非共轭体系）	70
桐油脂肪酸	桐酸	173	三个双键（共轭体系）	43

由此得出结论，用脂肪酸作捕收剂时，其分子中非共轭体系的双键越多，则其熔点越低，浮选效果越好；而共轭体系的双键存在于脂肪酸分子中反而使其熔点升高，选矿性能变坏。这条规律可供我们寻找和制造脂肪酸类捕收剂时参考。

以上实验只限于理论研究，对于工业用脂肪酸和天然矿石是否一致呢？根据大量事实证明是一致的。例如ИМ－21浮选药剂主要成分是从亚麻仁油中提取的十八二烯酸和十八三烯酸，浮选氧化矿如重晶石和萤石等，其效果较油酸、油酸钠为好，且可以在5℃左右的温度进行浮选。

从我国大豆油脂肪酸中分离出熔点分别为14.3℃、12.6℃、9.7℃、6.5℃、－2.6℃、－7.0℃、－12.3℃的成分，在15℃浮选赤铁矿的结果表明，熔点越低的大豆油脂肪酸效果越好。

过去桃林铅锌矿选厂浮选萤石的油酸是从精炼米糠油的皂角中提取的，其碘值为120，推算其中含有20%左右的亚油酸，故在现场使用表明浮选效果比纯油酸好。

这方面的资料还可以再列举很多，但上面所述的内容已足以证明，用脂肪酸作捕收剂时，同碳原子数的脂肪酸中，不饱和的比饱和的好；非共轭体系的越不饱和，熔点越低，浮选效果越好；共轭体系的不饱和脂肪酸，熔点并不明显降低，故选矿效果不好。

脂肪酸的熔点影响浮选指标，故用脂肪酸为捕收剂的浮选厂，随季节气候的变化受到的影响很大，如夏季气温高，用脂肪酸作捕收剂的选矿厂生产指标高；冬天气温低，则生产指标也低。为了提高生产指标，有两个途径，一方面可以寻找熔点低的脂肪酸或代用品以适宜于在冬季低温时浮选；另一方面将矿浆加温提高生产指标，但这样做增加生产成本。

3.2 脂肪酸的捕收机理

脂肪酸是一个选择性较差的捕收剂，用作选矿的捕收剂时，要同时使用抑制剂抑制脉石矿物，才能使有用矿物和脉石分离。

为进一步深入了解脂肪酸吸附在矿物表面上的机理，下面针对赤铁矿、方解石、石英三种有代表性的矿物进行讨论。

3.2.1 油酸与赤铁矿的作用机理

油酸和赤铁矿的作用机理，曾用红外光谱进行过研究，所得数据见图3－4和图3－5。在图3－4中，(a)、(b)、(c)、(d)光谱分别代表合成赤铁矿、油酸、油酸钠、油酸铁的红外光谱，是用来作标准的，供对照用。在(a)中，3420 cm^{-1}处，有一个宽的吸收带，代表物理吸附和化学吸附水分子的OH^-基；在1620 cm^{-1}处，有一个小吸收带，代表水分子在合成赤铁矿表面的物理吸附；接近2900 cm^{-1}吸收带代表有机杂质的CH—；500～700 cm^{-1}吸收带代表加入的载体溴化钾。

在图3－4(b)、(c)中，2850 cm^{-1}和2920 cm^{-1}吸收带分别代表油酸和油酸钠

分子中的 CH—、CH_2—、CH_3—；（b）中 1705 cm^{-1}处的吸收带代表油酸中的 COOH—；（c）中 1555 cm^{-1}吸收带代表油酸钠中羧基的羰基；油酸和油酸钠电离后成为两个对应的羰基$—C\begin{smallmatrix}\nearrow O \\ \searrow O\end{smallmatrix}$，吸收带显示在 1400～1500 cm^{-1}之间。

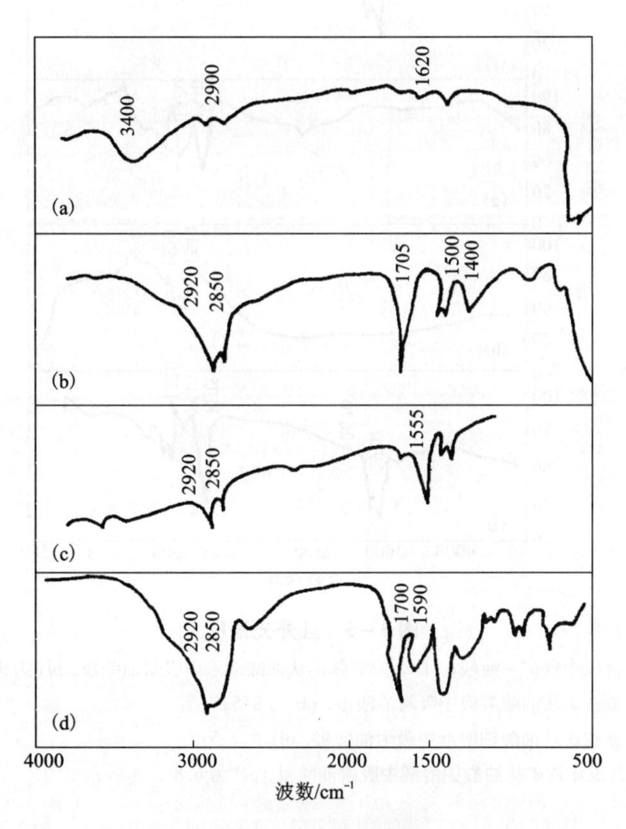

图 3－4　红外光谱图

（a）合成赤铁矿；（b）油酸；（c）油酸钠；（d）油酸铁

图 3－4 中（d）是油酸铁的吸收光谱，在 1705 cm^{-1}处出现了吸收带，与油酸的吸收光谱对比，证明在油酸铁中，有油酸出现；在 1590 cm^{-1}处的吸收带是代表不对称的羰基（即油酸羧基中的羰基）。

图 3－5 中（e）是油酸直接与合成赤铁矿作用后的红外光谱，从中看出，在 1520 cm^{-1}处有一个吸收带，与（c）中 1555 cm^{-1}（油酸钠）极为接近，和（d）中油酸铁的 1590 cm^{-1}也颇为接近，故可判断油酸与赤铁矿作用，生成油酸铁中的羰基。

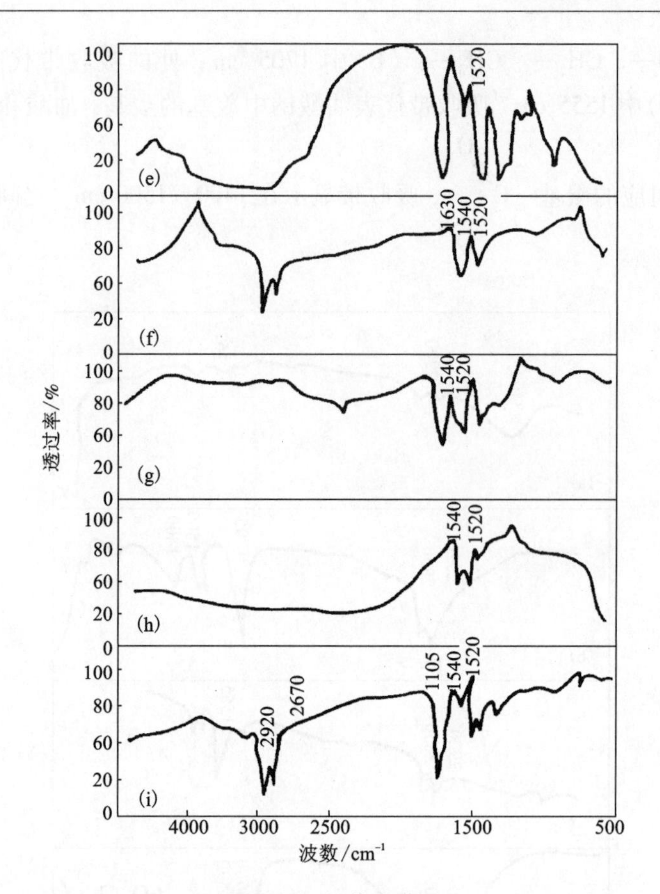

图3-5　红外光谱图

(e)合成赤铁矿-油酸；(f)合成赤铁矿从油酸溶液中吸附油酸根，pH 为9.4；
(g)镜铁矿从油酸溶液中吸附油酸根，pH 为8.5；
(h)赤铁矿从油酸钠溶液中吸附油酸根，pH 为7.5；
(i)合成赤铁矿从油酸钠溶液中吸附油酸根，pH 为6.8

(f)是油酸溶液在 pH 为 9.4 时，与合成赤铁矿作用后的吸收光谱，在 1520 cm^{-1}和 1540 cm^{-1}处的吸收带都代表 $>C=O$ 基的吸收峰光谱特征，证明油酸根在赤铁矿表面发生化学吸附；在 3400 cm^{-1}的反向吸附带，与(a)光谱对比，说明化学或物理吸附的大量水分子被捕收剂置换，油酸的化学吸附代替了羟基的化学吸附；在 1630 cm^{-1}处的一小段反向吸收带表示物理吸附的水分子被置换；接近 2900 cm^{-1}有两个很深的吸收带，分别表示甲基与次甲基的吸收峰。

在(g)、(h)、(i)中，由于化学吸附的结果，$>C=O$ 的吸收带在 1520 cm^{-1}和 1540 cm^{-1}之间，对镜铁矿来说[(g)吸收光谱]，出现了两个吸收带，第二个吸收带在 1565 cm^{-1}处，这个吸收带对赤铁矿的影响是不显著的。

在(h)中，1705 cm^{-1}处的吸收带与(b)相比，表明油酸钠由于水解而产生油酸，油酸再物理吸附在合成赤铁矿的表面；在 2670 cm^{-1}处的微弱吸收带表明油酸吸附时因二聚物或三聚物的氢键而显示了两分子或多分子吸附；接近 2900 cm^{-1}处的吸附带显示 CH 的出现，在(g)和(h)中由于镜铁矿和赤铁矿的颗粒较大，则测不出来。

根据上述红外光谱的数据，pH 较高时(7.5、8.5、9.4)，赤铁矿、镜铁矿和油酸或油酸钠作用，发生化学吸附生成油酸铁，可用下列式子表示：

$$M-OH+HOL\longrightarrow M-OH\cdot HOL$$

$$M-OH\cdot HOL\longrightarrow MOL+H_2O$$

上述式子中的 HOL 代表油酸，M－OH 代表矿物表面化学吸附水；MOL 代表矿物表面化学吸附油酸根。pH 较低时(6.8)，油酸钠水解产生油酸，油酸再物理吸附在赤铁矿表面，故在 pH 为 6.8 时，油酸钠在赤铁矿表面同时发生化学吸附和物理吸附。

3.2.2 脂肪酸类捕收剂浮选方解石的作用机理

脂肪酸类捕收剂能浮选方解石，且在 pH 较低时浮选效果较好，而 pH 较高时会起抑制作用。脂肪酸类捕收剂与方解石作用的机理是怎样的呢？用红外光谱进行研究，在 pH 为 9.0 和 12.5 时，测定了月桂酸钙、方解石在 10^{-3}mol/L 月桂酸溶液中处理后的吸收光谱，试验结果见图 3－6 和图 3－7。

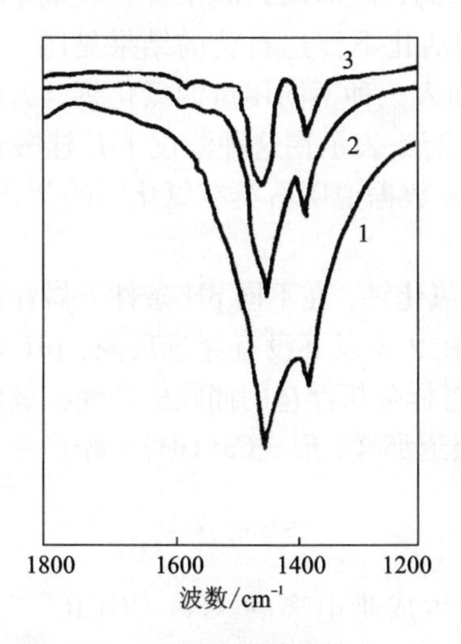

图 3－6 红外光谱图(pH 为 9.0)

1—方解石；2—方解石－月桂酸；3—月桂酸钙

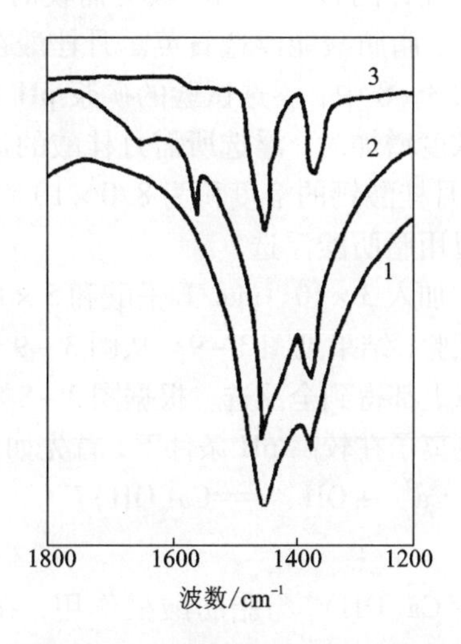

图 3－7 红外光谱图(pH 为 12.5)

1—方解石；2—方解石－月桂酸；3—月桂酸钙

从图3-6和图3-7看出，月桂酸钙的光谱特点是在1530 cm^{-1}和1570 cm^{-1}处有两个吸收带，在pH为9.0和12.5时，月桂酸钙的红外光谱是一样的；在pH为9.0时，方解石和月桂酸溶液作用后的吸收光谱与月桂酸钙的基本一致，也在1535 cm^{-1}和1577 cm^{-1}处出现吸收带，这证明方解石与月桂酸溶液作用后，在方解石表面上生成了月桂酸钙表面层，故此推断其反应机理为：

$$CaCO_3(\text{表面}) + 2RCOO^- \rightleftharpoons Ca(OOCR)_2(\text{表面}) + CO_3^{2-}$$

从pH为12.5时的红外光谱中发现方解石-月桂酸的吸收光谱并不出现月桂酸钙吸收光谱的特性，只在1599 cm^{-1}处出现了一个吸收带。可见两者表面的月桂酸钙是不相同的，可能是在此pH条件下，方解石表面的钙离子会成为$CaOH^+$离子：

$$Ca^{2+} + OH^- \rightleftharpoons CaOH^+ \qquad K = 32.4$$

月桂酸根再与$Ca(OH)^+$作用，生成碱性月桂酸钙：

$$Ca(OH)^+ + RCOO^- \longrightarrow Ca\begin{matrix} \diagup OH \\ -OOCR \end{matrix}$$

在方解石表面生成的碱性月桂酸钙，比月桂酸钙少了一个月桂酸根，故在红外光谱上消失了一个吸收带的特征。

用脂肪酸浮选方解石时，在高pH条件下受到抑制，可能就是生成碱性月桂酸钙的缘故。

3.2.3 在钙离子的活化下，脂肪酸浮选石英的作用机理

纯粹的石英用脂肪酸类捕收剂是不能浮选的，但加入钙离子并在较高pH矿浆中，脂肪酸能浮选石英。月桂酸在氯化钙的活化下浮选石英的结果见图3-8，在图3-8中，浮选试验的矿浆pH为11.5，加入三种不同用量的氯化钙，当钙离子浓度增加时，浮选所需月桂酸的量就减少。箭头表示在这种浓度下月桂酸钙沉淀(月桂酸钙的溶度积为8.0×10^{-12})，图3-8数据说明石英在氯化钙的活化下，可以用脂肪酸浮选。

加入3×10^{-3}mol/L壬酸和5×10^{-4}mol/L氯化钙，在不同pH条件下做浮选石英试验，结果见图3-9。从图3-9看出，pH在9.8以下没有浮选现象，pH为11及以上都得到全浮选。根据图3-8和图3-9怎样分析浮选的捕收机理呢？氯化钙的钙离子在较高pH条件下，首先如一般文献报道那样，形成$Ca(OH)^+$离子：

$$Ca^{2+} + OH^- \rightleftharpoons Ca(OH)^+$$

然后$Ca(OH)^+$与脂肪酸根作用，在水溶液中生成难电离的 $Ca\begin{matrix} \diagup OH \\ -OOCR \end{matrix}$ 。反应方程式为：

$$Ca(OH)^+ + RCOO^- \rightleftharpoons Ca\begin{matrix} \diagup OH \\ -OOCR \end{matrix}$$

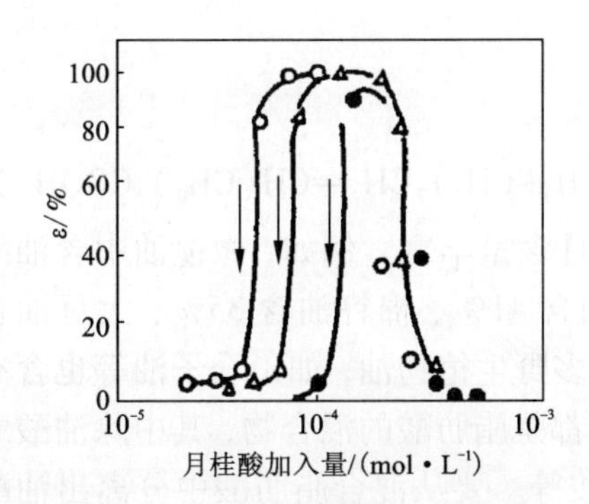

图 3-8 氯化钙为活化剂、月桂酸为捕收剂浮选石英时氯化钙加入量和月桂酸加入量与回收率的关系

○——加 $CaCl_2$, 5×10^{-4} mol/L;

△——加 $CaCl_2$, 3×10^{-4} mol/L;

●——加 $CaCl_2$, 1×10^{-4} mol/L

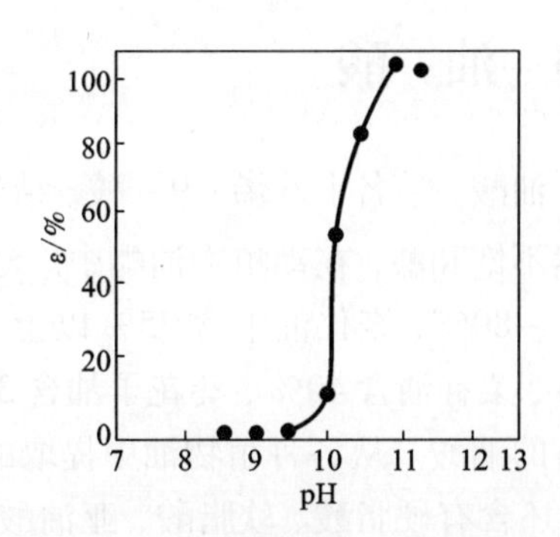

图 3-9 氯化钙为活化剂、壬酸为捕收剂，浮选石英时回收率与 pH 的关系

$CaCl_2$ 5×10^{-4} mol/L;

壬酸 3×10^{-3} mol/L

碱性脂肪酸钙与吸附在石英表面上的羟基作用，失去一分子水而固着在石英表面，烃基疏水而引起浮选。

碱性脂肪酸钙吸附在石英表面的过程，可用图 3-10 表示。

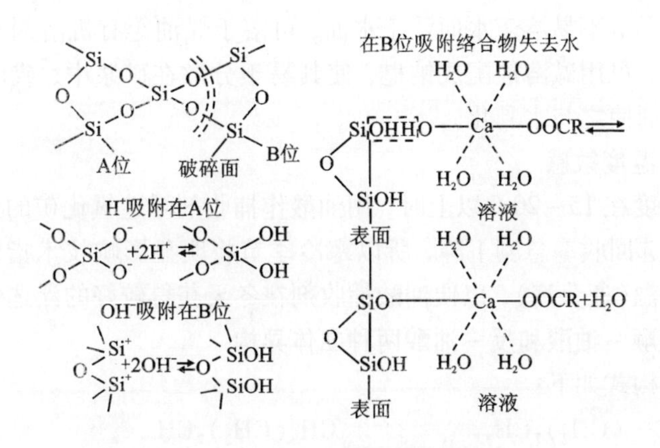

图 3-10 吸附石英新鲜断面的模型

根据这种作用机理，通过化学计算，证明在钙离子浓度较稀时，与实际符合；钙离子浓度较高时，除发生上述反应机理之外，还会发生脂肪酸钙沉淀。

3.3 油 酸

油酸，学名十八烯 - 9 - 酸，结构式为 $CH_3(CH_2)_7CH=CH(CH_2)_7COOH$，为天然不饱和酸，在动植物油脂中广泛存在，且含量丰富。例如，橄榄油中含油酸 70% ~80%，杏仁油中含 75% 以上、棕榈油含 41%、棉籽油含 35%、大豆油含 33%、菜籽油含 40%、葵花子油含 33%，许多野生植物油，如山仓子油等也含有丰富的油酸。从各种植物油中提取的脂肪酸都是脂肪酸的混合物，其中除油酸之外，还含有硬脂酸、软脂酸、亚油酸、亚麻酸等。要从混合脂肪酸中分离出油酸纯品是极困难的，故油脂化工厂出产的都是混合物。浮选工业常用的油酸，实际上也是油脂化工厂出产的或从植物油中提取的混合脂肪酸，只不过含油酸量较高，一般在 70% 左右。

3.3.1 油酸的性质

从棉籽油、菜籽油、米糠油等植物油中提取的油酸为淡黄色油状液体，密度为 0.895 g/mL，熔点约 14℃。放置时间过久会吸收空气中的氧形成过氧化物，然后分解成低级的羧酸或醛，颜色变深且具有酸败气味。工业用油酸及其钠盐，如米糠油酸、豆油油酸等，放置过久，也会酸败。现将油酸与浮选有关的性质分述如下：

1. 水溶性差

油酸呈油状，不易溶于水而浮于水面，可溶于煤油等有机溶剂。在选矿工艺中使用油酸时，可用碱溶液配成钠皂，使其易于分散在矿浆中，或用煤油配成溶液，或用乳化剂使之与水乳化。

2. 油酸对温度敏感

当矿浆温度在 15 ~20℃ 以上时，用油酸作捕收剂浮选氧化矿的效果较好，温度过低时，浮选回收率急剧下降，所以寒冷季节将明显影响技术指标。因此，不得不将矿浆加温(通蒸汽)，以便油酸捕收剂在冬天获得较好的浮选效果。

3. 油酸有顺 - 油酸和反 - 油酸两种立体异构

它们的结构式如下：

$$\begin{array}{l} HC—(CH_2)_7CH_3 \\ \ \| \\ HC—(CH_2)_7COOH \end{array} \qquad \begin{array}{r} CH_3(CH_2)_7CH \qquad\qquad \\ \| \qquad\qquad \\ HC—(CH_2)_7COOH \end{array}$$

在常温下，顺 - 油酸是液体，反 - 油酸是固体，顺 - 油酸在矿浆中易弥散，用顺 - 油酸作捕收剂，浮选指标好；反 - 油酸不易弥散，用反 - 油酸作捕收剂，效果比顺 - 油酸差。试验结果图 3 - 3 可以说明。顺 - 油酸在日光照射下会慢慢变成固体状的反 - 油酸，因此，顺 - 油酸用有色瓶子装以防止其变成反 - 油酸。

4. 油酸分子中引进硫酸根对浮选效果的影响

将大豆油脂肪酸(主要成分为油酸)硫酸化，再中和生成硫酸化皂，是贫赤铁矿的优良捕收剂，反应式表示如下：

$$CH_3(CH_2)_7CH{=}CH(CH_2)_7COOH + H_2SO_4 \longrightarrow$$

$$CH_3(CH_2)_7\underset{\underset{SO_4H}{|}}{C}HCH_2(CH_2)_7COOH \xrightarrow{2NaOH} CH_3(CH_2)_7\underset{\underset{SO_4Na}{|}}{C}HCH_2(CH_2)_7COONa$$

硫酸化皂

硫酸根的引入，较脂肪酸分子中具有双键、羟基等都有更好的浮选效果，因为硫酸根本身亦是捕收基团，所以硫酸根引入油酸分子后，便成为多基团捕收剂，其中一个捕收基团为羧基，另一个捕收基团为硫酸根，两个基团均可以吸附(或化合)于矿粒表面，吸附机理可用图 3－11 表示。由于两个捕收基团同时吸附于矿粒表面，所以增加了矿粒的疏水性，显著地提高了浮选效果，减少了用药量。

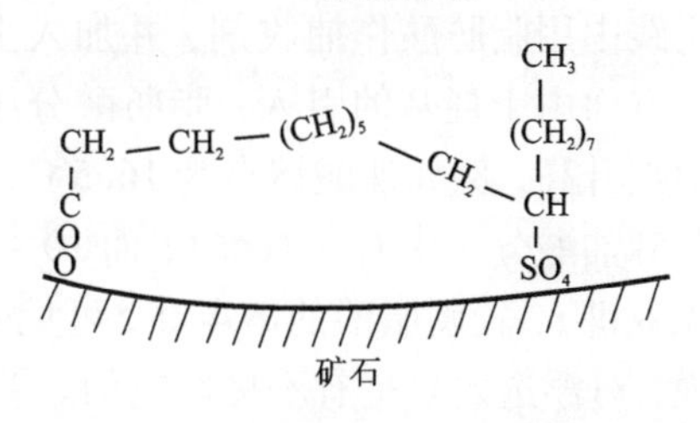

图 3－11　硫酸化皂在矿粒表面的吸附

此外，硫酸化皂的钙盐、镁盐溶解度较大，所以硫酸化皂在硬水中不会像油酸那样产生沉淀。硫酸根的引入不仅可以提高浮选效果，减少用药量，而且能在硬水中使用。

5. 油酸分子中引入羟基对浮选的影响

不饱和脂肪酸，如油酸，置于空气中的时间过久，会吸收空气中的氧，发生聚合或自动氧化成低级的羧酸或醛，而具有腐败气味，同时也能自动氧化成羟基酸，用羟基羧酸浮选贫赤铁矿能提高浮选效果。或者用硫酸与油酸加成，再用浓苛性钠溶液进行水解，得 9－羟基十八碳酸，或其同分异构体 10－羟基十八碳酸。制造方法如下：在搅拌下将浓硫酸滴入油酸中，并用水浴冷却，不使温度升高。所用油酸与浓硫酸的质量比为 1∶0.2，浓硫酸滴完之后，慢慢加热升高温度，使其在 40℃左右反应 0.5 h。反应完毕，再用浓苛性钠溶液中和，并在水浴上煮沸 3 h。反应式如下：

$$CH_3(CH_2)_7CH{=}CH(CH_2)_7COOH \xrightarrow[30\sim40℃]{H_2SO_4} CH_3(CH_2)_7CH_2\underset{\underset{SO_4H}{|}}{C}H(CH_2)_7COOH +$$

$$CH_3(CH_2)_7\underset{\underset{SO_4H}{|}}{C}HCH_2(CH_2)_7COOH$$

$$CH_3(CH_2)_7CH_2\overset{\overset{SO_4H}{|}}{C}H(CH_2)_7COOH \xrightarrow{NaOH} CH_3(CH_2)_7CH_2\overset{\overset{OH}{|}}{C}H(CH_2)_7COONa$$

$$CH_3(CH_2)_7\underset{\displaystyle SO_4H}{\underset{|}{C}}HCH_2(CH_2)_7COOH \xrightarrow{NaOH} CH_3(CH_2)_7\underset{\displaystyle OH}{\underset{|}{C}}HCH_2(CH_2)_7COONa$$

用这种方法得到的羟基羧酸浮选贫赤铁矿亦能提高浮选效果。为了证明羟基的引入能提高浮选指标，采用含蓖麻油酸92%的蓖麻油脂肪酸浮选赤铁矿，结果证明能提高浮选效果。

羟基引入脂肪酸中，增强了亲水官能团，从这一角度来看，对浮选效果是不好的。但由于羟基连接在较长的烃链上，具有起泡作用，能提高浮选效果。在生产实践中用脂肪酸作捕收剂，并加入少量松醇油作起泡剂，确能提高浮选指标。另一方面由于羟基的引入，脂肪酸分子可借羟基生成氢键，增加分子间的引力，故熔点升高，例如油酸熔点为16.5℃，而蓖麻油酸的熔点为17℃(升高不多，因为蓖麻油酸分子中有一双键)，而10-羟基十八碳酸的熔点为81~82℃(分子中已无双键)，较硬脂酸的熔点高，可见引入羟基确能升高脂肪酸的熔点，从这一点来说，对浮选效果是有不良影响的。总的说来，羟基的引入对于提高浮选指标仍然是很显著的。用羧酸和醇酸混合浮选铁矿的结果，可以进一步说明羟基引入后所得到的优越性，结果见表3-6。

表3-6 用羧酸和醇酸混合浮选铁矿的结果

羧酸醇酸质量比	用药量/($g\cdot t^{-1}$)	Na_2CO_3用量/($g\cdot t^{-1}$)	产品名称	产率/%	品位/%	回收率/%
100∶0	400	1300	粗精1	26.17	58.65	44.36
			粗精2	17.65	53.75	26.47
			尾矿	56.78	17.75	29.17
			原矿	100	34.59	100
20∶80	400	1300	粗精1	70.57	46.60	95.04
			粗精2	9.33	10.90	2.93
			尾矿	20.10	3.50	2.03
			原矿	100	34.60	100

6. 油酸与臭氧反应合成新捕收剂——LKD-8-1

用臭氧(O_3)氧化油酸进行改性，合成新捕收剂LKD-8-1，氧化部分主要反应如下：

$$CH_3(CH_2)_7CH{=}CH(CH_2)_7COOH \xrightarrow{O_3} CH_3(CH_2)_7\overset{\displaystyle O}{\underset{\displaystyle H}{C}}\;\underset{O-O}{}\;CH(CH_2)_7COOH$$

按照上述反应，调整相关反应条件，制出 LKD－1 至 LKD－8 共 8 种产品。单用这 8 种产品之一反浮选赤铁矿时，LKD－8 效果最好，但指标比标准反浮选指标差。用这 8 种 LKD 中效果最好的 LKD－5 和 LKD－8 分别与 LKD－1、LKD－2、LKD－4、LKD－3 混合使用进行赤铁矿反浮选试验，筛选出 LKD－8－1 效果最好。用 LKD－8－1 来反浮选赤铁矿，在给矿含铁 42.28% 时，可得到铁精矿品位 63.59%、铁回收率 73.33%、尾矿铁品位 12.65% 的指标。

3.3.2 油酸的捕收性能

油酸或油酸钠皂是浮选萤石、赤铁矿、锡石、锰矿、绿柱石、金红石、独居石、磷灰石、碱土金属碳酸盐等的捕收剂，在浮选工艺方面，用油酸作氧化矿捕收剂研究甚多，并得到了广泛应用。

油酸浮选萤石矿在湖南桃林铅锌萤石矿选厂已使用 40 多年，所获萤石精矿品位一直达到出口国外标准；在浙江东风萤石矿选厂使用 30 多年，也获得了良好的效果。

油酸浮选东鞍山贫赤铁矿，用碳酸钠作石英抑制剂及在 pH 调整剂配合下，在 pH 为 8～9 时，可从给矿品位 35% 左右条件下，获得品位 62% 以上的铁精矿，回收率 80% 以上。

油酸浮选白钨矿，是在碳酸钠作 pH 调整剂、水玻璃作石英及硅酸盐的抑制剂配合下进行，或在碳酸钠作 pH 调整剂、单宁或烤胶作方解石抑制剂配合下进行。可从原矿品位 12% 左右条件下，获得品位为 35% 左右的钨精矿。

3.4 氧化石蜡皂

石蜡来自石油工业，产量大，故用石蜡氧化制取氧化石蜡皂作浮选药剂，是很有价值的。世界上许多国家进行了研究，1959 年我国开始研究氧化石蜡皂，1961 年开始在工业上试用，一直使用到现在，成为我国浮选赤铁矿及其他氧化矿的主要药剂。但在石蜡氧化过程中，放出的低分子有机酸，如乙酸、丙酸气味难闻，环境污染严重，过去十多个氧化石蜡皂厂，大部分都已停产，只有一两家生产 731 和 733 供作浮选药剂使用。在这里，从化学的角度说明制取氧化石蜡的反应条件。

3.4.1 氧化机理

氧化煤油和石蜡的产品可分三个部分，一类是羧酸，对矿石有捕收作用，是氧化煤油和氧化石蜡起捕收作用的成分；另一类是未被氧化的煤油(或高级烷烃)，它在氧化煤油中对羧酸有稀释作用，使羧酸在矿浆中容易分散，它们的作用机理与油酸与煤油混合使用相同，故对浮选效果亦有所提高；第三类是极性物质，主要是醇、酮、醛等化合物，这类物质在浮选过程中有起泡作用。

有人用氧化煤油浮选贫赤铁矿和萤石，得到很好的效果，该氧化煤油成分与上述情况基本相同。下面讨论在怎样的条件下能将石蜡氧化成含脂肪酸百分率更高的氧化石蜡；在怎样的条件下氧化为羟基酸(这两者都是油酸的代用品)；又在怎样的条件下氧化能生成高级醇(是很好的起泡剂)，以及氧化成为其他化合物的条件等。

制造氧化石蜡存在的问题主要有氧化速度慢、产品复杂不易控制、空气氧化效果低、空气消耗量大。解决这些问题的方向是寻找高效能的催化剂、引发剂和强化方法，以控制反应速度，获得所需的产品。

1. 催化剂

用于氧化煤油和氧化石蜡的催化剂很多，如高锰酸钾及其他锰的氧化物与碱的混合物、钴化合物、铝、硬脂酸锰或硬脂酸镁、硬脂酸锰加1.5% ~3%碳酸钠、环己烷酸锰、硝酸、重铬酸钾、硼酸或硼酸酐等。这些催化剂各有用途，往往由于催化剂不同、反应温度不同而得到不同的产品。为了表示更加明确，将不同催化剂催化下所得产品图解在图 3－12 中。

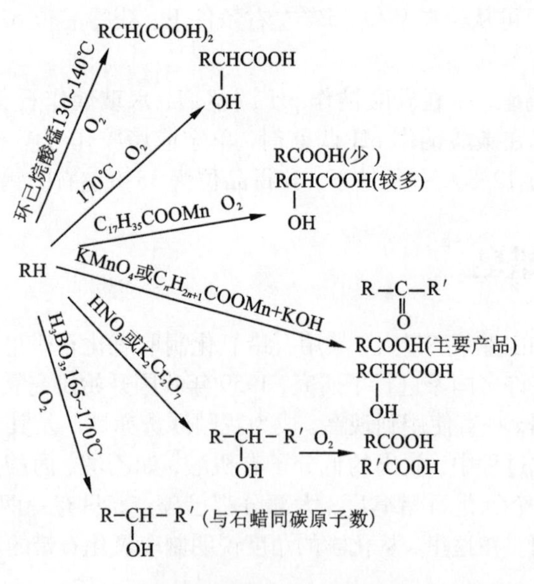

图 3－12 不同催化剂催化下，石蜡氧化所得的产品

从图 3-12 中看出，欲将石蜡氧化为羧酸，以高锰酸钾作催化剂为最好，因此时主要产品为 RCOOH，生成少量的 $\mathrm{R\underset{\underset{OH}{|}}{C}HCOOH}$ 亦为良好的捕收剂。至于生成的 $\mathrm{R{-}\underset{\underset{O}{\|}}{C}{-}R'}$ 有起泡作用，如含量不多时对浮选无害处，能增加泡沫量，提高浮选效果，这种催化剂较脂肪酸锰反应速度快 1.5～2 倍。故欲得到产品为脂肪酸，宜采用高锰酸钾作催化剂。已经证明用高锰酸钾作催化剂时，实际起作用的是高锰酸钾的分解产物二氧化锰以及氢氧化钾，故在工业生产中可用软锰矿氢氧化钾代替高锰酸钾。沈阳油脂化工厂将石蜡氧化制得肥皂的原料，过去用高锰酸钾作催化剂，后来已改为脂肪酸锰作催化剂，这种催化剂由硫酸锰与脂肪酸制成。

用硬脂酸锰作催化剂可以得到羧酸或羟基酸。羟基酸除有捕收作用外，由于羟基引入羧酸分子中，增加起泡性能，使用时可以获得较高的浮选指标。故硬脂酸锰也是较好的催化剂。

用硝酸或重铬酸钾作催化剂时，首先是将石蜡氧化为第二醇，故适当控制氧化深度，可以得到高级醇，再进一步氧化生成酮，最后断裂得到较石蜡碳原子数少的羧酸。故用硝酸和重铬酸钾作催化剂，最后亦可得到大量的羧酸，这种催化剂可以考虑采用。

在较高的温度下（170℃），不需用催化剂可用空气将石蜡氧化为羟基酸，试验证明，这种产品是很好的捕收剂。

综上所述，欲将煤油及石蜡氧化为羧酸作为捕收剂时，宜采用高锰酸钾为催化剂，同时应适当升高氧化温度，这样可控制氧化产物主要为羧酸及羟基酸。

用硼酸加含 3%～4.5% 氧的空气、硝酸，或用硼酸酐、硅酸、锑酸、磷酸等作催化剂时，均能生成与石蜡具有同碳原子数的第二醇，但以硼酸为催化剂较好，其反应过程是这样的：首先石蜡被氧化为醇，生成的醇立即与硼酸作用生成硼酸酯，这样避免醇进一步氧化，生成的硼酸酯再水解而得醇。所以在反应时应有足够的硼酸，使生成的醇能立即形成酯，才能提高醇的产率。总之，欲使石蜡氧化得到高级醇，应采用硼酸为催化剂。

当用环已烷酸锰作催化剂时，能生成 C_4～C_{10} 的二元羧酸，这类羧酸不是捕收剂而是其他化工原料，故欲氧化石蜡以得到一元酸或高级醇时，不宜用环已烷酸锰作催化剂。

2. 反应温度的选择

仅从反应温度来说，石蜡氧化一般是在 110℃～170℃间，但从烷烃的氧化机理来说，则首先是氧化成醇，再氧化成醛酮，再氧化成羧酸，这是一个规律。

$$RH \xrightarrow{(O)} RCH_2OH \xrightarrow{(O)} RCHO \xrightarrow{(O)} RCOOH \xrightarrow{(O)} \underset{\displaystyle OH}{\underset{|}{R}}CHCOOH$$

其次一个规律是石蜡为 130 ~ 140℃, 氧化为二元羧酸, 在更高的温度分解脱羧成为一元羧酸:

$$RH \xrightarrow[\text{环烷酸锰}]{(O)} R(COOH)_2 \xrightarrow[>140℃]{-CO_2} RCOOH$$

第三个规律是石蜡 110 ~ 120℃ 氧化生成第一醇, 如果温度升高, 第一醇产量减少, 例如从 120℃ 升高到 140℃ 时, 第一醇的产率降低 3/4。

故从温度选择来看, 要得到醇则宜在低温(110 ~ 120℃), 欲得到二元羧酸宜在 130 ~ 140℃, 欲得一元羧酸宜在 150 ~ 160℃, 温度更高则得到羟基酸。但在制造氧化石蜡各种产品时, 不能单一地从温度考虑, 应与其他因素一起综合考虑。

3. 鼓进空气对产品的影响

羧酸是氧化石蜡时的最终产品, 而醇是最低度的氧化产品, 故要得到这两种不同的产品时, 按理论在氧不足的情况下得到醇, 氧气充足时得到羧酸, 事实也是这样。试验证明, 降低空气含氧率会提高第一醇的产量, 因为在氧含量少时, 醇被进一步氧化为醛或酮的机会减少了, 在适当的工艺流程下, 采取氧氮混合气体中含氧 3.0% ~4.5%, 温度在 165 ~ 170℃ 时, 气体耗量为 500 ~ 700 L/(kg · h), 并用硼酸作催化剂, 几乎可以将石蜡全部氧化为醇, 可见减少氧气量对氧化成醇是有好处的。

当欲使氧化产物为羧酸时, 则采用加大接触氧化面、加大空气量的办法是非常有利的。采用泡沫相氧化法, 将大量空气在特种装置的情况下鼓入石蜡中, 则形成泡沫相氧化, 这样使反应接触面增加六倍左右, 增加了氧化速度, 处理能力高, 空气耗量低, 而得到较好的羧酸产品。

4. 其他因素的影响

强化石蜡氧化为脂肪酸的其他方法, 是采取引发剂引发氧化反应, 引发剂为 NO_2、Cl_2、O_3、HBr 等。如用 NO_2 为引发剂时, 可使石蜡氧化的感应期由 366 h 缩短为 8 ~ 10 h, 而引发剂的用量是很少的, 为 0.2% ~0.4%, 引发剂用量增多并不比用量少时效果优良, 如 NO_2 用量为 6% ~10% 时, 就不如用 0.2% ~0.4% 的效果好。

此外还可以用放射性射线照射, 使氧化反应加速, 如用 γ-射线照射石蜡 6 h 以内进行氧化或一边照射一边氧化, 则能增加氧化速度, 但照射时间在 6 h 以上, 氧化速度与照射 6 h 以内的效果无明显的区别。

3.4.2 氧化石蜡皂的生产方法

生产氧化石蜡皂的主要原料是石蜡，由于原料来源不同产品性能亦有差异，一般生产方法大同小异。先将石蜡熔化，加入高锰酸钾10%的水溶液作催化剂，高锰酸钾用量占石蜡投料的0.2%～0.25%，加热到150℃脱去水分，然后在铝制的(或内衬铝板的)反应器中鼓入空气氧化。氧化反应器较大，内径2～3 m，高约10 m，一次投料25 t，压缩空气从反应器底部喷入。反应器底部有蛇形加热管加热，中部有蛇形管冷却，以调节反应温度。反应开始需要150℃激发反应，然后降温到120～140℃，鼓入空气量一般为500～700 L/(kg · h)。反应时间一般为24 h，冷却后即可取得粗产品。

氧化过程中产生一部分低分子羧酸，如：乙酸、丙酸、丁酸等。随空气从塔顶上部逸出口逸出，可冷却回收，成为氧化石蜡的副产品。但一般极难全部回收，部分进入大气中造成污染。

粗制氧化石蜡含脂肪酸一般只有33%～35%、其余为未反应的石蜡、高级醇、醛等物质，将反应器内取出的粗产品经过静置，使含锰物质下沉分离，再经过淋洗除去一部分水溶性有机酸后，用氢氧化钠皂化，皂化的水溶液放入分离器静置。未反应的石蜡浮在液面，与下面的皂液分离，回收石蜡，称第一不皂化物，可再做原料石蜡使用。所得皂液仍含有10%的不皂化物，经预热脱水处理后得“粗皂”,“粗皂”再经管式炉320℃高温处理，所含的高级醇等物受热汽化从另一管逸出。部分的羟基酸脱水变成不饱和酸皂。由管式炉出来的粉状固体称为“干皂”，将“干皂”立即溶解成皂液，用硫酸酸化则成游离脂肪酸。脱水后，经减压蒸馏先蒸出C_{10}以下的脂肪酸，再在减压下蒸出大部分含C_{10}～C_{22}的脂肪酸，这一部分产品适用于制造肥皂洗涤剂和浮选药剂。

经管式炉处理可得到混合高级醇等副产品，C_{10}以下的脂肪酸，常称$C_{7\sim9}$酸，供作$C_{7\sim9}$羟肟酸的原料。

我国石油工业标明氧化石蜡须符合下列要求：颜色为淡黄到深褐色，皂化值(毫克KOH克)140～160，酸值(毫克KOH克)75～90，灰分不大于0.25%，灰分中含铁痕迹。

在我国用作浮选捕收剂的氧化石蜡皂著名的有两种，一种称为“731”，另一种称为“733”。“731”的原料是大连石油化工七厂，常压三线的榨蜡。它的馏程范围为262～350℃(馏出40%)，熔点39.7℃，含油量为20.7%，正构烷烃含量84.10%，异构烷烃含量14.8%。由“731”蜡加工成的氧化石蜡皂称为“731”氧化石蜡皂，其中含羧酸31.5%，羟酸10.22%，不皂化物16.71%，游离碱0.397%，水分22.0%，碘值3.64%。“733”用的原料系大庆原油经石油炼厂加工脱油后的产品，原蜡熔点37～43℃，含油8%～20%，正构烷烃65%～85%，异构烷烃

15% ~35%，馏程范围250 ~450℃，将这种石蜡制成的氧化石蜡皂称“733”氧化石蜡皂，总脂肪酸含量85% ~90%，其中羧酸含量50% ±5%，羟基酸含量30% ±5%，不皂化物5% ~7%，游离碱0.1% ~1%，呈粉状固体，易溶于水。“731”和“733”两种氧化石蜡皂在我国均得到推广使用。

氧化石蜡皂的出现，在食用油供应有困难的时候确实发挥了作用，也在制皂工业、氧化矿捕收剂工业得到了代用品。这些工业产品均用氧化石蜡皂代替。随着我国农业的发展，油脂生产量增加，食用油敞开供应，特别是植物油生产过程中产生的油脚，亦可用来提取油酸或混合脂肪酸作为氧化矿的捕收剂。20世纪90年代开始，我国氧化石蜡皂厂由于氧化石蜡过程中产生的低级酸污染环境，全国十家氧化石蜡皂厂90%停产。生产肥皂的工厂多用动植物油做原料。

3.4.3 氧化石蜡皂的捕收性能

氧化石蜡皂和油酸等脂肪酸皂常用作赤铁矿、萤石、白钨、磷灰石等的捕收剂。解放初期用大豆油脂肪酸作赤铁矿的捕收剂，大豆油是食用油，为了解决供应问题，当时提出寻找大豆油脂肪酸的代用品，用大豆油脂肪酸与硫酸作用制成硫酸熊皂，浮选赤铁矿时药剂单耗降低约50%，后来使用妥尔油浮选赤铁矿试验成功，缓和了大豆油脂肪酸的供应。随着氧化石蜡皂的出现，用它浮选鞍山贫赤铁矿，一般在给矿品位含铁30%左右能得到含铁60%左右、回收率90%左右的铁精矿。用氧化石蜡皂和妥尔油混合使用浮选指标更好，这是选矿界众所周知的事。

氧化石蜡皂常用作白钨的捕收剂。例如：栾川骆驼山矿石是高硫铜锌矿并含有白钨。用“731”氧化石蜡皂，从高硫铜锌浮选尾矿中浮选白钨。闭路结果表明，可以从含0.271% WO_3的给矿，得到含69.63% WO_3、回收率40.33%的白钨精矿。

另一报道，某硫化矿浮选尾矿中含0.19% WO_3的白钨，用碳酸钠6 kg/t，水玻璃6 kg/t，“731”1250 g/t做捕收剂浮选白钨，获得含40% WO_3、回收率30%的白钨精矿。

另一报道，从含0.25% WO_3的硫化矿浮选尾矿中回收白钨获得成功，也是用731做捕收剂。在其他调整剂配合下，获得含65.05% WO_3、回收率50.47%的指标。

在非金属矿浮选中氧化石蜡皂“731”和“733”多用来浮选萤石和磷灰石。用“733”浮选萤石时可以单用或与其他药剂混合使用。例如用低品位的萤石矿作对象，用“733”做捕收剂，通过一粗二扫二精的闭路流程可从含CaF_2 27.81%的给矿，得到含CaF_2 92.90%、回收率95.67%的萤石精矿。“733”和FFA混合使用，从柿竹园浮钨尾矿中直接浮选萤石，浮选精矿经高梯度磁选脱除含铁硅酸盐后，得到精矿品位97.67%，含0.86% SiO_2、0.10% $CaCO_3$、0.016% S、0.008% P 的萤石精矿，达二级品的要求。

3.4.4 氧化石蜡皂的改进方向

氧化石蜡皂的主要缺点是在较低的温度浮选时效果较差，如能制出熔点低、性能好、适宜在较低温度浮选的氧化石蜡皂，则最为理想。下面几点改进意见可供参考。

1. 尽量采用熔点较低的石蜡为原料

熔点较低的石蜡，一般说来其分子较小，氧化产品所含脂肪酸的分子量不致太大，而具有较强的捕收能力；另一方面，熔点低的石蜡，一般来说，含有支链的烷烃较多，氧化后产生有支链的羧酸，其疏水性能较强，故浮选性能较好。生产实践证明，用熔点为38℃的软蜡做原料比用熔点为54℃的石蜡为原料要好。

2. 将氧化石蜡氯代

在氧化石蜡所含的羧酸分子的 α 位代进一个氯原子，这种产品称为氯代氧化石蜡。氯代的方法简单，将氧化石蜡加热至其熔点以上，在紫外光照射下，通入干燥氯气氯化，便发生如下反应：

$$RCH_2COOH + Cl_2 \xrightarrow[\text{加 热}]{\text{紫外光}} \underset{\underset{\text{氯代氧化石蜡}}{\text{Cl}}}{\underset{|}{\text{RCHCOOH}}} + HCl$$

氯代氧化石蜡的熔点比未氯代的氧化石蜡低，酸性比未氯代的氧化石蜡强，捕收性能比氧化石蜡好。但在制造氯代氧化石蜡过程中，当氯代完毕，停止通入氯气以后，必须有一段老化时间，使溶解在氯代氧化石蜡中的氯气能充分与氧化石蜡作用，然后再鼓进空气，赶走溶解在氯代氧化石蜡中的氯化氢和残留的少量氯气，方可用作浮选药剂。如果没有老化和通入空气赶走氯化氢和氯气这个过程，在选厂中使用时，会放出氯气和氯化氢污染选厂空气，有害工人身体健康，甚至不能使用。

3. 引进羟基

将氯代氧化石蜡水解，使氯原子被羟基取代，这样在氧化石蜡分子中引进了羟基，而使羧酸成为羟基酸。

$$RCH(Cl)COOH + H_2O \xrightarrow{\text{加热}} RCH(OH)COOH + HCl$$

羟基酸的捕收能力比原来的脂肪酸强，但选择性下降，故引进羟基时有利也有害，故以适当引进为宜。

4. 羧酸的α位引进磺酸根

用发烟硫酸将氧化石蜡磺化，便可以在羧酸的α位引进磺酸根，得磺化氧化石蜡

$$\underset{\text{氧化石蜡}}{RCH_2COOH} + H_2SO_4 \cdot SO_3 \longrightarrow \underset{\text{磺化氧化石蜡}}{RCH(SO_3H)COOH} + H_2SO_4$$

磺化氧化石蜡有两个捕收基团，浮选效果比氧化石蜡好。

5. 将脂肪酸改性为2－乙酰氨基羧酸

棕榈酸是十六碳饱和羧酸，可以按如下反应改性：

$$C_{14}H_{29}CH_2COOH \xrightarrow[Br_2]{P} C_{14}H_{29}CH(Br)COOH \xrightarrow{NH_3} C_{14}H_{29}CH(NH_2)COOH \xrightarrow{\text{酸酐}} C_{14}H_{29}CH(NHCOCH_3)COOH$$

所制得的2－乙酰氨基棕榈酸浮选锡石、赤铁矿、方解石等单矿物时，性能比棕榈酸好。

6. 将饱和脂肪酸转化为酯基羧酸

转化方法如下：

$$\underset{\text{脂肪酸}}{RCOOH} + SOCl_2 \xrightarrow[60℃,\ 1\ h]{\text{苯}} RC(=O)—Cl + SO_2\uparrow + HCl\uparrow$$

$$\underset{\text{柠檬酸}}{HO—C(CH_2—COOH)_2—COOH} + RC(=O)—Cl \xrightarrow{\text{吡啶}} RC(=O)—O—C(CH_2COOH)_2—COOH + HCl$$

$$RC(=O)—O—C(CH_2COOH)_2—COOH + 3NaOH \longrightarrow \underset{\text{酯基柠檬酸钠}}{RC(=O)—O—C(CH_2COONa)_2—COONa} + 3H_2O$$

酯基柠檬酸钠是氧化矿和非金属矿的捕收剂。浮选磷矿表明，在15℃时的浮选指标与脂肪酸加温至45℃的指标相近。

7. HND 捕收剂

HND 捕收剂是用α－氯代脂肪酸钠和α－氯代脂肪酸柠檬酸单酯按一定比例混合而成的。油脂皂化得脂肪酸钠(肥皂)和甘油，脂肪酸钠用硫酸酸化得混合脂肪酸，脂肪酸氯代得α－氯代脂肪酸；用碱中和得氯代脂肪酸钠(代号B)。

α－氯代脂肪酸与二氯二氧硫反应得α－氯代脂肪酸酰氯，后者与柠檬酸反应得α－氯代脂肪酸柠檬酸酯：

$$\mathrm{R{-}CH(Cl){-}C(=O){-}Cl} + \mathrm{HO{-}C(COOH)(CH_2COOH)_2} \xrightarrow{\triangle} \mathrm{RCH(Cl){-}C(=O){-}O{-}C(COOH)(CH_2COOH)_2}$$

α－氯代脂肪酸柠檬酸酯

（代号C）

将B、C按一定比例混合得HND浮磷捕收剂。用它浮选磷矿和用常用脂肪酸浮选结果对比，脂肪酸用量1.8 kg/t，磷精矿品位24.30% P_2O_5、回收率22.70%；HND用量与脂肪酸相同，给矿品位也十分接近，浮选结果精矿品位25.28% P_2O_5、回收率83.70%，HND优于常用脂肪酸。

8. 增效剂的添加

ABSK代替OP－4和脂肪酸浮选磷灰石。

俄罗斯希宾斯克磷灰石矿过去用OP－4和脂肪酸混合捕收剂浮选磷灰石，后来改用价格比较便宜的ABSK代替OP－4和脂肪酸混合物做捕收剂，P_2O_5的回收率达到95.8%，有经济效益，ABSK药剂已用于工业生产。（ABSK是烷基苯磺酸钠的英文缩写，OP－4是一种乳化剂）二者对脂肪酸均有乳化作用，加进捕收剂脂肪酸中，可将它乳化，故能提高浮选指标。

YSB－2是一种改性脂肪酸皂，与烷基苯磺酸钠混用做捕收剂，Na_2CO_3、水玻璃和硫酸做调整剂浮选内蒙古某萤石矿。从含CaF_2 63.93%、SiO_2 20.99%、$CaCO_3$ 6.45%、Al_2O_3 5.73%和Fe_2O_3 1.16%的给矿，在矿浆温度24℃，采用一粗七精、中矿集中返回精Ⅰ流程，获得CaF_2品位98.76%，回收率89.26%的萤石精矿，萤石精矿中含SiO_2 0.93%，$CaCO_3$小于0.37%。

除烷基苯磺酸钠与脂肪酸混用可提高脂肪酸的捕收性能外，以棉籽油脂肪酸为例，十二烷基硫酸钠、十二烷基苯磺酸钠、正十二醇、Tween和邻苯二甲酸二乙酯和G－301等表面活性剂适当与棉籽油皂（或酸）混合，均能提高起泡能力和增加捕收性能，某矿为含钨矽卡岩型矿石，含Mo 0.012%，含WO_3 0.27%，结构比较简单。采用全浮脱硫浮钼流程，得到钼品位46.12%，回收率76.87%的钼精矿，脱硫尾矿浮钨，用731＋塔尔油为捕收剂，水玻璃作抑制剂，通过一粗六精得WO_3品位70.16%、回收率85.31%的白钨精矿，尾矿WO_3品位很低，精矿质量好。

从上面例子看出，脂肪酸捕收剂中加入增效剂，的确能提高浮选指标。估计这些增效剂就是脂肪酸的乳化剂，将脂肪酸充分乳化为小质点，使它与矿石表面接触面积增大，能充分发挥它的捕收作用。另一方面，增效剂对所浮的目的矿物也有捕收作用。增效剂加入脂肪酸中发生协同效应，起到了混合用药的作用，故能提高浮选指标。

3.5 碱　渣

3.5.1 碱渣的来源和性质

石油中含有环烷酸。我国石油中含环烷酸在千分之几到百分之二左右，多数存在250～300℃馏分内，因此可以回收和利用的环烷酸主要从煤油、轻柴油和重柴油馏分中获得。原油常压蒸馏过程中，由于切割馏分的不同，常常将一次加工碱渣分为常压一线碱渣、常压二线碱渣和常压三线碱渣。可用作氧化矿捕收剂的是常压三线碱渣，它是原油常压蒸馏的重柴油馏分在用碱精制时呈皂液排出的副产品。

常压三线碱渣在60℃以上时是棕褐色均匀的乳浊液，冷却静置分为三层，上层是油层，中层是油皂浓稠乳化层，是用作浮选药剂的主要物质，下层是少量的有机酸皂、磺酸盐和无机盐的水溶液。从炼油厂排放出的常压三线碱渣，一般含有机酸14%，中性油7%～12%，游离碱0.6%～0.8%，用石油醚萃取抽出中性油后，用硫酸酸化可得有机酸混合物，有异味。胜利油田和盘锦油田在加工过程中得到的混合有机酸的性质见表3－7，混合有机酸可分离为正构酸和异构酸。

表3－7　三线碱渣混合脂肪酸性质

性质指标	胜　利	盘　锦
酸值	185.62	171
碘值	8.77	10.77
酯值	无	
羟值	4.09	
折光率	1.4770	1.4865
凝固点/℃	18.3	<－5℃
正构酸含量/%	13～15	0
异构酸含量/%	85～87	100
平均原子量	345	291
密度/(g·mL^{-1})	0.9546	

据报道碱渣中的异构酸(也叫天然石油烷酸)具有 $C_nH_{2n-2}O_2$ 的分子式，这样不饱和的组成，却有饱和的特征。例如与高锰酸钾溶液不起作用，酸性弱，是典型的羧酸，很容易成盐。从结构来说主要是五元环的天然石油烷酸，通式为 R—⬠—$(CH_2)_nCOOH$，羧基不直接与环相连。环烷酸中也有单环和双环的，结构还不太清楚。异构酸为红棕色油状液体，微臭，凝固点 -5℃以下，用碱皂化后配成皂液是透明的液体，在10℃时没有絮状物析出，它是碱渣中的主要浮选活性物质，具有较强的捕收能力和起泡性能。

正构酸主要是脂肪酸，具有 $C_nH_{2n}O_2$ 的分子式，是白色固体，有油脂味，凝固点58℃，用碱皂化后配成2.5%浓度的皂液，在25℃时有白色胶凝物，稀释到1%，加热到60℃时为白色乳液，正异构酸的其他性质见表3-8。

表3-8 三线碱渣正异构酸的性质

油田	异构酸			正构酸		
	含量/%	酸值	凝固点/℃	含量/%	酸值	凝固点/℃
胜利	85~87	180	< -5	13~15	182	58
盘锦	100	170	< -5	无		

3.5.2 碱渣的捕收性能

环烷酸皂(碱渣)是极好的乳化剂，在纺织工业上是很有价值的去垢剂。由于重金属离子和碱土金属离子能与环烷酸生成微溶或难溶化合物，如 Ca^{2+}、Mg^{2+}、Al^{3+}、Fe^{3+}、Co^{2+}、Cu^{2+}、Mn^{2+}、Zn^{2+}、Pb^{2+} 和 Cr^{3+} 等均能与环烷酸生成难溶化合物，故可作为浮选工业的捕收剂。用于浮选针铁矿和水化针铁矿时，捕收剂的性能由好到坏按下列次序排列：油酸、粗妥尔油、碱渣(含有环己烷甲酸盐)、OR-100(合成脂肪酸和羟基酸)、扭氏粉(第一醇的硫酸钠盐)、C_{10}~C_{12}羧酸。

又如从含 CaO 37%~40%，含 P_2O_5 22%~25%的磷灰石中，可用PRV(含环己烷甲酸钠)捕收剂进行浮选，除去脉石中的碳酸盐，得到合格的磷灰石精矿。可见，碱渣可代替油酸作为某些氧化矿或某些非金属矿的捕收剂。

单一使用碱渣，它的捕收能力较强，但选择性较差，最好与其他药剂混合使用。对东鞍山铁矿石浮选工业试验表明：碱渣与妥尔油质量比1∶1混合使用，用量为360 g/t时，浮选东鞍山铁矿石可从含31.60% Fe的给矿得到含60.21% Fe、回收率达76.85%的铁精矿，尾矿品位12.26% Fe；而生产上用石蜡皂与妥尔油质量比4∶1混用，用量为700 g/t，可从含31.60% Fe的给矿得到含60.17% Fe、回收率为76.95%的铁精矿，尾矿品位12.22% Fe。上述工业试验结果表明，碱渣与妥尔油(1∶1)混合捕收剂所获得的指标和同期石蜡皂与妥尔油混合捕收剂=4∶1，用量760 g/t的生产指标相同，而试验药剂的用量比生产药剂用量少48%，药剂费用大幅度降低。

用环烷酸钠(碱渣)浮选萤石，试样主要含萤石、石英、长岛高岭土、钾云母、方解石和重晶石等矿物，用增强型环烷酸钠做捕收剂，在调整剂的配合下，在室温进行浮选，试验结果表明，在矿浆温度较低时环烷酸钠浮选效果良好。

环烷酸在我国玉门油田、大港油田和胜利油田有较高的含量，随着石油工业的发展，作为副产品的碱渣将大量出现，碱渣作为浮选药剂有广阔的前景，它的起泡性能和捕收性能可以通过和其他浮选药剂混合使用来加以改善。

3.6 癸二酸下脚

3.6.1 癸二酸下脚的来源

用蓖麻油为原料制尼龙1010时，先将蓖麻油皂化，再酸化，分离出甘油之后，进行蓖麻油脂肪酸碱性裂解时，蓖麻酸双键位移，生成癸二酸双钠盐及辛醇-[2]，后者是良好的起泡剂，或作辛基黄药的原料。裂解反应产物用酸中和，因蓖麻油脂肪酸中除蓖麻酸外还有其他脂肪酸，裂解反应生成物复杂，为一种黑色至棕色的油状液体。这种黑色至棕色的油状液体称"癸二酸下脚"，或称"癸脂下脚"或"癸脂"，也称"尼龙1010下脚"，这种副产品是良好的油酸代用品，可作为氧化矿或非金属矿的捕收剂。但来源分散，每个尼龙1010工厂每年有几十吨到几百吨这种副产品，适合小选矿厂应用。

3.6.2 癸二酸下脚的组成

癸二酸下脚的组成要从蓖麻油脂肪酸的组成来分析，据文献报道，蓖麻油所含各种脂肪酸的百分比如表3-9所示。

表3-9 蓖麻油所含脂肪酸的成分 %

脂肪酸类别	(a)	(b)
十六酸	—	2.4
十八酸	0.3	
油 酸	7	7
罂粟酸	4	3
蓖麻酸	88	87
二羟基脂肪酸	1.1	0.6

注：(a)、(b)表示数据来自两个不同文献。

蓖麻酸在碱性裂解时，大部分生成癸二酸钠和辛醇-[2]：

$$CH_3CH_2CH_2CH_2CH_2CH_2\underset{\displaystyle OH}{\underset{|}{C}H}CH_2 \vdots CH{=}CH(CH_2)_7COOH \quad \text{蓖麻酸}$$

$$\downarrow NaOH$$

$$\underset{\text{辛醇-[2]}}{CH_3CH_2CH_2CH_2CH_2CH_2\underset{\displaystyle OH}{\underset{|}{C}H}CH_3} + \underset{\text{癸二酸双钠盐}}{NaOOC(CH_2)_8COONa}$$

少部分蓖麻酸在碱性裂解过程中脱水生成亚油酸：

$$CH_3(CH_2)_4CH_2\underset{\displaystyle OH}{\underset{|}{C}H}CH_2CH{=}CH(CH_2)_7COOH \quad \text{蓖麻酸}$$

$$\downarrow -H_2O$$

$$CH_3(CH_2)_4CH{=}CH{-}CH_2{-}CH{=}CH(CH_2)_7COOH \quad \text{亚油酸}$$

可能有少部分蓖麻酸在碱性裂解过程中，在较低温度时裂解生成辛酮-[2]和ω-羟基癸酸：

$$CH_3(CH_2)_5\underset{\displaystyle OH}{\underset{|}{C}H}CH_2 \vdots CH{=}CH(CH_2)_7COOH \quad \text{蓖麻酸}$$

$$\downarrow NaOH,200℃$$

$$\underset{\text{辛酮-[2]}}{CH_3(CH_2)_5COCH_3} + \underset{\text{ω-羟基癸酸钠}}{HOCH_2(CH_2)_8COONa} + H_2O$$

很可能还有少部分没有起反应的蓖麻酸。

在热裂解过程中，可能有少部分不饱和脂肪酸发生聚合作用，而成为低聚物。

概括以上分析，癸二酸下脚中应含有：十六酸、十八酸、油酸、亚油酸（罂粟酸）、蓖麻酸、ω-羟基癸酸、不饱和酸低聚物、辛醇-[2]、辛酮-[2]，以及加入作为溶剂的甲酚等。在癸二酸下脚所含的脂肪酸中，应以油酸、亚油酸为主，因为在蓖麻油脂肪酸中，除87%～88%的蓖麻酸外，12%～13%的其他脂肪酸中油酸和亚油酸占90%以上，况且蓖麻酸在裂解过程中有少部分脱水又生成了亚油酸，故此认为癸二酸下脚所含的脂肪酸以油酸和亚油酸为主是合理的。某厂对"癸脂"的组成分析结果见表3-10。

表3-10 癸脂组成及分析

成分	占比/%	备注
癸油酸	23.5	癸油酸中主要成分是油酸、亚油酸、少量的饱和酸，碘值80～100，酸值185～200，凝固点10℃以下
脂肪酸	35.3	脂肪酸中主要是硬脂酸和软脂酸，也有不饱和酸，碘值46～70，酸值200～220，凝固点36～46℃
甲酚低碳酸混合物	14.4	甲酚低碳酸混合物中，含50%左右的甲酚和50%以下的脂肪酸
癸脂脚及水脚	26.8	癸脂脚系癸脂蒸馏后的下脚料，主要成分是脂肪酸的二聚物、三聚物及多聚物等

3.6.3 癸二酸下脚的捕收性能

癸二酸下脚不需任何处理就可以直接用作油酸的代用品，亦可以用碱配成钠皂溶液使用。由于组成比较复杂，故显示出一些独特的性质。因为有甲酚、辛醇-[2]和辛酮-[2]存在，起泡性能特别强烈，可考虑和煤油混合使用，以降低起泡性能，还可以增加它的捕收能力。

也可以考虑先将癸二酸下脚中的甲酚等起泡物质用减压蒸馏的办法除去，然后用作油酸代用品，更便于现场使用。

癸二酸下脚能代替油酸作捕收剂，它的特点是用作捕收剂时，受温度影响小，这大概是其主要组分中油酸和亚油酸的熔点较低的缘故。

油酸及癸二酸下脚浮选钴土矿时，受温度影响情况可用图 3-13 表示。

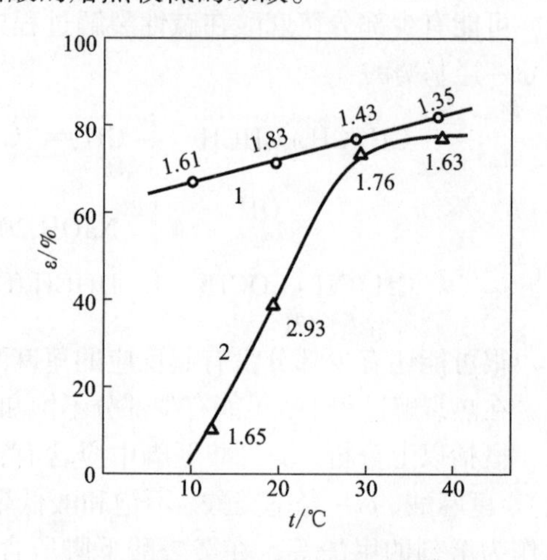

图 3-13 油酸(钠)及癸二酸下脚浮选钴土矿时矿浆温度对回收率的影响

(图中数字为相应的精矿品位)

1—癸二酸下脚；2—油酸钠

从图 3-13 中可以看出，癸二酸下脚作捕收剂浮选钴土矿时，矿浆温度在 10～40℃的范围内对浮选效果影响很小，而油酸受温度影响较大。

在实验室用癸二酸下脚浮选萤石矿时，发现能代替油酸使用，萤石精矿品位达到国家一级品的要求。癸二酸下脚用量与温度的关系(在 10～30℃之间)符合下面的实验公式：

$$y = 640 - 130x$$

式中，y 是癸二酸下脚用量，x 是矿浆温度(℃)。用这个方程式算出来的癸二酸下脚用量，可以得到较好的指标。例如，当矿浆温度为 25℃时，癸二酸下脚用量为

$$y = 640 - 13 \times 25 = 315(\text{g/t})$$

当矿浆温度为 10℃时，癸二酸下脚用量为

$$y = 640 - 13 \times 10 = 510(\text{g/t})$$

可见要达到同样的指标，温度高时，癸二酸下脚用量少，温度低时用量较多，温度对其浮选效果有一定影响。

癸二酸下脚和煤油混合使用，在浮选萤石的工业试验中可得到良好的工艺指标，萤石精矿品位 97.89%，回收率为 79.08%。

3.7　妥尔皂——硫酸法纸浆废液

3.7.1　妥尔皂的来源

在硫酸法(即碱法)造纸工业中，将松木切片，用氢氧化钠、硫化钠蒸煮，木片在蒸煮过程中起化学作用，木质素与碱作用生成可溶性物而溶解，其分子中的甲氧基与硫化钠作用生成甲硫醇、二甲硫醚、二甲基二硫化合物，此外还生成甲醇。这些分子很小的硫化物在蒸煮过程中放气时大部分放空，只有少量留在反应物中；纤维素和半纤维素水解(纤维素部分水解)成单糖，在有碱和蒸煮的情况下，单糖再氧化成多羟基羧酸，和木质素一样溶于水中；大部分纤维不水解，与黑液分离后经过洗涤可供造纸用。

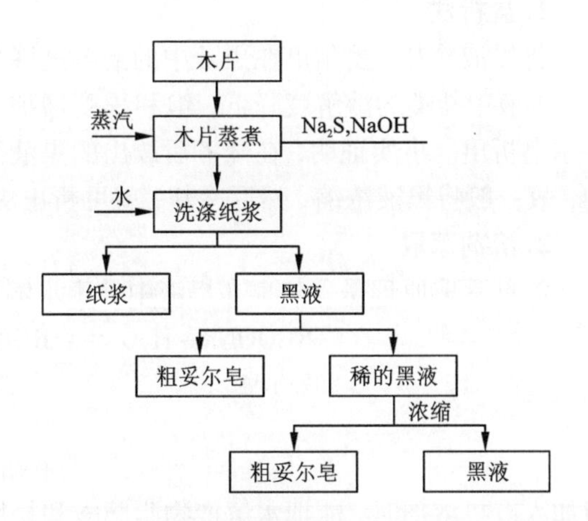

图3－14　从硫酸法纸浆废液中提取妥尔皂流程

木材中的单宁往往生成单宁酸铁，这是反应混合物有色的原因之一。木材细胞膜及细胞内的松脂物是由松脂酸等组成的，在蒸煮过程中，松脂物形成氧化程度不同的产物，这些酸性物质都被碱中和而成钠盐；木材中的脂肪酸酯，在蒸煮过程中都被皂化为脂肪酸钠盐，已确定这些脂肪酸为亚麻酸、油酸及软脂酸等。上述松脂酸钠盐和脂肪酸钠盐便是妥尔皂的主要成分。木材经蒸煮之后，将纤维洗涤，则松脂酸钠盐、脂肪酸钠盐及一切其他可溶性化合物均被洗出，洗涤液称黑液，妥尔皂即浮在黑液上，也有部分溶解在黑液中，其浮游部分刮取之，黑液经浓缩后，溶于其中的妥尔皂也大部分上浮，再刮取。硫酸法造纸工业中提取妥尔皂的流程如图3－14所示。

造纸工业副产的妥尔皂，一般说来，每吨木材可得30～100 kg，产量的多少决定于原料的来源及提取方法。从原料来源说，松树的根部比树干含妥尔皂成分多，比树梢更多，松树的红心部分含松脂酸比白材部分多，但白材部分含脂肪酸又比红心部分多；此外松树品种不同含量也各异，一般松树中含松脂酸和脂肪酸的量为3%～5%；提取时由于设备不同，回收率各异。为了提高妥尔皂产量，造纸厂正采取一系列措施。

3.7.2 增加妥尔皂产率的方法

由于妥尔皂是重要的工业原料，故造纸厂设法将其尽量提取，这些方法可归纳如下：

1. 盐析法

将黑液冷却，妥尔皂在黑液中的溶解度降低，析出一部分。同时由于温度降低，黑液中盐类的溶解度降低，饱和程度增加，对妥尔皂的盐析作用加强，促进妥尔皂析出。事实证明，在蒸煮后放出的黑液浓度较低，妥尔皂的析出是不完全的，故一般将黑液浓缩，然后冷却，就可析出更多的妥尔皂。

2. 溶剂萃取

溶剂萃取原理是妥尔皂在黑液中处于水解平衡状态，可用下式表示：

$$\underset{\text{妥尔皂}}{RCOONa} + H_2O \rightleftharpoons \underset{\text{妥尔皂脂肪酸及松脂酸}}{RCOOH} + NaOH$$

当加入有机溶剂时，能把水解产物脂肪酸和松脂酸抽提到有机溶剂中来，破坏妥尔皂的水解平衡，而使之水解完全，因此有机溶剂能有效地提取黑液中的脂肪酸及松脂酸。此法看起来很理想，但消耗有机溶剂太多，成本过高，工业上无实用意义。

3. 浮选法

这一方法是在贮存黑液槽内鼓入空气进行浮选，从而妥尔皂颗粒吸附在泡沫上而上浮，刮取泡沫即得到妥尔皂。此法可将黑液中80%以上的妥尔皂回收，是较为有效的方法。

3.7.3 妥尔皂的主要成分及其浮选效果

妥尔皂的主要成分是脂肪酸钠皂、松脂酸钠皂及其局部氧化物，二者约占60%，其他还含有中性物质如固醇、橡胶等，此外还含有黑液、氢氧化钠、硫化钠等，兹列举一些妥尔皂的成分于表3-11中。

表3-11 妥尔皂几种样品的成分 %

成分	松树		松树及欧洲松混合		欧洲松Ⅰ		欧洲松Ⅱ	
	原木	绝干	原木	绝干	原木	绝干	原木	绝干
水分	27.2	—	32.0	—	33.5	—	34.4	—
总碱量(换算成 Na_2O)	5.3	7.4	5.7	8.4	5.0	9.1	6.4	10.5

续表 3-11

成分	松树		松树及欧洲松混合		欧洲松Ⅰ		欧洲松Ⅱ	
	原木	绝干	原木	绝干	原木	绝干	原木	绝干
酸性物质及非皂化物的总和	59.7	82.1	51.7	76.9	60.9	91.4	58.9	89.6
酸性物质	49.3	67.8	41.4	61.9	55.0	82.4	53.0	80.6
非皂化物	10.4	14.3	10.3	15.0	5.9	9.0	5.9	9.0
植物性固醇	4.11	5.66	—	—	18.7	28.1	—	—
醚中不溶物	6.8	9.4	2.3	3.4	0.5	0.7	0.3	0.4

按理，造纸厂副产物妥尔皂可以直接用作捕收剂，但因其含量不定，不好控制用量，一般将它制成妥尔油使用，便于控制用量。从妥尔皂制粗妥尔油的流程见图 3-15。

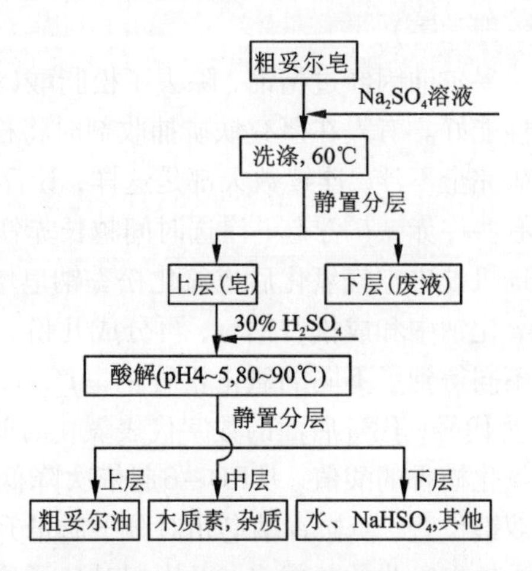

图 3-15 从粗妥尔皂制粗妥尔油流程

妥尔皂酸化制成粗妥尔油后，脂肪酸和松脂酸含量有所提高，表 3-12 列举了我国佳木斯造纸厂和南平造纸厂的粗妥尔油成分。

将粗妥尔油减压蒸馏，先蒸出者为水分，将水分除去后，油酸、亚油酸、软脂酸等蒸出，这些混合脂肪酸称蒸馏妥尔油，浮选性能比粗妥尔油好，再蒸出的是松香，可作化工原料，剩下中性物及残渣，可作燃料。一般用作浮选药剂时，粗妥尔油不必再经过处理。

表 3-12 粗妥尔油成分

名称	成分含量/%					造纸原料
	水分	松脂酸	脂肪酸	不皂化物	杂质	
佳木斯造纸厂粗妥尔油	5	29.66	47.24	18.10	0.2 以下	长白山落叶松和马尾松
南平造纸厂粗妥尔油	5	37.88	49.85	7.27	少量	马尾松

用粗妥尔油浮选以方解石为脉石的萤石矿物，粗选品位可达 88%，回收率达 92%。用油酸浮选同一样品，粗选品位达到 80%，回收率达 88%，可见妥尔油的捕

收性能比油酸好。但对以石英为脉石的萤石矿，则油酸更为有效，粗选品位可达到95%，回收率达97%；而用妥尔油浮选时，萤石品位只达94%，回收率95%。

妥尔油用来浮选重晶石($BaSO_4$)时，同油酸有相同的效果；用来浮选白钨($CaWO_4$)时，粗妥尔油比油酸好。

我国用妥尔油浮选贫赤铁矿时，不单独使用，通过较长时间的实践证明，将氧化石蜡皂与妥尔油按质量比3:1混合使用，比单独使用氧化石蜡皂效果好。

妥尔皂在国内外用来代替油酸作捕收剂已经很成功，但其中的有效成分在选矿过程中的作用机理还是值得探讨的，目前还存在不同的见解。有人认为妥尔油作为浮选药剂的效能与松脂酸的含量有关，纯的松脂酸是一种弱的捕收剂，当松脂酸比例增高时，妥尔油的捕收性能下降，松脂酸含量最好是35% ~50%(小于70%即无害)。

妥尔油因经过精馏，除去了松脂酸(松香)，捕收性能一般来说比粗妥尔油捕收性能好。有人在研究铁矿捕收剂时将松香与氢氧化钠反应成钠皂作捕收剂，赤铁矿完全不浮，连续数天都是这样，让浮选机械动力处于浮选状态，经过一段时间有些许赤铁矿浮起，浮选时间越长赤铁矿上浮得越多。研究人员认为是松香被浮选机鼓进空气氧化后成氧化松香钠皂增加了捕收性能的结果。于是将松香先用氢氧化钠中和成松香钠皂，再分成几份，分别鼓进空气将它们氧化，由于氧化时间不同得到了不同的氧化松香钠皂产品，分别用RO-3、RO-4、RO-5、RO-10为代号，代号后面的数字代表氧化时间不同，数字越大氧化时间越长。测定这些氧化松香的酸值，从RO-3起依次降低，证明氧化过程中氧原子加在松香钠皂的双键位置，使松香钠皂相对分子质量升高，而所含羧基又不增加，故酸值降低。松香钠皂吸收的氧越多，平均相对分子质量越大，酸值越低，从所用原料松香的酸值213.4 mg KOH/g依RO-3、RO-4、RO-5、RO-10顺序最后降到139.19 mg KOH/g，测定RO-3、RO-4、RO-5、RO-10的碘值也顺序降低，从所用松香的碘值259.9顺序降到140。碘值降低约50%，说明不饱和的双键与氧加成后而消失，故加入的氧越多，松香中不饱和程度越少，故到RO-10时碘值只有140。根据上述数据可以认为松香的氧化可用下式表示：

先皂化生成松香钠皂：

H_3C　COOH　…　CH_3　$CH<^{CH_3}_{CH_3}$　$+NaOH \longrightarrow$　H_3C　COONa　…　CH_3　$CH<^{CH_3}_{CH_3}$　$+H_2O$

松香　　　　　　　　松香钠皂

松香钠皂氧化生成(Ⅰ)、(Ⅱ)、(Ⅲ)产物

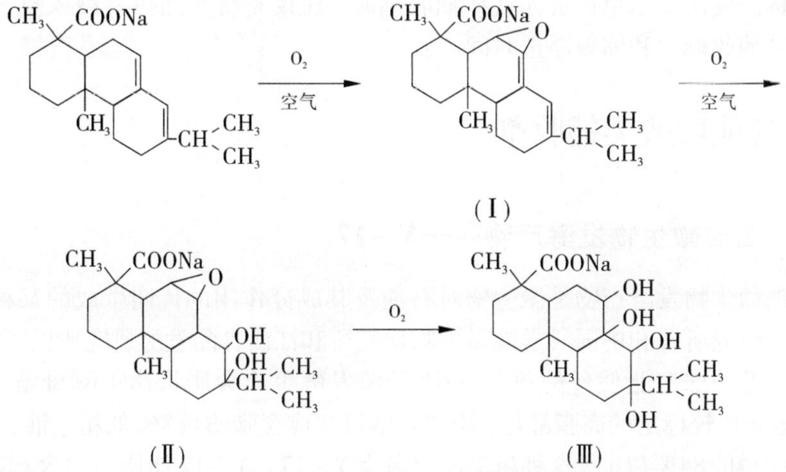

(Ⅰ)

(Ⅱ) (Ⅲ)

详细查阅文献发现松香氧化生成上述产物早已有报道。用RO－3、RO－4、RO－5、RO－10作捕收剂浮选东鞍山赤铁矿，效果以RO－5最好，给矿(含30% Fe)通过一粗二精开路流程得到含铁61.99%、回收率92.4%的铁精矿，尾矿品位4.62% Fe。

氧化松香钠皂对赤铁矿的作用机理认为是这样的，松香钠皂的羧基，因同联在一个碳原子上的甲基产生位阻效应，不易吸附在赤铁矿表面或生成的盐上。由于—CH_3的位阻效应，故松香钠皂捕收力弱。松香钠皂被氧化后生成上述反应中的(Ⅰ)式，接近羧基的双键已被氧化加进了氧原子，氧原子与羧基同时与赤铁矿表面的铁离子发生吸附而牢固地吸附在赤铁矿表面，烃基疏水而起捕收作用。从碘值降低50%左右看氧化生成(Ⅱ)、(Ⅲ)式是较少的，过度氧化生成的(Ⅱ)、(Ⅲ)由于分子内羟基增多，浮选泡沫发黏，特别是亲水性增强，浮选效果下降，尾矿品位升高，可见以氧化适度的(Ⅰ)式效果最好。因此，我们认为妥尔皂(或妥尔油)中的松脂酸不用除去，只要适度用空气氧化使它生成氧化松香钠皂，不但无害反而增加捕收能力。本书著者认为，妥尔皂对赤铁矿起捕收作用的主要成分是脂肪酸钠盐和氧化了的松脂酸钠盐，为此进行这样的试验以进一步证明：先将妥尔皂露于空气中半年之后，再以同样条件浮选同一次缩分而得的贫赤铁矿矿样。所得指标与半年前刚从纸厂中取得此妥尔皂时试验所得的指标比较于表3－13中。

表3－13 新鲜妥尔皂与放置半年后的妥尔皂浮选贫赤铁矿比较

药剂名称	药剂用量/($g \cdot t^{-1}$)	精矿品位/%	尾矿品位/%	回收率/%
新鲜妥尔皂	450	56.54	7.49	87.82
放置半年后的妥尔皂	450	62.09	7.25	89.05

由于露在空气中半年后，松脂酸钠皂被空气氧化，增加了捕收能力，提高了浮选指标。使用妥尔皂作贫赤铁矿捕收剂时，建议先将其加热并鼓入空气氧化，以增加其捕收能力和缩短浮选时间。

3.8 其他羧酸类捕收剂

3.8.1 石油微生物发酵产物——Y-17

石油微生物发酵产物是微生物对石油及其成分作用的代谢生成的某种产物。湖南冶金研究所曾和中国科学院微生物研究所和江西食品发酵研究所以正构烷烃为原料，用一株解脂假丝酵母乙-62号菌发酵生成含脂量达干酵母量40%~50%、组分比较稳定的高脂酵母，用碱水解可制成含脂肪量8%的粗皂液，其中占总脂肪酸量的84%以上，这种粗皂液定名为Y-17。Y-17脂肪酸中含C_{13}~C_{18}，奇数脂肪酸几乎占一半，不饱和脂肪酸含量高达65%~80%，C_{17}烯酸含量则为35%以上，不饱和位置在C_9~C_{10}。

将Y-17与731混用浮选黄沙坪磁选尾矿回收萤石，可从给矿CaF_2品位18.05%下得到CaF_2品位96.11%、回收率67.72%的精矿，效果与米糠油脂肪酸相当。

用Y-17浮选桃林铅锌矿的萤石，小型试验闭路结果得到CaF_2品位96.57%、回收率75.34%的萤石精矿，尾矿品位3.61%；并做了半工业试验，从含14.52% CaF_2的给矿中得到CaF_2品位95.56%、回收率82.12%的萤石精矿，尾矿品位2.51% CaF_2，与该选厂用油酸作捕收剂浮选萤石结果相当。

3.8.2 醚酸

碳链中含有氧原子(氧桥)的脂肪酸称醚酸，因为氧原子在碳链中与两个碳原子相连接，属醚基，故称这种脂肪酸为醚酸。醚酸中的一系列化合物有如下结构通式:

$$R_1—O—R_2—COOH$$

式中，R_1为脂肪烃基，R_2为—$(CH_2)_n$—或其异构体。表3-14列出部分已研究过的醚酸组成及性质。表3-14中的Ⅰ、Ⅱ、Ⅲ、Ⅴ、Ⅶ、Ⅷ是用丙烯腈与相应的醇制成的。反应通式为:

$$R_1OH + CH_2{=}CH—C{\equiv}N \longrightarrow R_1—O—CH_2CH_2—C{\equiv}N$$

$$R_1—O—CH_2CH_2—C{\equiv}N + H_2O \longrightarrow R_1—O—CH_2CH_2—COOH$$

表 3－14　醚酸的组成及性质

名称与结构式	分子式	相对分子质量	熔点/℃	沸点/℃	ρ/(g·mL^{-1})	n_D^{20}
Ⅰ　4－氧桥十二酸 $C_8H_{17}—O—CH_2CH_2COOH$	$C_{11}H_{21}O_3$	202.3	25.5～26.0	163～164	—	—
Ⅱ　6－乙基－4－氧桥癸酸 $C_4H_9—CH(C_2H_5)CH_2—O—(CH_2)_2COOH$	同上	同上	—	135	0.9436	1.4389
Ⅲ　5－甲基－4－氧桥十一酸 $C_6H_{13}—CH(CH_3)—O—(CH_2)_2COOH$	同上	同上	—	138.5 (1 mm)	0.9393	1.4370
Ⅳ　12－氧桥十四酸 $C_2H_5—O—(CH_2)_{10}COOH$	$C_{13}H_{26}O_3$	230.34	45.5	160～161 (0.5～1 mm)	—	—
Ⅴ　4－氧桥－十四酸 $C_{10}H_{21}—O—(CH_2)_2COOH$	同上	同上	41.0	138～140 (0.5 mm)	—	—
Ⅵ　2－戊基－6－氧桥－癸酸 $C_4H_9—O—CH_2CH_2—CH_2CH(C_5H_{11})COOH$	同上	同上	—	162～164 (3 mm)	0.9265	1.4412
Ⅶ　5－丙基－4－氧桥十一酸 $C_6H_{13}—CH(C_3H_7)—O—(CH_2)_2COOH$	同上	同上	—	143～146 (0.5 mm)	0.9292	1.4412
Ⅷ　4－氧桥十六酸 $C_{12}H_{25}—O—(CH_2)_2COOH$	$C_{15}H_{30}O_3$	258.4	50～50.5	—	—	—
Ⅸ　2－戊基－6－氧桥十四酸 $C_8H_{17}—O—(CH_2)_3CH(C_5H_{11})COOH$	$C_{18}H_{36}O_3$	300.47	—	172 (0.5～1 mm)	0.9080	1.4498
Ⅹ　2－丙基－6－氧桥十六酸 $C_{10}H_{21}—O—(CH_2)_3—CH—(C_3H_7)COOH$	同上	同上	—	186～188 (1 mm)	0.9130	1.4500
Ⅺ　2－甲基－6－氧桥十八酸 $C_{12}H_{25}—O—(CH_2)_3—CH—(CH_3)COOH$	同上	同上	29～29.5	186～190 (0.5 mm)	—	—

表 3－14 中的Ⅵ、Ⅸ、Ⅹ、Ⅺ是用相应的烷基丙烯基醚与羧酸反应制得：

$$R_1—O—CH_2CH{=}CH_2 + R'CH_2COOH \longrightarrow R_1—O—CH_2CH_2CH_2—\underset{\displaystyle COOH}{\overset{\displaystyle R'}{\underset{|}{\overset{|}{C}}H}}$$

化合物Ⅳ是用 11－溴代十一酸与乙醇钠作用制得：

$$Br—(CH_2)_{10}COOH + CH_3CH_2ONa \longrightarrow CH_3CH_2—O—(CH_2)_{10}COOH + NaBr$$

实验证明，含碳原子数 15～18 的醚酸在矿浆 pH 小于 7 时，是赤铁矿、磁铁矿及其他氧化矿的有效捕收剂。含碳原子数 13～18 的醚酸的浮选活性随相对分子质量的增加而增加，当 R_2 长度不变时，又随 R_1 碳链的增长而增强，若在主链上引入长的支链，则其浮选活性下降。

醚酸中的另一系列化合物为多氧桥脂肪酸，有如下结构通式：

$$R(OCH_2CH_2)_nOCH_2COOH$$

式中，R 为 8～18 个碳原子的烷烃或烯烃，n 为氧化乙烯基的数目，在 0～16 之间。这类药剂可用石蜡氧化得到高级醇，与环氧乙烷作用得到醇醚化合物，再与氯乙酸缩合而成，反应式如下：

$$ROH + \underset{\diagdown O \diagup}{CH_2CH_2} \xrightarrow{NaOH} RO{-}CH_2CH_2OH$$

$$ROCH_2CH_2OH + \underset{\diagdown O \diagup}{CH_2CH_2} \xrightarrow{NaOH} ROCH_2CH_2OCH_2CH_2OH$$

……

$$R(OCH_2CH_2)_{n-1}OH + \underset{\diagdown O \diagup}{CH_2CH_2} \xrightarrow{NaOH} R(OCH_2CH_2)_nOH$$

$$R(OCH_2CH_2)_nOH \xrightarrow{NaOH} R(OCH_2CH_2)_nONa$$

$$R(OCH_2CH_2)_nONa + ClCH_2COOH \longrightarrow R(OCH_2CH_2)_nOCH_2COOH + NaCl$$

醚酸类能捕收脂肪酸所能捕收的矿物，但效果比脂肪酸好，表现在熔点低、黏度低、易溶于水、可用于低温浮选、能在较宽 pH 范围使用，对 Ca^{2+}、Mg^{2+} 离子不敏感，在硬水中能应用，用量比油酸少，一般用量在 75 ~ 125 g/t，而油酸用量为 300 ~ 1000 g/t。

曾经用作捕收剂的有以下一些多氧桥脂肪酸：

$$C_{10}H_{21}O(C_2H_4O)_{5.5}CH_2COOH$$
$$C_{14}H_{29}O(C_2H_4O)_6CH_2COOH$$
$$C_{14}H_{29}O(C_2H_4O)_{10}CH_2COOH$$
$$RO(C_2H_4O)_{10}CH_2COOH$$

可捕收氧化矿、硫化矿、硅酸盐矿物等；如果矿石中含有萤石、方解石、石英，醚酸可以在钙离子浓度高的情况下浮选萤石。

3.8.3 二元羧酸

二元羧酸可用作氧化矿捕收剂的有如下两种结构式：

$$R{-}CH(COOH)_2$$

代号为 RM－1，R 可以是含 8、9、10、12 个碳原子的烷基。

$$R{-}C(Br)(COOH)_2$$

代号为 RM－2，R 是含 10 个碳原子的烷基。

使用 RM－1、RM－2 作为捕收剂浮选锡石，以 pH 为 3 ~ 4 为宜；配合氨基萘酚磺酸(如 H 酸，芝加哥酸)作抑制剂可使锡石与黄玉分离。使用 RM－1 时，Ca^{2+}浓度在 800 mg/L 以下不影响锡石浮选，在少量 Fe^{3+}离子存在时会抑制锡石。

浮选萤石时，在捕收剂中加二元羧酸，可增加捕收剂的浮选活性及选择性。例如，在碱性矿浆中用水玻璃作石英及硅酸盐的抑制剂，用含二元羧酸 15% ~ 19%、异羧酸 40% ~43%、非皂化物 4.6% ~7%、其余为正常饱和羧酸的混合物作捕收剂，浮选结果萤石回收率可提高 3% ~8%。

3.8.4 O, O－二烷基二硫代磷酯的油酸加成物

苏联专利报道曾制得 O，O－二烷基二硫代磷酸酯的油酸加成物，结构式如下：

$$
\begin{array}{l}
CH_3(CH_2)_7\underset{\displaystyle |}{C}H{-}CH_2(CH_2)_7COONa \\
\qquad\qquad\quad\ \ \ |\qquad\quad OR \\
\qquad\qquad\quad\ \ \ |\qquad\quad\ | \\
\qquad\qquad\quad\ \ \ S{-}P{=}S \\
\qquad\qquad\qquad\qquad\ | \\
\qquad\qquad\qquad\qquad OR
\end{array}
$$

用此物作捕收剂浮选磷灰石，取得了良好效果。

3.8.5 不饱和脂肪酸的聚合物

不饱和脂肪酸的二聚物或三聚物是氧化矿的捕收剂。例如 AW 系列捕收剂是不饱和脂肪酸聚合物在烃链上引进表面活性物质的官能团而得到的化合物，其溶解活性变佳，能抗硬水，有乳化作用。AW 浮选河北矾山磷矿、辽宁甜水磷矿、江淮磷矿，均在常温下无碱或低碱时得到较好的结果，估计是由于聚合脂肪酸的烃链上引进了硫酸根或磺酸根。

在脂肪酸捕收剂中，值得注意的是脂肪酸的二聚物和三聚物在浮选中的应用。这种二聚物和三聚物是用妥尔油脂肪酸为原料，在高温及黏土类催化剂作用下制成的。美国专利报道，用脂肪酸二聚物与燃料油混用，浮选磷灰石使其与石英及硅酸盐分离，原矿品位 9.1% P_2O_5，石英及硅酸盐占 70%；在实验室做浮选试验时，二聚物用量为 432 g/t，燃料油 819 g/t，浮选时间为 2 ~3 min，所得粗精矿品位 29.4% P_2O_5，回收率 88.9%。另一篇美国专利报道，用脂肪酸三聚物与燃料油混用，浮选同样磷矿，矿浆固体含量为 65%，叶轮转速 500 r/min，矿浆 pH 为9.4，三聚物用量 472.5 g/t，燃料油 1152 g/t，矿浆用自来水稀释后浮选 2 ~3 min，精矿品位为 28.8% P_2O_5，尾矿品位 1.09% P_2O_5；如果同时再添加松油作起泡剂(40 g/t)，精矿品位为 26.1% P_2O_5，但回收率可由 91.6%(不添加起泡剂)上升至 95.4%。

用脂肪酸的二聚物或其盐和脂肪胺作捕收剂，淀粉作抑制剂，可以富集贫赤铁矿。例如，低品位赤铁矿含 26.6% Fe，磨到≤44 μm 后，先进行磁选，得到含 54.58% Fe 的磁选精矿，再用脂肪酸二聚体和油酸二胺醋酸盐作捕收剂、淀粉作抑制剂进行反浮选，得到含 66.94% Fe 的铁精矿。

参考文献

[1] 宋仁峰，郭容，张长奎. 新型 LKD 阴离子反浮选捕收剂的研究[J]. 金属矿山，2010(3)：57～61.

[2] 周士强，石志强，梁明放. 从高硫铜锌浮选尾矿中综合回收白钨矿试验研究[J]. 国外金属矿选矿，2003(8)：30～31.

[3] 孔胜武，曾祥龙. 综合回收白钨的可选性研究[J]. 有色矿山，2003(6)：27～30.

[4] 周士强，石志强，周红勤. 从浮选尾矿中回收白钨矿试验研究[J]. 中国钨业，2004(1)：23～25.

[5] 李芬芳，陈企电. α－乙酰氨基棕榈酸的合成及其对锡石浮选性能研究[J]. 有色金属(选矿部分)，1993(3)：24.

[6] 罗廉明，华萍，胡健. 酯基羧酸钠的研制及对浮选性能的研究[J]. 化工矿山技术，1995，24(3)：27～29.

[7] 黄齐茂，邓成斌，向平. α－氯代脂肪酸柠檬酸单酯捕收剂合成及应用研究[J]. 矿冶工程，2010，30(2)：30～34.

[8] 黄齐茂，马雄伟，黄晶晶. 新型表面活性剂的合成及其浮选应用 [J]. 有色金属(选矿部分)，2010(5)：33～36.

[9] 冷阳，高惠民，荆正强. 内蒙古某萤石矿选矿试验研究[J]. 非金属矿，2010，31(4)：21～23.

[10] 陈慧，罗惠华. 表面活性剂对棉油皂角浮选性能的影响[J]. 化工矿物与加工，2008(9)：1～3.

[11] 叶雪均，余夏静，刘军. 某钨矿矿石回收钼和白钨的试验研究[J]. 中国钨业，2008(3)：16～19.

[12] 康桂英，肖庆苏. 柿竹园萤石选矿方法的研究[J]. 有色金属(选矿部分)，1995(2)：20～22.

[13] 朱建光，朱玉霜. 有机浮选药剂[M]. 北京：中国工业出版社，1964.

[14] 郑崇直，菅重庆，罗国芳. 石油酵母类脂物的制备及其脂肪酸的组成与结构测定[J]. 矿产综合利用，1980(1)：96～101.

[15] 金仲农. 石油发酵法生产微生物油脂(皂)及其在浮选上的应用[J]. 矿产综合利用，1980(1)：108～111.

[16] 王大琛，郑崇直. 石油酵母的研制及在矿物浮选上的应用[J]. 矿产综合利用，1980(1)：102～107.

[17] 杨丽珍，王竹生. AW 系列新型捕收剂的性能与选矿实践[J]. 化工矿山技术，1995，24(2)：20～21.

4　含硫、磷、砷的氧化矿捕收剂

本章介绍烷基磺酸钠、烷基芳基磺酸钠、烷基硫酸钠、磷酸氢酯、烃基膦酸、烷基-α羟基1,1-二膦酸、烷基-α-氨基1,1-二膦酸、烷基胂酸和甲苯胂酸等九类捕收剂。从它们的分子结构来看，也是一端为极性基，另一端为非极性基的复极性化合物。极性的一端可固着在矿物表面，而非极性烃基朝外，使有用矿物疏水而上浮。这几类药剂可作为氧化矿的捕收剂，特别是前三类的来源广、制造容易，用来代替脂肪酸类捕收剂是很有工业价值的。后六类的选择性较强，特别是对锡石的浮选效果较好。

4.1　烷基磺酸钠

烷基磺酸钠的通式为 RSO_3Na，更准确的写法为：

$$\underset{\displaystyle SO_3Na}{C_nH_{2n+1}\underset{|}{C}HC_mH_{2m+1}}$$

用作洗衣的肥皂粉时，式中 $n+m$ 总和在11～17(平均为15)范围内。作为浮选药剂时，碳原子少，起泡性强，而捕收能力弱，碳原子多时，捕收能力强。日用洗衣粉的起泡能力好，但捕收能力很差，一般可用作起泡剂。作为氧化矿的捕收剂，应用相对分子质量较大的烷烃为原料制取比较适合。

4.1.1　烷基磺酸钠的制法——以十五碳烷基磺酸钠为例

从烷烃制造烷基磺酸钠的反应机理如下：

氯磺化：$R—H + Cl_2 + SO_2 \xrightarrow{紫外光} R—SO_2—Cl + HCl$

皂　化：$R—SO_2Cl + 2NaOH \longrightarrow RSO_3Na + NaCl + H_2O$

从烷烃制造烷基磺酸钠的原料有：

(1)煤油——石油的煤油馏分，其中的不饱和烃已经加氢成为饱和烃，馏程为220～320℃；密度为0.76～0.78 g/mL的无色透明液体，平均相对分子质量为 C_{15} 的饱和烃，如果含有不饱和烃，应用浓 H_2SO_4 洗去。

(2)SO_2——液体，其中含 SO_2 99.5%以上，反应前应经过干燥。

(3)Cl_2——液体，含 Cl_2 99.5%以上，反应前应经过干燥。

(4)NaOH——工业用，含 NaOH 95% ~98%。

将煤油进行氯磺化反应时，反应器安装有混合气通入管，此管通过反应器底部并弯成环状，在环状部分有许多气体逸出孔。当混合气体从小孔逸出时，与煤油接触面很大，并同时起搅拌作用。反应器同时装有 HCl 气体逸出管、温度计、冷却水管和紫外光灯等。Cl_2 和 SO_2 由储备筒中流出，分别经流量计到混合器中混合成混合气体，在流量计前后均应安装有安全瓶和浓 H_2SO_4 干燥瓶，用以干燥 Cl_2 和 SO_2 气体。混合气体从混合器中流出，经环形管道逸出与煤油接触，在紫外光催化下起氯磺化反应。这反应是放热过程，应用冷水冷却，保持反应温度在 30 ~35℃。氯磺化程度以测定煤油密度增加来决定。例如，表 4-1 是这种煤油密度增加与氯磺化程度的关系。

表 4-1 煤油的氯磺化程度与密度的关系

原油密度/($g\cdot mL^{-1}$)	0.76 ~0.78	未氯磺化
氯磺化后密度/($g\cdot mL^{-1}$)	0.84	30%氯磺化
	0.88	50%氯磺化
	1.03 ~1.05	80%氯磺化

煤油氯磺化反应将有副反应发生，如：

$$RH + Cl_2 \longrightarrow RCl + HCl$$

$$RH + 2SO_2 + Cl_2 \longrightarrow R(SO_2Cl)_2$$

氯磺化反应产物中，含未反应 Cl_2、SO_2 及未逸出的 HCl 等气体，可通入压缩空气除去这些气体，直到无这些气体的显著气味为止，这个过程叫做脱气。

脱气后的氯磺化产物，用 20% NaOH 溶液皂化可以得烷基磺酸钠。皂化的过程是将 20% NaOH 溶液盛于皂化槽中，预热到 80 ~90℃，在强烈的搅拌下滴入氯磺化油，皂化完毕时 pH 在 9 至 10 之间。

在氯磺化过程中，有些煤油未起作用，产品中除含烷基磺酸钠外，还含有部分煤油及煤油氯化物、NaCl 等。为使这些物质与烷基磺酸钠分离，方法是加水于皂化产物中搅拌，并在 100℃保温几小时析出三层液体，上层为煤油及煤油氯化物，中层为乳液，下层则为烷基磺酸钠及大部分水。乳液的形成是因为烷基磺酸钠是乳化剂，与煤油和水混合时，在搅拌下发生乳化作用形成乳液。除去煤油层和乳液层即得烷基磺酸钠产品，其中有效成分 28% ~30%。也可以从乳液中经破乳化、减压蒸馏等处理获得其中的烷基磺酸钠。产品经喷雾干燥，使水分及残余煤油随热空气一起逸出。根据下层水分除去的程度，最后产品可为液状、胶状及粉状等形式，产品棕色，易溶于水，无毒无臭。

4.1.2 烷基磺酸钠对方解石的捕收性能

烷基磺酸钠与脂肪酸相似，分子量小的可作起泡剂，分子量大的可作捕收剂。以捕收方解石为例叙述如下：

(1)pH 与烷基磺酸钠捕收方解石的关系：在不同的 pH 条件下，用各种烷基磺酸钠浮选方解石的回收率与 pH 的关系，列于图 4－1 中。从图 4－1 可看出，用 C_8～C_{10}的烷基磺酸钠捕收剂对方解石浮选时，在碱性介质中受到抑制；C_{11}、C_{12}的烷基磺酸钠则在 pH＝6～13 的范围内能对方解石进行全浮选。

(2)烷基磺酸钠对方解石的捕收性能随着烃基的增加而加大，从图 4－2 可看出，烷基磺酸钠的烃基越长，达到全浮选所需的用量越小，即捕收能力越强。

(3)烷基磺酸钙的溶度积常数：一般同碳原子数的烷基磺酸钙溶度积常数比脂肪酸钙的溶度积常数大，因而捕收能力比脂肪酸钙弱，这两种捕收剂的钙盐溶度积常数见表 4－2。

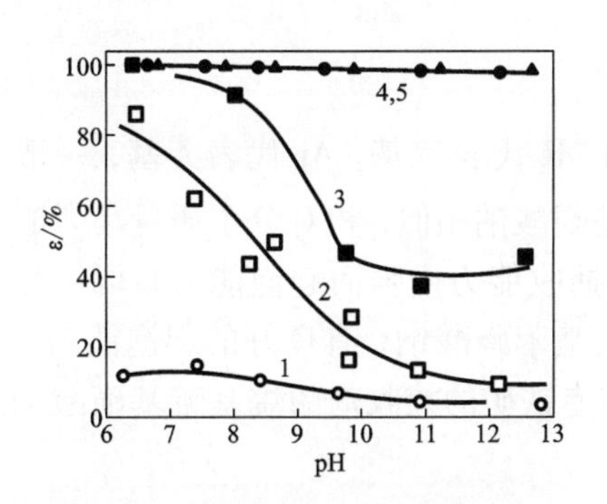

图 4－1 用 C_8～C_{12}的烷基磺酸钠作捕收剂浮选方解石回收率与 pH 的关系

1—C_8；2—C_9；3—C_{10}；4—C_{11}；5—C_{12}

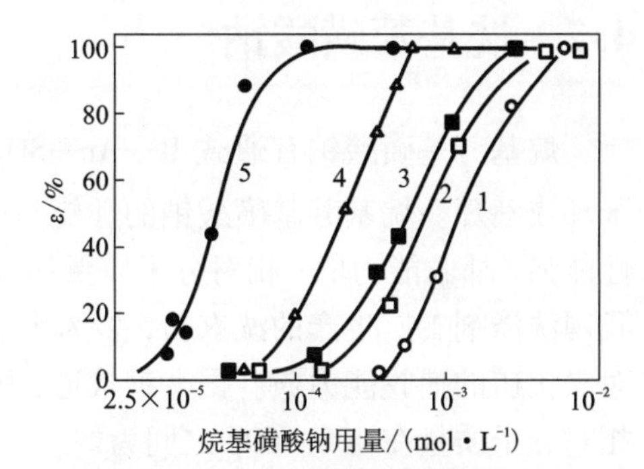

图 4－2 用 C_8～C_{12}的烷基磺酸钠作捕收剂浮选方解石回收率与烷基磺酸钠用量的关系

1—C_8；2—C_9；3—C_{10}；4—C_{11}；5—C_{12}

从表 4－2 可看出，C_8～C_{11}烷基磺酸钙的溶度积基本上是一个常数；脂肪酸钙的溶度积，除 C_8～C_9 的脂肪酸钙的溶度积比相同的碳原子数的烷基磺酸钙大外，表中所列的其余脂肪酸钙的溶度积都比相同碳原子数的烷基磺酸钙的溶度积小。因此，脂肪酸在含钙矿物表面生成脂肪酸钙比烷基磺酸在含钙矿物表面生成烷基磺酸钙要牢固些。因此脂肪酸对方解石的捕收能力比烷基磺酸钠强。烷基磺酸钠作捕收剂时，以相对分子质量较大者为好。

表4-2 烷基磺酸钙和脂肪酸钙的溶度积常数(23℃)

碳原子数	烷基磺酸钙的溶度积常数		脂肪酸钙的溶度积常数	
8	6.2×10^{-9}	—	2.7×10^{-7}	1.4×10^{-6}
9	7.5×10^{-9}	—	8.0×10^{-9}	1.2×10^{-6}
10	8.5×10^{-9}	1.1×10^{-7}	3.8×10^{-10}	—
11	2.8×10^{-9}	—	2.2×10^{-11}	—
12	4.7×10^{-11}	3.4×10^{-11}	8.0×10^{-13}	—
14	2.9×10^{-14}	6.1×10^{-14}	1.0×10^{-15}	—
16	1.6×10^{-16}	2.4×10^{-15}	—	1.6×10^{-16}
18	—	3.6×10^{-15}	—	1.4×10^{-18}

4.2 烷基苯磺酸钠

烷基芳基磺酸钠有通式 R—Ar—SO_3Na，R 代表烷基，Ar 代表芳基，一般是苯环或萘环。烷基芳基磺酸钠的性能与烷基磺酸钠相似，相对分子质量小者起泡性能强，捕收能力弱；相对分子质量增大，捕收能力增强而起泡能力减弱。目前我国洗涤剂工厂生产的洗衣粉，多为十二烷基苯磺酸钠，有良好的起泡能力，但对氧化矿的捕收能力弱。据文献报道，用作赤铁矿的捕收剂的烷基芳基磺酸钠的相对分子质量在400~600之间为好。

4.2.1 十二烷基苯磺酸钠的制法

氯化煤油法制造烷基苯磺酸钠的反应机理如下：烷基苯磺酸钠不论相对分子质量大小，原则上都可用烷烃氯化成为一氯代烷烃，一氯代烷烃再与苯发生取代反应生成烷基苯，烷基苯再磺化生成烷基苯磺酸，用 NaOH 中和即得产品。

氯　化：$RH + Cl_2 \longrightarrow RCl + HCl$

烷基化：$RCl + C_6H_6 \xrightarrow{AlCl_3} R-C_6H_5 + HCl$

磺　化：$R-C_6H_5 + H_2SO_4 \longrightarrow R-C_6H_4-SO_3H + H_2O$

中　和：$R-C_6H_4-SO_3H + NaOH \longrightarrow R-C_6H_4-SO_3Na + H_2O$

烷基苯磺酸钠

下面以十二烷基苯磺酸钠的合成为例加以说明。合成十二烷基苯磺酸钠的原料是以下几种：煤油(最好是合成石油的煤油馏分和加氢后所得的饱和烷烃，其中不含芳香烃和不饱和烃，为 $C_8\sim C_{18}$烷烃的混合物，平均分子量适于 C_{12}烷烃分子式；如果含有烯烃，则用煤油重量5%的浓 H_2SO_4 洗涤一次，除去不饱和烃，再用水洗三次，然后用无水 $CaCl_2$ 脱水干燥，相当于180～270℃馏分，苯(工业用)、H_2SO_4(工业用，98% H_2SO_4 或20% $H_2SO_4\cdot SO_3$)、NaOH(工业用)，95%～98%、Cl_2(工业用，含氯99.5%，经干燥)。

烷烃的氯化是将干燥 Cl_2 通人煤油中进行氯化反应。当 Cl_2 从储气筒中流出时，必须经过流量计以控制 Cl_2 的流量。在流量计前后应安装有安全瓶及干燥瓶(浓 H_2SO_4 作干燥剂)，然后以一定的流速通入反应器中。反应器安装有 Cl_2 入气管、HCl 出气管、温度计，并有加热装置。Cl_2 入气管在反应器底部可以弯成环形，在环形管各部分有出气小孔，以便使气体从各孔中逸出，这样不仅可使 Cl_2 与煤油接触机会增多，也达到搅拌目的。逸出的 HCl 气体可用水吸收制成 HCl，或用碱吸收，使大部分 HCl 被除去，然后再通到水泵上。氯化时用碘(I_2)作催化剂，也可用日光或紫外光催化，视所用催化剂不同，反应温度可在50～60℃，用催化剂可使氯化速度大大增加。最初通入 Cl_2 时，温度无显著变化，反应0.5 h后，有发热现象，温度上升，这种现象0.5 h后即消失。反应时有大量 HCl 气体放出，用水或稀碱液吸收，不能用浓碱液吸收，以免产生 NaCl 固体，堵塞管道。通入 Cl_2 3～6 h，至煤油重量增加20%～24%为止，也可以由折光率、密度等测定方法来控制成品的含氯量。例如由密度为0.75 g/mL 的煤油氯化到密度为0.84 g/mL 时，平均每一分子烃代入一个氯原子。煤油氯化速度很不一致，有些分子取代了一个氯原子后，接着又取代第二个，成为二氯化物，而有些分子却未起反应。所以，成品中除含一氯化物外，还含有少量多氯化物及未反应的煤油等。停止通 Cl_2 后，通入压缩空气，驱除剩余的 HC1 及 Cl_2，直至无显著气味为止。

烷基化反应是苯与煤油的一氯化物缩合，可在安装有搅拌器、滴液漏斗、HCl 出气管的反应器中进行。此反应器中插有温度计，观察并控制反应的温度。将苯与无水 $AlCl_3$ 置入反应器中，在搅拌后滴入氯化煤油。反应物料摩尔比为：

$$n(\mathrm{RCl}):n(\text{苯}):n(\mathrm{ACl_3})=1:1.5:0.1$$

当氯化煤油加入时，反应立即开始，并放出大量 HCl 气体，该气体应连续抽去。反应温度维持在35～40℃之间，氯化煤油加完后，温度继续保持在40℃，同时搅拌4～8 h，至无 HCl 气体放出为止。烷烃的一氯化物和苯在无水 $AlCl_3$ 催化下缩合，一般比较容易进行。

烷基化后，静置几小时，使乳化物质下沉而分去，成品用水洗三次，除去

$AlCl_3$ 和残余的 HCl 等。

上一步制得的产品含有过量的苯，用蒸馏法蒸去苯和水，蒸馏时一直到液温达到135℃为止，这样就可得粗制品烷基苯。粗制品中含有未氯化的煤油，如果要得到较纯的烷基苯，则在常压下蒸去苯及部分水分之后，再减压蒸馏，在10 mmHg①真空下于100～250℃馏分，在此馏分以下是煤油，以上是多氯化物与苯的缩合物。

烷基苯磺化的反应器应装有搅拌器、滴液漏斗及温度计，用冷水冷却，操作时将烷基苯盛入反应器中，在搅拌下用滴液漏斗滴入20% $H_2SO_4 \cdot SO_3$，维持温度在20～30℃间，也可用98% H_2SO_4 进行磺化，但以前者磺化较好。H_2SO_4 加完后，常温下搅拌1 h，使磺化反应完全。然后用 NaOH 溶液将烷基苯磺酸中和，这就是皂化反应。皂化反应可以在磺化后即用40% NaOH 溶液将反应物全部中和，但这样需要较多的 NaOH，而且成品含 Na_2SO_4 较多。也可以在磺化后，先加入水搅拌，静置几小时待废液与烷基苯磺酸分离后移去废液，再用20% NaOH 溶液中和，这样成品浓度较大。如用含1% SO_3 的发烟硫酸为磺化剂，磺化后的废酸浓度约70%，在静置过程中便可与十二烷基苯磺酸分层而除去。

皂化时在搅拌下将 NaOH 溶液加到烷基苯磺酸溶液中，控制温度在30℃左右，加入 NaOH 溶液直至 pH 达8～9为止。皂化完毕经干燥即可得烷基苯磺酸钠。

烷基苯磺酸钠成品性状则视干燥程度分为浆状、胶状及干粉三种；成品颜色为棕色，无臭，易溶于水，具有吸湿及起泡性质，兼有捕收能力。

4.2.2 烷基苯磺酸钠的捕收性能及作用机理

相对分子质量小的烷基苯磺酸钠起泡性强，捕收能力弱，可作起泡剂；相对分子质量增大，捕收力增强。

相对分子质量大的(400～600)烷基苯磺酸钠有强捕收能力，可用作氧化矿的捕收剂。例如，从沸点为350～420℃和420～450℃的石油馏分中分离出的烷基苯和烷基萘，分别用浓 H_2SO_4 进行磺化制成烷基芳基磺酸钠，用来浮选赤铁矿，烷基苯磺酸钠用量为500 g/t，烷基萘磺酸盐用量为200 g/t 时，铁的回收率可达90%。这种捕收剂还可浮选钛和稀土元素矿物。

烷基苯磺酸钠还可以浮选菱镁矿($MgCO_3$)。这种捕收剂中烷基含有25～30个碳原子，芳基为萘环。烷基苯磺酸钠还可浮选蓝晶石(Kyanite)，所用的烷基苯磺酸钠分子量都在400～600之间，或烷基含碳原子个数在22～26之间，且在微酸性介质中有最好的选择性。重晶石的浮选通常使用油酸类捕收剂，该种捕收剂对硫化矿、石膏等矿物选择性差，从而影响精选效果，因而不能在高回收率的要求

① 1 mmHg = 0.1333 kPa。

下生产出高品位的重晶石精矿。用十二烷基苯磺酸钠为捕收剂时，对黄铁矿、石膏等矿物有选择性，这便于精选，因此可获得较高回收率和高品位的精矿。由于这种捕收剂的原料来自石油，价格便宜且容易得到，所以是很有发展前途的氧化矿捕收剂。烷基苯磺酸钠的作用机理曾用镁橄榄石进行过研究，结果如下：

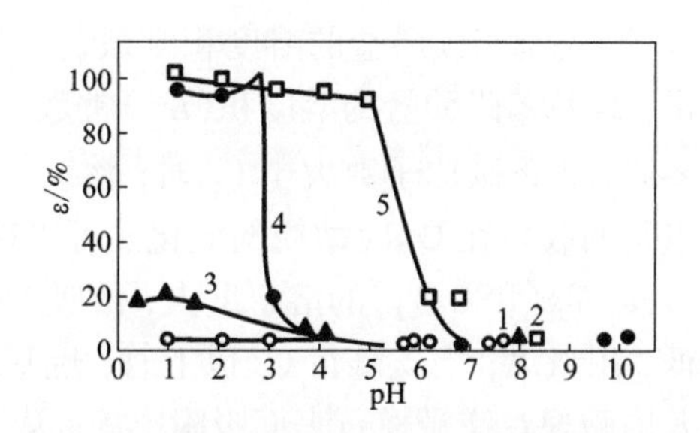

图 4-3 不同支链的烷基苯磺酸钠浮选镁橄榄石回收率与 pH 的关系

烷基苯磺酸钠浓度 5×10^{-6} mol/L

支链碳原子数：1—$C_{5.5}$；2—$C_{11.4}$；3—C_{13}；4—C_{15}；5—$C_{17.4}$

(1)用各种不同支链的烷基苯磺酸钠浮选镁橄榄石($MgSiO_3$)，浮选开始时的 pH 与回收率的关系如图 4-3 所示。从该图看出，烷基苯磺酸钠支链在 C_{13} 以下时，捕收能力很弱；而支链含碳 C_{15} 和 $C_{17.4}$ 者，在酸性介质中有很强的捕收能力；在 C_{13} 和 C_{15} 有一个尖锐的回收率变化，即支链在 C_{15} 以上才有较好的捕收能力。

(2)开始浮选时，在 pH = 1 的介质中烷基苯磺酸钠的浓度与回收率的关系如图 4-4 所示。该图表明，捕收剂碳链增长，回收率增加，即烷基苯磺酸钠支链的碳原子数越多，捕收能力越强。

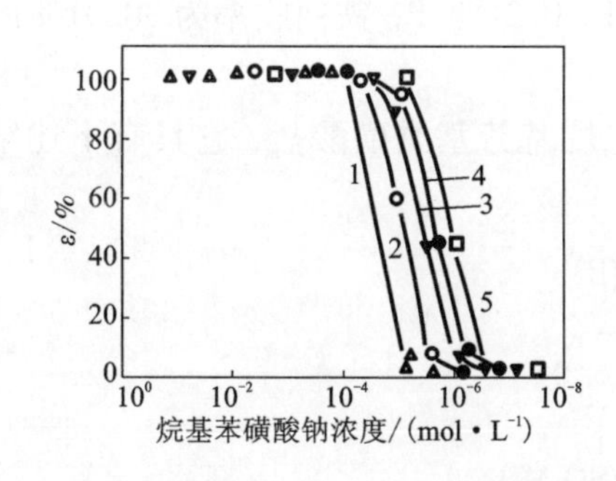

图 4-4 各种不同支链的烷基苯磺酸钠浮选镁橄榄石回收率与烷基苯磺酸钠浓度的关系

pH = 1

支链碳原子数：1—$C_{5.5}$；2—$C_{11.4}$；3—C_{13}；4—C_{15}；5—$C_{17.4}$

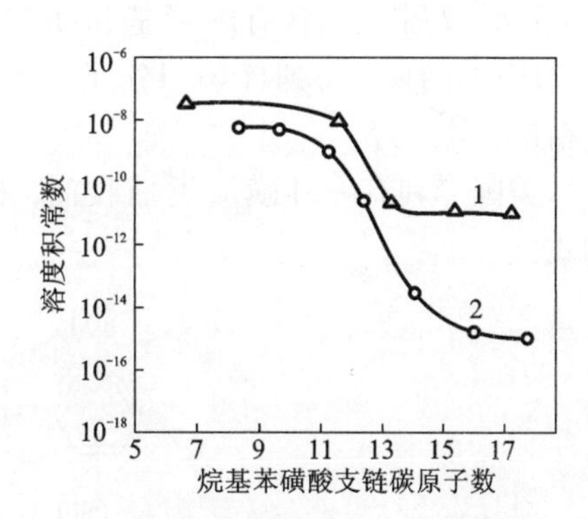

图 4-5 烷基苯磺酸盐溶度积常数与支链碳原子数的关系

1—烷基苯磺酸镁；2—烷基苯磺酸钙

(3)烷基苯磺酸盐的溶度积常数与支链碳原子的关系见图4－5。从图4－5看出，烷基苯磺酸盐的溶度积(K_{sp})常数，从10^{-8}起，大概是以支链C_{11}碳原子为分界线，支链碳原子数大于C_{12}时，溶度积急剧降至10^{-11}，对照图4－3，二者相同点是回收率在C_{13}时敏锐的变化。可以这样认为：在支链为C_{12}以下时，烷基苯磺酸镁[$Mg(RSO_3)_2$]的溶解度大，故吸附在镁橄榄石矿粒表面不牢固，所以回收率低，用量大；当支链在C_{13}以上时，烷基苯磺酸镁的溶度积小，不易溶解，故烷基苯磺酸根在镁橄榄石表面吸附牢固，从而捕收能力强，回收率高。对照回收率和烷基苯磺酸镁的溶度积数据，人们毫不怀疑，烷基苯磺酸钠捕收镁橄榄石的作用机理是在镁橄榄石表面生成烷基苯磺酸镁沉淀。

此外，用烷基苯磺酸钠捕收蓝晶石时，用红外光谱证明，相对分子质量较高的磺酸钠，呈离子状态吸附在蓝晶石表面上，生成烷基苯磺酸铝。在浮选石膏和水硼镁石(Hydroboracite)时，是烷基苯磺酸根与这些矿物表面的Ca^{2+}离子和Mg^{2+}离子生成磺酸盐而固着在矿物表面上，使得这些矿物疏水而起捕收作用。

我国用于浮选铁矿的磺酸型捕收剂有M_{203}和EM－2两种，M_{203}由三种成分组成(合成磺酸钙60%，合成磺酸钠30%，助剂10%)。用M_{203}处理东鞍山亚铁贫赤铁矿，工业试验结果表明在入选品位31.95% Fe、含亚铁4.03%的条件下，与原用氧化石蜡皂和妥尔油浮选指标相比，回收率提高13.22%，为处理这类矿石提供了一种有效的捕收剂，其他作者亦报道了类似的结果。

EM－2捕收剂含有酚羟基和磺酸基，浮选赤铁矿工业试验表明，可从含铁35.21%的给矿，得到含61.1% Fe、0.74% F、0.24% P，铁回收率为80.31%的铁精矿，效果好。

美国专利有一种磺酸类捕收剂，称为二烷基芳基醚磺酸盐，它具有下述结构式：

$(R)_m$　　　$(R)_n$

(苯环)—O—(苯环)

$(SO_3^-M^+)_y$　　　$(SO_3^-M^+)_x$

式中，R为$C_1 \sim C_{24}$的烷基，m，$n=0$、1或2；M为H、碱金属、碱土金属或铵离子；x，$y=0$或1，$x+y=1$。用这类磺酸盐捕收剂浮选含金氧化铁，效果好。

4.3　烷基硫酸钠

烷基硫酸钠与烷基磺酸钠、烷基苯磺酸钠性质大致相似。因这类捕收剂的原料主要是石油，来源丰富且制造简单，近年来使用很广，其相对分子质量小者起泡能力强而捕收能力弱，随着相对分子质量增大，捕收能力也增强。文献报道，一般碳链长度在 $C_{12} \sim C_{20}$ 之间为好。

4.3.1 烷基硫酸钠的制法

关于这类捕收剂的制法，以十二烷基硫酸钠为例加以说明，其他烷基硫酸钠的制法可用不同的醇代替十二烷醇。

浓 H_2SO_4、$H_2SO_4 \cdot SO_3$、$ClSO_3H$ 与高级醇作用，然后皂化即可得烷基硫酸钠。反应机理如下：

$$ROH + H_2SO_4 \rightleftharpoons ROSO_3H + H_2O$$

$$ROH + SO_3 \longrightarrow ROSO_3H$$

$$ROH + ClSO_3H \longrightarrow ROSO_3H + HCl\uparrow$$

$$ROSO_3H + NaOH \longrightarrow ROSO_3Na + H_2O$$

十二碳烷基硫酸钠的制法是将十二碳脂肪醇(平均分子量)与 H_2SO_4 作用，生成十二碳烷基硫酸氢酯，这一反应是可逆的，反应很不完全，约有40%的转化率。用 SO_3 气体酯化时，因 SO_3 气体有氧化性，部分醇将会氧化成不具选矿能力的黄色油状物，反应终点较难控制。醇与氯磺酸作用，酯化率较高，反应较易控制，但反应时需以吡啶碱作催化剂，这样将使成本增高。

高级醇与氯磺酸作用，首先是在搅拌下将氯磺酸缓慢地滴入吡啶中，加完后加热到60℃左右，加入高级醇，反应在65～70℃时进行，作用完毕后用20% NaOH 溶液中和至 pH = 8 为止，再经搅拌后静置分层，上层为含吡啶的十二烷基硫酸钠的溶液，下层为 Na_2SO_4 水溶液。将上层进行蒸馏，在40℃蒸出吡啶，剩下的黄棕色固体物即为成品。

4.3.2 烷基硫酸钠的性质

烷基硫酸钠为白色或棕色粉末，易溶于水，有起泡和捕收性能，在结构上与烷基磺酸钠是不同的：

$R—SO_3Na$　　烷基磺酸钠

$R—O—SO_3Na$　　烷基硫酸钠

$R—Ar—SO_3Na$　　烷基芳基磺酸钠

对比上面三个式子可看出，烷基磺酸钠和烷基芳基磺酸钠分子中的硫酸根结构是相同的，都是硫原子直接与碳原子相连；而在烷基硫酸钠分子中，硫原子通过氧原子再与烷基的碳原子相连，这是结构上与磺酸类捕收剂不同的地方。

由于烷基磺酸钠和烷基芳基磺酸钠的硫原子与碳原子直接相连，故不能水解成醇，而烷基硫酸钠的硫原子通过氧原子再与碳原子相连，故能水解成醇和 $NaHSO_4$。反应式如下：

$$R—O—SO_3Na + H_2O \xrightarrow{加热} ROH + NaHSO_4$$

因此烷基硫酸钠溶液放置过久，会有部分水解成醇和 $NaHSO_4$ 而减弱其捕收能力。使用烷基硫酸钠作捕收剂时，以当天配成溶液当天使用为好。

4.3.3 烷基硫酸钠的捕收性能

烷基硫酸钠、烷基磺酸钠、烷基芳基磺酸钠与脂肪酸的捕收性能大致相似，故此用脂肪酸作捕收剂的地方，一般都可用烷基硫酸钠代替。下面举出一些例子。

1. 用于氧化铁矿的浮选

图4－6是用具有相同碳原子数(C_{12})的月桂酸钠($C_{11}H_{23}COONa$)、十二烷基磺酸钠($C_{12}H_{25}SO_3Na$)、十二烷基硫酸钠($C_{12}H_{25}OSO_3Na$)作捕收剂，在不同pH条件下浮选褐铁矿的试验结果。从图看出，在捕收剂浓度为 10^{-4} mol/L 时，脂肪酸的捕收性能稍强，但大体上说来是差不多的。

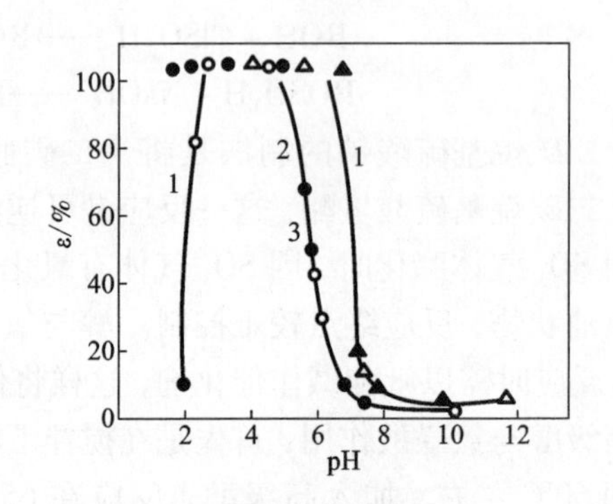

图4－6 十二烷基硫酸钠、十二烷基磺酸钠、月桂酸钠作捕收剂浮选褐铁矿的可浮性曲线

捕收剂浓度 1×10^4 mol/L

1—月桂酸钠；2—十二烷基磺酸钠；3—十二烷基硫酸钠

浮选褐铁矿，可用脂肪酸、烷基硫酸盐等作捕收剂。表4－3表明，硫酸盐皂和照明煤油共用，浮选褐铁矿的结果和妥尔油等脂肪酸类捕收剂相比，效果相差不远。

2. 用作锡石(SnO_2)的捕收剂

利用烷基硫酸盐作锡石捕收剂，不少人进行过研究。但一般说来，烷基硫酸盐与其他捕收剂比较，只能得到中等的产率和中等的富集比。例如，以含石英、电气石及赤铁矿为脉石的锡石浮选，十六烷基硫酸钠的用量为135 g/t，并在添加 Na_2SiF_6 的条件下，得到含 SnO_2 36.5%的粗精矿及含 SnO_2 46%的最终精矿，锡回收率为86%。

烷基硫酸盐捕收锡石的机理，一般认为是交换吸附，烷基硫酸根通过交换吸附固着在锡石表面上，烃基使锡石疏水而起捕收作用。例如，在酸性介质中，pH＝2.9～4.2时，在 10^{-3} mol/L NaCl 溶液中，十二烷基硫酸钠在合成的 SnO_2 上的吸附作用是通过离子交换而大量吸附在 SnO_2 表面上。溶液中如有 $La(WO_3)_3$

或 $Th(WO_3)_4$ 存在，能增加十二烷基硫酸盐的吸附能力，起到活化剂的作用，增加十二烷基硫酸钠对 SnO_2 的捕收效果。

3. 浮选萤石——对黑钨矿反浮选

在酸性或中性介质中，烷基硫酸钠能很好地浮选萤石。在这种条件下，钨锰矿或黑钨矿不浮。表 4-4 是在酸性介质中用烷基硫酸钠浮选含 WO_3 25% ~28% 的粗精矿的结果；烷基硫酸钠用量 1350 ~ 2000 g/t，精选在 pH = 2.5 ~ 2.4 时进行，萤石、磷灰石、部分钨矿、硫化物进入泡沫，在槽内得到含 WO_3 40% ~41% 的黑钨矿-绿帘石产品。

表 4-3 褐铁矿工业浮选试验结果

捕收剂	用量/($g \cdot t^{-1}$)		产品	γ /%	β_{Fe} /%	ε_{Fe} /%
	捕收剂	苏打				
酸渣和氧化白节油(1:2)	3000 ~ 3500	2000 ~ 2400	精矿	45.69	46.43	73.66
			尾矿	54.31	13.97	26.34
			原矿	100	28.80	100
妥尔油和氧化白节油(1:2)	2000 ~ 2300	2200 ~ 2600	精矿	53.74	46.18	82.66
			尾矿	46.26	11.25	17.34
			原矿	100	30.02	100
妥尔油与照明煤油混合(1:2)	1600 ~ 2000	2200 ~ 2500	精矿	55.96	45.09	82.65
			尾矿	44.04	12.03	17.35
			原矿	100	30.53	100
硫酸盐皂(水溶液)和照明煤油	1000 ~ 2000	1800 ~ 2200	精矿	54.62	44.87	80.08
			尾矿	45.38	13.43	19.92
			原矿	100	30.6	100

表 4-4 用烷基硫酸钠反浮选黑钨矿的结果

试验编号	产品	γ/%	β_{WO_3}/%	ε_{WO_3}/%	pH
1	泡沫	41.54	14.25	20.17	2.54
	槽内	58.46	40.10	79.83	
	给矿	100	29.37	100	

续表 4-4

试验编号	产品	γ/%	β_{WO_3}/%	ε_{WO_3}/%	pH
	泡沫	46.53	12.00	19.97	
2	槽内	53.47	41.92	80.03	2.20
	给矿	100	28.00	100	
	泡沫	50.94	11.42	22.35	
3	槽内	49.06	40.06	77.65	2.60
	给矿	100	25.67	100	

4. 对氧化钼矿的浮选

从矿石中浮选氧化钼矿物是比较困难的，由于氧化钼矿与脉石的可浮性质相似。浮选氧化钼矿石的方法是用油酸作捕收剂，水玻璃作硅酸盐的抑制剂，在生产及试验中都证明此法的回收率很低，约60%。某些油酸的代用品，如肥皂角、氧化石蜡、环烷酸皂等作捕收剂时，回收率也提高不多，且药剂用量很大。

对不同类型矿石(钙钼酸矿、含辉钼矿和钨钼矿的硫化矿、氧化矿石和铁钼华矿石)所做的试验证明，采用油酸钠并配合采用具有捕收性能的某些起泡剂，能大大提高回收率。这些具有捕收性能的起泡剂为烷基硫酸钠、烷基磺酸盐、烷基苯磺酸盐等，其中以烷基硫酸钠最好，在选别钨钼钙矿时，回收率为90%以上，而且油酸钠用量较低(见表4-5)。而这些药剂单独使用时，所得结果则很差。

表4-5的数据说明，油酸与烷基硫酸钠混合使用会显著地改善氧化钼的浮选，因为烷基硫酸钠是很好的乳化剂，使脂肪酸等胶质物质在矿浆中充分分散；同时又是很好的起泡剂，加强起泡作用。烷基硫酸钠类表面活性物质兼有捕收性能，与油酸混合使用时，则与油酸同时固着在矿物表面，形成了疏水的聚集体。并且在羧基和硫酸根(或烷基磺酸盐中的磺酸根)共同作用下，使矿物表面各部分与疏水药剂相互作用较好。

表4-5 烷基硫酸钠和油酸混合使用浮选钨钼钙矿

药剂用量/($g\cdot t^{-1}$)		ε/%
烷基硫酸钠	油　酸	
—	1200	68
1200	—	40
500	1200	94
150	300	91

5. 对硫化矿的捕收作用

使用十六烷基硫酸钠作硫化铜矿的捕收剂，可以提高精矿品位和回收率。如十六烷基硫酸钠与白质树胶联合使用，可以使铜精矿品位提高到25%。实践表明，使用黄药作捕收剂时，精矿中黄铜矿与黄铁矿之比为3∶1，而烷基硫酸钠与白质树胶联合使用时，精矿中黄铜矿与黄铁矿之比为9∶1，表明烷基硫酸钠对黄铜矿有良好的选择性。

烷基硫酸钠对重晶石($BaSO_4$)、毒重石($BaCO_3$)、棱锶石($SrCO_3$)都有较强的捕收作用，而对方解石则捕收能力很弱。在使用烷基硫酸盐或烷基磺酸类型捕收剂选择分离黄铁矿－黄铜矿、黄铁矿－方铅矿、黄铜矿－闪锌矿时，以及对含有大量重晶石脉石的硫化矿物，用 H_3PO_4、$H_2C_2O_4$、H_2SiO_3 以及 H_2SO_4 等抑制重晶石极为有效，而对硫化矿则几乎没有抑制作用。

关于 H_3PO_4 抑制重晶石的作用，认为是在重晶石的表面吸附了磷酸根之后，其表面电位阻碍高负电性的捕收剂离子的吸附，从而受到抑制。

4.4 磷酸酯

由于磷酸有三个可酯化的羟基，因此，磷酸酯有三类：磷酸单酯、磷酸二酯、磷酸三酯。

$$\underset{\text{磷酸 (I)}}{HO-\overset{\overset{\displaystyle O}{\|}}{\underset{\underset{\displaystyle OH}{|}}{P}}-OH} \qquad \underset{\text{磷酸单酯 (II)}}{RO-\overset{\overset{\displaystyle O}{\|}}{\underset{\underset{\displaystyle OH}{|}}{P}}-OH} \qquad \underset{\text{磷酸二酯 (III)}}{RO-\overset{\overset{\displaystyle O}{\|}}{\underset{\underset{\displaystyle OH}{|}}{P}}-OR} \qquad \underset{\text{磷酸三酯 (IV)}}{RO-\overset{\overset{\displaystyle O}{\|}}{\underset{\underset{\displaystyle OR}{|}}{P}}-OR}$$

式中，R 可以是烷基或芳香基。

用这三种酯作捕收剂时，单酯最好，二酯次之，三酯不能单独用作捕收剂，只能与别的捕收剂(如水杨羟肟酸)混合使用，作为辅助捕收剂。

4.4.1 磷酸酯的制法

酸性磷酸酯即是磷酸单酯和磷酸二酯，因为分子中还有一个或两个羟基，能电离出氢离子使溶液显酸性，故称酸性磷酸酯。它们的制法很多，下面介绍最简单的有工业意义的方法。三氯化氧磷与醇作用生成氯化磷酸酯，再水解便可得到酸性磷酸酯。醇与三氯化氧磷作用时，醇的羟基中的氢原子与三氯化氧磷的氯原子形成 HCl，同时形成一烷基磷酸酯或二烷基磷酸酯的氯化物。反应式为：

$$ROH + POCl_3 \longrightarrow HCl + RO-\overset{\overset{\displaystyle O}{\|}}{\underset{\underset{\displaystyle Cl}{|}}{P}}-Cl$$

$$2ROH + POCl_3 \longrightarrow 2HCl + RO-\overset{\overset{\displaystyle O}{\|}}{\underset{\underset{\displaystyle Cl}{|}}{P}}-OR$$

从反应式看出，醇与三氯化氧磷的摩尔比为1∶1时，主要生成一烷基二氯磷酸酯；摩尔比为2∶1时，主要生成二烷基一氯磷酸酯。

当三氯化氧磷和第一醇作用时，反应很容易在室温下进行，如将反应生成物HCl除去，则反应更易完成，故在减压下通入氮气或二氧化碳进行搅拌，使反应生成的HCl逸出，反应更易向右进行。

第二醇或第三醇作为原料时是不好的，因为反应生成的HCl能与第二醇或第三醇作用生成卤代烷，使磷酸酯产量降低，反应复杂化。将氯化磷酸酯水解得到磷酸单酯或磷酸二酯。水解反应式为：

$$RO-\overset{\overset{\displaystyle O}{\|}}{\underset{\underset{\displaystyle Cl}{|}}{P}}-Cl + 2H_2O \longrightarrow RO-\overset{\overset{\displaystyle O}{\|}}{\underset{\underset{\displaystyle OH}{|}}{P}}-OH + 2HCl$$

$$RO-\overset{\overset{\displaystyle O}{\|}}{\underset{\underset{\displaystyle Cl}{|}}{P}}-OR + H_2O \longrightarrow RO-\overset{\overset{\displaystyle O}{\|}}{\underset{\underset{\displaystyle OH}{|}}{P}}-OR + HCl$$

第一醇与三氯化氧磷按摩尔比为3∶1进行反应，并用吡啶吸收生成的氯化氢则生成磷酸三酯。以磷酸三丁酯为例，反应式如下：

$$3CH_3CH_2CH_2CH_2OH + POCl_3 + 3\,C_5H_5N \longrightarrow PO(OCH_2CH_2CH_2CH_3)_3 + 3\,C_5H_5N\cdot HCl$$

合成过程为：在2 L圆底瓶中，安装上回流冷凝管、液封搅拌器、滴液漏斗，并使其尾部距反应液适当距离，避免生成盐酸吡啶固体表层，温度计塞外能看到-5℃，或者在瓶内虽有吡啶霜，仍看到温度计刻度。加入222 g无水正丁醇(3 mol，274 mL)、260 g(3.3 mol，265 mL)吡啶和275 mL干苯于反应瓶中开动搅拌器，并用冰水冷却使温度降到-5℃，在充分搅拌下逐滴加入沸点106～107℃的三氯化氧磷153 g(1 mol 91 mL)。开始加入10～15 mL三氯化氧磷时必须很慢，以避免强烈反应和过热。在加入三氯化氧磷过程中，使温度不超过10℃，三氯化氧磷加完后，慢慢升温到产生回流温度，回流2 h，将反应物冷却到室温，加入400～500 mL水。溶解吡啶盐酸盐，用分液漏斗将吡啶盐酸盐水层分出，并将它蒸馏浓缩，加入6 mol的氢氧化钠溶液，呈碱性后吡啶分层析出，将它重蒸提纯，可供下次合成再用，剩下的苯层用100～150 mL水洗涤后，加入20 g无水硫酸钠作干燥剂，静置过夜或回流0.5 h进行干燥，倾出苯液进行减压蒸馏，在40～50 mmHg压力下蒸出苯，直到蒸出温度达到90℃为止。磷酸三丁酯收集温度和压力分别为160～162℃、15 mmHg或143～145℃、8 mmHg，产率为71%～75%，理论产量为196～200 g。

4.4.2 烷基磷酸酯的性质和捕收性能

酸性磷酸酯在水中能电离出氢离子和烷基磷酸根：

$$ROPO_3H_2 \longrightarrow ROPO_3H^- + H^+$$

$$ROPO_3H^- \longrightarrow ROPO_3^{2-} + H^+$$

烷基磷酸二氢酯分两步电离，第一部电离生成$ROPO_3H^-$离子和H^+，第二步电离生成烷基磷酸根和氢离子。

烷基磷酸一氢酯电离出烷基磷酸根和氢离子：

$$(RO)_2P(=O)OH \longrightarrow (RO)_2P(=O)O^- + H^+$$

因此它们的溶液呈酸性。

烷基磷酸能水解成醇和磷酸：

$$ROP(=O)(OH)_2 + H_2O \longrightarrow ROH + H_3PO_4$$

$$(RO)_2P(=O)OH + 2H_2O \longrightarrow 2ROH + H_3PO_4$$

$$(RO)_2P(=O)OR + 3H_2O \longrightarrow 3ROH + H_3PO_4$$

如在碱性溶液中水解更快，生成醇和磷酸钠。因此磷酸酯类的水溶液会慢慢变质，水解生成醇和磷酸。

酸性磷酸酯或它们的钠(钾)盐能作氧化矿捕收剂，现列举几例如下：

1. 二(2－乙基己基)磷酸能浮选赤铁矿和闪锌矿

它的结构式如下：

$$(CH_3CH_2CH_2CH_2\underset{\displaystyle C_2H_5}{\underset{|}{C}}HCH_2O)_2\overset{\displaystyle O}{\overset{\diagup\!\!\diagup}{P}}—OH$$

它的相对分子质量322.34，纯度99%，在水中溶解度很小，易溶于丙酮。用它的丙酮溶液浮选闪锌矿单矿物和人工混合矿的浮选结果在pH为4时，回收率93.8%。而在浮选含锌3.38%的Zawar铅锌矿石时，锌回收率为90%以上。浮选赤铁矿和石英的混合物亦能将赤铁矿浮起，与石英分离。用磷酸一酯和磷酸二酯浮选赤铁矿时可单独使用或混合使用，捕收剂用量为900 g/t，水玻璃用量1000 g/t，起泡剂用量125 g/t，可得到较好的效果。

2. 浮选锡石

用庚基磷酸单酯浮选锡石，在富集比为3或4的情况下，回收率可达70%～80%。

3. 浮选萤石和重晶石($BaSO_4$)

将含有萤石和重晶石的有用矿物磨到单体完全解离后用烷基磷酸酯钠盐在中性矿浆中浮出萤石，再在碱性矿浆中加入水玻璃，用同样的捕收剂浮出重晶石，效果较好。

4. 浮选铀矿

矿石中含U_3O_8 0.11%，主要是钛铀矿及大约9%的黄铁矿。用常规方法浮出黄铁矿后，从黄铁矿的尾矿浮选钛铀矿，该尾矿固体物含量为17%，调节pH至1.7，用酸性异辛基磷酸酯为捕收剂浮选，铀回收率大于90%，富集比为8.95。

5. 磷酸三丁酯

磷酸三丁酯单用不能捕收锡石，但用30 g/t左右与苯甲羟肟酸、水杨羟肟酸或H_{205}混用浮选锡石得到很好的浮选指标，并大幅度降低了主捕收剂的用量。

4.5 烃基膦酸

烃基膦酸与烷基磷酸酯不同，烃基膦酸分子中的磷原子直接与烃基上的碳原子相连，有如下结构式：

$$R—\overset{\displaystyle O}{\overset{\|}{\underset{\displaystyle OH}{\underset{|}{P}}}}—OH \quad 烷基膦酸 \qquad Ar—\overset{\displaystyle O}{\overset{\|}{\underset{\displaystyle OH}{\underset{|}{P}}}}—OH \quad 芳基膦酸$$

而烷基磷酸酯的磷原子通过氧原子与烷基上的碳原子相连接。

4.5.1 烃基膦酸的制法

1. 烷基膦酸的制法

烷基膦酸的制法有多种，这里介绍的是亚磷酸酯法。亚磷酸酯与卤代烷在加热下，发生分子重排生成烷基膦酸酯，这是制备有机膦化合物的一个比较重要的反应：

$$\underset{\text{亚磷酸酯}}{RO-\underset{|}{\overset{}{P}}(OR)-OR} + R'X \xrightarrow{\text{加热}} \underset{\text{烷基膦酸酯}}{R'-\overset{O}{\overset{\|}{P}}(OR)-OR} + RX$$

式中，R′X 的 R′必须是烷基或芳烷基(如 $C_6H_5CH_2$—)，若 R′是芳香基则不发生反应。得到烷基膦酸酯后，再用浓盐酸将其水解，得烷基膦酸。

$$R'-\overset{O}{\overset{\|}{P}}(OR)-OR + 2H_2O \xrightarrow{HCl} R'-\overset{O}{\overset{\|}{P}}(OH)-OH + 2ROH$$

例如，用亚磷酸三乙酯与 1 - 溴己烷回流，则生成己基膦酸二乙酯，在浓盐酸催化下水解得己基膦酸。用 1 - 溴壬烷代替 1 - 溴己烷，便得壬基膦酸，其余类推。这个方法适合于制相对分子质量较小的烷基膦酸二乙酯，相对分子质量增大至烷基含 10 个碳原子以上时，则加热回流时间长且产率低，故不能作为一般的制法。如果用亚磷酸二丁酯钠为原料与卤代烷作用，便很容易生成烷基膦酸酯。

$$(CH_3CH_2CH_2CH_2O)_2P-OH + Na \xrightarrow{\text{石油醚}} (CH_3CH_2CH_2CH_2O)_2P-ONa + \frac{1}{2}H_2$$

$$\xrightarrow{\triangle,\ R'X} (CH_3CH_2CH_2CH_2O)_2P-OR' + NaX$$

$$\xrightarrow{\triangle} (CH_3CH_2CH_2CH_2O)_2\overset{O}{\overset{\|}{P}}-R'$$

例如，悬浮 1.15 g 钠在 150 mL 无水己烷或庚烷中，加入 9.7 g 二丁基亚磷酸酯，加热回流至金属钠完全溶解为止，然后加入 0.05 mol 烷基溴，回流 5 ~ 6 h，冷却，用水洗涤，将有机层分离，在减压下蒸馏二丁烷基膦酸酯，将所得产物用 50 ~ 70 mL 浓盐酸回流，则发生水解反应：

$$R'-\underset{\underset{O}{\|}}{P}\begin{matrix}OCH_2CH_2CH_2CH_3\\OCH_2CH_2CH_2CH_3\end{matrix} + 2H_2O \xrightarrow[\text{回流}]{HCl} R'-\underset{\underset{O}{\|}}{P}\begin{matrix}OH\\OH\end{matrix} + 2C_4H_9OH$$

回流混合物放置过夜，用蒸馏法除去丁醇和未反应的卤代烷以及 HCl，所得的烷基膦酸用己烷或庚烷重结晶，即得较纯的烷基膦酸。

2. 苯乙烯膦酸的制法

通氯气到三氯化磷的四氯化碳溶液中，得到五氯化磷，后者对苯乙烯起加成作用，然后水解得到苯乙烯膦酸。可能的反应式如下：

$$PCl_3 + Cl_2 \xrightarrow{CCl_4} PCl_5$$

$$C_6H_5-CH=CH_2 + PCl_5 \xrightarrow{CCl_4} C_6H_5-\underset{\underset{Cl}{|}}{CH}-CH_2-PCl_4$$

$$C_6H_5-\underset{\underset{Cl}{|}}{CH}CH_2PCl_4 \xrightarrow{\text{水解}} \left[C_6H_5-CH=CH-P(OH)_4\right] \longrightarrow C_6H_5-CH=CH-\underset{\underset{OH}{|}}{\overset{\overset{OH}{|}}{P}}=O + H_2O$$

苯乙烯膦酸

加成产物 $C_6H_5-\underset{\underset{Cl}{|}}{CH}-CH_2-PCl_4$ 中，与碳原子相连的氯原子是不稳定的，易脱去 HCl，故水解产品为苯乙烯膦酸。

4.5.2 烃基膦酸的性质

烃基膦酸在常温下一般都是固体，属二元酸，表 4 - 6 和表 4 - 7 分别列出了烷基膦酸和芳基膦酸的熔点及电离常数 K_1 和 K_2 的负对数值 pK_1 和 pK_2。从 pK_1 和 pK_2 的数值看，烃基膦酸的酸性比脂肪酸的酸性强。从表 4 - 6 看出，相对分子质量小的烷基膦酸熔点较高，十二个碳原子以上的烷基膦酸的熔点在 95 ~ 102℃之间。为什么相对分子质量越大熔点反而越低？是因为膦酸根是极性较强的基团，互相间的引力较强，在相对分子质量小的烷基膦酸分子中，膦酸根占的百分比较大，故分子间的引力强则熔点高。相对分子质量大的烷基膦酸分子中，烷基占的百分比较大，互相间的引力弱，故熔点低。

表 4-6 烷基膦酸的熔点、pK_1 和 pK_2

烷基膦酸名称	结构式	熔点/℃	pK_1	pK_2
甲基膦酸	$CH_3P(O)(OH)_2$	104~106	2.38	7.79
乙基膦酸	$CH_3CH_2P(O)(OH)_2$	126~127	2.43	8.05
丙基膦酸	$CH_3(CH_2)_2P(O)(OH)_2$	73	2.49	8.18
丁基膦酸	$CH_3(CH_2)_3P(O)(OH)_2$	95	2.59	8.19
戊基膦酸	$CH_3(CH_2)_4P(O)(OH)_2$	120.5~121.5	2.40	7.95
己基膦酸	$CH_3(CH_2)_5P(O)(OH)_2$	104.5~106	2.4	8.25
庚基膦酸	$CH_3(CH_2)_6P(O)(OH)_2$	—	2.9	8.25
辛基膦酸	$CH_3(CH_2)_7P(O)(OH)_2$	99.5~100.5	—	—
壬基膦酸	$CH_3(CH_2)_8P(O)(OH)_2$	99~100	—	—
癸基膦酸	$CH_3(CH_2)_9P(O)(OH)_2$	102~102.5	—	—
十二烷基膦酸	$CH_3(CH_2)_{11}P(O)(OH)_2$	100.5~101.5	—	8.25
十四烷基膦酸	$CH_3(CH_2)_{13}P(O)(OH)_2$	97~98	—	—
十六烷基膦酸	$CH_3(CH_2)_{15}P(O)(OH)_2$	94.5~95.5	—	—
十八烷基膦酸	$CH_3(CH_2)_{17}P(O)(OH)_2$	98.5~99	—	—

表 4-7 芳基膦酸的熔点、pK_1 和 pK_2

芳基膦酸名称	结构式	熔点/℃	pK_1	pK_2
苯 膦 酸	$C_6H_5P(O)(OH)_2$	157~158	—	—
P-甲基苯膦酸	$P-CH_3C_6H_4P(O)(OH)_2$	—	2.45	7.35
P-乙基苯膦酸	$P-C_2H_5C_6H_4P(O)(OH)_2$	—	2.60	7.55
P-丙基苯膦酸	$P-C_3H_7C_6H_4P(O)(OH)_2$	—	—	7.35
苯乙烯膦酸	$C_6H_5CH{=}CHP(O)(OH)_2$	112~113	—	—
苯甲基膦酸	$C_6H_5CH_2P(O)(OH)_2$	167.4~169	2.30	7.40

膦酸在水中的溶解度随 pH 的改变而变化，在酸性介质中溶解度较小，一般在 pH 为9.5~12.0 时溶解度最大。膦酸溶于水时，引起的表面张力下降与溶液的 pH 变化关系不大，分子量较大的膦酸使水的表面张力明显下降。膦酸与 Ca(Ⅱ)、Fe(Ⅱ)、Fe(Ⅲ)、Sn(Ⅱ)、Sn(Ⅳ)等生成难溶盐，故用膦酸捕收锡石

时，Ca^{2+}、Fe^{3+}离子有影响。膦酸与Sn^{2+}生成的沉淀可用

$$\mathrm{R{-}P(=O)(O)(O)Sn}$$

形式表示，Sn(Ⅳ)与膦酸作用时，只有在特定条件下才能生成$(RPO_3)_2Sn$。在不同pH条件下，研究庚基膦酸与Sn(Ⅳ)的反应，发现pH升高，反应程度低，生成的庚基膦酸锡减少，相反，生成$SnO_2 \cdot nH_2O$增多。Sn(Ⅳ)膦酸盐的生成与介质pH的关系见图4-7。从图4-7看出，Sn(Ⅳ)的庚基膦酸盐只在强酸性介质中生成沉淀。四价锡的庚基膦酸盐溶度积常数$K_{sp}=10^{-11}$。

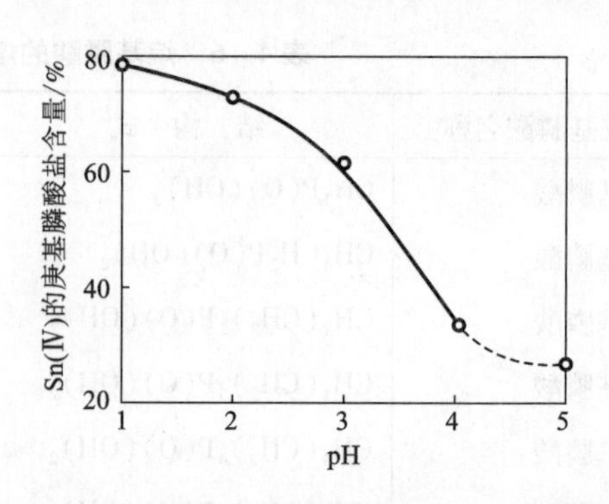

图4-7 Sn(Ⅳ)膦酸盐的生成与pH的关系

4.5.3 烃基膦酸的捕收性能

文献报道，在浮选工业中，磷酸可浮选锡石和黑钨，浮选时有少量的铁离子和钙离子存在会消耗较多的膦酸，故应先将水软化为好。

1. 烃基长短对捕收性能的影响

膦酸烃基的长短对捕收性能有明显的影响。以浮选锡石为例，甲基膦酸用量750 g/t时，不发生浮选现象；若与油酸共用，加入750 g/t甲基膦酸后，再加入60 g/t油酸，仍不发生浮选现象。乙基膦酸的捕收能力较甲基膦酸稍强，但加入500 g/t时，仍不发生浮选；将乙基膦酸与油酸混合使用，对锡石有较强的选择性。随着膦酸的烃基碳原子数增加，捕收能力逐渐增强，但$C_2 \sim C_5$的膦酸不宜单独使用，因其捕收能力不足，若与油酸混合使用，则有较好的选择性。$C_6 \sim C_8$的脂肪烃基膦酸、对-甲苯膦酸、对-乙苯膦酸、对-丙苯膦酸、苯乙烯膦酸的捕收性能较好，可以单独捕收锡石。癸基膦酸的捕收性能显著下降，十二烷基膦酸对锡石已无捕收作用，可能是由于溶解度太小，不易分散的缘故。

2. 庚基膦酸、油酸、正-辛基磷酸二氢酯浮选锡石性能比较

油酸对锡石的捕收能力强，正-辛基磷酸二氢酯较容易制取，将它们浮选锡石的结果与庚基膦酸的浮选结果加以比较，鉴别庚基膦酸的捕收能力。浮选在实验室中进行，先将锡石矿石磨碎脱泥，加入250 g/t捕收剂，搅拌5 min，然后加入10 g/t起泡剂，采用一粗一精流程，三种产品分别化验，三种捕收剂的回收率、富集比曲线绘于图4-8、图4-9、图4-10中。从图看出，取粗选回收率90%的pH范围，庚基膦酸对应pH为5.6~7.4，油酸对应pH为5.65~6.35，正-辛基

磷酸二氢酯对应 pH 为 5.95 ~ 6.2。比较这三种捕收剂的粗选回收率曲线，可以看到庚基膦酸的回收率比油酸的回收率稍高，适应的 pH 范围较宽；正-辛基磷酸二氢酯比其他两种捕收剂差；庚基膦酸在最高回收率的 pH 范围内，其富集比也最高，此时 pH 为 6.5；对油酸来说，其最高富集比在 pH 为 7，而最高回收率对应 pH 为 6。从富集比看，庚基膦酸比油酸高得多。但必须看到，当精选时，庚基膦酸的回收率有比较明显的下降，而油酸的精选回收率下降较少，这是庚基膦酸的弱点。推其原因是由于庚基膦酸对锡石吸附没有油酸牢固，因此在精选时宜补加捕收剂。

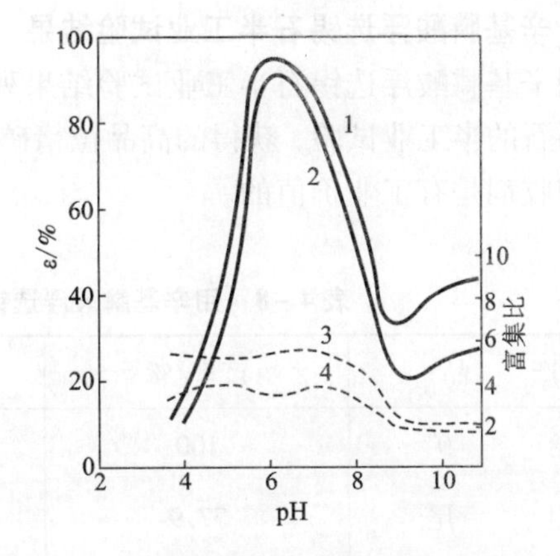

图 4-8　油酸浮选锡石回收率与 pH 的关系

(富集比 = 精矿品位/原矿品位)

1—回收率(粗选)(%)；2—回收率(精选)(%)；

3—精选富集比；4—粗选富集比

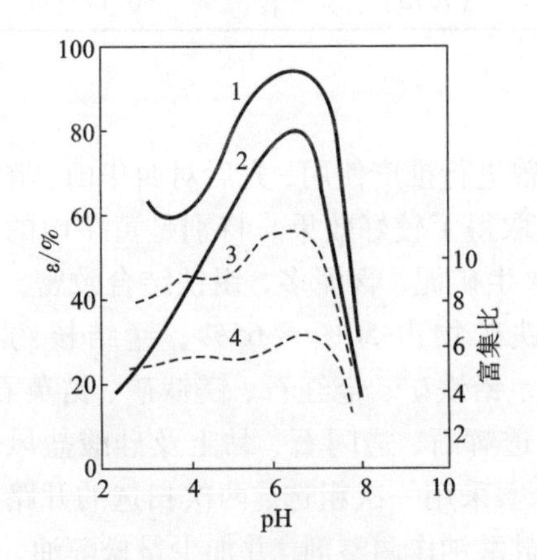

图 4-9　庚基磷酸浮选锡石回收率与 pH 的关系

(富集比 = 精矿品位/原矿品位)

1—回收率(粗选，%)；2—回收率(精选，%)；

3——精选富集比；4—粗选富集比

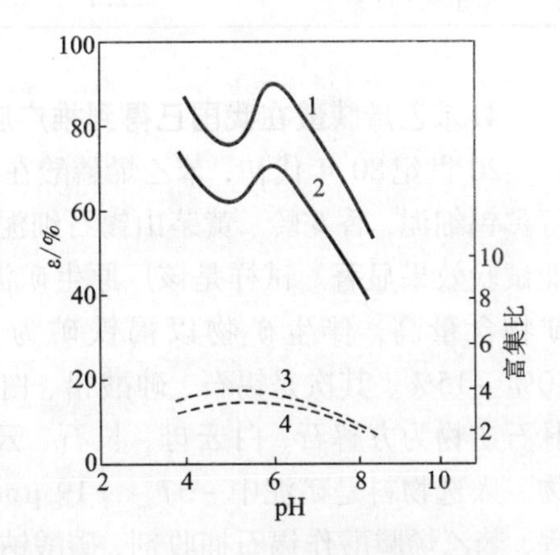

图 4-10　正-辛基膦酸二氢酯浮选锡石回收率与 pH 的关系

(富集比 = 精矿品位/原矿品位)

1—回收率(粗选，%)；2—回收率(精选，%)；

3—精选富集比；4—粗选富集比

3. 辛基膦酸浮选锡石半工业试验结果

用辛基膦酸浮选锡石半工业试验结果列于表4－8中。从表看出，辛基膦酸浮选锡石的半工业试验，获得的高品位精矿含锡达63.8%，回收率为65.1%，说明该捕收剂是有工业价值的。

表4－8 用辛基膦酸浮选锡石半工业试验结果

产　品	产率/%	品位/%	回收率/%
给　矿	100	(1.93)	100
粗　尾	77.9	0.092	3.7
粗 精 矿	22.1	8.4	96.3
高品位精矿	1.74	63.8	65.1
低品位精矿	1.94	12.8	15.0
重选尾矿	12.4	1.48	10.1
矿　泥	5.94	1.74	5.9
粗精矿(计算)	22.1	(7.75)	96.1

4. 苯乙烯膦酸在我国已得到推广应用

20世纪80年代初，苯乙烯膦酸在我国曾进行推广使用，先后对西华山、浒坑等黑钨细泥，香花岭、黄茅山锡石细泥浮选取得了较好效果。特别是黄茅山的工业试验效果显著。试样是该厂原生矿泥和次生矿泥，含泥多，锡铁结合致密，重矿物含量高，伴生矿物以褐铁矿为主，铁矿物占50%～65%，锰结核约占10%～15%，其次是锡石、砷酸铅、白铅矿、铅铁矿、金红石、镁钛矿、锆英石。脉石矿物为方解石、白云母、长石、云母、透辉石、透闪石、黏土及硅酸盐风化物。入选物料是矿泥中－37～＋19 μm部分。采用一次粗选、两次扫选的开路流程，苯乙烯膦酸作锡石捕收剂、碳酸钠和氟硅酸钠作调整剂，并加少量松醇油，药剂用量列于表4－9中。工业试验规模为日处理24 t，矿浆浓度为40%～50%固体，矿浆pH为6.5左右，连续15个班试验结果列于表4－10中。从表4－10看出，当给矿品位为0.715%～0.673%时，锡精矿和富中矿总回收率达82.27%～86.51%，其中锡精矿为合格精矿，含锡3%左右的富中矿可烟化处理。由于苯乙烯膦酸比烷基膦酸较易合成，故国外有些浮锡选厂用作捕收剂。

表4－9 用苯乙烯膦酸作捕收剂浮选黄茅山锡石细泥工业试验药剂用量 g/t

作业名称	苯乙烯膦酸	碳酸钠	氟硅酸钠	松 醇 油
粗 选	900～1100	500～800	1800～2100	3.33～9.99
扫 选 Ⅰ	100	200～300	600～1000	1，76
扫 选 Ⅱ	150～200	0	300～500	8.33
合 计	1150～1400	700～1100	2800～3600	13.22～14

表4－10 用苯乙烯膦酸做捕收剂浮选黄茅山锡石细泥工业试验结果

产 品	产率/%	品位/%	回收率/%
锡 精 矿	1.58～2.02	24.26～26.40	44.79～52.14
富 中 矿	6.62～10.54	3.016～3.56	34.38～37.48
尾 矿	87.44～91.20	0.100～0.139	13.48～17.73
给 矿	100	0.673～0.715	100

5. 用苯乙烯膦酸浮选钛铁矿

用苯乙烯膦酸与松醇油按4∶1比例混合浮选攀枝花细粒钛铁矿，效果较好，经一次粗选、五次精选，可获得含二氧化钛47.22%、回收率达74.58%的钛精矿。另据报道，苯乙烯膦酸不仅与松醇油配合使用浮选钛铁矿有效，与高级醇混用浮选钛铁矿亦得到同样良好的效果。因为松醇油或高级醇与苯乙烯膦酸合用时，一方面作起泡剂，另一方面醇类与苯乙烯膦酸共吸附在钛铁矿表面，烃基疏水起混合捕收剂的作用。松醇油中含有42%～46%萜醇，因此它的效果与其他高级醇相似。

6. 苯乙烯膦酸浮选微山稀土矿

苯乙烯膦酸作捕收剂浮选山东微山稀土矿，可直接从原矿获得品位达60%的合格精矿，回收率为48.36%，此外还可同时得到品位达20.03%、回收率为36.47%的稀土中矿，这个浮选结果比用油酸、异羟肟酸铵等药剂都好。

4.5.4 烃基膦酸捕收锡石机理

用庚基膦酸溶液处理粒度低于5 μm的锡石单矿物，使庚基膦酸与锡石表面作用，经过这样处理的部分锡石样品用丙酮洗涤，除去锡石表面黏着的庚基膦酸(因为丙酮对庚基膦酸的溶解度很大，易将黏着的庚基膦酸洗下来，而化学吸附的庚基膦酸则不能洗涤掉，仍固着在锡石表面)，干燥后做红外光谱试验，结果见图4－11。在图4－11中，(a)是纯锡石的红外光谱；(b)是经庚基膦酸溶液处理的锡石的红外光谱；(c)是用庚基膦酸溶液处理锡石后，再用丙酮洗涤所制得的红外光谱。对比(a)和(b)，在1080 cm^{-1}处有一宽峰出现在(b)中，这是(a)中所没有的，表明庚基膦酸附着于锡石表面，出现了 P—O 键的伸缩摆动；对比(b)和(c)，在1080 cm^{-1}处 P—O 键的伸缩摆动仍在(c)中出现，尽管强度较小，但说明丙酮无法将吸附在锡石表面的庚基膦酸洗去，这部分就是化学吸附的庚基膦酸，证明庚基膦酸在锡石表面与 Sn(Ⅳ)形成化合物而固着，烃基向外疏水上浮。

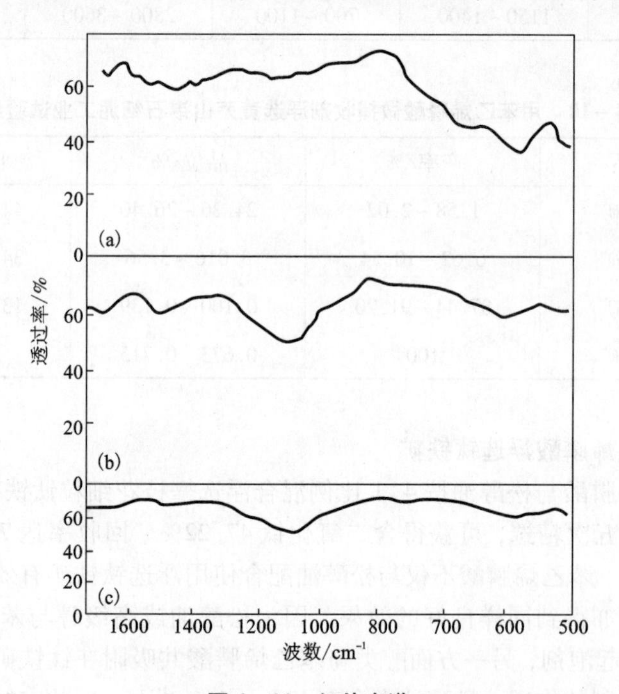

图 4-11 红外光谱

(a)锡石；(b)锡石吸附庚基膦酸；(c)锡石吸附庚基膦酸后用丙酮洗涤

4.5.5 磷酸酯和膦酸

1. 磷酸酯和膦酸

有如下结构式的化合物称之为磷酸酯和膦酸：

```
(CH3)2CH     O
       \   //
         P
       /   \
     RO     OH
```

式中，R 为 C_6H_{13}的称为 L_P-6，R 为 C_8H_{17}的称为 L_P-8，R 为 $C_{10}H_{21}$的称为 L_P-10。

式中的异丙基碳原子直接与磷酸根的磷原子相连接，R 基则通过氧原子与磷酸根的磷原子相连，故这系列化合物既是膦酸也是磷酸酯。浮选萤石、白钨矿、石榴石单矿物和人工混合矿表明，其对萤石具有较强的捕收能力，在一定条件下也可浮选白钨矿，但对石榴石的捕收力弱，用 L_P-8 可分离萤石－白钨、萤石－石榴石。

2. 胺基芳基膦酸

胺基芳基膦酸的结构式为

$$\begin{array}{l} R_1 \diagdown \\ \quad\quad N-\underset{\underset{R_3}{|}}{CH}-\overset{\overset{O}{\|}}{\underset{\underset{OH}{|}}{P}}-OH \\ R_2 \diagup \end{array}$$

该化合物对方解石有很强的捕收能力，而对磷灰石的捕收力很弱，浮选胶磷矿指标比氧化石蜡皂的高。

3. 烷氧基氧化乙烯聚合基磷酸酯

有如下结构式的聚合物为一、二或三烷氧基氧化乙烯聚合基磷酸酯：

$$[R_1O(\ CH_2-\overset{\overset{R_2}{|}}{\underset{\underset{H}{|}}{C}}-O\ )_n(CH_2CH_2O)_m]_k\ \ \overset{\overset{O}{\|}}{P}-(OR_3)_{3-k}$$

式中，R_1 为 $C_1\sim C_7$ 的烃基，R_2 为甲基、乙基或 H，R_3 为 H 或碱金属离子，$n\leqslant45$，$n+m=9\sim45$，$k=1\sim3$。该聚合物及其混合物或由其组成的盐可以浮选含稀土的锡石。

4.6 烷基－α－羟基1，1－二膦酸

烷基－α－羟基1，1－二膦酸的结构式为

$$R-\overset{\overset{OH}{|}}{\underset{\underset{PO_3H}{|}}{C}}-PO_3H$$

波立金等曾研究它对锡石的捕收性能和作用机理，我国科研学者也对该捕收剂做过研究。

4.6.1 烷基－α－羟基1，1－二膦酸的合成

合成所需原料是含7～9个碳原子的脂肪酸和三氯化磷，一般认为反应式如下所示：

$$3R-C\begin{matrix}\diagup\!\!\!\!\diagup O\\ \diagdown OH\end{matrix}+PCl_3\longrightarrow 3R-C\begin{matrix}\diagup\!\!\!\!\diagup O\\ \diagdown Cl\end{matrix}+H_3PO_3$$

羧酸与三氯化磷作用，首先生成酰氯和亚磷酸，在酸性条件下，亚磷酸异构化，产生如下平衡：

$$H_3PO_3 \rightleftharpoons HPO_3H_2$$

氢原子与磷原子直接相连接的 HPO_3H_2 与酰氯发生加成反应，生成烷基-α-羟基1，1-二膦酸。

$$R-C(=O)-Cl + HPO_3H_2 \longrightarrow R-C(=O)-PO_3H_2 + HCl$$

$$R-C(=O)-PO_3H_2 + HCl \longrightarrow R-C(OH)(Cl)-PO_3H_2$$

$$R-C(OH)(Cl)-PO_3H_2 + HPO_3H_2 \longrightarrow R-C(OH)(PO_3H_2)-PO_3H_2 + HCl$$

在反应条件下，反应生成的酰氯可以和烷基-α-羟基1，1-二膦酸的羟基作用生成酯，烷基-α-羟基1，1-二膦酸之间也可以酯化，生成羧酸、烷基-α-羟基1，1-二膦酸聚酯。

$$RC(=O)-Cl + HO-C(R)(PO_3H_2)-P(=O)(OH)-OH + HO-C(R)(PO_3H_2)-P(=O)(OH)-OH \cdots HO-C(R)(PO_3H_2)-PO_3H_2 \longrightarrow$$

$$\longrightarrow RC(=O)-O-C(R)(PO_3H_2)-P(=O)(OH)-O-\left[C(R)(PO_3H_2)-P(=O)(OH)-OH\right]_n + HCl + nH_2O$$

再将聚酯水解便可得到烷基-α-羟基1，1-二膦酸与羧酸的混合物。因此，合成的烷基-α-羟基1，1-二膦酸中含有较多的羧酸，由于羧酸存在，使其选择性下降。

$$RC(=O)-O-\left[C(R)(PO_3H_2)-P(=O)(OH)-O\right]_n-C(R)(PO_3H_2)-PO_3H_2 \xrightarrow[\text{水解}]{H_2O} RCOOH + R-C(OH)(PO_3H_2)_2$$

若将含有羧酸的烷基-α-羟基1，1-二膦酸产品溶于酒精中，再用浓氢氧化钠溶液中和至pH为6左右，此时烷基-α-羟基1，1-二膦酸变成二钠盐沉淀析出，而羧酸及其皂溶于醇与水的溶液中，过滤分离可得较纯的烷基 - α - 羟基 1，1 - 二膦酸二钠盐，其选择性较含羧酸的好。

目前，由于石蜡氧化制造氧化石蜡皂过程中所产生的低分子脂肪酸和醇容易污染环境，故制造氧化石蜡皂的工厂改产，市场缺乏含 7 ~9 个碳原子的脂肪酸，烷基 - α - 羟基 1，1 - 二膦酸所需原料应另辟途径。

王钊军用油酸代替 7 ~9 个碳原子的酸，合成了油烯基 α - 羟基 1，1 - 二膦酸。

4.6.2 烷基 - α - 羟基 1，1 - 二膦酸的性质

烷基 - α - 羟基 1，1 - 二膦酸是白色粉末，在水中溶解度不大，溶于稀碱溶液，用作浮选捕收剂时，常用 1% 氢氧化钠溶液配制溶液，无毒、无刺激性气味。

烷基 - α - 羟基 1，1 - 二膦酸是四元酸，在溶液中分步电离，用电位滴定法测得其电离常数为：

$$R—C(OH)(PO_3H_2)—PO_3H_2 \rightleftharpoons R—C(OH)(PO_3H^-)—PO_3H_2 + H^+ \qquad pK_1 = 1.56 \pm 0.15$$

$$R—C(OH)(PO_3H^-)—PO_3H_2 \rightleftharpoons R—C(OH)(PO_3H^-)—PO_3H^- + H^+ \qquad pK_2 = 3.0 \pm 0.05$$

$$R—C(OH)(PO_3H^-)—PO_3H^- \rightleftharpoons R—C(OH)(PO_3H^-)—PO_3^{2-} + H^+ \qquad pK_3 = 7.03 \pm 0.04$$

$$R—C(OH)(PO_3H^-)—PO_3^{2-} \rightleftharpoons R—C(OH)(PO_3^{2-})—PO_3^{2-} + H^+ \qquad pK_4 = 11.01 \pm 0.09$$

从 pK_1 和 pK_2 的数值看，该化合物是中等强度的酸。

重金属离子及钙、镁离子等与烷基 - α - 羟基 1，1 - 二膦酸形成四元环或六元环配合物，其结构如下：

(Ⅰ)　　　　(Ⅱ)

当 pH 低于4.5时，烷基－α－羟基1，1－二膦酸(HZ)与铁(Ⅲ)生成一种组成为 $Fe(HZ)_3$ 的难溶络合物，pH 为7.3时，这种络合物转化为可溶性的络合物 FeZ^-；pH 再增大，水解作用会导致溶液中出现线状聚合的羟基络合物。

4.6.3　烷基－α－羟基1，1－二膦酸对锡石和钛铁矿的捕收性能

1. 浮选锡石单矿物

用辛基－α－羟基1，1－二膦酸浮选锡石、电气石、褐铁矿等单矿物，同时用苯乙烯膦酸做对比，结果见图4－12。

从图4－12看出，辛基－α－羟基1，1－二膦酸在 pH 为7.5以下，对锡石有较强的捕收能力，在 pH 为4.5以上对褐铁矿和电气石捕收能力都较差；苯乙烯膦酸在 pH 为4.5～6.5时，对锡石有较强的捕收能力，对电气石、褐铁矿的捕收能力弱。两者都有较好的选择性，但辛基－α－羟基1，1－二膦酸的适应范围更广。

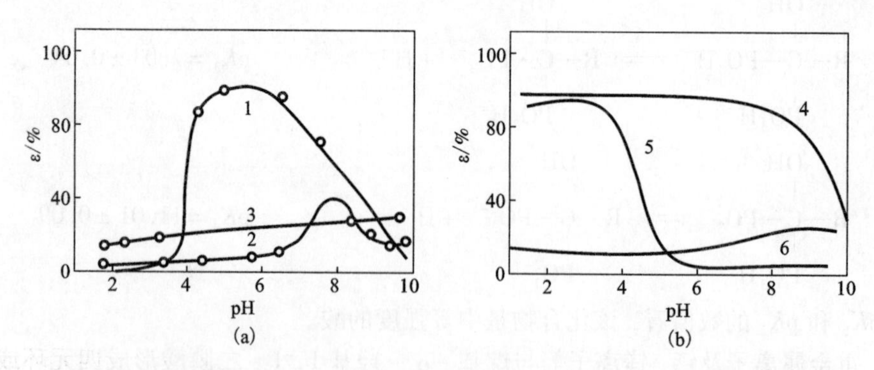

图4－12　矿浆 pH 对锡石(1，4)、电气石(2，5)和褐铁矿(3，6)可浮性的影响

(a)苯乙烯膦酸(10^{-3}mol/L)；(b)辛基－α－羟基－1，1－二膦酸(10^{-3}mol/L)

2. 浮选天然锡石矿泥

试料取自个旧黄茅山选厂二次离心机精矿，其矿物组成和元素分析列于表

4 – 11和表4 – 12。试料中 –75 μm 以下的粒级占90%以上，经矿物鉴定观察，锡石已完全单体解离。用烷基 – α – 羟基 – 1，1 – 二膦酸作捕收剂，配合不同调整剂进行锡石浮选试验，药剂制度和浮选流程见图4 – 13 和图4 – 14，浮选结果见表4 – 13。从表4 – 13 看出，用烷基 – α – 羟基 – 1，1 – 二膦酸配合适当的调整剂，浮选效果是比较好的。

表4 – 11 矿物组成

矿物	褐铁矿	赤铁矿	磁铁矿	磁黄铁矿	石英	方解石
含量/%	60.1	13.7	3.4	5.1	3	12.2
矿物	云母	黏土	萤石	电气石	锡石	黄铁矿
含量/%	0.24	0.01	0.29	0.01	1.5	微量

表4 – 12 矿泥元素分析

元　素	Sn	SiO_2	Fe	Al_2O_3	CaO	MgO	Mn
含量/%	1.21	8.31	30.73	5.33	7.49	4.55	2.67

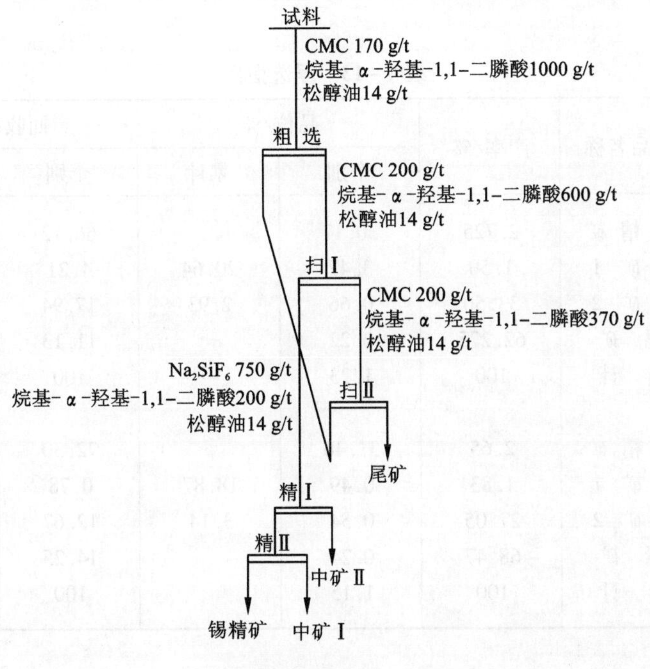

图4 – 13 浮选流程(Ⅰ)

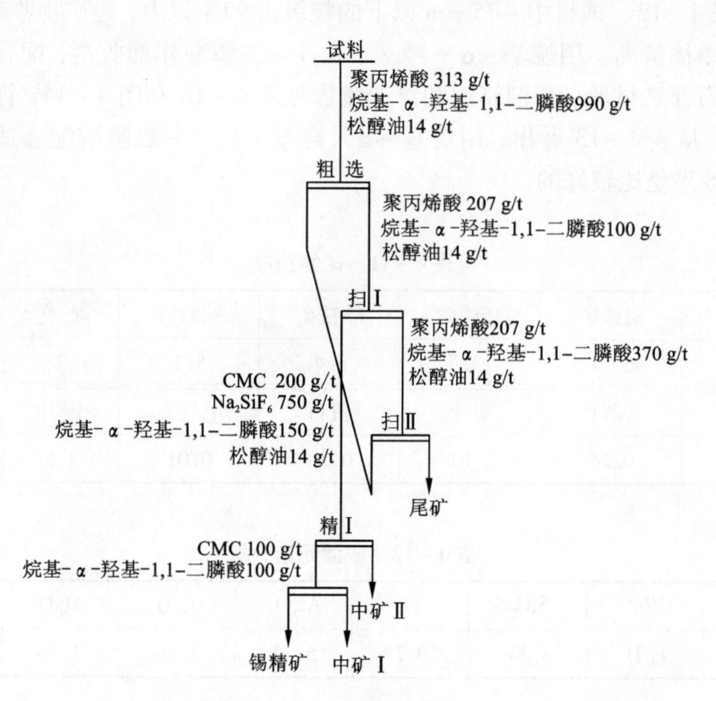

图4-14 浮选流程(Ⅱ)

表4-13 浮选指标

流程	产品名称	产率/%	品位/%		回收率/%	
			个别	累计	个别	累计
流程(Ⅰ)	锡精矿	2.725	30.17		66.12	
	中矿 1	1.50	3.47	20.64	4.21	70.93
	中矿 2	33.50	0.66	2.93	17.94	88.83
	尾矿	62.275	0.22		11.13	
	合计	100	1.23		100	
流程(Ⅱ)	锡精矿	2.65	31.46		72.30	
	中矿 1	1.83	0.49	18.87	0.78	73.08
	中矿 2	27.05	0.54	3.14	12.67	85.75
	尾矿	68.47	0.24		14.25	
	合计	100	1.15		100	

另据报道，Flotol－7，9 是含 C_7～C_9 烷基－α－羟基－1，1－二膦酸的捕收剂，浮选锡石天然矿泥，在给矿含锡 0.56% 条件下，获得品位 25.6%、回收率 82.7% 的锡精矿，富集比为 45.6。可见 Flotol－7，9 是一种有效的捕收剂。

3. 钛铁矿浮选试验

浮选矿样为承德某选矿厂的强磁精矿，TiO_2 品位为 24% 左右，细度 －200 目约 60%。

试样中主要矿物及含量见表 4－14。

表 4－14　试样中主要矿物及含量

矿物	钛磁铁矿	钛铁矿	赤褐铁矿	长石	辉石角闪石
含量/%	0.8	48.1	1.3	22.20	12.50
矿物	绿泥石黑云母	硫化物	磷灰石	其他	
含量/%	8.7	0.2	5.2	1.0	

采用油烯基－α－羟基－1，1－二膦酸为捕收剂，硫酸为 pH 调整剂进行钛铁矿浮选试验。经条件试验找出浮选最佳条件后，进行了开路试验和闭路试验，开路试验结果见表 4－15，闭路流程见图 4－15，闭路结果见表 4－16。

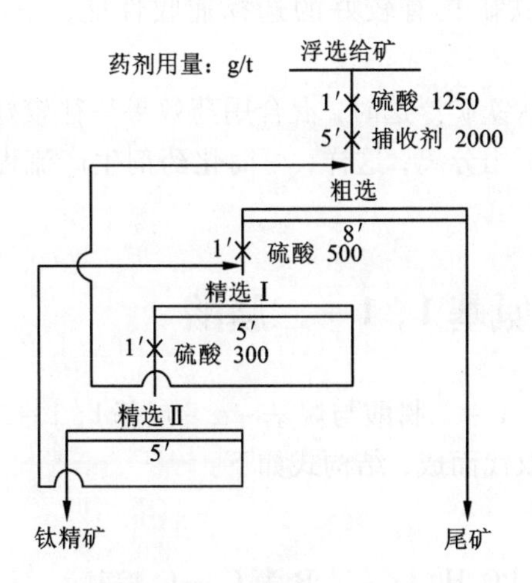

图 4－15　闭路试验工艺流程

表4－15 钛铁矿浮选开路试验结果

产品	产率/%	TiO_2 品位/%	TiO_2 回收率/%	药剂条件/($g\cdot t^{-1}$)
精矿	32.99	48.54	65.28	粗选： 硫酸 1250 捕收剂 2000 精选： 精选一硫酸 500 精选二硫酸 300
中2	6.35	44.82	11.60	
中1	10.98	29.36	13.14	
尾矿	49.68	4.93	9.98	
给矿	100	24.53	100	

表4－16 钛铁矿浮选闭路试验结果

产品	产率/%	TiO_2 品位/%	TiO_2 回收率/%
精矿	38.82	47.58	75.82
尾矿	61.18	9.63	24.18
给矿	100	24.36	100

表4－16结果表明，闭路试验获得了产率38.82%、TiO_2品位47.52%、回收率75.82%的钛精矿，选别指标较好。

表4－16结果说明，采用油酸与亚磷酸、三氯化磷反应合成的含羟基烷叉双膦酸的捕收剂，对钛铁矿具有较好的选择捕收性能，是一种优良的钛铁矿捕收剂。

试验结果验证了钛铁矿浮选时，混合用药效果往往较好。因此，合成产物中含有的大量脂肪酸可不用分离，这样，可简化药剂生产流程，大大降低药剂生产成本。

4.7 烷基－α－氨基1，1－二膦酸

烷基－α－氨基1，1－二膦酸与烷基－α－羟基1，1－二膦酸相似，只是后者分子中的羟基用氨基取代而成，结构式如下：

$$R-\overset{\displaystyle NH_2}{\underset{\displaystyle PO_3H_2}{\overset{|}{\underset{|}{C}}}}-PO_3H_2 \qquad R\text{ 为 }C_6\sim C_8\text{烷基}$$

用作捕收剂浮选锡石细泥时，其选择性比烷基－α－羟基1，1－二膦酸好。

4.7.1 烷基-α-氨基1，1-二膦酸的合成

烷基-α-氨基1，1-二膦酸的合成，可先用脂肪酸与氨作用生成脂肪酸铵盐：

$$RCOOH + NH_3 \longrightarrow RCOONH_4$$

然后将脂肪酸胺盐在氧化铝催化下加热脱水，则生成烷基酰胺，再脱水则生成烷基腈：

$$RCOONH_4 \xrightarrow[\triangle]{Al_2O_3} RCONH_2 + H_2O$$

$$RCONH_2 \xrightarrow[\triangle]{Al_2O_3} RCN + H_2O$$

烷基腈与亚磷酸作用，加热数小时，则生成烷基-α-氨基1，1-二膦酸：

$$HO—P(OH)—OH \rightleftharpoons H—P(=O)(OH)—OH$$

$$RC\equiv N + 2H—P(=O)(OH)—OH \longrightarrow R—C(PO_3H_2)_2—NH_2$$

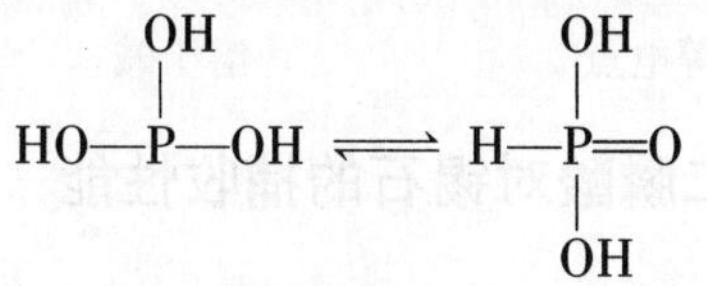

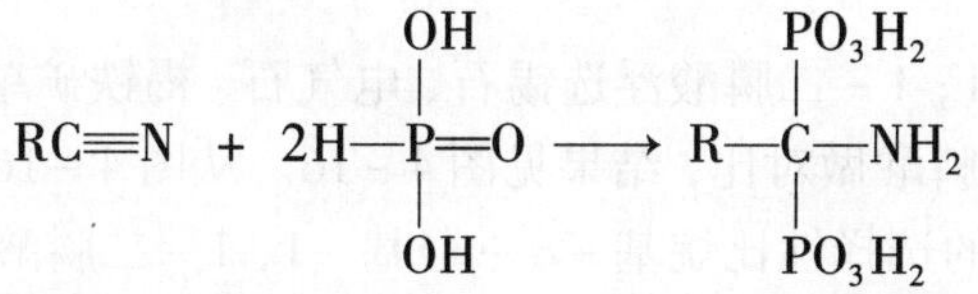

作为锡石捕收剂的烷基-α-氨基1，1-二膦酸的烷基，以含6个碳原子为宜。

4.7.2 烷基-α-氨基1，1-二膦酸的性质

烷基-α-氨基1，1-二膦酸是四元酸，用电位滴定法测定其电离常数如下（下面以电离常数的负对数表示）：

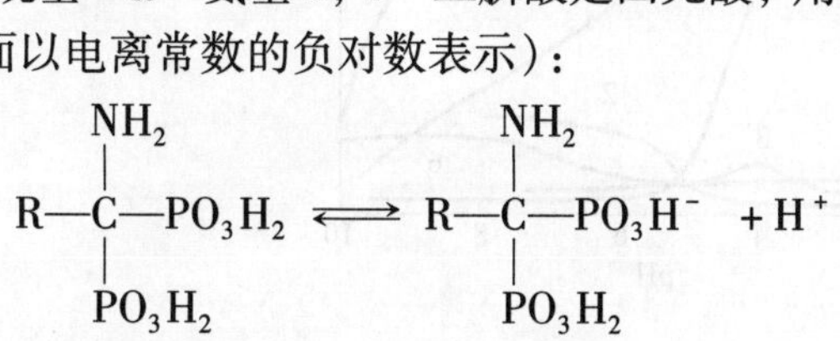

$$R—C(NH_2)(PO_3H_2)—PO_3H_2 \rightleftharpoons R—C(NH_2)(PO_3H_2)—PO_3H^- + H^+ \quad pK_1 = 1.87 \pm 0.15$$

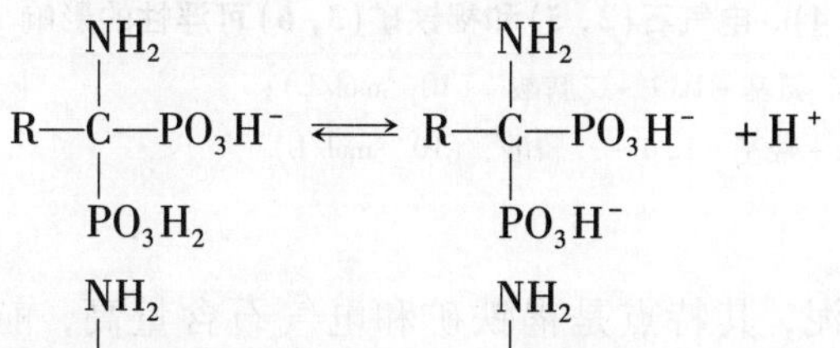

$$R—C(NH_2)(PO_3H_2)—PO_3H^- \rightleftharpoons R—C(NH_2)(PO_3H^-)—PO_3H^- + H^+ \quad pK_2 = 5.37 \pm 0.05$$

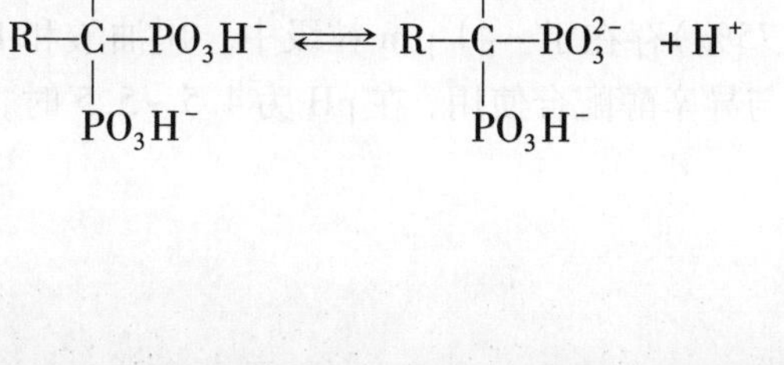

$$R—C(NH_2)(PO_3H^-)—PO_3H^- \rightleftharpoons R—C(NH_2)(PO_3H^-)—PO_3^{2-} + H^+ \quad pK_3 = 9.41 \pm 0.05$$

$$R-\underset{PO_3H^-}{\overset{NH_2}{C}}-PO_3^{2-} \rightleftharpoons R-\underset{PO_3^{2-}}{\overset{NH_2}{C}}-PO_3^{2-} + H^+ \qquad pK_4 = 11.4 \pm 0.15$$

从电离常数的负对数值看，其一级电离为中强酸，二级电离强度相当于醋酸的强度，可用碱中和成盐而溶于碱中。该化合物分子中有一个氨基，具有碱性，故在强酸介质中氨基可中和成盐而溶解。因此，烷基-α-氨基1，1-二膦酸是一种两性化合物，在等电点时，溶解度最小。

$$\underset{\text{溶于强酸}}{R-\underset{PO_3H_2}{\overset{NH_3^+\,Cl^-}{C}}-PO_3H_2} \underset{HCl}{\overset{NaOH}{\rightleftharpoons}} \underset{\text{等电点}}{R-\underset{PO_3H_2}{\overset{NH_3^+}{C}}-PO_3H^-} \underset{HCl}{\overset{NaOH}{\rightleftharpoons}} \underset{\text{溶于碱}}{R-\underset{PO_3Na_2}{\overset{NH_2}{C}}-PO_3Na_2}$$

4.7.3 烷基-α-氨基1，1-二膦酸对锡石的捕收性能

1. 浮选锡石单矿物

用烷基-α-氨基-1，1-二膦酸浮选锡石、电气石、褐铁矿单矿物，同时用烷基-α-羟基1，1-二膦酸做对比，结果见图4-16。从图4-16看出，烷基-α-氨基-1，1-二膦酸的选择性比烷基-α-羟基-1，1-二膦酸的好。

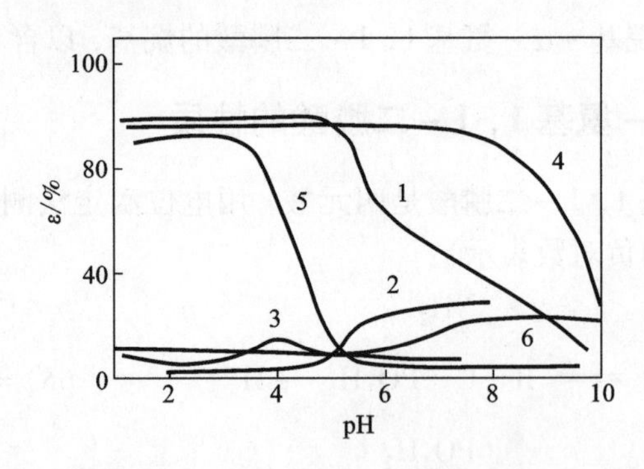

图4-16 矿浆pH对锡石(1，4)、电气石(2，5)和褐铁矿(3，6)可浮性的影响

1，2，3—烷基-α-氨基-1，1-二膦酸 (10^{-3} mol/L)；

4，5，6—烷基-α-羟基-1，1-二膦酸 (10^{-3} mol/L)

2. 从难选产品中浮选锡石

所用试料是锡矿的重选矿泥，其特点是褐铁矿和电气石含量高，前者为49%、后者为24%，大部分锡石(75%)存在于-44 μm粒级中。用油酸和ИМ-50浮选时效果不好。苯乙烯膦酸与异辛醇配合使用，在pH为4.5~5.5时，能得

到锡石品位为6% ~7%、回收率70% ~74%的锡精矿。烷基-α-羟基-1,1-二膦酸与异辛醇配合使用,在pH为4.5~5.5时,经二次精选得到品位8%、回收率40% ~50%的精矿,这时烷基-α-羟基-1,1-二膦酸用量为400 g/t、异辛醇用量930 g/t。烷基-α-氨基-1,1-二膦酸与异辛醇配合使用,经一次精选得到品位11%、回收率56% ~60%的锡精矿,这时烷基-α-氨基-1,1-二膦酸用量为250 g/t、异辛醇用量为500 g/t。

用浮选方法从含有大量氢氧化铁和电气石的矿泥中回收锡石,配合使用膦酸和异构醇,能得到高的浮选指标。在这种情况下,双膦酸的效果比单膦酸好,与单矿物浮选的效果一样,依次按苯乙烯膦酸、烷基-α-羟基-1,1-二膦酸、烷基-α-氨基-1,1-二膦酸顺序增大。

4.7.4 烷基-α-羟基-1,1-二膦酸、烷基-α-氨基-1,1-二膦酸捕收锡石的机理

在锡石表面上主要存在的是$Sn(OH)_3^+$型化合物,膦酸在锡石表面的吸附与该化合物的存在有关。在高价锡[Sn(Ⅳ)]的电场中及氧原子的强极化作用下,保证Sn—OH键是极强的共价键,在弱酸性介质中,膦酸根要取代锡石表面的羟基,需克服相当大的势垒,因而,化学吸附的可能性很小。

测定微分电容表明,在弱酸性介质中,锡石表面吸附有膦酸,吸附强度不是很高,但属化学吸附范围。为了测定锡石表面上捕收剂与Sn(Ⅳ)化学吸附形成的化合物,曾在pH为4~5.5时,用饱和捕收剂溶液处理20 nm氧化锡,进行莫斯鲍尔(Mossbauer)光谱研究。液相光谱表明,即使测量准确到一个单分子层,也没有发现捕收剂与Sn(Ⅳ)发生化学吸附的化合物。因此可以假设,在弱酸性介质中浮选锡石时,捕收剂固着在与晶体结构的缺陷(如阳离子杂质)有关的不饱和中心(配位不饱和或价键不饱和),而不是生成锡的表面化合物。这时,作为配位体的捕收剂的配位原子的电子云被吸引到晶体缺陷上的杂质阳离子的空轨道上,形成配位键(共价配键),于是杂质阳离子获得有效负电荷,捕收剂作为配位体获得正电荷,形成有效偶极子,这种键合作用发生在固体表面的化学吸附过程中。

总之,膦酸在锡石表面发生的是其晶体缺陷中的杂质阳离子与捕收剂间的化学吸附,从而使膦酸定位于锡石表面。

4.8 烷基胂酸和甲苯胂酸

烃基胂酸是氧化矿捕收剂,浮选锡石和黑钨矿效果显著。烃基胂酸可分为烷基胂酸和芳基胂酸。在烷基胂酸中,烷基含碳原子数在C_4~C_{12}时有效,在芳基胂酸中,一般以C_6H_5—、$CH_3C_6H_4$—、$C_2H_5C_6H_4$—为有效。

4.8.1　烷基胂酸

1. 烷基胂酸的制法

用亚砷酸钠与卤代烷作用，制得烷基胂酸钠，再酸化得烷基胂酸。

$$RX + Na_3AsO_3 \longrightarrow R-AsO(ONa)_2 + NaX$$

$$R-AsO(ONa)_2 + 2H_2SO_4 \longrightarrow R-AsO(OH)_2 + 2NaHSO_4$$

用第一脂肪族卤代烷胂化制烷基胂酸，反应很难进行，往往需要回流几十至几百小时，第二卤代烷只有部分反应，第三卤代烷没有反应。所用的卤代烷为溴代烷或氯代烷，不能用碘代烷作原料，若用碘代烷作原料，当用无机酸酸化反应混合物时，析出的碘化氢对烷基胂酸有还原作用。将4 mol三氧化二砷溶于含有24 mol氢氧化钠的2 L水溶液中，配成溶液(Ⅰ)，再将8 mol卤代烷加入200 mL酒精中配成溶液(Ⅱ)，在室温下将(Ⅱ)慢慢滴入(Ⅰ)中，滴完后在水浴上加热回流70~200 h，将反应混合物浓缩，使卤化钠结晶，滤去卤化钠晶体，用硫酸酸化，则分离出烷基胂酸。用水或酒精重结晶一次，便可得到足够纯度的烷基胂酸。用卤代芳烃代替卤代烷烃制芳香族胂酸，产量很低(有些卤代芳烃不发生这一反应)，故此法不宜于制取芳香族胂酸。

2. 烷基胂酸的性质

一些烷基胂酸的结构式及熔点列于表4-17中。烷基胂酸一般是无色晶体，常温下稳定，是一种胂制剂，具有毒性，使用时避免入口。烷基胂酸是二元酸，在水中呈酸性。反应如下：

$$R—AsO_3H_2 \rightleftharpoons R—AsO_3H^- + H^+ \qquad R—AsO_3H^- \rightleftharpoons R—AsO_3^{2-} + H^+$$

表4-17　烷基胂酸的熔点

名　称	结　构　式	熔点/℃
甲基胂酸	$CH_3—As(=O)(—OH)—OH$	15.98
乙基胂酸	$CH_3CH_2—As(=O)(—OH)—OH$	99.6
丙基胂酸	$CH_3CH_2CH_2—As(=O)(—OH)—OH$	134.6~135.2

续表 4-17

名称	结构式	熔点/℃
丁基胂酸	$CH_3CH_2CH_2CH_2—As(=O)(OH)—OH$	159.5~160.0
戊基胂酸	$CH_3CH_2CH_2CH_2CH_2—As(=O)(OH)—OH$	169~173
3-甲基丁基胂酸	$CH_3CH(CH_3)CH_2CH_2—As(=O)(OH)—OH$	4~192
2-甲基丁基胂酸	$CH_3CH_2CH(CH_3)CH_2—As(=O)(OH)—OH$	2~171

烷基胂酸与许多重金属阳离子作用生成难溶盐，但对钙、镁离子不敏感，因此，用作捕收剂浮选以含钙矿物为脉石的锡石和黑钨矿，具有较好的选择性。

4.8.2 甲苯胂酸

国外使用的胂酸捕收剂一般是对-甲苯胂酸，我国曾使用对-甲苯胂酸和邻-甲苯胂酸的混合物，称混合甲苯胂酸。

1. 对-甲苯胂酸的制法

将对-甲苯胺（若制取混合甲苯胂酸则用对-甲苯胺和邻-甲苯胺的混合物）经重氮化、胂化、酸化而成，反应式如下：

$$CH_3—C_6H_4—NH_2 \xrightarrow{HCl} CH_3—C_6H_4—NH_2 \cdot HCl \xrightarrow[NaNO_2+HCl]{HNO_2}$$

$$CH_3—C_6H_4—N=N—Cl \xrightarrow[NaOH+As_2O_3]{Na_3AsO_3} CH_3—C_6H_4—AsO_3Na_2 \xrightarrow[pH\ 为\ 1\sim2]{H_2SO_4}$$

$$CH_3—C_6H_4—AsO_3H_2$$

若制取其他芳基胂酸，可仿照此法，用相应的芳胺为原料。

2. 对-甲苯胂酸的性质

对-甲苯胂酸及其同分异构体的物理性质见表 4-18。苯胂酸无同分异构体，甲－苯胂酸有四种同分异构体，即对－甲苯胂酸、邻－甲苯胂酸、间－甲苯胂酸和苄基胂酸，邻－甲苯胂酸和对－甲苯胂酸的混合物称混合甲苯胂酸。纯者均为无色固体，属二元弱酸，性质与烷基胂酸相似。但芳基胂酸较烷基胂酸容易制得，故有工业价值。

表 4－18 甲苯胂酸同分异构体的物理性质

名称	结构式	熔点/℃	K_1	K_2
苯胂酸	(苯环)—As(=O)(—OH)—OH	159～160	—	—
邻－甲苯胂酸	(苯环, 邻位 CH_3)—As(=O)(—OH)—OH	159～160	1.5×10^{-4}	1.4×10^{-9}
对－甲苯胂酸	CH_3—(苯环)—As(=O)(—OH)—OH	105～110 (转化为无机物)	2.0×10^{-4}	2.1×10^{-9}
间－甲苯胂酸	(苯环, 间位 CH_2)—As(=O)(—OH)—OH	150	1.5×10^{-3}	1.5×10^{-9}
混合甲苯胂酸	(苯环, CH_3) —As(=O)(—OH)—OH*	126 (开始熔化)	—	—
苄基胂酸	(苯环)—CH_2—As(=O)(—OH)—OH	196～197(*d*)	6.6×10^{-5}	7.9×10^{-10}

注：* 这种写法代表混合甲苯胂酸。

3. 甲苯胂酸对锡石的捕收性能

用苯胂酸、对－甲苯胂酸、邻－甲苯胂酸分别浮选锡石单矿物，回收率与胂酸用量的关系见图 4－17，回收率与 pH 的关系见图 4－18。图 4－17 表明所使用的三种胂酸，以对－甲苯胂酸的捕收能力最强，邻－甲苯胂酸次之，苯胂酸最弱。原因是：

(1)甲苯胂酸的疏水基较苯胂酸的疏水基大，疏水性强，因此甲苯胂酸的捕收能力较苯胂酸强；

(2)邻-甲苯胂酸的甲基与胂酸根处于邻位，由于空间位阻效应而使其捕收能力下降，故邻-甲苯胂酸的捕收能力不及对-甲苯胂酸。从图4-18看出，所用的三种胂酸均在pH为4左右回收率最高，可能是在这个pH范围内，胂酸容易与锡石晶格缺陷的杂质阳离子发生反应，形成化学吸附。

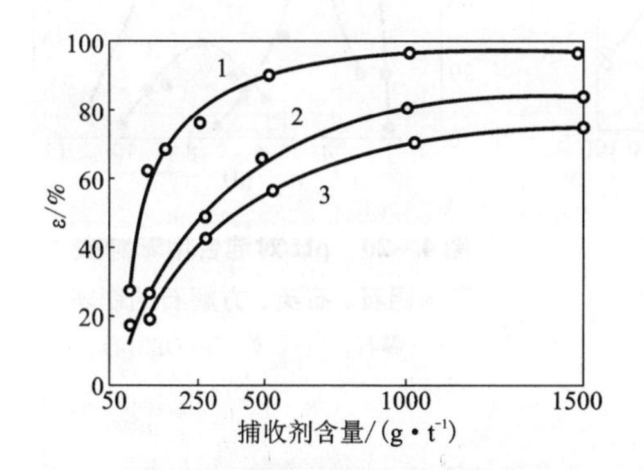

图4-17 苯胂酸类捕收剂用量对锡石回收率的影响

矿浆温度:25℃ pH:6.6

1—对-甲苯胂酸；2—邻-甲苯胂酸；3—苯胂酸

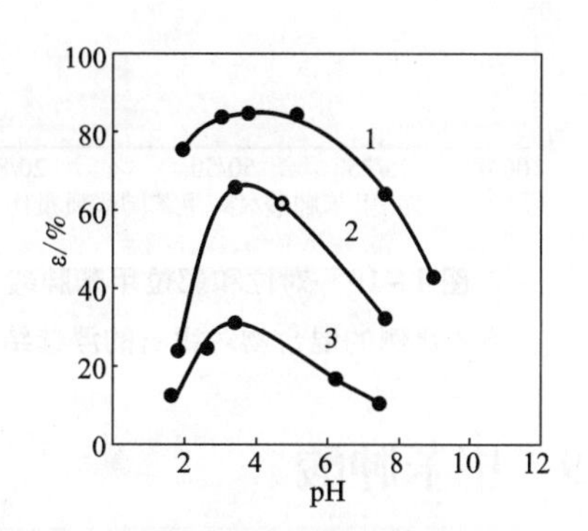

图4-18 苯胂酸类捕收剂浮选锡石回收率与pH的关系

1—对-甲苯胂酸；2—邻-甲苯胂酸；3—苯胂酸

将甲苯硝化制硝基甲苯时，同时产生对-硝基甲苯和邻-硝基甲苯，因此产品为一混合物，将此混合物还原得混合甲苯胺，不经分离直接用于制甲苯胂酸，便得混合甲苯胂酸，这省去了分离对-硝基甲苯和邻-硝基甲苯的步骤，同时能将邻-硝基甲苯加以利用，可以降低制备成本。为了解对-甲苯胂酸与邻-甲苯胂酸混合物对锡石的捕收性能，长沙矿冶研究院做了不同比例的混合甲苯胂酸对锡石的浮选试验，结果见图4-19。从图4-19看出，任何百分比的混合甲苯胂酸浮选锡石，混合药剂的捕收能力都比单一使用对-甲苯胂酸或邻-甲苯胂酸强，当两者混合比在(50~30):70时，捕收能力强于单独使用对-甲苯胂酸，其中混合比在45:55时，对锡石的捕收能力最强。这一试验结果，为制造和使用混合甲苯胂酸提供了科学依据。

混合甲苯胂酸在不同pH时，对锡石、石英、方解石的浮选行为如何？在混合甲苯胂酸用量为100 g/t时，对三种矿物分别浮选，结果见图4-20。图4-20表明对锡石的捕收能力最强，在接近中性的pH条件下，锡矿回收率82%，石英、方解石回收率分别为12.5%和16.9%，说明胂酸的选择性好。

用混合甲苯胂酸浮选锡石矿泥，能获得含锡69.83%、回收率达80.60%的锡精矿。混合甲苯胂酸还是黑钨矿泥的捕收剂。

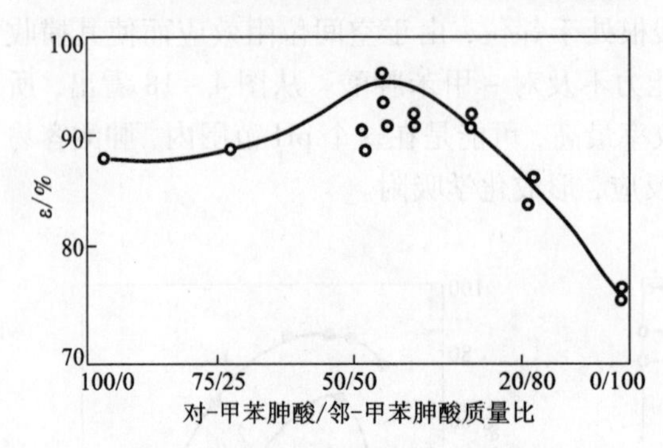

图4-19　对位和邻位甲苯胂酸不同比例的混合物对锡石的浮选结果

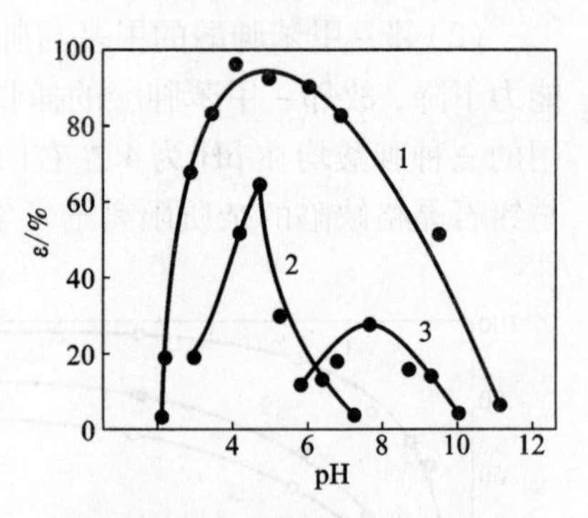

图4-20　pH对混合甲苯胂酸浮选锡石、石英、方解石的影响

1—锡石；2—石英；3—方解石

4.9　甲苄胂酸

甲苄胂酸是对、邻、间三种异构体的混合物，结构式是

$$CH_3-C_6H_4-CH_2AsO_3H_2 \quad (\text{对-甲苄胂酸}) \qquad o\text{-}CH_3C_6H_4-CH_2AsO_3H_2 \quad (\text{邻-甲苄胂酸}) \qquad m\text{-}CH_3C_6H_4-CH_2AsO_3H_2 \quad (\text{间-甲苄胂酸})$$

对-甲苄胂酸　　邻-甲苄胂酸　　间-甲苄胂酸

对、邻、间三种异构体的比例大致是64%、34.7%、1.3%，这也就是中间体甲苄氯异构体的比例，甲苄胂酸具有苄基又具有处于邻、对、间位的甲基，是胂酸捕收剂。

4.9.1　甲苄胂酸的制法

1. 制甲苄氯

制甲苄氯是以甲苯、甲醛、浓盐酸为原料，在无水氯化锌催化下进行氯甲基化反应(Blanc反应)，从而制得甲苄氯各异构体的混合物。

$$CH_3-C_6H_5 + HCHO + HCl \xrightarrow[\text{加热}]{\text{无水}ZnCl_2} CH_3-C_6H_4^{*}-CH_2Cl + H_2O$$

注：* 代表甲苄氯的邻、对、间三种异构体的混合物。

此时的副反应有:在苯环上引入第二个氯甲基，生成 $CH_3—C_6H_3(CH_2Cl)_2$ ，甲苄氯可能与第二个甲苯分子反应生成二甲苯甲烷:

$$CH_3—C_6H_4CH_2Cl + C_6H_5CH_3 \longrightarrow CH_3C_6H_4 \cdot CH_2C_6H_4CH_3 + HCl$$

制备时，将规定量的甲醛溶液、浓盐酸、甲苯和无水氯化锌置入附有电动搅拌器的三口瓶中，在搅拌下加热至反应温度并通入氯化氢气体，直至反应进行至规定时间为止。反应完毕，将物体倒入分液漏斗中静置分层，下层为 $ZnCl_2$ - HCl 溶液，可供重新配料使用；上层是甲苄氯的甲苯溶液，先用水洗，后用碳酸钠溶液洗，再水洗至中性，干燥后用蒸馏法回收未反应的甲苯，得甲苄氯，纯度可达92%。氯甲基化反应是非均相反应，影响反应的因素有搅拌效果、反应温度、反应时间、催化剂数量等。固定若干因素，对反应温度、反应时间和催化剂数量进行正交试验，并将最佳条件加以验证，得到氯甲基化反应最佳条件如表4－19，试验结果见表4－20。

表4－19 氯甲基化反应最佳条件

配料量				反应温度/℃	反应时间/h	备注
甲苯/mL	甲醛/mL	浓盐酸/mL	$ZnCl_2$/g			
400	75	150	68	68	10	1 mol 配料比

表4－20 氯甲基化反应最佳条件试验结果

试验次数	粗制甲苄氯		收率/%
	产量/g	含量/%	
四次平均值	373	33.51	88.44

制得的甲苄氯是三种异构体的混合物，它们各自所占比例和沸点如下：

对－甲苄氯	邻－甲苄氯	间－甲苄氯
沸点200～202℃	沸点195～196℃	沸点199～206℃
占有率64%	占有率34.7%	占有率1.3%

甲苄氯密度为1.06 g/mL，有刺激性气味。

2. 迈耶反应(Meyer反应)制甲苄胂酸

首先用三氧化二砷溶于浓氢氧化钠溶液中，制成亚砷酸钠溶液，此时主要的副反应是烧碱中含有的碳酸钠也会反应：

$$As_2O_3 + 6NaOH \longrightarrow 2Na_3AsO_3 + 3H_2O$$

$$As_2O_3 + Na_2CO_3 \longrightarrow 2NaAsO_2 + CO_2\uparrow$$

甲苄氯与亚砷酸钠反应即胂化反应，生成甲苄胂酸钠：

$$m\text{-}CH_3C_6H_4CH_2Cl + Na_3AsO_3 \longrightarrow m\text{-}CH_3C_6H_4CH_2AsO_3Na_2 + NaCl$$

这时主要的副反应是甲苄氯在碱溶液中和受热条件下，水解生成甲苄醇和少量二甲苄醚：

$$m\text{-}CH_3C_6H_4CH_2Cl + NaOH \xrightarrow{H_2O} m\text{-}CH_3C_6H_4CH_2OH + NaCl$$

$$m\text{-}CH_3C_6H_4CH_2Cl + NaOH + HOCH_2C_6H_4CH_3\text{-}m \longrightarrow m\text{-}CH_3C_6H_4CH_2OCH_2C_6H_4CH_3\text{-}m + NaCl + H_2O$$

胂化反应是在带有电动搅拌器的容器中进行，先在其中配制亚砷酸钠溶液，然后在搅拌下加入计量的甲苄氯，反应系在规定温度下进行，并快速搅拌至规定反应时间为止。反应完毕后，物料移入分液漏斗中分层，上层为甲苄醇副产物，下层为甲苄胂酸钠溶液，倾入盛有同体积稀释水的容器中搅匀，慢慢加入浓度25%的硫酸，当 pH 接近 2 ~ 3 时停止加酸，此时甲苄胂酸呈白色晶体析出，经抽滤、洗涤后即得到甲苄胂酸成品，此成品实际是混合甲苄胂酸，简称甲苄胂酸：

$$m\text{-}CH_3C_6H_4CH_2AsO_3Na_2 + 2H_2SO_4 \longrightarrow m\text{-}CH_3C_6H_4CH_2AsO_3H_2 + 2NaHSO_4$$

影响胂化反应的因素有搅拌效果、反应温度、反应时间、物料配比等，试验结果所得最佳胂化反应条件列于表 4 - 21，试验结果列于表 4 - 22。

表 4 - 21　胂酸化反应最佳条件，n(甲苄氯)∶$n(Na_3AsO_3)$ = 1∶1.1

m(92% 甲苄氯) /g	$m(As_2O_3)$ /g	m(NaOH) /g	$m(H_2O)$ /g	反应温度 /℃	反应时间 /h
152.8	114	139	495	75	8

表 4 - 22　最佳胂化反应条件试验结果

试验情况	甲苄胂酸				副产物甲苄醇质量/g	母液		
	质量 /g	w(甲苄胂酸) /%	$w(As_2O_3)$ /%	回收率 /%		质量 /g	$w(As_2O_3)$ /%	$w(As_2O_3)$ /g
5 次平均	131.6	90.81	1.32	51.79	38.5	3966	1.31	51.9

3. 回收甲苯

在制甲苄胂酸中，甲苯既是反应原料又作反应介质，回收甲苯重复使用非常有必要，回收试验结果列于表4－23。回收的甲苯完全可以重复使用。

表4－23 回收甲苯再用试验结果

试验情况	甲苄氯粗制品		
	质量/g	含量/%	回收率/%
4次平均值	357	37.41	94.18

4.9.2 甲苄胂酸的性质

甲苄胂酸是灰白色粉状物，粗产品纯度约80%，含三氧化二砷1%左右，有少量氯化钠、硫酸氢钠等杂质，其余为水分。甲苄胂酸溶于热水而难溶于冷水，经提纯的甲苄胂酸是无色针状晶体，熔点158～161℃，同时易分解。

甲苄胂酸为二元弱酸，其水溶液呈酸性反应，分步电离：

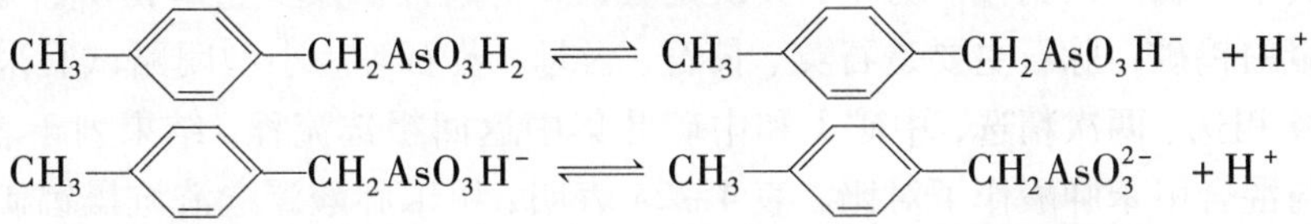

$$CH_3-C_6H_4-CH_2AsO_3H_2 \rightleftharpoons CH_3-C_6H_4-CH_2AsO_3H^- + H^+$$

$$CH_3-C_6H_4-CH_2AsO_3H^- \rightleftharpoons CH_3-C_6H_4-CH_2AsO_3^{2-} + H^+$$

经电位滴定法测定，其一步电离常数和二步电离常数分别为10^{-4}和10^{-8}数量级。能与许多重金属阳离子作用，生成难溶盐。尾矿废水中含有甲苄胂酸时，可加三氯化铁或硫酸亚铁，使其生成甲苄胂酸铁沉淀除去，减少污染。

甲苄胂酸含有三种同分异构体，且对位占多数，空间综合效应与混合甲苯胂酸相似，并有混合用药作用。它们的结构对比如下：

药剂名称	结构式和异构体	异构体比例(%)	烃基长度10^{-10}m
甲苄胂酸	$CH_3-C_6H_4-CH_2AsO_3H_2$（对位）	对位:64	7.24
	$C_6H_4(CH_3)-CH_2AsO_3H_2$（邻位）	邻位:32	
	$C_6H_4(CH_3)-CH_2AsO_3H_2$（间位）	间位:4	
混合甲苯胂酸	$CH_3-C_6H_4-AsO_3H_2$	对位:60	5.71

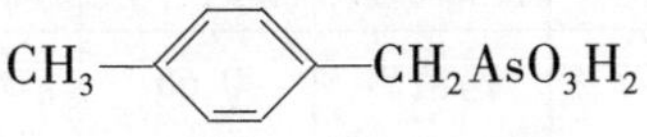

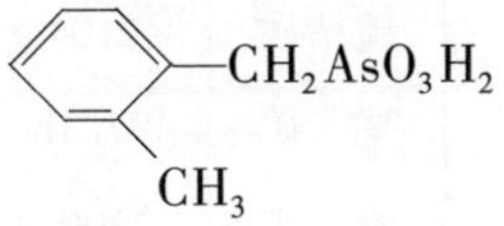

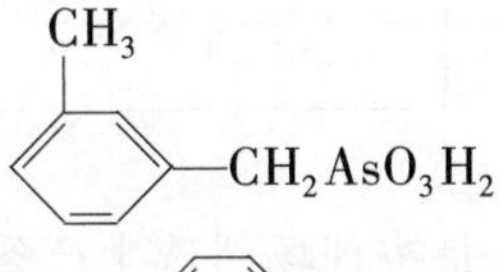

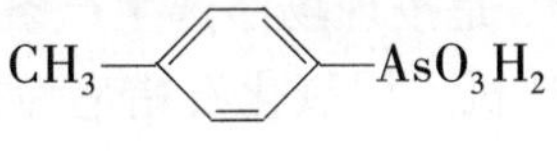

$$\text{CH}_3\text{-C}_6\text{H}_4\text{-AsO}_3\text{H}_2$$ 邻位:18

$$\text{CH}_3\text{-C}_6\text{H}_4\text{-AsO}_3\text{H}_2$$ 间位:22

但甲苄胂酸的胂酸基团不直接与苯环相连，而是通过一个次甲基 CH_2—与苯环连接，因此，甲苄胂酸比甲苯胂酸多一个次甲基，烃基较长，疏水能力较强，捕收能力也相应较强。

4.9.3 甲苄胂酸的捕收性能

用甲苄胂酸作捕收剂，对浒坑钨矿黑钨矿泥、铁山垅钨矿离心机黑钨精矿、长坡选厂锡石矿泥做了浮选试验，现分述如下。

1. 浮选浒坑黑钨矿泥

矿泥取自浒坑钨矿选厂浓缩池进入浮钨系统的给矿管，包括原生矿泥和次生矿泥，其中金属矿以钨锰矿为主，其次是黄铁矿、闪锌矿及少量辉铋矿、硫铅铋矿、微量白钨矿。脉石主要是石英、长石、云母、萤石等。小型闭路试验采用脱硫后一次粗选、两次精选，中矿Ⅰ和中矿Ⅱ集中返回粗选流程，结果列于表4-24，并与混合甲苯胂酸作了对比。表4-24表明，甲苄胂酸浮选浒坑黑钨矿泥小型试验所得黑钨精矿品位39.50% WO_3，回收率84.72%，尾矿降至0.029%，效果比混合甲苯胂酸好。

表4-24 甲苄胂酸浮选浒坑黑钨矿泥闭路试验结果

甲苄胂酸				混合甲苯胂酸			
产品名称	产率/%	品位/%	回收率/%	产品名称	产率/%	品位/%	回收率/%
钨精矿	0.70	39.50	84.72	钨精矿	0.65	32.61	81.43
硫精矿	2.01	0.52	3.22	硫精矿	2.04	0.58	4.66
矿　泥	1.43	0.78	3.43	尾　矿	97.31	0.037	12.91
尾　矿	95.86	0.029	8.63	给　矿	100	0.26	100
给　矿	100	0.33	100				

单槽精选浒坑黑钨矿泥工业试验，是按现场浮选生产条件进行的，即黑钨矿泥全浮粗泡产品再精选，采用6A浮选机。用氧化石蜡皂为捕收剂的粗泡产品进

入单槽后，在溢流中排出大量矿泥，然后加氟硅酸钠 4.5 kg/t 作抑制剂、丁黄药 0.35 kg/t 作捕收剂、硫酸 15 kg/t 作调整剂，优先浮硫，这时硫化矿上浮而黑钨仍留槽内，顺利地与硫化矿分离。浮硫后沉淀 45 min，放掉上层悬浮液，再加水调浆即为单槽精选给矿，此时矿浆 pH 为 2～3，适宜黑钨浮选。若 pH 低于 2.5，则浮选速度慢，精矿品位高、回收率低，若 pH 高于 3，则浮选速度快，精矿品位低、回收率高，故控制 pH 极为重要。加甲苄胂酸 0.12 kg/t、氧化石蜡皂 0.25 kg/t 进行黑钨精选，浮选的前 20 min 泡沫产品作为精Ⅰ，然后扫选，扫选泡沫进入泡沫槽后自然溜洗，扫选完毕再进行人工溜洗得精Ⅱ，溜洗损失进入摇床。工业试验结果列于表 4－25，同时与 1979 年 11 月 17 日、18 日、19 日现场用混合甲苯胂酸生产的累计结果作了对比。

表 4－25 甲苄胂酸浮选浒坑黑钨矿泥单槽精选工业试验结果

捕收剂	给矿		精Ⅰ＋精Ⅱ			精Ⅱ溜洗损失			尾 矿		
	质量/kg	品位/%	产率/%	品位/%	回收率/%	产率/%	品位/%	回收率/%	产率/%	品位/%	回收率/%
甲苄胂酸	5287	2.01	3.97	44.61	88.00	6.65	1.89	6.40	89.38	0.127	5.60
混合甲苯胂酸	3959.4	3.28	5.19	52.62	83.18	6.19	6.47	12.19	88.62	0.17	4.63

从表 4－25 看出，因甲苄胂酸捕收力较强，所以，在相同条件下浮选，所得精矿品位较低而回收率较高，损失在尾矿中及溜洗中也较少。选厂规定浮钨精矿含 WO_3 45% 为合格精矿，表 4－25 表明，两种捕收剂所获得的精矿都合格，回收率也达到选厂要求(80%)。

2. 浮选铁山垅选厂离心机精矿

铁山垅钨矿属多层成矿的高温热液型脉状黑钨矿床，围岩以变质砂岩为主，其次有千枚岩、板岩等。伴生金属矿物有黄铜矿、辉铋矿、锡石、黄铁矿等。脉石以石英为主，其次为云母、电气石、萤石和黏土等。原生及次生矿泥混合入选，不分级、不脱粗、不脱泥，用常规药剂优先浮铜，浮铜尾矿进入离心机粗选，粗选尾矿丢弃，粗精矿脱水浓缩后进入离心机精选，精选尾矿返回浓密机，离心机精选精矿进行浮钨前，用常规药剂浮去硫化矿，然后用甲苄胂酸浮钨。

工业试验按原生产流程进行，即离心机精矿脱硫后进行粗选，经一粗二扫，合并粗选精矿和扫选精矿为粗精矿。粗精矿精选是一精四扫，合并精选和扫选精矿为最终精矿。单槽精选工业生产的粗选在 4 个连通的 5A 浮选机中进行，精选在一对 3A 浮选机中进行，粗选一槽的粗精矿可供三槽精选使用，粗精矿刮出后先放在粗精矿池中，再分批泵入精选槽精选，故精选给矿品位不一定与粗精矿相同。工业试验结果列于表 4－26，加丁黄药作辅助捕收剂。从表 4－26 看出，甲苄肿酸与丁黄药配合使用，浮选铁山垅离心机精矿，所得黑钨精矿在品位和回收率两方面都达到选厂要求的指标。

表 4-26 甲苄胂酸与丁基黄药配合使用浮选铁山垅离心机精矿单槽精选工业试验结果

甲苄胂酸：粗选 225 g/t，精选 260 g/t 丁基黄药：精选 236 g/t，粗选 134 g/t					
作业名称	产品名称	产率/%	品位/%	回收率/%	分选指标/%
粗选	钨粗精矿	48.38	27.70	91.82	65.26
	硫精矿	12.40	4.80	4.26	
	尾矿	39.22	1.40	3.91	
	给矿	100	14.07	100	
精选	钨精矿	59.59	52.12	97.98	38.59
	硫精矿	1.73	10.00	0.54	
	尾矿	38.68	1.22	1.48	
	给矿	100	31.72	100	

3. 浮选长坡选厂锡石矿泥

甲苄胂酸浮选长坡选厂锡石矿泥，小型闭路试验结果列于表 4-27。从表 4-27 看出，当甲苄胂酸用量为 500 g/t 时，获得锡精矿品位 39.53%，回收率 96.55%，大大超过选厂的要求。

表 4-27 甲苄胂酸浮选长坡锡石矿泥闭路试验结果

甲苄胂酸（500 g/t）				
产品名称	产率/%	品位/%	回收率/%	分选指标/%
锡精矿	1.88	39.53	96.55	94.68
尾矿	98.12	0.013	3.45	
给矿	100	0.77	100	

参考文献

[1] 李志彬，马洪显. M203 捕收剂浮选东鞍山高亚铁难选贫赤铁矿工业试验[J]. 金属矿山，1994(1)：37.

[2] 毛益平，魏素坤. 东鞍山赤铁矿药剂添加剂的选矿试验研究[J]. 金属矿山，1993(5)：31.

[3] 杨颖，裘东升. 采用药剂添加剂方案选别东鞍山红铁矿的试验研究及探讨[J]. 金属矿山，1993(12)：39.
[4] B·达斯，李长根，林森. 赤铁矿动电性质和用二(2～乙基己基)磷酸浮选赤铁矿的研究[J]. 国外金属矿选矿，2004(7)：25～27.
[5] 王孝愈. 苯乙烯膦酸浮选锡细泥工业试验[J]. 有色金属(选矿部分)，1980(3)：42～44.
[6] 何娟姿. 苯乙烯膦酸从含铅粗锡精矿中浮选锡石[J]. 有色金属(选矿部分)，1980(2)：62～65.
[7] 周军，钱鑫. 攀枝花细粒钛铁矿混合药剂浮选研究[J]. 矿冶工程，1996(3)：28～35.
[8] 朱建光. 金红石和钛铁矿的浮选[J]. 有色矿冶，1997(3)：28～30.
[9] 张径生，见百熙. 苯乙烯膦酸浮选微山稀土矿物的研究[J]. 矿冶工程，1981(2)：28～30.
[10] 陆英英，林强，王淀佐萤石白钨石榴石浮选分离的新型药剂—LP 系列捕收剂[J]. 有色矿冶，1993(1)：20.
[11] 胡岳华，王淀佐. α－胺基芳基膦酸浮选磷灰石与方解石的研究[J]. 有色金属(选矿部分)，1992(1)：41.
[12] B·Д·萨梅金等著，刘思鸿译. 浮选理论现状与远景[M]. 北京：冶金工业出版社，1984.
[13] 黄文孝，刘瑞仁. 锡石捕收剂羟基烷叉双膦酸的合成及浮选性能研究[J]. 云南冶金，1982(6)：14～16.
[14] 王钊军，劳晓峰. 一种含羟基烷叉双膦酸钛铁矿捕收剂的合成及浮选性能研究[J]. 矿产综合利用，2010(4)：24～26.
[15] 王孝愈. 苯乙烯膦酸浮选锡细泥工业试验[J]. 有色金属(选矿部分)，1980(3)：42～44.
[16] 朱建光，江世荫. 甲苄胂酸的合成及捕收性能[J]. 中南矿冶学院学报，1986(1)：29～37.
[17] 朱建光，江世荫. 甲苄胂酸对黑钨细泥的捕收性能[J]. 有色金属(季刊)，1983(4)：32～37.
[18] 朱建光. 同系列同分异构原则在研究苄基胂酸中的应用[J]. 湖南冶金，1983(1)：4～7.
[19] 朱玉霜，朱建光，江世荫. 甲苄胂酸与黄药混用浮选黑钨细泥[J]. 中南矿冶学院学报，1981(3)：23～31.
[20] 朱建光，朱一民. 甲苄胂酸对黑钨矿和锡石矿泥的捕收性能[J]. 中南矿冶学院学报，1984(1)：19～27.
[21] 朱玉霜. 甲苄胂酸电离常数及其若干酸式盐溶度积测定[J]. 中南矿冶学院学报，1983(3)：29～38.
[22] 朱玉霜，刘胜. 含有机胂酸选矿废水的分析和处理[J]. 云南冶金，1984(2)：44～47.

5 含氮的氧化矿捕收剂——肟和羟肟酸

本章所介绍的氧化矿捕收剂，可看作是氨的衍生物。氨被温和氧化生成羟氨(NH_2OH)，羟氨与醛作用生成醛肟，与酮作用生成酮肟，与酯作用生成羟肟酸。本章将介绍与氧化矿捕收剂有关的水杨醛肟、丁二酮二肟、N－羟基邻苯二甲酰亚胺、亚硝基苯胺铵盐、烷基羟肟酸、环烷基羟肟酸、苯甲羟肟酸、水杨羟肟酸(H_{205}、H_{203})和α－羟基－1－萘甲醛肟等氧化矿捕收剂。

5.1 烷基水杨醛肟

5.1.1 烷基水杨醛肟的制法

烷基水杨醛肟是由烷基水杨醛与盐酸羟氨在氢氧化钠溶液中反应而成，反应温度在100℃以下：

$$R-C_6H_3(OH)-CHO + NH_2OH \cdot HCl + NaOH \longrightarrow R-C_6H_3(OH)-CH{=}NOH + 2H_2O + NaCl$$

产品是无色晶体，易溶于水，显极弱的酸性。

5.1.2 烷基水杨醛肟的浮选性能

1. 烷基水杨醛肟浮选菱锌矿

水杨醛肟是很多金属阳离子的螯合剂，基于水杨醛肟和水中阳离子螯合与其和矿物表面阳离子螯合有相似之处，水杨醛肟与矿物表面金属阳离子螯合而固着，烃基疏水而发挥捕收作用。一系列烷基水杨醛肟作为菱锌矿的捕收剂进行浮选试验的结果见图5－1。从图5－1看出，丙基水杨醛肟效果最好。用丙基水杨醛肟浮选菱锌矿和白云石的试验结果见图5－2。

从图5－2看出，在相同捕收剂浓度和pH下，菱锌矿浮选速率很快(曲线2和3)，而白云石浮选速率较慢(曲线5和6)，浮选25 min和28 min后，菱锌矿完全上浮，白云石只上浮40%左右。因此，用丙基水杨醛肟作捕收剂，有可能将菱锌矿和白云石浮选分离。

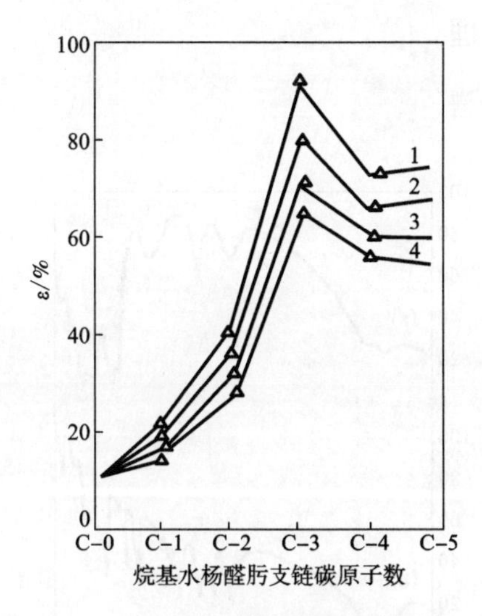

图 5-1 烷基水杨醛肟支链碳原子数与菱锌矿回收率的关系

浮选时间 20 min，捕收剂浓度 125 mg/L

1—pH 为 7.5；2——pH 为 8.5；

3—pH 为 10；4—pH 为 6.5

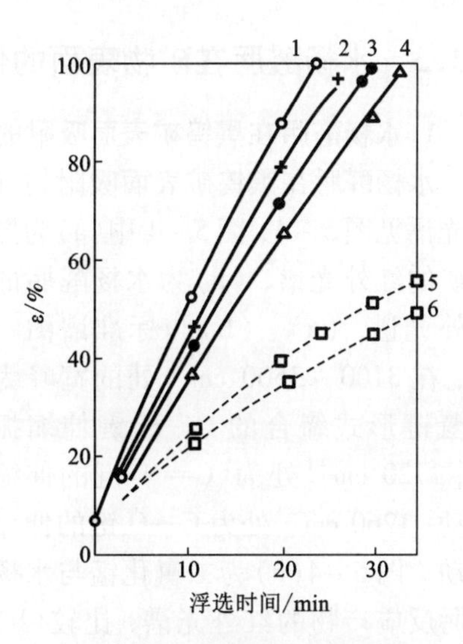

图 5-2 丙基水杨醛肟浮选菱锌矿、白云石时浮选时间与回收率的关系

菱锌矿：捕收剂浓度 125 mg/L

1—pH 为 7.5；2—pH 为 8.5；

3—pH 为 10；4—pH 为 6.5

白云石：捕收剂浓度 125 mg/L

5—pH 为 8.5；6—pH 为 10

2. 水杨醛肟浮选黑钨矿

用水杨醛肟浮选以 1:1 混合的黑钨矿和方解石，硝酸铅作黑钨矿的活化剂，改变矿浆 pH 进行浮选，并按道格拉斯式算出分选效率，结果如图 5-3 所示。图 5-3 显示，在 pH 为 9.0～9.5 范围内分选效率最佳，精矿品位达 64%～67% WO_3，回收率为 89%～92%，分选效率为 70%～72%。

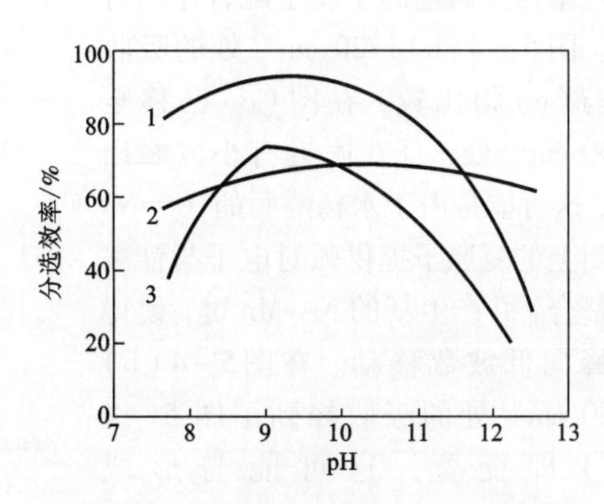

图 5-3 pH 与黑钨矿和方解石混合矿(1:1)分选效率的关系

硝酸铅 25 mg/L；水杨醛肟 375 mg/L

1—回收率；2—精矿品位；3—分离效率

5.1.3 水杨醛肟在矿物表面的作用机理

1. 水杨醛肟在黑钨矿表面吸附的红外光谱

水杨醛肟在黑钨矿表面吸附的红外光谱见图5－4，图5－4中(a)为黑钨矿的红外光谱，(b)为水杨醛肟的红外光谱，(a)、(b)与标准谱图一致，在3100～3500 cm^{-1}处的宽峰为以氢键形式缔合的O—H键伸缩振动；1720 cm^{-1}处为C═N键的伸缩振动；1260 cm^{-1}处为C—O键的伸缩振动。图5－4(c)为二氯化锰与水杨醛肟反应产物的红外光谱，比较(b)和(c)可知，曾在(b)的3100～3500 cm^{-1}处的宽峰在(c)中已分裂成3200 cm^{-1}和3420 cm^{-1}处的两个峰，其中3420 cm^{-1}处的吸收峰仍为O—H键的伸缩振动，该峰变窄说明氢键缔合程度减小，这可能与水杨醛肟中有一个羟基与金属锰离子发生配合作用有关。图5－4(b)1720 cm^{-1}处的吸收峰与(c)相比较，在图(c)已移至1600 cm^{-1}处，且在附近有小波峰出现，这可能是由于水杨醛肟的C═N基团上的氮原子提供弧对电子与锰离子螯合，并产生新的N→Mn键，使得波峰向低波数移动。在图5－4(b)1260 cm^{-1}处的吸收峰到了图5－4(c)即变宽，这可能与形成C—O—Mn键有关。图5－4(d)是

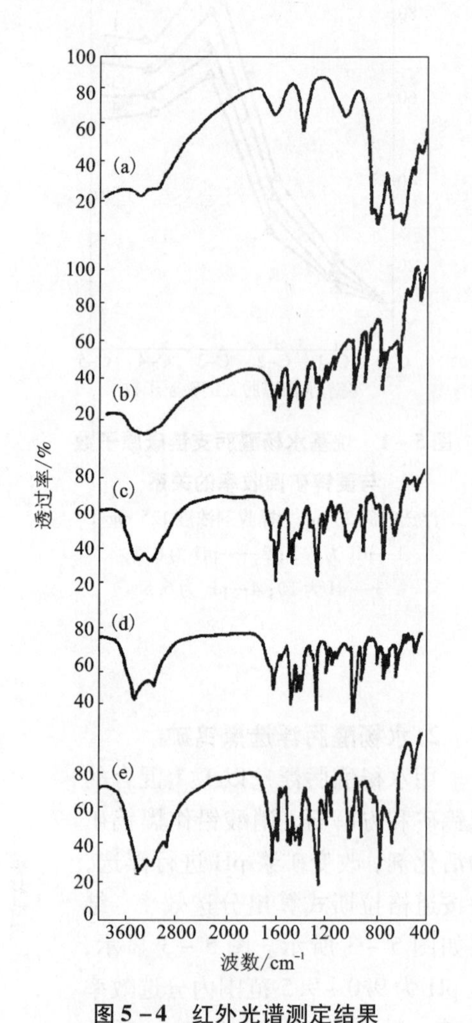

图5－4 红外光谱测定结果

(a)黑钨矿；(b)水杨醛肟；(c)水杨醛肟－Mn；(d)水杨醛肟－Pb；(e)黑钨矿－水杨醛肟

硝酸铅与水杨醛肟反应产物的红外光谱，与图5－4(c)基本一致。因此，可以认为二价锰离子、二价铅离子与水杨醛肟形成的螯合物的结构为：

$$\text{C}_6\text{H}_4\begin{array}{l}\text{—O—Me}\\ \qquad\quad\uparrow\\ \text{—CH═N—OH}\end{array}$$

(Me代表Mn^{2+}或Pb^{2+})。图5－4(e)为硝酸铅活化后的黑

钨矿与水杨醛肟作用所得的表面萃取产物的红外光谱，(e)与(c)、(d)基本一致，因此可以认为，水杨醛肟在黑钨矿表面发生化学吸附，其吸附方式如图5-5所示，形成螯合物而吸附。

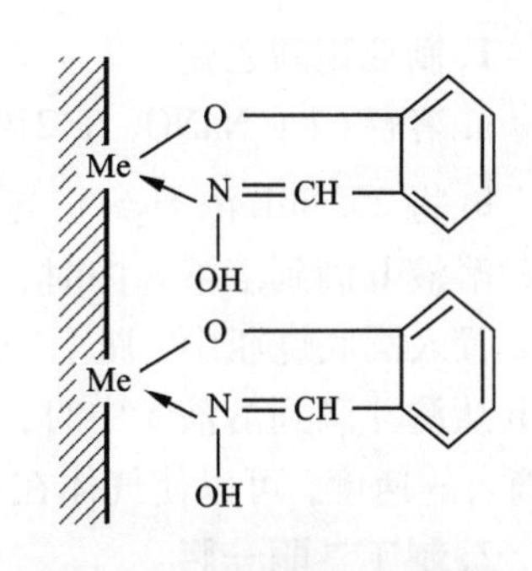

图5-5 水杨醛肟与矿物表面的金属阳离子形成螯合物的结构
Me—矿物表面的金属阳离子

根据量子化学计算，水杨醛肟的官能团部分原子的净电荷值为：

$$\text{C}_6\text{H}_4(\overset{(1)}{\text{O}}\text{—H})\text{—C}{=}\underset{(3)}{\text{N}}\text{—}\underset{(2)}{\text{O}}\text{—H}$$

水杨醛肟原子净电荷 S_r(eV)

$S_1 = -0.259010$

$S_2 = -0.193018$

$S_3 = -0.036229$

按计算结果，水杨醛肟应当是O、O型螯合剂，与矿物表面的金属阳离子形成O、O型螯合物，而非O、N型螯合物。但是，生成O、O型螯合物时，则形成七元环；而生成O、N型螯合物时，则形成六元环。六元环较七元环稳定，故在黑钨矿表面形成图5-5所示的螯合物。

5.2 2,3-烷二酮二肟

2,3-烷二酮二肟能与Cu^{2+}、Ni^{2+}等离子生成络合物，丁二酮二肟在分析化学中称为镍试剂已众所周知，作为氧化铜的捕收剂亦有报道，2,3-烷二酮二肟作为硫化镍矿捕收剂取得良好效果。这类化合物具有下列结构式：

$$CH_3\text{—}\underset{\|\atop NOH}{C}\text{——}\underset{\|\atop NOH}{C}\text{—}R \qquad R\text{—烷基}$$

5.2.1 2,3-烷二酮二肟的制法

制造2,3-烷二酮二肟，用甲基酮为原料，合成反应式如下：

$$CH_3\text{—}\underset{\|\atop O}{C}\text{—}CH_2\text{—}R + C_2H_5ONO \longrightarrow CH_3\text{—}\underset{\|\atop O}{C}\text{—}\underset{\|\atop NOH}{C}\text{—}R + C_2H_5OH$$

$$CH_3\text{—}\underset{\|\atop O}{C}\text{—}\underset{\|\atop NOH}{C}\text{—}R + NaO_3SNHOH \longrightarrow CH_3\text{—}\underset{\|\atop NOH}{C}\text{——}\underset{\|\atop NOH}{C}\text{—}R + NaHSO_3$$

以丁二酮二肟为例可按下列步骤合成，其他2,3-烷二酮二肟可仿照此法合成。

1. 制亚硝酸乙烷

a. 溶解 62 g $NaNO_2$ 于 210 g 乙醇中，用水稀释至 2500 mL 备用；

b. 将 255 mL 浓 H_2SO_4 与 210 g 乙醇混合，用水稀释至 2500 mL。

溶液 b 滴到溶液 a 中时，亚硝酸乙烷气体即产生。应用亚硝酸乙烷时，将溶液 a 置入圆底烧瓶中，瓶上安装一滴液漏斗(漏斗柄插入液面下)及出气管，当溶液 b 从漏斗滴到溶液 a 中时，发生的亚硝酸乙烷气体即从出气管逸出。控制溶液 b 滴入的速度，可以使气体在一定速度下逸出。

2. 制丁二酮一肟

在一个 2 L 三口烧瓶上安装一回流冷凝管、温度计及一通气管(伸入液面下)，在烧瓶内放置 775 mL 甲基乙基酮(以无水 $CuSO_4$ 干燥并重新蒸馏过)，再放入 40 mL 浓 HCl，升高温度至40℃，此时自通气管通入亚硝酸乙烷，并保持温度在 40 ~55℃之间。亚硝酸乙烷约在 1 ~1.5 h 内通完，然后将反应物在水浴上蒸馏，以除去反应所生成的乙醇，直至液体温度达 90℃时为止，瓶中产品含丁二酮一肟，应立即制取二酮二肟。

3. 制 NaO_3SNHOH

在一大烧杯中混合 5000 g 碎冰及 569 g $NaNO_2$，在搅拌下加入酸性 $NaHSO_3$ 的悬浮液 750 mL(其中含有效 $SO_2$1100 g，约含工业用 $NaHSO_3$1775 g)，然后自滴液漏斗加入 150 mL 冰醋酸，加时将漏斗柄插入液面之下并尽量搅拌，加完后再加入 550 mL 浓 HCl 及 400 g 碎冰的混合物。进行以上操作时，混合物应保持 0℃以下，在未进行以下操作时，混合物亦应保持冷却，勿使温度上升，液体中如有不溶物，应过滤除去，溶液中含 NaO_3SNHOH。

4. 制丁二酮二肟

将前面所得含丁二酮一肟的产物加入 NaO_3SNHOH 溶液中，加热至 70℃，并在搅拌下保持此温度数小时，即有结晶析出，放冷后过滤，以冷水洗涤至洗液不含硫酸根为止。

5.2.2 2, 3 - 烷二酮二肟的性质

纯品是一种白色晶体，熔点较高，很难溶于水，在氯仿、甲苯、二甲苯中的溶解度也很低，但是在正 - 丁醇或异 - 丁醇中溶解度较大。

2, 3 - 烷二酮二肟在水溶液中呈弱酸性，与 Ni^{2+}、Cu^{2+}、Co^{2+} 等离子能生成络合物，如与 Ni^{2+} 生成络合物的反应如下：

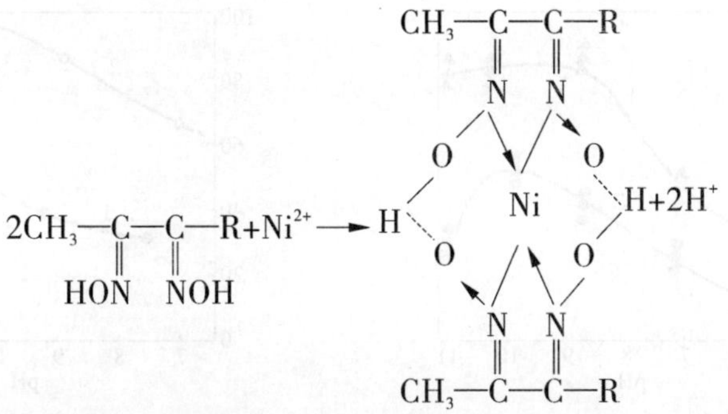

$$2CH_3—\underset{\underset{HON}{\|}}{C}—\underset{\underset{NOH}{\|}}{C}—R + Ni^{2+} \longrightarrow [Ni(CH_3—C(=N—O)—C(=N—O)—R)_2H_2] + 2H^+$$

上述反应生成 H^+，故加入稀 $NH_3 \cdot H_2O$ 反应更易进行。

5.2.3 对硫化镍矿的捕收性能

1. 试样性质

试样取自澳大利亚，共有 G 和 K 两个矿样，G 矿样中的硫化矿有镍黄铁矿、磁黄铁矿、黄铁矿、黄铜矿；脉石主要是石英、橄榄石和滑石。K 矿样中主要镍矿物是镍黄铁矿和紫硫镍铁矿，其他矿物包括磁黄铁矿、黄铁矿、黄铜矿、滑石、蛇纹石、绿泥石、菱镁矿，其中以石英、菱镁矿和滑石的含量最大。必须指出这两种矿样镍的品位较低，并与硅酸盐结合在一起。

2. 接触角试验和浮选试验结果

图 5－6 显示2，3 辛二酮二肟溶液为 10^{-4}mol/L 时，在不同 pH 下测定镍黄铁矿和金属镍接触角的变化。从这个比较简单的研究可以看出，当溶液 pH 升高时，二肟的疏水性变得较有效，镍黄铁矿大约在 pH＝10 时得到最大的接触角。因为金属镍表面有更多的镍离子能够络合，由镍－二肟络合物形成的覆盖层将更完整，因而生成更为疏水的表面。

小型浮选试验在 200 mL 微型浮选机中进行。较大型的试验在 1 L 丹费尔机械搅拌浮选机中进行，用以考核小槽浮选的结果。每个试样破碎和磨矿后，筛取很窄的粒度范围作浮选试验，浮选前加捕收剂在固定时间内(10～20 min)调浆，所有试验都用 MIBC 作起泡剂。用微型浮选机试验时，通入干燥的工业氮气，流速为 200 mL/min，浮选时间为 10 min。整个试验过程保持矿浆温度为23℃。

首先用 K 试样试验二肟对硫化镍矿的捕收性能，选择 53～105 μm 粒级矿物，配成5% 固体浓度的矿浆浮选，图5－7 为2，3－辛二酮二肟浓度为 1×10^{-4}mol/L 和 5×10^{-4}mol/L 时的浮选回收率与 pH 的关系，从中可看出，在碱性条件下，硫化镍矿可被 2，3－辛二酮二肟浮选，在 pH＝10.3 时得到最大的回收率，这与所测得的镍黄铁矿接触角相对应，如图 5－6 所示。

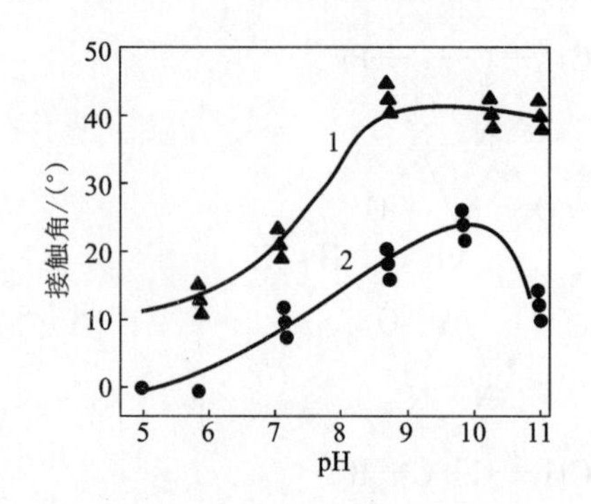

图 5-6 在 2, 3-辛二酮二肟溶液中测定金属镍和镍黄铁矿接触角

(测定温度 23℃;

2, 3-辛二酮二肟浓度 10^{-4} mol/L)

1—金属镍; 2—镍黄铁矿

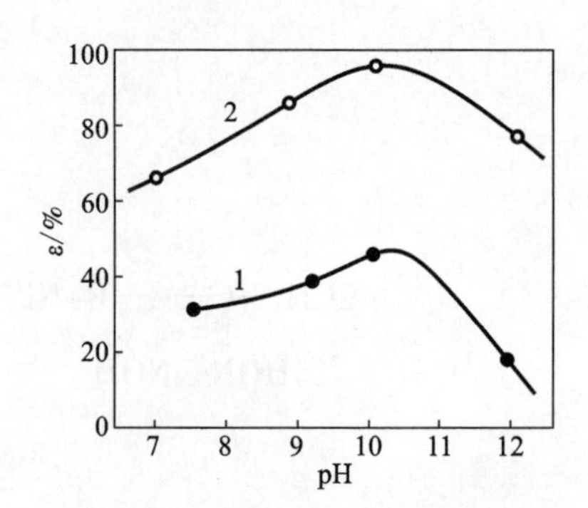

图 5-7 用 2, 3-辛二酮二肟浮选 K 矿样镍回收率与 pH 的关系

(浮选温度 23℃)

1—2, 3-辛二酮二肟浓度 1×10^{-4} mol/L;

2—2, 3-辛二酮二肟浓度 5×10^{-4} mol/L

在 pH 较低时，弱酸性的二肟的电离度下降，只有较少的二肟离子存在并与镍离子发生络合作用，因此镍回收率相应地下降(在 pH 很低时，看见二肟沉淀生成)。当 pH 高时，二肟电离为带二个负电荷的阴离子:

$$\begin{matrix} CH_3-C & - & C-R \\ \| & & \| \\ HON & & HON \end{matrix} \rightleftharpoons \left[\begin{matrix} CH_3-C & - & C-R \\ \| & & \| \\ NO^- & & NOH \end{matrix}\right]^- + H^+ \rightleftharpoons \left[\begin{matrix} CH_3-C & - & C-R \\ \| & & \| \\ NO^- & & NO^- \end{matrix}\right]^{2-} + 2H^+$$

因为二价肟离子不和镍离子络合，在镍矿物表面没有生成疏水的覆盖层，pH 在 10.5 以上，NiO_2^{2-} 不能与二肟离子作用，这也是减少络合物形成、回收率下降的因素。

已经试验过的各种二肟捕收剂对硫化镍的回收率显示出类似的浮选特性，但每种二肟作为捕收剂的效力有很大变化(图 5-8 和图 5-9)，增加碳氢链的长度可增加2, 3-烷二酮二肟的捕收能力。如用2, 3-辛二酮二肟作捕收剂得到大于90%的回收率，与此对应2, 3-丁二酮二肟只有 10% 的回收率；烷基太长、回收率下降。例如用十一烷二酮二肟比用2, 3-辛二酮二肟的回收率低，虽然前者碳链较长，但这是由于十一烷二酮二肟溶解度太低的缘故。

K 试样磨到 80% 矿粒 -75 μm，在 1 L 丹费尔机械搅拌浮选机中浮选，用甲基羟基丙基纤维素(IQHPM-450)抑制滑石，有代表性的结果见表 5-1，镍的总回收率 90.2%，粗精矿富集比 5.3，相对应的粗精矿中铁的富集比只有 1.7。

镍品位相当低的原因主要是含铁高。在其他试验中，磁性部分主要是磁黄铁矿，用一台 Sala 湿式磁选机将其分离后，其他物质作浮选试验，有代表性的结果亦见表 5-1。这种捕收剂回收镍矿物很有效，甚至包括细粒的镍，经多次浮选后适当除去磁黄铁矿，可得到较高品位的镍精矿。

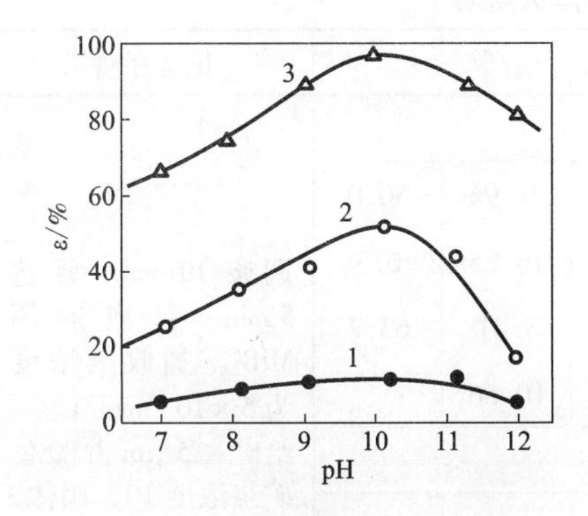

图 5-8 用不同碳键的二肟作捕收剂浮选 K 矿样镍回收率与 pH 的关系

（浮选温度 23℃，捕收剂浓度 5×10^{-4} mol/L）

1—2，3-丁二酮二肟；2—2，3-己二酮二肟；3—2，3-辛二酮二肟

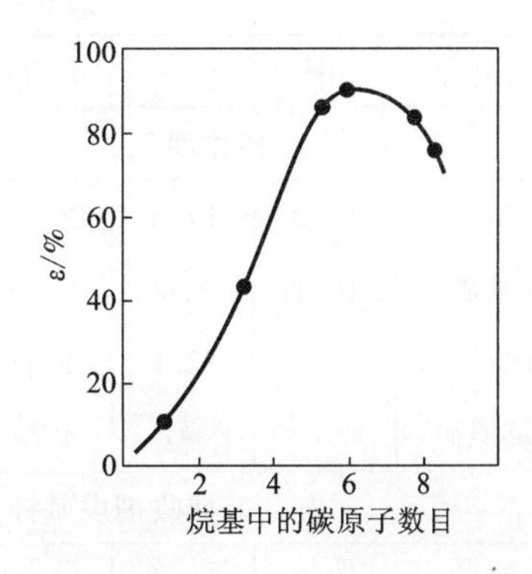

图 5-9 在 2，3-烷二酮二肟捕收剂中烷基碳原子数与镍回收率的关系

（浮选温度 23℃，pH=9.0，捕收剂浓度 5×10^{-4} mol/L）

表 5-1 用 2，3-辛烷二酮二肟作捕收剂浮选 K 矿样试验结果

分析对象	pH	γ/%	β_{Ni}/%	ε_{Ni}/%	β_{Fe}/%	ε_{Fe}/%	浮选条件
给矿 80% 粒级 -75 μm 的硫化矿							调浆时间 20 min、浮选 5 min、起泡剂为 MIBC、捕收剂浓度为 5×10^{-4} mol/L、固体浓度 10%、抑制剂 IQ HPM-450
粗精矿	10.1	12.6	8.55	66.7	16.65	21.7	
扫选精矿	10.1	15.2	2.55	23.5	18.97	27.9	
尾　矿		72.2	0.22	9.8	6.46		
计算原矿			1.62		9.65		
给矿 100% 粒级 -63 μm 磁性部分(磁黄铁矿)							
粗精矿	10.2	51.8	3.12	86.4	39.1	67.8	
尾　矿		48.2	0.53	13.6	20.0	32.2	
计算原矿			1.86		29.9		

浮选 G 矿样时，磨矿细度为 -75 μm 占 80%，用 1 L 丹费尔机械搅拌浮选机做了一系列浮选试验。表 5-2 列出用 2，3-辛二酮二肟作捕收剂的试验结果，并用戊基钾黄药进行比较。辛二酮二肟是一种十分有效的捕收剂，得到总镍精矿品位 18.9% Ni、总回收率 72.2%，而戊基钾黄药得到的总镍精矿品位占 13.8% Ni、回收率 65.4%。

表5-2 G矿样浮选结果

分析对象	pH	γ/%	β_{Ni}/%	ε_{Ni}/%	β_{Fe}/%	ε_{Fe}/%	试验条件
捕收剂2,3一辛二酮二肟							调浆10 min、浮选5 min、起泡剂用MIBC、捕收剂浓度为5×10^{-4}mol/L、给矿-75 μm占80%矿浆浓度10%固体,抑制剂IQ HPM-450、温度23℃
粗精矿	10.0	14.6	20.98	65.3	21.96	30.0	
扫精矿	10.1	3.4	9.63	6.9	16.85	6.3	
尾矿		82.1	1.53	27.8	8.41	63.7	
计算原矿			4.68		10.66		
捕收剂戊基钾黄药							
粗精矿	10.2	11.4	14.53	40.3	18.48	22.4	
扫精矿	10.0	8.1	12.80	25.1	18.16	15.5	
尾矿		80.5	1.77	34.6	7.27	62.1	
计算原矿			4.12		9.43		

用这种二肟类作捕收剂对红土镍矿亦作了浮选试验,结果表明二肟类捕收剂不适宜于红土镍矿的浮选。

5.3 N-羟基邻苯二甲酰亚胺

N-羟基邻苯二甲酰亚胺的结构式为

O
C
N—OH
C
O

式中有氧肟基,是稀土矿的捕收剂。

5.3.1 N-羟基邻苯二甲酰亚胺的制法

邻苯二甲酐在用氢氧化钠溶液调节pH条件下,与盐酸羟氨反应,一步法可得产品。反应最佳条件如表5-3所示。

表 5－3　合成 N－羟基邻苯二甲酰亚胺的最佳条件

反应条件	配料比(质量比) 邻苯二甲酐∶盐酸羟氨	pH 调整剂	反应 pH	反应温度/℃	反应时间/min
最佳值	1∶1.1	NaOH	7～8	80	90

产品为浅黄色针状晶体，难溶于水，但溶于乙醇、醋酸、碱液。

5.3.2　N－羟基邻苯二甲酰亚胺的捕收性能

某稀土矿重选粗精矿含氟碳铈矿 26.30%，含独居石 16.34%，其他为磁铁矿、黄铁矿、赤褐铁矿、磷灰石、重晶石、萤石、方解石、白云石、硅酸盐等。为了实现氟碳铈矿与独居石分离，用 N－羟基邻苯二甲酰亚胺作捕收剂，明矾作独居石的抑制剂，硫酸或碳酸钠作 pH 调整剂，浮选结果如图 5－10 所示。图 5－10 表明，N－羟基邻苯二甲酰胺在弱酸性介质中对氟碳铈矿有较强的捕收作用，且在 pH 为 5～6 范围，回收率出现最高值，达 80% 以上。随着矿浆 pH 增大，回收率下降，并且在强碱性或强酸性介质中，基本上无捕收能力。在整个浮选 pH 范围内，对独居石的捕收作用均很差，回收率低于 10%，可见 N－羟基邻苯二甲酰亚胺对氟碳铈矿和独居石具有良好的选择性，在 pH 为 5～6 时，能从混合稀土粗精矿中分离氟碳铈矿和独居石。

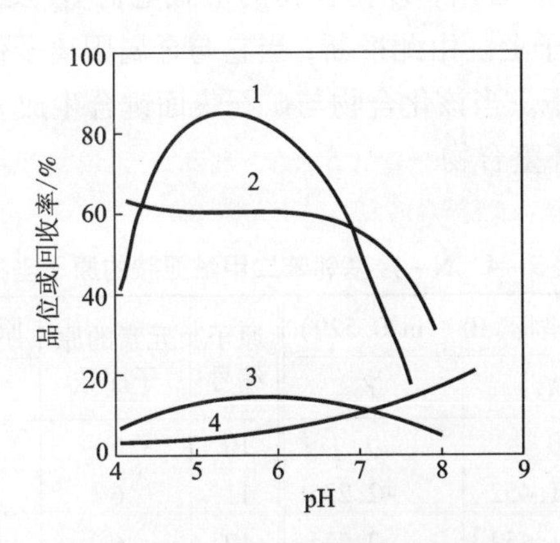

图 5－10　pH 对 N－羟基邻苯二甲酰亚胺浮选分离氟碳铈矿和独居石的影响

1—氟碳铈矿的回收率；2—氟碳铈矿的稀土品位；

3—独居石的回收率；4—独居石的稀土品位

5.3.3 N－羟基邻苯二甲酰亚胺捕收矿石机理

N－羟基邻苯二甲酰亚胺的分子结构和键参数如图5－11所示。从图5－11看出该化合物共有17个原子，53个分子轨道，其中氮原子有一对π电子，碳原子C_2、C_3、C_8、C_9、C_{10}、C_{11}、C_{12}、C_{13}各有一个π电子，氧原子O_4、O_5、O_6各有一个π电子，O_6有一个离子电荷，这些π电子构成12中心14电子的大π键π_{12}^{14}。从图5－11所列参数算得该分子中各原子的X、Y坐标数值(Z坐标为0)如表5－4所示。将表5－4数据输入计算机，用CNDO/2法(简称全略微分重迭法)进行计算，得出该化合物分子中各轨道能量、各轨道系数、各原子净电荷，同时得出分子总能量、电子总能量。从中选出π_{12}^{14}的12中心π电子的轨道系数，然后用变分法算出全π电子密度，再算形式电荷，所得结果列于表5－5。从表5－5看出，该化合物的形式电荷Q_r及原子净电荷S_r均集中在O_4、O_5、O_6三个原子上。由此推断，当它与金属阳离子作用时，键合原子应是O_4、O_5、O_6三个氧原子。当该化合物与矿石表面键合生成表面化合物时，应当形成图5－12所示五元环螯合物。

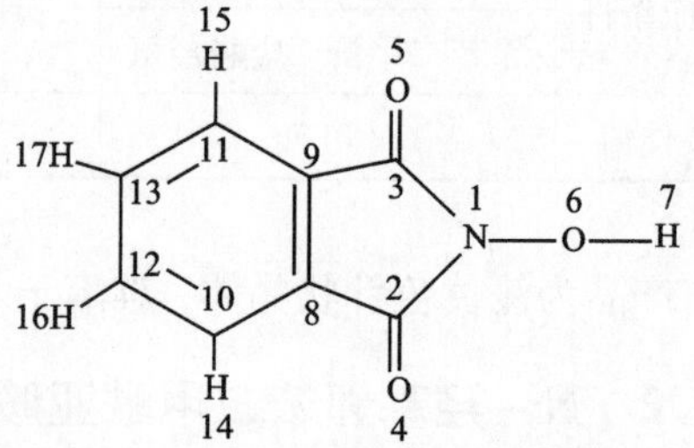

图5－11 N－羟基邻苯二甲酰亚胺的结构及键长、键角

1—123°；2—104°；3—104°；4—1.23×10^{-10}m；5—1.23×10^{-10}m；6—1.44×10^{-10}m；7—0.97×10^{-10}m；8—130°；9—130°；10—118°；11—118°；12—121°；13—121°；14—1.08×10^{-10}m；15—1.08×10^{-10}m；16—1.08×10^{-10}m；17—1.08×10^{-10}m

表5－4 N－羟基邻苯二甲酰亚胺的原子坐标

原子编号	元素的原子序数	原子坐标(10^{-10}m/0.529)		原子编号	元素的原子序数	原子坐标(10^{-10}m/0.529)	
		X	Y			X	Y
1	7	0	0	10	6	－6.369	－2.656
2	6	－1.452	－2.235	11	6	－6.369	2.656
3	6	－1.452	2.235	12	6	－8.608	－1.310
4	8	－0.811	－4.470	13	6	－8.608	1.310
5	8	－0.811	4.470	14	1	－6.333	－4.697
6	8	2.722	0	15	1	－6.333	4.697
7	1	4.556	0	16	1	－10.427	－2.237
8	6	－4.133	－1.312	17	1	－10.427	2.237
9	6	－4.133	1.312				

表 5－5 N－羟基邻苯二甲酰亚胺的若干分子轨道指数

序号	轨道能量 E/eV	全 π 电子密度 /(q_r·cm^{-3})	形式电荷 Q_r	原子净电荷 S_r	序号	轨道能量 E/eV	全 π 电子密度 /(q_r·cm^{-3})	形式电荷 Q_r	原子净电荷 S_r
1	0.3585	1.7193	0.2907	0.1300	8	－0.4895	0.9769	0.0204	0.0470
2	0.2644	0.9173	0.0827	0.3977	9	－0.5227	0.9796	0.0204	0.0470
3	0.2079	0.9173	0.0827	0.3977	10	－0.6082	0.9862	0.0138	0.0400
4	0.1180	1.3934	－0.3934	－0.4131	11	－0.6876	0.9862	0.0138	0.0400
5	0.0631	1.3934	－0.3934	－0.4131	12	－0.7846	1.0044	－0.0044	－0.0185
6	－0.4019	1.9950	－0.9950	－0.4345	13	－0.9638	1.0044	－0.0044	－0.0185

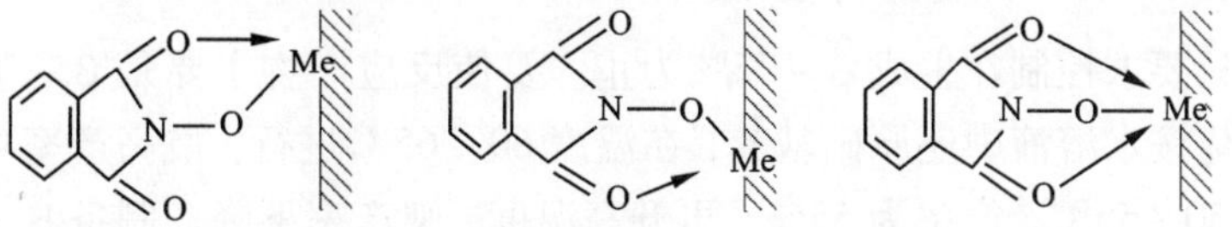

图 5－12 N－羟基邻苯二甲酰亚胺与矿物表面形成五元环螯合物

5.4 亚硝基苯胲铵盐

亚硝基苯胲铵盐又名铜铁试剂(灵)，学名为 N－亚硝基苯胲铵盐，结构式为：$C_6H_5N(NO)O—NH_4$

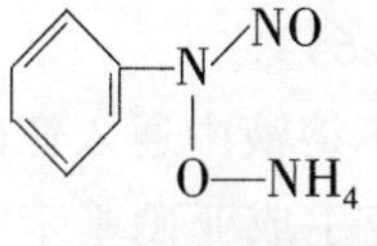

5.4.1 亚硝基苯胲铵盐的合成

由硝基苯合成亚硝基苯胲铵盐的反应式如下：

$$C_6H_5NO_2 \xrightarrow{2Zn,\ NH_4Cl,\ H_2O} C_6H_5NHOH(\beta-\text{苯胲}) + 2ZnO$$

$$C_6H_5NHOH + C_4H_9ONO + NH_3 \xrightarrow{<10℃} C_6H_5N(NO)ONH_4 + C_4H_9OH$$

若用 C_2H_5ONO 代替 C_4H_9ONO，则

$$C_6H_5NHOH + C_2H_5ONO + NH_3 \xrightarrow{<10℃} \underset{\text{亚硝基苯胲铵盐}}{C_6H_5N(NO)ONH_4} + C_2H_5OH$$

因此，合成过程分两步进行。首先制备 β－苯胲，然后合成亚硝基苯胲铵盐。由硝基苯还原制备 β－苯胲，其还原程度由介质的酸碱度和温度控制，要求严格控制条件，否则得不到预期产物。硝基苯被还原过程有如下反应式：

$$C_6H_5NO_2 \xrightarrow{[H]} C_6H_5N{=}O \xrightarrow{[H]} C_6H_5NOH\ (\beta-苯胲)$$

$$C_6H_5N{=}O \xrightarrow[(-H_2O)]{OH^-} C_6H_5\overset{\downarrow O}{N}—NC_6H_5 \xrightarrow{[H]} C_6H_5—N{=}N—C_6H_5$$

$$C_6H_5—N{=}N—C_6H_5 \xrightarrow{[H]} C_6H_5—\underset{H}{N}—\underset{H}{N}—C_6H_5 \xrightarrow{[H]} C_6H_5NH_2$$

这里只要求控制在生成 β - 苯胲为止。要使反应产物主要是 β - 苯胲，则用锌粉在氯化铵水溶液中还原硝基苯，在温度 60 ~ 65℃进行，最高产率可达 65%，温度若在 50 ~ 55℃，产率为 55%，再升高温度，则产率下降。制备 β - 苯胲是在三颈瓶中进行，加入氯化铵、蒸馏水、硝基苯后，充分搅拌并升温至 50 ~ 65℃，缓慢加入锌粉，加完后使反应继续 1 h。反应产物趁热过滤，并用少量温水(65℃)洗涤数次，滤饼主要是氧化锌，滤液含 β - 苯胲。加入氯化钠至饱和，然后置于冰盐水浴(-4℃)中冷却，1 h 后取出过滤。把滤饼溶入甲苯中(30℃)，β - 苯胲溶解后再用分液漏斗分离，除去无机物氯化钠和水分，得 β - 苯胲的甲苯溶液。制备 β - 苯胲的最佳条件为:反应物配料比(摩尔比)为 $n(C_6H_5NO_2):n(Zn):n(NH_4Cl):n(H_2O)=0.2:0.46:0.3:16.7$；反应时间为 90 min；反应温度为 60 ~ 65℃。

由 β - 苯胲制亚硝基苯胲铵盐，是在溶有 β - 苯胲的甲苯溶液中通入亚硝酸乙酯气体和氨气，控制温度在 10℃以下且不断搅拌，即反应生成亚硝基苯胲铵盐。亚硝酸乙酯的制备方法是首先配制两种溶液，溶液Ⅰ含 20 g 亚硝酸钠、10 mL乙醇和 90 mL 水；溶液Ⅱ含 10 mL 浓硫酸、10 mL 酒精和 90 mL 水，将溶液Ⅰ盛入 500 mL 二颈瓶中，溶液Ⅱ盛入滴液漏斗中，反应时将溶液Ⅱ滴入溶液Ⅰ中，即产生亚硝酸乙酯气体(沸点 17℃)，其产生速度可由溶液Ⅱ滴入溶液Ⅰ的速度来控制。同时用控制生成亚硝酸乙酯的速度来控制反应瓶的温度低于 10℃。通入亚硝酸乙酯时，体系温度上升，为保证体系温度低于 10℃，产生和通入亚硝酸乙酯的速度应适当控制。当通入氨时，应尽可能使氨与溶液接触，并保持反应体系中充满氨气，否则产率降低。水分的引入可能降低亚硝基苯胲铵盐的产率，所以，β - 苯胲及氨都不应带水。

5.4.2 亚硝基苯胲铵盐的性质

亚硝基苯胲铵盐是白色或稍带褐色具有光泽的鳞片状晶体，易溶于水、苯，加热时溶于酒精，不溶于甲苯、乙醚；受热分解并部分形成硝基苯；经长时间放置，逐渐分解且颜色变深。在水溶液中存在如下平衡：

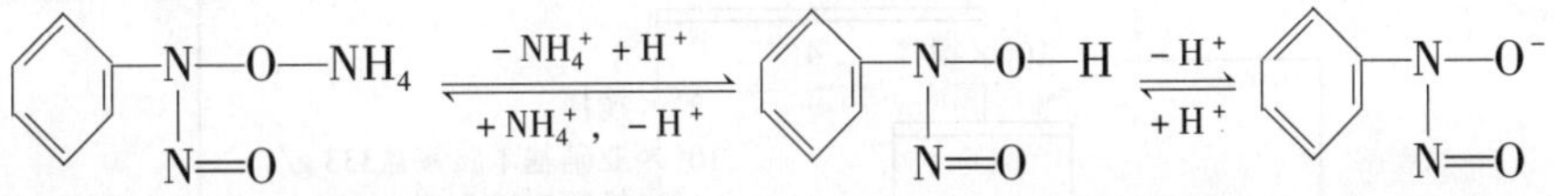

$$C_6H_5-N(-N{=}O)-O-NH_4 \underset{+NH_4^+,\ -H^+}{\overset{-NH_4^+\ +H^+}{\rightleftharpoons}} C_6H_5-N(-N{=}O)-O-H \underset{+H^+}{\overset{-H^+}{\rightleftharpoons}} C_6H_5-N(-N{=}O)-O^-$$

由于 —N═O 的氧原子上有弧对电子，因而可与大多数金属阳离子形成螯合物，可沉淀 Al^{3+}、Bi^{3+}、Cu^{2+}、Fe^{3+}、Ca^{2+}、Sn^{4+}、Zn^{2+}等离子。

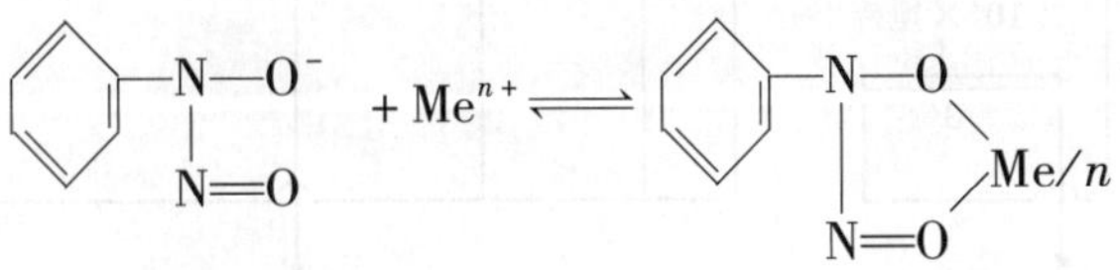

$$C_6H_5-N(-N{=}O)-O^- + Me^{n+} \rightleftharpoons C_6H_5-N(-N{=}O)-O\cdots Me/n$$

5.4.3 亚硝基苯胲铵盐的捕收性能

用亚硝基苯胲铵盐作捕收剂，浮选广西大厂车河选厂锡石矿泥，给矿粒度及品位如表 5－6 所示。

表 5－6 浮锡给矿分析结果

粒度/μm	产率/%	锡品位/%
+74	42.32	0.44
−74 +37	22.36	1.60
−37 +10	27.10	1.56
−10 +0	8.22	0.53
合 计	100	1.01

注：脉石主要是方解石、石英、硅酸盐等。

实验室浮选试验闭路流程及药剂制度如图 5－13 所示。

闭路试验结果：精矿产率3.51%、精矿品位27.89% Sn，回收率91.86%，表明亚硝基苯胲铵盐对锡石的捕收力强，选择性好，浮选指标与苄基胂酸相近，但精矿品位仍比用苄基胂酸低。究其原因，大厂矿石中含有黄铁矿和磁铁矿，因铜铁灵与铁离子也会生成螯合物，因此它除捕收锡石外亦将矿石中的黄铁矿和磁黄铁矿捕收到精矿中，因此精矿锡品位偏低，用马蹄磁铁将含锡品位只有 25% Sn 的浮选精矿进行除磁黄铁矿，可吸出磁黄铁矿，锡石精矿品位立即升高，因此在浮锡前改用酸性脱硫将硫脱到含 0.5% 以下，再用铜铁灵和苯甲羟肟酸混用浮锡，

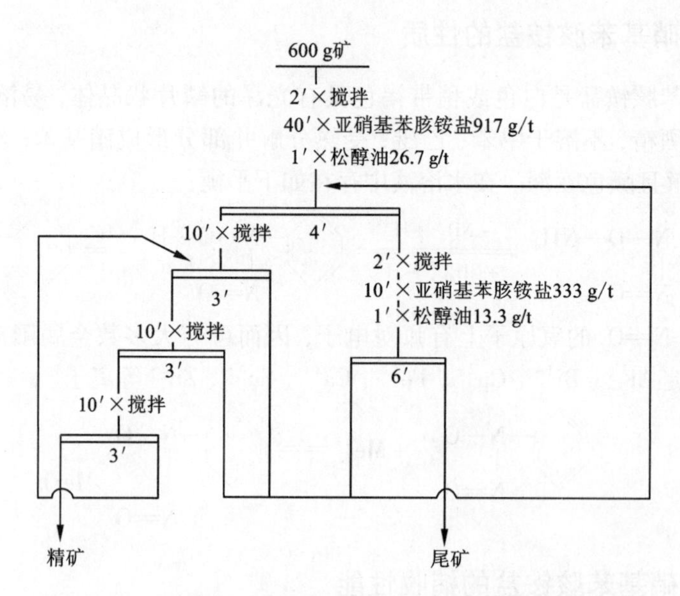

图5-13 亚硝基苯胺铵盐浮锡石矿泥闭路流程及药剂制度

通过四次闭路试验，可从给矿含1.61% Sn得到品位32.38% Sn、回收率达91.14%的锡精矿，这个指标与用苄基胂酸相当。

铜铁灵作捕收剂浮选硫酸铅和菱锌矿做了单矿物浮选试验和与脉石矿物人工混合矿的浮选分离试验，证明铜铁灵是硫酸铅、菱锌矿较好的捕收剂，并测定了ζ电位、红外光谱等，研究了铜铁灵与硫酸铅、铜铁灵与菱锌矿的作用机理，认为主要是发生了化学吸附和少量物理吸附。

CF捕收剂是北京矿冶研究总院用CF法浮选柿竹园黑白钨矿使用的药剂，已公布CF捕收剂的主要成分是N-亚硝基苯胺铵盐即铜铁灵。用CF作捕收剂、硝酸铅作活化剂，水玻璃和羧基甲基纤维素作组合抑制剂，并选择合理的流程，实现了钨矿物常温浮选，当给矿品位为0.57% WO_3时，最终得到含WO_3 71.83%、回收率56.23%的白钨精矿，以及含WO_3 66.61%、回收率27.30%的黑钨精矿，总回收率83.5%的好指标。上述结果表明，CF捕收剂对微细粒黑钨矿和白钨矿有良好的捕收作用，而对方解石和萤石有较好的选择性，硝酸铅对钨矿物有活化作用，而对萤石和方解石无活化作用，硝酸铅的存在可强化水玻璃对方解石和萤石的抑制作用。通过溶液化学研究和借助红外光谱及光电子能谱等手段，研究了CF法浮选过程中硝酸铅及CF药剂在矿物表面的作用机理。试验结果认为，硝酸铅的主要活化成分是Pb^{+}和$Pb(OH)^{+}$离子，CF对白钨矿和黑钨矿表面的Ca^{+}、Mn^{+}、Fe^{+}不敏感，有硝酸铅存在时，CF药剂在黑钨和白钨表面发生化学吸附，其作用形式是Pb^{+}或$Pb(OH)^{+}$离子先吸附在黑钨或白钨矿表面，然后CF药剂与吸附在白钨和黑钨表面的 Pb^+ 和 $Pb(OH)^+$ 发生化学反应，生成CF药剂的金属螯合物。不论硝酸铅存在与否，CF对萤石和方解石表面均为物理吸附。

5.4.4 亚硝基苯胲胺盐在锡石表面的作用机理

1. 红外光谱研究

图5-14(a)是亚硝基苯胲铵盐的红外光谱，与标准谱图一致，在1220 cm^{-1}处的波峰是 >N—O 的伸缩振动，1460 cm^{-1}处是 —N═O 伸缩振动。图5-14(b)是锡石的红外光谱，其中1080 cm^{-1}处是石英杂质的吸收峰，500~770 cm^{-1}是锡石的吸收峰，与标准谱图一致。图5-14(c)是亚硝基苯胲锡盐的红外光谱，在1460 cm^{-1}处的 —N═O 伸缩振动与图5-14(a)相比较有所减弱，在1220 cm^{-1}处的波峰也比图5-14(a)弱，并向低波数移动。由此可见，亚硝基苯胲铵盐与四价锡作用生成的沉淀物，由于四价锡离子电荷多、半径大，易于变形，与亚硝基

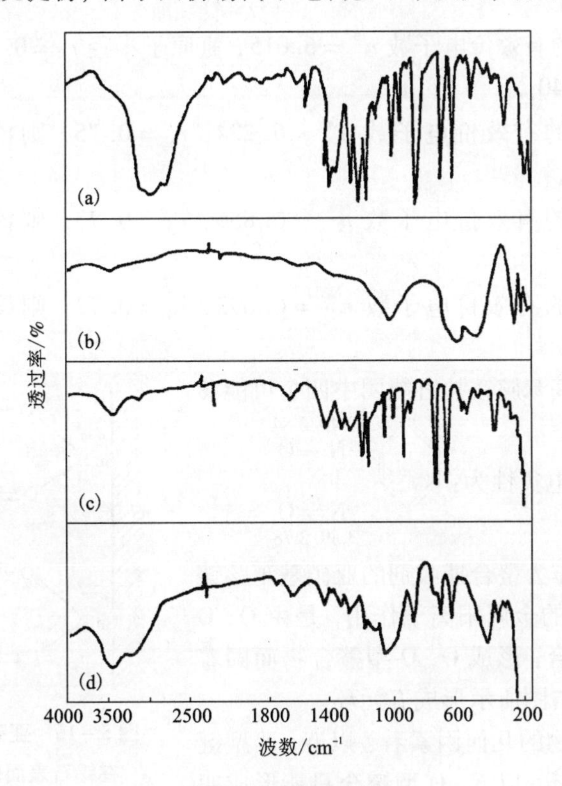

图5-14 红外光谱

(a)亚硝基苯胲铵盐；(b)锡石；(c)亚硝基苯胲锡盐；(d)锡石-亚硝基苯胲铵盐产物

苯胺阴离子成键后，键型由电价转变为共价，成为共价配键螯合物，使 —N═O 、═N—O 的伸缩振动减弱，并向低波数方向移动。图 5-14(d)是锡石与亚硝基苯胺铵盐作用并经洗涤后的红外光谱，该谱图与图 5-14(c)基本一致，可以推断亚硝基苯胺铵盐在锡石表面生成螯合物。图 5-14(a)在 3000 cm^{-1} 处有宽而强的羟基峰，形成锡盐或在锡石表面螯合后此峰减弱。

2. 亚硝基苯胺铵盐官能团中各原子的电负性

按下式计算该化合物官能团各原子的电负性：

$$X_g = 0.31(n^* + 1)/r + 0.5$$

式中，X_g 为原子的电负性，n^* 为有效价电子数，r 为原子半径。该化合物官能团中各原子标号如下：

(1) (2)
N—O
|
N═O
(3) (4)

1 号氮原子的有效价电子数 $n^* = 6.015$，氮原子半径 $r_N = 0.75$，则该氮原子的电负性 $X_g = 3.40$。

3 号氮原子的有效价电子数 $n^* = 6.224$，$r_N = 0.75$，则该氮原子的电负性$X_g = 3.49$。

2 号氧原子的有效价电子数 $n^* = 6.856$，$r_O = 0.73$，则该氧原子的电负性$X_g = 3.84$。

4 号氧原子的有效价电子数 $n^* = 6.693$，$r_O = 0.73$，则该氧原子的电负性$X_g = 3.78$。

因此，亚硝基苯胺铵盐官能团中四个可能参与键合的原子的电负性为：

3.40 3.84
N—O
|
N═O
3.49 3.78

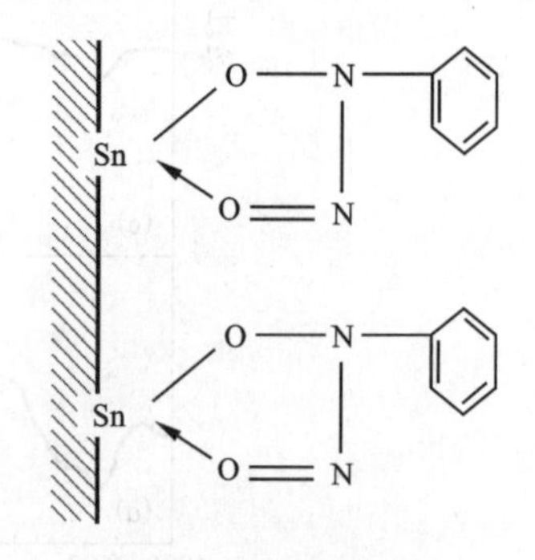

图 5-15 亚硝基苯胺铵盐在锡石表面固着示意图

由此推断，作为螯合捕收剂的亚硝基苯胺铵盐与矿物表面上的金属阳离子作用，是由 O，O 型螯合剂与之键合，形成 O，O 型螯合物而固着在矿物表面，如右图所示形成五元环。

从形成螯合物的几何因素看，以 N，N 型键合只能形成三元环，以 N，O 型键合只能形成四元环，都不如五元环稳定。

5.5 2－羟基－1－萘甲醛肟

包头白云鄂博矿是我国稀土资源的主要产地，稀土矿物的浮选对我国稀土事业的发展起着重要的作用，而稀土捕收剂在稀土矿物的浮选中又是起决定作用的因素，因此稀土捕收剂的研制一直是包头稀土资源开发的重要课题。自 20 世纪 60 年代以来，我国先后研制成功并获得工业应用的稀土捕收剂有 C_{5-9}羟肟酸、环烷基羟肟酸、水杨羟肟酸、H_{205}等，其中 H_{205} 捕收剂对稀土矿物的选别效果较好，但 H_{205} 仍然存在着价格昂贵和药剂用量大等缺点，研制新的稀土捕收剂旨在克服现有稀土捕收剂存在的缺点。我们曾用水杨醛肟作捕收剂、硝酸铅作活化剂成功地实现了黑钨矿与方解石混合矿的分离。鉴于水杨醛肟存在着捕收力弱等缺点，我们在此基础上研究合成了 2－羟基－1－萘甲醛肟，并将其用于稀土矿物的浮选。

5.5.1 2－羟基－1－萘甲醛肟的合成

1. 反应原料及其来源

反应原料有 2－萘酚（工业品）、三氯甲烷（分析纯）、氢氧化钠（分析纯）、氯化苄基三烷基铵（分析纯）和盐酸羟胺（工业品）。

2. 反应原理

反应方程式如下：

$$\text{2-萘酚(OH)} + CHCl_3 + 3NaOH \xrightarrow[H_2O/70\sim75℃]{\text{氯化苄基三烷基铵}} \text{2-羟基-1-萘甲醛(CHO, OH)} + 3NaCl + 2H_2O$$

$$\text{2-羟基-1-萘甲醛(CHO, OH)} + NH_2OH \cdot HCl + NaOH \longrightarrow \text{2-羟基-1-萘甲醛肟}(CH{=}N{-}OH,\ OH) + 2H_2O + NaCl$$

3. 实验室合成试验

(1)2－羟基－1－萘甲醛的合成

在 250 mL 三口瓶中按一定比例加入 2－萘酚和 34% 的氢氧化钠水溶液，然后加入少量的氯化苄基三烷基铵，在强烈搅拌下将反应体系迅速升温至 70～75℃，得到澄清透明的棕色溶液。在反应温度 70～75℃下慢慢滴加一定量的三氯甲烷，滴加完毕，再在该温度下保温 30 min 使反应完全，然后冷却至室温，再以 1∶1的浓盐酸水溶液酸化至刚果红试纸呈酸性（即 pH＝2～3）。用乙醚萃取，收集醚层，用无水硫酸钠干燥乙醚萃取液。常压蒸除乙醚，再减压蒸馏，收集 160～180℃/106 Pa 的馏分，再用乙醇重结晶，无水氯化钙真空干燥，得到浅黄色针状结晶，熔点 80 ~ 81℃。

(2)2 - 羟基 - 1 - 萘甲醛肟的合成

将盐酸羟胺、氢氧化钠、水和 2 - 羟基 - 1 - 萘甲醛按一定比例加入三口瓶中，开动搅拌器，在一定温度下反应数小时，反应完毕，用10%的硫酸酸化至pH约为6，抽滤，即得 2 - 羟基 - 1 - 萘甲醛肟。

5.5.2 稀土浮选试验

试样系包钢选矿厂浮选稀土的给矿，含 REO 10.95%，稀土矿物主要为氟碳铈矿和独居石。试验在 XFD2—63 型 0.75 L 单槽浮选机中进行，仅对试样进行稀土粗选来鉴定捕收剂的效果。矿样 250 g，硅酸盐脉石矿物用水玻璃作抑制剂搅拌 3 min，捕收剂搅拌 9 min，起泡剂搅拌 1 min，调整矿浆 pH = 8 ~ 9，泡沫产品为稀土粗选精矿。

在水玻璃用量 4.0 kg/t，XJ - 01 起泡剂 48 g/t，浮选温度 36 ~ 38℃的条件下，分别用 2 - 羟基 - 1 - 萘甲醛肟和 H_{205} 捕收剂对试样进行稀土浮选对比试验，捕收剂的用量试验结果分别见表 5 - 7 和表 5 - 8。

表 5 - 7 捕收剂 2 - 羟基 - 1 - 萘甲醛肟用量试验结果

2 - 羟基 - 1 - 萘甲醛肟用量/($kg \cdot t^{-1}$)	产品名称	产率/%	REO 品位/%	回收率/%
1.9	粗选精矿	11.37	38.85	40.16
	尾　矿	88.63	7.43	59.84
	给　矿	100	11	100
2.9	粗选精矿	19.10	38.50	67.15
	尾　矿	80.90	4.46	32.85
	给　矿	100	10.95	100
3.2	粗选精矿	24.02	38.08	85.35
	尾　矿	75.98	2.07	14.65
	给　矿	100	10.72	100
3.5	粗选精矿	26.32	35.16	86.57
	尾　矿	73.68	1.95	13.43
	给　矿	100	10.69	100

由表 5 - 7 可知，当 2 - 羟基 - 1 - 萘甲醛肟用量为 3.2 kg/t 时，选别指标较

好，粗选精矿 REO 品位为 38.08%，回收率为 85.35%。由表 5-8 可知，H_{205} 在用量为 4.0 kg/t 时取得了较好的选别指标，粗选精矿品位为 36.77%，稀土回收率为 79.40%。比较表 5-7 和表 5-8 可以看出，2-羟基-1-萘甲醛肟对稀土矿物的选别效果优于 H_{205}，同时其药剂用量比 H_{205} 降低 20%。

表 5-8 捕收剂 H_{205} 用量试验结果

H_{205} 用量 /($kg·t^{-1}$)	产品名称	产率 /%	REO 品位 /%	回收率 /%
2.4	粗选精矿	16.89	20.19	30.80
	尾矿	83.11	9.22	69.20
	给矿	100	11.07	100
3.6	粗选精矿	22.67	35.50	73.38
	尾矿	77.33	3.78	26.62
	给矿	100	10.97	100
4.0	粗选精矿	23.57	36.77	79.40
	尾矿	76.43	2.95	20.60
	给矿	100	10.92	100
4.4	粗选精矿	26.50	32.17	76.50
	尾矿	73.50	3.56	23.50
	给矿	100	11.15	100

水杨醛肟与 2-羟基-1-萘甲醛肟是同系列物，有相同的羟基和肟基，而且都是处于邻位，只有烃基相差一个苯基，它们的结构对比如下：

CH═NOH　　　　CH═NOH

—OH　　　　—OH

故化学性质十分相似，2-羟基-1-萘甲醛肟能捕收稀土矿物，水杨醛肟亦应对稀土矿物有捕收性质。它们二者对其他矿物捕收性能亦应相似。

5.6 烷基氧肟酸

5.6.1 烷基氧肟酸的合成

C_7～C_9 氧肟酸是用 C_7～C_9 羧酸为原料，在浓硫酸的催化下与甲醇或乙醇酯化，

得 $C_7 \sim C_9$ 羧酸酯，再与盐酸羟氨在弱碱性介质中反应，即得烷基氧肟酸。反应式如下：

$$RCOOH + CH_3OH \xrightarrow[75\sim80℃]{浓 H_2SO_4} RCOOCH_3 + H_2O$$

$$RCOOCH_3 + NH_2OH \cdot HCl + NaOH \longrightarrow RC(=O)NHOH + CH_3OH + NaCl + H_2O$$

欲制取氧肟酸钾，可将氧肟酸与氢氧化钾反应，干燥后即成固体烷基氧肟酸钾。

5.6.2 烷基氧肟酸的性质

(1)工业烷基氧肟酸($C_7 \sim C_9$)为红棕色油状液体，含烷基氧肟酸 60% ~ 65%，含脂肪酸 15% ~20%，含水分 15% ~20%；毒性不大，对小白鼠的半致死剂量 LD_{50} =4900 mg/kg。

(2)氧肟酸有互变异构现象，能转变为羟肟酸，

$$R—C(=O)—NHOH \rightleftharpoons R—C(OH)=NOH$$

烷基氧肟酸　　　　烷基羟肟酸

可以认为氧肟酸与羟肟酸同时存在，二者可视为同一物质。

(3)在无机酸存在下，氧肟酸容易水解成羟氨和羧酸，

$$RC(=O)—NHOH + H_2O \longrightarrow RC(=O)—OH + NH_2OH$$

在强酸性介质中，发生洛森重排：

$$RC(=O)—NHOH \xrightarrow{-H_2O} [RC(=O)—N<] \longrightarrow R—N=C=O \xrightarrow{H_2O} RNH_2 + CO_2$$

(4)氧肟酸(羟肟酸)与许多多价金属阳离子作用形成螯合物，这些螯合物的结构如下：

$$R—C(—O\rightarrow Fe/3)——NH(—O—Fe/3) \quad 或 \quad R—C(—O—Fe/3)=N(\rightarrow Fe/3)—OH$$

这也是氧肟酸捕收矿物的原因。

5.6.3 烷基氧肟酸的捕收性能

(1)国内外曾用辛基氧肟酸钾、$C_5 \sim C_9$ 烷基氧肟酸(苏联称 ИМ -50)、

$C_7 \sim C_9$烷基氧肟酸等浮选蔷薇辉石、硅孔雀石、萤石、黑钨矿、重晶石、方解石、氟碳铈矿、氧化铅锌矿等，发现烷基氧肟酸是选择性良好的捕收剂。

(2)烷基氧肟酸和丁基黄药混用，代替单一的丁基黄药浮铜，铜精矿品位在回收率基本相近的情况下有明显提高，同时浮选速度加快，泡沫性质得到改善，药剂用量大幅度下降，试验结果见表5-9。

表5-9 烷基氧肟酸浮选氧化铜矿工业试验结果

捕收剂	药剂用量/($g \cdot t^{-1}$)				原矿品位/%	精矿品位/%	回收率/%
	硫化钠	丁基黄药	氧肟酸钠	松醇油			
烷基氧肟酸+丁基黄药	3000	300	300	100	4.44	14.36	89.90
丁基黄药	6000	800	—	650	4.42	10.38	90.07

(3)Φ-618 捕收剂是用 $C_5 \sim C_9$ 脂肪酸为原料制成的羟肟酸，平均分子量160左右，并含有 $C_7 \sim C_{12}$的羟肟酸，再按一定比例与油脂、溶剂、乳化剂、稳定剂混合而成。浮选东鞍山铁矿，经小型试验表明，可以代替妥尔油和氧化石蜡皂，得到精矿品位62.68%、回收率82.41%的铁精矿。

(4)有人用微型浮选试验考察了辛基羟肟酸和代号名为 V_{3579}的混合羟肟酸对赤铁矿、氧化铁、独居石、锆英石、金红石的捕收性能，羟肟酸是上述这些矿物的有效捕收剂，但 V_{3579}比纯的辛基羟肟酸效果好。

有人用氟碳铈矿单矿物为研究对象，结果表明 $C_5 \sim C_9$ 羟肟酸与异辛醇共用，或与煤油混用均有协同效应。前者回收率达到91.14%；$C_5 \sim C_9$ 羟肟酸与煤油混用时，回收率从单用时的89.37%提高到96.32%。有人用改性羟肟酸浮选高岭石，除去带色物质(Fe、Ti化合物)。现已证明羟肟酸浮选效果比妥尔油好，采用美国佐治亚州的矿石，用标准的妥尔油和工业上已用的羟肟酸(如Aeropromoter6493)相比，改性羟肟酸具有更好的捕收性能和选择性，针对上述试样，取自Cytec工业公司的改性S-8704和S-8706比普通羟肟酸AP493具有更好的捕收性能。

(5)有人用 $C_7 \sim C_{14}$的羟肟酸作捕收剂浮选Co(Ⅱ)和Ni(Ⅱ)离子，这些离子与 $C_7 \sim C_{14}$羟肟酸生成沉淀浮出，且回收率大于95%。

5.6.4 烷基氧肟酸的捕收机理

通过对辛基氧肟酸在锡石表面吸附的热力学研究，证明烷基氧肟酸与矿物表面的作用是化学吸附。

矿物自溶液中吸附捕收剂是溶质分子与溶剂分子发生交换吸附过程。当锡石与含捕收剂的水溶液接触时，因锡石亲水性较强，表面即被水分子占据；当捕收剂向锡石表面移近时，与水分子发生竞争，最后发生位置交换而吸附于锡石表面。这个过程可用下式表示：

$$\text{捕收剂}_{(\text{溶液})} + nH_2O_{(\text{吸附})} \longrightarrow \text{捕收剂}_{(\text{吸附})} + nH_2O_{(\text{溶液})}$$

过程达到平衡时，捕收剂部分取代吸附在锡石表面的水分子而吸附在锡石表面上。

从化学热力学原理可知，在一定温度下，捕收剂(以符号 A 代表)在矿物表面吸附达到平衡时，则该捕收剂在界面上的化学位与在溶液中的化学位相等，即

$$\mu_{A(\text{吸附})} = \mu_{A(\text{溶液})}$$

当吸附量一定，温度发生可逆的微量变化，则有

$$d\mu_{A(\text{吸附})} = d\mu_{A(\text{溶液})} \tag{1}$$

在界面上，$\mu_{A(\text{吸附})} = \mu^0_{A(\text{吸附})} + RT\ln a_{A(\text{吸附})}$

用表面吸附量 Γ 表示 $a_{A(\text{吸附})}$，则

$$\mu_{A(\text{吸附})} = \mu^0_{A(\text{吸附})} + RT\ln\Gamma \tag{2}$$

在溶液中，

$$\mu_{A(\text{溶液})} = \mu^0_{A(\text{溶液})} + RT\ln a_{A(\text{溶液})}$$

其中：$a_{A(\text{溶液})}$ 为吸附平衡时，捕收剂在极稀溶液中的浓度，即 $a_{A(\text{溶液})} = C_{A(\text{溶液})}$(以下用 C 代表)，故，

$$\mu_{A(\text{溶液})} = \mu^0_{A(\text{溶液})} + RT\ln C \tag{3}$$

当吸附平衡时(吸附量不变时)，将式(1)偏微分，得

$$\left[\frac{\partial\mu_{A(\text{吸附})}}{\partial T}\right]_{p,\,C} dT = \left[\frac{\partial\mu_{A(\text{溶液})}}{\partial T}\right]_{p,\,C} + \left[\frac{\partial\mu_{A(\text{溶液})}}{\partial C}\right]_{T,\,p}$$

根据化学位定义及熵的定义，并在只求摩尔吸附热的情况下，上式可写成：

$$-S_{A(\text{吸附})}dT = -S_{A(\text{溶液})}dT + RT\ln C$$

式中，$\bar{S}$ 为吸附平衡时体系的平均熵，整理后得

$$-[\bar{S}_{A(\text{吸附})} - \bar{S}_{A(\text{溶液})}]dT = RT\ln C$$

即

$$-\frac{\Delta H}{T}dT = RTd\ln C$$

或

$$-\frac{\Delta H}{RT^2}dT = d\ln C$$

当温度变化不大时，可认为 ΔH 为常数，上式积分得

$$\ln C = \frac{\Delta H}{RT} + \text{常数} \tag{4}$$

式(4)中 ΔH 为吸附过程的摩尔热效应，$\Delta H < 0$ 表示吸附过程放热，$\Delta H > 0$

表示吸附过程吸热。若做出吸附过程的 $\ln C - \frac{1}{T}$图，则 ΔH 可从图中求得。

(1)在12、30、40、55℃时，测定辛基氧肟酸在锡石表面的吸附量(C)，做出相应的吸附等温线，再从吸附等温线做出 $\ln C - \frac{1}{T}$图。图 $\ln C - \frac{1}{T}$中，$\ln C$ 与$\frac{1}{T}$成直线关系，因此符合吸附方程式 $\ln C = \frac{\Delta H}{RT} + $常数1，该方程式中的$\frac{\Delta H}{R}$即是 $\ln C - \frac{1}{T}$图中直线的斜率，从图中取得直线的斜率后，则 $\Delta H =$ 斜率 $\times R$，从而求得 ΔH 的平均值为 -45.2 kJ/mol。这个结果表明，辛基氧肟酸在锡石表面的吸附热为负值，$\Delta H < 0$，为放热过程。溶质在固体界面上的物理吸附热一般小于4.2 ~ 8.4 kJ/mol，化学吸附过程类似于化学反应，其吸附热一般大于41.9 kJ/mol。因此，通过测定吸附量方法证明辛基氧肟酸在锡石表面发生化学吸附，形成新的化合物。

(2)将80%纯锡石矿物粉末与20%纯炭粉做成锡石 - 炭糊电极，在不同温度下测得该电极吸附辛基氧肟酸前后的微分电容，求出各个温度下电极吸附辛基氧肟酸前后的微分电容变化量(ΔC_d)。

与(4)式的推导方法相同，若浓度一定则可导出下式：

$$\ln\Gamma = \frac{\Delta H}{RT} + \text{常数}2$$

当用微分电容研究捕收剂在电极的吸附行为时，表明电极的微分电容因吸附捕收剂而发生变化，这种变化量(ΔC_d)应与电极上吸附捕收剂的量(Γ)的变化一致。因此，在溶液浓度和电极电位一定时，若用下式作图，应当线性关系良好。

$$\ln\Delta C_d = \frac{\Delta H}{RT} + \text{常数}3$$

用测得的 ΔC_d 与对应温度作 $\ln\Delta C_d - \frac{1}{T}$图，该图直线部分斜率的平均值为 -4.84×10^3，故 $\Delta H = -4.84 \times 10^3 \times R = -40.2$ kJ/mol。这个数值与测定吸附量所获得的 $\Delta H = -45.2$ kJ/mol 有些差别，原因之一是测定微分电容用的是锡石 - 炭糊电极，而不是纯锡石；其次是两者的测定方法不同，仪器不同。但 $\Delta H = -40.2$ kJ/mol 与 $\Delta H = -45.2$ kJ/mol 都与 -41.9 kJ/mol 接近，表明辛基氧肟酸在锡石表面的吸附过程属化学吸附。

根据分子轨道理论，用计算方法研究捕收剂捕收矿石的机理，常用的理论指数有:分子轨道能量、电子密度、形式电荷、原子净电荷、前线电子密度、离子化势等，其中由电子密度或原子净电荷可以推知化合物的键合原子种类及位置。关于烷基氧肟酸及其互变异构体烷基羟肟酸功能团中各原子净电荷的计算结果如下：

$$\mathrm{R-\overset{(1)}{C}(=\underset{(2)}{O})-\overset{(3)}{N}H-\overset{(4)}{O}-H}$$

烷基氧肟酸

原子净电荷 S_r(eV)：

$S_1=0.1561$

$S_2=-0.7876$

$S_3=0.5562$

$S_4=-0.9244$

$$\mathrm{R-\overset{(1)}{C}(-\underset{(2)}{O}-H)=\overset{(3)}{N}-\overset{(4)}{O}-H}$$

烷基羟肟酸

原子净电荷 S_r(eV)：

$S_1=0.0895$

$S_2=-0.8026$

$S_3=-0.3969$

$S_4=0.1096$

根据烷基氧肟酸的官能团的原子净电荷数据，它是O、O型键合原子配合剂，与金属阳离子形成O、O五元环螯合物。例如硅孔雀石表面与之作用，形成如下结构螯合物：

$$\mathrm{Si_xO_y-Cu-Si_xO_y + OH^- + O{=}C(-R)-NH-OH \rightleftharpoons Si_xO_y-Cu(\leftarrow O{=}C(-R)-NH-O-)-Si_xO_y + H_2O}$$

烷基羟肟酸则是O，N型配合剂，可以与矿物表面的金属阳离子形成O，N四元环螯合物。例如：

$$\mathrm{Si_xO_y-Cu-Si_xO_y + OH^- + HO-C(-R)=N-OH \rightleftharpoons Si_xO_y-Cu(-O-C(-R)=N(-OH)\rightarrow)-Si_xO_y + H_2O}$$

5.7 烷环羟肟酸(环肟酸)

5.7.1 环烷基异羟肟酸的合成及工艺条件

制取 $C_7\sim C_9$ 羟肟酸用酯的羟胺分解方法。酯的活性顺序是随着碳链长度的增长而递减，分子量越大，越难被羟胺所分解。试验曾探讨了环烷酸甲酯的羟胺分解条件，但都未能得到满意的结果。后来采用先"酰氯化"再在弱碱性介质中与羟胺进行缩合，在缩合过程中添加适当溶剂，使生成的"环肟酸"很快分散，从而保证反应顺利进行。用这种方法制得的产品质量较高，也较稳定，连续十八釜全部获得合格产品，这说明该工艺是比较成功的。

1. 环烷酸简介(可参考第3章羧酸类捕收剂)

环烷酸是以五碳环为基础的羧酸衍生物。最简单的分子结构式为

$$\begin{array}{l} CH_2—CH_2 \\ \quad\quad\quad\quad\quad \diagdown \\ \vert \quad\quad\quad\quad\quad C—(CH_2)_2—COOH \\ \quad\quad\quad\quad\quad \diagup \vert \\ CH_2—CH_2 \quad H \end{array}$$

；通式为 $C_nH_{2n-1}COOH$，式中 $n=7\sim22$。

2. 环烷酸酰氯的制备

(1)反应式

$$C_nH_{2n-1}COOH + \frac{1}{3}PCl_3 \longrightarrow C_nH_{2n-1}COCl + \frac{1}{3}H_3PO_3$$

(2)配料比

n(环烷酸):$n(PCl_3)$ = 1:0.4(摩尔比)

(3)环烷酸酰氯的制备

按上述反应物的配料比，先将环烷酸加入反应釜内，再慢慢地将 PCl_3 导入环烷酸内。在加入 PCl_3 的过程中一定注意搅拌均匀，避免局部过量。

加完 PCl_3 之后，先于室温下搅拌0.5 h，再升温至60~65℃，在此温度下反应4~5 h，然后自然冷却至室温，静置分层，上层为环烷酸酰氯，下层为亚磷酸。

3. 环烷基异羟肟酸的合成

(1)反应式

$$C_nH_{2n-1}COCl + NH_2OH \xrightarrow{NaOH} C_nH_{2n-1}CONHONa + NaCl + 2H_2O$$

$$C_nH_{2n-1}CONHONa + \frac{1}{2}H_2SO_4 \longrightarrow C_nH_{2n-1}CONHOH + \frac{1}{2}Na_2SO_4$$

(2)配料比

n(环烷酸酰氯):n(羟胺) = 1:1.4(摩尔比)

其中氢氧化钠的加入量由反应物的pH加以控制，一般在8.5~9.5之间。

(3)缩合反应

先把硫酸羟胺(或盐酸羟胺)溶液按上述配比投入反应釜内，慢慢滴加30% NaOH水溶液，当反应物的pH达到9后，开始从反应釜底部导入一定数量的酰氯。在加酰氯的过程中，随时测定反应物的pH，把釜内反应物的pH保持在8.5至9.5之间。当釜内出现浆糊状时，可以加入适量溶剂(乙醇)，使之溶解后再继续加酰氯，直至按计量加完为止。加完酰氯之后，再测一次反应物的pH，若pH小于9，可用30% NaOH水溶液调整至9~9.5。然后在常温下搅拌0.5 h，使之分散均匀，再升温至40℃左右反应2 h，继续升温到50~55℃反应0.5 h，自然冷却至低于40℃后，用25%硫酸水溶液酸化至pH为4~5，静置分层，上层就是环烷基异羟肟酸。

4. 影响“环肟酸”产品质量的因素

(1)反应机理

“环肟酸”是环烷酰氯在弱碱性介质中与羟胺的缩合产物，其反应过程如下：

$$C_nH_{2n-1}—\overset{\overset{O}{\|}}{C}—Cl + H—NH—OH \longrightarrow C_nH_{2n-1}—\overset{\overset{O}{\|}}{C}—NH—OH + HCl$$

$$C_nH_{2n-1}—\overset{\overset{O}{\|}}{C}—NH—OH + HCl \xrightarrow{NaOH} C_nH_{2n-1}—\overset{\overset{O}{\|}}{C}—NH—ONa + NaCl + 2H_2O$$

当 NaOH 不足时，有部分羟胺盐中的羟胺未游离出来，不能与环烷酰氯作用，生成环烷羟肟酸，减少了产量，同时环烷酰氯水解也降低了产量。

当 NaOH 过量时，氢氧化钠与环烷酰氯作用消耗了环烷酰氯，降低了产量，如有溶剂乙醇存在，在氢氧化钠不足时，乙醇会与环烷酰氯作用生成酯，消耗了环烷酰氯，降低环烷羟肟酸产量。

(2)酰氯与羟胺配料比的影响

酰氯与羟胺的摩尔比与合成产品质量之间有如图 5 - 16 的关系。当酰氯与羟胺的摩尔比大于 1∶1.2，产品的含氮量上升较快；当酰氯与羟胺之摩尔比在 1∶1.2 ~ 1∶1.4 之间，含氮量上升幅度不大；当酰氯与羟胺的摩尔比小于 1∶1.4，含氮量不再上升。因此采取 1∶1.2 ~ 1∶1.4的摩尔比，对合成产品质量影响不大。

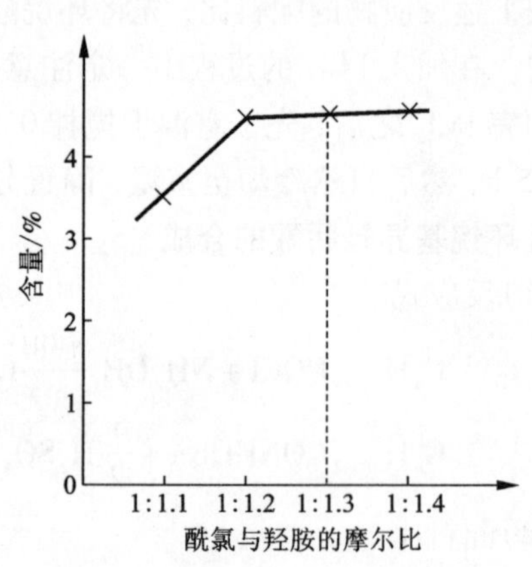

图 5 - 16 环肟酸含量与羟胺配料比的关系

(3)反应温度的影响

酰氯与羟胺的缩合反应是放热反应，而且反应速度快。反应温度如果过高，会加速副反应的进行，对产品质量不利；反应温度过低，则反应进行太慢。根据实验，反应的适宜温度为 40℃左右。

5.7.2 环烷羟肟酸的性质和捕收性能

环烷羟肟酸呈红色黏稠液体，难溶于水，易溶于酒精，与碱作用能生成钠盐和铵盐，成钠盐或铵盐后，对水溶解度较大，因此使用时配成 1∶1 或 1∶2 的铵盐酒精溶液，其配制方法如下：环肟酸 18 kg，加氨水(25%)4.5 kg，常温搅拌1 h，制得 22.5 kg 铵盐，再加入 45 kg 酒精即成铵盐酒精溶液。为了结合包钢高品位稀土精矿生产的需要，选用包钢选矿厂重选稀土粗精矿作为浮选试样。小型浮选试验和工业浮选试验结果为：从给矿品位 29.15% REO，经一粗两精得到稀土品位 62.60% REO、回收率 73.93% 的精矿，效果很好。此后环烷羟肟酸用于工业生产。

该选厂入选物料中 -0.074 mm 粒级含量占 90% ~95%，稀土矿物主要是氟碳铈矿和独居石，脉石矿物主要有重晶石、萤石、铁矿、磷灰石、少量碳酸盐矿物和含铁硅酸盐矿物。采用图 5 - 17 的浮选流程和药剂制度可得到表 5 - 10 的生产指标。

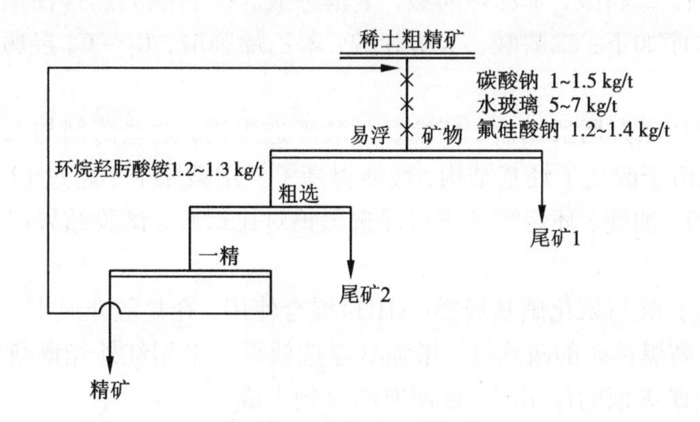

图 5 - 17 浮选工艺流程图

表 5 - 10 生产指标(1986 年 6 月 1—9 日平均结果)

产品名称	产率/%	品位(REO)/%	回收率(REO)/%
精矿	24.96	60.14	65.15
尾矿	75.04	10.70	34.85
给矿	100	23.04	100

1979 年包头冶金研究所成功地研制出环烷羟肟酸(使用时配制成环烷羟肟酸铵)，年底在工业生产中应用，采用一粗一精闭路流程，由给矿(重选精矿)品位 35.82% REO 可生产出稀土品位 63.74% REO、浮选作业回收率 66.75% 的稀土精矿；此后一直到 1986 年都用环烷羟肟酸生产稀土精矿，且效果不错。

烷环羟肟酸钠浮选萤石试样中主要含萤石、石英、长石、高岭土、钾云母、方解石、重晶石等矿物，用增强型环烷羟肟酸钠作捕收剂，在调整剂配合下进行室温浮选。试验结果表明，在矿浆温度低时烷环羟肟酸浮选效果良好。它是萤石的一种优良捕收剂，可代替油酸等脂肪酸使用。

用胂酸、膦酸、羟肟酸浮选铌钙矿，并用苄基胂酸、苯乙烯膦酸、双膦酸、烷

环羟肟酸和 $C_7 \sim C_9$ 羟肟酸等捕收剂浮选人工合成的铌钙矿。试验结果表明，双膦酸是铌钙矿的良好捕收剂，在双膦酸浓度为200 mg/L、矿浆 pH =2.5 ~5.0 时回收率为83.27%以上。上述捕收剂对铌钙矿捕收能力的顺序是：

双膦酸，苄基胂酸，苯乙烯膦酸，$C_7 \sim C_9$ 烷基羟肟酸，烷环羟肟酸

有人用苄基胂酸、苯乙烯膦酸、二膦酸、环烷羟肟酸和烷基羟肟酸分别浮选人工合成的铌钙矿，浮选试验结果表明，二膦酸对铌钙矿的选择性很好，环烷羟肟酸浮选铌钙矿的回收率最高，其他药剂的回收率排名次序如下：环烷羟肟酸，$C_7 \sim C_9$ 羟肟酸，二膦酸，苯乙烯膦酸，苄基胂酸。二膦酸的选择性最好，其他药剂的选择性次序如下：二膦酸，苄基胂酸，苯乙烯膦酸，$C_7 \sim C_9$ 羟肟酸，环烷羟肟酸。

有人提出用萘羟肟酸钠盐、环烷羟肟酸浮选黑钨，这些药剂与 NM -50 同属一类药剂，但由于改变了烃基结构，性能提高了。用碳原子不超过12的环烷羟肟酸盐、NM -50、油酸、环烷酸钠进行浮选黑钨对比试验，试验结果以环烷羟肟酸盐效果最好。

环烷基羟肟酸与氨化硝基烃类(АНП)混合使用，在盐酸介质中，当有草酸存在时，可以提高黑钨矿的疏水性，增强其浮选效果。采用红外光谱研究环烷基羟肟酸盐在黑钨矿表面的作用时，证明有络合物生成。

5.8 苯甲羟肟酸

5.8.1 苯甲羟肟酸合成

苯甲羟肟酸的合成原理：苯甲酸和甲醇(或乙醇)在硫酸的催化下先生成苯甲酸甲酯(或乙酯)，用苯甲酸酯与羟胺在碱性介质中生成苯甲羟肟酸钠，将后者酸化便生成苯甲羟肟酸，反应式如下：

$$C_6H_5COOH + C_2H_5OH \xrightarrow{H_2SO_4} C_6H_5COOC_2H_5 + H_2O$$

$$C_6H_5COOC_2H_5 + H_2NOH \cdot HCl + 2KOH \longrightarrow C_6H_5C(=O)\text{—}NHOK + C_2H_5OH + 2H_2O + KCl$$

$$C_6H_5C(=O)\text{—}NHOK + CH_3COOH \longrightarrow C_6H_5C(=O)\text{—}NHOH + CH_3COOK$$

苯甲羟肟酸钾的合成方法：分别将46.7 g(0.67 mol)盐酸羟胺溶于24 mL甲醇中，将56.1 g(1 mol)化学纯氢氧化钾溶于140 mL甲醇中。配制上述两种溶液时可装上回流冷凝管加热至沸腾，加速溶解，制得氢氧化钾的甲醇溶液和盐酸羟胺溶液后分别冷却到30～40℃。将氢氧化钾的甲醇溶液加入盐酸羟胺溶液中，边加入边摇动，为避免温度升高可用水浴冷却。将碱加完后，把混合液在冰水浴上冷却5 min，使氯化钾充分结晶析出，加入50 g(0.33 mol)苯甲酸乙酯充分搅拌后，立即抽滤(减压过滤)。残留在分液漏斗中的残渣用少量甲醇洗涤，洗液与滤液合并，在室温放置，视滤液过饱和程度不同，于20 min至3 h内结晶析出。放置48 h后，将晶体滤出，用无水乙醇洗涤，在空气中干燥，产量33～35 g(理论产量的57%～60%)。

为得到纯的苯甲羟肟酸，可将前面合成的粗产品35 g(0.2 mol)溶于160 mL 1.25 mol/L醋酸中，搅拌加热得到澄清溶液，将此液冷至室温再放入冰水中冷却，苯甲羟肟酸呈白色晶体析出，过滤干燥后得较纯品，再重结晶一次。产品熔点125～128℃。

5.8.2 苯甲羟肟酸的性质

苯甲羟肟酸为白色晶体，溶于水，水溶液呈酸性，$K_a = 1.66 \times 10^{-9}$，放置后慢慢变红，其水溶液遇$Fe^{2+}$、$Fe^{3+}$离子亦变红。工业产品一般呈枣红色，水溶液起泡性能很弱，用苯甲羟肟酸作捕收剂浮选矿物时要添加起泡剂。

$$C_6H_5-C(=O)-NHOH \rightleftharpoons C_6H_5-C(=O)-NHO^- + H^+$$

有互变异构现象，和烷基羟肟酸一样有两种异构体。

$$C_6H_5-C(OH)=NOH \rightleftharpoons C_6H_5-C(=O)-NHOH$$

也会发生Lessen W重排：

$$C_6H_5-C(=O)-NHOH \xrightarrow[\triangle]{-H_2O} C_6H_5-N=C=O \xrightarrow{H_2O} C_6H_5-NH_2 + CO_2$$

能与Cu^{2+}、Co^{2+}、Ni^{2+}、Fe^{2+}、Zn^{2+}、Hg^{2+}等离子生成螯合物，这是它能作捕收剂的主要原因。

5.8.3 苯甲羟肟酸的捕收性能

1. 苯甲羟肟酸浮选锡石

苯甲羟肟酸浮选锡石pH试验结果见图5-18。

从图 5-18 可知，苯甲羟肟酸对锡石的捕收能力很强，pH 为 7 左右时回收率为 95% 以上。

苯甲羟肟酸浮选锡石、方解石、石英的 pH 试验结果见图 5-19。从图 5-19 可知，苯甲羟肟酸对锡石的捕收能力很强，在接近中性 pH 时，单矿物锡石的回收率为 95% 以上。苯甲羟肟酸对方解石的捕收力弱，在 pH=9 时，回收率达到最大值，为 60% 左右。苯甲羟肟酸对石英无捕收作用，pH=4.5~11.5 均不浮，说明用苯甲羟肟酸做捕收剂能较好地分离石英和锡石。而要分离锡石和方解石，必须加入适当的抑制剂抑制方解石，才能得到好的结果。

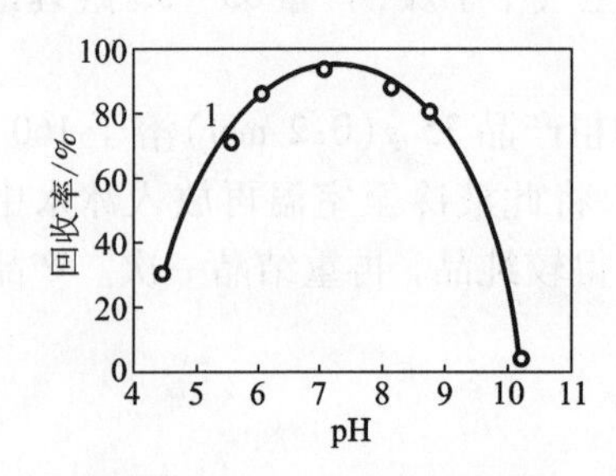

图 5-18　苯羟肟酸浮选锡石结果

(苯羟肟酸 95 mg/L)

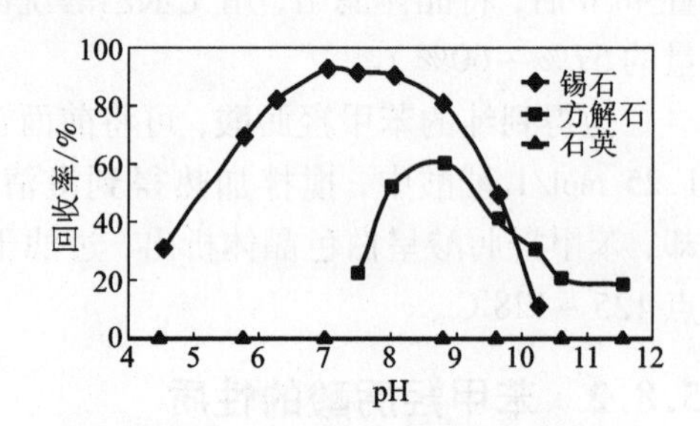

图 5-19　苯甲羟肟酸浓度为 100 mg/L 时锡石、方解石、石英的回收率与 pH 的关系

在自然 pH 时，苯甲羟肟酸用量与锡石、方解石、石英回收率的关系曲线见图 5-20。从图 5-20 可知，苯甲羟肟酸浓度为 120 mg/L 时，锡石回收率为 95% 以上，方解石回收率达 60% 左右，而石英不浮，可见苯甲羟肟酸容易分选锡石和石英，而锡石与方解石分离则需要一定量的抑制剂抑制方解石，才会有较好的结果。

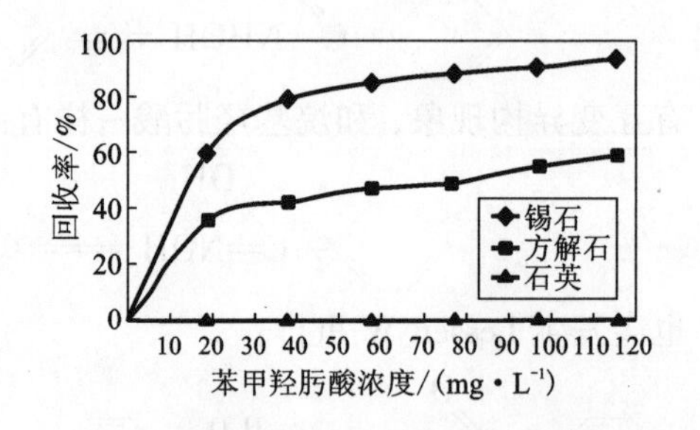

图 5-20　在自然 pH 下苯甲羟肟酸浓度与锡石、方解石、石英回收率的关系

锡石-石英(1∶1)人工混合矿的浮选分离试验结果见图 5-21。从图 5-21 可知，苯甲羟肟酸浓度为 100 mg/L 时，pH 在 7~8 之间分离效果最好，锡精矿品位(SnO_2)和回收率均为 90% 左右。

(1)天然锡矿石的浮选

给矿含 Sn 1.1%、SiO_2 31.3%、$CaCO_3$ 11.2%，为锡石石英脉型矿石，入磨矿石粒度小于20 mm，磨矿浓度55%，磨矿体系 pH = 6.8，将矿石与60 g/t磷酸三丁酯一同加入磨机中进行磨矿，其中 +0.5 mm 粒级返回磨机，-0.5 mm 粒级进入旋流器分级。+0.039 mm 粒级采用摇床重选回收锡石，获得含 Sn 54%的重选精矿，回收率80.3%。-0.039 mm 的细粒级不预先脱泥，用苯甲羟肟酸作捕收剂浮选回收锡石，浮选浓度为28%，采用两次粗选、一次扫选、三次精选流程，整个流程 pH = 6 ~ 8，抑制剂水玻璃用量200 g/t、捕收剂苯甲羟肟酸100 g/t、松醇油20 g/t，结果得到含 Sn 28.6%锡精矿，作业回收率83%。

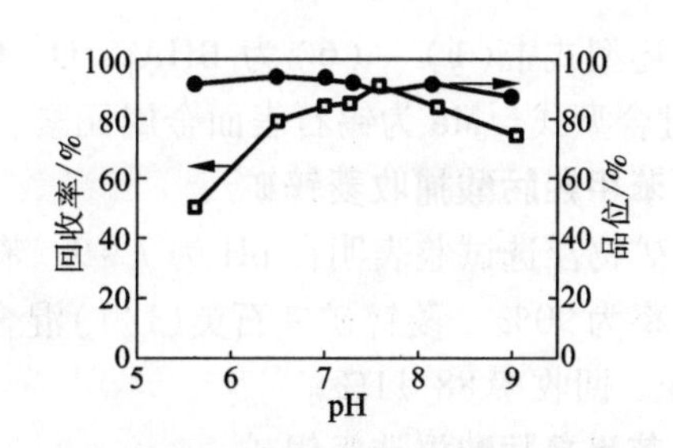

图5-21　苯甲羟肟酸浓度为100 mg/L时锡石-石英(1∶1)混合物浮选分离结果与pH的关系

(2)苯甲羟肟酸捕收锡石机理

量子化学计算表明，苯甲羟肟酸与锡石表面金属离子生成螯合物而固着于锡石表面，苯基疏水而起捕收作用，螯合物类型有 O、O 螯合及 O、N 螯合2种，可表示为

```
       H
       |
    ↙ O—C—C6H5          O—C—C6H5            H
  |  /    ‖          |  /    ‖              |
  Me       ‖         Me       ‖          ↙ O—C—C6H5
  |  ↖    ‖          |  ↖    ‖         |  /    ‖
      O—N                O—N            Me       ‖
      |                                |  ↖    ‖
      H                                     O—N
     (1)                 (2)                 (3)

    O—C—C6H5           O═C—C6H5            O═C—C6H5
  |  /    ‖          | ↙     |           | ↙     |
  Me       ‖         Me       |          Me       |
  |  ↖    ‖          |  \     |          |  ↖    |
      O—N                O—NH               O—NH
      |                                      |
      H                                      H
     (4)                 (5)                 (6)

       O                    O
  |  ↙   ╲             |  ↙   ╲
  Me      C—C6H5       Me      C—C6H5
  |  ↖   ╱             |  ↖   ╱
       N                    N
       |                    |
       H                    OH
      (7)                  (8)
```

上述型式中(1)~(6)为 BHA_1，O—O 键 6 种型式；(7)~(8)为 BHA_2，O—N键合型式。Me 为锡石表面金属元素。

2.苯甲羟肟酸捕收菱锌矿

单矿物浮选试验表明在 pH 为 7~9，苯甲羟肟酸浓度为 65 mg/L 时，菱锌矿的回收率为 90%。菱锌矿-石英(1:1)混合矿分离浮选试验，浮出的锌精矿品位 44.27%，回收率 88.11%。

3.苯甲羟肟酸浮选钽铌矿

将矿样磨碎后，先用湿式高梯度磁选机去掉 70% 低品位尾矿，再用苯甲羟肟酸和辅助捕收剂 WT_2 混用浮选细粒级钽铌矿。浮选给矿品位 Ta_2O_5 0.029%，获得品位 0.882%、回收率 88.45% 的浮选精矿，将浮选精矿用弱磁-浮硫-重选方法进一步分离，可获得品位 13.53%、Ta_2O_5 作业回收率 89.25%、回收率 78.94% 的铌钽精矿。

4.苯甲羟肟酸浮选黑钨细泥

用以苯甲羟肟酸为主要成分的捕收剂 BH、组合抑制剂 AD 为抑制剂浮选柿竹园黑钨细泥，所用试样为柿竹园 500 t/d 选厂加温精选尾矿经摇床和白钨再浮后丢弃的尾矿，主要金属矿物有黑钨矿(2.10%)、白钨矿(0.50%)、磁铁矿(0.20%)和黄铁矿(0.10%)，主要非金属矿物有萤石(63.55%)、石英(9.03%)、方解石(9.80%)、长石(3.22%)、石榴子石(2.68%)等，黑白钨比例为 3.63:1，粒度 -0.045 mm 粒级达 99.11%，-0.010 mm 粒级含量达 39.25%。经过一粗三扫五精流程，选别的工业试验结果，可从含 WO_3 1.94% 的给矿得到含 WO_3 52.77%、作业回收率 68.32% 的黑钨精矿。

苯甲羟肟酸浮选黑钨的作用机理：量子化学计算结果表明苯甲羟肟酸与金属矿物表面的金属离子生成的螯合物形式有 O、O 螯合和 O、N 螯合两种。黑钨矿晶格表面的金属阳离子是 Mn(Ⅱ)和 Fe(Ⅱ)，它们形成螯合物的反应可用下式表示：

$$|Fe-OH + C_6H_5-C(=O)-NHOH \longrightarrow |Fe\langle O=C(C_6H_5)-N-OH \rangle + H_2O \quad (1)$$

矿物表面　　　　矿物表面

$$|Fe-OH + C_6H_5-C(OH)=NOH \longrightarrow |Fe\langle O(H)-N=C(C_6H_5)-O \rangle + H_2O \quad (2)$$

矿物表面　　　　矿物表面

因为五元环比四元环稳定，应以五元环为主。

5. 苯甲羟肟酸浮选稀土矿试验

以包钢选矿厂重选粗精矿为试料，试料含 REO 29.04%，所含矿物有：氟碳铈矿、独居石、磷铁矿、赤铁矿、福铁矿、黄铁矿、磁黄铁矿、方铅矿、闪锌矿、重晶石、萤石、碳酸盐、闪石、云母等。

用苯甲羟肟酸为捕收剂，氢氧化钠、水玻璃、明矾组合为调整剂，浮选 REO 为29.04%的给矿获得品位60.40% REO、回收率82.51%的精矿。另有报道可获得品位60.34% REO、回收率81.19%的精矿，效果不错。

5.9 水杨氧肟酸

5.9.1 水杨氧肟酸的制法和性质

水杨氧肟酸是水杨酸在硫酸催化下先与乙醇酯化成水杨酸乙酯，再与羟胺在弱碱性介质中作用而成。反应如下：

$$\text{HO-C}_6\text{H}_4\text{-C(=O)-OH} + CH_3CH_2OH \xrightarrow{\text{浓 } H_2SO_4} \text{HO-C}_6\text{H}_4\text{-C(=O)-OCH}_2\text{CH}_3 + H_2O$$

$$\text{HO-C}_6\text{H}_4\text{-C(=O)-OCH}_2\text{CH}_3 + NH_2OH \cdot HCl + NaOH \longrightarrow \text{HO-C}_6\text{H}_4\text{-C(=O)-NHOH} + H_2O + CH_3CH_2OH + NaCl$$

$$\text{HO-C}_6\text{H}_4\text{-C(=O)-NHOH} \rightleftharpoons \text{HO-C}_6\text{H}_4\text{-C(OH)=NOH}$$

通常羟胺法合成水杨氧肟酸是把盐酸羟胺溶液加入反应器中与氢氧化钠溶液反应一段时间后，再加水杨酸甲酯搅拌，把反应物加热到50～60℃，反应4～5 h，加酸酸化，水杨氧肟酸结晶析出，滤取晶体干燥，得水杨氧肟酸。如作下述改进可增加水杨氧肟酸的产量和质量：①水杨酸甲酯与羟胺的摩尔比为1:(1.3～1.4)时可得到较好的产率。②碱过量幅度较小时，反应不完全，反应速度慢，回收率也受影响；碱过量太大，酸化时造成相应的酸浪费，使成本升高，选用碱酯摩尔比为2.8:3.0为佳。③反应温度过低，合成时间长，增加反应时间影响回收率；温度过高，酯加速水解，影响水杨氧肟酸产量和产品质量，肟化温度控制在35℃为宜。④只要盐酸羟胺中或所用水中有万分之几的铁离子，水杨氧肟酸的生成率便不到50%，故在pH=7时，定量加入硫化钠，使铁离子生成硫化铁沉淀而被除去，以提高水杨羟肟酸的产量。

工业用水杨氧肟酸是土红色粉状物，易溶于碱液，毒性较低，小白鼠半致死剂量 LD_{50} 为1860 mg/kg，属低毒药剂。水杨氧肟酸用作锡石捕收剂的效果与苄基胂酸相当，曾在大厂车河选厂用了几年。水杨氧肟酸也有互变异构现象，显弱酸性。

5.9.2 水杨氧肟酸的捕收性能

陈竞清等合成水杨氧肟酸后，将其用作捕收剂浮选香花岭锡矿的锡石细泥和大厂长坡选厂的锡石细泥，均取得与苄基胂酸相近的浮选指标。

水杨氧肟酸浮选香花岭锡石细泥小试结果：香花岭锡石细泥取自选厂浓密机排矿，矿物组成复杂，其矿物共有29种，金属矿物中硫化矿物以磁黄铁矿为主；氧化物以磁铁矿、锡石为主；非金属矿物为硅酸盐、碳酸盐、萤石等。含0.664% Sn，用水杨氧肟酸950 g/t作捕收剂、碳酸钠150 g/t作调整剂、栲胶150 g/t作抑制剂、松醇油90 g/t作起泡剂，在pH为8.6的条件下，用一粗二扫二精的闭路流程，可从含0.664% Sn的给矿，得到21.03% Sn、回收率达71.24%的锡精矿。

水杨氧肟酸和苄基胂酸浮选大厂锡石细泥工业对比试验结果：选厂的锡石细泥系统，由浓缩、脱硫、脱铁、脱泥及浮选五部分组成，在生产过程中经过前面四个预备作业的排矿由泵送入搅拌槽，水杨氧肟酸用一个搅拌槽(搅拌11 min)，苄基胂酸用两个搅拌槽(共搅拌30 min)，再经一粗、二扫、三精及一次精扫得锡精矿。在用水杨氧肟酸676 g/t、碳酸钠70 g/t、栲胶65 g/t、松醇油60 g/t条件下，可从含1.23% Sn的给矿，得到含14.56% Sn、回收率74.18%的锡精矿；用苄基胂酸730 g/t、羧基甲基纤维素36 g/t、松醇油196 g/t、硫酸1300 g/t时，可从含1.58% Sn的给矿得到含16.26% Sn、回收率71.34%的锡精矿。对比上述指标，水杨氧肟酸比苄基胂酸的效果略优。

水杨氧肟酸与P-86配合使用可大幅度提高锡精矿品位和回收率。例如：取自大厂的锡石细泥试料D，含锡1.43%，水杨氧肟酸与P-86配合使用，通过一粗一扫三次精选中矿集中再选的闭路流程，可得到含51.33% Sn、回收率90.31%的锡精矿，浮选指标大幅度提高。后来在大厂锡石细泥浮选生产中均用水杨氧肟酸与P-86配合，生产指标均为品位>25% Sn，回收率≥90%。

用水杨氧肟酸浮选攀枝花0~20 μm钛铁矿，试验结果与苯乙烯膦酸相比，水杨氧肟酸具有用量少、选择性高的优点。分选混合矿时，浮选效果与苯乙烯膦酸相似。精矿品位有所提高，吸附量、ζ电位和红外光谱研究结果表明，水杨氧肟酸对钛铁矿的吸附是化学吸附。

用水杨氧肟酸作捕收剂，通过金红石纯矿物浮选试验发现，水杨氧肟酸是金红石的良好捕收剂，铅离子对金红石浮选具有强的活化作用，铅离子的存在不但可以显著提高金红石的可浮性，而且可大幅度降低捕收剂水杨氧肟的用量。

通过水杨氧肟酸吸附量的测定、动电位(ζ)测试分析、洗涤浮选试验、红外光谱分析可以推知如下的几种理论模型：

(1)水杨氧肟酸与 Ti^{4+} 和 Pb^{2+} 作用产物的结构模型

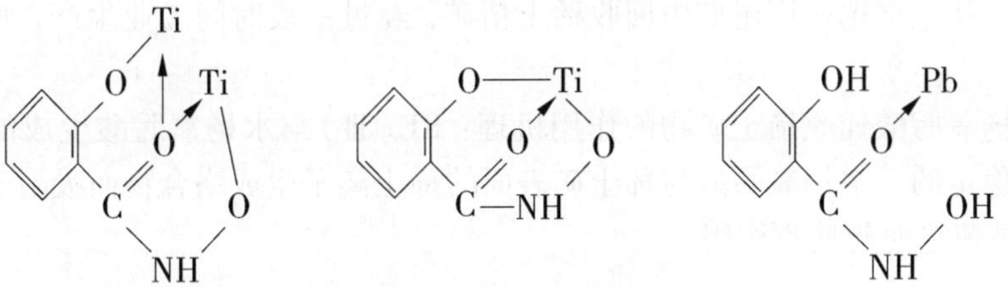

(2)水杨氧肟酸与矿物表面金属质点的作用模型

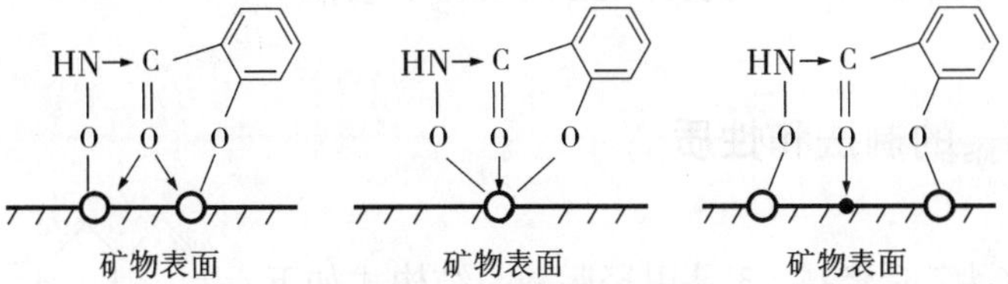

用水杨氧肟酸捕收剂从强磁中矿中选取高品位稀土精矿：试样取自包钢选矿厂一、三系列综合强磁中矿，试样中含稀土矿物 22.8%，其稀土、铁和铌的品位分别为 12.70%、20.95% 和 0.21%。主要杂质元素 F、P、S 和 SiO_2 含量分别为 7.00%、7.15%、0.93% 和 17.70%，而且稀土主要以氟碳酸盐形式存在，其次以磷酸盐形式存在，稀土的分布率分别为 69.13% 和 30.87%。尽管试样粒度偏粗(-200 目仅占 80.00%)，但是稀土矿物单体解离度也高达 81.00%，只有 19.00% 的稀土矿物与铁矿物和萤石矿物连生体，试样具有相当的代表性。用水杨氧肟酸作捕收剂、水玻璃作抑制剂、松醇油作起泡剂进行了系统的条件试验，试验结果表明，粗选 pH 在 8.5~9.5，水玻璃用量在 2.5~3 kg/t 范围内，矿浆浓度为 45%~50%，采用回水配药，矿浆温度 40℃左右，采用上述条件浮选效果良好。采用条件试验确定的最佳药剂制度进行开路精选和闭路试验，闭路试验采用一次粗选、两次精选及中 1 尾矿返回粗选的闭路流程，试验结果为稀土精矿品位达到 63.50%，回收率 56.32% REO，稀土次精矿品位 36.75% REO，回收率达 30.05%。

曾兴兰等合成了水杨氧肟酸并用其作捕收剂，水玻璃作抑制剂，对氟碳铈矿进行浮选试验。试验条件为温度 35~45℃，pH=7.5~8.5，浮选时间为 16~20 min，并和 H_{205} 作了对比试验，试验结果表明用水杨氧肟酸铵作捕收剂浮选氟碳铈

矿效果比 H_{205} 好。

李芳积和肖江采用水杨氧肟酸作氟碳铈矿捕收剂，L_{108} 为辅助剂，水玻璃和六偏磷酸钠为脱泥分散剂，松醇油为起泡剂，简化了浮选工艺，浮选得到精矿品位 REO 62% ~72%，稀土回收率为 85% ~90%。

黄林旋等用水杨氧肟酸作捕收剂，用水玻璃作调整剂，可从含 REO 28.90% 的稀土试料中获得品位 61.46% REO、回收率 84.95% 的结果。采用该药剂在包钢试验厂从包钢选矿厂尾矿中回收稀土精矿，经过一段时间工业生产，收到较好效果。

水杨氧肟酸捕收稀土矿物的作用机理：RE(Ⅲ)与水杨氧肟酸生成的络合物是相当稳定的。水杨氧肟酸与稀土矿表面的稀土离子生成络合物而吸附于矿物表面，苯基疏水而起捕收作用。

5.10 2-羟基-3-萘甲羟肟酸(H_{205})

5.10.1 H_{205}的制法和性质

H_{205}学名为2-羟基-3萘甲羟肟酸。结构式如下：

$$C_{10}H_6(OH)-C(=O)-NHOH$$

可用2，3酸为原料合成，合成反应如下：

$$\underset{\text{2,3 酸}}{C_{10}H_6(OH)COOH} + CH_3OH \xrightarrow{H_2SO_4} \underset{\text{2,3 酸甲酯}}{C_{10}H_6(OH)COOCH_3} + H_2O$$

$$C_{10}H_6(OH)COOCH_3 + H_2NOH \cdot HCl + 2NaOH \longrightarrow C_{10}H_6(OH)-C(=O)-NHONa + 2H_2O + NaCl + CH_3OH$$

$$C_{10}H_6(OH)-C(=O)-NHONa \xrightarrow{H_2SO_4} C_{10}H_6(OH)-C(=O)-NHOH + NaHSO_4$$

取2-羟基-3萘甲酸(简称2，3酸)50 g，放入 1000 mL 三口瓶中，加入甲醇 100 mL，再加入适量浓硫酸作催化剂，在室温下搅拌 20 min，然后升温到 60 ~

70℃反应 10 h，在 1000 mL 三口瓶中放入 26 g 盐酸羟胺，加水 300 mL 溶解后再加入氢氧化钠溶液(浓度 30%)80 mL，然后将 2，3 酸甲酯加入羟胺溶液中，在 50℃反应 4 h，冷却至室温，加稀酸调至 pH = 5 ~ 6，H_{205}沉淀析出，用压滤分离得H_{205}150 g(含水 65% ~70%)。

工业生产的H_{205}，状如土色，含水 70%，难溶于水，可用碱配成溶液使用。用氢氧化钠、碳酸钠或氨水与之作用则生成钠盐或铵盐，其钠盐或铵盐在水中溶解度增大，可用作锡石、稀土的捕收剂。

5.10.2 H_{205}的捕收性能

H_{205}是我国用来浮选稀土矿的有效捕收剂，在包钢选厂已使用多年，是成熟的有效稀土捕收剂。用H_{205}作捕收剂，稀土精矿含 REO 61.44%，回收率 18.8%，稀土次精矿品位 REO 39.90%，回收率 16.75%，总回收率 35.51%。

用H_{205}作捕收剂浮选黑钨细泥，在给矿品位为 1.34%、-10 μm 粒级占 30%时经浮选富集，可获得品位 19.91% WO_3、回收率 87.17% 的钨精矿。

用H_{205}作捕收剂、TBP 为辅助捕收剂，浮选粒度 -44 μm 占 100%、-11 μm 占 11.3% 的锡石细泥，从含锡 1.36% 的给矿得到含锡 37.39%、回收率91.21%的锡精矿。

5.11 1-羟基-2-萘甲羟肟酸(H_{203})

H_{205}和H_{203}是同分异构体，它们有下列结构式：

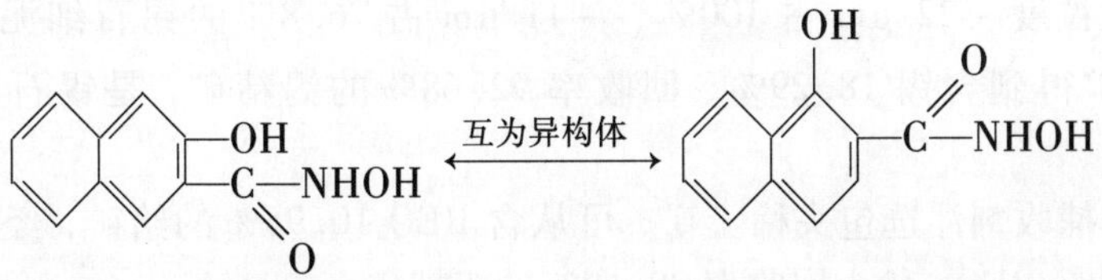

OH —C(=O)—NHOH (2,3-位) 互为异构体 OH, C(=O)—NHOH (1,2-位)

2-羟基-3-萘甲羟肟酸 代号 H_{205}　　1-羟基-2-萘甲羟肟酸 代号 H_{203}

它们有相同的分子式和相同的官能团，故性质相似。根据浮选药剂的同分异构原理，它们的捕收性能应十分相似。

5.11.1 H_{203}的合成

H_{203}的合成与合成H_{205}基本相同，只用 1-羟式 2-萘甲酸代替 2，3 酸即可，合成反应如下：

$$\text{(OH, COOH 萘环)} + CH_3OH \xrightarrow{H_2SO_4} \text{(OH, COOCH}_3\text{ 萘环)} \xrightarrow[NaOH]{NH_2OH \cdot HCl}$$

$$\text{(OH, C(=O)—NHOH 萘环)} + NaCl + CH_3OH$$

H_{203}

实验室合成试验:

(1)1-羟基-2-萘甲酸甲酯的合成 在250 mL三口瓶中按一定比例加入1-羟基-2-萘甲酸和甲醇,开动搅拌器,再用滴液漏斗滴加少量浓硫酸,滴加完毕,加热回流一定时间(<100 h),反应完毕,将反应液倒入烧杯中,放置24 h使1-羟基-2-萘甲酸甲酯结晶完全,滤去母液,用水洗涤至中性,在室温下晾干备用。

(2)1-羟基-2-萘甲羟肟酸的合成 将一定量的(<10 g)盐酸羟胺配成10%的水溶液,将其倒入250 mL三口瓶中,再按一定比例加入1-羟基-2-萘甲酸甲酯,将三口瓶置于冷水浴中,在搅拌下用滴液漏斗滴加适量的(<100 mL)30%氢氧化钠水溶液,滴加完毕,在一定温度下反应一定时间(<10 h),反应完毕,用10%的硫酸酸化至pH=4左右,过滤,用水洗涤至中性,即得产物1-羟基-2-萘甲羟肟酸。

5.11.2 H_{203}的捕收性能

H_{203}浮选粒度-22 μm占100%、-11 μm占76.8%的锡石细泥,从含锡1.16%的给矿得到含锡18.29%、回收率92.68%的锡精矿,是锡石的有效捕收剂。

H_{203}用作捕收剂浮选包头稀土矿,可从含REO 10.95%的给矿,经粗选一次得到含37.02% REO、稀土回收率80.10%的粗精矿。

H_{203}与氧化石蜡皂混用浮选黑钨占1/3、白钨占2/3、品位0.47% WO_3的给矿,可获得含5.2% WO_3的粗精矿,浮选尾矿含0.062% WO_3,粗精矿回收率87.79%。该粗精矿用彼得洛夫法精选,得到优质钨精矿。

5.11.3 1-羟基-2-萘甲羟肟酸(H_{203})浮选稀土矿的作用机理

任俊等用多种现代手段研究了H_{203}对氟碳铈矿的作用机理,研究结果认为:在H_{203}分子中,主要是羟肟基上的两个氧原子与氟碳铈矿表面的RE(Ⅲ)形成了五元环螯合物,产生化学吸附,同时兼有多层不均匀的物理吸附。H_{203}官能团上N和O的电负性为:

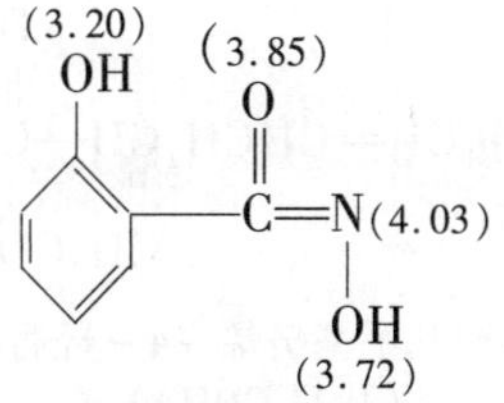

(3.20) OH (3.85) O C=N(4.03) OH (3.72)

上式的计算结果表明，H_{203}基团中 N 原子获得电子能力较 O 原子强，即 O 原子给电子倾向性比氮原子大，应是萘环上羟肟酸基团的两个氧原子作为键合原子与 RE(Ⅲ)螯合生成稳定的五元环螯合物。红外光谱证明氟碳铈矿表面有 C—O—RE及 N—O—RE 键生成，因此可以认为，H_{203}与氟碳铈矿的吸附模型为：

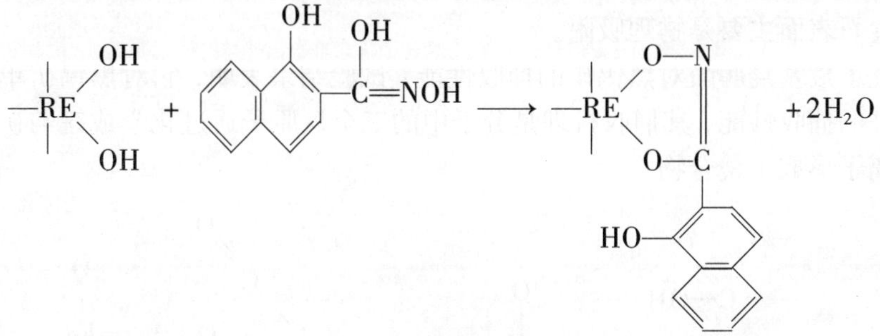

$$—RE(OH)_2 + C_{10}H_6(OH)—C(OH)=NOH \longrightarrow —RE(O—N=C(—O—)—C_{10}H_6—OH) + 2H_2O$$

H_{203}在氟碳铈矿表面生成螯合物而固着，萘基疏水而起捕收作用。

5.12 羧基羟肟酸

羧基羟肟酸的结构式如下：

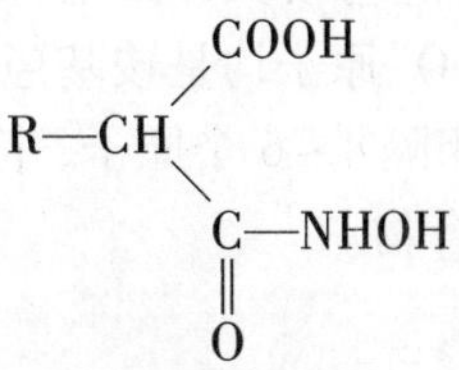

$$R—CH(COOH)—C(=O)—NHOH$$

式中 R 为烃基。在实验室用相应的酸酐与盐酸羟胺作用，在碱性条件下可合成下面三种新的羧基羟肟酸，它们的结构式和代号如下：

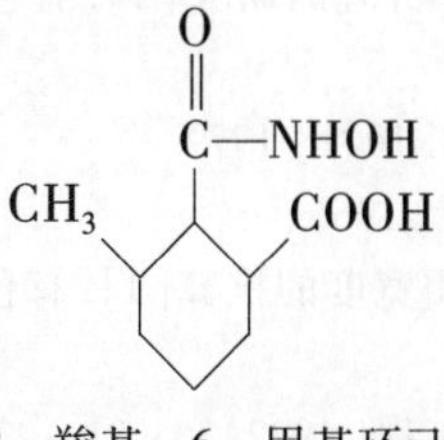

$$CH_3(CH_2)_8CH=CHCH_2CH(CH_2COOH)C(=O)—NHOH$$

2－羧基－6－甲基环已烷基甲羟肟酸(代号 CMCA)

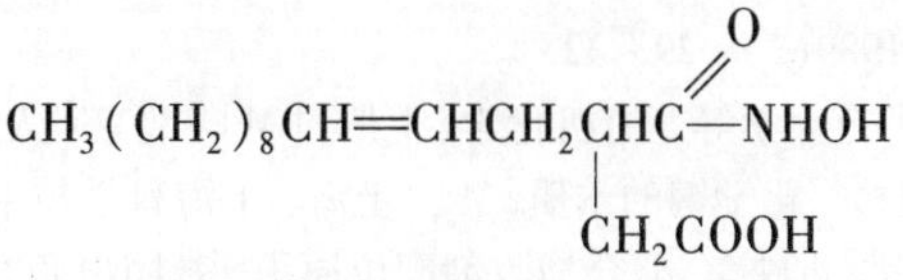

2－甲基羧基十四烯－4－羟肟酸(代号 CTHA)

$$CH_3(CH_2)_4CH{=}CHCH_2\underset{\displaystyle CH_2COOH}{\underset{|}{CH}}{-}\overset{\displaystyle O}{\overset{\|}{C}}{-}NHOH$$

2-羧基甲基癸烯-4-羟肟酸

(代号 CDHA)

用上述三种羧基羟肟酸分别浮选水铝石、伊利石、高岭石单矿物，做了 pH 与回收率的关系试验，发现 CMCA、CDHA、CTHA 浮选上述三种矿物的能力由大到小为：水铝石、高岭石、伊利石。CTHA 对这三种矿物的捕收能力优于 CMCA 和 CDHA，红外光谱和吸附量测试结果表明，在水铝石表面主要是化学吸附，在伊利石和高岭石表面主要是物理吸附。

研究了羧基羟肟酸对黑钨矿的捕收性能，试验结果表明，它对黑钨矿单矿物具有良好的捕收性能，其捕收机理是分子中的三个氧原子通过化学成键与矿物表面的铁离子形成了螯合物：

$$R{-}CH\begin{cases} C(=O){-}OH \\ C(=O){-}NHOH \end{cases} + {-}O{-}Fe{-}O{-} \longrightarrow R{-}CH\begin{cases} C(=O){-}O{-}Fe \\ C(=O){-}NH{-}O{-}Fe \end{cases}$$

在羧基羟肟酸的极性基中，羧基中的氧原子、羟肟基中的羰基和肟基中的氧原子均含未成键电子，净电荷的负值均较大，孤立分子中净电荷分别为 -0.7236、-0.7876和 -0.9244。这 3 个“O”原子均是羧基羟肟酸中参与对黑钨矿作用的可能键合原子，同时这些原子间相隔 4~6 个原子，符合成环的良好条件，故推断羧基羟肟酸通过上式反应生成螯合物。

参考文献

[1] 徐金球，朱建光. 水杨醛肟对黑钨矿的捕收性能及其作用机理的研究[J]. 有色金属(季刊)，1989(2)：29~32.

[2] 吉林师范大学等. 有机化学(上册)[M]. 北京：人民教育出版社，1979.

[3] L·鲍林. 化学键的本质[M]. 上海：上海科学技术出版社，1966.

[4] 朱玉霜，古映莹. 螯合捕收剂配位原子、基团电负性和基团宽度的推算[J]. 有色金属(季刊)，1989(1)：30~34.

[5] 朱建光，刘德全. 铜铁灵对锡石细泥的捕收性能[J]. 矿冶工程，1992(3)：21~23.

[6] 朱建光，赵景云. 铜铁灵浮选硫酸铅和菱锌矿研究[J]. 中南矿冶学院学报，1991(5)：

552 ~ 558.
[7] 程新朝. 白钨常温浮选工艺及药剂研究[J]. 有色金属(选矿部分), 2000(3): 35 ~ 38.
[8] 程新朝. 钨矿物和含钙矿物分离新方法及药剂作用机理研究Ⅰ. 钨矿物与含钙脉石矿物浮选分离新方法——CF 法研究[J]. 国外金属矿选矿, 2000(6): 21 ~ 29.
[9] 程新朝. 钨矿物和含钙矿物分离新方法及药剂作用机理研究Ⅱ. 药剂在矿物表面作用机理研究[J]. 国外金属矿选矿, 2000(7): 16 ~ 21.
[10] 谭欣, 李长根. 以 CF 为捕收剂氧化铅锌矿浮选新方法[J]. 有色金属(季刊), 2002, 54(4): 86 ~ 94.
[11] 戴子林, 朱建光. 以吸附量和基团电负性研究铜铁试剂在锡石表面的吸附机理[J]. 矿冶工程, 1989, 9(1): 30 ~ 34.
[12] 戴子林, 朱建光. 以亚硝基苯胲铵盐为锡石的捕收剂[J]. 有色金属(季刊), 1988, 40(4): 23 ~ 28.
[13] 徐金球, 徐晓军. 新型捕收剂 2 - 羟基 1 - 萘甲醛肟的合成及其在稀土矿石浮选中的应用[J]. 国外金属矿选矿, 2001(5): 38 ~ 39.
[14] 朱玉珍. Q - 618 捕收剂浮选东鞍山铁矿石的研究[J]. 金属矿山, 1997(10): 16 ~ 18.
[15] 朱申红, 荀志运, 冯婕. 浮选氟碳铈矿的捕收剂及药剂混用的研究[J]. 金属矿山, 2000(8): 32.
[16] 朱玉霜, 朱丹. 辛基羟肟酸在锡石表面吸附的热力学研究[J]. 有色金属(季刊), 1994, 46(1): 24 ~ 27.
[17] 王淀佐. 浮选剂的结构与性能(Ⅰ)[J]. 中南矿冶学院学报, 1980(4): 7 ~ 15.
[18] 黄林旋, 吴祥林. 异羟肟酸类型捕收剂的研制与浮选稀土矿物试验[J]. 稀土, 1985(3): 1 ~ 4.
[19] 黄林旋. 稀土矿物新型捕收剂——N - 1 - 羟基环烷酸酰胺(简称环肟酸)[J]. 稀土, 1983(1): 64 ~ 65.
[20] 黄林旋. 稀土矿物新型捕收剂——环烷基异羟肟酸的合成及其在包头矿中的应用[J]. 矿产综合利用, 1980(1): 90 ~ 95.
[21] 余永富. 我国稀土矿选矿技术及其发展[J]. 西部探矿工程, 2000(2): 1 ~ 4.
[22] 任皞, 纪绯绯. 铌钙矿的有效捕收剂及 IAS 和 XPS 光谱分析[J]. 中国矿业大学学报, 2003, 32(5): 543 ~ 547.
[23] 伍喜庆, 朱建光. 苯甲异羟肟酸浮选菱锌矿及其机理[J]. 矿冶工程, 1991(2): 28 ~ 31.
[24] 高玉德, 邹霓, 董天颂. 细粒钽铌矿选矿工艺流程及药剂研究[J]. 有色金属(选矿部分), 2004(1): 30 ~ 33.
[25] 戴子林, 张秀玲, 高玉德. 苯甲羟肟酸浮选细粒黑钨矿的研究[J]. 矿冶工程, 1995(1): 28 ~ 31.
[26] 高玉德. 黑钨细泥浮选中高效浮选剂的联合使用[J]. 有色金属(选矿部分), 2000(6): 41 ~ 45.
[27] 叶志平. 苯甲羟肟酸对黑钨矿的捕收机理探讨[J]. 有色金属(选矿部分), 2000(5): 35 ~ 39.

[28] 孟颖. 用羟肟酸类捕收剂浮选稀土矿物[J]. 稀土, 1994(5): 68~71.
[29] 周玉林, 袁昊. 水杨羟肟酸合成工艺的改进[J]. 现代矿业, 2009(1): 47~49.
[30] 董宏军, 陈正学. 水杨羟肟酸浮选细粒钛铁矿的研究[J]. 矿冶工程, 1991(1): 19~21.
[31] 贺智明, 董雍赓, 孙笈. 铅离子对水杨氧肟酸浮选金红石的活化作用研究[J]. 有色金属(季刊), 1994(4): 43~48.
[32] 任皞, 胡永平. 用水杨羟肟酸捕收剂从强磁中矿中选取高品位稀土精矿的研究[J]. 金属矿山, 1996(11): 20~22.
[33] 肖江. 稀土矿物捕收剂羟肟酸的现状及发展方向[J]. 稀土, 1995(6): 51~54.
[34] 李勇, 左继成, 刘艳辉. 羟肟酸类捕收剂在稀土选矿中的应用与研究进展[J]. 有色矿冶, 2007(3): 30~33.
[35] 任俊. 羟肟捕收剂对稀土矿物的浮选性能[J]. 有色金属, 1998(1): 23~25.
[36] 汪中, 车丽萍. 捕收剂 H-(894) 浮选氟碳铈矿的研究[J]. 有色金属(选矿部分), 1992(1): 23.
[37] 朱一民, 周菁. 萘羟肟酸浮选黑钨细泥的试验研究[J]. 矿冶工程, 1998(4): 33~35.
[38] 朱建光. 利用浮选药剂的同分异构原理发展新型锡石捕收剂[J]. 有色矿山, 2003(5): 27~30.
[39] 徐金球, 徐晓军, 王景伟. 1-羟基 2-萘甲羟肟酸的合成及对稀土矿物的捕收性能[J]. 有色金属, 2002, 54(3): 72~73.
[40] 朱一民, 周菁. 萘羟肟酸浮选黑钨矿作用机理研究[J]. 有色金属, 1999, 50(4): 31~34.
[41] 朱一民, 周菁, 徐金球. 高效低毒锡石浮选剂 ZJ-3 浮选锡石细泥试验研究有色金属(选矿部分), 2001(2): 38~41.
[42] 任俊, 卢寿慈, 池汝安. 1-羟基-2-萘羟肟酸浮选氟碳铈矿作用机理[J]. 中国有色金属学报, 1996, 6(4): 24~28.
[43] 王明细, 蒋玉仁. 新型螯合捕收剂 COBA 浮选黑钨矿的研究[J]. 矿冶工程, 2002(1): 56~57.

6 含氮的氧化矿捕收剂——胺和两性捕收剂

本章将介绍胺、醚胺、烷基胺基羧酸、烷酰基胺基羧酸、美狄兰、夷洁漂 T、磺丁二酰胺酸四钠盐(A-22)等含氮氧化矿捕收剂。

6.1 混合胺

阳离子捕收剂通常指的是胺类，我国山东博兴华润油化生产多种混合胺，可供作阳离子捕收剂选用。我国很早前便生产混合胺，苏联生产的 ИМ-11 和 АМП 等都是阳离子捕收剂。从结构上看，可归纳为以下四种：

伯胺盐 $RNH_2 \cdot HX$；叔胺盐 $R—\overset{\overset{\large R''}{|}}{\underset{\underset{\large R'}{|}}{N}} \cdot HX$；季铵盐 $\left[R—\overset{\overset{\large R''}{|}}{\underset{\underset{\large R'}{|}}{N}}—R''' \right] X$；

仲胺盐 $R—\underset{\underset{\large R'}{|}}{N}H \cdot HX$

式中，R、R′、R″、R‴代表脂肪烃基或芳香烃基，其碳原子数通常在 8~22 之间，X 代表卤素或其他酸根。可把它们看作铵盐，在水中电离形成铵离子：

$$RNH_2 \cdot HX \longrightarrow RNH_3^+ + X^-$$

这种带正电的铵离子与矿物表面作用并使矿物疏水上浮，故称之为阳离子捕收剂。典型的阳离子捕收剂有：

$CH_3(CH_2)_{11}NH_2 \cdot HCl$　　正十二烷胺盐酸盐

$CH_3(CH_2)_{17}NH_2 \cdot HCl$　　正十八烷胺盐酸盐

$CH_3(CH_2)_{16}CH_2N(CH_3)_2$　　二甲基十八烷基胺

$CH_3(CH_2)_{14}CH_2—\overset{\overset{\large CH_3}{|}}{\underset{\underset{\large Cl}{|}}{N}}\langle\,\rangle$　　甲基正十六烷基氯化氢合吡啶

6.1.1 混合胺制法

混合胺的合成方法很多，有工业生产意义的主要有两种：

1. 用氧化石蜡(即皂用酸)合成混合胺

所用原料及其规格:

(1) $C_{10}\sim C_{20}$脂肪酸(即皂用酸):由石蜡氧化生产的$C_{10}\sim C_{20}$脂肪酸,淡黄色蜡状固体,不溶于水,加热即可融化,具有酸性,属于弱酸,酸值为180~190。

(2)液氨:无色液体,密度0.771(0℃)g/mL,沸点-35.5℃,有强烈的刺激气味,储存于耐压钢瓶或钢罐中。

(3)氢气:无色无味气体,相对密度0.0695(空气为1),在高温或有催化剂作用下,十分活泼,能与有机化合物产生氢化反应——加氢或氢解,能燃烧,并能与许多金属和非金属直接化合。

(4)催化剂:镍铝催化剂,粒度为-80目,在空气中能自燃而失去活性,保存于酒精或水中。

2. 镍铝催化剂的制备

镍铝催化剂的制备分为镍铝合金的冶炼、粉碎和碱处理三个过程。

(1)镍铝合金的冶炼

预先将电解镍板剪切成小块,纯铝锭融化铸造成小块,以能投入石墨坩埚为适,镍铝的配比(重量)为1∶1,先将铝投入石墨坩埚中,镍在另一个锅内预热。待铝融化后,将镍夹入此石墨坩埚中,注意观察,待镍融化后,立即用石墨棒搅拌呈白亮色(约2000℃)时,马上停止加热和搅拌,将其倒于干燥的耐火砖上,使其冷却为薄片状镍铝合金。

(2)镍铝合金的粉碎

将冶炼所得的合金在颚式粉碎机、对辊粉碎机上粉碎后,用ϕ175圆盘粉碎机粉碎,使其通过80目筛网,粗颗粒返回圆盘机再碎。

(3)碱处理

于搅拌的反应釜中,加入浓度为20%的氢氧化钠溶液40 kg(将8 kg NaOH溶于32 kg水中),利用夹套送水冷却至20℃以下,慢慢加入-80目镍铝合金6 kg,控制反应温度为45℃以下,严防反应过快,产生大量气体而造成“冒锅”现象,但到最后剩镍铝合金约为1 kg时,应适当提高加料速度,以便提高反应温度达到70~80℃,在此温度下反应1.5~2 h,即可降温出样,将其放入耐碱的容器中,静置8 h最好。倾倒出上层碱溶液,加清水搅拌后沉降,再倾倒出上层碱液和中间飘浮的絮状物,反复进行多次,剩下颗粒状金属处于下层,将其放入清水中保存,待加氢时用。活性很好的催化剂在空气中能自燃,火星飞溅。

3. 混合胺的合成反应和生产工艺

混合胺的制法较多,这里采用的是腈还原法,就是将脂肪酸和过量氨反应制得酰胺,经加热至300~320℃,脱水得到腈,在20~25 kg/cm^2[①](压力)下用镍铝

① 1 kg/cm^2 =98.07 kPa。

催化剂加氢得到伯胺。反应过程可用下列反应式表示：

$$RCOOH + NH_3 \longrightarrow RCOONH_4$$

$$RCOONH_4 \xrightarrow[\Delta]{-H_2O} RCONH_2$$

这步反应过程为可逆反应，把生成的水分蒸出得到酰胺，并可进一步脱水：

$$RCONH_2 \xrightarrow[110 \sim 320℃]{-H_2O} RCN$$

脂肪腈

$$RCN + 2H_2 \xrightarrow[170 \sim 200℃]{20 \sim 25\ atm} RCH_2NH_2$$

Ni－Al 催化剂　脂肪胺

脂肪胺生产工艺设备流程参考图 6－1。

将铁桶或铝桶 7 中的脂肪酸，用蒸汽加热熔化后，用真空泵将脂肪酸抽入高位贮罐 6 中，并放入脂肪酸吸收罐 8 中，再用气泵将 1000 kg 脂肪酸压入氨化塔 13 中，在吸收罐 8 中放入脂肪酸(用蒸汽加热保温在 100℃左右)用于过量氨的吸收。把氨计量罐 3 中的氨均匀地经过氨汽化器 4 汽化后，借助流量计 5 测其流量，将氨气通入氨化塔 13 中，由下层通入，塔的最下两节有电热元件加热，上部三节中间充满瓷环，氨化塔内温度由 100℃渐渐升到 320℃，塔顶温度约 100℃，反应时间约 48 h，连续不断通氨气，到腈从塔底取样观察合格后停止通氨。待腈冷却到 50℃左右后，用气泵将腈压入腈贮罐 14 中，氨化塔中物料反应过程中产生的水已经汽化，同汽化的脂肪酸由塔顶进入冷凝器 12 中，水气和脂肪酸气经冷凝器 12 液化后，进入分离器 10 中，通过分离器中的电控系统，控制水进入废水承接器 11 中，脂肪酸流到氨化塔中，氨气进入气水分离器 9 中，水的下层弃去，氨气通入盛有脂肪酸的吸收罐中，与脂肪酸生成铵盐，废气通过尾气吸收罐中的水吸收后排出。

粗腈加入蒸馏釜 15 中，进行减压蒸馏，真空度约为 700 mm 汞柱，经电热元件加热进行蒸馏，经蒸馏塔 16 到冷凝器 17 中液化后，流入计量罐 18 中，放出初馏出的水分，在 110～350℃蒸馏得到的腈放入腈贮罐 19 中，釜内残渣弃去。

由真空泵将腈 110 kg 抽入量罐 20 中，并放入高压釜中，同时向高压釜加催化剂 0.5～1.0 kg，用氢气排除釜内的空气，加 5 kg 压力的氢气后，加氢气至 25 kg压力，通蒸汽加热，温度升到 140℃左右时停止加汽，但要同时不断补充氢气，使釜内压力保持在 20～30 大气压，直至釜内压力不再下降为止。取样化验合格(胺价大于 180)降温，借釜内残压将成品压入成品贮罐 23 中并装入铁桶。

6.1.2　混合胺的组成和性质

混合胺是桶装固体，加温熔化为液体，伯胺价 171.3，仲胺价 7.8，各分馏组分见表 6－1。

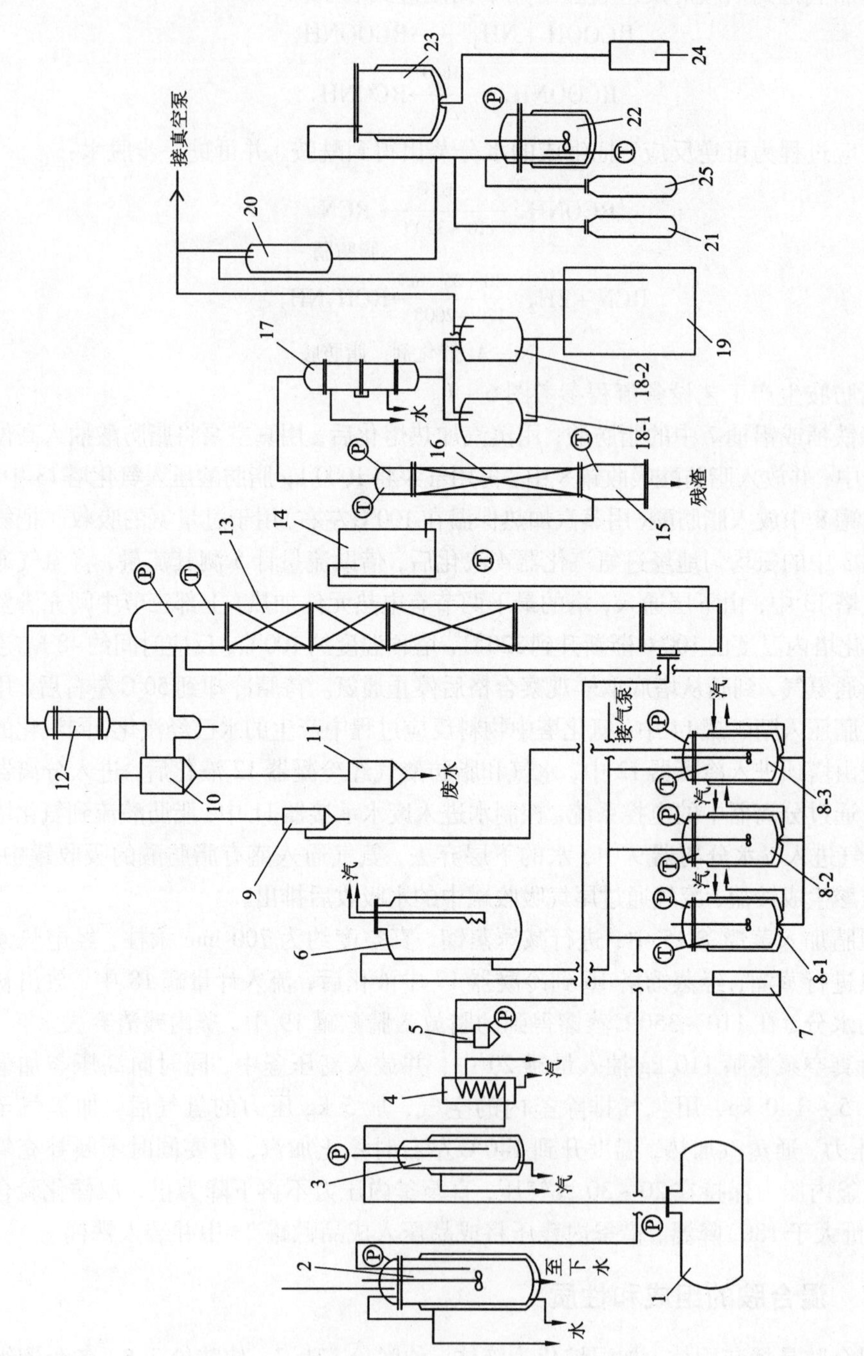

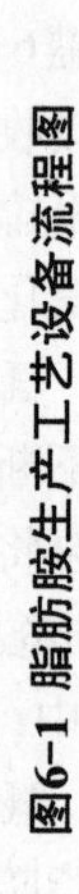
图6-1 脂肪胺生产工艺设备流程图

表 6-1 混合胺分馏各馏分组成

碳链范围		$<C_9$		$C_{10}\sim C_{13}$		$C_{14}\sim C_{18}$		$>C_{19}$		残渣
馏出条件	压力/mmHg	78	41	27	34	31	34	30	34	
	温度/℃	130	124	170	174	232	230	234	250	
质量分数/%		17.5		16.7		38.3		16.4		11.1

注：1 mmHg = 133.3 Pa。

胺的一般物理性质和化学性质在《有机化学》书中均可查到，这里只叙述与浮选有关的性质。在物理性质方面，分子小的胺能溶于水，有鱼腥味，如制造 Z-200 用的乙胺都是以水溶液出售。分子量增大则逐渐难溶于水，即分子量越大在水中溶解度越小。用作阳离子捕收剂的混合胺，碳原子都较大，故在水中溶解度很小，但能溶于酒精、乙醚等有机溶剂。胺用于作浮选捕收剂时，可溶于醋酸或盐酸中，胺的醋酸盐或盐酸盐能溶于水，特别是醋酸盐溶得较好。

化学性质方面有下面几点值得注意：

(1)伯、仲胺(或称第一胺、第二胺)氮原子上有 H 原子，可以与酸、酐、酰氯、醋酸反应生成酰胺。故在配制胺的醋酸溶液时，温度不能太高。配好的溶液不宜放置过久，否则伯胺或仲胺与醋酸作用变成酰胺，这样会降低有效成分的含量。生成酰胺的反应式如下：

$$RNH_2 + CH_3COOH \longrightarrow RNHCOCH_3 + H_2O$$

$$R_2NH + CH_3COCl \longrightarrow R_2NCOCH_3 + HCl$$

$$RNH_2 + CH_3COOH \longrightarrow RNH_2 \cdot HOOCCH_3$$

$$\downarrow$$

$$RNHCOCH_3 + H_2O$$

(2)伯、仲、叔胺氮原子上均有未共享电子对，这点和氨一样是呈碱性的原因，也是氨或胺能生成共价配键络合物的原因，因为氨或胺氮原子上的未共享电子对能吸引溶液中的质子(H^+)，使 OH^- 离子的浓度相对增大，而呈碱性。

$$H_2O \rightleftharpoons H^+ + OH^-$$

$$\downarrow NH_3\ (\text{碱性})$$

$$NH_4^+$$

$$H_2O \rightleftharpoons H^+ + OH^-$$

$$\downarrow RNH_2\ (\text{碱性})$$

$$RNH_3^+$$

伯胺可看成是氨分子中一个氢原子被烷基取代后而成的，又因烷基有输送电子的能力，使氮原子上的电子云密度增加，故伯胺吸引质子的能力比氨强，碱性比氨强。

仲胺可看成是氨分子中两个氢原子被烷基取代而成，R 基有输送电子的能力，故仲胺氮原子上电子云密度比伯胺强，碱性比伯胺强。

叔胺是氨分子中三个氢原子被烷基取代而成。由于三个烷基向氮输送电子，致使叔胺氮原子上电子云密度比仲胺强，碱性也应比仲胺强。但由于叔胺有三个烷基产生了空间位阻，使 H^+ 不易与叔胺原子上的孤对电子作用，碱性反而比仲胺弱。它们碱性强弱顺序如下：

$$R'R\text{—}NH > R'R''R\text{—}N > RNH_2 > NH_3$$

季铵盐氮原子上没有孤对电子，不呈碱性，但它能与湿 Ag_2O 作用，生成季胺碱和卤化银沉淀：

$$R_4NX + AgOH \longrightarrow R_4NOH + AgX\downarrow$$

季铵碱是强碱，碱性与氢氧化钠、氢氧化钾相当。

氨、伯胺、仲胺、叔胺上的孤对电子，除了在水中呈碱性外，与很多金属离子也能生成络离子，例如：

$$[Cu(NH_3)_4]^{2+} \qquad [Cu(RNH_2)_4]^{2+}$$
$$[Zn(NH_3)_4]^{2+} \qquad [Zn(RNH_2)_4]^{2+}$$
$$[Co(NH_3)_4]^{3+} \qquad [Co(RNH_2)_4]^{3+}$$
$$[Cd(NH_3)_4]^{2+} \qquad [Cd(RNH_2)_4]^{2+}$$

(3)伯胺被空气氧化后，捕收能力加强，将脂肪族第一胺(伯胺)在 110 ~ 150℃下吹进空气 3 ~6 h，控制其含氧量≥15%(但不能大于 35%)，经过这样处理的胺用来浮选石英，选择性和捕收能力都比原来的强。如果用妥尔油合成的第一胺在 125 ~165℃吹进空气 6 h，胺的重量却减少了，但平均相对分子质量由 269 上升到 311，用这种吹空气氧化的胺浮选磷灰石，效果良好。至于吹入空气使之氧化的机理还未清楚。

6.1.3 混合胺的捕收性能

1. 浮选察尔汗盐田光卤石矿工业试验

原矿为察尔汉钾肥厂采自该地区的盐田日晒光卤石矿，经露天堆放，为本试验的主要原料。根据 33 个分析样品的统计平均，其质量组成为(%)：KCl 17.86、MgCl 24.78、$CaSO_4$ 0.82、NaCl 26.09，另外尚有约 0.30% 的 $MgSO_4$、1.20 ~

1.50%的水不溶物。

混合胺(代号 mA)是沈阳冶金选矿药剂厂(铁岭)在1974年提供的，伯胺价171.3，仲叔胺价7.8。

在小试验的基础上，又进行了推广应用验证试验，与十八胺进行了对比。通过对盐田矿进行6个班次的单班探索和33个班次的两班连续运转，得到了稳定的试验结果。证明混合胺的捕收性能达到了十八胺的效果。

混合胺及十八胺均用盐酸按1:1配制成1%或0.5%的水溶液，在50～60℃范围内加入。羧甲基纤维素用量为100～200 g/t原矿，松油用量0～20 g/t原矿。

试验流程为先加水分解(19 min)，调浆(28 min)，然后进入一粗(9 min)一扫(6 min)二精的闭路浮选流程，浮选母液返回循环使用。试验分为单班探索和两班连续运转试验。单班探索试验进行了不加纤维素及加纤维素对比试验；十八胺和混合胺的探索根据单班探索的结果进行了两班连续运转试验，十八胺前后两次共连续运转九天，混合胺单独连续运转五天，最终结果见表6-2及表6-3。

由两表可见，十八胺用量55 g/t时，精钾KCl含量92.25%，尾矿KCl含量3.70%，总收率77.13%；混合胺用量57 g/t时，精钾KCl含量92.07%，尾矿KCl含量3.53%，总收率76.38%。两胺相比，混合胺的捕收性能达到十八胺的效果。但对于精钾中$CaSO_4$含量，混合胺比十八胺高，夜班比白班高。

此外，还对察尔汗达布逊湖东北湾地区天然光卤石矿进行了单班探索试验，试验证明混合胺与十八胺均可作捕收剂，但精钾中$CaSO_4$含量高，在5%以上，捕收剂用量大，加入羧甲基纤维素后，$CaSO_4$含量大大降低，且用胺量降低一半以上。

2. 浮选氧化锌矿的生产实践

泗顶铅锌矿属中温热液交代充填矿床，矿石有硫化矿、氧化矿、混合矿三种类型。选厂处理坑内硫化矿和混合矿。金属矿物中硫化矿以闪锌矿、方铅矿、黄铁矿为主，氧化矿以菱锌矿、红锌矿、水锌矿和白铅矿为主，还有少量硅锌矿、异极矿、铅矾、磷氯铅矿、褐铁矿和赤铁矿等。非金属矿物除石灰岩围岩外，尚有方解石、白云石、重晶石、石英、石膏、高岭土等。

铅、锌呈粗细不均匀嵌布，矿石结构复杂，原矿铅锌品位、氧化率、含泥量在很大范围内变化，铅锌比一般为1:6，故浮选指标特别是回收率波动较大。

现行矿物浮选顺序是：硫化铅→氧化铅→硫化锌→黄铁矿→脱泥→氧化锌。

试验室与半工业试验除制订了以硫化钠(1000～2400 g/t)、水玻璃(560～760 g/t)、烤胶(土单宁)(40～65 g/t)调浆，pH在11左右，用阳离子捕收剂混合胺(30～50 g/t)浮选氧化锌的药方外，还重点考察了脱泥与不脱泥，以及脱泥后不同种类的胺对浮选氧化锌的影响。

浮选氧化锌的工业生产，是用一粗二精流程，其生产指标见表6-4。

表 6-2 盐田矿用混合胺捕收剂连续运转结果[1]

班次	原矿		药剂用量/($g \cdot t^{-1}$)			精钾							尾矿		母液	总收率/%	尾矿料浆温度/℃
	w(KCl)/%	$w(CaSO_4)$/%	混合胺	纤维素	松油	产量/kg	w(KCl)/%	$w(MgCl_2)$/%	$w(CaSO_4)$/%	w(NaCl)/%	105℃烘失水/%	w(KCl)(干基)/%	w(KCl)/%	$w(MgCl_2)$/%	$w(MgCl_2)$/%		
夜	17.25	0.87	60	146	10	268	87.70	1.84	1.89	4.43	3.29	90.68	4.71	2.31	25.37	77.24	16.5~15
白	17.65	0.90	55	152	0	273.2	89.90	1.77	1.02	3.61	3.21	92.88	2.81	2.10	24.91	78.88	14.2~17.5
夜	17.74	0.89	57	175	10	259.4	89.65	1.60	1.35	4.15	2.85	92.28	3.86	2.15	24.58	74.31	17.8~15.8
白	17.47	0.78	55	146	0	268.5	89.20	1.72	0.77	4.65	3.10	92.05	2.54	1.84	24.37	77.72	15~17
夜	17.20	0.87	61	147	10	253.3	89.28	1.68	1.10	4.07	3.08	92.12	4.47	1.42	25.80	74.54	17.5~15.5
白	17.29	0.78	53	172	0	261.5	89.85	1.74	0.64	3.68	3.15	92.77	3.18	1.76	24.64	77.04	14.5~17.8
夜	17.77	0.83	55	160	10	263.4	89.40	1.54	1.05	4.24	3.41	92.56	4.00	2.02	24.13	75.12	16.7~15.3
白	17.96	0.70	55	170	0	272.1	88.70	1.67	1.03	4.54	3.26	91.69	2.80	2.12	24.02	76.18	13.8~16
夜	18.04	0.89	59	159	10	269.6	89.02	1.68	1.74	4.24	2.84	91.62	4.13	2.22	24.77	75.42	16.5~15.2
白	17.36	0.69	55	155	0	267	88.73	1.78	1.32	3.52	3.61	92.05	2.79	3.24	24.43	77.36	13.5~16.8
夜班平均			58	157			89.00		1.43		3.09	91.34	4.23			75.32	
白班平均			55	159			89.27		0.96		3.27	92.29	2.82			77.43	
总平均			57	158			89.14		1.19		3.18	92.07	3.53			76.38	

注:①每班试验时间 7 h;②每班用原矿 1764 kg。

表 6－3 盐田矿用十八胺捕收剂连续运转结果[1]

编号	班次	原矿		药剂用量/(g·t^{-1})			精钾							尾矿		母液	总收率/%	尾矿料浆温度/℃
		$w(KCl)$/%	$w(CaSO_4)$/%	十八胺	纤维素	松油	产量/kg	$w(KCl)$/%	$w(MgCl_2)$/%	$w(CaSO_4)$/%	$w(NaCl)$/%	105℃烘失水/%	$w(KCl)$干基/%	$w(KCl)$/%	$w(MgCl_2)$/%	$w(MgCl_2)$/%		
eA 50	夜	17.67	0.77	51	144	11	271	87.96	1.79	0.38	5.72	3.60	91.24	4.78	2.43	25.67	76.47	16.8～16.6
eA 51	白	17.54	1.00	51	164	0	271.4	89.77	1.80	0.15	3.89	3.65	93.17	3.68	1.97	25.15	78.74	15.2～17.0
eA 52	夜	17.46	0.94	59	170	12	258	88.23	1.70	0.25	5.76	3.25	91.19	4.00	2.17	24.81	73.91*	17.2～16.2
eA 53	白	17.57	0.78	56	196	0	270.3	89.65	1.68	0.16	4.67	3.46	92.86	3.70	2.25	24.27	78.19	16.5～17.8
eA 54	夜	17.78	0.94	56	154	10	265.7	90.05	1.71	0.33	4.19	3.25	93.07	3.53	2.03	24.34	76.27	17.5～16.7
eA 56	夜	17.78	1.07	53	156	12	273	89.07	1.64	0.52	4.96	3.78	92.57	2.95	2.37	24.21	77.53	16.0～14.1
eA 57	白	17.84	0.72	59	153	0	280.8	38.25	1.81	0.37	5.19	3.64	91.58	3.27	2.03	24.23	78.74	14.0
夜班平均				55	156	11		88.83		0.39		3.47	92.02	3.82			76.06	
白班平均				55	171			89.21		0.23		3.58	92.52	3.56			78.56	
总平均				55	162			89.00		0.31		3.52	92.25	3.70			77.13	

注：①每班试验时间 7 h；②每班用原矿 1764 kg；

* 调浆槽跑料，有少量损失，故总收率偏低。

表6-4 氧化锌生产指标

试验日期	原矿			锌品位/%					锌回收率/%		
	锌品位/%		锌的氧化率/%	硫化锌精矿	氧化锌精矿	混合锌精矿	硫化锌尾矿	总尾矿	硫化锌	氧化锌	合计
	总锌	氧化锌									
6~11月	6.45	1.55	24.01	48.10	28.73	45.23	2.34	1.68	65.67	8.71	74.38
5~11月	5.88	2.02	34.48	50.95	35.03	47.39		1.80	61.38	12.13	73.51
1975年	4.59		40.0		36.96					22.27	

生产指标表明，用混合胺浮选氧化锌，1972年在原矿锌品位为6.45%、氧化率为24.01%的条件下，获得氧化锌精矿含锌28.73%，提高回收率8.71%；1974年在原矿品位为5.83%、氧化率为34.48%的条件下，获得氧化锌精矿含锌35.03%，提高锌回收率12.13%；1975年在原矿锌品位4.59%、氧化率在40%左右的条件下，获得氧化锌精矿含锌36.96%，提高锌回收率达22.27%的最好指标。但氧化锌浮选药剂的消耗，随入选矿品位、含泥量、含铁量的变化而在较大范围波动，受除铁、脱泥作业的影响亦较大。

3. 硫化钠、脂肪胺盐乳浊液浮选氧化锌矿

A·A·阿卜拉夫等将硫化钠液与脂肪胺盐酸盐或醋酸盐溶液混合后经强烈搅拌所形成的乳浊液用来浮选氧化锌矿，所得的浮选指标无论是回收率或精矿品位都高于胺法，锌的品位比给矿不脱泥的高3.82%，比脱泥的高3.92%；回收率比给矿不脱泥的高39.2%，比脱泥的高13%。我国柴河铅锌选厂，1979年采用胺法浮选氧化锌矿石，浮选前预先脱泥，氧化锌损失高达20%~25%，锌精矿品位只有25.27%，回收率仅为43.07%；1983年采用上述硫化钠-胺的乳浊液浮选，锌精矿品位提高到35.08%，回收率为80.02%，可见将硫化钠溶液与胺盐混合乳化后使用得到较好的结果。

6.2 用氨化氯代烷烃法制备脂肪胺——ИМ-11(混合胺-11)

6.2.1 制备和性质

用此法制造脂肪胺的原料可用两种石油产品，合成煤油或软蜡，先经过氯化变为氯化煤油或氯化软蜡，然后与氨作用变为脂肪胺，再用酸中和变为相应的盐。

$$C_nH_{2n+2} + Cl_2 \longrightarrow C_nH_{2n+1}Cl + HCl$$
$$C_nH_{2n+1}Cl + 2NH_3 \longrightarrow C_nH_{2n+1}NH_2 + NH_4Cl$$

$$C_nH_{2n+1}NH_2 + NH_4Cl \longrightarrow C_nH_{2n+1}NH_2 \cdot HCl + NH_3 \uparrow$$

$$C_nH_{2n+1}NH_2 + CH_3COOH \longrightarrow C_nH_{2n+1}NH_2 \cdot CH_3COOH$$

用上述方法制成的混合脂肪胺的盐酸盐、醋酸盐及游离胺，苏联商品名为ИМ－11，这种方法的好处是原料来源广泛，产品价格比由脂肪酸合成的胺便宜。

实验室小型试制的方法系利用煤油的两种不同馏分(一种沸点为230～280℃，另一种是230～270℃)，先将煤油放在烧瓶内，在温度70～75℃时通入氯气，至被氯化的液体质量增加24%～26%时为止。然后将瓶内的残余氯化氢气体用空气排除，放入小型压力釜中进行下一步氨化操作。

用1份氯化产物与2.3份由氨所饱和(15%)的乙醇混合，在压力釜中于160～170℃时加热9 h，此时压力为28～32 atm。反应完毕后，在蒸馏瓶中蒸去酒精及多余的氨气，再用1∶1的稀酒精水溶液(1 g产物加125 mL稀酒精)萃取，上层不溶物为未反应的煤油，下层为产品的酒精溶液，在减压下蒸馏酒精，最后用食盐水盐析后制成。产品中除主要成分伯胺的盐酸盐以外，仍含有副产物仲胺、叔胺、二胺、烯烃及双烯烃等。

工业生产用合成煤油的240～290℃馏分(相当于C_{12}～C_{15})作为原料，在75℃时氯化，至质量增加25%为止，然后进行氨化。其生产工艺流程如图6－2所示。

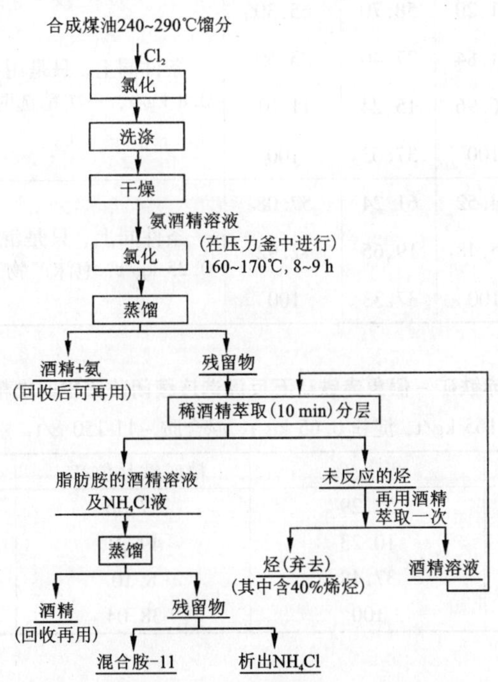

图6－2　混合胺－11的生产工艺流程

上述的工业产品混合胺－11系褐色液体，其主要成分为伯胺的盐酸盐，其中也含有相当量的仲胺(30%)及水分(12%～25%)。

6.2.2 混合胺－11的捕收性能

混合胺－11试用于反浮选赤铁矿－假象赤铁矿石(表6－5、表6－6)及磁选尾矿，并试用单宁、水玻璃、淀粉及糊精为抑制剂，其中以淀粉的效果最好。最适宜的pH为8～9(用碳酸钠调节)，且浮选时无须脱泥。

表6－5 混合胺－11浮选赤铁矿－假象赤铁矿石的结果(开路流程)

产物名称	产率/%	Fe含量/%	Fe回收率/%	浮选条件/(kg·t^{-1})
精矿(槽内产物)	40.66	59.69	64.71	碳酸钠0.2，淀粉0.6，混合胺－11 0.15，松油0.04，pH＝8.8，连续浮选时间10 min，一次精选时加淀粉0.2，二次精选时未加药剂
中矿1	20.25	43.41	23.44	
中矿2	4.14	38.76	4.28	
尾矿(泡沫产物)	34.95	8.13	7.57	
原矿	100	37.50	100	
精矿(槽内产物)	41.20	58.70	65.30	条件同上，只是用糊精代替淀粉，用量0.8 kg/t，一次精选时又加糊精0.3 kg/t
中矿	31.84	27.40	23.59	
尾矿(泡沫产物)	26.96	15.24	11.01	
原矿	100	37.03	100	
精矿(槽内产物)	34.52	61.24	57.08	条件同上，只是混合胺－11的用量为0.25 kg/t，泡沫产物未精选
泡沫产物	65.48	19,65	42.92	
原矿	100	37.33	100	

表6－6 赤铁矿－假象赤铁矿石反浮选连续闭路流程四次精选的结果

(碳酸钠0.165 kg/t，淀粉0.65 kg/t，混合胺－11 150 g/t，松油30 g/t)

产物名称	产率/%	精矿铁品位/%	铁回收率/%
总精矿	52.29	57.36	78.80
总中矿	10.23	49.21	13.22
总尾矿	37.48	8.10	7.98
原　矿	100	38.04	100

用混合胺－11精选石灰石(原矿品位34%～46%)，使之适于作水泥生产的原料。可先将矿石磨细至小于74 μm(占65%)，用混合胺－11(300 g/t)浮去石

英、长石等杂质。实验室试验可以达到要求，即氧化钙含量大于50%，氧化镁小于0.5%～1%，石英小于2.5%。

1959年中南矿冶学院选矿研究室曾试用混合胺-11浮选黑钨矿泥，证明比油酸及十八碳伯胺都好。比较多种胺类对钾盐矿（KCl）及钾镁矿（$KCl \cdot MgCl_2 \cdot 6H_2O$）的浮选效果，证明浮选钾镁矿时小于18个碳的脂肪伯胺最好，只是十二碳伯胺的用量略大一些。浮选钾盐矿最好是来至氧化石蜡或塔尔油的脂肪胺，效果与十二碳胺及十八碳胺相同。

对菱锌矿（$ZnCO_3$）及异极矿（ZnO）的浮选效果，软脂伯胺（工业品十六碳伯胺）的活性最强，各种胺的强弱次序如下：软脂胺，硬脂胺，油烯胺，混合胺-11。

在较高浓度时（600 g/t），硬脂胺的活性最大。在最好的浮选条件下，矿物粒度<0.075 mm，矿浆pH为10.6～11，硬脂胺浓度600 g/t。菱锌矿的精矿回收率为92%，异极矿的精矿回收率为84%。对菱锌矿及异极矿，所得的另一组试验结果也证明：最有效的是直链脂肪伯胺，碳链愈长，作用愈强；在碳链中引入双链或支链，都导致了降低作用的效果。

6.3 醚胺捕收剂

用作捕收剂的醚胺是烷基丙基醚胺（或称3-烷氧基-正丙基胺），其通式为：$RO—CH_2CH_2CH_2NH_2$（式中R为C_8～C_{18}烷基），用于赤铁矿反浮选效果显著。

6.3.1 醚胺的合成

将纯丙烯腈与醇作用，在碱催化下生成醚腈。例如C_{12}～C_{13}的混合醇与丙烯腈等摩尔混合，在稀碱中于40～45℃反应1 h制得醚腈，再催化加氢得醚胺。醚胺与醋酸作用，得醚胺醋酸盐：

$$CH_2{=}CHCN + ROH \longrightarrow ROCH_2CH_2CN$$

$$ROCH_2CH_2CN + 2H_2 \xrightarrow{\text{镍催化}} ROCH_2CH_2CH_2NH_2$$

6.3.2 醚胺的捕收性能

1. 醚胺与脂肪胺比较

在脂肪胺的烷基上引入一个醚基可降低熔点，提高溶解度，在矿浆中较易分散，浮选效果得到改善。醚胺的捕收性质与脂肪胺相似，可浮选赤铁矿石英岩矿石中的石英、氧化锌矿物等。我国曾用C_{10}～C_{13}醚胺醋酸盐对司家营铁矿进行反浮选试验，当用量为450～600 g/t时，所得铁精矿品位一般都在65%以上，回收率79%～80%。美国西部磷矿在磨矿后用脂肪酸浮出碳酸盐，继用醚胺浮选石英，结果表明醚胺的捕收能力大于脂肪族伯胺。

2. 使用结构式为 $ROCH_2CH_2CH_2—NH_2$ 的醚胺

式中 R 为 C_{10} ~ C_{13}的烷基，将其代替混合胺浮选氧化锌矿是有意义的改进。用醚胺、十八胺、混合胺作捕收剂，分别浮选泗顶氧化锌矿的试验结果见表 6 - 7。从表 6 - 7 看出醚胺指标最高，说明它是较好的捕收剂。醚胺指标高的原因从它的结构式中可以看出，它有起捕收作用的官能团氨基，并在碳链中引进了醚基，这样降低了熔点，使其在水中易于溶解，可以充分发挥作用；此外，醚基氧上有两对独对电子，也可以吸附在氧化锌矿的表面用来增加捕收能力，因此使用醚胺要比使用高级脂肪胺好。

表 6 - 7　各种胺类捕收剂浮选泗顶氧化锌矿闭路指标

捕收剂		产率	品位/%		回收率
名称	用量/($g·t^{-1}$)	/%	Zn	Pb	/%
醚胺	255	21.29	38.19	1.18	73.31
十八胺	300	19.79	37.74	1.12	69.95
混合胺	300	20.66	35.74	1.11	69.63

3. 烷氧基丙胺捕收铝硅酸盐矿物

用$C_{18}H_{37}O(CH_2)_3NH_2$、$C_{16}H_{33}O(CH_2)_3NH_2$、$C_{14}H_{29}O(CH_2)_3NH_2$、$C_{12}H_{25}O(CH_2)_3NH_2$四种醚胺作捕收剂对高岭石、叶蜡石进行了浮选试验。试验结果表明，烷氧基丙胺对高岭石、叶蜡石和伊利石的捕收性能比十二烷胺好，浮选高岭石和伊利石的性能按下述顺序降低：

$C_{18}H_{37}O(CH_2)_3NH$，$C_{16}H_{33}O(CH_2)_3NH_2$，$C_{14}H_{29}O(CH_2)_3NH_2$，$C_{12}H_{25}O(CH_2)_3NH_2$

这些 n - 烷氧基丙胺捕收剂对烧绿石亦有相似的捕收性能。应当指出，这些烷氧基丙胺类捕收剂对铝土矿反浮选除去铝硅酸盐矿物是一种有选择性的捕收剂。

4. 醚多胺捕收剂

胺类是典型的氧化矿捕收剂之一，在用胺的基础上改用醚胺，因醚基的引入降低了胺的熔点，增加了溶解度，选矿效果明显提高，这是众所周知的。将醚胺改成醚多胺增加捕收基团数目，当烃基有足够长度时理应捕收性能更好，醚多胺的结构式如下：

$$RO(C_nH_{2n})_yNH(C_mH_{2m}NH)_xH$$

式中，R 是直链或有支链的$C_{6\sim22}$且有 0 ~ 3 个双键的烃基，m, n = 1 ~ 3，x = 0 ~ 3，y = 2或 3。

用这种醚胺作捕收剂，用量为 20 ~ 2000 g/t。例如用 $C_{10}H_{21}OCH_2CH_2CH_2NHCH_2CH_2CH_2NH_2$

醚多胺 65 g/t，动物油烃基磺化琥珀酸二钠盐 100 g/t，起泡剂 30 g/t，浮磁铁矿，铁回收率达 95.1%。

5. 烷基吗啉捕收剂

烷基吗啉有下述结构式：

$$O\begin{matrix} \diagup CH_2CH_2 \diagdown \\ \diagdown CH_2CH_2 \diagup \end{matrix}N—C_nH_{2n+1} \qquad 式中\ n=12\sim22$$

在它的结构式中有三个碳原子与 N 直接连接，属于叔胺，是石盐(NaCl)的新型捕收剂。它分子中的氧原子与两个碳相连，属醚的结构，该氧原子与石盐表面上的水合钠离子之间生成氢键而吸附在石盐上。研究表明，它吸附在光卤石($KCl \cdot MgCl_2$)上少，而吸附在石盐表面多，因此对石盐捕收力强，对光卤石捕收力弱。通过精选将石盐浮出，光卤石为槽内产品，石盐回收率很高，采用十六烷基吗啉和十八烷基吗琳混用对石盐的可浮性最好。加入二乙醇和二乙醇酯可大幅度降低烷基吗啉的用量。

6.4 胺类捕收剂的进展

6.4.1 浮选石英及其他硅酸盐

胺类阳离子捕收剂能捕收石英及其他硅酸盐类，故能用于反浮选一系列以石英或其他硅酸盐为脉石的有用矿物，近几年来报道反浮选铝土矿、赤铁矿和浮选氯化钾的例子不少。反浮选铝土矿研究得比较多。例如，中南大学的研究组成功地研究了硬水铝石的反浮选工艺，分选指标达到了用阴离子捕收剂直接浮选硬水铝石的同等水平，对河南硬水铝石进行浮选分离，可从 $w(Al_2O_3)/w(SiO_2)=5.7$ 的给矿得到 $w(Al_2O_3)/w(SiO_2)=10.6$、回收率 86.5% 的精矿，$w(Al_2O_3)/w(SiO_2)=1.4$的尾矿，并对其作用机理进行了比较深入的研究。

对铁矿的反浮选报道亦不少，这些阳离子捕收剂可反浮选赤铁矿和磁铁矿，提高精矿品位。例如，用阳离子捕收剂浮选－磁选联合流程，对弓长岭选厂磁选精矿进行提高铁品位及降硅试验。一年多的工业试验和运行结果表明，浮选铁精矿品位达到 68.8% Fe，回收率 98.5%，所用 YS－73 捕收剂已用于生产。美国加拿大等国对磁铁矿采用磁选－反浮选流程所生产的铁精矿品位达 68%～69% Fe，捕收剂为醚胺 MG－87，起泡剂为 MIBC，可见我国该技术已达到国际水平。

对氯化钾的浮选能解决钾肥问题。作为浮选氯化钾用的烷基吗啉捕收剂混合使用最好，十六烷吗啉和十二烷基吗啉体积最佳配比为 3∶7，在浮选青海盐湖的氯化钾时取得好的结果。

6.4.2　对氧化锌矿的浮选

从含锌 14% 的硅酸锌(Calaine $SiO_2 \cdot 2ZnO$)中，用十八胺醋酸盐为捕收剂、松醇油为起泡剂进行浮选，能得到含锌 45% 的精矿，回收率 86%。泗顶铅锌矿、柴河铅锌矿都用国产的混合胺作氧化锌的捕收剂。

6.4.3　用胺作捕收剂反浮选

氧化铁矿、铝土矿和氧化锌矿浮选的文章很多，摘录部分列于表6－8中供读者参考。

表6－8　胺类捕收剂反浮选铝土矿、赤铁矿和浮选钾盐实例

序号	药剂名称	简要说明	捕收对象	资料来源
1	十二胺	结构式：$CH_3(CH_2)_{10}CH_2NH_2$，用于反浮选高岭土、磁铁矿精矿，浮选蓝晶石，从岩盐中浮出钾盐	石英、硅酸盐、蓝晶石、钾盐	有色金属(选矿部分)，2004(2)：45～47 国外金属矿选矿，2004(2)：39～41 金属矿山，2002(12)：41～43
2	十八胺	结构式：$CH_3(CH_2)_{16}CH_2NH_2$，浮高钠低钾光卤石，用量大，精矿品位低；用量少，精矿品位高，回收率低	光卤石	化工矿物与加工，2002(11)：23，40
3	伯胺与起泡剂混合使用	先将极性起泡剂与伯胺混溶，浮选KQ能增加粗粒KCl回收率，因为KCl的浮选是在饱和的岩盐溶液中进行的，饱和的岩盐溶液对有机胺有盐析作用。因此有机胺难溶解分散不好，效果差，与极性起泡剂混合后在矿浆中易于弥散，故提高了浮选指标	氯化钾	
4	十二胺 十四胺 十六胺 十八胺	分别用十二胺、十四胺、十六胺、十八胺浮氧化锌矿，随着胺分子量增大，锌回收率升高，精矿品位降低，十八胺的浮选回收率高达93.95%，故采用十八胺做捕收剂，在给矿品位6.8% Zn，可获得锌品位23.38%，回收率90.1%的锌精矿	氧化锌矿	矿冶工程，2009(4)：28～32
5	甲苯胺	结构式：$CH_3C_6H_4NH_2$，对铝硅酸盐捕收能力由大到小为：叶蜡石，高岭石，伊利石	叶蜡石、高岭石、伊利石	非金属矿，2003(3)：34～35，62

续表 6-8

序号	药剂名称	简要说明	捕收对象	资料来源
6	N-(2-氨基乙基)萘乙酰胺	结构式：$C_{10}H_7CH_2CONHCH_2CH_2NH_2$	硅铝酸盐	
7	N-十二烷基1,3丙二胺	结构式： $CH_3(CH_2)_{10}CH_2NHCH_2CH_2CH_2NH_2$，用于赤铁矿脱硅反浮选，对铝硅酸盐矿物捕收能力顺序为：高岭石 > 叶蜡石 > 伊利石	赤铁矿 铝土矿	矿冶工程，1999(4)：26～28 中国有色金属学报，2001(7)：24～26 金属矿山，2009(2)：79～81，86
8	N-(3-氨基)丙基月桂酰胺	结构式： $CH_3(CH_2)_{10}CONHCH_2CH_2CH_2NH_2$，用来浮选硅铝酸盐	高岭石 伊利石 叶蜡石	中国有色金属学报，2003(5)：1273～1277
9	N-(3-二甲基氨基)丙基脂肪酸酰胺	结构式： $CH_3(CH_2)_nCONHCH_2(CH_2)_2N(CH_3)_2$ 式中 $n=10,12,14,16$	一水硬铝石	中国矿业大学学报(科技版)，2004(1)：70～73
10	N-(3-二乙基氨基)丙基脂肪酸酰胺	结构式：$RCONH(CH_2)_3N(C_2H_5)_2$ 与9结构式相似，只是用 $-N(C_2H_5)_2$ 代替了 $N(CH_3)_2$	一水硬铝石	有色金属(季刊)2004(2)：84～88
11	烷基吗啉捕收剂	结构式：O(CH₂—CH₂)₂N—C_nH_{2n+1}（吗啉环：$O<^{CH_2-CH_2}_{CH_2-CH_2}>N-C_nH_{2n+1}$） 式中 $n=12\sim22$	石盐	
12	正十二胺；十二烷基-1,3二胺；十二烷基二甲基胺	用正十二胺、十二烷基-1,3二胺、十二烷基二甲基胺分别对高岭石、绿石和伊利石进行浮选试验，结果表明：胺对这三种硅酸盐捕收能力降低次序为：十二烷基二甲基胺，十二烷基1,3二胺，正十二胺；捕收机理认为是矿物表面与这些阳离子捕收剂发生电性吸附和氢键吸附，电性吸附强度次序由大到小为：十二烷基二甲基胺，十二烷基1,3二胺，正十二胺	高岭石和硅酸盐矿物	Proceeding of XXIVIMPC，2008，1513～1517

续表 6-8

序号	药剂名称	简要说明	捕收对象	资料来源
13	叔胺浮选石英	用一系列叔胺研究叔胺对石英的捕收性能,该系列叔胺的结构和代号如下: 代号　结构式 DRN　$C_{12}H_{25}N(CH_3)_2$ DPN　$C_{12}H_{25}N(C_3H_7)_2$ DEN　$C_{12}H_{25}N(C_2H_5)_2$ DBN　$C_{12}H_{25}N(C_4H_9)_2$ 石英单矿物浮选试验结果:在 pH 3 ~10 范围内除 DBN 外,DRN、DEN、DPN 对石英有较好的捕收性能,回收率为 90% 以上,上述四种叔胺对石英的捕收能力由强到弱的顺序为 DEN > DPN > DRN > DBN,这四种叔胺与石英表面作用主要是静电引力。石英与叔胺作用后的红外光谱出现了药剂主要官能团的振动峰;矿物的动电位也显示增加叔胺分子中氮原子上所连的取代基的电子效应和空间位阻效应造成了四种叔胺对石英捕收性能的差别	石英	矿冶工程,2009(3):37 ~39
14	叔胺浮一水硬铝石	研究了十二叔胺系列捕收剂 $C_{12}H_{25}N(CH_3)_2$,代号 DRN,$C_{12}H_{25}N(C_2H_5)_2$、代号 DEN,$C_{12}H_{25}N(C_3H_7)_2$、代号 DPN,$C_{12}H_{25}N(C_4H_9)$、代号 DBN 对一水硬铝石的浮选行为,试验结果表明,在这四种叔胺中,DEN 对一水硬铝石的捕收能力最强,浮选回收率为 80% 以上。一水硬铝石存在大量的 OH 基,OH 基的断裂和 OH 基的电离是一水铝硬石带电的原因,一水硬铝石的等电点为 4.8。十二叔胺主要以静电引力吸附于一水铝石表面,显著增大一水硬铝石的 ζ 电位,叔胺的 pK_a 为 9.7 左右,当 $4.8 < pH < pK_a$ 时,叔胺具有较好的浮选性能,增大用量浮选效果则增强。叔胺氮原子上所连接不同的取代基的吸电子效应、空间效应、综合效果对一水硬铝石浮选能力的影响存在差异,导致它们对一水硬铝石捕收能力的差别	一水硬铝石	中南大学学报(自然科学版),2010,42(2):411 ~415

续表 6 - 8

序号	药剂名称	简要说明	捕收对象	资料来源
15	十二烷基氨丙酰胺盐酸盐	结构式: $CH_3(CH_2)_{10}CH_2NHCH_2CH_2C(=O)—NH_2 \cdot HCl$ 作捕收剂浮出石英与铁矿物分离,对提高赤铁矿、磁铁矿和镜铁矿品位很有效	石英 硅酸盐矿物	矿冶工程,2005(3):41 ~ 43 中南大学学报,2005(3):412 ~ 414
16	N,N - 二乙基十六烷基叔胺	用十六胺、甲酸和乙醛为原料合成阳离子捕收剂 N,N - 二乙基 - N - 十六烷基胺(代号 DEN16),反应如下: $C_{16}H_{33}NH_2 + 2CH_3CHO + 2HCOOH \xrightarrow{90 \sim 95℃} C_{16}H_{33}N(C_2H_5)_2 + 2H_2O + 2CO_2$ 用 DEN16 作捕收剂,分别对一水硬铝石、高岭石和伊利石进行了单矿物和混合矿浮选试验,试验结果表明,在 pH 5 ~ 5.5, DEN16 浓度为 2×10^{-4}mol/L 时,高岭石、伊利石的回收率高于 82%,而一水硬铝石仅为 60%;人工混合矿浮选精矿的铝硅比高于 20,说明在 pH < 8 时,用 DEN6 捕收剂可以实现铝硅酸盐与一水硬铝石浮选分离。红外光谱和 ζ 电位测定研究表明,DEN16 与这三种矿物的作用皆为静电吸附且与高岭石、伊利石的作用强于一水硬铝石	一水硬铝石 铝碳酸盐	中国矿业大学学报,2010,39(4):599 ~ 603
17	CS - 22	氯化二甲基苄基十二胺与溴化三甲基十六胺 2:1 混合物称为 CS - 22,用 CS - 22 作捕收剂,从磁铁矿和镜铁矿中浮出石英,比单用效果好	石英 反浮磁铁矿,镜铁矿	Inter. J. Miner. process, 77,(2):116 ~ 122
18	季铵盐	季铵盐作捕收剂浮选一水硬铝石、高岭石、叶蜡石和伊利石。结果表明:二甲基苄基十八烷基氯化铵 > 三甲基十六烷基溴化铵 > 三甲基十八烷基氯化铵,在弱碱性条件下,季铵盐能浮选分离一水硬铝石和硅酸盐矿物,如高岭石、伊利石和叶蜡石,作用机理是季铵盐与一水硬铝石发生电性吸附	一水硬铝石	J. Cent. South Univ. Technal, 2007(4):500 ~ 504

续表 6-8

序号	药剂名称	简要说明	捕收对象	资料来源
19	十六烷基三甲基溴化铵	结构式:$CH_3(CH_2)_{14}CH_2N(CH_3)_3Br$	高岭石、铝土矿、反浮选铁矿	
20	BDDA	α-w-二甲基十二胺二溴丁烷作捕收剂浮选铝硅酸盐 α-w-二甲基十二胺二溴丁烷,代号为BDDA,结构式如下: $C_{12}H_{25}—\overset{CH_3}{\underset{CH_3}{\overset{\mid +}{\underset{\mid}{N}}}}—(CH_2—CH_2)_2—\overset{CH_3}{\underset{CH_3}{\overset{\mid +}{\underset{\mid}{N}}}}—C_{12}H_{25}—Br_2$ BDDA作捕收剂,谷淀粉作抑制剂,对天然水铝石矿做反浮选,经条件试验后在pH 9~10的条件下进行闭路试验,可从含铝64.87%、$w(Al)/w(SiO_2)=6.02$的给矿,得到铝品位为68.37%、$w(Al_2O_3)/w(SiO_2)=9.72$、回收率为81.25%的铝精矿	铝硅酸盐	
21	BDDA直链脂肪胺、季铵盐(BDDA又称Gemini季铵盐)	用单矿物浮选试验考察了直链脂肪胺、常规季铵盐和Gemini季铵盐三类阳离子捕收剂对菱锌矿的浮选行为。上述三种药剂对菱锌矿的浮选性能呈下列次序:直链脂肪胺,Gemini阳离子表面活性剂,常规季铵盐。利用动电位测定和红外光谱分析研究了十二胺浮选菱锌矿的作用机理,试验结果表明,菱锌矿的等电点是pH 8,十二胺主要靠静电作用吸附在菱锌矿表面,烷基疏水使菱锌矿上浮	菱锌矿	

续表 6-8

序号	药剂名称	简要说明	捕收对象	资料来源
22	DDA 和 WD-10	用单矿物浮选试验研究了十二胺(代号 DDA)和十二烷基三甲氧基硅烷(代号 WD-10)两种浮选药剂对一水硬铝石和高岭石的浮选行为,试验结果表明,在酸性条件下,十二胺单独使用,高岭石的回收率高于一水硬铝石,但两种矿物可浮性差别不大,不可能有效实现高岭石与一水硬铝石浮选分离;十二烷基三甲氧基硅烷单独使用时,对高岭石和一水硬铝石均无捕收作用;与十二胺相比,DDA 与 WD-10 的组合捕收剂对硅酸盐矿物捕收能力强,选择性好,在 pH=4~5.5 的范围内及最佳药剂配比条件下,高岭石回收率在 75% 以上,而一水硬铝石回收率只有 20% 左右,能有效地实现铝硅矿物反浮选分离	一水硬铝石和高岭石	
23	QAS222	含硅的阳离子捕收剂——新阳离子有机硅代号 QAS222 该捕收剂有下述结构: $\left[C_2H_5O-Si(OC_2H_5)_2-(CH_2)_3-N(CH_3)_2-C_{12}H_{25} \right]^+ Cl^-$ 用 QAS222 作捕收剂,对一水硬铝石、高岭石、叶蜡石和伊利石做了单矿物浮选试验和人工混合矿浮选试验,试验结果表明,QAS222 是铝土矿反浮选脱硅的有效捕收剂 在 pH>9 后,一水硬铝石上浮骤减,铝硅矿物之间表现出良好的反浮选分离的趋势。当 pH=11 时,以 QAS222 为捕收剂,不添加任何抑制剂成功地实现不同铝硅比的人工混合矿反浮选脱硅并获得良好指标,当给矿铝硅比仅有 2.7 时,仍能获得铝硅比 12.82、Al_2O_3 品位 77.9%、回收率 69.91% 的较好指标。当给矿铝硅比不断增大,精矿中的铝硅比、Al_2O_3 品位和回收率都有所提高	一水硬铝石铝硅酸盐	

6.4.4 胺类捕收剂的作用机理

胺类捕收剂能捕收多种矿物，它的捕收机理视矿物性质和矿浆的 pH 而异，要具体分析，不能一律看待。下面介绍几点看法：

(1)胺类捕收剂捕收石英的捕收机理　胺类捕收剂在浮选石英时 pH 以 5 ~6 最佳，且在弱酸性介质中进行浮选。此时矿浆中存在大量的 RNH_3^+ 阳离子，石英在 pH 为 2 ~6.7 时，表面流动电位为负，铁矿表面流动电位为正。用阳离子捕收剂因同性相斥铁矿不浮，而石英表面带负电，因异性相吸，带正电的胺离子吸附在石英表面，烃基疏水使石英上浮与铁矿分离。

(2)胺类捕收剂捕收氯化钾的作用机理　表面电荷嵌合说的论点认为，阳离子捕收剂能捕收氯化钾而不能捕收氯化钠；羧酸类捕收剂能捕收氯化钠而不捕收氯化钾。于是提出碱金属氯化物在饱和溶液中进行浮选时，颗粒表面荷有电荷，在卤水中氯化钾晶体表面是带正电的，因其表面的氯离子溶于水中；氯化钠晶体表面是带负电的，因其表面的钠离子溶于水中。用中性的 $RNH_2 \cdot HCl$ 作捕收剂浮选氯化钾时，$RNH_2 \cdot HCl$ 分子中带负电较强的氯离子一端在氯化钾晶体中进行“嵌合”，能进行嵌合的原因除氯离子半径大小合适外，带负电的氯离子和氯化钾晶格表面的正电相吸引也是一个原因。

由于氯化钠表面带负电，$RNH_2 \cdot HCl$ 中带负电的氯离子因同性相斥，自然不能嵌入氯化钠晶体中，故氯化钠不浮。

(3)重金属离子与胺生成络合物　铜、锌等有色金属氧化矿的浮选在碱性介质中进行。矿浆的 pH 高，保证胺类捕收剂以 RNH_2 分子存在，胺分子中氮原子上的孤对电子便与 Cu、Zn 等氧化矿表面上的金属离子生成络合物吸附在这些矿物表面，烃基疏水而起捕收作用。

6.5 两性捕收剂概述

这里介绍的两性捕收剂，分子中既具有带负电的官能团，又具有带正电的官能团，故称之为两性捕收剂。一般来说，它们具有如下通式：$R_1X_1R_2X_2$。

式中 R_1 是较长的烷基，以 C_8 ~ C_{18}之内的烷基较好，若 R_1 为芳香基，则捕收能力较弱，R_2 是一个或多个脂肪基、芳香基或环烷基，一般都是碳链较短的烃基；X_1 是一个或多个阳离子官能团，X_2 是一个或多个阴离子官能团。

在两性捕收剂中，阴离子官能团和阳离子官能团原则上有以下一些，见表6 -9。

表 6-9 两性捕收剂中的阳离子和阴离子功能团

阴离子功能团	阳离子功能团
羧基—COOH	胺基—NH_3^+， $\diagdown NH_2^+ \diagup$
胂酸基—$AsO(OH)_2$	季铵盐基—NH_4^+
巯基—SH	胂基—AsH_3^+， $\diagdown AsH_2^+ \diagup$
磺酸基—SO_3H	胂盐—AsH_4^+
硫酸基—SO_4H	膦基—PH_3^+
磷酸基—$PO(OH)_2$	膦基—PH_4^+
⋮	⋮
其他	其他

从表 6-9 中的阴离子功能团和阳离子功能团排列组合可知，可以合成很多两性捕收剂。

因两性捕收剂具有阳离子功能团和阴离子功能团，在碱性溶液中，酸根生成盐，显阴离子性质，在电场中向阳极移动；在酸性介质中，阳离子生成盐，成为带正电的离子，在电场中向阴极移动；在等电点时，分子呈电中性，在电场中不移动，此时溶解度最小，如下式所示：

$$R\overset{+}{N}H_2CH_2COOH \underset{H^+}{\overset{OH^-}{\rightleftharpoons}} RNHCH_2COOH \underset{H^+}{\overset{OH^-}{\rightleftharpoons}} RNHCH_2COO^-$$

溶于酸	等电点	溶于碱
带正电，向阴极移动	溶解度最小	带负电，向阳极移动

两性捕收剂的典型代表见表 6-10。一些典型的两性捕收剂的等电点列于表 6-11 中。一些两性捕收剂的溶解度与 pH 的关系见图 6-3。从图 6-3 看出，同一类型的两性捕收剂的等电点是很接近的，在它们的分子式中烷基不相同，但功能团都是氨基和羧基，故在 pH 大于 4 时，它们主要生成阴离子而溶解，在 pH <4时，主要生成阳离子而溶解；在 pH 在4 附近，即在等电点时不带电，溶解度最小。

表 6－10 两性捕收剂的典型例子

名 称	结 构 式
N－十六烷基－α－氨基乙酸	$CH_3(CH_2)_{14}CH_2NHCH_2COOH$
N－十二烷基－β－氨基丙酸	$CH_3(CH_2)_{10}CH_2NHCH_2CH_2COOH$
N－十二烷基－β－亚氨基二丙酸	$CH_3(CH_2)_{10}CH_2N(CH_2CH_2COOH)_2$
N－十四烷基硫磺酸	$CH_3(CH_2)_{12}CH_2NHCH_2CH_2SO_3H$
N－十二烷基－N－羟基乙基－N－氨基乙酸钠	$CH_3(CH_2)_{10}CH_2N(CH_2CH_2OH)(CH_2COONa)$
N－十六烷基亚氨基二乙酸钠	$CH_3(CH_2)_{14}CH_2N(CH_2COONa)_2$

表 6－11 几种两性捕收剂的等电点

名 称	结 构 式	等电点(pH)
N－十六烷基－α－氨基乙酸	$CH_3(CH_2)_{14}CH_2NHCH_2COOH$	4.5
N－R 烷基－β－氨基丁酸	$RNH—CH(CH_3)CH_2COOH$	4.1
N－十二烷基－β－亚氨基二丙酸	$C_{12}H_{25}N(CH_2CH_2COOH)—CH_2CH_2COOH$	3.7
N－十四烷基硫磺酸	$CH_3(CH_2)_{12}CH_2NCH_2CH_2SO_3H$	约 1.0

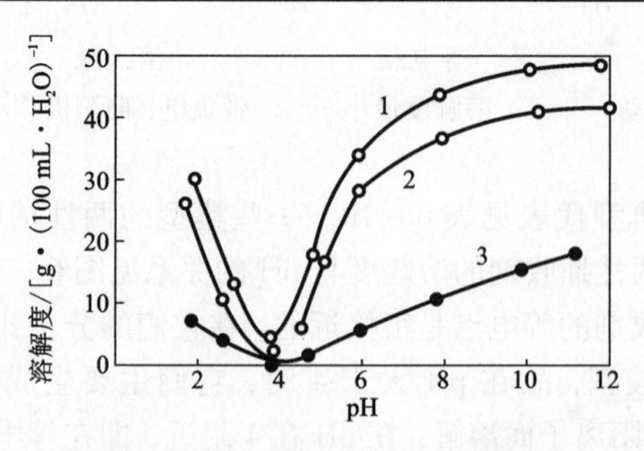

图 6－3 β－烷基氨基丙酸钠在水中的溶解度与 pH 的关系

1—正十二烷基亚氨基二丙酸钠；2—正十二烷基氨基丙酸钠；3—十八烷基氨基丙酸钠

6.6 烷基氨基羧酸

6.6.1 氨基羧酸的合成

1. 合成 N-烷基氨基乙酸

这里介绍的是烷基氨基乙酸和烷基氨基二乙酸。随着烷基不同可合成多种产品。R 为癸基时，产品为癸基氨基二乙酸；R 为十二烷基时，产品为十二烷基氨基二乙酸；其余类推。当氯乙酸用量为胺的等摩尔时，则产品为烷基氨基一乙酸。反应式如下：

$$2ClCH_2COOH + 2NaOH \longrightarrow 2ClCH_2COONa + 2H_2O$$

$$R—NH_2 + 2ClCH_2COONa + 2NaOH \xrightarrow{\triangle} RN(CH_2COONa)_2 + 2NaCl + 2H_2O$$

$$R—NH_2 + ClCH_2COONa + NaOH \xrightarrow{\triangle} RNHCH_2COONa + NaCl + H_2O$$

制备烷基氨基二乙酸两性捕收剂可取一氯乙酸 24 g(0.25 mol)溶于 100 mL 酒精和 10 mL 水中，用酚酞作指示剂，用 10 mol/L 氢氧化钠中和，再加 12 g (0.065 mol)正十二胺；将此混合物置于 250 mL 圆底烧瓶中，在室温下放置 3 天，然后在水浴上回流 5 h(未在室温下放置 3 d 则回流 10 h)，在整个反应过程中不断滴入氢氧化钠溶液。开始时反应进行很快，滴入的碱很快被消耗，后来反应进行得很慢，直至加入氢氧化钠溶液后，酚酞的红色不消失为止。反应式如下：

$$RNH_2 + 2ClCH_2COONa + 2NaOH \xrightarrow{回流} R—\underset{\underset{CH_2COONa}{|}}{N}—CH_2COONa + 2NaCl + 2H_2O$$

加入氢氧化钠溶液的作用是逐步中和反应中生成的盐酸，使反应顺利进行。反应完毕后，用浓盐酸酸化反应混合物至 pH 达到 3 ~4(pH 为 3 ~4 是 N-烷基氨基二乙酸的等电点)，在加热条件下即有白色沉淀析出：

$$R—\underset{\underset{CH_2COONa}{|}}{N}—CH_2COONa + 2HCl \longrightarrow R—\underset{\underset{CH_2COOH}{|}}{N}—CH_2COOH + 2NaCl$$

因 N-烷基氨基乙酸是两性化合物，加入盐酸过量或太少都不会析出沉淀，或析出的量较少，应特别注意。将析出的沉淀和母液一起冷却，抽滤取得晶体，用 95% 的酒精重结晶三次，用乙醚洗涤一次，在空气中晾干，得白色晶体。用相同方法制得 C_{14}、C_{16}、C_{10} 正烷基氨基二乙酸，产率在 40% ~88%，熔点与文献数据一致。

2. 合成 N-烷基氨基丁酸

合成反应：

$$RBr + NH_2CH_2CH_2CH_2COONa \xrightarrow[\text{乙醇}]{NaOH} RNHCH_2CH_2CH_2COONa + NaBr + H_2O$$

取4 g(0.04 mol)4－氨基丁酸放入三口瓶中，加入200 mL乙醇使固体完全溶解，然后加入9.2 g(0.0416 mol)溴代癸烷和两滴酚酞指示剂。三口瓶中装有温度计、冷凝管和滴液漏斗。滴液漏斗中加入3.2 g(0.08 mol)氢氧化钠溶于10 mL水形成的溶液，加热回流并搅拌，同时滴入氢氧化钠溶液，使反应物呈淡红色。随着加热红色逐渐消失，再加氢氧化钠溶液直到红色不再消失为止。停止加热，蒸去乙醇得白色蜡状固体N－癸基氨基丁酸钠。加水将钠盐溶解，用乙醚萃取四次，以除去未反应的溴代癸烷。水溶液用盐酸酸化，pH为4～5时癸基氨基丁酸析出，产率80%左右。依此法用不同的溴代烷可制得不同的烷基氨基丁酸。

3. N－烷基氨基己酸的合成

合成原理：

$$\text{己内酰胺(N–H)} + RBr \xrightarrow[\text{乙醇}]{NaOH} \text{N-烷基己内酰胺(N–R)} + NaBr + H_2O$$

$$\text{N-烷基己内酰胺(N–R)} \xrightarrow[\triangle]{NaOH+H_2O} RNH(CH_2)_5COONa$$

$$RNH(CH_2)_5COONa + HCl \longrightarrow RNH(CH_2)_5COOH + NaCl$$

先制备烷基己内酰胺，将6 mL H_2O和60 mL 95%乙醇加入三口瓶中搅拌，使己内酰胺溶解，再加入12.3 mL(0.07 mol)正溴辛烷和两滴酚酞。三口瓶上装有温度计、冷凝管和滴液漏斗。开动磁力搅拌器，保持温度在85℃左右，在滴液漏斗中加入27 mL(0.07 mol)10%氢氧化钠溶液，并逐滴加入氢氧化钠溶液于反应瓶中，使溶液刚好呈粉红色。当粉红色褪去再滴加氢氧化钠直到加入氢氧化钠溶液不褪色为止，约需6 h。此时产物中含有N－辛基己内酰胺，蒸馏回收乙醇，将剩余液冷却后，倾入分液漏斗中，加水200 mL，充分摇匀静置，上层黄色油状物即为N－辛基己内酰胺。

将N－辛基己内酰胺水解得N－辛基氨基己酸。用同样的方法改变溴代烷可制得各种烷基氨基己酸。

4. N－烷基－β－氨基丙酸甲酯(代号SF)的合成

反应如下：

$$RNH_2 + CH_2{=}CHCOOCH_3 \longrightarrow RNHCH_2CH_2COOCH_3$$

共合成了四种产品，其代号、化学名称和结构式如下：

代号	化学名称	结构式
SF-8	N-辛基-β-氨基丙酸甲酯	$CH_3(CH_2)_7NHCH_2CH_2COOCH_3$
SF-10	N-癸基-β-氨基丙酸甲酯	$CH_3(CH_2)_9NHCH_2CH_2COOCH_3$
SF-12	N-十二烷基-β-氨基丙酸甲酯	$CH_3(CH_2)_{11}NHCH_2CH_2COOCH_3$
SF-14	N-十四烷基-β-氨基丙酸甲酯	$CH_3(CH_2)_{13}NHCH_2CH_2COOCH_3$

6.6.2 烷基氨基羧酸(酯)的捕收性能

1. 烷基氨基乙酸对黑钨的捕收性能

在实验室进行纯矿物试验时，R 基的碳链长度对捕收性能有显著的影响，R 在 10 个碳原子以下的，捕收能力微弱，十个碳原子以上的才有明显的捕收能力。碳链越长，捕收能力愈强，R 在 17 个碳原子以上的则未试验。

在烷基氨基乙酸中，含一个羧基甲基($—CH_2COOH$)比含两个羧基甲基的捕收性能好，在烷基氨基乙酸分子中，含一个羧基甲基时在 pH =4 ~8 范围内都可以得到最佳的浮选效果。所以含一个羧基甲基时比较容易控制矿浆的 pH。它们对黑钨矿泥的捕收性能呈下列顺序：

正十六胺乙酸，正十六胺二乙酸，正十四胺二乙酸，正十二胺二乙酸，正癸胺二乙酸

用正十六胺二乙酸浮选浒坑黑钨矿泥的粗精矿，给矿品位为2.16% WO_3，浮选 pH 为4.5，正十六胺二乙酸用量 200 g/t 时，通过一次精选可得到品位16.80% WO_3，回收率 85.58% 的精矿，富集比是先前的 7.8 倍，效果较好。

2. 十六胺二乙酸浮选锡石

用十六胺二乙酸为捕收剂浮选 -74 ~ +10 μm 的锡石单矿物，并用锡石矿泥作了验证。单矿物浮选结果见图 6-4。采用脉石以方解石为主的锡石多金属硫化矿作为验证对象，浮选时先用黄药浮去硫化矿，再在碱性矿浆中用十六胺二乙酸浮出方解石，然后用硫酸将矿浆 pH 降到 4.5 以下，锡石立即上浮得粗精矿。用羧基甲基纤维素作抑制剂，精选两次，试验结果见表 6-12。估计做闭路试验时中矿Ⅰ和中矿Ⅱ集中返回粗选，回收率会提高。

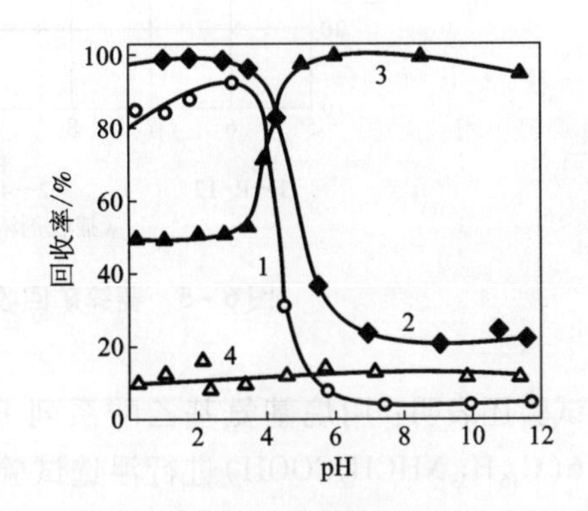

图 6-4 矿物回收率与 pH 的关系

1—锡石(长坡)；2—锡石(大屯)；3—方解石；4—石英

表 6-12 十六胺二乙酸浮选锡石矿泥结果

产品名称	方解石泡沫	锡精矿	中矿Ⅰ	中矿Ⅱ	尾矿	合计
产率/%	49.32	1.33	13.32	4.70	31.33	100
Sn 品位/%	0.25	25.03	0.51	6.51	0.11	0.86
回收率/%	14.26	38.50	7.86	35.39	3.99	100

3. 烷基氨基羧酸对菱锌矿的捕收性能

十二烷基氨基乙酸(代号 R-12)$C_{12}H_{25}NHCH_2COOH$、癸基氨基丁酸(代号 4R-10)$C_{10}H_{21}NHCH_2CH_2CH_2COOH$、辛基氨基己酸(代号 6R-8)$C_8H_{17}NHCH_2CH_2CH_2CH_2CH_2COOH$是同分异构体，都有—NH—、—COOH 官能团，只是烷基异构。根据同分异构原理，它们应有十分相似的化学性质。在它们的分子内，—NH—基和—COOH 之间相隔—CH_2—基数量不相同，分别为 1,3,5 个—CH_2—，用它们浮选菱锌矿的结果见图 6-5。从图看出，对菱锌矿的捕收性能由强到弱呈下述次序：R-12，4R-10，6R-8。R-12 原料易得，合成工艺简单，捕收性能又较好，通过这样筛选，在烷基氨基羧酸中应推广十二烷基乙酸系列。

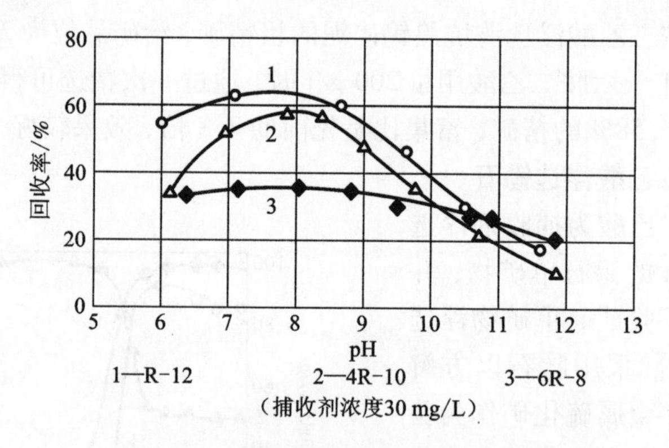

图 6-5 菱锌矿回收率与 pH 的关系

试验还表明：用烷基氨基乙酸系列 R-12，R-14($C_{14}H_{29}NHCH_2COOH$)，R-16($C_{16}H_{33}NHCH_2COOH$)进行浮选试验，它们的捕收性能由大到小呈下述次序：R-12，R-14，R-16。因此在烷基氨基乙酸系列捕收剂中应推广 R-12。

4. N-烷基-β-氨基酸甲酯(代号 SP)的捕收性能

试验证明 SP 系列捕收剂在自然 pH 条件下，对石英或石榴子石有很强的捕收能力。碳链短的 SP-8 和 SP-10 对萤石和赤铁矿捕收力弱，可作萤石和石英、石榴子石以及赤铁矿和石英浮选分离的高选择性捕收剂。这类捕收剂对石英、石榴子石的作用机理为吸附模型：

$$\oplus\ \text{OH}\cdots\text{O}{=}\text{C}{-}\text{OCH}_3;\quad \text{R}{-}\text{NH}_2{-}\text{CH}(\text{H}){-}\text{CH}_2{-}\text{C}$$

这种吸附模型看来合理。

6.6.3　十二烷基氨基羧酸(R－12)捕收菱锌矿的作用机理

R－12、菱锌矿、R－12 与 Zn^{2+} 反应所得沉淀的红外光谱及 R－12 与菱锌矿作用后的红外光谱见图 6－6。

图 6－6(a)是 R－12 的红外光谱图，其中 3400 cm^{-1} 是—NH_2^+ 的伸缩振动吸收峰；2905、2840cm^{-1} 是 CH_3、CH_2 的伸缩振动吸收峰；1620 cm^{-1} 是—COO^- 伸缩振动吸收峰及—NH_2^+ 的弯曲振动吸收峰；1468 cm^{-1} 是—CH_3、—CH_2—弯曲振动吸收峰及剪切振动吸收峰；1425 cm^{-1} 是与—NH_2^+ 相连的—CH_2—弯曲振动吸收峰，此峰出现说明化合物含有 CH_2—NH_2^+ 基团；1390 cm^{-1} 是 CH_2 的变形振动、COO^- 伸缩振动吸收峰，此峰高于 1468 cm^{-1}的吸收峰，说明此化合物含有 $—CH_2C(=O)—O^-$ 基团；700、720 cm^{-1} 是—CH_2—的平面摇摆振动吸收峰，因受—NH_2^+ 基团影响而分裂成两个吸收峰。

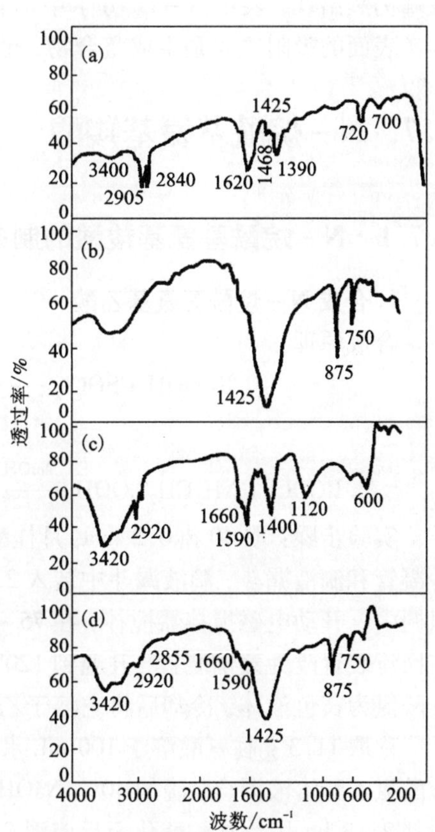

图 6－6　菱锌矿－R－12 红外光谱图

(a)R－12；(b)菱锌矿；

(c)R－12－Zn；(d)菱锌矿－R－12

图 6－6(b)是菱锌矿的红外光谱图，1425、875、750 cm^{-1} 是碳酸盐型矿物的特征吸收峰，在此代表菱锌矿的特性。图 6－6(c)是 R－12 与 Zn^{2+} 生成盐的红外光谱，由于制备此盐时是在弱酸性介质中进行，一方面防止了 Zn^{2+} 水解成 $Zn(OH)_2$，另一方面有部分仲胺基生成

了—NH_2^+，部分仍以—NH—存在，3420 cm^{-1}和1120 cm^{-1}的吸收峰证明仲胺这两种形式均存在；1660、1590 cm^{-1}处的吸收峰证明羧基存在，但由于与Zn^{2+}作用生成了盐，吸收峰向低波段移动；2920、2855 cm^{-1}为烷基上—CH_3、—CH_2—的伸缩振动峰。

图6-6(d)是菱锌矿吸附了R-12后的红外光谱，1425、875、750 cm^{-1}是碳酸盐型菱锌矿的特性吸收峰；2920、2855 cm^{-1}表示R-12烷基中—CH_3、—CH_2—的伸缩振动；1660、1590 cm^{-1}证明羧基与菱锌矿表面锌离子作用生成盐，故羧基的吸收峰向低波段移动。由于R-12与菱锌矿作用是在碱性条件中(参照浮选条件)进行，大部分仲胺基以—NH—存在，氮原子上弧对电子与菱锌矿表面的Zn^{2+}形成共价配健，故图中1120 cm^{-1}处—NH—的吸收峰消失，3420 cm^{-1}吸收峰仍然出现，表示R-12分子中仍有少量—NH_2^+存在。可以认为R-12在菱锌矿表面的吸附主要是生成螯合物，也有少量是物理吸附。

6.7 N-烷酰基氨基羧酸

6.7.1 N-烷酰基氨基羧酸的制备

1. 合成N-烷酰基氨基乙酸

合成原理：

$$RCOOH + SOCl_2 \xrightarrow{75 \sim 80℃} RCOCl + SO_2 + HCl$$

$$RCOCl + NH_2CH_2COOH \xrightarrow{NaOH, H_2O} RC(=O)—NHCH_2COOH + HCl$$

实验步骤：取40 g(0.2 mol)月桂酸置于三口瓶中，在三口瓶上安上温度计、冷凝管和滴液漏斗，滴液漏斗中装入2.6 g(0.22 mol)亚硫酰氯，整个装置放在通风橱中。开动电磁搅拌器搅拌，在75~86℃滴入亚硫酰氯，回流60 min后冷却。将回流装置改为蒸馏装置，升温到120℃，搅拌，将过量的亚硫酰氯蒸出，所得月桂酰氯为黄色液体，冷却后将它溶于乙醚中。

称取11.3 g甘氨酸溶于100 mL水、4 g NaOH、20 mL乙醇混合液中，与月桂酸酰氯乙醚溶液混合，滴加40% NaOH溶液，维持pH=9~11，室温(10~15℃)搅拌2~3 h，用浓盐酸酸化至反应混合物pH=3~4，抽滤得N-月桂酰基乙酸，用冰醋酸作溶剂重结晶提纯，得白色片状N-月桂酰基氨基乙酸纯品，熔点116.5~118℃。

用同样方法制得N-辛酰基氨基乙酸、N-十四酰基氨基乙酸、N-十六酰基氨基乙酸和N-十八酰基氨基乙酸。它们的代号和结构式如下：

代　号	结 构 式
2RO－8	$CH_3(CH_2)_6C(=O)—NHCH_2COOH$
2RO－12	$CH_3(CH_2)_{10}C(=O)—NHCH_2COOH$
2RO－14	$CH_3(CH_2)_{12}C(=O)—NHCH_2COOH$
2RO－16	$CH_3(CH_2)_{14}C(=O)—NHCH_2COOH$
2RO－18	$CH_3(CH_2)_{16}C(=O)—NHCH_2COOH$

2. N－烷酰基ω－氨基丁酸的合成

用ω－氨基丁酸代替氨基乙酸，根据上述试验步骤与烷基酰氯作用，可合成N－烷酰基ω－氨基丁酸，所合成产品代号和结构式如下：

代　号	结 构 式
4RO－8	$CH_3(CH_2)_6C(=O)—NH(CH_2)_3COOH$
4RO－12	$CH_3(CH_2)_{10}C(=O)—NH(CH_2)_3COOH$
4RO－14	$CH_3(CH_2)_{12}C(=O)—NH(CH_2)_3COOH$
4RO－16	$CH_3(CH_2)_{14}C(=O)—NH(CH_2)_3COOH$

3. N－烷酰基ω－氨基己酸的合成

N－烷酰基ω－氨基己酸的合成方法与N－烷酰基ω氨基丁酸的合成方法相同。

代　号	结 构 式
6RO－12	$CH_3(CH_2)_{10}C(=O)—NH(CH_2)_5COOH$
6RO－14	$CH_3(CH_2)_{12}C(=O)—NH(CH_2)_5COOH$
6RO－16	$CH_3(CH_2)_{14}C(=O)—NH(CH_2)_5COOH$

6.7.2 烷酰氨基羧酸的捕收性能

1. 烷酰氨基羧酸对硫酸铅的捕收性能

含有相同碳原子数的烷酰氨基羧酸是同分异构体。以 2RO－16、4RO－14、6RO－12 为例，它们有相同的分子式 $C_{18}H_{35}NO_3$，但 NH 基与 COOH 基间分别隔 1、3、5 个“CH_2”，且烷基异构。用它们浮选硫酸铅的试验结果见图 6－7。从图 6－7看出，它们对硫酸铅的捕收性能由大到小为：

4RO－14(6RO－12)，2RO－16

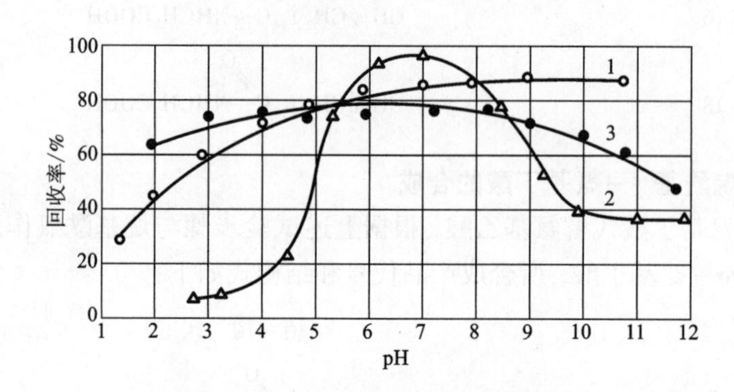

图 6－7 pH 与硫酸铅回收率的关系

1—6RO－12；2—4RO－14；3—2RO－16

(捕收剂浓度 30 mg/L)

在 pH 为 6 时，它们的回收率相当接近，浮选人工混合矿的结果也基本一致，从原料来源难易来看，2RO－X、6RO－X 两系列药剂的原料较易得到。

在 2RO－X 系列捕收剂中，从 2RO－8 到 2RO－18，随着 R 基中碳原子数的增大对硫酸铅的捕收能力增强，呈下述次序：2RO－18，2RO－14，2RO－12，2RO－8。

对脉石的捕收能力亦呈上述次序，从捕收能力和选择性综合考虑，以推广 2RO－12、2RO－14 为宜。

6RO－X 系列捕收剂对硫酸铅的捕收能力由大到小呈下述次序：6RO－14，6RO－12，6RO－16。从 6RO－12 到 6RO－14，由于烷基碳原子数增加，疏水性增强，捕收能力加强，而 6RO－16 由于烷基碳原子数过多，溶解度降低，在矿浆中不易分散，故效果比 6RO－12 差，但在矿浆中添加适量松醇油，用 6RO－16 浮硫酸铅仍得到很好的效果，但比不上 6RO－12 方便。

2. 烷酰氨基羧酸对萤石的捕收性能

用 2RO－16、4RO－14、6RO－12 三种同分异构体浮选萤石单矿物，试验结果见图 6－8。从图 6－8 看出，它们对萤石的捕收性能呈下述次序：4RO－14(RO

-16)，6RO-12。

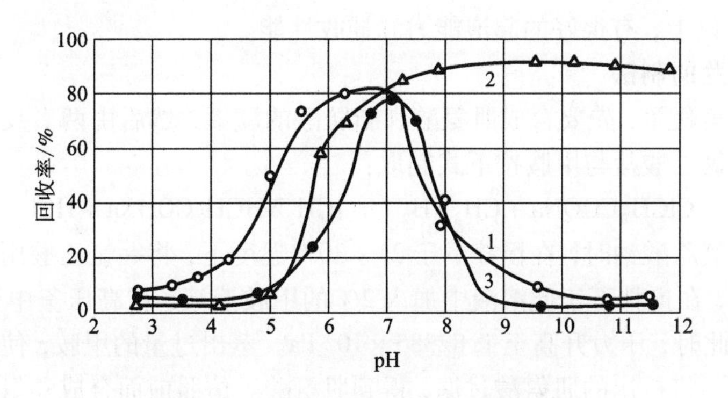

图6-8　pH与萤石回收率的关系

1—2RO-16；2—4RO-14；3—6RO-12

(捕收剂浓度30 mg/L)

4RO-14原料来源困难，价格昂贵。合成RO-16、6RO-12较易解决原料问题，但对萤石的浮选次序为：6RO-12，RO-16(4RO-14)，而萤石商品要求高质量，综合考虑以推广6RO-12比较合理。

3. 柿竹园浮钨尾矿中的萤石浮选试验

为了验证6RO-12的捕收性能，对柿竹园浮钨尾矿进行了萤石浮选试验，先做条件试验，找到较好的浮选条件后，进行开路精选和闭路试验，用一粗五精的闭路流程，可从27.68% CaF_2 的给矿得到品位97.56%、回收率72.82%的萤石精矿，再用磁选脱除精矿中的磁性矿物，精矿品位可达99.2% CaF_2，含 SiO_2 0.6%，萤石总收率60.62%，比用“731”或“733”效果好，选择性高，减少了精选次数。

6.7.3　烷酰氨基羧酸对硫酸铅和萤石的作用机理

通过 ζ 电位测定和红外光谱技术，研究了6RO-12对硫酸铅和萤石的作用机理，认为主要是它的羧基和氨基在矿物表面发生化学吸附，亦有部分物理吸附而固着于矿物表面，烷基疏水而起捕收作用。

6.8　其他两性捕收剂

6.8.1　美狄兰

美狄兰是脂肪酸与肌氨酸的缩合物，具有下面通式：

$$\begin{array}{l} \mathrm{RCON{-}CH_2COOMe} \\ \quad\quad\ \ | \\ \quad\quad\ \mathrm{CH_3} \end{array}$$

式中，Me 是碱金属离子（K^+，Na^+）；R 是具有足够长度的脂肪烃基，一般具有12 个碳原子以上，有很好的起泡能力和捕收性能。

1. 美狄兰的制法

要制得美狄兰，先要合成肌氨酸和脂肪酸的酰氯，然后由两者反应得到。肌氨酸是用一氯乙酸盐与甲胺按下式制取：

$$ClCH_2COONa + CH_3NH_2 \longrightarrow CH_3NHCH_2COONa + HCl$$

制备一氯乙酸钠时，在搅拌下于 25 ~ 30℃温度下，将一氯乙酸用碱溶液中和即得。然后，在搅拌下于此溶液中加入 2% 的甲胺溶液，在高压釜中于 75 ~ 80℃加热 10 h，此时，压力升高至 1.82385×10^5 Pa。蒸出过量的甲胺，使反应混合物冷却至 40℃，将析出的肌氨酸过滤，得到肌氨酸。仿照前面合成酰氨时制备酰氯的方法，用油酸与三氯化磷作用，制得油酰氯。将肌氨酸和烧碱混合，慢慢将油酰氯加入混合物中，并在搅拌下加热至 50℃，用碱将反应产物中和，中和后在反应物中加入不含铁盐的硫酸钠，分出的浆状物含水 70%，在滚筒干燥机中干燥，即得产品。反应如下：

$$CH_3(CH_2)_7CH{=\!=}CH(CH_2)_7COOH \xrightarrow{PCl_3} CH_3(CH_2)_7CH{=\!=}CH(CH_2)_7COCl$$

$$\xrightarrow{\text{NHCH}_2\text{COONa},\ |\ \text{CH}_3} CH_3(CH_2)_7CH{=\!=}CH(CH_2)_7CON(CH_3)CH_2COOH$$

$$\xrightarrow{NaOH} CH_3(CH_2)_7CH{=\!=}CH(CH_2)_7CON(CH_3)CH_2COONa$$

2. 美狄兰的性质

一般说来美狄兰是一种混合物，因为制造美狄兰的脂肪酸都是混合脂肪酸，例如，美狄兰 KA 通式用 $RCON(CH_3)CH_2COONa$ 表示，但其中 RCO 基包括有辛酰基、亚油酰基、癸酰基、月桂酰基、十四酰基、软脂酰基、硬脂酰基和油酰基等，若用合成脂肪酸为原料，也只是截取合成脂肪酸某一温度馏分，也是一混合脂肪酸，不论用植物油脂肪酸为原料或合成脂肪酸作原料制得的产品都是一种混合物。文献上关于代号美狄兰 A 的这种药剂，是油酰甲基甘氨酸钠；美狄兰 KA 是用椰子油脂肪酸和甲基甘氨酸合成。

美狄兰最初是用作洗涤剂，能溶于水，水溶液很稳定，能长时间放置，不易分解变质，因分子中有 $—CON(CH_3)—CH_2—$，在硬水中也稳定，能提高这种化合物在硬水中的活性；分子中的烃基有 12 个碳原子以上，便有很好的起泡能力和很强的乳化能力。

3. 美狄兰的浮选性能

美狄兰类捕收剂能捕收黑钨和白钨，所浮的钨矿泥，粒度范围0~60 μm，有一半小于30 μm；浮选时发现对石英的选择性能较好，矿浆的pH范围很宽，但以pH为2.3时最好。

浮选人工合成的白钨和锡石混合物时，选择性与pH有关，在pH为9~9.5时，白钨浮起而锡石不浮；浮选天然矿石得白钨品位73.8% WO_3、回收率80%的钨精矿，其中含1.7% Sn。

用甲苯胂酸、美狄兰、氧化石蜡皂、苯乙烯膦酸浮选湘东钨矿泥的试验表明，在各种药剂各自要求的工艺条件下(pH、抑制剂、活化剂等)，以甲苯胂酸为最好，其次是美狄兰、苯乙烯膦酸、氧化石蜡皂，粗选最佳指标见表6-13。

表6-13 各种捕收剂在各自要求的工艺条件下粗选最佳指标

捕收剂名称	粗选指标		
	精矿品位 WO_3/%	回收率 WO_3/%	分选指标
甲苯胂酸	2.80	94.5	83.4
美狄兰	2.18	87.7	77.4
氧化石蜡皂	1.12	95.6	69.3
氧化石蜡皂+美狄兰+煤油	1.71	86.7	69.1
苯乙烯膦酸	1.96	87.9	73.3

用甲苯胂酸(或苄基胂酸)作捕收剂浮选瑶岗仙宝塔溪原生黑钨矿泥时，用美狄兰作强化捕收剂，取得较好效果。例如用混合甲苯胂酸800 g/t时，只能得到品位为4.67% WO_3的粗精矿，回收率76.89%。当用美狄兰29 g/t作强化捕收剂时，混合甲苯胂酸只用450 g/t就取得品位为4.35% WO_3的粗精矿，回收率83.49%。这些数据表明，使用少量美狄兰能提高混合甲苯胂酸的捕收能力，因而在取得较好精矿品位及回收率的同时，能大幅度降低混合甲苯胂酸的用量。

美狄兰KA是氧化铁矿的优良捕收剂，但成本高，铁矿石价格较低，用美狄兰KA作捕收剂，从成本的角度来看是不适宜的。但美狄兰这类捕收剂有强烈的乳化作用，在铁矿石的浮选中用油酸30%、柴油60%和水乳化后作捕收剂，加10%美狄兰作乳化剂，在回收率和铁精矿品位相同的情况下，可以大量节省油酸，每吨铁精矿的药剂费用可减少28%，故用美狄兰作乳化剂浮选铁矿是可取的。

6.8.2 夷洁漂 T

我国印染工业称为夷洁漂的洗涤剂具有下面的结构式:

$$CH_3(CH_2)_7CH{=}CH(CH_2)_7CO\underset{\displaystyle CH_3}{\underset{|}{N}}CH_2CH_2SO_3Na$$

文献上称为夷洁漂 T,学名应称为油酰基甲基磺酸钠;此外,还有夷洁漂 A,学名为油酰基乙酯磺酸钠;夷洁漂 C,学名为油酰基单乙醇酰胺硫酸钠,它们的结构式如下:

$$CH_3(CH_2)_7CH{=}CH(CH_2)_7{-}\overset{\displaystyle O}{\overset{\|}{C}}{-}OCH_2CH_2SO_3Na \qquad \text{夷洁漂 A}$$

$$CH_3(CH_2)_7CH{=}CH(CH_2)_7{-}\overset{\displaystyle O}{\overset{\|}{C}}{-}NHCH_2CH_2OSO_3Na \qquad \text{夷洁漂 C}$$

它们在洗涤工业中,都属较好的品种,但用作浮选药剂,文献上多数报道夷洁漂 T。下面以夷洁漂 T 为代表进行讨论。

1. 夷洁漂 T 的制法

夷洁漂 T 是由油酰氯和甲基磺酸缩合而成,因此,必须先制备油酰氯和甲基牛磺酸。油酰氯是由三氯化磷(油酸重量的 25%)与油酸反应制得,按下列反应式进行,温度控制在 50 ~ 55℃,并不断搅拌。

$$CH_3(CH_2)_7CH{=}CH(CH_2)_7COOH \xrightarrow{PCl_3} C_{17}H_{33}COCl + H_3PO_3$$

生成的酰氯在静置后与亚磷酸分层,分出亚磷酸。

制备甲基磺酸所必需的羟基乙磺酸钠,是按下式将亚硫酸氢钠与环氧乙烷反应:

$$NaHSO_3 + \underset{\diagdown\ \diagup \atop O}{CH_2{-}CH_2} \longrightarrow HOCH_2CH_2SO_3Na$$

30% 的亚硫酸氢钠与液体环氧乙烷的反应是在 70℃和不高的压力下,在用氮气置换空气的衬铅设备中进行(否则亚硫酸氢钠与环氧乙烷会发生其他反应)。反应完毕时,温度升高到 110℃,反应产物含 43% 羟基乙基磺酸钠。在反应器的羟基乙基磺酸钠中,加入 15% 甲胺溶液,在 270 ~ 290℃ 和 2.0265×10^7 Pa 下生成 25% ~28% 的甲基硫磺酸。

$$HOCH_2CH_2SO_3Na + CH_3NH_2 \longrightarrow CH_3NHCH_2CH_2SO_3Na + H_2O$$

油酰氯和甲基磺酸的缩合反应,应在涂有酚醛塑料和装有木制搅拌器以及不锈钢盘管的反应器中进行,反应式如下:

$$CH_3(CH_2)_7CH{=}CH(CH_2)_7COCl + CH_3NHCH_2CH_2SO_3Na \longrightarrow CH_3(CH_2)_7CH{=}CH(CH_2)_7CON(CH_3){-}CH_2CH_2SO_3Na + HCl$$

在反应器中，加入甲基磺酸溶液、食盐配成的10%水溶液，加入烧碱和油酰氯，油酰氯加入的速度应使反应温度不超过24～30℃，同时整个反应时间内反应介质保持碱性。为了使反应完全，反应后期应使温度上升到50℃，并用盐酸中和反应物至pH为7.2～7.5，得到的35%溶液用喷雾式干燥器干燥，产品含33.5%(相对分子质量为425)的油酰基甲基磺酸盐。

2. 夷洁漂T的捕收剂性能

夷洁漂T是萤石、铁矿及黑钨的捕收剂，在较宽的pH范围内，夷洁漂T能浮选萤石而不浮石英，用少量的夷洁漂T可以有效地使萤石从方解石中分选，见图6-9；用夷洁漂T分选萤石与石英有代表性的结果见图6-10。

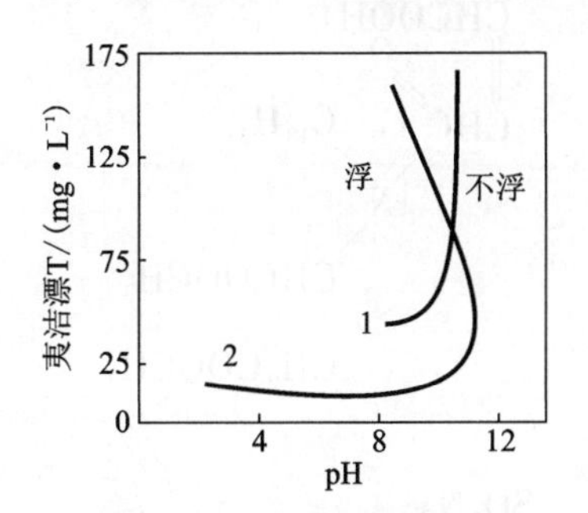

图6-9 夷洁漂T浓度与pH对分选萤石和方解石的影响(25℃)

1—方解石；2—萤石

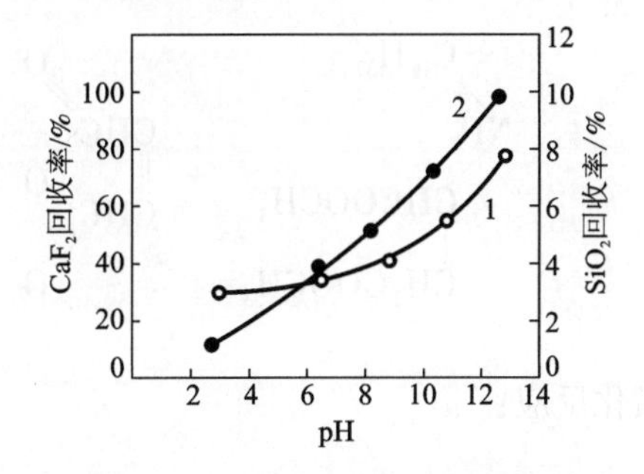

图6-10 夷洁漂T分选萤石和石英回收率与pH的关系

(浮选温度25℃，夷洁漂T用量25 mg/L)

1—萤石；2—石英

6.8.3 磺丁二酰胺酸四钠盐(A-22)

磺丁二酰胺酸四钠盐学名为N-十八烷基-N-二羧基乙基磺化琥珀酰胺酸四钠，结构式如下：

$$\begin{array}{l} NaSO_3{-}CH{-}COONa \\ \qquad\quad | \\ \qquad\; CH_2{-}\overset{O}{\overset{\|}{C}}{-}N\begin{array}{l} C_{18}H_{37} \\ CHCOONa \\ \;|\; \\ CH_2COONa \end{array} \end{array}$$

磺丁二酰胺酸四钠盐原来是广泛使用的表面活性剂，20世纪60年代后才开始作锡石的捕收剂。

1. 磺丁二酰胺酸四钠盐的制法

磺丁二酰胺酸四钠盐分下述五步合成:先用顺丁烯二酸(琥珀酸)与甲醇作用,在硫酸的催化下生成顺丁烯二酸甲酯:

$$\begin{matrix}CHCOOH\\ \|\\ CHCOOH\end{matrix} + 2CH_3OH \xrightarrow[加热]{H_2SO_4} \begin{matrix}CHCOOCH_3\\ \|\\ CHCOOCH_3\end{matrix} + 2H_2O$$

顺丁烯二酸甲酯与十八烷基胺起加成反应,再与丁烯二酸酐反应:

$$C_{18}H_{37}NH_2 + \begin{matrix}CHCOOH_3\\ \|\\ CHCOOCH_3\end{matrix} \xrightarrow{30℃} C_{18}H_{37}-NH-CH(COOCH_3)-CH_2COOCH_3$$

$$C_{18}H_{37}-NH-CH(COOCH_3)-CH_2COOCH_3 + \begin{matrix}CHC(=O)\\ \|\quad\ \ \ O\\ CHC(=O)\end{matrix} \xrightarrow{60\sim70℃} HOOCCH=CH-C(=O)-N(C_{18}H_{37})-CH(COOCH_3)-CH_2COOCH_3$$

磺化反应:

$$HOOCCH=CH-C(=O)-N(C_{18}H_{37})-CH(COOCH_3)CH_2COOCH_3 + Na_2SO_3 \longrightarrow NaO_3S-CH(COONa)-CH_2-C(=O)-N(C_{18}H_{37})-CH(COOCH_3)CH_2COOCH_3$$

皂化反应:

$$NaO_3S-CH(COONa)-CH_2-C(=O)-N(C_{18}H_{37})-CH(COOCH_3)CH_2COOCH_3 + 2NaOH \longrightarrow NaO_3S-CH(COONa)-CH_2-C(=O)-N(C_{18}H_{37})-CH(COONa)CH_2COONa + 2CH_3OH$$

2. 磺丁二酰胺酸四钠盐的性质与捕收性能和作用机理

用于浮选的磺丁二酰胺酸四钠盐含水分少者呈白色膏状固体，含水分多者像浓肥皂液，因分子中含有三个羧基和一个磺酸基，很容易溶于水中，水溶液有起泡作用，是黑钨和锡石的捕收剂，捕收作用很快，宜分批加药；用药量较少，矿浆中的药剂浓度即使低到 $10^{-6}\sim10^{-4}$mol/L，也有较好的捕收效果；浮选可在 pH 为 2 至 10 范围内进行，但对于具体的矿石则往往只有一个比较窄的 pH 范围；受矿浆中 Fe^{2+}、Fe^{3+}、Ca^{2+} 的影响，适宜的 pH 范围大为缩小，并移向酸性一侧。

除少数矿石外，多数矿石的浮选都在酸性以至强酸性的矿浆中进行。此外，这类捕收剂对于硫化矿物、菱铁矿、赤铁矿、磁铁矿等，以及黄玉、萤石等有一定的捕收作用，对于组成复杂的矿石难于提供高选择性，这是由它的捕收基团羧基和磺酸基决定的，这两种基团的选择性很差。著者曾用这种捕收剂浮选大吉山的黑钨矿泥，效果很不理想，但与适当的抑制剂配合使用，可作钨锡分离的捕收剂。例如，用磺丁二酰胺酸四钠盐（A－22）作捕收剂，以硫酸和氟硅酸钠为锡石的抑制剂浮选黑钨，在含 Sn 40.42%、含 WO_3 24.2% 的物料中，经黑钨粗选、扫选、精选及锡石浮选作业，开路试验结果获得 WO_3 68.07%、Sn 2.221%、钨回收率 61.57% 的黑钨精矿，和含 WO_3 1.95%、含 Sn 72.48%、锡回收率为86.24% 的锡精矿。

A－22 对赤铁矿和锡石的作用机理是不大相同的，用红外光谱分析证明，捕收剂的磺酸根不是按比例地参加氧化铁矿表面形成吸附物的反应；与此相反，羧基变化很明显，因此，主要是由于羧基对铁的亲和力使捕收剂吸附在含铁的氧化物表面上。

捕收剂与锡石反应则是另一种情况，磺酸根变化显著，说明它与锡离子强烈地相互作用；此外，羧基似乎也参加了锡石表面的吸附反应，而且其影响随着 pH 的提高而显著增大。

6.9 用代号表示的氧化矿捕收剂

近几年来，在国内发表的不少浮选论文上，所用捕收剂均用代号表示。读者看到的只是浮选数据和所浮矿石类别，从而推想所用捕收剂是硫化矿捕收剂还是氧化矿捕收剂。这几年来编者收集到的认为是氧化矿捕收剂的列于表 6－14 中。表中列出捕收剂代号、简单说明、捕收矿物和资料来源四类，供读者参考。

表 6-14 用代号表示的氧化矿捕收剂

序号	捕收剂名称	简单说明	捕收矿物	资料来源
1	GY 捕收剂	浮选柿竹园黑钨矿、白钨矿	黑钨矿 白钨矿	矿冶工程,1999(4):22~25 有色金属(季刊),2000(4):146~148
2	CF 捕收剂	浮选柿竹园黑钨矿、白钨矿,主要成分是 N-亚硝基苯胺铵盐,即铜铁灵	黑钨矿 白钨矿	有色金属(选矿部分),2000(3):35~38 国外金属矿选矿,2000(6):21~25;2000(7):16~21 有色金属(季刊),2002(4):86~94
3	MOS 捕收剂	由三种捕收剂组合而成,已在攀枝花钛选厂使用多年	钛铁矿	金属矿山,2000(1):32~36 有色金属(选矿部分),2002(4):39~41 四川有色金属,2003(1):43~45(18)
4	F968 捕收剂	浮选钛铁矿捕收剂	钛铁矿	金属矿山,2000(2):37~40 金属矿山,2000(3):1~3(8)
5	R-2 捕收剂	浮选钛铁矿捕收剂	钛铁矿	金属矿山,2001(9):37~39
6	ROB 捕收剂	以混合脂肪酸为主,经处理后含羟基、羧基等极性基的阴离子型钛铁矿捕收剂	钛铁矿	矿冶工程,2002(2):47~50 矿冶工程,2003(6):23~26
7	ZY 捕收剂	用油脂化工厂和石油化工厂副产品合成的阴离子钛铁矿捕收剂,对 +154 μm 粒级钛铁矿亦能回收	钛铁矿	金属矿山,2002(6):23~25
8	RST 捕收剂	妥尔油为基本原料,经适度氧化后配上一定添加剂而成,浮钛铁矿捕收剂	钛铁矿	有色金属(季刊),2002(1):58~59
9	H717 捕收剂	可和柴油配合使用浮钛铁矿	钛铁矿	有色矿山,2003(4):18~19(22)

续表 6－14

序号	捕收剂名称	简单说明	捕收矿物	资料来源
10	SH－A 捕收剂	是一种磺酸盐和助剂混合物，对赤铁矿浮选指标好，$\beta_{Fe}=65.56\%$，$\varepsilon=78.08\%$	赤铁矿	金属矿山，2001（1）：34～35
11	RN－665 螯合捕收剂	浮选鞍山难选赤铁矿指标 $\beta_{Fe}=62.05\%$，$\varepsilon=75.1\%$，比氧化石蜡皂、妥尔皂指标高	赤铁矿	矿冶工程，2001（2）：41～42
12	MKS 混合磺酸捕收剂	浮选赤铁矿能大幅度降低药剂用量	赤铁矿	金属矿山，2001（11）：31～32
13	RN－665 捕收剂	RN－665 选择性能好，浮东鞍山赤铁矿可获得 $\beta_{Fe}=64.02\%$，$\varepsilon=76.23\%$ 的铁精矿	赤铁矿	有色金属（选矿部分），2002（3）：45～44
14	SKH 捕收剂	用于反浮选铁精矿降低钾的含量	磁铁矿精矿 赤铁矿精矿	矿山，2001（3）：26～33
15	MZ－21 RA－315 RA－515 铁矿捕收剂	用 RA－315、RA515 代替原用的 MZ－21，铁精矿指标均有提高	氧化铁矿	金属矿山，2004（2）：27～31
16	$CS_2:CS_1=1$ 阳离子捕收剂	用于反浮选铁矿脱硅与用十二胺相当，精矿保持在 $\beta_{Fe}=69\%$，$\varepsilon=90\%$ 以上	铁精矿脱硅	中国矿业，2004（4）：70～72
17	YS－73 捕收剂	用于磁选精矿反浮选脱硅，铁精矿 $\beta_{Fe}=68.8\%$，$\varepsilon=98.50\%$	磁选铁精矿脱硅	金属矿山，2004（3）：17～19（29）
18	AW－02 捕收剂	是一种聚复型磷矿捕收剂，可在常温、粗磨、低碱的条件下使用，$\beta_{P_2O_5}=33\%\sim37\%$，$\varepsilon=93\%\sim95\%$	磷矿	化工矿物与加工，2002（6）：35
19	FA－8042 捕收剂	适宜于较低温度浮磷矿、萤石	磷矿、萤石	化工矿物与加工，2004（6）：26～27
20	ZP－02	是用油酸和表面活性剂组合而成，从浮铜尾矿中浮磷灰石，从 $\alpha=0.76\%$ P_2O_5 得到 $\beta=25.34\%$ P_2O_5，$\varepsilon=69.87\%$，可供制钙镁磷肥	磷灰石	有色金属（选矿部分），2004（5）：10～12（9）
21	ABSK 捕收剂	浮选磷灰石指标高，比 OP－4 和脂肪酸混用指标好	磷灰石	

续表 6 - 14

序号	捕收剂名称	简单说明	捕收矿物	资料来源
22	RL 捕收剂	用 RL 作捕收剂，Na_2CO_3 和 $(NaPO_3)_6$ 作调整剂浮铝土矿，可得铝硅比 11.11、Al_2O_3 回收率 90.52% 的精矿	铝土矿	
23	ZH 捕收剂	为橘红色固体，有苯环，属 S - N 类螯合剂，对硫化铜矿、氧化铜矿有捕收能力；ZH 与黄药组合能提高浮选指标	氧化铜矿 硫化铜矿	矿冶工程，2001(3)：53 ~ 55
24	CSFA 捕收剂	是一种复合捕收剂，对水锌矿有较好捕收性能，与黄药混用即使不先用 Na_2S 硫化，锌精矿中氧化锌和总锌回收率也能分别达到 79.48% 和 88.75%	水锌矿	矿冶，2001，10(1)：31 ~ 35
25	ZJ - 3 捕收剂	属高效低毒锡石捕收剂，浮选 - 19 mm 占 90% 的锡石细泥，可从 α = 1.16% Sn 得到 β = 18.26% Sn，ε = 92.68%	锡石细泥	有色金属(选矿部分)，2001(2)：38 ~ 41
26	TXP - 2 捕收剂	属常温浮选捕收剂，在冬季可不加温浮选	磷矿	矿冶工程，2004，12 月增刊，封 4
27	TXLi - 1 捕收剂	取得比使用氧化石蜡皂更好的浮选指标	锂辉石	矿冶工程，2004，12 月增刊，封 4
28	TXF - 1 捕收剂	使用该捕收剂对萤石降硅有利，在精矿含硅不上升的情况下精矿回收率大幅度提高	萤石矿	矿冶工程，2004，12 月增刊，封 4
29	B - 130 捕收剂	氧化铜矿的良好捕收剂，对提高氧化铜矿浮选指标效果显著，铜录山选矿厂浮选工业试验结果表明，铜精矿铜品位提高了 0.8%，氧化铜回收率提高 5.25%，金回收率提高 6%。该药剂已在该厂推广使用	氧化铜矿	

续表 6－14

序号	捕收剂名称	简单说明	捕收矿物	资料来源
30	XT 捕收剂	XT 新型钛铁矿捕收剂是由 A、B 和 C 三种药剂组合而成，采用 XT 作捕收剂，H_2SO_4 作 pH 调整剂和活化剂，从含 TiO_2 19.5%的给矿，通过一次粗选和三次精选开路流程，得到含 TiO_2 49.14%、回收率 53.44%的钛精矿（中矿回收率未计算在内）。72 h 工业试验可从含 TiO_2 17.8%的给矿，得到含 TiO_2 47.42%、回收率 73.20% 的钛精矿	钛铁矿	
31	TAO 捕收剂	TAO 系列浮选钛捕收剂，用蒸馏水配成 1% 溶液使用，浮选钛铁矿单矿物试验结果：在 pH＝5～8 对钛铁矿捕收能力很强，而钛辉石只有 20% 回收率。混合矿试验结果：从含 20.34% TiO_2 给矿，经一粗二精开路试验，精矿品位 TiO_2 48.81%，回收率 69%	钛铁矿	
32	GE－609 捕收剂	GE－609 是武汉理工大学研制的阳离子捕收剂，具有选择性高，能耐低温浮选，易消泡等特点。针对齐大山铁矿含硅高的特点，采用淀粉作抑制剂，GE－609 作捕收剂反浮硅酸盐矿物，经一粗二扫一精、中矿顺序返回的闭路浮选，获得铁品位 67.12%、回收率 83.55% 的铁精矿	赤铁矿	
33	R31 捕收剂	白钨矿矿石经磨矿后，加 Na_2CO_3 作 pH 调整剂，水玻璃作抑制剂，R31 作捕收剂，调浆后进行白钨矿浮选，白钨粗精矿采用水玻璃加温精选工艺，从含 0.28% WO_3 的给矿，得到含 73.10% WO_3、回收率 81.67% 的白钨精矿	白钨矿	

续表 6 - 14

序号	捕收剂名称	简单说明	捕收矿物	资料来源
34	MOH 钛铁矿捕收剂	MOH 是黑色膏状物质,易溶于水,配成 2% ~5% 浓度使用,用 MOH 浮选攀枝花微细粒钛铁矿连续72 h工业试验可从给矿 TiO_2 品位 18.32%,得到含 47.24% TiO_2、回收率 76.53% 的钛精矿。与使用 MOS 近期生产指标(给矿 TiO_2 品位 17.21%,精矿 TiO_2 品位 46.54%、回收率 65.57%)相比,精矿品位提高了 0.7%,回收率提高 9.6%。MOH 已由湖北石首选矿药剂有限公司生产,龙蟒红草选钛厂和攀钢选钛厂采用	钛铁矿	
35	BK425 捕收剂	云南某钛铁矿砂矿,经水采水选后,粗精矿含 46.55% TiO_2,钛铁矿在该粗精矿中占 87.2%,钛磁铁矿和钒钛磁铁矿占 2.1%,金红石和假象金红石占 0.6%,褐铁矿占 6.3%,其他为石英、长石和方解石等脉石矿物。用 BK425 为捕收剂浮出脉石矿物,提高了钛铁矿品位,闭路试验得到含 48.21% TiO_2、回收率 96.48% 的指标	反浮钛铁矿	
36	Sy 金红石捕收剂	云南某地风化严重的钛铁矿矿石含 TiO_2 43.56%,含铁 33.49%,矿石中钛矿物以钛铁矿为主,其次是金红石、钛磁铁矿、榍石和硅酸盐钛矿物等。采用弱磁选 - 强磁选 - 还原焙烧 - 弱磁选 - 浮选 - 重选 - 酸浸工艺流程,其中浮选金红石时用 Na_2CO_3、水玻璃、CMC 和醋酸铅作调整剂,Sy 作捕收剂,松醇油作起泡剂,获得 64.08% Fe、回收率 6.23% 的铁精矿;钛铁精矿 TiO_2 品位 49.69%,回收率 87.33%;金红石精矿 TiO_2 品位 86.57%,回收率 11.77%	金红石	

续表 6 -14

序号	捕收剂名称	简单说明	捕收矿物	资料来源
37	BK423 捕收剂	用 BK423 浮选金红石矿时必须先用浮选方法除去滑石和云母等易浮矿物,因滑石易浮,只用 MIBC 作起泡剂便可浮出,较难浮的脉石用脂肪酸作捕收剂浮出,然后进行金红石浮选,浮去脉石后的尾矿金红石品位提高到 2.72%,回收率 93.6%;用硫酸作调整剂,BK423(与苯乙烯膦酸有相同官能团—PO_3H)作捕收剂进行浮选,可从 TiO_2 品位 2.72% 的给矿,得到含 TiO_2 66.68%、回收率 74.95% 的金红石精矿。用强磁选除去顺磁性矿物,得含 74.49% TiO_2 的金红石精矿,再通过重选,重选精矿再用 BK423 作捕收剂,Na_2SiF_6 作抑制剂抑制硅酸盐矿物,通过浮选可得一级精矿含 TiO_2 95.98%(浮选精矿),回收率 45.60%,二级精矿含 TiO_2 80.53%,回收率 22.41%(重选精矿)	金红石	
38	K 捕收剂	用 K 捕收剂浮选瑶岗仙钨钼铋多金属矿中的白钨矿,采用先浮硫除去钼、铋硫化矿,浮硫尾矿浮白钨,粗选闭路试验和加温精选闭路试验结果表明,可从含 WO_3 0.32% 的给矿得到含 WO_3 64.76%、回收率 87.78% 的白钨精矿,再用 2% 的盐酸洗涤得到产率 98.02%、WO_3 品位 65.11% 的合格精矿	白钨矿	

续表 6-14

序号	捕收剂名称	简单说明	捕收矿物	资料来源
39	By-9 捕收剂	By-9 亦称红药。针对某锡石多金属硫化矿的选矿尾矿中含有锡石进行了综合回收,锡石的浮选试验结果表明,先用黄药浮选脱硫,脱硫尾矿浮锡石用碳酸钠作 pH 调整剂,By-5(木质磺酸钠)作抑制剂,By-9(红药)作捕收剂,经过粗选和精选,从给矿含锡 0.29%,得到含锡 48.76%、回收率 49.88%的锡精矿	锡石	
40	Pr2000 捕收剂	云南某氧化铜矿用硫化黄药浮选法没有得到好结果,用新型捕收剂 Pr2000 进行浮选试验,铜精矿品位达到 13.98%,回收率 70.19%,铜精矿含银 916 g/t、回收率 71.93%,明显优于硫化黄药浮选	氧化铜矿	
41	QAX224 捕收剂	用 QAX224 为捕收剂,分别对一水硬铝石、高岭石进行单矿物浮选试验和用 QAX224 为捕收剂、淀粉为抑制剂进行一水硬铝石与高岭石人工混合矿反浮选分离试验。试验结果表明,pH = 8 ~ 9 时,随抑制剂用量增加,一水硬铝石全被抑制,而高岭石则出现轻微活化,反浮选分离结果铝硅比达到 30.19。用测定 ζ 电位和红外光谱技术,研究捕收剂 QAX224 和淀粉在矿石上的作用机理,除物理吸附外还出现化学键合,一水硬铝石与捕收剂主要是静电吸附	反浮选分离一水硬铝石高岭石	

续表 6-14

序号	捕收剂名称	简单说明	捕收矿物	资料来源
42	EMZ-510 捕收剂	某低品位钒钛磁铁矿选铁尾矿，含 $TiO_2$7.88%，针对该尾矿的性质采用强磁-浮选联合工艺，所得强磁精矿，筛析结果+0.15 mm产品为入选物料，含 $TiO_2$18.54%，采用EMZ-519作调整剂，EMZ-518作抑制剂，EMZ-510作捕收剂，经一次粗选、四次精选、三次扫选，从给矿品位含 $TiO_2$18.54%，得到 TiO_2 品位为48.20%、回收率为80.65%（相对原矿37.73%）的钛精矿	钛铁矿	
43	MOH_2 捕收剂	攀枝花钛选厂过去使用MOS、MOH_1 捕收剂浮选钛铁矿，目前已改用 MOH_2 作捕收剂浮选粗粒级钛铁矿。通过 MOH_2 连选试验，可以从给矿品位含 TiO_2 21.77%，得到精矿产率35.79%、TiO_2 品位47.11%、浮选作业回收率77.45%的钛铁精矿	粗粒钛铁矿	
44	OK2033 捕收剂	吉林某地氧化铜矿，以硅孔雀为主，蓝铜矿次之，铁矿物主要是褐铁矿，脉石矿物以铁质黏土为主，还有石英、方解石、云母、石榴子石、蛇纹石等，含铜2.25%，氧化率97.24%。OK2033是由几种对氧化铜矿有较强捕收能力的药剂组合而成，呈油状液体，性质稳定。用OK2033浮该铜矿石，粗选铜精矿品位8.43%、铜回收率72.93%，开路精选铜精矿品位20.29%、铜回收率47.29%，效果优于羟肟酸	氧化铜矿	

续表 6－14

序号	捕收剂名称	简单说明	捕收矿物	资料来源
45	TS 捕收剂	通过对菱铁矿和赤铁矿单矿物浮选试验,发现在强碱性条件下,新型捕收剂 TS 对菱铁矿有很好的选择捕收性能,改性水玻璃对赤铁矿有很好的抑制作用。采用这两种药剂对菱铁矿和赤铁矿人工混合矿进行浮选试验获得好指标,经 TS 用量 600 g/t、pH = 11 浮选,得到赤铁矿精矿铁品位 63.9%、铁回收率 92.8%, 菱铁矿精矿铁品位 43.7%、铁回收率 80.8%,选别效率 93.6。光电子能谱分析结果表明,TS 在菱铁矿表面大量吸附,改性水玻璃在赤铁矿表面大量吸附,两种药剂均属化学吸附,其中 TS 通过键合原子硫与菱铁矿表面的亚铁离子发生作用	菱铁矿	
46	MG 捕收剂	西部矿业巴彦淖尔铁矿磁选精矿品位较低,含硫高,铁矿物嵌布粒度细,脉石矿物主要为含铁硅酸盐。用 MG 捕收剂采用常温阴离子反浮选的工艺流程,所用药剂淀粉、石灰、MG 合适用量分别为 660 g/t、650 g/t、733 g/t 时,给矿经一次粗选、两次扫选反浮闭路试验,可从给矿铁品位 62.47%,提高到 68.55%,铁回收率 94.7%,SiO_2 含量由给矿 7.19% 降低到 1.85%,有害杂质硫含量由 0.49% 降到 0.22%,实现了脱硅降硫的目的	反浮铁矿	

续表 6-14

序号	捕收剂名称	简单说明	捕收矿物	资料来源
47	F_2 捕收剂	黑山选铁尾矿,矿石性质复杂,绿泥石含量较高,分选困难。采用弱磁-强磁粗精矿再磨浮选联合流程,用 F_2 捕收剂浮选钛铁矿工业试验结果,从给矿 TiO_2 品位 30.54%,得到 TiO_2 品位 46.50%、作业回收率 75.01% 的钛精矿。建议在浮钛铁矿之前再进行一次弱磁除铁,可能会提高钛铁矿品位,因铁矿比钛铁矿更好浮,可能浮钛时优先进入精矿,降低钛精矿品位	钛铁矿	
48	OS-2 捕收剂	OS-2 是一种浮钨新药剂,柿竹园野鸡尾矿选矿厂小型试验和工业试验结果表明,采用 OS-2 捕收剂,粗精矿品位和回收率均高于现场药剂,小型试验给矿含 WO_3 0.36%,得到粗精矿 WO_3 品位 13.29%、回收率 80.49%;用含 WO_3 0.38% 的给矿进行工业试验,获得粗精矿 WO_3 品位 12.12%、回收率 77.76%,证明它是一种较好的浮钨捕收剂	钨矿	
49	TPRO 捕收剂	用水杨羟肟酸(SHA)和 TPRO 分别作捕收剂浮选金红石、石英单矿物和混合矿,试验结果表明,TPRO 比 SHA 具有更强的捕收能力和较高的选择性,且无须活化。在最佳的浮选条件下,金红石回收率可达到 97.5%。混合矿浮选精矿中,金红石品位大于 80%,回收率大于 97%,紫外光谱和红外光谱测试结果表明,TPRO 与金红石表面发生化学吸附和螯合作用	金红石	

表 6-14 中所列药剂不少是优良的氧化矿捕收剂,例如 GY 捕收剂是针对含

黑白钨柿竹园矿石研制的新型捕收剂，并创建了GY浮钨新工艺。据查，GY捕收剂和GY浮钨新工艺已投入生产使用多年。

又如MOS捕收剂是针对攀枝花钛铁矿细泥浮选而研制的钛铁矿捕收剂，已在攀枝花选钛厂使用多年，并得到厂方技术主管和同行专家的好评。

使用代号表示的捕收剂，好处是保护了研究单位和生产单位的知识产权，不会无偿地被别人占有，缺点是不便于流通和推广，更不便于学习，会阻碍浮选药剂科学的发展。补救的办法是需要的读者可根据表中所列期刊，查出作者的论文原文，国内发表的浮选文章都注明了作者姓名、工作单位和邮编号码，可与作者联系交流。

参考文献

[1] S·季特科夫，雨田，李长根. 用于石盐浮选工艺的新型捕收剂烷基吗啉的研究[J]. 国外金属矿选矿, 2004(8): 19~23.

[2] S·季特科夫，张兴仁，李孜. 在阳离子浮选过程中起泡剂和有机抑制剂的活化作用研究[J]. 国外金属矿选矿, 2004(8): 19~23.

[3] 徐政和，汪镜亮，杨辉亚. 硬水铝石矿石反浮选的新进展——中国的经验[J]. 国外金属矿选矿, 2005(2): 13~18.

[4] 高林章，王义达，马厚辉. 提高铁精矿铁品位降低 SiO_2 含量的研究及应用[J]. 金属矿山, 2004(3): 17~19.

[5] 王爱丽，张全有. 混合浮选剂的最佳配比研究[J]. 化工矿物与加工, 2005(7): 7~8.

[6] 胡岳华，曹学锋，李海普. Synthesis of N - decyl - 1, 3 - diaminopropanes and its flotation propertieson aluminium silicate minerals[J]. Transactions of Nonferrous Metals Society of China, 2003, 12(2): 417~420.

[7] Wang Y, Hu Y, He P, Gu G. Reverse flotation for removal of silicates from diasporic-bauxite [J]. Minerals Engineering, 2004, 17(1): 63~68.

[8] 王洪岭，钟宏. 阳离子捕收剂对菱锌矿的浮选研究[J]. 铜业工程, 2010(1): 43~45.

[9] 孙伟，陈攀，张丽敏. 十二烷基三甲氧基硅烷对十二胺浮选铝硅矿物的影响[J]. 中国矿业大学学报, 2010, 29(4): 550~556.

[10] 余新阳，钟宏，刘广义. 新型阳离子有机硅QAS222对铝硅矿物浮选行为的研究[J]. 非金属矿, 2010, 33(1): 11~13.

[11] 刘鸿儒，夏鹏飞，朱建光. 两性捕收剂的合成[J]. 精细化工中间体, 1991(2): 29~32.

[12] 吴亨魁，成本诚，朱建光. 烷基氨基羧酸浮选黑钨矿捕收性能的初步研究[J]. 中南矿冶学院学报, 1980(4): 89~93.

[13] 朱建光，蒋如冰，陈陆贤. 十六胺二乙酸对锡石的捕收性能[J]. 有色金属(选矿部分), 1982(6): 13~17.

[14] 朱建光. 同分异构原理在合成两性捕收剂中的应用[J]. 中南矿冶学院学报, 1993(5): 596

~601.
[15] 朱玉霜，赵景云，朱建光. RO - X 系列捕收剂浮选氧化铅锌矿试验[J]. 湖南有色金属，1991(2)：84 ~ 90.
[16] 朱建光，赵景云. 6RO - X 系列捕收剂浮选氧化铅锌矿[J]. 湖南冶金，1991(5)：14 ~ 17.
[17] 朱建光，赵景云. 6RO - X 系列捕收剂浮选含钙矿物[J]. 化工矿山技术，1990(6)：32 ~ 34.
[18] [奥]萨赛兰德，克尔等. 昆明工业学院教研室译. 浮选原理[M]. 北京：中国工业出版社，1966.
[19] 张忠汉，张先华，叶志平. 柿竹园多金属矿 GY 法浮钨新工艺研究[J]. 矿冶工程，1999(4)：22 ~ 26.
[20] 汤雁斌. B - 130 在铜绿山矿难选氧化铜矿选矿中的应用[J]. 四川有色金属，2005(2)：1 ~ 3.
[21] 谢泽君. XT 新型浮钛捕收剂的工业试验[J]. 矿产综合利用，2004(4)：22 ~ 26.
[22] 魏民，谢建国，陈让怀. 新型钛铁矿捕收剂捕收性能和作用机理的研究[J]. 矿冶工程，2006(2)：38 ~ 41.
[23] 魏民. TAO 系列捕收剂选别攀枝花钛铁矿的研究[J]. 广东有色金属学报，2006，16(2)：84 ~ 87.
[24] 王春梅，葛英勇，王凯金. GE - 609 捕收剂对齐大山赤铁矿反浮选的初探[J]. 有色金属(选矿部分)，2006(4)：41 ~ 43.
[25] 邓丽红，周晓彤. 新型捕收剂 R - (31)浮选低品位白钨矿的研究[J]. 矿产保护与利用，2007(4)：19 ~ 22.
[26] 朱建光，陈树民，姚晓海. 用新型捕收剂 MOH 浮选微细粒钛铁矿[J]. 有色金属(选矿部分)，2007(6)：42 ~ 45.
[27] 王立刚，陈金中. 某钛粗精矿提高品位选矿试验研究[J]. 有色金属(选矿部分)，2007(3)：12 ~ 14.
[28] 肖军辉，张宗华，张昱. 风化细粒钛铁矿及伴生金红石的选矿试验研究[J]. 有色金属(选矿部分)，2007(3)：1 ~ 4.
[29] 周菁，朱一民. 新型捕收剂浮选钨钼铋多金属矿中白钨矿试验研究[J]. 中国矿山工程，2009(1)：11 ~ 15.
[30] 任浏祎，覃文庆，何小娟. 从锡石 - 多金属硫化矿尾矿中回收锡的浮选研究[J]. 矿冶工程，2009(1)：44 ~ 47.
[31] 王仁东，方泽明，李振典. 云南某氧化铜矿浮选试验研究[J]. 矿产综合利用，2009(1)：13 ~ 15.
[32] 程平平，钟宏，余新阳. QAX224 捕收剂反浮选分离一水硬铝石和高岭石的试验研究[J]. 金属矿山，2009(1)：55 ~ 58.
[33] 陈新林，刘学胜，秦贵杰. 新型氧化铜矿捕收剂 OK2033 的选矿应用试验研究[J]. 有色矿冶，2010，26(5)：17 ~ 19.
[34] 田一安，孙炳泉. 菱铁矿与赤铁矿浮选分离试验研究[J]金属矿山，2010(4)：58 ~ 63.

[35] 葛英勇，余俊，陈英祥. 新药剂 MG 反浮选铁矿中含硅、硫杂质的研究[J]. 矿产保护与利用，2010(1)：33 ~ 36.

[36] 高玉德，邹霓，王国生. 黑山选铁尾矿选钛试验研究[J]. 矿产综合利用，2010(2)：19 ~ 21.

[37] 陈玉林. 新型药剂 OS - 2 在钨浮选中的研究与应用[J]. 有色金属(选矿部分)，2010(5)：44 ~ 47.

[38] 孙伟，李文军，刘建东. 一种新型金红石选择性捕收剂的应用研究[J]. 矿冶工程，2010(2)：35 ~ 39.

[39] 朱建光，朱玉霜，王升鹤. 利用协同效应最佳点配制钛铁矿捕收剂[J]. 有色金属(选矿部分)，2002(4)：39 ~ 41.

[40] 谢泽君，伍娟娟，张国平. 攀钢密地选钛厂细粒级钛铁矿回收工艺的研究与实践[J]. 四川有色金属，2003(1)：42 ~ 43.

[41] 张泾生，余永富，麦笑宇. 我国黑色冶金矿山的选矿技术进步[J] 金属矿山，2000(4)：5 ~ 15.

7 混合捕收剂
浮选黑钨和锡石细泥的协同效应

7.1 概 述

许多混合捕收剂的药方已用于工业生产，如铜绿山选厂处理硫化铜矿时，将丁黄药与异丙黄药按1:1质量比混用，产出的铜精矿品位与单用药剂相近，且回收率提高了0.81%；桃林铅锌矿选厂，从1970年起，将乙、丁黄药按1:1或3:2质量比混合，稀释在同一贮药池中使用，铅锌回收率提高了2%左右，单项药剂费用节约63.2%。我国已故的浮选药剂专家见百熙教授研制的混合甲苯胂酸，是邻-甲苯胂酸和对-甲苯胂酸的混合物，在锡石浮选中其效果比单用对-甲苯胂酸好，成功的关键是混合用药的协同效应。在生产实践中混合用药的例子是很多的，上面列举的是几个代表。

混合捕收剂的作用机理亦有不少人进行研究，但由于所用药剂不同，矿石品种不同，矿石的成分也因产地而异，因此，到目前为止，尚难找到统一的规律，其中重要的论点略举如下。

在全油浮选时期，人们对混合捕收剂的认识是有限的，主要考虑的问题是：混合捕收剂中哪一种成分是有效的成分。

1954年，Lega J等对捕收剂与高级醇的作用机理进行了研究，认为捕收剂与高级醇交错地排列在矿粒表面形成吸附层；后来，苏联的列维茨等对烃油和黄药共吸附在矿物表面的接触角进行了测定，认为是弯月面下的电子缺陷使油膜加到矿物表面；1965年，他们对乙基黄药与戊基黄药在方铅矿表面的吸附做了研究，发现按质量比1:1混合使用时，不但总吸附量提高，而且捕收力强的戊基黄药吸附量比单用时显著增大；1976年，Mcewen R等发现，矿物被活化或被抑制与混合药剂中的阴、阳离子捕收剂的比例关系很大，认为可能形成一种分子配合物；Takahide等的工作表明，阴离子捕收剂混用时，在低浓度时为共吸附，在高浓度时为竞争吸附，强者优先；不同电性捕收剂共吸附时，发生中性分子与离子的共吸附；在研究螯合捕收剂时，Nagarai D R认识到增大螯合剂中非极性基的烃链可增大其疏水性；1964年，Gutezeit等系统地研究了一些螯合剂浮选金属矿物后指出:螯合剂与非极性捕收剂(中性油)联合使用时，有利于矿物浮选；Takahide 对黄药与氨基酸在方铅矿表面的吸附机理进行了研究后指出:氨基酸分子偶极矩的伸展方向以及与黄药分子间的距离对吸附有很大的影响，并认为黄药分子与氨基酸分子按一定组合形成一种超级分子束(Supermolecule)。

Takahide 等在研究捕收剂对白钨作用时，提出了联合效应指数 J 的概念:

$$J=\frac{X_{1,2}}{X_1+X_2}$$

式中 X_1、X_2 为单用药剂时的回收率，$X_{1,2}$ 为混合用药时 1+2 的回收率，并算出混合用药对白钨浮选的 J 值，见表 7-1。从表 7-1 看出，在酸性介质中 J 值高，因此，他们认为，阴离子捕收剂的酸性分子以不解离的形式与胺阳离子形成共吸附而互相强化。

表 7-1 混合用药指数 J

药 剂	3	4	5	6	7	8	9	10	11	12
十二胺 5 mg/L + 油酸 5 mg/L	22	13	8.7	0.6	0.4	0.4	0.3	0.4	0.6	0.8
十二胺 5 mg/L + 戊黄药 5 mg/L	22.5	12.5	7.5	4.2	2.5	1.7	1.6	1.8	1.3	1.4

张闿借鉴数学方法，对回收率、选矿效率与混合用药的比例进行回归分析得出公式，用来指导捕收剂的混用。所有这些工作都在不同方面对捕收剂混用理论做出了贡献，但真正建立一个理论来指导混合用药配方还需要一个过程。

我们研究了苄基胂酸与煤油、苄基胂酸与丁黄药、苄基胂酸与 731、苄基胂酸与美狄兰、F_{203} 与水杨氧肟酸、F_{203} 与 TBP、水杨氧肟酸与 P-86、水杨氧肟酸与铜铁灵、铜铁灵与苯甲氧肟酸共 9 组混合捕收剂浮选黑钨和锡石细泥的协同效应，所得论点有些与前人相吻合。例如，中性油能增加胂酸对黑钨和锡石的捕收性能；混合用药在捕收剂浓度低时对黑钨和锡石发生共吸附，在混合捕收剂浓度高时，是竞争吸附且互相间有影响，在两种捕收剂浓度比达到某种比例时，捕收能力达到最大值，此时可能在矿物表面生成“复合半胶团”等论点。

研究发现使用混合捕收剂时加药次序对协同效应有很大的关系:苄基胂酸-煤油、苄基胂酸-丁黄药、水杨氧肟酸-P-86、F_{203}-TBP，在这四组药剂中的前者单独使用时能捕收黑钨或锡石，后者单独使用时不能捕收黑钨或锡石；用作黑钨或锡石捕收剂时，先加入前者或同时加入，均产生正协同效应，可提高浮选指标。其他 5 组药剂中的各组分，均能捕收黑钨或锡石，但前者捕收力强，后者捕收力弱，混合用药时，先加入强捕收剂或同时加入两种捕收剂均能产生正协同效应；如先加入弱捕收剂，往往无协同效应或产生负协同效应。

我们用高效液相色谱等方法测定了混合捕收剂在矿物表面的吸附量，对上述混合药剂的吸附机理进行了研究。发现经 Pb^{2+} 活化后的黑钨表面，有两类活化点能吸附苄基胂酸和黄药，黄药的存在能明显地增加胂酸的吸附，当胂酸和丁黄药的摩尔比为2∶1时，协同效应最大，可能是在此浓度时，在黑钨表面形成胂酸∶丁黄药为2∶1的"半胶团"吸附。

F_{203}与水杨氧肟酸在锡石表面形成"复合半胶团"吸附引起锡石浮游，先加入F_{203}或二者同时加入，F_{203}先吸附在锡石表面生成"复合半胶团"，能增加水杨氧肟酸的吸附，因此产生正协同效应；如先加入水杨氧肟酸后加入F_{203}，前者先吸附在锡石表面，再与F_{203}生成"复合半胶团"，由于水杨氧肟酸捕收力弱，吸附不牢，故降低F_{203}的吸附，产生负协同效应。

用混合用药浮选黑钨与锡石细泥的协同效应机理报道尚少，下面对我们在黑钨与锡石浮选中使用混合用药及其机理的探讨进行介绍。

7.2 胂酸与煤油或羧酸混用浮选黑钨和锡石细泥

7.2.1 胂酸与煤油混用浮选浒坑黑钨细泥

1. 矿泥性质

矿泥取自该选厂的浓缩池进入浮钨系统的给矿，包括原生矿泥和次生矿泥，矿泥中的金属矿物主要是钨锰矿，其次是黄铁矿、闪锌矿、少量辉铋矿、硫铅铋

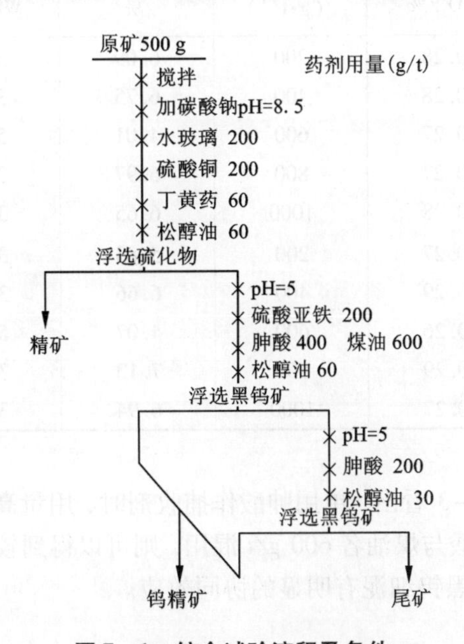

图7-1 综合试验流程及条件

矿，以及微量的白钨矿；脉石主要是石英、长石、云母、萤石等，矿泥含 0.26% WO_3，粒度 -0.075 mm 占 97.08%。

2. 试验流程和试验结果

经过浮选条件试验后，得出了最佳的试验流程和药剂制度，见图 7-1。从图 7-1 看出，矿泥用黄药脱硫化矿后，进行黑钨浮选。单用胂酸作捕收剂时，用量为 1500 g/t，其中 1000 g/t 放在粗选，500 g/t 放在扫选，试验结果见表 7-2；如用胂酸与煤油混合使用时，粗选用胂酸 400 g/t，煤油变量，扫选胂酸 200 g/t，试验结果见表 7-3，其中以胂酸 600 g/t、煤油 600 g/t 的效果最好。

表 7-2 胂酸单用浮黑钨细泥试验结果

胂酸名称	胂酸用量 /($g \cdot t^{-1}$)	加药方式	浮钨 pH	原矿品位 (WO_3)/%	精矿产率 /%	精矿品位 (WO_3)/%	回收率 /%
混合甲苯胂酸	1500	粗选 1000 扫选 500	5	0.25	7.62	2.45	73.65
苄基胂酸	1500	粗选 1000 扫选 500	5	0.28	7.26	3.23	83.60

表 7-3 胂酸与煤油混用浮选黑钨细泥试验结果

捕收剂/($g \cdot t^{-1}$)	原矿品位 WO_3/%	煤油用量 /($g \cdot t^{-1}$)	精矿产率 /%	精矿品位 WO_3/%	回收率 /%
混合甲苯胂酸 600	0.28	200	6.09	3.58	76.58
	0.28	400	6.75	3.03	74.20
	0.27	600	4.01	5.50	82.25
	0.27	800	6.97	3.18	80.70
	0.28	1000	6.65	3.43	81.91
苄基胂酸 600	0.27	200	5.83	3.69	78.45
	0.29	400	6.66	3.45	79.99
	0.26	600	4.07	5.70	87.41
	0.29	800	7.13	3.23	80.69
	0.27	1000	6.94	3.50	75.81

从表 7-2、表 7-3 看出，单用胂酸作捕收剂时，用量高达 1500 g/t，但浮选指标仍不高，如果胂酸与煤油各 600 g/t 混用，则可以得到较好的浮选指标，可见胂酸与煤油混用浮选黑钨细泥有明显的协同效应。

7.2.2 苄基胂酸与煤油混用浮选锡石细泥

1. 锡石细泥性质

长坡选厂处理的矿石属锡石多金属硫化矿，金属矿物有锡石、脆硫铅锑矿、铁闪锌矿、黄铁矿、磁黄铁矿；脉石矿物主要是石英、方解石；围岩主要是灰岩、硅化灰岩，其次为黑色(含碳)硅质页岩。浮锡作业的细泥来自重选作业，用旋流器分级脱泥后，得0.010～0.074 mm粒级部分，经脱硫后进入浮锡系统。试样取自浮锡给矿，多元素分析见表7－4，粒度分析见表7－5。

表7－4 锡石细泥元素分析结果

元素	Sn	Pb	Zn	S	Fe	As	SiO_2	CaO
含量/%	1.18	0.051	0.083	0.59	1.30	0.095	34.95	29.50

表7－5 锡石细泥粒度分析结果

粒度/mm	产率/%	锡品位/%	锡分布率/%
筛析 +0.074	4.59	0.20	0.77
水析 +0.074	2.16	10.15	18.48
-0.074 +0.037	29.41	1.16	28.76
-0.037 +0.019	50.94	0.96	41.21
-0.019 +0.010	7.89	1.19	7.91
-0.010	5.01	0.68	2.87
合　计	100	1.19	100

2. 试验流程和试验结果

试验采用一次粗选两次精选的流程，浮选 pH 为6.5左右，呈弱酸性。中矿Ⅰ和中矿Ⅱ集中返回粗选的闭路流程，试验的药剂用量和工艺条件见表7－6，试验结果见表7－7。从表7－6和表7－7看出，苄基胂酸单用和与煤油混用明显的特点是，二者回收率相当，其一为93%，其二为93.15%，单用苄基胂酸精矿品位稍高；但与煤油混用可大幅度降低胂酸用量，用200 g/t的煤油代替了340 g/t的苄基胂酸，胂酸价格约比煤油高10倍，可见胂酸与煤油的协同作用有明显的经济效益。

表7-6 苄基胂酸单用和与煤油混用浮选锡石细泥闭路试验药剂用量和工艺条件

捕收剂名称	药剂用量/($g \cdot t^{-1}$)					搅拌时间/min	浮选时间/min
	硫酸	苄基胂酸	煤油	CMC	松醇油	粗-精Ⅰ-精Ⅱ	粗-精Ⅰ-精Ⅱ
苄基胂酸	4000	870	—	250	68	30-10-10	10-7-3
苄基胂酸加煤油	4000	530	200	250	64	50-10-10	10-6-3.5

表7-7 苄基胂酸单用和与煤油混用浮选锡石细泥闭路试验结果

捕收剂名称	锡品位/%			精矿产率/%	精矿锡回收率/%
	给矿	精矿	尾矿		
苄基胂酸	1.25	42.00	0.095	2.77	93.00
苄基胂酸和煤油	1.29	38.03	0.091	3.15	93.15

7.2.3 胂酸与羧酸或美狄兰混用浮选黑钨细泥

浒坑钨矿用731浮选黑钨细泥，在工业生产中可从品位为0.25% WO_3 的给矿得到含2%~3% WO_3 的粗精矿；亦可用磁选法处理黑钨细泥。不管用浮选或磁选得到的黑钨粗精矿，都应集中在一个6A的浮选槽中，每班精选一次，在酸性介质中优先浮去硫化矿时，用硅氟酸钠(4~5 kg/t)作抑制剂，丁黄药作捕收剂(350 g/t)；再加入浓硫酸15 kg/t，此时pH降低到1~2，硫化矿上浮与黑钨分离，沉降45 min，放出上层悬浮液，脱去微泥，加入混合甲苯胂酸或苄基胂酸或甲苄胂酸与731混合捕收剂进行精选，工业试验结果可得含45%~55% WO_3、作业回收率85%~90%的黑钨精矿。

苄基胂酸与美狄兰混用浮选瑶岗仙黑钨细泥：该细泥性质复杂难选，采取先用黄药浮选脱硫，后用苄基胂酸浮黑钨的闭路流程，可从品位为0.55% WO_3 的给矿，得到品位为17%~18% WO_3、回收率为72%~77%的黑钨精矿，苄基胂酸用量800~900 g/t；若在浮黑钨时，先加入苄基胂酸并适当搅拌，再加入20~30 g/t美狄兰与苄基胂酸混用，可得到相同或极其接近的结果，但胂酸用量可降到450~500 g/t，这大幅度降低了价格高、毒性较大的胂酸用量。由此可见，胂酸与美狄兰的协同效应，不但有经济效益，而且有社会效益。

7.3 胂酸与黄药混用浮选黑钨细泥和协同机理的研究

混合甲苯胂酸、苄基胂酸或甲苄胂酸与黄药混用浮选铁山垅黑钨细泥，比单用胂酸好，可降低胂酸捕收剂的用量，提高黑钨回收率，为黑钨浮选开辟了新途径，以苄基胂酸为例阐述如下。

7.3.1 单矿物浮选试验

黑钨矿样取自铁山垅钨矿，经化验含 WO_3 70.81%、Mn 9.47%、Fe 5.40%，粒度为0～0.074 mm。浮选药剂为苄基胂酸、丁黄药、硝酸铅、松醇油、硫酸和碳酸钠。

浮选试验在50 mL挂槽式浮选机中进行，每次试验取矿样2 g用蒸馏水调浆后，依次加入浮选药剂，刮泡得精矿和尾矿，试验结果如下。

1. pH 试验

此试验未加黄药，固定苄基胂酸浓度为1500 mg/L，改变矿浆pH，试验结果见图7－2。

2. 捕收剂浓度试验

固定矿浆pH为6左右，依次加入硝酸铅、苄基胂酸、丁黄药200 mg/L和起泡剂进行粗选，刮泡5 mim得精矿和尾矿，其结果见图7－3曲线1。

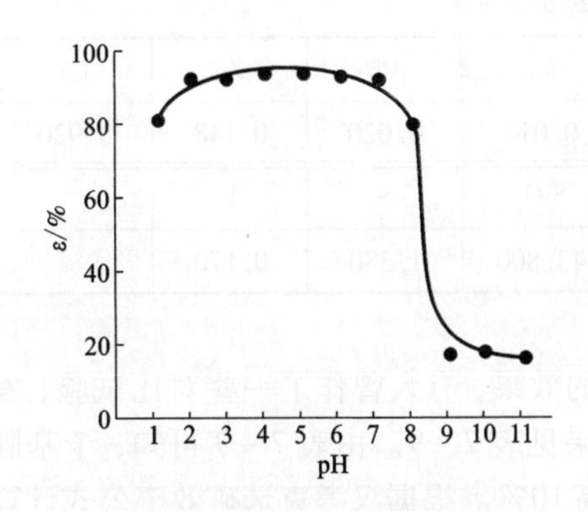

图7－2 pH与回收率的关系

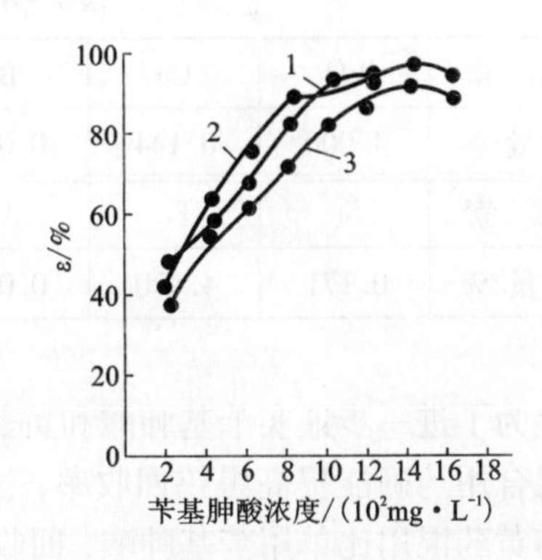

图7－3 苄基胂酸浓度与回收率的关系

1—第1种方法的结果；2—第2种方法的结果；3—单用苄基胂酸结果(pH为6)

固定矿浆 pH 为 6 左右，依次加入与曲线 1 相同的药剂刮泡 5 min 得精矿Ⅰ；再加入丁黄药 200 mg/L 进行扫选，得精矿Ⅱ和尾矿；合并精矿Ⅰ和Ⅱ得最终精矿，其结果见图 7－3 曲线 2。

单用苄基胂酸作捕收剂，其他条件与上述相同的试验结果见图 7－3 曲线 3。

由图 7－2 可知，当苄基胂酸浓度为 1500 mg/L 时，黑钨矿在 pH 为 2～7 范围内均有很好的可浮性，其可浮性在 pH 为 4 时达到最大值，为 94.5%。由图 7－3 可知，在用苄基胂酸浮选黑钨单矿物时加入丁黄药，强化了浮选过程，提高了黑钨回收率；胂酸和黄药的加入次序对浮选过程也有一定影响，胂酸和黄药同时加入或先加入强捕收剂胂酸，后加入弱捕收剂丁黄药，与单用苄基胂酸相比较，黑钨的回收率升高，产生正的协同效应。这些数据有力地证明黄药对黑钨矿有一定的捕收能力，但若没有胂酸存在，单用黄药不能捕收黑钨。

7.3.2 黑钨矿泥小型浮选试验

铁山垅钨矿处理的矿石属于高中温热液-黑钨-硫化矿石英脉矿床。金属矿物除黑钨外还有黄铁矿、黄铜矿、辉铋矿、锡石、闪锌矿、辉钼矿等，脉石矿物以石英为主，其次是长石、萤石、云母等，围岩为变质砂岩、板岩、千枚岩。

浮选试料取自原、次生混合矿泥，经全浮－离心机富集的钨粗精矿，其中 －0.074～＋0.010 mm 粒级占 90%，金属量占 92.86%，全分析结果见表 7－8。

表 7－8 试料全分析结果

元素	WO_3	Cu	Bi	Mo	Pb	Zn	Ca
含量/%	4.000	0.144	0.070	0.012	0.020	0.148	3.920
元素	Sn	Fe	As	SiO_2	S	P	
含量/%	0.171	4.470	0.080	43.800	1.380	0.170	

为了进一步证实苄基胂酸和黄药混用的效果，有人曾作了一些对比试验，发现混合用药确能提高黑钨回收率，试验结果见表 7－9。由表 7－9 可知，苄基胂酸与黄药混用比单用苄基胂酸，回收率约高 10%。根据汉考克选矿效率公式计算选矿效率 E，得 $E_{单用}(25.59) < E_{混用}(28.26)$。

根据此对比试验结果，为了充分发挥黄药的作用，控制矿浆的 pH 为 6，采用最佳试验流程及药剂制度(图 7－4)，试验结果见表 7－10。由表 7－10 可知，用苄基胂酸和黄药混用浮选黑钨细泥，可得到含 WO_3 25.8%、回收率 90.72% 的钨粗精矿。

表 7-9 浮选对比试验结果

捕收剂用量/($g\cdot t^{-1}$)	产品	产率/%	WO_3 品位/%	回收率/%
苄基胂酸 210	原矿	100	13.82	100
	精矿	23.43	28.42	48.12
丁黄药 100	尾矿	68.20	10.40	51.30
	硫化矿	8.37	0.96	0.58
苄基胂酸 210	原矿	100	13.68	100
	精矿	15.70	33.68	38.52
	尾矿	76.03	11.00	61.11
	硫化矿	8.27	0.64	0.37

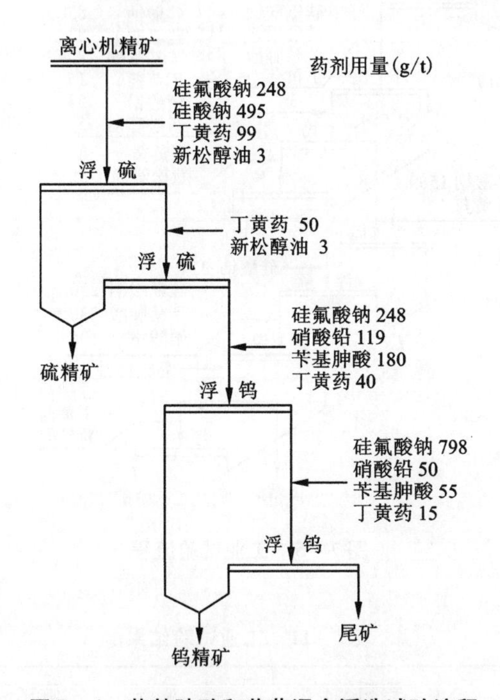

图 7-4 苄基胂酸和黄药混合浮选试验流程

表 7-10 小型浮选最佳试验结果

产品	产率/%	WO_3 品位/%	回收率/%
精矿	13.24	25.80	90.72
尾矿	83.33	0.37	8.22
硫化矿	3.43	1.12	1.06
给矿	100	4.00	100

7.3.3　工业试验

为验证小型浮选试验，进行了工业试验。试料为离心机精矿 1685 kg，控制矿浆 pH 为 6，在 4 个 5A 浮选机中进行粗选。然后将粗精矿给入两个 3A 浮选机中精选。选别流程和药剂制度见图 7－5，试验结果见表 7－11。

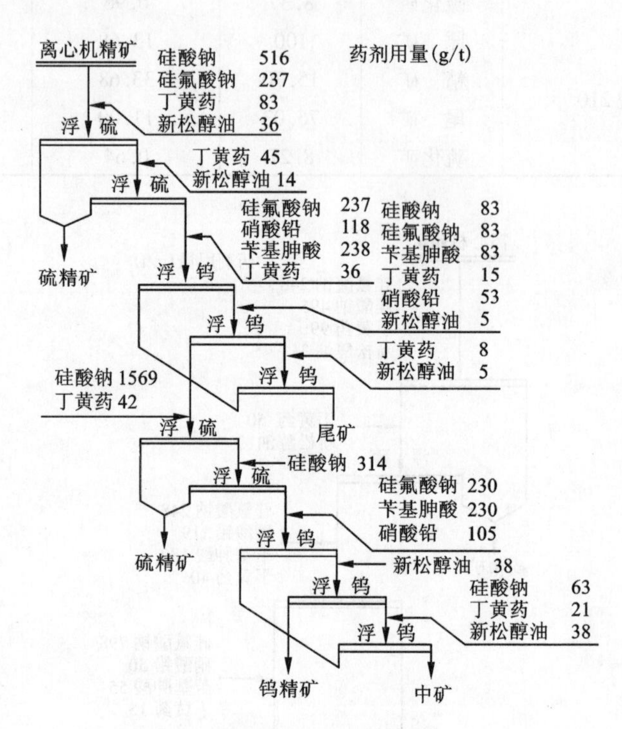

图 7－5　工业试验流程

表 7－11　工业试验结果

产　品		钨粗精矿	尾　矿	硫化矿	给　矿
粗选	产　率/%	28.37	58.08	13.55	100
	WO_3 品位/%	30.40	0.68	0.88	9.13
	回收率/%	94.37	4.32	1.3	100
精选	产　率/%	78.16	17.86	3.88	100
	WO_3 品位/%	42.23	0.76	14.90	33.76
	回收率/%	97.89	0.40	1.71	100

由图7-5的加药点可看出黄药在整个浮选过程的功用，特别是在粗选和精选的第二次扫选时，都只加入丁基黄药作捕收剂，并且在浮选时泡沫很厚，浮选时间可达十多分钟，说明黄药在黑钨细泥浮选过程中有不可忽视的作用。由表7-11可以看出：用苄基胂酸和黄药作混合捕收剂，可得粗钨精矿 WO_3 30.40%，回收率为94.37%；经过精选获得含 WO_3 42.23%、回收率为97.89%的黑钨精矿。

7.3.4 苄基胂酸及丁黄药在黑钨表面吸附量的测定和协同机理研究

1. 药剂在黑钨矿表面的吸附量测定方法

称取一定量的黑钨单矿物与一定量药剂作用后，滤出黑钨，用高效液相色谱法测定滤液中药剂含量，然后算出吸附量。

2. 苄基胂酸的吸附

准确称取2.00 g黑钨单矿物，放入30 mL浮选槽中，加入定量的水(使最后浮选槽中溶液总体积为25.00 mL)，先搅拌1 min，再加入浓度为3170 mg/L的 Pb^{2+} 溶液2.20 mL，搅拌2 min后，分三种情况进行：图7-6(a)的曲线1是只加苄基胂酸，搅拌7 min；曲线2为先加苄基胂酸，搅拌1 min后再加入浓度为4713 mg/L的丁黄药1.50 mL，搅拌6 min；曲线3为先加浓度为4713 mg/L丁黄药1.50 mL，搅拌1 min后再加苄基胂酸搅拌6 min，得到苄基胂酸浓度与黑钨对苄基胂酸吸附量的关系图。

3. 黄药的吸附

黄药的加入过程与苄基胂酸相同，结果见图7-6(b)，从吸附量看，黄药在黑钨表面的吸附特别强烈，苄基胂酸的加入与否及加入先后对黄药吸附无影响。

4. 黄药浓度的改变对苄基胂酸吸附的影响

改变黄药的浓度，固定苄基胂酸浓度为1026 mg/L，苄基胂酸在2.00 g黑钨上的吸附曲线如图7-6(c)，曲线1是先加黄药后加苄基胂酸的结果，曲线2是先加苄基胂酸后加黄药的结果。

由图7-6(a)可知，苄基胂酸的吸附曲线1，2出现平台之后其斜率又增加，说明黑钨矿表面至少存在有两类不同的活性点，第一类活性点能量高，活性大，特别是在药剂交互作用下其作用强烈，同时比较吸附曲线1，2可知，当苄基胂酸浓度为873.4 mg/L、黄药浓度为284.2 mg/L时即达到单用苄基胂酸1454.9 mg/L的吸附量，同时发现先加入苄基胂酸后加入黄药，黄药可以较大地促进苄基胂酸的吸附，特别是在苄基胂酸与黄药浓度比为2.89∶1时活化程度最大，这个现象从图7-6(c)上反映得更加明显，而且即使是先加黄药，在这个比例下仍有较大的吸附，这并非由于黑钨矿表面活性点不同所致，而是说明吸附量的增大和回收率提高，可能是黄药与苄基胂酸间生成一种分子束或“复合半胶团”结构，这种

“复合半胶团”的结构比例从吸附曲线图 7－6(a)和图 7－6(c)中可以得知，当苄基胂酸与黄药浓度(mg/L)比为 2.89∶1，即苄基胂酸与黄药摩尔比为 2∶1 时其交互作用量最大。

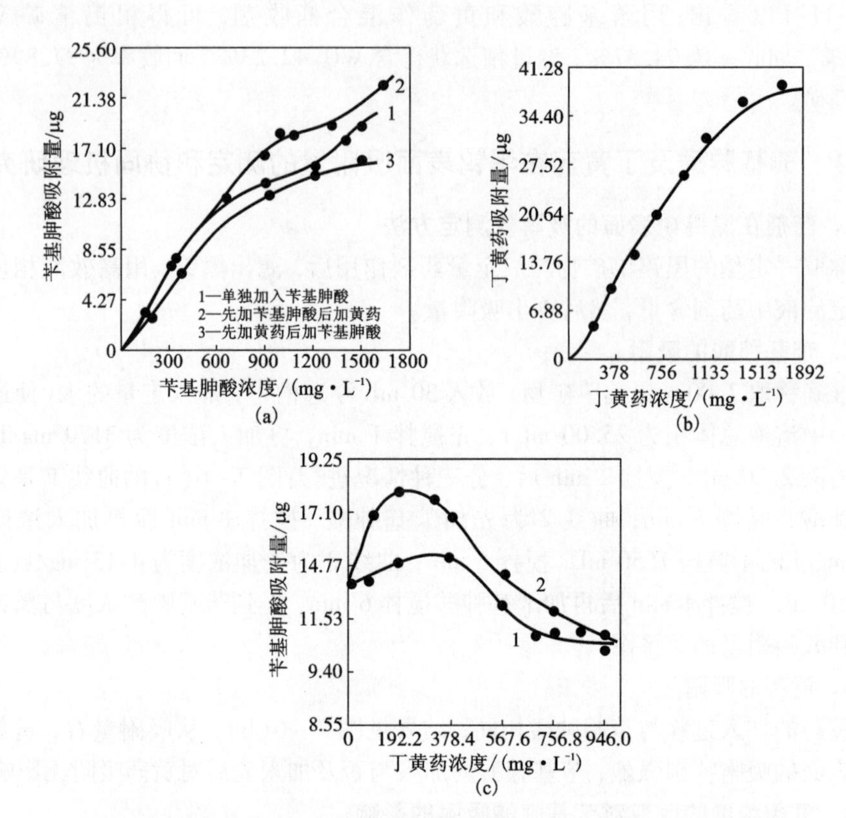

图 7－6　苄基胂酸、丁黄药在黑钨矿上吸附量与药剂浓度的关系

(a)苄基胂酸在 2 g 黑钨矿表面吸附量；(b)黄药在 2 g 黑钨矿表面的吸附量；(c)在不同黄药浓度下苄基胂酸的吸附量

7.4　F_{203}与水杨氧肟酸混合捕收剂浮选锡石细泥及作用机理

水杨氧肟酸是广州有色金属研究院研制的锡石捕收剂，在香花岭选厂、车河选厂浮锡生产使用时均取得与苄基胂酸相当的指标。毒性小、浮锡指标好是它的优点。

F_{203}是我们最近用来浮选锡石细泥的捕收剂，小白鼠毒性试验表明，它的毒性很小，雄性小白鼠 LD_{50} 为 2870 mg/kg。将它与水杨氧肟酸混用，浮选车河选厂锡石细泥，多次闭路试验结果显示，可从品位为 1.6% Sn 的给矿得到品位为

34.54% ~37.83% Sn、回收率为 86.88% ~91.85% 的锡精矿。

7.4.1　矿泥性质

车河选厂处理的矿石，属于锡石多金属硫化矿，金属矿物有锡石、铁闪锌矿、磁黄铁矿、脆硫锑铅矿；脉石矿物主要是石英、方解石；岩石主要是硅化灰岩，其次是含碳的黑色硅质灰岩。

进入浮选作业的矿泥为重选矿泥，经直径 125 mm 和 75 mm 旋流器分级脱泥后 -34 ~ +10 μm 粒级部分进入浮硫给矿。所用试样取自浮硫给矿，试样元素分析和粒度分析见表 7-12 和表 7-13。

表 7-12　试样元素分析

元　素	Sn	Cu	Fe_2O_3	Al_2O_3	Zn	Pb	SiO_2	Ca	S
含量/%	1.30	0.02	4.32	5.27	0.63	0.065	39.17	20.90	4.60

表 7-13　试样粒度分析

粒　度/μm	2.8	3.9	5.5	7.8	11	16	22	31	44	62	88
产　率/%	4.4	2.9	4.5	3.3	8.3	7.5	10.7	15	17.9	10.9	14
累积产率/%	4.4	7.3	11.8	15.1	23.4	30.9	41.6	56.6	74.5	85.4	100

从表 7-12 看出，试样含硫很高，高达 4.60%，为确保锡石精矿质量，浮锡之前必须先脱硫，将浮锡给矿含硫降到 0.5% 以下最好。先浮去硫化矿对锡石浮选是很重要的，如果浮锡给矿含硫过高，浮选锡石时硫化矿富集于锡精矿中会降低锡精矿的质量。

从表 7-13 看出，试样的粒度较细，-11 μm 粒级产率为 23.4%，增加了浮选难度。

7.4.2　硫化矿浮选试验

为使浮锡给矿中的硫含量降低，采用图 7-7 浮选流程，药剂制度和试验结果见表 7-14。从表 7-14 看出，脱硫效果是明显的，浮锡给矿的含硫量均降到 1% 以下，尤其是编号 2 试验，脱硫效果最佳，浮锡给矿的含硫量降低到 0.48%，因此脱硫的药剂制度采

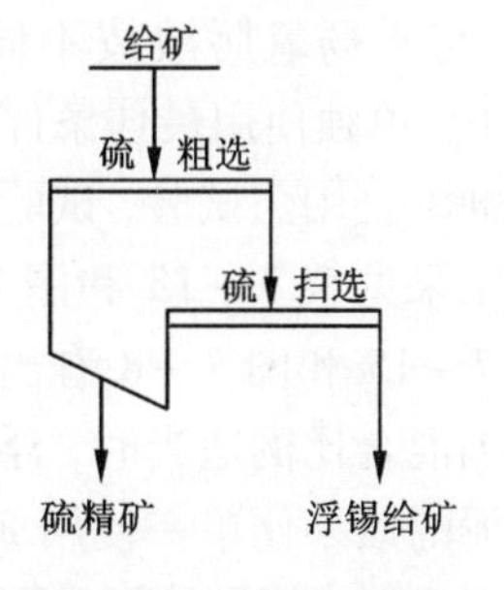

图 7-7　浮硫化矿流程

用编号2试验的药剂制度。将试样浮选脱硫后作为浮锡给矿，由于浮硫给矿脱除了硫化矿，浮锡给矿品位上升到1.6% Sn。

表7-14　浮硫化矿的药剂制度和试验结果

试验编号	药剂制度/$(g \cdot t^{-1})$	浮锡给矿含硫量/%
1	粗选：H_2SO_4 1000，$CuSO_4 \cdot 5H_2O$ 100，丁黄药200，松醇油40	0.67
	扫选：$CuSO_4 \cdot 5H_2O$ 50，丁黄药100	
2	粗选：H_2SO_4 1000，$CuSO_4 \cdot 5H_2O$ 100，丁黄药200，松醇油40	0.48
	扫选：$CuSO_4 \cdot 5H_2O$ 50，丁黄药100，松醇油20	
3	粗选：H_2SO_4 1000，$CuSO_4 \cdot 5H_2O$ 100，丁黄药200，松醇油40	0.79
	扫选：$CuSO_4 \cdot 5H_2O$ 50，丁黄药150	
4	粗选：H_2SO_4 1000，$CuSO_4 \cdot 5H_2O$ 100，丁黄药200，松醇油40	0.66
	扫选：H_2SO_4 500，$CuSO_4 \cdot 5H_2O$ 50，丁黄药50，松醇油20	

7.4.3　F_{203}与水杨氧肟酸混用浮锡粗选试验

F_{203}是一种新的锡石捕收剂，它对锡石的捕收性能研究没有前人的经验可借鉴。为寻找F_{203}浮选锡石的最佳条件，我们做了系统的条件试验，发现最优药剂用量为F_{203} 800 g/t、碳酸钠2500 g/t、单宁375 g/t、松醇油20 g/t，将浮硫尾矿调浆时，先加入碳酸钠和单宁搅拌10 min，再加F_{203}搅拌15 min，加松醇油搅拌1 min，然后进行浮选得精矿和尾矿。

在试验中发现F_{203}的捕收能力强，水杨氧肟酸的选择性好，根据混合用药优于单独用药的原则，用F_{203}与水杨氧肟酸按不同质量比，在F_{203}单独使用最佳条件下进行捕收剂混合用药试验，试验安排和试验结果见表7-15和图7-8。从表7-15和图7-8看出，两种捕收剂混合比例适当时，浮选该锡石细泥的效果比单一使用F_{203}或水杨氧肟酸好，两者配比F_{203}:水杨氧肟酸(质量比)为2:1时，效果最好。因此以后粗选时，捕收剂混合用药采用F_{203}:水杨氧肟酸(质量比)=2:1，总用量为800 g/t。

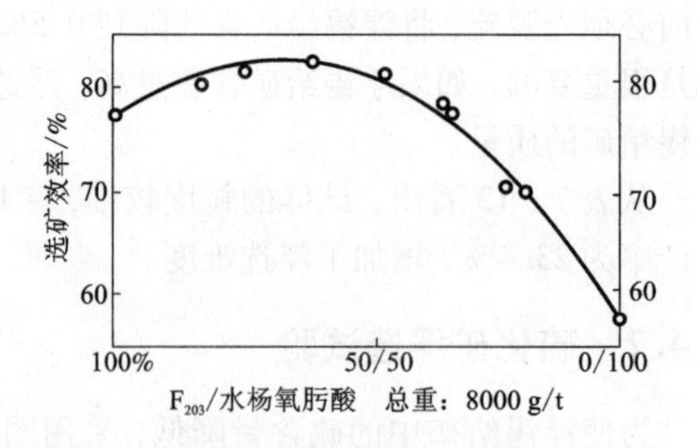

图7-8　捕收剂不同配比与选矿效率的关系

表 7-15 捕收剂混合用药试验结果

试验编号	捕收剂用量或配比			试验结果		
	F_{203} /$(g\cdot t^{-1})$	水杨氧肟酸 /$(g\cdot t^{-1})$	F_{203}:水杨氧肟酸	精矿品位 /%Sn	回收率 /%	选矿效率 /%
5	800	0	1:0	8.83	91.4	77.32
6	0	800	0:1	11.80	64.78	57.35
7	400	400	1:1	13.97	80.93	80.82
8	600	200	3:1	11.19	90.27	79.64
9	200	600	1:3	12.02	74.70	66.54
10	536	264	2:1	11.46	93.14	82.26
11	264	536	1:2	14.78	86.79	79.43

7.4.4 开路精选试验

为了确定浮选流程和药剂制度，使浮选得到较高指标，在混合用药粗选基础上进行一次精选试验和两次精选试验。

1. 一次精选试验

试验流程见图 7-9，工艺条件和试验结果见表 7-16。从表 7-16 看出，一次开路精选的锡品位达到 28.89%，回收率为 87.6%，指标较好，但精矿品位还不够高，于是再进行一次精选。

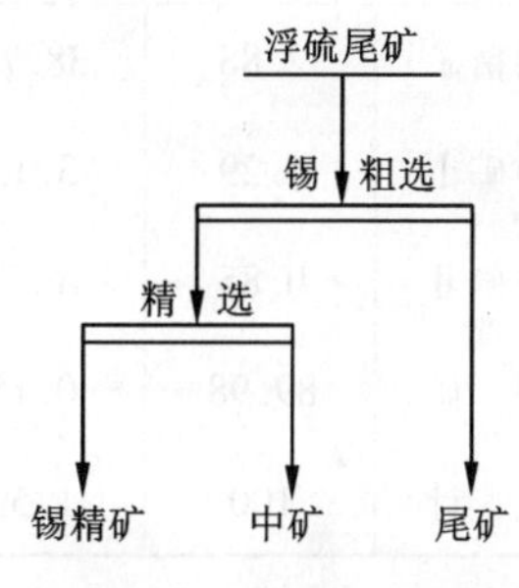

图 7-9 一次精选流程

表 7-16 一次精选工艺条件和试验结果

工艺条件		试验结果			
药剂用量(g/t)和搅拌时间(min)	浮选时间 /min	产品名称	精矿产率 /%	精矿品位 /%Sn	回收率 /%
粗选：Na_2CO_3 3750，单宁 375，搅拌 10 min	8	锡精矿	4.76	28.89	87.68
F_{203} 563，水杨氧肟酸 264，搅拌 15 min	6	中 矿	5.26	1.45	4.86
松醇油 20，搅拌 1 min		尾 矿	89.98	0.13	7.46
精选：不加药，搅拌 5 min	5	合 计	100	1.57	100

2. 两次精选试验

两次精选试验的流程和工艺与一次精选相似，只将精Ⅰ的精矿再加一次空白精选，或在精Ⅱ调浆时加入单宁12.5 g/t，$m(F_{203})$:m(水杨氧肟酸)等于2:1的混合捕收剂50 g/t试验结果见表7-17。从表7-17看出，用$m(F_{203})$:m(水杨氧肟酸)等于2:1的混合捕收剂浮选车河选厂的锡石细泥，经过一次粗选两次精选的开路试验，效果较好，粗选回收率90%以上，经过两次精选得到的锡精矿品位可达38.71%~41.74% Sn，回收率为69.2%~70.15%。

表7-17 两次精选试验结果

精Ⅱ不加药				精Ⅱ加单宁12.5 g/t，$m(F_{203})$:m(水杨氧肟酸)=2:1混合捕收剂50 g/t			
产品名称	精矿产率/%	精矿品位(Sn)/%	回收率/%	产品名称	精矿产率/%	精矿品位(Sn)/%	回收率/%
锡精矿	2.88	38.71	70.15	锡精矿	2.78	41.74	69.2
中矿Ⅰ	6.29	3.13	12.39	中矿Ⅱ	5.34	3.3	10.51
中矿Ⅱ	0.85	16.76	8.97	中矿Ⅱ	0.98	18.97	11.08
尾矿	89.98	0.15	8.49	尾矿	90.90	0.17	9.21
合计	100	1.59	100	合计	100	1.68	100

7.4.5 闭路试验

在两次开路精选的基础上进行了闭路试验，采用一次粗选丢尾矿，粗精矿进行两次空白精选，中矿Ⅰ和中矿Ⅱ顺序返回的闭路流程见图7-10，浮选工艺条件见表7-18，试验结果见表7-19。多次闭路试验结果表明，使用$m(F_{203})$:m(水杨氧肟酸)为2:1的混合捕收剂，在单宁作抑制剂的配合下，浮选车河选厂的锡石细泥，可从品位为1.6% Sn的给矿，得到品位为34.54%~37.83% Sn、回收率为86.88%~91.85%的锡精矿。

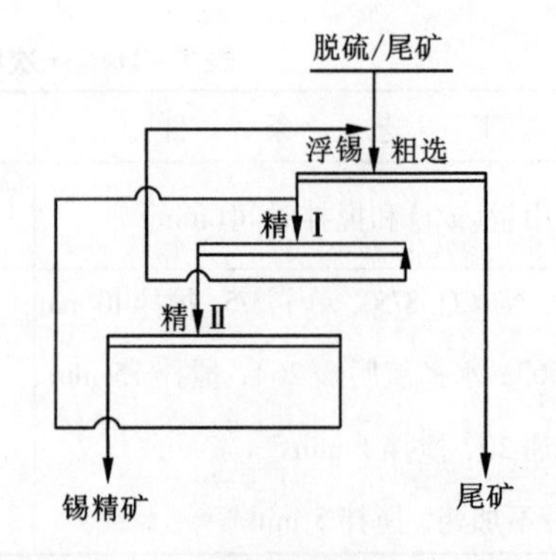

图7-10 浮选锡石细泥闭路流程

表 7-18　闭路试验工艺条件

药剂用量/($g \cdot t^{-1}$)和搅拌时间(min)	浮选时间/min
粗　选：加 Na_2CO_3 3375、单宁 337 后搅 10 min 加 F_{203} 482.4、水杨氧肟酸 237.6 后搅 15 min 加松醇油 10，搅 1 min	粗选:6
精　Ⅰ:不加药，搅 5 min	精Ⅰ:5
精　Ⅱ:不加药，搅 2 min	精Ⅱ:2.5

表 7-19　闭路试验结果

试验编号	试验结果				试验编号	试验结果			
	产品名称	精矿产率/%	精矿品位(Sn)/%	回收率/%		产品名称	精矿产率/%	精矿品位Sn/%	回收率/%
12	锡精矿	3.76	37.29	86.88	14	锡精矿	4.22	34.54	91.03
	尾　矿	96.24	0.22	13.12		尾　矿	95.78	0.15	8.97
	给　矿	100	1.61	100		给　矿	100	1.60	100
13	锡精矿	3.71	37.83	87.93	15	锡精矿	4.56	35.41	91.85
	尾　矿	96.29	0.20	12.07		尾　矿	95.44	0.15	8.15
	给　矿	100	1.60	100		给　矿	100	1.76	100

我们还用另一含 1.3% Sn 的锡石细泥试样，按 $m(F_{203}):m$(水杨氧肟酸)为 2:1、3:1、4:1、9:1 等不同配比进行了 10 次闭路试验，均可从品位为 1.3% Sn 左右的给矿，得到品位为35% Sn、回收率为 90% 的锡精矿。

我们首次用 F_{203}作捕收剂浮选锡石细泥，发现 F_{203}与水杨氧肟酸混用浮选锡石细泥比它们单用时效果好。

F_{203}毒性小，雄性小白鼠 LD_{50}为 2870 mg/kg，水杨氧肟酸对小白鼠的 LD_{50}为 1883 mg/kg，将它们混合使用无环境污染问题。

F_{203}为一种化工产品，现国内有生产，从药剂来源看也是可取的。

7.4.6　F_{203}与水杨氧肟酸混用协同机理研究

为了研究这两种药剂混用的协同机理，用锡石单矿物进行了浮选试验，试验结果见图 7-11(a)。从图 7-11(a)看出，F_{203}对锡石的捕收能力比水杨氧肟酸强。两种药剂混合浮选锡石单矿物的回收率与药剂比例的关系见图 7-11(b)。从图 7-11(b)可见，先加强捕收剂 F_{203}或同时加入这两种捕收剂，产生正的协同作用，其中以先加强捕收剂协同作用较大，当先加入弱捕收剂时会产生负协同作用。

测定 F_{203} 和水杨氧肟酸在锡石表面上吸附量的原理与测苄基胂酸、丁黄药在黑钨矿表面的吸附量相同，单个捕收剂吸附量的测定步骤是：准确称取 2.00 g 锡石单矿物于 25 mL 小烧杯中，加适量水(保证矿浆最后体积为 25 mL)和水杨氧肟酸(或 F_{203})；将小烧杯置于磁力搅拌器上搅拌 7 min，用硫酸或氢氧化钠调节 pH，然后再搅 13 min；澄清过滤后，移取 7.5 mL 试液于 25 mL 容量瓶中，用甲醇稀释至刻度，最后用高效液相色谱法测定峰面积并计算吸附量。

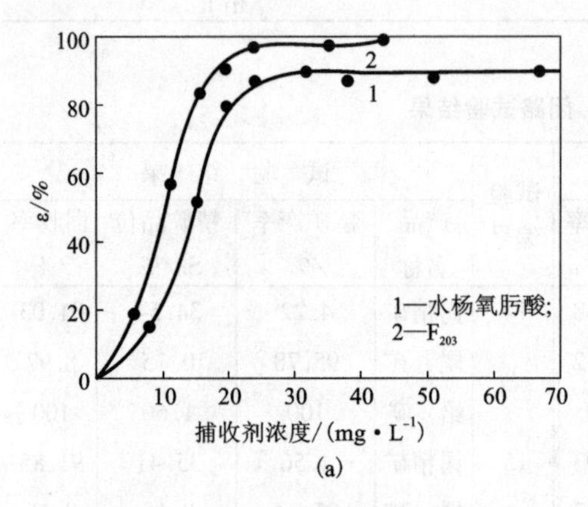

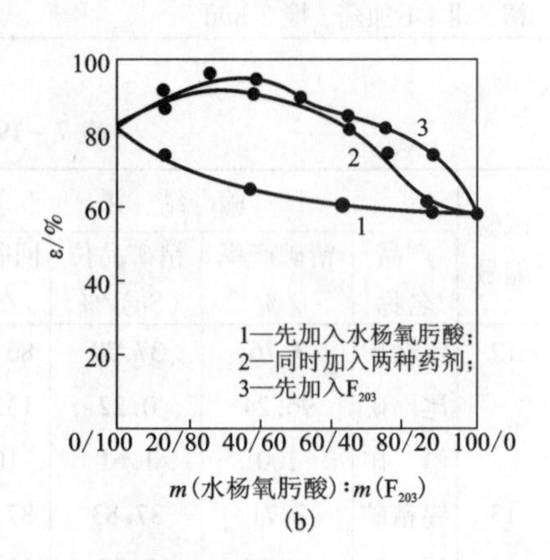

图 7-11 锡石单矿物浮选试验结果

混合捕收剂吸附量测定步骤是：当两种捕收剂同时加入时，其步骤同上；两种捕收剂依次加入时(如先加入水杨氧肟酸)，加入水杨氧肟酸后搅拌 10 min，然后再加入 F_{203}，再搅 3 min，以下同单个捕收剂处理步骤；如先加入 F_{203} 则除加药顺序改变外，其余操作步骤同前。

吸附量的测定结果见图 7-12。从图 7-12(a)可知，先加入 F_{203} 和同时加入两种捕收剂，都促进水杨氧肟酸的吸附。从曲线的变化趋势来看，当水杨氧肟酸浓度小时，其吸附几乎不受 F_{203} 的影响；当它的浓度增大时，其吸附受 F_{203} 的影响明显增大，当其浓度大到一定值后，其吸附量受 F_{203} 的影响变小。第一阶段是由于 F_{203} 的浓度与水杨氧肟酸的浓度都较小，不能形成"半胶团"吸附，因而吸附量较小。第二阶段，水杨氧肟酸浓度增大，可形成"半胶团"吸附，F_{203} 先吸附在矿物表面，水杨氧肟酸聚集在其周围，形成"复合半胶团"促进水杨氧肟酸的吸附，因而出现图 7-12(a)中的正协同效应。第三阶段，水杨氧肟酸的浓度远大于 F_{203} 的浓度，这时 F_{203} 对吸附的作用减小。

从图 7-12(b)中可知，先加入水杨氧肟酸和同时加入两种药剂时，减弱了 F_{203} 的吸附，曲线变化趋势也可分为三个阶段，其情况与图 7-12(a)相似，只是在第二阶段，水杨氧肟酸先吸附，F_{203} 在其周围形成"复合胶团"，由于吸附在锡石上的水杨氧肟酸较 F_{203} 易解吸，所以，不利于 F_{203} 的吸附，结果导致图 7 - 12 (b)的负协同效应。

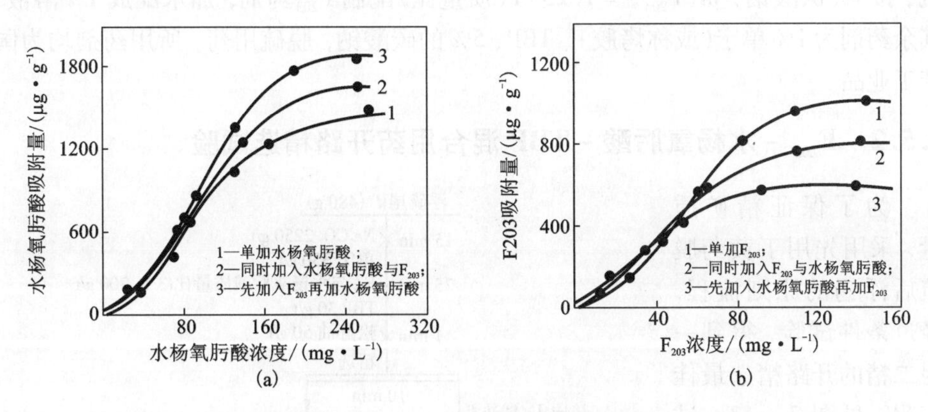

图 7 - 12 水杨氧肟酸和 F_{203} 在锡石表面的吸附量与其浓度的关系

7.5 F_{203} 与 TBP 混合捕收剂浮选锡石细泥和作用机理

前节曾用 F_{203} 和水杨氧肟酸混合物浮选车河选厂锡石细泥，效果较好，这节用少量辅助捕收剂 TBP 与 F_{203} 混合使用，可以大幅度降低 F_{203} 用量并得到良好的浮选指标。

7.5.1 试样性质、仪器及药剂

1. 锡石细泥性质

锡石细泥取自广西大厂车河选厂细泥工段浮锡给矿，因已经脱硫，故与前节试样略有差别，含硫很低，多元素化学分析和粒度分析结果见表 7 - 20 和表7 - 21。

表 7 - 20 试样元素分析

元 素	Sn	Pb	Fe_2O_3	Al_2O_3	MgO	Na_2O	CaO	K_2O	S	SiO_2
含量/%	1.360	0.004	2.140	5.060	1.010	0.150	26.180	2.130	0.300	46.540

表 7 - 21 试样粒度分析

粒级/μm	2.8	3.9	5.5	7.8	11.0	16.0	22.0	31.0	44.0
个别/%	3.2	0.5	3.2	1.1	3.3	13.6	15.3	29.8	29.7
累计/%	3.2	3.7	7.0	8.1	11.5	25.1	40.4	70.3	100

2. 仪器设备及药剂

粗选用 FXY1L 浮选机，精Ⅰ用 FXY0.5 L 浮选机，精Ⅱ用挂槽式 0.25 L 浮选机；按 m(碳酸钠)∶m(F_{203}) = 1.25∶1(质量比)配制 F_{203} 药剂，加水配成 1% 溶液，其余药剂为 1% 单宁(或称烤胶)、TBP、5% 的碳酸钠，脱硫用药，所用药剂均为国产工业品。

7.5.2　F_{203} - 水杨氧肟酸 - TBP 混合用药开路精选试验

为了保证精矿质量，采用先用丁黄药脱硫后浮锡的原则流程，经过条件试验，得到一粗二精的开路精选最佳流程，见图 7-13。试验结果见表 7-22，从表 7-22 看出，用 F_{203} - 水杨氧肟酸 - TBP 混合用药开路精选车河选厂锡石细泥效果很好。

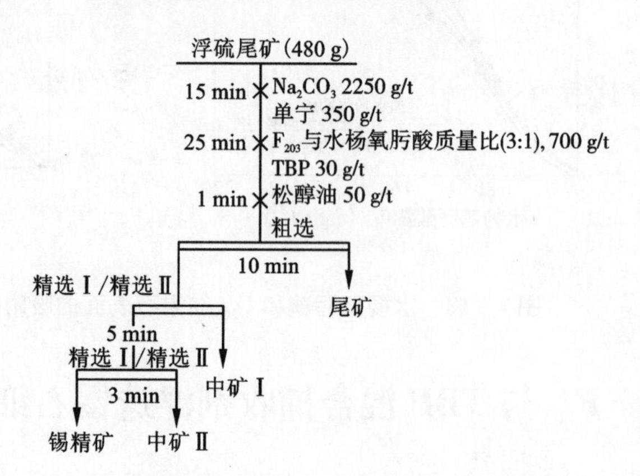

图 7-13　锡石细泥开路精选流程

表 7-22　锡石细泥开路精选试验结果

产品名称	产率/%	品位/%	回收率/%
锡 精 矿	3.02	38.15	84.78
中 矿 Ⅰ	10.74	0.29	2.29
中 矿 Ⅱ	2.04	4.07	6.10
尾 矿	84.20	0.11	6.83
合 计	100	1.36	100

7.5.3　F_{203} - 水杨氧肟酸 - TBP 混合用药闭路试验

闭路流程见图 7-14，试验结果见表 7-23。表 7-23 说明用 F_{203} 代替 75% ~ 90% 水杨氧肟酸作为主要捕收剂，加少量 TBP 作辅助捕收剂，浮选车河选厂锡石细泥，经过 6 次闭路试验平均结果，可从含锡 1.38% 的给矿，获得品位 38.74%、回收率 91.23% 的锡精矿，效果很好。

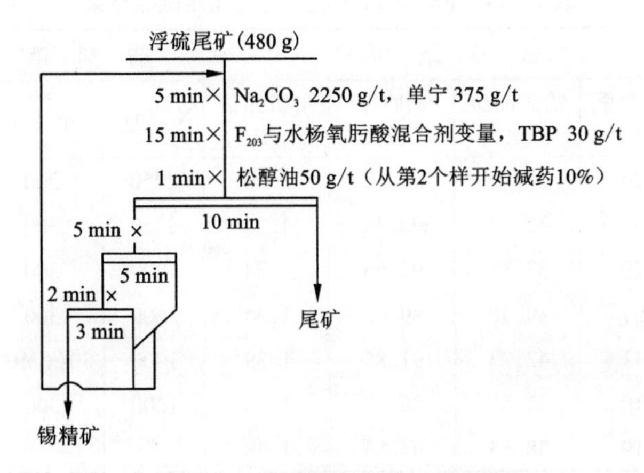

图 7－14 锡石细泥闭路浮选流程

表 7－23 F_{203}－水杨氧肟酸－TBP 混合用药闭路试验结果

试验批号	试验结果				药剂用量/(g·t^{-1})	
	精矿产率/%	精矿品位/%	回收率/%	原矿品位/%	$m(F_{203})$:m(水杨氧肟酸)	其他药剂
2	3.76	34.93	91.92	1.36	(3:1) 700	见图 7－14
3	3.29	38.19	89.17	1.39	(3:1) 700	见图 7－14
4	3.59	38.33	92.13	1.44	(3:1) 700	见图 7－14
5	2.91	42.88	90.18	1.38	(4:1) 700	见图 7－14
6	3.00	39.35	92.76	1.32	(9:1) 700	见图 7－14
平 均	3.34	38.74	91.23	1.38		

注：每批试验从第 2 个试样开始逐次减药 10%。

7.5.4 F_{203}－TBP 混合用药浮选锡石细泥闭路试验

试验流程与图 7－14 相同，只用 F_{203}代替 F_{203}与水杨氧肟酸的混合液，试验结果列于表 7－24，经 6 次闭路试验结果的平均值表明，可从含锡 1.38% 的给矿，得到品位 38.55%、回收率 91.13% 的锡精矿。F_{203}用量 450 g/t，TBP 用量 30 g/t 为宜。药剂用量大，成本升高，用量降低，精矿品位升高，回收率下降，可见只将 F_{203}与 TBP 混用也可得到优良的浮选结果。

表 7-24 F_{203} 与 TBP 混合用药闭路试验结果

试验批号	试验结果				药剂用量/($g \cdot t^{-1}$)			
	精矿产率/%	精矿品位/%	回收率/%	给矿品位/%	Na_2CO_3	单宁	F_{203}	TBP
7	3.24	34.97	91.38	1.40	2250	300	600	30
8	3.42	35.32	92.38	1.34	2250	300	600	30
9	3.29	37.81	92.65	1.34	1800	300	500	30
10	2.97	39.38	89.60	1.34	1600	300	450	30
11	3.11	42.23	91.85	1.39	1000	80(CMC)	500	30
12	3.10	41.57	88.47	1.46	1600	300	450	40
合计	3.19	38.55	91.13	1.38				

注:除批号 11 为中性脱硫外,其余为酸性脱硫,各批号从第 2 个试样开始,逐次减药 10%。

7.5.5 F_{203} 与 TBP 混合用药浮选锡石细泥工业试验结果

1996 年 5 月 10 日至 16 日,用 F_{203} 与 TBP 混合捕收剂在车河选厂做了浮锡工业试验,所用流程是选厂现用锡石细泥浮选流程,只用 F_{203} 代替了原用药剂。用 F_{203} 浮锡工业试验药剂单耗见表 7-25,工业试验结果见表 7-26。从表 7-26 看出,使用 F_{203} 与 TBP 混用代替该厂原用捕收剂,浮选指标与 1996 年 4 月份对比:锡精矿品位降低了 1.82%,而对原矿的回收率提高了 2.86%,颇有经济效益。

表 7-25 用 F_{203} 与 TBP 混合捕收剂浮选锡石细泥药剂单耗 g/t

药剂	F_{203}	TBP	Na_2CO_3	CMC	松醇油	药剂成本/(元·t^{-1})(对原矿)
5 月 10—16 日	710	160	2420	540	70	2.92
药剂单价/(元·t^{-1})	30000	25190	2000	1200	7200	

表 7-26 用 F_{203} 与 TBP 混用浮选锡石细泥工业试验结果

指标	原矿			浮锡精矿			
	处理量/t	锡品位/%	金属量/t	精矿量/t	锡品位/%	金属量/t	回收率/%(对原矿)
5 月 10—16 日	6989.65	1.26	88.337	23.72	18.00	4.27	4.83
4 月份	25586.74	1.49	382.42	37.94	19.82	7.52	1.97

注:1.5 月份只计算连续测定阶段工业试验指标;2.表中指标不含低锡品位指标。

7.5.6 F_{203}、TBP 在锡石表面的吸附机理

研究 F_{203}、TBP 在锡石表面的作用机理时采用锡石单矿物。

1. F_{203}和 TBP 在锡石表面吸附量的测定

F_{203}在锡石表面吸附量的测定采用液相色谱法，分别称取2.00 g锡石单矿物，放入50 mL烧杯中，加入适量水和F_{203}溶液，保证矿浆最后体积为25 mL；把小烧杯置于磁力搅拌器上搅拌7 min，调节到锡石浮选的pH，再搅拌13 min；澄清、过滤后，移取7.5 mL滤液置于25 mL容量瓶中，用甲醇稀释到刻度，用液相色谱法测定吸附量。

TBP在锡石表面的吸附量采用等离子光谱测定法，分别称取锡石单矿物2.00 g，置于6个小烧杯中，再分别加入用2次蒸馏水配制的TBP溶液，搅拌，调整到锡石浮选的pH，搅拌20 min，静置15 min，除去上层清液，然后把小烧杯同时置入控温120℃的烘箱中烘干，取出后在小烧杯中分别加入10 mL浓硝酸和浓盐酸的混合液(体积比为3∶1)，这时由于磷的存在形成磷酸根，充分搅拌矿石使磷酸根溶于溶液中。将溶液用等离子体法测定浓度，算出TBP在锡石表面的吸附量(试验结果见图7－15)。从图7－15可以看出，F_{203}与TBP均能吸附在锡石表面，单用F_{203}能捕收锡石，而单用TBP则不能捕收锡石，这可能是由于TBP单独在锡石表面吸附，疏水性不够，不足以产生浮选行为。

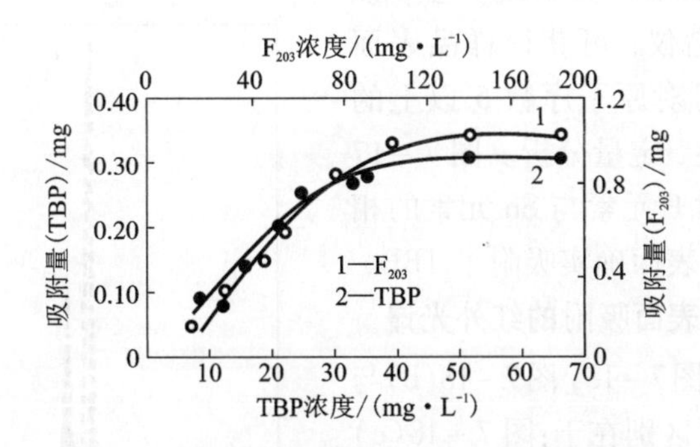

图7－15 F_{203}，TBP的质量浓度与锡石表面吸附量的关系

2. 光电子能谱对TBP在锡石表面吸附的分析

所用仪器为MICROLAB MKⅡ型，用与浮选相同的条件做了TBP在锡石上的吸附试验，含磷部分的光电子能谱如图7－16(a)～(d)所示。图7－16(c)、7－16(d)与图7－16(a)、7－16(b)的主要差别在于：图7－16(c)和图7－16(d)中，在143.1 eV处Sn4s的峰旁多出一个138.6 eV处磷的峰，而在标准图谱上，TBP结构的P元素，其特征2p峰在134.0 eV左右，因此可以断定，138.6 eV处的峰

是经化学位移产生的，由此可以推断 TBP 以某种形式吸附在锡石表面。

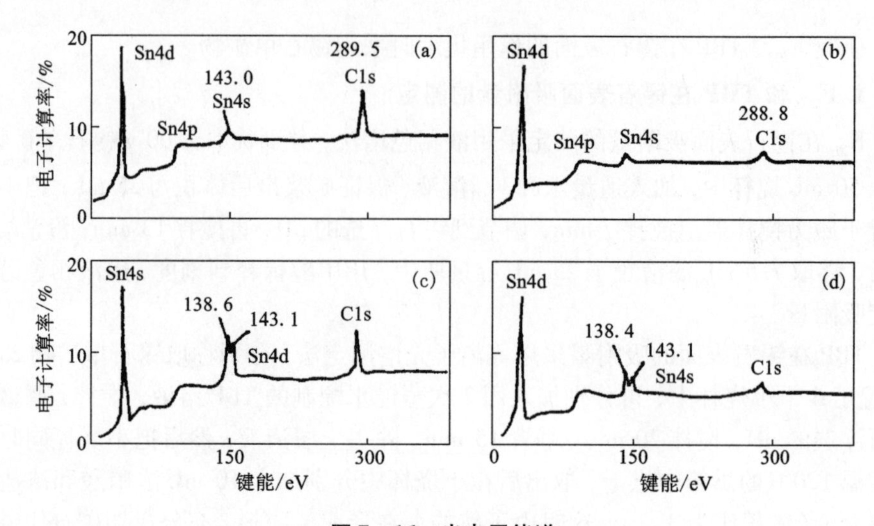

图 7-16 光电子能谱

(a)锡石单矿物原始表面；(b)锡石单矿物 Ar 清洗表面；

(c)TBP 吸附在锡石上的原始表面；(d)TBP 吸附在锡石的 Ar 清洗表面

3. 扫描电子显微镜及其能谱仪对 TBP 在锡石上吸附的分析

所用仪器为 KYKY-AMRAY 型，该仪器还配备有能谱仪，可获得样品表面微区成分信息，可对原子序数 5 以上的固体元素进行定性、定量分析。图 7-17 表示锡石表面吸附 P 元素与 Sn 元素的相对含量，证明锡石表面确实吸附了 TBP。

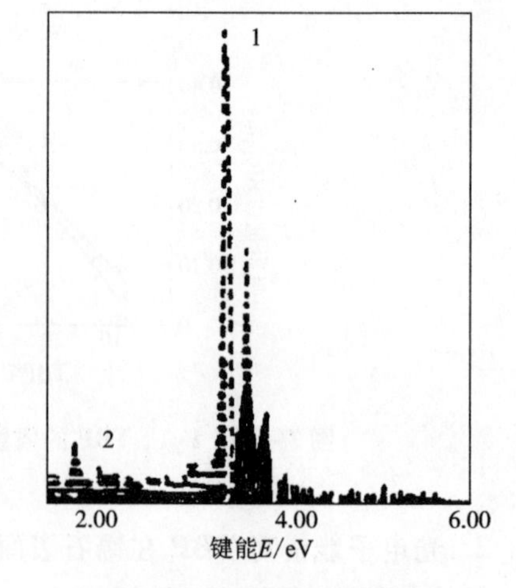

图 7-17 X 射线能谱图

1—表示 Sn 元素 L 轨道的 α 能谱；

2—表示 P 元素 K 轨道的 α 能谱

4. F_{203} 在锡石表面吸附的红外光谱

红外光谱图见图 7-18，图 7-18(b)与图 7-18(c)的主要区别在于：图 7-18(c)中，3200 cm^{-1} 附近的峰消失，这是 F_{203} 的酚羟基与锡离子作用使酚羟基消失的结果，即产生了化学反应；图 7-18(d)与图 7-18(c)基本相同，说明 F_{203} 在锡石表面发生了化学吸附，同时带高电荷的锡离子靠近 F_{203} 后，使 F_{203} 烃基共轭体系的电子云分布产生了变化，1200~1600 cm^{-1} 之间的峰也有明显变化。

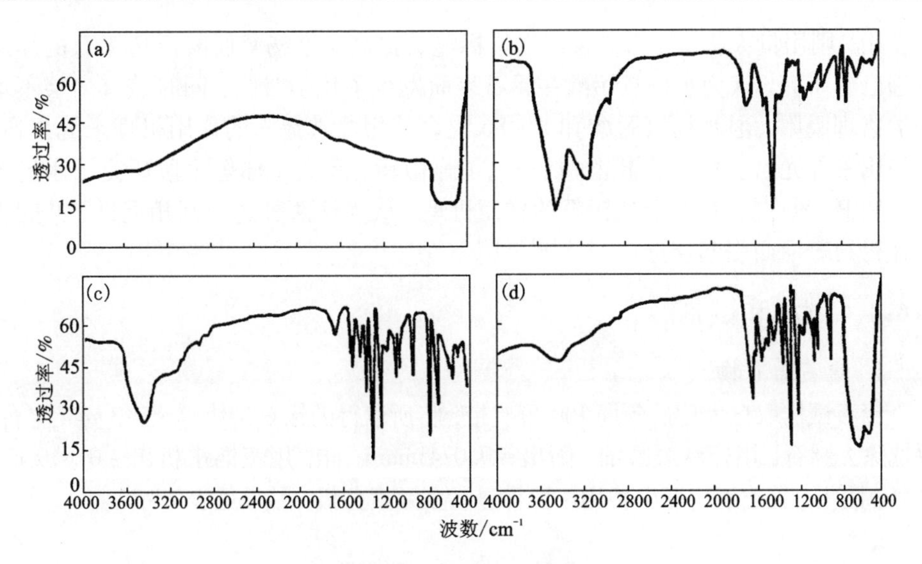

图 7-18 红外光谱图

(a)SnO_2 红外光谱；(b)F_{203}红外光谱；

(c)Sn^{4+} + F_{203}红外光谱；(d)SnO_2 + F_{203}红外光谱

5. 结论

通过上述几种方法，测试了 F_{203}、TBP 在锡石表面的吸附，可得出下面几点结论：

(1)在锡石浮选的条件下，F_{203}和 TBP 都吸附在锡石表面，F_{203}发生了化学吸附，因此，它们的作用机理符合共吸附学说。

(2)TBP 吸附在锡石表面，但单用 TBP 作捕收剂时，锡石不浮，这是由于疏水性还不够，故不能使锡石上浮。

(3)当 F_{203}与 TBP 混用时，只要有少量 TBP 存在，便可大量减少 F_{203}用量，并比单用 F_{203}时的浮选指标大幅度提高，单用共吸附是难以解释的。通过研究发现，在矿浆中加入少量 TBP，可大幅度增加 F_{203}在锡石表面的吸附，加入 F_{203}也可增加 TBP 在锡石表面的吸附，当两者混用时，它们互相促进，吸附在锡石表面的量都增大，提高了锡石的可浮性。此外，因捕收剂吸附在锡石表面多了，残留在水中的量降低，减少了对脉石的吸附(特别是方解石)，使脉石受到抑制，于是锡精矿品位大幅度提高，并降低了 F_{203}的用量。

7.6 水杨氧肟酸和 P-86 混用浮选锡石的捕收机理

1987 年，广州有色金属研究院合成了水杨氧肟酸，后来被大厂车河选厂用作锡石捕收剂，单用它作捕收剂浮选锡石用量较大，约 800 g/t，如和少量 P-86 混合使用，则用量大幅度下降，且浮选指标显著提高。水杨氧肟酸浮选锡石的作用机理已有研究，认为水杨氧肟酸在锡石表面发生了化学吸附，同时兼有多层不均匀的物理吸附，但水杨氧肟酸和 P－86 混合使用浮选锡石的作用机理未见报道。我们用紫外光谱、光电子能谱、扫描电子显微镜、等离子体等手段研究了水杨氧肟酸和 P－86 混合用药浮选锡石的作用机理，认为这两种药剂互相促进、共同吸附在锡石表面而引起浮选。

7.6.1　试样和试剂

1. 锡石单矿物

锡石试样取自大厂矿务局 100 号矿带，将所取得的锡石矿块碎至 －3 mm 左右，手选除去脉石，用瓷球磨磨细，筛出 －0.074 mm 试样，用蒸馏水析出 －0.010 mm 部分，阴干，置于磨口瓶中备用。取样进行多元素分析，结果见表 7－27。

表 7－27　锡石单矿物试样分析结果

成　分	SnO_2	S	WO_3	Fe	Pb	Zn	Ca	Mg	SiO_2
含量/%	97.86	0.11	0.74	0.13	0.042	0.20	0.038	0.081	0.54

2. 试剂

水杨氧肟酸，含量98%，广州有色金属研究院提供；P－86 为分析纯试剂；酸、碱 pH 调整剂均为分析纯试剂。

7.6.2　试验流程和试验结果

1. 水杨氧肟酸与 P－86 浮选锡石

称取锡石单矿物 200 g 于微型浮选机中，加适量蒸馏水，搅拌 1 min，加入捕收剂，用氢氧化钠调节 pH 到 7.5 后搅拌 5 min，加入松醇油 22 mg/L，搅拌1 min，浮 3 min，得精矿和尾矿，锡石回收率与药剂浓度的关系如图 7－19。从图 7－19 可知，当固定 P－86 的浓度为 10.46 mg/L 时，改变水杨氧肟酸的浓度，锡石回收率比单用水杨氧肟酸有明显提高，而单用 P－86 为捕收剂，其浓度无论多大都不浮锡石，说明两种药剂之间存在明显的协同作用。当固定水杨氧肟酸用量为 19.3 mg/L，改变 P－86 的浓度，浮选锡石回收率的曲线存在极大值，说明协同作用与药剂配比有关，水杨氧肟酸的浓度为 19.3 mg/L、P－86 为 10 mg/L 时效果最好。这些试验都是基于水杨氧肟酸先加的条件下进行的，如果先加入P－86，无论两者浓度如何变化，锡石都不上浮。

2. 紫外光谱对水杨氧肟酸在锡石表面吸附量的测定

准确称取 2.00 g 锡石单矿物，放入 30 mL 小烧杯中，加入适量蒸馏水，使矿浆总体积为25.00 mL，搅拌1 min，调pH，搅拌2 min，加入一定量捕收剂后搅拌4 min，澄清，过滤，取滤液进行测定，算出吸附在锡石表面的水杨氧肟酸量。图7－20是水杨氧肟酸在2 g锡石上的吸附曲线，曲线1是不加P－86时的吸附情况；曲线2为加P－86 10.46 mg/L，即加入P－86量为0.43 mg时水杨氧肟酸在2 g锡石上的吸附量。从图中看出加P－86与不加P－86相比，水杨氧肟酸吸附量明显增大，而且较易达到平衡(即不出现曲线平台)，加入P－86能强烈促进水杨氧肟酸的吸附，这说明P－86促进水杨氧肟酸浮选锡石的主要原因是P－86促进了水杨氧肟酸在锡石表面的吸附。

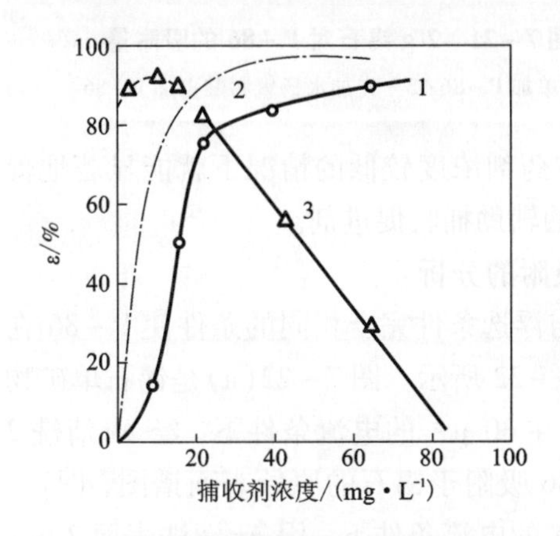

图7－19 捕收剂浓度与回收率的关系

1—单用水杨氧肟酸；
2—水杨氧肟酸浓度与回收率关系
(固定P－86浓度为10.46 mg/L)；
3—P－86浓度与回收率关系
(固定水杨氧肟酸浓度为19.3 mg/L)

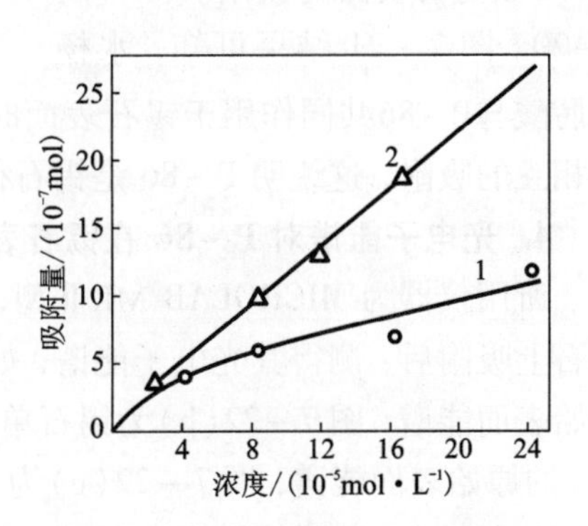

图7－20 水杨氧肟酸在锡石上的吸附量曲线

1—不加P－86；2—加P－86(4×10^{-5} mol/L)

3. 用等离子体方法对P－86在锡石表面上吸附量的测定

分别称取2.00 g锡石单矿物，置于6个小烧杯中，每个小烧杯中加入25.00 mL二次蒸馏水，然后分别加入一定量的P－86，把烧杯置于磁力搅拌器上，加入搅拌子，搅拌5 min，静置15 min，用移液管移取上清液，然后把烧杯同时放入控温120℃的烘箱中烘干。取出后在6个小烧杯中分别加入10 mL浓硝酸与浓盐酸(体积比3∶1)混合液，把小烧杯置于电炉上蒸发至溶液近干，取出冷却后，在每个小烧杯中加入5.00 mL浓硝酸，这时P－86的磷成为磷酸根。用玻璃棒充分搅动矿石，使磷酸根充分溶于溶液中，把溶液分别转移至6个25 mL的容量瓶中，再分别用二次蒸馏水浸洗锡石4次，一起移至相应的容量瓶中，每个容量瓶都用二次蒸馏水稀释至刻度，最后用等离子体方法测定，这是单加P－86时样品处理过程。混合用药时的处理过程与上述步骤基本相同，不同之处是在加入 P－86 前先加入水杨氧肟酸保持其浓度为 19.39 mg/L，搅拌 3 min 后，再加入 P－86，这样测得的两条曲线如图 7－21 所示。从图 7－21 看出，加入与不加入水杨氧肟酸，P－86 的吸附量相差显著，加入水杨氧肟酸促进 P－86在锡石表面的吸附。综合图 7－20、图 7－21 结果可知，水杨氧肟酸与P－86共同作用于锡石表面时，在药剂浓度较低的情况下就能显著地促进相互的吸附，这说明 P－86 是锡石很好的辅助捕收促进剂。

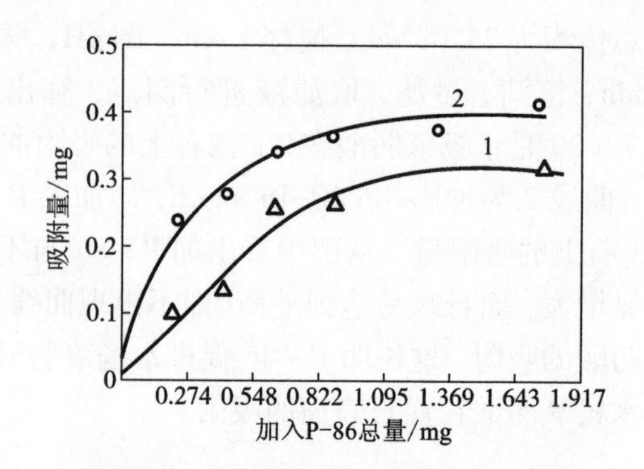

图 7－21　2 g 锡石对 P－86 的吸附量

1—单加 P－86；2—先加水杨氧肟酸再加 P－86

4. 光电子能谱对 P－86 在锡石表面吸附的分析

所用仪器为 MICROLAB MKⅡ型，用与浮选条件完全相同的条件使 P－86 在锡石上吸附后，测得其光电子能谱，如图 7－22 所示。图 7－22(a)是锡石单矿物原始表面能谱，图 7－22(b)为锡石单矿物在 30 μA 的电流条件下，经 Ar 清洗 2 min 的原始表面能谱，图 7－22(c)为 P－86 吸附于锡石的原始表面谱图，图7－22(d)是 P－86 吸附于锡石表面后在 30 μA 的电流条件下，用 Ar 清洗表面 2 min 的谱图。对比这四个谱图可以看出图 7－22(c)、图 7－22(d)与图 7－22(a)、图 7－22(b)的主要差别在143.1(eV)处的 Sn 4s 峰旁多出一个 138.6 eV 处的峰。

在标准图谱上读得 P－86 结构的磷元素特征峰在 134.0 eV 左右，因此可判断出这个 138.6 eV 处的峰是磷元素 2p 峰经化学位移产生的，因此可以推断 P－86以某种形式吸附在锡石表面。

5. 扫描电子显微镜及其能谱仪对 P－86 在锡石上吸附分析

所用仪器为 KYKY－AMRAY 型，该仪器还配备有一能谱仪，可获得样品表面微区的成分信息，可对原子序数 5 以上的固体元素进行定性定量分析，它的原理是在待测样品(－76 μm 锡石样品用较浮选时大 20 倍的混合药剂处理)的金膜上(测定前镀膜)加一偏转电压就可以收集到由 X 射线激发产生的自由电子的电荷，这一电荷经放大信号处理就可在某一能量位置上得到一个计数点，大量 X 射线的集合所产生的结果便形成能量－计数图，即通常说的谱图。图中每个像点具有相同强度，像点的疏密程度表示元素浓度的差异，反映出元素浓度相对分布的定性概念。图 7－23 表明锡石表面吸附 P 元素与 Sn 元素的相对含量，证明锡石表面确实吸附了含 P 的 P－86。

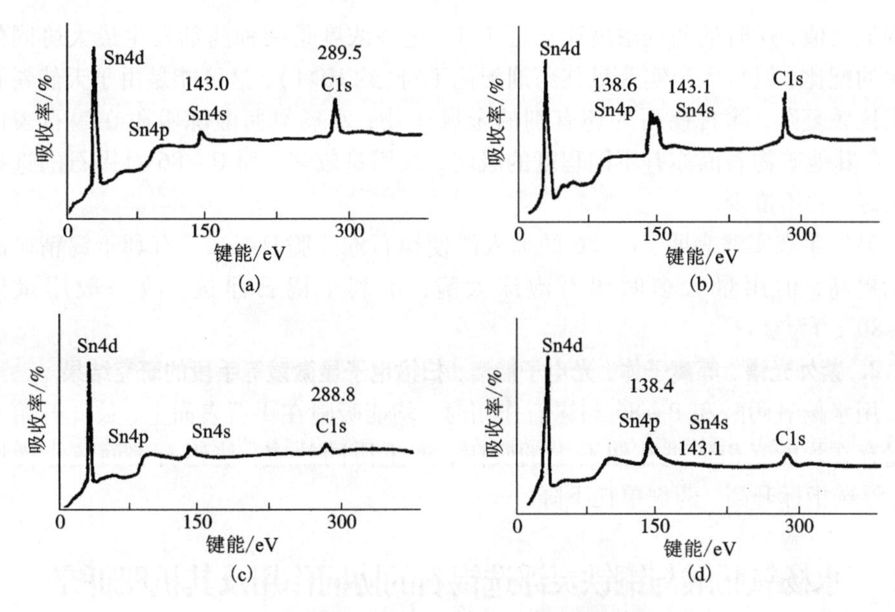

图 7－22　锡石－P－86 光电子能谱图

(a)锡石原始表面；(b)锡石经 Ar 清洗表面；

(c)吸附 P－86 的锡石原始表面；(d)吸附 P－86 的经 Ar 清洗的锡石表面

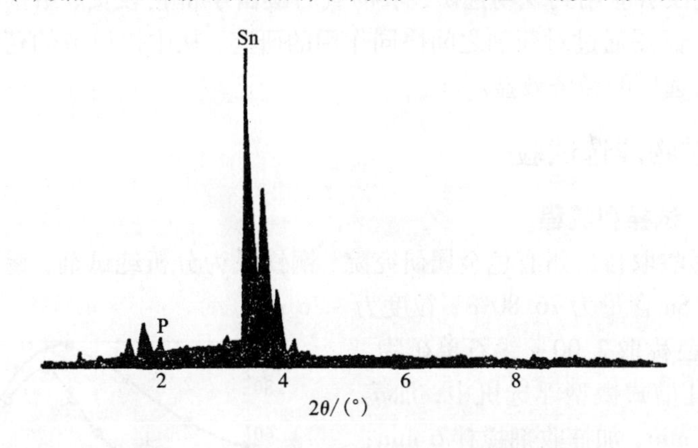

图 7－23　SnO_2－P－86 的 X 射线能谱图

7.6.3　结论

1. 浮选试验和生产实践结果

单用 P－86 不能浮选锡石而单用水杨氧肟酸能浮选锡石但用量较大，浮选指标不理想；如与少量 P－86 混用，能大幅度降低水杨氧肟酸的用量，浮选指标有很大提高。图 7－19 锡石单矿物浮选试验重现了这个结果，从图 7－19 中还可看出，当水杨氧肟酸浓度为 19.3 mg/L、P－86 浓度为 10 mg/L 时，锡石回收率曲线出现最大值，这时的药剂浓度比接近2:1，这种浓度是两种药剂发生最大协同效应时的配比，但与生产实践最佳药剂配比不符(约10:1)，这可能是由于天然锡石细泥比较复杂，除含锡石外还有别的金属矿物，水杨氧肟酸除吸附在锡石表面外，在其他矿物表面亦有不同程度的吸附，故用量较多，而P-86对锡石的选择性较好，故用量少。

另外生产实践表明，P-86的加入能使锡石泡沫脆且易破，有利于锡精矿品位的提高，但用量太多时锡石泡沫太脆，不利于锡石浮选，故一般用量以50~80 g/t为宜。

2. 紫外光谱、等离子体、光电子能谱、扫描电子显微镜等手段的研究结果

用水杨氧肟酸和P-86与锡石作用时，均能吸附在锡石表面上，彼此开始有少量存在均能互相促进在锡石上的吸附，产生协同效应，使锡石表面疏水性增强，浮选指标升高，药剂单耗下降。

7.7 水杨氧肟酸与铜铁灵浮选锡石的协同作用及其机理研究

铜铁灵与水杨氧肟酸都可作锡石的捕收剂，前者作锡石捕收剂还处于实验研究阶段，一直没有应用到现场选矿；水杨氧肟酸由于价格较贵，给推广应用带来一定的困难。试图通过对药剂之间协同作用的研究，从中探讨节约药剂用量的途径，以便提高选厂的经济效益。

7.7.1 单矿物浮选试验

1. 试剂、试样和流程

水杨氧肟酸取自广州有色金属研究院，铜铁灵为分析纯试剂，锡石取自广西大厂矿务局，Sn含量为76.80%，粒度为-76 μm。

浮选流程：称取2.00 g锡石单矿物，置于30 mL挂槽式微型浮选机中，加蒸馏水，搅拌1 min，加捕收剂搅拌6 min；调pH搅拌2 min，加22 mg/L松醇油，搅拌1 min，浮3 min得精矿和尾矿。

2. 试验结果

图7-24是两种捕收剂单独使用时浮选pH与锡石回收率的关系。从图中可知水杨氧肟酸的最佳浮选pH范围为6.5~8.5；铜铁灵的最佳浮选pH范围为5~8。为了消除pH对协同作用研究的影响，控制浮选pH为7~8。

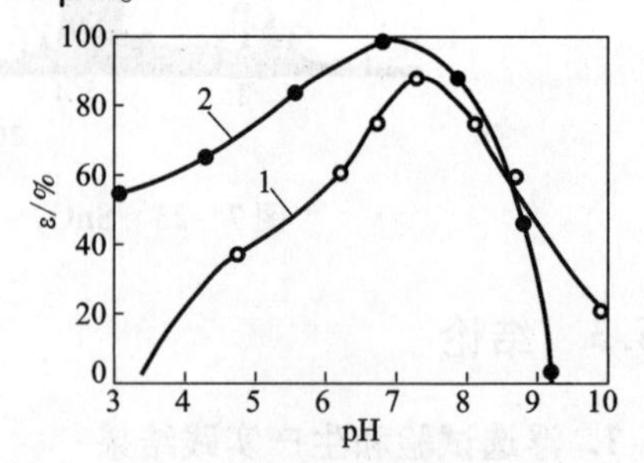

图7-24 浮选pH与锡石回收率的关系

1—水杨氧肟酸(76.57mg/L)；
2—铜铁灵(77.58mg/L)

图7～25是捕收剂浓度与锡石回收率的关系。从图中可知，当铜铁灵的浓度小于70 mg/L时，回收率曲线近于直线变化；水杨氧肟酸浓度小于30 mg/L时，回收率曲线亦近于直线变化。为了便于观察捕收剂混合使用的协同效应，选用回收率浓度曲线的线性部分，选择药剂总用量为20 mg/L。

固定两种药剂的总用量为20 mg/L，矿浆pH为7～8，改变药剂之间浓度比，得到混合捕收剂比例与锡石回收率的关系，见图7－26。当先加入铜铁灵时，两种药剂的协同效应较小；当先加入水杨氧肟酸或两种捕收剂同时加入时，两种药剂之间的协同效应较大。

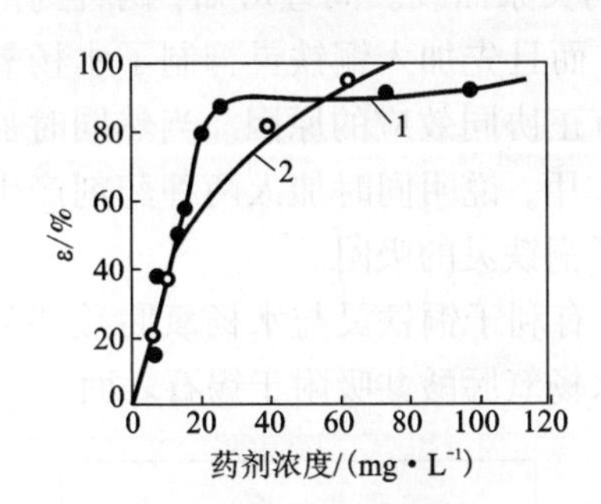

图7－25 捕收剂浓度与锡石回收率的关系

1—水杨氧肟酸；2—铜铁灵

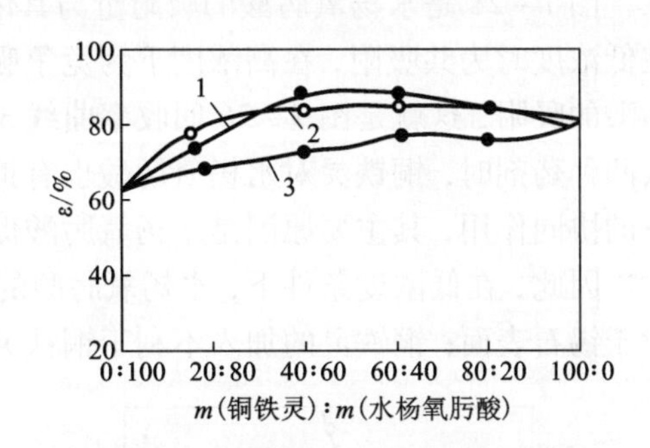

图7－26 混合捕收剂比例与锡石回收率的关系

(药剂总浓度20 mg/L，pH为7～8)

1—先加入水杨氧肟酸；2—同时加入两种药剂；3—先加铜铁灵

7.7.2 吸附量的测定及药剂间的交互作用

为了考察捕收剂加入顺序对药剂间协同作用的影响，分三种情况进行样品处理。

(1)当一种捕收剂单独加入时，其处理过程为：称取2.00 g锡石单矿物于50 mL小烧杯中，加入一定量的水(使最后矿浆总体积为25.00 mL)，然后分别加入0.25、0.50、1.00、1.50、2.00、4.00、7.00 mL浓度为1 mg/mL的水杨氧肟酸或铜铁灵溶液，在磁力搅拌器上搅拌7 min，用H_2SO_4或NaOH调节矿浆pH为7～8，再搅拌13 min，过滤后取滤液5.0 mL，加到25 mL容量瓶中，用甲醇稀释到刻度，用注射器取样分析，用液相色谱法测得峰面积与浓度的关系，并计算吸附量。

(2)当两种捕收剂同时加入时，其过程基本同上，不同的是将1.00 mL浓度为1 mg/mL的其中一种捕收剂与0.25、0.50、1.00、1.50、2.00、4.00、7.00 mL浓度为1 mg/mL的另一种捕收剂混合，再一起加到小烧杯中。

(3)当两种捕收剂依次加入时，其过程如下：称取2.00 g锡石单矿物于50 mL小烧杯中，加入一定量水，先加入1.00 mL浓度为1 mg/mL的一种捕收剂，搅拌4 min，然后再分别加入0.25、0.50、1.00、1.50、2.00、4.00、7.00 mL浓度为

1 mg/mL的另一种捕收剂，搅拌3 min，余下步骤同上。

图7－27是铜铁灵的吸附量与其浓度的关系曲线，当铜铁灵浓度小于80 mg/L时，三条吸附量曲线相差较小，说明加入水杨氧肟酸后，当铜铁灵浓度较小时，两者之间的吸附相互影响较小，可以推知铜铁灵与水杨氧肟酸共吸附于矿物表面；随着铜铁灵浓度增加，吸附量曲线差异增大，说明两者药剂之间产生竞争吸附。而且，先加入水杨氧肟酸后，铜铁灵的吸附量明显增加，亦即水杨氧肟酸促进铜铁灵在矿物表面的吸附；同样，同时加入两种捕收剂时，水杨氧肟酸也促进铜铁灵的吸附，这就是图7－26中回收率曲线1，2产生正的协同作用的原因。

图7－28是水杨氧肟酸的吸附量与其浓度的关系曲线。同理可知，两种药剂在低浓度时为共吸附，在高浓度下为竞争吸附，而且先加入铜铁灵抑制了水杨氧肟酸的吸附，这就是图7－26回收率曲线3没有正协同效应的原因。当然同时加入两种药剂时，铜铁灵对水杨氧肟酸也有抑制作用，说明同时加入两种药剂产生正的协同作用，其主要原因是水杨氧肟酸促进了铜铁灵的吸附。

因此，在低浓度条件下，水杨氧肟酸的加入有利于铜铁灵与水杨氧肟酸共吸附于锡石表面；铜铁灵的加入不利于铜铁灵与水杨氧肟酸共吸附于锡石表面。

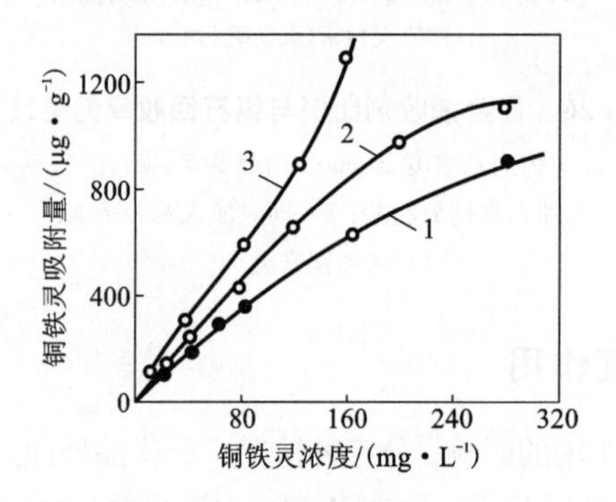

图7－27 铜铁灵浓度与其在锡石表面吸附量的关系

1—单加铜铁灵；

2—同时加入铜铁灵与水杨氧肟酸；

3—先加水杨氧肟酸后加铜铁灵

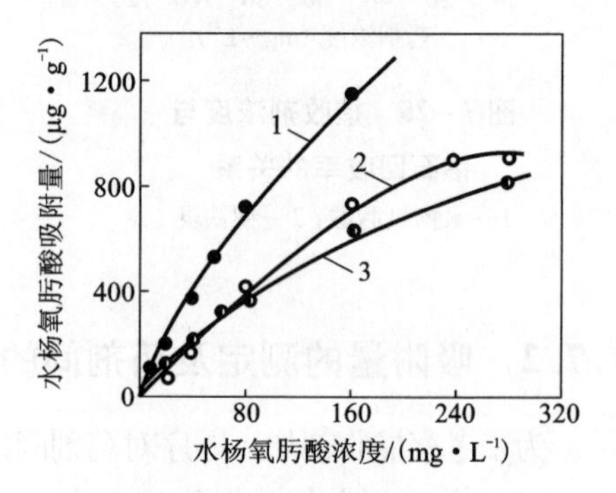

图7－28 水杨氧肟酸浓度与其在锡石表面吸附量的关系

1—单加水杨氧肟酸；

2—同时加入水杨氧肟酸与铜铁灵；

3—先加入铜铁灵后加水杨氧肟酸

图7－29和图7－30进一步说明了上述观点。图7－29是固定水杨氧肟酸浓度为40 mg/L，改变铜铁灵浓度时水杨氧肟酸的吸附曲线。从曲线1可知，后加入铜铁灵对先加入的水杨氧肟酸有抑制作用；曲线2是同时加入两种捕收剂时水杨氧肟酸的吸附曲线，也表现了同样的规律。图7－30是固定铜铁灵浓度为40 mg/L，改变水杨氧肟酸浓度时铜铁灵的吸附曲线。无论先加入铜铁灵还是同时加入两种药剂，水杨氧肟酸都促进了铜铁灵的吸附。

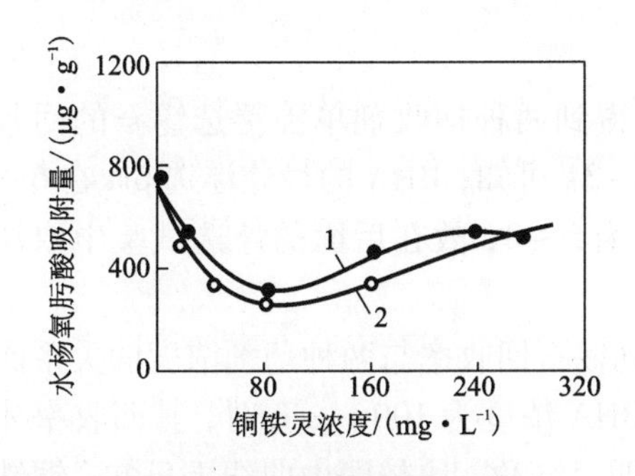

图7-29　铜铁灵浓度对水杨氧肟酸吸附量的影响

1—先加水杨氧肟酸；
2—同时加入两种捕收剂

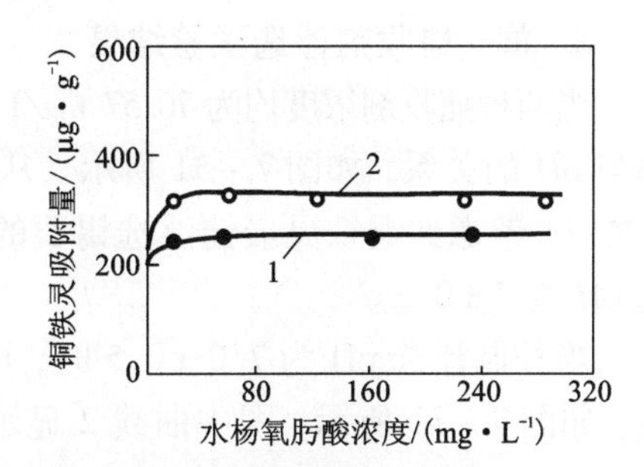

图7-30　水杨氧肟酸浓度对铜铁灵吸附量的影响

1—先加铜铁灵；
2—同时加入两种捕收剂

从图7-25可知，水杨氧肟酸达到最大回收率所需的浓度较小，可以认为水杨氧肟酸的捕收能力比铜铁灵强，这样就可以把两种药剂之间的协同作用情况抽象表述为：当强弱两种捕收剂混合使用时，先加入捕收能力强的捕收剂或两种捕收剂同时加入均有利于药剂之间产生正协同作用；先加入捕收能力弱的捕收剂则产生负的协同作用。利用正的协同作用，可提高矿物浮选回收率，利用负的协同作用，可提高矿物浮选的选择性。

3. 结论

(1)锡石单矿物浮选时，先加入水杨氧肟酸或同时加入铜铁灵与水杨氧肟酸，在较大的比例范围内，存在正的协同作用。

(2)水杨氧肟酸与铜铁灵在低浓度下为共吸附，在高浓度下为竞争吸附。

(3)强弱两种捕收剂混合使用时，先加入强捕收剂或同时加入两种捕收剂有利于产生正协同作用，先加入弱捕收剂则产生负的协同作用。

7.8　铜铁灵与苯甲氧肟酸混用浮选锡石细泥

铜铁灵是锡石的有效捕收剂，它的制法、性质、对锡石的捕收性能和作用机理已于第5章5.4节中介绍。单用铜铁灵浮选锡石细泥虽然得到较好的浮选指标，但用量大，单耗1250 g/t；如与苯甲氧肟酸(简称BHA)混用，利用两种药剂的协同效应可降低用量，并得到良好的浮选指标。

7.8.1　锡石单矿物浮选试验

1. 试样、试剂和浮选流程

BHA是自己合成的，纯度98%；铜铁灵是分析纯试剂；试样和浮选流程与本章7.7节相同。

2. 单一捕收剂浮选试验结果

当两种捕收剂浓度均为76.57 mg/L时，得到两种捕收剂单独浮选锡石的回收率与pH的关系，如图7-31所示。从图7-31可知，BHA的最佳浮选pH在6~9之间，考虑到铜铁灵最佳浮选锡石的pH为5~8，故在后面的浮选试验中取浮选pH为7±0.5。

当控制浮选pH为7.0±0.5时，可得到锡石回收率与两种药剂浓度的关系曲线，如图7-32所示，图中曲线2显示当BHA浓度为100 mg/L时，其回收率才达到96%，在此之前其浓度与回收率无太明显变化，比较图中曲线1可知，铜铁灵对锡石的捕收能力比BHA强。

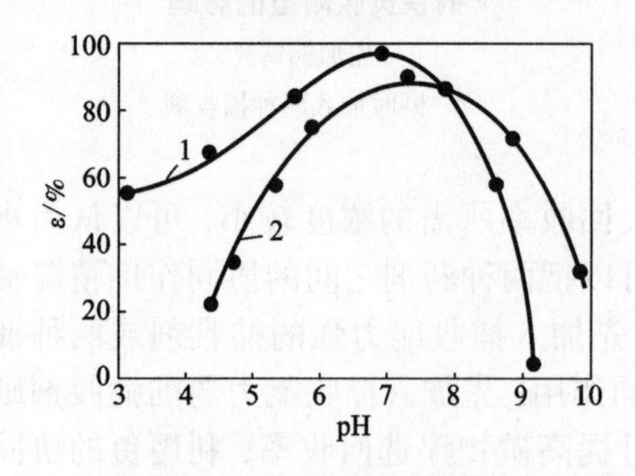

图7-31 单用捕收剂时锡石回收率与pH的关系

1—铜铁灵；2—苯甲氧肟酸

(药剂浓度均为76.57 mg/L)

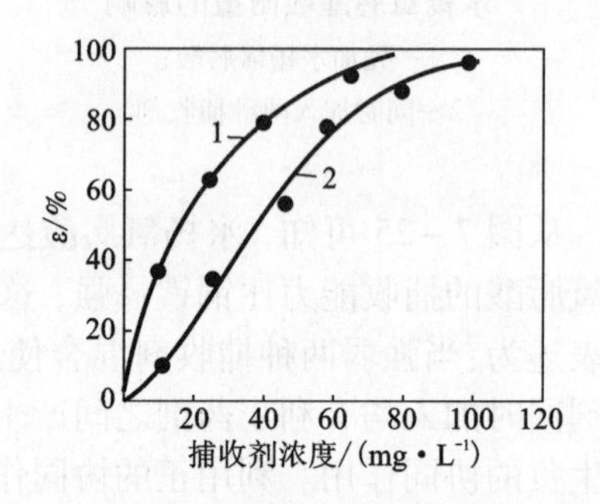

图7-32 单用捕收剂时锡石回收率与浓度关系

1—铜铁灵；2—苯甲氧肟酸

(pH为7.0±0.5)

2. 混用捕收剂试验结果

固定两种药剂总用量20 mg/L，矿浆pH为7±0.5，改变药剂之间的浓度比，得到捕收剂混合比与锡石回收率的关系，见图7-33。从图7-33看出，当先加入较强捕收剂铜铁灵时产生正的协同效应最大；当同时加入两种捕收剂时也产生较大的协同效应；当先加入较弱的捕收剂BHA时，没有正的协同效应。

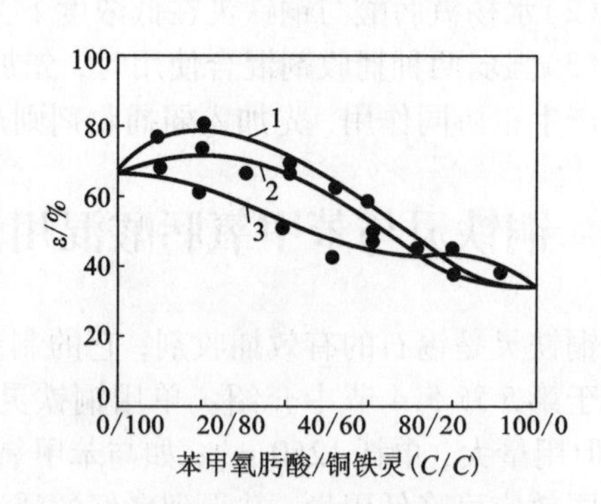

图7-33 混用捕收剂时锡石回收率与药剂比例的关系

1—先加铜铁灵；2—同时加入两种药剂；3—先加苯甲氧肟酸

(药剂总用量20 mg/L，pH为7.0±0.5)

7.8.2 天然锡石细泥浮选试验

1. 试样

与本章7.4节试样相同。

2. 浮选流程和试验结果

在脱硫浮选试验、浮锡条件试验和开路精选试验的基础上，采用图7-34闭路流程和表7-28的药剂制度和工艺条件，多次闭路试验结果见表7-29。图7-33曲线1是先加入铜铁灵后加入BHA，锡石回收率与BHA/铜铁灵浓度比的关系曲线，此曲线的协同效应最大，且BHA/铜铁灵为10~20/90~80时，协同效应最为显著，故表7-28中苯甲氧肟酸100 g/t与铜铁灵800 g/t混用，利用了最大协同效应的药剂浓度比配方。从表7-29看出:将锡石细泥中的硫尽可能浮出后，再用铜铁灵-苯甲氧肟酸混合捕收剂浮选锡石，经一粗二精闭路流程，并将浮选锡精矿进行弱磁选，脱去磁黄铁矿后，可从含锡1.61% Sn的给矿，得到品位32.38% Sn、回收率91.14%的锡精矿，指标较好。同是因为利用了混合用药的协同效应，进行浮锡闭路试验时捕收剂用量第一个试验为900 g/t，从第二个试验起降为810 g/t，比第5章第5.4节铜铁灵浮选锡石细泥单耗1250 g/t大幅度降低。

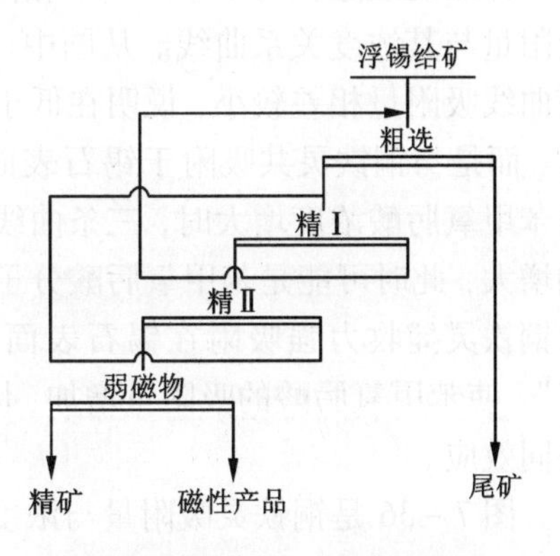

图7-34 铜铁灵-苯甲氧肟酸混合用药浮选锡石细泥闭路流程

表7-28 闭路试验的药剂制度和工艺条件

药剂制度/($g \cdot t^{-1}$)	工 艺 条 件	
	搅拌时间/min	浮选时间/min
粗选：H_2SO_4 1000，CMC100，铜铁灵800 苯甲氧肟酸100(从第二个试验起加90%) 松醇油20(从第二个试验起加10)	粗—精Ⅰ—精Ⅱ 50—5—5	粗—精Ⅰ—精Ⅱ 13—7—2

表7-29 用铜铁灵-苯甲氧肟酸混合用药浮选锡石细泥闭路试验结果 %

试验编号	给矿品位	尾矿品位	精矿品位	回收率
闭1	1.60	0.13	34.25	91.90
闭2	1.69	0.10	29.04	94.24
闭3	1.54	0.16	34.12	89.79
闭4	1.59	0.15	32.12	90.93
平均值	1.61	0.14	32.38	91.14

7.8.3 铜铁灵－苯甲氧肟酸在锡石表面吸附量的测定和协同机理的探讨

样品处理过程与本章7.4节相同，此处不再重复。图7－35是苯甲氧肟酸的吸附量与其浓度关系曲线。从图中可知，当苯甲氧肟酸浓度小于40 mg/L时，三条曲线吸附量相差较小，说明在低于这一浓度下，苯甲氧肟酸不能形成半胶团吸附，而是与铜铁灵共吸附于锡石表面，此时铜铁灵对苯甲氧肟酸的吸附影响小；当苯甲氧肟酸浓度增大时，三条曲线相差较大，说明铜铁灵对苯甲氧肟酸吸附影响增大，此时可能是苯甲氧肟酸分子与铜铁灵分子一起形成"复合半胶团"，又因为铜铁灵捕收力强吸附在锡石表面比较牢固，又与苯甲氧肟酸生成"复合半胶束"，使苯甲氧肟酸的吸附量增加，因此，先加入铜铁灵或二者同时加入都形成正协同效应。

图7－36是铜铁灵吸附量与浓度的关系曲线，从图中可知，当铜铁灵浓度小于40 mg/L时，三条曲线吸附量几乎重叠，说明苯甲氧肟酸与铜铁灵的吸附量较小，此时铜铁灵浓度不足以与苯甲氧肟酸形成"半胶团"，随着铜铁灵浓度的增加，它的分子与吸附在锡石表面的苯甲氧肟酸分子形成"复合半胶团"，又因苯甲氧肟酸捕收力弱、较易解吸，使"复合半胶团"也易解吸，故不利于铜铁灵的吸附，导致先加入苯甲氧肟酸后加入铜铁灵作浮锡捕收剂时，产生负的协同效应。

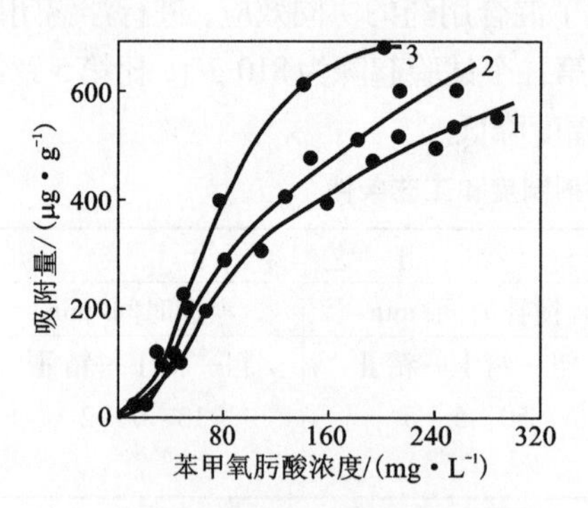

图7－35 苯甲氧肟酸的吸附量

1—单加苯甲氧肟酸；
2—同时加入苯甲氧肟酸与铜铁灵；
3—先加入铜铁灵后加苯甲氧肟酸

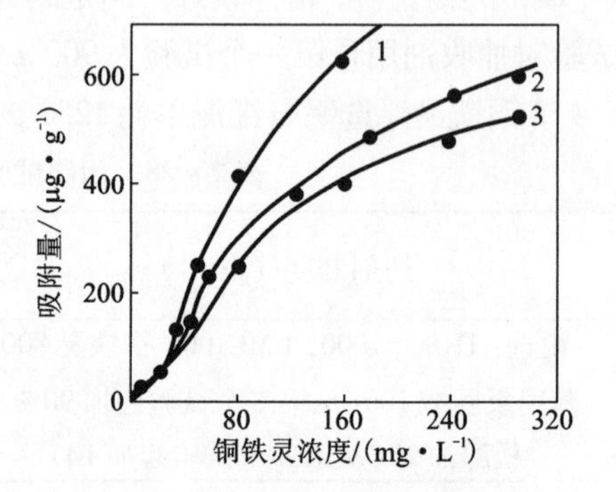

图7－36 铜铁灵的吸附量

1—单加铜铁灵；
2—同时加入铜铁灵与苯甲氧肟酸；
3—先加入苯甲氧肟酸后加铜铁灵

参考文献

[1] 朱建光，周春山，刘德全. 捕收剂混合使用的协同效应[J]. 国外金属矿选矿，1995(10)：34～38.

[2] 李炳秋，混合用药的效果[J]. 中国矿山工程，1985(4)：39～48.

[3] 陈宝权，李慧芬. 降低选矿药耗的几项措施[J]. 湖南冶金，1986(2)：3～6.

[4] 张闿. 捕收剂混合使用的协同效应类型及其数学表达式研究[J]. 矿冶工程，1989，9(4)：20～26.

[5] 朱建光，孙巧根. 苄基胂酸浮选黑钨矿细泥[J]. 有色金属(选矿部分)，1980(6)：20～23.

[6] 朱建光，朱玉霜. 黑钨与锡石细泥浮选药剂[M]. 北京：冶金工业出版社，1983.

[7] 朱建光，江世荫. 甲苄胂酸对黑钨细泥的捕收性能[J]. 有色金属，1983，35(4)：32～37.

[8] 朱玉霜，朱建光，江世荫. 甲苄胂酸对黑钨矿和锡石矿泥的捕收性能[J]. 中南矿冶学院学报，1981(3)：23～28.

[9] 朱建光，朱一民. 甲苄胂酸与黄药混用浮选黑钨细泥[J]. 中南矿冶学院学报，1984，2(1)：19～25.

[10] 朱一民. 甲苄胂酸与黑钨作用机理探讨[J]. 湖南冶金，1984，4 (4)：10～14.

[11] 朱建光，周春山. 混合捕收剂的协同效应在黑钨、锡石细泥浮选中的应用[J]. 中南工业大学学报，1995，26(4)：465～469.

[12] 朱玉霜，朱建光. F－(203) －TBP 混合捕收剂浮选锡石细泥[J]. 中南矿冶学院学报，1994，25(1)：122～125.

[13] 刘德全，周春山，朱建光. F－(203)和 TBP 混用浮选锡石细泥捕收机理[J]. 中南工业大学学报，1995，26(1)：43～47.

[14] 周泰来. 细粒锡石选矿方法及生产实践[J]. 有色金属(选矿部分)，1993(5)：1～4.

[15] 刘德全，朱建光. 水杨羟肟酸与铜铁灵浮选锡石的协同作用及其机理研究[J]. 矿冶工程，1994，14(2)：27～31.

[16] 朱建光，刘德全. 铜铁灵对锡石细泥的捕收性能[J]. 矿冶工程，1992，12(3)：21～23.

[17] 刘德全，周春山，朱建光. 水杨羟肟酸和 P－86 混用浮选锡石的捕收机理[J]. 有色金属，1995，47(3)：38～42.

8 混合用药浮选黑白钨矿

目前，国内外有两种方法浮选白钨、萤石共生矿。一种为烧碱法，即过去柿竹园矿生产采用的方法；另一种为石灰法，即以石灰和碳酸钠代替烧碱，仍用大量水玻璃抑制萤石。这两种方法都采用脂肪酸类捕收剂(油酸、氧化石蜡皂等)，在高碱度矿浆条件下(pH > 11)抑制萤石，浮选白钨矿。如果矿石中同时含有黑钨时便存在两个问题：①黑钨矿浮选效果较差；②因为浮选白钨时萤石受到强烈抑制，再浮选萤石时很难得到好的指标。通过科技攻关产生了 CF 法、GY 法和其他混合用药的浮选方法，解决了黑白钨混合浮选，提高了浮选指标。本章将介绍 CF 法、GY 法等混合用药浮选黑白钨的方法。

8.1 CF 法

这种方法的药剂制度是：用少量的水玻璃作调整剂(100 ~ 400 g/t)、硝酸铅作活化剂、用 CF 药剂作捕收剂、极少量的乳化油酸或油酸作起泡剂，浮选矿浆的 pH 一般为 7 ~ 9。这种方法的关键是新型钨浮选捕收剂 CF(即铜铁灵，或称亚硝基苯胲胺盐)的应用。

8.1.1 CF(亚硝基苯胲胺盐)制法

请参阅第五章 5.4 节。

8.1.2 单矿物浮选试验

1. 试样、药剂及试验方法

白钨矿、黑钨矿和萤石矿样均取自湖南柿竹园有色金属矿，方解石来自北京矿物标本厂。白钨矿和黑钨矿样品经老虎口、对辊破碎机、棒磨、摇床、弱磁选、强磁选、高压静电选和多次淘洗后得到；萤石样品为结晶良好的富矿，锤碎后在紫外线分析仪照射下人工拣取结晶好的颗粒；方解石为块状纯净结晶。四种样品都用去离子水多次清洗，经瓷球磨磨至 -0.074 mm，全级别入选。提纯后白钨矿和黑钨矿含 WO_3 分别为 76.18% 和 72.47%，萤石含 CaF_2 98.92%，方解石含 CaO 57.35%。所用药剂 CF 和 OS-2 自制，其他药剂为化学试剂。试验在 25 mL XFG 型挂槽浮选机中进行，每次称取 2.00 g 矿样，加适量去离子水，按调整剂、活化剂、捕收剂和起泡剂的顺序加药，加药结束后测定矿浆 pH，浮选产品分别烘干、称重，计算回收率。

2. 浮选试验结果及讨论

1）CF 药剂对矿物可浮性的影响

（1）CF 用量对矿物可浮性的影响

CF 用量试验在自然 pH 下进行，未加活化剂，其试验结果列于图 8 - 1。由图 8 - 1 可知，未加活化剂时 CF 捕收剂对白钨矿、黑钨矿和方解石的捕收能力较弱，其用量变化对三种矿物的浮游性影响很小，但 CF 药剂对萤石有一定的捕收能力，随 CF 用量增大萤石上浮率增大。

（2）矿浆 pH 对四种矿物可浮性的影响

试验采用 NaOH 调浆，矿浆 pH 对矿物可浮性的影响见图 8 - 2。由图 8 - 2 可知，白钨矿和黑钨矿在试验 pH 范围内可浮性差，白钨矿最高回收率不超过 40%、黑钨矿未超过 25%，说明 CF 捕收剂在无活化剂存在时不能浮选白钨矿和黑钨矿；萤石在 pH <3 时基本不浮，pH >3 可浮性直线上升，pH >8 时萤石可浮性直线下降，这说明萤石在适当条件下可以抑制可浮性；方解石在试验 pH 范围内可浮性较差，回收率不超过 45%。如果能解决白钨矿和黑钨矿的活化问题，CF 药剂在碱性矿浆中有可能分离白钨矿、黑钨矿、萤石和方解石。

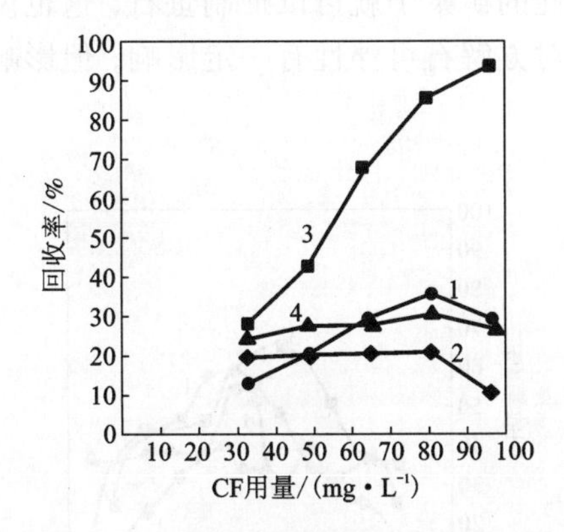

图 8 - 1　CF 用量对矿物可浮性的影响

（自然 pH）

1—白钨矿；2—黑钨矿；3—萤石；4—方解石

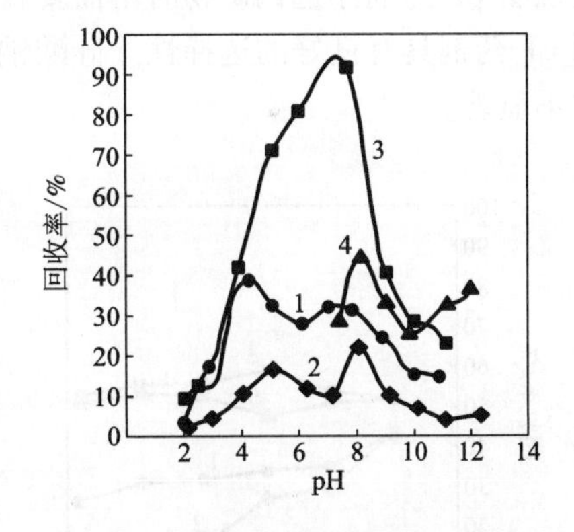

图 8 - 2　矿浆 pH 对矿物可浮性的影响

（CF 用量 80 mg/L）

1—白钨矿；2—黑钨矿；3—萤石；4—方解石

（3）硅酸钠用量对矿物可浮性的影响

硅酸钠是硅酸盐矿物的有效抑制剂，少量的硅酸钠可以强烈地抑制这些矿物。硅酸钠用量对矿物可浮性的影响见图 8 - 3，硅酸钠用量试验的初始 pH 均为四种矿物浮选的最佳 pH。由图 8 - 3 可见，硅酸钠用量对白钨矿和黑钨矿的可浮性影响很大，随硅酸钠用量的增大两种矿物的可浮性均下降，硅酸钠是萤石的有效抑制剂，当硅酸钠用量为 32 mg/L 时，萤石浮游率从 94% 下降到 52% 左右，随后硅酸钠用量增加萤石浮游性基本不变；硅酸钠对方解石的浮游性影响很小，说明它不是方解石的有效抑制剂。解决白钨矿和黑钨矿的活化问题，硅酸钠可作为分离脉石矿物的抑制剂。

(4)硅酸钠和矿浆 pH 对矿物可浮性的影响

硅酸钠和矿浆 pH 对矿物可浮性的影响见图 8-4。由图 8-4 可见，硅酸钠与矿浆 pH 联合作用对白钨矿可浮性的影响与未加硅酸钠时矿浆 pH 对白钨矿的可浮性影响基本相似。与图 8-2 比较，不同的是在酸性区域，硅酸钠与 pH 联合作用下，白钨矿回收率峰值位置向左移了 1.5 个 pH，回收率峰值有所下降，说明白钨矿可浮性有所降低；在碱性区域，虽然其峰值位置与未加硅酸钠时相同(pH=8 附近)，但峰值有明显增加，说明硅酸钠的添加可改善白钨矿的可浮性，对 CF 药剂在碱性矿浆中浮选白钨矿有益。黑钨矿浮选的规律性也与未加硅酸钠时的浮选规律相同，但可浮性有所改善，这可能是硅酸钠的添加对矿浆的分散性有所改善之故。萤石的浮游规律虽然与未加硅酸钠时相同，但添加硅酸钠对萤石有明显的抑制作用，与图 8-2 比较，萤石回收率峰值位置向左偏移约 1.5 个 pH，峰值也有明显下降，在 pH 为 8.0 时，萤石回收率由原来的 86% 左右降到 50%。这说明 CF 药剂浮选钨矿物时不需要在强碱性的矿浆中就可以抑制萤石，这也说明 CF 药剂具有良好的选择性。硅酸钠添加对方解石可浮性有一定影响，但影响并不显著。

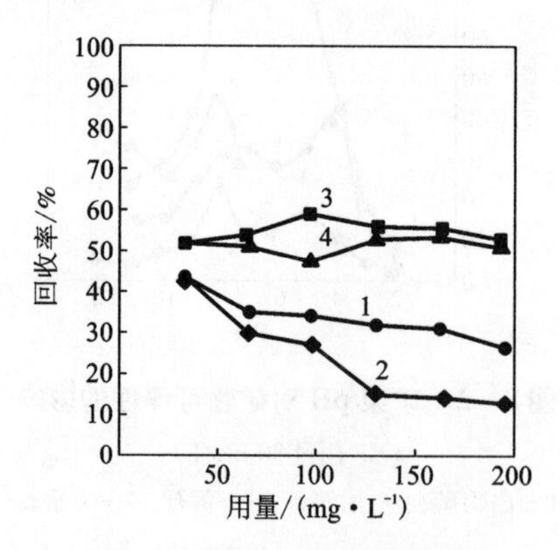

图 8-3　硅酸钠用量对矿物可浮性的影响

(CF 用量 80 mg/L)

1—白钨矿；2—黑钨矿；3—萤石；4—方解石

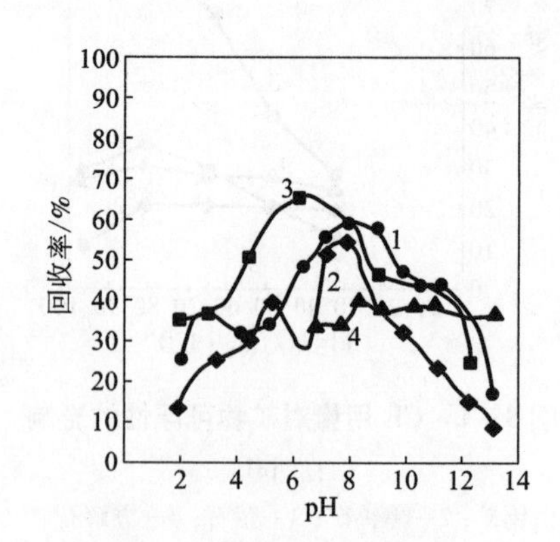

图 8-4　硅酸钠、矿浆 pH 对矿物可浮性的影响

(CF 80 mg/L; $Na_2SiO_3 \cdot 9H_2O$ 32 mg/L)

1—白钨矿；2—黑钨矿；3—萤石；4—方解石

综上所述，CF 药剂对萤石和方解石具有良好的选择性，只要解决白钨矿、黑钨矿的活化，CF 就有可能成为白钨矿、黑钨矿、萤石和方解石分离的选择性捕收剂。

2）硝酸铅对矿物可浮性的影响

（1）硝酸铅用量对矿物可浮性的影响

$Pb(NO_3)_2$ 用量对矿物可浮性的影响见图 8－5。由图 8－5 可见，$Pb(NO_3)_2$ 对白钨矿和黑钨矿均有良好的活化作用。与未加 $Pb(NO)_2$ 时相比，黑钨矿和白钨矿的回收率均提高 60% 以上，说明 CF 药剂只有在活化剂存在时才对钨矿物有良好的捕收效果。$Pb(NO_3)_2$ 对萤石可浮性有影响，随 $Pb(NO_3)_2$ 用量增加萤石上浮率增大，当用量增至 80 mg/L 时，萤石可浮性下降，但与未加 $Pb(NO_3)_2$ 时萤石的最大回收率相比基本相差不大，这说明 $Pb(NO_3)_2$ 的加入不会显著地活化萤石，萤石可浮性随 $Pb(NO_3)_2$ 用量变化的原因可能是 $Pb(NO_3)_2$ 的加入改变了矿浆 pH。$Pb(NO_3)_2$ 对方解石可浮性影响不大。

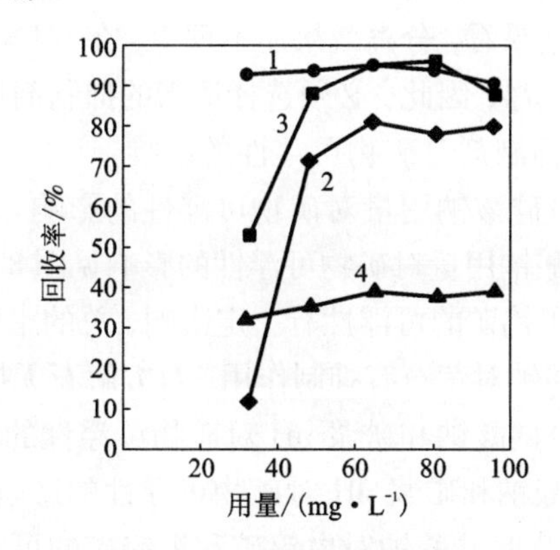

图 8－5 $Pb(NO_3)_2$ 用量对矿物可浮性的影响

（CF 80 mg/L）

1—白钨矿；2—黑钨矿；3—萤石；4—方解石

（2）矿浆 pH 和 $Pb(NO_3)_2$ 对矿物可浮性的影响

矿浆 pH 和 $Pb(NO_3)_2$ 对矿物可浮性的影响见图 8－6。与未加 $Pb(NO_3)_2$ 时的图 8－2 比较，白钨矿在整个试验的 pH 范围内受到 $Pb(NO_3)_2$ 的活化，在 pH＝4.0～9.0 时，白钨矿均有良好的可浮性，回收率提高达 93%，说明 $Pb(NO_3)_2$ 对白钨矿有显著的活化作用；$Pb(NO_3)_2$ 对黑钨矿也具有强烈的活化作用，在 pH 为 6.4～8.5 范围时黑钨矿回收率均在 80% 以上，pH＞8.5 时，黑钨矿可浮性下降；$Pb(NO_3)_2$ 对萤石不起活化作用，因为不加$Pb(NO_3)_2$时萤石的可浮性规律及浮游率基本不变，萤石在 pH＞8.2 时可浮性

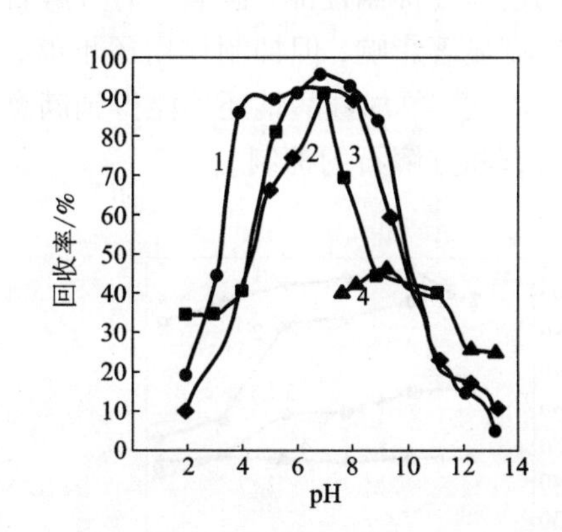

图 8－6 矿浆 pH 和 $Pb(NO_3)_2$ 对矿物可浮性的影响

（CF 80 mg/L；$Pb(NO_3)_2$ 64 mg/L）

1—白钨矿；2—黑钨矿；3—萤石；4—方解石

下降很快，说明在其他抑制剂作用下，萤石在 pH 为 8.0 ~ 9.0 时能够被抑制；方解石在 pH = 8.0 ~ 11.0 时可浮性变化不大，pH > 11.0 时受到抑制。

综上所述，$Pb(NO_3)_2$ 是白钨矿和黑钨矿的有效活化剂，对萤石和方解石的可浮性影响很小，有可能在 pH = 8.0 ~ 8.5 时分离白钨矿、黑钨矿、萤石和方解石。但从实验结果看，分离效果还不理想，在 pH = 8.2 时，仍有 50% 的萤石和 40% 左右的方解石上浮，因此，必须选择适当的抑制剂加强对萤石和方解石的抑制。

3）抑制剂对矿物可浮性的影响

（1）硅酸钠用量对矿物可浮性的影响

硅酸钠用量对矿物可浮性的影响见图 8 – 7。由图 8 – 7 可见：硅酸钠用量对白钨矿和黑钨矿的可浮性有一定影响，总的来看它们的可浮性随硅酸钠用量升高而下降，硅酸钠对萤石有抑制作用，对方解石无抑制作用，其用量在 64 mg/L 为宜。

（2）硅酸钠和矿浆 pH 对矿物可浮性的影响

硅酸钠和矿浆 pH 对矿物可浮性的影响见图 8 – 8。由图 8 – 8 可见：在 pH = 4.0 ~ 9.0 时硅酸钠对白钨矿和黑钨矿的可浮性影响不大；在 $Pb(NO_3)_2$ 存在情况下，硅酸钠对萤石有显著的抑制作用，在 pH = 7.0 条件下萤石的回收率峰值由未加 $Pb(NO_3)_2$ 时的 90% 下降到 54%，这主要是因为高价金属阳离子的存在强化了硅酸钠的选择性抑制性能；硅酸钠对方解石的可浮性影响不大。虽然硅酸钠对萤石可浮性有显著影响，但抑制作用还不够，另外方解石在试验 pH 范围内没有受到抑制。因此，单加硅酸钠还不能得到满意的分离效果，还必须选择别的抑制剂加强对萤石和方解石的抑制。

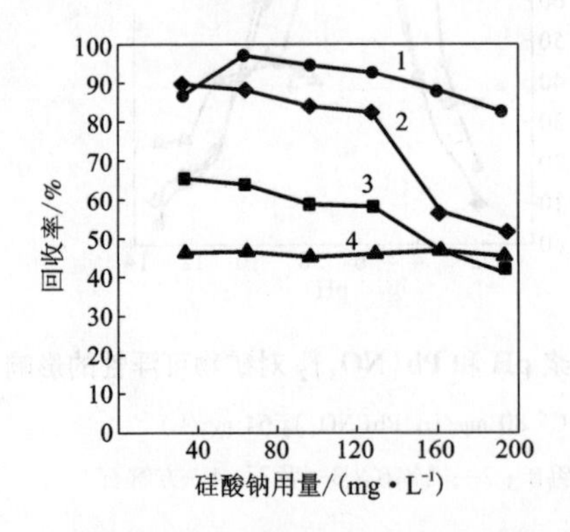

图 8 – 7 硅酸钠用量对矿物可浮性的影响

（CF 80 mg/L；$Pb(NO_3)_2$ 64 mg/L）

1—白钨矿；2—黑钨矿；3—萤石；4—方解石

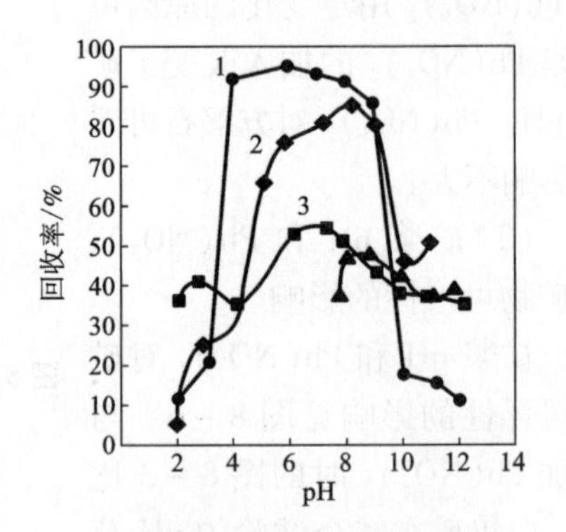

图 8 – 8 硅酸钠、矿浆 pH 对矿物可浮性的影响

（CF 80 mg/L；$Pb(NO_3)_2$ 64 mg/L；$Na_2SiO_3 \cdot 9H_2O$ 64 mg/L）

1—白钨矿；2—黑钨矿；3—萤石；4—方解石

(3)硅酸钠、CMC和矿浆pH对矿物可浮性的影响

CMC是萤石和方解石的良好抑制剂，但对钨矿物也有强烈的抑制作用，适量添加可显著改善钨矿物与脉石矿物的浮选分离，其用量以0.2 mg/L为宜。硅酸钠、CMC和矿浆pH对矿物可浮性的影响见图8-9。由图8-9可见，CMC对白钨矿可浮性有显著影响，未加CMC时，pH=4.0~9.0时白钨矿均有良好的可浮性，加入CMC后明显使白钨矿的可浮性范围变窄，白钨矿仅在pH=7.0~9.0时可浮性较高，pH>9.0和pH<7.0时白钨矿可浮性急剧下降；CMC对黑钨矿可浮性也有明显影响，可浮性范围变窄，只在pH=8.0左右有较好可浮性；CMC对萤石也有强抑制作用，在pH=8.0~9.0时，萤石基本被抑制，萤石上浮率仅15%~25%；CMC对方解石抑制作用明显，在pH=9.0时方解石基本被抑制。

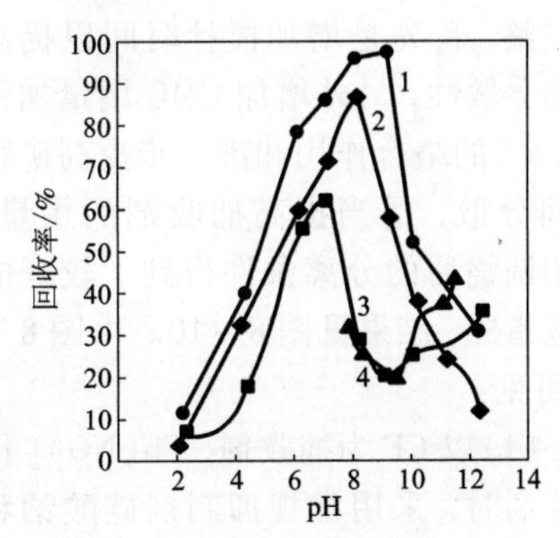

图8-9 硅酸钠、CMC和矿浆pH对矿物可浮性的影响

(CF 80 mg/L; $Pb(NO_3)_2$ 64 mg/L; $Na_2SiO_3 \cdot 9H_2O$ 64 mg/L; CMC 0.2 mg/L)

1—白钨矿；2—黑钨矿；3—萤石；4—方解石

综上所述，以CF为捕收剂，$Pb(NO_3)_2$作活化剂，硅酸钠和CMC作抑制剂的新分离方法——CF法，在pH=8.0~9.0内能很好地分离白钨矿、黑钨矿、萤石和方解石。

4)人工混合样的浮选分离试验

为了验证单矿物的浮选结果，进行了人工混合样的分离浮选试验，考察了矿物之间的相互作用和该分离方法的实用性。人工混合样的成分为：m(白钨矿)∶m(黑钨矿)∶m(萤石)∶m(方解石)=0.7∶0.3∶1.0∶0.5(质量比)，矿样含WO_3约30%。从单矿物的粒度组成看，白钨矿的粒度组成-80+30 μm占77.90%，黑钨矿-80+30 μm占81.74%，萤石+31 μm为13.3%，-31 μm占86.7%，方解石+31 μm占21.5%。从浮选角度看，-80+30 μm粒级的矿物是浮选法处理的最佳粒级，而对-30 μm的矿物，浮选的选别效率较低。

试验过程中发现，采用前述分离条件，混合样的分离效果很不理想，精矿品位最高为50.76%，回收率未超过80%。究其原因，一方面可能是矿物溶解的离子相互影响使钨矿物的浮游性下降或是矿浆中大量的Ca^{2+}离子存在，消耗部分捕收剂而使捕收剂量不足；另一方面是由于萤石和方解石粒度偏细，萤石-31 μm为86.70%，方解石-31 μm为78.6%，而-7.8 μm萤石和方解石分别占37.2%和37.0%。这些细颗粒在矿浆中由于分散性不好或是矿物间互相团聚而黏附在其他矿物上造成钨矿物浮游性下降，或是机械夹杂而随钨矿物上浮，造成钨精矿

品位偏低。基于此，对分离条件做适当调整，首先是增加搅拌时间以提高矿物分散性，另外增加 CMC 用量加强对 Ca^{2+} 的络合作用和进一步提高矿物之间分散，适当提高捕收剂的用量。采用调整后的分离条件得到了较好的分选指标，结果见图 8－10。由图 8－10 可见：

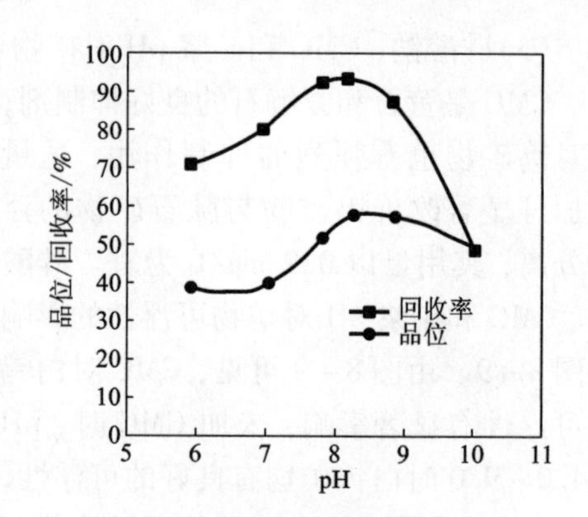

图 8－10　白钨矿、黑钨矿、萤石和方解石混合矿的分离结果

(CF 96 mg/L; $Pb(NO_3)_2$ 80 mg/L; $Na_2SiO_3 \cdot 9H_2O$ 64 mg/L; CMC 0.4 mg/L)

(1)以 CF 为捕收剂，$Pb(NO)_2$ 作活化剂时，采用常规抑制剂硅酸钠和 CMC 就能很好地分离白钨矿、黑钨矿、萤石和方解石。对于人工混合样(含 WO_3 30.06%)，一次选别可得到含 WO_3 55.46%、回收率为 93.85% 的精矿，取得较好指标。

(2)此分离方法在弱碱性矿浆中(pH 为 8.2)就可实现钨矿物与萤石和方解石的浮选分离，不像皂类捕收剂需要在强碱性矿浆中才能抑制萤石和方解石。这对钨矿物的浮选十分有利，同时由于碱用量减少，改善了矿浆泡沫稳定性，使操作过程更为平衡。

(3)CF 捕收剂既是白钨矿的有效捕收剂，也能有效地浮选黑钨矿，因此 CF 法分离工艺为黑白钨矿物交代的矽卡岩矿石处理提供了一种全新的处理方法，有可能代替传统的彼得洛夫法。

(4)由于对参数未系统考查，所以分选指标不一定是最佳的，如果对抑制剂进一步研究，有可能进一步提高指标。

3. 结论

(1)CF 捕收剂对微细粒黑钨矿和白钨矿均有良好的捕收作用，对萤石和方解石有较好的浮选选择性。

(2)硝酸铅是钨矿物的有效活化剂，对萤石和方解石基本无活化作用，相反，硝酸铅的存在可以强化硅酸钠对萤石和方解石的抑制作用。

(3)以 CF 为捕收剂，$Pb(NO_3)_2$ 作活化剂，硅酸钠和 CMC 为抑制剂的 CF 法在弱碱性矿浆中(pH 为 8.2)就可实现钨矿物与萤石和方解石的浮选分离，不需要在强碱性矿浆中抑制萤石和方解石。这为黑白钨矿物交代的矽卡岩矿石的合理利用取得了广阔的前景。

8.1.3 CF 法浮选柿竹园钨矿小型试验和半工业试验

1. 矿石性质

试样取自柿竹园矿Ⅲ矿带富矿段，矿石为矽卡岩－云英岩钨钼铋类型矿石，钨矿物有白钨矿、黑钨矿、假象及半假象黑钨矿和钨华；钼矿物有辉钼矿和钼华；铋矿物有辉铋矿、自然铋、铋华、斜方辉铅铋矿和硫银铋矿；其他金属矿物有磁铁矿、黄铁矿及少量的方铅矿、闪锌矿和黄铜矿。氟含在萤石中。主要脉石矿物有石榴石、石英、长石、白云母、绢云母、方解石、辉石、角闪石、黑云母、绿泥石和绿帘石等。在钨矿物中，白钨矿和黑钨矿的比例约为7:3，约有4.2%的钨分散于石榴石中。白钨矿主要分布在矽卡岩中，黑钨矿主要在云英岩中，这两种矿物不能截然分开，交代作用的结果产生了过渡型的假象、半假象黑钨矿，它既有交代生成的白钨矿，又有残余的黑钨矿。原矿化学分析结果如下：

表 8－1 原矿化学成分

成分	WO_3	Mo	Bi	CaF_2	Sn	Cu
含量/%	0.55	0.096	0.16	17.87	0.077	0.050
成分	T_{Fe}	Mn	P	SiO_2	Al_2O_3	MgO
含量/%	5.25	0.62	0.033	40.00	9.60	0.63
成分	Pb	Zn	S	$CaCO_3$	Ag	
含量/%	0.023	0.019	0.56	6.95	4.0(g/t)	

柿竹园多金属矿矿物种类多，共生关系密切，属于复杂、细嵌布、难选多金属矿石。矿物种类多是一大特点，另一特点是矿物嵌布粒度细，显微镜下测定矿物的平均粒径：辉铋矿 0.010 mm、白钨矿 0.028 mm、黑钨矿 0.030 mm、辉钼矿 0.029 mm，萤石的嵌布粒度稍粗，平均粒径为0.078 mm，但有少部分萤石与石榴石、角闪石、辉石及磁铁矿紧密共生，而萤石精矿的纯度要求很高，欲得到高质量的萤石精矿，必须通过细磨才能实现。通过矿物单体解离度的测定和选矿磨矿细度条件试验表明，有利于综合回收钨、钼、铋及萤石四种矿物的最佳磨矿细度为－0.074 mm 占 90%。

2. 小试验流程和试验结果

肖庆苏等用 CF 法对柿竹园多金属矿的钨矿进行了浮选试验，并与烧碱法、石灰法进行了小型试验对比分析。试验条件和结果见图 8－11 和表 8－2。

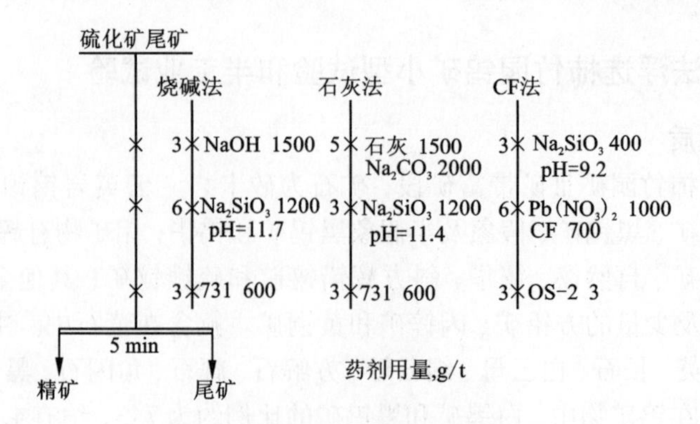

图 8-11 三种方法对比试验条件

表 8-2 三种方法对比试验结果

方法	烧碱法			石灰法			CF 法		
	精矿	尾矿	硫化矿尾矿	精矿	尾矿	硫化矿尾矿	精矿	尾矿	硫化矿尾矿
产率/%	15.77	84.23	100	17.35	82.65	100	17.67	82.33	100
品位/%	2.67	0.15	0.547	2.50	0.13	0.541	2.74	0.081	0.551
回收率/%	76.92	23.08	100	80.15	19.85	100	87.89	12.11	100

从表 8-2 可以看出，烧碱法和石灰法的指标接近，而 CF 法的指标明显优异，精矿品位高、回收率高。和烧碱法相比，精矿品位略高，但回收率高出 10.97%。

3. CF 法主干全浮流程半工业试验

在小型试验的基础上，先后在柿竹园矿完成了 CF 法主干全浮流程的选矿扩大连续试验、半工业试验和工业试验。半工业试验是在柿竹园矿三八〇选厂进行的，试验期间选厂钨浮选分为两个系统，一为试验系统，采用 CF 法；一为生产系统，采用烧碱法。每个系统的处理量各为 100 t/d，浮选流程为一次粗选、二次精选、三次扫选。两个系统同期连续 35 个班的对比结果列于表 8-3，主干全浮流程见图 8-12。

表 8-3 浮选钨半工业试验对比结果

产品名称	试验系统(CF 法)					生产系统(烧碱法)				
	产率/%	品位/%		回收率/%		产率/%	品位/%		回收率/%	
		WO_3	CaF_2	WO_3	CaF_2		WO_3	CaF_2	WO_3	CaF_2
钨粗精矿	4.499	12.94	37.15	89.17	7.59	12.680	4.05	36.09	78.57	20.47
钨浮选尾矿	95.501	0.074	21.31	10.83	92.41	87.320	0.16	20.36	21.43	79.53
给矿(硫化矿尾矿)	100	0.653	22.05	100	100	100	0.653	22.35	100	100

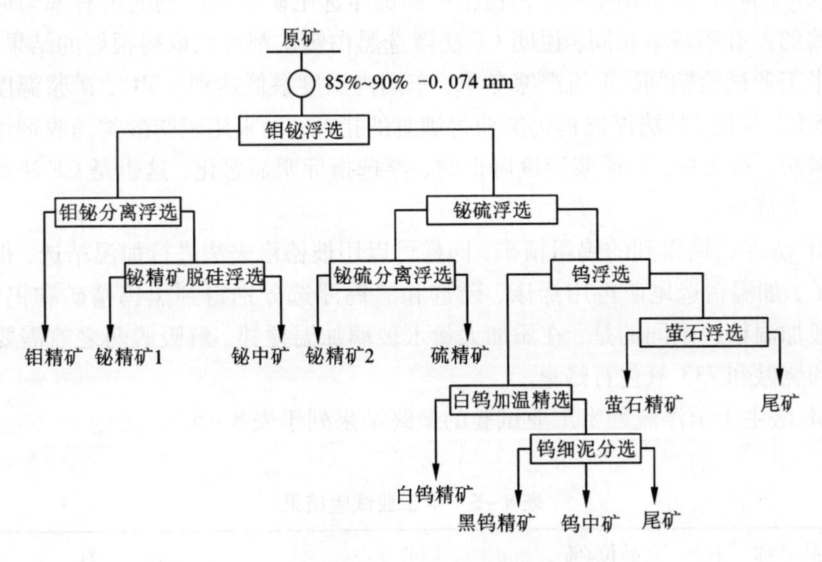

图 8-12 主干全浮流程

从两个系统的对比结果可以看出，CF 法指标的优越性十分明显，钨粗精矿品位提高了 8.89%，产率减少了近三分之二，钨回收率提高了 10.60%。钨粗精矿产率的减少，使进入加温精选的矿量大大减小，从而减少了操作繁琐复杂的加温精选的工作量，降低了能耗。由于钨粗精矿产率低，减少了萤石损失，钨浮选尾矿中萤石的回收率提高了 12.88%。

对采用 CF 法试验系统的原矿、钨粗精矿、钨浮选尾矿进行了钨的物相分析，分析结果见表 8-4。

表 8-4 CF 法钨产品物相分析结果

相别	原矿		钨粗精矿		钨浮选尾矿	
	WO_3 含量/%	占有率/%	WO_3 含量/%	占有率/%	WO_3 含量/%	占有率/%
白钨矿	0.400	62.21	5.57	64.17	0.047	64.38
黑钨矿	0.230	35.77	3.11	35.83	0.026	35.62
钨华	0.009	1.40	—	—	—	—
硅酸盐中含钨	0.004	0.62	—	—	—	—
总计	0.643	100	8.68	100	0.073	100

从产品物相分析结果看，钨粗精矿和钨浮选尾矿中黑白钨的占有率与原矿中黑白钨的占有率基本相同，说明 CF 法浮选黑白钨矿都可以取得很好的结果。

半工业试验期间，正值严寒冬季，车间内温度最低达到 -3℃，矿浆温度最低时仅 5℃，采用 CF 法浮选钨仍能获得满意的指标；而采用脂肪酸类捕收剂浮选钨的烧碱法、石灰法，当矿浆温度降低时，浮选指标明显恶化，这也是 CF 法浮选钨的另一大优点。

CF 法浮选钨得到的钨粗精矿，同样可以用彼德洛夫法进行加温精选，得到白钨精矿，加温精选尾矿再用摇床、磁选和黑钨浮选分别得到黑钨精矿和钨中矿。与一般加温精选不同的是，在添加大量水玻璃加温搅拌、解吸脱药之前需要补加少量的烧碱和 733 氧化石蜡皂。

CF 法主干全浮流程半工业试验的最终结果列于表 8 -5。

表 8 -5　半工业试验结果

产品名称	品位/%		回收率/%	备　注
白钨精矿	WO_3	68.63	65.76	原矿 WO_3 0.655%
黑钨精矿	WO_3	67.79	17.86	钨总回收率 85.83%
钨精矿合计	WO_3	68.41	83.62	
钨中矿	WO_3	10.87	2.21	
钼精矿	Mo	49.70	85.69	原矿 Mo 0.125%
铋精矿	Bi	47.62	75.04	原矿 Bi 0.233%
铋中矿	Bi	2.49	2.11	铋总回收率 77.15%
萤石精矿	CaF_2	98.59	64.35	原矿 CaF_2 17.585%，扩试指标

半工业试验钨的总回收率达到 85.83%，钼、铋、萤石的回收率也都达到了较高水平。

半工业试验期间，对钨粗精矿浓密机溢流水和总尾矿水进行了检查。采用 CF 法，钨粗精矿浓密机溢流水固体含量为 443.5 g/m^3，溢流中 WO_3 的损失率为 0.39%；而烧碱法浮选钨时，钨粗精矿浓密机溢流水中固体含量 2730 g/m^3，溢流水中 WO_3 的损失率为 1.78%。CF 法和烧碱法相比，钨粗精矿浓密机溢流水中 WO_3 损失可减少 1.39%。采用 CF 法浮选钨，尾矿水无须处理，澄清后即可达到排放标准，而烧碱法浮选钨尾矿水须经漂白粉处理后澄清，再用硫酸中和后才能达到排放标准。

8.1.4 CF 法(柿竹园法)工业实验结果

1. 试样性质

试样取自柿竹园矿Ⅲ矿段，与半工业试验试样基本相同，只是含钨品位较低，原矿元素分析结果见表 8-6。

表 8-6 原矿元素化学分析结果 %

元素	WO_3	Mo	Bi	Sn	TFe	Mn	Pb	Zn
含量	0.48	0.069	0.16	0.05	9.82	0.64	0.09	0.05
元素	Cu	Be	S	P	CaF_2	$CaCO_3$	TiO_2	MgO
含量	0.03	0.009	0.48	0.015	19.78	10.46	0.10	1.76
元素	SiO_2	Al_2O_3	K_2O	Na_2O	Au*	Ag*		
含量	41.31	7.34	1.58	0.74	0.06	4.2		

注：* Au、Ag 的单位为 g/t。

2. 工业试验流程

见图 8-13，与半工业试验流程基本相同，但更为详尽。

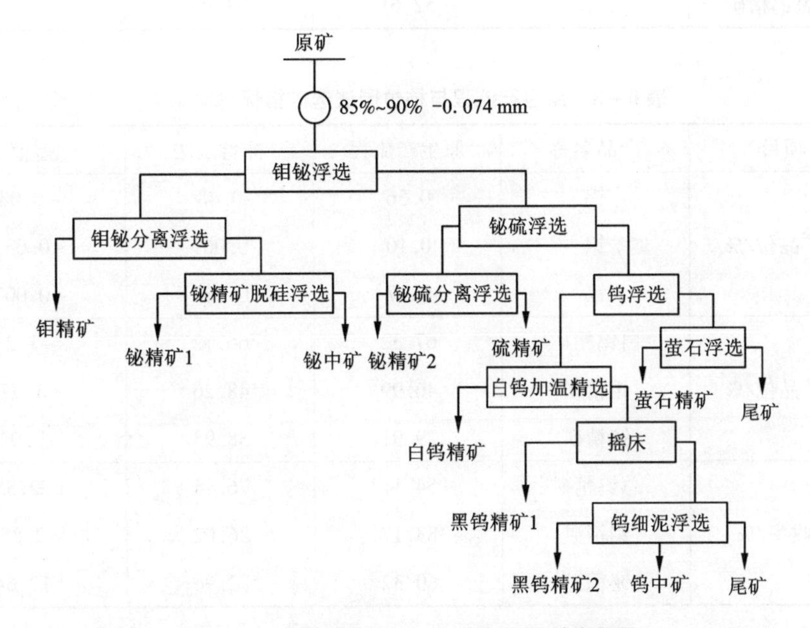

图 8-13 柿竹园法主干全浮流程原则流程图

1996 年柿竹园法在 380 选矿厂工业试验获得成功后已正式应用于 380 选矿厂，并为新建的 1000 t/d 选矿厂设计提供了依据，新建的 1000 t/d 选矿厂建成后也开始应用柿竹园法。2000 年 11 月 25 日，柿竹园有色金属矿、广州有色金属研究院、北京矿冶研究总院和长沙有色冶金设计研究院组成联合攻关组，在柿竹园复建的 1000 t/d 选矿厂进行了以主干全浮流程为基础、螯合捕收剂为核心的柿竹园法达产达标工业试验。本次试验未进行萤石的回收，试验原则流程参见图 8 - 13。工业试验在钨钼铋原矿品位低于原攻关计划品位的情况下，在很短的时间内获得成功，取得了满意的工业试验指标，各项选矿指标均达到或超过攻关计划要求。工业试验指标见表 8 - 7，与原生产流程指标的对比结果见表 8 - 8。

表 8 - 7 工业试验指标

产品名称	产率/%	品位/%	回收率/%	备注
钼精矿	0.122	48.26	86.02	
铋精矿	0.316	38.93	72.96	
白钨精矿	0.504	66.12	54.49	钨总回收率 76.44%
摇床黑钨精矿	0.13	64.43	13.62	
细泥黑钨精矿	0.15	42.37	8.33	
总黑钨精矿	0.28	52.61	21.95	

表 8 - 8 原生产流程与柿竹园法选矿指标对比结果

项目	产品名称	原生产流程	柿竹园法	差值
原矿品位/%	钨	0.56	0.48	-0.08
	钼	0.10	0.069	-0.031
	铋	0.17	0.163	-0.007
精矿品位/%	白钨精矿	67.32	66.12	-1.2
	钼精矿	46.99	48.26	+1.77
	铋精矿	29.91	38.93	+9.02
回收率/%	总钨精矿	54.11	76.44	+22.33
	钼精矿	83.17	86.02	+2.85
	铋精矿	60.32	72.96	+12.64

由表 8 - 7 和表 8 - 8 的数据可见，在钨钼铋原矿品位分别为 0.480%、

0.069%、0.163%时，柿竹园法获得的白钨矿、黑钨矿、钼精矿、铋精矿品位分别为66.12%、52.61%、48.26%、38.93%，回收率分别为54.49%、21.95%、86.02%、72.96%，总钨回收率为76.44%的指标。在钨钼铋原矿品位均低于原生产流程的情况下，柿竹园法与原生产流程的选矿指标相比，白钨精矿品位相近(均为合格产品)，钼精矿品位提高1.77%，铋精矿品位提高9.02%，钨、钼、铋精矿回收率分别提高22.33%、2.85%、12.64%。由此可见，柿竹园法的实施极大地提高了钨铝铋金属的回收率，很好地解决了柿竹园多金属矿的多金属综合回收的技术难题。

8.1.5 药剂在矿物表面的作用机理

1. 试样和研究方法

测试用的黑钨矿、白钨矿、萤石和方解石的样品与单矿物浮选用样品相同。样品每份2 g，按测试要求调浆、加药，然后用离心沉降机进行固液分离。分离后的上层清液供吸附量测定，沉淀物再用去离子水清洗、搅拌和过滤四次(考察药剂吸附的牢固程度)，自然干燥后分别送红外光谱(IR)和X射线光电子能谱(XPS)检测。

2. 机理研究

1)硝酸铅在矿物表面作用机理的研究

硝酸铅在矿浆中各组分的lg$C$ - pH曲线图见图8-14所示。由图8-14可见，$Pb(NO_3)_2$活化白钨矿和黑钨矿的主要成分是Pb^{2+}离子和$PbOH^+$离子。在pH<6.0时，起主要作用的是Pb^{2+}离子；pH在6.0~9.0范围，Pb^{2+}离子浓度有所下降，而$PbOH^+$离子变为优势组分，因此在这一pH范围应是Pb^{2+}离子和$PbOH^+$离子一起活化白钨矿和黑钨矿；$Pb(OH)_2$在pH>8.5和$Pb(OH)_3^-$在pH>10时逐渐变为优势组分，这两种组分在矿物上的吸附会阻碍捕收剂吸附，这就是白钨矿和黑钨矿在pH=4.0~9.0范围可浮性较好和pH>9.0时可浮性下降的原因。

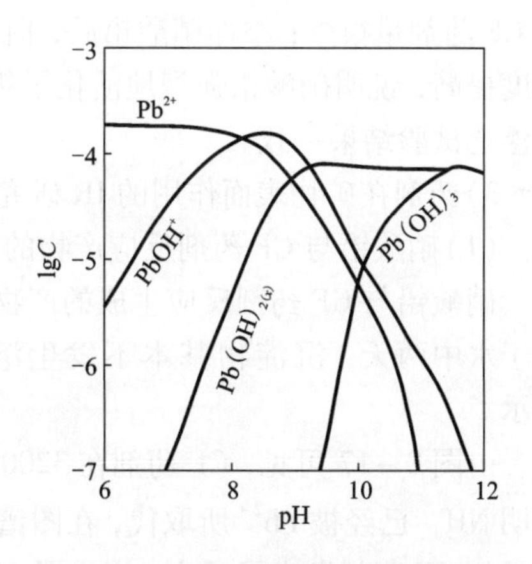

图8-14 矿浆中$Pb(NO_3)_2$各组分的lg$C$-pH曲线图

2)CF药剂在矿物表面的吸附量测定

单矿物试验结果表明，未加金属离子时CF对钨矿物的捕收能力很弱，加金属离子后，钨矿物可浮性很好，钨矿物显然受到了金属离子的活化，这一点可从药剂吸附量得到证明。

图8-15、图8-16是不同pH下，金属离子对CF药剂在矿物表面吸附量的影响关系曲线。

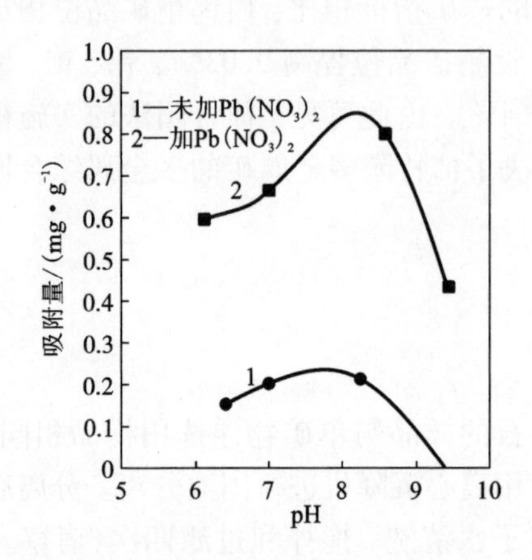

图8-15 不同pH条件下Pb^{2+}作用前后CF药剂在白钨矿表面的吸附量

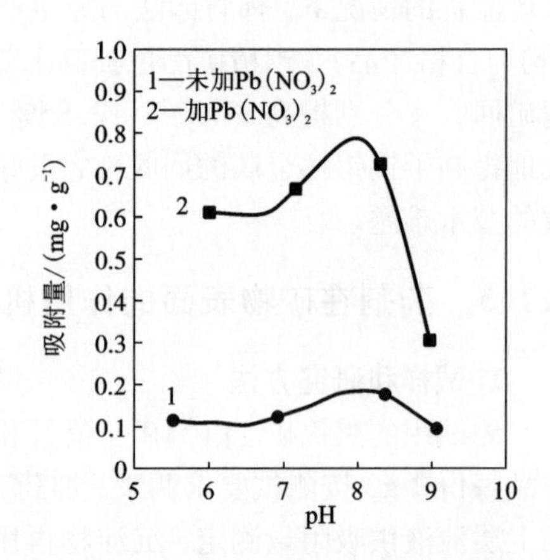

图8-16 不同pH条件下Pb^{2+}作用前后CF药剂在黑钨矿表面的吸附量

由图8-15和图8-16可见，在未添加硝酸铅时，白钨矿和黑钨矿表面吸附的CF药剂量很少；添加硝酸铅后，白钨矿和黑钨矿表面吸附的CF药剂量都有大幅度提高，说明硝酸铅强烈地活化了钨矿物，使钨矿物可浮性增大，这与单矿物的浮选试验结果一致。

3)药剂在矿物表面作用的IR研究

(1)硝酸铅与CF药剂反应产物的IR研究

硝酸铅与CF药剂反应生成的产物是白色沉淀，非常稳定，把沉淀物(2.0 g)置于水中两天，沉淀物基本不发生溶解。该沉淀物的红外光谱图如图8-17所示。

由图8-17可见，CF药剂在3200~2800 cm^{-1}处的NH_4^+振动谱带已经消失，说明NH_4^+已经被Pb^{2+}所取代，在图谱上出现了CF药剂的其他特征吸收峰，Pb^{2+}离子与CF药剂发生了反应，生成了CF药剂的金属盐类化合物。由于CF药剂存在配位体O原子，O原子电负性较大，且有两对孤对电子，而Pb^{2+}又有接受孤对电子的空轨道，配体O原子必然会与金属Pb^{2+}形成配位键而发生络合，趋向于生成比金属盐类更为稳定的金属螯合物。另外从反应物基本不溶于水也可以推断产物应是螯合物，因为 N═O 键中的氧极性很大，与水的亲和力很强，因此暴露于外面的氧必然与水中的氢缔合而形成氢键，使产物溶于水。产物不溶的原因是由于O原子与金属Pb^{2+}配位形成了内配盐，失去了亲水基团，而使产物基本不溶。

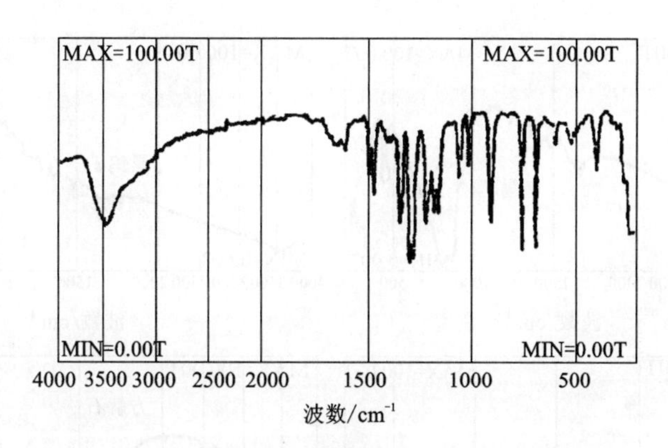

图 8-17 硝酸铅与 CF 药剂反应产物的红外光谱图

因此可以推断该产物应该是 CF 药剂的金属螯合物。

(2)CF 药剂和硝酸铅在矿物表面作用的 IR 研究

CF 药剂在四种矿物表面作用的红外光谱见图 8-18；CF 药剂和硝酸铅在四种矿物表面作用的红外光谱见图 8-19。

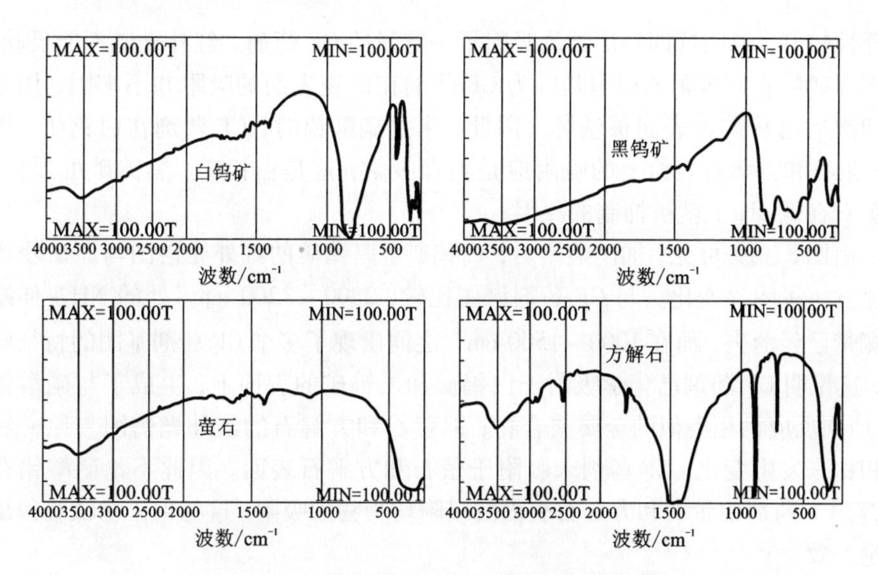

图 8-18 与 CF 药剂作用后矿物的红外光谱图

由图 8-18 可见，未加硝酸铅时，CF 药剂与矿物表面作用后的红外光谱图与原矿光谱图相比未发生任何变化，这说明 CF 药剂没有化学吸附于四种矿物表面上。单矿物试验时，白钨矿、黑钨矿、萤石和方解石均具有一定可浮性，而萤石

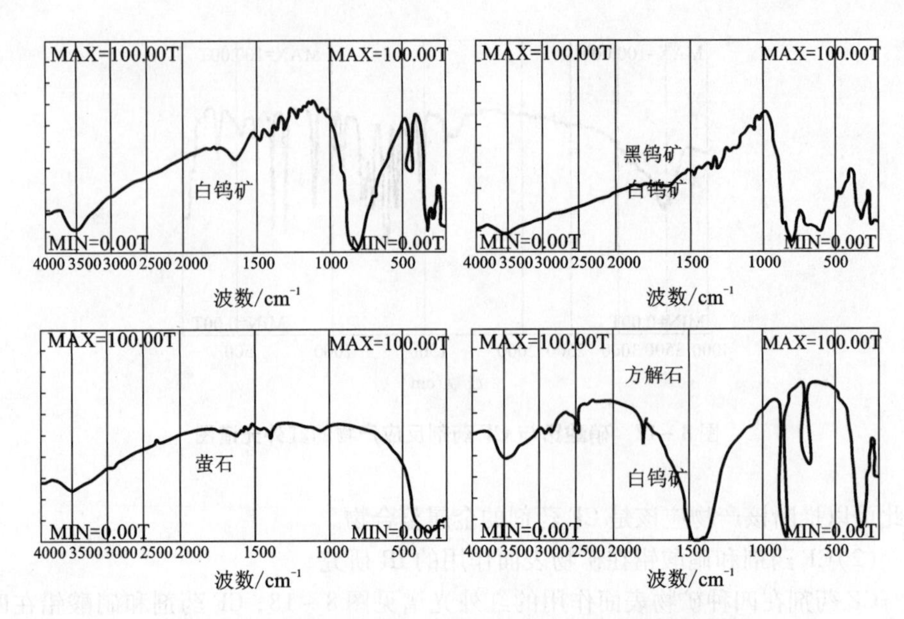

图 8-19 与硝酸铅和 CF 药剂作用后矿物的红外光谱图

可浮性较好，说明这四种矿物均吸附了一定量的 CF 药剂。红外光谱不能反映 CF 药剂在矿物表面吸附的原因是因为 CF 药剂在矿物表面的吸附并不牢固，用水清洗四次后已从矿物表面被洗掉。因此，未加硝酸铅时，CF 药剂在白钨矿、黑钨矿、萤石和方解石表面上的吸附应是物理吸附，这是白钨矿、黑钨矿可浮性差、而萤石在低 pH 下就被抑制的原因。

由图 8-19 可见，加硝酸铅后，白钨矿、黑钨矿的红外光谱图与原矿物谱图相比发生了明显变化。与 CF 药剂谱图比较，2800 ~ 3200 cm^{-1} 处的 NH_4^+ 伸缩振动宽带已经消失，而在 1000 ~ 1500 cm^{-1} 之间出现了多个 CF 药剂基团的特征吸收峰，这说明 CF 药剂已化学吸附于白钨矿和黑钨矿的表面上，生成了与硝酸铅和 CF 药剂反应物相类似的金属螯合物；但萤石和方解石的红外光谱图与原矿物谱图相比未发生变化，CF 药剂未吸附于萤石和方解石表面。因此不论硝酸铅存在与否，CF 药剂在萤石和方解石表面的吸附均为物理吸附，这与单矿物试验得出的结论一致。

4) 药剂在矿物表面作用的 XPS 研究

(1) 药剂的 XPS 研究

药剂作用前后元素的原子轨道结合能列于表 8-9，本次结合能测试误差为 ±0.2 eV。

表 8-9 药剂作用前后元素的原子轨道结合能

样　品	原子轨道	结合能/eV	结合能偏移量/eV
硝酸铅	Pb4f	140.95	
	O1s	532.40	
	N1s	409.15	
CF 药剂	O1s	532.40	
	N1s	400.70	
	C1s	1.00	
CF 药剂与硝酸铅的反应产物	Pb4f	139.10	-1.85
	O1s	532.00	-0.40
	N1s	402.20	+1.50
	C1s	1.10	+0.10

从表 8-9 的结果可知，CF 药剂与硝酸铅反应后，铅的结合能发生了明显的偏移，说明 CF 药剂与铅离子发生化学反应，生成了 CF 药剂的金属盐。另外，CF 药剂中氧的结合能也发生偏移，说明 CF 药剂中的氧也参与了配位反应，而 N 的结合能变化可能是 N═O 键中的 O 参与配位而使 N═O 键的键能发生变化所致。C 的结合能未发生任何偏移，说明 C 未参与成键反应，因此反应物应是 CF 药剂的金属螯合物，这与红外光谱研究得出的结论一致。

(2)药剂在矿物表面作用的 XPS 研究

白钨矿与药剂作用前后元素的原子轨道结合能列于表 8-10；黑钨矿与药剂作用前后元素的原子轨道结合能列于表 8-11；萤石与药剂作用前后元素的原子轨道结合能列于表 8-12。

表 8-10 白钨矿与药剂作用前后元素的原子轨道结合能

样　品	原子轨道	结合能/eV	结合能偏移/eV	备　注
白钨矿	Ca2p	347.80		
	O1s	530.70		
	W4p	36.40		

续表 8-10

样　品	原子轨道	结合能 /eV	结合能偏移 /eV	备　注
和硝酸铅作用后的白钨矿	Ca2p	347.10	-0.70	与白钨矿原矿比较
	O1s	530.50		
	W4p	35.60		
	Pb4f	139.50	1.45	与硝酸铅比较
与硝酸铅和CF药剂作用后的白钨矿	Ca2p	347.20	+0.10	与和硝酸铅作用后的白钨矿比较
	O1s	530.20		
	W4p	35.60		
	N1s	400.30		
	C1s	138.60	-0.90	
与CF药剂作用后的白钨矿	Ca2p	347.70	-0.10	与白钨矿原矿比较
	O1s	530.70		
	W4p	36.10		

表 8-11　黑钨矿与药剂作用前后元素的原子轨道结合能

样　品	原子轨道	结合能 /eV	结合能偏移量/eV	备　注
黑钨矿	Mn2p	641.55		
	Fe2p	711.30		
	W4p	35.60		
	O1s	530.70		
与硝酸铅作用后的黑钨矿	Mn2p	640.90	-0.65	与黑钨矿原矿比较
	Fe2p	711.20	-0.10	
	W4p	35.70		
	O1s	530.90		
	Pb4f	139.10	-1.85	与硝酸铅比较

续表 8-11

样 品	原子轨道	结合能 /eV	结合能偏移量/eV	备 注
与硝酸铅和CF 药剂作用后的黑钨矿	Mn2p	640.80	-0.10	与和硝酸铅作用后的黑钨矿比较
	Fe2p	711.00	-0.20	
	W4p	35.55		
	O1s	530.65		
	Pb4f	138.70	-0.40	
与 CF 药剂作用后的黑钨矿	Mn4p	641.40	-0.15	与黑钨矿原矿比较
	Fe2p	711.20	-0.10	
	W4p	35.50		
	O1s	530.80		

表 8-10 表明：

①和硝酸铅作用后，白钨矿的 Ca2p 结合能发生了偏移(-0.70 eV)，说明 Pb^{2+} 已在白钨矿表面的空位、晶格缺陷或取代白钨矿表面的 Ca^{2+} 而化学吸附在白钨矿表面；另外，Pb4f 的结合能与作用前的硝酸铅的 Pb4f 结合能比较偏移 -1.45 eV，也同样说明 Pb^{2+} 在白钨矿表面发生了化学吸附。从表面相对浓度看，与硝酸铅作用前的白钨矿原矿未发现有 Pb^{2+} 存在，与硝酸铅作用后，白钨矿表面的 Pb^{2+} 浓度为 3.36%，无氮存在，这也说明 Pb^{2+} 已化学吸附于白钨矿表面，起活化作用的是 Pb^{2+}，NO_3^- 不起作用。

②与硝酸铅和 CF 作用后的白钨矿和与硝酸铅作用后的白钨矿相比，Ca2p 的结合能未发生偏移，而 Pb4f 的结合能发生了偏移(-0.90 eV)，说明 CF 药剂在被 Pb^{2+} 活化的白钨矿表面发生了化学吸附；另外，与 CF 作用前未发现有 N 存在，与 CF 作用后白钨矿表面 N 的相对浓度为 3.04%，虽然 N1s 的谱线很微弱，但仍可以检测到，这也说明 CF 药剂已黏附在白钨矿表面。由于 Ca2p 结合能未发生变化，而 Pb4f 的结合能发生偏移，说明 CF 药剂不与白钨矿表面的 Ca^{2+} 发生反应，而仅与白钨矿表面的 Pb^{2+} 发生反应，这就是 CF 药剂捕收白钨矿时对未被活化的白钨矿捕收力弱，对被硝酸铅活化了的白钨矿捕收能力强的原因所在。这与试验所得结论是一致的。

③CF 与白钨矿直接作用后，白钨矿的 Ca2p 结合能与白钨矿原矿相比未发生变化，说明 CF 药剂未与白钨矿发生反应，因此在无硝酸铅时 CF 不能捕收白钨矿，再一次证明了上述结论。单矿物试验时白钨矿有一定可浮性，这可能是 CF 药剂在白钨矿表面物理吸附引起的，这与红外光谱所得结论一致。

从表 8－11 结果可知：

①与硝酸铅作用后黑钨矿的 Mn2P 的结合能发生了偏移，与硝酸铅相比，Pb4f 结合能也偏移了 －1.85 eV，这说明 Pb^{2+} 已化学吸附于黑钨矿表面。另外，与硝酸铅作用前，光电子能谱图未检测到黑钨矿表面有 Pb^{2+} 存在，但与硝酸铅作用后，黑钨矿表面 Pb^{2+} 的相对浓度为 1.20%，这同样说明 Pb^{2+} 已吸附于黑钨矿表面。由于 Fe2p 结合能未发生变化，说明 Pb^{2+} 是与黑钨矿表面的 Mn^{2+} 发生作用，黑钨矿表面的活性中心是 Mn^{2+}，Mn^{2+} 比 Fe^{2+} 有更大的活性，这与许多资料介绍的结果是一致的。

②与硝酸铅和 CF 药剂作用后，Pb4f 结合能与硝酸铅作用后的黑钨矿相比发生偏移(－0.40 eV)，说明 CF 药剂在黑钨矿表面发生化学吸附。另外与 CF 药剂作用后黑钨矿表面检测到有 N 存在，浓度为 2.84%，这也说明黑钨矿表面吸附有 CF 药剂。由于 Mn2p 和 Fe2p 的结合能都未发生变化，因此与 CF 药剂作用的是吸附在黑钨矿表面的 Pb^{2+}，而不是 Mn^{2+} 和 Fe^{2+}，这也是 CF 对未被活化的黑钨矿捕收力弱的原因。

5)铜铁灵(亚硝基苯胲铵盐)官能团中各原子的电负性计算结果如下(参阅本书 5.4 节)：

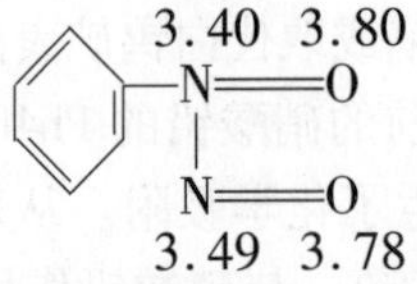

3.40　3.80
N＝O
|
N＝O
3.49　3.78

由此推断，作为螯合捕收剂的亚硝基苯胲铵盐与黑钨表面的活化铅离子作用是由 O 型螯合剂键合形成 O，O 型螯合物而固着于黑钨表面，如图 8－20 所示，形成五元环，苯基疏水而起捕收作用。

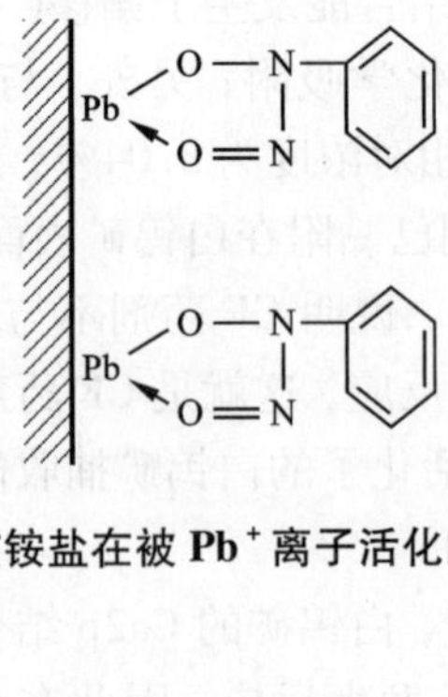

Pb　O—N　O＝N
Pb　O—N　O＝N

图 8－20　亚硝基苯胲铵盐在被 Pb^{+} 离子活化的黑钨表面固着示意图

8.2 CF_{103}捕收剂常温浮选柿竹园黑钨矿

8.2.1 试样性质

试验用矿样取自柿竹园有色金属矿Ⅲ矿带富矿段。原矿的元素分析和钨物相分析结果见表8－12和表8－13。试样中所含矿物与结合状态请参阅8.1节。

表8－12 原矿的元素分析结果

元素	WO_3	Mo	Bi	CaF_2	Fe	Mn	SiO_2	Al_2O_3	MgO	$CaCO_3$	Na_2O	P
含量/%	0.57	0.083	0.19	24.04	8.77	0.60	38.44	7.90	0.83	3.06	0.57	0.0092

表8－13 原矿钨化学物相分析结果

相别	白钨矿	黑钨矿	钨华	其他	总计
含量/%	0.373	0.193	0.006	0.001	0.573
占有率/%	65.10	33.68	1.05	0.17	100

8.2.2 寻找良好捕收剂CF_{103}及水玻璃加BLR组合抑制剂

1）寻找药剂使用的浮选流程

矿石的嵌布特性为白钨矿与黑钨矿共生，白钨矿与萤石、方解石、石榴子石等含钙脉石矿物共生，实现钨矿物常温浮选的条件是要有能同时有效浮选黑钨矿和白钨矿的捕收剂及含钙脉石矿物的选择性抑制剂。因此，重点是筛选捕收剂和寻找含钙脉石矿物的高效抑制剂。试验的原则流程如图8－21所示。

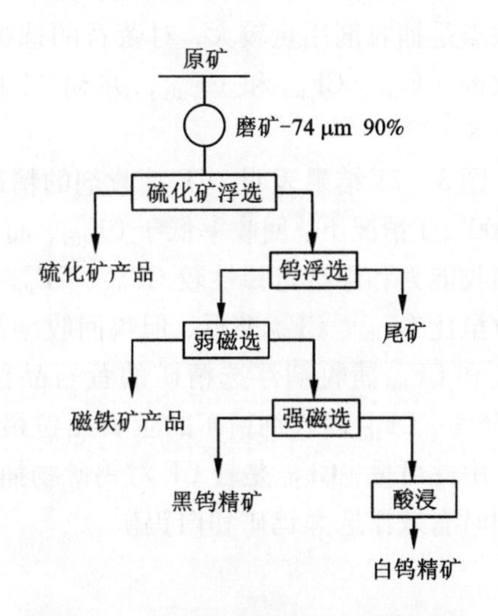

图8－21 钨矿物浮选试验原则流程图

试验主要研究钨矿物的浮选，用煤油、SN－9和松油醇浮选硫化矿物后的硫化矿浮选尾矿作为钨浮选给矿。根据以前多次试验结果，

磨矿细度以 -74 μm 占90%为最佳，因此，确定该细度为本次试验的磨矿细度。

(1)捕收剂研究

CF 捕收剂经多年试验，证明对黑钨矿和白钨矿均有良好的捕收作用。因此，研究的重点是筛选以 CF 药剂为主的组合捕收剂。试验研究了 CF、CF 和 C_5 ~ C_9 羟肟酸、CF 和水杨羟肟酸、CF 和辛基羟肟酸几种捕收剂对钨可浮性的影响，结果示于图 8 -22。

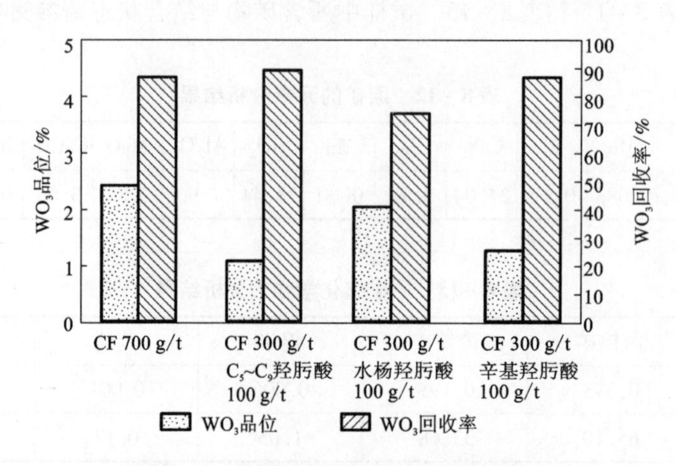

图 8 -22 捕收剂种类对钨可浮性的影响

图 8 -22 结果表明，单用 CF 捕收剂时浮选效果最佳，其粗精矿钨品位最高，而回收率与其他组合捕收剂相当，说明 CF 捕收剂的选择性优于其他组合捕收剂，其缺点是捕收剂用量较大，对萤石的选择性较差。因此，研制了新型的 CF 系列捕收剂 CF_{103}、CF_{104} 和 CF_{105}，并研究了它们对钨可浮性的影响，其结果示于图 8 -23。

图 8 -23 结果表明，CF 捕收剂的精矿钨品位最低，在药剂用量比其他捕收剂高 300 g/t 情况下，回收率低于 CF_{103}，而与 CF_{104}、CF_{105} 相当，说明 CF 捕收剂对钨的捕收能力和浮选选择性较 CF_{103}、CF_{104} 和 CF_{105} 捕收剂差，CF_{103} 捕收剂的精矿钨品位虽比 CF_{104}、CF_{105} 略低，但钨回收率高。另外从精矿萤石品位看，CF、CF_{103}、CF_{104} 和 CF_{105} 捕收剂浮选精矿的萤石品位分别为 37.12%、24.60%、30.17% 和 34.56%，CF_{103} 捕收剂精矿的萤石品位最低，这有利于精选进一步提高钨精矿品位。由此可见，CF_{103} 是较 CF 对钨矿物捕收能力更强、浮选选择性更好的捕收剂，能同时有效浮选黑钨矿和白钨矿。

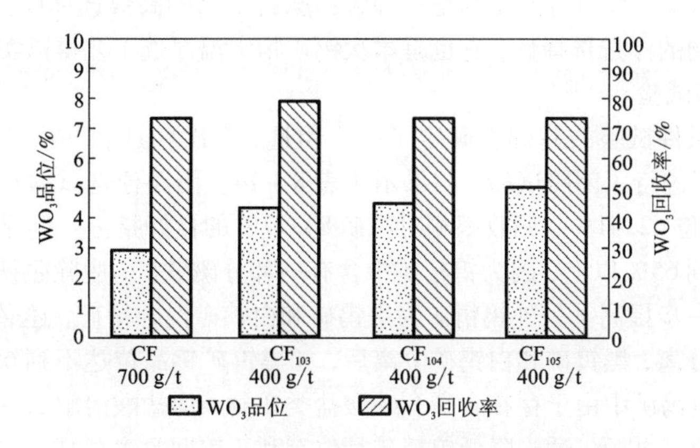

图 8-23 CF 系列捕收剂对钨可浮性的影响

(2)抑制剂研究

实现钨矿物常温浮选的另一关键因素是含钙脉石矿物的高效抑制剂。水玻璃是一种硅酸盐脉石矿物的较好抑制剂，但对含钙矿物的浮选分离来说单用水玻璃抑制效果不明显。本研究选择了多种抑制剂，并对它们的抑制效果进行了详细试验研究。图 8-24 所示的是几种抑制剂在最佳条件下的浮选试验结果。

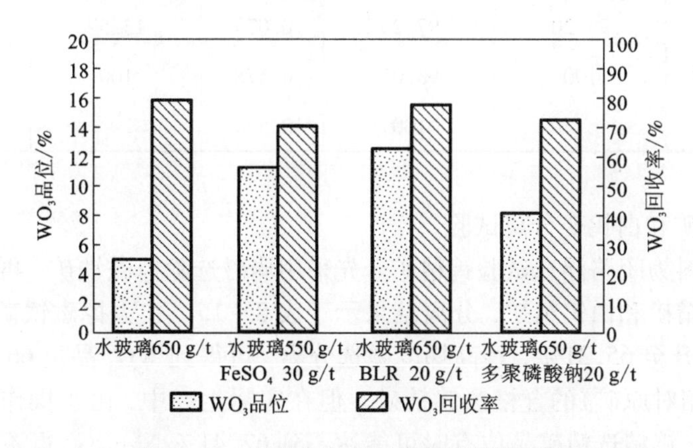

图 8-24 各种抑制剂浮选最佳结果比较

图 8-24 结果表明，水玻璃和 BLR 组合抑制剂的效果最好。与单用水玻璃相比，水玻璃和 BLR 组合抑制剂的粗精矿品位大幅度提高，说明其对脉石矿物的抑制作用更强，而回收率两者相近，说明在试验范围内水玻璃和 BLR 组合抑制剂对钨矿物的抑制作用较小，其选择性更好。另外，采用水玻璃和 BLR 组合抑制剂时，一次粗选钨精矿品位达 12.28%，这对后续浮选进一步提高钨精矿品位非常

有利。由此可见，该组合抑制剂是一种含钙脉石矿物的高效选择性抑制剂，可显著改善钨矿物的浮选选择性，它也是本次钨矿物常温浮选工艺得以实现的基础。

(3)闭路试验

在详细条件试验的基础上确定了一次粗选、五次精选和两次扫选的浮选流程，按此流程进行了闭路试验，结果示于表 8－14。闭路浮选试验得到了钨浮选精矿 WO_3 品位 62.41%、回收率相对原矿 84.77% 的良好指标。钨浮选精矿 WO_3 品位不必达到 65% 以上，因为钨精矿中含有一部分磁铁矿，脱除磁铁矿后钨精矿品位还会进一步提高。另外钨精矿为黑钨矿和白钨矿混合精矿，还必须进行黑钨矿和白钨矿分离，黑钨矿和白钨矿分离后，如黑钨矿钨品位达不到 65%，可用摇床处理，而白钨矿中由于存在含磷和碳酸盐类矿物，加盐酸溶解后钨精矿品位还会大幅度提高。相反，适当降低钨精矿品位有利于钨回收率提高。

表 8－14 闭路试验结果

产品名称	产率/%		品位/%	回收率/%	
	对硫化尾矿	对给矿		对硫化矿尾矿	对给矿
硫化矿精矿		1.97	0.54		1.85
钨精矿	0.80	0.78	62.41	86.43	84.77
尾矿	99.20	97.25	0.079	13.57	13.38
硫化矿尾矿	100	98.03	0.578	100	98.15
给矿		100	0.574		100

2)黑钨矿和白钨矿分离试验

分离原料为闭路浮选试验钨精矿。先采用弱磁选除掉磁铁矿，再用高梯度磁选得到黑钨精矿和白钨精矿，分离结果示于表 8－15。在去掉磁铁矿后，钨精矿 WO_3 品位上升至 65.31%，经高梯度磁选分离，可得到 WO_3 品位 66.61%、回收率 27.3%(相对原矿)的合格黑钨精矿。但在实际生产中，由于操作和原矿性质方面的原因，钨精选精矿品位有时可能达不到 62.41%，分离后得不到合格的黑钨精矿，因此在高梯度磁选后再加摇床选别分离后的黑钨精矿对于得到合格的黑钨产品可能是必要的。

表 8-15 黑白钨矿分离试验结果

产品名称	产率/%		品位/%	回收率/%	
	对作业	对原矿		对作业	对原矿
磁铁矿	5.40	0.042	4.41	0.38	0.32
白钨精矿	64.43	0.503	65.31	67.42	57.15
黑钨精矿	30.17	0.235	66.61	32.20	27.30
闭路浮选精矿	100	0.78	62.41	100	84.77

另外，分离后的白钨精矿品位为65.31%，这是由于精矿还含有方解石、磷等杂质，去掉这些杂质后，白钨精矿品位会有大幅度提高。具体操作是在钨精矿中加盐酸（含 HCl 36% ~38%）2000 g/t（对原矿），在低浓度下轻微搅拌，浸泡60 min后过滤烘干，送化验分析，结果示于表 8-16。

表 8-16 酸浸试验结果

产品名称	产率/%		品位/%	回收率/%	
	对作业	对原矿		对作业	对原矿
最终白钨精矿	89.46	0.45	71.83	98.39	56.23
浸液①	10.54	0.053		1.61	0.92
给矿②	100	0.503	65.31	100	57.15

注：①浸液的产率和金属损失率用差减法求得；
②给矿为黑钨矿和白钨矿分离后的白钨精矿。

从结果看，酸浸是必需的，酸浸不仅可以除掉磷，还可以溶去方解石，大幅度提高白钨精矿的品位，白钨精矿品位可达71.83%。

8.2.3 结论

通过上述试验可得出下述几点：

（1）本次试验原矿含 WO_3 0.57%，经一次粗选、两次扫选和五次精选选别，可获得含 WO_3 62.41%、回收率84.77%（相对原矿，下同）的钨混合精矿，经黑钨矿、白钨矿分离和酸浸作业，最终得到白钨精矿含 WO_3 71.83%、回收率56.23%，黑钨精矿含 WO_3 66.61%、回收率27.30%，总钨回收率达83.53%，技术指标优异。

（2）CF_{103}捕收剂对粗细粒白钨矿和黑钨矿都有良好的捕收作用。与 CF 药剂相比，CF_{103}捕收剂用量小，对黑钨矿的捕收作用更强，对萤石等的捕收能力较弱，是一种捕收能力和选择性俱佳的新型的钨捕收剂，也是实现钨常温浮选的关键因素。

(3)水玻璃和 BLR 新型组合抑制剂能显著抑制萤石、方解石和其他脉石矿物，在较宽范围内对钨矿物抑制作用较弱，是一种高效的含钙脉石矿物的选择性抑制剂。它的使用显著地提高了钨粗精矿的品位，是钨常温浮选工艺得以实现的关键因素之一。

(4)本试验采用的钨常温浮选工艺流程合理，药剂制度简单，技术指标优异。本方法是对传统的彼德罗夫法的突破，它的应用将大幅度降低能耗、减轻工人劳动强度，钨浮选技术将迈向一个新高度。

8.3 GY 法浮选柿竹园黑白钨矿试验

GY 法的特点是将柿竹园矿石经磨矿、磁选脱铁及硫化矿浮选脱硫化矿物后的尾矿，经水玻璃、硫酸铝、硝酸铅调浆后添加混合捕收剂(苯甲羟肟酸、硫酸化油酸皂或妥尔皂以及煤油)进行黑白钨矿混合浮选，获得 WO_3 20% ~50% 的黑白钨混合粗精矿。本方法选择性好，黑白钨混合粗精矿品位高、萤石含量低，98%以上萤石进入浮钨尾矿，有利于萤石回收，该方法可用于黑白钨矿浮选作业。

8.3.1 主要捕收剂苯甲羟肟酸的合成和性质

请参考本书第 5 章 5.8 节。

8.3.2 矿石性质

试验矿石均采自柿竹园多金属矿的Ⅲ矿带富矿段，系石英矽卡岩型钨钼铋矿石。主要金属矿物为白钨矿、黑钨矿、辉铋矿、自然铋、辉钼矿、黄铁矿、磁黄铁矿、锡石、磁铁矿、褐铁矿等，非金属矿物有石榴石、萤石、石英、长石、云母、方解石、辉石、绿泥石、绿帘石、角闪石、磷灰石等。钨主要呈白钨矿、黑钨矿产出，两者关系密切，白钨矿交代黑钨矿现象较普遍，白钨矿的粒度一般为 0.02 ~0.12 mm，黑钨矿的粒度为 0.02 ~0.14 mm，属难选矿石。工业试验原矿化学分析和钨物相分析分别见表 8 -17、表 8 -18。

表 8-17 原矿化学分析

组成	含量(质量分数)/%	组成	含量(质量分数)/%
WO_3	0.46	SiO_2	36.78
Mo	0.065	P	0.015
Bi	0.18	Al_2O_3	7.64
S	0.70	MgO	2.85
Fe	11.62	Pb	0.02
CaF_2	19.32	Zn	0.04
$CaCO_3$	2.62	Cu	0.01
Sn	0.19	Ag①	4

注: ①单位 g/t。

表 8-18 原矿钨矿物相分析

矿物	WO_3 含量(质量分数)/%	WO_3 占有率/%
白钨矿	0.327	69.57
黑钨矿	0.143	30.43
总钨	0.47	100

8.3.3 原则流程的选择

柿竹园黑钨矿物与白钨矿物的比例约为 3∶7，一般而论，粗中粒黑钨矿多采用重选，细粒黑钨矿除采用高效流膜选矿设备如细泥摇床、离心选矿机、横流皮带溜槽等回收外，也可用浮选回收。细粒黑钨矿的回收可采用烷基羟肟酸类、铜铁灵、胂酸类、膦酸类、芳烃羧酸、芳烃酰胺、美狄兰和 8-羟基喹啉等螯合捕收剂，硝酸铅和硫酸亚铁作为活化剂。根据白钨矿嵌布特性，可采用重-浮流程或单一浮选流程。氧化石蜡皂、油酸和环烷酸皂等脂肪酸类捕收剂常用来浮选白钨矿，同时采用 NaOH 或 Na_2CO_3 作调整剂，水玻璃作脉石抑制剂。

柿竹园黑钨矿性脆，可浮性相对较差，加之过磨泥化后，变得难以回收。而硫化矿和部分细粒嵌布的钨矿物，则要求将原矿磨得相对细一些。根据粗磨下单体早收和避免过磨损失的原则，曾对处理柿竹园矿石的主干流程进行了多方案比较，如重-浮流程、浮-重-浮流程和全浮选流程等。通过研究新药剂，进一步完善全浮选工艺，确定了 GY 法浮钨新工艺，其原则流程见图 8-25。

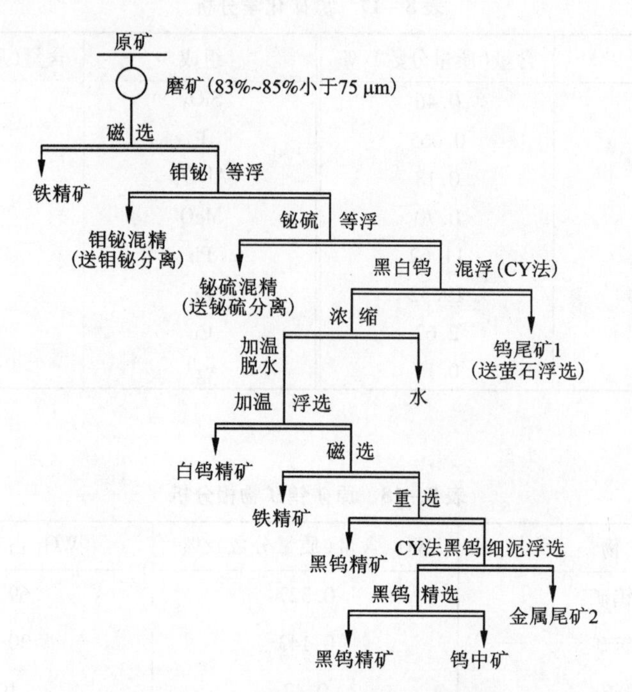

图 8-25 GY 法浮钨新工艺原则流程

8.3.4 黑钨矿、白钨矿粗选工艺

用浮选法选择性地将黑钨矿、白钨矿最大限度地富集到粗精矿中的关键，是采用对黑钨矿、白钨矿具有良好选择性的捕收剂和对脉石矿物具有选择抑制的调整剂。研究表明，改性水玻璃、活化剂硝酸铅和新型螯合捕收剂 GY 对其作用显著。

1)改性水玻璃对钨粗选的影响

钨浮选时，常用的脉石矿物抑制剂是水玻璃。GY 法选钨时，单用水玻璃，抑制效果不理想，水玻璃用量为 2600 g/t 时，钨粗精矿中 WO_3 仅为 1.48%，回收率为 78.69%。改用改性水玻璃后，效果理想，其用量与钨粗选指标的关系见图 8-26。

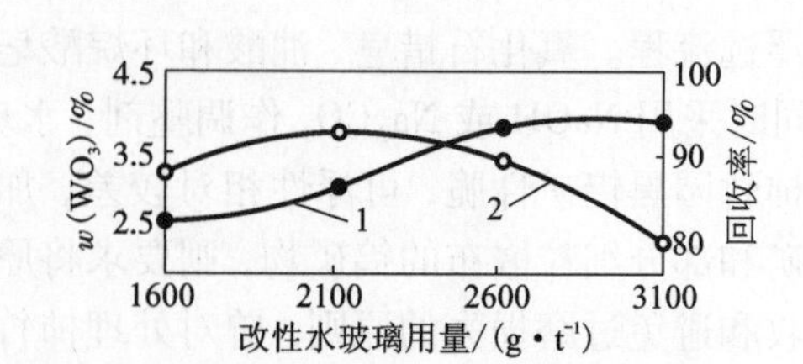

图 8-26 改性水玻璃对钨粗选指标的影响

1—品位；2—回收率

当药剂用量同为 2600 g/t 时，与添加单一水玻璃相比，添加改性水玻璃后钨

粗精矿品位和回收率大幅度提高，分别达 3.4% 和 93%。随改性水玻璃用量增加，钨粗精矿品位上升，回收率在一定范围内也增加，但改性水玻璃加入过量，钨矿物也受到抑制，回收率下降，其原因是改性水玻璃较单一水玻璃能生成更多的亲水性硅酸(含多种硅酸离子)胶粒和其他多种亲水性胶粒，这些胶粒选择性吸附在含钙矿物表面，阻碍捕收剂吸附，使钨浮选受到抑制。此外，改性水玻璃还可有效地分散矿泥，消除脉石矿泥对有用矿物的罩盖，改善钨浮选的效果。

2)活化剂硝酸铅对钨粗选的影响

采用硝酸铅作活化剂，图 8-27 所示为在中性和弱碱性矿浆中，硝酸铅用量对钨粗选指标的影响。

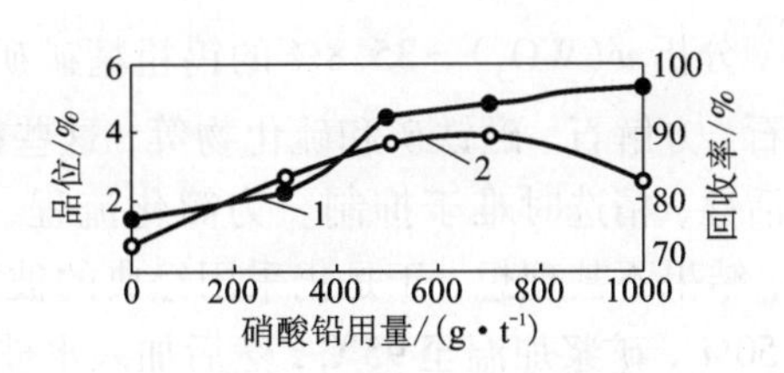

图 8-27 硝酸铅用量对钨粗选指标的影响

1—品位；2—回收率

从图 8-27 可见，随硝酸铅用量增加，钨粗精矿品位和收率同时增加，但硝酸铅加入过量，则对回收率无益。根据溶液化学平衡计算，硝酸铅在矿浆中水解后生成 Pb^{2+} 和多种羟基络合物，在中性和弱碱性介质条件下，主要以 Pb^{2+} 和 $Pb(OH)^+$ 形态存在。这些离子能与黑钨矿表面的 WO_4^{2-} 呈化学吸附或呈物理吸附，使矿物表面电性由负变正，形成以 Pb^{2+} 和 $Pb(OH)^+$ 为中心的活性区。这些活性区的存在，可促使捕收剂阴离子基团在矿物表面形成化学吸附，从而改善浮选指标。硝酸铅同样能在白钨矿表面吸附，使矿物表面带正电，促进捕收剂与白钨矿作用，使白钨矿得到有效浮选。

3)新型螯合捕收剂 GY 对钨粗选的影响

通常的螯合捕收剂对黑钨矿捕收作用较好，而对白钨矿捕收作用较差，反之对白钨矿有较强捕收作用的脂肪酸类对黑钨矿作用较弱。针对柿竹园黑钨矿和白钨矿共存的状况，研制出新型螯合捕收剂 GY，它的极性基团可与黑白钨矿物表面产生螯合作用或化学吸附作用，对黑钨矿和白钨矿都有良好的捕收性能。GY 用量对钨粗选指标的影响如图 8-28 所示。

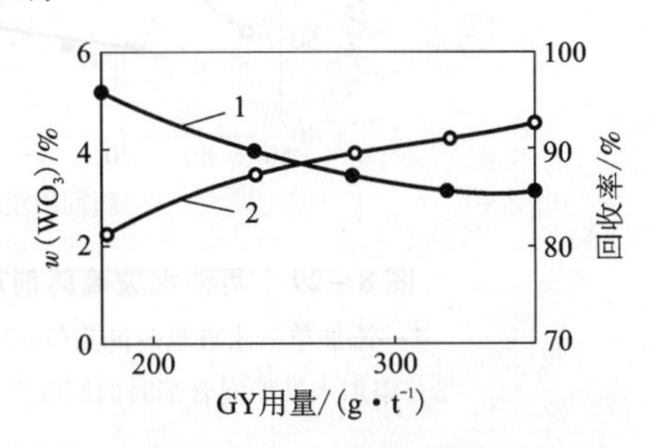

图 8-28 GY 用量对钨粗选指标的影响

1—品位；2—回收率

随着 GY 用量的增大，回收率显著提高，但粗精矿品位略有下降，其原因是过量的药剂使萤石、方解石等脉石矿物上浮。

4)钨粗选工艺流程

钨粗选采用一粗、三扫、五精流程，粗选添加改性水玻璃、硝酸铅和 GY 捕收剂，一、二次精选时补加改性水玻璃，扫选则补加 GY 捕收剂。对 $w(WO_3)$ = 0.54%的硫尾，经浮选处理后可获 $w(WO_3)$ = 35.80%（其中白钨矿 $w(WO_3)$ = 24.47%，黑钨矿 $w(WO_3)$ = 1.33%）的钨混合粗精矿，钨回收率达 85.91%（其中白钨矿回收率 85.75%，黑钨矿回收率 86.26%），黑钨矿和白钨矿都得到充分回收，钨粗精矿中 $w(CaF_2)$ = 7.36%，说明 GY 法选钨的选择性相当好。

8.3.5 白钨加温精选工艺

分析 $w(WO_3)$ = 35.8%的钨粗精矿矿物组成，发现仍含一定数量的石榴石、萤石、方解石、磁铁矿和硫化物等，这些矿物与捕收剂作用后，其表面仍有较高的活性，精选时难于抑制。为简化流程，曾试图进行常温处理以获取合格钨精矿，结果不甚理想，于是仍采用经典的彼德洛夫法工艺，即钨粗精矿的浓度提高至 50%，矿浆加温至 95℃，然后加入水玻璃，保温约 1 h，再稀释脱药后浮选。本研究的改进之处是，用水玻璃混合剂（水玻璃 + 无机盐）代替单一水玻璃。与单一水玻璃比较，水玻璃混合剂在加温脱药过程中对萤石、方解石、石榴石、磁铁矿、硫化物等有更强的选择性脱药作用，且在一定用量范围内对白钨矿有较好活化作用，扩大了白钨矿与非目的矿物可浮性的差异，改善了分选效果。图 8-29 为水玻璃混合剂与单一水玻璃对白钨加温精选作业的影响。

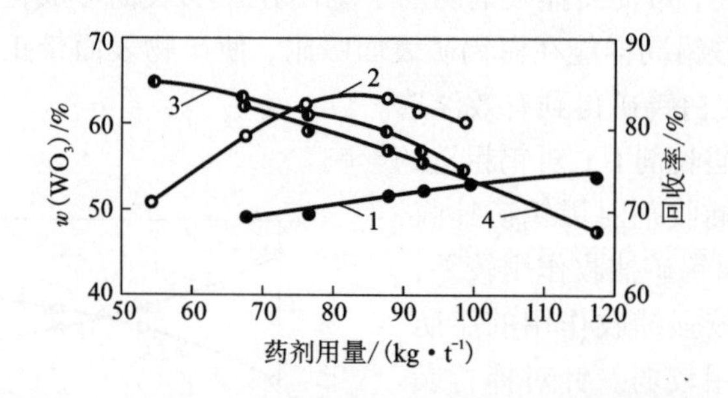

图 8-29 两种水玻璃药剂对白钨加温精选作业的影响

1—添加单一水玻璃时的品位；2—添加水玻璃混合剂时的品位；
3—添加水玻璃混合剂时的回收率；4—添加单一水玻璃时的回收率

由图 8-29 看出，在一定范围内，水玻璃混合剂使钨精选的精矿回收率尤其是品位得到了提高。在白钨加温精选作业中，白钨矿的可浮性良好，精矿中 $w(WO_3)$ 为 65% ~74%，回收率为 95%以上，部分可浮性好的黑钨矿也进入白钨精矿。

8.3.6 黑钨矿的回收

白钨矿加温精选尾矿中含有黑钨矿、磁铁矿、硫化物和萤石、石榴石等脉石矿物，经弱磁选除铁后，对粗中粒的黑钨矿，可用摇床回收，作业回收率达45% ~55%，$w(WO_3)$为65%以上。摇床尾矿经浓缩后可送黑钨细泥浮选作业段进一步回收黑钨矿。活化因加温脱药而失去可浮性的黑钨矿，并使之与脉石矿物有效分离是该作业工序的技术关键。

本研究仍采用与黑钨矿和白钨矿混合浮选类似的基本工艺，但药剂用量有很大变化。用硝酸铅活化黑钨矿，用改性水玻璃与无机盐组合药剂选择性抑制萤石、方解石、石榴石等脉石矿物，用 GY 捕收黑钨矿，工艺流程为一粗、三扫、五精。黑钨细泥浮选作业回收率可达75% ~85%，黑钨精矿中$w(WO_3)$可达40% ~65%。根据市场需求，该精矿可与摇床黑钨精矿合并出售，也可采用微细粒重选设备如横流皮带溜槽等进一步处理，可分别获得高品位黑钨精矿和黑钨中矿。GY 法浮钨新工艺工业试验指标见表 8 - 19。

表 8 - 19 GY 法工业试验指标

给矿品位	产品名称	$w(WO_3)$/%	WO_3 回收率/%	
			对钨给矿	对原矿
钨给矿(硫尾)：$w(WO_3)=0.54\%$ 原矿：$w(WO_3)=0.47\%$	白钨精矿	71.02	61.54	60.25
	黑钨精矿	67.65	19.83	19.41
	总钨精矿	70.07	81.37	79.66
	钨中矿	17.62	2.00	1.96
	钨精矿 + 钨中矿		83.37	81.62

从表 8 - 19 看出：在工业试验中，对$w(WO_3)=0.47\%$的原矿，采用 GY 法浮钨新工艺，获得$w(WO_3)$为70.07%的精矿，钨总回收率达81.62%，效果很好。

8.4 GY 法浮钨新工艺在柿竹园选厂的工业实践

柿竹园有色金属矿选厂，多年来还一直沿用 733 法全浮流程。该法粗选虽较简单，但选择性差，钨粗精矿品位低，加温矿量大，黑钨回收不充分，总钨回收率低，多年来统计仅55% ~57%。为充分利用资源和促进选矿科技进步，国家组织了“八五”、“九五”科技攻关。其中广州有色金属研究院进行 GY 法浮钨新工艺研究，并于 1998 年初首先在该矿 380 选厂取得成功。GY 法新工艺是在中性介质条件下，用改性水玻璃选择性抑制萤石、方解石等含钙矿物，用铅盐活化钨矿物，用研究的高效螯合型捕收剂 GY 进行黑白钨混合浮选，使钨粗精矿品位提高到 WO_3 25% ~50%，从而大大减少了加温的钨粗精矿矿量，为后续加温精选作业和黑钨细泥回收创造了极为有利的条件，钨总回收率显著提高。工业试验指标在原矿钨品位偏低($WO_3$0.47%)下，实现了总钨精矿品位达 70.07%，总钨回收率达 81.62%。此外，由于98%以上的萤石进入浮钨尾矿和矿浆为中性介质，为后续从钨尾矿回收萤石创造了有利条件。

柿竹园矿建成1000 t/d 新选厂，于 1998 年 10 月投产，采用 GY 法浮钨新工艺生产调试。从11 月开始，克服重重困难，打通流程后生产很快达到正常。从 1999 年 3 月起，钨实际回收率一直稳定在65%以上；11 月份高达76.64%，平均较733 法高出近10%。

8.4.1 矿石性质

工业生产矿石系三矿带富矿，属云英岩矽卡岩型钨钼铋矿石。主要金属矿物为白钨矿、黑钨矿、辉铋矿、自然铋、辉钼矿、黄铁矿、磁黄铁矿、磁铁矿、锡石等；非金属矿物有萤石、石榴石、方解石、绿泥石、辉石、石英、长石等。有用矿物嵌布粒度较细，原矿需细磨至85% -0.074 mm 才基本解离。

因当时采矿能力尚不配套、供矿不足，所供矿石性质十分复杂。前半年选厂主要处理露天放置20 多年的副产矿石(占60% ~70%)和现各采场矿石(30% ~40%)的混合矿。后期矿石则来自各采场。矿石性质复杂主要表现在：

(1)前期副产矿石品位偏低($WO_3$0.2% ~0.45%)，风化严重，泥化程度高，可溶性离子多。

(2)钨矿物组成和品位变化大。通常黑白钨比例为3∶7，工业矿石比例却在(1∶9 ~4.5)∶5.5 间波动。原矿 WO_3 含量从 0.23%变化到 0.96%。此种原矿一般含 S 0.5% ~0.7%，现时常为1%以上，有时高达4% ~5%，主要是磁黄铁矿较多。

(3)脉石矿物成分和其浮游性能变化较大，有时出现大量易浮萤石，有时出现大量易浮方解石和绿泥石，有时则有大量难磨石榴石。

8.4.2 工艺流程及指标

工业生产中，原矿磨至 -0.074 mm 占80% ~85%，先弱磁脱铁，经浓密机脱水并调浆后，依次进入钼铋等浮及铋硫等浮两个作业，其尾矿即为钨浮选给矿。所获钼铋混合精矿及铋硫混合精矿在单独作业中分离获钼精矿、铋精矿及铋中矿。GY 法浮钨新工艺流程如图 8 -30 所示。

黑白钨混合浮选粗精选和一、二次精选采用 SF 和 JJF 组合浮选机组，其第三次精选则采用 5A 浮选机，加温精选和黑钨细泥浮选都采用 5A 浮选机。

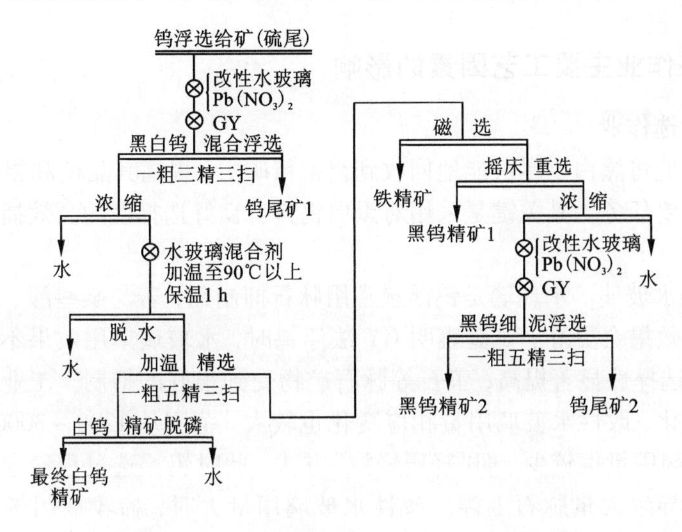

图 8-30 GY 法浮钨新工艺工业生产流程图

表 8-20 为 1999 年 2 月至 2000 年 7 月钨浮选生产指标。

表 8-20 1000 t/d 选厂工业生产指标

日 期	99-02	99-05	99-08	99-11	00-02	00-05	00-07
原矿品位 WO_3/%	0.40	0.50	0.54	0.51	0.60	0.60	0.51
钨理论回收率/%	64.97	68.91	68.16	69.51	69.36	71.45	73.44
钨实际回收率/%	63.33	69.79	66.71	76.64	65.33	69.96	70.69
白钨矿品位 WO_3/%	65.59	70.83	68.85	59.08	66.35	70.45	65.9

注: 99-02 为 1999 年 2 月, 余类推。

表 8-21 为 2000 年 4、5 月间生产考查连续 33 个班钨浮选理论指标, 总钨回收率为 76% 以上。

表 8-21 连续 33 班钨浮选理论指标

作 业	钨粗选	加温精选	摇床重选	黑钨细泥浮选
给矿品位/%	0.60	24.08	7.45	4.99
精矿品位/%	24.17	67.67	71.37	48.91
作业回收率/%	81.09(对原矿)	77.43	34.87	70.89

8.4.3 各作业主要工艺因素的影响

1. 钨粗选作业

选择性地将黑白钨尽可能地回收到钨粗精矿中，提高其品位和粗选回收率是钨粗选的主要任务。其关键是采用对黑白钨具有良好选择性的高效捕收剂和相应的调整剂。

1)改性水玻璃。水玻璃是钨浮选常用脉石抑制剂，若与某些酸、碱或无机盐类共用有时效果会更好。试验表明 GY 法浮钨时，水玻璃单用效果不明显，若对其改性，则选择性显著提高，萤石等脉石矿物受到很好的抑制。工业生产中，因矿石性质变化，改性水玻璃用量相应变化也较大，范围从1200～3000 g/t。用量小时，捕收剂用量也较少，即“轻压轻拉”方式，此时钨浮选过程稳定性较差，若控制不好会导致大量脉石上浮。改性水玻璃用量大时，捕收剂用量也较大，即“强压强拉”方式，否则钨矿物易受到抑制。实践中改性水玻璃常控制在 1800～2500 g/t。此时，浮选过程较稳定，粗精矿品位常在 20%～50%，作业回收率 75%～90%。改性水玻璃抑制脉石矿物效果较单一水玻璃好的原因在于能生成更多的亲水性硅酸(包括多种硅酸离子)胶粒和其他多种亲水性胶粒；此外改性水玻璃还能有效分散矿泥，消除脉石矿泥的罩盖，改善钨浮选。

2)硝酸铅。硝酸铅用作黑钨矿活化剂报道较多。试验表明，在中性或弱碱性介质条件下，硝酸铅对白钨矿也有一定活化作用。GY 法工业生产中，若不加硝酸铅，黑白钨几乎不浮。随硝酸铅用量增加，钨粗精矿品位和回收率同时增加。若矿石品位高，黑钨比例较大，则硝酸铅用量要适当多些，过量则不必要，用量一般为 500～600 g/t。分析硝酸铅活化原因可看到，在中性和弱碱性条件下，铅主要呈 Pb^{2+} 和 $Pb(OH)^{+}$ 形态存在，可化学吸附或物理吸附于矿物表面 WO_4^{2-}，形成活性中心，再与螯合捕收剂等发生化学吸附。

3)GY 捕收剂。GY 药剂是新研制的组合捕收剂，它既含有对黑白钨矿物，特别是黑钨矿物有高效选择性捕收作用的螯合剂成分，又有对白钨矿作用较强且起泡性能适中的改性脂肪酸成分。针对柿竹园黑白钨共存情况，GY 除发挥各组分各自的药效外，还有良好的协同效应。工业生产中，为适应矿石品位和黑白钨比例变化，GY 药剂要对其成分作适当调整。原矿钨品位高时，药剂总用量要适当大些；黑钨比例增大时，相应螯合剂组分要大些，反之亦然。适当的总用量为 350～550 g/t。

4)精选次数。GY 法钨粗精矿品位通常为 WO_3 6%～20%，三次精选后品位能达 WO_3 20%～50%，基本上可以满足通过加温精选作业产出合格白钨精矿的要求。精选次数过多有时提高粗精矿品位效果不明显，且往往会降低作业回收率。现场原设计为二次精选，根据工艺要求及现场配置的可能性，增加 5 台 5A

浮选机作为第三次精选。

5)矿浆浓度。钨粗选矿浆浓度在25% ~40%间浮选效果较好，最适宜的为33% ~35%。浓度过稀，回收率下降；矿浆过浓则精矿品位和回收率都有所恶化。

2. 白钨加温精选作业

GY法所获黑白钨混合粗精矿含 WO_3 20% ~50%，仍含一定数量的萤石等脉石矿物和磁铁矿、硫化物等。曾试图用常温精选获取合格白钨精矿，结果不太稳定。因调试时间有限，目前仍基本采用经典的彼得洛夫法，即矿浆加温到95℃左右，添加大量水玻璃来实现白钨矿与脉石分离。其改进之处是加温时另添加LN调整剂，形成水玻璃混合剂，强化选择性脱药效果，使钨与脉石及硫化物分离显著改善，改变了单加水玻璃有时出现的精矿品位不合格现象。加温精选作业采用一粗五精三扫流程；加温精选给矿 WO_3 20% ~40%，白钨精矿品位≥65%，作业回收率60% ~80%；加温精选时，部分黑钨随白钨一同浮游，但大部分黑钨矿会进入尾矿；加温浮选尾矿先用弱磁选脱铁，再用摇床回收部分粗粒黑钨矿，摇床精矿品位为 WO_3 70%以上，作业回收率30% ~45%。摇床尾矿经浓密脱水后即进入黑钨细泥浮选。

3. 黑钨细泥浮选作业

黑钨细泥因可浮性差及粒度细，通常回收难度较大。GY法中黑钨细泥系在白钨加温时失去可浮性并进入摇床尾矿的细粒黑钨矿。因此，活化黑钨细泥并使之与脉石矿物有效分离是该作业的技术关键。工业生产中，在中性或弱酸性介质中采用硝酸铅活化黑钨矿，采用改性水玻璃与无机盐NF组合药剂选择性抑制脉石矿物，采用GY药剂捕收黑钨矿。对 WO_3 3.5% ~10%的给矿，黑钨细泥精矿含 WO_3 40% ~60%，作业回收率为60% ~85%。

8.5 苯甲羟肟酸作捕收剂硝酸铅作活化剂浮选黑钨矿的作用机理

用苯甲羟肟酸作捕收剂浮选黑钨矿时，硝酸铅对黑钨矿有活化作用，本节研究了硝酸铅对黑钨矿的活化机理，并研究了苯甲羟肟酸捕收黑钨矿的作用机理。

黑钨矿密度大、性脆，在选矿过程中容易过粉碎形成矿泥而流失，从而使回收率降低。粗粒级黑钨用重叠法回收效果很好。黑钨细泥用重叠法回收，回收率低，用浮选法回收能提高回收率，因此一般黑钨选厂用重叠法回收粗粒级黑钨矿，用浮选法回收细粒级黑钨矿。

8.5.1 试样及试验方法

纯矿物试样取自某选厂跳汰机粗精矿，经手碎后拣取有用成分，用球磨机磨至小于0.074 mm，置于玻璃瓶中备用。矿样化学成分分析结果含 $WO_3$66.68%、Mn 13.57%、Fe 5.10%、Pb 0.018%、Cu 0.04%、Zn 0.028%、Mg 0.0045%、SiO_2 1.33%、Al_2O_3 微量。

小型浮选试验样取自柿竹园多金属矿野鸡尾选矿厂的摇床尾矿，现在称之为加温细泥尾矿或黑钨细泥。小型试样的主要化学成分为 WO_3 1.74%、Mo 0.0068%、Bi 0.035%、S 0.10%、T_{Fe} 3.05%、SiO_2 5.59%、Al_2O_3 2.75%、$CaCO_3$ 96.9%、CaF_2 65.67%。试样中主要金属矿物有黑钨矿、白钨矿和磁铁矿；非金属矿物有萤石、石英、方解石、长石和石榴子石等。钨物相分析表明试样中黑、白钨矿比例近似3.4∶1。试样的粒度很细，小于40 μm粒级的含量达91.32%，钨金属占有率为85.92%；小于10 μm粒级的含量为9.95%，钨金属占有率3.35%。钨金属在20~40 μm粒级间有局部富集现象，其粒级含有59.73%，金属占有率为73.42%。

浮选试验采用XFGC80型0.5 L充气挂槽式浮选机，由于给矿中含有白钨矿，首先添加731捕收剂25 g/t浮出白钨矿，槽内产物经浓缩后作为黑钨矿的浮选给矿。浮选黑钨矿时以硫酸调浆，硫酸用量1500 g/t，添加硫酸后加入组合抑制剂AD 800 g/t，搅拌6 min，然后加硝酸铅搅拌5 min，加组合捕收剂GY(主要是苯甲羟肟酸)500 g，搅拌5 min，最后加2号油60 g/t，搅拌2 min，浮选刮泡5 min。

8.5.2 硝酸铅活化黑钨矿的浮选效果

当浮选矿浆pH为6.5时，硝酸铅用量与黑钨矿选别指标关系曲线见图8－31。图8－31曲线表明，硝酸铅对黑钨矿的活化作用明显，不加硝酸铅时，黑钨矿回收率低；随着硝酸铅用量增加，黑钨矿回收率增加，精矿品位略微降低。硝酸铅的用量以300~400 g/t为宜，用量太小则活化作用不明显，用量过大则浮选效率降低。

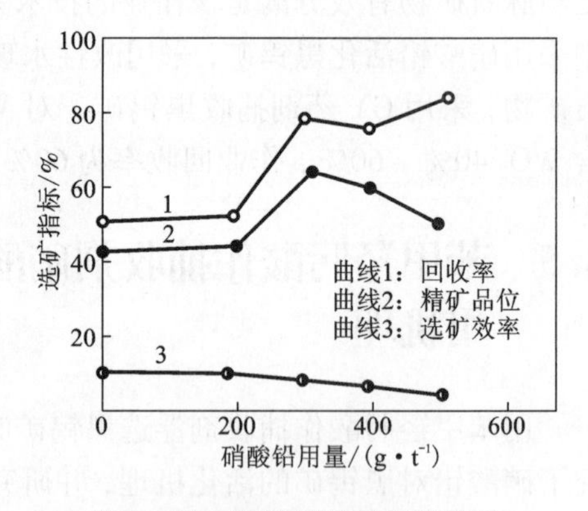

图8－31 硝酸铅用量与黑钨矿选别指标的关系曲线

1. 黑钨矿在不同pH溶液中的ζ电位

黑钨矿在不同pH溶液中的ζ电位测定结果见图8－32，从图8－32看出，在纯水中黑钨矿的ζ电位为－10 mV。用盐酸或氢氧化钠溶液调整到不同pH时，黑钨的ζ电位随溶液的pH变化如图8－32所示，在pH为2.4时为正值(+9 mV)，在其他pH范围，黑钨矿表面均荷负电；当溶液pH为6.9时，黑钨矿表面电荷最低，此时为－10 mV；溶液pH大于6.9，黑钨矿表面电荷开始上升，直至达到

-213 mV(在试验的 pH 范围内)。

黑钨矿在水中荷负电的原因是由于本身晶格中铁、锰离子的水化能大，二价铁离子的水化能为1952.06 kJ/mol，二价锰离子的水化能为1864.28 kJ/mol，两者都大于钨酸根(WO_4^{2-})的水化能836 kJ/mol。因此在水中二价铁离子和二价锰离子优先进入溶液，黑钨矿表面的定位离子是钨酸根(WO_4^{2-})占优势。由于黑钨矿表面亚铁离子、锰离子含量不同，在纯水中黑钨矿的ζ电位亦略有差别。有人对三种不同组成的黑钨矿进行了测定，它们在纯水中的ζ电位在-1～-8 mV间。

2. 铅离子浓度对黑钨矿ζ电位的影响

铅离子(Pb^{2+})浓度对黑钨矿ζ电位的影响(自然 pH)见图8-33。图8-33横坐标所示的铅离子浓度在10^{-6}～10^{-1}mol/L之间。从图8-33看出，铅离子(Pb^{2+})从10^{-6}mol/L增大至10^{-2}mol/L，黑钨矿的ζ电位由负值变至正值，当Pb^{2+}浓度增大到10^{-2}mol/L时，ζ电位达到93 mV，浓度增至10^{-1}mol/L时，黑钨矿表面的正电位又减小。铅离子的加入使黑钨矿表面的ζ电位变正，有利于带负电的苯甲羟肟酸离子吸附在黑钨矿表面。

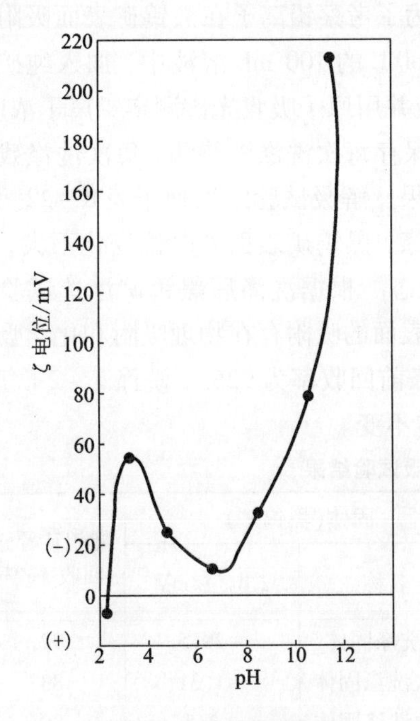

图8-32　黑钨矿在不同pH溶液中的ζ电位

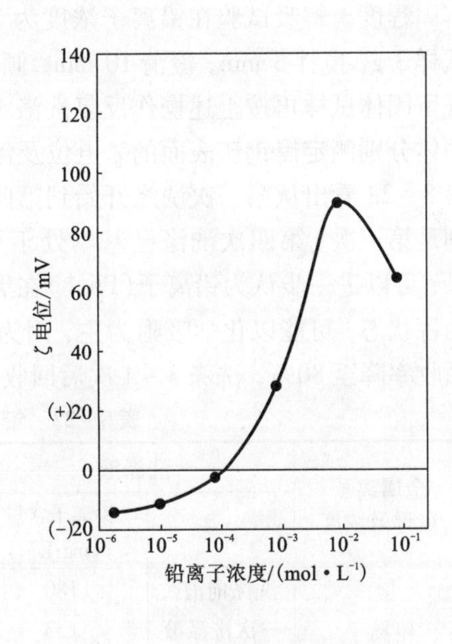

图8-33　铅离子浓度对黑钨矿ζ电位的影响(自然 pH)

3. 不同 pH 溶液中铅离子(Pb^{2+})在黑钨矿表面的吸附量测定

配制含相同铅离子(Pb^{2+})浓度(10^{-4}mol/L)但不同 pH 的溶液数份，每份各加入黑钨矿单矿物试样 3 g，搅拌 5 min，静置澄清，倾出上层清液，用吸收光谱法测定剩余的铅离子浓度。图 8 - 34 是在不同 pH 溶液中，铅离子在黑钨矿表面吸附结果。图中显示在 pH 为 8.9 时吸附量达最大值(6.6 mg/g)。pH 大于 8.9，吸附量开始下降，这种现象与铅离子的水解有关，因为在强碱性溶液中，铅离子水解生成较多的 $HPbO_2^-$ 负离子，这种带负电的离子难于吸附在荷负电的黑钨矿表面。

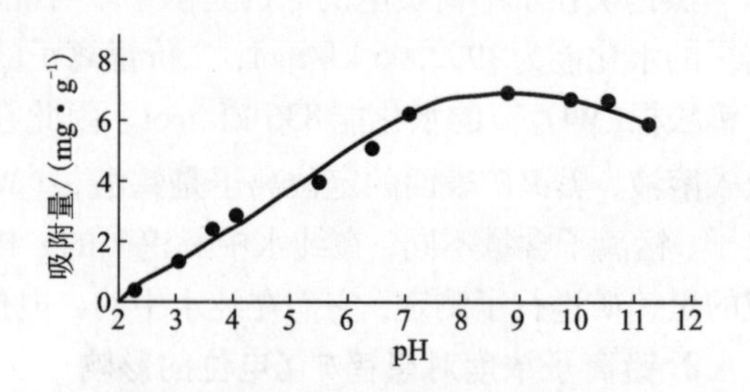

图 8 - 34 在不同 pH 溶液中铅离子在黑钨矿表面的吸附量

4. 铅离子(Pb^{2+})解吸试验

解吸已吸附在黑钨矿表面的铅离子，是为了考察铅离子在黑钨矿表面吸附的牢固程度。解吸试验在铅离子浓度为 10^{-3}mol/L 的 100 mL 溶液中，加入纯矿物试样 3 g，搅拌 3 min，澄清 10 min，倾出清液并用原子吸收光谱测定铅离子浓度，残留固体试样再按上述操作反复洗涤 4 次，保存每次洗涤液待测，每次洗涤残留固体分别测定黑钨矿表面的 ζ 电位及浮选效果。解吸试验结果列于表 8 - 22。从表 8 - 22 看出从第一次洗涤开始到第四次洗涤，黑钨矿表面 ζ 电位变化不大，特别是第三次、第四次洗涤已基本处于平衡状态。根据洗涤后黑钨矿浮选试验结果，可以进一步认为铅离子(Pb^{2+})在黑钨矿表面的吸附存在物理吸附和化学吸附两种状态，可能以化学吸附为主，因为未洗涤前回收率为 92%，洗涤 1 ~ 2 次后，回收率降至 80%，洗涤 3 ~ 4 次后回收率基本不变。

表 8 - 22 铅离子解吸试验结果

金属离子名称及浓度	洗涤液		固体(黑钨矿)		黑钨矿浮选回收率/%
	名称	铅离子含量/(mg·L^{-1})	名称	ζ 电位/mV	
铅离子(Pb^{2+}) 10^3mol/L	洗涤前液①	180	未洗涤固体	+29.5	92
	一次洗涤液	1.3	一次洗涤固体	+1.31	83
	二次洗涤液	痕迹	二次洗涤固体	-2.8	80
	三次洗涤液	痕迹	三次洗涤固体	-4.08	78
	四次洗涤液	痕迹	四次洗涤固体	-4.17	77

注：①洗涤前液为加黑钨矿吸附后倾出的清液。

5. 铅离子(Pb^{2+})活化黑钨矿浮选机理

铅离子(Pb^{2+})是弱碱性金属离子，在水中水解生成羟基铅，其水溶液中Pb^{2+}、$Pb(OH)^{+}$、$Pb(OH)_2$、$Pb(OH)_3^{-}$等离子同时存在，各组分存在的多少由溶液的pH决定，图8-14是铅离子各组分浓度与溶液pH的关系。用苯甲羟肟酸作捕收剂浮选黑钨矿时，其pH在4.0~10.5范围，当捕收剂用量在500 mg/L时，黑钨矿完全上浮。而图8-14显示pH在4.0~10.5范围，铅离子在溶液中主要以Pb^{2+}、$Pb(OH)^{+}$形式存在，因此可以认为活化黑钨矿的是Pb^{2+}和$Pb(OH)^{+}$离子。

8.5.3 苯甲羟肟酸捕收黑钨矿的作用机理

苯甲羟肟酸、苯甲羟肟酸锰、黑钨矿、苯甲羟肟酸与黑钨矿作用后的红外光谱图如图8-35(a)、(b)、(c)、(d)所示，对照图中的(b)和(d)可看出，在图(b)中的3190.48 cm^{-1}和2821.32 cm^{-1}波峰与图(d)中的2925.46 cm^{-1}和2825.9 cm^{-1}波峰基本重合，图(b)中的1566.72 cm^{-1}和1515.68 cm^{-1}波峰与图(d)中的1572.45 cm^{-1}和1467.85 cm^{-1}波峰也基本重合，即苯甲羟肟酸与黑钨矿作用后所得的红外光谱的特征峰与苯甲羟肟酸锰盐的特征峰能基本重合。可以认为苯甲羟肟酸黑钨矿表面发生化学反应，即苯甲羟肟酸的官能团羟基及肟基与黑钨矿表面的金属离子反应形成化学键，苯基疏水上浮。

根据量子化学计算，苯甲羟肟酸与金属离子生成的螯合物有两种型式，其一是O、N螯合，另一是O、O螯合，可用下列两式表示：

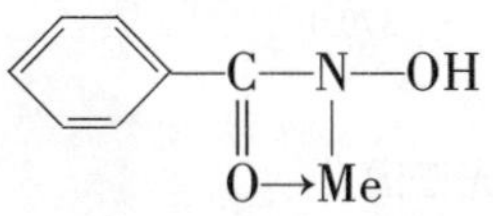

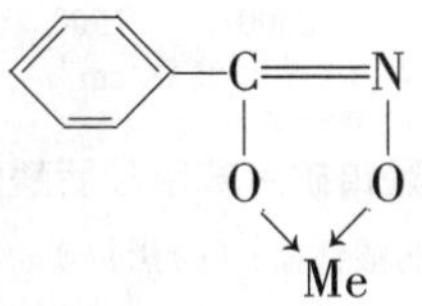

```
⌬—C—N—OH          ⌬—C═══N        Me = Pb⁺、Fe⁺、Mn⁺
   ‖  |              |    |
   O→Me              O    O
                      ↘  ↙
                       Me
```

8.5.4 结论

(1)苯甲羟肟酸对黑钨矿有捕收作用，当有硝酸铅作活化剂时，能显著提高浮选指标。

(2)硝酸铅在矿浆中存在铅离子(Pb^{2+})和一羟基铅离子[$Pb(OH)^{+}$]。黑钨矿晶体中的Mn^{2+}和Fe^{2+}的水化能比WO_4^{2-}的水化能大，有部分Mn^{2+}和Fe^{2+}离子水化而溶于矿浆中，使黑钨矿表面带负电，荷正电的Pb^{2+}和$Pb(OH)^{+}$因静电吸引而吸附于黑钨矿表面，使黑钨矿表面电性由负变正，使苯甲羟肟酸根能够吸附在黑钨矿表面，苯基疏水上浮。

(3)苯甲羟肟酸与黑钨矿表面的金属离子形成五元环O、O螯合物起捕收作用。

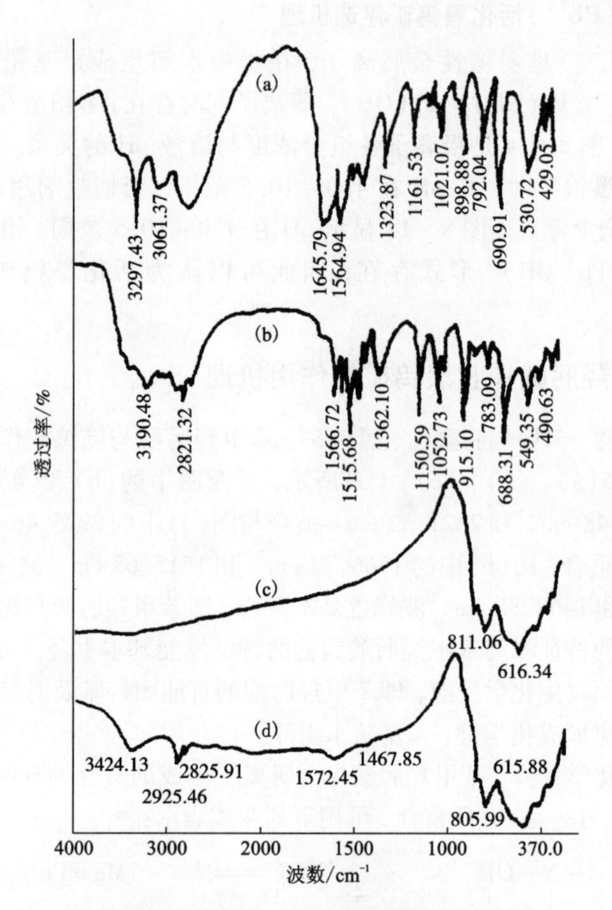

图 8-35 黑钨矿-苯甲羟肟酸的红外光谱图

(a)苯甲羟肟酸；(b)苯甲羟肟酸锰盐；(c)黑钨矿；(d)苯甲羟肟酸作用后的黑钨矿

8.6 GYB 和 ZL 组合捕收剂浮选云南某钨矿

8.6.1 原矿性质

原矿为云南某含钨的多金属矿，其钨矿物主要为黑钨矿、白钨矿，并有少量钨华、含钨磁铁矿和含钨褐铁矿。原矿的成分分析见表 8-23，钨物相分析见表 8-24，矿物组成及相对含量见表 8-25，钨矿物的粒度分布见表 8-26。

表 8－23 原矿成分分析(质量分数)

成分	WO_3	Sn	Cu	Mo	Bi	Pb	Zn
$w/\%$	0.83	0.067	0.43	0.007	0.11	0.04	0.059
成分	S	Fe	Mn	$CaCO_3$	Al_2O_3	CaF_2	SiO_2
$w/\%$	1.33	2.71	0.023	0.75	5.77	0.49	83.47

表 8－24 原矿钨物相分析

钨物相	WO_3 品位/%	占有率/%
黑钨矿	0.17	20.48
白钨矿	0.52	62.65
钨华	0.067	8.07
酸溶钨	0.063	7.60
总钨	0.83	100

表 8－25 原矿矿物组成及相对含量(质量分数) %

黑钨矿	白钨矿	钨华	含钨磁铁矿	含钨褐铁矿	辉铋矿
0.22	0.65	0.08	0.68	0.75	0.06
黄铜矿	铜蓝	黄铁矿	毒砂	锯石	黝锡矿
0.95	0.09	2.04	0.11	0.03	0.01
石英	长石	白云母	萤石	其他脉石	
77.50	4.91	10.30	0.14	1.48	

表 8－26 原矿钨矿物的粒度分布

粒度范围/μm	含量/%			
	白钨矿	黑钨矿	含钨褐铁矿	含钨磁铁矿
+75	1.92	32.40	14.71	21.86
－75＋53	9.17	10.24	17.03	11.94
－53＋11.4	69.44	38.81	54.38	49.44
－11.4＋4.8	17 83	16.54	13.28	15.61
－4.8	2.64	2.01	0.60	1.05
合计	100	100	100	100

原矿中钨主要以黑钨矿和白钨矿矿物形式存在，难选氧化钨钨华中钨占原矿总钨的8%左右；分散于磁铁矿和褐铁矿中的钨占原矿总钨的6%左右；分散于脉石中的钨占原矿总钨的4%左右。黑钨矿的嵌布粒度较粗，但不均匀，+0.074 mm 粒级的黑钨矿占32%，而微细粒级(-0.011 mm)的含量也有近20%；白钨矿的嵌布粒度偏细，但较均匀，主要集中在0.011~0.053 mm 之间。当原矿磨至-0.074 mm粒级占72%时，白钨矿、黑钨矿都良好地解离，解离度均达85%左右。

8.6.2 工艺流程及药剂

原矿中微细粒(-0.011 mm)白钨和黑钨分别占20.47%和18.55%，这部分钨用物理选矿方法几乎不能回收。为保证钨的回收率，决定采用浮选对黑钨矿、白钨矿进行粗选富集。因此试验的原则流程为：优先浮选硫化矿，黑钨矿、白钨矿混合浮选获粗精矿，加温精选获白钨精矿，精选尾矿重选获黑钨精矿。试验所采用的药剂是由广州有色金属研究院研制的钨矿捕收剂 GYB 和 ZL，其中 GYB 为羟肟酸类药剂，ZL 为脂肪酸类捕收剂的混合物，其他药剂为常规药剂。

通过磨矿粒度、碳酸钠用量、水玻璃用量、活化剂硝酸铅用量、捕收剂用量等条件试验后，又对精选和扫选的药剂制度进行探索。之后进行了钨粗选的闭路试验，流程见图8-36，结果见表8-27。粗选闭路获得钨粗精矿含钨30.07%，回收率为88.59%。

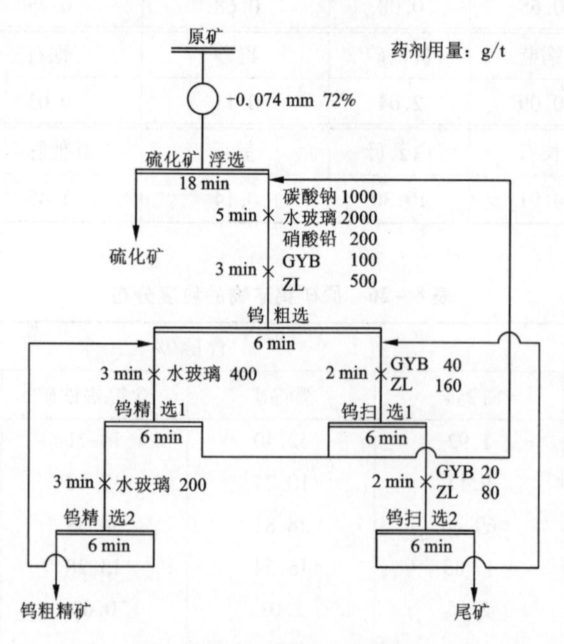

图8-36 钨粗选闭路流程

表 8－27 钨粗选闭路试验结果

产品名称	产率/%	WO_3 品位/%	WO_3 回收率/%
钨粗精矿	2.44	30.07	88.59
硫化矿	2.97	0.41	1.47
尾矿	94.59	0.087	9.94
合计	100	0.828	100

8.6.3 钨粗精矿加温精选闭路试验

钨粗精矿加温精选时，添加水玻璃有利于白钨与黑钨以及萤石等脉石矿物的分离，以获得白钨精矿。其机理主要是钨粗精矿在加温搅拌的条件下，黑钨矿、萤石等其他脉石矿物表面吸附的捕收剂会很容易脱落，并受到水玻璃的选择性抑制，而在此条件下白钨矿表面仍能被捕收剂牢固吸附，从而实现分离并达到精选的目的。试验中加入 NaOH 调节矿浆成弱碱性，促进水玻璃的水解，生成更多的硅酸胶体，从而增加其选择性。根据前期的探索试验，水玻璃用量为 1500 g/t、NaOH 用量为 40 g/t时较好。矿浆温度控制在 90℃，搅拌并保温 1 h。试验流程见图 8－37，结果见表 8－28，钨粗精矿加温精选可获得白钨矿精矿含 WO_3 68.24%，回收率 67.64%。

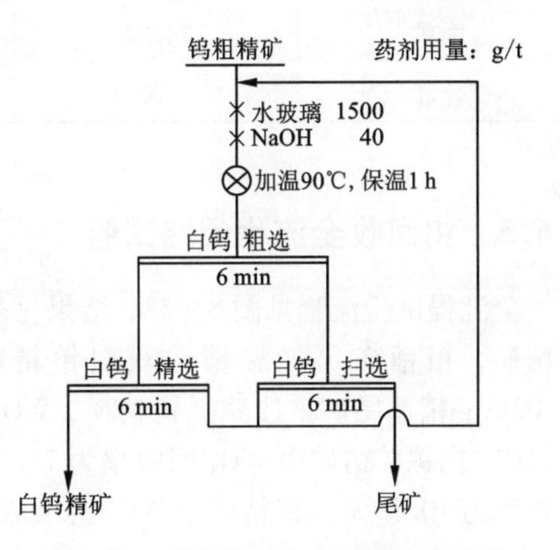

图 8－37 钨粗精矿加温精选闭路流程

表 8－28 钨粗精矿加温精选闭路试验结果

产品名称	产率/%	WO_3 品位/%	WO_3 回收率/%
白钨矿精矿	29.51	68.24	67.64
尾矿	70.49	13.67	32.36
合计	100	30.07	100

8.6.4 精选尾矿摇床回收黑钨矿试验

摇床具有富集比高的特点，将钨粗精矿加温精选的尾矿通过摇床选别，获得了黑钨矿精矿、次钨精矿和中矿。试验结果见表8-29。

表8-29 精选尾矿摇床回收黑钨矿试验结果

产品名称	产率/%	WO_3 品位/%	WO_3 回收率/%
黑钨矿精矿	10.12	66.17	48.99
次钨精矿	15.64	32.72	37.44
中矿	74.24	2.5	13.57
合计	100	13.67	100

8.6.5 钨回收全流程闭路试验

全流程试验流程见图8-38，结果见表8-30。原矿采用浮选粗选获黑白钨粗精矿，粗精矿再加温精选获白钨精矿，WO_3 品位为68.24%，回收率为60.02%；精选尾矿重选获黑钨精矿，WO_3 品位为66.17%，回收率为13.74%。黑钨矿、白钨矿精矿中 WO_3 回收率为73.76%。次钨精矿中 WO_3 品位为32.72%，回收率为10.79%。钨精矿中 WO_3 总回收率为84.55%。

表8-30 钨回收全流程闭路试验结果

产品名称	产率/%	WO_3 品位/%	WO_3 回收率/%
白钨精矿	0.72	68.24	60.02
黑钨精矿	0.17	66.17	13.74
次钨精矿	0.27	32.72	10.79
中矿	1.28	2.5	3.91
硫化矿	2.97	0.41	1.49
尾矿	94.59	0.087	10.05
合计	100	0.829	100

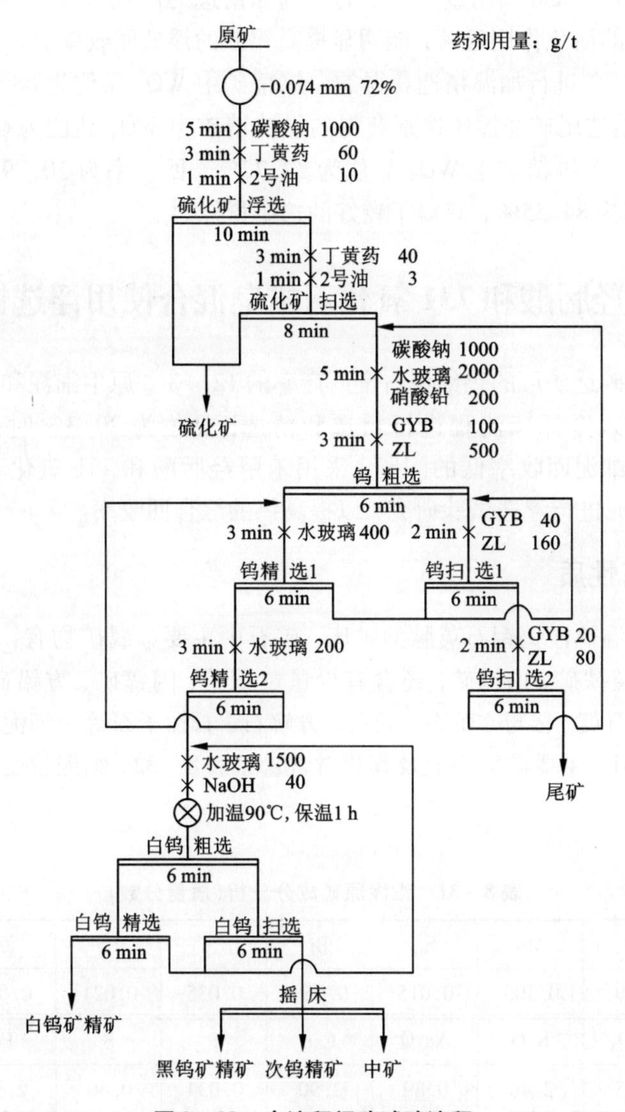

图 8-38 全流程闭路试验流程

8.6.6 结论

(1)由广州有色金属研究院研发的钨矿捕收剂 GYB 与 ZL，两者组合对黑钨矿、白钨矿的混合浮选存在着正协同作用。对含钨 0.83% 的原矿，当 GYB 与 ZL 质量比为 1∶5，经一次粗选(总用量为 600 g/t)、两次扫选(总用量分别为 200 g/t、100 g/t)、两次精选的闭路流程所获得的粗精矿中 WO_3 品位为 30.07%，WO_3 回收率为88.59%。水玻璃用量对钨矿的粗选和精选的浮选指标影响较为明显；硝酸铅对黑钨矿的活化作用显著，能明显提高钨矿的浮选回收率。

(2)对粗精矿进行加温精选获得的白钨精矿中 WO_3 品位为68.24%，回收率为60.02%；精选尾矿经摇床选别获得的黑钨精矿中 WO_3 品位为66.17%，回收率为13.74%；次钨精矿中 WO_3 品位为32.72%，回收率为10.79%；钨精矿中 WO_3 总回收率为84.55%，获得了较好的选矿指标。

8.7 苯甲羟肟酸和731氧化石蜡皂混合使用浮选钨细泥

江西某钨矿选矿厂的钨细泥占全厂产率的12.4%，原生细泥和次生细泥经浓泥斗浓缩后进入全摇床流程进行粗选和精选，品位为20.3%时，回收率约为42%。针对钨细泥回收率低的问题，采用苯甲羟肟酸和731氧化石蜡皂联合使用，对该钨细泥进行浮选试验研究，以提高钨的综合回收率。

8.7.1 矿石性质

该矿属高温热液钨钼石英脉型矿床，矿石中主要金属矿物有：黑钨矿、辉钼矿、自然铋、黄铁矿、白钨矿，还含有少量黄铜矿、闪锌矿、方铅矿、褐铁矿等；脉石矿物有：石英、云母、萤石、长石、方解石、石榴子石等。细泥原矿成分分析结果见表8-31，主要矿物组成及其相对含量见表8-32，细泥粒度组成及金属分布见表8-33。

表8-31 细泥原矿成分分析(质量分数)

成分	WO_3	Mo	Sn	Bi	Cu	Pb	Zn	SiO_2
w/%	0.49	0.105	0.015	0.058	0.035	0.021	0.020	74.04
成分	Al_2O_3	K_2O	Na_2O	Cao	P	S	Fe	
w/%	7.65	2.46	0.89	2.90	0.034	0.40	2.95	

表8-32 主要矿物组成和相对含量 %

矿物名称	黑钨矿	白钨矿	褐铁矿	电气石	高岭土	萤石	石英	长石	云母	其他
相对含量	0.47	0.205	4.31	0.89	2.0	2.21	62.07	0.12	20.04	7.685

从表8-31、表8-32可知，钨细泥中的主要有用成分为钨，其赋存状态为黑钨矿与白钨矿，单独回收黑钨矿或白钨矿都将造成钨的回收率大大降低。从

表8－33金属分布来看，钨金属主要分布在－0.074 mm粒级，占总金属量的73.02%。因此，要提高钨的回收率，综合回收－0.074 mm的黑钨矿和白钨矿是重点。

表8－33 细泥粒度组成及金属分布

粒度/mm	产率/%	品位/%	分布率/%
+0.074	25.00	0.53	26.98
-0.074～+0.055	16.00	0.25	8.14
-0.055～+0.043	19.00	0.15	5.80
-0.043～+0.037	16.00	0.39	12.70
-0.037～+0.020	14.00	1.52	43.32
-0.020	10.00	0.15	3.06
合计	100	0.40	100

8.7.2 浮选试验结果

1. pH对钨细泥浮选的影响

pH是最为重要的浮选参数之一，不同pH使得矿物的浮选行为也有很大的差异。采用HCl、Na_2CO_3作为pH调整剂，改性水玻璃为抑制剂，$Pb(NO_3)_2$为活化剂，捕收剂用量为300 g/t的条件下，pH对钨细泥浮选的影响如表8－34所示。从试验结果可见，pH在6～8之间钨的品位和回收率较高，而在pH高于8.0时，品位和回收率都降低，据此采用组合捕收剂进行钨细泥浮选可在自然pH下进行。

表8－34 pH对钨细泥浮选的影响

pH	粗精矿产率/%	WO_3品位/%		WO_3回收率/%
		给矿	粗精矿	
6.0	10.05	0.46	3.68	80.40
7.0	9.68	0.48	4.03	81.34
7.5	8.85	0.49	4.68	79.61
8.0	8.08	0.49	4.75	78.33
8.5	7.77	0.47	3.86	63.81
9.0	7.13	0.48	3.09	45.90

2. 组合捕收剂用量试验

组合捕收剂用量试验结果列于表 8 – 35。

表 8 – 35　组合捕收剂用量试验结果

药剂及用量/$(g \cdot t^{-1})$	粗精矿产率/%	WO_3 品位/%		WO_3 回收率/%
		给矿	粗精矿	
苯甲羟肟酸 200 731 氧化石蜡皂 0	6.96	0.49	4.84	69.46
苯甲羟肟酸 200 731 氧化石蜡皂 50	7.62	0.48	4.61	73.18
苯甲羟肟酸 200 731 氧化石蜡皂 100	8.76	0.49	4.52	80.81
苯甲羟肟酸 200 731 氧化石蜡皂 150	9.61	0.49	4.12	80.89
苯甲羟肟酸 200 731 氧化石蜡皂 200	11.83	0.47	3.2	80.93

采用改性水玻璃为抑制剂，$Pb(NO_3)_2$ 为活化剂，考察组合捕收剂用量对钨细泥浮选的影响。从试验结果可见，随捕收剂用量的增加，精矿品位降低，回收率提高；但是组合捕收剂用量超过 300 g/t 后，回收率提高幅度趋缓，而脉石矿物上浮率增加，为后续精选作业带来压力。

3. 闭路试验

闭路试验流程采用一粗四精两扫，试验流程见图 8 – 39，试验结果见表 8 – 36。

表 8 – 36　闭路试验结果

产品名称	产率/%	WO_3 品位/%	WO_3 回收率/%
钨粗精矿	1.97	21.39	86.01
尾矿	98.03	0.070	13.99
原矿	100	0.49	100

从表 8 – 36 可知，组合捕收剂对黑钨矿和白钨矿均有较好的捕收能力，钨的回收率达到 86.01%，比重选流程钨回收率高 20% 以上，具有很好的开发利用前景。

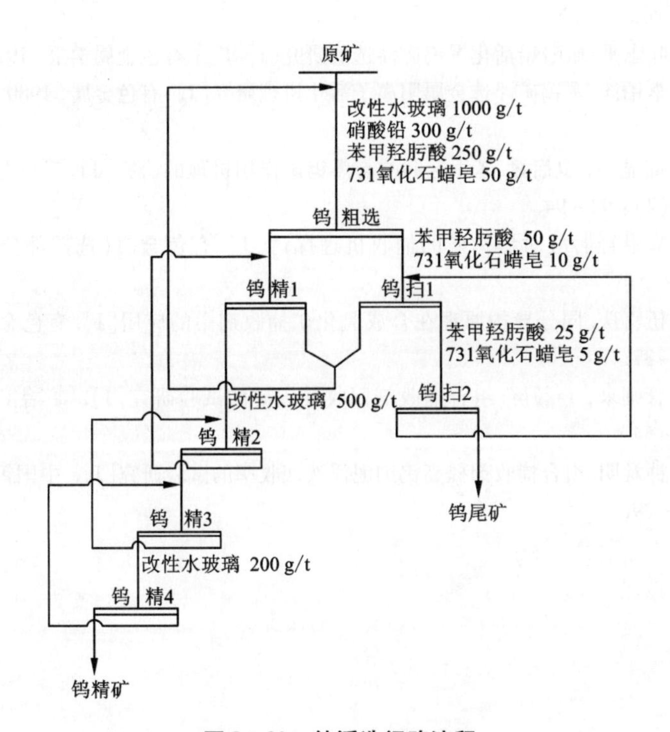

图 8-39 钨浮选闭路流程

参考文献

[1] 孙传尧. 当代世界的矿物加工技术与装备——第十届选矿年评[M]. 北京: 科学出版社,2006.

[2] 肖庆苏, 李长根, 康桂英. 柿竹园多金属矿 CF 法浮选钨主干全浮选矿工艺研究[J]. 矿冶, 1996, 5(3): 26~32.

[3] 程新朝. 钨矿物和含钙矿物分离新方法及药剂作用机理研究 Ⅰ. 钨矿物与含钙脉石矿物浮选分离新方法 - CF 法研究[J]. 国外金属矿选矿, 2000(6): 21~25.

[4] 朱建光, 朱玉霜. 黑钨与锡石细泥浮选药剂[M]. 北京: 冶金工业出版社, 1983.

[5] 孙传尧, 程新朝, 李长根. 钨铋钼萤石复杂多金属矿综合选矿新技术——柿竹园法[J]. 中国钨业, 2004, 19(5): 8~13.

[6] 程新朝. 钨矿物和含钙矿物分离新方法及药剂作用机理研究 Ⅱ. 药剂在矿物表面作用机理研究[J]. 国外金属矿选矿, 2000(7): 16~20.

[7] 戴子林, 朱建光. 以亚硝基苯胺铵盐为锡石的捕收剂[J]. 有色金属, 1988, 40(4): 23~28.

[8] 程新朝. 白钨常温浮选工艺及药剂研究 [J]. 有色金属(选矿部分), 2000(6): 35~38.

[9] 张忠汉, 张先华, 叶志平. 柿竹园多金属矿 GY 法浮钨新工艺研究[J]. 矿冶工程, 1999

(4): 22 ~ 26.
[10] 陈万雄, 叶志平. 硝酸铅活化黑钨矿浮选的研究[J]. 广东有色金属学报, 1999, 9(1): 13.
[11] 金华爱, 李柏淡. 黑钨矿浮选金属阳离子活化机理研究[J]. 有色金属, 1980, 32(3): 46 ~ 55.
[12] 高玉德, 邱显扬, 夏启斌. 苯甲羟肟酸与黑钨矿作用机理的研究[J]. 广东有色金属学报, 2001, 11(2): 92 ~ 94.
[13] 叶志平. 苯甲羟肟酸对黑钨矿的捕收机理探讨[J]. 有色金属(选矿部分), 2000(5): 35 ~ 39.
[14] 朱建光, 伍喜庆. 同分异构原理在合成氧化矿捕收剂中的应用[J]. 有色金属, 1990, 42(3): 32 ~ 37.
[15] 韩兆元, 管则皋, 卢毅屏. 组合捕收剂回收某钨矿的试验研究[J]. 矿冶工程, 2009, 29(1): 50 ~ 54.
[16] 方夕辉, 钟常明. 组合捕收剂提高钨细泥浮选回收率的试验研究[J]. 中国钨业, 2007, 22(4): 27 ~ 29.

9 起 泡 剂

捕收剂和起泡剂分子，都是异极性分子，分子的一端为极性，另一端为非极性。但捕收剂和起泡剂在浮选过程中的作用机理是不相同的，捕收剂的极性基亲固体，非极性基亲空气，而起捕收作用；起泡剂的极性基亲水，非极性基亲气，在水气界面形成定向排列，降低水的表面张力，故有起泡作用。起泡剂最好是没有捕收作用，以便于控制。但前面讨论捕收剂的章节中，叙述到有些捕收剂有起泡作用，如脂肪酸就是典型代表。它们的分子量较小时，具有起泡能力，随着分子量逐渐增加，捕收能力逐渐增强，就可用作捕收剂。因此，在捕收剂和起泡剂之间，要划一条明显的界线是比较困难的，一般在浮选过程中，该药剂虽有起泡作用，但主要是起到捕收剂作用时，便作为捕收剂；反之，虽有捕收作用，但主要是起泡作用时，便作为起泡剂。

常用的起泡剂多从工农业副产品加以综合利用而得。我国常用的松油、松醇油、樟脑油等，都来自森林工业产品；甲酚酸、重吡啶等都是煤焦油工业产品。近年来为了得到更好的起泡剂，除综合利用工农业副产品外，还趋向于人工合成，例如甲基异丁基甲醇(缩写为 MIBC)、$C_6 \sim C_8$ 的混合醇(代号为 ИМ-68)、1,1,3-三乙氧基丁烷(缩写为 TEB)、$C_5 \sim C_6$ 和 $C_5 \sim C_9$ 的脂肪酸乙酯、烷基多丙二醇醚(代号 Dowfroth 250)、甘苄油等。这些合成的起泡剂，一般来说性能都较好，本章将选择介绍。

9.1 松 油

9.1.1 松油的来源

在蒸馏装置中用水蒸气蒸馏法将松脂、松木、松根的碎片及松针中的松节油蒸去，然后加入石油脑或汽油等溶剂进行浸出，则松油、松脂酸等溶于溶剂中，分馏浸出液，溶剂先行蒸出，然后分馏出松油，残渣为松香等。也可以不经水蒸气蒸馏除松节油，而直接加入松节油或汽油作为溶剂进行溶剂萃取，将萃取液分馏，则溶剂、松节油、萜二烯、松油逐段分离，残渣为松香。

9.1.2 松油的性质及起泡性能

松油是组成不定的萜类混合物，主要成分是 α-萜烯醇(占 55% ~60%)、萜烯、樟脑、松油脑、α-葑醇、萜烯-1-醇、萜烯-4-醇(占40%),为淡黄色至棕色液体,相对密度0.86~0.94,密度愈大则颜色愈深,含萜烯醇愈少。质量好的松油应呈淡黄色,有良好的起泡性能,颜色愈深则含有愈多杂质及残渣,起泡性能不好并有捕收性质。作为浮游选矿用的松油的有效成分是α-萜烯醇、γ-萜烯醇、二氢-α-萜烯醇、萜二烯醇、龙脑、樟脑、枞萜烯醇等,这些化合物具有良好的起泡性能,松油中的醚类也有起泡性能,但不及醇类。松油中的烃类则不具有起泡能力。

用松油作起泡剂,黄药作捕收剂可以浮选铜矿、铅锌矿、黄铁矿等;松油与胺配合可以浮选独居石、锂辉石、钾盐矿等。因为松油具有一定的捕收能力,故可以捕收易于浮游的矿物,如辉钼矿、硫磺、石墨、煤等。对这些易浮矿物进行无捕收剂浮选试验时,不宜用松油作起泡剂。

松油虽然是一种比较好的起泡剂,但它来源于天然产品,产量有限。为满足选矿工业的需要,应该人工合成起泡剂,将松节油(蒎烯)加工成松醇油(萜烯醇)。

9.2 松醇油

9.2.1 松醇油的制法

各种芳香油中,含有萜醇、萜酮、萜烯醇等,因此天然芳香油就有起泡性能。视品种不同、产品不同,天然芳香油所含起泡成分各异。常用的有松节油、樟树油、桉树叶油等。我国用得最广的是将松节油加工制成的松醇油。

松节油的主要成分是α-蒎烯,可通过加水反应生成羟基化合物。反应式如下:

α-蒎烯 $+2H_2O$ $\xrightarrow[\text{酒精或平平加,50℃}]{H_2SO_4}$ 萜二醇(中间体)

中间体 $\xrightarrow[65℃]{H_2SO_4,\ -H_2O}$ α-萜烯醇

中间体 $\xrightarrow[-H_2O]{H_2SO_4,\ 65℃}$ β-萜烯醇

中间体 $\xrightarrow[65℃]{H_2SO_4,\ -H_2O}$ γ-萜烯醇

"外因是变化的条件，内因是变化的根据，外因通过内因而起作用"。上面的反应式中，α-蒎烯能与水化合，在于其本身的内部结构，它的分子中有一个容易破裂的四元环(由四个碳原子组成)。水分子有极少部分电离为 H^+ 和 OH^+，这是决定 α-蒎烯能起加成反应的内因。α-蒎烯不溶于水，将其置于水中则分成两层，因此，α-蒎烯分子与水分子间接触机会很少，只与水在界面上有接触，较难发生反应。因此，加入酒精或平平加作为乳化剂，同时不断搅拌，使 α-蒎烯和水生成乳状液，有机会充分接触，加速反应进行。加入硫酸作催化剂，硫酸在水中电离为 H^+ 和 SO_4^{2-} 离子，增加水中 H^+ 离子的浓度，加速反应的进行。在化学反应过程中，一般说来，温度每升 10℃，反应速度加快 2～3 倍，故将反应温度升高到 50℃。加热、加硫酸、加乳化剂和搅拌，是加速反应的外因。

加水反应经 6 h 左右，有一部分 α-蒎烯生成了萜二醇〈1, 8〉，然后升高温度到 65℃，保持 5～10 min，使萜二醇〈1, 8〉在稀硫酸的催化下脱去一分子水，因脱水位置不同，生成了 α、β、γ 三种萜烯醇。在反应过程中，第一步(50℃)硫酸是加水反应的催化剂，第二步(65℃)硫酸是失水的催化剂。

生产松醇油时，配料质量比按 m(松节油)∶m(硫酸(32%))∶m(酒精)＝10∶8∶3 加入反应器中。例如，600L 的反应罐，可加松节油 180 kg、硫酸(32%)144 kg、95%酒精 45 kg 进行反应，在 47～50℃下，搅拌 6 h 后，再升温至 65℃保温 5～10 min，再冷却到 40℃，即可出料；先送入酸油分离器内，静置 40 min 左右，酸油分离为两层，分别放出，酸可以再用；将油用碳酸钠中和，再用蒸馏法回收酒精。酒精的回收率约 25%，用这种方法生产的松醇油合乎一级品的要求。

9.2.2 用酸催化 α-蒎烯加水反应机理的探讨

上面介绍的是用松节油制松醇油的原理和工艺过程，实际上 α-蒎烯在酸的催化下加水反应机理是不是如上那样简单呢？不少人研究过这个问题，下面介绍两个试验结果。

用 95% 的水和 5% 的丙酮，在 75℃下用 0.06 mol 硫酸催化 α-蒎烯加水反应，反应结果用色谱分析证明有下列化合物存在：

(Ⅰ)α-蒎烯

(Ⅱ)α-萜烯醇(α-terpeneol)

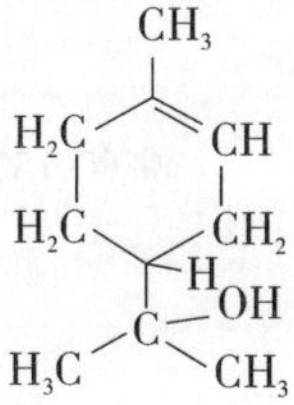

CH_3

H_2C CH

H_2C CH_2

H

C OH

H_3C CH_3

沸点: 219.8℃

(Ⅲ)钵尼醇(fomeol)或称莰醇、樟脑醇

CH_3
H_2C CHOH
C CH_3
H_3C
H_2C CH_2
C
H

沸点: 214℃

(Ⅳ)葑醇(fenchyl alcohol)

CH_3
H_2C C CHOH
CH_2
H_2C C $C(CH_3)_2$
H

熔点: 45℃
沸点: 201~202℃

(Ⅴ)未确定的醇

(Ⅵ)(limonene)

CH_3
C
H_2C CH
H_2C CH_2
C H
C
H_3C CH_2

沸点: 176℃

(Ⅶ)松油二烯(terpenolene)

CH_3
C
H_2C CH
H_2C CH_2
C
H_3C CH_2

沸点: 183℃

(Ⅷ)莰烯(camphene)

CH_2
C
HC CH_2
CH_3
C
CH_3
H_2C CH_2
C
H

沸点: 157℃

(Ⅸ)β-蒎烯(β-pinene)

沸点: 162~163℃

另一个试验采用的α-蒎烯为 $n_0^{20}1.4565$，$d_D^{20}0.8584$，$[\alpha]_D^{20}36.6°$，在5~10℃温度下，用50%硫酸水解，将生成的固体水合物分离、干燥，再用2%磷酸在100℃脱水生成醇，用色谱法分析结果如下：

α-萜烯醇(α-terpineol)　　84.2%

1，4-除蛔蒿油内醚(1，4-cineol)　　1.7%

二戊烯(dipentene)　　0.9%

松油二烯十对一聚散花素　　2.6%

未化验出的物质　　0.9%

用色谱法分析液体水解残余物的结果如下：

α-蒎烯　　0.6%

莰烯（camphene）　　5.0%

α-萜烯（α－terprinene）　　18.0%

二戊烯(dipentene)　　17.4%

1，4-除蛔蒿油内醚（1，4-cineol)　　19.2%

松油二烯十对一聚散花素　　39.8%

从这两个实验结果可看出，一方面产生了水解产物醇类，另一方面产生了多种碳氢化合物。综合上述两个实验结果和其他一些文献报道，可以认为α-蒎烯和水在酸催化下的反应可能如下面图解所示：

H_2SO_4　H_2SO_4　H_2SO_4 / H_2O　H_2O HSO_4 / $-H_2O$　OH　1,8脱水

α-萜烯醇　萜二醇(1,8)　1,4除蛔蒿油内醚

水解　异构化　H^+异构化　脱水　脱水　脱水　脱水　脱水

HO　茨醇 钵尼醇　β-蒎烯　异构化　异构化　OH

异构化　苧(二戊烯)　松油二烯　薄荷二烯　γ-萜烯醇

莰烯　β-萜烯醇

上面的图解中的一个趋向是α-蒎烯加水成醇，这是制造松醇油所应用的反应；第二个趋向是加水生成醇后，由于脱水位置不同而得到不同的萜烯类；第三个趋向是α-蒎烯在酸的催化下，自身异构化而生成别的萜烯。无论是第二或第三个趋向生成的萜烯，都可能再发生异构化，故反应就更复杂了。不同的条件下进行实验会得到不尽相同的结果，有时萜烯类发生聚合反应，还会得到相对分子质量更大的化合物，因此α-蒎烯用酸催化加水反应，欲使其完全变成萜烯醇是很困难的，但是，改变反应条件，可使产品含萜烯醇的百分比提高。

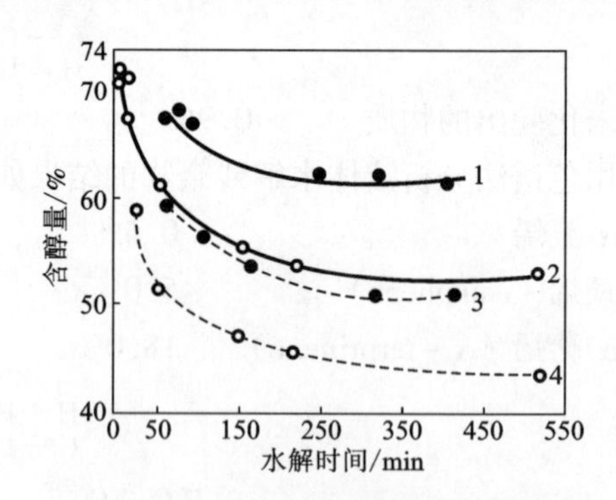

图9-1　用硫酸、高氯酸水解α-蒎烯生成醇的百分比与水解时间的关系

1—用0.03 mol/L H_2SO_4 水解生成醇总含量；

2—用0.065 mol/L $HClO_4$ 水解生成醇总含量；

3—用0.03 mol/L H_2SO_4 水解生成α-萜烯醇含量；

4—用0.065 mol/L $HClO_4$ 水解生成α-萜烯醇含量

9.2.3　不同酸作催化剂对α-蒎烯水解的影响

将0.4 mol α-蒎烯(Ⅰ)在反应温度为75℃时，用0.03 mol/L硫酸酸化，在95%的水和5%的丙酮溶液中，水解反应所得结果列于表9-1中；用0.065 mol/L高氯酸代替0.03 mol/L硫酸，其他

条件相同的试验结果列于表9－2中。表中总醇量一项，为了方便比较起见，是将Ⅱ、Ⅲ、Ⅳ、Ⅴ四项相加的数字。表9－1和表9－2中，Ⅰ、Ⅱ、Ⅲ、Ⅳ、Ⅴ、Ⅵ、Ⅶ、Ⅷ、Ⅸ、Ⅹ、Ⅺ分别代表α-蒎烯、α-萜烯醇、钵尼醇、葑醇、未确定的醇、苧、松油二烯、莰烯、β-蒎烯、α-萜二烯、γ-萜二烯，C代表1，4-除蛔蒿油内醚，D代表 $C_{20}H_{32}$ 碳氢化合物。

从表9－1和表9－2中可以看到，用0.03 mol/L硫酸作催化剂，所产生的醇总量比用0.065 mol/L高氯酸作催化剂所产生的醇的总量为高；用0.03 mol/L硫酸作催化剂所产生的α-萜烯醇的量也较用0.065 mol/L高氯酸作催化剂所产生的α-萜烯醇的量高。为便于比较，将表9－1、表9－2中这两个项目对水解时间作图，得图9－1。

表9－1 0.4mol α-蒎烯在95%水加5%的丙酮中，在0.03 mol/L硫酸浓度下反应温度为75℃时的水解结果

水解时间 /min	K /10^{-5}	剩下的 Ⅰ/%	Ⅱ /%	Ⅲ /%	Ⅳ /%	Ⅴ /%	总醇量 /%	Ⅷ /%	Ⅸ /%	Ⅹ /%	Ⅵ /%	Ⅺ /%	Ⅻ /%
64	8.94	70.4	60.0	3.0	3.3	2.2	68.0	2.2	1.6	2.0	13.2	—	12
101	9.7	55.5	57.5	3.1	3.6	2.5	66.7	2.6	1.3	4.0	12.0	0.8	12.6
164	8.7	42.3	54.8	2.9	3.2	2.6	63.5	2.9	1.1	6.8	10.1	1.4	14.2
312	9.8	15.2	52.7	3.0	3.8	3.0	62.5	3.7	1.0	7.3	8.7	2.6	14.2
404	9.85	9.15	51.6	3.3	3.9	3.0	61.8	3.5	0.8	8.2	7.5	2.8	15.2

注：总醇量一项是编者将Ⅱ、Ⅲ、Ⅳ、Ⅴ 4项相加的结果。

表9－2 0.4 mol α-蒎烯在95%水加5%丙酮中，在0.065 mol/L高氯酸酸度下，反应温度为75℃时的水解结果

水解时间 /min	Ⅱ /%	Ⅲ /%	Ⅳ /%	Ⅴ /%	Ⅷ /%	Ⅸ /%	总醇量 /%	Ⅹ /%	Ⅵ /%	Ⅺ /%	Ⅶ /%	C /%	D /%
5	62.8	3.0	3.1	2.0	2.8	2.2	70.9	2.0	11.2	—	10.9	—	—
10	62.2	3.2	3.8	2.1	2.5	1.5	71.3	3.6	10.0	—	11.1	—	—
15	62.6	3.1	3.6	2.2	2.6	1.7	71.5	4.0	9.9	—	10.3	—	—
25	59.8	3.3	3.0	1.6	3.7	2.7	67.3	5.4	8.1	2.1	10.7	—	—
51	52.2	3.4	3.0	2.0	4.1	2.1	61.0	6.1	7.7	2.6	16.2	—	—
151	47.5	3.5	3.1	2.1	4.9	2.0	55.2	7.2	6.5	3.1	18.6	—	2.0
218	46.4	3.0	2.8	2.2	1.6	1.4	54.2	10.1	5.4	3.6	18.9	1.0	3.6
520	45.0	3.0	3.0	1.9	—	—	52.9	11.2	1.7	4.7	21.0	3.0	5.5
2000	21.0	1.3	1.2	1.0	—	—	24.5	14.0	1.0	9.5	16.5	3.9	30.5

9.2.4 不同乳化剂对α-蒎烯水解的影响

从原则上说，乳化剂能使水、酸、油三者乳化，增加反应物间的接触机会，从而加速水解反应。下面的试验结果证明不同的乳化剂得到不同的结果。用50%硫酸将α-蒎烯进行水解，分别用异丁醇、正戊醇、甲基α-萜烯基醚、α-萜烯醇、1，4-除蛔蒿油内醚作乳化剂，并有Ag、Li、Na、K、Cu、Mg、Zn、Cd、Ba、Al、Fe等的硫酸盐存在，试验结果表明，最好的乳化剂是异丁醇和正戊醇。所用过的上述硫酸盐中，只有硫酸银有助催化作用。

9.2.5 101复合松醇油

针对青海某大型钼矿，进行了浮选试验。原矿磨矿后，用水玻璃550 g/t作抑制剂，煤油100 g/t作捕收剂，101复合松醇油56 g/t作起泡剂，通过一粗、二扫、三精的闭路流程，可从含1.04% Mo的给矿，得到含钼56.68%、回收率96%的钼精矿。

9.3 樟脑油

9.3.1 樟脑油的来源

将樟树的根、树干、树叶等用水蒸气蒸馏，樟脑油随水蒸气一同蒸出，因其不溶于水，蒸出物冷却后，水油分层，除去水层即得樟脑油。将樟脑油分馏，收集不同沸程产物，得多种产品，见表9-3。

表9-3 樟脑油分馏产品

产　　品	沸程/℃	相对密度	收率/%	成　　分
樟脑白油	150~180	0.880	20	桉叶醇　樟脑　α-萜烯醇　其他
再制樟脑	204前后	0.985	52	樟脑　其他
樟脑红油	210~250	1.035	23	丁香酚　α-萜烯醇　其他
樟脑蓝油	250~300	0.980	0.5	松油精(倍半萜烯)等
残　　物			2.0	

9.3.2 樟脑红油的成分

表9-3所列樟脑油的分馏产品，由于沸程较大，属于工业上的分馏结果，故

比较粗略。以樟脑红油为例，不同的报道成分有出入，这可能与樟树的产地、品种有关。下面是樟脑红油成分比较细致的成分分析结果：取江西樟脑厂的樟脑红油（沸点范围 210～250℃，与表 9－3 中所列相同，n_D^{20}1.4927，d_4^{20}0.9417，$[\alpha]_D^{26}$2.8（液体），酸值2.9，皂化值7.8，乙酰化后的皂化值67.0）750 g，用5%碳酸钠溶液萃取酚类及游离酸后，用水洗至中性，再先后用无水碳酸钠及无水硫酸镁干燥，获得535 g中性油，将中性油于减压下进行精密分馏，共收集27个馏分，见表9－4。从表9－4的27个馏分中，根据薄层层析的指示，选取其中较有代表性的第1、4、9、15、19和24号馏分进行层析鉴定，证明其中分别含有α-蒎烯（Ⅰ）、二戊烯（Ⅱ）、1，8-桉叶油素（Ⅲ）、樟脑（Ⅳ）、芳樟醇（Ⅴ）、α-松油醇（Ⅵ）、黄樟油素（Ⅶ）、α-檀香烯（Ⅷ）、蛇麻烯（Ⅸ），此外还获得一种尚待进一步鉴定的纯倍半萜烯（Ⅹ）。

表9－4 樟脑红油中性部分分馏结果

馏分	沸程/℃	压力/(133322 Pa)	质量/g	折光率(n_D^{20})	主要成分
1	45.5～46	18	16.9	1.4645	α-蒎烯
2	42～52	17	5.8	1.4619	α-蒎烯
3	53.2～60	16	3.8	1.4659	α-蒎烯，1，8-桉叶油素，戊二烯
4	58～60	15	24	1.4728	1，8-桉叶油素，戊二烯
5	55～58.5	10	4.7	1.4830	同上
6	58.5～66	9	4.7	1.4820	同上
7	66～69.5	9	1.7	1.4780	1，8-桉叶油素，戊二烯，樟脑
8	70～72.5	9	14.3	1.4681	樟脑，芳樟醇
9	71～71.5	9	33.8	1.4660	同上
10	65.8～70.5	8	28.8	1.4692	同上
11	73～74	5	0.8	1.4732	樟脑，芳樟醇，α-松油醇
12	72.5～78	5	1.5	1.4746	同上
13	79～80	5	8.1	1.4781	芳樟醇，α-松油醇
14	80～85	5	24.3	1.4842	芳樟醇，α-松油醇，黄樟油素
15	85～87.2	5	40.9	1.4922	同上
16	87～88	5	16.3	1.5043	α-松油醇，黄樟油素
17	88～89.5	4	10.1	1.5146	同上
18	91～93	4	58.2	1.5237	同上
19	90～92.6	4	48.2	1.5265	同上
20	90～96	4	16.5	1.5209	黄樟油素
21	96～100	4	26.3	1.4977	黄樟油素，倍半萜烯

续表 9－4

馏分	沸程/℃	压力 /(133322 Pa)	质量 /g	折光率 (n_D^{20})	主 要 成 分
22	100～105	4	8.5	1.4950	同上
23	105～107	4	15.9	1.4948	倍半萜烯
24	104～106.7	4	23.6	1.4940	倍半萜烯
25	107.5～110.5	4	26.5	1.4959	倍半萜烯
26	110.3～113.8	4	7.1	1.5008	倍半萜烯
27	112.5～115	4	3.4	1.5006	倍半萜烯

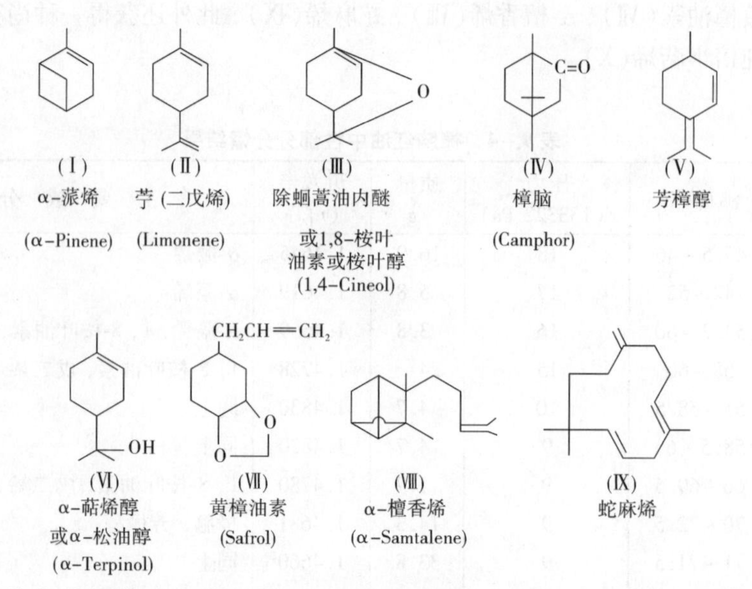

各成分含量的估计是应用薄层层析法测定的，估定的结果是：α-蒎烯2.8%、二戊烯4.2%、1，8-桉叶油素0.8%、樟脑1.9%、芳樟醇9.2%、α-松油醇7.8%、黄樟油素22.2%、倍半萜烯14.8%。酸性部分约占23.8%，主要是酚类物质，初步实验推测，可能属丁香酚或其他类似物；蒸馏残留物约占5.7%，主要为倍半萜的含氧部分。这两部分尚待进一步研究。

9.3.3 樟脑油的起泡性能

我国福建、江西、台湾、广东等省盛产樟树，只台湾一省所产樟脑已占世界第一位。从樟树获得的樟脑油，分离出樟脑后，还有樟脑白油、樟脑红油和樟脑蓝油等产品，樟脑白油有良好的起泡性能，可代替松油使用，且选择性比松油好，多用于精矿质量要求高及优先浮选等场合，用量一般为100～200 g/t，夹皮沟金矿曾采用樟脑白油作起泡剂。樟脑红油能产生黏性的泡沫，在需要较强的泡沫时

(如黄铁矿的浮选)就采用这种起泡剂，江西浒坑用樟脑红油作浮选黑钨的起泡剂。樟脑蓝油具有起泡兼捕收两种作用，选择性差，但价格低廉，多用于选煤或与其他起泡剂配合使用。

9.4 从低温焦油中提取酚作起泡剂

9.4.1 酚的提取

低温焦油的 170 ~ 300℃ 馏分，含有低级酚和高级酚，一般含酚量为煤焦油产量的15% 左右，有的多至 40% 。低级酚中多数为甲酚、二甲酚，苯酚的含量则较少。因为低温焦油含酚量较高温焦油含酚量大得多，所以是提取酚类的重要原料，提取步骤如下:

1. 焦油脱水

焦油预热脱水是在蒸馏器中用蒸汽加热，将焦油中的水分蒸出。在实验室中脱水蒸馏器可与下一步分馏用同一套设备，而工业生产则用有蒸汽加热夹套的预热脱水设备。焦油置入脱水器后，用过热蒸汽徐徐加热，保温在105℃左右，将焦油中的水分蒸出，蒸出的水蒸气经冷凝管冷凝后流出。

2. 分馏

经脱水后的焦油，加热进行分馏，焦油分馏的设备很简单，主要为蒸馏器、加热炉、冷凝管。蒸馏器为铁质蒸馏釜，备有侧管，侧管与冷凝管相接，冷凝管的内径最好大一些，以免焦油馏出时产生堵塞现象，脱水时用水冷凝蒸出的蒸气，用空气冷凝焦油馏出物的高沸点馏分。

割取 170 ~ 300℃ 馏分为提取酚类的原料，这一馏分为混浊黄色至褐色糊状物，其中有苯酚、甲酚、二甲酚、萘、二甲萘、蒽及高级酚等，此外还有碱性化合物，馏分的总产出率为 36% 左右。

3. 酚钠的提取

用 10% ~ 15% 的氢氧化钠溶液处理上一步骤中 170 ~ 300℃ 馏分，处理的原理是酚与氢氧化钠中和生成可溶于水的酚钠，反应式可以用苯酚为代表，表示如下:

$$C_6H_5OH + NaOH \longrightarrow C_6H_5ONa + H_2O$$

氢氧化钠用量与焦油含酚理论量相当。将焦油置于反应槽中，加热至 50℃，在搅拌下慢慢加入氢氧化钠溶液，控制反应温度在 50 ~ 60℃，温度不能过高，否则焦油中的油分溶于酚钠中，使酚的抽提产生困难。加氢氧化钠溶液处理后，得到水碱浸出液及中性油层。水碱浸出液中含有酚钠及少量油质、萘、吡啶碱等，静置待水碱浸出液层与中性油层分离后，除去油层，得酚钠水溶液。此层溶液由于酚钠的乳化作用而呈混浊状，其中夹有油、萘等杂质，这有碍酚钠的分解，因此必须经过热蒸汽蒸馏，在保持105℃时直接用水蒸气吹蒸，将杂质带出，此时也有部分酚被带走。经水蒸气吹蒸的酚钠水碱浸出液，即可进行下一步反应。

4. 酚钠的分解和提取粗酚

用二氧化碳分解酚钠反应式如下：

$$C_6H_5ONa + CO_2 + H_2O \longrightarrow C_6H_5OH + NaHCO_3$$

$$2C_6H_5ONa + CO_2 + H_2O \longrightarrow 2C_6H_5OH + Na_2CO_3$$

分解过程的原理是二氧化碳的酸性较酚的酸性强，可以置换酚钠中的酚，结果生成酚类和碳酸盐。当二氧化碳过剩时，便生成碳酸氢钠，不足时则生成碳酸钠，实际上是两个反应同时进行。通入二氧化碳至微酸性为止，即生成粗酚及碳酸氢钠晶体。如果不希望生成碳酸氢钠晶体，以免在分离粗酚时堵塞管道，则应加水稀释，使碳酸氢钠溶解于水中。粗酚层与碳酸盐水溶液分离，即得粗酚。

不用二氧化碳水解，而用60%硫酸中和至微酸性时，亦同样析出酚。

将分离出的粗酚用60%～70%硫酸洗一次，5%碳酸钠洗一次，水洗两次，得洗涤后的粗酚。

5. 粗酚的蒸馏

粗酚中含有若干量的油质、水分等，经过蒸馏可以排出而得到粗制酚。蒸馏系在减压下进行，用过热蒸汽加热，割取230℃以前的部分，即得低级酚和高级酚，整个流程如图9－2所示。

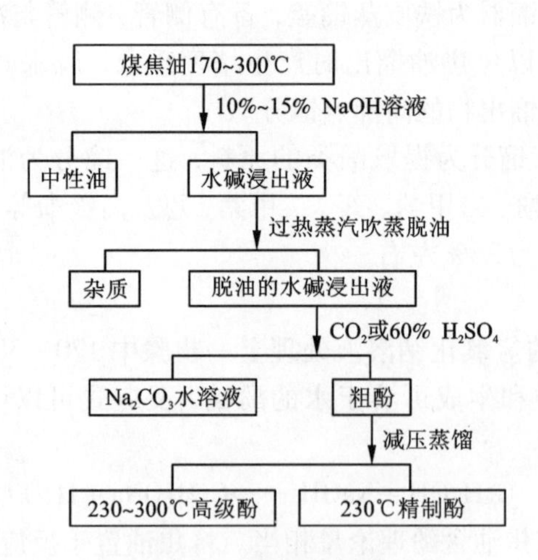

图9－2 提取酚流程图

9.4.2 酚类的一般性质及其在选矿中的应用

低级酚用作浮选的起泡剂，称作甲酚酸，含有苯酚、甲酚、二甲酚等物质。

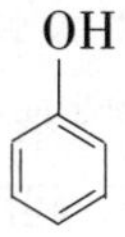

苯酚 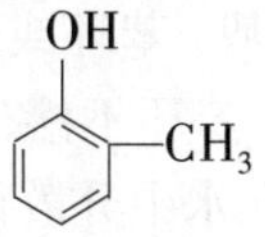　　邻－甲酚 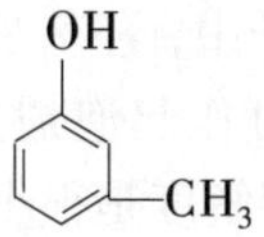　　间－甲酚 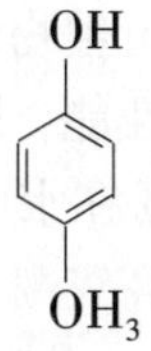　　对－甲酚

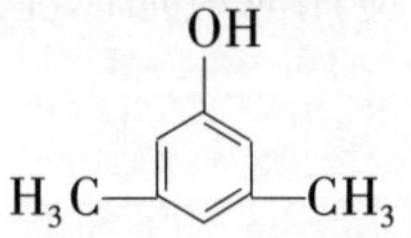

3,5－二甲酚 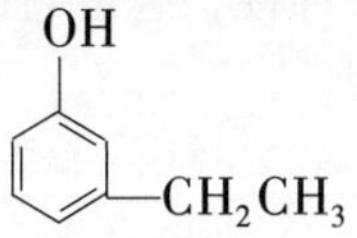　　3－乙苯酚

它们常温下是结晶体，主要物理性质如下：

表 9－5　低级酚的物理性质

名称	熔点/℃	沸点/℃	在水中的溶解度(100 g 水中溶解的克数)
苯酚	40.8	181.8	8
邻-甲酚	30.5	191	2.5
对-甲酚	11.9	202.2	2.6
间-甲酚	34.5	201.8	2.3
二甲酚	26～75	209～225	—
乙苯酚	－4	217	—

高级酚是苯酚的高级烷烃衍生物或芳烃衍生物，相对分子质量较大，其熔点、沸点更高，在水中的溶解度更小。

酚和醇一样，分子中具有羟基，所以有些性质与醇相似。另一方面，由于酚的羟基直接与苯环相连接，羟基中氧原子上的独对电子与苯环的 π 电子云相作用的结果，使苯环上的电子云密度增大(特别是邻、对位)，而氧原子电子云密度减少，因而使得氢氧键的电子云向氧的一方移动，增强氢氧键的极性，所以酚的羟基氢原子较醇的羟基的氢原子有较大的活性，在水中可以电离出 H^+ 离子，显弱酸性，可与氢氧化钠溶液作用，生成可溶性的酚盐：

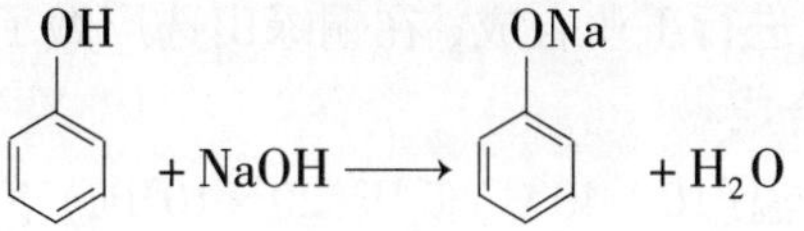

$$C_6H_5OH + NaOH \longrightarrow C_6H_5ONa + H_2O$$

因为酚的酸性比碳酸还弱，故不溶于碳酸氢钠溶液中。酚与三氯化铁有颜色反应(例如一元酚与三氯化铁作用呈紫色或蓝色)，这种特殊反应可用来检验酚类羟基的存在。

苯酚及其衍生物的分子中，羟基是亲水基，苯环或烷基苯环亲气，有降低水的表面张力的性能，所以可作起泡剂。由于苯环不溶于水，烷基苯环更不溶于水，所以高级酚在水中的溶解度是很小的，在水中分散得不好，起泡能力不强。

低级酚和高级酚均为浮选铜、铅、锌硫化矿的起泡剂，在应用上已有显著成效。

酚类有腐蚀性及毒性，这是它的缺点，应用时应加以注意。为了减少污染，酚类起泡剂最好不用。

9.5 醇　类

一元醇的通式是 R—OH，当 R 是脂肪族烃基时，属脂肪醇类，R 是芳基烷基时，称芳香族醇类，R 是环烷基时，称环烷醇类。例如：

$CH_3(CH_2)_5$—OH　　己醇

C_6H_5—CH_2—OH　　苄醇

C_6H_{11}—OH　　环己醇

总之，醇类的功能团是羟基(—OH)。当分子中含一个羟基时，称一元醇，含 2 个羟基以上者称为多元醇。羟基与芳烃直接相连的化合物叫酚，酚的性质与醇有显著的差异。

醇的结构(R—OH)与水的结构 H—OH 相似，尤其是低级醇，其 R 基碳链极短，与 H—OH 更相近，故低级醇如甲醇、乙醇、丙醇可以与水任意混合，不具有起泡性质。C_4 ~ C_{10}脂肪醇部分溶于水，能明显地降低水的表面张力，使气泡稳定，所以是起泡剂。C_{12}以上醇在常温下是固体，在水中不易分散，不宜单独用作起泡剂。已经研究过或已经应用的醇类起泡剂有许多种，如 C_5 ~ C_6、C_6 ~ C_7、C_6 ~ C_8 脂肪族混合醇，甲基异丁基甲醇(MIBC)，二甲基苄醇等等。

9.5.1 C_5 ~ C_7 脂肪族混合醇(混合六碳醇)

这是北京矿冶研究总院与大连物化所共同研究的代号为 P_1-MPA 的起泡剂，后来在本溪石油化工厂进行工业合成，在铜绿山选厂做了工业性浮选试验。

1. 混合六碳醇的合成

用聚合级丙烯在常温(10 ~ 40℃)低压(20×10^5Pa)下，在镍系 2301 络合催化剂上进行丙烯本体液相二聚，生成由几种六碳烯异构体组成的混合物，其主要成分是甲基戊烯，含量为70% ±2%，还有已烯和2，3-二甲基丁烯，丙烯单程转化率可达90% ~94%。六碳烯硫酸水合得六碳醇，即烯烃经硫酸化生成硫酸酯，再水解生成相应的醇。

$$R—CH═CH_2 + H_2SO_4 \longrightarrow R—\underset{\displaystyle SO_4H}{\underset{|}{CH}}—CH_3$$

$$R—\underset{\displaystyle SO_4H}{\underset{|}{CH}}—CH_3 + H_2O \longrightarrow R—\underset{\displaystyle OH}{\underset{|}{CH}}—CH_3 + H_2SO_4$$

酯化和水解均在低温下(0 ~10℃)进行，产品回收率为90%以上。

2. 混合六碳醇的性质及选矿效果

用上述方法合成的六碳醇的主要成分是六碳仲醇、六碳叔醇、六碳烯、聚合物等，其组成及总醇含量随合成条件而改变。表9 -6 是最佳条件下制得的混合六碳醇的组成及含量。

表9 -6 最佳条件下制得的混合六碳醇组成

实验批号	叔 醇/%		仲 醇/%				总醇/%	六碳烯/%	聚合物/%
	2，3-二甲基丁醇-[2]	2-甲基戊醇-[2]	2-甲基戊醇-[3]	4-甲基戊醇-[2]	己醇-[3]	己醇-[2]			
46	21.5	47.6	1.0	9.0	2.5	2.7	84.3	10.5	5.3
47	22.0	49.4	0.8	8.6	2.6	2.5	85.9	11.1	2.8
48	18.9	45.7	0.5	9.6	3.0	3.9	81.6	11.9	6.5

混合六碳醇是无色至淡黄色易流动液体，有高级醇气味，其中的六碳烯是未反应的原料，聚合物是丙烯的聚合体，是六碳烯硫酸化时的副产物，聚合物含量高，会使总醇含量下降，从而造成起泡性能差，选矿效果不好。混合六碳醇的起泡性能与 MIBC 相似，泡脆，泡沫量较稳定。

用混合六碳醇进行铜钼矿物的混选、铜钼分离、精选，当用药量中的总醇达到 MIBC 的总醇量时，所得的选矿指标基本相同。混合六碳醇浮选滑石的结果表明，滑石精矿中的石英含量在59.5%以上，回收率90%左右，达到 MIBC 浮选滑石的指标，并且泡沫适宜，没有松醇油浮选滑石时的泡沫黏结、流动性差、跑槽和难于输送的现象。

混合高碳醇除 $C_5 \sim C_7$ 脂肪族混合醇外，曾经试验用作起泡剂的还有 $C_6 \sim C_7$ 脂肪族混合醇和 $C_6 \sim C_8$ 脂肪族混合醇等。

9.5.2 $C_6 \sim C_8$ 脂肪族混合醇

1. $C_6 \sim C_8$ 脂肪族混合醇的合成

石油热裂解副产物丙烯，经聚合后进行分馏，割取六碳烯馏分，其中常含戊烯、己烯、庚烯，然后经羰基合成得 $C_6 \sim C_8$ 混合脂肪醇，这是 $C_6 \sim C_8$ 混合醇的主要来源。

反应是在 200 × 101325 Pa 气压、150 ~ 200℃温度、八羰基钴作催化剂下进行，烯烃与一氧化碳及氢作用生成醛，再氢化还原得己醇、庚醇、辛醇的混合物，最后经过分馏除去未反应的烯烃及其副产物。反应式如下：

$$RCH{=\!=}CH_2 + CO \xrightarrow{Co(CO)_8} \underset{\diagdown\;\diagup \atop {C \atop {\| \atop O}}}{RCH{-}CH_2}$$

$$\underset{\diagdown\;\diagup \atop {C \atop {\| \atop O}}}{RCH{-}CH_2} \xrightarrow{\langle H\rangle} R{-}\underset{CHO}{\underset{|}{CH}}{-}CH_3 + RCH_2CH_2CHO \xrightarrow{\langle H\rangle} R{-}\underset{CH_2OH}{\underset{|}{CH}}{-}CH_3 + R{-}CH_2CH_2OH$$

$C_6 \sim C_8$ 混合脂肪醇的另一来源是以乙炔为原料合成丁醇和辛醇时，其副产物 $C_6 \sim C_8$ 馏分。

2. $C_6 \sim C_8$ 混合脂肪醇的组成和性能

这种混合醇的物理性质随合成时所用原料而变化，如果原料来自石油裂化产物烯烃，则所得的 $C_6 \sim C_8$ 醇具有如下性质：沸点 146 ~ 200℃、相对密度 0.838、羟基值(KOH mg/g)470、含醛 0.2%、溴值 0.6。这种 $C_6 \sim C_8$ 混合醇是强有力的起泡剂，可用于多种矿石的浮选，也可用于选煤。用量较一般松油(含醇约 45%)少 2.5 ~ 3 倍，比甲酚用量低 3 ~ 4 倍，并且选择性比甲酚好。例如，用阳离子捕收剂浮选赤铁矿时，$C_6 \sim C_8$ 混合醇作起泡剂并与松油做对比试验，当松油用量为 20 g/t、$C_6 \sim C_8$ 混合醇用量为 10 g/t 时，所得精矿品位相同(铁品位 66%)，而后者的回收率和浮选效率都稍高，但用量只有前者的一半。

辽宁冶金研究所曾利用电石厂合成丁醇的副产品 $C_4 \sim C_8$ 混合醇，将其中低沸点馏分(丁醇)分离出去，剩下 $C_6 \sim C_8$ 馏分直接用作起泡剂。这种混合醇外表为淡黄色液体，相对密度 0.83，其组分含量为：

正丁醇	$CH_3CH_2CH_2CH_2OH$	18.85%
庚醇-[4]	$CH_3CH_2CH_2CH(OH)CH_2CH_2CH_3$	2.46%
2-乙基丁醇	$CH_3CH_2CH(CH_2CH_3)CH_2OH$	30.60%
3-甲基庚醇	$CH_3CH_2CH_2CH_2CH(CH_3)CH_2CH_2OH$	14.12%
2-乙基己醇	$CH_3CH_2CH_2CH_2CH(CH_2CH_3)CH_2OH$	25.10%

经浮铜小型试验证明，当给矿粒度-75 μm 占56%、品位0.60%，丁基黄药用量40 g/t、松醇油50 g/t时，可得回收率94.32%；其他条件相同，用41.7 g/t $C_6 \sim C_8$混合醇代替松醇油，在所获铜精矿品位相近时，回收率为94.49%，但混合醇有强烈刺激性臭味。

9.5.3 $C_6 \sim C_7$ 混合仲醇

$C_6 \sim C_7$ 混合仲醇起泡剂是用石油工业副产物丙烯经聚合反应后，用分馏方法截取其中含己烯(沸点60~75℃)及庚烯(沸点75~95℃)馏分，然后在75~80℃及20×101325 Pa下通空气氧化。起始氧化时采用异丙苯的过氧化物或烯烃的过氧化物为引发剂，最好的反应条件为14 h，每公斤烯烃混合物的空气流量为100 L/h。反应完毕，体系中存在的过氧化物在60~65℃时用15%亚硫酸水溶液处理4 h，使之分解。分离出来的油层经分馏柱分馏，除去未反应的烯烃、残存的过氧化物及沸点较高的残液。在减压下(91192~96258 Pa)分出60~125℃馏分，其主要成分为不饱和醇及酸的混合物。经镍铬催化剂进行氢化饱和，最好的氢化条件为130~140℃，101325 Pa，反应物与氢的比例为1:8，反应物流速为每升催化剂400 mL/h。氢化产物分馏为三个馏分:100~120℃馏分为氧化物及烷烃，120~175℃馏分为混合醇，175℃以上为二元醇。由于混合醇及二元醇都是选矿的起泡剂，不必再行分离。反应机理可能是：

$$nCH_3CH{=}CH_2 \xrightarrow{\text{聚合}} R{-}CH_2CH{=}CH_2 (\text{R 为 } C_3H_7{-} \text{ 或 } C_4H_9{-}) \xrightarrow[\text{空气，过氧化物}]{}$$

$$\left[R{-}CH(O{-}OH){-}CH{=}CH_2 \right] \longrightarrow R{-}CH(OH){-}CH{=}CH_2 \xrightarrow[\text{H}_2\text{，镍铬催化剂}]{} R{-}CH(OH){-}CH_2CH_3$$

(R 为C_3H_7—或 C_4H_9—)，所得的氢化混合物就是 $C_6 \sim C_7$ 混合仲醇起泡剂，相对密度0.834、酸值3.4、溴值5.7，在常压下133～187℃约有80%可蒸出，含醇量85.5%，其有效成分是带支链的仲醇和叔醇。

$C_6 \sim C_7$ 混合仲醇的毒性大小与己醇和庚醇一样，但较酚类毒性小，有强烈刺激性臭味。在浮选铜矿时其用量只有甲酚的20%～30%，例如，甲酚用量为15 g/t，$C_6 \sim C_7$ 混合仲醇用量为5 g/t。

9.5.4 $C_5 \sim C_9$ 混合脂肪醇

由石蜡裂解产生的 $C_5 \sim C_9$ 烯烃，经硫酸水合制成 $C_5 \sim C_9$ 醇，也是一种混合醇。反应式如下：

$$\underset{C_5 \sim C_9\ \text{烯烃}}{RCH_2CH{=}CH_2} + H_2SO_4 \longrightarrow RCH_2\underset{\displaystyle OSO_2OH}{\underset{|}{C}}HCH_3$$

$$\xrightarrow{H_2O} \underset{C_5 \sim C_9\ \text{混合脂肪醇}}{RCH_2\underset{\displaystyle OH}{\underset{|}{C}}HCH_3} + H_2SO_4$$

1977年，本溪石油化学厂的中试产品 FP_{10} 在德兴铜矿选厂完成了工业试验，结果如表9－7所示。

表9－7 FP_{10} 在德兴铜矿选厂工业试验结果

起泡剂名称及用量 /(g·t⁻¹)		黄药 /(g·t⁻¹)	处理量 /t	浮选指标		
				给矿品位 /%	精矿品位 /%	回收率 /%
FP_{10}	60.5	99.4	4743	0.469	12.38	84.92
松醇油	266.0	94.8	4651	0.489	13.89	85.13

9.5.5 甲基异丁基甲醇

甲基异丁基甲醇(缩写为 MIBC)是一种合成脂肪醇起泡剂，早在1935年就由丙酮二缩产品加氢制得，国外工业上已大量生产。反应式如下：

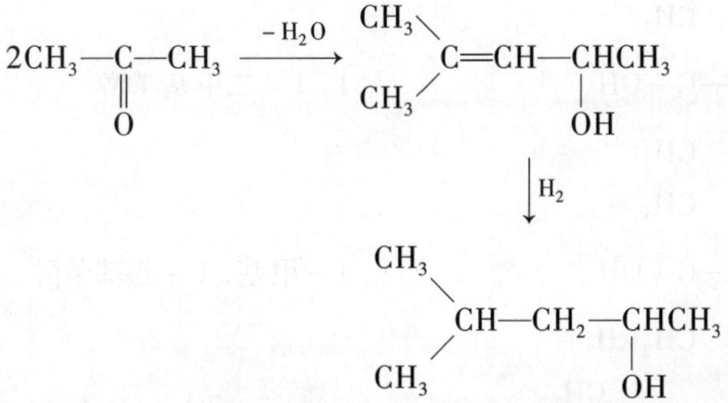

$$2CH_3-\underset{\underset{O}{\|}}{C}-CH_3 \xrightarrow{-H_2O} \begin{matrix} CH_3 \\ CH_3 \end{matrix}\!\!>C=CH-\underset{\underset{OH}{|}}{CH}CH_3$$

$$\xrightarrow{H_2} \begin{matrix} CH_3 \\ CH_3 \end{matrix}\!\!>CH-CH_2-\underset{\underset{OH}{|}}{CH}CH_3$$

纯甲基异丁基甲醇是无色液体，相对密度0.813、沸点131.5℃，每100 mL水可溶解1.8 g，与酒精、乙醚可任意混合。国外普遍用作浮选起泡剂，也可作合成高级黄药的原料。

9.5.6 仲辛醇

仲辛醇是蓖麻油皂热解生产癸二酸时的副产品，即蓖麻油皂碱性裂解时除生成癸二酸钠外，还生成仲辛醇，在裂解过程中同时蒸出仲辛醇，结构式是 $CH_3(CH_2)_5\underset{\underset{OH}{|}}{CH}CH_3$ ，同时含有部分辛酮。仲辛醇是无色至淡黄色油状液体，相对密度0.825，具高级醇气味，不溶于水，溶于醇、醚、苯等有机溶剂。仲辛醇作为起泡剂，在德兴铜矿选铜试验中与松醇油对比，当其他条件相同、用量相同、回收率一致的前提下，仲辛醇的铜精矿品位提高3.15%，但仲辛醇价格是松醇油的1/2。

合成脂肪酸仲辛酯的化工厂，从其废液中也可回收仲辛醇，其中含仲辛醇64.62%、辛酮14.75%，其余为酸、水分等。同样是浮选有色金属硫化矿物的起泡剂，在德兴铜矿试验效果略优于松醇油，但价格不到松醇油的一半。

9.5.7 1,1-二烷基苄醇

苄醇的起泡能力并不强，但苄醇α位的氢原子被甲基或乙基取代之后，则起泡能力较好，如下所示的几种化合物就是其中的实例：

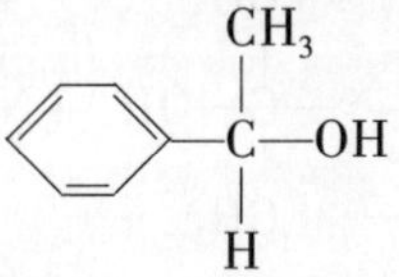

$$C_6H_5-\underset{\underset{H}{|}}{\overset{\overset{CH_3}{|}}{C}}-OH \qquad \text{1-甲基苄醇}$$

$$C_6H_5-C(CH_3)_2-OH$$ 1，1－二甲基苄醇

$$C_6H_5-C(CH_3)(CH_2CH_3)-OH$$ 1－甲基，1－乙基苄醇

$$CH_3-C_6H_4-C(CH_3)_2-OH$$ 1，1－二甲基对甲苄醇

$$(CH_3)_2CH-C_6H_4-CH_2OH$$ 对异丙基苄醇

1. 1，1－二甲基苄醇的合成

1，1－二甲基苄醇是石油化工厂生产苯酚丙酮的中间体过氧化异丙苯经亚硫酸钠还原制成，产品通常为无色液体，冷却时有菱形晶体产生，不溶于水，能溶于乙醇、苯、乙醚和醋酸中。反应机理如下：

烷基化

$$C_6H_6 + CH_3CH{=}CH_2 \longrightarrow C_6H_5-CH(CH_3)_2$$ 异丙苯

氧化

$$C_6H_5-CH(CH_3)_2 + O_2 \longrightarrow C_6H_5-C(CH_3)_2-OOH$$ 过氧化异丙苯

还原

$$C_6H_5-C(CH_3)_2-OOH + Na_2SO_3 \longrightarrow C_6H_5-C(CH_3)_2-OH + Na_2SO_4$$

1，1－二甲基苄醇

2. 1, 1－二甲基苄醇浮选德兴铜矿闭路试验结果

试验用德兴铜矿的自由氧化铜、结合氧化铜、次生硫化铜、原生硫化铜，占有率分别为4.35%、4.35%、32.61%、58.69%。试验结果列于表9－8中。

表9－8 1, 1－二甲基苄醇浮选德兴铜矿试验结果

起泡剂名称及用量 /$(g \cdot t^{-1})$		产品名称	产率/%	精矿品位/%	回收率/%
松醇油	40.4	铜精矿	1.71	20.94	83.39
		铜尾矿	98.29	0.0725	16.61
		给矿	100	0.429	100
1.1－二甲基苄醇	36.5	铜精矿	1.79	21.21	85.32
		铜尾矿	98.21	0.066	14.68
		给矿	100	0.445	100

9.5.8 其他醇类起泡剂

1. 矿友－321起泡剂

矿友－321起泡剂的主要成分是多种醇类，小型浮选试验和生产使用表明，该药剂在浮选铅锌矿和铜矿时，性能达到或优于松醇油的浮选指标，价格比松醇油每吨低1000元，为选矿厂带来一定的经济效益。

2. A－200起泡剂

A－200起泡剂是山东安丘选矿药剂厂生产的一种醇类起泡剂，呈棕色油状液体，密度0.53 g/cm^3，有效醇含量大于70%，起泡能力强，发泡速度快，脆性好，比松醇油易分解，有利于环境保护。用A－200浮选辉钼矿，在其他条件相同的情况下，A－200用量49 g/t，粗选闭路结果比现场使用的起泡剂61 g/t效果好，闭路指标对比表明精矿钼品位提高了1.68%。

3. 杂醇油起泡剂

杂醇油是酿酒工业的副产品，据报道，它含有异戊醇45%～70%，乙醇、丙醇、异丁醇和正丁醇15%～40%。采用Dy－1作捕收剂，水玻璃抑制脉石矿物，磷诺克斯抑制方铅矿，杂醇油作起泡剂，浮选河南某钼矿，闭路试验可从含钼0.14%的给矿得到钼品位为58.07%、回收率为83.91%的钼精矿。

9.6 酯 类

酯的通式是 RCOOR′，R 可以是烷基也可以是芳基。作为起泡剂用的酯，R′一般是 C_2H_5—。R 基含 5 ~ 6 个碳原子的混合脂肪酸乙酯及含 5 ~ 9 个碳原子的混合脂肪酸乙酯，文献分别称为 56 号起泡剂和 59 号起泡剂；R 含 3 ~ 17 个碳原子的脂肪酸乙酯，文献称为 W - 02 起泡剂；R 为苯基的邻苯二甲酸乙酯称苯乙酯油。酯的功能团是—COO—，其中的氧原子有孤对电子，所以可以与水亲合，属亲水基团，R 基及 R′基亲气，所以酯类也有起泡性能。

9.6.1 C_5 ~ C_6 混合脂肪酸乙酯和 C_5 ~ C_9 混合脂肪酸乙酯

1. C_5 ~ C_6 混合脂肪酸乙酯和 C_5 ~ C_9 混合脂肪酸乙酯的合成

割取石蜡氧化合成脂肪酸的低沸点馏分，根据割取温度不同，得 C_5 ~ C_6 混合脂肪酸或 C_5 ~ C_9 混合脂肪酸，混合脂肪酸与乙醇在浓硫酸催化下回流，反应生成脂肪酸乙酯。反应式如下：

$$RCOOH + C_2H_5OH \xrightarrow[\text{加热}]{H_2SO_4} RCOOC_2H_5 + H_2O$$

为了使反应向右进行，尽量使混合脂肪酸与乙醇作用生成酯，配方采用脂肪酸与乙醇的摩尔比为 1∶1.2，即乙醇过量 20%，浓硫酸作催化剂，其加入量是脂肪酸和乙醇总量的 5%。将脂肪酸、乙醇、浓硫酸加入有回流装置的反应器后，在 75 ~ 90℃加热回流 8 ~ 10 h，反应即完毕。过量的乙醇可将回流装置改换为蒸馏装置，将它蒸出回收，供下一次反应使用；硫酸从反应器的下部放出，得到粗酯(如在实验室制造少量酯，可将反应后的混合物倒入冷水中，过剩的乙醇和硫酸溶于水中，粗酯不溶于水而浮于水面，用分液漏斗分离，即得粗酯)，用 10% 碳酸钠溶液洗涤后，再用水洗至酸价小于 10 为止，再经减压蒸馏即得精制成品。实际上不必减压蒸馏提纯，只要用干燥剂(如无水硫酸钠)将经碳酸钠溶液和水洗后的产品干燥，便可供选矿应用。

2. C_5 ~ C_6 混合脂肪酸乙酯和 C_5 ~ C_9 混合脂肪酸乙酯起泡剂的性质

产品为淡黄色透明液体，微溶于水，溶于醇、醚等有机溶剂，具有水果香味，相对密度 0.865，折光率分别为 1.416 和 1.4168，酸值小于 10，易燃，具有良好的起泡性能。有一般酯类的化学性质，与氢氧化钠作用能皂化生成羧酸钠和乙醇：

$$RCOOC_2H_5 + NaOH \longrightarrow RCOONa + C_2H_5OH$$

所以在洗涤过程中，千万不能使用氢氧化钠或氢氧化钾洗去游离的酸，只能用碱性较弱的碳酸钠，以防止酯类发生皂化。

3. $C_5 \sim C_6$ 混合脂肪酸乙酯和 $C_5 \sim C_9$ 混合脂肪酸乙酯的浮选试验结果

(1) $C_5 \sim C_6$ 混合脂肪酸乙酯在青城子铅矿选矿厂进行工业试验。青城子铅矿矿石的金属矿物主要有黄铁矿、方铅矿、闪锌矿、砷黄铁矿，还有少量的黄铜矿，非金属矿物有白云石、石英、辉石、长石、角闪石、石灰石、电气石、锂云母等。生产流程为全浮选得铅、锌、硫混合精矿后，再优先浮选铅后选锌，锌尾矿为硫精矿。应用的捕收剂为黄药和25号黑药，起泡剂为松醇油。$C_5 \sim C_6$ 混合脂肪酸乙酯起泡剂在青城子铅矿工业试验结果见表9－9。

表9－9　松醇油和 $C_5 \sim C_6$ 混合脂肪酸乙酯起泡剂混合使用浮选青城子铅矿工业试验结果

试验时间	起泡剂	给矿品位/%			精矿品位/%			尾矿品位/%			回收率/%		
		铅	锌	硫	铅	锌	硫	铅	锌	硫	铅	锌	硫
1～6月	松醇油	3.085	2.032	8.034	65.898	54.795	38.499	0.153	0.118	0.644	92.78	85.92	66.14
三季度	松醇油	2.713	2.039	7.076	66.648	54.231	39.583	0.170	0.166	0.616	90.57	83.69	65.28
10月4日至22日	m(56):m(松醇油) 1:1	3.092	2.052	7.903	66.740	35.332	41.408	0.183	0.101	0.495	91.60	86.95	72.30
10月24日至11月15日	m(56):m(松醇油) 1:2	2.903	1.478	7.930	66.138	54.730	40.203	0.163	0.084	0.570	91.19	84.81	75.05

从表9－8看出，用 $C_5 \sim C_6$ 混合脂肪酸乙酯起泡剂与松醇油按1∶1和1∶2混合使用的效果，与单独使用松醇油时，铅、锌精矿品位和回收率大致相同，而硫的品位和回收率有显著的提高。

(2) $C_5 \sim C_6$ 混合脂肪酸乙酯和 $C_5 \sim C_9$ 混合脂肪酸乙酯起泡剂在篦子沟铜矿进行选矿试验。篦子沟铜矿的金属矿物有黄铜矿、黄铁矿、少量辉铜矿、斑铜矿；非金属矿物有方解石、石英、黑云母等，主要含铜矿物为黄铜矿，主要含钴矿物为黄铁矿，钴和铁是类质同相。生产流程为先浮铜后浮钴（在做工业试验时，钴未回收），丁基铵黑药为捕收剂，起泡剂为重吡啶。工业试验在磨矿流程相同的两个系统进行。一号系统进行工业试验，二号系统以松醇油做对比，试验结果见表9－10。

从表9－10看出，这两种起泡剂完全可用于篦子沟铜矿，指标与用重吡啶大致相同，但气味比重吡啶好，并且易于操作，有利于提高选矿指标。

表9-10 $C_5 \sim C_6$ 混合脂肪酸乙酯和 $C_5 \sim C_9$ 混合脂肪酸乙酯起泡剂在篦子沟铜矿浮选试验结果

试验时间	试验系统	起泡剂名称	处理矿量/t	浮选指标/%			
				给矿品位	精矿品位	尾矿品位	回收率
11月份	1	吡啶	22597	1.233	19.014	0.043	96.75
	2	吡啶	17619	1.246	20.646	0.046	96.46
12月4—11日	1	$C_5 \sim C_9$ 混合脂肪酸乙酯	6312	1.050	18.479	0.039	96.50
	2	吡啶	6602	1.013	20.784	0.049	95.43
12月12—18日	1	$C_5 \sim C_6$ 混合脂肪酸乙酯	5529	1.183	18.551	0.037	97.04
	2	吡啶	6523	1.109	20.215	0.050	95.74

9.6.2 W-02起泡剂

1. W-02起泡剂的合成

合成W-02起泡剂的反应原理与合成 $C_5 \sim C_9$ 混合脂肪酸乙酯起泡剂相同，其原料是合成脂肪酸的低沸点馏分，是 $C_2 \sim C_{18}$ 脂肪酸的混合物，以 $C_5 \sim C_9$ 脂肪酸为主，另一原料是95%乙醇；加原料总重量的5%浓硫酸作催化剂，反应温度85~90℃，一次酯化时间约7 h。若将一次酯化所产生的水分蒸去，重新加入乙醇进行多次酯化，则混合脂肪酸的转化率为80%以上。

2. W-02起泡剂的性质及起泡性能

W-02是淡黄色油状液体，有水果香味，微溶于水，易溶于多种有机溶剂，相对密度为0.8000~0.8900，酸值0.50~20.0，皂化值250~380。

W-02的泡沫柱高度随浓度增大而增高，在相同浓度时，松醇油的泡沫柱较W-02的高；W-02的泡沫寿命比松醇油的短，脆而易破；W-02溶液的表面张力随浓度增大而明显下降；pH对W-02的起泡性能有影响，在pH为6~10时的泡沫柱较pH为2~4时高，即在碱性条件下有较强的起泡能力，但泡沫稳定性不受pH高低影响。

3. W-02起泡剂在桃林铅锌矿浮锌试验结果

桃林铅锌矿矿床属中温热液充填多金属硫化矿，主要金属矿物有方铅矿、闪锌矿及少量黄铜矿、黄铁矿；非金属矿物以萤石和石英为主，有少量绿泥石、绢云母、千枚石、高岭土、方解石和重晶石。

试验是在浮铅尾矿用W-02作起泡剂浮锌，浮锌时固定pH为8.5，丁黄药用量60 g/t，硫酸铜250 g/t，W-02用量24 g/t，经一粗二精，闭路试验结果见

表9－11，表中用54 g/t松醇油的浮选结果作了对比。当W－02用量为松醇油的4/9时，锌精矿品位比松醇油低1.83%，回收率比松醇油高2.21%，尾矿损失较低，因此残留在尾矿中的闪锌矿降低，有可能减少萤石中的含硫量，提高萤石质量。

表9－11 W－02起泡剂在桃林铅锌矿浮锌闭路试验结果

起泡剂	起泡剂用量/$(g\cdot t^{-1})$	给矿品位(Zn)/%	锌精矿品位/%		回收率/%	尾矿品位/%
			Zn	Pb		
W－02	24	1.15	60.51	0.97	89.08	0.076
松醇油	54	1.13	62.34	1.03	86.87	0.087

工业试验在该厂二系统原生产流程和药剂制度下进行，三系统仍用松醇油生产。经过30个班连续试验，累计结果及药剂消耗列于表9－11。从表9－11看出W－02浮锌所得锌精矿品位比松醇油的高1.01%，作业回收率低0.06%，与小型试验指标有些差别，原因之一是二系统搭配了较多的外购矿石，外购矿石由于开采后经过较长时间堆放和运输，氧化率较高，影响了回收率；二是操作人员对新药剂的使用还没有经验，个别班次用量过多或过低，也影响浮选指标。从表9－12还可以看出，W－02用量为15.65 g/t，松醇油用量为42.72 g/t，W－02用量还不到松醇油的2/5，可以节约起泡剂。W－02浮锌小型试验和工业试验都表现出泡沫层较松醇油厚，起泡能力持久等现象，这可能是由于分布在矿浆中的W－02在鼓入空气时，只极少部分进入泡沫中并矿化，当这种泡沫刮去之后，矿浆中的残留W－02又继续产生矿化泡沫，故产生泡沫能力持久。在工业试验中观察到，W－02加到搅拌槽中，经9槽6A浮选机进行第一段粗选，然后在12槽6A浮选机中进行第二段粗选时，最后几槽仍有泡沫可刮，不需补加起泡剂，故W－02用量可大幅度下降。

表9－12 W－02在桃林铅锌矿浮锌工业试验结果

项　目		W－02	松醇油
处理矿量/t		15014.10	14677.75
给矿品位(Zn)/%		1.509	1.32
精矿品位(Zn)/%		51.16	50.15
作业回收率/%		94.13	94.19
药剂用量/$(g\cdot t^{-1})$	$CuSO_4$	24.99	24.99
	乙丁黄药	38.33	38.33
	起泡剂	15.65	42.72

W－02浮锌泡沫层厚，操作稳定，当原矿品位发生变化时，不及时调整药剂仍不发生尾矿后窜现象，故较易操作。

9.6.3 邻苯二甲酸二乙酯(苯乙酯油)

昆明冶金研究所曾对苯乙酯油进行了研究，并在一些矿山推广使用。

1. 苯乙酯油的合成

苯酐与乙醇在硫酸作催化剂的情况下合成，反应式如下：

$$\text{苯酐} + 2C_2H_5OH \xrightarrow{H_2SO_4} C_6H_4(COOC_2H_5)_2\ (\text{邻苯二甲酸二乙酯}) + H_2O$$

最佳合成条件是苯酐与乙醇配料摩尔比为1∶6，硫酸添加量为10%，反应温度为反应物料混合物沸腾温度，酯化时间8 h。在此条件下转化率为80%以上。酯化反应减压蒸馏将过量乙醇及水分蒸出，然后用浓度为20%～22%碳酸钠溶液将硫酸中和，静置分层，下层为水溶液弃去，上层即为酯产品。

2. 苯乙酯油的性质

苯乙酯油为无色或淡黄色透明液体，有香味，流动性良好，相对密度1.12，沸点296.1℃，不溶于水，溶于醇、醚、苯等有机溶剂。起泡能力比松醇油强，泡沫大小适度，泡沫稳定。作为选矿的起泡剂，要求苯乙酯油的酯含量大于95%，酸值小于10，相对密度(20℃)为1.116～1.120。

3. 苯乙酯油的浮选效果

苯乙酯油已在牟定铜矿、大冶铁矿、元阳石墨矿等应用多年，效果比松醇油好，表9－13是浮选牟定铜矿工业试验结果。

表9－13 苯乙酯油在牟定铜矿浮铜工业试验结果

起泡剂	用量 /(g·t⁻¹)	处理矿量 /t	给矿品位 /%	精矿品位 /%	尾矿品位 /%	回收率 /%
松醇油	73	6644.3	1.08	24.30	0.0515	95.44
苯乙酯油	44	1137.4	1.029	25.20	0.0499	95.34

结果表明用苯乙酯油的铜精矿回收率低0.1%，精矿品位高0.9%，用量比松醇油少30%～40%。

4. V-1 和 Oksal 起泡剂

V-1 起泡剂主要成分是乙醇酯，Oksal 起泡剂是二氧六环醇类。用 C_{18} 和 C_{16} 脂肪胺浮选光卤石中的 KCl 时，用 V-1 或 Oksal 作起泡剂，Ks-MF 作脉石抑制剂(Ks-MF 由尿素和甲醛合成)能提高 KCl 的浮选指标，工业试验获得很好的结果。

9.7 RB 系列起泡剂

9.7.1 概况

混合起泡剂有协同效应。例如松醇油的有效成分是 α、β、γ 三种萜烯醇的混合物，其浮选活性很好。脂肪族混合醇也是混合起泡剂，其浮选活性很好。

含有适当数量碳原子的羧酸、醇或酯均具有良好的起泡活性。我们根据混合用药较单一用药效果好的经验，使用一种含有羧酸、醇、酯的化工副产物，调整其各组分含量，同时加入一定量的辅助成分，配制成 RB 系列起泡剂。按各有效成分不同，共研制成 RB_1、RB_2、RB_3、RB_4、RB_5、RB_6、RB_7 7 个品种。其中 RB_1 曾在湖南桃林铅锌矿选矿厂使用多年，单耗为松醇油的 2/3，选矿指标比松醇油好，降低了锌精矿中的铅含量，使锌精矿提高 1~2 个等级。

程潮铁矿与金山店铁矿使用 RB_1 作起泡剂浮选黄铁矿，生产指标优于松醇油。

1993 年 11 月，RB_3 在水口山铅锌矿选厂浮锌工段做了工业试验，单耗约为松醇油的 1/2，能提高锌的回收率。1994 年后，该选厂均用 RB_3 作浮锌的起泡剂。

黄沙坪选厂、宝山铅锌银矿选厂、柿竹园柴山选厂均用 RB 系列起泡剂做了小型浮选试验和工业试验。由于矿石性质不同，黄沙坪选厂将 RB_1 与松醇油混合使用，效果较好，已在选厂使用多年。在宝山铅锌银矿选厂及柴山选厂的工业试验结果与松醇油基本相当。

我们曾用 RB_3、RB_6、RB_7 分别浮选江西某铜矿的铜，并在相同条件和相同流程下用松醇油做了对比。闭路试验结果表明，RB_3 或 RB_6 代替松醇油的单耗能降低 40%，且浮铜指标较松醇油高。

9.7.2 RB 系列起泡剂的性质

RB 系列起泡剂为棕黑色油状液体，相对密度 0.90~1.00，微溶于水，毒性小于松醇油。RB_1 经湖南省中医学院毒性试验，小白鼠口服半致死剂量 LD_{50} 为

(10260 ± 530) mg/kg，而松醇油的 LD_{50} 为(1670 ± 236) mg/kg，证明 RB_1 的毒性比松醇油低。而 RB 系列的成分基本相同，只配比及添加剂有差别，故其毒性亦应低于松醇油。

RB_1 的黏度较大，低温时流动性不好，不便于管道加药，而 RB_2、RB_3、RB_4 等的黏度小。为了对比，我们用毛细管黏度计测定了不同温度下 RB_1、RB_2、RB_3、RB_4 的黏度，作了黏度随温度变化的曲线，如图 9 - 3 所示。

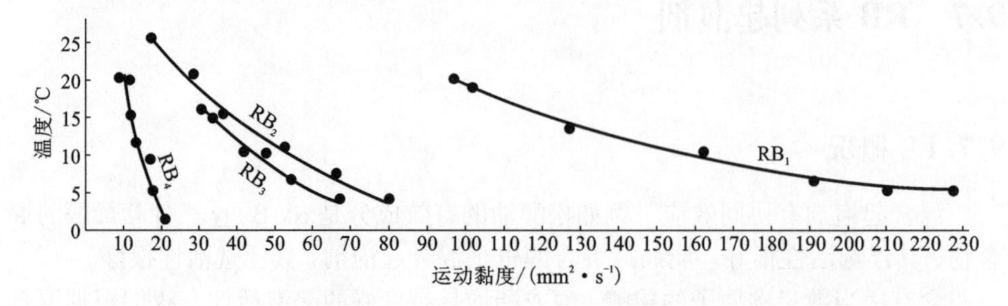

图 9 - 3 起泡剂 RB_1、RB_2、RB_3、RB_4 的运动黏度与温度的关系

从图 9 - 3 看出，RB_1 的黏度比相应温度下的 RB_2、RB_3、RB_4 的黏度大得多，几乎是后者的三倍。也即是说，RB_2、RB_3、RB_4 的黏度小，容易流动，便于管道添加。比较图中的 4 条曲线还可以看出，RB_1 的黏度随着温度降低而迅速增大，其他三种的黏度随温度下降的变化较小，即温度下降对它们的流动性影响不十分明显。即使在 5℃，它们的运动黏度仍在 85(mm^2/s)以内，保证一定的流动速度，在寒冷季节仍能使用。

9.7.3 RB 系列起泡剂的浮选性能

1. 桃林铅锌矿选厂浮锌试验

桃林铅锌矿选厂处理的是铜、铅、锌、萤石矿，铜铅混合浮选尾矿浮锌，浮锌尾矿浮萤石。浮锌流程为一粗三精，中矿依次返回前一作业段，硫酸铜作活化剂，碳酸钠作调整剂，丁黄药为捕收剂，松醇油为起泡剂。我们仿照选厂条件，只将中矿集中返回粗选，用 RB_1、RB_2、RB_3、RB_4 做了小型浮选试验，闭路试验药剂制度和操作条件如表 9 - 14 所示，试验结果列于表 9 - 15 中，并同时用松醇油做了对比。

表 9－14 RB 系列起泡剂浮锌闭路试验药剂制度和操作条件

作业	药剂名称和用量 /(g·t^{-1})		调浆时间 /min	刮泡时间 /min	附 注
粗选	$CuSO_4 \cdot 5H_2O$	300	5		从第二个试验开始减药 10%
	Na_2CO_3	600	1	4	
	丁黄药	60	3		
	RB	50	1		
精Ⅰ	——		1	1.5	
精Ⅱ	——		1	1	
精Ⅲ	——		1	1	

表 9－15 RB_1、RB_2、RB_3、RB_4 分别作起泡剂浮锌闭路试验结果

起泡剂名称和用量 /(g·t^{-1})		锌精矿品位/%		锌回收率 /%	尾矿锌品位 /%	尾矿损失率 /%	给矿锌品位 /%
		Zn	Pb				
松醇油	50	58.91	0.482	80.78	0.292	19.22	1.49
RB_1	50	54.07	0.434	92.80	0.112	7.20	1.51
RB_2	50	52.37	0.477	93.23	0.100	6.77	1.44
RB_3	50	54.23	0.44	90.35	0.151	9.65	1.52
RB_4	50	52.41	0.415	92.44	0.113	7.70	1.43

从表 9－15 看出，RB_1、RB_2、RB_3、RB_4 均可代替松醇油浮选桃林铅锌矿中的锌，并且所获得的锌精矿含铅较低，故锌精矿质量较高。

RB_1 起泡剂在桃林铅锌矿选厂浮锌工业试验于 1991 年 3 月 19 日白班至 3 月 28 日白班进行，共连续试验 28 个小班，试验条件完全按选厂生产条件，只将 RB_1 代替松醇油。试验结果列于表 9－16 中。表中同时列出同年 1 月和 2 月使用松醇油的生产指标，同月 1 日至 18 日使用松醇油的生产指标也列在表中，以便对比。

表 9－16 用松醇油和 RB_1 浮锌工业试验指标对比

起泡剂名称	时间（月、日）	处理矿量 /t	原矿锌品位/%	锌精矿品位/%	锌精矿含铅/%	回收率 /%	起泡剂单耗 /(g·t^{-1})
RB_1	3.19—3.28	31394	0.987	54.23	1.12	82.19	27
松醇油	3.1—3.18	52820	0.717	52.50	1.62	86.67	—
松醇油	1 月	86335	1.684	48.54	1.87	83.70	55
松醇油	2 月	68277	1.49	49.68	1.57	84.22	50

从表9－16看出，RB_1 的锌精矿品位比同年1—2月及3月1日至18日的分别提高5.69%、4.55%、1.73%，锌精矿含铅分别降低0.75%、0.45%、0.50%，锌精矿等级可由7级品提高到4级品，锌回收率分别降低1.51%、2.03%、4.48%。RB_1 单耗为松醇油的1/2。

2. RB起泡剂在桃林铅锌矿选矿厂使用情况

供给桃林铅锌矿使用的RB起泡剂，1991年4—6月是脱了臭的 RB_1 起泡剂；1991年7—12月和1992年3—7月是 RB_2 起泡剂，与1990年使用松醇油生产指标对比列于表9－17。

表9－17 锌生产指标对比

起泡剂	使用时间	原矿		精矿		回收率/%
		处理量/t	锌品位/%	锌品位/%	含铅/%	
松醇油	1990年	1006081	1.59	51.26	1.56	82.53
RB_1	1991年4—6月	649147	1.63	51.28	1.40	81.95
RB_2	1991年7—12月、1992年3—7月	517733	1.72	51.09	1.20	83.30

从表9－16看出，使用RB起泡剂，锌精矿质量得到提高，锌精矿中含铅明显降低，根据部颁标准，锌精矿从7级提高到5级，而RB药剂单耗仅为松醇油的2/3。另外，表中数据还说明 RB_2 的选择性比 RB_1 更好，因为1991年4—6月使用 RB_1，期间锌精矿含铅为1.4%；而1992年3—7月全部使用 RB_2 起泡剂，期间锌精矿中含铅降到1.2%。因此，可以说明 RB_2 比 RB_1 选择性更好。

3. 浮选黄铁矿

程潮铁矿选厂首先将磁铁矿磁选，磁选尾矿经浓缩后浮选黄铁矿，黄药作捕收剂、松醇油作起泡剂。1993年5月用 RB_1 代替松醇油做工业试验，并做了流程考查，结果列于表9－18和表9－19。

表9－18 RB_1 浮选程潮黄铁矿工业试验结果

起泡剂名称及用量/$(g\cdot t^{-1})$	处理矿量/t	黄药用量/$(g\cdot t^{-1})$	给矿品位(S)/%	精矿品位(S)/%	尾矿品位(S)/%	回收率(S)/%
RB_1 45.42	682.12	128.5	5.26	44.75	2.54	55.14
松醇油 52.43	418.77	143.91	6.00	38.83	3.01	53.75

表 9－19 RB_1 浮选程潮黄铁矿工业试验流程考查

考查时间	起泡剂名称	给矿品位(S)/%	精矿品位(S)/%	尾矿品位(S)/%	回收率(S)/%
1993 年 5 月 8 日上午	RB_1	4.20	43.6	1.74	52.78
1993 年 5 月 11 日下午	松醇油	7.406	42.908	3.6	50.29

从工业试验中观察到，RB_1 起泡能力强，泡沫稳定，效果好，能确保硫精矿品位在 38% 以上，硫精矿理论回收率大于 50%，RB_1 起泡剂能盖住黄药气味，故改善了生产环境。RB_1 起泡剂单耗比松醇油低。

4. 水口山铅锌矿选厂浮锌硫

水口山铅锌矿选厂处理的矿石是康家湾铅锌矿（简称康矿）、水口山铅锌矿（简称自产矿）及外购矿。康矿是易选矿，其铅锌精矿和回收率都较高；自产矿因含铜、硫高，因此影响铅锌精矿相互含杂高；外购矿性质复杂，各批矿间差异大。入选原矿主要矿物有方铅矿、闪锌矿（也有铁闪锌矿）、黄铁矿，其次是黄铜矿，还有少量铅锌的氧化矿。脉石矿物以方解石、石英为主。RB_3 浮选工业试验的原矿品位见表 9－20。

表 9－20 RB_3 工业试验的原矿品位

起泡剂名称	原矿品位/%				矿源组成比例（质量比）
	Pb	Zn	S	Cu	
松醇油	4.42	6.42	16.33	0.19	康矿∶自产矿∶外购矿＝63∶27∶10
RB_3	4.52	6.82	16.41	0.25	康矿∶自产矿∶外购矿＝64∶30∶6

选厂日处理规模 900 t/d，生产流程如图 9－4 所示。

铅矿物的浮选是铅锌硫等可浮的混合精矿，进行选铅抑制锌硫的分离浮选，其泡沫产品即为铅精矿；槽内产物作为锌硫混合精矿进入锌硫分选作业；铅锌硫等可浮选的尾矿实行锌硫混合浮选，所得的锌硫混合精矿与前述的锌硫混合精矿合并选锌抑硫得锌精矿和硫精矿。选铅作业是采用以 25 号黑药为主、黄药为辅的捕收剂；仅仅利用 25 号黑药的起泡性能，已能满足正常起泡的需要。起泡剂 RB_3 与松醇油的对比试验在锌硫混合浮选作业中使用。分选只利用锌硫混合精矿中的起泡剂，未添加起泡剂。锌硫浮选用硫酸铜作活化剂，捕收剂是混合黄药（m(乙黄药)∶m(丁黄药)＝1∶1），分选时硫矿物的抑制剂是石灰，pH 在 11 左右。工业试验自 1993 年 11 月 15 日晚班开始，12 月 1 日中班结束，历时 44 个班，共处理矿石量 11735 t。剔除重大的外界因素影响（如无石灰、原矿含铜过高等）的

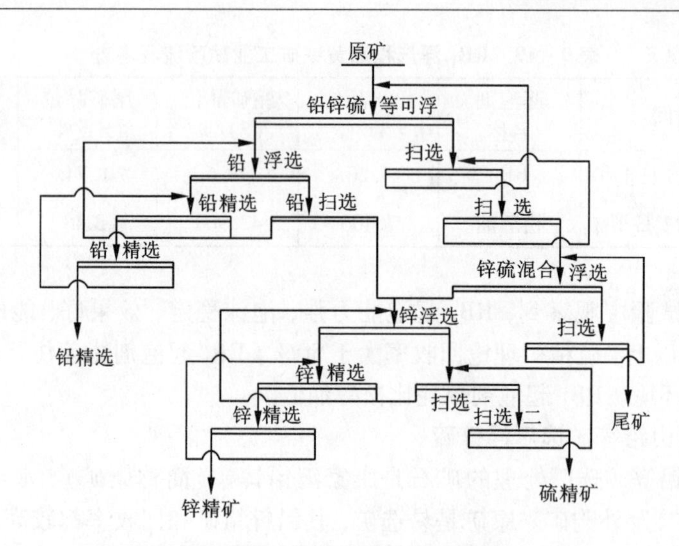

图 9-4 工业试验生产流程图

班次，作为累计指标的班次是 32 个班，处理矿量为 9651 t。含调试时间在内的整个过程 RB_3 平均用量为 31 g/t。

松醇油用量的生产指标是统计了 RB_3 工业试验前后各 1 个星期的指标，即 11 月 8 日早班至 11 月 10 日中班，12 月 2 日早班至 12 月 8 日晚班。指标统计时，同样也剔除操作因素影响的班次。共统计 27 个班，处理量 8250 t。松醇油的平均使用量为 44 g/t，1995 年 1—11 月累计用量 78 g/t。工业试验结果列于表 9-21。

表 9-21 RB_3 与松醇油工业试验指标对比

起泡剂名称及用量/$(g\cdot t^{-1})$	处理矿量/t	产物名称	产率/%	品位/%			回收率/%		
				Pb	Zn	S	Pb	Zn	S
RB_3		原矿	100	4.52	6.82	16.41	100	100	100
31		铅精矿	6.20	64.35	4.84	18.76	88.23	4.39	7.08
	9561	锌精矿	11.79	1.40	51.70	33.14	3.66	89.38	23.81
		硫精矿	22.11	0.76	0.94	40.70	3.74	3.05	54.84
		尾矿	59.90	0.33	0.36	3.91	4.37	3.18	14.27
松醇油		原矿	100	4.42	6.42	16.33	100	100	100
44		铅精矿	6.02	64.22	5.14	18.96	87.56	4.81	6.99
	8250	锌精矿	10.89	1.40	51.27	33.57	3.45	86.85	22.40
		硫精矿	23.38	0.83	0.99	41.25	4.41	3.60	59.06
		尾矿	59.71	0.34	0.51	3.16	4.58	4.74	11.55

结果分析：RB_3 起泡剂起泡能力强，泡沫稳定，其单耗是松醇油的70%，每吨原矿用量以30g为宜，完全能够代替松醇油。RB_3 在水口山选厂锌硫混选作业中与黄药有协同效应，对锌矿有选择性，锌回收率提高2.11%，使锌矿在硫精矿中和尾矿中的损失各减少0.55%、1.56%，锌精矿品位从用松醇油的51.27%提高到51.70%，但硫回收率损失2.72%。

工业试验中没有对黄药耗量进行单独考核，但根据杯式加药机每转动一次所加黄药的毫升数统计，使用 RB_3 起泡剂时，粗选黄药用量比用松醇油时下降21 g/t。

由于 RB_3 的起泡能力强，锌硫混合粗选作业泡沫少而富实，不得不减少黄药用量与之配伍，因而产生尾矿含硫高的缺点。应将减少的黄药移加到扫选作业，使硫回收率不致降低或少降低。

5. RB 系列起泡剂浮选某铜矿

某铜矿含铜0.625%，含硫13.9%，氧化率12.32%，其中老窿矿占20.24%，用 RB_3、RB_6、RB_7 浮选，同时用松醇油做了对比。试验流程及药剂制度见图9-5，试验结果见表9-22。

表9-22 RB 系列起泡剂浮铜闭路试验结果

起泡剂名称及用量/($g\cdot t^{-1}$)	产品	质量/g	产率/%	精矿品位/%		回收率/%	
				Cu	S	Cu	S
松醇油	铜精矿	8.400	2.700	17.790	34.880	80.250	5.910
70	硫精矿	108.000	34.740	0.180	42.250	10.440	92.130
	尾　矿	194.500	62.560	0.089	0.500	9.310	1.960
	合　计	310.900	100	0.600	15.930	100	100
RB_3	铜精矿	8.000	2.670	18.340	37.190	82.250	6.680
42	硫精矿	97.000	32.330	0.150	41.790	8.150	90.960
	尾　矿	195.000	65.000	0.088	0.540	9.600	2.360
	合　计	300.000	100	0.600	14.850	100	100
RB_6	铜精矿	7.800	2.680	19.290	37.010	83.280	6.960
42	硫精矿	89.500	30.720	0.160	41.830	7.920	90.160
	尾　矿	191.000	66.600	0.082	0.620	8.800	2.880
	合　计	291.300	100	0.620	14.250	100	100
RB_7	铜精矿	7.200	2.400	19.950	34.820	79.570	5.500
42	硫精矿	105.500	35.080	0.190	40.050	11.070	92.450
	尾　矿	188.000	62.520	0.090	0.500	9.360	92.450
	合计	300.700	100	0.602	15.200	100	100

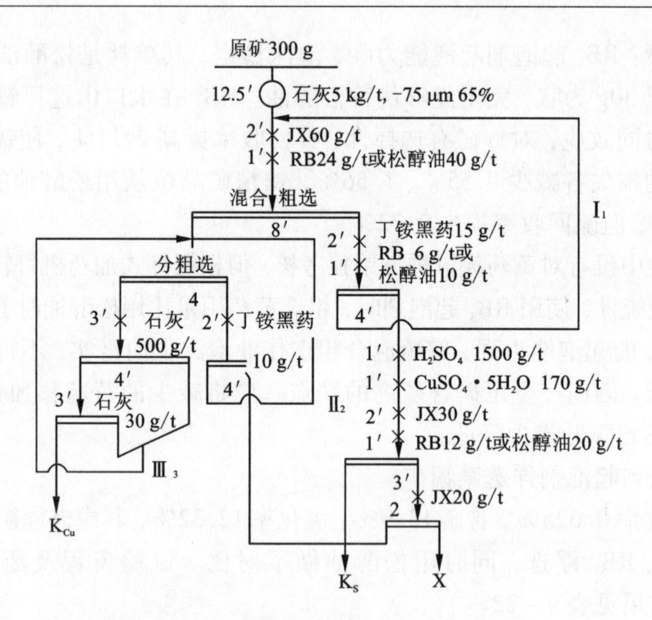

图 9-5　闭路试验流程和药剂制度

从表 9-21 看出，RB 系列起泡剂用量为松醇油的 60% 时，仍能得到与松醇油相近或更高的浮选指标，其中：用 RB_3 的铜精矿品位为 18.34% Cu，回收率达 82.25%，硫精矿品位 41.79% S，回收率 90.96%；RB_6 铜精矿品位 19.29% Cu、回收率83.28%，硫精矿品位 41.83% S、回收率 90.16%。松醇油的铜精矿指标为：品位17.79% Cu、回收率 80.25%。可见，指标比 RB_3、RB_4 的都低，而硫精矿品位 42.25% S，回收率 92.13%，比 RB_3、RB_6 都高。RB 系列起泡剂的闭路浮选指标比松醇油稍差。

9.8　醚类起泡剂

醚类通式是 R—O—R，R 基可以同是链状烃基，或同是环状烃基，也可以一个是链状烃基，另一个是环状烃基。醚基的氧原子直接与烃基的碳原子相连接，氧原子上还有两对孤电子对，与 H_2O 极性分子相吸引，所以醚基是亲水基团。醚类作为起泡剂用于选矿是 20 世纪 50 年代开始的，已经报道过的醚类起泡剂有：

三乙氧基烷　$$\begin{array}{l} R—\underset{\displaystyle OC_2H_5}{\underset{|}{C}H}CH_2\underset{\displaystyle OC_2H_5}{\underset{|}{C}H}—O—C_2H_5 \end{array}$$

四烷氧基烷　$$\begin{array}{c} R—O \\ R—O \end{array}\!\!\!>\!CH—(CH_2)_n—CH\!<\!\!\!\begin{array}{c} OR \\ OR \end{array}$$

$$R = C_2H_5—,\ C_3H_7—,\ n = 0,\ 1,\ 2,\ 3$$

聚乙二醇烷基醚 $R—O\!\!+\!\!CH_2CH_2O\!\!+_n\!R$

乙烯二醇烷基醚 $R—O—CH═CH—O—R$

$R = CH_3—,\ C_2H_5—,\ C_3H_7—,\ (CH_3)_3C—$

丙烯二醇烷基醚 $R—O—CH═CH—CH_2—O—R$

$R = CH_3—,\ C_2H_5—,\ C_3H_7—,\ (CH_3)_3C—$

多缩乙二醇二苄基醚 $C_6H_5—CH_2O\!\!+\!\!CH_2CH_2O\!\!+_n\!CH_2—C_6H_5$

$n = 1, 2, 3, 4$

9.8.1 1,1,3-三乙氧基丁烷

1,1,3-三乙氧基丁烷文献缩写为TEB，在我国称为4号浮选油。据文献报道，含4~10个碳原子的链状碳氢化合物的分子中有3~6个氢原子被烷氧基取代，并在碳链末端有二个或二个以上的烷氧基取代者，都属于烷氧基烷起泡剂。

烷氧基可以是$—OCH_3$，$—OC_2H_5$，$—OC_3H_7$，$—CH_2O—C_2H_5$，$—CH_2CH_2OC_2H_5$等。例如，1,2,3,4-四甲氧基丁烷，1,1,3,5,7,9-六甲氧基癸烷等都属于这一类型的起泡剂。

1. 1,1,3-三乙氧基丁烷的制法

通常可用下列两种方法制得。

(1)在有催化剂和脱水剂存在下，用巴豆醛和酒精作用制成，反应如下：

$$\underset{\text{巴豆醛}}{CH_3CH═CHCHO} + 3C_2H_5OH \xrightarrow[\text{加热}]{HCl} \underset{\text{1,1,3-三乙氧基丁烷(四号油)}}{CH_3\underset{|\atop OC_2H_5}{CH}—CH_2—\underset{|\atop OC_2H_5}{CH}OC_2H_5} + H_2O$$

原料配方是：m(巴豆醛)∶m(酒精)=1∶6，比例低一些反应则慢，比例高一些没有更好的效果；最好的催化剂是盐酸，它在反应混合物中的质量比是1.5%，其他催化剂如磷酸、对-甲苯磺酸、苯磺酸、三氯化铁、三氯化硼的乙醚溶液等均可，但催化性能没有盐酸好，用盐酸作催化剂时，必须在缩合反应之后把反应混合物中和。使用什么脱水剂最恰当，要看采用的反应温度而定，脱水的原理是脱水剂与水生成恒沸混合物而被蒸去，使反应向生成1,1,3-三乙氧基丁烷方向进行。例如，反应温度是42~46℃时，可用二氯乙烷脱水；反应温度为65~70℃时，可以用苯、苯酒精混合物、环己烷和正己烷等为脱水剂。1,1,3-三乙氧基丁烷平均产率都大于90%。缩水过程中也有副反应，生成少量树脂状物质，使粗产品呈橙黄色。缩合反应停止后，必须用碱将盐酸中和，直至pH为7~8为止，如果不中和，盐酸将使产品水解，但若中和时的氢氧化钠过量，当加热蒸馏时，会引起未反应的醛进一步缩合成高聚物，造成原料的损失和杂质的增加。中和后的物料，用常压和

减压蒸馏的方法，除去带水剂和未反应的原料，即得粗产品。粗产品经过进一步减压蒸馏，当减压至 2.66694×10^3 Pa 时，收集 88℃的馏分，即为精制产品。

(2)另一种制法是乙基乙烯基醚($C_2H_5OCH=CH_2$)在乙醚－三氟化硼溶液催化下，与二乙醇缩乙醛 $CH_3CH\langle{}^{OC_2H_5}_{OC_2H_5}$ 缩合而成，例如用21.6 g 乙基乙烯基醚和17.7 g 二乙醇缩乙醛作用，在1 mL 乙醚-BF_3 催化下，在20℃下放置3 h，得16.5% 1，1,3－三乙氧基丁烷(四号油)，19% 1，1,3，5－四乙氧基己烷，31% 1，1,3，5，7－五乙氧基辛烷，1，1,3，5，7，9－六乙氧基癸烷，估计反应式如下：

$$CH_2=CHOC_2H_5 + CH_3-CH(OC_2H_5)_2 \xrightarrow[20^\circ C]{\text{乙醚}-BF_3} CH_3CH(OC_2H_5)-CH_2CH(OC_2H_5)_2$$

1，1,3－三乙氧基丁烷，16.5%

$$CH_2=CHOC_2H_5 + CH_3CH(OC_2H_5)CH_2CH(OC_2H_5)_2 \xrightarrow[20^\circ C]{\text{乙醚}-BF_3} CH_3CH(OC_2H_5)CH_2CH(OC_2H_5)CH_2CH(OC_2H_5)_2$$

1，1,3，5－四乙氧基己烷，19%

$$CH_2=CHOC_2H_5 + CH_3CH(OC_2H_5)CH_2CH(OC_2H_5)CH_2CH(OC_2H_5)_2 \xrightarrow[20^\circ C]{\text{乙醚}-BF_3} CH_3CH(OC_2H_5)CH_2CH(OC_2H_5)CH_2CH(OC_2H_5)CH_2CH(OC_2H_5)_2$$

1，1,3，5，7－五乙氧基辛烷，31%

$$CH_2=CHOC_2H_5 + CH_3CH(OC_2H_5)CH_2CH(OC_2H_5)CH_2CH(OC_2H_5)CH_2CH(OC_2H_5)_2 \xrightarrow[20^\circ C]{\text{乙醚}-BF_3} CH_3CH(OC_2H_5)CH_2CH(OC_2H_5)CH_2CH(OC_2H_5)CH_2CH(OC_2H_5)CH_2CH(OC_2H_5)_2$$

1，1,3，5，7，9－六乙氧基癸烷

得到的反应混合物，亦可用减压蒸馏的方法将它们逐个分离，而得到1，1,3－三乙氧基丁烷(四号油)，单就这个产品来说，这个方法产率很低，比不上第一种制法好，但所得四种产品均为这类起泡剂，其实无须将它们分离便可使用。

2. 四号油的性质

四号油纯者为无色油状液体，粗产品是橙黄色液体，具有水果香味，沸点190℃(1.00792×10^5 Pa)或 88℃(2.66644×10^3 Pa)，亦有文献报道为 86℃(2.66644×10^3 Pa)时分解，故在蒸馏时压力低于 2.66644×10^3 Pa 为好，以免分解；相对密度0.8866；闪点61℃，闪点低，同时应注意防火；表面张力在20℃和50℃时分别为 $24.5\times10^{-5}N/cm^2$ 和 $21.5\times10^{-5}N/cm^2$；溶于水中使水的表面张力

下降明显，这是由于每个乙氧基中的氧原子都能通过氢键与水分子缔合而亲水：

$$\begin{array}{l} \qquad\qquad\qquad\qquad\qquad\qquad\qquad\quad HOH \\ \qquad\qquad\qquad\qquad\qquad\qquad\qquad\quad \vdots \\ CH_3—CH——CH_2CH——OC_2H_5 \\ \qquad\quad | \qquad\qquad\quad | \\ \qquad OC_2H_5 \qquad OC_2H_5 \\ \qquad\quad \vdots \qquad\qquad\quad \vdots \\ \qquad HOH \qquad\quad HOH \end{array}$$

增加了它的亲水性，在水中有一定的溶解度；烃基亲空气，在水气界面生成和单功能团起泡剂相似的定向排列，如图9－6所示，故有起泡作用。

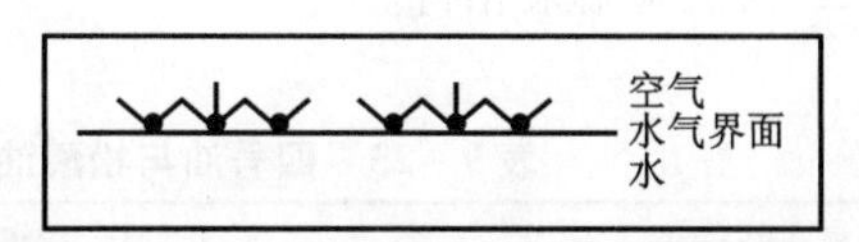

图9－6 四号油在水气界面定向排列示意图

在酸性介质中，易水解生成β－羟基丁醛：

$$\underset{\substack{|\\OC_2H_5}}{CH_3CH}—\underset{\substack{|\\OC_2H_5}}{CH_2CHOC_2H_5} + 2H_2O \xrightarrow{H^+} \underset{\substack{|\\OH}}{CH_3CHCH_2CHO} + 3C_2H_5OH$$

β－羟基丁醛

β－羟基丁醛易被氧化为β－羟基丁酸：

$$CH_3—\underset{\substack{|\\OH}}{CHCH_2CHO} \xrightarrow{O_2} \underset{\substack{|\\OH}}{CH_3CHCH_2COOH}$$

β－羟基丁酸

因此，用四号油作起泡剂的尾矿虽含有四号油，但能自行水解而破坏。据文献报道，四号油是无毒的，但有醚类的麻醉性质。

四号油的两相泡沫柱高度随着用量的增加而增加，但用量增加到一定数量时，泡沫柱高度的增加不再显著。在相同用量时，四号油形成的泡沫柱比松醇油形成的泡沫柱高一倍左右，而且泡沫破灭速度也比松醇油快，可见四号油的起泡能力比松醇油强，泡沫又较脆，破灭速度较快。

四号油在pH为3～11的范围内，泡沫柱高度都相差不多，因此说pH对4号油形成泡沫影响不大，即在弱酸性和碱性介质中均能生成大量泡沫。

总的来说，四号油起泡力强，起泡量大，适用pH范围宽。

3. 四号油对硫化矿与辉钼矿的浮选结果

在试验室用四号油对四种硫化铜矿和三种辉钼矿进行浮选试验，分别采用这种矿石浮选生产工艺相应的浮选条件；所有试验都与松醇油做了对比，试验结果列于表9－23中。

从表9－23可以看出，四号油和松醇油获得相近的指标时，四号油的用量约为松醇油的1/2。

别的文献也有报道，1，1,3 - 三乙氧基丁烷代替酚类作起泡剂浮选铜、铅、锌硫化矿，效果与甲酚相当。浮选辉钼矿时，四号油是较重吡啶为好的起泡剂；当用四号油代替甲酚作起泡剂浮选铜、铅、锌硫化矿时，铅和铜得到相似的回收率，锌回收率略有下降，而四号油用量是甲酚用量的1/8；用四号油代替松醇油浮选铜、铅、锌硫化矿时，能敏锐地改变泡沫特性，用量为松醇油的1/2，这与表9 - 23 的试验结果相符。

表 9 - 23 四号油与松醇油浮选硫化铜矿和辉钼矿结果

矿石		起泡剂		铜或钼粗精矿指标		
编号	类型	名称	用量 /($g \cdot t^{-1}$)	产率/%	品位/%	回收率/%
铜矿甲	浸染状态铜黄铁矿	4 号油	13	—	8.89	96.22
		松醇油	30	—	8.39	98.21
铜矿乙	致密块状含铜黄铁矿	4 号油	18	18.60	19.12	94.18
		松醇油	31.5	19.05	18.84	94.52
铜矿丙	致密状结构铜锌黄铁矿	4 号油	20	19.80	6.24	93.90
		松醇油	40	22.61	5.64	94.99
铜矿丁	细脉浸染类型黄铜矿为主	4 号油	20	—	6.65	95.11
		松醇油	36	—	6.29	95.72
辉钼矿甲	斯卡隆	4 号油	12.5	3.57	3.803	89.24
		松醇油	30	3.64	3.914	90.68
辉钼矿乙	颗粒致密块状斯卡隆	4 号油	20	4.83	2.169	92.97
		松醇油	45	4.76	2.512	93.32
辉钼矿丙	班状组织细粒浸染状	4 号油	25	2.706	3.615	85.76
		松醇油	45	2.542	3.830	85.82

四号油的原料主要是巴豆醛，是用电石加工而成，其原料丰富，合成纤维工业废液中也有一定量的巴豆醛，可以利用。

1964 年，北京矿冶研究总院试制三乙氧基丁烷成功，并进行了25 t/a 的半工业试生产，在白银、中条山、红透山等铜矿选厂及杨家仗子选厂进行选矿试验，均取得了较好效果；1966 年，在铜录山选矿厂完成工业性选矿试验；1976 年，在白银药剂厂正式投产。

9.8.2 多缩乙二醇二苄基醚(甘苄油)

多缩乙二醇二苄基醚亦称甘苄油，是由乙二醇(俗名甘醇)的多缩物和苄氯醚化而得。

1. 甘苄油的制法

多缩乙二醇(蒸馏乙二醇的下脚料)和烧碱作用生成醇钠，然后与苄氯进行醚基化反应，即得甘苄油。

$$HO\text{-}(CH_2CH_2O)_n\text{-}H + 2NaOH \longrightarrow NaO\text{-}(CH_2CH_2O)_n\text{-}Na + 2H_2O$$

$$n = 2,\ 3,\ 4$$

$$Na\text{-}(CH_2CH_2O)_n\text{-}Na + 2ClCH_2\text{-}C_6H_5 \longrightarrow C_6H_5\text{-}CH_2\text{-}(CH_2CH_2O)_n\text{-}CH_2\text{-}C_6H_5 + 2NaCl$$

多缩乙二醇二苄基醚

在多缩乙二醇与 NaOH 反应中，同时发生如下反应：

$$HO\text{-}(CH_2CH_2O)_n\text{-}H + NaOH \longrightarrow NaO\text{-}(CH_2CH_2O)_n\text{-}H + H_2O$$

故醚基化反应中还有如下产物生成：

$$NaO\text{-}(CH_2CH_2O)_n\text{-}H + ClCH_2\text{-}C_6H_5 \longrightarrow C_6H_5\text{-}CH_2O\text{-}(CH_2CH_2O)_n\text{-}H + NaCl$$

苄基醚醇

此外苄氯在碱性水溶液中会水解产生苄醇：

$$C_6H_5\text{-}CH_2Cl + NaOH \xrightarrow{H_2O} C_6H_5\text{-}CH_2OH + NaCl$$

苄醇

多缩乙二醇二苄基醚、苄基醚醇、苄醇都有起泡性能。甘苄油的有效成分实质上是一混合物。

2. 甘苄油的性质

甘苄油是一种棕褐色油状液体，微溶于水，溶于甲苯及其他多种有机溶剂，其主要成分是醚及醚醇类化合物，对油漆及某些有机物质有很强的溶解能力。甘苄油粗产品蒸馏时，在100～200℃的馏出物主要是水和低沸点共沸物，占总量的15%～25%。有效成分馏分在温度200～290℃，占总量的70%～80%，相对密度为1.0934～1.1179，折光率 n_D^{20} 为1.5040～1.5168。

3. 甘苄油的选矿性能

甘苄油是浮选有色金属硫化矿的有效起泡剂，曾在桃林铅锌矿浮锌作业中使用多年，其特点是用量比松醇油少，泡沫稳定，易于操作。表9－24是某次工业试验结果。

表9－24　甘苄油在桃林铅锌矿浮锌作业工业试验结果

项目	起泡剂消耗 /($g \cdot t^{-1}$)	处理矿量 /t	给矿锌品位 /%	锌精矿品位 /%	理论回收率 /%	作业回收率 /%
甘苄油	36	33745.7	1.384	56.35	90.94	94.42
松醇油	73	33388.6	1.366	56.79	90.38	94.23

桃林铅锌矿浮锌作业，使用甘苄油效果比松醇油好，在指标与松醇油相近、其他条件相同时，用量只有松醇油的1/2。在锡矿山选厂浮锑的效果与松醇油相近。

9.9 醚醇起泡剂

醚醇类化合物用作起泡剂是选矿药剂的发展之一，这类起泡剂的特点是分子中既有醚基又有醇基，醚基氧原子及醇基氧原子的孤对电子都可以与水分子结合而亲水，烃基亲气而使气泡稳定。醚醇起泡剂分子中有多个亲水功能团，属多功能团起泡剂。例如，美国的 Dow-froth 250 就是三丙二醇甲醚，苏联的 ОПС－Б 就是三丙二醇丁醚。

$$CH_3O(CH_2\underset{\displaystyle CH_3}{\underset{|}{C}}HO)_3H \quad \text{三丙二醇甲醚}$$

$$CH_3(CH_2)_3O(CH_2\underset{\displaystyle CH_3}{\underset{|}{C}}HO)_3H \quad \text{三丙二醇丁醚}$$

9.9.1 醚醇起泡剂的合成

合成醚醇起泡剂的原料是环氧乙烷、环氧丙烷和醇，用环氧丙烷和醇起加成及聚合反应，得到的醚醇化合物是多丙二醇烷基醚。

环氧乙烷与醇在少量酸(硫酸、磷酸)催化下，反应生成相应的醚醇化合物：

$$ROH + n\ \underbrace{CH_2—CH_2}_{O} \xrightarrow{\text{酸}} RO\text{-}\!(CH_2CH_2O)\!\text{-}_nH$$

$$n=1,\ 2,\ 3,\ \cdots$$

$$R\text{ 是 } CH_3—,\ C_2H_5—,\ C_3H_7—,\ C_4H_9—$$

也可用生产氯乙醇的蒸馏残余物为原料在碱性条件下与醇钠缩合，制得二乙二醇烷基醚：

$$RONa + Cl(CH_2CH_2O)_2H \xrightarrow[\text{碱}]{NaOH} RO(CH_2CH_2O)_2H + NaCl$$

冶金工业部北京某研究院对多丙三醇烷基醚做了比较深入的研究，是在无水条件下以氢氧化钠作催化剂，使环氧丙烷与醇起加成及聚合反应生成多丙二醇烷基醚，并经分馏得到各个单一产物。

$$ROH + n\ \underbrace{CH_2—\overset{\displaystyle CH_3}{\overset{|}{C}H}}_{O} \xrightarrow{NaOH} RO\text{-}\!(CH_2\underset{\displaystyle CH_3}{\underset{|}{C}}HO)\!\text{-}_nH \qquad n=1,\ 2,\ 3$$

反应式中 R 为—CH_3、—C_2H_5、—C_3H_7、—C_4H_9 等，反应温度在 130 ~ 140℃，压力在(3 ~ 43) × 101324 Pa，反应时间 6 ~ 8 h，利用这个方法合成表 9 - 25中的十二种醇醚起泡剂。

表 9 - 25 十二种醇醚起泡剂的结构及其物理常数

编号	名 称 结 构	沸点/℃(Pa)	nD^{25}	D^{25}	$\mu^{25}_{(泊)}$	δ /(10^{-5}N·cm^{-2})
1	丙二醇甲醚 $CH_3OCH_2CH(CH_3)—OH$	(120 ~ 122) × 101325	1.4047	0.9315	20.2×10^{-3}	26.30
2	二丙二醇甲醚 $CH_3O(CH_2CH(CH_3)O)_2H$	(100 ~ 104) × 3999.67	1.4245	0.9861	46.3×10^{-3}	
3	三丙二醇甲醚 $CH_3O(CH_2CH(CH_3)O)_3H$	(130 ~ 134) × 1999.84	1.4369	0.9895	166.8×10^{-3}	
4	丙二醇乙醚 $C_2H_5OCH_2CH(CH_3)OH$	(131 ~ 137) × 101325	1.4081	0.8981	21.2×10^{-3}	25.28
5	二丙二醇乙醚 $C_2H_5O(CH_2CH(CH_3)O)_2H$	(106 ~ 112) × 3999.67	1.4246	0.9528	65.5×10^{-3}	
6	三丙二醇乙醚 $C_2H_5O(CH_2CH(CH_3)O)_3H$	(134 ~ 136) × 1999.84	1.4360	0.9889	233×10^{-3}	
7	丙二醇异丙醚 $C_3H_7OCH_2CH(CH_3)OH$	(140 ~ 146) × 101325	1.4014	0.8891	24.2×10^{-3}	23.91
8	二丙二醇异丙醚 $C_3H_7O(CH_2CH(CH_3)O)_2H$	(110 ~ 116) × 3999.67	1.4259	0.9659	68.7×10^{-3}	
9	三丙二醇异丙醚 $C_3H_7O(CH_2CH(CH_3)O)_3H$	(146 ~ 150) × 1999.84	1.4393	0.9998	295×10^{-3}	
10	丙二醇丁醚 $C_4H_9OCH_2CH(CH_3)OH$	(166 ~ 174) × 101325	1.4019	0.8840	32×10^{-3}	24.50
11	二丙二醇丁醚 $C_4H_9O(CH_2CH(CH_3)O)_2H$	(124 ~ 126) × 3999.67	1.4300	0.9295	705×10^{-3}	
12	三丙二醇丁醚 $C_4H_9O(CH_2CH(CH_3)O)_3H$	(170 ~ 174) × 1999.84	1.4389	0.9841	201×10^{-3}	

注：黏度 μ 是用奥氏黏度计测定，密度 D 是用比重瓶测定，表面张力 δ 是用最大泡压法测定。

9.9.2 多丙二醇烷基醚的起泡性能

醚醇起泡剂是无色液体，易溶于水和酒精，不溶于乙醚。多丙二醇烷基醚的起泡能力随分子中的 n 值增大而增大，但当 n 值增大到 2 以上时，继续增大 n 的数值，起泡能力没有显著增加，随着分子中 R 碳链的增长，起泡能力有所增强；在低浓度时，n 值增大则泡沫稳定性增强，在高浓度时，则泡沫稳定性相近；无论在酸性介质还是在碱性介质中，多丙二醇烷基醚都有强的起泡力，其泡沫稳定性不受介质 pH 影响。

多丙二醇烷基醚水溶液的表面张力随浓度、n 值、R 碳链长度增大而降低。

9.9.3 多丙二醇烷基醚的选矿效果

用人工配成的方铅矿和天然铜矿做了浮选试验。

(1)对人工配制的方铅矿浮选试验。用石英、长石和方铅矿分别磨成 -0.15 ~ +0.04 mm，按含铅 2% 配成人工混合矿。浮选时的药剂制度是用碳酸钠调节矿浆 pH 为 8.5 ~ 9，加丁黄药 40 g/t，起泡剂变量。以上两种药剂同时添加后，搅拌 5 min，充气 0.5 min 后开始刮泡，刮泡 25 min，浮选结果列入表 9 - 26。

表 9 - 26　人工铅矿石浮选结果

起泡剂		浮选指标			
名称	用量/(g·t^{-1})	产率/%	精矿品位/%	回收率/%	选矿效率/%
松油	20	2.10	81.23	87.45	81.52
	60	2.40	80.36	98.51	90.82
	100	2.60	77.74	98.17	87.46
	500	2.11	80.59	89.21	82.49
三丙二醇乙醚	20	2.20	80.04	96.26	88.40
	60	2.69	79.09	98.66	90.51
	100	2.59	75.91	98.54	85.86
	500	2.79	79.04	98.64	85.90
二丙二醇异丙醚	20	2.22	81.78	98.91	92.38
	60	2.01	80.04	99.54	91.38
	100	2.41	79.40	98.99	90.05
	500	2.01	68.10	99.06	77.02
四丙二醇乙醚	20	2.01	79.90	86.31	79.11
	60	2.41	82.66	98.55	93.51
	100	2.41	78.52	98.48	88.66
	500	2.81	74.85	91.11	85.98

续表 9－26

起泡剂		浮选指标			
名称	用量/(g·t⁻¹)	产率/%	精矿品位/%	回收率/%	选矿效率/%
三丙二醇异丙醚	20	2.16	77.82	99.04	87.71
	60	2.71	77.80	99.08	88.11
	100	2.27	76.36	99.30	86.86
	500	2.90	71.08	99.07	80.49
四丙二醇异丙醚	20	2.59	73.70	98.49	86.09
	60	2.59	76.92	98.56	86.87
	100	2.89	69.20	98.57	77.92
	500	2.99	66.72	99.13	75.48

从表 9－25 可以看出，试验所用的起泡剂用量为 20 g/t 时，选别效果都比松油高，或与之接近，可以代替松油应用。

(2)对天然铜矿的浮选试验。用不同相对分子质量的多丙二醇乙醚对河北铜矿进行浮选试验。给矿粒度 －75 μm 占 90%；药剂制度氢氧化钠 300 g/t，硫化钠 300 g/t，水玻璃 200 g/t，丁黄药 100 g/t，起泡剂变量；浮选 pH 为 9.6，各种药剂分别加入并搅拌后浮选 6 min。浮选结果分别用图 9－7、图 9－8、图 9－9 表示。

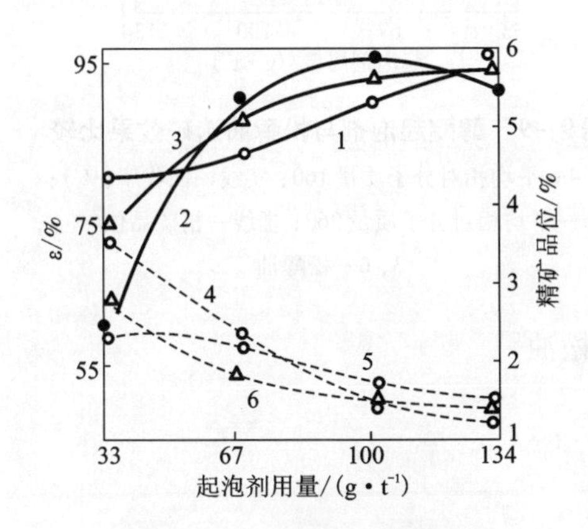

图 9－7　不同相对分子质量醇醚起泡剂的选矿效果

1，4—平均相对分子质量 160；实线—回收率；
2，5—平均相对分子质量 190；虚线—精矿品位；
3，6—平均相对分子质量 230

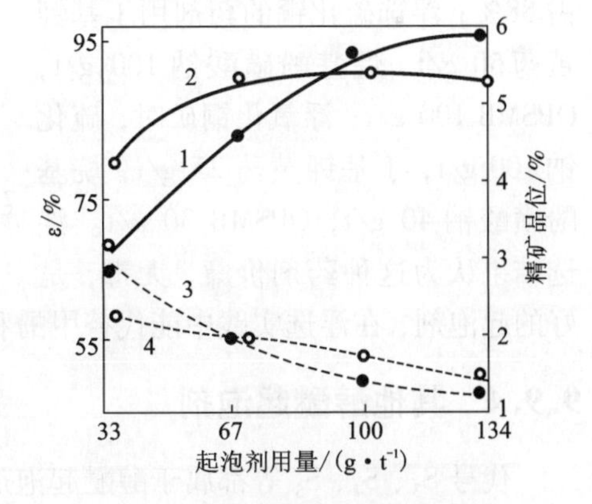

图 9－8　不同相对分子质量醇醚起泡剂的选矿效果

1，3—平均相对分子质量 300；实线—回收率；
2，4—平均相对分子质量 360；虚线—精矿品位试验结果表明，浮选所得指标都接近或稍低于松油，当相对分子质量为160～360时，对浮选影响并不显著，如图9－7所示，以160较好；图9－8则表现出相对分子质量为360较好。因此浮选铜矿时，在分子式$RO(C_3H_7O)_nH$中，如果R为C_2H_5～C_4H_9时，n以2或3为宜，继续增大n值，不会显著改善浮选结果。

(3)用烷基醇醚起泡剂浮选的其他实例。用丙二醇丁醚(代号OPSB)浮选硫化铜矿中的辉钼矿，辉钼矿的回收率由原来的43%提高到65%；用OPSB和松油浮选Cu－Pb矿做对比试验，OPSB的回收率和松油的回收率分别为：Pb 95.34%，88.82%；Cu 97.79%，92.67%；Zn 95.68%，94.0%。从这些浮选指标来看，OPSB的浮选性能比松油好。用OPSB为起泡剂代替松油浮选复杂硫化矿时，增加了回收率，Pb增加6.52%，Cu增加5.5%，Zn增加2.1%，并且认为OPSB无毒，用量是松油的1/4～1/2。OPSB还用来浮选Ta、Nb及其合金粉末中的碳。

用甲醇与环氧丙烷反应合成的醇醚起泡剂，文献上的代号为OPSMB，用来浮选铜矿的情况如下：所浮矿石含有孔雀石、蓝铜矿、硅孔雀石、辉铜矿、铜蓝，全铜含量中65.25%是氧化铜矿，34.75%是硫化铜矿，浮选在实验室中进行。用1 L的浮选槽，矿浆含固体38%，磨至－71 μm粒级占58%；浮选硫化铜的药剂用丁基钾黄药50 g/t，烷基酚磺酸钠100 g/t，OPSMB 100 g/t；浮氧化铜矿时，硫化钠100 g/t，丁基钾黄药25 g/t，烷基酚磺酸钠40 g/t，OPSMB 30 g/t。浮选结果认为这种药剂价廉，无毒，是好的起泡剂，在浮选实践中能代替甲酚和松油。

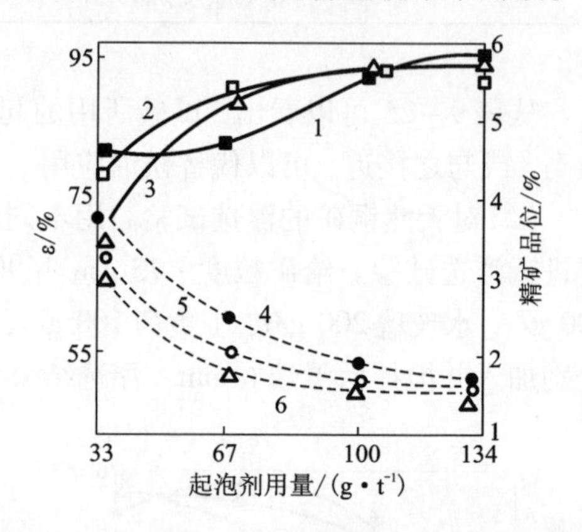

图9－9 醇醚起泡剂与松醇油选矿效果比较

1，4—平均相对分子质量160；实线—回收率(%)；
2，5—平均相对分子质量360；虚线—精矿品位(%)；
3，6—松醇油

9.9.4 其他醇醚起泡剂

代号S_3、S_4、S_5等都属于醇醚起泡剂。

S_3起泡剂是用己醇和五分子环氧乙烷反应制得：

$$C_6H_{13}OH + 5\underset{\diagdown\ O\ \diagup}{CH_2—CH_2} \xrightarrow{NaOH} \underset{S_3\text{起泡剂}}{C_6H_{13}—O\!\!-\!\!(CH_2CH_2O)_5\!\!-\!\!H}$$

S_4是用甲醇和十分子环氧乙烷反应制得：

$$CH_3OH + 10\underset{\diagdown O \diagup}{CH_2—CH_2} \longrightarrow \underset{S_4\text{起泡剂}}{CH_3—O\!\!-\!\!(CH_2CH_2O)_{10}H}$$

S_5 起泡剂是用燃料油与四分子环氧乙烷作用制得：

$$\underset{\text{代表燃料油}}{RH} + 4\underset{\diagdown O \diagup}{CH_2—CH_2} \xrightarrow{NaOH} \underset{S_5\text{ 起泡剂}}{R\!\!-\!\!(CH_2CH_2O)_4H}$$

用 S_3、S_4、S_5 等起泡剂在实验室中进行浮选铜和多金属矿石试验，效果都很好，并作了工业试验，认为这种起泡剂是无毒的。

醇醚起泡剂的原料来源广，起泡性能好，用量少，无毒，这些都是其优点。

9.10　醚酯类起泡剂

该类起泡剂是用石油化工产品为原料合成，原料来源广，合成工艺简单，成本低，浮选指标与松醇油相近。采用表面活性剂 HLB 值的加合法计算公式设计出的醚酯起泡剂见表 9－27。用泡沫柱高度法测定其起泡能力，再经过选矿试验证明，其起泡性能良好。

表 9－27　不同起泡剂的 HLB 值

起泡剂名称	HLB 值
C_5～C_9 羧酸一缩二乙醇单醚酯	7.07
C_5～C_9 羧酸一缩二乙醇双酯	3.95
萜烯醇 $C_{10}H_{17}OH$	4.6
MIBC	5.9
C_6～C_8 混合醇	5.6
丁醇	6.9

常见的起泡剂的 HLB 值为 5～7，单醚酯的 HLB 值在这个范围内，浮选试验证明，它的起泡性能与松醇油相当。

9.11　带弱捕收性能的起泡剂

9.11.1　ФРИМ－8С 和 ФРИМ－9С 起泡剂

通过改变起泡剂分子烃链长度和引入电子供体原子来调节起泡剂的表面活性

和HLB值，使起泡剂和捕收剂组合来获得必要的选择性和捕收能力，合成了ФРИМ－8C 和 ФРИМ－9C 等起泡剂。这两种起泡剂主要区别是 ФИМ－9C 具有较高的亲脂性能，两者在水中的溶解度分别是 14.56 g/L 和 1.36 g/L，溶解度的不同间接说明 ФРИМ－9C 亲脂性比 ФРИМ－8C 大，用这两种起泡剂在铜钼矿浮选中做了比较，同时与选择性最好、用得最广的起泡剂 MIBC 做了对比，它们的用量是相同的，试验结果见表 9－28。

表 9－28　应用不同起泡剂浮选铜钼矿石试验结果

起泡剂 /(g·t⁻¹)	产品名称	产率/%	品位/%		回收率/%	
			Cu	Mo	Cu	Mo
MIBC 12	精矿	7.7	8.68	0.30	88.4	80.8
	尾矿	92.3	0.095	0.006	11.6	19.2
	原矿	100	0.76	0.029	100	100
ФРИМ－8C 12	精矿	7.2	9.36	0.35	88.2	81.8
	尾矿	92.8	0.097	0.006	11.8	18.2
	原矿	100	0.76	0.03	100	100
ФРИМ－9C 12	精矿	6.7	9.88	0.38	88.9	87.9
	尾矿	93.3	0.089	0.004	11.1	12.1
	原矿	100	0.74	0.029	100	100

从表 9－27 可以看出，MIBC 与 ФРИМ－8C 用量相同时，铜和钼的回收率相近；ФРИМ－9C 的亲油性高，在其用量与 MIBC 相同时，浮选铜钼的试验结果比 MIBC 高，特别是钼的回收率比 MIBC 高 7.1%。

9.11.2　起泡剂分子中引入难水化的硫原子可强化起泡剂的捕收能力

哈里斯 G H 等在浮选斑铜矿时，在聚丙烯氧化物分子中引进硫原子，增加了铜钼的回收率。分别用含硫和含氧的起泡剂浮选玻利维亚铜矿的试验结果见表 9－29。

表 9－29　分别用含硫和含氧的起泡剂浮选玻利维亚铜矿结果

试验编号	起泡剂	HLB	用量 /(g·t⁻¹)	原矿含铜 /%	尾矿含铜 /%	回收率/%
2－1	$CH_3O(PO)_2H$	7.5	126	0.83	0.25	70.75
2－2	$CH_3O(PO)_3H$	4.8	119	0.83	0.18	79.74
2－3	$CH_3O(PO)_3H$	7.4	68	0.79	0.24	70.65
2－4	$CH_3S(PO)_3H$	4.7	70	0.80	0.23	73.03

注：PO 为氧化丙烯单元。

从表9－28中看出，起泡剂分子中引进S原子后，HLB更接近5～7，由于起泡剂与捕收剂和矿物之间的互相作用，回收率增加。

9.12 JM－208起泡剂

JM－208起泡剂呈黄色至棕色油状液体，略具醇类气味，气相色谱分析结果见表9－30。

表9－30 JM－208不同成分定量分析结果

序号	保留时间/min	分子式	相对分子质量	含量/%	成分分析
1	4.425	$C_8H_{16}O$	128	1.63	醛
2	5.108	$C_8H_{16}O_2$	144	2.08	酯
3	5.225	$C_8H_{14}O$	126	6.47	不饱和醛
4	5.700	$C_8H_{18}O$	130	36.97	八碳醇
5	11.075	$C_{12}H_{26}O_2$	202	1.90	酯
6	13.900	$C_8H_{24}O_3$	216	8.74	醇酯
7	14.158	$C_{10}H_{18}O_3$	170	10.25	不饱和酮醇
8	14.783	$C_{11}H_{24}O$	172	1.76	十一碳醇
9	15.683	$C_{16}H_{32}O_2$	256	5.69	酯
合计				80.54	

用JM－208作起泡剂，YC作捕收剂对某钼矿做了小型浮选试验，效果不错。在小型试验的基础上在该选厂3系列进行了工业试验，2系列仍使用杂醇油做对比；2、3两系列生产工艺及设备相同，药剂耗量相似，2系列YC捕收剂用量粗选102.63 g/t，精选25.66 g/t，杂醇油33.36 g/t，从含钼0.141%的给矿，得到钼品位为13.10%、回收率为84.96%的精矿。

3系列YC捕收剂用量：粗选100.55 g/t，精选23.25 g/t，JM－208 32.34 g/t，可从含钼0.137%的给矿得到钼品位为14.95%、回收率为84.07%的钼精矿。用JM－208作起泡剂在回收率非常接近的情况下，精矿品位提高1.85%，JM－208起泡剂优于杂醇油。

参考文献

[1] 鲁军, 孔晓薇. 青海某钼矿选矿试验研究[J]. 矿产保护与利用, 2007(2): 31~33.
[2] 谢云生. 仲辛醇选铜试验[J]. 有色金属(选矿部分), 1981(3): 59.
[3] 董贞允, 韩毓丽, 孙小凤. P1-MPA 新合成起泡剂[J]. 有色金属(选矿部分), 1982(3): 4~11.
[4] 吕金玲, 马广清, 杨元章. 矿友-321 新型起泡剂的开发应用[J]. 有色金属(选矿部分), 1999(6): 19~21.
[5] 朱玉霜, 刘鑫, 朱一民. 起泡剂 W-02 起泡性能的研究[J]. 中南矿冶学院学报, 1985(4): 53~59.
[6] 朱建光, 朱玉霜. RB3 起泡剂对铅锌硫化矿的浮选性能[J]. 矿冶工程, 1994, 14(4): 20~26.
[7] 朱玉霜, 朱建光. 利用化工副产品研制起泡剂[J]. 矿产综合利用, 1994(3): 8~11.
[8] 朱建光. 环己烷氧化时副产物的综合利用[J]. 湖南化工, 1994(4): 9~10.
[9] 朱玉霜, 朱建光. RB 系列起泡剂的浮选性能[J]. 中国有色金属学报, 1995(2): 55~57.
[10] 朱建光, 朱玉霜. RB 系列起泡剂浮选铜矿石试验[J]. 有色矿山, 1995(5): 26~31.
[11] 朱建光, 李琮华. RB 起泡剂在桃林铅锌矿的应用[J]. 有色金属(选矿部分), 1994(2): 29~31.
[12] 钟在定, 王永超, 温晓婵. 新型 JM-208 起泡剂在钼浮选中的应用研究[J]. 金属矿山, 2009(9): 102~103.

10 矿物浮选无机调整剂

10.1 概 述

捕收剂的极性基吸附在有用矿物表面，烃基疏水，起泡剂能产生泡沫，疏水的有用矿物吸附在气泡上而起浮选作用，这是浮选的基本概念。在浮选天然矿物时，并不是有了捕收剂和起泡剂就可以进行浮选工业生产了，因为矿物往往是多种有用矿物和脉石共生在一起的，浮选的目的是将有用矿物与脉石分离以及有用矿物各个分离。有用矿物的可浮性往往有些相似，例如方铅矿和闪锌矿往往都是共生在一起，可浮性也相似；而且，现用的捕收剂选择性也不够理想，能和多种重金属离子生成沉淀，捕收多种金属矿物。用黄药浮选铅锌矿时，方铅矿和闪锌矿一起上浮，得到的铅锌混合精矿需要进行铅锌分离。因此，必须加入调整剂，调整它们之间可浮性的差距才能达到各个分离的目的。因此浮选铅锌矿时，将矿石磨到单体解离后加入碳酸钠将 pH 调到 8 左右，然后再加入水玻璃，水玻璃与石英等硅酸盐作用吸附在它们表面上，使它们更亲水而受到抑制，加入捕收剂时不会上浮，再加入硫酸铜活化闪锌矿，然后加入黄药作捕收剂，松醇油作起泡剂，同时浮出方铅矿和闪锌矿使之与脉石矿物分离。然后在铅锌混合精矿中加入硫酸锌和氰化钠，使脉石、闪锌矿受到抑制，用黄药浮出方铅矿。然后再加入硫酸铜活化闪锌矿，再用黄药浮出闪锌矿，尾矿送尾矿坝，得到方铅矿和闪锌矿两个产品。

有些矿山的矿石受自然条件的影响，往往产生较多的微细粒矿泥，在矿石运输和加工处理过程中也会产生矿泥，这些矿泥吸附在有用矿物颗粒的表面上，增加了浮选的难度。由于矿泥粒度很小，比表面大，吸附药剂多，消耗大量药剂，而且它们吸附在有用矿物颗粒表面，浮选时和有用矿物一起浮出，会降低精矿品位和回收率等。因此，遇到矿泥多的情况时，必须将矿泥与有用矿物颗粒分散，这就必须加入一种药剂，使它们表面带同一种电性，互相排斥而分散。这种使矿泥分散的药剂称为分散剂。

通过上述例子可以看出，矿物浮选调整剂可分为下列几种：

(1)pH 调整剂，即无机酸碱，如硫酸、氧化钙、碳酸钠等。

(2)抑制剂，用来调节矿物的可浮性，使其可浮性降低而受到抑制，如前面章节例子中列举的水玻璃、硫酸锌、氰化钠等。

(3)活化剂，用来调节矿物的可浮性。当它吸附在矿物表面后使捕收剂易于在矿物表面作用，增加矿物的可浮性或能在脱除抑制剂在被抑制矿物的吸附后吸附在该矿物表面，使该矿物活化，如硫酸铜等。

(4)分散剂，能使吸附在有用矿物表面的矿泥和目的矿物的矿粒带相同的电荷而互相排斥。分散矿泥常用的分散剂有水玻璃、六偏磷酸钠……

应指出的是，调整剂的划分具有相对性，因为有些药剂同时兼有几种作用。有些药剂是在不同的浮选条件下起着不同的作用，所以对某种调整剂具体作用的讨论，需要根据浮选的具体条件进行具体分析。为了编排方便，以某种化合物在浮选过程起的主要作用归类，同时也介绍它在浮选中的其他作用。例如，石灰是便宜的强碱，将它放在 pH 调整剂中，同时也介绍它是黄铁矿的抑制剂。

10.2 pH 调整剂

10.2.1 酸性调整剂

酸性调整剂包括硫酸、盐酸、硝酸、磷酸和氢氟酸等。在通常的情况下，用得最多的是硫酸，因它价格便宜且不挥发；其他几种酸价格较贵，故很少采用。但在硅酸盐和铝硅酸盐矿物浮选中有时使用氢氟酸。

1. 硫酸及其作用

硫酸是酸性调整剂中最便宜的酸，在浮选过程中需要降低 pH 时，多用硫酸调节，一般配成10% ~20% 浓度使用。例如：从硫化多金属矿中浮选锡石细泥时，必须先浮选脱硫，此时加入硫酸，将 pH 调到弱酸性，再用黄药浮出硫化矿，这样脱硫效率高，一般能使脱硫后的浮锡给矿含硫量降到 0.5% 以下；又如浮选金红石或钛铁矿时，都要求矿浆 pH 在 4 左右。若 pH 太高，精矿品位低(指钛铁矿)或不浮(指金红石)，都必须用硫酸调节矿浆 pH。硫酸除能调节矿浆 pH，制造有利的浮选条件外，它还对矿砂表面起清洗作用。例如单体金粒表面被铁质污染(如被三氧化二铁薄膜覆盖)，用硫酸清洗后，金粒的可浮性提高；又如黄铁矿被石灰抑制后，要将被石灰抑制后的黄铁矿活化，则硫酸是活化剂，它能与黄铁矿表面吸附的钙离子或氧化钙作用生成硫酸钙沉淀而被除去，新鲜表面有利于捕收剂捕收。

2. 氢氟酸及其作用

氢氟酸价格昂贵且有剧毒和强烈的腐蚀性，使用时应特别注意，一般只在浮选某些稀有金属矿物时才使用，例如用胺类阳离子捕收剂在低 pH 下浮选绿柱石或在某些不得已的情况下才使用它。

研究表明，氢氟酸对绿柱石、长石以及含铌、含铬等矿物具有活化作用，而对石英和某些硅酸盐类矿物则无活化作用（甚至具有抑制作用），所以选别某些硅酸盐和铝硅酸盐矿物时，用氢氟酸处理后常有利于这些矿物的分离浮选。例如，石英与长石分离或从硅酸盐矿物中浮出绿柱石，而石英或其他一些硅酸盐矿物则为槽内产物。

3. 其他的酸性调整剂

盐酸、硝酸和磷酸等，因价格贵，在浮选工业中很少采用。

此外，有些选矿厂在矿浆中通入二氧化碳或二氧化硫废气，实质上起到加入碳酸和亚硫酸的作用，也可降低 pH。利用这些废气不仅可以节约使用硫酸的成本，而且还能减少这些废气对环境的污染。

10.2.2　碱性调整剂

在浮选工业中常用的碱性调整剂有石灰、苏打（碳酸钠）、氢氧化钠等。石灰是最便宜、最容易得到的强碱，其次是苏打，它们都能调高矿浆的 pH，往往还会有活化或抑制作用交织在一起，有时还会起其他作用。

1. 石灰

在浮选工业中，石灰是最便宜而易得的碱，又是黄铁矿的抑制剂，在含黄铁矿的有色金属矿山中大量使用。

将石灰石在 900 ~ 1200℃煅烧，则分解为生石灰和二氧化碳。

$$CaCO_3 \xlongequal{} CaO + CO_2 \uparrow$$

二氧化碳从石灰窑的废气中排出，石灰留在窑内。二氧化碳是黄铁矿的活化剂。

(1) 石灰的性质

石灰是白色固体，与水作用生成熟石灰［即 $Ca(OH)_2$］，同时放出大量的热，并且体积胀大。

$$CaO + H_2O \xlongequal{} Ca(OH)_2$$

贮存石灰的库房，不能将石灰放得太满和太靠墙壁，否则生石灰在放置过程中，慢慢吸收空气中的水分而膨胀，有胀破库房墙壁的危险。

生石灰堆的表面上不宜用易燃物质铺盖，因为在放置过程中，生石灰吸收空气中的水分而放热，特别是夏季气温较高，热量难于扩散而引起易燃物起火。

氢氧化钙是强碱，氢氧化钙在水中溶解度很小，20℃时，溶解度为 6.9×10^{-3} mol/L，但溶于水的氢氧化钙能电离为 Ca^{2+} 和 OH^- 离子，

$$Ca(OH)_2 \rightleftharpoons Ca^{2+} + 2OH^-$$

因此浮选厂用它作 pH 调整剂。用石灰调整矿浆 pH 的同时还对黄铁矿起抑制作用。

(2)石灰抑制黄铁矿的机理

硫化矿优先浮选时，常用石灰提高矿浆的pH，使黄铁矿受到抑制。生产实践证明，由于黄铁矿的矿石性质不同，有些可在弱酸性矿浆中浮选，有些可在中性矿浆中浮选。一般来说，黄铁矿表面氧化后，当矿浆 $pH>7$ 就浮不好，加入石灰，黄铁矿便受抑制。一般认为石灰抑制黄铁矿的原因是在矿物表面生成氢氧化亚铁和氢氧化铁亲水薄膜。

黄铁矿表面被氧化，可以这样表示：

$$FeS_2]FeS_2+3\frac{1}{2}O_2+H_2O = FeS_2]FeSO_4+H_2SO_4$$

黄铁矿表面氧化后与碱作用：

$$FeS_2]FeSO_4+2OH^- = FeS_2]Fe(OH)_2+SO_4^{2-}$$

矿物表面的氢氧化亚铁薄膜可以再被空气氧化，成为氢氧化铁：

$$2FeS_2]Fe(OH)_2+\frac{1}{2}O_2+H_2O = 2FeS_2]Fe(OH)_3$$

由于氢氧化亚铁的溶度积常数为 4.8×10^{-16}，氢氧化铁的溶度积常数为 3.8×10^{-33}，二者都很小，所以容易在黄铁矿表面形成氢氧化亚铁和氢氧化铁沉淀。

黄药在黄铁矿表面生成的黄原酸铁的溶度积常数为 8×10^{-8}，比氢氧化亚铁、氢氧化铁的溶度积常数都大得多，所以，在高碱度的矿浆中，OH^- 离子有排除黄原酸根的能力。

$$FeS_2]FeX_2 \rightleftharpoons FeS_2]Fe^{2+}+2X^- \qquad (X^-=C_2H_5OCSS^-)$$

$$\updownarrow 2OH^-$$

$$FeS_2]Fe(OH)_2$$

根据平衡移动原理，在黄铁矿表面的亚铁离子、黄原酸根、OH^- 离子之间的平衡，应向生成溶度积常数较小的方向移动，即向生成 $FeS_2]Fe(OH)_2$ 的方向移动，故矿浆中的 OH^- 离子能排斥黄原酸根而吸附在黄铁矿表面，使黄铁矿受到抑制。

上述观点有一定的道理，但还不全面，有人提出石灰抑制黄铁矿是由于在黄铁矿表面生成了硫酸钙、碳酸钙和氧化钙的水化物薄膜。

用电子衍射法先做出黄铁矿的衍射图，再做黄铁矿与含氧化钙10 mg/L的水溶液接触后的电子衍射图，发现黄铁矿的衍射图改变，氢氧化钙的衍射线条很清楚地出现在黄铁矿的衍射图上；当氧化钙溶液浓度增大，并不加强氢氧化钙的线条；用硫酸处理已经和石灰作用过的黄铁矿样品，再用电子衍射法做试验时，氢氧化钙的线条消失。所以认为氢氧化钙是牢固地固着在黄铁矿表面上的。用生产石灰时放出的二氧化碳活化被石灰抑制的黄铁矿效果很好。

2. 苏打(碳酸钠)

苏打在浮选工业中的应用仅次于石灰，在非硫化矿浮选中是应用广泛的碱性调整剂。

(1)苏打的性质

苏打是弱酸强碱盐，在水中发生水解而呈碱性：

$$Na_2CO_3 \xrightarrow{\text{电离}} 2Na^+ + CO_3^{2-}$$

$$CO_3^{2-} + H_2O \xrightleftharpoons{\text{水解}} HCO_3^- + OH^- \qquad K_1 = 2.26 \times 10^{-4}$$

$$HCO_3^- + H_2O \xrightleftharpoons{\text{水解}} H_2CO_3 + OH^- \qquad K_2 = 2.95 \times 10^{-8}$$

K_1、K_2 分别代表第一步、第二步水解常数。由反应式看出碳酸钠溶液是显碱性的，故用作矿浆的碱性调整剂，而且它有两种不同酸度的弱酸根(HCO_3^- 和 CO_3^{2-})可组成缓冲溶液，所以苏打还具有一定的缓冲作用，使矿浆 pH 保持在 8～10。

(2)苏打在浮选中的应用

用脂肪酸类捕收剂浮选各种非硫化矿时，苏打是一种重要的 pH 调整剂。因为在苏打所造成的 pH 范围内，脂肪酸类捕收剂的作用最为有效。主要原因有下述几点：

苏打在矿浆中离解出的碳酸根离子可沉淀矿浆中的钙离子、镁离子，消除有害影响，改善浮选过程的选择性，并降低捕收剂的无益消耗。苏打沉淀钙离子和镁离子的反应式如下：

$$Ca^{2+} + CO_3^{2-} \longrightarrow CaCO_3 \downarrow$$

$$Mg^{2+} + CO_3^{2-} \longrightarrow MgCO_3 \downarrow$$

即可将水软化。用脂肪酸作捕收剂时，若矿浆中有钙、镁离子，则消耗脂肪酸：

$$Ca^{2+} + 2RCOO^- = Ca(RCOO)_2 \downarrow$$

$$Mg^{2+} + 2RCOO^- = Mg(RCOO)_2 \downarrow$$

若用石灰作矿浆调整剂，同样消耗脂肪酸，所以石灰与脂肪酸不同时使用，只能用苏打。

矿物表面优先吸附苏打解离出的碳酸根离子和碳酸氢根离子后，可以防止或降低水玻璃解离产物硅酸根离子、硅酸胶粒及氢氧根离子吸附所引起的抑制作用。所以在许多非硫化矿浮选中苏打常与水玻璃配合使用，以调整和改善水玻璃对各种不同非硫化矿物抑制作用的选择性。

苏打还是矿泥的良好分散剂，能防止矿浆中细泥的凝聚，提高浮选过程的选择性。

在硫化矿浮选中，苏打能活化被石灰抑制的黄铁矿，因为苏打解离出的碳酸根离子、碳酸氢根离子能与黄铁矿表面的氢氧化亚铁、氢氧化铁或氢氧化钙抑制性薄膜作用，生成相应的铁、钙碳酸盐。由于这种碳酸盐与黄铁矿性质不同而容易脱落，黄铁矿则露出新鲜表面而被活化。

3. 氢氧化钠

氢氧化钠与石灰相比是更强的碱，但价格贵，选厂使用较少，一般在要求强碱性矿浆但又不能使用石灰的条件下才用氢氧化钠。例如国外赤铁矿选择絮凝－脱泥－阳离子反浮选脉石的工艺中，为使微细粒级矿物组分充分分散、形成强碱性介质条件才使用氢氧化钠。此外，氢氧化钠用于分散目的时也与水玻璃或碳酸钠联合使用。

10.3 分散剂

实践表明，具有分散作用的药剂较多。无机物如水玻璃、氢氧化钠、碳酸钠、六偏磷酸钠等，以及有机聚合物如单宁、木质磺酸钙等，都有分散作用。但是必须指出专门用作分散剂的并不多，其中较为常见的主要是水玻璃，其次是碳酸钠和各种聚磷酸盐和氢氧化钠等。下面主要介绍水玻璃、六偏磷酸钠。

10.3.1 水玻璃(或与氢氧化钠联合使用)

水玻璃是一种常用的抑制剂(后面再介绍)，它对细泥有很好的分散作用，而且价格低廉，因此是使用最广泛的矿泥分散剂。

水玻璃也常与氢氧化钠联合使用，以达到微细粒矿泥的最佳分离状态。例如对金属氧化矿物和石英及硅酸盐矿物而言，氢氧根离子是它们的定位离子，因此在强碱性介质条件下，矿物粒子表面均具有较强的负电位，彼此间斥力较大，可获得好的分散效果，且 pH 越高，分散效果也越好。可见，若工艺上要求高度地充分分散矿泥，采用水玻璃与氢氧化钠联合使用，在强碱性介质条件下，可获得比较满意的效果。例如，美国蒂尔登浮选厂，在处理细粒贫赤铁矿的选择性絮凝－浮选流程中，在选择絮凝前为了有效地分散细泥，便采用了氢氧化钠与水玻璃联合使用作细泥分散剂，使用时 pH 调到 10.5 ~ 11。

10.3.2 碳酸钠(或碳酸钠与水玻璃混用)

碳酸钠是非硫化矿浮选时广泛使用的 pH 调整剂，pH 范围在 8 ~ 10，同时它对细泥也有一定的分散作用，因此在浮选过程中要求 pH 不高且又要分散细泥时采用碳酸钠作调整剂可以兼顾这两种作用。

有时为了加强碳酸钠的分散效应，也常将少量水玻璃与碳酸钠混用。

10.3.3　六偏磷酸钠

六偏磷酸钠是含镁脉石矿物蛇纹石、绿柱石的抑制剂，也是矿泥的分散剂。硫化铜镍矿石中，一般除含硫化镍矿、黄铜矿、黄铁矿外，还含有蛇纹石、绿柱石等含氧化镁的脉石矿物，一般氧化镁含量达25%～32%。用硫化矿捕收剂浮选镍铜硫化矿时，常用水玻璃、六偏磷酸钠作抑制剂和分散剂。

在磨矿时，绿柱石、蛇纹石等含镁脉石容易泥化，没有被含镁硅酸盐矿泥盖罩的硫化镍矿，用黄药等硫化矿捕收剂浮选时，是较易浮选的；有矿泥盖罩后，回收率大幅度降低，因为蛇纹石等含镁矿物的 ξ 电位是正值，镍黄铁矿的 ξ 电位是负值，极易被蛇纹石等含镁矿泥盖罩，使硫化矿捕收剂难以吸附在镍磁黄铁矿表面上，引起镍精矿回收率下降。

在矿浆中添加六偏磷酸钠调浆时，六偏磷酸根吸附在蛇纹石等含镁脉石上，使它们的 ξ 电位由正变负，与镍黄铁矿同性，产生静电斥力，阻止矿泥向镍磁黄铁矿表面吸附，起分散作用，有利于镍磁黄铁矿用黄药浮选，回收率大幅度提高，镍精矿中氧化镁含量大幅度降低，这是由于六偏磷酸钠不但起了分散矿泥的作用，而且与含镁矿泥表面的金属离子生成亲水的螯合物，使其受到抑制的结果。

10.4　活化剂

活化作用，是指能促使和增强矿物与捕收剂互相作用从而提高矿物的可浮性，而能起这种作用的药剂称为活化剂。

通过科学研究和生产实践表明，较为常见的活化剂有4类：即有色金属阳离子(如铜、铅、银、汞离子)或相应的可溶性盐如硫酸铜、硝酸铅、硝酸银等。由于银盐很贵、汞盐毒性大，实际在工业上应用的只有硫酸铜和硝酸铅活化闪锌矿、黄铁矿及辉锑矿浮选。碱土金属离子(如钙、钡、镁离子)及其相应可溶性盐如氯化钙、氯化钡等也用作活化剂。氯化钡毒性大，故常用的为氯化钙，活化石英和硅酸盐矿物用脂肪酸浮选。硫化钠、硫氢化钠、硫化氢、硫化钙等能对有色金属氧化矿进行硫化，如白铅矿、孔雀石、菱锌矿被硫化后用黄药浮选。其他如酸碱能清洗矿物表面或分散矿泥，也起到有利于浮选的活化作用。下面选择有代表性的活化剂介绍。

10.4.1　硫酸铜

硫酸铜是闪锌矿和黄铁矿的活化剂，目前还广泛应用。

1. 硫酸铜的制法

制造硫酸铜的主要原料是硫酸和铜，废铜、或金属加工业的废料(铜刨片、铜屑等)都可用作制造硫酸铜的原料；此外，铜材加工过程的酸洗液中含有硫酸铜，将其蒸发浓缩，也可以结晶析出五水硫酸铜($CuSO_4 \cdot 5H_2O$)。

将铜与浓硫酸共同加热，铜则溶于硫酸中，成为硫酸铜溶液，反应式如下：

$$Cu + 2H_2SO_4 = CuSO_4 + 2H_2O + SO_2\uparrow$$

这个反应式可看作是由下面两个反应式组成的：

$$Cu + H_2SO_4 = CuO + H_2O + SO_2\uparrow$$

$$+)\quad CuO + H_2SO_4 = CuSO_4 + H_2O$$

$$Cu + 2H_2SO_4 = CuSO_4 + 2H_2O + SO_2\uparrow$$

从反应式看出，用这种方法制硫酸铜，有一半硫酸用于使铜氧化成氧化铜，而自身则被还原成二氧化硫逸去。为了节省硫酸，工业上用空气中的氧将铜氧化成氧化铜，这一步操作可以用预先氧化煅烧法，也可以在硫酸与铜反应的过程中，在反应塔底鼓入空气使之氧化。这样，硫酸铜便按下式生成，节省了一半硫酸。

$$CuO + H_2SO_4 = CuSO_4 + H_2O$$

废铜的氧化煅烧是在用炉气加热的反射炉中进行，炉气是用大量过剩空气燃烧燃料而得，这样就可以保证有足够的氧送入炉中将铜氧化，气体温度在炉口处约为700℃，出口处为350℃，煅烧时间为8～15 h(视铜块的大小而异)。

这样煅烧后的产物，含氧化铜在90%～97%，然后在加热下溶于硫酸中，所用硫酸要先用硫酸铜结晶的母液稀释。反应器应有防腐性能，其中装有蛇形加热管，内通蒸汽加热，溶解温度在90～100℃，溶解完毕后(此时90～100℃的溶液的密度为1.30～1.32 g/mL)，清除不溶杂质，送去结晶。

为了得到大颗粒晶体，结晶过程应在不动的结晶池中进行，溶液自然冷却数日后，则得到大颗粒结晶，晶体为五水硫酸铜($CuSO_4 \cdot 5H_2O$)。溶液中含有游离硫酸时，结晶过程较容易进行。一般保持硫酸酸度不高于10～15 g/L为宜，以免结晶后又要用大量清水洗去晶体中的酸母液。

使用离心机将晶体与母液分离，并用少量水洗涤，在100～105℃干燥，即得产品。

2. 硫酸铜的性质

称为胆矾的硫酸铜是蓝色晶体，分子式为$CuSO_4 \cdot 5H_2O$，密度为2.29 g/cm^3，在常温下五水硫酸铜不会失去结晶水，加热时失去一部分结晶水，依次变为三水和一水硫酸铜，高于258℃时失水成为无水硫酸铜白色粉末，无水硫酸铜在空气中吸水后又变为蓝色。

$CuSO_4 \cdot 5H_2O$易溶于水，其饱和溶液在0℃时为12.9%，在100℃时为42.4%。溶液中有游离硫酸存在时，$CuSO_4 \cdot 5H_2O$的溶解度下降，在较高的温度下，从酸性溶液中析出 $CuSO_4 \cdot 3H_2O$ 晶体，三水硫酸铜是天蓝色的。

硫酸铜是强电解质，在水溶液中电离出铜离子和硫酸根：

$$CuSO_4 = Cu^{2+} + SO_4^{2-}$$

硫酸铜是强酸弱碱盐，在水中能水解，使溶液呈弱酸性：

$$Cu^{2+} + 2H_2O \rightleftharpoons Cu(OH)_2 + 2H^+$$

硫酸铜中的 Cu^{2+} 离子可以被置换次序表中位于铜前面的金属所置换。例如，将铁丝或铁片插入硫酸铜溶液中，铁丝或铁片表面即析出铜：

$$Cu^{2+} + Fe = Cu + Fe^{2+}$$

在浮选厂中，硫酸铜有腐蚀作用，一方面由于硫酸铜水解使溶液呈酸性，酸腐蚀设备，另一方面铜离子能被铁置换，金属铜析出而铁质设备受到腐蚀。所以，不能用铁质容器盛硫酸铜溶液，也不能用铁质管道输送硫酸铜溶液。

3. 硫酸铜的活化机理

硫酸铜在浮选作业中，一般用来活化闪锌矿或黄铁矿。概括起来说，活化机理有两方面：

(1)在被活化矿物的表面发生复分解反应，结果在矿物表面形成活化膜。例如，以硫酸铜活化闪锌矿时，反应式如下：

$$ZnS]ZnS + CuSO_4 \longrightarrow ZnS]CuS + ZnSO_4$$

从化学的观点看，二价铜离子的半径为 0.72×10^{-10} m，锌离子半径为 0.74×10^{-10} m，二者较相近，而且硫化铜的溶解度远较硫化锌小，硫化铜溶度积 10^{-45}，而硫化锌溶度积为 10^{-23}，因此，在闪锌矿的表面生成一层硫化铜薄膜是可能的。硫化铜薄膜生成后，很容易与黄药类捕收剂作用，使闪锌矿得到活化。

(2)先脱去抑制剂，后生成活化膜。氰化钠抑制闪锌矿时，在闪锌矿表面生成锌氰络离子 $[Zn(CN)_4]^{2-}$，稳定常数为 7.9×10^{16}，而铜氰络离子 $[Cu(CN)_4]^{2-}$ 的稳定常数为 1.0×10^{25}，即 $[Cu(CN)_4]^{2-}$ 比 $[Zn(CN)_4]^{2-}$ 更稳定，如果，将硫酸铜溶液加入被氰化物抑制的闪锌矿矿浆中，应有如下反应发生：

$$ZnS]Zn(CN)_4^{2-} \rightleftharpoons ZnS]Zn^{2+} + 4CN^- \xrightleftharpoons{Cu^{2+}} ZnS]Zn^{2+} + Cu(CN)_4^{2-}$$

由于 $Cu(CN)_4^{2-}$ 较 $Zn(CN)_4^{2-}$ 稳定，平衡向生成 $Cu(CN)_4^{2-}$ 的方向移动，闪锌矿表面的氰根脱落，露出新鲜表面，游离的 Cu^{2+} 离子再与闪锌矿表面作用生成硫化铜的活化膜，而使闪锌矿活化。

凡是能够与硫离子作用生成难溶硫化物，又能与黄原酸根作用形成难溶黄原酸盐，其难溶程度较黄原酸锌更大的重金属离子，都可以作为闪锌矿的活化剂，其活化顺序为：Cu^{2+}，Cu^+，Hg^+，Hg^{2+}，Pb^{2+}，Cd^{2+}。

10.4.2 硝酸铅

硝酸铅是黑钨、辉锑矿、雌黄等矿物的活化剂。

1. 硝酸铅的制法

制造硝酸铅的反应式如下:

$$Pb + 2HNO_3 \longrightarrow PbO + 2NO_2 + H_2O$$

$$+)\quad PbO + 2HNO_3 \longrightarrow Pb(NO_3)_2 + H_2O$$

$$Pb + 4HNO_3 \longrightarrow Pb(NO_3)_2 + 2NO_2 + 2H_2O$$

(1)盐析法　将金属铅放入熔铅炉中熔化后,水激成铅花或制成铅皮,再卷成铅卷。

将铅卷(或铅花)放入耐酸反应器中,加入约20%稀硝酸,在稍过量铅的情况下进行反应,至反应液呈淡黄色,溶液浓度约40Be′为止,澄清后趁热过滤,除去杂质,清液送入盐析器,边搅拌边加入浓硝酸,即有硝酸铅析出。搅拌1~2 h后静置,使硝酸铅结晶下沉,经离心分离,制得硝酸铅成品。

(2)蒸馏法　按盐析法生产过程中得到的硝酸铅溶液,趁热过滤除去杂质,加入硝酸酸化至草绿色,送入蒸发器,在常压下进行浓缩至59.78°Be′,即有硝酸铅结晶析出,经离心分离制得硝酸铅成品。

2. 硝酸铅的性质

硝酸铅是白色晶体,溶于水,不溶于酒精,难溶于甲醇,加热到200℃以上则分解为PbO、NO_2和O_2。

由于是弱碱强酸盐,溶于水中即电离为铅离子和硝酸根,并立即水解生成乳白色的溶液:

$$Pb(NO_3)_2 \longrightarrow Pb^{2+} + 2NO_3^-$$

$$Pb^{2+} + H_2O \longrightarrow Pb(OH)^+ + H^+$$

$$Pb(OH)^+ + H_2O \longrightarrow Pb(OH)_2 + H^+$$

在配制硝酸铅溶液时,为了防止铅离子水解,可先在配制硝酸铅的水中加入少量硝酸,然后加入硝酸铅晶体,这样防止水解可配成透明的硝酸铅溶液。

3. 硝酸铅的活化作用

(1)硝酸铅活化辉锑矿

锡矿山是我国产辉锑矿最丰富的矿山。在浮选辉锑矿时,捕收剂是多样的,但都用硝酸铅作活化剂。例如用丁黄药414 g/t作捕收剂,硝酸铅216 g/t作活化剂,松醇油238 g/t作起泡剂时,可从给矿含3.71% Sb得到品位55.27% Sb、回收率92.6%的锑精矿。

又如用丁黄药 135 g/t、乙硫氮 65 g/t、页岩油 478 g/t 作捕收剂，硝酸铅 151 g/t 作活化剂，松醇油 167 g/t 作起泡剂时，可从给矿含 3.13% Sb 得到含 50.8% Sb、回收率 93.56% 的锑精矿。上述药方表明，黄药、硫氮、页岩油等捕收剂均可捕收辉锑矿。捕收剂药方可以变换，但活化剂却常用硝酸铅。其实辉锑矿在一定条件下需要活化，多种金属离子如 Pb^{2+}、Cu^{2+} 等均具活化作用。工业生产中多用硝酸铅或醋酸铅、硫酸铜作活化剂，或铜盐与铅盐混合使用。

(2)硝酸铅活化雌黄

某矿山选厂雄黄浮选后的尾矿含少量雄黄和较多的雌黄，含 As_2S_3 2.79%，用硫酸 3.3 kg/t 调 pH，用硝酸铅 500 g/t 作活化剂，JX(266 g/t)作捕收剂，通过一粗一扫去尾三精的流程，中矿顺序返回，闭路结果得到 As_2S_3 品位 90.51%、回收率 80.78% 的砷精矿；雌黄浮选工业试验表明，可从品位 2.71% As_2S_3 的给矿得到 As_2S_3 品位 89.68%、回收率 71.48% 的雌黄精矿。

(3)硝酸铅活化黑钨、白钨

用 CF 法和 CF 流程浮选柿竹园黑白钨精矿时已作了介绍。$Pb(NO_3)_2$ 对黑白钨的活化机理也进行了论述(见前面亚硝基苯胺铵一小节)。

10.4.3 氯化钙

钙、镁、钡离子是用脂肪酸浮选石英和硅酸盐矿物的活化剂，可溶性钡盐有毒，考虑环保问题，一般不用，最常用的是氯化钙。

1. 氯化钙的制法

用盐酸和方解石粉末反应制得氯化钙，反应式如下：

$$CaCO_3 + 2HCl \longrightarrow CaCl_2 + CO_2\uparrow + H_2O$$

将纯粹的方解石粉($CaCO_3$ 含量 >95%)和 31% 盐酸，按 1:2.2 的配比(质量比)加入反应器内，在搅拌下反应生成酸性氯化钙溶液，送入带搅拌的澄清槽内，再加入石灰乳，使溶液 pH 为 8.5~9，此时氢氧化铁、氢氧化镁沉淀析出，澄清、过滤除去沉淀的杂质，得到净化后的中性氯化钙溶液，预热后在蒸发器内蒸发至 172~174℃，冷却结晶，得二水氯化钙成品。

2. 氯化钙的性质

用上述方法制出的二水氯化钙($CaCl_2 \cdot 2H_2O$)，$w(CaCl_2) \geqslant 70\%$，加热时失去结晶水，变成白色无水氯化钙，具有强吸湿性，密度 2.15 g/cm^3，熔点 774℃。由于被熔氯化钙有部分分解，故其中常含有氧化钙，因此具有碱性，易溶于水，亦放出热，难溶于酒精和丙酮。

在水中氯化钙电离生成钙离子和氯离子。反应式如下：

$$CaCl_2 \longrightarrow Ca^{2+} + 2Cl^-$$

离解产生的钙离子可作为石英和硅酸盐矿物的活化剂。

3. 氯化钙的活化性能

用脂肪酸为捕收剂反浮选赤铁矿，除去矿石中所含石英类脉石矿物时，将含石英类脉石的赤铁矿磨到单体解离后加水调浆，加入氢氧化钠和碳酸钠混用的pH调整剂，使矿浆pH大于11，加入氯化钙溶液将石英类脉石活化，加入淀粉作抑制剂抑制赤铁矿，用脂肪酸作捕收剂，浮出石英类脉石，槽内产品便是铁精矿。

(1)美国默沙比(Mesabi)矿区细粒赤铁矿阴离子反浮选半工业试验，用氢氧化钠调整pH，淀粉用量为1.1 kg/t，活化剂氯化钙500 g/t，妥尔油73 g/t，从含铁39.9%的给矿反浮选得到含铁60.3%、回收率90.5%的铁精矿。

(2)美国卡尼司巧浮选厂的重选尾矿赤铁矿反浮选试验，用妥尔油325 g/t作捕收剂，石灰1.52～1.67 kg/t调节pH为11.7，赤铁矿的抑制剂淀粉1.15 kg/t，经过磨矿使单体解离后，预先浮选丢弃泡沫产品，然后经一粗一扫选别，泡沫产品与预先浮选产品合并(丢弃)，扫选中矿返回预先浮选，粗选尾矿即铁精矿，所得铁精矿含铁56%。在这个浮选过程中，石灰既是pH调整剂，其解离出的钙离子也是石英和硅酸盐脉石的活化剂。

(3)加拿大赛普特艾斯(Sept I les)选矿厂处理的矿石主要是赤铁矿，其次是针铁矿及褐铁矿，脉石为石英。建厂前做过反浮选工业试验，阴离子反浮选采用活化剂氢氧化钙，玉米淀粉为抑制剂，妥尔油为捕收剂，磨矿细度为70%～80%矿粒为-200目，从给矿品位55.8% Fe得到精矿品位62.8%、Fe回收率95.2%的铁精矿。

(4)浮选石英和赤铁矿的混合物时，用氯化钡作石英的活化剂，用脂肪酸皂作捕收剂，松油作起泡剂，当浮选的pH为11.5时，泡沫富集的主要是石英；当pH为5.2时，泡沫富集的主要是赤铁矿。

4. 钙离子活化石英作用机理

其实钙离子、镁离子、钡离子均能活化石英和硅酸盐脉石。凡能产生钙离子、镁离子、钡离子的无机盐或碱都能作石英和硅酸盐脉石的活化剂。上面列举的例子用了氯化钙、石灰、氯化钡等化合物，它们分别能解离出钙离子、钡离子。其实镁离子活化性能比钙离子好，不过通常不用罢了。钙离子活化石英用脂肪酸浮选的作用机理请参看第3章3.2节。

10.4.4 氢氟酸和氟化钠

用阳离子捕收剂浮选长石时，氟离子是活化剂，又是石英及某些硅酸盐矿物的有效抑制剂。在选矿作业中，若需要氟离子作为活化剂或作抑制剂时，一般采用氢氟酸或氟化钠，这两个化合物在矿浆中都可以电离出氟离子，是供给氟离子的化合物。

1. 氢氟酸和氟化钠的制法

萤石(CaF_2)与硫酸作用，放出氟化氢气体，氟化氢水溶液就是氢氟酸。

$$CaF_2 + H_2SO_4 \longrightarrow CaSO_4 + 2HF\uparrow$$

反应在120~130℃时，于铁罐中进行，用来收集氟化氢的装置则用铅质材料制成。反应生成物之一是硫酸钙，是一种难溶化合物，它附在萤石表面，阻碍硫酸与萤石继续反应。因此，必须事先将萤石粉碎。在反应过程中，应设法使硫酸与萤石粉末接触。

将生成的氟化氢气体通入水中，就得氢氟酸；将氟化氢通入氢氧化钠溶液中，则生成氟化钠。

$$NaOH + HF \longrightarrow NaF + H_2O$$

2. 氢氟酸和氟化钠的性质

氟化氢是无色、具有强烈臭味的气体，凝固点-83℃，沸点19.5℃，氟化氢及氢氟酸都有剧毒，触及皮肤(特别是指甲)能引起难以痊愈的溃烂，所以，使用时应带上橡皮手套，要特别小心。氢氟酸以二分子缔合$(HF)_2$形式存在，在溶液中有如下电离平衡：

$$H_2F_2 \rightleftharpoons H^+ + HF_2^-$$

H_2F_2是一元酸，不是二元酸，其电离常数$K = 7.2\times10^{-4}$(25℃时)。即是说，其酸性比醋酸强(25℃时，醋酸的电离常数$K = 1.8\times10^{-5}$)，而较亚硫酸弱(亚硫酸的$K_1 = 1.7\times10^{-2}$，25℃时)。一般氢氟酸中含氟化氢40%。

氢氟酸与石英或硅酸盐作用，生成四氟化硅气体和水。

$$SiO_2 + 4HF = SiF_4\uparrow + 2H_2O$$

$$Na_2SiO_3 + 6HF = SiF_4\uparrow + 2NaF + 3H_2O$$

$$CaSiO_3 + 6HF = SiF_4\uparrow + CaF_2 + 3H_2O$$

四氟化硅还可以进一步与氢氟酸作用，生成氟硅酸：

$$SiF_4 + 2HF = H_2SiF_6$$

由于二氧化硅是玻璃的组成部分，所以，氢氟酸有腐蚀玻璃的作用，它不能盛于玻璃瓶中，一般用塑料或铅制容器盛装，有时也可以用内壁涂有石蜡的玻璃瓶子暂时盛装。

氟化钠是氢氟酸的钠盐，是无色晶体，可溶于水；在水溶液中，完全电离：

$$NaF = Na^+ + F^-$$

氟化钠与氢氟酸一样，性质剧毒，误食少量就可以立即致死，使用时要特别小心。

3. 氟离子活化长石的机理

用阳离子捕收剂浮选长石时，加入氟离子(用氢氟酸或氟化钠溶液)作活化剂，可以将长石活化。其作用机理可以认为是长石表面的铝离子在矿浆中吸附

OH^-离子，并在固-液分界面上呈平衡状态；在酸性条件下，矿浆中H^+离子增多，长石表面同F^-和H^+离子产生吸附平衡，可用下式表示这种吸附平衡状态：

$$长石]Al-OH^- + 2F^- + 2H^+ \rightleftharpoons 长石]AlF_2^- H^+ + H_2O$$

当此矿浆中加入阳离子捕收剂时，则RNH_3^+与长石表面上的H^+发生交换吸附，而固着在矿粒表面，烃基疏水上浮。

$$长石]AlF_2^- H^+ + H_3^+NR = 长石]AlF_2^- H_3^+NR + H^+$$

10.4.5 硫化钠

硫化钠既是有色金属氧化矿的活化剂，又是硫化矿的抑制剂。

1. 硫化钠的制法

硫化钠的主要制造方法是用还原剂还原硫酸钠(Na_2SO_4)，还原剂可以是煤、木炭、发生炉煤气、水煤气、天然煤气及其他还原性气体等。这里以煤作还原剂加以说明：

在850~1000℃时，用煤粉将硫酸钠还原，可生成硫化钠。

$$Na_2SO_4 + 2C = Na_2S + 2CO_2 \qquad -205\times10^3\ J$$

$$Na_2SO_4 + 4C = Na_2S + 4CO \qquad -540\times10^3\ J$$

$$Na_2SO_4 + 4CO = Na_2S + 4CO_2 \qquad 130\times10^3\ J$$

制造步骤如下：

(1)硫化钠熔体制取　原料配比是100份硫酸钠和23~24份硬煤；用粉碎机将硫酸钠和硬煤加以粉碎，并使两者充分混合均匀后，在反射炉内还原，温度保持在850~1000℃间，反应时间为2~3 h；在反应过程中，每隔10~15 min定期搅拌一次，这样的操作能使还原率达到80%~85%。得到的硫化钠熔体中，除了含硫化钠外，还含有少量未反应的原料和一系列副反应产生的杂质，如亚硫酸钠(Na_2SO_3)、碳酸钠(Na_2CO_3)、硫代硫酸钠($Na_2S_2O_3$)、硅酸钠(Na_2SiO_3)等。亚硫酸钠的出现是由于硫酸钠还原不完全而生成的；碳酸钠则是硫化钠、二氧化碳、原料带来的水分互相作用而产生的，或者是硫化钠、二氧化碳与氧反应生成，反应式为

$$Na_2S + CO_2 + H_2O = Na_2CO_3 + H_2S\uparrow$$

$$2Na_2S + 2CO_2 + 3O_2 = 2Na_2CO_3 + 2SO_2\uparrow$$

反应生成的硫化氢和二氧化硫从炉中逸出，使硫受到损失。

硫代硫酸钠($Na_2S_2O_3$)则是煤中的硫在反射炉中与亚硫酸钠反应产生。

$$Na_2SO_3 + S = Na_2S_2O_3$$

熔体中的偏硅酸盐是由煤中的二氧化硅与碳酸钠在反射炉中高温下发生作用而生成的。

$$Na_2CO_3 + SiO_2 = Na_2SiO_3 + CO_2 \uparrow$$

(2)将 Na_2S 熔体加工成为 Na_2S　将反射炉中得到的硫化钠熔体卸入容器中冷却凝固，然后破碎成粉状，多次用稀碱液浸出硫化钠，使硫化钠尽量溶于碱液中，将各次稀碱液浸出的硫化钠液合并。由于硫化钠液中仍含有许多固体悬浮物，应置于沉降器中静置沉降(硫化钠的稀碱溶液碱性很强，不能过滤，若用过滤方法除去悬浮碴子，滤布很易损坏)。沉降池的温度保持 50～60℃，防止硫化钠结晶析出。固体悬浮物沉降后，取上层清液进行蒸发浓缩，直至溶液温度升高到 175～180℃，此时相应的硫化钠浓度为 62%～64%。在蒸发过程中，硫代硫酸钠、碳酸钠、硫酸钠、亚硫酸钠等因在碱液中溶解度较小，首先结晶析出。为了提高硫化钠的纯度，当这些晶体析出时，必须将其除去。

将含硫化钠浓度为62%～64%的碱液注入铁桶中冷却，即在铁桶中结成块，焊封桶盖，即得硫化钠产品。

这样制得的硫化钠，大概含 $NaS \cdot 2H_2O$ 91%～93%，此外尚有下列杂质:0.7%～1.5%碳酸钠，0.2%～0.6%硫酸钠，0.5%～1.5%硫代硫酸钠，0.7%～1.3%亚硫酸钠，0.2%～0.3%氯化钠，0.1%～0.3%($Al_2O_3 + Fe_2O_3$)，0.3%～0.4% SiO_2，0.3%～0.7%不溶物。

2. 硫化钠的性质

硫化钠固体一般含有 2 个结晶水，褐色，易吸潮。无水硫化钠在 1040℃时熔化，室温下其饱和水溶液在 18℃时含 15.3% 硫化钠，90℃时则含 36.4% 硫化钠，在 48℃以下时从水溶液中结晶析出 $Na_2S \cdot 9H_2O$，高于 48℃时结晶析出 $Na_2S \cdot 6H_2O$ 以及其他晶体。

硫化钠易溶于水，在水中完全电离，生成大量的硫离子:$Na_2S = 2Na^+ + S^{2-}$，所以，硫化钠是供给 S^{2-} 离子的药剂。

硫化钠是弱酸强碱盐，在水中易水解，使水溶液呈强碱性，能腐蚀皮肉，不能用手直接接触。硫化钠的水解反应如下：

$$Na_2S + H_2O \rightleftharpoons NaOH + NaHS \quad \text{第一步水解}$$

$$NaHS + H_2O \rightleftharpoons NaOH + H_2S \quad \text{第二步水解}$$

S^{2-} 离子是强还原剂，易被氧化。硫化钠溶液置于空气中，慢慢被空气氧化而析出硫。

$$2Na_2S + O_2 + 2H_2O = 2S \downarrow + 4NaOH$$

所以，硫化钠溶液放置时，容易出现混浊。使用硫化钠溶液时，应采用新鲜配制的，若放置过久则失效。因硫化钠溶液受空气氧化而析出硫，故输送硫化钠溶液的管道往往会堵塞。

硫化钠在水中电离出 S^{2-}，可以与很多金属离子生成硫化物沉淀，例如，与 Cu^{2+}、Pb^{2+}、Zn^{2+}、Ni^{2+}、Co^{2+} 等离子都可形成难溶的硫化物沉淀。

$$Cu^{2+} + S^{2-} \longrightarrow CuS\downarrow$$

$$Pb^{2+} + S^{2-} \longrightarrow PbS\downarrow$$

$$Zn^{2+} + S^{2-} \longrightarrow ZnS\downarrow$$

$$Ni^{2+} + S^{2-} \longrightarrow NiS\downarrow$$

$$Co^{2+} + S^{2-} \longrightarrow CoS\downarrow$$

这就是硫化钠作为硫化剂的主要原因。

3. 硫化钠在浮选过程中的作用

在浮选作业中，硫化钠用作活化剂或抑制剂。硫化钠在浮选过程中的主要作用有四个方面：硫化有色金属氧化矿，抑制各种硫化物，脱去硫化矿混合精矿中的捕收剂，调整矿浆的离子成分。

上面叙述过硫化钠是强碱弱酸的盐，易溶于水，易发生水解反应。

$$Na_2S \longrightarrow 2Na^+ + S^{2-}$$

$$S^{2-} + H_2O \rightleftharpoons HS^- + OH^-$$

$$HS^- + H_2O \rightleftharpoons H_2S + OH^-$$

故硫化钠溶液中含有 S^{2-}、HS^-、OH^- 等阴离子，Na^+ 离子以及硫化氢。这些离子及硫氢酸的浓度，取决于硫化钠浓度和溶液的 pH。pH 高，水解平衡则向左移动，水解程度小，则 S^{2-} 离子多；溶液 pH 低，平衡向右移动，HS^- 和 H_2S 增多，酸性太大，则硫化氢逸出。硫化钠在浮选中的作用与这些离子有关。

(1)对有色金属氧化矿的硫化作用　一般说来，氧化矿亲水性强，用黄药类捕收剂不易浮选，用硫化钠硫化后，在氧化矿粒表面生成疏水性较强的硫化物薄膜，此硫化物薄膜容易与黄药类捕收剂作用，所以氧化矿得到活化而上浮。硫化作用在孔雀石和白铅矿表面的化学反应可用化学方程式表示如下：

$$Cu(OH)_2 \cdot CuCO_3]Cu(OH)_2CuCO_3 + 2Na_2S \longrightarrow Cu(OH)_2 \cdot CuCO_3]2CuS + 2NaOH + Na_2CO_3$$

$$PbCO_3]PbCO_3 + Na_2S \longrightarrow PbCO_3]PbS + Na_2CO_3$$

经过硫化的矿物表面，颜色显著加深，可以证明这个反应的存在。从反应生成物是硫化物来看，硫化钠对氧化矿的活化作用是硫离子产生的，S^{2-} 离子与氧化矿表面的阴离子发生置换反应，使矿粒表面从氧化物转变为硫化物。为了使矿浆中的 S^{2-} 离子不致水解变为 HS^- 离子，硫化作用一般都在碱性介质中进行，这样就会有足够的 S^{2-} 离子参加反应。

硫化过程中硫化钠的用量要根据矿石性质而定，矿物氧化率低的硫化矿可少用一些，氧化率高则多用一些，一般每吨矿石用量在几十克到 1 kg，但亦有用几千克的，如某氧化铜矿在硫化时，硫化钠用量为 4 ~ 5 kg/t，才能得到比较满意的结果。

(2)对硫化矿的抑制作用　用硫化钠作为抑制剂抑制硫化矿，在生产实践中是比较广泛的。例如，分离 Mo、Bi、Pb、Cu、Zn 等硫化矿的混合精矿时，用硫化钠抑制剂抑制其他硫化矿，而用煤油为捕收剂浮选辉钼矿。辉钼矿的天然可浮性好，不受 Na_2S 抑制，经过几次精选可得到合格的钼精矿。

硫化钠的抑制作用，一般认为源于硫化钠水解产生 HS^- 离子，HS^- 离子起抑制作用。索波列夫（Соболев）曾做过这样的实验，在浓度为 25 mg/L 的 $Na_2S \cdot 9H_2O$ 溶液中，在不同 pH 条件下，以乙基黄药浮选方铅矿，证明 pH 在 7～11 间，硫化钠对方铅矿的抑制作用与矿浆中 HS^- 离子浓度的增大相一致，如图 10－1。故认为硫化钠的抑制作用首先是 HS^- 离子排除硫化矿表面吸附的黄药，同时，本身又吸附在矿物表面，这增加了矿物表面的亲水性，因而起抑制作用。

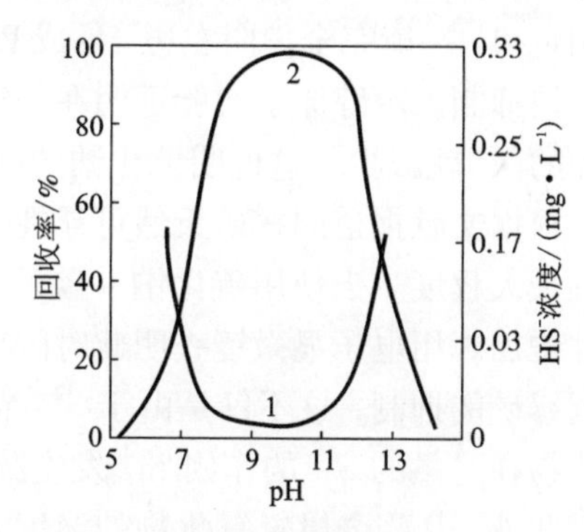

图 10－1 硫化钠溶液中 HS^- 浓度，方铅矿回收率与 pH 的关系

1—方铅矿浮选曲线；2—HS^- 浓度曲线

这种说法有一定道理，并有试验根据。但硫化钠的抑制作用不仅仅是 HS^- 离子吸附在矿物表面引起的，如硫化钠的脱药作用还应该与本身电离产生的 S^{2-} 离子有关。为说明这个问题，可以比较金属硫化物和金属的黄原酸盐的溶度积，如表 10－1。

表 10－1 某些金属硫化物和金属乙黄原酸盐溶度积

金属硫化物的溶度积		金属乙黄原酸盐的溶度积	
PbS	1×10^{-29}	$(C_2H_5OCSS)_2Pb$	1.7×10^{-17}
ZnS	1.2×10^{-24}	$(C_2H_5OCSS)_2Zn$	4.9×10^{-9}
FeS	3.7×10^{-19}	$(C_2H_5OCSS)_2Fe$	0.8×10^{-8}

从表 10－1 看出，乙黄原酸盐的溶度积都比相应的硫化物的溶度积大。当在硫化矿的矿浆中加入硫化钠及黄药时，应该有如下的化学平衡存在（以方铅矿为例）：

$$\mathrm{PbS]PbS} \rightleftharpoons \mathrm{PbS]Pb^{2+}} + \mathrm{S^{2-}}$$

$$\Big\Updownarrow 2X^-$$

$$\mathrm{PbS]PbX_2}$$

因为 PbX_2 的溶度积大，硫化铅溶度积小，平衡应向左偏移，尤其是矿浆中有硫化钠，硫化钠完全电离生成 S^{2-} 离子，平衡就向左移动。已经与黄药作用的方铅矿，再与硫化钠接触时，则使黄药从矿物表面脱落下来，起脱药作用，生成新鲜的方铅矿表面，这种矿物表面上的S^{2-}离子阻碍黄原酸根的吸附，故硫化钠在硫化矿表面起抑制作用。特别是硫化钠用量大时，则S^{2-}离子浓度大，根据质量作用定律，平衡完全偏向左边，生成PbS]PbS，黄原酸根难以吸附在矿物表面，方铅矿被抑制。示踪原子实验证明在一定pH时，当硫化钠用量增大，吸附在方铅矿表面的X^-就减少。这说明硫化钠的抑制作用与S^{2-}离子有关。

根据文献报道闪锌矿天然可浮性受硫化钠抑制，其抑制作用在强碱性介质中达到最大程度。当使用硫化钠-碳酸钠抑制剂时，随着pH增大，闪锌矿表面负电性增加。用电子显微镜查明此时闪锌矿表面生成硫化锌沉淀。硫化钠过量有助于闪锌矿的抑制，这不仅是由于S^{2-}浓度增大有利于硫化锌生成，还由于生成的硫化物在过量的S^{2-}的作用下，发生胶溶作用，使闪锌矿表面亲水性增大。

此外，某些金属氢氧化物的溶度积都很小，如表10-2中所列。在硫化钠存在的矿浆中，矿浆呈碱性，这样有关矿物的表面也会生成一层亲水的氢氧化物薄膜而亲水，引起抑制作用。硫离子与不少金属离子能生成难溶硫化物沉淀，故在浮选过程中使用硫化钠时，S^{2-}离子能将矿浆中某些具有活化能力的重金属离子沉淀，消除这些重金属离子的活化作用，从而起到抑制作用。总之，硫化钠对硫化矿的抑制作用是多方面的，是多种原因造成的，应综合考虑。

表10-2 某些金属氢氧化物的溶度积

氢氧化物	溶度积
$Fe(OH)_2$	1.6×10^{-14}
$Fe(OH)_3$	1.1×10^{-26}
$Zn(OH)_2$	1.0×10^{-18}
$Cu(OH)_2$	1×10^{-19}

在浮选作业中，与硫化钠作用相近的硫化物有硫氢化钠、硫化钙等，但用得最普遍的是硫化钠。

10.5 硫酸锌

硫酸锌往往与其他化合物同时使用作为闪锌矿的抑制剂。

10.5.1 硫酸锌的制法

硫酸锌可以用硫化锌与硫酸为原料制得，也可用氧化锌、金属加工厂的锌屑与稀硫酸作用制得。下面以闪锌矿精矿、硫酸为原料的制法加以说明：

当锌精矿受热到637℃以上时，其中的闪锌矿(ZnS)可以与空气中的氧按下式发生反应，得到固体氧化锌和二氧化硫气体：

$$2ZnS+3O_2 = 2ZnO+2SO_2$$

二氧化硫气体可制硫酸，氧化锌熔在焙砂中，可用来炼锌或制硫酸锌。

将焙砂冷却，用稀硫酸分步浸出。首先用极稀的硫酸（30 ~ 40 g/L）在温度 50 ~ 70℃下浸焙砂，硫酸锌易溶于水，亦溶于稀硫酸中，氧化锌与硫酸反应，生成易溶的硫酸锌而浸出。在酸浸过程中不断搅拌，使焙砂与酸充分接触，浸至 pH 为4 ~ 6时为止。吸取浸出液，沉渣经细磨后，用浓度为 100 ~ 120 g/L 的硫酸再进行浸出，酸浸温度为 60 ~ 80℃。浸至酸度为 1 ~ 5 g/L 为止，过滤，合并两次浸出液，即得硫酸锌浸出液。氧化锌的浸出反应式如下：

$$ZnO + H_2SO_4 = ZnSO_4 + H_2O$$

$ZnO \cdot SiO_2$ 在浸出过程中，与硫酸反应而溶解于酸中：

$$ZnO \cdot SiO_2 + H_2SO_4 = ZnSO_4 + H_2SiO_3$$

$ZnO \cdot Fe_2O_3$ 比较稳定，在浸出酸度及温度不高时，只有少量溶解，生成硫酸锌和硫酸铁。

过滤后，滤渣可以返回转窑再焙烧。因为焙砂中的 FeO、Fe_2O_3、CuO、$CuO \cdot Fe_2O_3$、$CuO \cdot SiO_2$、CdO、CoO、NiO、As_2O_3、Sb_2O_3、MgO 等氧化物在酸浸时与硫酸反应，生成硫酸盐进入溶液中，成为硫酸锌溶液的杂质。

$$FeO + H_2SO_4 = FeSO_4 + H_2O$$

$$Fe_2O_3 + 3H_2SO_4 = Fe_2(SO_4)_3 + 3H_2O$$

$$CuO + H_2SO_4 = CuSO_4 + H_2O$$

$$CuO \cdot Fe_2O_3 + 4H_2SO_4 = CuSO_4 + Fe_2(SO_4)_3 + 4H_2O$$

$$CuO \cdot SiO_2 + H_2SO_4 = CuSO_4 + H_2SiO_3$$

$$CdO + H_2SO_4 = CdSO_4 + H_2O$$

$$CoO + H_2SO_4 = CoSO_4 + H_2O$$

$$NiO + H_2SO_4 = NiSO_4 + H_2O$$

$$As_2O_3 + 3H_2SO_4 = As_2(SO_4)_3 + 3H_2O$$

$$Sb_2O_3 + 3H_2SO_4 = Sb_2(SO_4)_3 + 3H_2O$$

$$MgO + H_2SO_4 = MgSO_4 + H_2O$$

必须将这些杂质除去以净化硫酸锌溶液。先用二氧化锰或氯等氧化剂将 Fe^{2+} 氧化为 Fe^{3+}。

$$MnO_2 + 2Fe^{2+} + 4H^+ = Mn^{2+} + 2Fe^{3+} + 2H_2O$$

或

$$Cl_2 + 2Fe^{2+} = 2Cl^- + 2Fe^{3+}$$

然后，将溶液中和至 pH 为 5，Fe^{3+} 离子水解生成氢氧化铁胶体，同时将 As 和 Sb 吸附而一起沉淀，这样就可以将 Fe^{2+}、Fe^{3+}、As^{3+}、Sb^{3+} 除去。

过滤除去氢氧化铁沉淀后，在滤液中加入锌粉，使发生如下置换反应：

$$Zn + CuSO_4 = Cu + ZnSO_4$$

$$Zn + CdSO_4 = Cd + ZnSO_4$$

$$Zn + CoSO_4 = Co + ZnSO_4$$

$$Zn + NiSO_4 = Ni + ZnSO_4$$

置换反应生成金属Cu、Cd、Co、Ni等粉末，过滤除去，滤液是较纯的硫酸锌溶液，浓缩后结晶，则得$ZnSO_4 \cdot 7H_2O$晶体。

10.5.2 硫酸锌的性质

从温度低于39℃的硫酸锌溶液中结晶析出的是$ZnSO_4 \cdot 7H_2O$，含7个结晶水；从39~70℃的溶液中结晶析出的是$ZnSO_4 \cdot 6H_2O$，含6个结晶水。纯的硫酸锌是无色晶体，选矿厂用的硫酸锌含有少量三价铁，故呈淡的棕黄色。

硫酸锌易溶于水，在0℃时，饱和水溶液中含硫酸锌29.4%，70℃时含47.1%，100℃时含49%。硫酸锌在水中电离为Zn^{2+}和SO_4^{2-}离子：

$$ZnSO_4 \rightleftharpoons Zn^{2+} + SO_4^{2-}$$

硫酸锌是强酸弱碱盐，在水溶液中发生水解反应，故硫酸锌水溶液呈酸性：

$$Zn^{2+} + 2H_2O \rightleftharpoons Zn(OH)_2 + 2H^+$$

从水解反应看出，硫酸锌水溶液显酸性，选矿厂输送硫酸锌时，最好用塑料管，以免腐蚀。

10.5.3 硫酸锌的抑制机理

硫酸锌是闪锌矿的抑制剂，但单独使用时，对闪锌矿的抑制能力较弱，只有与碱、氰化物、亚硫酸钠等共同作用时，才有强烈的抑制作用。硫酸锌与氰化物共用的抑制机理将在下一节叙述，这里只讨论硫酸锌与碱共用的抑制机理。

电子显微镜研究表明，在pH为8~9时，使用硫酸锌-碳酸钠为抑制剂，闪锌矿表面上形成硫酸锌和氢氧化锌，pH大于10，则局部形成氢氧化锌，主要形成$Zn_4(CO_3)(OH)_6 \cdot H_2O$。pH < 10时，在个别闪锌矿颗粒上观察到与$Zn_4(CO_3)(OH)_6 \cdot H_2O$相一致的晶质衍生物。当使用硫酸锌-熟石灰时，在pH为8~9时，闪锌矿表面则形成氢氧化锌，pH大于10，则形成氢氧化锌和$Zn_4(CO_3)(OH)_6 \cdot H_2O$；像使用硫酸锌-碳酸钠的情况一样在pH为8~9时出现的沉淀是非晶质的，pH > 10时，沉淀具有晶质性。非晶质的氢氧化锌和$Zn_4(CO_3)(OH)_6 \cdot H_2O$是亲水性胶体，溶解度很小。$Zn(OH)_2$的溶度积在18℃时为$1.8 \times 10^{-17}$，沉淀在闪锌矿表面，既使闪锌矿亲水又能阻止捕收剂与闪锌矿吸附。使用硫酸锌抑制剂时，矿浆pH越大，抑制效果越好，因为氢氧化锌、$Zn_4(CO_3)(OH)_6 \cdot H_2O$等亲水化合物都是在碱性介质中生成的。

$$ZnSO_4 + 2NaOH = Zn(OH)_2 \downarrow + Na_2SO_4$$

$$ZnSO_4 + Ca(OH)_2 = Zn(OH)_2 \downarrow + CaSO_4 \downarrow$$

$$4ZnSO_4 + 4Na_2CO_3 + 4H_2O = 4Zn(CO_3)(OH)_6 \cdot H_2O \downarrow + 3CO_2 \uparrow + 4Na_2SO_4$$

$Zn(OH)_2$ 和 $Zn_4(CO_3)(OH)_6 \cdot H_2O$ 具有两性，溶于酸中：

$$Zn(OH)_2 + H_2SO_4 = ZnSO_4 + 2H_2O$$

$$Zn_4(CO_3)(OH)_6 \cdot H_2O + 4H_2SO_4 = 4ZnSO_4 + CO_2 \uparrow + 8H_2O$$

也溶于碱中：

$$Zn(OH)_2 + 2NaOH = Na_2ZnO_2 + 2H_2O$$

$$Zn_4(CO_3)(OH)_6 \cdot H_2O + 10NaOH = 4Na_2ZnO_2 + Na_2CO_3 + 9H_2O$$

故吸附在闪锌矿表面的胶体 $Zn(OH)_2$ 和 $Zn_4(CO_3)(OH)_6 \cdot H_2O$，在较高 pH 介质中，成为 $HZnO_2^-$ 或 ZnO_2^- 离子吸附在闪锌矿表面，也增强闪锌矿的亲水性，使之受到抑制。目前，我国有的选矿厂使用硫酸锌－碳酸钠作为闪锌矿的抑制剂，在矿浆中生成 $Zn_4(CO_3)(OH)_6 \cdot H_2O$ 及氢氧化锌胶体，吸附在闪锌矿表面成为亲水膜，从而使闪锌矿受到抑制。

10.6 氰化钠和氰化钾

在硫化矿优先浮选中，可用氰化钠或氰化钾抑制黄铁矿（FeS_2）、闪锌矿（ZnS）及黄铜矿（$CuFeS_2$）等硫化矿物。氰化钠（钾）是闪锌矿的典型抑制剂，在工业上多与硫酸锌混合使用，以增强它的抑制能力。当氰化钠用量少时，能抑制黄铁矿；用量稍多便抑制闪锌矿；用量更多一些，便能抑制含铜的硫化矿。

氰化钠和氰化钾对黄铁矿、闪锌矿等的抑制效果虽然很好，但毒性很大，废水必须处理，因此我国一些选厂寻找无氰抑制闪锌矿的方法，并已取得了一定成效。这里除介绍氰化钠和氰化钾的制法、性质、抑制机理之外，还介绍一些处理废水的方法。

10.6.1 氰化钠（NaCN）和氰化钾（KCN）的制法

氰化钠和氰化钾的制法有多种，现介绍比较有工业价值的氰氨基化钙制取法。

1. 氰氨基化钙的制法

将研细的碳化钙粉末加热到 1000 ~ 1100℃ 时，能迅速与氮化合生成氰氨基化钙：

$$CaC_2 + N_2 \xrightarrow{1000 \sim 1100℃} CaCN_2 + C$$

温度超过 1100℃，氰氨基化钙即行分解。为了使反应在较低的温度下进行，可在碳化钙中加入 10% 以下的氟化钙或氯化钙作催化剂，反应温度可降低到 800 ~ 900℃，生成氰氨基化钙的速度也加快。

2. 氰化物熔体的制法

氰氨基化钙可依下式转化为氰化钙[$Ca(CN)_2$]，

$$CaCN_2 + C \rightleftharpoons Ca(CN)_2$$

根据这个反应，工业上用氰氨基化钙、碳、食盐或碳酸钠共同熔融制氰化物。反应式如下：

$$CaCN_2 + C + 2NaCl = 2NaCN + CaCl_2$$

$$CaCN_2 + C + Na_2CO_3 = 2NaCN + CaO + CO_2$$

用碳酸钠时，反应温度为 800 ~ 850℃；用食盐时，反应温度为 1400 ~ 1500℃。虽然用食盐时，反应温度较高，但价格便宜，故工业上还是用食盐而不用碳酸钠。这种熔融产品工业上称为氰化物熔体，其成分含有氰化钠、氰化钙、及杂质氯化钠、氯化钙、碳、碳化钙等。

3. 从氰化物熔体中提取氰化钠和氰化钾

用水浸出氰化物熔体中的氰化物，所得溶液与硫酸作用(氰化氢极毒，必须在绝对密闭的反应器中进行，以防中毒)，逸出的氰化氢气体用碱液吸收，即可制得纯的氰化钠或氰化钾溶液：

$$HCN + NaOH = NaCN + H_2O$$

$$HCN + KOH = KCN + H_2O$$

将纯的氰化钠(钾)溶液在真空下蒸发，除去水分，得固体氰化钠(钾)。

10.6.2 氰化钠和氰化钾的性质

氰化钠为无色立方体结晶，结晶体中含两分子或一分子结晶水。在 34.7℃以上结晶时，则为无水结晶。无水盐的熔点为 563.7℃，饱和水溶液在 0℃时含氰化钠 43.4%，在 34.7℃时的饱和溶液则含 82.0% 氰化钠。

氰化钾为无色八面体的无水结晶，于 634.5℃时熔融，也易溶于水。氰化钠和氰化钾都极具毒性，误食 0.05 g 即可使人致死，故使用时要高度注意。因氰化钾价格比氰化钠稍高，一般选矿厂都使用氰化钠。工业用的氰化钠有粉状和球状两种，盛于铁桶中。视选矿厂处理矿量的大小，使用时可配成 1% ~10% 的水溶液。

(1)氰化钠和氰化钾都是弱酸强碱盐，易溶于水，在水中完全电离并发生水解反应，使溶液显碱性：

$$NaCN = Na^+ + CN^-$$

$$KCN = K^+ + CN^-$$

$$CN^- + H_2O \rightleftharpoons HCN + OH^- \quad \text{(水解反应)}$$

因为氢氰酸是弱酸，能将水电离出来的 H^+ 束缚起来，使溶液中 OH^- 离子浓度增加，故氰化钠或氰化钾溶液显碱性。从水解反应式看，氰化钠或氰化钾水溶液中的 CN^- 浓度与溶液的 pH 有关，如果在酸性介质中，应该有如下平衡存在：

$$CN^- + H_2O \rightleftharpoons HCN + OH^-$$
$$\downarrow H^+$$
$$H_2O$$

OH^-与H^+形成H_2O，水解平衡向右移动，氰根减少。如果酸性太强，HCN则被强酸置换逸出。

$$2NaCN + H_2SO_4 = 2HCN\uparrow + Na_2SO_4$$
$$2KCN + H_2SO_4 = 2HCN\uparrow + K_2SO_4$$

氰化氢是极毒气体，所以，当矿浆中含有氰化物时，不应调成酸性，否则逸出氰化氢，影响身体。

根据水解反应式，若在碱性介质中，平衡向左移动，则水解程度小，矿浆中CN^-离子浓度大，有利于发挥氰离子的抑制作用。因此，选厂使用氰化物为抑制剂时，都在碱性矿浆中进行。

(2)在有氧气存在的条件下，氰化钠(钾)能溶解金、银等贵金属。金、银溶于氰化钠的化学反应式如下：

$$4Au + 8NaCN + 2H_2O + O_2 = 4Na[Au(CN)_2] + 4NaOH$$
$$4Ag + 8NaCN + 2H_2O + O_2 = 4Na[Ag(CN)_2] + 4NaOH$$

因此，处理含金、银矿石的浮选厂，最好不用或少用氰化钠(钾)作抑制剂，以免金、银溶于矿浆中而受到损失。

(3)氰化钠(钾)与很多金属离子形成络合物。如Fe^{2+}、Fe^{3+}、Mn^{2+}、Co^{2+}、Ni^{2+}、Zn^{2+}等金属离子与氰根都能形成稳定的络合物，但Al^{3+}、Cr^{3+}不能生成这种络合物，而水解生成氢氧化物沉淀。因此，当加氰化钠或氰化钾于含有这些金属阳离子的溶液时，首先得到氰化物沉淀，当加入的氰化钠或氰化钾过量时，除了铝和铬的三价氢氧化物沉淀外，所有的沉淀由于生成可溶于水的络合物而溶解，它们的络合物如下：

$Fe(CN)_3 \cdot 3KCN$ 可写成 $K_3[Fe(CN)_6]$

$Fe(CN)_2 \cdot 4KCN$ 可写成 $K_4[Fe(CN)_6]$

$Co(CN)_2 \cdot 4KCN$ 可写成 $K_4[Co(CN)_6]$

$Zn(CN)_2 \cdot 2KCN$ 可写成 $K_2[Zn(CN)_4]$

$Ni(CN)_2 \cdot 2KCN$ 可写成 $K_2[Ni(CN)_4]$

$Mn(CN)_2 \cdot 4KCN$ 可写成 $K_4[Mn(CN)_6]$

例如，在氯化锌溶液中加入氰化钾溶液时，首先生成氰化锌沉淀，然后，沉淀溶解：

$$ZnCl_2 + 2KCN = Zn(CN)_2\downarrow + 2KCl$$
$$Zn(CN)_2 + 2KCN = K_2[Zn(CN)_4]$$

又如，在含有 Ag^+、Cd^{2+}、Zn^{2+}、Bi^{3+}、Ni^{2+} 离子的溶液中加入氰化钾(避免过量)，发生如下反应：

$$Ag^+ + CN^- = AgCN\downarrow$$
$$Cd^{2+} + 2CN^- = Cd(CN)_2\downarrow$$
$$Zn^{2+} + 2CN^- = Zn(CN)_2\downarrow$$
$$Bi^{3+} + 3CN^- = Bi(CN)_3\downarrow$$
$$Ni^{2+} + 2CN^- = Ni(CN)_2\downarrow$$

$Bi(CN)_3$ 完全水解，生成氢氧化铋沉淀：

$$Bi(CN)_3 + 3H_2O = 3HCN + Bi(OH)_3\downarrow$$

Cu^{2+} 的氰化物不稳定，它在生成的一瞬间即失去氰而变为一价铜的氰化物，因此用于二价铜盐的溶液时，总是发生氧化－还原反应，并析出 $Cu_2(CN)_2$。

$$2CuCl_2 + 4KCN = 4KCl + 2Cu(CN)_2$$
$$2Cu(CN)_2 = (CN)_2\uparrow + Cu_2(CN)_2$$
$$2CuCl_2 + 4KCN = 4KCl + (CN)_2\uparrow + Cu_2(CN)_2$$

所生成的氰化物[氰化铋 $Bi(CN)_3$ 除外]与过量的氰化钾(钠)作用，易溶于溶液中，这是因为生成了易溶络合物：$K[Ag(CN)_2]$、$K_2[Zn(CN)_4]$、$K_2[Cd(CN)_4]$、$K_2[Ni_2(CN)_4]$。

氰化物能用作抑制剂，从化学的观点来看，它能生成金属络离子起着极其重要的作用。

10.6.3 氰化钠和氰化钾的抑制机理

氰化钠和氰化钾抑制闪锌矿的机理，论点很多，现介绍一些如下：有人认为氰化物对闪锌矿的抑制是溶去闪锌矿表面上的活性硫化铜膜，露出不能与黄药作用的纯闪锌矿表面；也有人认为氰化物的抑制作用主要是 CN^- 离子与矿物表面上的 SO_4^{2-} 和 $ROCSS^-$ 进行交换吸附，生成 $Zn(CN)_2$ 在矿物表面固着，阻碍捕收剂与矿物表面作用。亦有人认为氰化物对金属黄原酸盐有较强的溶解作用。例如，乙基黄原酸亚铜与氰化物的作用为

$$C_2H_5OCSSCu + 2NaCN = Na[Cu(CN)_2] + C_2H_5OCSSNa$$

或写成 $$C_2H_5OCSSCu + 2CN^- = [Cu(CN)_2]^- + C_2H_5OCSS^-$$

反应平衡常数：

$$K = \frac{[Cu(CN)_2^-][C_2H_5OCSS^-]}{[CN^-]^2} = 3.5\times10^4$$

此反应的等容位 $\Delta F = -RT\ln K$

由不同价数的金属离子生成的络合物形式不一，如：

$$MeX+2CN^- \rightleftharpoons Me(CN)_2^- +X^-$$（Me 为一价金属离子）：

$$MeX_2+4CN^- \rightleftharpoons Me(CN)_4^{2-} +2X^-$$（Me 为二价金属离子）

设 n 为金属阳离子的化合价，根据当量计算反应等容位，则得

$$\frac{\Delta F}{n} = -RT\ln K^{\frac{1}{n}}$$

各种金属阳离子的反应平衡常数 $K^{\frac{1}{n}}$ 是不同的，$K^{\frac{1}{n}}$ 值愈大，其黄原酸盐就愈容易分解，有关数据列于表 10－3 中。根据氰化物对金属黄原酸盐的溶解能力不同，将金属矿物分为三类：第一类是铅、铊、铋、锑、砷、锡、铑等的矿物，因为表面不能生成稳定的氰络离子而不受氰化钠（钾）抑制；第二类是铂、汞、银、镉、铜的矿物，可以生成稳定的氰络离子，而受氰化钠（钾）抑制，但需要较大的氰离子浓度；第三类是锌、钯、镍、金和铁的矿物，受氰离子抑制极敏感，少量氰离子即可将其抑制。

表 10－3 各种金属黄原酸盐与氰化物的反应平衡常数

组别	反 应 式	K	$K^{\frac{1}{n}}$
Ⅲ	$Fe(C_2H_5OCSS)_2+6CN^- = [Fe(CN)_6]^{4-}+2C_2H_5OCSS^-$	10^{30}	10^{15}
	$Au(C_2H_5OCSS)_2+2CN^- = [Au(CN)_2]^- +C_2H_5OCSS^-$	1.94×10^{8}	1.94×10^{8}
	$Ni(C_2H_5OCSS)_2+4CN^- = [Ni(CN)_4]^{2-}+2C_2H_5OCSS^-$	10^{15}	3.1×10^{7}
	$Pd(C_2H_5OCSS)_2+4CN^- = [Pd(CN)_4]^{2-}+2C_2H_5OCSS^-$	10^{-15}	3×10^{7}
	$Zn(C_2H_5OCSS)_2+4CN^- = [Zn(CN)_4]^{2-}+2C_2H_5OCSS^-$	2.0×10^{13}	4.4×10^{6}
Ⅱ	$Cu(C_2H_5OCSS)+2CN^- = [Cu(CN)_2]^- +C_2H_5OCSS^-$	3.5×10^{4}	3.5×10^{4}
	$Pt(C_2H_5OCSS)_2+4CN^- = [Pt(CN)_4]^{2-}+2C_2H_5OCSS^-$	10^{6}	10^{3}
	$Ag(C_2H_5OCSS)+2CN^- = [Ag(CN)_2]^- +C_2H_5OCSS^-$	444	444
	$Cd(C_2H_5OCSS)_2+4CN^- = [Cd(CN)_4]^{2-}+2C_2H_5OCSS^-$	6.5×10^{4}	255
	$Hg(C_2H_5OCSS)_2+4CN^- = [Hg(CN)_4]^{2-}+2C_2H_5OCSS^-$	7.1×10^{3}	84
Ⅰ	$Rh(C_2H_5OCSS)_3+6CN^- = [Rh(CN)_6]^{3-}+3C_2H_5OCSS^-$	$<10^{-2}$	$<10^{-4}$
	Rb、Bi、Tl、Sn、Sb、As 的黄原酸盐与氰化物不反应		

金属黄原酸盐在氰化物中的溶解度差别愈大，即 K 或 $K^{\frac{1}{n}}$ 的差值愈大，两种金属矿物也就愈容易在氰化物溶液中分选。实践证明，第一类和第三类矿物在氰化物溶液中分选最有效，例如铅锌矿的优先浮选就是一例。第一类和第二类金属矿物也可采用氰化物抑制分选，只是氰化物的用量较大，如铜铅混合精矿的分选。第二组和第三组矿物的分选也是可能的，但比较困难，如铜锌的分选必须准

确控制氰化物的浓度，如氰化物过量时，第二组的矿物也被抑制。

认为CN^-离子与矿物表面的SO_4^{2-}和X^-离子交换吸附或氰化物溶解矿物表面的黄原酸盐，从而使矿物受到抑制的观点，都是化学的观点，其实质是矿浆中的多相平衡问题，以闪锌矿被氰化钠抑制为例，

$$ZnS]ZnX_2 \rightleftharpoons ZnS]Zn^{2+} + 2X^- \quad (1)$$

$$\Big\updownarrow 4CN^-$$

$$ZnS]Zn(CN)_4^{2-} \quad (2)$$

$ZnS]ZnX_2$代表闪锌矿表面上生成了黄原酸锌，在矿浆中，矿物表面上的黄原酸锌有少量按(1)式电离，当加进CN^-离子后，CN^-离子便与闪锌矿表面暴露出来的锌离子作用，在矿物表面生成锌氰络离子，使得闪锌矿表面亲水而被抑制。

反应向生成$ZnS]Zn(CN)_4^{2-}$方向进行(被抑制或脱药)或向生成$ZnS]ZnX_2$方向进行(被浮选)，取决于下面两个因素：

①ZnX_2的溶度积的大小；

②$Zn(CN)_4^{2-}$络离子稳定常数的大小。

假如，ZnX_2溶度积小，而$Zn(CN)_4^{2-}$的稳定常数大，反应向生成$ZnS]Zn(CN)_4^{2-}$方向进行，则闪锌矿被抑制。表10-4是铁、锌的乙基黄原酸盐溶度积常数及铁氰络离子、锌氰络离子的稳定常数。

表10-4　络离子的稳定常数及乙基黄原酸盐的溶度积常数

黄原酸盐分子式	溶度积常数	络离子	稳定常数
$Fe(C_2H_5OSS)_2$	0.8×10^{-8}	$Fe(CN)_6^{4-}$	1.0×10^{42}
$Zn(C_2H_5OSS)_2$	4.9×10^{-9}	$Zn(CN)_4^{2-}$	7.9×10^{16}

从表10-4中看出，氰络离子的稳定常数越大，黄原酸盐的溶度积越大，这种矿物就越容易被氰化物抑制。黄铁矿较闪锌矿易被氰化钠抑制这是事实，当用氰化钠或氰化钾抑制闪锌矿时，式(1)、式(2)都达到平衡，反应主要是向生成$ZnS]Zn(CN)_4^{2-}$方向移动，黄原酸根脱落下来，故被抑制。如果是先加氰化钠后加黄药，则闪锌矿表面先生成锌氰络离子，黄原酸锌就难于形成，则闪锌矿被抑制。

当氰化钠与硫酸锌混合应用时，一般是硫酸锌用量大，而氰化钠用量少，这时是硫酸锌与氰化钠作用生成氰化锌胶体或它们的络合物，而吸附在矿物表面，使矿物亲水而被抑制。

$$ZnSO_4 + 2NaCN = Zn(CN)_2 + Na_2SO_4$$

$$Zn(CN)_2 + 2NaCN = Na_2[Zn(CN)_4]$$

一般用氰化钠和硫酸锌抑制闪锌矿时，多在 pH 为 8 ~ 9 的介质中进行，在这种情况下，硫酸锌水解生成氢氧化锌胶体：

$$Zn^{2+} + 2H_2O \rightleftharpoons Zn(OH)_2 \downarrow + 2H^+$$

氢氧化锌胶体吸附在闪锌矿表面，使闪锌矿亲水而被抑制。

电子显微镜研究指出，当氰化钠与硫酸锌、氧化钙同时存在时，闪锌矿表面负电性增大。当氰化钠与硫酸锌、碳酸钠同时存在时，闪锌矿表面的负电性增加更明显。在 pH 为 8 ~ 9 时，采用氰化钠 - 碳酸钠调节矿浆，同时，用电子衍射法可查出闪锌矿表面有硫酸锌、氢氧化锌、氰化锌存在，在 pH 为 10 时，闪锌矿表面出现 $Zn_4(CO_3)(OH)_6 \cdot H_2O$ 及氢氧化锌和氰化锌的痕迹。当用铅离子活化闪锌矿时，氰化钠(钾)和硫酸锌不能抑制闪锌矿。

氰化物也抑制黄铁矿和黄铜矿，但对方铅矿几乎不产生抑制作用，因此分离铜铅混合精矿时，用氰化钠作抑制剂优先浮出铅精矿，同时除去夹杂的锌和黄铁矿。氰化物对铜矿物的抑制作用主要是溶解表面形成的黄原酸盐膜，使表面亲水，并使矿浆中的铜离子生成络离子。

由于氰化物剧毒，一般选厂已不用或少用，有的选厂采用无氰浮选也可以达到分选目的。

10.6.4 含氰化物尾矿废水的处理

含氰化物的尾矿废水必须经过处理，使其含量低于国家规定的标准，否则将造成环境污染，毒害人畜。处理方法根据氰化物的性质来进行。

1. 氧化法

可用碱和氯气、漂白粉、臭氧、空气等将氰化物氧化破坏。这里只以碱氯化法氧化为例加以说明。

将氯气通入碱性的尾矿中，氯与碱作用，首先生成氯化物和次氯酸盐，若尾矿中所含的碱是石灰，则反应式如下：

$$2Ca(OH)_2 + 2Cl_2 = CaCl_2 + Ca(ClO)_2 + 2H_2O$$

所生成的次氯酸盐再与氰化钠(钾)作用，将氰化物氧化为无毒物质：

$$4NaCN + 5Ca(ClO)_2 + 2H_2O = 2N_2 \uparrow + 4CO_2 \uparrow + 5CaCl_2 + 4NaOH$$

我国有些选矿厂用漂白粉破坏尾矿废水的毒性，就是根据这一原理进行的。因为漂白粉的有效成分是次氯酸钙[$Ca(ClO)_2$]。

2. 铁氰化法(绀青法)

含氰化物的废水中，若含有亚铁离子，氰化物与亚铁离子生成稳定的络盐，这种铁氰络盐不受氯等氧化剂氧化，很难破坏它，但加入三价铁离子时，可生成沉淀而从废水中除去。

$$6NaCN + FeSO_4 = Na_4[Fe(CN)_6] + Na_2SO_4$$

$$3Na_4[Fe(CN)_6] + 2Fe_2(SO_4)_3 = Fe_4[Fe(CN)_6]_3 \downarrow + 6Na_2SO_4$$

3. 氰化物回收再用

将选厂废水中所含的氰化物回收的方法还在实验室阶段，其原理是将含氰化物较高的尾矿经过浓缩池，取溢流清液置密闭容器中加热至50℃左右，用硫酸酸化，氰化物与硫酸作用，产生氰化氢气体：

$$2NaCN + H_2SO_4 \xlongequal{50℃} 2HCN \uparrow + Na_2SO_4$$

$$\text{或}\quad NaCN + H_2SO_4 \xlongequal{50℃} HCN \uparrow + NaHSO_4$$

将酸化了的废水通过解吸塔，使氰化氢析出，通入吸收塔用氢氧化钠吸收，得到氰化钠溶液，供选厂再用。

10.7 硫酸亚铁

众所周知，在铅锌矿优先浮选处理中，经常使用硫酸锌和氰化钠抑制闪锌矿，南斯拉夫贝尔格来德大学矿物工程系对闪锌矿的抑制做了研究，将硫酸亚铁代替硫酸锌并取得成功，并指出在方铅矿浮选中，用硫酸亚铁和氰化钠能有效地抑制闪锌矿和黄铁矿。

10.7.1 硫酸亚铁的制法

将铁屑溶解于15% ~20%的硫酸中(硫酸稍过量，并加热至铁屑完全溶解为止)，铁屑与硫酸作用生成硫酸亚铁：

$$Fe + H_2SO_4 = FeSO_4 + H_2 \uparrow$$

将含有少量硫酸的硫酸亚铁溶液蒸浓，冷却，则结晶析出含7个结晶水的硫酸亚铁。

10.7.2 硫酸亚铁的性质

含7个结晶水的硫酸亚铁($FeSO_4 \cdot 7H_2O$)是单斜晶体，密度1.895 ~1.898 g/cm^3，纯者呈淡青色，能在空气中风化成白色粉末，与水作用再呈淡青色，工业品往往含有三价铁而带黄褐色。

硫酸亚铁易溶于水，在水中完全电离：

$$FeSO_4 \rightleftharpoons Fe^{2+} + SO_4^{2-}$$

硫酸亚铁水溶液露于空气中，会慢慢被空气氧化，若在其溶液中加入少许铁屑，则可防止氧化：

$$4FeSO_4 + O_2 + 2H_2O = 4Fe(OH)SO_4$$

$$2Fe^{3+} + Fe \rightleftharpoons 3Fe^{2+}$$

硫酸亚铁是强酸弱碱盐，在水中水解，溶液呈酸性：

$$Fe^{2+} + H_2O \rightleftharpoons Fe(OH)^{+} + H^{+}$$

10.7.3　硫酸亚铁和氰化钠作闪锌矿抑制剂

前南斯拉夫的留帕萨维克(Leposavic)等5个选厂应用硫酸亚铁和氰化钠抑制闪锌矿，取得了良好效果。留帕萨维克选矿厂处理从不同矿床开采所得的几种类型铅锌矿，其中铅锌含量不同、矿物构成及结构特性不同，矿石的有用成分：Pb 3.0% ~3.5%、Zn 1.5% ~2.0%、Ag 约43 g/t。1985 年，首例工业试验就是利用硫酸亚铁和氰化钠，取得了满意结果。从此，亚硫酸铁和氰化钠就被应用于工业生产。留帕萨维克选矿厂用硫酸锌/氰化钠和硫酸亚铁/氰化钠的消耗量比较列于表10 -5，其选别指标见表10 -6。

表10 -5　留帕萨维克选厂药剂消耗量比较

药剂名称	消耗量/($g \cdot t^{-1}$)	
	$ZnSO_4$/NaCN	$FeSO_4$/NaCN
$ZnSO_4$	135	—
$FeSO_4$	—	50
NaCN	80	25
石　灰	2100	2100
黄　药	153	130
$CuSO_4$	230	180
起泡剂	88	82

表10 -6　留帕萨维克选厂抑制剂改变前后的选矿指标

时　期	给矿品位/%		铅精矿品位/%		锌精矿品位/%		回收率/%		
	Pb	Zn	Pb	Zn	Pb	Zn	Pb	Zn	Ag
1984年($ZnSO_4$ 和 NaCN)	3.34	1.84	69.30	3.44	1.72	49.2	75.65	72.26	67.30
1985年和1990年($FeSO_4$ 和 NaCN)	3.13	1.82	69.10	2.70	2.30	45.9	85.12	77.30	75.70

从表10 -5 看出，$FeSO_4$/NaCN 的用量较 $ZnSO_4$/NaCN 少，黄药及硫酸铜的用量也相应地少；而选矿效果，表10 -6 说明了使用 $FeSO_4$/NaCN 时要好，其中铅、锌、银的回收率都较高。

用 $FeSO_4/NaCN$ 作闪锌矿抑制剂的南斯拉夫萨沙(Sasa)选矿厂的药剂消耗对比和选矿指标对比，列于表 10-7 和表 10-8 中。

表 10-7 萨沙选矿厂的药剂消耗比较

药剂名称	药剂消耗量/($g\cdot t^{-1}$)	
	$ZnSO_4/NaCN$	$FeSO_4/NaCN$
$ZnSO_4$	230	—
$FeSO_4$	—	22
NaCN	100	20
Na_2CO_3	2000	1670
石 灰	5000	3800
K-E 黄药	18	12
K-B 黄药	60	52
$CuSO_4$	350	220
磷酸盐	40	30
DOW 起泡剂	80	43

表 10-8 萨沙选矿厂的选矿指标

时 间	给矿品位/%		铅精矿品位/%		锌精矿品位/%		回收率/%	
	Pb	Zn	Pb	Zn	Pb	Zn	Pb	Zn
1990(用 $ZnSO_4$ 和 NaCN)	1.83	2.73	67.46	5.40	1.18	47.68	94.05	82.07
1991(用 $FeSO_4$ 和 NaCN)	2.23	2.64	64.62	4.45	1.51	47.91	96.60	83.32

从表 10-7 和表 10-8 看出，$FeSO_4/NaCN$ 比 $ZnSO_4/NaCN$ 的用量明显减少，且铅精矿中含锌有所减少，回收率有所提高，说明硫酸亚铁与氰化钠是闪锌矿较适宜的抑制剂。一般来说，硫酸亚铁的价格较硫酸锌的低，故使用$FeSO_4/NaCN$代替 $ZnSO_4/NaCN$，有一定经济效益。

10.8 二氧化硫、亚硫酸和亚硫酸钠

二氧化硫(或亚硫酸钠)的抑制能力虽然比氰化钠弱，但毒性小，并且易被空气氧化，废水容易处理。对含有金、银等贵金属的矿石，若用氰化钠(钾)作抑制剂，则金、银将溶解而损失。用亚硫酸或亚硫酸钠作抑制剂，这些贵金属则不会

损失。用亚硫酸或亚硫酸钠抑制过的矿物，较易被硫酸铜活化，而用氰化钠(钾)抑制过的矿物，则较难活化。故应该提倡用亚硫酸、亚硫酸钠代替氰化钠(钾)作抑制剂。

10.8.1 二氧化硫的来源和亚硫酸钠的制法

冶炼有色金属硫化矿的废气中，一般二氧化硫含量在5%以下，这种废气如放入大气中，使空气污染，故必须加以处理，综合利用。用二氧化硫作抑制剂就是综合利用的途径之一。

硫在空气中燃烧生成二氧化硫，工业上二氧化硫是在焙烧炉中焙烧黄铁矿制得：

$$3FeS_2 + 8O_2 = Fe_3O_4 + 6SO_2$$

二氧化硫的水溶液即为亚硫酸：

$$SO_2 + H_2O \rightleftharpoons H_2SO_3$$

二氧化硫用作抑制剂时，如运输不便，可将它制成亚硫酸钠，亚硫酸钠同样可以作为抑制剂用。制亚硫酸钠的方法是将二氧化硫与烧碱溶液或碳酸钠溶液作用而得。烧碱溶液吸收二氧化硫时，依其二氧化硫饱和程度的不同而生成亚硫酸钠或酸式亚硫酸钠。反应式如下：

$$2NaOH + SO_2 = Na_2SO_3 + H_2O$$

$$NaOH + SO_2 = NaHSO_3$$

因为烧碱比碳酸钠贵，故一般亦用碳酸钠溶液吸收二氧化硫。反应式如下：

$$2Na_2CO_3 + SO_2 + H_2O = 2NaHCO_3 + Na_2SO_3$$

然后，碳酸氢钠再吸收二氧化硫，放出二氧化碳，并获得亚硫酸钠。

$$2NaHCO_3 + SO_2 = Na_2SO_3 + H_2O + CO_2\uparrow$$

亚硫酸钠进一步吸收二氧化硫时，则生成亚硫酸氢钠。

$$Na_2SO_3 + SO_2 + H_2O = 2NaHSO_3$$

生成亚硫酸钠和亚硫酸氢钠的总反应式为

$$Na_2CO_3 + SO_2 = Na_2SO_3 + CO_2\uparrow$$

$$Na_2CO_3 + 2SO_2 + H_2O = 2NaHSO_3 + CO_2\uparrow$$

将溶液浓缩使之结晶，即得产品。

10.8.2 二氧化硫、亚硫酸、亚硫酸钠的性质

二氧化硫是一种无色、有刺激性臭味的气体，在工业上空气中二氧化硫允许含量不得超过0.02 mg/L。由于二氧化硫是极性分子，所以在常压下于-10℃就能液化，而且易溶于水。正常情况下1 L水能溶解40 L二氧化硫，相当于10%的

溶液。二氧化硫中硫的氧化数为+4，所以二氧化硫既有氧化性又有还原性，但还原性是主要的，只有遇到强还原剂时，二氧化硫才表现出氧化性。典型的氧化还原反应如下：

$$2SO_2 + O_2 \xlongequal{\text{催化剂}} 2SO_3$$

$$2H_2S + SO_2 \xlongequal{} 3S + 2H_2O$$

二氧化硫溶于水成亚硫酸，亚硫酸不稳定，容易分解。将亚硫酸水溶液加热，可以将其中的二氧化硫赶出，故亚硫酸只在稀溶液中存在。

亚硫酸是中等强度的酸，可按下式电离：

$$H_2SO_3 \rightleftharpoons H^+ + HSO_3^- \qquad K_1 = 1.7 \times 10^{-2}(25℃)$$

$$HSO_3^- \rightleftharpoons H^+ + SO_3^{2-} \qquad K_2 = 6.2 \times 10^{-8}(25℃)$$

当亚硫酸单独存在时，根据其电离常数计算，在pH为4.5时，H_2SO_3浓度最大；在pH为5时，SO_3^{2-}浓度开始增加；在pH为10时，SO_3^{2-}浓度最大；在pH为7时，HSO_3^-和SO_3^{2-}的浓度接近。

亚硫酸氢钠仅在溶液中稳定，不能得到结晶的亚硫酸氢钠。固体亚硫酸钠通常含7个分子结晶水，饱和溶液中亚硫酸钠的含量在0℃时为14.1%，在100℃时为33%。

亚硫酸及其盐容易被氧化，是一种强还原剂，空气及一些氧化剂都可将它们氧化。在氧化速度方面，亚硫酸钠较亚硫酸更迅速些，故使用亚硫酸钠为抑制剂时，宜当天配制当天使用，不宜久置，以免失效。

$$2Na_2SO_3 + O_2 \xlongequal{} 2Na_2SO_4$$

$$2H_2SO_3 + O_2 \xlongequal{} 2H_2SO_4$$

亚硫酸钠与硫作用生成硫代硫酸钠。

$$Na_2SO_3 + S \xlongequal{} Na_2S_2O_3$$

这个反应进行得很慢，必须加热煮沸，促进反应进行。硫代硫酸钠也具有亚硫酸钠相似的抑制作用。

绝大多数亚硫酸正盐不溶于水。亚硫酸可以与很多金属离子形成酸式盐或正盐(亚硫酸盐)，除碱金属亚硫酸盐较易溶于水外，其他正盐都只微溶于水，这种性质是亚硫酸及其钠盐能作抑制剂的主要原因。

10.8.3 二氧化硫、亚硫酸、亚硫酸钠的抑制性能

用二氧化硫、亚硫酸及亚硫酸钠代替氰化钠(钾)抑制闪锌矿和黄铁矿，国内外都进行过研究。二氧化硫或亚硫酸作为多金属硫化矿优先浮选的调整剂，在苏联、日本和加拿大均得到应用，我国白银铜锌矿选厂也有应用。

在一定条件下，二氧化硫或亚硫酸是闪锌矿和黄铁矿的有效抑制剂，对铜矿

物则有清洁表面的作用，故对铜－锌硫化矿有较好的分选效果。

白银铜矿折腰山的铜－锌矿石属细粒嵌布范围，铜－锌矿和黄铁矿结晶颗粒十分细小，接触界面不规则，单体解离比较困难，为了实现铜与锌分离，在细磨条件下，曾先后使用过氰化钠、亚硫酸钠、硫化钠、硫酸锌作为闪锌矿及黄铁矿的抑制剂，但效果不显著。1967 年，曾采用二氧化硫（在矿浆中通入适量的二氧化硫）抑制锌，得到较稳定指标，但在工业生产中应用，则实际问题较多。1971 年，采用亚硫酸（硫酸车间洗涤二氧化硫气体的废液，含二氧化硫 0.3% ~0.4%）和硫化钠，在矿浆 pH 为 6 ~7 时进行分离浮选。首先，在 300 ~400 g/m^3 生石灰条件下进行以铜为主的铜－锌混合浮选，铜－锌混合精矿分离则在搅拌槽中加入亚硫酸至 pH 为 6 ~7，以抑制闪锌矿和黄铁矿而浮选铜。浮铜后，在高钙条件下，用硫酸铜活化闪锌矿，浮出闪锌矿，尾矿即为黄铁矿产品。几十年来的生产表明，这个方法可以实现铜－锌分离，获得合格铜精矿和锌精矿，有害杂质含量也符合国家标准。例如，1973 年上半年的统计结果见表 10－9。

表 10－9 亚硫酸抑锌浮铜 1973 年上半年统计结果

给矿品位/%		铜精矿品位/%		锌精矿品位/%		回收率/%	
Cu	Zn	Cu	Zn	Zn	Cu	Cu	Zn
0.533	3.572	11.49	<12	47.853	1.028	69.337	54.676

在中等碱度（例如 pH 为 8.5）下，用亚硫酸钠来改进被活化的闪锌矿与黄铁矿的分离浮选，亚硫酸钠对黄铁矿的抑制作用比对闪锌矿的抑制强得多。矿浆用氧气调浆时，缩短添加亚硫酸钠与添加黄药之间的时间，可以进一步改善这两种矿物的分离结果。光谱分析研究表明，亚硫酸钠可促进黄铁矿表面上铜氧化成氢氧化物，但对闪锌矿不起作用，黄铁矿表面这种氢氧化物数量提高，使它对黄药吸附量降低，因此有亚硫酸钠存在时，黄铁矿的浮选受到抑制。

亚硫酸钠与氯化钙混合使用，可作铜铅分离的抑制剂。将矿石磨到单体解离后调成矿浆，加入亚硫酸钠和氯化钙调浆，加入黄药和起泡剂进行浮选。在 pH 为 6 ~12 时，能浮出黄铜矿，在 pH 为 6 ~8 时能浮出辉铜矿。

德国腊梅斯贝格铜铅锌矿选厂采取铜铅中矿细磨，用二氧化硫和重铬酸钾抑铅浮铜，使铜回收率由原来的 60% ~65% 提高到 75%，铅精矿品位由原来的 37% 提高到 40%，铅精矿中的铜含量由 2.5% 降到 1.5% ~1.7%。

加拿大斯特金湖铜铅锌选厂，在铜铅混合浮选回路中，粗选用三乙氧基丁烷、异丙基钠黄药及甲酚黑药，扫选加戊基钾黄药。用亚硫酸钠、碳酸钠和二氧化硫作闪锌矿的抑制剂。锌浮选回路中，加石灰乳调整 pH，活化剂为硫酸铜，异丙基钠黄药作捕收剂，扫选加戊基钠黄药。在铜铅混合精矿分离前，通二氧化硫使 pH 调至 7，并加重铬酸钾抑制铅，二苯硫脲作为铜矿物的捕收剂，再通二氧化硫将 pH 调至 6.5，取得良好结果。

亚硫酸还可以与淀粉、硫酸锌等抑制剂共用，对抑制闪锌矿和黄铁矿都有效。

10.8.4 二氧化硫和亚硫酸的抑制机理

一些科学工作者已对二氧化硫或亚硫酸的作用机理进行探讨。Gaudin 认为二氧化硫抑制闪锌矿是由于它在矿浆中形成亚硫酸，亚硫酸具有还原性，将 Cu^{2+} 还原为 Cu^{+}，于是降低了对闪锌矿有活化作用的 Cu^{2+} 的浓度。据报道，通过实验证明二氧化硫抑制闪锌矿及黄铁矿是由于在矿物表面生成亲水性亚硫酸锌。对于已被 Cu^{2+} 活化的闪锌矿，单独使用亚硫酸是不能抑制的，对于吸附在 Cu^{2+} 活化了的闪锌矿上的黄药既无解吸效果也无抑制效果。松冈认为，亚硫酸对于已被 Cu^{2+} 活化的闪锌矿的抑制作用，并不是从闪锌矿表面排除硫化铜膜及黄原酸盐，而是在闪锌矿表面沉积亲水性的亚硫酸锌。亚硫酸对黄铁矿的抑制作用可以解释为相应的金属亲水性亚硫酸盐在矿物表面上沉积的结果。可以这样认为，亚硫酸及其钠盐与硫酸锌或硫酸亚铁同时使用可作为闪锌矿及黄铁矿的抑制剂，是在被抑制矿物表面沉积亲水性亚硫酸盐的结果。

二氧化硫对闪锌矿浮选的影响与矿浆的 pH 有关。用二氧化硫作抑制剂分离黄铜矿和闪锌矿(二氧化硫用量为 1500 ~ 2500 g/t)，当 pH 为 6.3 时，浮选 13 min，所得混合精矿中铜的回收率是 60%，而锌的回收率是 15%；当 pH 为 9.0 时，铜的回收率是 78%，锌的回收率是 40%。闪锌矿的可浮性随 pH 的增加而增加。当亚硫酸与锌离子等两价金属阳离子共存于矿物表面时，在 pH = 7 附近开始急剧抑制，在中性区的抑制是由于表面生成亲水性亚硫酸锌沉积的缘故。

10.9 重铬酸盐

重铬酸钠(钾)是方铅矿的抑制剂，常在铜铅混合精矿分选时用于抑制方铅矿，亦有用于分选铅锌混合精矿时抑制方铅矿。重铬酸钠(钾)也用于抑制重晶石。

10.9.1 重铬酸钠和重铬酸钾的制法

工业上制造重铬酸钠的原料是铬铁矿、纯碱、石灰石、白云石，将磨至 75 μm 的原料充分混合均匀后，在回转窑中进行氧化焙烧，铬铁矿氧化焙烧的反应式如下：

$$4FeO \cdot Cr_2O_3 + 8Na_2CO_3 + 9O_2 = 8Na_2CrO_4 + 2Fe_2O_3 + 8CO_2 \uparrow$$

原料由窑尾进入窑内，焙烧温度为 1100 ~ 1200℃，排出气体温度为 500 ~ 600℃。加热气体从窑头进入，与炉料运行方向相反。加热气体可以燃烧煤粉、煤气和重油而得，炉料在窑内停留时间为 2.5 ~ 3 h。

反应生成的 Fe_2O_3 与炉料中所含的 CaO、MgO 和 SiO_2 反应生成难溶或几乎不溶的亚铁硅酸盐和铁硅酸盐。

炉料的配料比依各组分的组成而定，实际生产中的配料，纯碱的用量较化学计算量少 5% ~10%，附加物（石灰、白云石）的用量依铬铁矿中的杂质特性而定，约为铬铁矿中 Cr_2O_3 和纯碱总重量的 180% ~200%。

铬铁矿和附加物中所含杂质 Al_2O_3，在氧化焙烧时一同进入炉料中，Al_2O_3 在焙烧时部分与纯碱反应而生成偏铝酸钠，化学反应式为

$$Al_2O_3 + Na_2CO_3 = 2NaAlO_2 + CO_2 \uparrow$$

偏铝酸钠存在时，在蒸发铬酸盐溶液中，铝盐水解而生成氢氧化铝，呈半胶体沉淀析出，给后面的过滤和结晶造成困难，并污染产品。为了防止偏铝酸钠的生成，当原料中有氧化铝之类的杂质存在时，在配料时相应地减少纯碱或增加石灰（CaO）用量，以修正炉料的组成，这样使得在氧化焙烧时，有可能生成难溶或不溶的铝酸钙（$CaO \cdot Al_2O_3$）和铝硅酸钙（$CaO \cdot 2Al_2O_3 \cdot 2SiO_2$），而不生成或少生成可溶性的偏铝酸钠。

氧化焙烧后的炉料含有 27% ~31% 铬酸钠、1.3% ~2.1% 铬酸钙以及百分之几的偏铝酸钠和其他物质。将焙砂磨细，用水分几次浸洗焙砂，每次用水量以恰好将焙砂浸没为度，共浸 3 次，每次 2 ~3 h，浸洗液含铬酸钠（Na_2CrO_4）。

将浸洗液加热至 80 ~90℃，用硫酸中和至 pH 为 7 ~8，此时偏铝酸钠水解生成氢氧化铝胶状沉淀：

$$2NaAlO_2 + H_2SO_4 + 2H_2O = 2Al(OH)_3 \downarrow + Na_2SO_4$$

经压滤机滤去氢氧化铝，得到的滤液为铬酸钠溶液。

将滤液蒸发浓缩至含铬酸钠 435 ~485 g/L 时，用 73% ~77% 的硫酸将溶液酸化至 pH 为 3 ~4 为止，则铬酸钠转化为重铬酸钠：

$$2Na_2CrO_4 + H_2SO_4 = Na_2Cr_2O_7 + Na_2SO_4 + H_2O$$

然后，将酸化了的溶液蒸发浓缩，硫酸钠先结晶析出，滤去硫酸钠及一些氢氧化铝、氢氧化铁等物质，滤液冷却后即结晶，过滤、干燥即得重铬酸钠产品。

重铬酸钾的制法，一般都用重铬酸钠和氯化钾或硫酸钾发生复分解反应，

$$Na_2Cr_2O_7 + 2KCl = K_2Cr_2O_7 + 2NaCl$$

或

$$Na_2Cr_2O_7 + K_2SO_4 = K_2Cr_2O_7 + Na_2SO_4$$

进行复分解反应时，在含 400 g/L 重铬酸钠的热溶液中加入氯化钾（或硫酸钾）并

加热，用硫酸酸化，氯化钠(或硫酸钠)即成固体析出，滤去氯化钠或硫酸钠晶体，将溶液冷却至20~25℃，重铬酸钾结晶析出，过滤、干燥即得重铬酸钾产品。

10.9.2 重铬酸钠和重铬酸钾的性质

重铬酸钠是单斜棱形晶体或细针形的二水合物($Na_2Cr_2O_7 \cdot 2H_2O$)，温度高于80.6℃，结晶的晶体没有结晶水。重铬酸钾($K_2Cr_2O_7$)也没有结晶水，这两种重铬酸盐都呈橙红色。

重铬酸钠易潮解，比重铬酸钾更易溶于水，在0℃时，重铬酸钠的溶解度为63%，100℃时溶解度为80%；而重铬酸钾在0℃时溶解度为5%，在100℃时为45%。

重铬酸钠和重铬酸钾都是易溶的强电解质，在水溶液中能电离生成Na^+(或K^+)和重铬酸根：

$$Na_2Cr_2O_7 = 2Na^+ + Cr_2O_7^{2-}$$

$$K_2Cr_2O_7 = 2K^+ + Cr_2O_7^{2-}$$

重铬酸钠(钾)的水溶液呈酸性反应，这是由于重铬酸根在水中发生如下反应：

$$\underset{\text{(橙)重铬酸根}}{Cr_2O_7^{2-}} + H_2O \rightleftharpoons 2H^+ + \underset{\text{(黄)铬酸根}}{2CrO_4^{2-}}$$

从这个方程式中可以看出，在水溶液中，$Cr_2O_7^{2-}$和CrO_4^{2-}是同时存在的，往水溶液中加入酸(H^+)，则平衡向左移动，溶液由黄色转变为橙色；在溶液中，加入强碱(OH^-)，则平衡向右移动，溶液由橙色转变为黄色。因此，很容易从重铬酸盐制得铬酸盐；相反，也容易从铬酸盐制得重铬酸盐。例如：

$$K_2Cr_2O_7 + 2KOH = 2K_2CrO_4 + H_2O$$

$$2K_2CrO_4 + H_2SO_4 = K_2Cr_2O_7 + K_2SO_4 + H_2O$$

重铬酸钠(钾)在酸性介质中是强氧化剂(六价铬还原为三价铬)，可将亚铁盐、亚硫酸盐、氢硫酸和硫化物等氧化。例如：

$$K_2Cr_2O_7 + 6FeSO_4 + 7H_2SO_4 = Cr_2(SO_4)_3 + 3Fe_2(SO_4)_3 + K_2SO_4 + 7H_2O$$

$$K_2Cr_2O_7 + 3Na_2SO_3 + 4H_2SO_4 = Cr_2(SO_4)_3 + 3Na_2SO_4 + K_2SO_4 + 4H_2O$$

$$K_2Cr_2O_7 + 4H_2SO_4 + 3H_2S = 7H_2O + K_2SO_4 + Cr_2(SO_4)_3 + 3S\downarrow$$

钡、铅、银、汞等金属的铬酸盐几乎不溶于水，当Ba^{2+}、Pb^{2+}、Ag^+、Hg^{2+}金属离子与重铬酸钠(钾)溶液作用时，都形成铬酸盐沉淀：

$$Cr_2O_7^{2-} + H_2O \rightleftharpoons 2H^+ + 2CrO_4^{2-}$$

$$Ba^{2+} + CrO_4^{2-} = BaCrO_4 \downarrow$$

$$Pb^{2+} + CrO_4^{2-} = PbCrO_4 \downarrow$$

$$2Ag^{+} + CrO_4^{2-} = Ag_2CrO_4 \downarrow$$

铬酸盐及重铬酸盐都有毒，使用时应注意，同时应将废水加以处理以防污染。处理铬酸盐及重铬酸盐废水的原理，通常都是加入氯化钡使其生成铬酸钡难溶物而除去。

10.9.3 重铬酸盐抑制方铅矿及重晶石的作用机理

重铬酸钠(钾)作为方铅矿的抑制剂而被用于浮选中。重铬酸钠(钾)抑制方铅矿的作用机理，主要是由于重铬酸钠(钾)在弱碱性矿浆中转变为铬酸钠(钾)，然后与被氧化的方铅矿表面作用，生成难溶的亲水性铬酸铅，增加矿物的亲水性。乙基黄原酸铅的溶度积常数为1.7×10^{-17}，铬酸铅的溶度积常数为1.77×10^{-14}，二者相差不太悬殊，当重铬酸盐用量大时，铬酸根也可以从方铅矿表面排除部分黄原酸根，其反应式为

$$Na_2Cr_2O_7 + 2NaOH = 2Na_2CrO_4 + H_2O$$

$$Na_2CrO_4 + PbSO_4 = PbCrO_4 + Na_2SO_4$$（$PbSO_4$ 的溶解度较 $PbCrO_4$ 的溶解度大）

$$Pb(C_2H_5OCSS)_2 + Na_2CrO_4 \rightleftharpoons PbCrO_4 + 2Na(C_2H_5OCSS)$$

重铬酸盐只能与表面氧化的方铅矿作用，因此常对重铬酸盐与矿浆进行适当时间的搅拌，以促进矿物表面氧化。重铬酸盐和铬酸盐都是氧化剂，可以将硫化矿氧化：

$$3PbS + 4Na_2Cr_2O_7 + 16H_2SO_4 = 3PbSO_4 + 4Cr_2(SO_4)_3 + 4Na_2SO_4 + 16H_2O$$

此反应可在弱酸性条件下进行，酸性较强时，六价铬迅速夺取电子还原为三价铬，而失去抑制能力；碱性过强则氧化速度缓慢，也不利于抑制，常在 pH 为 7.4 时进行。

用重铬酸钾(钠)作方铅矿的抑制剂，分选铜铅混合精矿时，对铜矿物的浮选没有影响，其特点是用量少。如果铜矿物是原生硫化铜(如黄铜矿)，则铅与铜能较好地分选；如果矿石中的铜矿物是次生硫化铜(如辉铜矿)，或除了原生硫化铜矿，还存在相当量的次生硫化铜，则分选效果较差。这是由于有次生硫化铜或易受氧化的铜矿物存在时，会有相当的铜离子进入矿浆中，这些铜离子吸附在方铅矿表面，从而使方铅矿难于受重铬酸盐抑制。用重铬酸盐分选硫化铜铅混合精矿时，应采用适当的药剂条件。矿浆的搅拌时间非常重要，搅拌时间过长，硫化铜矿物晶格将受到破坏而不浮，最佳搅拌时间应是使方铅矿表面充分氧化，而硫化铜矿物的表面则刚开始氧化时立即进行浮选，这样既保证方铅矿表面能生成铬酸铅膜，硫化铜表面的捕收剂又未被剥落，分选效果就较好。一般搅拌时间为

0.5 ~1 h。

在矿浆中，重铬酸盐对黄药有影响。例如在酸性及中性介质中，重铬酸盐呈氧化性将氧化黄药，当介质呈碱性(pH 大于7)时，则不发生氧化还原作用。重铬酸盐用量一般为1 ~1.25 kg/t。

据报道，重铬酸钾与水玻璃按质量1∶1 配成的混合物，是铜铅混合精矿分选极有效的抑制剂，能有效地分选低品位的铜铅混合精矿(经过空白精选)。Wyslouzil D M 等(加拿大)对采自美国、澳大利亚、加拿大的三类铜铅锌块状硫化矿进行实验及半工业试验时发现，第一种矿石变化多端，第二种矿石含有预先被活化的锌矿物，第三种矿石含有高度可浮的碳质磁黄铁矿。采用抑制黄铁矿和锌矿物浮出铜铅混合精矿，铜铅混合精矿分选中用重铬酸钠和硅酸钠配制的混合物，达到有效的分选，指标见表10 -10。所用的混合抑制剂，硅酸钠的模数和药剂配制方法颇为重要，药剂用量及搅拌时间均由试验决定。由于铜铅精矿含铅低，还要进一步将其浮选处理。为此，加石灰调整 pH 至11.5，过滤除去过剩的抑制剂，浓密矿浆用新鲜水调浆至含固体达25%，在氰化钠存在下，加捕收剂A343 浮选，经两次精选得品位40% ~50%、回收率55% ~60%的铅精矿。

表10 -10　用重铬酸钠与硅酸钠混合物(质量比1∶1)作抑制剂分选铜铅混合精矿结果

产品	产率/%	品位/%			回收率/%		
		Cu	Pb	Zn	Cu	Pb	Zn
铜精矿	54.71	29.61	0.80	5.04	97.8	4.6	40.0
铜铅尾矿	45.29	0.77	19.96	9.01	2.2	95.4	60.0
给矿(计算)	100	16.55	9.40	6.84	100	100	100

用重铬酸盐抑制过的方铅矿可用硫酸亚铁、亚硫酸钠等还原剂活化，这些还原剂可以将重铬酸盐还原而使之失效。但一般来说是较困难的。

重铬酸盐也可以氧化黄药及其他黄原酸盐(如黄原酸铁)，对黄铁矿也有一定的抑制作用，但吸附铜离子的方铅矿，虽然使用大量重铬酸盐，也难于抑制。

重铬酸盐可用来抑制重晶石，如萤石矿中含有重晶石时，可在矿浆中加入重铬酸钾(钠)，则在重晶石表面生成稳定的铬酸钡亲水薄膜，使捕收剂不能固着在重晶石表面而起抑制作用。

10.10 五硫化二磷和氢氧化钠混合抑制剂(磷诺克斯试剂)

铅和铜、锡、磷、砷等是钼精矿中的主要杂质，铅在钼精矿中超过一定限度时将严重地影响氧化焙烧和冶炼过程。

用烃油浮选钼矿时，少量重铬酸钾能抑制方铅矿，但在烃油中添加黄药提高钼矿回收率时，则重铬酸钾的抑制能力远远不足，于是方铅矿也被浮到精矿中，最终钼精矿含铅往往超过规定数量。采用五硫化二磷和氢氧化钠抑制剂，抑制方铅矿的能力比重铬酸钾强，效果较好，保证黄药的添加，又不影响钼精矿的含铅量，而且五硫化二磷价格低廉。

10.10.1 五硫化二磷和氢氧化钠抑制剂的配制方法

取五硫化二磷和固体氢氧化钠为原料，在搅拌槽内先将氢氧化钠配成10%的水溶液，然后按五硫化二磷与氢氧化钠质量比1:1的比例，缓慢地将五硫化二磷倾入搅拌槽中，搅拌15~20 h，再将配好的溶液稀释至1/200~1/100，即可使用。

因五硫化二磷是易燃有毒的固体，燃烧时生成硫代磷酸和二氧化硫，所以在配制时要注意，不能与固体碱直接接触，否则五硫化二磷燃烧，容易造成火灾和磷中毒。配药室要通风良好，能及时排除硫化氢气体，硫化氢不但味臭，且毒性很大。

10.10.2 五硫化二磷和氢氧化钠混合抑制剂对方铅矿的抑制性能

为了对比五硫化二磷和氢氧化钠抑制剂及重铬酸钾对方铅矿的抑制性能，在工业试验中作了对比，试验结果见表10-11。从表10-11看出，粗精矿含铅1%左右时，平均用53.6 g/t重铬酸钾作方铅矿的抑制剂，最终钼精矿含铅0.461%。用48 g/t五硫化二磷和氢氧化钠混合抑制剂抑制方铅矿，最终钼精矿含铅的平均值小于0.1%。用24 g/t五硫化二磷和氢氧化钠混合抑制剂时，钼精矿品位、回收率与用重铬酸钾(53.6 g/t)为抑制剂时相近，而最终钼精矿含铅下降到0.117%。可见五硫化二磷和氢氧化钠混合抑制剂较重铬酸钾好。

表10-11 用 P_2S_5+NaOH 和 K_2CrO_7 抑制方铅矿浮选钼的工业试验指标对比

日期	精矿品位/%		回收率(粗选)/%	回收率(总)/%	精矿品位(最终)/%		药剂用量/$(g\cdot t^{-1})$	
	Mo	Pb			Mo	Pb	P_2S_5+NaOH	$K_2Cr_2O_7$
10月4—8日平均	5.62	1.16	93.37	88.68	46.22	0.461	—	53.6
10月20—22日平均	6.60	1.23	92.26	88.66	45.40	0.0946	48	—
10月23—31日平均	7.85	1.38	92.53	87.98	45.58	0.117	24	—

注：原矿含铅0.05%，粗选添加丁基黄药10 g/t。

针对钼精矿含铅高，有人对磷诺克斯抑制剂进行了研究。试验结果表明，提高氢氧化钠浓度和五硫化二磷与氢氧化钠配比，可降低钼精矿铅含量，但在配制中安全问题应引起注意。例如，当工艺流程相同，氢氧化钠浓度为8%、$n(P_2S_5)$:$n(NaOH)=1:1.7$的1号试验比氢氧化钠浓度为4%、$n(P_2S_5)$:$n(NaOH)=1:1.7$的2号试验效果好。通过一次粗选、两次精选、一次扫选，每次均添加磷诺克斯试剂闭路结果，1号试验可使粗精矿Pb含量由0.132%降到0.042%，达到标准要求；而2号试验精矿Pb含量降到0.053%，可见配制磷诺克斯试剂时，提高氢氧化钠浓度有好处。

10.10.3 五硫化二磷和氢氧化钠混合抑制剂抑制方铅矿机理

五硫化二磷和氢氧化钠混合抑制剂抑制方铅矿，可能是五硫化二磷与氢氧化钠反应生成硫代磷酸钠，硫代磷酸钠在方铅矿表面生成难溶的硫代磷酸铅(溶度积常数为1.5×10^{-32})，硫代磷酸铅亲水而使方铅矿受抑制。此外，五硫化二磷与氢氧化钠作用，还生成部分S_x^{2-}和HS^-离子，这些离子对方铅矿也有抑制作用。

10.11 水玻璃

水玻璃是一种无机胶体，是浮选非硫化矿或某些硫化矿的调整剂，它对石英、硅酸盐等脉石矿物有良好的抑制作用，当用脂肪酸作捕收剂浮选萤石和方解石、白钨矿时，用水玻璃作选择性抑制剂。水玻璃的用量较大时，对硫化矿也有抑制作用。水玻璃也是良好的分散剂。

10.11.1 水玻璃的制法

称为水玻璃的偏硅酸钠的工业制法，是将石英砂(SiO_2)与纯碱(Na_2CO_3)，或石英与硫酸钠及木炭(或煤粉)共同熔融制得，反应温度为1200~1400℃，一般配料比是1 mol Na_2O配2.4~3.0 mol SiO_2。反应时间视反应物多少而定，一般为3~4 h。

$$RSiO_2+Na_2CO_3\longrightarrow Na_2O\cdot RSiO_3+CO_2\uparrow$$

$$4Na_2SO_4+RSiO_2+C\longrightarrow 4Na_2O\cdot RSiO_2+4SO_2\uparrow+2CO_2\uparrow$$

反应完毕后得玻璃状产物，由于含有铁盐等杂质，常显灰色或绿色。浮选厂用的水玻璃一般都将反应所得的玻璃状物用水或蒸汽处理，使之溶解成黏稠状液体，装于铁桶中运到浮选厂应用。这样运送大量的水玻璃，在运输上造成了浪费。用水玻璃较多的浮选厂，最好附近设车间生产水玻璃，这样只运原料，无须运输含水的成品。

10.11.2 水玻璃的性质

浮选用的黏稠状液体水玻璃，含 SiO_2 与 Na_2O 之摩尔比一般为2.4。在水玻璃中 SiO_2 与 Na_2O 的摩尔比值称为“模数”，水玻璃的“模数”越小，越易溶于水，但抑制能力差；“模数”越大，抑制能力越高，但溶解度越小，越难溶于水中。浮选厂用的水玻璃“模数”以2.4左右为宜。

由于水玻璃的“模数”是可变的，故水玻璃的分子式用“Na_2SiO_3 表示是不确切的，应用 $Na_2O \cdot RSiO_2$ 表示更为合适，R 代表水玻璃的“模数”。

水玻璃有黏性，很容易将玻璃黏结在一起，故盛水玻璃的瓶子不能用玻璃塞，以免黏结。

硅酸盐中只有碱金属盐易溶于水，其他硅酸盐是难溶于水的。水玻璃溶于水时，电离出 Na^+ 离子和 SiO_3^{2-} 酸根。

水玻璃是弱酸强碱盐，硅酸是极弱的酸，电离常数很小，文献报道互有出入，约为

$$H_2SiO_3 \rightleftharpoons H^+ + HSiO_3^- \qquad K_1 = 1 \times 10^{-9}$$

$$HSiO_3^- \rightleftharpoons H^+ + SiO_3^{2-} \qquad K_2 = 1 \times 10^{-12}$$

所以，水玻璃有强烈的水解反应，使水溶液呈碱性。水解方程式如下：

$$Na_2SiO_3 + 2H_2O \rightleftharpoons NaH_3SiO_4 + NaOH$$

$$(NaHSiO_3 \cdot H_2O)$$

水解所形成的 NaH_3SiO_4，很容易聚合成 $Na_2H_4Si_2O_7$：

$$2NaH_3SiO_4 \rightleftharpoons Na_2H_4Si_2O_7 + H_2O$$

并可进而形成多硅酸盐。

水玻璃也可以水解生成 $Si(OH)_4$：

$$Na_2SiO_3 + 3H_2O \rightleftharpoons 2NaOH + Si(OH)_4$$

水玻璃与酸作用析出硅酸，加酸于水玻璃溶液，立即产生硅酸：

$$Na_2SiO_3 + 2HCl \rightleftharpoons H_2SiO_3 + 2NaCl$$

硅酸在水中的溶解度很小，但所产生的硅酸并不立即沉淀，而是暂时存在于溶液中，经相当长时间后则发生絮凝作用，这是因为起初生成的硅酸是单分子，可溶于水，这些单分子硅酸在不同情况下或快或慢聚合，逐渐成双分子聚合物、三分子聚合物，最后成为完全不溶解的多分子聚合物。所以，浮选厂配好的水玻璃溶液放置过久后，与空气中的 CO_2 作用，便析出硅酸，使水玻璃变质：

$$Na_2SiO_3 + CO_2 + H_2O = Na_2CO_3 + H_2SiO_3 \downarrow$$

10.11.3 水玻璃的抑制机理

一般认为水玻璃的抑制作用是由 $HSiO_3^-$ 和 H_2SiO_3 引起的，这两种物质能吸

附在矿物表面，有很强的吸水性，使得该矿物亲水而起抑制作用；另一方面，各种矿物表面吸附 $HSiO_3^-$ 和 H_2SiO_3 的能力是不相同的，吸附牢固的易受抑制，吸附不牢固或不吸附的不易受抑制或不受抑制。因此，利用水玻璃作抑制剂可以分选不少矿物。例如，pH 在 7 以上时，油酸钠用量为 1×10^{-4} mol/L，水玻璃用量为 5×10^{-4} mol/L，纯白钨能完全浮选。这就是说，在这种条件下，油酸根比硅酸根更易吸附在白钨矿表面，所以白钨不受抑制，如图 10－2 所示。但是，在相同的条件下，纯方解石全被抑制，说明硅酸根比油酸根更容易吸附在方解石表面上，如图 10－3 所示。所以用水玻璃作抑制剂、油酸钠作捕收剂，可以将方解石和白钨分离。

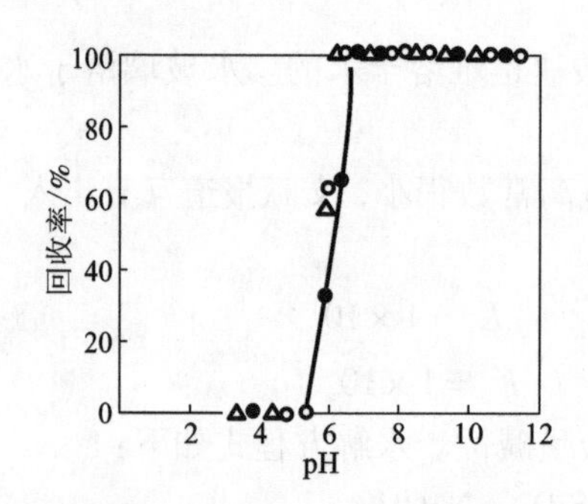

图 10－2　有水玻璃和无水玻璃时，油酸钠(1×10^{-4}mol/L)：浮选白钨矿回收率与 pH 的关系

水玻璃加入量(mol/L)：

○—无；△—5×10^{-4}；●—1×10^{-5}

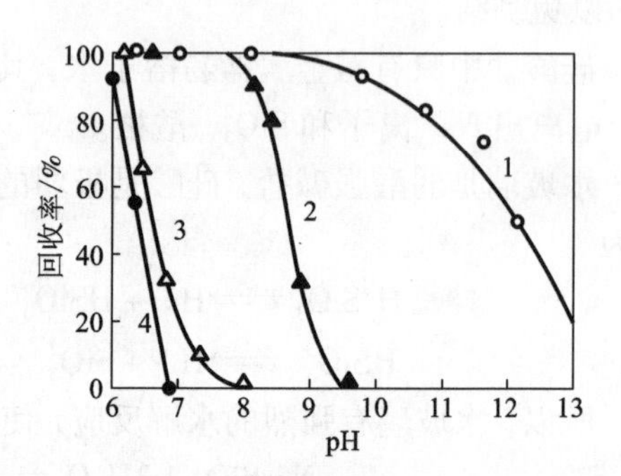

图 10－3　水玻璃作抑制剂，油酸钠(1×10^{-4} mol/L)浮选方解石回收率与 pH 的关系

水玻璃加入量(mol/L)：

1—无；2—1×10^{-6}；3—1×10^{-4}；4—1×10^{-3}

也有人认为水玻璃的抑制作用，除 $HSiO_3^-$ 和 H_2SiO_3 外，胶态的 SiO_2 也是起抑制作用的极有效成分，理由如下：

(1)水玻璃是混合物，不是纯粹的 Na_2SiO_3，应以 $[Na_2O\cdot RSiO_2]_x$ 表示，在水中可电离：

$$[Na_2O\cdot RSiO_2]_x \rightleftharpoons Na^{2m+2+} + SiO_3^{2-} + (mSiO_3\cdot nSiO_2)^{2m-} + (nSiO_2) + (Na_2O\cdot RSiO_2)_y \quad (1)$$

当溶液稀释时，复合的硅酸根会再电离：

$$(mSiO_3\cdot nSiO_2)^{2m-} \rightleftharpoons mSiO_3^{2-} + (nSiO_2) \quad (2)$$

在(1)和(2)两式中，括号内的物质都表示是胶态物。硅酸根水解产生 $HSiO_3^-$ 和 H_2SiO_3。H_2SiO_3 是二元酸，又可以分两步电离：

$$H_2SiO_3 \rightleftharpoons HSiO_3^- + H^+$$

$$HSiO_3^- \rightleftharpoons SiO_3^{2-} + H^+$$

所以，水玻璃的稀溶液假定含有 SiO_3^{2-}、$HSiO_3^-$ 和 $(mSiO_3 \cdot nSiO_2)^{2m-}$ 复合阴离子、H_2SiO_3、胶态 SiO_2 和 $Na_2O \cdot RSiO_2$ 等。

(2)水玻璃用量相同，它的“模数”越高，抑制效果越显著。图 10－4 的数据中，水玻璃“模数”为 1.6 时，没有胶态 SiO_2，起抑制作用的是硅酸根和 H_2SiO_3；当水玻璃的“模数”大于 2 时，胶态的 SiO_2 存在于水玻璃溶液中，“模数”愈大，存在于溶液中的胶态 SiO_2 越多，能在更低的 pH 抑制方解石。这似乎与胶态 SiO_2 的含量有关。

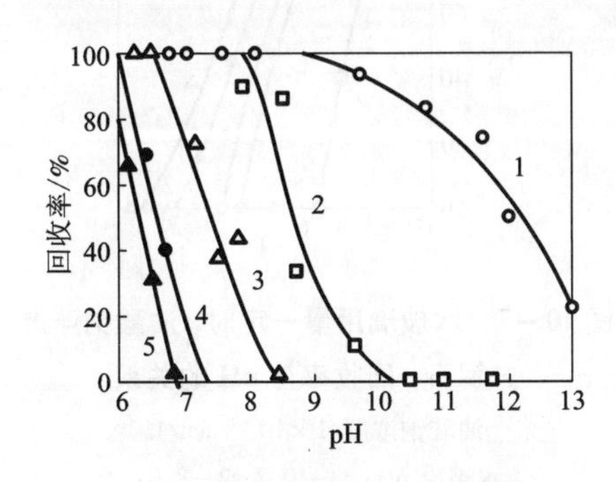

图 10－4 用油酸钠(1×10^{-4}mol/L)浮选方解石,水玻璃作抑制剂,方解石回收率与 pH 的关系

水玻璃模数:1—无水玻璃；2—1.60；3—2.40；4—3.22；5—3.75

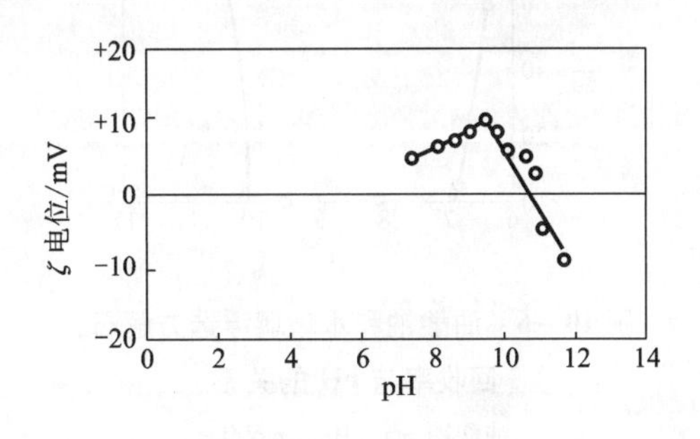

图 10－5 方解石的 ζ 电位与 pH 的关系

(3)石英和大多数硅酸盐的 ζ 电位等于零时，都接近于 pH 为 3，胶态 SiO_2 颗粒在 pH 大于 3 时带负电荷，会吸附在带正电荷的矿物表面；从图 10－5 和图 10－6 看出，当 pH 为 6～11 时，方解石的表面是带正电荷的，同时在这个 pH 范围内方解石受到抑制。这就有理由相信，是带负电的胶态 SiO_2 吸附在带正电的方解石表面而引起抑制。

(4)水玻璃的用量相同时，先将水玻璃溶液调到各种不同 pH，再用来抑制方解石，结果如图 10－7 所示。

水玻璃溶液在未加入矿浆前，pH 调得越低，就越能在低 pH 范围内抑制方解石，这也可以说明与胶态的 SiO_2 有关。因为酸化能使水玻璃溶液中胶态的 SiO_2 增加，可以从上述水玻璃电离的式(1)、式(2)加以说明。当溶液的 pH 降低时，H^+ 离子浓度增大，H^+ 与水玻璃作用生成硅酸，于是将 SiO_3^{2-} 束缚，反应式(2)则向右移动，复合的硅酸根$(mSiO_3 \cdot nSiO_2)^{2m-}$ 电离，则胶态的 SiO_2 增多。由于

$(mSiO_3 \cdot nSiO_2)^{2m-}$电离也引起反应式(1)向右移动，因此，将水玻璃溶液酸化的结果，使式(1)、式(2)两个反应都向右移动，都有利于生成SiO_2胶体。从图10－7看出，pH越低的水玻璃溶液，越能在低pH范围内抑制方解石，可见水玻璃的抑制性能与SiO_2有关。当然(1)、(2)两式平衡移动是缓慢的，否则这种解释就没有根据。

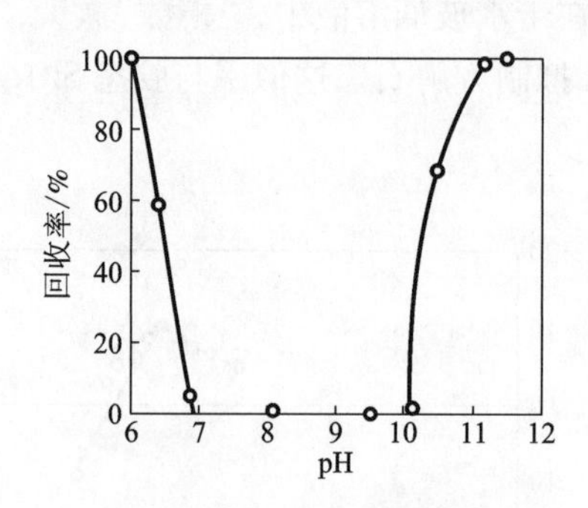

图10－6　油酸钠和水玻璃浮选方解石，回收率与pH的关系

油酸钠—5×10^{-4} mol/L；

水玻璃—5×10^{-4} mol/L

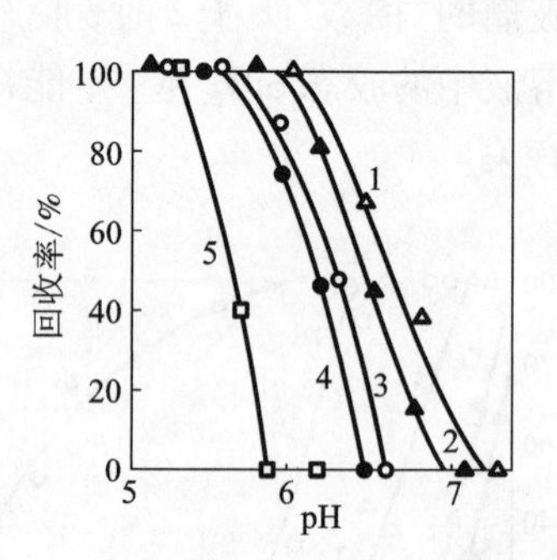

图10－7　水玻璃用量一定时，油酸钠浮选方解石，回收率与pH的关系

油酸钠浓度：1×10^{-4} mol/L

水玻璃pH：1—10.7；2—8.0；

3—6.4；4—4.0；5—2.0

图10－8是水玻璃用量与矿物表面流动电位的关系，表明吸附一定量硅酸胶体的方解石、白云石、磷灰石和重晶石的表面荷负电，而且硅酸胶体亲水，从而受到抑制。

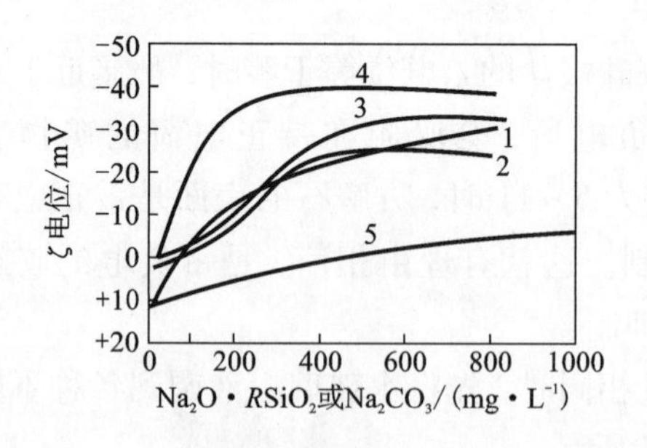

图10－8　$Na_2O\cdot RSiO_2$(曲线1，2，3，4)和Na_2CO_3(曲线5)对矿物ζ电位的影响

1—方解石；2—白云石；3—磷灰石；

4—重晶石；5—方解石

10.11.4 水玻璃与其他药剂共用可以增强抑制效能

(1)精选白钨矿时，将大量的水玻璃(80 ~ 150 kg/t)与粗精矿作用，并在 90 ~ 105℃加热 50 ~ 60 min，则油酸能与白钨矿作用而被浮选；方解石不与油酸作用，被水玻璃抑制，这样可以得到合格的白钨精矿。这是有名的彼得洛夫法。

湖南柿竹园多金属矿白钨加温精选时，添加硫化钠和水玻璃混用，比单一用水玻璃能使白钨矿与脉石矿物更好地分离，可减少水玻璃的用量，节约成本，能更稳定地获得高质量白钨精矿。加温精选中，硫化钠在矿浆中优势组分为 HS^-，HS^- 能排斥吸附在黄铁矿、磁黄铁矿表面的捕收剂，并吸附在硫化矿表面而起抑制作用，故提高了白钨精矿的质量。加水玻璃再加硫化钠将白钨粗精矿加温精选的方法，应该说是对著名彼得洛夫法的补充。

(2)水玻璃分别与硫酸铝、硫酸铬、硫酸锌、硫酸铜等共用，可以提高选择抑制性能。例如，水玻璃和硫酸铝共同用作抑制剂，可以从品位低、脉石为复杂碳酸盐的萤石矿中浮出萤石，精矿品位达 95.1%。

(3)水玻璃经硫酸酸化后，再与适当的铁离子或铝离子混用，在赤铁矿浮选中，对含铁硅酸盐脉石矿物具有良好的选择性抑制作用。研究表明上述制得的聚合硅酸盐胶体溶液中，荷正电的组分由于静电作用而选择性的吸附在荷负电的硅酸盐矿物表面，从而导致霓石浮选受到抑制。

(4)酸性水玻璃 + Y 添加剂 + A 添加剂混合使用作为浮选萤石抑制剂。某萤石矿含 CaF_2 65.87%，CaO 11.12%(方解石和白云石含量为 18.09%)，用油酸作捕收剂，用一般的抑制剂进行浮选，无法得到合格精矿，采用 M + Y + A 混合抑制剂得到较好效果。混合抑制剂中的 M 代表酸性水玻璃，Y 和 A 为添加剂，当 $m(M):m(Y):m(A)$ 为 0.5∶0.3∶0.05 时效果最好，可得到含 $w(CaF_2) > 98.5\%$、含方解石 <1.0%、CaF_2 回收率 84.5% ~85.7% 的萤石精矿。

(5)Al^{3+}、Cr^{3+}、Zn^{2+}、Cu^{2+} 等高价弱碱性金属离子与水玻璃共用的抑制机理，有人认为是水玻璃在矿浆中水解生成的 OH^- 离子，与这些高价金属离子作用，生成弱碱性的氢氧化物，于是促进水玻璃水解生成更多的硅酸胶体，这些金属氢氧化物也是一种胶体状态，和水玻璃胶体交杂在一起，从而增加抑制作用的选择性；也有人认为是由于生成这些高价离子的复合硅酸盐吸附选择性比较好，故增加水玻璃的选择性。

10.12 氟硅酸钠

10.12.1 氟硅酸钠的制法

萤石粉和石英砂的混合物与浓硫酸共同加热，可得到四氟化硅。反应进行时，硫酸首先与萤石作用放出氟化氢，氟化氢与石英反应生成四氟化硅。

$$CaF_2 + H_2SO_4 \xlongequal{加热} CaSO_4 + 2HF$$

$$4HF + SiO_2 = SiF_4 + 2H_2O$$

四氟化硅与氟化氢化合生成六氟硅酸。

$$2HF + SiF_4 = H_2SiF_6$$

四氟化硅气体通入水内，亦可生成六氟硅酸和硅酸凝胶。

$$3SiF_4 + 3H_2O = H_2SiO_3 + 2H_2SiF_6$$

滤去硅酸凝胶便得到六氟硅酸溶液。将氯化钠与六氟硅酸作用，便生成氟硅酸钠晶体析出。

$$H_2SiF_6 + 2NaCl = Na_2SiF_6\downarrow + 2HCl$$

工业上氟硅酸钠常用萤石、石英、硅酸和食盐为原料制取。但往往是从过磷酸钙厂的废气中提取氟硅酸钠。用作过磷酸钙原料的磷矿粉中，往往含有萤石和石英，当磷矿粉中加入硫酸制过磷酸钙肥料时，就有如下副反应发生：

$$CaF_2 + H_2SO_4 = 2HF + CaSO_4$$

$$SiO_2 + 4HF = SiF_4 + 2H_2O$$

一部分四氟化硅气体排走，另一部分与氟化氢作用生成六氟硅酸。

$$SiF_4 + 2HF = H_2SiF_6$$

因此，在过磷酸钙厂的废气中含有 SiF_4 和六氟硅酸两种化合物。

四氟化硅在120℃以下与水反应时，生成六氟硅酸和硅酸胶体：

$$3SiF_4 + 3H_2O = 2H_2SiF_6 + H_2SiO_3$$

故从过磷酸钙厂出来的废气中，实际上所含的是雾状六氟硅酸。将含氟硅酸和硅酸胶体的废气通入吸收室内，用水或稀的六氟硅酸溶液吸收，一般吸收率可达92%～98%。

从吸收室得到的六氟硅酸和硅酸胶体溶液，于15～20℃注入饱和食盐溶液中，因氟硅酸钠难溶于水，混合溶液对于氟硅酸钠来说已经达到饱和程度，于是氟硅酸钠成晶体析出：

$$H_2SiF_6 + 2NaCl = Na_2SiF_6\downarrow + 2HCl$$

溶液中有食盐存在时，会使氟硅酸钠的溶解度降低。例如在25℃时，氟硅酸钠在水中的溶解度为0.78%；溶液中加入2%的氯化钠时，氟硅酸钠的含量降低为0.1%；当溶液中含10%或更多的氯化钠时，溶液中只剩下万分之几的氟硅酸钠。一般在沉淀氟硅酸钠的母液中，含2%的氯化钠为合适。

用沉降法使氟硅酸钠结晶下沉，使其和母液及硅酸胶体分离，氟硅酸钠的沉降速度为3 m/h，而硅酸胶体的沉降速度为0.25～0.3 m/h，故用沉降法可将氟硅酸钠与硅胶分离。倾出母液与硅胶后的氟硅酸钠，可用少量碱中和因加入食盐使氟硅酸钠析出过程所生成的酸，用离心机分离水分，得到的氟硅酸钠即可供浮选厂使用。用水洗涤晶体，使其含氯化钠少于0.2%、盐酸少于0.02%，这样得到的氟硅酸钠晶体可供其他工业应用。

10.12.2 氟硅酸钠的性质

纯粹的氟硅酸钠是无色结晶状物质，难溶于水，0℃时饱和溶液中氟硅酸钠含量为0.39%，100℃时含量为2.4%。在氢氟酸溶液中，溶解度稍大一点。

氟硅酸的碱金属盐，除锂和铵盐外，皆难溶于水，钡盐的溶解度更小。其他金属的氟硅酸盐大都溶于水。

氟硅酸钠受热时，大约在450℃开始分解：

$$Na_2SiF_6 \rightleftharpoons 2NaF + SiF_4$$

氟硅酸与强碱作用能分解成硅酸，若碱过量，则生成硅酸盐，而不析出硅酸沉淀：

$$Na_2SiF_6 + 4NaOH = 6NaF + Si(OH)_4 \downarrow$$

10.12.3 氟硅酸钠的抑制性能

氟硅酸钠是目前用得较为广泛的抑制剂，常用于抑制石英、长石及其他硅酸盐矿物。如铬铁矿和蛇纹石浮选分离时用妥尔油作捕收剂，氟硅酸钠、水玻璃、氟化钠、六偏磷酸钠、淀粉、亚硫酸纸浆废液、羧基甲基纤维素等分别作蛇纹石的抑制剂，试验结果表明，氟硅酸钠和亚硫酸纸浆废液对蛇纹石的抑制效果最好。

用环烷甲酸皂浮选菱铁矿时，分别用氟硅酸钠、水玻璃、氟化钠和氟化铵作石英的抑制剂，试验结果表明，氟硅酸钠的抑制效果最好。用烷基硫酸钠、烷基磺酸钠浮选锡石时，亦用氟硅酸钠抑制石英、电气石、赤铁矿等脉石。

用油酸作捕收剂精选黑钨粗精矿时，用氟硅酸钠作石英和硅酸盐的抑制剂。为了较详细地研究氟硅酸钠对石英、长石、钨锰矿的抑制性能，用石英、长石、萤石、钨锰矿等单矿物及其混合物进行浮选试验。因为纯石英和纯长石在没有被金属离子活化的情况下，用脂肪酸作捕收剂进行浮选，这些矿物是不浮的，所以浮选在氯化钙溶液(30 mg/t)中进行，获得泡沫产品的条件是氢氧化钠2 kg/t、油酸950 g/t、松油100 g/t、固液比为1∶3、pH为10.5。虽然钨锰矿不需预先活化就能很好地浮选，但为了保持相同的条件，它也在氯化钙介质中浮选，粗精矿用氟硅酸钠处理，加热到80℃，加热时间为3 min，在类似处理之后，用油酸(950 g/t)浮选，结果列于表10-12。

表 10-12 温度为 80℃，用氟硅酸钠预先处理矿物，用油酸进行浮选对回收率的影响

矿物	氟硅酸钠用量/($g \cdot t^{-1}$)								
	100	200	300	400	500	600	700	800	1200
	回收率/%								
石英	—	—	抑制	抑制	抑制	抑制	抑制	抑制	抑制
长石	100	100	52.5	抑制	抑制	抑制	抑制	抑制	抑制
钨锰矿	100	100	92.8	—	88.4	—	15.0	抑制	抑制

从表 10-12 可以看出，当氟硅酸钠的用量为 100 g/t 时，石英即被抑制；当氟硅酸钠的用量为 300 g/t，长石被抑制一半，在 400 g/t 时，完全被抑制；当氟硅酸钠用量为 700 g/t，钨锰矿被抑制一部分，用量为 800 g/t 时完全被抑制。

精选钨锰矿-石英及钨锰矿-长石(质量组成为 1:1)的混合粗精矿时，在用 800 g/t 氟硅酸钠预先处理钨锰矿-石英及钨锰矿-长石粗精矿条件下，矿浆加温到 80℃，浮选之后得到只含钨锰矿的泡沫产品，以及大部分是石英和长石的槽内产品，结果见表 10-13。

表 10-13 用氟硅酸钠预先处理后，矿物混合物的浮选结果

矿物	产品	Na_2SiF_6 用量/($g \cdot t^{-1}$)	精矿产率/%	精矿品位/%	回收率/%	pH 处理前	pH 处理后	处理温度/℃	处理时间/min	油酸用量/($g \cdot t^{-1}$)
石英-钨锰矿	精矿	500	57.3	50.0	81.7	7.7	8.2	80	30	950
	中矿		42.7	15.0	18.27					
	原矿		100	35.0	100					
石英-钨锰矿	精矿	800	47.57	66.76	91.27	6.5	7.0	80	30	950
	中矿		52.43	5.79	8.73					
	原矿		100	34.79	100					
长石-钨锰矿	精矿	500	51.37	65.78	93.14	6.9	7.8	80	30	950
	中矿		48.63	5.12	6.86					
	原矿		100	36.28	100					
长石-钨锰矿	精矿	800	49.21	63.22	89.01	7.2	8.1	80	30	950
	中矿		50.79	7.56	10.99					
	原矿		100	34.95	100					

用这种方法研究脉石为硅酸盐、石英、方解石的黑钨粗精矿，在最好的条件

下，氟硅酸钠用量为5～6 kg/t，温度80℃，接触时间20～30 min，进行预先处理，用油酸浮选，获得回收率85%～92%、WO_3 品位15%～18%的精矿。

为了最大量地除去脉石矿物，把所得的粗精矿最好在精选之前再经氟硅酸钠(约2 kg/t)处理；精选加松油(150～170 g/t)获得 WO_3 品位23%～28%，回收率87%～90%的精矿，再经过烷基硫酸钠、ИМ－11以及其他药剂进一步处理，可得到含 WO_3 60%～61%、回收率达84%～92%的钨精矿。

10.12.4 氟硅酸钠的抑制机理

关于氟硅酸钠的抑制机理，有多种见解，下面介绍其中几种。

(1)氟硅酸钠的有效作用是在于优先从脉石矿物(主要是石英、长石、萤石)的表面上解吸脂肪酸，而脂肪酸牢固附着于钨锰矿的表面上不被解吸或解吸得少，因此这些矿物被选择性抑制。这种论点的根据是用示踪(带放射性)油酸做研究时，曾查明氟硅酸钠调整剂在一定浓度下，顺利地挤出被矿物吸附的油酸根，而且从萤石表面比从钨锰矿表面挤出的多，因而萤石较钨锰矿被抑制得多。用长石和石英纯矿物所做的实验表明，这个原理不仅可以推广到萤石，而且还在很大程度上可以推广到长石和石英。浮选烧绿石时，用氟硅酸钠抑制赤铁矿亦认为是氟硅酸钠选择性解吸了赤铁矿表面的捕收剂，使赤铁矿被抑制。

(2)另一种论点认为氟硅酸钠没有直接从霞石和长石表面除去捕收剂，氟硅酸钠的抑制作用是由于$[SiF_6]^{2-}$离子水解生成的氢氟酸溶解霞石，由于霞石的溶解而生成游离的硅酸，硅酸吸附在霞石表面形成胶束，这种胶束延伸到水相，进一步延伸到吸附在霞石表面的捕收剂的烃基，妨碍霞石和长石一类矿物浮游，使其受到抑制。

(3)又一种论点认为油酸类捕收剂在被捕收矿物表面有两种吸附形式，一种是油酸分子的吸附，另一种是油酸根的吸附，即在矿物表面生成多价金属离子的油酸盐，而Al、Ca、Mg等的油酸盐被氟硅酸钠分解而放出油酸。例如，用氟硅酸钠抑制蛇纹石时，氟硅酸钠溶解在矿浆中，水解生成的氢氟酸接触蛇纹石表面，Mg被优先从蛇纹石表面除去，因此捕收剂解吸，使蛇纹石亲水，这种论点与(2)相似。

(4)认为氟硅酸钠的抑制作用，是由于氟硅酸钠在水中先电离生成$[SiF_6]^{2-}$离子，$[SiF_6]^{2-}$离子再水解生成 SiO_2 胶体悬浮在矿浆中，这种胶体吸附在矿物表面而引起矿物亲水，受到抑制。

总的来说，氟硅酸钠的抑制机理研究得还不够清楚，尚需继续研究，上述论点也可参考。

10.13 六偏磷酸钠

六偏磷酸钠是方解石、石灰石的有效抑制剂。

10.13.1 六偏磷酸钠的制法

六偏磷酸钠可由磷酸二氢钠分解而得。用纯碱中和磷酸所得的磷酸二氢钠溶液，蒸发至干燥得磷酸二氢钠晶体，然后在反射炉中脱水。加热磷酸二氢钠，首先失去结晶水：

$$NaH_2PO_4 \cdot H_2O \xlongequal{\triangle} NaH_2PO_4 + H_2O$$

然后，变成 $Na_2H_2P_2O_7$。

$$2NaH_2PO_4 \xlongequal{\triangle} Na_2H_2P_2O_7 + H_2O$$

当进一步加热至250℃时，继续脱水而生成 $NaPO_3$。

$$2Na_2H_2P_2O_7 \xlongequal{\triangle} 4NaPO_3 + 2H_2O$$

继续加热至620℃时，偏磷酸钠熔化，并聚合为六偏磷酸钠：

$$6NaPO_3 \xlongequal{} (NaPO_3)_6$$

700℃左右在炉中将六偏磷酸钠熔体放置15～20 min，然后卸出并迅速冷却，此时凝固为透明无色的玻璃状物，破碎成小块，便可供选矿厂应用。

10.13.2 六偏磷酸钠的性质

六偏磷酸钠是玻璃状物，有吸湿性，放置空气中易潮解，逐渐变成焦磷酸盐，再变成正磷酸盐。因此，若保存不好，由于潮解变成正磷酸盐，会降低抑制效果。在选矿厂中，使用六偏磷酸钠时，亦应当天配制当天使用。六偏磷酸钠的阴离子有吸附活性，易吸附在多种矿石表面；与金属离子可形成可溶性络合物，能软化硬水，也能溶解多价金属盐，例如油酸钙等。

10.13.3 六偏磷酸钠的抑制作用

(1)六偏磷酸钠用于抑制方解石、石灰石等碳酸盐，亦可用于抑制石英和硅酸盐。例如浮选铁矿石时，用妥尔油为捕收剂，用六偏磷酸钠和硅酸铝(Alumino Silicate)为抑制剂抑制石英和硅酸盐，使铁与石英、硅酸盐分离。又如浮选含钽、铌、钍的烧绿石和锆瑛石时，脉石为钠长石、微斜长石、霞石、霓石、黑云母、多水高岭土等，可用六偏磷酸钠降低脉石的可浮性，降低粗精矿产率，这样使粗精矿品位提高。但用量太大时，烧绿石也同样被抑制。

(2)直链的聚磷酸盐能抑制红锌矿，它吸附在红锌矿表面，生成聚磷酸锌沉淀，红锌矿受到抑制。红锌矿有一定的溶解度，因此矿浆中有锌离子，聚磷酸盐与锌离子生成沉淀，这种沉淀吸附在红锌矿表面，增加了对红锌矿的抑制作用。聚磷酸盐中的磷原子在1~10个，试验结果表明含磷原子越多，聚磷酸盐的抑制性能越强。

六偏磷酸钠在低用量条件下，对高岭石的抑制作用大于一水硬铝石，可实现铝土矿正浮选脱硅，而在高用量条件下，六偏磷酸钠对一水硬铝石的抑制作用很强，对高岭石的抑制作用与低用量对比没有明显变化。因而可以实现铝土矿的反浮选脱硅。

六偏磷酸钠用于浮选锡石可取得很好的效果。考查了六偏磷酸钠的选择性抑制作用，做了单矿物的浮选试验。从图10-9看出，介质的pH为9.2~9.6时，按矿石浮选用量添加油酸，矿石回收率从小到大的顺序为方解石（CaO 55%），石灰石（含CaO 31.5%、MgO 20%），锡石。随着六偏磷酸钠用量的增加，方解石和石灰石的回收率急剧降低，六偏磷酸钠用量达到矿石浮选用量值时，实际上已停止浮游，而锡石则不受影响。但锡石同方解石的混合物料浮选时，六偏磷酸钠的选择性抑制作用却完全未表现出来。以后又将方解石按矿石浮选pH和六偏磷酸钠的用量搅拌、过滤后，取滤液进行锡石浮选，发现锡石被强烈抑制。在矿石浮选中，使用六偏磷酸钠抑制钙，用油酸浮锡的效果既不像单矿物浮选那样明显，也不像混合矿那样完全无效，原因未查明。总之用油酸浮锡石时，以六偏磷酸钠抑钙（同时也抑铁），这种药剂在生产上使用多年，对提高精矿品位有很好的效果。

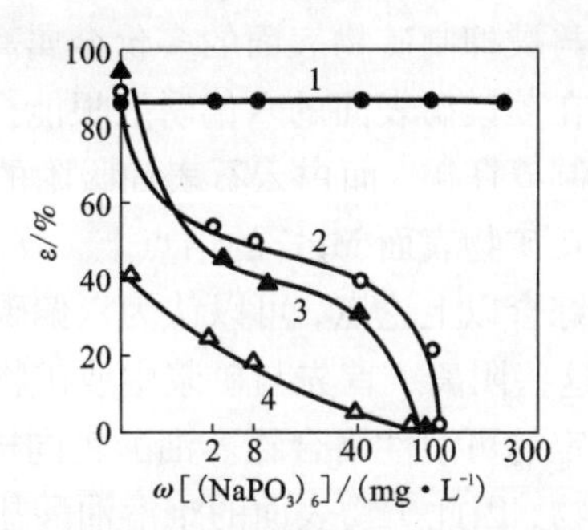

图10-9　矿物浮游率与六偏磷酸钠用量的关系

pH 9.2~9.6

1—锡石；2—石灰石；

3—方解石；4—氢氧化铁

10.13.4　六偏磷酸钠的抑制机理

关于六偏磷酸钠的抑制机理，有下述一些论点。

（1）六偏磷酸钠在水中电离，并与液相及矿物表面上的Ca^{2+}离子按下式反应：

$$Na_6P_6O_{18} = Na_4P_6O_{18}^{2-} + 2Na^+ \xrightarrow{Ca^{2+}} CaNa_4P_6O_{18} + 2Na^+$$

在20℃以下，每克六偏磷酸钠可络合Ca^{2+}离子195 mg。六偏磷酸钠在方解石表面所生成的络合物$CaNa_4P_6O_{18}$，并不完全滞留在方解石表面，有可能被其他矿物吸附而使矿物受到抑制。六偏磷酸钠与方解石作用后的溶液呈乳白色,系因含有 $CaNa_4P_6O_{18}$,混合物料浮选时,锡石表面吸附这种络合物,从而和方解石一样受到抑制。将磷酸钠同六偏磷酸钠配合使用,可以得到较好的浮选效果。

(2)六偏磷酸钠在浮选烧绿石、锆英石而抑制钠长石、微斜长石、霞石、霓石、黑云母和多水高岭土时,用示踪原子试验证明,六偏磷酸钠能无选择地(除黑云母以外)降低示踪油酸钠在这些矿物上的吸附量。

(3)从方解石、白云石中浮选菱镁矿时,认为六偏磷酸钠不影响菱镁矿的浮选。在没有捕收剂时,六偏磷酸钠固着在所有碳酸盐表面。六偏磷酸钠的抑制效应是与被抑制矿物表面的多价金属离子生成稳定络合物,使之亲水而被抑制。但吸附在菱镁矿表面的六偏磷酸根能全部被油酸类捕收剂代替,因此六偏磷酸钠不能抑制菱镁矿,而白云石表面吸附的六偏磷酸根有部分被捕收剂离子所代替,代替点在矿物表面 Mg^{2+} 的结点上,故六偏磷酸钠能降低白云石的可浮性。

综合以上论点,可以认为六偏磷酸的抑制机理是:在水中部分电离生成阴离子,这些阴离子首先与矿浆中或矿物表面的多价金属离子形成难溶盐,继而转化为稳定的可溶性络合物。油酸钙同样可溶于六偏磷酸钠溶液中,形成可溶性的钙络合物,因此矿物表面的难溶油酸盐受到解吸而被抑制。

10.14 组合抑制剂

近年来组合用药是浮选药剂研究的一个重要方向,在捕收剂和抑制剂方面尤为突出。粗略估计,研究组合用药和单一用药作抑制剂的论文大概各占一半左右,往往是用单一的抑制剂效果不理想时,改用组合抑制剂能达到浮选指标,因此研究组合抑制剂和组合捕收剂都有重要的意义。

10.14.1 两元组合抑制剂

(1)石灰是抑制黄铁矿的有效抑制剂,又是 pH 调整剂,价格既便宜又易得。很多选厂均用石灰抑制黄铁矿和调高 pH。缺点是用量大,选矿设备结钙,不易清洗。含金的矿石用石灰作抑制剂使金受到抑制,回收率低,故寻找石灰代用品很有必要。

硫代硫酸钠、氯化钙、硫酸锌对黄铁矿均有抑制作用,但将它们混用比单一使用好。试验结果表明效果由好到坏排序为:$Na_2S_2O_3+CaCl_2$,$Na_2S_2O_3+ZnSO_4$,$Na_2S_2O_3$,可见混合用药优于单一使用。这些混合药剂对黄铜矿无抑制作用,能实现黄铜矿与黄铁矿浮选分离。

(2)铅锌分离多用混合抑制剂,铅锌矿优先分选的关键是选好抑制剂。在大多数矿床中或在磨矿过程中,闪锌矿或多或少被铜离子活化,因此在进行铅锌分离时必须对闪锌矿进行有效的抑制，只有为数不多的选厂能单一使用硫酸锌抑制闪锌矿浮出方铅矿，达到铅锌分离的目的。如奥地利的布莱贝克－克罗伊特选厂。一般都用硫酸锌加氰化钠混合抑制剂或碳酸钠加硫酸锌、亚硫酸盐加硫酸锌等才能达到铅锌分离的目的，单用硫酸锌是不行的。可见组合抑制剂比单一药剂效果好。

(3)铜铅分离：广西河三佛子冲铅锌矿对铅铜混合精矿的分选，过去是用重铬酸钾抑铅浮铜，后来用羧基甲基纤维素代替重铬酸钾，取得了较好效果。在这一基础上又进行了用羧基甲基纤维素和水玻璃混合使用，及焦磷酸钠与羧基甲基纤维素混合使用来抑铅浮铜。工业试验两者都取得了比单用水玻璃或单用羧基甲基纤维素更好的浮选指标。另据报道，羧基甲基纤维素与重铬酸钾混用进行铜铅分离亦得到好结果。

(4)铜钼分离：硫化钠是抑铜浮钼的抑制剂，但一般用量很大；砷诺克斯药剂也是抑铜浮钼的药剂，硫化钠和砷诺克斯药剂配合使用，比单用硫化钠取得更好的结果。但砷诺克斯药剂是由三氧化二砷加硫化钠加水反应而成，毒性很大，故很少应用；磷诺克斯药剂的抑制性能与砷诺克斯药剂相当，故可用磷诺克斯代替砷诺克斯与硫化钠混合使用。

(5)水玻璃与 GF_6 药剂浮选萤石比较。GF_6 是由水玻璃与其他无机盐及有机物组成的混合药剂，与水玻璃进行对比试验，浮选柿竹园多金属矿的浮钨尾矿，该尾矿作为浮选萤石的给矿，不脱泥、不脱药、不浓缩，浮钨尾矿直接用来浮选萤石，浓度为20%左右，pH 为 12。浮钨时由于加入大量的烧碱和水玻璃，矿浆中的微细粒易团聚，并沉降板结。故粗选萤石时加硫酸调整 pH 至 9，并加入新研制的抑制剂 GF_6 以有效地分散矿浆，同时抑制硅酸盐类脉石，提高粗精矿品位。

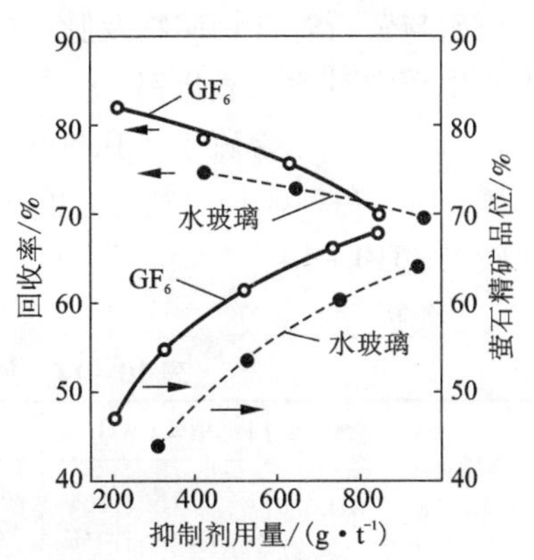

图 10－10 萤石粗选中抑制剂分选结果的比较

图 10－10 是在萤石粗选作业中，抑制剂选别结果的比较。从图 10－10 可见，GF_6 比水玻璃的抑制效果佳。萤石粗选泡沫经过一次空白精选，丢弃夹杂在萤石泡沫中较粗的脉石，然后进入萤石精选作业。

浮选工业试验结果，可从含萤石 19.88% 的给矿得到最终精矿含 CaF_2 98.31%、含 SiO_2 0.64%、回收率68.91%的指标。从图 10－10 看出，GF_6 与水玻璃混合剂比单用水玻璃效果好，针对这样难选的萤石，分选指标也是使人满意的。

(6)水玻璃与硫酸铜、硫酸铁、三氯化铁等分别混合使用，作为浮选萤石的抑制剂。

桃林铅锌矿除含硫化铅、硫化锌外还含氟化钙，平均品位约12%氟化钙。铅锌浮完后用油酸作捕收剂，水玻璃作抑制剂，在浮选指标好时，精选作业无须添加任何药剂。操作员工从看样砂发现指标较差时，使用硫酸铜添加于4～7精选槽中。硫酸铜价格贵，后又改用硫酸亚铁或三氯化铁，就是将铜离子或铁离子或亚铁离子与已加进去的水玻璃混用，增强它的抑制能力。另一方面这几种盐均为弱碱盐，在水中会水解降低矿浆的pH，有利于萤石浮选。可见，水玻璃与铜离子、铁离子或亚铁离子配成的混合剂抑制效果比单用水玻璃效果好。

(7)硫化钠加水玻璃作抑制剂用彼得洛夫法精选柿竹园浮钨粗精矿比单用水玻璃好。

柿竹园多金属矿含三氧化钨约0.5%，黑、白钨质量比3:7。钨矿物以白钨矿为主，黑钨比例高是柿竹园多金属矿石的一大特征。选厂主干流程采用以浮选为主的方案，对白钨矿的回收采用螯合捕收剂进行黑白钨混浮。混浮粗精矿采用彼得洛夫法加温精选，获得白钨精矿。加温搅拌过程，过去仅单一添加水玻璃，现在添加硫化钠和水玻璃的混合剂。实践证明添加硫化钠和水玻璃混合剂能更好地使白钨矿与萤石等含钙矿物及脉石分离，并能一定程度地减少水玻璃用量，节约成本。生产中对含三氧化钨15%～35%的钨精矿，加温精选能更稳定地获得含三氧化钨大于65%、含硫小于0.30%的白钨精矿。

黑、白钨粗精矿加温精选，单一添加水玻璃和添加硫化钠与水玻璃混合剂效果比较见表10－14。

表10－14 加温精选水玻璃用量试验

药剂用量/(kg·t^{-1}粗精矿)		给矿品位(WO_3)/%	白钨精矿(WO_3)			第二次精选的尾矿			第一次精选的尾矿			精粗选尾矿		
			产率/%	品位/%	收率/%	产率/%	品位/%	收率/%	产率/%	品位/%	收率/%	产率/%	品位/%	收率/%
水玻璃	67.2	38.70	48.37	57.84	72.29	4.65	26.50	3.19	12.38	21.20	6.78	34.60	19.84	17.74
	92.0	38.26	40.35	62.05	65.44	5.77	31.10	4.69	9.24	21.40	5.17	44.64	21.17	24.70
	117.0	38.52	32.56	65.21	55.12	4.86	38.60	4.87	9.74	27.40	6.93	52.84	24.63	33.08
水玻璃混合剂	53.6	36.33	46.95	60.30	77.93	5.77	21.10	3.35	8.76	16.10	3.88	38.52	14.0	14.84
	76.0	38.16	36.67	72.00	69.19	2.65	40.50	2.81	8.88	27.60	6.42	51.80	15.90	21.58
	87.0	39.00	35.36	73.80	66.90	3.83	53.50	5.25	9.58	27.80	6.83	51.23	16.00	21.01
	98.2	37.74	30.62	71.00	57.61	4.50	50.70	6.04	11.46	34.40	10.45	53.42	18.30	25.90

从表10－14可知，加温过程添加混合剂，能获得高品位白钨精矿和较高的回收率，其效果明显优于单一加水玻璃的效果。同时，混合剂用量少，对降低生产成本十分有利。

(8)二乙烯三胺和三乙烯四胺与二氧化硫或硫代硫酸钠混合使用抑制磁黄铁矿。

二乙烯三胺和三乙烯四胺是一种很强的螯合剂，它们的结构式如下：

$NH_2CH_2CH_2NHCH_2CH_2NH_2$ 二乙烯三胺

$NH_2CH_2CH_2NHCH_2CH_2NHCH_2CH_2NH_2$ 三乙烯四胺

这种多胺在矿浆中能控制金属离子浓度，当进行镍黄铁矿和磁黄铁矿浮选分离时，矿浆中如加入此种多胺，黄药对磁黄铁矿的吸附量大为减少，使磁黄铁矿受到抑制。

将这种多胺与二氧化硫或硫代硫酸钠配合使用，则镍黄铁矿与磁黄铁矿的浮选分离效果良好。

10.14.2 三元组合抑制剂

(1)JCD降镁抑制剂：金川使用的JCD降镁抑制剂，是由T－1140无机盐和29#有机聚合物及0#中性油三者组成，T－1140对镍黄铁矿和含镍磁黄铁矿等有活化作用，29#药剂是钙镁抑制剂，配合T－1140对蛇纹石有较强的抑制作用；0#油是T－1140和29#药剂的辅助剂，起消泡、调泡和协助降镁的作用。1962年6月在金川二选厂3系统完成了工业试验，不仅使精矿中氧化镁降到6%以下，而且在原矿品位偏低的情况下，使镍回收率比粗精矿再磨再选工艺有所提高。

JCD新药剂指标：精矿品位Ni为6.56%、Cu为2.63%、MgO为5.86%，回收率Ni为98.02%、Cu为90.02%。JCD降氧化镁新药剂不用粗精矿再磨，不改变原生产流程的条件，成功应用于二选厂磨浮1、3、4生产系统。

(2)AT－1、AF－2和0#油组合剂：AT－1是有机低聚物，是细粒矿泥的分散剂和钙镁脉石的抑制剂；AF－2是无机盐，是多硫化物，对镍矿物和镍磁黄铁矿有活化作用；0#油是中性油，有调泡和消泡作用。针对国外某硫镍矿含硫低和含氧化镁高等特点，不改变现工艺流程，不提高磨矿细度，用J－622作捕收剂，AT－1、AF－2和0#油组合作抑制剂，不但使易粉碎、可浮性好的含镁脉石被有效抑制，而且活化了镍黄铁矿和含镍磁黄铁矿，镍回收率提高5.43%，精矿中氧化镁含量降低2.89%。

(3)水玻璃、荷性淀粉、六偏磷酸钠混合抑制剂用于萤石浮选：矿石中含46% CaF_2、4.5% SiO_2、3%～4%高岭土、2%方解石，磨矿后－0.074 mm粒级占70%，加碳酸钠调pH，用水玻璃、荷性淀粉、六偏磷酸钠混合抑制剂，皂化油为捕收剂进行粗选，丢尾矿，精矿用水玻璃、柠檬酸混合剂作抑制剂，通过六次精选，中矿集中返回粗选，得含98.31% CaF_2、0.66% SiO_2、0.45% $CaCO_3$ 的萤石精矿，回收率达85.73%，效果较好。

(4)用“石灰法”浮选白钨：“石灰法”浮选白钨用的混合抑制剂包含石灰、碳酸钠、水玻璃。广西资源钨矿有日处理100 t的白钨选厂，处理矿石含金属矿物为白钨矿，其次为辉铋矿、铜蓝、黄铁矿、方铅矿等。脉石主要是方解石、石英，其次是石榴子石、透辉石、阳起石、长石、符山石及少量电气石、泥石、斧石、磷灰石。破碎磨矿后，入选粒度 -0.074 mm的占65%～75%。经脱硫后进入白钨浮选，用731为捕收剂经一次粗选六次精选得白钨精矿。为了验证“石灰法”的好坏，采用石灰、碳酸钠、水玻璃混合剂的“石灰法”与不加石灰而只加碳酸钠、水玻璃为抑制剂进行对比试验，结果见表10－15。

表10－15 石灰法与碳酸钠－水玻璃合剂浮白钨结果对比

日期	验证条件	给矿品位 (WO_3)/%	精矿品位 (WO_3)/%	尾矿品位 (WO_3)/%	回收率 (WO_3)/%
8月15日	碳酸钠与水玻璃	0.56	61.0	0.14	72
8月16日	石灰法	0.938	68.4	0.207	77.953

从表10－15看出，石灰法效果比只用碳酸钠加水玻璃作抑制剂效果好。

10.14.3 组合抑制剂的抑制机理

不同的混合抑制剂对不同的矿石的抑制机理不可能是相同的，到目前为止也没有一种理论能推断出什么样的矿石应用什么样的混合抑制剂，一般都是通过实践找出合适的混合抑制剂。下面介绍两种混合抑制剂的作用机理。

1.用脂肪酸作捕收剂“石灰法”浮白钨的作用机理

添加到矿浆中的石灰对浮选白钨来说，主要起作用的是钙离子，它在萤石和方解石表面具有选择性吸附，并使萤石和方解石表面电荷由负变正，而白钨仍保持为负值。图10－11是石灰浓度对白钨和萤石 ζ 电位影响的测定结果。随后加入的碳酸钠在矿浆中电离为 Na^+ 和 CO_3^{2-}，CO_3^{2-} 根将 Ca^{2+} 离子沉淀，因此萤石和方解石表面被碳酸钙沉淀覆盖，脂肪酸难捕收萤石和方解石，造成

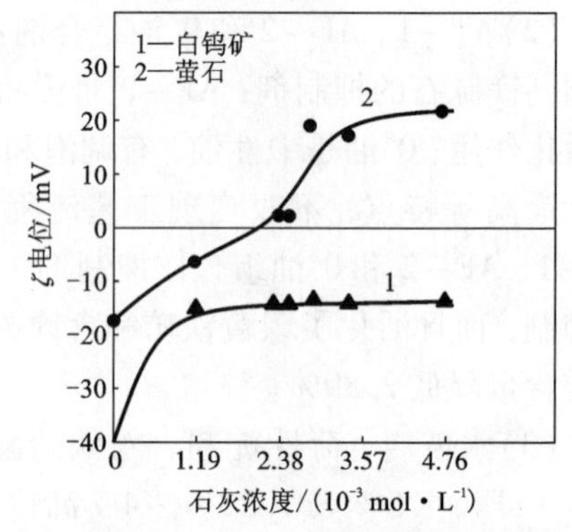

图10－11 石灰对 ζ 电位的影响

只有白钨能被羧酸捕收剂吸附而选择性上浮。另一方面通过水玻璃的抑制作用，选择性地降低了羧酸捕收剂在方解石和萤石上的吸附量，从而给白钨优先浮选创造了条件。

2. 硫化钠在柿竹园黑白钨粗精矿加温精选中的作用机理

硫化钠是一种弱酸强碱盐。市售硫化钠一般含多个结晶水，易水解，水解反应如下：

$$Na_2S \xlongequal{} 2Na^+ + S^{2-} \tag{1}$$

$$S^{2-} + H_2O \xlongequal{} HS^- + OH^- \tag{2}$$

$$HS^- + H_2O \xlongequal{} H_2S + OH^- \tag{3}$$

硫化钠溶液中含有 S^{2-}、HS^-、OH^- 阴离子和 Na^+ 离子以及氢硫酸。这些离子及氢硫酸的浓度，取决于硫化钠浓度和溶液的 pH，硫化钠在浮选中的作用与这些离子的浓度有关。

当 pH<7 时，氢硫酸占优势；当 pH 为 7~13.9 时，硫氢根为优势组分。在 pH>13.9 时，硫离子是优势组分。黑、白钨加温时添加硫化钠和水玻璃组合剂，加温过程 pH 大于 12，因此，硫化钠在矿浆中起主要作用的是组分 HS^- 和 S^{2-}。

柿竹园多金属硫化矿浮选，采用钼、铋等浮和铋、硫等浮的新型工艺，该工艺对硫化钼、铋的回收效果好。但由于原矿中黄铁矿含量波动大，从等浮使用的药剂和浮选矿浆的 pH 分析，浮硫过程对黄铁矿、磁黄铁矿的活化和捕收比较薄弱，从流程配置上也重视不够。加上矿浆中含大量未磁净的铁矿物，铁离子消耗浮硫药剂，影响选硫过程，因此浮硫尾矿中有相当部分黄铁矿、磁黄铁矿未能充分上浮，即留在矿浆中，会影响下一步黑白钨混合浮选精矿的品位。

黑、白钨混合浮选中选厂采用了螯合捕收剂，该捕收剂对多价金属离子如 Cu^{2+}、Zn^{2+}、Fe^{2+}、Mn^{2+} 等有较强的螯合作用，能吸附在含这些离子矿物的阳极区，使它们得到回收。生产中螯合捕收剂的用量较大，约为 500 g/t。除了黑、白钨矿外，矿浆中残余的黄铁矿、磁黄铁矿也是螯合捕收剂的作用对象，是黑白钨混浮粗精矿中含有黄铁矿、磁黄铁矿的主要原因。

加温精选过程中加入硫化钠，在高 pH 矿浆中主要的水解组分是 HS^- 和 S^{2-}。HS^- 和 S^{2-} 能排斥原先吸附在黄铁矿、磁黄铁矿表面的硫化矿捕收剂，并吸附在黄铁矿、磁黄铁矿表面的阳极区，使它们的亲水性增加，达到抑制目的。白钨精矿含硫要求不超过 0.3%，因此在加温精选中，添加硫化钠、水玻璃混合剂比单一添加水玻璃，对含硫矿物的抑制效果更好，使白钨精矿的含硫更易达标。

在黑白钨混合粗精矿中，含钙矿物除白钨外，还有萤石、方解石和石榴石等矿物。由于含钙矿物多，特别是方解石中的钙离子极易转入液相，使矿浆中钙离子含量增大，钙离子、镁离子浓度增大，将恶化浮选效果。同时由于黑白钨混浮中，添加硝酸铅作活化剂，因此黑白钨混合粗精矿中含有 Pb^{2+}。Pb^{2+} 在加温精选中除活化黑白钨矿外，还能活化其他含钙矿物和脉石矿物，从而给白钨分离造成困难，故有必要消除矿浆中的活化离子。

从水解反应可知，硫化钠水解时产生氢氧根离子，矿浆中的氢氧根离子能与 Ca^{2+}、Mg^{2+} 形成氢氧化物沉淀，从而降低难免离子对白钨浮选过程的影响，其反应式见式(4)。矿浆中硫化钠水解的另一重要组分 S^{2-}，可以与很多金属离子如 Sn^{2+}、Bi^{3+}、Cu^{2+}、Pb^{2+}、Zn^{2+}、Fe^{2+}、Co^{2+}、Ni^{2+}、Mn^{2+} 等生成硫化物沉淀。以 Bi^{3+}、Cu^{2+} 和 Pb^{2+} 为例，S^{2-} 与它们的反应式见式(5)～式(7)。

$$Ca^{2+} + 2OH^{-} = Ca(OH)_2 \downarrow \tag{4}$$

$$Pb^{2+} + S^{2-} = PbS \downarrow \tag{5}$$

$$2Bi^{3+} + 3S^{2-} = Bi_2S_3 \downarrow \tag{6}$$

$$Cu^{2+} + S^{2-} = CuS \downarrow \tag{7}$$

硫化钠与矿浆中游离的多价金属离子生成不溶物沉淀后，可降低这些离子在矿浆中的浓度，从而降低对白钨矿浮选的影响。当矿浆中 Pb^{2+} 浓度降低时，Pb^{2+} 对黑钨矿的活化作用降低，黑钨矿在加温精选中不易上浮；同时 Pb^{2+} 对其他含钙矿物及脉石矿物的活化作用也降低，使脉石矿物不易上浮，有助于白钨矿的浮选分离，从而得到高质量的白钨精矿。

10.15 用代号表示的抑制剂

用代号表示的一些抑制剂列于表 10－16 中，供读者参考，表中所列抑制剂均标明出处，读者对某种抑制剂有兴趣时，可查阅资料来源与原作者联系交流。

表 10－16 用代号表示的抑制剂

序号	抑制剂名称或代号	简要说明	抑制矿物	资料来源
1	DF－3# 抑制剂	用 DF－3# 能全部代替石灰，在 pH = 8 左右进行铜硫分离	黄铁矿	金属矿山，2002(2)：34～35
2	RC 抑制剂	从制纸废液中提取，分子中含有—COOH、—OH 等基团；RC 抑制对黄铁矿和磁黄铁矿有很强的抑制作用，在硫化矿浮选中可配合黄药使用	黄铁矿	矿冶工程，2003(6)：27～29(37)

续表 10－16

序号	抑制剂名称或代号	简要说明	抑制矿物	资料来源
3	DS＋YD组合抑制剂	用DS＋YD抑制黄铁矿，用黄药浮方铅矿，可在pH＝9进行，大量节约石灰	黄铁矿	南方冶金学院学报，2004(2)：1～2
4	MAA抑制剂	用黄药作捕收剂，MAA抑制砷黄铁矿，浮选黄铁矿，使二者分离	砷黄铁矿	国外金属选矿，2004(7)：28～30(9)
5	ZL－01抑制剂	某氧化率高铅锌矿用石灰和ZL－01抑锌浮铅得到较好结果	闪锌矿	有色金属（选矿部分），2003(2)：37～40
6	MY_1+ZnSO_4	某复杂硫化铅锌矿，采用MY_1+ZnSO_4抑锌浮铅，得到好结果	闪锌矿	甘肃冶金，2003（增刊）：20～33
7	D_6抑制剂	用硫化黄药法或硫化胺法不脱泥浮选氧化率92%以上的铅锌矿，用D_6抑锌可获得含Pb 60.8%、含Zn 5.84%、回收率92.72%的铅精矿和含锌36.4%、含铅0.5%、锌回收率83.22%的锌精矿	硫化锌氧化锌	有色矿山，2002(2)：25～28
8	TS抑制剂	是铜钼分离的抑制剂，工业试验表明与硫化钠相比，在分离结果相近的情况下，TS单耗6.21 kg/t，Na_2S单耗50 kg/t	硫化铜	有色金属（选矿部分），2000(6)：44～46
9	DPS铜铅分离抑制剂	DPS对黄铜矿、方铅矿有抑制作用，pH＝10时分选铜铅精矿效果好	黄铜矿方铅矿	矿冶工程，2001(1)：36～38
10	ASC抑制剂	ASC对方铅矿有很好的抑制作用而对黄铜矿不抑制，能代替$K_2Cr_2O_7$实现铜铅分离	方铅矿	矿产保护与利用，2000(5)：39～41
11	CCE组合抑制剂	对矿床中被铜离子活化的闪锌矿有去活作用，加入CCE后再加$ZnSO_4$和亚硫酸钠，便能使锌矿物在铜锌分离中得到很好的抑制	闪锌矿	矿产保护与利用，2002(1)：26～29
12	SA_3系列抑制剂	SA_3与十二胺醋酸盐配合使用，能抑制90%以上的一水硬铝石，而高岭石、叶蜡石上浮率大于80%，因此可实现一水硬铝石与高岭石、叶蜡石反浮选分离，SA_1、SA_2、SA_3对一水硬铝石的抑制强度由大到小次序为SA_3，SA_2，SA_1	一水硬铝石	矿产保护与利用，2001(2)：38～42

续表 10-16

序号	抑制剂名称或代号	简要说明	抑制矿物	资料来源
13	RC 抑制剂	RC 是一种新型的抑制剂,从造纸厂废液中提取。红外光谱证明,RC 分子中含有—COOH、SO_3^-、—OH基等。实践证明 RC 对黄铁矿和磁黄铁矿有较强的抑制作用,用黄药作捕收剂,RC 作抑制剂,浮选有色金属硫化矿时,RC 与黄药对黄铁矿和磁黄铁矿表面存在竞争吸附关系,在 pH = 10 的环境中,对 RC 吸附有利,由于它有众多的亲水基团,使得黄铁矿和磁黄铁矿亲水而起抑制作用	黄铁矿和磁黄铁矿	徐竟,孙伟,张芹. 矿冶工程,2003(6):27~29;2006(1):26~28
14	DS + YD 组合抑制剂	实际矿石试验结果证实,用石灰调浆使 pH = 9,DS + YD 组合剂作抑制剂,用黄药作捕收剂,能有效地实现方铅矿与黄铁矿浮选分离	黄铁矿	叶雪均等. 南方冶金学院学报,2004(2):1~2
15	MAA(镁铵混合剂)	MAA(镁铵混合剂)抑制砷黄铁矿。试验发现,砷黄铁矿与黄铁矿分离的最佳条件是 pH = 8.2,乙基黄药浓度 2.14×10^{-3} mol/L,MAA 浓度 250 mg/L,在此条件下砷黄铁矿回收率为 25.5%,黄铁矿回收率为 62.1%,砷黄铁矿和黄铁矿回收率分别降低 63.0%和 7.5%	砷黄铁矿	塔普利等. 国外金属矿选矿,2004(7):28~30
16	MY_1 抑锌 M_2 抑 SiO_2	MY_1 抑锌,M_2 抑 SiO_2。某硫化铅锌矿复杂难选,采用硫酸锌与 MY_1 组合抑制剂抑锌,在自然 pH 条件下浮铅,粗精矿再磨后精选,得到铅精矿。浮选铅尾矿采用 M_2 抑制 SiO_2 浮选锌,得到比较好的指标。闭路试验结果为:铅精矿铅品位 56.4%,回收率 87.72%;锌精矿锌品位 54.1%,回收率 82.67%。用其他抑制剂试验,得不到这种指标	闪锌矿 石英	穆晓辉. 甘肃冶金 2003(增刊):20~30

续表 10 – 16

序号	抑制剂名称或代号	简要说明	抑制矿物	资料来源
17	KS – MF 抑制剂	KS – MF 抑制剂与阳离子捕收剂配合使用在乌拉尔钾盐公司浮选 KCl 的工业生产中，捕收剂消耗降低 20%，KCl 在尾矿中的损失降低 0.5%，在矿石中黏土质碳酸盐杂质含量提高的情况下，仍然提高了浮选过程的选择性	黏土质碳酸盐	季特科夫等. 国外金属矿选矿，2004(6)：4 ~ 9； 2004（8）：19 ~ 23
18	CLS – 01 铜铅分离抑制剂	采用 CLS – 01、CLS – 01 + $K_2Cr_2O_7$、$K_2Cr_2O_7$ + Na_2SO_3、Na_2SO_3 + $FeSO_4$ 和 $K_2Cr_2O_7$ + Na_2SO_3 + $ZnSO_3$ 等抑制剂进行对比试验，试验结果表明，以 CLS – 01 效果最好，铜精矿铜品位 27.66%，回收率 49.80%；铅精矿铅品位 71.65%，回收率 75.12%	方铅矿	杨金林，张红梅，谢建宏等. 矿业快报，2005(8)：15 ~ 16
19	PALA	经铜离子活化的铁闪锌矿和毒砂，浮选性能相似，有机抑制剂 PALA 表现出选择性的抑制作用，能有效地抑制毒砂的浮选，而不影响铁闪锌矿的可浮性	毒砂	熊道陵，胡岳华，覃文庆. 中南大学学报，2006（4）：670 ~ 674；矿冶工程，2006（3）：23 ~ 26
20	TZK – 3	试验研究与生产实践表明，采用高效 TZK – 3 调整剂，能明显使钼精矿品位提高到 48% 以上，降低钼精矿中的杂质，铜品位稳定控制在 0.5% 以下。对比试验结果表明：用 TZK – 3 药方，原矿钼品位为 0.69% 时，精矿钼品位和回收率分别为 49.25% 和 92.84%；用现场药方，原矿钼品位为 0.69% 时，精矿钼品位和回收率分别为 38.13% 和 92.83%。TZK – 3 的毒性很低，小白鼠 LD_{50} = 2000.46 mg/kg	硅酸盐和脉石	丁文森，曹光明，吴志山. 有色金属（选矿部分），2006（1）：39 ~ 44

续表 10－16

序号	抑制剂名称或代号	简要说明	抑制矿物	资料来源
21	EM－421	EM－421是毒砂、硫铁矿的高效抑制剂。EM－421、漂白粉和$KMnO_4$等毒砂抑制剂的对比试验结果表明,采用EM－421时矿浆不需提高pH就可有效地分离铜砷(硫),得到高质量的铜精矿;用丁基黄药作捕收剂,EM－421作抑制剂,松醇油作起泡剂对某高砷铜锡矿闭路浮选,可从含1.08% Cu、2.02% As和0.52% Sn的给矿,得到精矿含23.87% Cu、0.14% As和0.15 Sn,其回收率分别为87.69%、0.28%和1.15%	毒砂	廖文详,李成秀. 矿产综合利用, 2007(3):3～6
22	W－98	W－98为磷灰石抑制剂。W－98是磷酸类衍生物,含有磷酸根离子,对磷灰石表面的钙离子有极强的吸附作用,因此具有较强的选择性。用TM－1(植物油脂肪酸皂加表面活性剂)1.25 kg/t为捕收剂,W－98 1.5 kg/t作抑制剂,H_2SO_4 3 kg/t作pH调整剂,常温反浮选宜昌中低品位胶磷矿,获得含30.10% P_2O_5和0.48% MgO、回收率87.58%的磷精矿	磷灰石	罗惠华,余爱萍. 矿业快报, 2007(4): 38～40
23	WL	WL为铜钼分离抑制剂。针对西藏某矽卡岩型钼矿石的性质,采用一段磨矿后粗选。用柴油和黄药作捕收剂,松醇油作起泡剂,得到混合精矿,将混合精矿再磨后,进行铜钼分离,采用组合抑制剂WL,经过4次精选,得到含52.6% Mo、回收率89.31%的钼精矿,铜精矿铜品位19.69%,回收率92.50%	硫化铜	戴新宇. 矿产综合利用,2007(5):7～10

续表 10 - 16

序号	抑制剂名称或代号	简要说明	抑制矿物	资料来源
24	BK501	BK501可抑制水铝石。在河南某铝土矿中试结果：给矿含64.00% Al_2O_3，铝硅比5.93，精矿Al_2O_3品位68.49%，回收率85.02%，铝硅比10.22，可见用YC作捕收剂，BK501作抑制剂浮选铝土矿效果好。Zeta电位和红外光谱测试结果表明，BK501在高岭石表面上发生化学反应，在水铝石表面上有化学吸附也有物理吸附	水铝石	Zhang YH, Wei DZ. Proceedings of XXIV IMPC, 2008:1563～1567
25	DZ抑制剂	DZ可抑制闪锌矿。某铅锌硫化矿嵌布粒度细，伴生关系复杂，用Na_2CO_3作pH调整剂，DZ作抑制剂抑制闪锌矿，用丁基铵黑药优先浮选方铅矿，浮铅尾矿浮锌。先用硫酸铜活化被DZ抑制的闪锌矿，用丁基黄药浮锌。闭路试验结果：原矿含3.49% Pb和4.61% Zn；铅精矿含56.26% Pb，铅回收率93.36%；锌精矿含48.56% Zn，锌回收率93.36%	闪锌矿	林美群，魏宗武，陈建华. 矿产保护与利用，2008(11):30～32
26	GZT抑制剂	GZT抑制剂是广西大学研制的新抑制剂，能抑制铅锑精矿中的杂质，提高铅锑精矿品位。小型试验和工业试验结果表明，GZT是一种有效的硫化矿选择性抑制剂，工业试验中将长坡选矿厂铅锑精矿的铅加锑品位提高9.61%，同时铅锑精矿中锌含量降低2.79%，铅和锑回收率分别提高4.75%和4.19%	铅锑精矿中的杂质	龙秋容，陈建华，李玉琼. 金属矿山 2009(4):50～52

续表 10－16

序号	抑制剂名称或代号	简要说明	抑制矿物	资料来源
27	HJ 和 LP 组合剂	HJ 和 LP 组合抑制剂可抑制含钙脉石矿物。对在钨、钼、铋、萤石多金属矿和重选老尾矿中的钨矿物综合回收时,采用 HJ 和 LP 组合抑制剂抑制含钙脉石矿物,进行常温浮选。闭路试验分别从含 0.34% WO_3 给矿得到含 14.4% WO_3、回收率 72% 的粗精矿,大幅降低粗精矿产量,使后续的加温浮选成本降低	方解石 白云石	周菁,朱一民. 有色金属(选矿部分),2008(5):44～46
28	YY_1	YY_1 是碳酸盐矿物的抑制剂,在磷矿浮选中,添加 YY_1 正浮选尾矿 MgO 质量分数从 2.31% 上升到 18.23%。尾矿中 MgO 回收率从原矿的 8.86% 提高到 46.88%,而精矿中 MgO 回收率从原矿含量 91.12% 降到53.11%,证明 YY_1 对白云石等碳酸盐有明显的抑制作用。文中还对 YY_1 的抑制剂机理进行了探讨	碳酸盐矿物	梁永忠,罗廉明,夏敬源等. 化工矿物与加工,2009(2):1～2
29	D_1 抑制剂	D_1 抑制剂可抑制含钙矿物。用单矿物和人工混合矿物试验结果表明,用 733 + F305 作捕收剂,D_1 作抑制剂,D_1 能有效地抑制方解石和萤石,而对白钨矿、黑钨矿的可浮性未产生较大的影响。用柿竹园实际矿石试验结果表明,经一次粗选从 WO_3 品位为 0.51% 的给矿得到含 WO_3 为 4.56%、回收率为 82.14% 的钨精矿	方解石 萤石	杨耀辉,孙伟,刘红尾. 有色金属(选矿部分),2009(6):50～51
30	MF 有机抑制剂	MF 有机抑制剂用于硫精矿降砷。对云南某地磁选尾矿矿石性质分析后,用浮选方法考察了有机抑制剂腐殖酸、GP、RC、MF 和各自用量对硫精矿降砷的结果,其中 MF 较好,硫砷精矿经一次粗选、两次精选、一次扫选,获得硫精矿硫品位 43.89%、砷品位 0.58%,硫回收率 54.95%;砷精矿含砷 11.41%,含硫 9.23%,砷回收率 65.80%	砷黄铁矿	杨玮,张建文,覃文庆. 矿业研究与开发,2010(4):27～29

参考文献

[1] 胡熙庚. 有色金属硫化矿选矿[M]. 北京: 冶金工业出版社, 1987.

[2] 朱一民, 周菁. 从雄黄浮选尾矿中浮选回收雌黄及机理[J]. 中国矿山工程, 2004, 33(6): 22~24.

[3] 陈虞铭. 用 $FeSO_4$ 和 NaCN 代替 $ZnSO_4$ 和 NaCN 作闪锌矿的抑制剂[J]. 中国矿山工程, 1992(2): 35~36.

[4] 胡熙庚. 国内外铜铅混合精矿的分离浮选[J]. 国外金属矿选矿, 1984(4): 1~6.

[5] 松全元. 二氧化硫对闪锌矿可浮性影响的研究[J]. 国外金属矿选矿, 1983(1): 51~57.

[6] 陈文胜. 硫化钠在黑白钨加温精选中的应用研究[J]. 中国钨业, 2002(3): 26~27.

[7] 梅光军, 薛玉兰, 余永富. 聚合硅酸对含铁硅酸盐矿物浮选抑制作用的机理[J]. 金属矿山, 2002(10): 24~27.

[8] 李少元, 张高民. 某含碳酸盐萤石矿选矿试验研究[J]. 有色金属(选矿部分), 2004(3): 47~49.

[9] 胡岳华, 陈湘清, 王毓华. 磷酸盐对一水硬铝石和高岭石浮选的选择性作用[J]. 中国有色金属学报, 2003, 13(1): 222~227.

[10] 邱廷省, 方夕辉, 罗仙平. 无机组合抑制剂对黄铁矿浮选行为及机理研究[J]. 南方冶金学院学报, 2000, 21(2): 95~98.

[11] 林日孝. GF 组合药剂浮选柿竹园多金属矿萤石的研究[J]. 广州有色金属学报, 2001(1): 9~11.

[12] 王中生, 郭月琴. CMC 在铜铅分离浮选中的应用[J]. 矿产保护与利用, 2002(1): 30~32.

[13] 夏述良. 金川二矿区富矿石提高镍精矿品位降低精矿氧化镁含量的研究和应用[J]. 国外金属矿选矿, 1998(4): 27~29.

[14] 李松春. 国外某硫化镍矿选矿新药剂的研究[J]. 化工矿山技术, 1997, 26(1): 23~25.

[15] 李盛锦. 常温下"石灰浮选法"浮选白钨在生产上的应用[J]. 有色金属(选矿部分), 1985(1): 59~60.

[16] 黄万抚. "石灰法"浮选白钨矿的研究[J]. 江西冶金, 1989(1): 16~19.

11 有机调整剂

11.1 概 述

在浮游选矿中，只使用无机抑制剂有一定局限性，某些矿石用无机抑制剂效果不够理想，而用有机抑制剂却取得更好的浮选指标，因此有机抑制剂使用逐渐增多。

11.1.1 使用有机抑制剂的目的

1)对矿浆中金属阳离子起束缚作用

在浮选的脉石中，大多数是天然可浮性很小、亲水性很强且难与捕收剂作用，但被金属离子活化后，可与捕收剂作用而浮起。例如：用脂肪酸作捕收剂浮选赤铁矿时，石英和其他硅酸盐矿物可被少量的 Fe^{2+}、Cu^{2+}、Zn^{2+}、Pb^{2+}、Ni^{2+}、Si^{2+}、Ti^{2+}、Ba^{2+}、Ca^{2+}、Mg^{2+} 等金属离子活化而上浮，如果能用一种有机药剂将这些起活化作用的金属离子束缚起来，使它们不再活化，脉石矿物就被消除了它们的有害影响，例如 EDTA 有下述结构式：

$$(HOOCCH_2)_2NCH_2CH_2N(CH_2COOH)_2$$

它有很强的螯合能力，与 Co^{2+}、Mn^{2+}、Cu^{2+}、Zn^{2+} 等金属离子容易形成稳定螯合物，与 Ca^{2+}、Mg^{2+} 等碱土金属离子也能形成稳定的水溶性螯合物，它与 Ca^{2+} 的螯合物 $\lg K$ 值为 10.59，与 Mg^{2+} 的螯合物 $\lg K$ 为 8.69。达伦贝克等研究表明，由于 EDTA 对起活化作用的金属离子的螯合作用，石英的浮选完全受到抑制。为了将矿浆中对脉石矿物有活化作用的金属离子束缚起来，并不需要抑制剂具有高度的选择性，相反，矿浆中往往是多种金属离子同时存在，它应能与矿浆中的大多数离子一起束缚，消除它们对脉石的活化作用，EDTA 便是一例。

2)增大矿物表面的亲水性

有机抑制剂吸附在矿物表面，增大矿物的亲水性并阻碍捕收剂的吸附，这种抑制剂要有较高的选择性，即只吸附于需要抑制的矿物表面，而不吸附或少吸附于需要浮起的矿物表面。例如巯基乙酸便是一例，它的结构式为：$HSCH_2COOH$，进行铜钼分离时，加入巯基乙酸抑铜，巯基吸附在黄铜矿表面，而羧基亲水，使得黄铜矿表面亲水而被抑制。巯基乙酸不吸附或少吸附在辉钼矿表面，天然疏水性很大的辉钼矿被非极性油捕收剂浮起。

3)有些有机抑制剂在某些场合下是活化剂

在另一个场合下它是活化剂。例如：在黑钨与锡石浮选分离时，用苄基胂酸作捕收剂，草酸作黑钨的抑制剂，松醇油作起泡剂能将锡石浮出，槽内产品是黑钨精矿。被石灰抑制的黄铁矿可用草酸作活化剂，用黄药浮出黄铁矿使之与脉石分离。因此本章名称用有机调整剂比用有机抑制剂更为恰当。

已经研究过或正在应用的有机抑制剂种类不少，选其中重要的小分子有机抑制剂和大分子抑制剂分述如下。

11.1.2 有机抑制剂的结构

抑制剂的一端必须具备能与被抑矿物发生强烈吸附的有选择性的基团，另一端具有亲水基团，基团之间有很短的烃基相连。可用 X—P—K 式表示，式中 X 为能选择性地吸附在受抑矿物表面的极性功能团，P 是极短的烃基，K 是亲水基团，X、K 一般为—OH，$—NH_2—$、—NH—、—SH、—COOH、$—OSO_3H$、$-\overset{\overset{\displaystyle S}{\|}}{C}-S-$ 等。

能够束缚矿浆中各种金属离子的抑制剂，其烃基两端为多个羧基或羧基、羟基的结构。

大分子抑制剂是由单体聚合而成，单体中均有一个或多个亲水基及能吸附在被抑制的矿物表面的亲固基。

11.2 小分子有机抑制剂

小分子有机抑制剂有羟基羧酸、羟基胺、多元醇，重点叙述羟基羧酸。

11.2.1 羟基羧酸

羧酸烃基上的氢原子被羟基取代后，就得到羟基羧酸。羟基羧酸分子中，可以含一个或多个羟基，也可以含一个或多个羧基。可作有机抑制剂的短碳链羟基羧酸有：

名称	结构式	用途
2-羟基丁二酸 (苹果酸)	HO—CH—COOH | CH_2—COOH	
2,3-二羟基丁二酸 (酒石酸)	HO—CH—COOH | HO—CH—COOH	抑制被硫酸铜活化的黄铁矿
3-羟基-3-羧基戊二酸 (柠檬酸)	CH_2—COOH | HO—C—COOH | CH_2—COOH	抑制被镁离子活化的石英
2-羟基丙二酸 (丙醇二酸)	COOH | H—C—OH | COOH	
3,4,5-三羟基苯甲酸 (没食子酸)	苯环1位COOH,3、4、5位OH	
2-羟基丙酸 (乳酸)	CH_3—CH—COOH | OH	
羟基乙酸	$HOCH_2COOH$	

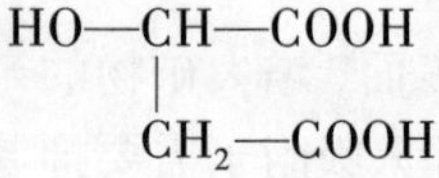

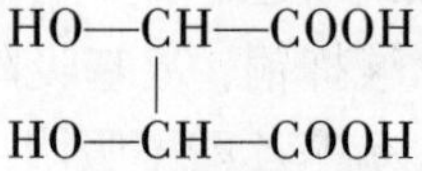

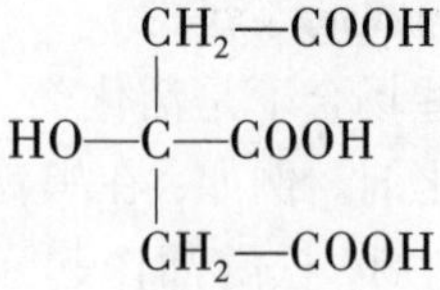

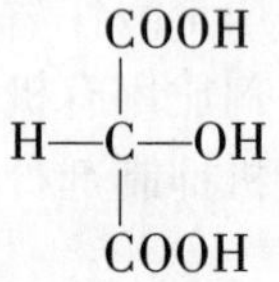

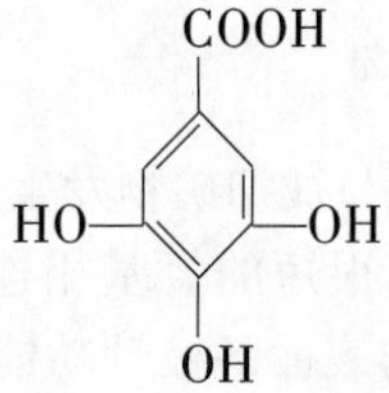

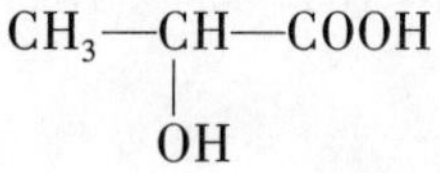

羟基羧酸分子中,至少含有一个羟基和一个羧基,两者都能与水形成氢键,所以,羟基羧酸一般较相应的羧酸易溶于水,不易溶于石油醚等非极性溶剂。低级羟基羧酸可以与水混溶。

羟基羧酸具有羟基和羧基的各种反应,如生成醚和酯,呈酸性反应,羟基可以被氧化成羰基等。但两个功能团同时存在一个分子中,互相也会有影响,也具有特殊性质。

由于羟基是一个吸电子基团,在多数情况下,会增强羧基的酸性,所以一般的羟基羧酸的酸性比相应的羧酸强,其增强程度则视羟基所在位置而定,羟基距离羧基愈远,则对于酸性的影响愈小。

在配位化学中,短碳链羟基羧酸是一种螯合剂,容易与金属阳离子螯合,形成溶于水的螯合物，例如：

$$\begin{array}{l} HO-CH-COOH \\ \qquad\ \ | \\ HO-CH-COOH \end{array} + Cu^{2+} \rightleftharpoons Cu\begin{array}{l} \diagup O-CH-COOH \\ \qquad\quad\ \ | \\ \diagdown O-CH-COOH \end{array} + 2H^{+}$$

$$(HO)_3C_6H_2-COOH + Ca^{2+} \rightleftharpoons Ca\begin{array}{l} \diagup O- \\ \diagdown O- \end{array}C_6H_2(OH)-COOH + 2H^{+}$$

所以有机抑制剂的一部分功能团与金属阳离子通过配位键形成螯合物后，另一部分未与金属阳离子螯合的基团则亲水，故易溶于水中；若与矿物表面的金属离子成键而螯合，则另一部分基团向外与水形成水膜，显示抑制性质。大部分金属阳离子都能够与螯合剂形成稳定的螯合物。

1. 酒石酸

D－酒石酸以酸性钾盐形式存在于葡萄汁中，当用葡萄汁发酵时，以结晶形状析出。用此方法制得的酒石酸是无色晶体，熔点170℃，易溶于水中。酒石酸的钾钠盐与铜离子形成易溶于水的螯合物，使铜离子在碱性溶液中不致沉淀。

$$\begin{array}{l} HO-CH-COONa \\ \qquad\ \ | \\ HO-CH-COOK \end{array} + CuSO_4 + 2NaOH \longrightarrow Cu\begin{array}{l} \diagup O-CH-COONa \\ \qquad\quad\ \ | \\ \diagdown O-CH-COOK \end{array} + Na_2SO_4 + 2H_2O$$

2. 柠檬酸

柠檬酸存在于柠檬及其他橘柑类果实中，柠檬汁含有6%～10%的柠檬酸。柠檬酸为无色晶体，含一分子结晶水，其水化物在100℃时熔化，130℃失去结晶水，无水柠檬酸的熔点是153℃。柠檬酸是α－羟基羧酸，也是β－羟基羧酸，具有α，β－羟基羧酸的特性，例如与硫酸共同加热容易脱水。

$$\begin{array}{l} CH_2-COOH \\ | \\ C(OH)(COOH) \\ | \\ CH_2-COOH \end{array} \xrightarrow[\text{加热}]{H_2SO_4} \begin{array}{l} CH_2-COOH \\ | \\ C-COOH \\ \| \\ CH-COOH \end{array} + H_2O$$

柠檬酸可从柠檬中提取，工业上用柠檬酶将蔗糖、白薯发酵而得。

$$\underset{\text{蔗糖}}{C_{12}H_{22}O_{11}} + H_2O + 3O_2 \longrightarrow 2\underset{\text{柠檬酸}}{C_6H_8O_7} + 4H_2O$$

下面介绍用单烷基磷酸钠作捕收剂，柠檬酸作抑制剂浮选分离氟碳铈矿和独居石实例。

1）试样制备和试验方法

氟碳铈矿：从山东微山稀土矿中用磁选、重选等物理方法提纯氟碳铈矿，纯度大于95%。

独居石：取自广东南山海稀土矿的重选精矿，用电选、重选和磁选方法提纯，纯度大于95%。

白云鄂博混合稀土矿：取自现场生产的混合稀土精矿，含REO大于68%，氟碳铈含量为71.67%，独居石约占28.33%。

试验采用FXG—76型挂槽浮选机，容积为25 mL。每次浮选试验矿量为3 g，浮选温度30℃，浮选时间7 min。矿样粒度为 -74 ~ +15 μm。试验用水系一次蒸馏水。所用药剂除了单烷基磷酸钠(P_{538}，纯度大于95%)是中国科学院上海有机化学研究所提供的外，其余药剂为化学纯。

2)试验结果

在氟碳铈矿和独居石的分离浮选中，以单烷基磷酸钠作捕收剂，柠檬酸作调整剂可以使独居石和氟碳铈矿得到分离。

(1)介质pH对两种矿物可浮性的影响。

当以单烷基磷酸钠作捕收剂(用量10 mg/L)，并添加一定量的起泡剂MIBC(12 mg/L)浮选氟碳铈矿和独居石时，浮选结果示于图11-1。单烷基磷酸钠对独居石和氟碳铈矿都有较强的捕收作用。独居石在弱酸性介质中浮选回收率较高；氟碳铈矿随pH增高，浮选回收率随之增加。如果不添加其他选择性调整剂，单靠调整矿浆pH，单烷基磷酸钠(P_{538})难以将这两种矿物互相分离。

(2)柠檬酸对氟碳铈矿的抑制。

柠檬酸是一种羟基三元羧酸，能与稀土金属离子形成可溶性络合物。当单烷基磷酸钠(P_{538})用量为16 mg/L，MIBC用量为12 mg/L时，以柠檬酸作调整剂，对两种矿物可浮性的影响示于图11-2。柠檬酸对氟碳铈矿和独居石都有抑制作用，且对氟碳铈矿的抑制作用更强。当柠檬酸用量为50 mg/L时，氟碳铈矿受到强烈抑制，但独居石仍保持良好的可浮性。当改变矿浆pH，柠檬酸用量为200 mg/L时，试验发现氟碳铈矿在广泛的pH范围内几乎完全不浮，而独居石则具有相当高的可浮性(见图11-2)。单烷基磷酸钠(P_{538})用量16 mg/L，MIBC用量12 mg/L，在介质pH等于3左右，氟碳铈矿回收率不到6%，独居石回收率高达44%；当pH升高时，两种矿物回收率独居石升高，氟碳铈矿下降；当pH达到4.1时，独居石回收率上升到极大值，氟碳铈矿几乎不浮；在pH为4~6时独居石回收率变化不大；在中性至碱性介质中，独居石回收率随pH升高而逐渐下降，而氟碳铈矿则完全不浮(图11-3)。当捕收剂用量增加时，独居石和氟碳铈矿物的回收率都增加，只是独居石的回收率增加的幅度较大，如图11-4所示。当独居石回收率为90%以上时，氟碳铈矿回收率仅为15%，两者浮游性相距甚大。

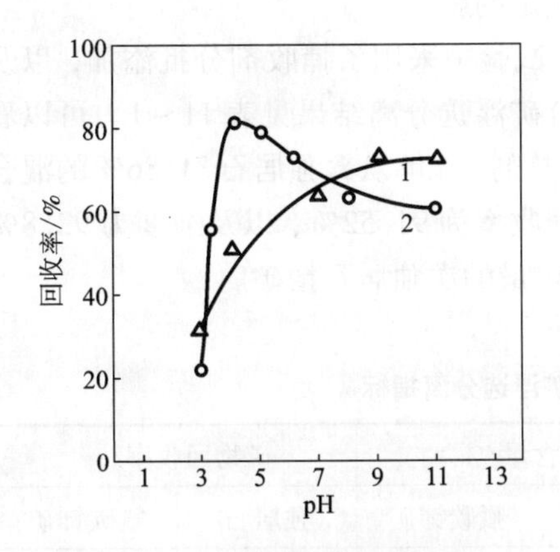

图 11-1 介质 pH 对两种矿物可浮性的影响

1—氟碳铈矿；2—独居石

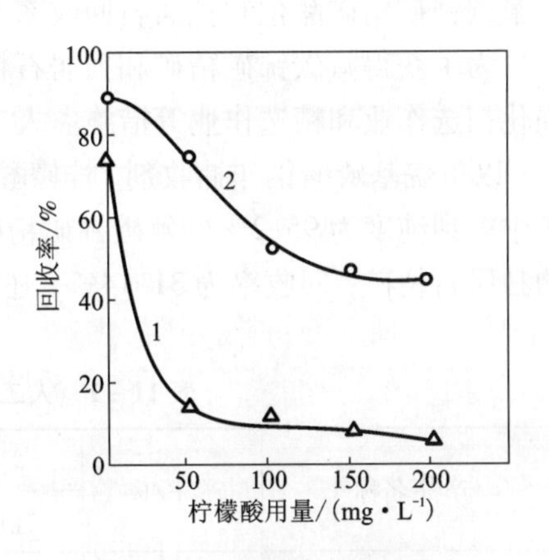

图 11-2 柠檬酸对两种矿物可浮性的影响

1—氟碳铈矿；2—独居石

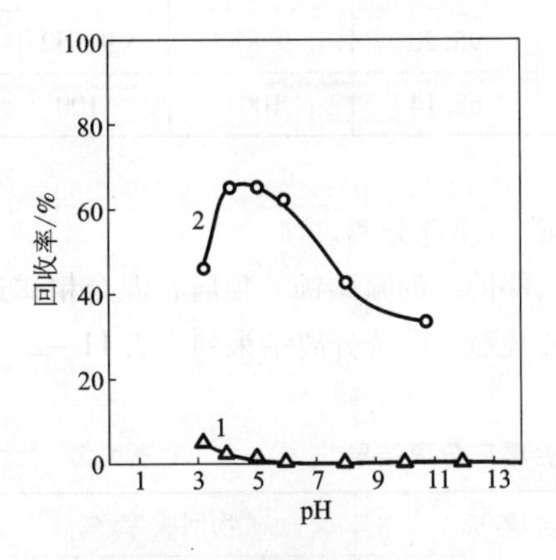

图 11-3 柠檬酸存在时 pH 对两种矿物可浮性的影响

1—氟碳铈矿；2—独居石

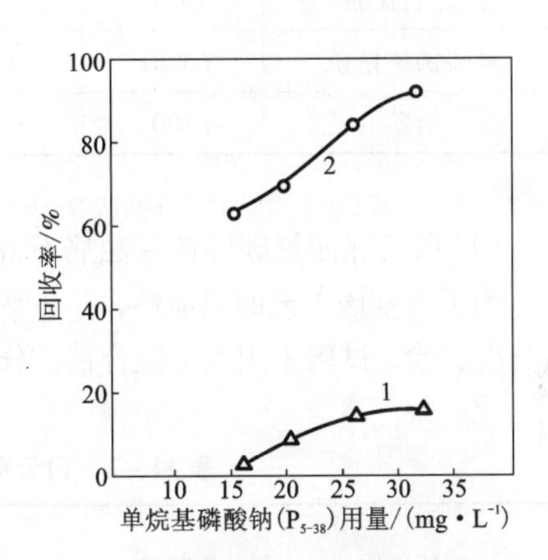

图 11-4 柠檬酸存在时捕收剂用量对两种矿物可浮性的影响

1—氟碳铈矿；2—独居石

由此可见，当采用柠檬酸作调整剂，用单烷基磷酸钠作捕收剂，在弱酸性介质中有可能浮选分离氟碳铈矿和独居石。

(3)氟碳铈矿和独居石混合矿的浮选分离。

人工混合矿浮选分离时，每次浮选试验矿样为4.5 g，m(氟碳铈矿):(独居石)=2:1。人工混合矿浮选分离试验表明，在pH=4~6，采用单烷基磷酸钠作捕收剂，柠檬酸作调整剂，能使氟碳铈矿和独居石有效地分离，而pH为5时，分选指标最好。增加柠檬酸用量对提高独居石精矿品位和氟碳铈矿回收率都有利，但对氟碳铈矿精矿品位和独居石回收率则有一定的影响。

为了获得氟碳铈矿精矿和独居石精矿，试验中采用了捕收剂分批添加，以及强化扫选作业和精选作业等措施。人工混合矿浮选分离结果见表11－1。可以看出，以单烷基磷酸钠作捕收剂，柠檬酸作调整剂，能够从含独居石31.86%的混合矿中得到纯度为95.2%的氟碳铈矿精矿，回收率为91.52%，以及纯度为92.8%的独居石精矿，回收率为31.14%，还有一定量的次独居石精矿。

表11－1　人工混合矿浮选分离指标

产品名称	产率/%	矿物含量/%		矿物回收率/%	
		独居石	氟碳铈矿	独居石	氟碳铈矿
独居石矿Ⅰ	10.69	92.80	7.20	31.14	1.13
独居石矿Ⅱ	8.37	89.40	10.60	23.49	1.30
独居石矿Ⅲ	15.43	73.30	26.70	35.50	6.05
氟碳铈矿精矿	65.51	4.80	95.20	9.87	91.52
给矿	100	31.86	68.14	100	100

(4)白云鄂博氟碳铈矿－独居石混合精矿的浮选分离。

为了考察该工艺的适应性，有必要对白云鄂博矿的氟碳铈－独居石混合精矿进行分离试验。试验采用人工混合精矿分离原则流程，浮选分离结果列于表11－2。

表11－2　白云鄂博混合精矿分离结果

产品名称	产率/%	矿物含量/%		矿物回收率/%	
		独居石	氟碳铈矿	独居石	氟碳铈矿
独居石精矿	33.88	61.20	38.80	73.18	18.34
中矿	10.85	24.20	75.80	9.27	11.48
氟碳铈矿精矿	55.27	9.00	91.00	17.55	70.18
给矿	100	28.33	71.67	100	100

试验结果表明，采用优先浮选独居石分离氟碳铈矿的新工艺处理白云鄂博氟碳铈矿－独居石混合精矿，可以获得纯度为91%的氟碳铈矿精矿，回收率为70.18%；纯度为61.2%的独居石精矿，回收率为73.18%。可见该工艺适用于白云鄂博混合稀土矿中独居石与氟碳铈矿的分离。分选指标比人工混合矿指标低的

主要原因是混合精矿吸附了羟肟酸，还含有一定量的杂质矿物。故脱除已吸附于矿物表面的捕收剂是本工艺应用于生产和获得良好分离指标的关键。

(5)柠檬酸抑制氟碳铈矿作用机理

通过ζ电位测定、红外光谱测定、光电子能谱(ESCA)测定等现代测试手段证明，柠檬酸既不是物理吸附，也不是化学吸附在矿物表面，而是选择性络合溶解氟碳铈矿表面的稀土离子，减少了矿物表面的活性中心，不利于捕收剂在矿物表面吸附，从而使氟碳铈矿亲水；独居石表面的稀土阳离子由于难以被柠檬酸选择性络合溶解，因而仍表现出良好的浮游性。

3. 没食子酸

没食子酸也叫棓酸或五倍子酸，存在于茶叶及许多植物中，通常从五倍子内提取。用稀酸或鞣酶水解五倍子中所含的鞣质(单宁或鞣酸)，则分解为没食子酸和葡萄糖。

没食子酸为棕色固体(纯者为无色)，熔点253℃(分解)，难溶于冷水，能溶于热水、乙醇和乙醚中。加热至200℃以上时，失去CO_2而成焦性没食子酸，即1，2，3-苯三酚(亦称连苯三酚)。

OH
HO OH
COOH
$\xrightarrow{>200℃}$
OH
HO OH
$+ CO_2$

没食子酸具有强还原性。

4. 羟基羧酸的抑制性能和抑制机理

由于多功能团的羟基羧酸的部分功能团可以与金属离子形成稳定的螯合物，未成键的功能团亲水，成为亲水性化合物，故这些羟基羧酸可以与某些矿物表面的金属离子螯合而成亲水性表面膜。例如苹果酸、酒石酸、柠檬酸、没食子酸等，在萤石和重晶石分选中，可作抑制剂抑制萤石。图11-5是用烷基硫酸盐和烷基苯磺酸盐作捕收剂，几种羟基羧酸对萤石的抑制结果，从图中可以看到这些有机抑制剂对萤石有显著的抑制作用。应该加以注意的是介质pH、捕收剂种类等因素对低分子有机抑制剂抑制萤石的效果有显著的影响，如在酸性范围内多数有机化合物对萤石的抑制作

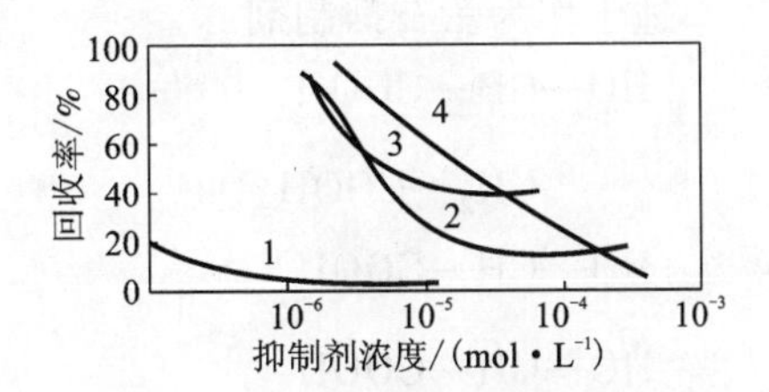

图11-5 使用烷基硫酸盐和烷基苯磺酸盐混合物捕收剂时各种羟基羧酸对萤石浮选的抑制活性

1—柠檬酸；2—苹果酸；3—酒石酸；4—没食子酸

用降低，又如使用阳离子作捕收剂时，可发生活化作用。

根据吸附和解吸的研究，柠檬酸大大降低了阴离子捕收剂(如烷基硫酸盐、羧酸盐)在萤石上的吸附，但不影响在重晶石上的吸附量，因而使用阴离子作捕收剂捕收重晶石，羟基羧酸作萤石抑制剂分离重晶石和萤石是适宜的。又根据流动电位研究，有文献认为有机抑制剂在萤石上首先发生化学吸附，物理吸附只有很小的可能性，因为吸附力强，就足以防止阴离子捕收剂在萤石上发生化学吸附而达到抑制效果。这种强大的化学吸附作用是由于有机抑制剂(B)与萤石晶格表面的 Ca^{2+}(A)发生键合作用生成表面螯合物(C)：

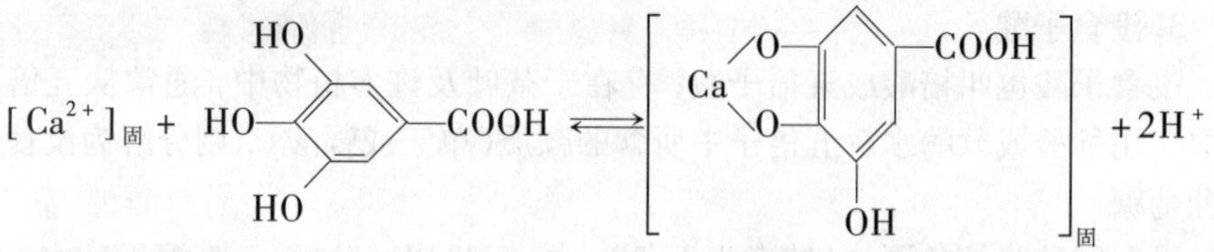

$$[Ca^{2+}]_{固} + (HO)_3C_6H_2\text{—COOH} \rightleftharpoons \left[\text{Ca}\langle{}^{O}_{O}\rangle C_6H_2(OH)\text{—COOH}\right]_{固} + 2H^+$$

(A)　　　　(B)　　　　(C)

这种解释可由下列事实证明:如果抑制剂的极性键合基团在分子中的排列位置适宜于生成螯合物时，则有机亲水药剂的吸附胜过捕收剂的吸附。在萤石和重晶石分离浮选中，有效的有机抑制剂除了应具备与矿物晶格表面的金属离子发生螯合作用的极性基团外，结构中还应具备另一些极性亲水基，才能达到既键合在矿物表面又形成亲水膜。例如 1, 2 - 二羟基苯、丁二酸、α - 羟基丙酸可以与 Ca^{2+} 螯合，但不生成亲水螯合物，故在浮选中不是抑制剂。只有柠檬酸、酒石酸、没食子酸等，分子结构中具有较多的极性基团，不仅强烈地键合于矿物表面，而且引起亲水，才是浮选中的抑制剂。下面列出适于和不适于作为萤石抑制剂的某些羟基化合物，以便比较选用。

适于作为萤石抑制剂	不适于作为萤石抑制剂
HO—CH(COOH)—CH_2—COOH	
HO—CH(COOH)—CH(OH)—COOH	CH_3—CH(OH)—COOH
CH_2(COOH)—C(OH)(COOH)—CH_2—COOH	

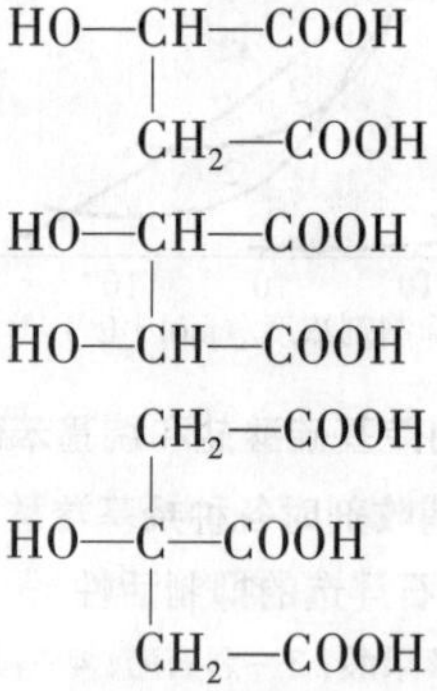

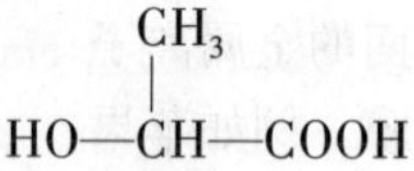

形成螯合物的难易程度和螯合物的稳定性，除了取决于螯合剂的结构外，还决定于金属离子的特性，一般金属离子的正电荷越多，半径越小，外层电子结构为非 8 电子构型的，其极化作用越强，其螯合物越易生成，越稳定，所以过渡元素的正离子容易形成络合物。重晶石与萤石对比，前者具有 Ba^{2+}，后者具有 Ca^{2+}，同属碱土金属的正二价离子，但 Ba^{2+} 的半径大于 Ca^{2+} 的半径，所以 Ca^{2+} 的螯合物比相应的 Ba^{2+} 的螯合物更为稳定，故萤石比重晶石更容易形成亲水螯合物而受抑制。

11.3 草 酸

在钨、锡分离浮选中，草酸是黑钨矿的抑制剂。草酸是最简单的二元羧酸，其结构式如下：

$$\begin{array}{c} COOH \\ | \\ COOH \end{array}$$

11.3.1 草酸的制法

草酸的制法有几种，这里只叙述其最重要的有工业意义的生产方法，即甲酸钠合成法。甲酸钠合成法制草酸的整个工艺过程，有以下四个反应：

$$NaOH + CO \xrightarrow{加压} HCOONa \tag{1}$$

$$2HCOONa \xrightarrow{加热} (COONa)_2 + H_2 \tag{2}$$

$$(COONa)_2 + Ca(OH)_2 \longrightarrow (COO)_2Ca + 2NaOH \tag{3}$$

$$(COO)_2Ca + H_2SO_4 \longrightarrow (COOH)_2 + CaSO_4 \tag{4}$$

反应(1)是氢氧化钠溶液与一氧化碳在加温加压下合成甲酸钠(溶液)。因为一氧化碳与氢氧化钠之间的反应较缓慢，故要求一氧化碳气体含量高于 30%，其来源是由煤气炉发生，在净化前二氧化碳含量低于3%，净化后含量低于0.2%。反应在套管中进行，套管用蒸汽加热，蒸汽压力为$(4\sim6)\times10^5$ Pa。氢氧化钠浓度为147～165 g/L。

反应(2)是甲酸钠转化为草酸钠，甲酸钠受热分解形成草酸钠和氢气，同时有碳酸钠、一氧化碳生成，碳酸钠的生成应视作草酸钠的直接损失：

$$(COONa)_2 \longrightarrow Na_2CO_3 + CO$$

此反应式虽然不能表达碳酸钠的反应生成过程，但符合化学计算结果，严重影响草酸收率。就甲酸钠物料中的杂质因素而言，钙是一种常见的有害杂质，即使含钙极少，也能显著扩大反应(2)中所得产物的碳酸钠/草酸钠比例，从而降低草酸钠回收率。游离氢氧化钠对反应(2)有利，可以提高回收率。甲酸钠加热升温速率及产物所受到的最高操作温度，也严重影响反应(2)中草酸钠的回收率。纯净的甲酸钠被逐步加热升温时，约至253℃可熔化而不分解。工业甲酸钠因含碱和水，若逐步升温，则在较低温度时便熔化，在300℃开始分解，产物中大部分是碳酸钠、氢及一氧化碳，只有少部分是草酸钠。若急速加热升温，当温度接近380℃或更高时，便立即发生强烈的放热反应，借此可获得高回收率的草酸钠和氢气。温度过高(440℃以上)也不利，草酸钠会分解。因此，欲获得高回收率，必须采取急速加热升温措施，借以迅速越过不利的温度区域，达到适宜的转化温度。与此同时还应注意供热不宜过分，否则由于反应急剧而不易控制，将引起烧料损失。

要满足上述操作要求，关键在于转化反应开始前，必须蓄有足够的热能。为此，甲酸钠的熔化宜逐步进行。令其熔化完全，以免随后急速加热时再消耗熔解热，确保升温能迅速完成。在这种操作方式下，甲酸钠在接近转化的临界温度之前便可避免不利反应发生。熔融的甲酸钠是通过蓄热器(内装许多金属块)而得到急速加热，蓄热器能够将物料快速加热至临界温度之上。这一反应剧烈且不易控制，为了安全，反应放出的氢气必须及时予以处理，同时要考虑回收和利用反应热。每批甲酸钠物料仅在几分钟内即从熔盐状态变为体积膨大、通常是浅棕色的草酸钠粉末。

草酸钠在水中的溶解度比碳酸钠低，因此用水洗法即可将草酸钠粗制品中的可溶性杂质除去，从而获得较纯的草酸钠。

反应(3)是将水洗处理后的草酸钠与石灰浆混合，进行苛化反应。在此反应中，全部钙离子转化为难溶草酸钙(其中只含微量草酸钠)，同时形成氢氧化钠溶液。此反应可与反应(1)合并进行，即石灰浆与草酸钠同时进入一氧化碳吸收器进行反应，反应产物便是草酸钙和甲酸钠溶液，这两个产物经过滤即可分离，滤泥草酸钙不需干燥即可进行反应(4)，滤液甲酸钠溶液需细心蒸发浓缩。

反应(4)是草酸钙的硫酸酸化，使草酸析出。草酸钙与硫酸溶液在一衬铅设备中加热反应，这一反应容易定量进行，产物是草酸及难溶的硫酸钙，过滤分离，热的草酸溶液经冷却结晶，离心分离，即得含2个结晶水的草酸$(COOH)_2 \cdot 2H_2O$成品。

11.3.2 草酸的性质

从水溶液中结晶析出的草酸都含2分子结晶水，是无色单斜棱形晶体，熔点101.5℃；在水中的溶解度随温度的升高而增大，其近似值可按下式计算：

$$0 \sim 60℃时，S = 3.42 + 0.168t + 0.0048t^2$$

$$50 \sim 90℃时，S = 0.333t + 0.003t^2$$

式中，S为每100 g溶液中草酸的克数，t为温度。草酸水溶液为中强酸，其电离常数分别为：$K_1 = 6.5 \times 10^{-2}$，$K_2 = 6.0 \times 10^{-5}$。将二水草酸急剧加热，则失去结晶水。无水草酸可从以下两种方法获得：

①用低沸点惰性溶剂（如四氯化碳）将二水草酸蒸馏脱水；

②用热空气加热脱水，但加热温度以低于二水草酸熔点3℃为宜。

无水草酸加热未达熔化温度（185～190℃）时，即可发生部分分解，形成的产物有甲酸、一氧化碳、二氧化碳和水。在添加脱水剂（如硫酸）的情况下，可以加速草酸及其盐类的热分解反应。草酸受热分解反应式之一为：

$$(COOH)_2 \longrightarrow CO_2 + CO + H_2O$$

草酸是一种弱还原剂，在酸性溶液中用高锰酸钾氧化，便生成二氧化碳和水。

$$2KMnO_4 + 5(COOH)_2 + 3H_2SO_4 = 2MnSO_4 + K_2SO_4 + 10CO_2 + 8H_2O$$

草酸与金属盐作用，可以形成正盐、酸式盐，草酸与醇在脱水剂存在下，可以形成酯，这些都是草酸的典型反应。除碱金属草酸盐及草酸铁外，其他草酸盐都是难溶于水的。

11.3.3 草酸的抑制性能

用苄基胂酸作捕收剂浮选分离锡石和黑钨混合精矿时，草酸是黑钨矿的有效抑制剂。

草酸抑制黑钨矿细泥的单矿物浮选试验在65 mL挂槽式浮选机中进行，试验流程为：给矿搅拌5 min，加草酸搅拌3 min，加苄基胂酸搅拌10 min，浮选黑钨矿3 min，试验结果见图11－6。由图11－6看出，在未加草酸时，黑钨矿细泥在介质pH为1～7可浮性相当好，在pH＞9以后几乎不浮。加入草酸后，在pH＞3时开始发生明显的抑制作用，在pH＞5时黑钨矿被抑制效果最佳。

草酸抑制黑钨矿细泥的连选试验在XFL－80型3L环射式浮选机上进行，使用六联槽2台。苄基胂酸、草酸、松醇油及pH调整剂均为工业品。给矿量为9

kg/h。试验流程见图 11－7，试验结果见表 11－3。

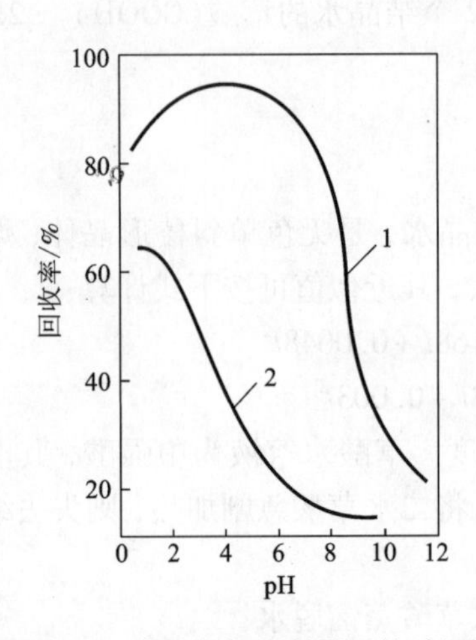

图 11－6 草酸作抑制剂时黑钨矿细泥（－74 μm）可浮性与 pH 的关系

1—苄基胂酸 1500 mg/L；

2—草酸 5×10^4 mg/L，苄基胂酸 1500 mg/L

给矿
草酸 60 kg/t
苄基胂酸 14 kg/t
浮锡粗选
pH=2.2
苄基胂酸 1 kg/t
草酸 3 kg/t
钨精矿1
精选Ⅰ
精选Ⅱ
精扫选
锡精矿
钨精矿2

图 11－7 连选试验流程

表 11－3 连选试验结果

产品名称	产率/%	品位/%		回收率/%	
		WO_3	Sn	WO_3	Sn
给 矿	100	64.81	1.08	100	100
黑钨精矿	92.98	65.23	0.117	93.66	10.08
锡精矿	7.02	58.57	13.84	6.34	89.92

注：黑钨精矿指标为图 11－7 中钨精矿 1 与钨精矿 2 的合并值。

从表 11－3 看出，连选试验给矿属含锡石的黑钨精矿，试验结果从含钨（WO_3）64.81%、含锡 1.08% 的给矿，得到含钨（WO_3）65.23%、含锡 0.117%、回收率 93.66% 的钨精矿。锡精矿品位 13.84% Sn，回收率 89.92%，但锡精矿中含钨仍较高。

11.3.4 草酸抑制黑钨矿机理

1. ζ电位

图 11－8 是黑钨矿在纯水中的 ζ 电位与 pH 的关系曲线。由图可知，当 pH 为 2.2 时，黑钨矿表面 ζ 电位为零；当 pH 大于 2.2 时，表面电位虽有各种变化，但 ζ

电位均为负值。由此可以说明，阴离子草酸根在黑钨矿表面吸附，是以化学吸附为主的。

为了弄清楚草酸产生抑制作用的主要存在形式，根据溶液化学原理，绘出草酸在各个 pH 条件下的存在形式，见图 11-9。对照图 11-6 和图 11-9，可以得出草酸的抑制效果由强到弱为：$C_2O_4^{2-}$，$HC_2H_4^-$，$H_2C_2O_4$；$C_2O_4^{2-}$ 是抑制黑钨矿的最佳形式。

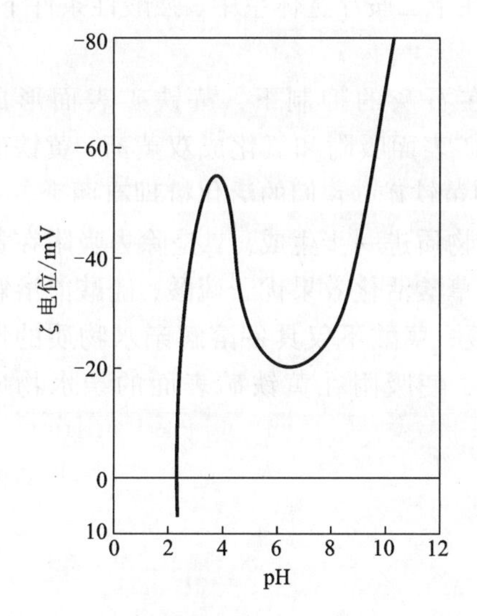

图 11-8 黑钨矿 ζ 电位与 pH 的关系

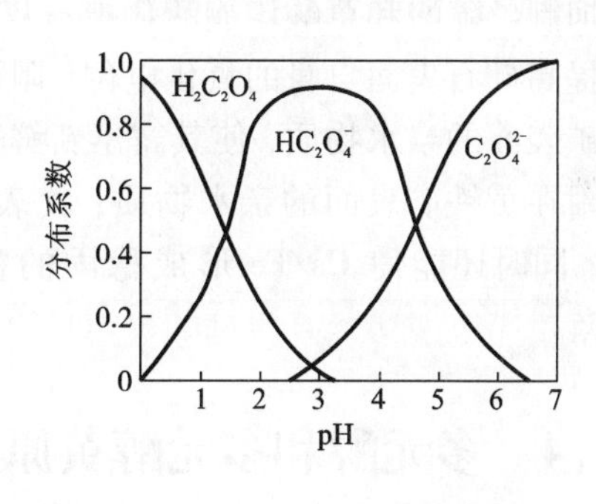

图 11-9 草酸溶液中各存在形式的分布系数与溶液 pH 的关系

黑钨矿细泥浮选时捕收剂主要在矿粒表面 Fe^{2+} 及 Mn^{2+} 区域吸附。如果草酸要起抑制作用，必定在捕收剂吸附之前就吸附于矿物表面 Fe^{2+} 及 Mn^{2+} 区域，并产生罩盖层才能有效。

草酸与 Fe^{2+} 形成螯合物的稳定常数的对数为 4.7($\lg K_1$)；与 Mn^{2+} 形成螯合物的稳定常数的对数为 3.89($\lg K_1$)，这两个数值都比较小，故必须在草酸较高的浓度下才能形成螯合物吸附，这是草酸用量特大的原因。

钨锡浮选分离用药比较简单，只有捕收剂苄基胂酸和抑制剂草酸，起泡剂松醇油，故可使用回水，回水中还残存大量的草酸和苄基胂酸，可大量降低苄基胂酸和草酸用量。例如用苄基胂作捕收剂，草酸作抑制剂浮选分离广西水岸坝钨锡中矿时，使用自来水浮选，苄基胂酸单耗 5 kg/t，草酸单耗 20 kg/t，松醇油单耗 60 g/t；使用回水后，苄基胂酸单耗降为 3 kg/t，草酸单耗降为 10 kg/t，松醇油单耗降为 40 g/t。

11.3.5 草酸活化长石、石英、被石灰抑制的黄铁矿

在用十二胺作捕收剂的体系中，研究了丙二酸、丁二酸、己二酸、葵二酸和草酸对长石和石英浮选的影响，试验结果表明，在 pH = 2 的条件下，有机二酸对长石和石英有活化作用。有机二酸对长石活化的次序由大到小为：草酸，丙二酸，丁二酸，己二酸和葵二酸；有机二酸对石英的活化强弱顺序为：丙二酸，丁二酸，己二酸，葵二酸和草酸；草酸可以作为在十二胺浮选体系中、强酸性条件下，实现长石和石英浮选分离的有效调整剂。

草酸能活化被石灰抑制的黄铁矿。在石灰的抑制下，黄铁矿表面形成 $Ca(OH)^+$ 和 $Ca(OH)_2$，阻止了黄药在黄铁矿表面吸附和氧化成双黄药，黄铁矿被抑制。硫酸和草酸均能活化被石灰抑制的黄铁矿，它们的活化机理有两个，一是提高矿石表面自身的氧化电位，阻碍亲水物质进一步生成，二是除去吸附在黄铁矿表面的亲水物质，使其露出新鲜表面。草酸活化效果优于硫酸，硫酸能溶解吸附在黄铁矿表面的亲水物质，使表面恢复；草酸不仅具备溶解亲水物质的性质，同时还能使 Ca/Fe 形成稳固的螯合物，使吸附在黄铁矿表面的亲水物质脱落。

11.4 多元醇和多元醇黄原酸钠

11.4.1 多元醇

可用作有机抑制剂的低分子多元醇有如下几种：

乙二醇 $HO—CH_2CH_2—OH$

丙二醇 $HO—CH_2CH_2CH_2—OH$

丙三醇 $HO—CH_2CHCH_2—OH$（CH 上连 —OH）

它们均为类似于蔗糖结构的化合物。

这些多元醇吸水性很强，在空气中能逐渐吸收空气中的水分，使有效成分下降。

在细泥浮选中，多元醇是石英、硅酸盐脉石矿物的抑制剂，与硫逐类阴离子捕收剂配合，可以有效地浮选硫化矿细泥，与羧酸或羧酸盐捕收剂配合，可以有效地浮选氧化矿。例如，丙二醇作抑制剂、油酸作捕收剂，在 pH 为 8 时，可从含蓝铜矿和孔雀石为主的铜矿细泥中，有效地浮选铜，回收率和品位都较高。

11.4.2 多羟基黄原酸盐

多羟基黄原酸盐包括多羟基烷基黄原酸盐 $HOCH_2(CHOH)_nCH_2OCSSMe$（$n=2\sim7$）、戊糖黄原酸盐和己糖黄原酸盐 $HOCH_2(CHOH)_nCOCH_2OCSSMe$（$n=2\sim3$）。这些有机化合物除黄原酸根是极性基团之外，烃链上带有多个羟基，也是亲水的。

1. 多羟基黄原酸盐的制法和性质

等摩尔的多元醇（如丁四醇）与二硫化碳、氢氧化钠反应生成多羟基烷基黄原酸钠盐；等摩尔的戊糖或己糖与二硫化碳、氢氧化钠反应则生成戊糖黄原酸钠或己糖黄原酸钠盐。

$$\underset{\text{丁四醇}}{HOCH_2(CHOH)_2CH_2OH} + CS_2 + NaOH \longrightarrow HOCH_2(CHOH)_2CH_2OCSSNa + H_2O$$

$$\underset{\text{戊糖}}{HOCH_2(CHOH)_2COCH_2OH} + CS_2 + NaOH \longrightarrow HOCH_2(CHOH)_2COCH_2OCSSNa + H_2O$$

由于伯醇的羟基较仲醇的羟基活泼，反应首先在伯醇羟基上发生。控制温度、时间及配料比，仲醇上的羟基是极少发生反应的。

$$HOCH_2CHOHCH_2OCSSH + NaOH \longrightarrow OHCH_2—CHOHCH_2OC(=S)—SNa + H_2O$$

产品是黄色固体，吸水性强，易潮解，易溶于水。在酸性溶液中分解失效。

$$HOCH_2(CHOH)_2CH_2OCSSNa + HCl \longrightarrow HOCH_2(CHOH)_2CH_2OH + CS_2 + NaCl$$

与重金属阳离子作用，生成可溶性盐。

$$HOCH_2(CHOH)_2CH_2OCSSNa \longrightarrow HOCH_2(CHOH)_2CH_2OCSS^- + Na^+$$

$$2HOCH_2(CHOH)_2CH_2OCSS^- + Cu^{2+} \rightleftharpoons [HOCH_2(CHOH)_2CH_2OCSS]_2Cu$$

有机抑制剂甘油基黄原酸钠的红外光谱见图 11－10。从图中可知甘油基黄原酸钠与丙三醇明显区别在于 1631、1449、1043 cm^{-1} 是 C═S 伸缩振动，它是黄原酸基团的特征吸收峰，1631 cm^{-1} 峰表明在产品中确实引入了—CSS^-，又存在亲水基—OH，证明合成的药剂确实是甘油基黄原酸钠。

2. 甘油基黄原酸钠对硫化矿物浮选抑制行为

（1）样品与试剂

实验用的单矿物取自广西大厂，经手选除杂、瓷球磨矿、干式筛分后，得到 －0.074 mm 粒级试样作为浮选实验样品。实验用水为用一次蒸馏水预先配制好的 pH 缓冲溶液。缓冲溶液配制的原则：尽可能选择低浓度而又不失缓冲能力的缓冲试剂。除起泡剂二号油外，其他药剂均为分析纯试剂。

（2）试验方法

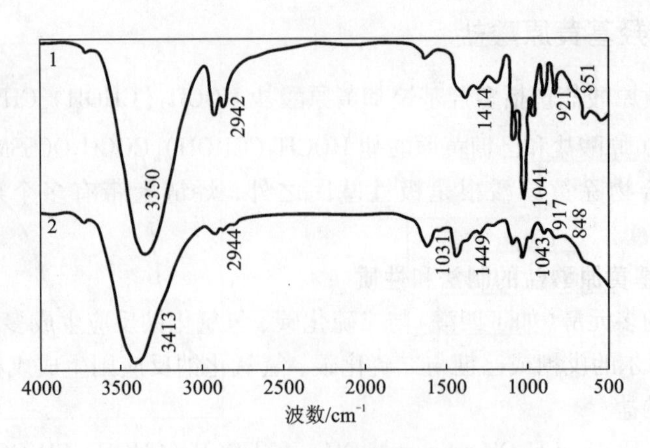

图 11-10 甘油基黄原酸钠的红外光谱

1—丙三醇; 2—甘油基黄原酸钠

浮选试验采用 35 mL 的挂槽式浮选机，每次称取 2 g 矿样，浮选前加 50 mL 的一次性蒸馏水，用 JCX—50 W 超声波清洗机清洗矿样 5 min，静止澄清，然后倒去上面多余水分，将相应 pH 的缓冲溶液加入浮选槽内，浮选时间为 3 min，起泡剂用量为 10 mg/L。浮选判据回收率 R 按下式计算：

$$R = \frac{m_1}{m_1 + m_2} \times 100\%$$

式中，m_1、m_2 分别为泡沫产品和槽内产品质量。

(3) 丁黄药对硫化矿物浮选性能的影响

在铅锌浮选分离中，闪锌矿的可浮性好，而含铁高的闪锌矿的可浮性差，与黄铁矿及磁黄铁矿分离困难。铁闪锌矿与闪锌矿差异就在于含铁，所含的铁以类质同象存在于闪锌矿内，因而改变了闪锌矿原有的浮选特性，一般表现为可浮性差，活化困难。石灰及其他抑制剂或调整剂对铁闪锌矿可浮性影响很大。

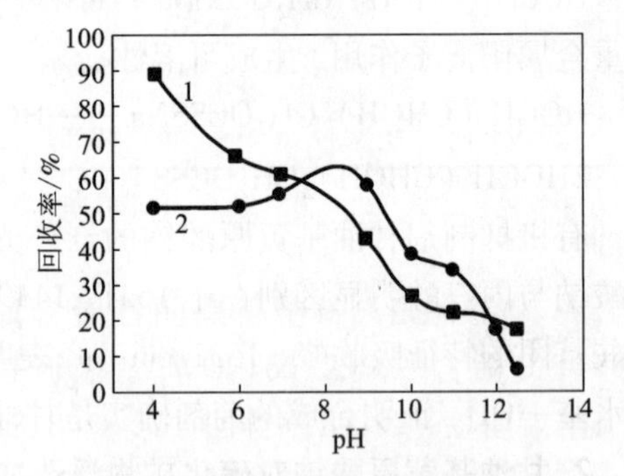

图 11-11 不同 pH 下丁黄药对铁闪锌矿和黄铁矿浮选性能的影响

1—铁闪锌矿; 2—黄铁矿

丁黄药用量为 1.0×10^{-4} mol/L 时，铁闪锌矿、黄铁矿的浮选性能与 pH 的关系见图 11-11。由图 11-11 可知，随着 pH 增大，铁闪锌矿回收率下降。黄铁矿在弱碱性条件下浮选性较好，其回收率大于铁闪锌矿的回收率，二者很难分选。

对硫化矿物的抑制结果见图 11-12。从图 11-12 中可知，在整个试验 pH 范围内，甘油基黄原酸钠对铁闪锌矿有一定的抑制作用，对黄铁矿抑制作用明显，当 pH>9 时，黄铁矿的回收率小于 20%。

(4) Cu^{2+} 存在下甘油基黄原酸钠对硫化矿浮选性能的影响

通过以上试验表明，甘油基黄原酸钠对黄铁矿和铁闪锌矿在碱性条件下都有很强的抑制作用，说明甘油基黄原酸钠较难扩大铁闪锌矿和黄铁矿的可浮性差距。图 11-13 给出了 Cu^{2+} 存在下甘油基黄原酸钠对铁闪锌矿和黄铁矿可浮性的影响。

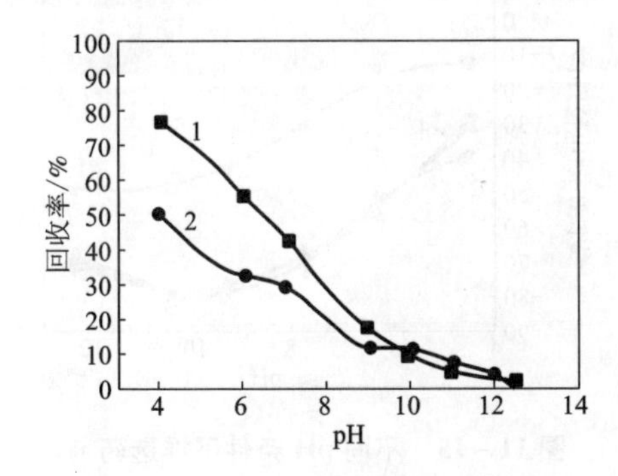

图 11-12 不同 pH 下甘油基黄原酸钠对硫化矿物的抑制性能

1—铁闪锌矿；2—黄铁矿

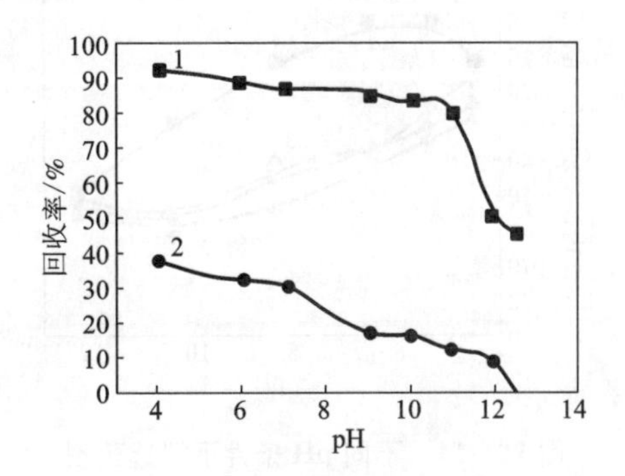

图 11-13 Cu^{2+} 存在下甘油基黄原酸钠对硫化矿可浮性的影响

1—铁闪锌矿；2—黄铁矿

从图 11-13 可知，pH<11 时，铁闪锌矿回收率均在 80% 以上，当 pH>11 时，回收率急剧下降。在碱性条件下，黄铁矿回收率低于 20%。在甘油基黄原酸钠存在下，经 Cu^{2+} 活化后，铁闪锌矿和黄铁矿的可浮性差距扩大，达到了选择性分离这两种矿物的目的。

(5) 甘油基黄原酸钠作用机理

甘油基黄原酸钠有两个亲水基(—OH)和一个亲固基($—CSS^-$)，是一种阴离子有机抑制剂，能牢固吸附在硫化矿表面，形成一层亲水薄膜，能有效阻止捕收剂在矿物表面的吸附。不同 pH 条件下浮选药剂对铁闪锌矿动电位的影响如图 11-14所示。加入抑制剂后，铁闪锌矿的动电位明显负移，说明甘油基黄原酸钠阴离子能很好地吸附在矿物表面上；甘油基黄原酸钠和铜离子同时存在时，铁闪锌矿表面的动电位比只有甘油基黄原酸钠存在时的动电位要正，说明 Cu^{2+} 在铁闪锌矿表面发生了作用，能活化铁闪锌矿；当再加入丁黄药时，铁闪锌矿表面的动电位要比加抑制剂和活化剂的动电位负些，而比只有甘油基黄原酸钠存在时的动电位要正，说明甘油基黄原酸钠在有 Cu^{2+} 存在条件下不能阻止丁黄药的阴离子在铁闪锌矿表面的吸附。

图11－15是黄铁矿在不同药剂作用下的动电位，加入抑制剂后，黄铁矿的动电位也明显负移，说明甘油基黄原酸钠能很好地吸附在矿物表面上。甘油基黄原酸钠和活化剂 Cu^{2+} 同时存在时，铁闪锌矿表面的动电位几乎不变，由此可知，当甘油基黄原酸钠存在时，Cu^{2+} 不能活化黄铁矿；再加入捕收剂丁黄药时，黄铁矿表面的动电位也几乎不变，说明丁黄药不能在矿物表面发生作用，甘油基黄原酸钠能有效抑制黄铁矿。

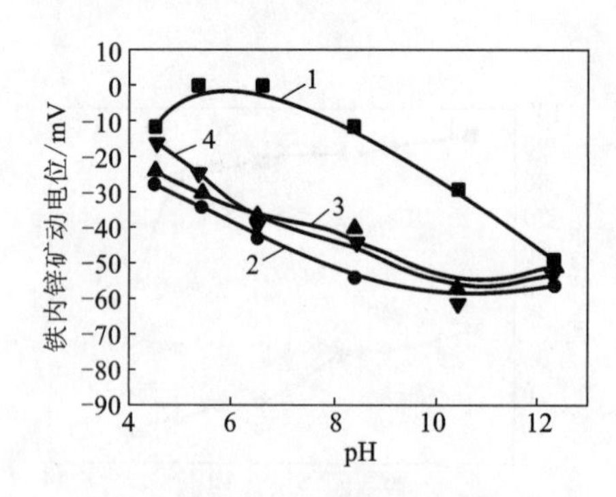

图11－14 不同pH条件下浮选药剂对铁闪锌矿动电位的影响

1—不加药剂；2—甘油基黄原酸钠(20 mg/L)；3—Cu^{2+}(1.0×10^{-4} mol/L)，甘油基黄原酸钠(20 mg/L)；4—丁黄药(1.0×10^{-4} mol/L)，Cu^{2+}(1.0×10^{-4} mol/L)，甘油基黄原酸钠(20 mg/L)

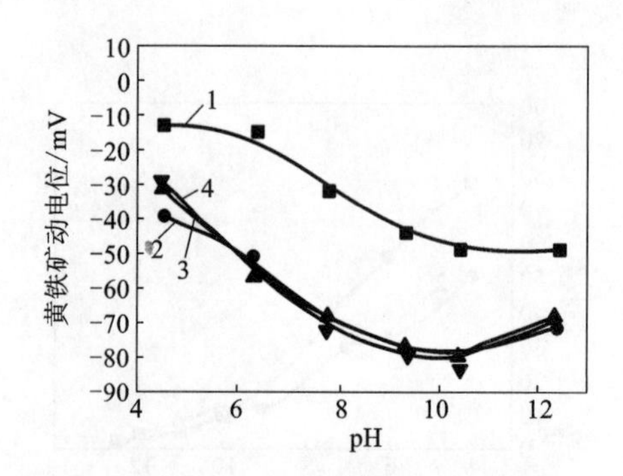

图11－15 不同pH条件下浮选药剂对黄铁矿动电位的影响

1—不加药剂；2—甘油基黄原酸钠(20 mg/L)；3—Cu^{2+}(1.0×10^{-4} mol/L)，甘油基黄原酸钠(20 mg/L)；4—丁黄药(1.0×10^{-4} mol/L)，Cu^{2+}(1.0×10^{-4} mol/L)，甘油基黄原酸钠(20 mg/L)

从上述试验结果可以得出下述两点看法：

①在丁黄药体系中，经 Cu^{2+} 活化后，甘油基黄原酸钠能有效地抑制黄铁矿，而铁闪锌矿仍然具有较好的可浮性，从而实现两种矿物的选择性分离。

②动电位测试表明，甘油基黄原酸钠在有 Cu^{2+} 存在条件下不能阻止丁黄药的阴离子在铁闪锌矿表面吸附，能阻止丁黄药的阴离子在黄铁矿表面的吸附，从而有效地抑制黄铁矿，这与浮选结果一致。

11.5 乙二胺及其衍生物

11.5.1 乙二胺磷酸盐

东川矿务局中心试验所于1974年成功地研制了一种新型的有机调整剂——乙二胺磷酸盐。该药对东川四个氧化铜矿的矿石进行了多次小型试验，都有明显的效果。工业试验也证明该药剂对提高铜的回收率，特别是氧化铜矿石的回收率有显著的效果。

1. 药剂的制备与性质

乙二胺是一种强碱性物质，直接与磷酸反应生成乙二胺磷酸盐。其反应式为

$$\begin{array}{l} CH_2—NH_2 \\ | \\ CH_2—NH_2 \end{array} + H_3PO_4 \longrightarrow \begin{array}{l} CH_2—NH \\ | \qquad\quad \rangle HPO_3 \\ CH_2—NH \end{array} + 2H_2O$$

在带有机械搅拌的不锈钢反应槽中，首先放入浓度为85%左右的磷酸17.5 L，用水稀释至40%左右的浓度。将添加乙二胺的管子直接伸入到不锈钢反应槽底部，在搅拌下慢慢地放入9 L乙二胺；反应放热，要用冷水冷却，以减少乙二胺的损失。1.5～2 h加完料反应即完成，趁热过滤，母液可用于下一槽配料，产率一般在95%左右。

乙二胺磷酸盐为白色、无气味的细结晶体，可溶于冷水，性质稳定。它的水溶液具有较强的溶解自然氧化铜矿物的能力(如孔雀石和硅孔雀石)，同时生成紫色的铜胺络合物，可用丁基黄药直接从此溶液中浮铜，或使其与硫化钠作用形成硫化铜，再用丁基黄药浮选。

2. 各选矿厂矿石性质简述

汤丹矿选矿厂：试验时所处理的副产矿石系历代土法炼铜长期积累下来的贫矿石。含铜矿物以氧化铜矿物为主，氧化铜矿物有孔雀石、硅孔雀石、蓝铜矿及少量铜的砷酸盐；硫化铜矿物主要有斑铜矿、辉铜矿及铜蓝，少量黄铜矿及硫砷铜矿。原矿含铜一般为0.75%～1.00%，氧化率为75%～85%，结合氧化铜含量一般为30%～40%，原生矿泥含量达12%～20%。矿泥含铜比原矿高，氧化率在90%以上，结合氧化铜在50%以上。氧化铜矿物大部分呈细粒浸染状高度分散于脉石中，形成颜色很淡的“色染体”，有的呈薄膜状，部分与褐铁矿共生；硫化铜矿物以粒状、微粒状、浸染状和星点状为主产出，部分沿裂隙浸染，有的与褐铁矿共生或被褐铁矿包裹。铜矿物嵌布极细，粒度很不均匀，最大粒度为0.015～0.095 mm，一般粒度为0.002～0.003 mm。脉石矿物以白云石为主，约占80%，石英和方解石次之，占15%左右，褐铁矿在矿石中比较多，部分矿石被褐铁矿浸

染。由于矿石风化严重，氧化率高，结合率高，含原生矿泥量大，氧化铜矿物的主要成分多呈“色染体”形态产出，造成矿石十分难选。

因民矿选厂：入选原矿氧化率一般在30% ~40%，结合率一般在15%左右。含铜矿物以硫化矿物为主。硫化铜矿物以斑铜矿、黄铜矿为主，辉铜矿次之；氧化铜矿物以孔雀石为主，有少量硅孔雀石和铜蓝。脉石矿物主要是白云石，有少量的方解石和石英。硫化铜矿物多呈密集细粒浸染状分布于白云石中。氧化铜矿有相当一部分呈微细粒分散在白云石中，形成所谓“色染体”。矿泥含量一般，嵌布粒度同汤丹矿石近似。

落雪矿选厂：该厂入选原矿石分为氧化铜矿和氧化铜铁矿。含铜矿物以硫化铜矿物为主，其中又以斑铜矿、辉铜矿为主(占80%以上)，其次为铜蓝和黄铜矿(占20%以下)。氧化铜矿物以孔雀石为主(占80%以上)，其次为硅孔雀石(占20%以下)。铁矿物以赤铁矿为主，次为磁铁矿、褐铁矿。脉石矿物以白云石为主。硫化铜矿物以浸染状及星点状为主，嵌布粒度一般为0.005 ~0.1 mm。氧化铜矿物呈薄膜状，有的呈细脉，都与褐铁矿伴生。其中孔雀石一般与脉石呈混杂体，部分为单体，有的呈粒状及小片状分散于脉石颗粒及裂隙中，多数为白云石的“色染体”，与褐铁矿伴生及相互包裹，有的呈胶状聚集体及褐铁矿的混杂体。硅孔雀石一般为细鳞片集合，分布于白云石、石英、长石隙间及交代白云石间，有的与褐铁矿、孔雀石共生，嵌布粒度一般在0.01 ~0.05 mm。

3. 选矿工业试验

在小型试验的基础上，在汤丹、因民、落雪进行了选矿工业试验，试验结果列于表11 -4。

表11 -4 乙二胺磷酸盐工业试验结果

厂名	汤丹选矿厂			因民选矿厂			落雪选矿厂		
用与不用乙二胺磷酸盐	不用	使用	两者之差	不用	使用	两者之差	不用	使用	两者之差
试验班次	5	8		3	8		30	31	
处理矿量/t	2263	3030		1451	4109		14531	14498	
原矿含铜/%	0.808	0.836	+0.28	0.666	0.659	-0.007	0.746	0.742	-0.004
原矿铜氧化率/%	80.46	77.74	-2.72	32.43	32.47	+0.04	32.36	32.04	-0.32

续表 11－4

厂名		汤丹选矿厂			因民选矿厂			落雪选矿厂		
原矿铜结合率/%		31＋	31＋		9＋	9＋		9.65	9.57	－0.008
精矿含铜/%		10.93	11.54	＋0.61	19.09	18.57	－0.28	18.81	19.01	＋0.20
精矿铜回收率/%	全铜	56.98	66.22	＋9.24	79.45	81.68	＋2.23	80.64	83.88	＋3.24
	氧化铜	53.70	64.94	＋11.24	31.72	57.31	＋5.59	59.42	65.50	＋6.08
	硫化铜	70.47	70.59	＋0.12	92.74	93.38	＋0.64	90.79	92.54	＋1.75
主要药剂用量 $/(g\cdot t^{-1})$	乙二胺磷酸盐	0	156		0	81.61		0	115	
	硫化钠	3853	2542	－1311	780	607	－173	2022	1334	－688
	丁基黄药	587	540	－47	160	92	－68	281	257	－24

试验表明，添加乙二胺磷酸盐，各选厂的铜回收率均有所提高。汤丹高氧化率的矿石（氧化率 77.74%～80.46%），铜回收率提高 9.24%（绝对值），其中氧化铜回收率提高 11.24%，硫化铜回收率提高 0.12%，硫化钠用量降低 34%，丁基黄药用量降低 8%。因民选厂（氧化率 32.4%），铜回收率提高 2.23%（绝对值），其中氧化铜回收率提高 5.59%，硫化铜回收率提高 0.64%；硫化钠用量降低 22%，丁基黄药用量降低 43%。落雪选厂采用落雪铜矿与含铜铁矿的混合矿（氧化率 32%），铜回收率提高 3.24%（绝对值），其中氧化铜矿回收率提高 6.08%，硫化铜回收率提高 1.75%；硫化钠用量降低 34.02%，丁基黄药用量降低 8.54%。

工业试验证明，添加乙二胺磷酸盐后，氧化率高的矿石，铜的回收率提高的幅度较大。汤丹矿石氧化率 77%～80%，回收率提高 9.24%。因民矿石氧化率在 32% 时，回收率提高 2.23%，当氧化率在 41% 时，回收率提高 4.66%。落雪矿石氧化率在 2.8% 时，回收率提高 2.94%；当氧化率在 56% 时，回收率提高 5.37%。

对精矿中各项铜的回收率进行分析后得出，使用乙二胺磷酸盐是提高氧化铜回收率的主要因素，特别是结合氧化铜的回收率（汤丹提高 15.63%，因民提高 12.26%）和游离氧化铜的回收率（汤丹提高 12.62%，因民提高 2.45%）。而落雪含铜铁矿则主要是提高了游离氧化铜的回收率（提高 9.85%）。

此外，使用乙二胺磷酸盐后，基本上消除了矿泥的影响，显著降低了药剂用量，同时在浮选过程中，各作业泡沫稳定、清秀、流动性好，操作条件大为改善。

11.5.2 乙二胺四乙酸(EDTA)

1. EDTA 的合成

反应式如下：

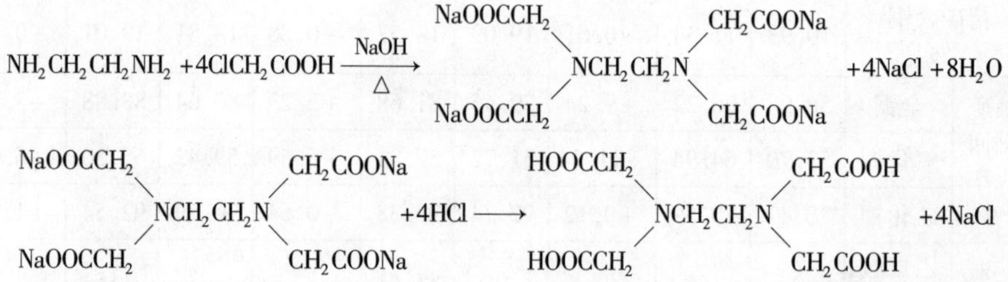

$$NH_2CH_2CH_2NH_2 + 4ClCH_2COOH \xrightarrow[\Delta]{NaOH} \begin{matrix} NaOOCCH_2 \\ \quad\diagdown \\ \quad NCH_2CH_2N \\ \quad\diagup \\ NaOOCCH_2 \end{matrix} \begin{matrix} CH_2COONa \\ \diagup\quad \\ \\ \diagdown\quad \\ CH_2COONa \end{matrix} + 4NaCl + 8H_2O$$

$$\begin{matrix} NaOOCCH_2 \\ \quad\diagdown \\ \quad NCH_2CH_2N \\ \quad\diagup \\ NaOOCCH_2 \end{matrix} \begin{matrix} CH_2COONa \\ \diagup\quad \\ \\ \diagdown\quad \\ CH_2COONa \end{matrix} + 4HCl \longrightarrow \begin{matrix} HOOCCH_2 \\ \quad\diagdown \\ \quad NCH_2CH_2N \\ \quad\diagup \\ HOOCCH_2 \end{matrix} \begin{matrix} CH_2COOH \\ \diagup\quad \\ \\ \diagdown\quad \\ CH_2COOH \end{matrix} + 4NaCl$$

取38 g(0.4 mol)氯乙酸置于250 mL三口瓶中，加入40 mL酒精和10 mL水，溶解后滴加0.1%酚酞指示剂两滴，用40%氢氧化钠水溶液中和至酚酞变红色。

取乙二胺6 g(0.1 mol)从装上述混合溶液的三口瓶中的一口加入，装上温度计，一口装上冷凝管，一口装上滴液漏斗，滴液漏斗中装上40%氢氧化钠溶液，开动电磁搅拌器加热并搅拌，控制温度在100℃，滴加氢氧化钠，刚开始时反应速度很快，反应放出的盐酸使酚酞的颜色褪去，需不断滴加氢氧化钠，使反应呈弱碱性(酚酞呈红色)。当酚酞颜色不再褪去时，反应即完成，反应时间约1.5 h。

停止加热，冷却，将反应液酸化冷却，EDTA结晶析出，便可作抑制剂使用。

2. EDTA 的性质和抑制性能

EDTA分子中有4个羧基能溶于水呈酸性反应，它在水中的电离常数为 $pK_1 = 1.99$，$pK_2 = 2.67$，$pK_3 = 6.16$，$pK_4 = 10.26$，在分析化学中是使用最为广泛的螯合试剂。这种试剂的特点是可以与多种碱土金属形成稳定的螯环化合物，并且也可以与多种过渡元素及重金属离子形成更稳定的金属螯合物。例如EDTA与铁或钙离子能形成金属螯合物，如式(Ⅰ)及式(Ⅱ)所示。

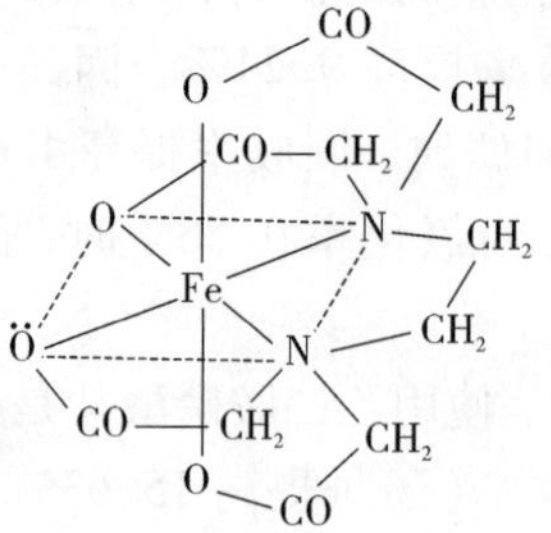

(Ⅰ) 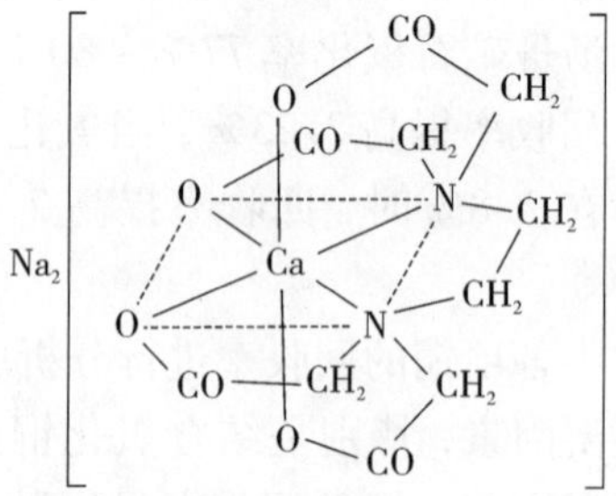　　　　　　(Ⅱ)

用 EDTA 作浮选药剂(抑制剂)的研究始于 1946 年。一般由脉石中浮选单一的硫化矿时困难不大，但在浮选氧化矿时，因脂肪酸类捕收剂缺乏选择性，必须严格控制矿浆的条件，如控制 pH、调节药剂的加入量等，才能达到选别的目的。在这种情况下，被精选的矿物与脉石之间在表面化学性质非常相似，差别很小。例如，浮选分离金红石(TiO_2)与石英就是如此。

某金红石试验，含 TiO_2 42.1%，石英 28.7%，先用重选(如旋流器)法除去含石英轻的部分，重的部分得到富集，含 TiO_2 54.8%，含 SiO_2 22.9%。取 600 g 重部分于 2 L 浮选槽中，加水调浆，加 EDTA 0.5 kg/t，氟硅酸钠 0.5 kg/t，用硫酸调 pH 等于 2.5 ~ 3，加油酸 6 kg/t，调浆后粗选，丢尾矿；将粗精矿加油酸 0.5 kg/t，调浆精选，得含 TiO_2 77.3%、回收率 53.1% 的金红石精矿。一般的脉石，表面未被污染时比矿物更具有亲水性，但当它们一旦被金属离子活化后，就很容易被浮起。用脂肪酸捕收剂浮选有用矿物时，石英与大多数硅酸盐可以用很少量的铁、铜、锌、铅、镍、锡、钛、钡及其他阳离子活化；方解石可以用钡、铜、铁及铅盐活化。矿浆中存在少量金属离子常常是不可避免的，如铁球磨机中溶解的铁离子，硫化矿氧化作用所带来的铜、锌或铁的硫酸盐等，这样就或多或少地使脉石受到活化。如果加入一种药剂，能够使活化脉石的金属离子变为不具活化作用的物质，就可以避免脉石混入精矿中，从而达到抑制脉石的作用。能够形成水溶性螯合物的有机药剂可以达到这种目的，EDTA 即可起到这个作用。

11.5.3 乙二胺四次甲基膦酸

乙二胺四次甲基膦酸具有如下结构式：

$$\begin{array}{ccc} H_2O_3PCH_2 & & CH_2PO_3H_2 \\ & \diagdown\quad\quad\quad\quad\diagup & \\ & N{-}CH_2CH_2N & \\ & \diagup\quad\quad\quad\quad\diagdown & \\ H_2O_3PCH_2 & & CH_2PO_3H_2 \end{array}$$

分子中有 4 个—PO_3H_2，两个叔胺基，酸性比 EDTA 强，可用 Mannick 型反应合成。

1. 乙二胺四次甲基膦酸的合成和性质

用乙二胺、甲醛、亚磷酸为原料直接反应合成。

$$H_2NCH_2CH_2NH_2 + 4CH_2O + 4H_3PO_3 \xrightarrow[\Delta]{\text{浓盐酸}} \begin{array}{ccc} H_2O_3PCH_2 & & CH_2PO_3H_2 \\ & \diagdown\quad\quad\quad\diagup & \\ & NCH_2CH_2N & \\ & \diagup\quad\quad\quad\diagdown & \\ H_2O_3PCH_2 & & CH_2PO_3H_2 \end{array} + 4H_2O$$

(代号 PA_2)

合成时将乙二胺(或乙二胺盐酸盐)、亚磷酸，以及浓盐酸的混合物加热到回流温度，在 1 ~ 2 h 内滴加过量的 100% 甲醛水溶液或聚甲醛，然后再回流1 ~ 2 h，产物转化率可达90%左右。

产品性状视含水量不同可以是固体或白色胶状物，易溶于水，可用于硬水或锅炉水软化。

用相同的方法可合成

$$N(CH_2PO_3H_2)_3$$

三次甲基膦酸胺（代号PA_1）

$$C_6H_5—N(CH_2PO_3H_2)(CH_3PO_3H)$$

二次甲基膦酸苯胺（代号AMφ－3）

$$(H_2O_3PCH_2)_2N—CH_2CH_2N(CH_2PO_3H_2)—CH_2CH_2N(CH_2PO_3H_2)_2$$

二乙烯三胺五次甲基膦酸（代号 PA_3）

2. PA_2、PA_3 系列药剂的抑制性能

二乙烯三胺多膦酸系列有机物可用作磷灰石的抑制剂。在印度用双浮选法处理含白云石和磷灰石的磷矿。首先用脂肪酸作捕收剂混合浮选，得白云石和磷灰石混合精矿，丢掉石英和硅酸盐矿物。然后用大量的硫酸或磷酸抑制剂抑制磷灰石，在较强的酸性 pH 条件下，用脂肪酸浮出白云石，然后经过多次扫选和精选，得合格磷灰石精矿。后来设计出一系列上述的 PA_1、PA_2 和 PA_3 等白云石－磷灰石浮选分离的抑制剂，这些抑制剂与常用捕收剂配合使用抑制磷灰石。在自然 pH 下浮出白云石，能从含 MgO 13.3% 的给矿得到磷灰石精矿，其中含 0.15% MgO。使用这种抑制剂的好处是，用硫酸或磷酸抑制磷灰石时，因在强酸性矿浆中浮选，硫酸或磷酸用量大，一般为 6～10 kg/t，而用这类抑制剂时因在自然 pH 下浮选，其用量只要 0.6 kg/t，大量节约了药剂费用和运输药剂费用。

用这些带膦酸基团的新型抑制剂在浮选磷灰石－碳酸盐－镁橄榄石时得到较好的效果。例如用 AMΦ－3 作抑制剂获得的浮选指标与用水玻璃相比，用水玻璃获得的指标为：从含 12.31% P_2O_5 的给矿得到含 37.4% P_2O_5、回收率 64.8% 的磷精矿；而用 AMΦ－3 时从含 12.28% P_2O_5 的给矿获得含 37.3% P_2O_5、回收率 67.1% 的磷精矿，AMΦ－3 的回收率比水玻璃高些，而 AMΦ－3 用量为 100 g/t，水玻璃用量为 750 g/t。

11.5.4 氨基乙基二硫代氨基甲酸盐

1. 氨基乙基二硫代氨基甲酸盐的制法和性质

由乙二胺与等摩尔的氢氧化钠及二硫化碳作用而成。反应式如下：

$$H_2N—CH_2CH_2—NH_2 + NaOH + CS_2 \longrightarrow H_2N—CH_2CH_2NHC(=S)—SNa + H_2O$$

同时有如下副反应发生：

$$H_2N—CH_2CH_2—NH_2 + 2NaOH + 2CS_2 \longrightarrow \underset{NaS}{\overset{S}{\diagdown\!\!\!/}}CNHCH_2CH_2NHC(=S)—SNa + 2H_2O$$

故反应物配料要严格控制，氢氧化钠和二硫化碳不能过量，避免后一反应发生。

产品是无色晶体，易溶于水，在酸性介质中成为氨基乙基二硫代氨基甲酸，接着分解。

$$H_2NCH_2CH_2NHC(=S)—SNa + HCl \longrightarrow H_2NCH_2CH_2NH_2 + CS_2 + NaCl$$

$$H_2NCH_2CH_2NH_2 + 2HCl \longrightarrow HCl \cdot H_2NCH_2CH_2NH_2 \cdot HCl$$

2. 氨基乙基二硫代氨基甲酸的抑制作用

氨基乙基二硫代氨基甲酸钠水溶液与重金属阳离子相遇时，形成难溶重金属盐，而氨基乙基二硫代氨基甲酸根的另一端有氨基，故该重金属盐是亲水的，即在矿物表面形成亲水膜而起抑制作用。

11.6 巯基化合物

作为抑制剂用的巯基化合物有巯基乙酸、巯基乙醇等，这些抑制剂可以抑制硫化铜矿物和硫化铁矿物，其效果与氰化钠和硫化钠相当而对环境无污染。

11.6.1 巯基乙酸

1. 巯基乙酸的合成

氯乙酸钾(钠)水溶液与硫氢化钠水溶液相混合，控制一定压力、温度和 pH，就可以反应生成巯基乙酸钠，一般产率较高，副产物如双巯基乙酸钠、乙酸钠等极少生成。将反应混合物酸化，巯基乙酸析出，用溶剂萃取，再减压蒸馏萃取液，即得产品，此产品为60%～80%的溶液。

也可以用硫化钠合成，在用硫化钠合成时，向反应体系中加入食盐，可有效地增加硫化氢的活度，并利用反应产生的硫化氢气体部分抑制副反应的发生。原料配比如下：

$$n(Na_2S):n(ClCH_2COONa):n(HCl) = 2.20:1.00:0.72$$

巯基乙酸的另一制取方法是从一氯乙酸酯法合成硫氨酯的废液中提取。一氯乙酸酯法生产硫氨酯已在硫氨酯类捕收剂的制法中叙述，该法在胺化后静置分离硫氨酯时，硫氨酯在上层，下层为含巯基乙酸钠12%～14%、硫化钠约23%的暗红色碱性溶液。先用硫酸酸化使巯基乙酸游离，然后用乙醚萃取，萃取液进行常压蒸馏蒸出溶剂，即可得到纯度60%左右的巯基乙酸工业品。再进行减压蒸馏浓缩，蒸出残留的萃取剂与水分，即得纯度70%以上的工业品。将巯基乙酸工业品再进行减压蒸馏，截取巯基乙酸馏分，即得试剂品级的巯基乙酸。

2. 巯基乙酸的性质

巯基乙酸为无色透明液体，有刺激性气味，能与水、醚、醇、苯等溶剂混溶。密度(ρ)1.3253 g/mL，熔点 -16.5℃，折光率 n_D^{20}1.5030，沸点 60℃/(1.33322×10^2)Pa、101.5℃/(1.33322×10^3)Pa、131.8℃/(5.33289×10^3)Pa、154℃/(1.33322×10^4)Pa(分解)。巯基乙酸水溶液显酸性，其酸性比醋酸强，是一种较强的酸，其分子结构中的—COOH 和—SH 都呈酸式电离，一级和二级电离常数的负对数分别是 pK_{a_1} 3.55~3.92 和 pK_{a_2} 9.20~10.56。

巯基乙酸特别是它的碱性水溶液非常容易被空气氧化成为双巯基乙酸或双巯基乙酸盐，当少量铜、锰、铁离子存在时反应更快。弱的氧化剂如碘，也可以将它氧化成为双巯基乙酸。强氧化剂如稀硝酸可以将它氧化为 HO_3SCH_2COOH。纯巯基乙酸在室温下进行自缩合，98%的巯基乙酸在一个月内损失3%~4%，通常加15%的水以阻滞缩合反应进行。

巯基乙酸有腐蚀性，使用时必须注意，用量大时必须加以防护，皮肤和眼睛接触到时，一定要用适量水洗去，眼睛除水洗外最好用药涂敷。巯基乙酸盐的中性或微碱性溶液的刺激性比巯基乙酸小得多。烫发剂是9%的巯基乙酸钠溶液，一般情况下使用是安全的。

根据动物试验，巯基乙酸具有中等程度的毒性，家鼠口服试验半致死剂量是250~300 mg/kg，老鼠试验半致死剂量是120~150 mg/kg。浓度较稀时对植物生长无影响。由于易受空气氧化，在环境中不引起累积毒性。美国氰氨公司称巯基乙酸钠溶液为 Aero 666 和 Aero 667，Aero 666 是巯基乙酸钠的50%水溶液。

3. 巯基乙酸钠的选矿性能及作用机理

在铜-钼混合精矿分离浮选中，过去一般使用氰化钠和硫氢化钠作铜矿物和黄铁矿的抑制剂，用巯基乙酸盐及三硫代碳酸盐代替氰化钠和硫氢化钠也得相近结果。

表11-5是用 Aero 666 作为铜矿物和黄铁矿的抑制剂分选铜-钼精矿的结果。分选过程中，在粗精矿中加入活性炭以免精选槽中产生过多的泡沫，这样使用巯基乙酸盐作抑制剂将会得到好的效果。从结果可以看出，加入0.05 g/kg 巯基乙酸盐或每升矿浆中含巯基乙酸盐0.12 g，就可以达到满意地抑制硫化铜矿的目的。

有人研究了不同用量巯基乙酸，在不同 pH 条件下对黄铜矿和闪锌矿的抑制作用，试验结果表明，巯基乙酸对黄铜矿具有很好的抑制作用，对闪锌矿基本不抑制，采用巯基乙酸作抑制剂，在 pH 为10.5时，可以有效地实现黄铜矿和闪锌矿浮选分离。

表 11－5 用巯基乙酸盐作抑制剂分选铜－钼粗精矿结果

加入精选槽的 Aero 666（巯基乙酸）/($g\cdot kg^{-1}$)	加入的活性炭/($g\cdot kg^{-1}$)	钼精矿			
		品位/%		回收率/%	
		Cu	Mo	Cu	Mo
0.025	0.1	0.15	57.7	1.4	88.3
0.05	0.5	0.08	56.9	0.7	89.6
0.05	0.25	0.39	55.7	3.4	88.7
0.05	0.10	0.23	57.2	2.3	96.1
0.10	0.13	0.11	57.6	1.0	86.7

用巯基乙酸作含铁硅酸盐脉石的抑制剂，在弱酸性介质中，能成功地实现赤铁矿与霓石的浮选分离。通过流动电位和吸附量的测定，对其机理进行了探讨，认为是巯基乙酸通过羧基和巯基与霓石表面的 Fe^{3+} 形成稳定的五元环，使矿物亲水而起抑制作用；而赤铁矿表面由于存在大量未键合 Fe^{3+}，能与捕收剂油酸钠发生吸附而上浮。

巯基乙酸抑制硫化铜矿及黄铁矿，是因为其分子结构中存在两个极性基团，即—SH和—COOH，—SH 能强烈地与这两种矿物发生化学反应吸附在矿物表面，而—COOH 存在于这样小的分子中不可能表现出捕收性能，但能表现出亲水性而形成水膜。

研究辉铜矿(Cu_2S)表面(－56～＋75 μm，泰勒筛)与巯基乙酸(纯度 98%)间的相互作用，结果如图 11－16 和图 11－17 所示。图 11－16 表示辉铜矿与巯基乙酸溶液共同搅拌 1 h 之后，溶液中剩下的巯基乙酸浓度只有起始浓度的 50%，说明辉铜矿与巯基乙酸间的多相反应是相当强烈的；搅拌至第 4 h，反应仍在稳定地进行，4 h 后出现平衡状态；最后溶液中余下的巯基乙酸浓度只有原来的 10%，90% 巯基乙酸被辉铜矿吸附。图 11－17 表示除 pH 为 4.0 之外，所有结果都在一直线上，说明在这些 pH 范围，辉铜矿吸附巯基乙酸的量与 pH 高低无关。图 11－18 和图 11－19 表明巯基乙酸与辉铜矿接触后，所降低的浓度远远大于辉铜矿表面吸附单分子层至饱和状态时所需要的理论数量，粗略计算约为理论量的 5500 倍。因此推想巯基乙酸可能溶解 Cu_2S，生成大量的亲水配合物 $Cu(SCH_2COO)_2$，而减小巯基乙酸的浓度。为了证实这一反应，令巯基乙酸与硫化铜长时间接触之后进行测定，结果如图 11－19 所示。图中数据表示极少的硫化铜溶于溶液中，铜和巯基乙酸以 1∶2 摩尔比形式存在的配合物，只消耗 5%～7% 的巯基乙酸。从理论上说，Cu_2S 是巯基乙酸氧化为双巯基乙酸的催化剂，可能是在 Cu_2S 催化下，巯基乙酸被氧化为双巯基乙酸而吸附在辉铜矿上，故用锌在碱性条件下还原双巯基乙酸为巯基乙酸的方法检查双巯基乙酸的存在。试验证明体系中有大量的双巯基乙酸存在，说明巯基乙酸迅速被辉铜矿表面吸附，并大量地被氧化为双巯基乙酸。从图 11－19 看出，在 30 min 内，50% 的巯基乙酸氧化成为双巯基乙酸，经过 4 h 接触，90% 的巯基乙酸不是被氧化就是与 Cu^{2+} 形成配合物，因此 pH 升高，对巯基乙酸浓度下降趋势的影响极小。这说明，辉铜矿－巯基乙酸间的多相反应机理是相界面上吸附一层巯基乙酸分子，被吸附的巯基乙酸与水溶液中的巯基乙酸反应生成双巯基乙酸。

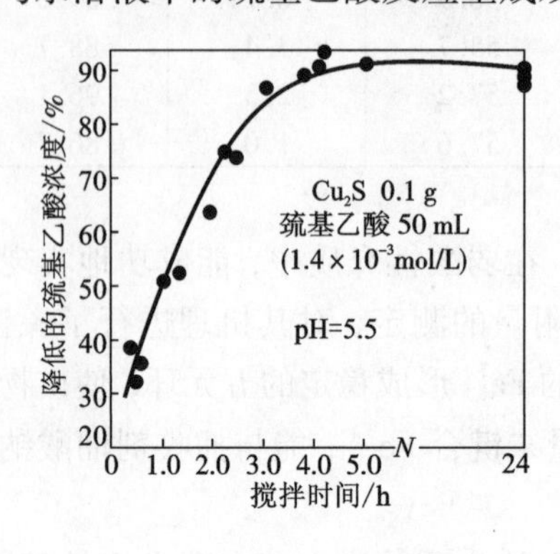

图 11－16 巯基乙酸浓度下降与接触时间的关系

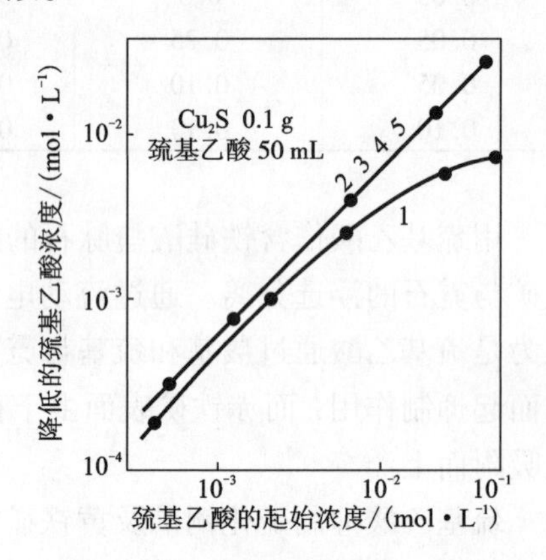

图 11－17 巯基乙酸浓度下降与起始浓度的关系

1—起始 pH 为 4.0；2—起始 pH 为 5.5；3—起始 pH 为 6.5；4—起始 pH 为 8.0；5—起始 pH 为 10

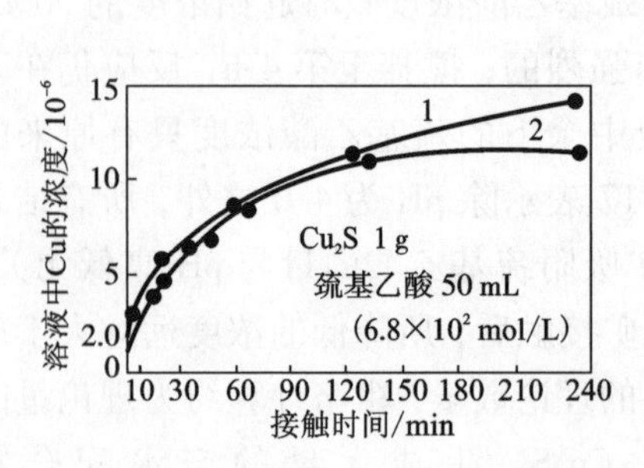

图 11－18 被巯基乙酸溶解的辉铜矿

1—起始 pH 为 6.0；2—起始 pH 为 6.7

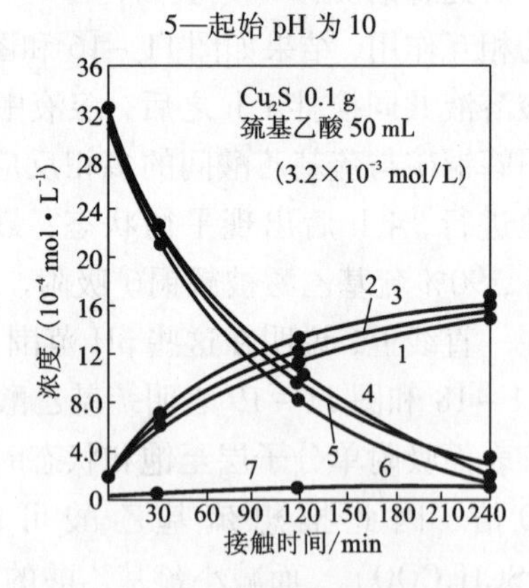

图 11－19 反应物浓度和产物浓度与辉铜矿接触时间的关系

1，4—pH 为 5.0；2，5—pH 为 6.5；3，6—pH 为 8.0；1，2，3—巯基乙酸；4，5，6—双巯基乙酸；7—巯基乙酸铜

$$\frac{1}{2}O_2 + HSCH_2COOH_{(吸附)} + HSCH_2COOH_{(溶液)} \longrightarrow HOOCCH_2S—SCH_2COOH + H_2O$$

在辉铜矿表面上的巯基乙酸或双巯基乙酸都是亲水的，都使矿物表面形成水膜而受抑制。

11.6.2 巯基乙醇

巯基乙醇的结构式是 $HSCH_2CH_2OH$，浮选辉钼矿时作为硫化铜矿物和黄铁矿的抑制剂。例如用石灰作 pH 调整剂，柴油作捕收剂，松油作起泡剂，巯基乙醇作抑制剂，浮选结果钼回收率为 97.2%，尾矿中铜、铁含量分别为 29.9% 和 9.38%。

11.7 苯氧乙酸系列抑制剂

11.7.1 苯氧乙酸系列抑制剂的制法

苯氧乙酸系列抑制剂可用苯酚、水杨酸、邻苯二酚、对一苯二酚、间一苯二酚、连一苯三酚、末食子酸等为原料。在碱性条件下与一氧乙酸反应制成，反应式如下：

(1) $C_6H_5OH + ClCH_2COOH \xrightarrow{NaOH} C_6H_5OCH_2COONa \xrightarrow{HCl} C_6H_5OCH_2COOH$

(2) $C_6H_4(OH)COOH + ClCH_2COOH \xrightarrow{NaOH} C_6H_4(OCH_2COONa)COONa \xrightarrow{HCl} C_6H_4(OCH_2COOH)COOH$

(3) $C_6H_3(OH)_3 + 3ClCH_2COOH \xrightarrow{NaOH} C_6H_3(OCH_2COONa)_3$（$NaOOCCH_2O$、$OCH_2COONa$、$OCH_2COONa$）

$\xrightarrow{HCl} C_6H_3(OCH_2COOH)_3$（$HOOCCH_2O$、$OCH_2COOH$、$OCH_2COOH$）

(4) 邻苯二酚 $+2ClCH_2COOH \xrightarrow{NaOH}$ 邻苯二氧乙酸钠（OCH_2COONa，OCH_2COONa）$\xrightarrow{HCl}$ 邻苯二氧乙酸（OCH_2COOH，OCH_2COOH）

(5) 对苯二酚（OH，OH） $+2ClCH_2COOH \xrightarrow{NaOH}$ （OCH_2COONa，OCH_2COONa）$\xrightarrow{HCl}$ （OCH_2COOH，OCH_2COOH）

(6) 间苯二酚（OH，HO） $+2ClCH_2COOH \xrightarrow{NaOH}$ （OCH_2COONa，OCH_2COONa）$\xrightarrow{HCl}$ （OCH_2COOH，$-OCH_2COOH$）

(7) 没食子酸（COOH；HO，OH，OH） $+3ClCH_2COOH \xrightarrow{NaOH}$ （COONa；$NaOOCCH_2O$，OCH_2COONa，OCH_2COONa）

$\xrightarrow{HCl}$ （COOH；$HOOCCH_2O$，OCH_2COOH，OCH_2COOH）

11.7.2 苯氧乙酸系列抑制剂的抑制性能

本系列抑制剂对方解石有抑制作用，在捕收剂油酸钠浓度为 5×10^{-5} mol/L，抑制剂浓度分别为 5×10^{-5} mol/L 和 4×10^{-5} mol/L 时，方解石基本上被抑制，单矿物浮选试验表明，对方解石抑制能力的次序由大到小如下：

（COOH；$HOOCCH_2O$，OCH_2COOH，OCH_2COOH），（CH_2O—COOH，OCH_2COOH，OCH_2COOH），（OCH_2COOH，OCH_2COOH），

OCH_2COOH / OCH_2COOH（间位二取代苯），OCH_2COOH / OCH_2COOH（对位二取代苯），COOH / OCH_2COOH（邻位二取代苯），OCH_2COOH（单取代苯）

11.8 苯磺酸和萘磺酸

苯磺酸和萘磺酸类抑制剂是萘环或苯环上连有一个或一个以上的磺酸根及其他极性基团(如—OH、—NH_2、—COOH)的化合物，这些化合物不少，列其一部分如下：

OH NH_2 HO_3S SO_3H

1－氨基－8－萘酚－3，6－二磺酸
(H 酸)

OH OH HO_3S SO_3H

1.8－二羟基萘－3，6－二磺酸
(铬变酸)

OH NH_2 SO_3H SO_3H

1－氨基－8－萘酚－2，4－二磺酸
(芝加哥酸)

HO_3S OH SO_3H

1－萘酚－3，8－二磺酸
(ε 酸)

HO_3S NH_2 SO_3H

1－氨基－4，8－二磺酸萘
(氨基芝加哥酸)

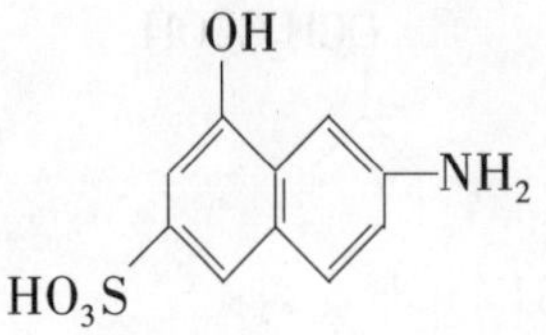

2-氨基-8-萘酚-6-磺酸

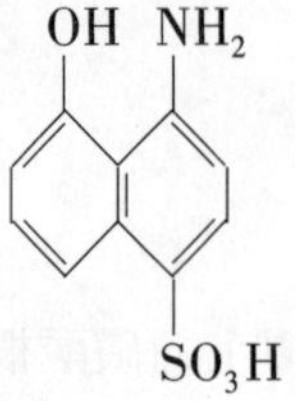

1-氨基-8-萘酚-4-磺酸

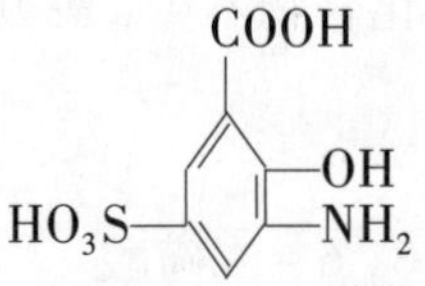

2-羟基-3-氨基-5-磺酸基-苯甲酸

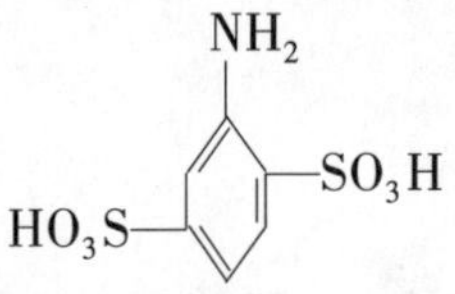

2-5-二磺酸苯胺

这些化合物均对黄玉有抑制作用，而对锡石无抑制作用，可以用于分离锡石和黄玉。这些化合物多数是偶氮染料的中间体，生产偶氮染料的工厂出产这些化合物。

11.8.1　1-氨基-8-萘酚-3，6-二磺酸(H 酸)

1. H 酸的制法

用30%发烟硫酸在150℃下将萘磺化，主要产品得1，3，6-三磺酸萘，并且产率很高。若将1，6-二磺酸萘在相同条件下磺化也可得1，3，6-三磺酸萘。1，3，6-三磺酸萘在浓硫酸和浓硝酸混酸中于25~50℃下硝化，生成1-硝基-3，6，8-三磺酸萘，再用铁屑和稀硫酸在50℃使之还原，得1-氨基-3，6，8-三磺酸萘，再用氢氧化钠与1-氨基-3，6，8-三磺酸萘于180℃进行碱熔，然后酸化而得 H 酸。反应式如下：

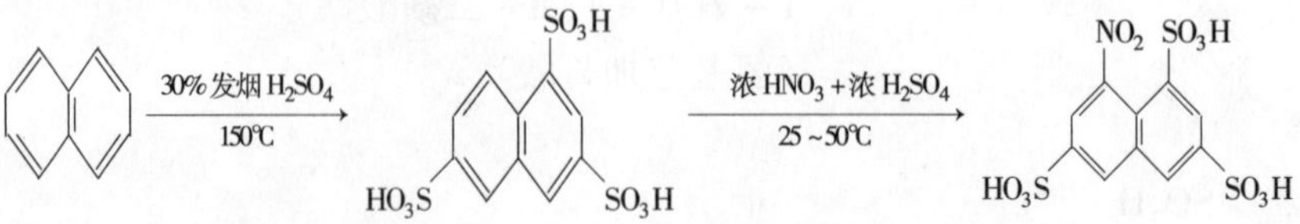

$$\xrightarrow[150℃]{30\%\text{发烟}\ H_2SO_4}\quad\xrightarrow[25\sim50℃]{\text{浓}\ HNO_3+\text{浓}\ H_2SO_4}$$

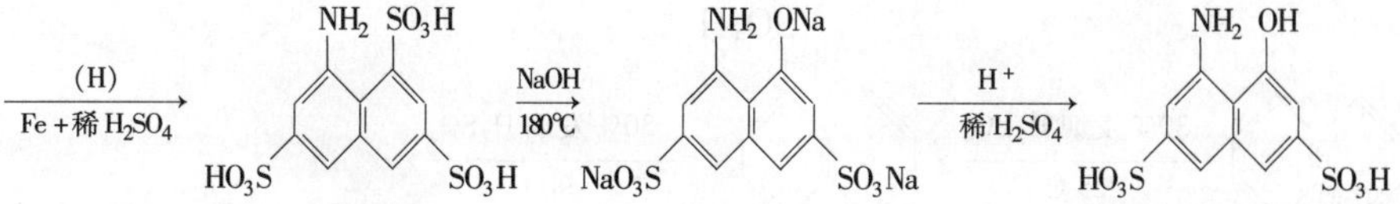

$\xrightarrow[Fe+稀H_2SO_4]{(H)}$ 1-氨基-8-磺酸-3,6-二磺酸萘（NH_2, SO_3H, HO_3S, SO_3H） $\xrightarrow[180℃]{NaOH}$ （NH_2, ONa, NaO_3S, SO_3Na） $\xrightarrow[稀H_2SO_4]{H^+}$ （NH_2, OH, HO_3S, SO_3H）

2. H 酸的性质

H 酸为无色结晶，微溶于冷水。一钠盐为针状体，含 $1\frac{1}{2}$ 分子结晶水，微溶于水中。钡盐为针状体，含 $4\frac{1}{2}$ 分子结晶水，微溶于水中。遇亚硝酸成为可溶性红黄色重氮化合物。在酸性或碱性溶液中和重氮盐偶合，显一定偶氮染料的颜色。

H 酸遇某些金属阳离子容易形成可溶性螯合物，例如 Fe^{3+}、Al^{3+} 在 H 酸水溶液中有如下反应：

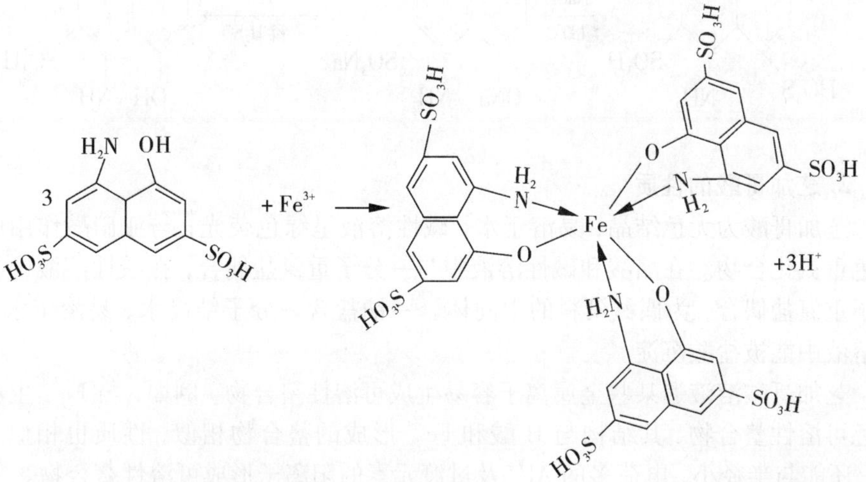

3 H 酸（H_2N, OH, HO_3S, SO_3H） $+ Fe^{3+} \longrightarrow$ 三个 H 酸分子经 NH_2 与 O 配位于 Fe 的螯合物（各含 SO_3H、HO_3S 基团） $+3H^+$

所生成的螯合物结构中有多个亲水基团—SO_3H，故该螯合物易溶于水中。反应式中若将 Fe^{3+} 换成 Al^{3+}，则生成相似结构的螯合物，配位数也是6。一般半径小、电荷多的正离子的这种螯合物较容易形成，也较稳定。

11.8.2 1-氨基-8-萘酚-2,4-二磺酸(芝加哥酸)

1. 芝加哥酸的制法

用30%发烟硫酸在25℃时将萘磺化，可得1，5-萘磺酸，再将温度升高至90℃，1，5-萘磺酸再磺化得1，3，5-萘磺酸。1，3，5-萘磺酸经硝化、还原、碱熔、酸化几步反应就可以得芝加哥酸，这些步骤与制 H 酸的方法相同，反应式如下：

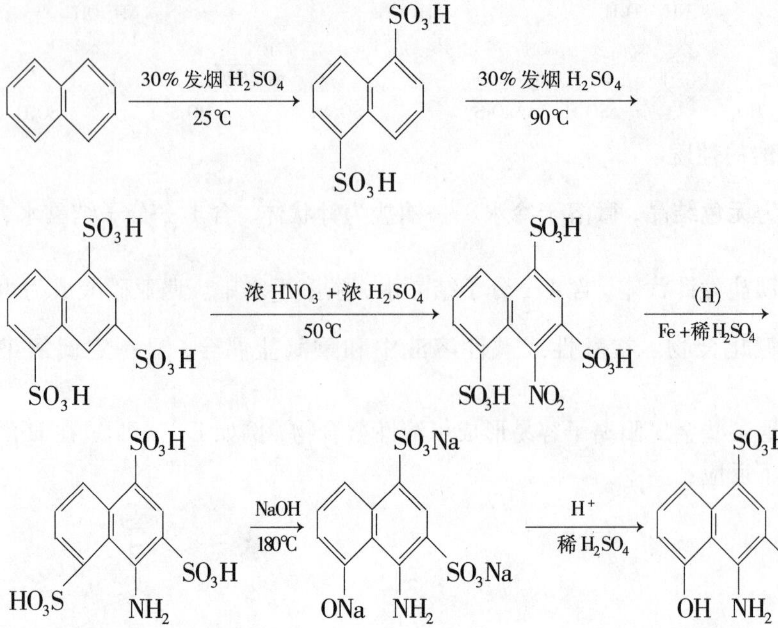

SO_3H

30%发烟 H_2SO_4 / 25℃ → 30%发烟 H_2SO_4 / 90℃ →

SO_3H

SO_3H SO_3H

浓 HNO_3 + 浓 H_2SO_4 / 50℃ → (H) / Fe + 稀 H_2SO_4 →

SO_3H SO_3H SO_3H NO_2

SO_3H SO_3Na SO_3H

NaOH / 180℃ → H^+ / 稀 H_2SO_4 →

SO_3H SO_3Na SO_3H

HO_3S NH_2 ONa NH_2 OH NH_2

2. 芝加哥酸的性质

芝加哥酸为无色结晶，易溶于水，碱性溶液呈绿色荧光，与亚硝酸作用成红黄色重氮化合物。在醋酸和碱性溶液中与一分子重氮盐偶合，在酸性溶液中与两分子重氮盐偶合，为偶氮染料的中间体。一钠盐含一分子结晶水，易溶于水，在水溶液中能被盐酸沉淀。

芝加哥酸溶液遇某些金属离子容易生成可溶性螯合物，例如，与 Fe^{3+} 生成黑绿色可溶性螯合物，其结构与 H 酸和 Fe^{3+} 形成的螯合物相似，性质也相似。此外，还能与半径小、电荷多的 Al^{3+} 及过渡元素的阳离子形成可溶性螯合物。

11.8.3 H 酸、芝加哥酸等萘磺酸类及苯磺酸类的抑制性能和抑制机理

用十一烷基-1, 1-二羧酸钠作捕收剂，在哈里蒙德管中浮选锡石和黄玉的单矿物结果表明，无论锡石还是黄玉，均可用十一烷基-1, 1-二羧酸钠顺利地浮选，并且在不加抑制剂、捕收剂浓度为 10^{-4} mol/L 时，回收率达 98%。图 11-20 是不加抑制剂时回收率与 pH 的关系，说明捕收剂浓度达最佳值后，pH 在 2～4 范围的效果最好。

图 11-21 和图 11-22 分别表示各种萘磺酸类和苯磺酸类抑制剂对黄玉与锡石的抑制效果。试验中所用的捕收剂的浓度应符合下列要求，即在不添加抑制剂的情况下黄玉的回收率应能达到 98%，而锡石回收率则应达到 90%。显而易见，在哈里蒙德管中，有若干种有机药剂，例如，H 酸、芝加哥酸、ε 酸能对黄玉产生

特殊的抑制作用，而它们对锡石浮选没有或略有影响(但铬变酸除外)。它们还有这样的特点，在 pH 大于 3.5 时，才对黄玉产生抑制作用。

显然，抑制剂的分子结构对抑制作用起着重要的作用。一般来说，萘基芳香族化合物比单环分子的芳香族化合物抑制效果更好些。

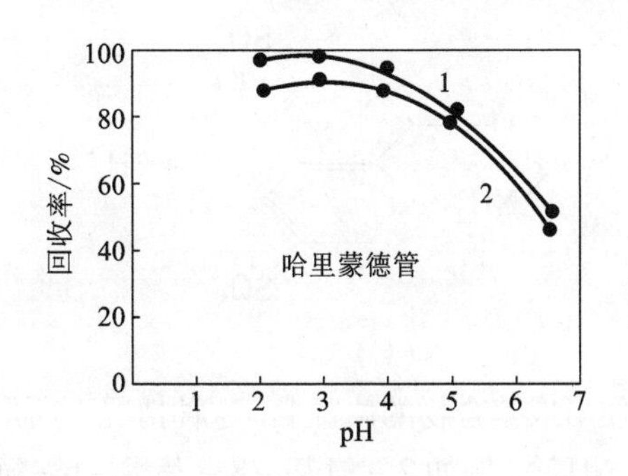

图 11-20　pH 对十一烷基-1，1-二羧酸(10^{-4}mol/L)浮选锡石与黄玉的影响

1—黄玉；2—锡石

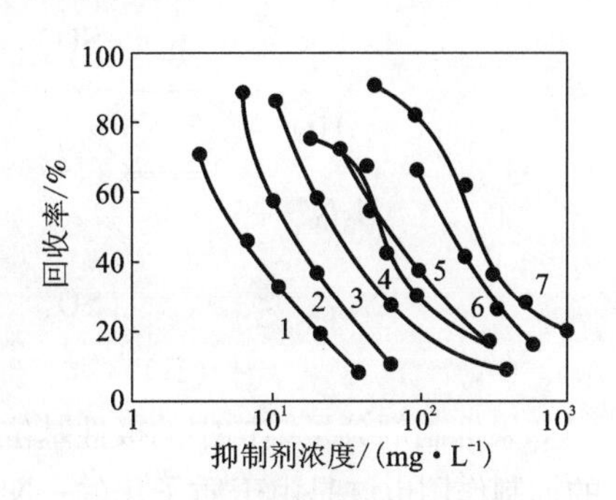

图 11-21　试验中所用有机药剂对黄玉的抑制作用

1—H 酸；2—芝加哥酸；3—铬变酸；4—ε 酸；5—2，5-二磺基-苯胺；6—2-羟基-3-氨基-5-磺基-苯甲酸；7—4，8-二磺基-萘胺

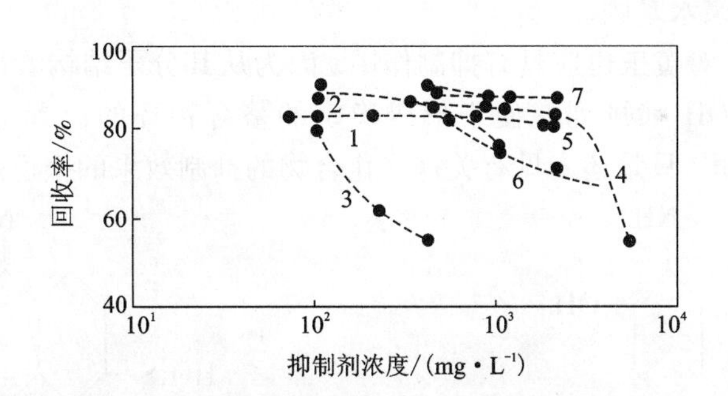

图 11-22　所用有机药剂对锡石的抑制作用

1—H 酸；2—芝加哥酸；3—铬变酸；4—ε 酸；5—2，5-二磺基-苯胺；6—2-羟基-3-氨基-5-磺酸-苯甲酸；7—4，8-二磺基-萘胺

另外，与矿物表面发生交互作用的极性基的种类与排列方式也很重要。当—NH_2和—OH 在分子中靠近排列时(例如萘中的 1，8 位)，抑制效果就格外好些。这种排列方式能与连接在矿物表面上的晶格阳离子(如黄玉中的 Al^{3+})形成稳定的螯合物环；与此同时，这种排列方式也是抑制剂分子优先于捕收剂发生吸

附作用的原因。下列反应式就是这种交互作用机理的可能的进行方式，此例系1-氨基-8-萘酚-3，6-二磺酸在黄玉表面吸附的简化形式。反应式表示具有形成螯合物能力的抑制剂的极性基(B)与晶格阳离子(A)生成了带有螯合物结构的表面化合物(C)，这种亲水吸附层阻止或限制捕收剂的吸附。

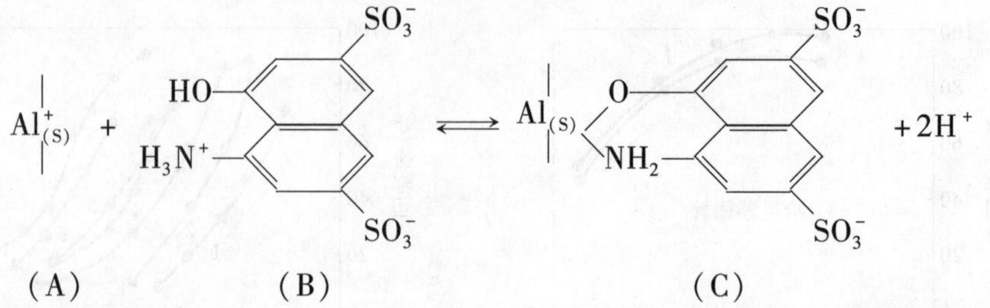

SO_3^- HO $Al^+_{(S)}$ + H_3N^+ SO_3^- ⇌ $Al_{(S)}$ O NH_2 SO_3^- SO_3^- $+2H^+$

(A) (B) (C)

如果抑制剂分子结构中的极性基位于不便形成螯合物的位置上，这种情况下所形成的抑制作用也许是由于质子化的—NH_2(—NH_3^+)(例如2-氨基-8-萘酚-6-磺酸)与带负电的黄玉表面(其零电点为pH=3.4)发生静电交互作用而吸附。

本章开始时已叙述过，即作为抑制剂的有机化合物分子中，除了具有与受抑制矿物表面作用的活性基团外，还应具有亲水基团，才能既吸附在受抑制矿物表面又形成水膜。因此作为有机抑制剂的萘磺酸类和苯磺酸类化合物分子中，其—NH_2、—OH、—COOH往往与受抑制矿物表面发生反应而吸附于矿物表面，其—SO_3H则属亲水基团。

下列化合物对黄玉也应具有抑制作用，因为从其分子结构看出，它们的活性基团—NH_2、—OH都排列在便于形成稳定的螯合物环的位置上，此外还具有—SO_3H亲水基团，只是还未见有关这些化合物的抑制效果的报道。

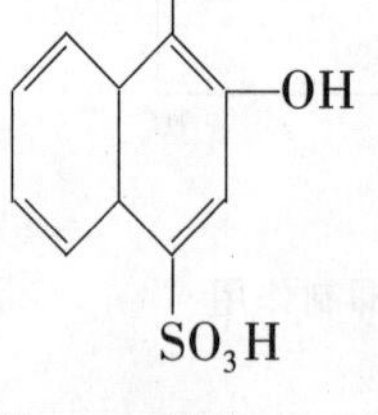

NH_2 OH SO_3H

1-氨基-2-萘酚-4-磺酸

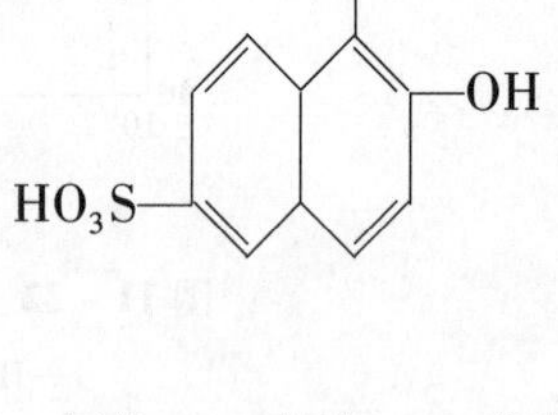

NH_2 OH HO_3S

1-氨基-2-萘酚-6-磺酸

NH_2 OH HO_3S SO_3H

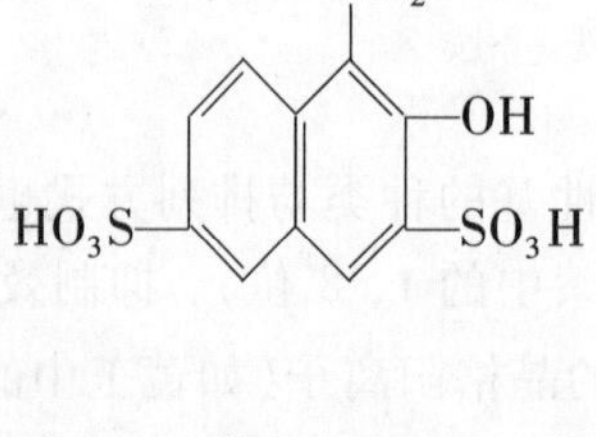

1-氨基-2-萘酚-3，6-二磺酸

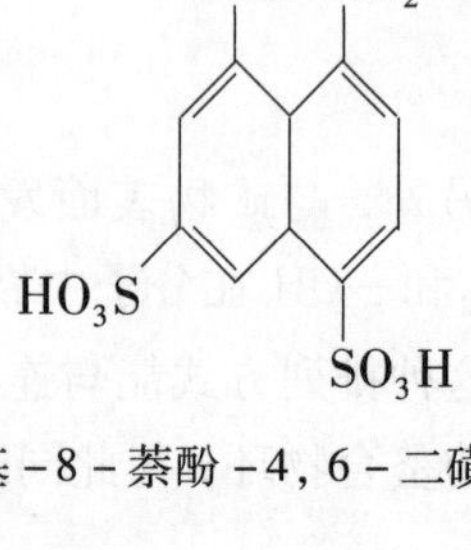

OH NH_2 HO_3S SO_3H

1-氨基-8-萘酚-4，6-二磺酸

11.9 单 宁

单宁存在植物体中，但各种植物中的含量不同，我国出产的五倍子含单宁较多，达50% ~60%；其次如四川产的红根、两广产的薯良、湖南产的茶子壳都含有较多的单宁，一般达20% ~30%，故单宁也称植物鞣质。

11.9.1 单宁的提取

一般先将含单宁的树根、果子壳等物料粉碎，然后加入热水萃取，萃取温度一般在50 ~100℃之间，温度高萃取很快，但单宁易水解，在过高的温度进行萃取，会生成一些非单宁的物质。

用水萃取而得的单宁溶液，可以直接在选矿厂作抑制剂应用，如需要运输，可在减压下蒸发，浓缩至含水分只有50%或20%的浓溶液。文献上报道，从克勃拉哥木萃取出的单宁溶液，称为“单宁萃取液”或称为“单宁萃”便是一例。有些单宁工厂，将单宁萃取液喷雾干燥，得粉状产品，更方便包装和运输。

在这里应指出，萃取单宁所用的水，最好是不含铁质的软水，因为水的硬度大，含Ca^{2+}、Mg^{2+}多，单宁与Ca^{2+}、Mg^{2+}作用，生成钙镁化合物，消耗单宁；水中若有铁离子存在，能生成蓝黑色的单宁酸铁，使单宁颜色变深。

11.9.2 单宁的性质

单宁是分子较大的无定形物质，从植物中提取的单宁呈棕色胶质状态，其粉状的喷雾干燥产物也是无定形的，易溶于水。单宁的酒精溶液与三氯化铁作用颜色由蓝至绿，若单宁分子中含有1，2，3－苯三酚的结构，则显蓝色，若含有其他结构则出现很淡的绿色。单宁与醋酸铅作用，能生成羽毛状沉淀。斐林试剂可被单宁还原，斐林试剂与单宁作用，加热至沸时生成红色Cu_2O沉淀。（注：斐林试剂分A、B两部分溶液，A是硫酸铜溶液，B是酒石酸钾钠和氢氧化钠溶液，用时将A、B两溶液等体积混合，得宝蓝色溶液，称斐林试剂。）

在单宁溶液中加入碳酸钾或碳酸铵便生成单宁酸钾或单宁酸铵沉淀，但单宁酸钠盐可溶于水。单宁是用来沉淀钍盐的试剂。在提取钍时，可用单宁溶液将钍沉淀，从而与不发生沉淀的离子分离。单宁与氰化钠有颜色反应，这个反应是用来区别末食子酸在单宁溶液中是游离的还是化合物状态的依据。加几滴含有游离末食子酸的单宁溶液到2 mL氰化钠溶液中，出现深酒红色，大约保持15 s后颜色就会消失，摇动溶液，颜色可以再现。若单宁溶液中只含化合物状态的末食子酸，加入氰化钠时，溶液呈无色或很淡的颜色。碱土金属离子（Ca^{2+}、Sr^{2+}、Ba^{2+}）与单宁生成的沉淀，在空气中氧化呈棕、蓝、绿或红色。

若将亚硝酸钾或亚硝酸钠晶体加入很稀的单宁溶液中，然后加入几滴稀盐酸或稀硫酸，直至出现红色再变紫，然后变为靛蓝，或最后得出青色或棕色，这都说明鞣花酸呈化合状态存在，游离的鞣花酸则没有这个反应，有这个反应的认为是有鞣花酸结合在单宁分子里。

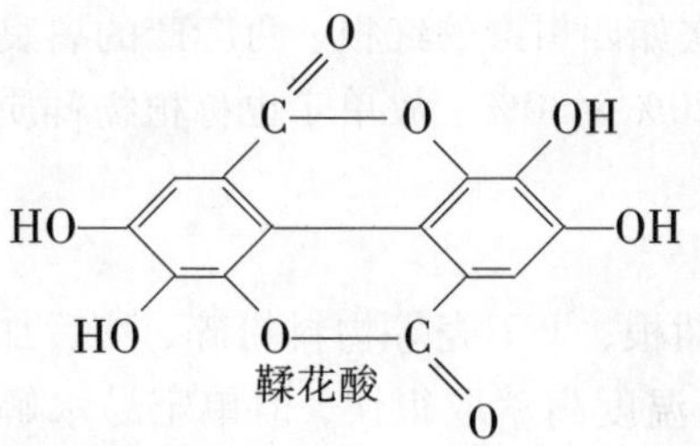

鞣花酸

此外，还有许多有机物能与单宁作用，例如动物胶及蛋白质与单宁作用产生沉淀，这是单宁能用来鞣革的原因。

我国特产五倍子含单宁成分很高，对其结构也研究得较详细，文献上曾经公布过其结构式，这些结构式都说明我国单宁是葡萄糖的五个羟基为末食子酸、单宁酸酯化而得的配糖物。

11.9.3　单宁的抑制性能

(1)广西大厂锡矿石，脉石含方解石很高，含氧化钙51%。在浮选大厂长坡选厂或车河选厂的锡石细泥时，先用黄药在酸性介质中浮选脱去硫化矿，然后用硫酸将硫尾矿 pH 调到6.5 左右，用单宁作方解石的抑制剂，用苄基胂酸作捕收剂，松醇油作起泡剂浮选锡石细泥，可从含 1.25% Sn 的给矿，通过一粗二精中矿集中返粗选闭路流程，得到精矿品位42% Sn、回收率93%的锡精矿，单宁抑制方解石效果很好。

(2)荡坪白钨尾矿含 17.49% 氟化钙、14.26% 碳酸钙、0.122% 铅、0.088% 锌、0.037% 铜，采用栲胶(单宁)作方解石抑制剂，731 作萤石捕收剂，经一粗一扫七精流程得到含 95.67% 氟化钙、2.076% 碳酸钙的精矿，回收率 64.93%。

(3)德国某选厂使用美狄兰和油酸混合捕收剂，浮选方解石大于 6% 的萤石矿。用白雀树皮汁(quabracho，亦有译作克勃拉哥，含单宁很高)作抑制剂，通过一粗一扫二精的工业生产流程，得到满意结果。

(4)某矿石含重晶石 28.92%、萤石 48.37%，磨矿后用克勃拉哥和水玻璃作抑制剂，烷基硫酸钠为捕收剂，粗精矿经过六次精选，重晶石精矿含硫酸钡93%，回收率82%；浮重晶石尾矿浮萤石，用烷基琥珀酸、油酸作捕收剂，淀粉和氟化钠作抑制剂，得到萤石精矿含氟化钙93.6%，回收率76.5%。上述例子用的抑制剂中单宁、栲胶、克勃拉哥都是单宁物质，可见单宁对方解石有很强的抑制作用。

11.9.4 单宁的抑制机理

在浮选脉石为方解石矿物时，抑制剂常用水玻璃或单宁，关于单宁抑制方解石的机理，归纳起来有下面论点。

(1)单宁酸的羧基吸附(或化合)在方解石的表面，而另一端的基团向外，和水分子借氢键结合而形成水膜，故亲水而起抑制作用。根据这种观点推想，凡与单宁酸有相似结构的有机物也应有抑制作用，如末食子酸与单宁酸相似，也应能抑制方解石。实践证明，末食子酸对方解石抑制能力较强，特别是在加热的情况下，无论单宁酸或末食子酸的抑制效果均比常温时更强。因此，可认为在不加热时，单宁酸或末食子酸的羧基在方解石表面与 Ca^{2+} 以形成物理吸附为主，故容易脱落，抑制效果较差，加热以后转化为化学吸附，吸附较牢固，因此加温处理以后，抑制能力得到加强。它们的抑制机理可用图 11-23 表示。红外光谱研究还提供了方解石表面上有单宁酸钙配合物存在的证据。

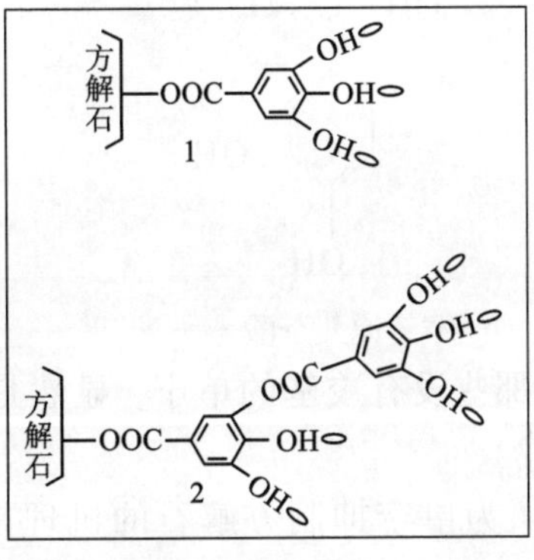

图 11-23 末食子酸、单宁酸抑制方解石示意图

1—末食子酸在方解石表面形成水膜；
2—单宁酸在方解石表面形成水膜；
⚬ —代表水分子

这种论点对分子结构中含下列组分的单宁可能是合理的，因为这类单宁和单宁酸有相似的结构，例如，

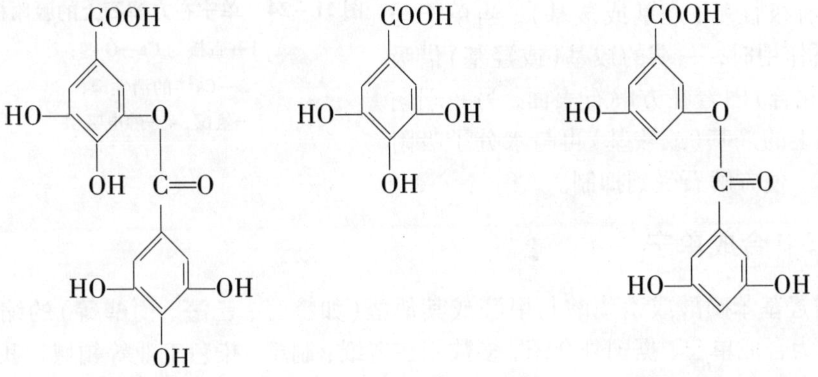

单宁酸　　末食子酸　　一缩二-β-雷琐酸

一缩二原儿茶酸　　　　　　　　　　一缩二尤胆酸

但对那些没有羧基的单宁，显然是说不通的，因此这种论点具有一定的局限性。

(2)认为单宁抑制方解石的机理是通过酚基离子以物理吸附或化学吸附的方式固着在方解石表面上而引起抑制。这种论点与本章第一节羟基羧酸的抑制机理相同，其吸附模型可用图 11－24 表示，其中单宁酸分子与方解石表面作用包含 Ca—O 化学键，—OH 与 CO_3^{2-} 间的氢键，Ca^{2+} 与单宁间的静电引力等。

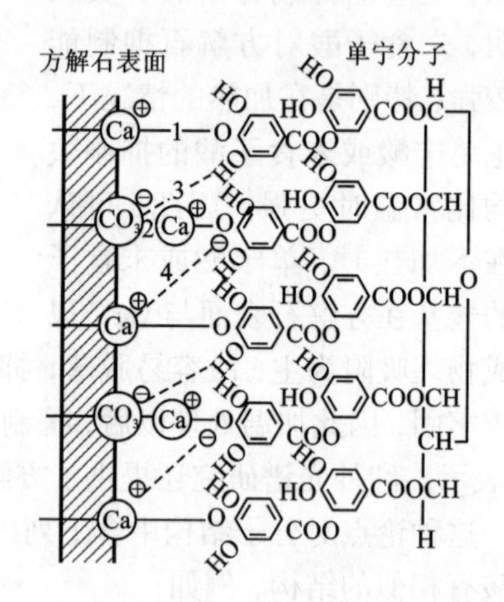

图 11－24　单宁在方解石上的吸附模型

1—直接的 Ca—O 键；
2—Ca^{2+} 的活性键；
3—氢键；4—静电吸引

结合单宁的结构和(1)(2)两种论点，单宁抑制方解石的机理可归纳如下：从单宁的结构来看，大多数单宁的两端(有些是四周)都有极性基(羟基或羧基)，当单宁与方解石作用时，一端的羧基(或羟基)借吸附(或化合)固着在方解石表面，另一端向外，端上的羟基(或羧基)再与水分子吸附而亲水，使方解石受到抑制。

11.9.5　合成单宁

对羟基苯磺酸或萘磺酸与甲醛或其他醛(如糠醛、乙醛、丙醛等)的缩合产物，称为合成单宁，据国外介绍，多数用在造纸、制革、染色工业等领域。我国合成单宁的类似物用作抑制剂应用在选矿工业中，有 S－217、S－804、S－711、S－808 4 种。这些都是化工系统研究的成果，故仍用原名。它们的结构式可表示如下：

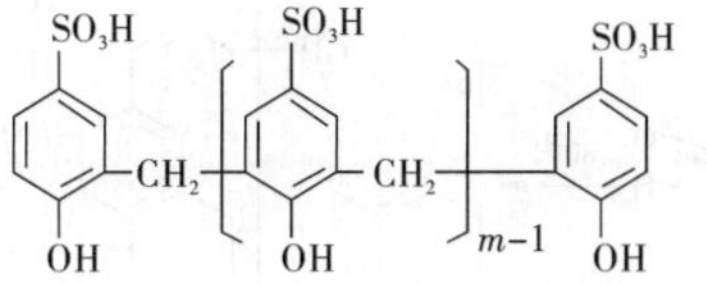

代号S-217

名称：对羟基苯磺酸甲醛缩合物

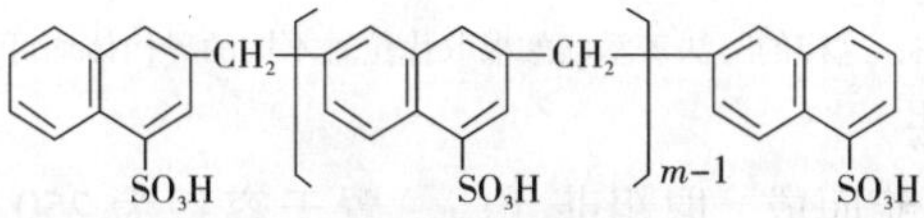

代号S-711

名称：萘磺酸甲醛缩合物

有人对S-711分子中的萘磺酸核体数进行了测定，认为在6~9之间。

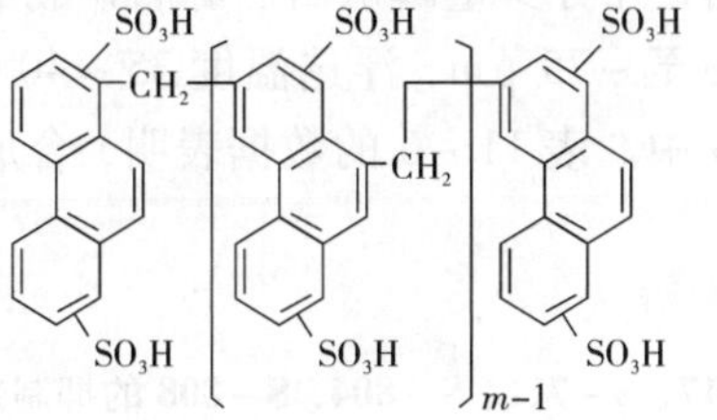

代号S-804

名称：菲磺酸甲醛缩合物

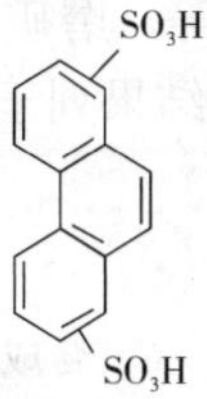

代号S-808

名称：菲磺酸

1. S-217、S-711、S-804的制法

制备S-217的原料是苯酚、浓硫酸、甲醛；制备S-711的原料与S-217相同，只用萘代替苯酚；制备S-804的原料亦与S-217相同，但用菲代替苯酚。

S-217、S-711、S-804的合成方法基本一样，大同小异，下面以S-804为代表介绍如下：取粗菲50 g，置于容积为250 mL并附有回流和搅拌装置的三口瓶中；在空气浴中加热至120℃，在15 min内滴加浓硫酸40 mL，维持120℃ 3.5 h；降温至80℃，加水100 mL左右，在10 min内滴加浓度为40%的甲醛17.5 mL；在沸水浴中搅拌1.5 h，取出即得，估计合成反应如下：

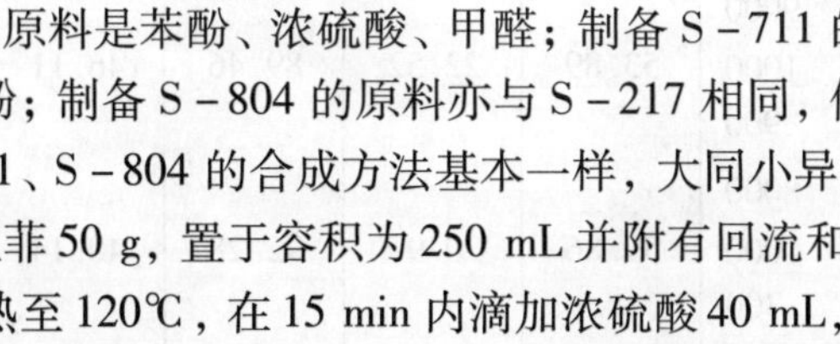

$$\text{菲} + 2H_2SO_4 \xrightarrow{120℃} \text{菲二磺酸}(SO_3H)_2 + 2H_2O$$

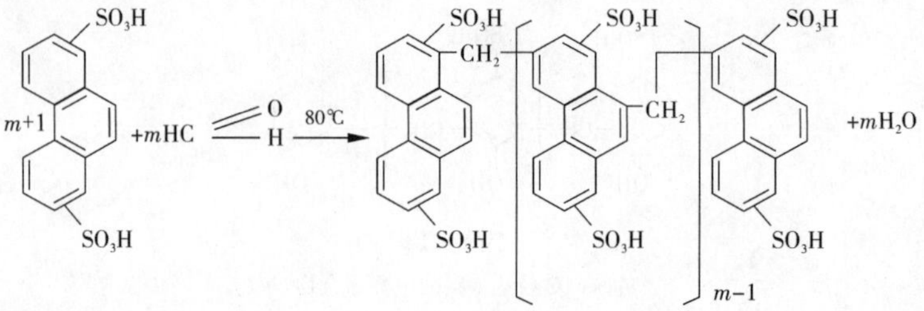

注：这样的写法表示磺酸根取代位置不同的异构体均可

2. S－808 的制法

S－808 是磺化粗菲而成，取粗菲 40 g，置于容积为 250 mL 附有搅拌和回流装置的三口瓶中，加热至 120℃左右，在 20 min 内滴加浓硫酸 24 mL，保持在 120℃搅拌 2 h，取出即成。

3. 合成单宁 S－217、S－711、S－804、S－808 作抑制剂浮选磷矿石的效果

某磷矿石的有用矿物为磷块岩，并有少量磷灰石。脉石矿物有白云石、方解石、石英和玉髓等。磨矿细度 90% 至 －75 μm，浮选温度 35～40℃，浮选浓度含固体 22%，精选结果列于表 11－6 中。表 11－6 的数据表明，合成单宁对该矿的脉石有抑制作用。

表 11－6　合成单宁 S－217、S－711、S－804、S－808 的抑制效果

抑制剂名称及用量 /($g\cdot t^{-1}$)	其他药剂用量 /($g\cdot t^{-1}$)	浮选指标					
		精矿产率 /%	精矿品位 /%	回收率 /%	尾矿产率 /%	尾矿品位 /%	回收率 /%
S－217 333	Na_2CO_3 9000 水玻璃 1000 妥尔皂 900	53.89	22.52	89.46	46.11	3.12	10.54
S－711 505	Na_2CO_3 8000 水玻璃 1000 妥尔皂 300	59.86	20.99	92.28	40.14	2.62	7.72
S－804 1100	Na_2CO_3 9000 水玻璃 1000 妥尔皂 800	56.75	21.59	92.94	43.25	2.00	7.06
S－808 1000	Na_2CO_3 9000 水玻璃 1000 妥尔皂 300	59.74	20.77	94.44	40.26	1.82	5.56
不用合成单宁和粗菲磺化物	Na_2CO_3 8000 水玻璃 300 妥尔皂 300	54.00	16.76	68.58	46.00	9.08	31.42

这些合成单宁在我国某些磷矿浮选厂得到推广使用。

11.10　淀　粉

11.10.1　淀粉的来源和结构

淀粉是有机化学中的重要碳水化合物之一，其主要来源是木薯、马铃薯、麦子、稻米、豆科种子等。

淀粉受淀粉酵素作用，可水解成麦芽糖；受无机酸作用，最终水解成 α - 葡萄糖。因此，淀粉可以看作是多个 α - 葡萄糖的缩合产物。

淀粉用热水处理后，可分成两类：一类是可溶性的，叫做颗粒淀粉；另一类能糊化，叫做皮质淀粉。这两种淀粉水解后，都得到葡萄糖。它们之间的主要区别是：颗粒淀粉中的 α - 葡萄糖是通过 1，4 碳上的羟基脱水结合而成的，不具有支链。它的结构可用下式表示：

```
      CH2OH                       CH2OH                   CH2OH
       |                           |                       |
       C----O                      C----O                  C----O
    H /|     \ H           H /|     \ H        H /|     \ H
     / H      \              / H      \           / H      \
    C           C            O           C         C          C
    | \ OH  H / |               \ OH  H / |          | \ OH  H / |
  HO|  \|   |/  |------O------    \|   |/  |--n---O--    \|   |/  OH
       C----C                      C----C                 C----C
       |    |                      |    |                 |    |
       H    OH                     H    OH                H    H
```

式中 n 是很大的正整数。

皮质淀粉分支很多，在它们的分子中，葡萄糖单位除 1，4 结合外，其他的羟基如 2，3 及 6 位上的也参加缩合，这样就形成支链。图 11 - 25 是一个示意图，表示分子中的葡萄糖可能有的各种结合方式。

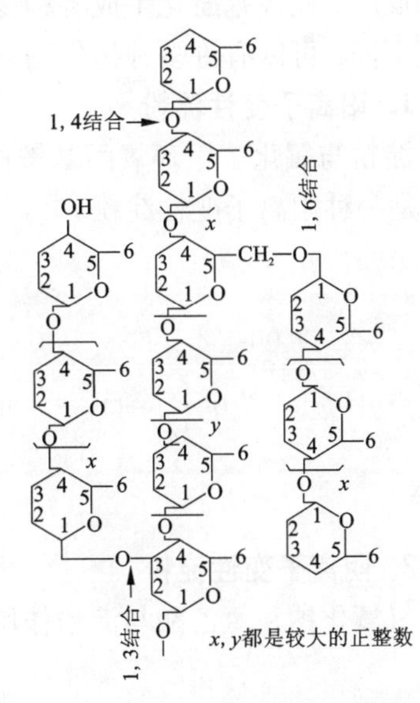

图 11 - 25　皮质淀粉结构示意图

11.10.2　淀粉的性质

淀粉几乎不溶于冷水，但能大量吸收热水而成黏性溶液。该溶液没有还原斐林试剂的性能，冷时胶结。

颗粒淀粉与碘作用呈蓝色；皮质淀粉溶液与碘作用呈紫色，将溶液加热，颜色消失，冷时颜色重现。在分析化学碘量法试验中，常用淀粉溶液作指示剂，就是利用颗粒淀粉与碘显蓝色这个作用。这个相互作用的实质是颗粒淀粉的分子卷曲盘旋呈螺旋状圆柱，每一圈螺旋约含六个葡萄糖单元，碘刚好能钻入并被吸附成包含物，此包含物显蓝色，并非起了化学反应。

在无机酸作用下，淀粉水解最后生成α－葡萄糖，一般正常情况下能得到定量的产物：

$$\underset{\text{淀粉}}{(C_6H_{10}O_5)_n} + nH_2O \xrightarrow[\text{加热}]{H^+} \underset{\alpha-\text{葡萄糖}}{nC_6H_{12}O_6}$$

糊精是淀粉降解产物的混合物，若淀粉水解在未完成之前就停止，则可得到糊精，糊精再进一步水解生成麦芽糖，最后得到α－葡萄糖。

$$\underset{\text{淀粉}}{(C_6H_{10}O_5)_n} \xrightarrow{\text{水解}} \underset{\text{糊精}}{y(C_6H_{10}O_5)_m} \xrightarrow{\text{水解}} \underset{\text{麦芽糖}}{pC_{12}H_{22}O_{11}} \xrightarrow{\text{水解}} \underset{\alpha-\text{葡萄糖}}{qC_6H_{12}O_6}$$

糊精分子量比淀粉小，能溶于水，性质与淀粉相似，在浮选工业也可用作抑制剂或絮凝剂。文献报道的不列颠胶 9084 便是由谷淀粉水解而得的一种糊精，分子量比淀粉小，构型与淀粉相似。

11.10.3 变性淀粉

在淀粉分子中，每个葡萄糖单元还有三个羟基，在 2，3 和 6 位上，特别是第六个碳原子上的羟基，因其伸出环外，受到的位阻效应很小，故比较容易与其他试剂反应，使羟基醚化生成各种变性淀粉。变性淀粉是淀粉的衍生物，由于加工处理不同，可以有许多种衍生物，即有许多种变性淀粉，下面举例叙述。

1. 阳离子变性淀粉

淀粉与氯化三甲环氧丙基铵作用，可醚化生成氯化三甲基β－羟基丙基铵淀粉，是一种阳离子变性淀粉。

$$-O-[\text{葡萄糖环}(CH_2OH)-O]_n- + nCH_2\underset{O}{—}CHCH_2N^+(CH_3)_3Cl^- \longrightarrow -O-[\text{葡萄糖环}(CH_2OCH_2-\overset{OH}{CH}-CH_2N^+(CH_3)_3Cl^-)-O]-$$

阳离子变性淀粉

2. 阴离子变性淀粉

氢氧化钠和氯乙酸与淀粉作用，则生成阴离子淀粉。

$$[\text{淀粉葡萄糖单元}(CH_2OH)]_n \xrightarrow{NaOH} [\text{淀粉葡萄糖单元}(CH_2ONa)]_n \xrightarrow{ClCH_2COOH} [\text{淀粉葡萄糖单元}(CH_2OCH_2COOH)]_n + nNaCl$$

阴离子变性淀粉

3. 中性变性淀粉

淀粉与环氧乙烷作用，可得中性变性淀粉。

这些变性淀粉，一般是在淀粉中的葡萄糖单元2，6两个羟基上取代，特别是取代6位上羟基的氢为多。文献上表示取代程度的符号是 *D. S.* 。因为每个葡萄糖单元上还有三个羟基，故引进基团的摩尔数最多是三个，即 *D. S.* 最大值是3。一般变性淀粉中 *D. S.* 都小于1。变性淀粉中 *D. S.* 值的大小对其溶解度和浮选性能都有很大影响。

$$[\text{淀粉葡萄糖单元}(CH_2OH)]_n + nCH_2\text{—}CH_2(\text{—O—}) \longrightarrow [\text{淀粉葡萄糖单元}(CH_2OCH_2CH_2OH)]_n$$

中性变性淀粉

淀粉在未变性前，每个葡萄糖单元中的三个羟基和两个葡萄糖单元之间的氧原子均为亲水基团，它们借助氢键的作用而与水分子缔合(也有人认为是吸附)，因此淀粉在水中有一定的溶解度。也就是这些极性基团，通过氢键与矿粒表面吸附，而固着在矿粒表面上，使矿粒亲水而起抑制作用；或通过氢键吸附在若干个矿粒上，起“桥键”作用而使矿粒凝絮。

变性淀粉引进了更多的极性基团，总的说来能增加它的溶解度；对引进了阳离子的变性淀粉来说，它在水中带正电，能更好地选择吸附在表面带负电荷的矿粒上，使带负电荷的矿粒受到抑制或起絮凝作用；如在其分子中引进了阴离子的变性淀粉，它在水中带负电，因此容易吸附在表面带正电的矿粒上，使之受到抑制或絮凝。所以淀粉变性以后，一方面可增加它在水中的溶解度；另一方面能增强其对矿物作用的选择性。

4. 羟肟酸淀粉

羟肟酸淀粉是淀粉分子中葡萄糖单元中的伯醇基被氧化成羧基后，再将羧基肟化成羟肟酸淀粉：

$$[\text{—}C_6H_9O_4(CH_2OH)\text{—O—}]_n \xrightarrow{\text{氧化}} [\text{—}C_6H_9O_4(COOH)\text{—O—}]_n \xrightarrow{CH_3OH} [\text{—}C_6H_9O_4(COOCH_3)\text{—O—}]_n \xrightarrow{NH_2OH} [\text{—}C_6H_9O_4(C(=O)NHOH)\text{—O—}]_n + CH_3OH$$

11.10.4 淀粉的抑制性能

在矿石浮选作业中，用淀粉或变性淀粉作抑制剂，以抑制赤铁矿、磁铁矿和方解石的情况较为普遍。例如反浮选含有石英的赤铁矿时，无论用脂肪酸类捕收剂(用氯化钙或熟石灰活化石英)还是用胺类捕收石英，都可用淀粉及其衍生物作赤铁矿的抑制剂。粒度为 -122 μm、含铁 51.77% 的铁精矿，配成含固体 30% 的矿浆，在 pH 为 11.8 时，加入 900 g/t 淀粉(淀粉配成 4% 胶化溶液加入)，搅拌 2 min，再加 900 g/t 氯化钙，再搅拌 1 min，再加入 225 g/t 普通脂肪酸捕收剂，搅拌 2 min，将矿浆冲稀到含 20% 固体，浮选 5 min，尾矿(即铁精矿)含铁 62.5%，回收率 82.13%。

又如用淀粉抑制磁铁矿，用阳离子捕收剂浮选石英，所得的磁铁矿含石英少于 4%。用脂肪酸捕收剂浮选磷灰石时，淀粉还可以用来抑制方解石、白云石。其他如用胺类捕收剂浮选氯化钾时，亦可用淀粉防止黏土吸附捕收剂，从而使黏土受到抑制。

阴离子淀粉用作反浮选分离一水硬铝石和伊利石的调整剂。

单矿物浮选试验结果表明，在阳离子捕收剂(DTAC)体系中，阴离子型淀粉(LSDZ)在 pH 为 4 ~ 11 时，抑制一水硬铝石浮选；当 pH = 6，LSDZ 浓度为 3×10^{-4} mol/L 时，随阴离子淀粉用量的提高一水硬铝石被抑制；当 LSDZ 浓度 <40 mg/L 时，活化伊利石浮选，继续提高淀粉用量，伊利石被抑制。结果表明，阴离子淀粉是反浮选分离一水硬铝石和伊利石的有效调整剂。用 Zeta 电位和吸附量测定考查了阴离子淀粉在一水硬铝石和伊利石浮选分离中的作用机理。认为 LSDZ 通过氢键和静电作用吸附在铝硅矿物表面上，阳离子捕收剂的加入使矿物表面 Zeta 电位正移，阴离子淀粉使矿物表面 Zeta 电位负移，且阳离子捕收剂的加入能促使捕收剂 DTAC 在伊利石表面上吸附，DTAC 在伊利石表面吸附量比一水硬铝石多，故伊利石上浮，与一水硬铝石分离。

用十二胺作捕收剂，分别用阳离子淀粉(CAS)、甲基羧基淀粉(CMC)、两性淀粉(AMS)和溶解淀粉(SS)作抑制剂反浮选水铝石，试验结果表明，这四种抑制剂对水铝石的抑制性能由大到小呈下列顺序：两性淀粉(AMS)，阳离子淀粉(CAS)，溶解淀粉(SS)，甲基羧基淀粉(CMC)。用吸附量测定、ζ电位测定和红外光谱技术研究了其作用机理，结果表明，带正电的淀粉(CAS、AMS)有利于吸附在水铝石表面，与阳离子捕收剂有排斥作用，降低阳离子捕收剂的吸附，CAS、AMS是通过氢键和生成螯合物固着于水铝石表面，将它抑制。

羟肟酸淀粉在酸性条件下，对一水硬铝石有强烈的抑制作用。由于在一水硬铝石表面，羟肟酸淀粉可以罩盖捕收剂十二胺，增加矿石的亲水性，故将矿物抑制。

从某些豆科植物种子可以提取古尔胶(瓜胶)，古尔胶存在于种子的胚乳中，约为种子重量的(干的)35%，是天然淀粉中的一种。其结构式如下所示。

古尔胶的结构式

古尔胶的相对分子量约为220000，聚合链中含有大约450个重复单体结构，是非离子型的胶质。古尔胶的每个单体结构中含有九个羟基，这些羟基可以被各种阴离子、阳离子和非离子基团取代，典型的取代基是羧甲基、β-卤代烃基和羟丙基。

在泡沫浮选中古尔胶可作选择性脉石抑制剂，当用黄药、黑药、巯基苯骈噻唑等捕收剂浮选硫化矿物时，古尔胶衍生物可抑制滑石、叶蜡石及片状硅酸盐脉石。当用油酸作捕收剂、水玻璃作分散剂、聚乙二醇醚作乳化剂浮选磷灰石时，古尔胶衍生物成功地抑制方解石。

古尔胶衍生物 Acrol LG 是古尔胶的芳基或烷基衍生物，取代度在0.1～1.5之间。从浮铜尾矿中浮选磷灰石时，用该药作方解石抑制剂(200 g/t)，与阿拉伯树胶相比，不仅提高了精矿质量，而且回收率(P_2O_5)从79.3%提高到84.8%。

马铃薯淀粉在256℃加热1 h，生成的产物称为DBM糊精。这种糊精对方铅矿有较好的抑制作用。试验结果表明，用这种糊精 2.5 kg/t 作抑制剂，乙基钾黄药作捕收剂，在 pH =8.0~8.2 的条件下，浮选含 18.5% Cu、5.5% Pb 的混合精矿，泡沫产品含 38.1% Cu，回收率77%；槽内产品为铅精矿，含 7.3% Pb，回收率 83%。

将马铃薯淀粉生物水解，生成多种氨基酸，可用作抑制剂。例如在微型浮选机浮选时，用天冬氨酸、谷氨酸和苏氨酸抑制黄铜矿而浮出方铅矿；在实验室用天然矿石作浮选试验时，苏氨酸的选择性较好，但试验结果与微型试验研究结果相反，它对方铅矿的抑制比黄铜矿强，这可能是天然矿石比较复杂的缘故。用这种方法制取氨基酸作抑制剂，原料来源广，估计成本不高，可作为课题进行比较深入的研究。

11.10.5 淀粉的抑制机理

淀粉的分子很大，分子中每个葡萄糖单元含有三个羟基；变性淀粉除含有羟基外，还含有羧基、胺基等，这些基团都是亲水基团，又能借氢键的作用吸附在矿物表面上，使得矿物颗粒首先包上一层淀粉胶体，再包上一层水膜，因而矿物亲水而受到抑制。

氢键的生成是淀粉与矿物固着的最重要因素；但矿粒和淀粉胶粒表面的电性对矿物吸附淀粉也有着重要的作用。例如，用未经加工的谷淀粉、引进 $—OCH_2COONa$ 的阴离子淀粉、引进 $—OCH_2CH(OH)—CH_2N^+(CH_3)_3Cl^-$ 的阳离子淀粉所做的电泳实验结果如图 11 - 26 所示。从图 11 - 26 可以看出，阴离子淀粉和未经变性的谷淀粉在溶液中是带负电的，阳离子淀粉在溶液中是带正电的。从静电引力的观点看，当淀粉与矿物表面作用时，阳离子淀粉吸附在带负电的矿物表面上，如易吸附在石英上；阴离子淀粉易吸附在带正电的矿物表面上，如易吸附在赤铁矿上。

吸附试验结果如图 11 - 27 和图 11 - 28 所示，图中 H 代表赤铁矿，Q 代表石英。谷淀粉如图 11 - 26 所示是带负电的，故吸附在赤铁矿表面上比吸附在石英上多，如图 11 - 27 所示。阳离子淀粉吸附在石英表面上比吸附在赤铁矿表面上的多，如图 11 - 28 所示。

通常随着矿浆 pH 升高，矿浆中的 OH^- 离子浓度增大，矿物表面电性向负的方向增加，所以阴离子淀粉随 pH 升高，吸附量降低，这是由于同性电荷相斥的缘故，如图 11 - 29 所示。阳离子淀粉随 pH 升高吸附量增大，如图 11 - 29 所示，这是由于异性电荷相吸的结果。

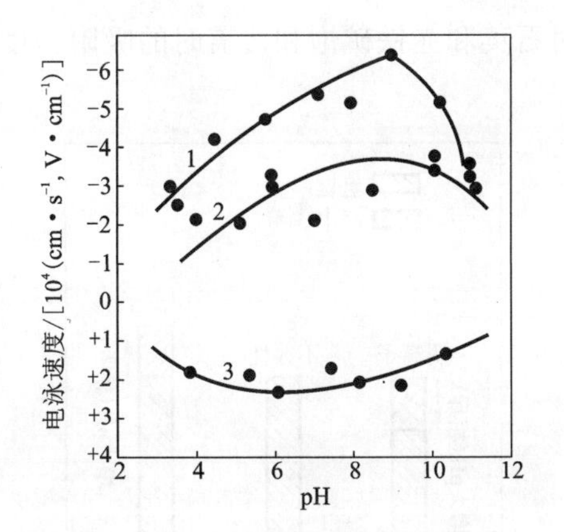

图 11－26　不同淀粉的电泳速度与 pH 的关系

1—未改性的淀粉；

2—阴离子淀粉；

3—阳离子淀粉

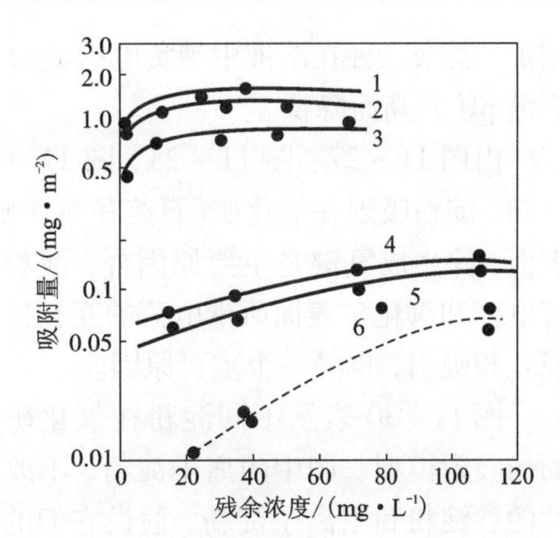

图 11－27　谷淀粉在赤铁矿(H)和石英(Q)上的吸附

1—H, pH 为 7; 4—Q, pH 为 7;

2—H, pH 为 9; 5—Q, pH 为 8.5;

3—H, pH 为 11; 6—Q, pH 为 10.6

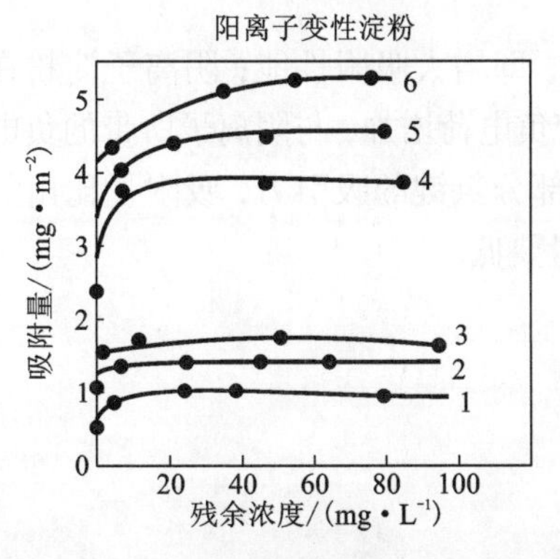

图 11－28　阳离子淀粉在赤铁矿(H)和石英(Q)上的吸附

1—H, pH 为 7; 4—Q, pH 为 7;

2—H, pH 为 9; 5—Q, pH 为 9;

3—H, pH 为 11; 6—Q, pH 为 11

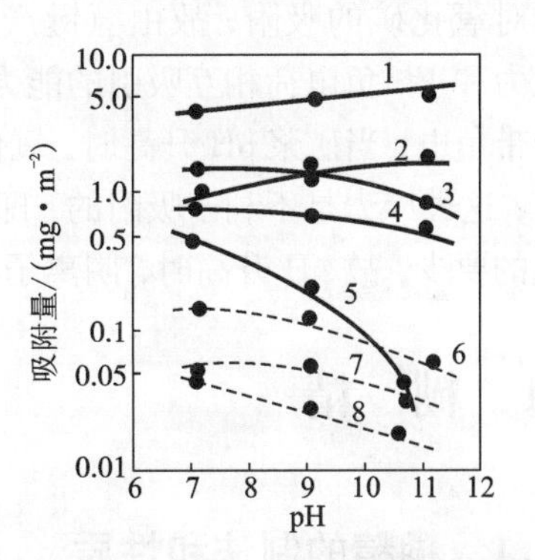

图 11－29　各种淀粉在赤铁矿(H)和石英(Q)上饱和覆盖时，吸附密度与 pH 的关系

1—Q, 阳离子淀粉; 2—H, 阳离子淀粉;

3—H, 谷淀粉; 4—H, 不列颠胶 9084;

5—H, 阴离子淀粉; 6—Q, 谷淀粉;

7—Q, 不列颠胶 9084; 8—Q, 阴离子淀粉

图 11－29 表示各种不同淀粉在其饱和覆盖时，吸附量与 pH 的关系，图中 H 仍代表赤铁矿，Q 代表石英。不列颠胶 9084 是由谷淀粉水解而得的一种糊精，分子量比谷淀粉小，性质与谷淀粉相似，在水溶液中也是带负电的。从图 11－29 中可以看出，只有阳离子淀粉对石英和赤铁矿饱和覆盖时，吸附密度随 pH 升高而

增加，其余三种在溶液中带负电的淀粉，对石英和赤铁矿饱和覆盖时的吸附密度都随 pH 升高而降低。

由图 11－27、图 11－28、图 11－29 可知，淀粉吸附在氧化矿(石英和赤铁矿)表面，除生成氢键是主要原因外，淀粉所带电荷和氧化矿表面所带电荷的互相排斥或互相吸引，也是一个重要原因。

图 11－30 表示不同淀粉在氧化矿表面的吸附模型。图中阴离子淀粉、不改变性的谷淀粉和阳离子淀粉，假设它们的聚合度相同，则它们与氧化矿表面生成氢键的能力相同，以标有不改变的氢键高度表示；但阳离子淀粉在溶液中带正电，矿浆 pH 升高时，氧化矿表面带更多的负电，这种负电荷与阳离子淀粉的正电荷相互吸引，而增加对氧化矿的吸附，故由氢键产生的吸附能力和正、负电荷相互吸引的能力是相加的，即增大吸附性能；阴离子淀粉在溶液中带负电，当矿浆 pH 升高时，氧化矿颗粒带负电荷增加，与阴离子所带的负电荷相斥，这种斥力是不利于吸附的，即抵消了一部分氢键的吸引力，吸附量比由氢键引起的要少，故 pH 升高时，阴离子淀粉吸附量要低。

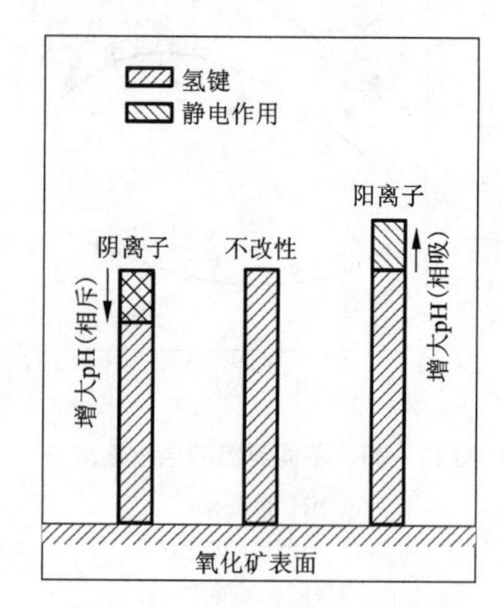

图 11－30　表示不同淀粉在氧化矿表面吸附的模型

11.11　糊　精

11.11.1　糊精的制法和性质

糊精也是一种变性淀粉，是淀粉不同程度裂解的中间产物，随着不同的化学处理过程，碳链裂解的长短程度不同，而有各种糊精产物。

制造方法比较简单，只要将干燥的淀粉(含水量在 7% ～15%)在一定温度下烘炒一次就可以了。一般有两种方法，一种是在 199～249℃温度下加以烘炒，产品颜色深；另一种方法是加入少量的酸作催化剂，烘炒就可以在较低温度下进行，产品颜色浅。例如，用红薯淀粉 1 kg 加 0. 15 mL 的硝酸，在 200℃时加热 30 min，糊精的产量可达 80%，终点检查可用碘试验及水溶度试验(一份糊精应溶于五份冷水内)。用这种方法也可以生产可溶性淀粉，只是终点的要求不同。一份可溶性淀粉与五份冷水混合时呈蛋白色不透明状。另一个例子是用马铃薯淀粉，每公斤淀粉与 0. 225 mL 浓硝酸(密度 1. 40 g/mL)及氯化镁(每百克淀粉相当于0.02 g镁)混合后，在32℃以下干燥过筛(40 网目)，然后再加热至170℃保温45 min，产量为83%；用玉蜀黍淀粉加 0.15 mL 硝酸，加热温度 210℃，反应50 min，产率 80.6%；用稻米淀粉加 0.625 mL 硝酸，加热温度 215℃，反应55 min，产率为80%。

由淀粉裂解生成的糊精是糊精的混合物。有的碳链比较长，遇碘呈红色；有的碳链比较短，遇碘呈黄色以至于无色。糊精是一种胶状物质，可溶于冷水，水溶液如果再加入酒精，糊精即成无定形的粉末沉淀而析出。不加酒精但加入氢氧化钙或氢氧化钡溶液，也可以使它沉淀。糊精的水溶液具有旋光性，$[\alpha]_D^{20}$ 等于 +195°。

糊精的工业产品可以是上述各种糊精的混合物，也可以是糊精与部分未起反应的淀粉的混合物。

11.11.2　糊精的抑制性能

糊精应用于选矿，主要是作脉石的抑制剂。

例如，在浮选金矿时作碳质脉石的抑制剂。糊精的来源不同，效果亦异。由黄玉米制成的糊精(用量2～3 kg/t)，其作用证明优于白玉米及马铃薯制成的糊精。其次用油酸浮选石灰石时，糊精可作为石英的抑制剂。原矿含碳酸钙 77.37%、石英13.11%，浮选后精矿中含碳酸钙91.03%、石英4.27%。

1. 糊精抑制黄铁矿

在敞开大气的体系中，用微量浮选方法，用黄药作捕收剂，研究了糊精对黄铁矿浮选的抑制作用，糊精的等电点为 pH =4，而黄铁矿的等电点为 pH =6.4，当矿浆 pH =4～6 时，黄铁矿表面被氧化生成三价铁离子的氢氧化合物，糊精和三价铁的氢氧化物作用而吸附在黄铁矿表面上，并遮盖了由于黄药吸附在黄铁矿表面生成的双黄药而引起黄铁矿被抑制。试验结果表明，糊精对黄铁矿的抑制像氰化物一样有效。本书作者认为：如果在工业上应用取得成功，用糊精代替现场使用最广的石灰，可减少生产石灰时造成的环境污染，减少选厂运送大量石灰的经济消耗，减少浮选厂管道和浮选槽的结钙，对浮选厂是大有好处的。

2. 淀粉、糊精、低分子聚丙烯酰胺对滑石抑制性能比较

对滑石、镍黄铁矿和黄铜矿人工混合矿，分别用高分子量淀粉、低分子量的糊精和低分子量的聚丙烯酰胺作抑制剂，黄药作捕收剂进行了浮选试验。试验结果表明，这三种抑制剂对滑石的抑制作用降低顺序如下：淀粉，聚丙烯酰胺，糊精；抑制选择性次序由大到小为：糊精，聚丙烯酰胺，淀粉。

3. 糊精作锑硫分离抑制剂

针对陕西商南某锑矿进行锑硫分离回收锑浮选试验，试验结果表明，采用糊精作抑制剂抑黄铁矿，硝酸铅作活化剂，乙硫氮与丁基铵黑药混用作捕收剂，经过一次粗选、三次扫选、四次精选闭路试验，可从含锑 1.76% 的给矿得到含锑 51.76%、回收率为 76.08% 的锑精矿。

4. 糊精抑制金红石浮出萤石，使金红石与萤石分离

(1)试验样品萤石纯度 96.7%，金红石纯度 95.5%，浮选试样粒度 38 ~ 154 μm；油酸钠作捕收剂，化学纯。

(2)试验方法：浮选试验使用 XFG 型挂槽浮选机，叶轮转速 1550 r/min，浮选槽容积 60 mL，单矿物浮选料量为 2.0 g，混合样(萤石∶金红石质量比为 2∶1)为 3.0 g，矿浆温度(25 ±1)℃，单矿物浮选试验结果见图 11 -31。

图 11 -31 是在酸性和弱碱性介质中金红石和萤石的浮选指标与 pH 的关系，未加糊精时，萤石最佳浮选区在 pH <8，金红石 pH =3.5 ~6.5；当加入 66.7 mg/L 糊精时，萤石在酸性介质中不受抑制，而金红石回收率从 97.2% 降为 30.5%，这说明糊精能抑制金红石。从单矿物试验结果也可以看出，如果萤石和金红石混合浮选，矿浆中加入糊精能抑制金红石浮出萤石。混合浮选结果表明，在糊精用量为 66.7 mg/L 时，在 pH =4 ~6 时，金红石被抑制，而浮出萤石品位为 95.9%，回收率可达到 99.0%。

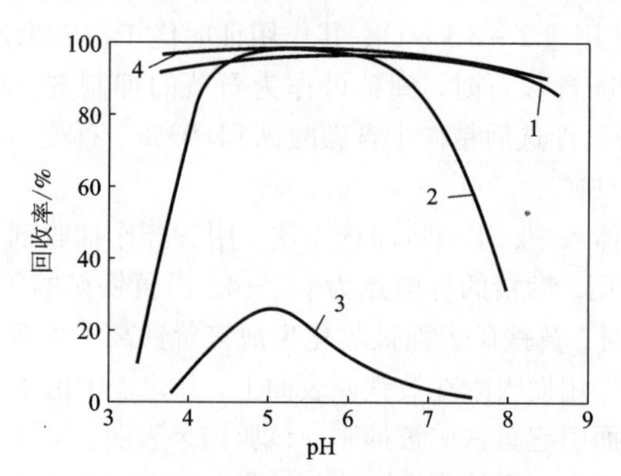

图 11 -31　萤石、金红石浮选回收率与 pH 的关系

1—萤石，不加糊精；2—金红石，不加糊精；
3—金红石，加糊精 66.7 mg/L；4—萤石，加糊精 66.7 mg/L

(3)糊精抑制金红石的作用机理。通过矿石表面糊精吸附量的测定、电动电位的测定和在不同 pH 下矿物表面羟基浓度的测定，探索了糊精在金红石、萤石矿物表面的吸附规律。发现糊精的吸附，主要是由于矿物表面金属羟基化合物发生了程度不同的化学作用。

借助于光电子能谱(XPS)及俄歇电子能谱，研究了糊精在金红石表面作用前后晶格金属元素，键合状态发生了显著变化，其本质为化学作用；糊精在萤石表面作用前后，钙的结合能及俄歇参数变化较小，化学作用较弱，近于氢键等物理作用。

11.12 羧甲基纤维素和羟乙基纤维素

纤维素是在自然界分布很广的一种多糖，棉花和麻差不多是纯的纤维素；木材含纤维素达40% ~50%，将木材用强碱或亚硫酸处理，将木质素溶解除去，即得相当纯的纤维素。亦可用同样方法从芦苇、稻草、甘蔗渣、高粱杆、玉米杆提取纤维素。

把纤维素和无机酸共煮，得到理论产量的葡萄糖，若用高浓度的盐酸水解，可生成纤维二糖、纤维三糖和纤维四糖等，这说明纤维是由多个纤维二糖聚合而成的高聚体。在纤维二糖中，两个 β－葡萄糖1，4 脱水相连，并且扭转180°。可用下式表示纤维素的结构：

$$\text{HO-}C_6H_{10}O_4\text{-}\left[\text{O-}C_6H_{10}O_4\text{-O-}C_6H_{10}O_4\right]_m\text{-O-}C_6H_{10}O_4\text{-OH}\quad(\text{各单元含 }CH_2OH,\ OH)$$

由此可见纤维素分子是由 $2m$ 个葡萄糖单位结合而成的，分子量有几千至几十万单位。纤维素的分子是一条螺旋状的长链，再由 100 ~200 条这样彼此平行的长链通过氢键结合而成纤维束。纤维素不溶于水，但经过化学加工，纤维素得到改性可成为水溶性的纤维衍生物。

11.12.1 羧甲基纤维素(1 号纤维素)的制法

纤维素分子中的伯醇基与一氯醋酸缩合成醚链，即伯醇基的H原子被羧甲基取代，即成为羧甲基纤维素，简称CMC。先用纤维素与固体氢氧化钠作用，使纤维素的伯醇基成为醇钠，再在40 ~60℃下，用一氯乙酸进行醚化反应制得，可用如下反应式表示：

$$[\text{纤维二糖单元}(CH_2OH)_2]_m + NaOH \longrightarrow [\text{纤维二糖单元}(CH_2ONa)_2]_m \xrightarrow{ClCH_2COOH} [\text{纤维二糖单元}(CH_2OCH_2COOH)_2]_m$$

将醚化产物中和、洗涤、干燥而得到羧甲基纤维素。

11.12.2 羧甲基纤维素的性质

羧甲基纤维素产品通常都是以钠盐出售，其钠、钾、铵盐是可溶性无色固体，无臭无毒。羧甲基纤维素结构式中，m 是正整数，称聚合度，m 的数值表示羧甲基纤维素分子的大小。纤维素分子中每个葡萄糖残基有三个羟基，其中以第六碳原子上的伯羟基最活泼，这些基团被羧甲基醚化的多少称为醚化度(或称取代度)。据研究认为，醚化度高则水溶性好，抑制能力强，醚化度在0.45以上即可满足浮选抑制剂的要求。羧甲基纤维素的分子量也随醚化度不同而不同，当其他条件相同时，醚化度与分子量的关系见表11－7。

表11－7　羧甲基纤维素醚化度与相对分子质量的关系

产品名称	醚化度	聚合度	相对分子质量
高醚化度羧甲基纤维素	0.54	355	5.7×10^4
中醚化度羧甲基纤维素	0.40	589	9.5×10^4
低醚化度羧甲基纤维素	0.20	708	11×10^4
纤　维　素	0	1100	19×10^4

羧甲基纤维素的游离酸强度与醋酸相近，电离常数为 5×10^{-5}。其铝、铁、镍、铜、铅、银、汞盐不溶于水中，但溶于氢氧化钠溶液中。

11.12.3 羧甲基纤维素的抑制性能

我国于1965年就开始研究羧甲基纤维素的抑制作用，并成功地应用于浮选工业上，取得了显著的效果。例如用混合甲苯胂酸或苄基胂酸作捕收剂，羧甲基纤维素钠作方解石抑制剂浮选大厂锡石矿泥；用苄基胂酸作捕收剂，羧甲基纤维素钠作铅矿物抑制剂分离云锡期北山重选锡铅精矿都得到成功。下面再举几个实例：

(1)抑制铅矿物分离铜铅精矿。铜铅混合精矿含铅大于60%，含铜大于3%，均以硫化矿为主，浮铜铅后的尾矿浮锌。采用相同的浮选工艺流程抑铅浮铜，进行羧甲基纤维素和重铬酸钾两种抑制剂对比试验，药剂用量见表11－8，试验结果见表11－9。

表 11-8 羧甲基纤维素和重铬酸钾抑铅浮铜药剂用量对比

抑制名称	药剂用量/($kg \cdot t^{-1}$)					总药剂费用
	重铬酸钾	丁铵黑药	羧甲基纤维素	氢氧化钠	硫酸	(元/t 混合精矿)
重铬酸钾	3.828	0.113	—	—	—	13.90
羧甲基纤维素	—	0.194	0.980	1.172	0.293	4.86

表 11-9 羧甲基纤维素、重铬酸钾抑铅浮铜分离结果

抑制剂	产品名称	产率/%	精矿品位/%			回收率/%		
			Pb	Cu	Zn	Pb	Cu	Zn
重铬酸钾	铅精矿	3.92	76.062	0.14	4.196	89.11	2.44	4.36
	铜精矿	0.80	5.479	18.537	16.138	1.31	65.91	3.42
	锌精矿	7.24	1.899	0.826	45.945	4.11	26.58	88.14
	尾　矿	88.04	0.208	0.013	0.175	5.47	5.07	4.08
	给　矿	100	3.346	0.225	3.774	100	100	100
羧甲基纤维素	铅精矿	4.54	70.45	0.602	4.41	90.07	12.03	5.30
	铜精矿	0.69	2.41	19.25	14.44	0.47	58.56	2.64
	锌精矿	6.74	1.733	0.836	49.31	3.29	24.82	88.09
	尾　矿	88.03	0.249	0.012	0.17	6.17	4.64	3.97
	给　矿	100	3.551	0.227	3.773	100	100	100

从表 11-9 看出，用重铬酸钾所得指标与用羧甲基纤维素指标接近。从表 11-8 看出，前者药剂费用是后者的 2.86 倍，且重铬酸钾有毒，易污染环境。

(2)抑铅浮锌，分离铅锌混合精矿。对不同矿样试验结果，可以获得品位 65% 以上、回收率 95% 以上的铅精矿和品位 53% 以上、回收率 95% 以上的锌精矿，它们具有分离效果良好，药剂费用低，无毒等优点。

(3)羧甲基纤维素是辉石、角闪石、蛇纹石、绿泥石、碳质页岩等脉石的抑制剂，对提高镍精矿、铜精矿品位都能产生良好效果。还有文献报道，重铬酸钠、羧甲基纤维素、水玻璃、水玻璃合剂Ⅰ(水玻璃和羧甲基纤维素的混合物)、水玻璃合剂Ⅱ(亚硫酸钠、水玻璃和羧甲基纤维素的混合物)五种药剂作铜铅精矿分离工业试验，证明以水玻璃合剂Ⅱ效果最好，从含 3.4% Cu、60.46% Pb 的混合精矿获得品位 24.19% Cu、回收率 88.99% 的铜精矿，以及品位 68.7% Pb、回收率为 99.39% 的铅精矿。

(4)羧甲基纤维素－重铬酸钾组合抑制剂。在铜铅锌多金属矿石浮选分离中，铜铅分离采用亚硫酸加温法，但因药剂来源困难，生产成本高，工业上难以实现；采用重铬酸盐法则用量大，污染环境，但分离效果好，仍有选厂使用。经试验证明，用羧基甲基纤维素－重铬酸盐组合抑制剂抑铅浮铜，获得较好效果，对减少环境污染具有实际意义和较高的应用价值。

(5)铜铅分离抑制剂

针对某铜、铅、锌硫化矿的特征，通过多方案比较后，采用铜铅优先浮选，得到铜铅混合精矿后，用水玻璃＋亚硫酸钠＋CMC 组合抑制剂进行铜铅分离方案，实现了铜铅有效分离，获得较好的浮选指标。通过一粗、二扫和三精及中矿顺序返回闭路流程，用水玻璃＋亚硫酸钠＋CMC 作抑制剂，用丁基铵黑药和乙基黄药作捕收剂可从含6.15% Cu、含40.20% Pb 的铜铅混合精矿，得到含21.35% Cu、6.48% Pb、铜回收率92.24%的铜精矿，以及含52.28% Pb、含0.65% Cu、回收率95.47%的铅精矿。

广东某铜铅混合精矿，用常规分离方法困难，为了达到铜铅分离的目的，试验采用高频振动细筛，先将混合精矿分级，然后对＋0.088 mm 筛上粒级进行摇床重选；对－0.088 mm 筛下粒级，用 CMC、亚硫酸钠和水玻璃混合剂作抑制剂，用 Z－200 作捕收剂，抑铅浮铜。小型试验结果得到含铜 24.15%、含铅 3.68%的铜精矿和含铅 63.70%、含铜 1.90%的铅精矿。工业试验结果：铜精矿含铜 22.35%、含铅 4.02%；铅精矿含铅 60.31%，含铜 2.79%。

(6)羧基甲基纤维素(CMC)抑制蛇纹石

蛇纹石细泥对铜镍硫化矿表面的吸附形成矿泥罩盖，使捕收剂难吸附，影响铜镍的回收率，另一方面硫化铜镍矿与矿泥一起浮出影响精矿品位。CMC 对蛇纹石的分散是调整其表面电性，使蛇纹石电性与铜镍硫化矿相同而起分散作用，同时 CMC 通过氢键作用吸附在蛇纹石表面将其抑制。

(7)羧甲基纤维素钠(CMC)抑制滑石

通过浮选试验、沉降试验、动电位测定、接触角测量、红外光谱分析，研究了 CMC 对滑石可浮性及分散性的影响。试验结果表明，CMC 可使滑石颗粒层面和端面的润湿性显著增强，并趋于一致，从而较好地抑制因表面疏水上浮的滑石，实现滑石与硫化矿物浮选分离；但 CMC 不能阻止少量滑石因泡沫夹带而上浮；CMC 可增强滑石表面的电负性，使滑石在水中的分散性变好，但这对 CMC 抑制滑石无益，相反能够引起层面面积降低的滑石颗粒聚合，不利于滑石的抑制。CMC 通过分子中的羟基和羧基在滑石颗粒各向表面发生作用。

(8)羧基甲基纤维素(CMC)抑制剂降低精煤灰分

用柴油作捕收剂、GF 油作起泡剂浮选煤泥，采用一粗一精流程，在精选时加 CMC 作抑制剂，入选煤泥含灰分21.61%，粗选后在粗精矿中加入40 g/t CMC 进行精选，得到含灰分12.10%的精煤，精煤产率71.2%；如在粗精矿中加入CMC 40 g/t后进行精选，可从入料灰分21.64%的煤泥，得到含灰分9.87%的精煤，精煤产率为53.89%。CMC抑制灰分的性能比水玻璃好。

(9)浮选钛铁矿、金红石时，用羧甲基纤维素作抑制剂

羧基甲基纤维素对含镁高的硅酸盐如滑石、辉石、闪石有很强的抑制作用，对方解石、萤石等含钙矿物亦有良好的抑制作用。

浮选钛铁矿和金红石时，如给矿中含有方解石、白云石、绿泥石、磷灰石、蛇纹石等含钙矿物或含镁硅酸盐矿物，都可以用羧基甲基纤维素作抑制剂，抑制含钙矿物和含镁硅酸盐，以提高精矿品位。如西安户县金红石矿在选矿过程中浮选金红石作业便用羧基甲基纤维素作抑制剂，脂肪酸作捕收剂，取得了较好效果；河南某地金红石矿脉石矿物为角闪石、绿泥石、方解石，浮选时用苄基胂酸和油酸混合捕收剂，羧甲基纤维素和六偏磷酸钠作抑制剂取得较好效果；又如攀枝花微细粒级钛铁矿首次用MOS作捕收剂进行工业试验时，用羧基甲基纤维素和水玻璃作抑制剂，通过一粗一扫四精流程得精矿含TiO_2 47.31%，回收率59.47%的浮选指标，可见羧基甲基纤维素在金红石和钛铁矿浮选中均起到一定的作用。

11.12.4 羧基甲基纤维素的抑制机理

用原子吸收光谱和红外光谱试验研究了羧基甲基纤维素抑制方铅矿的作用机理。

1.原子吸收光谱试验

把pH为11.5，浓度为0.05 mol/L的硝酸铅、硫酸锌和硫酸铜溶液各自离心，分别取其清液与0.5%的羧基甲基纤维素溶液均匀混合，静置24 h后，混合液都不同程度地产生絮团。离心，分离出清液和絮团沉淀，分别作原子吸收光谱，结果示于表11－10。从表11－10可见，羧基甲基纤维素与铅、锌和铜盐作用生成的絮团沉淀百分数递减顺序是：铅，锌，铜，与试验观测的溶液中出现絮团的速度顺序是一致的。这一结果说明，在碱性介质中，羧基甲基纤维素与铅盐的作用最强最快，与铜锌盐的作用较弱。

原子吸收光谱试验结果从数量方面说明了羧基甲基纤维素与铅、锌和铜盐不同程度地发生了作用，但作用产物的性质不清楚，因此进行了红外光谱试验。

表 11-10 原子吸收光谱试验结果

体系	产品中金属含量(mol/L)及分配率				
	原液	澄清液		絮团沉淀	
	10^{-7}	10^{-7}	分配率/%	10^{-7}	分配率/%
1	26.7	8.9	33.3	17.8	66.7
2	11.5	7.2	62.6	4.3	37.4
3	20.5	16.15	78.8	4.35	21.2

注：1—羧基甲基纤维素 + 硝酸铅；2—羧基甲基纤维素 + 硫酸锌；3—羧基甲基纤维素 + 硫酸铜。

2. 红外光谱试验

红外光谱图示于图 11-32，图中谱线 1 是 CMC 固体粉末用 KBr 压片测得；谱线 2 是将人造硫化铅 155 mg 加入 25 mL 0.5% 浓度的 CMC 溶液中，搅拌 1 h，过滤，滤液在 30℃下蒸发，获得一层薄膜扫描测得；谱线 3、4 和 5 的试样制备方法与原子吸收光谱试样完全相同，它们分别为 CMC + $Pb(NO_3)_2$、CMC + $ZnSO_4$ 和 CMC + $CuSO_4$ 作用后生成絮团沉淀的谱图。比较谱线 2、3 与谱线 1，波峰变化较大的主要是 3400、1595、1415 cm^{-1} 波峰区，其次是 980、1150 cm^{-1} 波峰区。1595、1415 cm^{-1} 两个波峰分别为 CMC 分子中羧酸根离子($—CO_2^-$)的反对称伸展振动和对称伸展振动，在谱线 2、3 中这两个波峰均降低到 1575、1410 或 1400 cm^{-1}，这可能是由于在碱性溶液中，铅以 $Pb(OH)_2$、$HPbO_2$、$PbOH^+$ 和 Pb^{2+} 形式存在，CMC 中

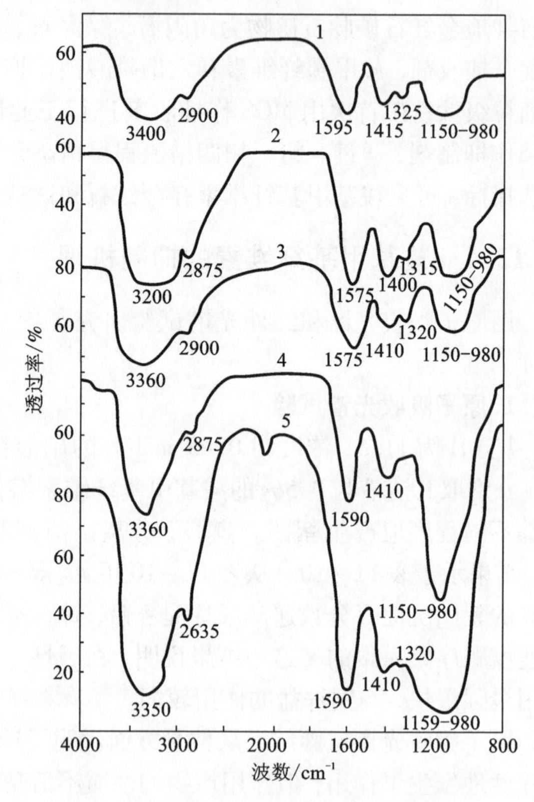

图 11-32 与 CMC 有关的红外光谱谱图

1—CMC KBr 压片；2—CMC + 人造铅薄膜；3—CMC + $Pb(NO_3)_2$ KBr 压片；4—CMC + $ZnSO_4$ KBr 压片；5—CMC + $CuSO_4$ KBr 压片

的—CO_2—与溶液中的 $PbOH^+$ 和 Pb^{2+} 键合，$PbOH^+$ 取代了 CMC 中的 Na^+，从而波峰向低波数移动。3400 cm^{-1}左右波峰区强而宽，是 O—H 伸展振动峰，在谱线 2、3 中这个波峰区分别移至 3360、3200 cm^{-1}，这可能是由于分子间和分子内氢键缔合，使波峰向低波数移动。因为在碱性溶液中，CMC 分子中的极性基团是羧酸根和羟基，CMC 中的羟基与溶液中的 $HPbO_2^-$、CMC 中的羧酸根和吡喃环上的氧与 $Pb(OH)_2$ 等发生氢键缔合，从而波峰向低波数移动。980 ~ 1150 cm^{-1}区的波峰与 CMC 分子中的—OH 有关，是 O—H 变形振动和 C—O 伸展振动及 O—H 变形振动和吡喃环振动引起，1325 cm^{-1}是 O—H 弯曲振动和 C—H 变形振动引起。这些波峰值由于氢键缔合或多或少地发生了位移。根据这些谱线的分析，方铅矿与羧基甲基纤维素作用应该有羧基的化学吸附和氢键的吸附。

比较谱线 4、5 和谱线 1，其主要差别是 3400 cm^{-1}、980 ~ 1150 cm^{-1}两个波峰区。如上所述，这两个波峰区与 O—H 有关，在碱性溶液中，锌以 $Zn(OH)_2$、$Zn(OH)_3^-$ 和 $Zn(OH)_4^{2-}$ 形式存在，铜以 $Cu(OH)_2$ 和 $HCuO_3^-$ 形式存在。CMC 分子中的羟基分别与溶液中的 $Zn(OH)_3^-$ 和 $Zn(OH)_4^{2-}$ 及 $HCuO_3^-$ 发生氢键缔合，CMC 分子中的羧酸和吡喃环上的氧与溶液中的 $Zn(OH)_2$ 和 $Cu(OH)_2$ 发生氢键缔合。由于分子间和分子内的氢键缔合，使 3400、980、1150 cm^{-1}波峰区发生位移。值得注意的是，谱线 4、5 中有关—CO_2—基团的两个波峰 1595、1415 cm^{-1}与谱线 1 的波峰是一致的，说明 CMC 中的羧酸根没有与溶液中锌和铜的有关络合离子发生键合，这就是 CMC + 人造 PbS，CMC + $Pb(NO_3)_2$ + CMC + $ZnSO_4$ 和 CMC + $CuSO_4$ 作用结果的主要差别。即后者只有氢键缔合。

11.12.5　羟乙基纤维素(3 号纤维素)

羟乙基纤维素学名为 α - 羟基乙基纤维素，作抑制剂使用还没有羧基甲基纤维素广泛，它的重要性次于羧基甲基纤维素。

1. 羟乙基纤维素的制法

首先将纤维素用 5% 硫酸在沸腾状态处理 25 min，然后用清水洗至中性，抽滤除去水分，在 70 ~ 80℃ 的恒温箱中干燥，即得裂化纤维素。

用 20% 氢氧化钠溶液在室温下将裂化纤维素浸 3 ~ 4 h，得碱纤维素，压榨除去氢氧化钠溶液，至碱纤维素的重量为裂化纤维素的 3 倍，然后移入带有磨口的玻璃反应器中，加入固体氢氧化钠(为裂化纤维素重量的 20% ~ 30%)，搅拌均匀，盖紧放置 16 ~ 18 h 后加入与裂化纤维素等质量的氯乙醇(含氯乙醇 33%)，迅速搅拌、密闭、放入 50℃ 水浴中保温 8 ~ 16 h 进行醚化，直至反应物完全溶于 4% 的氢氧化钠溶液。将产品取出，加入 70% 的甲醇，用醋酸中和至 pH 为 8 ~ 9，再用 70% 甲醇洗涤 1 ~ 2 次，除去甲醇，在 60℃ 恒温下干燥，即得羟乙基纤维素。

制造过程可用反应式表示：

$$[\text{—O—(C}_6\text{H}_7\text{O}_2\text{, CH}_2\text{OH)—O—(C}_6\text{H}_7\text{O}_2\text{, CH}_2\text{OH)—O—}]_m + NaOH \longrightarrow [\text{—O—(CH}_2\text{ONa)—O—(CH}_2\text{ONa)—O—}]_m$$

$$\xrightarrow{ClCH_2CH_2OH} [\text{—O—(CH}_2\text{OCH}_2\text{CH}_2\text{OH)—O—(CH}_2\text{OCH}_2\text{CH}_2\text{OH)—O—}]_m$$

羟乙基纤维素的另一制法是环氧乙烷与纤维素作用：

$$[\text{—O—(CH}_2\text{OH)—O—(CH}_2\text{OH)—O—}]_m + \underset{\text{O}}{CH_2\text{—}CH_2} \longrightarrow [\text{—O—(CH}_2\text{OCH}_2\text{CH}_2\text{OH)—O—(CH}_2\text{OCH}_2\text{CH}_2\text{OH)—O—}]_m$$

2. 羟乙基纤维素的性质

羟乙基纤维素是白色或黄色纤维状物质，是非离子型极性基化合物，羟乙基含量为4% ~10%时溶于稀碱，羟乙基含量在28%以上可溶于水；在酸性溶液中呈游离纤维状。在浮选过程中有起泡现象。羟乙基含量在6% ~7%，选矿效果最好；在5%以下，浮选效果较差。

3. 羟乙基纤维素的抑制性能

羟乙基纤维素能有效地抑制闪石(透闪石 - 阳起石)类的脉石矿物，对绿泥石和云母类型脉石矿物也有显著的抑制效果。以镍矿石的浮选为例，该矿石主要金属矿物为磁黄铁矿、镍黄铁矿，脉石矿物为橄榄石、紫苏辉石和次闪石等，镍矿石进行精选时，使用羟乙基纤维素为抑制剂，能大大地提高镍精矿品位，因为透闪石被有效地抑制。

又如含钴黄铁矿的浮选试验，该钴黄铁矿是另一作业的尾矿，主要脉石矿物有绿泥石、角闪石、变质长石(带有共生矿物——绢云母、黝帘石、白云母等)。进行钴黄铁矿浮选时，用羟乙基纤维素作抑制剂，可以提高硫精矿的品位和回收率，因为绿泥石和云母类型脉石被有效地抑制了。实践结果表明，用水玻璃和氟硅酸钠作抑制剂达不到提高该硫精矿品位和回收率的目的，可见羟乙基纤维素的抑制效果比水玻璃和氟硅酸钠好。

11.12.6 其他纤维素衍生物抑制剂

以纤维素为原料的抑制剂，除羧甲基纤维素（$1^{\#}$纤维素）和羟乙基纤维素（$3^{\#}$纤维素）外，还有甲氧基纤维素、硫酸纤维素酯、磷酸纤维素酯等。

用甲基取代纤维素分子中醇基上的氢原子，成为纤维素的甲基醚，可以提高纤维素在水中的溶解度，这样使纤维素可能用作抑制剂，其结构式如下：

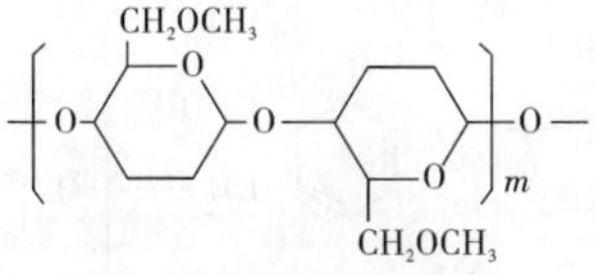

甲氧基纤维素

甲氧基纤维素是无色无味的固体，配制溶液时可先用热水浸泡，然后冷却即得澄清、黏滑溶液。

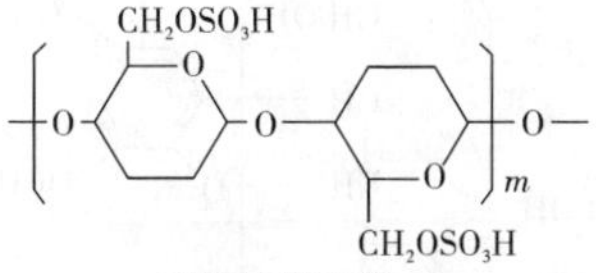

硫酸纤维素酯

硫酸纤维素酯是纤维素分子中的醇基被酸式硫酸根取代而成，结构式如上。通常做成钠盐出售。它是无色无味固体，硫酸纤维素酯及其钠盐易溶于水，配制溶液时不需长时间用热水浸泡。化工厂生产的硫酸纤维素酯的钠盐称T_2-6，冶山铁矿在浮选铜时，原用羧甲基纤维素作抑制剂，后改用T_2-6，浮选指标得到改进。例如，使用羧甲基纤维素时铜精矿品位为29.56% Cu，含 MgO 2.92%，回收率76.13%；使用T_2-6的铜精矿品位为31.14% Cu，含 MgO 3.33%，回收率80.97%。

11.13 氯化木素与木素磺酸

木材主要含纤维和木质素（简称木素），树皮和树干都含有木素，软木含木素量较多，平均约28%，硬质木材平均含量约24%，也随木材的种类不同而有变化，一般为13.7%～31.5%。

木材是木素的主要来源，木材水解可以得到纤维和木素。例如把木材水解生产糠醛及纤维时所得的废渣中就含有木素，可用作制造氯化木素的原料。

以木材为原料，用亚硫酸法造纸时，将木材切片（或木材加工厂的木屑）与二氧化硫加压蒸煮，木质素与亚硫酸作用，生成木素磺酸溶解，成为亚硫酸纸浆废液，纤维不溶，将纤维与亚硫酸纸浆废液分离，纤维用于造纸，亚硫酸纸浆废液内主要含水和木素磺酸盐，这种木素磺酸盐的分子量一般为1000～20000，是亚硫酸法造纸厂的废料，可作抑制剂使用。

木素结构复杂，随植物品种不同所得的木素结构亦不同，因此木素、氯化木素、木素磺酸等较难得到一个公认的结构式。下面列举一些用来代表木素及其衍生物的结构式，供参考。

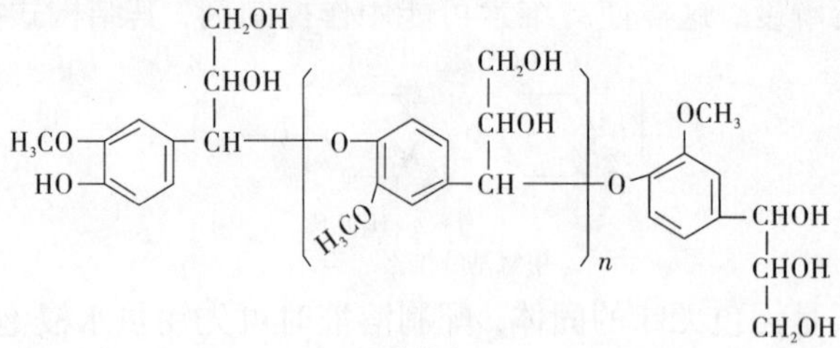

(Ⅰ)

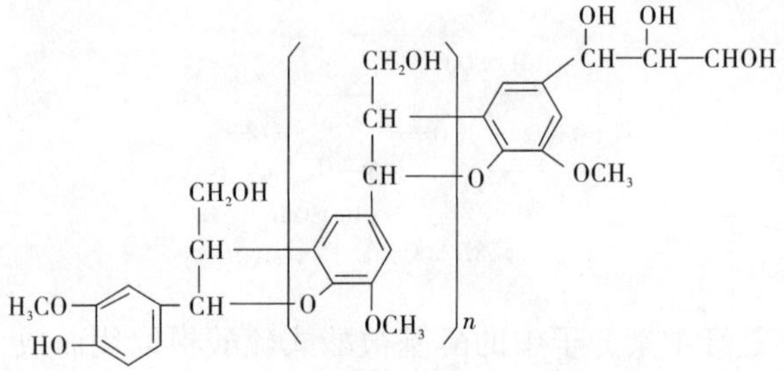

(Ⅱ)

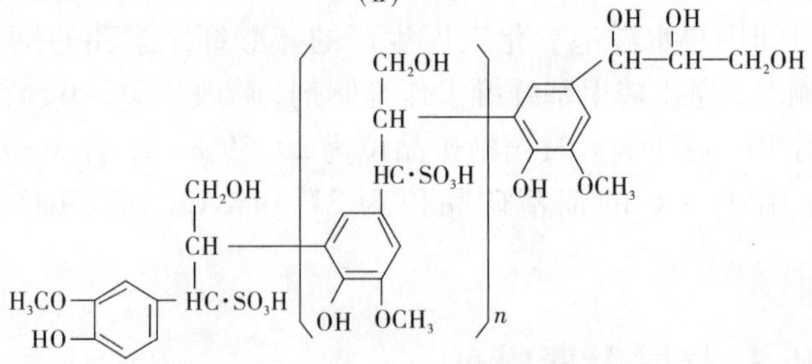

(Ⅲ)

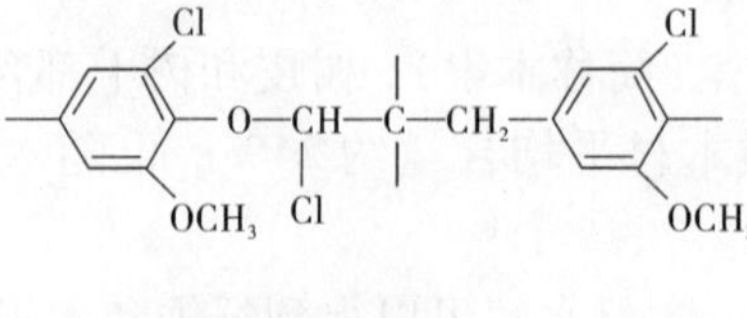

(Ⅳ)

Ⅰ式或Ⅱ式均被认为是木素的结构式，Ⅲ是木素磺酸的结构式，Ⅳ是氯化木素的结构式的一部分。总的说来，木素是高分子化合物，分子量很大，分子中具有邻－甲氧基苯酚的结构，这是公认的。

11.13.1 氯化木素的制法及其对赤铁矿的抑制性能

1. 氯化木素的制法

将木材水解厂和糠醛厂生产过程中的废渣——含木素50% ~60%，用水调成含木素14%的混合物，在搅拌的情况下通入氯气进行氯化反应，直到反应物含氯量达到14% ~15%时，即反应完成，将反应物洗涤至中性，抽干后即为合格产品，此时含水量为60%左右。

2. 氯化木素的性质

氯化木素含氯量与抑制性能有很大关系。试验结果表明，用含木素50% ~60%的废渣为原料时，氯化木素产品含氯量以13.5% ~15%为最好，含氯量高于或低于这个百分数，效果都较差。含氯量较低时，抑制能力差；含氯量高于17.46%时，抑制能力有下降的趋势。

干的氯化木素是黄色固体粉末，易溶于乙醇及碱溶液中，不溶于水，在水中有一小部分氯水解。在用作抑制剂时，要先将它溶于1% ~5%的碱溶液中，并且在pH为11 ~13时使用较好。

3. 抑制赤铁矿的试验

试验矿样来自东鞍山贫赤铁矿，原矿主要成分含铁33.27%，主要脉石为石英，用妥尔皂为捕收剂，用石灰活化石英，用氯化木素为赤铁矿的抑制剂，浮选结果列于表11 -11中。

表11 -11 赤铁矿反浮选结果

选别条件	药剂用量 /($g \cdot t^{-1}$)	给矿品位 /%	精矿品位 /%	尾矿品位 /%	回收率 /%
磨矿细度80% -75 μm	石灰 1800				
浮选温度30℃	NaOH 580	34.27	61.96	8.72	86.75
精选浓度32% ~34%	妥尔皂 330				

从表11 -11可以看出，氯化木素对赤铁矿有良好的抑制作用。用氯化木素抑制磁铁矿，用反浮选的方法浮选精矿中的石英，这提高了磁铁矿精矿品位，实验室试验和工业试验都得到较好的结果。

11.13.2 木素磺酸的抑制效果

1. 木素磺酸抑制方解石和重晶石浮选稀土矿

木素磺酸用作方解石、重晶石的抑制剂，精选稀土粗精矿时，可从含10.63%

TR_2O_3 的产品中得到含稀土氧化物 30% ~60% 的富精矿。

2. 木素磺酸钙抑制脉石浮云母

木素磺酸钙在浮选云母时作为脉石的抑制剂，所浮矿样含白云母、黑云母和脉石，取矿样 250 g，磨至 -10.5 μm 脱泥，用倾泻法除去部分泥土，然后在小浮选机中进行浮选。用自来水将矿浆浓度稀释至约 40% 的浓度，加入 900 g/t 碳酸钠、450 g/t 木素磺酸钙，搅拌 5 min，加入 180 g/t 十八烷胺，搅拌 1 min，用自来水稀释矿浆至含固体约 20%，pH 为 9.8，粗选 5 min，精选两次，云母精矿品位达 97.7%，回收率为 86.7%。

3. 木素磺酸钙作抑制剂浮选萤石

矿石的矿物组成为石英 54%，萤石 36%，重晶石 2%，方解石 2% ~3%，硫化物 0.5%，氢氧化铁 0.3% ~0.5%，及白云母、绢云母、绿泥石、水云母共 4%。其中萤石与石英紧密共生，矿石被磨至 -74 μm 占 82.5%，先浮硫化物，后用油酸作捕收剂浮萤石，通过一次粗选、一次扫选、四次精选流程，粗选加木素磺酸钙(100 g/t)及氟化钠(1500 g/t)作调整剂，试验结果表明，混合使用比单独使用效果好。

所用的木素磺酸钙，即是亚硫酸法纸浆废液的固体浓缩物，代号 КБТ。在这种药剂制度下，所得萤石品位为 96.11%，回收率为 91.5%。

4. 木素磺酸钠对滑石、黄铜矿和辉钼矿的抑制作用

用哈里蒙德浮选管研究了 6 种木素磺酸盐对滑石浮选的影响。试验发现，木素磺酸钠对滑石有抑制作用。用石灰作 pH 调整剂时，木素磺酸钠对滑石的抑制作用最强。吸附数据表明，木素磺酸根聚电解质在滑石表面上的吸附密度越大，抑制能力越强。在木素磺酸根聚电解质吸附在滑石表面时，是通过先吸附在滑石表面的 $Ca(OH)^+$ 质点上而固着于滑石表面的。因此 $Ca(OH)^+$ 起到吸附促进作用。木素磺酸钠的分子越大，吸附能力越强，抑制滑石能力越强。

木素磺酸钠在黄铜矿和辉钼矿上吸附试验结果表明，它在辉钼矿上的吸附量很少，而在黄铜矿上的吸附量大。故木素磺酸钠能抑制黄铜矿，而辉钼矿不被抑制，从而与黄铜矿浮选分离。

曾用六种木素磺酸盐分别作抑制剂，乙基黄药作捕收剂，黄铜矿均被抑制；木素磺酸盐抑制辉钼矿的天然可浮性较好，但有油类捕收剂存在时，便难抑制。

11.13.3 铬铁木素

铬铁木素是由硫酸、硫酸亚铁、重铬酸钠(钾)与木素磺酸钙作用而成。木素磺酸钙与硫酸亚铁生成木素磺酸亚铁和硫酸钙沉淀，重铬酸钠在酸性介质中将部分亚铁氧化为三价铁，则六价铬被还原为三价铬，后者与亚铁共同与木素磺酸生成铬铁木素，下式代表铬铁木素的一部分：

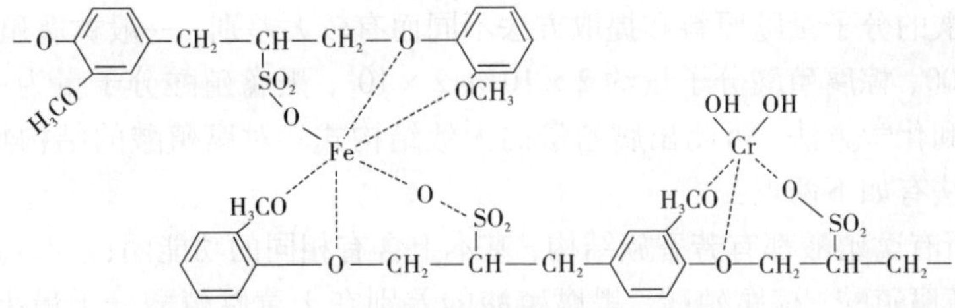

铬铁木素的主要部分是高分子木素磺酸，Fe^{2+} 和 Cr^{3+} 同时和木素磺酸分子中的两个或三个极性基团络合，形成稳定的螯合物。

大厂铜坑 91 号矿体 405 m 水平的锡矿石，其脉石除方解石、石英外，还含有褐铁矿。为了提高精矿指标，在粗选中除添加羧基甲基纤维素抑制剂及捕收剂苄基胂酸外，还加亚硫酸钠，精选加亚硫酸钠和水玻璃，目的是抑制褐铁矿。闭路试验结果锡精矿平均含 19.15% Sn，指标很低。后改用铬铁木素，从含锡 0.61% 的给矿获得产率 1.48%、品位 35.11% Sn、回收率 78.97% 的锡精矿。对于抑制该矿体的褐铁矿来说，铬铁木素比亚硫酸钠更有效。

11.14 腐殖酸

腐殖酸是一族高分子有机化合物，广泛分布于褐煤、泥煤、风化烟煤、土壤、湖泊、沼泽地中。一般来说，腐殖酸来源于植物成分——特别是木素的泥炭化作用。褐煤、泥煤、风化烟煤的主要成分就是腐殖酸，含量最高的为 80% 以上，一般含量均为 50% ~60%。

11.14.1 腐殖酸的提取

将粉碎的褐煤或泥煤与氢氧化钠溶液共同煮沸，则腐殖酸钠盐溶出。反应条件是 m(煤)∶m(水)∶m(氢氧化钠) = 1∶20∶0.25(质量比)，反应温度(100 ± 2)℃，反应时间3 h，反应完毕后冷却过滤。若用作选矿的抑制剂或絮凝剂，则这种溶液即可测定其含量后使用，也可以加温浓缩成固体。生产 1 t 腐殖酸(固体)约需 2.5 t 褐煤(干煤提取率按 40% 计算)，氢氧化钠 0.8 t。

11.14.2 腐殖酸的化学组成和性质

将褐煤的苛性钠萃取液用盐酸酸化，溶解物称黄腐殖酸，不溶物用丙酮或酒精处理，溶解物为棕腐殖酸，不溶物为黑腐殖酸。其中以黑腐殖酸所占比例最大，是三种组分中最主要的成分。从元素分析知腐殖酸是由 C、H、O、N、S 等元素组成，一般含碳 55% ~65%、氢 5.5% ~6.5%、氧 25% ~35%，氮 3% ~4%，另含少量硫和磷。

腐殖酸的分子量随原料和提取方法不同而有较大差别，一般黄腐殖酸分子量为300～400，棕腐殖酸分子量约$2\times10^3\sim2\times10^4$，黑腐殖酸分子量为$10^4\sim10^6$。通过物理和化学方法，可测出腐殖酸的大致结构式。对腐殖酸的结构特征比较，一致的看法有如下两点：

(1)所有腐殖酸都有芳香族结构，基本上含有相同的功能团；

(2)黄腐殖酸、棕腐殖酸、黑腐殖酸的差别在于黄腐殖酸分子最小，棕腐殖酸分子较大，黑腐殖酸分子最大；黄腐殖酸含碳量较低，含氢量较高，芳香结构较少，脂肪结构较多，侧链较多，黑腐殖酸反之，棕腐殖酸在二者之间。

腐殖酸是由若干个相似结构单元形成的一个大的复合体，每个结构单元又由核、桥键和功能团组成。

核：有纯环或杂环的五元环和六元环，环的数目有单环，也有两个及三个以上的缩合环；多数是苯环，也有萘、蒽、醌、吡咯、呋喃、噻吩、吡啶、吲哚等，它们通过单个或相互缩合而成核。

桥键：这是连接核的单原子或原子团，有单桥键和双桥键两种，核与核可以单独地只有一种桥键连接，也可有两种桥键同时连接，桥键一般有 $—CH_2—$ 、$—CH_2CH_2—$ 、—NH— 、═CH— 、—O— 、—S— ，其中最普遍的是 —O— 和 $—CH_2—$ 。

功能团：核上都带有一个或多个功能团，从功能团测定可知，腐殖酸有羧基、酚羟基、醇羟基、羟基醌、烯醇基、磺酸基、胺基等，还含有游离的醌基。

COOH ←功能团

—O—、—N— ……$—CH_2—$ ←单桥键

OH ←功能团

下式可以代表腐殖酸的部分结构：

OH, OCH$_3$, O, OH, OH

—O— … $—CH_2—O—$ … N═ … $CH_2O—$ … C … CH_2

OH, CH_2, $CH—CH_2$, H, N═, CH_2

COOH, $OC_6H_{11}O_5$, O, $CONH-C_8H_{18}O_3N$

O

$—CH_2O—$ … —C—

腐殖酸是无定形的高分子化合物，密度为1.33～1.45 g/cm^3，它既不熔化也不结晶，通常呈棕色或黑色胶体，由于有羧基、酚基存在而呈弱酸性，溶液pH在3～4内，酸性基的H^+可以被K^+、Na^+、NH_4^+等置换而成弱酸盐。腐殖酸及其盐构成缓冲溶液，可以调节土壤的酸碱度，还可以通过其含氧功能团与Al^{3+}、Fe^{3+}、Cu^{2+}、Co^{2+}、Zn^{2+}、Ge^{4+}、U^{6+}等生成可溶性螯合物，其中与铁离子的螯合能力最强，因此可以活化土壤中的微量元素。

腐殖酸的碱金属盐溶于水，碱土金属盐微溶于水，三价金属盐不溶于水，但其螯合物溶于水中。

11.14.3 腐殖酸的抑制性能

腐殖酸可用作选择性絮凝剂，用于浮选前的脱泥，也可作抑制剂用于浮选中，这里只叙述其抑制性能。

1. 铁坑铁矿褐铁矿石反浮选

该矿属矽卡岩型褐铁矿和高硅型褐铁矿。金属矿物除褐铁矿外，有少量的赤铁矿和碳酸铁；非金属矿物主要为石英，其次有少量黏土、石榴子石、绿泥石、磷灰石和微量胶磷矿。

在实验室条件下，原矿(铁品位34%)不进行预先脱泥，直接采用石灰作石英的活化剂(加入球磨机)，氢氧化钠作调整剂，腐殖酸钠作铁矿物抑制剂，妥尔皂作石英捕收剂。粗选作业矿浆浓度25%，矿浆温度24℃，pH为12。经一粗一精一扫，中矿加药再选开路试验，可获得品位50.29%～52.24%、回收率88.52%～83.48%的铁精矿。处理量0.6 t/d的半工业试验，可获得品位50%、回收率86%的铁精矿，比目前生产的正浮选流程的指标好。

2. 大厂锡石原生矿泥浮选

大厂锡矿的脉石矿物有方解石、石英、红柱石，矿泥先经浮选脱硫，脱硫尾矿作锡石浮选给矿，含锡0.65%～0.7%。采用混合甲苯胂酸作锡石的捕收剂，硫酸用作pH调整剂，羧甲基纤维素作脉石抑制剂，进行锡石浮选，除得锡品位为21.20%、回收率79.61%的精选精矿外，还得锡品位2%左右的扫选精矿。为进一步提高扫选精矿锡品位，在扫选精矿精选时采用腐殖酸钠作抑制剂进行浮选试验，用量10～50 g/t，试验结果表明，扫选精矿精选后，锡精矿品位从2.01%～2.86%提高到13.41%～24.97%，作业回收率可达36.3%～71.7%。对混合精矿进行精选的半工业试验中，用腐殖酸钠作抑制剂，第一段精选加腐殖酸钠35 g/t，给矿品位26.30% Sn，可得含锡41.40%、作业回收率52.76%的锡精矿；第二段精选加腐殖酸钠20 g/t，给矿品位18.68%，可得含锡33.99%、作业回收率为55.56%的锡精矿。

3. 云南锡石溜槽粗选精矿的锡铁分离

该精矿含铁49.94%，含锡5.49%，金属矿物主要是褐铁矿、锡石及重金属氧化矿，脉石矿物主要是铁染泥质物。

在实验室条件下，采用腐殖酸钠作铁矿物的抑制剂，苯乙烯膦酸作锡石捕收剂，硫酸作介质调整剂，樟油作起泡剂，进行锡铁分离。经一粗三精三扫中矿再选流程，可以获得含锡46.98%、回收率48.78%的锡精矿，同时获得铁品位52.47%、回收率65.25%的铁精矿，表明腐殖酸钠是褐铁矿的有效抑制剂。

4. 腐殖酸在有色金属硫化矿浮选中的应用

1)铜铅分离

腐殖酸铵(钠)用于广西阳朔老厂铅锌矿、陆川县下水铅锌矿、浙江龙泉铅锌矿三个矿点的铜铅分离试验，均取得了很好的效果。指标与重铬酸钾法相近，药费大大降低，见表11－12。

表11－12 腐殖酸铵(钠)铜铅分离试验指标

试样	铜精矿			铅精矿			药费(元/t混合精矿)
	铜品位/%	铅品位/%	铜作业回收率/%	铅品位/%	铜品位/%	铅作业回收率/%	腐殖酸钠/重铬酸钾
下水铅锌矿	27.97	3.91	92.98	69.97	0.98	97.47	3.54/11.51
阳朔铅锌矿	19.13	12.33	84.28	70.98	0.69	96.75	9.51/35.11
龙泉铅锌矿	32.40	3.81	46.43	60.72	1.42	99.76	1.01/4.20

试验证明，腐殖酸铵与腐殖酸钠效果相当，是方铅矿的有效抑制剂，而对黄铜矿的抑制作用较弱。1984年腐殖酸铵被用于阳朔县老厂铅锌矿选矿半工业试验，不仅铜铅分离指标好，而且由于腐殖酸对于重金属离子的络合作用，使选矿废水达到工业废水排放标准，使这个过去由于污染问题被迫停产的选厂得以复产。

2)铅锌分离

用黄腐酸钠分离人工混合的方铅矿和闪锌矿，在先加硫酸铜活化闪锌矿的条件下获得了品位为62.16%、回收率93.85%的锌精矿和品位为80.4%、回收率为93.85%的铅精矿。需要解释的是黄腐酸是腐殖酸中分子量较低的水溶性部分，黄腐酸钠的作用与腐殖酸钠相似。1989年桂林寄峰矿产品加工厂生产的锌精矿含铅较高(2.5%左右)，影响了产品的销售，加入少量的腐殖酸钠后，锌精矿含铅量降至1.5%以下。

3)锌硫分离

锌硫分离的常规药剂是石灰＋氰化物，用腐殖酸钠与石灰配合使用，可以取得相近的指标，如表 11－13 所列。

表 11－13 不同药剂方案锌硫分离指标对比

试样	方案	锌精矿含锌/%	锌回收率/%
大厂 91 号脉矿	石灰	43.62	93.02
大厂 91 号脉矿	石灰＋少量氰	46.91	93.82
大厂 91 号脉矿	石灰＋腐殖酸铵	46.18	90.98
大厂 103 号矿	石灰＋腐殖酸钠＋少量氰	48.79	93.27

试验结果表明：腐殖酸钠配合石灰可以有效地抑制黄铁矿和毒砂，也可以说腐殖酸钠可以取代氰化物或大大降低氰化物的用量。

4）硫砷分离

广西大厂矿石属锡石多金属硫化矿，在浮选硫化矿时，先用石灰、氰化物或腐殖酸钠抑制黄铁矿和毒砂浮选铅矿物和锌矿物，为了回收毒砂和黄铁矿，特别是对于黄金富集于毒砂中的 103 号矿体矿石，须进行硫砷分离。采用腐殖酸钠分离 103 号矿体试样的硫砷混合精矿（砷品位 18.93%），获得了硫品位 53.4%、含砷 0.498%、硫回收率 46.42% 的纯净黄铁矿精矿和含砷 30.24%、回收率99.23% 的砷精矿。用车河选厂试样进行腐殖酸钠法分离试验也取得了相近的指标。

5）铜砷分离

通过黄铜矿和毒砂的纯矿物试验证实，铜离子的存在很有可能是导致铜砷难分离的主要原因。腐殖酸钠对受铜离子活化的毒砂有明显的去活作用，而不影响黄铜矿的浮游。对受铜离子污染的毒砂、黄铜矿采用腐殖酸钠能在 pH＝9～12 内实现铜砷分离。

6）锑砷分离

用辉锑矿和毒砂进行纯矿物试验表明，在碱性条件下，加入腐殖酸钠可以使被 Cu^{2+} 活化的毒砂受到抑制，而受到 Cu^{2+} 活化的辉锑矿可浮性保持不变，实现锑砷分离。

分析以上这些研究结果，可以得出这样的结论：腐殖酸钠（铵）对方铅矿、毒砂的抑制作用最强，其次是黄铁矿，而对黄铜矿、受 Cu^{2+} 离子活化的辉锑矿及闪锌矿（铁闪锌矿）的抑制较弱。在实际矿物的分选中，腐殖酸盐对各种矿物的抑制顺序由大到小大致是：毒砂，方铅矿，黄铁矿，铁闪锌矿（闪锌矿），辉锑矿，黄铜矿。试验证明：腐殖酸盐是硫化矿分离浮选的有效抑制剂，可以推测，它有可能用于铜锌、铜钼、铜硫、铅硫等硫化矿的浮选。

参考文献

[1] 周高云，罗家珂.柠檬酸在独居石与氟碳铈矿浮选分离中的作用机理[J].有色金属，1989(4)：33~40.

[2] 朱一民，周菁，王庆.草酸抑制黑钨矿细泥的浮选试验及机理[J].有色金属(选矿部分)，1992(6)：15~17.

[3] 朱建光.一种新的浮选黑钨和锡石细泥的捕收剂[J].中南矿冶学院学报，1980(3)：25~35.

[4] 孙伟，张英，覃武林.被石灰抑制的黄铁矿的活化浮选机理[J].中南大学学报(自然科学版)，2010，41(3)：813~818.

[5] 何名飞，熊道陵，陈玉平.一种新型有机抑制剂甘油基黄原酸钠对硫化矿抑制作用机理研究[J].矿冶工程，2007，27(3)：34~36.

[6] B·И·里亚波伊.带有络合基团的有机抑制剂[J].国外金属矿选矿，2005(1)：19~20.

[7] 符剑刚，钟宏，欧乐明.采用硫化钠法合成巯基乙酸[J].中南大学学报(自然科学版)，2003，34(2)：152~155.

[8] 陈建华，冯其明，卢毅屏.巯基乙酸对闪锌矿和黄铜矿的抑制作用研究[J].矿产保护与利用，2002(5)：22~24.

[9] 梅光军，麦笑宇，余永富.巯基乙酸对霓石浮选抑制性能的研究[J].金属矿山，2002(9)：18~20.

[10] 张剑锋，胡岳华，王淀佐.苯氧乙酸类化合物的制备及其浮选抑制性能[J].中南工业大学学报(自然科学版)，2001，41(2)：813~818.

[11] 朱建光，孙巧根.苄基胂酸对锡石的捕收性能[J].有色金属，1980(3)：36~40.

[12] 李俊萌.从白钨矿选别尾矿中回收萤石浮选试验[J].矿产综合利用，1991(5)：9~10.

[13] 李润，刘红彦，张秀荣.红外光谱法测定β-萘磺酸盐甲醛缩合物的核体数[J].化工矿物与加工，2001(11)：11~13.

[14] 顾帼华，邹毅仁，胡岳华.阴离子淀粉对一水硬铝石和伊利石浮选行为的影响[J].中国矿业大学学报，2008，37(6)：864~867.

[15] 李海普，胡岳华.氧肟酸高分子药剂在铝土矿反浮选中的作用[J].金属矿山，2004(6)：26~28.

[16] A·L·瓦尔帝维叶索，崔洪山，林森.在黄药做捕收剂浮选时用糊精作为黄铁矿的无毒抑制剂的研究[J].国外金属矿选矿，2004(11)：28~32.

[17] 孙阳，王红梅，李素玮.陕西商南某锑矿选矿试验研究[J].矿产综合利用，2009(4)：11~13.

[18] 李晔，刘奇，王典芬.矿物表面金属离子组分与糊精的相互作用(Ⅱ)——糊精在氧化矿及盐类矿物表面吸附的XPS及AES研究[J].化工矿山技术，1994(3)：24~25.

[19] 李晔，刘奇，许时.矿物表面金属离子组分与糊精的相互作用(Ⅲ)——糊精存在时萤石/方解石、萤石/金红石的浮选分离[J].化工矿山技术，1994(6)：23~25.

[20] 李宏周，何志权，张治铭. 应用 CMC 分离铅锌精矿[J]. 有色金属，1980(4)：36～39.
[21] 王德燕，戈保梁. 硫化铜镍矿浮选中蛇纹石脉石矿物的行为研究[J]. 有色矿冶，2003(4)：15～17.
[22] 刘传麟. 水玻璃合剂分选铜铅混合精矿[J]. 有色金属，1981(4)：31～33.
[23] 王中生，郭月琴. CMC 在铜铅分离浮选中的应用[J]. 矿产保护与利用，2002(1)：30～33.
[24] 艾光华，朱易春，魏宗武. 组合抑制剂在铜铅分离浮选中的试验研究 [J]. 中国矿山工程，2005(5)：15～16.
[25] 曾懋华，姚亚萍，奚长生. 某难选铜铅混合精矿的分离试验研究[J]. 金属矿山，2006(4)：19～22.
[26] 潘高产，卢毅屏，冯其明. 羧甲基纤维素钠对滑石可浮性及分散性的影响[J]. 金属矿山，2010(6)：96～100.
[27] 徐初阳，聂容春，张明旭. 煤泥浮选中抑制剂的应用研究[J]. 矿冶工程，2005，25(2)：34～35.
[28] 赵西泽. 西安户县金红石矿地质特征及矿石选矿试验[J]. 非金属矿，1995(6)：14～16.
[29] 王彦令. 用苄基胂酸和油酸混合捕收金红石[J]. 矿产综合利用，1991(3)：51～52.
[30] 孟书青，刘金华，廖平婴. CMC 与方铅矿和闪锌矿作用机理的探讨[J]. 矿冶工程，1982(3)：32～36.
[31] 芮新民，杨世凡. 用 T2－6 代替 CMC 抑制氧化镁降低药耗提高指标[J]. 矿冶工程，1985(8)：66.
[32] X・马，张裕书，雨田. 木质素磺酸盐对滑石可浮性的影响[J]. 国外金属矿选矿，2008(3)：28～33.
[33] 黄顶. 铁铬盐木质素在锡石浮选中的应用[J]. 有色金属(选矿部分)，1985(3)：62～63.
[34] 赵康. 腐殖酸盐(钠盐和铵盐)的生产工艺及其在选矿中的应用[J]. 矿冶工程，1985(1)：56～59.

12 浮选药剂的同分异构原理

有相同分子式而结构式不同者称为同分异构体。同分异构体中有相同的功能团者称为同系列同分异构体，其化学性质十分相似。同分异构体没有相同功能团的，则化学性质相差较大。有相似功能团的，化学性质亦相似。

浮选药剂的浮选性能是其物理性质和化学性质的集中反映，故有相同功能团的同分异构体，其浮选性能十分相似；有相似功能团的同分异构体，浮选性能亦相似。

设计与合成新浮选药剂时，可在有相同功能团或相似功能团的同分异构体中选择较易合成、原材料来源广泛者为合成对象，这样往往能筛选出更为理想的品种。此论点是我们在长期实践中总结出来的，我们称它为浮选药剂的同分异构原理。

在20世纪80年代初期，我们利用此原理合成了甲苯胂酸的同分异构体苄基胂酸，代替了当时在工业上使用的混合甲苯胂酸，有明显的经济效益，目前还有选厂使用。用此原理合成了浮锡灵(FXL系列药剂)、亚磷酸酯(JG系列药剂)、苯甲氧肟酸等锡石捕收剂，均对锡石有良好的捕收性能。用此原理指导自然科学基金资助的5870163项目，共合成6个系列21种两性捕收剂，筛选出了对氧化铅锌矿和含钙矿物分选比常用药剂具有更好效果的R-12和6RO-12；我们曾在实验室研究水杨醛肟的同分异构体——苯甲氧肟酸，后来广州有色金属研究院戴子林等利用此原理研究柿竹园钨矿国家8.5攻关合同编号85-105-02-04(02)项目，在工业上合成了苯甲氧肟酸，在浮选柿竹园黑钨细泥工业试验中，取得了良好结果，已通过部级鉴定。

以上实践表明“浮选药剂的同分异构原理”的论点是正确的。

下面各节逐步介绍此原理的形成过程。

12.1 同系列同分异构原理在研究苄基胂酸中的应用

在有机物中，同系列中的同分异构体，功能团相同只烃基异构，故化学性质相似；不同系列的同分异构体没有相同的功能团，性质差别较大。著者将同系列中同分异构体性质相似称为同系列同分异构原理。

甲苯胂酸有四种同分异构体，即：

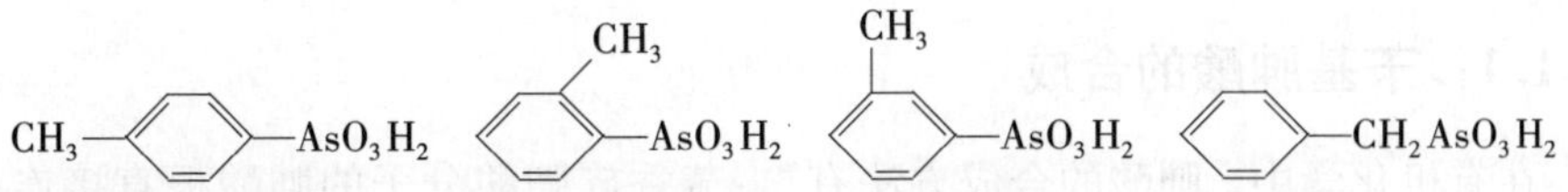

$CH_3-C_6H_4-AsO_3H_2$ 对-甲苯胂酸　　邻-甲苯胂酸（CH_3 位于 AsO_3H_2 邻位）　　间-甲苯胂酸（CH_3 位于 AsO_3H_2 间位）　　$C_6H_5-CH_2AsO_3H_2$ 苄基胂酸

根据同系列同分异构原理，这四种胂酸化学性质相似。

国外早已用对-甲苯胂酸来浮选锡石，但由于用巴特法合成过程复杂，价格较高，使用受到限制。我国使用混合甲苯胂酸，较对-甲苯胂酸效果好，与羧基甲基纤维素配合使用浮选锡石细泥，取得显著成果，亦是黑钨细泥的有效捕收剂。

根据同系列同分异构原理，著者认为苄基胂酸亦应是黑钨和锡石细泥的有效捕收剂。在这种思想指导下，用迈耶法合成了苄基胂酸，并对多个矿山的黑钨和锡石细泥作了小型浮选试验或工业试验，试验结果见表12-1。从表12-1看出，苄基胂酸和混合甲苯胂酸的试验结果极接近，均为黑钨矿和锡石细泥的有效捕收剂。这有力地说明同系列同分异构原理对寻找新的捕收剂苄基胂酸起了作用。著者上述推想是正确的。

表12-1　苄基胂酸和混合甲苯胂酸浮选黑钨和锡石细泥结果

序号	矿山及矿石名称	捕收剂名称	试验规模	原矿品位（WO_3）/%	精矿指标/%		参考文献
					WO_3	回收率	
1	瑶岗仙黑钨细泥	混合甲苯胂酸	小型试验	0.59	17.0	77.0	[2]
		苄基胂酸	小型试验	0.58	16~18	71~73	
2	浒坑黑钨细泥	混合甲苯胂酸	小型试验	0.26	32.61	81.43	[3]
		苄基胂酸	小型试验	0.25	32.08	81.22	
3	浒坑黑钨细泥	混合甲苯胂酸与731混用	单槽工业精选	3.28	52.62	83.18	[4]
		苄基胂酸与731混用	单槽工业精选	3.76	50.81	84.75	
4	汝城黑钨细泥	混合甲苯胂酸	小型试验	0.253	15.75	73.86	[7]
		苄基胂酸	小型试验	0.254	20.37	81.79	
5	长坡锡石细泥	混合甲苯胂酸	小型试验	Sn 1.31	Sn 44.68	Sn 86.07	[4]
		苄基胂酸	小型试验	Sn 1.31	Sn 45.33	Sn 88.32	[6]
6	长坡锡石细泥	混合甲苯胂酸	工业试验	Sn 1.405	Sn 30.86	Sn 90.17	[5]
		苄基胂酸	工业试验	Sn 1.01	Sn 30.85	Sn 87.88	
7	期北山铅锡精矿	混合甲苯胂酸	1979年4月生产累计	Sn 10.25 Pb 33.74	Sn 31.71 Pb 40.28	Sn 88.83 Pb 85.08	[5]
		苄基胂酸	工业试验	Sn 9.54 Pb 35.51	Sn 32.32 Pb 41.32	Sn 88.39 Pb 85.98	
8	水岩坝钨锡中矿	混合甲苯胂酸	小型试验	Sn 41.55 WO_3 11.86	Sn 63.68 WO_3 19.60	Sn 98.39 WO_3 54.49	[4]
		苄基胂酸	小型试验	Sn 40 WO_3 11.81	Sn 68.78 WO_3 23.42	Sn 98.66 WO_3 81.64	

12.1.1 苄基胂酸的合成

在有机化学中，胂酸的合成方法有二：芳香族胂酸分子的胂酸根直接连在芳环上，用巴特法合成效果较好，但步骤复杂，产品价格相对较高。烷基胂酸多用迈耶法合成，反应慢，作用时间长达几十小时，且产率太低，无工业价值。与芳香环直接相连的卤素连得非常牢固，无法用迈耶法合成胂酸，因此，迈耶法很少使用。这些观点使人们合成胂酸时多采用巴特法。国外用作捕收剂的对－甲苯胂酸，价格相对较高，可能就是用巴特法合成的。

著者认为上述合成胂酸的一般原则，有其对的方面，但应具体问题具体分析，有些带活泼卤素的卤烃，如苄氯等，可用迈耶法合成胂酸。反应式如下：

$$C_6H_5-CH_2Cl \xrightarrow[(NaOH+As_2O_3)]{Na_3AsO_3} C_6H_5-CH_2AsO_3Na_2 \xrightarrow{H_2SO_4} C_6H_5-CH_2AsO_3H_2$$

从苄氯开始，经胂化和酸化两步便可得到苄基胂酸。合成流程比巴特法简单，转化率亦较高，于是价格大幅度下降。胂化过程产生的含砷母液可以循环使用，药剂制造厂基本上无三废处理问题，比用巴特法少。

12.1.2 苄基胂酸对黑钨细泥的捕收性能

表 12－1 介绍了苄基胂酸和混合甲苯胂酸浮选瑶岗仙、汝城、浒坑等矿黑钨细泥的结果，现将浒坑黑钨矿浮选试验介绍如下。

1. 单矿物浮选试验

在相同条件下，用苄基砷酸和混合甲苯胂酸浮选浒坑黑钨单矿物，pH 试验及胂酸浓度试验结果见图 12－1 和图 12－2。从图 12－1 看出，两种胂酸对黑钨单矿物的捕收性能与 pH 的关系极相似，在 pH 为 3～4 时，回收率最高(90% 以上)；pH 大于 4 或小于 3 则回收率下降。从图 12－2 看出，两种胂酸随着浓度的增加，对黑钨单矿物的捕收性能基本一致。

2. 苄基胂酸浮选浒坑黑钨矿泥

(1)矿泥性质。矿泥所含金属矿物已于第 4 章第 4.9 节介绍，矿泥的元素分析见表 12－2，水析结果见表 12－3。

表 12－2 浒坑黑钨细泥元素分析结果

元素	WO_3	S	Zn	Mo	Bi	
含量/%	0.26	0.25	0.175	0.0011	0.03	
元素	SiO_2	CaO	Mn	P	Al_2O_3	Fe
含量/%	74.45	0.69	0.205	0.008	12.84	0.89

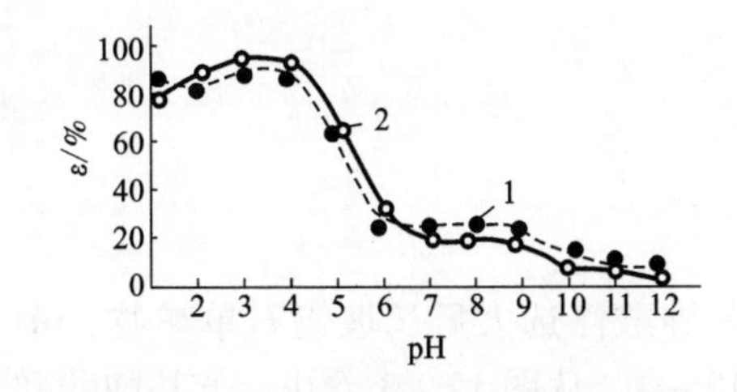

图 12－1 pH 与黑钨矿回收率的关系

1—苄基肿酸；2—混合甲苯肿酸

（肿酸浓度 1500 mg/L）

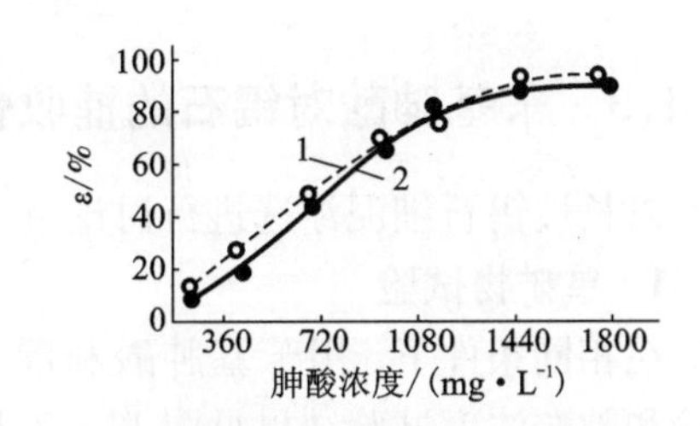

图 12－2 肿酸浓度与黑钨矿回收率的关系

1—苄基肿酸；2—混合甲苯肿酸

表 12－3 浒坑黑钨细泥水析结果

粒级/mm	产率/%	WO_3 品位/%	金属分布/%
+0.075	34.33	0.024	2.92
-0.075 +0.04	18.93	0.124	8.34
-0.04 +0.01	39.84	0.56	79.20
-0.01	6.90	0.39	9.54
合计	100	0.28	100

（2）浮选试验。用苄基肿酸和混合甲苯肿酸进行对比试验，先用黄药脱硫后浮钨，用硫酸将浮硫尾矿调整 pH 至 5，加硫酸亚铁 200 g/t、肿酸 600 g/t、煤油 600 g/t，搅拌 20 min，加松醇油 60 g/t 进行粗选，丢掉尾矿，粗精矿经两次空白精选得黑钨精矿，中矿集中返回粗选，闭路试验结果见表 12－4。从表 12－4 看出苄基肿酸和混合甲苯肿酸在相同浮选条件下，结果极接近，都是有效的捕收剂。

表 12－4 浒坑黑钨细泥闭路试验结果

药剂	苄基肿酸 600 g/t			混合甲苯肿酸 600 g/t		
产品	产率/%	WO_3 品位/%	回收率/%	产率/%	WO_3 品位/%	回收率/%
钨精矿	0.62	32.08	81.22	0.65	32.61	81.43
硫精矿	2.39	0.63	6.12	2.04	0.58	4.66
尾矿	96.99	0.032	12.66	97.31	0.037	13.91
原矿	100	(0.25)	100	100	(0.26)	100

12.1.3 苄基胂酸对锡石的捕收性能

以长坡锡石细泥浮选进行讨论。

1. 单矿物试验

在相同条件下，用苄基胂酸和混合甲苯胂酸浮选大厂长坡锡石单矿物，pH试验和胂酸浓度试验结果见图12-3和图12-4。从图12-3看出，苄基胂酸和混合甲苯胂酸对锡石单矿物的捕收性能极相似，在pH为3~4时，锡石回收率最高；pH>5，则回收率开始大幅度下降。从图12-4看出，苄基胂酸和混合甲苯胂酸的捕收能力基本是一致的。

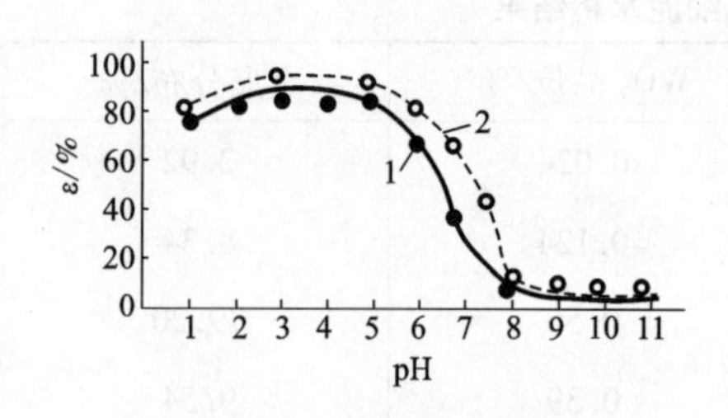

图12-3 胂酸浮选锡石，pH与回收率的关系

1—苄基胂酸；2—混合甲苯胂酸

(胂酸浓度1500 mg/L)

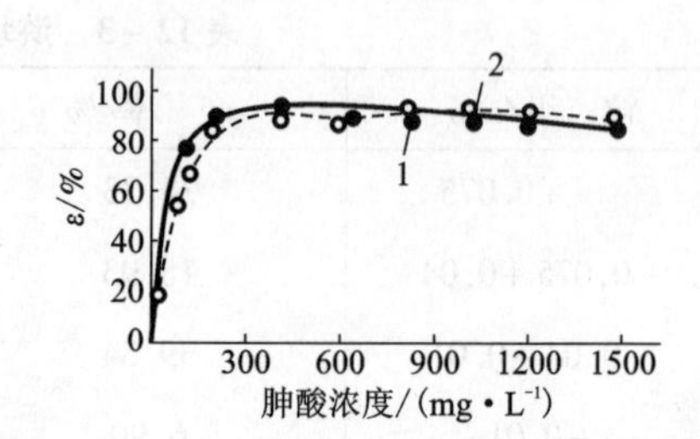

图12-4 胂酸浓度与锡石回收率的关系

1—苄基胂酸；2—混合甲苯胂酸

(pH为3~4)

2. 苄基胂酸浮选锡石矿泥

(1)试料性质。矿石为多金属硫化矿，金属矿物有锡石、脆硫铅锑矿、铁闪锌矿、黄铁矿、磁黄铁矿；脉石矿物主要为石英、方解石，岩石主要为灰岩、硅化灰岩，其次为黑色(含碳)硅质页岩。入选矿物元素分析和粒度分析结果见表12-5和表12-6。

表12-5 浮锡给矿元素分析结果

元素	Sn	Pb	Zn	S	Fe	As	SiO_2	CaO
含量/%	1.18	0.051	0.083	0.59	1.30	0.095	34.60	29.50

表 12-6 浮锡给矿粒度分析

粒度/mm	产率/%	Sn 品位/%	分布率/%
筛析 +0.074	4.59	0.20	0.77
水析 +0.074	2.15	10.15	18.40
+0.037	29.41	1.16	28.77
+0.019	50.94	0.96	42.25
+0.010	7.89	1.19	7.92
-0.010	5.02	0.68	2.89
合 计	100	1.18	100

(2)浮选试验。采用一粗二精流程，中矿集中返回粗选，pH 为 6.5 左右，工艺条件及试验结果见表 12-7 及表 12-8。试验表明，工业合成的苄基胂酸和混合甲苯胂酸同样是锡石矿泥的有效捕收剂。

表 12-7 苄基胂酸闭路试验工艺条件

药剂用量/($g\cdot t^{-1}$)			搅拌时间/min	浮选时间/min
硫酸	苄基胂酸	松醇油	粗-精1-精2	粗-精1-精2
4000	870	68	30-10-10	10-7-3

表 12-8 苄基胂酸闭路浮锡试验结果

锡品位/%			精矿		尾矿	
给矿	精矿	尾矿	产率/%	回收率/%	产率/%	损失率/%
1.25	42.00	0.095	2.77	93.00	97.23	7.00

(3)工业试验。选厂原以混合甲苯胂酸为捕收剂的流程和药剂制度，只是用苄基胂酸代替混合甲苯胂酸，为了在同一工艺流程条件下，比较混合甲苯胂酸和苄基胂酸浮选锡石矿泥的技术指标，进行了连续 5 个班混合甲苯胂酸的工业试验，用量为 982 g/t，以及 8 个班苄基胂酸连续工业试验，用量为 979 g/t，试验结果见表 12-9。从表 12-9 看出，苄基胂酸和混合甲苯胂酸浮选锡石的结果是一致的，锡精矿品位都为 30% 以上，回收率也很接近，药剂用量亦接近。

表 12-9 混合甲苯胂酸和苄基胂酸浮锡工业试验对比

捕收剂名称及用量/(g·t⁻¹)	产品	产品质量/t	产率/%	Sn 品位/%	回收率/%		备注
					实际	理论	
混合甲苯胂酸 982	精矿	1.753	3.84	30.86	84.34	90.17	连续五个班
	尾矿	43.899	96.16	0.144	9.84	9.83	
	给矿	45.652	100	1.405		100	
苄基胂酸 979	精矿	4.006	2.88	30.85	87.65	87.88	连续十一个班
	尾矿	135.110	97.12	0.126	12.11	12.12	
	给矿	139.116	100	1.01		100	

(4)苄基胂酸在长坡选厂的查定结果。1980 年 7 月 18 日至 9 月 24 日，用苄基胂酸作捕收剂浮选锡石进行工业生产，所获得的浮锡系统累计指标为：给矿品位 Sn 0.72%，锡精矿品位 27.68%，回收率 63.12%。为了考查苄基胂酸及混合甲苯胂酸在生产中的使用情况，进行了系统查定，结果列于表 12-10。从表 12-10 看出，两者指标极接近，均为长坡锡石细泥的有效捕收剂。

表 12-10 查定结果对比

捕收剂/(g·t⁻¹)	品位/%			回收率/%		时间
	锡精矿	尾矿	给矿	作业	系统	
苄基胂酸 610	28.13	0.11	0.81	85.41	66.73	1980 年 9 月 6 日
混合甲苯胂酸 719	28.96	0.13	0.95	86.71	52.71	1977 年 6 月 6 日

注 1. 表内数据由长坡选厂供给。

2. 系统回收率按矿泥给矿计算，作业回收率按浮锡给矿计算。矿泥先经分级脱泥，除去 +0.074 mm 和 -0.010 mm 粒级，再经脱硫，浮硫尾矿才是浮锡给矿，故系统回收率比作业回收率低。

12.1.4 苄基胂酸的毒性试验

苄基胂酸的毒性试验，由株洲市卫生防疫站、株洲市药品检验所进行，并与混合甲苯胂酸对比进行。检验样品均为株洲选矿药剂厂生产的工业品药剂。

1. 鱼类毒性试验结果

①苄基胂酸。鲢鱼 48 h 半致死浓度 510.5 mg/L，安全浓度 51.05 mg/L。

②混合甲苯胂酸。鲢鱼 48 h 半致死浓度 497.6 mg/L，安全浓度 49.76 mg/L。根据 Ebeling 毒性分类，苄基胂酸和混合甲苯胂酸均属高毒药剂。

2. 小白鼠急性毒性半致死剂量的测定结果

①苄基胂酸的 LD_{50} 为 117.32 ± 17.46 mg/kg，折成纯品后 LD_{50} 为 90.86 ± 14.71 mg/kg。

②混合甲苯胂酸的 LD_{50} 为 30.02 ± 5.835 mg/kg，折成纯品后 LD_{50} 为 26.21 ± 5.094 mg/kg。

比较所测定的结果，苄基胂酸的毒性小于混合甲苯胂酸，按毒性分类均属高毒性物质，说明其毒性亦极接近。

消除尾矿胂酸污染的方法，可使用回水。如云南新冠精选厂铅锡分离车间，做到了废水完全循环使用，没有环境污染且效果好。也可用含铁离子的坑道水（如长坡选厂）或三氯化铁溶液加入尾矿中，使胂酸生成胂酸铁沉淀而被除去。经过这样处理的尾矿废水含砷量可降到 0.45×10^{-6}，低于国家排放标准（0.5×10^{-6}），符合排放要求。

12.2　在浮选药剂同分异构原理指导下合成捕收剂浮锡灵

苏联 Polkin 教授研究的烷基 - α - 氨基 1，1 - 二磷酸（第 4 章第 4.5 节）据称是锡石的有效捕收剂，著者也曾合成此药剂供浮锡使用，但较难合成。而烷基胺基双次甲基膦酸是它的同分异构体，它们的结构式对比如下：

烷基 - α - 氨基 - 1，1 - 二膦酸	烷基胺双次甲基膦酸（用 FXL 符号表示，俗称浮锡灵）
$CH_3CH_2C(NH_2)(PO_3H_2)_2$	$CH_3—N(CH_2PO_3H_2)_2$
$CH_3CH_2CH_2C(NH_2)(PO_3H_2)_2$	$CH_3CH_2N(CH_2PO_3H_2)_2$
⋮	⋮
$R—C(NH_2)(PO_3H_2)_2$	$R—N(CH_2PO_3H_2)_2$

根据浮选药剂同分异构原理的论点，这两系列捕收剂对锡石的捕收性能应十分相似。图 12 - 5 的试验结果说明这一论点是正确的，于是合成了浮锡灵系列药剂，并研究了它们浮选锡石的性能。

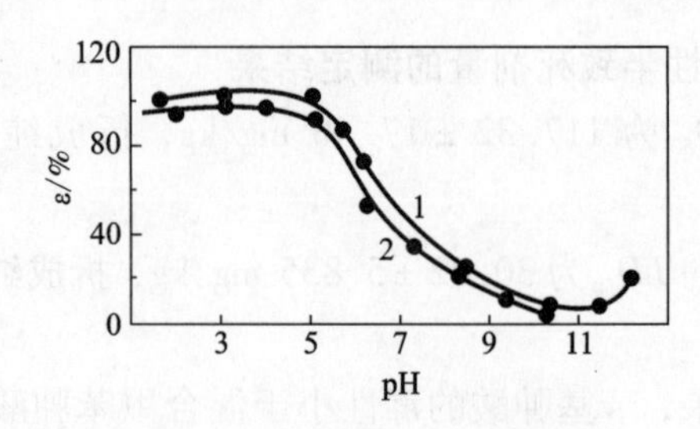

图 12-5　FXL-10 或已基-α-氨基-1, 1-二膦酸浮选锡石回收率与 pH 的关系

1—FXL-10；
2—已基-α-氨基-1, 1-二膦酸

12.2.1　浮锡灵的合成

1. 合成原理

$$RNH_2 + 2HCHO + 2H_3PO_3 \longrightarrow RN(CH_2PO_3H_2)_2 + 2H_2O$$

2. 合成过程

取 0.05 mol 胺、0.1 mol 亚磷酸，并将亚磷酸溶于 10 mL 水中，加 5 mL 浓盐酸，一起装入 250 mL 三颈瓶中，加热至 85℃，在缓慢搅拌下，加入 0.15 mol 甲醛溶液，10～15 min 加完，然后升温到 100～105℃，回流反应 90 min，得白色固体反应物。

将产品用 10% 氢氧化钠溶液溶解，除去未反应的胺。试验表明用上述配方反应完毕后，已基本上无游离胺存在，所得溶液用盐酸酸化至 pH 为 1.5 左右，则浮锡灵呈白色沉淀析出，过滤得粗产品，用 8 mol/L 浓度的盐酸结晶提纯，得纯品。我们曾研究的浮锡灵见表 12-11。

表 12-11　浮锡灵药剂一览表

名　　称	分 子 式	代　号
烷胺双甲基膦酸	$RN(CH_2PO_3H_2)_2$	浮锡灵
癸胺双甲基膦酸	$C_{10}H_{21}N(CH_2PO_3H_2)_2$	FXL-10
十二胺双甲基膦酸	$C_{12}H_{25}N(CH_2PO_3H_2)_2$	FXL-12
十四胺双甲基膦酸	$C_{14}H_{29}N(CH_2PO_3H_2)_2$	FXL-14
十六胺双甲基膦酸	$C_{16}H_{33}N(CH_2PO_3H_2)_2$	FXL-16
苯胺双甲基膦酸	$C_6H_5N(CH_2PO_3H_2)_2$	FXL-6

12.2.2　浮锡灵对锡石的捕收性能

1. 矿样和试剂

试验用矿样见表12－12。用于单矿物和混合矿浮选的浮锡灵药剂，系合成产物的一次重结晶产品，其成分分析如下：FXL 10 90.2%，FXL 12 93.6%，FXL 14 94.1%，FXL 16 88.0%。苯胺双甲基膦酸为合成产品，未经重结晶处理。用于栗木锡矿浮选试验的FXL－14为合成粗产品，含量83.3%。

表12－12　浮选试验用矿样

类　别	矿　物	化学分析	粒度分析	
			粒度/μm	粒级重量平均粒径/μm
常规粒度	锡石	含Sn76.82%	－40	16.1
	石英	含$SiO_2$99.28%	－76	29.1
	方解石	含$CaCO_3$99.90%	－76	18.8
微细粒度	锡石	含Sn76.82%	－5	0.71
	石英	含$SiO_2$99.28%	－19	4.79

氟硅酸钠、硫酸、氢氧化钠为分析纯试剂，松醇油为工业品。

2. 单矿物浮选试验

(1)烃基长短对浮锡灵捕收性能的影响。试验表明，随着烃基增长，浮锡灵对锡石的捕收性能呈规律性的变化，见图12－6。苯胺双甲基膦酸对锡石无捕收作用，FXL－10、FXL－12、FXL－14对锡石的捕收能力依次增强，至FXL－14对锡石捕收能力达最大值，再增长碳链，捕收力急剧下降，FXL－16对锡石已没有多少捕收力，不适宜作为捕收剂。此外，随着烃基的增长，适应的pH范围增大，并逐渐向碱性范围移动。

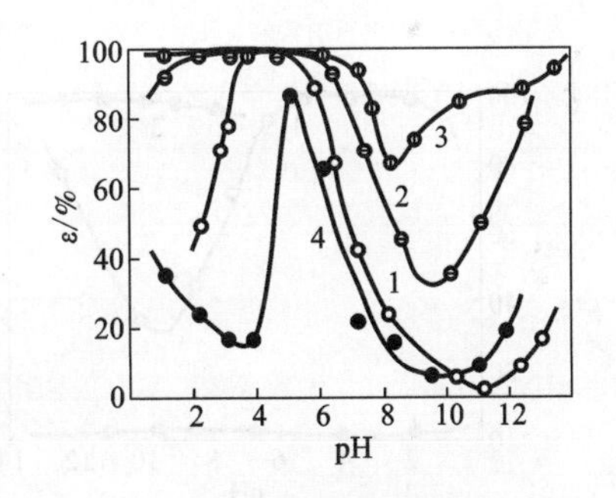

图12－6　pH对浮选锡石的影响

(FXL 70 mg/L)

1—FXL－10；2—FXL－12；3—FXL－14；4—FXL－16

捕收剂浓度试验结果，见图12－7。在pH为4.5时，FXL－12在低浓度下的捕收能力强于FXL－14，当两者浓度为6×10^{-5}mol/L(25 mg/L)时，锡石的浮出率已达98%，FXL－10的捕收力稍弱，需要较大的用量(70 mg/L)。浮锡灵系列捕收剂对锡石的捕收力大小顺序为：

$$\text{FXL}-6 \ll \text{FXL}-10 < \text{FXL}-12 \sim \text{FXL}-14 \gg \text{FXL}-16$$

(2)浮锡灵对锡石、石英、方解石的捕收性能。石英和方解石是锡石浮选中常见的脉石矿物，研究了 FXL－10、FXL－12、FXL－14 对锡石、石英、方解石三种矿物的浮选行为。图 12－8 表明，FXL－10 在酸性介质中对锡石有较强的捕收能力。随着 pH 升高，捕收能力急剧减弱，在碱性 pH 范围基本上无捕收能力。石英在整个 pH 范围，都是完全不浮的。因此，FXL－10 对锡石和石英矿物具有良好的选择性。FXL－10 对方解石表现了较强的捕收能力，使用 FXL－10 直接进行锡石浮选分离锡石和方解石是困难的，但可以在碱性介质中反浮选分离，或寻找有效的抑制剂抑制方解石，才有可能达到分选目的。

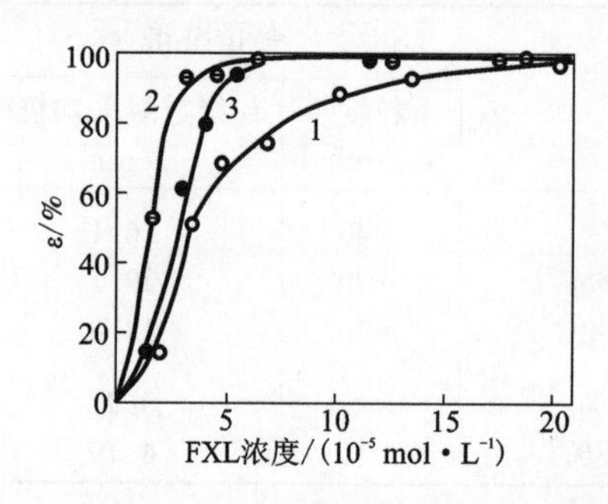

图 12－7 浮锡灵用量与锡石回收率的关系

(pH 为 4.5)

1—FXL－10；2—FXL－12；3—FXL－14

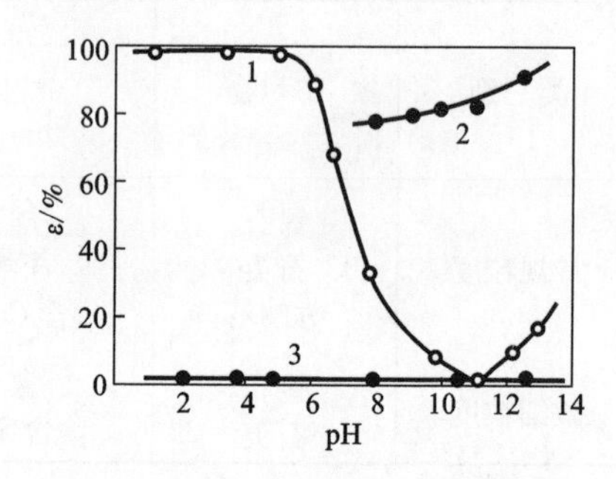

图 12－8 pH 对 FXL－10 浮选锡石、石英、方解石的影响

(FXL－10 70 mg/L)

1—锡石；2—方解石；3—石英

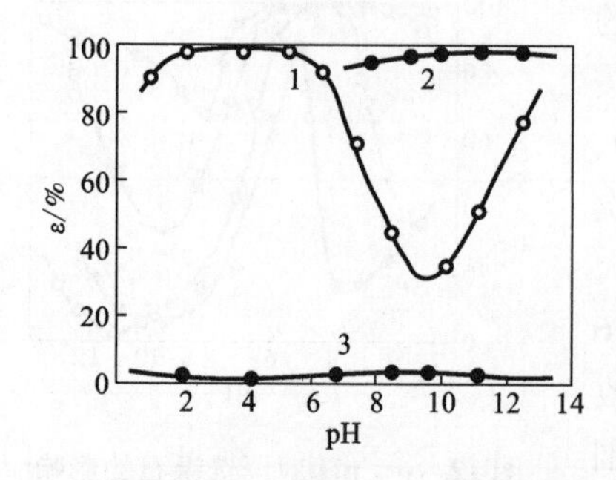

图 12－9 pH 对 FXL－12 浮选锡石、石英、方解石的影响

(FXL－12 70 mg/L)

1—锡石；2—方解石；3—石英

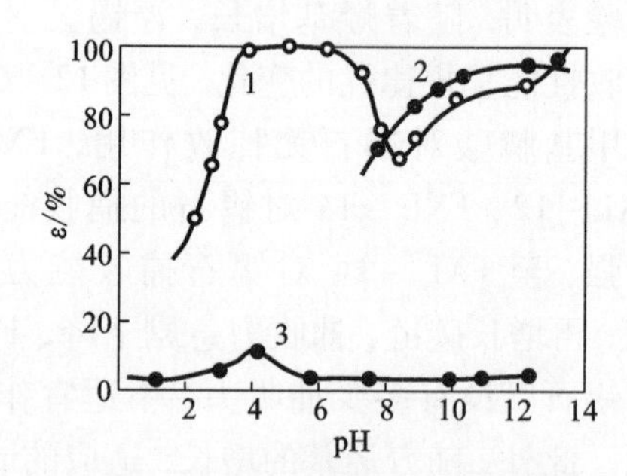

图 12－10 pH 对 FXL－14 浮选锡石、石英、方解石的影响

(FXL－14 70 mg/L)

1—锡石；2—方解石；3—石英

FXL－12 的浮选性能和 FXL－10 基本相同，见图 12－9，其锡石浮选的 pH 范围较 FXL－10 宽，能在弱酸性介质中浮选锡石。FXL－12 对方解石的捕收能力很强，石英则是完全不浮的。与 FXL－10、FXL－12 相比，FXL－14 表现了一种值得注意的浮选能力，就是它的锡石浮选 pH 范围很宽，在碱性介质中，对锡石也有相当的捕收能力。图 12－10 表明，在碱性介质中，FXL－14 对锡石和方解石的捕收能力相差无几。因此必须寻找一种对方解石具有选择性抑制作用的抑制剂，才能浮选分离锡石和方解石。

12.2.3　混合矿分离试验

(1)锡石和石英混合矿的分离。根据单矿物的浮选试验情况，进行了 1∶10 的锡石和石英混合矿(含锡 6.8%)分离试验，试验所用锡石和石英矿样的粒度分别为 －40 μm 和 －76 μm，未进行脱泥处理。图 12－11 和图 12－12 是浮选 pH 和浮锡灵药剂浓度试验结果。

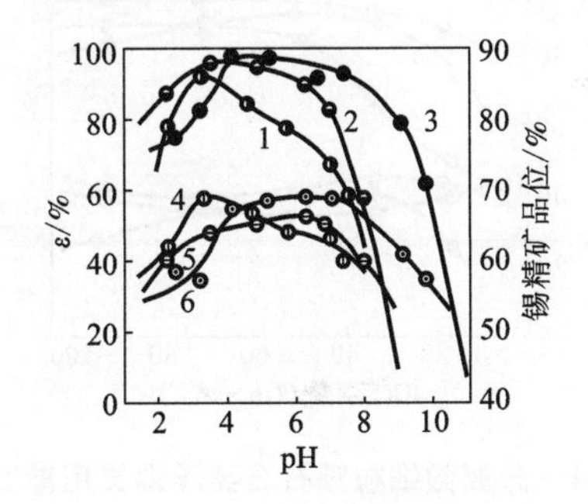

图 12－11　分离锡石和石英 pH 试验

(浮锡灵用量 67 mg/L)

1—FXL－10 锡石回收率；

2—FXL－12 锡石回收率；

3—FXL－14 锡石回收率；

4—FXL－10 锡精矿品位；

5—FXL－12 锡精矿品位；

6—FXL－14 锡精矿品位

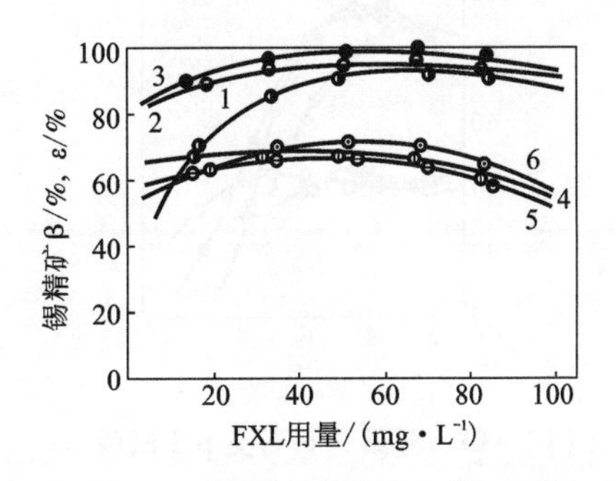

图 12－12　分离锡石和石英浮锡灵用量试验

1—FXL－10 锡石回收率(pH 为 3.2)；

2—FXL－12 锡石回收率(pH 为 3.5)；

3—FXL－14 锡石回收率(pH 为 4.0)；

4—FXL－10 锡精矿品位；

5—FXL－12 锡精矿品位；

6—FXL－14 锡精矿品位

浮锡灵浮选分离锡石和石英混合矿获得的指标见表 12－13。试验结果表明，浮锡灵是锡石石英矿浮选分离的有效捕收剂。

(2)浮锡灵对微细粒锡石的捕收性能。试验研究了浮锡灵捕收剂对微细粒锡石的捕收性能，进行了微细粒锡石和石英混合矿的浮选分离。矿样中锡石和石英粒度分别为 －5 μm 和 －19 μm，混合矿含 Sn 6.6%。

pH 试验结果见图 12－13。图 12－13 表明，pH 对 －5 μm 锡石细泥的浮选有很大影响，与常规粒度的锡石浮选相比(参见图 12－11)，浮选 pH 范围缩小，但总的趋势仍相同，以 FXL－14 的捕收能力最强，浮选 pH 范围最宽。FXL－12 次之。图 12－13 表明 FXL－14 和 FXL－12 的最佳浮选 pH 均在 4 左右，而 FXL－10 则在 pH 为 2.5 处的捕收能力最强。

图 12－14 是浮锡灵药剂用量试验结果。从图中看出，FXL－10、FXL－12、FXL－14 均在用量 50 mg/L 时，锡石回收率即达到最大值。浮锡灵浮选分离 －5 μm锡石和石英混合矿的试验结果列于表 12－13 和表 12－14。试验结果表明，浮锡灵对微细粒锡石具有特效捕收作用。矿样粒度分析结果指出，在 －5 μm 的锡石矿样中，粒度在 1 μm 以下的锡石占 60%。矿样的重量平均粒径只有 0.71 μm。对这样的锡石微粒，FXL－14 在用量仅 50 mg/L 时，一次选别获得了回收率 94.91%、品位 40.9% 的锡精矿，说明浮锡灵对 1 μm 以下的锡石的捕收能力是相当强的。

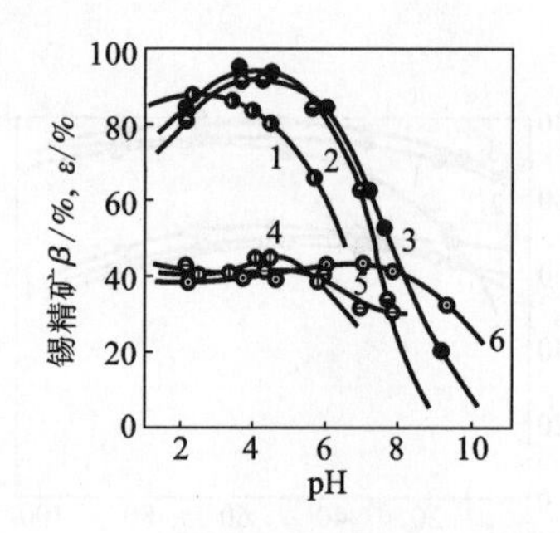

图 12－13　分离锡石石英 pH 试验

(FXL 用量 50 mg/L)

1—FXL－10 锡石回收率；
2—FXL－12 锡石回收率；
3—FXL－14 锡石回收率；
4—FXL－10 锡精矿品位；
5—FXL－12 锡精矿品位；
6—FXL－14 锡精矿品位

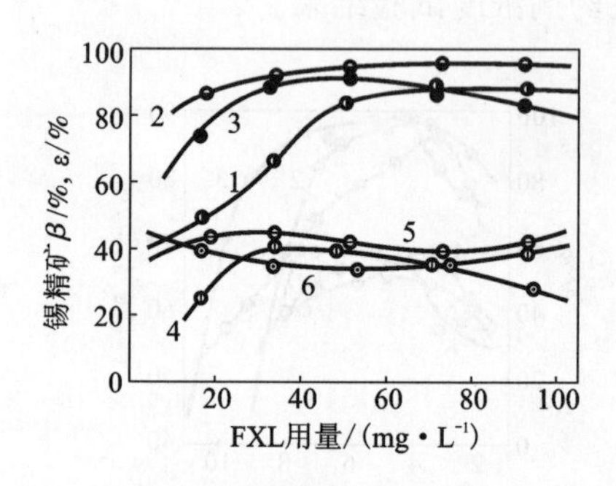

图 12－14　分离微细粒锡石石英浮锡灵用量试验

1—FXL－10 锡石回收率(pH 为 2.5)；
2—FXL－12 锡石回收率(pH 为 4.0)；
3—FXL－14 锡石回收率(pH 为 4.0)；
4—FXL－10 锡精矿品位；
5—FXL－12 锡精矿品位；
6—FXL－14 锡精矿品位

表 12－13　分离锡石石英结果

捕收剂	最佳用量 /(mg·L⁻¹)	pH	锡精矿	
			Sn 品位/%	回收率/%
FXL－10	67	3.2	68.42	92.49
FXL－12	67	3.5	64.35	96.16
FXL－14	50	4.0	67.95	97.41

表 12-14 分离微细粒锡石石英试验结果

捕收剂	pH	锡精矿	
		Sn 品位/%	回收率/%
FXL-10	2.2	40.88	87.01
FXL-12	3.7	42.50	93.50
FXL-14	3.7	40.90	94.91

(3)FXL-12 作捕收剂，用预先脱钙流程分离锡石、方解石、石英混合矿。根据 FXL-12 对锡石、方解石和石英的捕收性能(图 12-9)，预先脱钙然后浮锡。脱除方解石时，FXL-12 用量为 100 mg/L，在碱性条件下(pH 为 11)浮选，浮出方解石后，补加 FXL-12 33 mg/L，调整矿浆 pH 至 4.5，浮选锡石，浮锡尾矿和脱钙产物合并为尾矿，试验结果见表 12-15。从表 12-15 看出，采用预先脱钙然后浮锡流程，结果不理想，锡精矿品位和回收率都较低。

表 12-15 FXL-12 浮选分离锡石、方解石、石英结果

方解石含量/%	原矿品位(Sn)/%	锡精矿	
		Sn 品位/%	回收率/%
10	7.84	52.63	74.27
20	7.86	39.19	69.21
30	7.70	34.69	69.93

(4)FXL-14 浮选分离锡石和方解石的抑制剂试验。为了寻找方解石的抑制剂，我们寻找和合成了 18 种抑制剂，通过浮选试验，筛选出 DA_1 和 DA_2 两种。试验流程和结果如下：

①单矿物浮选试验。试验时取矿样 5 g，置入 60 mL 浮选槽中，加蒸馏水调浆，加抑制剂搅拌 2 min，再加 FXL-14，使其浓度为 500 mg/L，调整矿浆 pH 为 7~8，搅拌 5 min，加松醇油 2.18 mg，搅拌 1 min，浮选 5 min，得精矿和尾矿。DA_1 的试验结果见图 12-15，DA_2 的试验结果见图 12-16。从图 12-15 看出，DA_1 对锡石没有抑制作用，而对方解石有比较明显的抑制作用，并且随着 DA_1 浓度的增加，方解石的回收率逐渐下降。

从图 12-16 看出，DA_2 对方解石抑制效果很好，在浓度为 250 mg/L 以下时对锡石无抑制作用，浓度超过 250 mg/L 时，锡石回收率开始下降，当 DA_2 浓度为 165~250 mg/L 时，既不抑制锡石又能很好地抑制方解石。从图 12-15、图 12-

16 看出，FXL－14 为捕收剂，DA_1 和 DA_2 为抑制剂，浮选分离锡石和方解石是可能的。

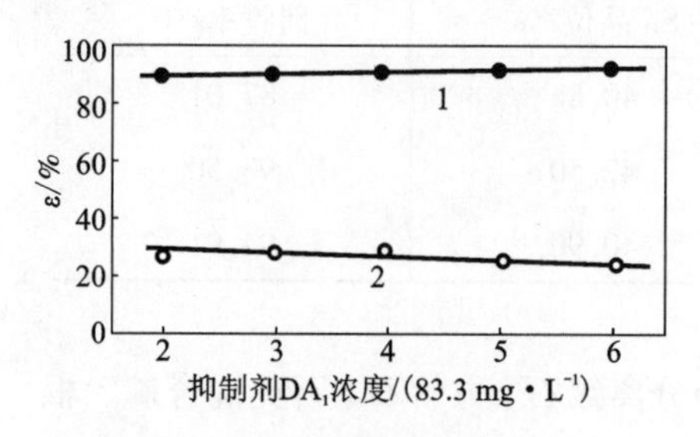

图 12－15 抑制剂 DA_1 浓度与矿物回收率的关系

(FXL－14 浓度 500 mg/L)

1—锡石；2—方解石

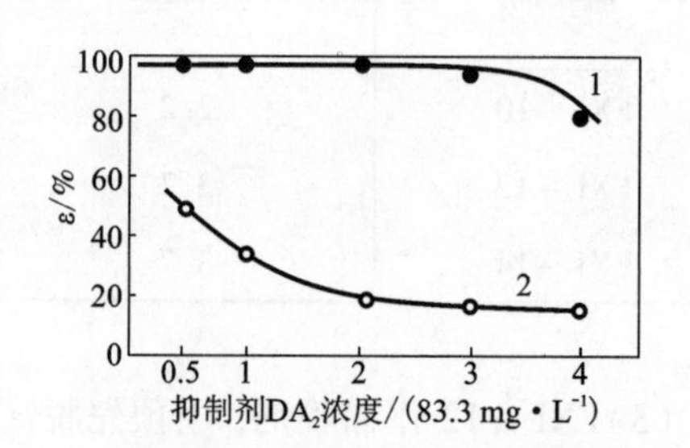

图 12－16 抑制剂 DA_2 浓度与矿物回收率的关系

(FXL－14 浓度 500 mg/L)

1—锡石；2—方解石

表 12－16 用正交法找到的浮选最佳条件

序号	抑制剂浓度 /(mg·L^{-1})	FXL－14 浓度 /(mg·L^{-1})	浮选 pH	调浆时间 /min	浮选时间 /min
1	DA_1 250	333	7～8	15	5
2	DA_2 83	333	7～8	5	5

表 12－17 用最佳条件试验结果

序号	抑制剂	精矿锡石品位/%	锡石回收率/%	精矿方解石品位/%	方解石回收率/%	选矿效率 /%
1	DA_1	94.28	83.33	5.72	5.02	78.30
2	DA_2	87.08	85.32	12.92	12.69	72.63

②混合矿浮选试验。做混合矿浮选分离试验时，以方解石与锡石 1∶1 重量比的混合物料作试料，为了寻找最佳浮选条件，用正交法做了条件试验，得出最佳试验条件如表 12－16 所示，用最佳条件浮选所得结果列于表 12－17。从表 12－17 看出，锡石与方解石分离是比较好的，为用 FXL－14 作捕收剂浮选以方解石为主要脉石的锡石矿泥提供了有效的抑制剂。

(5)广西栗木锡矿矿泥浮选试验。栗木锡矿是含钽、铌、铪、锡、钨等多种金属矿物的浸染型矿床，矿石由 40 余种矿物组成，主要金属矿物有锡石、黑钨矿、钽铌矿；脉石有石英、长石、云母、黄玉、石榴子石、电气石等，含有较多的铁质矿物。试验用的锡石矿泥元素分析和粒度分析结果见表 12－18 和表 12－19。浮选试验流程和药剂制度见图 12－17，试验结果见表 12－20。

表 12－18　锡矿泥元素分析结果

元素	Sn	WO_3	TN*	S	Fe	Pb	Cu	Zn	CaO	K_2O	Na_2O	SiO_2
含量/%	0.2503	0.0109	0.0301	0.0090	0.53	0.025	0.024	0.0036	2.35	3.511	2.292	67.42

注：* Ta、Nb 含量之和。

表 12－19　锡矿泥粒度分析结果

粒级/μm	+55	－55～+42	－42～+30	－30～+21	－21～+10	－10	合　计
产　率/%	8.00	13.75	44.00	14.25	4.25	15.75	100
锡品位/%	0.2804	0.2734	0.2542	0.2819	0.2627	0.1718	0.2503
分配率/%	8.97	15.02	44.69	16.05	4.46	10.81	100

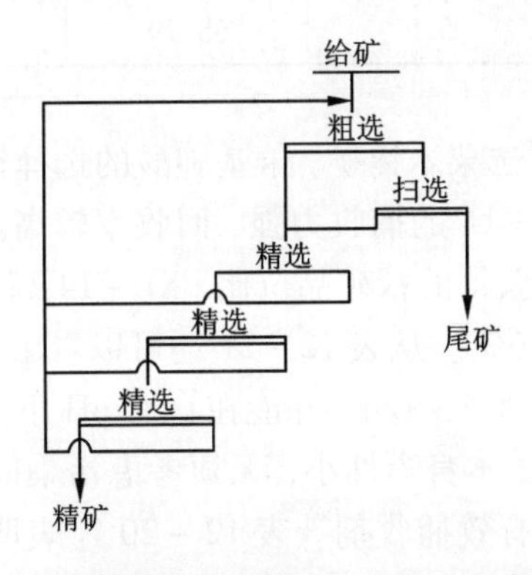

图 12－17　FX L－14 浮选栗木锡矿泥试验流程

药剂制度　粗选：自然 pH　6.8～7.2
氟硅酸钠　900 g/t
FXL－14　220 g/t
松醇油　90 g/t
扫选：FXL－14　60 g/t
精Ⅰ：氟硅酸钠　200 g/t
精Ⅱ：氟硅酸钠　100 g/t
精Ⅲ：空白

表 12－20 FXL－14 浮选栗木锡矿泥试验结果

项目	给矿品位/%			精矿品位/%			回收率/%		
	Sn	WO_3	TN	Sn	WO_3	TN	Sn	WO_3	TN
结果	0.3025	0.0081	0.042	9.47	0.20	0.952	72.44	56.78	53.46

栗木锡矿泥由于含有大量铁质矿物，石英被铁离子污染严重，矿石较难选别。我们在进行浮锡灵浮选试验的同时，进行了苄基胂酸的浮选对比。两者试验结果列于表 12－21。

表 12－21 FXL－14 和苄基胂酸对比试验结果

捕收剂	用量/$(g \cdot t^{-1})$	pH	回收率/%	精矿品位 Sn/%	给矿品位 Sn/%
FXL－14	280	6.8～7.2	72.44	9.47	0.3025
苄基胂酸	1300	5.5	68.79	12.17	0.2424

从表 12－21 看出，浮选栗木锡矿，苄基胂酸的选择性比 FXL－14 好，获得较高品位的锡精矿，而 FXL－14 的捕收力强，回收率较高。综合考虑，两者的浮选效果基本相当。苄基胂酸获得的精矿品位比 FXL－14 高 2.7%，而 FXL－14 获得的回收率比苄基胂酸高 3.6%。从表 12－21 还可以看出，FXL－14 的药剂用量只有 280 g/t，为苄基胂酸的 1/5～1/4，并能在自然 pH 下浮选锡石。此外，浮锡灵是一种膦酸类表面活性剂，本身毒性小，无须考虑污染问题。天然矿的浮选试验表明浮锡灵是锡石矿泥的有效捕收剂。表 12－20 还表明，浮锡灵不仅可以捕收锡石，对黑钨矿和钽铌矿也有相当的捕收能力。因此，浮锡灵也是黑钨矿和钽铌矿的有效捕收剂。

12.2.4 浮锡灵捕收锡石机理

1. 锡石表面电性

用 EP－M 型显微电泳仪测定矿物的 ζ 电位，ζ 电位值按 Smoluchowski 公式计算。图 12－18 为锡石表面 ζ 电位和矿物可浮性与矿浆 pH 的关系。由图可以看出，用硫酸调节矿浆 pH，锡石表面在整个 pH 范围均呈负电性。在锡石浮选的 pH 范围内(pH 大于 3.8，小于 7)，FXL－14 吸附在锡石表面，使 ζ 电位负值大大增加，而此时锡石浮选回收率最高。

图 12－19 为 FXL－14 在锡石表面的吸附量及 ζ 电位变化量($\Delta\zeta$)与溶液 pH 的关系。在 FXL－14 浓度为 1.75×10^{-4} mol/L 时，锡石与 FXL－14 作用前后的 ζ

电位变化量($\Delta\zeta$)与FXL－14吸附量随矿浆pH的变化规律基本相同，在FXL－14吸附量大的pH范围，ζ电位变化量大，矿物的可浮性相应较好。在pH为4左右，FXL－14的吸附量及$\Delta\zeta$均达到最大值，此时锡石的回收率最高。

值得注意的是，在矿浆pH小于3.8时，虽然吸附量测定表明锡石表面吸附了一定量的FXL－14，ζ电位变化量也较大，但锡石的可浮性却随pH的降低而急剧下降，这可能是由于在强酸性矿浆中，FXL－14的溶解度很小，不容易分散且相互缔合形成胶束，而降低了捕收能力。

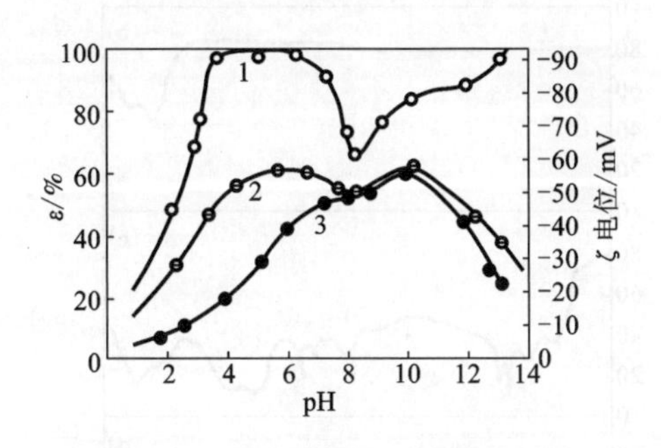

图12－18 锡石ζ电位和可浮性的关系

1—可浮性；
2—ζ电位(加FXL－14 1.75×10^{-4}mol/L)；
3—ζ电位(未加FXL－14)

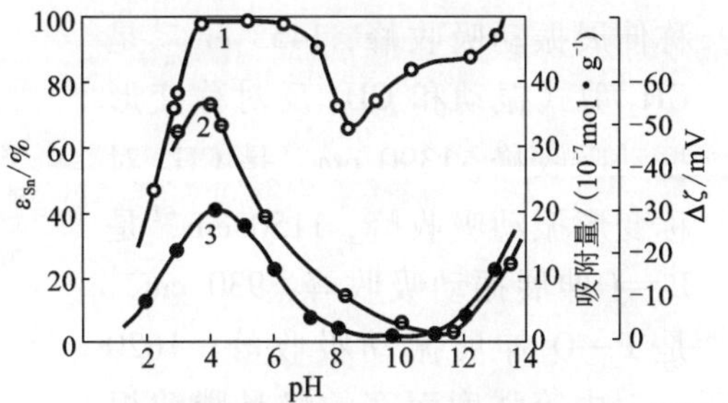

图12－19 FXL－14吸附量和ζ电位变化量与pH的关系

1—可浮性；2—吸附量；
3—$\Delta\zeta$(FXL－14 1.75×10^{-4}mol/L)

图12－20是在不同浓度的FXL－14溶液中，锡石的ζ电位、FXL－14吸附量、接触角及可浮性的变化。由图看出，在FXL－14浓度为17.5×10^{-5} mol/L时，锡石的ζ电位、吸附量、接触角和可浮性均达到饱和值，再增加FXL－14用量，已无明显变化。

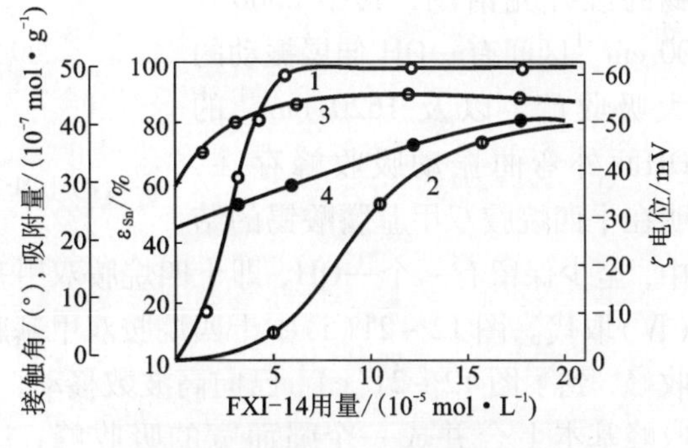

图12－20 FXL－14用量和ζ电位、吸附量、接触角、可浮性的关系

pH为4.5

1—可浮性；2—吸附量；
3—ζ电位；4—接触角

从以上研究结果可以看出，FXL－14在锡石表面的吸附不属静电吸附，因为用硫酸调节矿浆pH时，锡石在整个pH范围内均显负电性，FXL－14是一种阴离子型捕收剂，却能在带负电性的锡石表面强烈吸附，使锡石的负电性大大增加，这充分说明 FXL－14 在锡石表面的吸附不是电性吸附，而是化学吸附。

2. 锡石的红外光谱

图 12－21 是用红外光谱研究 FXL－14 在锡石表面吸附的结果。图 12－21(a)是十四烷胺双甲基膦酸(FXL－14)的红外光谱，2900 cm^{-1}的强吸收峰是 CH_3、CH_2 反对称伸展振动吸收峰，1455 cm^{-1}是 CH_2 剪式振动和 CH_3 反对称变形振动吸收峰，1390 cm^{-1}是 CH_3 对称变形振动吸收峰，1150 cm^{-1}是 P═O伸展振动吸收峰，930 cm^{-1}是 P—O 伸展振动吸收峰，1620 cm^{-1}中等强度而宽的峰是膦酸根中—OH 面外弯曲振动吸收峰，2500～3600 cm^{-1}强而宽的峰是缔合—OH 伸展振动吸收峰。

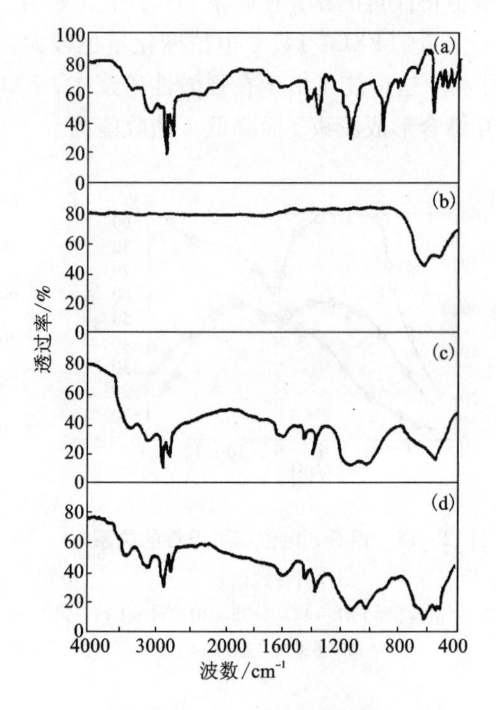

图 12－21　红外光谱

(a)十四烷胺双甲基膦酸(FXL－14)；
(b)锡石标准谱图；
(c)十四烷胺双甲基膦酸锡；
(d)十四烷胺双甲基膦酸在锡石表面的吸附产物

图 12－21(b)是锡石标准谱图。图 12－21(c)是十四烷胺双膦酸锡的红外光谱图，其中 2500～3600 cm^{-1}区间有—OH 伸展振动的宽大吸收峰，以及 1620 cm^{-1}的—OH面外弯曲振动吸收峰存在，说明在十四烷胺双甲基膦酸锡的结构中，至少保留有一个—OH，即十四烷胺双甲基膦酸基上的氢离子并没有全部被 Sn(Ⅳ)取代。图 12－21(a)中十四烷胺双甲基膦酸在 930 cm^{-1}的 P—O 伸展振动吸收峰，到了图 12－21(c)，已向高波数移动，与 1150 cm^{-1}处的 P═O 伸展振动吸收峰基本上合并成一个强而宽的吸收峰，这说明十四烷胺双甲基膦酸已和 Sn(Ⅳ)离子反应生成四价锡的十四烷胺双甲基膦酸盐。但从图 12－21(c)中还可以明显看出，这两个吸收峰并没有完全合并，峰尖仍分成两个小峰。这一现象也说明，十四烷胺双甲基膦酸锡结构中，尚存在未被取代的—OH。

图 12－21(c)中的 CH_3、CH_2 基团特征吸收峰的存在和—$PO(OH)_2$ 吸收峰的变异，证实十四烷胺双甲基膦酸与 Sn(Ⅳ)离子反应生成的产物是十四烷胺双甲基膦酸的酸式锡盐。

图 12-21(d)是锡石与十四烷胺双甲基膦酸作用后的红外光谱，与图 12-21(c)完全一致，说明十四烷胺双甲基膦酸在锡石表面生成了十四烷胺双甲基膦酸的酸式盐。因此，十四烷胺双甲基膦酸在锡石表面的吸附属化学吸附。

12.3 烷基膦酸的异构体——亚磷酸酯

众所周知，含有适当长度的烃基膦酸是黑钨矿与锡石矿的有效捕收剂，但烷基膦酸的合成步骤较难完成，故成本高。烷基亚磷酸酯是烷基膦酸的同分异构体，且功能团相似，根据浮选药剂同分异构原理的论点，烷基亚磷酸酯亦是锡石的有效捕收剂。它们互为同分异构体，可对比表示如下：

$$\underset{\text{烷基膦酸}}{R—P(=O)(OH)_2} \xrightarrow{\text{互为同分异构体}} \underset{\text{烷基亚磷酸酯}}{RO—P(OH)_2}$$

从上式看出，烷基膦酸的磷原子直接与碳原子相连接；烷基亚磷酸酯的磷原子通过氧原子与碳原子相连。这是不同之处，但两者的磷原子都与两个 OH 基相连，这是相同的。它们都显酸性，与某些金属离子生成难溶盐。当与某些矿物作用时，通过与矿物表面的金属离子作用，生成难溶盐而吸附在矿物表面，烷基疏水而上浮。图 12-22 是烷基膦酸和癸基亚磷酸酯(代号 JG-10)在锡石表面的吸附量与 pH 的关系。一烷基亚磷酸酯的合成工艺比较简单，便于生产，故我们比较系统地研究了一烷基亚磷酸酯系列捕收剂，简称为 JG 系列捕收剂。

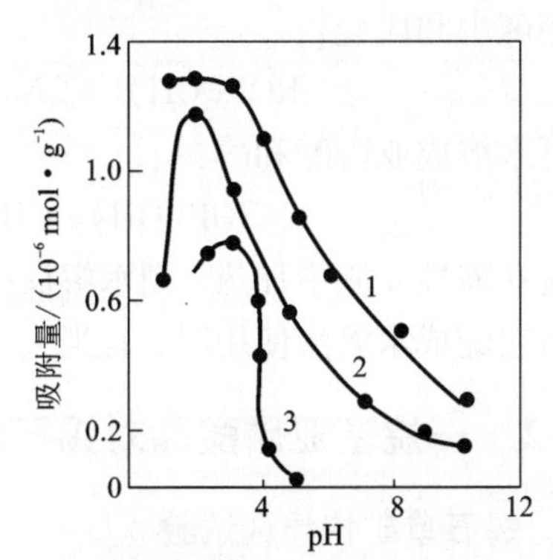

图 12-22 烷基膦酸或癸基亚磷酸酯在锡石表面的吸附量与 pH 的关系

1—癸基膦酸；2—庚基膦酸；3—癸基亚磷酸酯

12.3.1 一烷基亚磷酸酯的合成

1. 合成原理

$$ROH + HOP(OH)_2 \xrightarrow{\text{加热}} RO—P(OH)_2 + H_2O$$

2. 合成流程

取 0.21 mol 亚磷酸和 0.2 mol 醇及 50 mL 甲苯混合均匀，将混合物蒸馏，则甲苯与反应生成的水形成共沸物，不断从反应瓶中蒸出，直至全部水分被蒸出为止。对于合成癸基亚磷酸酯来说，产率约82%。我们总共合成了三种烷基亚磷酸酯，列于表12-22中。

表12-22 烷基亚磷酸酯的名称、分子式及代号

名称	分子式	代号
辛基亚磷酸酯	$C_8H_{17}OP(OH)_2$	JG-8
癸基亚磷酸酯	$C_{10}H_{21}OP(OH)_2$	JG-10
十二烷基亚磷酸酯	$C_{12}H_{25}OP(OH)_2$	JG-12

3. 一烷基亚磷酸酯的性质

一烷基亚磷酸酯是酸性化合物，分子中有两个羟基可电离出氢离子：

$$RO—P(OH)_2 \rightleftharpoons RO—PO_2H^- + H^+$$

$$RO—PO_2H^- \rightleftharpoons ROPO_2^{2-} + H^+$$

故可用碱中和成盐：

$$ROP(OH)_2 + 2NaOH = ROPO_2Na_2 + 2H_2O$$

可水解成亚磷酸和醇：

$$ROP(OH)_2 + H_2O \longrightarrow ROH + H_3PO_3$$

若在碱性介质中加热，则水解反应更快。由于烷基亚磷酸酯有水解反应，因此当将它配成水溶液使用时，宜当天配制当天使用，以免变质。

12.3.2 一烷基亚磷酸酯对锡石的捕收性能

1. 锡石单矿物浮选试验

(1)烷基长度对烷基亚磷酸酯捕收性能的影响。烷基碳原子数分别为8、10、12的一烷基亚磷酸酯对锡石的捕收性能见图12-23。从图中看出，在低pH时，辛基亚磷酸酯对锡石的捕收能力比癸基亚磷酸酯、十二烷基亚磷酸酯强，随着烃基的增长，浮选适应的pH范围向碱性范围移动。癸基亚磷酸酯表现出较宽的浮选pH范围。十二烷基亚磷酸酯浮选锡石的pH范围较窄，可能是烷基太长，药剂的溶解分散受pH影响较大。

烷基亚磷酸酯浮选锡石的用量试验结果列于图12-24。从图12-24看出，在pH为4.0~4.5时，癸基亚磷酸酯、十二烷基亚磷酸酯浓度达到25 mg/L时，锡石的浮出率达95%，辛基亚磷酸酯则需要在较大的用量才能达到相近的指标。综上所述，辛基亚磷酸酯、癸基亚磷酸酯和十二烷基亚磷酸酯三种捕收剂中，癸基亚磷酸酯表现出最好的捕收性能。

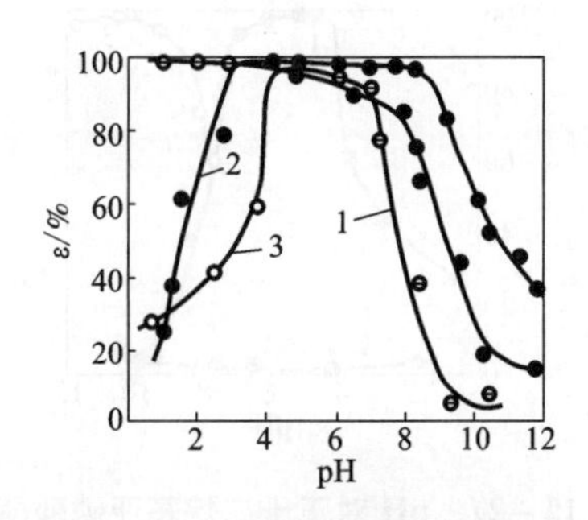

图 12-23 pH 对烷基亚磷酸酯捕收剂浮选锡石的影响

1—辛基亚磷酸酯；2—癸基亚磷酸酯；3—十二烷基亚磷酸酯

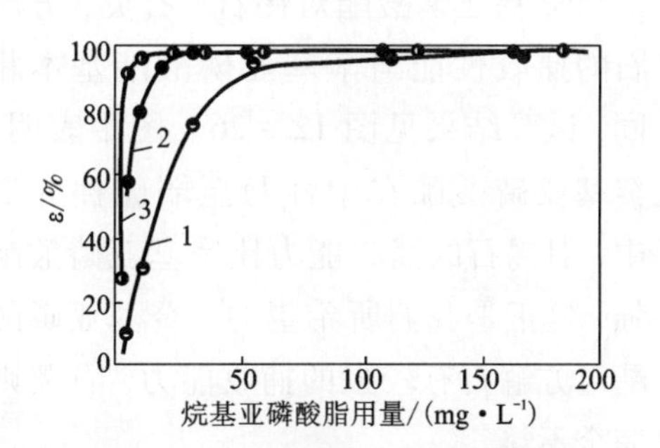

图 12-24 烷基亚磷酸酯浓度与锡石回收率的关系

1—辛基亚磷酸酯；2—癸基亚磷酸酯；3—十二烷基亚磷酸酯

(2)烷基亚磷酸酯对锡石、石英、方解石的捕收性能。在锡石浮选中，石英、方解石是硅酸盐、碳酸盐两类主要脉石的典型代表，研究一烷基亚磷酸酯对它们的捕收性能，就能初步确定从它们中分选锡石的可能性。图 12-25 是辛基亚磷酸酯浮选锡石、石英、方解石 pH 与回收率的关系。从图中看出，在 pH 小于 8，辛基亚磷酸酯对锡石有较强的捕收能力，pH 大于 8 时，捕收能力急剧下降。在整个 pH 范围内，辛基亚磷酸酯不捕收石英。因此，用辛基亚磷酸酯浮选分离锡石和石英是易于实现的。辛基亚磷酸酯对方解石的捕收能力，在 pH 大于 8 时，与捕收锡石的能力相近。因此当有方解石存在时，使用辛基亚磷酸酯浮选分离锡石，是有困难的。

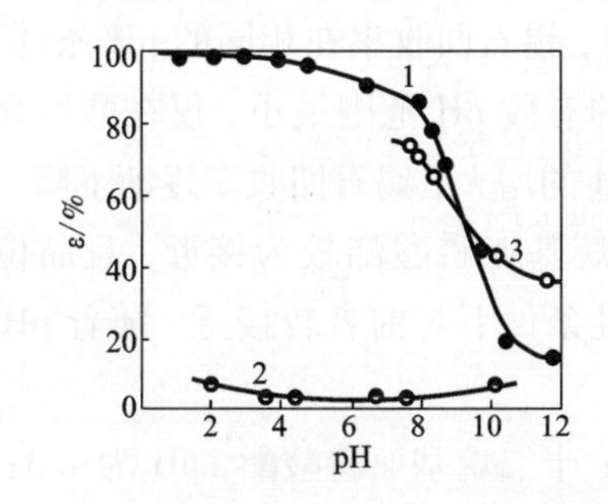

图 12-25 pH 对辛基亚磷酸酯浮选锡石、石英、方解石的影响

1—锡石；2—石英；3—方解石

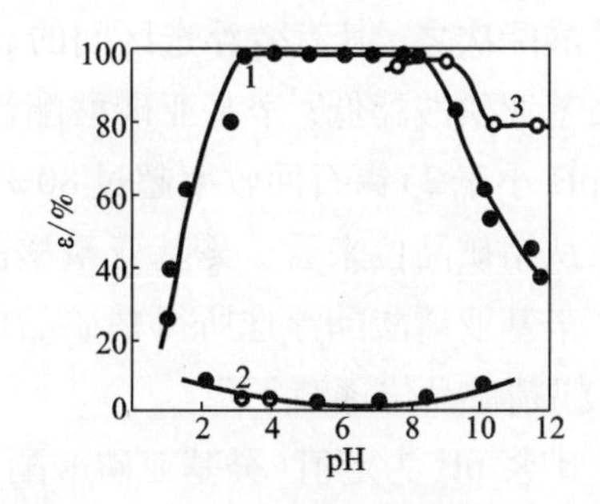

图 12-26 pH 对癸基亚磷酸酯浮选锡石、石英、方解石的影响

1—锡石；2—石英；3—方解石

癸基亚磷酸酯对锡石、石英、方解石的捕收性能与辛基亚磷酸酯基本相同，试验结果见图 12－26。图中表明，癸基亚磷酸酯在中性乃至弱碱性介质中，对锡石的捕收能力比辛基亚磷酸酯强，这正是我们所希望的。癸基亚磷酸酯对方解石有较强的捕收能力，石英则完全不浮。

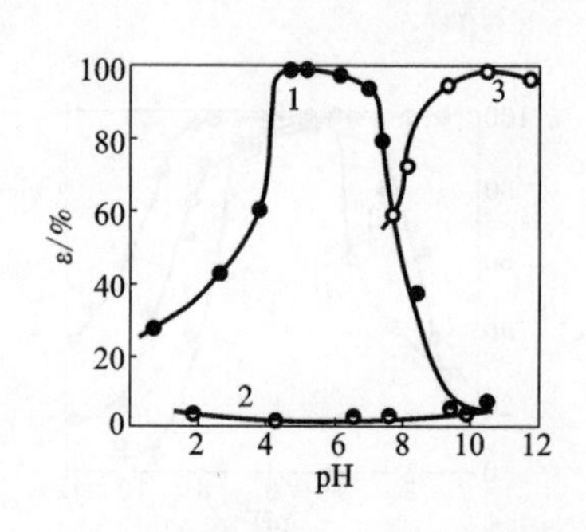

图 12－27 pH 对正十二烷基亚磷酸酯浮选锡石、石英、方解石的影响

1—锡石；2—石英；3—方解石

与辛基亚磷酸酯和癸基亚磷酸酯相比，十二烷基亚磷酸酯浮选的 pH 范围较窄，如图 12－27 所示。十二烷基亚磷酸酯对石英没有捕收作用；在碱性介质中，对方解石有很强的捕收能力，此时，若采用反浮选，有可能使方解石和锡石分离。

2. 锡石和石英混合矿分离

在锡石和石英单矿物浮选试验基础上，用烷基亚磷酸酯系列捕收剂对锡石和石英混合矿进行浮选分离。用 60 mL、转速为 1580 r/min 挂槽浮选机，对－40 μm 锡石－石英混合矿(含锡 7.5%)浮选，搅拌时间为 3 min，刮泡 4 min；对－10 μm 锡石－石英混合矿(含锡 7.1%)搅拌时间为 5 min，刮泡 6 min。图 12－28 为辛基亚磷酸酯、癸基亚磷酸酯、十二烷基亚磷酸酯作捕收剂，改变 pH 对－40 μm 锡石－石英混合矿进行浮选分离的结果。由图看出：癸基亚磷酸酯浮选分离锡石－石英混合矿的 pH 范围最宽，锡石回收率在 80% 以上的 pH 区间为 3～8；十二烷基亚磷酸酯次之，其有效浮选区间的 pH 为 4～7，锡石回收率在相同的 pH 条件下，比癸基亚磷酸酯低；辛基亚磷酸酯浮选锡石的有效 pH 范围最小，仅在酸性介质中(pH 小于 2)锡石回收率超过 80%，随着 pH 的增大，锡石回收率逐渐下降。

从精矿品位来看，癸基亚磷酸酯与十二烷基亚磷酸酯较为接近，且品位较高。辛基亚磷酸酯浮选所得精矿品位，在酸性条件下与前者较接近，随着 pH 增大，锡精矿品位逐渐下降。

矿浆 pH 为定值(癸基亚磷酸酯，pH 为 4；十二烷基亚磷酸酯，pH 为 4.3；辛基亚磷酸酯，pH 为 2.2)，考查了捕收剂用量对锡石－石英混合矿浮选分离的影响，试验结果见图 12－29。由图 12－29 看出，癸基亚磷酸酯和十二烷基亚磷酸酯对锡石的捕收能力较强。癸基亚磷酸酯用量增大，锡石回收率逐渐增大，而精矿品位基本不变，当癸基亚磷酸酯用量为 40 mg/L 时，锡石回收率达到 90%，品位为 74%。十二烷基亚磷酸酯在用量很少时，锡石回收率较高，随着用量增大，锡石回收率降低。原因可能是药剂用量太大时，药剂分子之间易于缔合，形成胶束，从而捕收能力下降；此外，十二烷基亚磷酸酯的碳链长，在水中的溶解和分散较差。与癸基亚磷酸酯、十二烷基亚磷酸酯相比，辛基亚磷酸酯的捕收能力较弱。

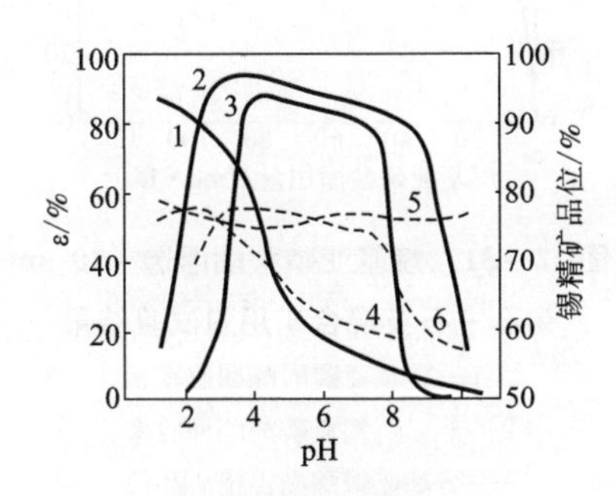

图 12－28 烷基亚磷酸酯浮选锡石－石英混合矿的 pH 条件试验结果

1—辛基亚磷酸酯锡石回收率；
2—癸基亚磷酸酯锡石回收率；
3—十二烷基亚磷酸酯锡石回收率；
4—辛基亚磷酸酯锡精矿品位；
5—癸基亚磷酸酯锡精矿品位；
6—十二烷基亚膦酸酯锡精矿品位

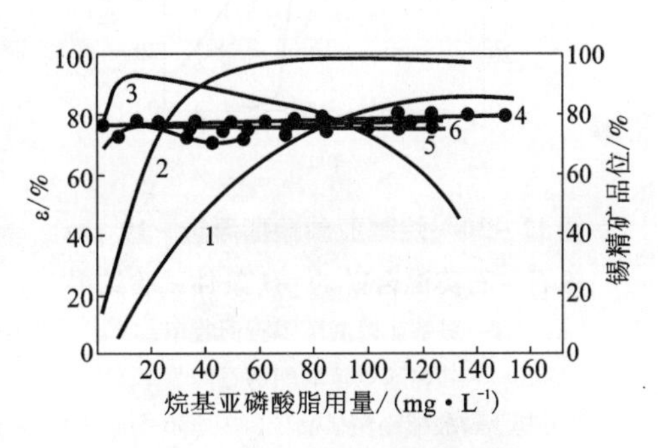

图 12－29 烷基亚磷酸酯浮选分离锡石－石英混合矿用量试验

1—辛基亚磷酸酯锡石回收率；
2—癸基亚磷酸酯锡石回收率；
3—十二烷基亚磷酸酯锡石回收率；
4—辛基亚磷酸酯锡精矿品位；
5—癸基亚磷酸酯锡精矿品位；
6—十二烷基亚磷酸酯锡精矿品位

图 12－30 是用癸基亚磷酸酯和十二烷基亚磷酸酯作捕收剂，pH 条件对－10 μm 锡石－石英混合矿浮选分离的影响。该图表明，癸基亚磷酸酯、十二烷基亚磷酸酯对－10 μm 细粒锡石有较强的捕收能力。其中，癸基亚磷酸酯浮选锡石的回收率较高，十二烷基亚磷酸酯的精矿品位较高，与－40 μm 锡石－石英混合矿浮选分离的结果(图 12－28)相比，－10 μm 锡石－石英有效浮选分离的 pH 范围向低 pH 方向移动。

固定癸基亚磷酸酯的浮选 pH 为 4 左右，十二烷基亚磷酸酯的浮选 pH 为 5 左右，捕收剂用量试验结果见图 12－31。该图表明，癸基亚磷酸酯对－10 μm 锡石有较强的捕收作用。当药剂浓度为 73 mg/L 时，对于含锡 7.1% 的给矿，可得品位 48% Sn、回收率 90% 的锡精矿。十二烷基亚磷酸酯对－10 μm 锡石的捕收能力稍弱，但选择性比癸基亚磷酸酯好，精矿品位较高。

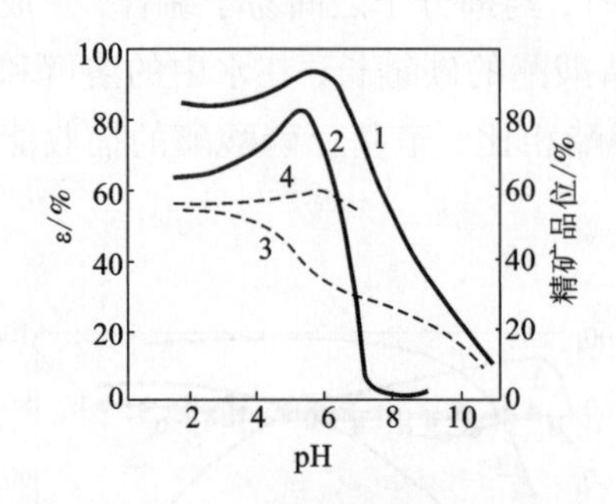

图 12-30　烷基亚磷酸酯浮选 -10 μm 锡石-石英混合矿的 pH 条件试验结果

1—癸基亚磷酸酯锡石回收率；
2—十二烷基亚磷酸酯锡石回收率；
3—癸基亚磷酸酯锡精矿品位(浓度 36.5mg/L)；
4—十二烷基亚磷酸酯锡精矿品位(浓度 41 mg/L)

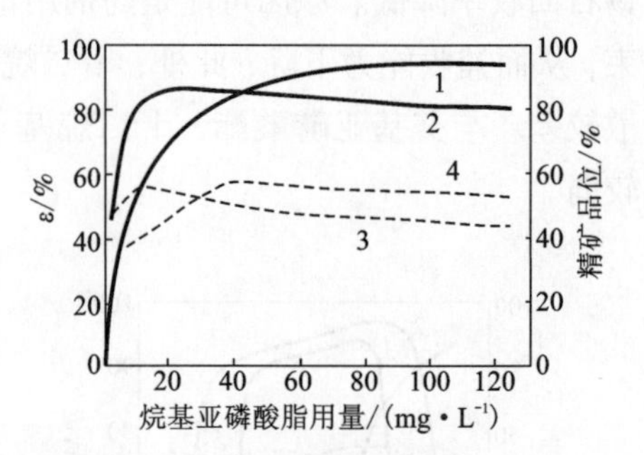

图 12-31　烷基亚磷酸酯浮选 -10 μm 锡石-石英混合矿用量试验结果

1—癸基亚磷酸酯回收率；
2—十二烷基亚磷酸酯回收率；
3—癸基亚磷酸酯锡精矿品位；
4—十二烷基亚磷酸酯锡精矿品位

3. 癸基亚磷酸酯与苯乙烯膦酸、苄基胂酸捕收锡石性能对比

为了进一步了解癸基亚磷酸酯对锡石的捕收性能，首先将它与苯乙烯膦酸浮选锡石单矿物比较，通过比较来确定对癸基亚磷酸酯有无必要深入研究。图 12-32 是 pH 试验结果，该图表明，在 pH 为 3~8 范围内，癸基亚磷酸酯浮选锡石的回收率曲线形成平台，此时苯乙烯膦酸浮选锡石的回收率也形成平台。因此，选定癸基亚磷酸酯和苯乙烯膦酸分别在 pH 为 4 和 pH 为 4.5 时进行捕收剂用量试验，试验结果如图 12-33 所示。该图表明，癸基亚磷酸酯对锡石的捕收能力比苯乙烯膦酸强，其耗量比苯乙烯膦酸小。故深入研究烷基亚磷酸酯对锡石的捕收性能是必要的。

为了初步确定癸基亚磷酸酯的应用前景，对 -40 μm 锡石-石英混合矿作了浮选试验，并与苄基胂酸作了对比。pH 条件试验和捕收剂用量试验结果见图 12-34和图 12-35。图 12-34 表明，癸基亚磷酸酯浮选锡石的 pH 范围较宽，回收率比苄基胂酸高，苄基胂酸浮选锡石的 pH 范围较窄，只在 pH 为 4 左右回收率较高。

图 12-35 表明，两种捕收剂的用量对锡精矿品位影响不大，在各自药剂用量条件下，二者的精矿品位几乎不变且较为接近。药剂用量对锡石回收率的影响较大，随着捕收剂用量增加，锡石回收率逐渐提高，癸基亚磷酸酯浮选锡石的回收率比苄基胂酸高，当苄基胂酸用量是癸基亚磷酸酯的 25 倍时，其回收率仍比癸基亚磷酸酯的低。

研究结果表明，癸基亚磷酸酯对锡石的捕收能力强，用量少，适应 pH 范围广。癸基亚磷酸酯的合成步骤比较简单，原材料来源广。当然混合矿分选试验结果只能作为天然矿泥浮选试验的参考，若要将癸基亚磷酸酯用于天然矿泥浮选，还有大量工作要做。

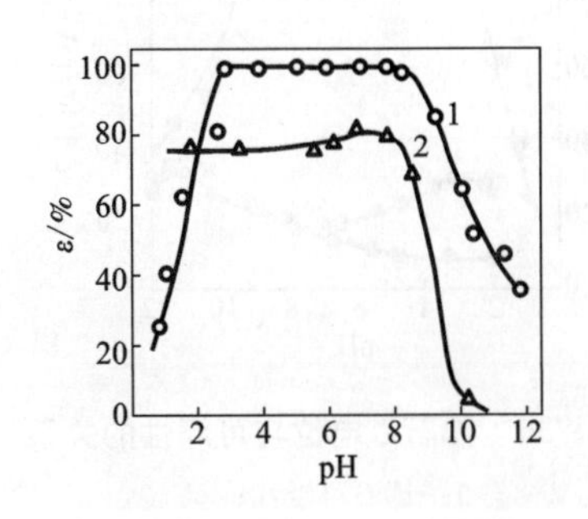

图 12-32 pH 对癸基亚磷酸酯、苯乙烯膦酸浮选锡石的影响

1—癸基亚磷酸酯(175 mg/L)；

2—苯乙烯膦酸(723 mg/L)

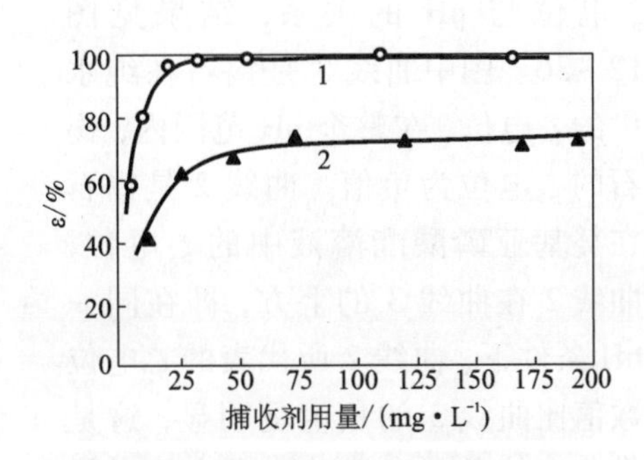

图 12-33 癸基亚磷酸酯、苯乙烯膦酸的用量与锡石回收率的关系

1—癸基亚磷酸酯(pH 为 4)；

2—苯乙烯膦酸(pH 为 4.5)

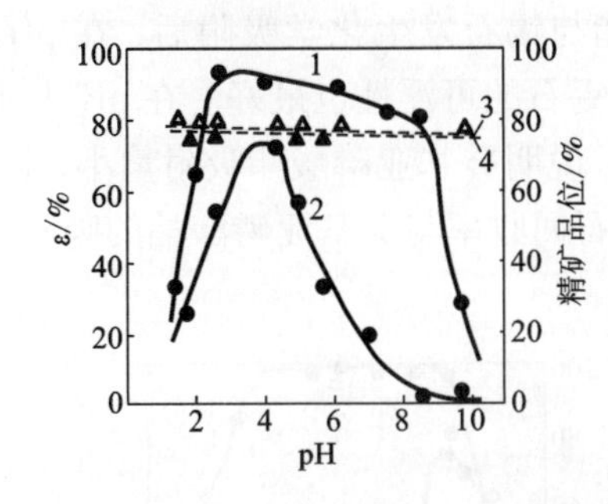

图 12-34 癸基亚磷酸酯、苄基胂酸分离锡石-石英混合矿的 pH 条件试验结果

1—癸基亚磷酸酯的锡石回收率（癸基亚磷酸酯 29 mg/L）；

2—苄基胂酸的锡石回收率(苄基胂酸 1000 mg/L)；

3—癸基亚磷酸酯锡精矿品位；

4—苄基胂酸锡精矿品位

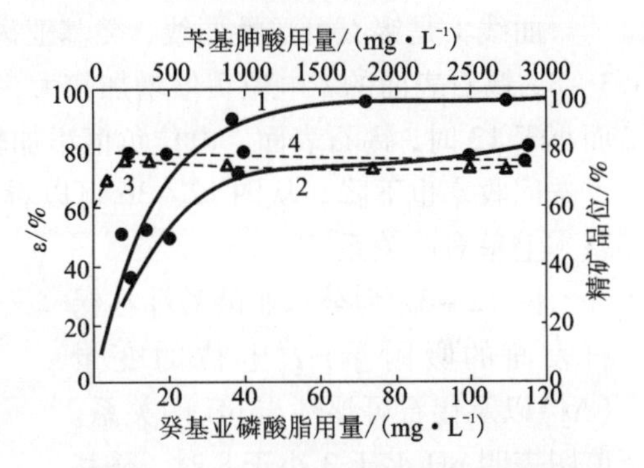

图 12-35 癸基亚磷酸酯、苄基胂酸分离锡石-石英混合矿用量试验结果

1—癸基亚磷酸酯的锡石回收率；

2—苄基胂酸的锡石回收率；

3—癸基亚磷酸酯锡精矿品位；

4—苄基胂酸锡精矿品位

12.3.3 癸基亚磷酸酯捕收锡石机理

为了探索癸基亚磷酸酯捕收锡石的机理，测定了锡石表面有无癸基亚磷酸酯时的 ζ 电位、癸基亚磷酸酯在锡石表面的吸附量、红外光谱等。

1. 锡石表面电性、药剂吸附量与可浮性的关系

用EP－M型显微电泳仪测定锡石在纯水和癸基亚磷酸酯溶液中的ζ电位与pH的关系，结果见图12－36。图中曲线3是锡石在纯水中的ζ电位，在整个pH范围内，锡石的ζ电位为负值。曲线2是锡石在癸基亚磷酸酯溶液中的ζ电位，曲线2在曲线3的上方，即在同一pH条件下，曲线2所代表的ζ电位数值比曲线3的负值更明显，这是带负电的癸基亚磷酸酯阴离子吸附在锡石表面的结果。带负电的癸基亚磷酸酯阴离子能克服带同性电的锡石的斥力而吸附在锡石表面，这时化学亲和力大于同性电斥力，发生化学吸附。

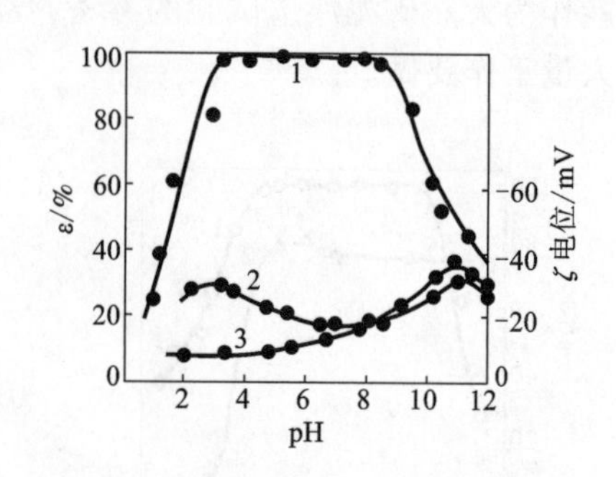

图12－36　锡石ζ电位与可浮性的关系

1—锡石可浮性；
2—ζ电位(加6.31×10^{-4}mol/L癸基亚磷酸酯)；
3—ζ电位(未加癸基亚磷酸酯)

曲线1是锡石可浮性曲线，癸基亚磷酸酯与锡石发生化学吸附后，在pH为3～8，锡石表面的ζ电位负值增加较大，此时锡石的可浮性也最好。在pH大于8而小于12时，锡石表面ζ电位负值增加较小，说明癸基亚磷酸酯吸附量小，锡石浮选回收率也下降。从图12－36可以看出锡石回收率与癸基亚磷酸酯的吸附量，基本上呈对应关系。

图12－37为癸基亚磷酸酯在锡石表面的吸附量，ζ电位的变量($\Delta\zeta$)以及锡石可浮性与pH的关系。该图表明pH大于3小于8时，癸基亚磷酸酯在锡石表面的吸附量随着矿浆pH增加而降低，在pH为3左右，吸附量达到最大值，这与锡石和癸基亚磷酸酯作用前后ζ电位变化量($\Delta\zeta$)随矿浆pH的变化规律基本一致。在这个范围内，锡石的可浮性也是最好的。在pH大于8小于12时，癸基亚磷酸酯的吸附量最小，这时锡石的可浮性也最差。当pH小于3时，癸基亚磷酸酯在锡石表面有一定的吸附，且ζ电位变化量也较大，但此时锡石的可浮性却较差。其原因可能是在强酸性介质中，癸基亚磷酸酯的溶解分散性小，分子间易于缔合，捕收剂分子在锡

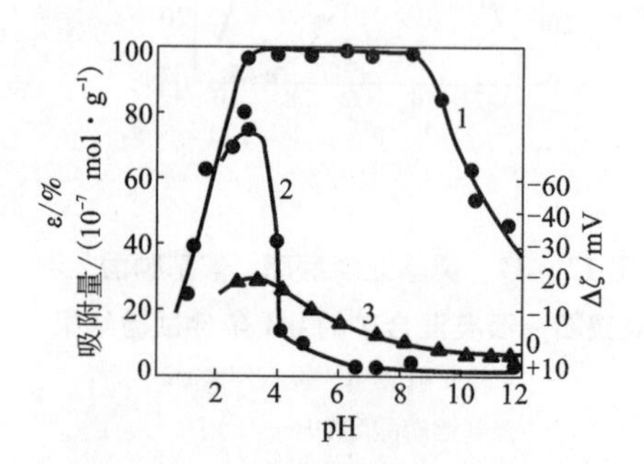

图12－37　癸基亚磷酸酯吸附量、ζ电位变化量、锡石可浮性与溶液pH的关系

1—锡石可浮性；2—癸基亚磷酸酯吸附量；
3—$\Delta\zeta$

石表面形成反定向排列的次层吸附，使锡石表面亲水，从而表现出的可浮性较差。

以上的研究表明，癸基亚磷酸酯在锡石表面的吸附不是电性吸附，而属于化学吸附。因为癸基亚磷酸酯能在呈负电性的锡石表面吸附，并使锡石的负电性增大。

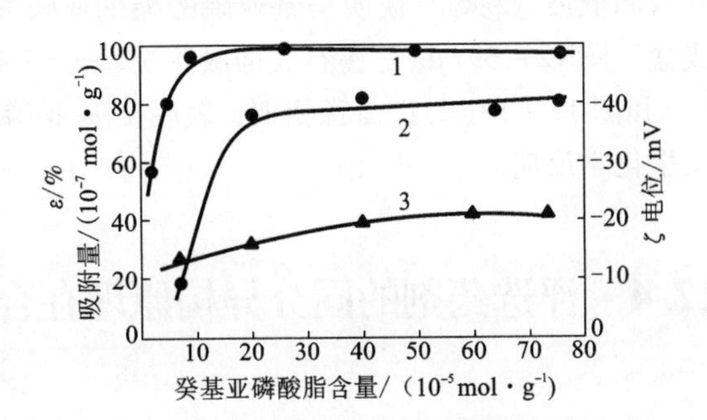

图 12－38 ζ 电位、吸附量、可浮性与癸基亚磷酸酯浓度的关系

1—锡石可浮性；2—癸基亚磷酸酯吸附量；3—锡石的 ζ 电位

在不同的癸基亚磷酸酯浓度下，锡石表面的 ζ 电位、吸附量及可浮性试验结果见图 12－38。图中表明，药剂的吸附量随着药剂浓度增大而增大。锡石表面的 ζ 电位随着药剂浓度的增大而变得更负。在癸基亚磷酸酯浓度为 6.75×10^{-4} mol/L 时，锡石的 ζ 电位、吸附量和锡石的浮选回收率均达到饱和值。

2. 锡石与癸基亚磷酸酯作用后的红外光谱

癸基亚磷酸酯、锡石、癸基亚磷酸锡盐、锡石表面吸附癸基亚磷酸酯后的红外光谱见图 12－39。图 12－39(a)是癸基亚磷酸酯的红外光谱，其中 1300 cm^{-1} 处是亚磷酸根的特征峰，1500 cm^{-1} 及 1700 cm^{-1} 是 CH_2 的变形振动，2500 cm^{-1} 是 CH_3、CH_2 的伸缩振动，3000 cm^{-1} 是与亚磷酸根相连的羟基吸收峰，3500 cm^{-1} 是样品带来的水分羟基吸收峰。图 12－39(b)是锡石的红外光谱，只在 600 cm^{-1} 处出现其特征峰。图 12－39(c)是四氯化锡在酸性条件下与癸基亚磷

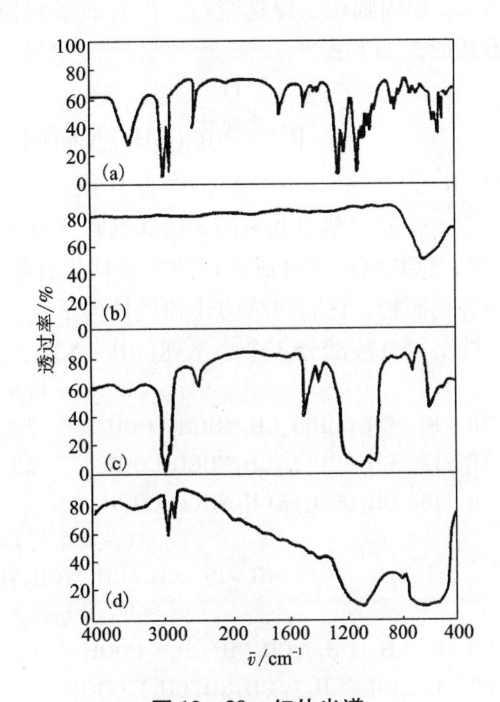

图 12－39 红外光谱

(a)癸基亚磷酸酯；(b)锡石；

(c)癸基亚磷酸酯的锡盐；

(d)吸附癸基亚磷酸酯的锡石

酸酯水溶液作用生成的沉淀物的红外光谱。对比图 12－39(a)与图 12－39(c)，1300 cm^{-1}处的亚磷酸根的特征峰在图 12－39(c)中已成为一个宽而强的吸收峰，并且向低波数移动，说明癸基亚磷酸酯的亚磷酸根已经与锡(Ⅳ)发生化学反应生成盐。图 12－39(d)是锡石表面吸附癸基亚磷酸酯后的红外光谱，对比图 12－39(c)和图 12－39(d)，二者相似，表明癸基亚磷酸酯在锡石表面与金属阳离子已发生化学反应。

12.4 浮选药剂的同分异构原理在合成两性捕收剂中的应用

烷基氨基羧酸 $RNH(CH_2)_nCOOH$ 对氧化锌矿、黑钨矿、锡石有较好的捕收性能，因此用浮选药剂的同分异构原理论点研究烷基氨基羧酸异构体对氧化铅锌矿的捕收性能，从而筛选出捕收性能好、易于合成的捕收剂是有意义的。

苏联报道了 AAK_1，AAK_2，……，AAK_8 一系列烷酰胺基羧酸浮选磷灰石和锡石结果，德国则用于浮选萤石。但对该系列捕收剂的结构介绍得不十分清楚，只知道其通式如下：

$$R^1C(=O)—NR^2(CH_2)_nCOOH$$

式中，R^1 为 C_8～C_{20}的烃基，R^2 为 H 或烷基，n 为 1，2，3，4 或 5。

为了弄清烷基氨基羧酸，烷基酰胺基羧酸分子中的 R 和 n 以多少为好，在第 6 章里，总共设计并合成了这两大系列化合物共 21 种两性捕收剂，浮选氧化铅锌矿和含钙矿物，它们的结构式和代号如下：

烷基氨基羧酸分 3 个小系列(nR－X)：

2R－X 系列 5 种

2R－10 $CH_3(CH_2)_8CH_2NHCH_2COOH$　2R－12 $CH_3(CH_2)_{10}CH_2NHCH_2COOH$

2R－14 $CH_3(CH_2)_{12}CH_2NHCH_2COOH$　2R－16 $CH_3(CH_2)_{14}CH_2NHCH_2COOH$

2R－18 $CH_3(CH_2)_{16}CH_2NHCH_2COOH$

4R－X 系列 1 种

4R－10 $CH_3(CH_2)_8CH_2NH(CH_2)_3COOH$

6R－X 系列 3 种

6R－8 $CH_3(CH_2)_6CH_2NH(CH_2)_5COOH$　6R－10 $CH_3(CH_2)_8CH_2NH(CH_2)_5COOH$

6R－12 $CH_3(CH_2)_{10}CH_2NH(CH_2)_5COOH$

烷酰胺基羧酸分 3 个小系列(nRO－X)：

2RO－X 系列 5 种

2RO－8 $CH_3(CH_2)_6C(=O)—NHCH_2COOH$　2RO－12 $CH_3(CH_2)_{10}C(=O)—NHCH_2COOH$

2RO－14 $CH_3(CH_2)_{12}C(=O)—NHCH_2COOH$ 2RO－16 $CH_3(CH_2)_{14}C(=O)—NHCH_2COOH$

2RO－18 $CH_3(CH_2)_{16}C(=O)—NHCH_2COOH$

4RO－X 系列 4 种

4RO－8 $CH_3(CH_2)_6C(=O)—NH(CH_2)_3COOH$ 4RO－12 $CH_3(CH_2)_{10}C(=O)—NH(CH_2)_3COOH$

4RO－14 $CH_3(CH_2)_{12}C(=O)—NH(CH_2)_3COOH$ 4RO－16 $CH_3(CH_2)_{14}C(=O)—NH(CH_2)_3COOH$

6RO－X 系列 3 种

6RO－12 $CH_3(CH_2)_{10}C(=O)—NH(CH_2)_5COOH$ 6RO－14 $CH_3(CH_2)_{12}C(=O)—NH(CH_2)_5COOH$

6RO－16 $CH_3(CH_2)_{14}C(=O)—NH(CH_2)_5COOH$

12.4.1 烷基氨基羧酸对菱锌矿的捕收性能

烷基氨基羧酸又可分为 2R－X、4R－X、6R－X 3 个小系列，它们间互为异构体，以 2R－12、4R－10、6R－8 为例，它们有相同分子式 $C_{14}H_{29}O_2N$ 和—NH、—COOH 功能团，只是—NH 与—COOH 间相隔"CH_2"的个数不同，且烷基异构，它们浮选菱锌矿结果见图 12－40。从图 12－40 看出，它们对菱锌矿的捕收能力由大到小的次序为：

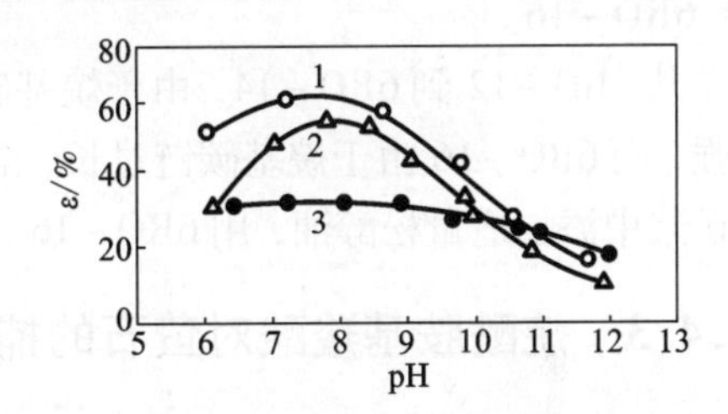

图 12－40 菱锌矿回收率与 pH 的关系

1—2R－12；2—4R－10；3—6R－8

（捕收剂浓度 30 mg/L）

2R－12，4R－10，6R－8

即是说在 nR－X 系列捕收剂中，当它们互为异构体时，—NH 与—COOH 间以相隔一个"CH_2"时，对菱锌矿的捕收性能最好。

12.4.2 烷酰胺基羧酸对硫酸铅的捕收性能

含有相同碳原子数的烷酰胺基羧酸也是同分异构体，以 2RO－16、4RO－14、6RO－12 为例，它们有相同的分子式 $C_{18}H_{35}O_3N$，但—NH 与—COOH 间分别相隔 1、3、5 个"CH_2"，且烷基异构，浮选硫酸铅试验结果见图 12－41。从图 12－41 看出，它们对硫酸铅的捕收能力由大到小排序为：

4RO－14(6RO－12)，2RO－16

由上述次序可知，在 nRO－X 系列捕收剂中，当它们互为异构体时，—NH 与—COOH 之间相隔 3 个或 5 个“CH_2”较好。

在 pH 为 6 左右，它们的捕收能力相当接近，浮选人工混合矿结果也基本一致。从合成原料来源难易看，2RO－X、6RO－X 两系列药剂的原料较易得到。

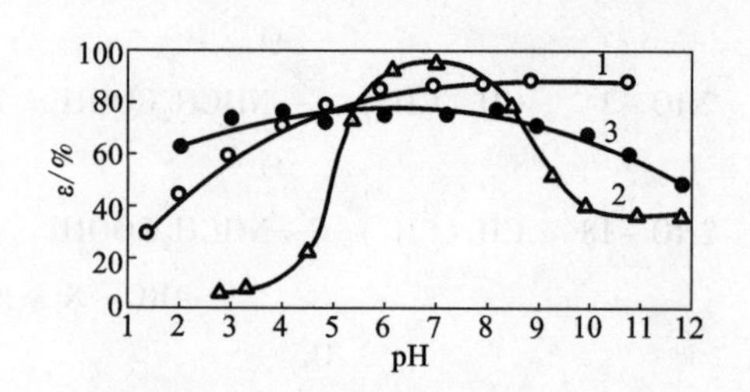

图 12－41　pH 与硫酸铅回收率的关系

1—6R0－12；2—4R0－14；3—2R0－16

（捕收剂浓度 30 mg/L）

在 nRO－X 系列捕收剂中，从 2RO－8～2RO－18，随着 R 基中碳原子数的增大，对硫酸铅的捕收能力增强，由大到小次序为：

2RO－18，2RO－14，2RO－12，2RO－8

对脉石的捕收能力亦呈上述次序，从捕收能力和选择性综合考虑，以推广 2RO－12、2RO－14 为宜。

6RO－X 系列捕收剂对硫酸铅的捕收能力由大到小次序为：6RO－14，6RO－12，6RO－16。

从 6RO－12 到 6RO－14，由于烷基碳原子数的增加，疏水性增强，捕收能力也增强，而 6RO－16 由于烷基碳链过长，溶解分散性降低，故效果比 6RO－12 差，若在矿浆中添加适量松醇油，用 6RO－16 浮选硫酸铅，仍可得到很好的结果。

12.4.3　烷酰胺基羧酸对萤石的捕收性能

用 2RO－16、4RO－14、6RO－12 三种同分异构体浮选萤石单矿物，试验结果见图 12－42。从图 12－42 看出，它们对萤石的捕收能力由大到小的顺序为：

4RO－14(2RO－16)，6RO－12

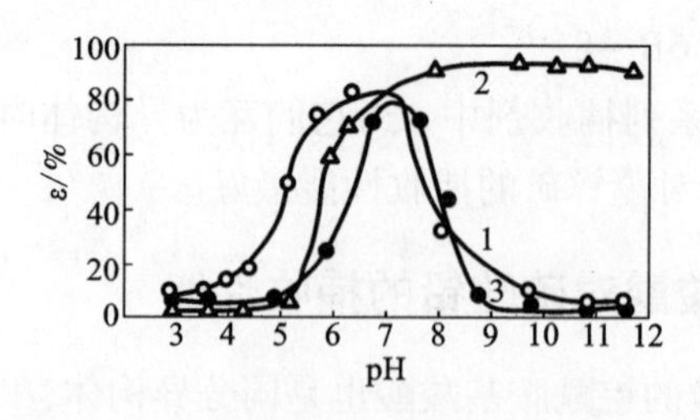

图 12－42　pH 与萤石回收率的关系

1—2RO－16；2—4RO－14；3—6RO－12

（捕收剂浓度 30 mg/L）

但是4RO－14原料来源困难，价格昂贵。合成2RO－16、6RO－12的原料较容易解决，但还需考虑它们对萤石浮选的选择性，其次序由大到小为：

6RO－12，2RO－16(4RO－14)

萤石商品对其质量要求很高。综合考虑以推广6RO－12比较合理。

为了验证6RO－12的捕收性能，对湖南柿竹园浮锡尾矿进行萤石浮选试验，先做条件试验，找到较好的浮选条件后，进行开路精选和闭路试验。用一粗五精的闭路流程，可从含 CaF_2 27.68%给矿，得到精矿品位97.56%、回收率72.82%的萤石精矿，再用磁选脱除精矿中的磁性矿物，精矿品位可达99.2% CaF_2，含 SiO_2 0.6%，萤石总回收率60.62%，比用“731”或“733”的效果好，选择性高，减少了精选次数。

12.5 浮选药剂的同分异构原理在合成苯甲氧肟酸中的应用

水杨醛肟能捕收锡石，但价格太贵，浮锡用不起，在浮锡工业上意义不大。

水杨醛肟和苯甲氧肟酸互为同分异构体，它们有相同的分子式，功能团也相似，这种关系可表示如下：

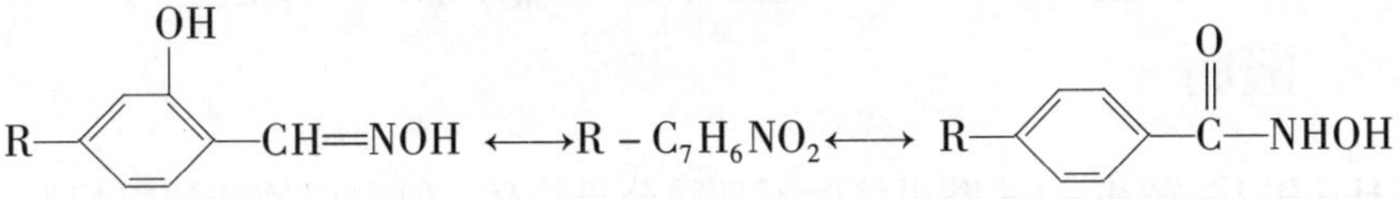

$$\text{R}-\text{C}_6\text{H}_3(\text{OH})-\text{CH}{=}\text{NOH} \longleftrightarrow \text{R}-\text{C}_7\text{H}_6\text{NO}_2 \longleftrightarrow \text{R}-\text{C}_6\text{H}_4-\overset{\overset{\text{O}}{\|}}{\text{C}}-\text{NHOH}$$

R－水杨醛肟　　　　分子式　　　　R－苯甲氧肟酸

从上式看出，当它们的结构式中R＝H时分别成了水杨醛肟酸和苯甲羟肟酸。水杨醛肟能捕收黑钨，推想苯甲羟肟酸亦能捕收黑钨。我们通过较长时间的经验证明能捕收黑钨的捕收剂也能捕收锡石，因此推想苯甲羟肟酸亦能捕收锡石。

1990年，伍喜庆合成了苯甲羟肟酸，并研究了它对锡石的捕收性能和浮选锡石的作用机理，证明“苯甲羟肟酸亦能捕收锡石的推想”是正确的；1991年又用苯甲羟肟酸作捕收剂浮选菱锌矿，并研究其浮选作用机理；1992年我们还用苯甲羟肟酸浮选硫酸铅，并研究其作用机理；1995年戴子林用苯甲羟酸为捕收剂浮选柿竹园彼得洛夫法尾矿的黑钨细泥取得很好的效果，后来发展成GY捕收剂，成为浮选柿竹园含钨矿物的优良捕收剂，长期为该矿选厂采用。有人用苯甲羟肟酸与P－86混合使用，浮选某锡矿尾矿坝的老尾矿亦取得良好结果。

12.6 1－羟基－2－萘甲羟肟酸(H_{203})和2－羟基－3－萘甲羟肟酸(H_{205})

H_{203}和H_{205}是同分异构体，它们有相同的分子式和相同的官能团，只是官能团在萘环上取代位置不同，它们的结构式表示如下：

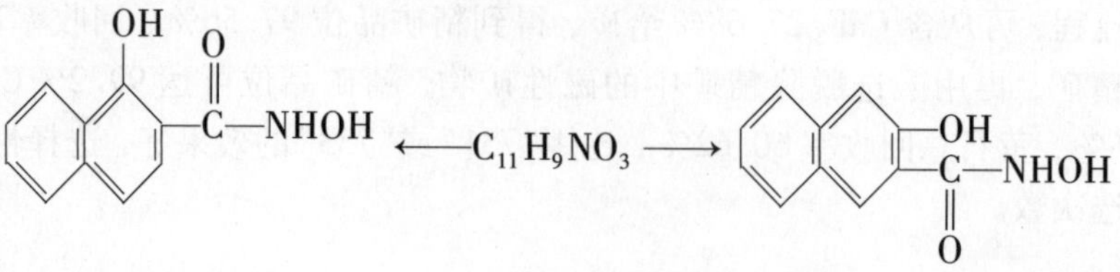

H_{203} ⟵ $C_{11}H_9NO_3$ ⟶ H_{205}

H_{203}　　分子式　　H_{205}

根据同分异构原理，H_{203}和H_{205}是同系列同分异构体，化学性质十分相似，H_{205}是锡石、稀土、黑钨的良好捕收剂，实践证明H_{203}也是稀土、锡石、黑钨的有效捕收剂。

12.7 1－羟基－2－萘甲羟肟酸(H_{203})和2－羟基－1－萘甲醛肟

H_{203}和2－羟基－1－萘甲醛肟不是同分异构体，但它们的结构很相似，烃基都是萘基，官能团均有酚羟基和肟基，故化学性质相似，捕收性能亦应相似，它们的结构式如下：

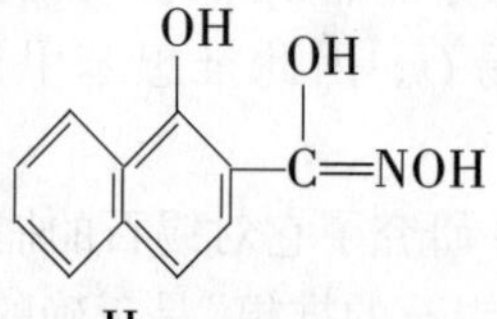

H_{203} 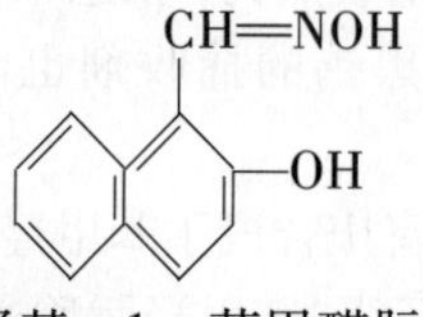　　2－羟基－1－萘甲醛肟

用2－羟基－1－萘甲醛肟浮选包头稀土矿石，给矿含REO 10.95%，经一次粗选获得粗精矿REO品位38.08%，稀土回收率为85.35%；而H_{203}用作捕收剂浮选包头稀土矿石，当给矿品位为10.95% REO时，经一次粗选粗精矿品位为37.02% REO，稀土回收率80.10%，2－羟基－1－萘甲醛肟的浮选指标比H_{203}优。

12.8 水杨醛肟间位、对位异构体的捕收性能

水杨醛肟间位异构体(Ⅴ)式、对位异构体(Ⅳ)式、邻位异构体(Ⅲ)式分列

如下，它们分子式相同，官能团相同。

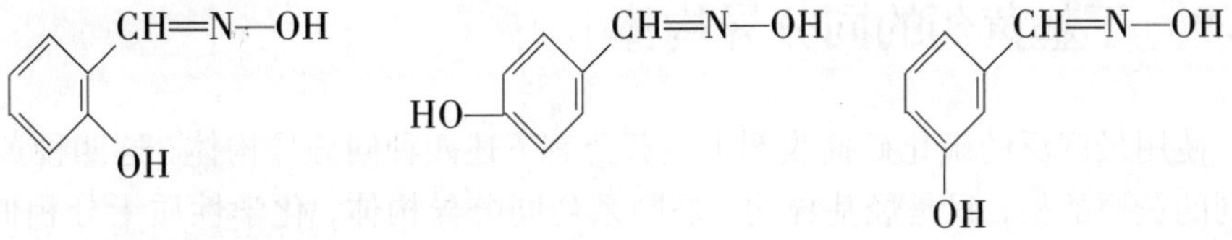

CH═N—OH（邻位 OH）　　HO—（对位）CH═N—OH　　CH═N—OH（间位 OH）

（Ⅲ）　　（Ⅳ）　　（Ⅴ）

但在苯环上官能团取代位置不同，捕收性能差别很大，有人曾试用于辉铜矿（Cu_2S）、铜蓝（CuS）、蓝铜矿（$2CuCO_3Cu(OH)_2$）、孔雀石（$CuCO_3 \cdot Cu(OH)_2$）及赤铜矿（Cu_2O）的浮选。浮选时所用纯矿物的粒度小于 40 目、大于 60 目，矿浆 pH 介于 4 ~ 5 之间。浮选时取硅酸盐脉石 50 g 加入不同纯矿样 0.5 g，加水 200 mL，松油用量每 50 g 矿物加 2.5 mg，所得结果如表 12 - 23 所示。

由表 12 - 23 的结果可以看出，水杨醛肟对多种铜矿与硅酸盐脉石的分选效果很好，对脉石的捕收作用很弱。不但如此，对同样脉石与其他金属氧化矿及碳酸盐矿物的分选，也有同样的效果。但是如果水杨醛肟分子中的酚基处于间位（式Ⅴ）或对位（式Ⅳ），就不能达到分选的目的。显然水杨醛肟与铜离子的螯合作用起着主导作用（式Ⅲ）。羟基和肟基不是处于邻位的两个异构体官能团距离太远，不能生成六元环，故无捕收作用。

表 12 - 23　用水杨醛肟浮选各种铜矿的结果

被捕收的矿物名称	水杨醛肟用量	矿物产量/g	矿物回收率/%
孔雀石（0.5 g）	0.01 g（200 g/t）	0.563	90
	0.05 g（1000 g/t）	0.736	97
铜蓝（0.5 g）	0.01 g（200 g/t）	0.717	91.4
	0.05 g（1000 g/t）	1.093	97.6
蓝铜矿（0.5 g）	0.01 g（200 g/t）	0.613	81.8
	0.05 g（1000 g/t）	0.739	95.6
赤铜矿（0.5 g）	0.20 g（4 kg/t）	1.091	89.7
	0.50 g（10 kg/t）	1.393	78.0
辉铜矿（0.5 g）	0.1 g（2 kg/t）	1.390	91.7

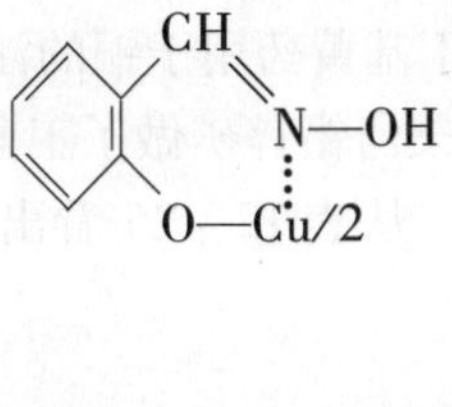

CH═N—OH，O—Cu/2（螯合结构）

12.9 丁基黄药的同分异构体

使用最广泛的硫化矿捕收剂丁基黄药有下述四种同分异构体，这四种黄药有相同的黄原酸根，只是烃基异构，是同系列同分异构体，化学性质十分相似，对硫化矿的捕收性能亦非常相似。在我国Ⅰ、Ⅱ、Ⅲ种已研究过，并进行过工业试验或用于生产。

$$CH_3CH_2CH_2CH_2O\overset{\overset{\displaystyle S}{\|}}{C}—SNa$$

正丁基黄药

(Ⅰ)

$$CH_3\underset{\underset{\displaystyle CH_3}{|}}{CH}—CH_2O\overset{\overset{\displaystyle S}{\|}}{C}—SNa$$

异丁基黄药

(Ⅱ)

$$CH_3\underset{\underset{\displaystyle O\overset{\overset{\displaystyle S}{\|}}{C}—SNa}{|}}{CH}CH_2CH_3$$

仲丁基黄药

(Ⅲ)

$$CH_3—\underset{\underset{\displaystyle CH_3}{|}}{\overset{\overset{\displaystyle CH_3}{|}}{C}}—O—\overset{\overset{\displaystyle S}{\|}}{C}—SNa$$

叔丁基黄药

(Ⅳ)

1965 年我国合成了仲丁基黄药，并对辽宁某铜矿做了工业试验，试验时用正丁基黄药进行了对比，两种黄药用量和其他药剂用量相等，所得结果见表 12－24。从表 12－24 看出，用仲丁基黄药为捕收剂时，除硫的回收率较低外，其他各项指标与正丁基黄药基本一致。

表 12－24 正丁基黄药、仲丁基黄药浮选某铜矿工业试验结果

捕收剂名称	铜精矿		锌精矿		硫精矿		
	含铜 /%	回收率 /%	含锌 /%	回收率 /%	含铁 /%	含硫 /%	回收率 /%
仲丁基黄药	12.619	91.45	50.46	60.58	13.88	38.56	26.96
正丁基黄药	13.06	91.42	51.42	57.41	12.82	37.78	34.64

1971 年我国已用异丁基黄药对三个类型不同的铜矿进行了工业试验，试验结果表明异丁基黄药可以代替正丁基黄药用于铜的浮选，取得良好指标。

1972 年又用异丁基黄药对柴河铅锌矿做了工业试验，该矿氧化率高，性质复杂难选，试验结果见表 12－25。从表 12－25 看出，异丁基黄药的工业试验结果优于正丁基黄药。从此我国各选矿药剂厂逐渐生产一些异丁基黄药，但目前在我国还是以正丁基黄药为主。

表 12-25 正丁基黄药、异丁基黄药浮选柴河铅锌矿工业试验结果

药剂	黄药用量/$(g \cdot t^{-1})$	原矿品位/%		铅精矿品位/%		锌精矿品位/%		回收率/%	
		Pb	Zn	Pb	Zn	Pb	Zn	Pb	Zn
异丁黄药	316	6.104	12.783	70.84	6.805	1.524	50.384	88.32	82.11
正丁黄药	305	5.127	13.440	66.718	9.369	1.631	50.907	86.07	80.43

东川矿务局从 1980 年便开始研究异丁基黄药在东川矿务局各矿的应用，现已在滥泥坪、落雪等所属四个选厂全面推广应用，取得优于正丁基黄药的指标，降低了药剂耗量，经济效益显著。

建议过去用正丁基黄药的选厂改用异丁基黄药。

12.10 戊黄药和异戊黄药对黄金的捕收能力

戊黄药和异戊黄药是同分异构体，他们有相同的分子式和官能团，但异戊黄药烷基异构，它们互为异构体的关系可用下式表示：

$$\underset{\text{戊黄药结构式}}{CH_3CH_2CH_2CH_2CH_2O\overset{\overset{\displaystyle S}{\|}}{C}—SNa} \longleftarrow \underset{\text{分子式}}{C_6H_{11}OS_2Na} \longrightarrow \underset{\text{异戊黄药结构式}}{CH_3\underset{\underset{\displaystyle CH_3}{|}}{C}HCH_2CH_2O\overset{\overset{\displaystyle S}{\|}}{C}—SNa}$$

浮选药剂的物理性质和化学性质是由它们的结构决定的。戊黄药和异戊黄药有相同的分子式和官能团，化学性质应该相同，但异戊黄药的异戊烷基异构，其化学性质略有差异。浮选药剂的浮选性能是其物理性质和化学性质的集中反映，因此戊黄药和异戊黄药对黄金的捕收能力亦有差异。

某金矿含金 3.26 g/t，矿物主要是自然金、少量金锑矿和锑金银矿，其他金属矿物主要是黄铁矿、少量黄铜矿、磁黄铁矿、赤铁矿、方铅矿、金红石等；脉石矿物主要有石英、绢云母、绿泥石、斜长石、角闪石、黑云母、碳酸盐等，经过条件试验后，采用各试验最优条件进行各种黄药对比试验，结果见表 12-26。从表 12-26 结果看出，随着黄药碳原子数增加浮选指标也增加，有支链的异丁基黄药比无支链的丁基黄药效果好；有支链的异戊基黄药比无支链的戊黄药效果好，黄

金选厂应用异戊基黄药代替戊黄药，可提高经济效益。

表 12-26 捕收剂种类试验结果

黄药种类	精矿金品位/(g·t⁻¹)	金回收率/%
乙黄黄药	26.65	87.38
丁基黄药	28.05	88.29
异丁基黄药	30.12	88.12
戊基黄药	29.85	89.45
异戊基黄药	30.15	90.05

12.11 Y-89的同分异构体甲基异戊基黄药

Y-89 主要成分是用甲基异丁基甲醇与二硫化碳和氢氧化钠合成的六碳黄药，它与甲基异戊基黄药为同分异构体，它们的分子式和结构式表示如下：

$$CH_3CH(CH_3)\text{—}CH(CH_3)CH_2OC(=S)\text{—}SNa \leftarrow C_7H_{13}OS_2Na \rightarrow CH_3CH(O\text{—}C(=S)\text{—}SNa)\text{—}CH_2\text{—}CH(CH_3)\text{—}CH_3$$

甲基异戊基黄药　　　　分子式　　　　Y-89

从上式看出，Y-89 与甲基异戊基黄药是同系物，它们有相同的官能团，只是烷基异构，因此它们的化学性质和物理性质很相似。Y-89 是近年来在我国得到广泛推广的硫化矿捕收剂，根据浮选药剂的同分异构原理，甲基异戊基黄药对硫化矿亦应是较好的捕收剂。用甲基异戊基黄药对硫化铜矿的浮选结果表明，在同样的矿样，相同的浮选条件，自然 pH 条件下，甲基异戊基黄药的浮选指标比丁基和异丁基黄药高；在 pH =9 条件下，甲基异戊基黄药的浮选指标也优于正丁基或异丁基黄药；在 pH =11 的条件下，甲基异丁基黄药的浮选指标也比常用的正丁基或异丁基黄药好。

12.12 O-异丙基 N-甲基硫氨酯和 O-乙基 N，N-二甲基硫氨酯

它们是同分异构体，异构关系可用下式表示：

$$\begin{matrix} CH_3 & H & S \\ \diagdown & | & \| \\ & C-C-OC-NHCH_3 \end{matrix} \longleftrightarrow C_5H_{11}NOS \longleftrightarrow CH_3CH_2OC(=S)-N(CH_3)_2$$

$$(CH_3)_2CH-OC(=S)-NHCH_3$$

O－异丙基 N－甲基硫氨酯　　　分子式　　O－乙基 N,N－二甲基硫氨酯

O－乙基 N，N 二甲基硫氨酯的制法：以乙基钠黄药和二甲胺为原料，用含硫化合物 A 作催化剂，便可合成 O－乙基 N，N－二甲基硫氨酸，反应式如下：

$$CH_3CH_2OC(=S)-SNa + NH(CH_3)_2 \xrightarrow{\triangle} C_2H_5OC(=S)-N-(CH_3)_2 + NaHS$$

用 n(乙基黄药)∶n(二甲胺)∶n(A) = 1∶1.2∶0.1(摩尔比)在 60℃反应 2 h，O－乙基 N，N－二甲基硫氨酯便合成，产率为 89% 以上。该化合物浮铜性能优于 Z－200，其成本是异丙基 N－甲基硫氨酯的 50%，由青岛化工学院研制的这类产品代号分别为 ZL4020、ZL4040、ZL4070，它们的单价约为 Z－200 的 50%，捕收性能优于Z－200。

CSU－A 捕收剂的主要成分是 O－乙基 N，N－二甲基硫氨酯。该药剂对德兴大山选厂的硫化铜矿具有很好的捕收性能和选择性，已在该厂生产上使用多年。2010 年的生产指标如下：处理量 2441568 t，原矿品位 0.414% Cu，精矿品位 23.27% Cu，综合回收率 85.34% Cu、66.32% Au、66.75% Ag，生产指标很好。

12.13　正丁基铵黑药和异丁基铵黑药浮选硫化铅锌矿对比试验

正丁基铵黑药和异丁基铵黑药是同分异构体，它们有相同的分子式和相同的官能团，属同系列同分异构体。它们同分异构的关系可用下式表示：

$$(CH_3CH_2CH_2CH_2O)_2P(=S)-SNH_4 \longleftarrow C_8H_{22}NS_2P \longrightarrow (CH_3-CH(CH_3)-CH_2O)_2P(=S)-SNH_4$$

正丁基铵黑药　　　分子式　　　异丁基铵黑药

同系列同分异构体的化学性质和物理性质十分相似，浮选药剂的选矿性能是其物理性质和化学性质的集中反映，因此正丁基铵黑药对硫化矿的捕收性能与异丁基铵黑药应十分相似。用正丁基铵黑药和异丁基铵黑药分别作捕收剂，浮选入家子硫化铅锌矿的对比试验结果十分接近，都可作该矿的浮选捕收剂，证明浮选药剂同分异构原理的论点是正确的。由于正丁醇和异丁醇来源不同，前者是由淀

粉发酵获得，来源少、价格高，后者以石油化工副产品为原料合成，来源广、价格低，故宜推广异丁铵黑药。

12.14 两烷基硫氮和单烷基硫氨对铜矿的捕收性能

二乙基二硫代氨基甲酸钠常称乙硫氮，是我国常用的硫化矿捕收剂，它与丁基二硫代氨基甲酸钠是同分异构体，有相同的分子式和相似的官能团。二丁基二硫代氨基甲酸钠与辛基二硫代氨基甲酸钠也是同分异构体，有相同的分子式和相似的官能团，它们的异构关系可用下式表示：

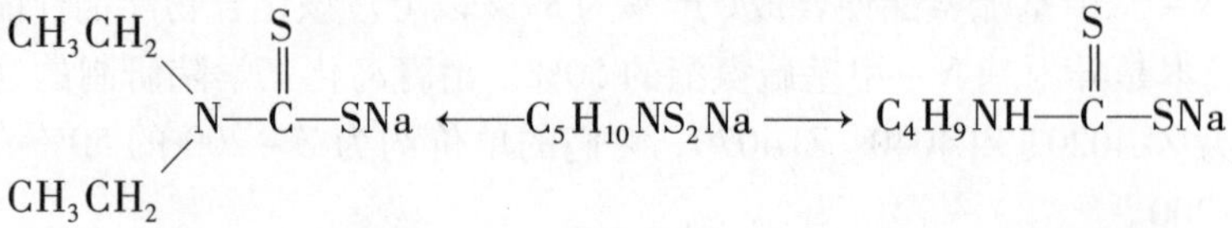

$$(CH_3CH_2)_2N-\overset{\overset{S}{\|}}{C}-SNa \longleftarrow C_5H_{10}NS_2Na \longrightarrow C_4H_9NH-\overset{\overset{S}{\|}}{C}-SNa$$

二乙基二硫代氨基甲酸钠(简称乙硫氮)　　分子式　　丁基二硫代氨基甲酸钠

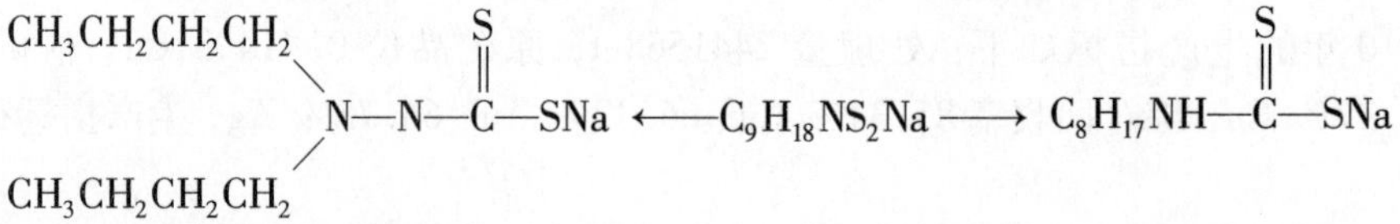

$$(CH_3CH_2CH_2CH_2)_2N-N-\overset{\overset{S}{\|}}{C}-SNa \longleftarrow C_9H_{18}NS_2Na \longrightarrow C_8H_{17}NH-\overset{\overset{S}{\|}}{C}-SNa$$

二丁基二硫代氨基甲酸钠(简称丁硫氮)　　分子式　　辛基二硫代氨基甲酸钠

根据浮选药剂的同分异构原理，它们对矿物应有极相似的捕收性能。实践证明，丁基二硫代氨基甲酸钠是二乙基二硫代氨基甲酸钠的同分异构体，二乙基二硫代氨基甲酸钠对硫化铜矿有很好的捕收性能，其用量比黄药成倍甚至十倍地降低；丁基二硫代氨基甲酸钠当其浓度为100 mg/L时，对孔雀石单矿物的浮选回收率达94.2%；二丁基二硫代氨基甲酸钠与辛基二硫代氨基甲酸钠是同分异构体，前者能捕收铜矿，后者是氧化铜矿、孔雀石和蓝铜矿的良好捕收剂，实践证明浮选药剂的同分异构原理是正确的。

12.15 正十二烷基硫醇和叔十二烷基硫醇对辉钼矿的捕收性能

n-十二烷基硫醇有多种同分异构体，n-十二烷基硫醇与t-十二烷基硫醇是其中的一对，它们的同分异构关系可用下式表示：

$$n-CH_3(CH_2)_{10}CH_2SH \longleftarrow C_{12}H_{26}S \longrightarrow t-CH_3(CH_2)_9CHSHCH_3$$

n－十二烷基硫醇　　分子式　　*t*－十二烷基硫醇

n－十二烷基硫醇和 *t*－十二烷基硫醇有相同的分子式和相同的官能团，是同系列同分异构体，化学性质和物理性质十分相似，其浮选性能是物理性质和化学性质的集中反映，因此 *n*－十二烷硫醇和 *t*－十二烷基硫醇对硫化矿应有相似的捕收性能。

n－十二烷基硫醇是铜钼矿的优良捕收剂已为生产实践证实，*t*－十二烷基硫醇也是铜钼矿的良好捕收剂，用 20% ~80% *t*－十二烷基硫醇与 80% ~20% 硫代硫酸钠混合使用，能提高铜钼精矿的回收率，并对钼有较好的选择性。

12.16 用浮选药剂的同分异构原理筛选黄原酸甲酸酯

异丙基黄原酸甲酸乙酯(代号 iPXF)与正丙基黄原酸甲酸乙酯(代号 PXF)是同分异构体，它们有相同的分子式和官能团，属同系列同分异构体，结构关系如下：

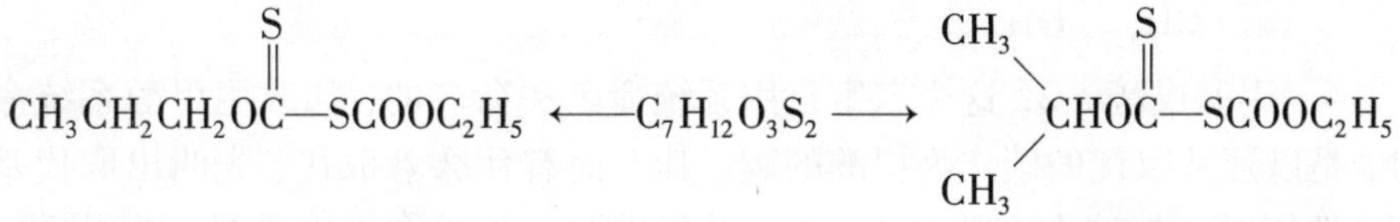

$$CH_3CH_2CH_2OC(=S)-SCOOC_2H_5 \longleftarrow C_7H_{12}O_3S_2 \longrightarrow (CH_3)_2CHOC(=S)-SCOOC_2H_5$$

正丙基黄原酸甲酸乙酯 PXF　　分子式　　异丙基黄原酸甲酸乙酯 iPXF

仲丁基黄原酸甲酸乙酯(代号 SBXF)与正丁基黄原酸甲酸乙酯(代号 BXF)亦有相同的分子式和官能团，也是同系列同分异构体，它们的结构关系表示如下：

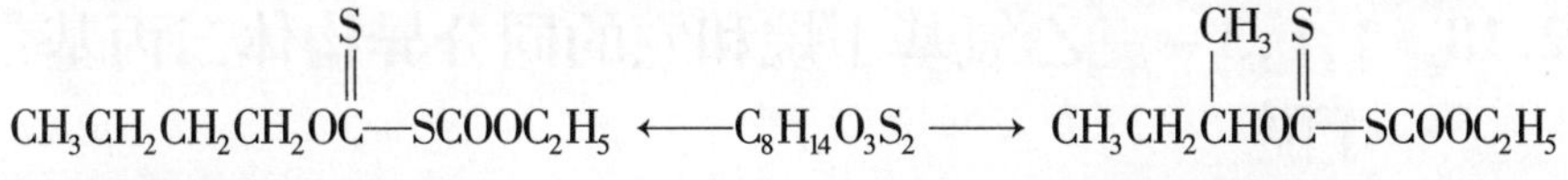

$$CH_3CH_2CH_2CH_2OC(=S)-SCOOC_2H_5 \longleftarrow C_8H_{14}O_3S_2 \longrightarrow CH_3CH_2CH(CH_3)OC(=S)-SCOOC_2H_5$$

正丁基黄原酸甲酸乙酯 BXF　　分子式　　仲丁基黄原酸甲酸乙酯 SBXF

PXF 与 iPXF 有相同的分子式和官能团，物理性质和化学性质应十分相似，捕收性能亦应相似，但 iPXF 的烷基异构，故捕收性能有差异；BXF 与 SBXF 之间的关系类似。因此通过浮选试验可筛选出较好的那种同分异构体。试验结果表明：黄原酸甲酸乙酯这类捕收剂对硫化铜矿的捕收性能呈下列次序：黄铜矿 = 辉铜矿 > 铜蓝 > 斑铜矿≫黄铁矿。在 pH 等于 5 时，iPXF、SBXF 比 PXF、SBXF 浮选黄铁矿的速度快，黄铁矿回收率高，从黄铁矿中浮出硫化铜矿物时，用 iPXF 或 SBXF 为捕收剂，铜精矿中含黄铁矿多，铜精矿品位低；如用 PXF 或 BXF 为捕收剂，铜精矿含黄铁矿少，铜精矿品位高；在 pH = 10.5 时，用 iPXF 或 SBXF 作捕收剂浮选含黄铁矿的硫化铜矿，此时黄铁矿浮选速度降低，得到的铜精矿含黄铁矿少，铜精矿品位高。因此，在 pH 等于 5 时浮选宜采用 PXF 或 BXF 作捕收剂；在 pH = 10.5 时浮选，PXF、iPXF、BXF、SBXF 的效果差别不显著。

12.17 用同分异构原理筛选己醇起泡剂

己醇有多种同分异构体，有人用下列四种己醇测定它们各自的起泡能力，以比较它们起泡能力的大小，测定的结果见图 12－43。

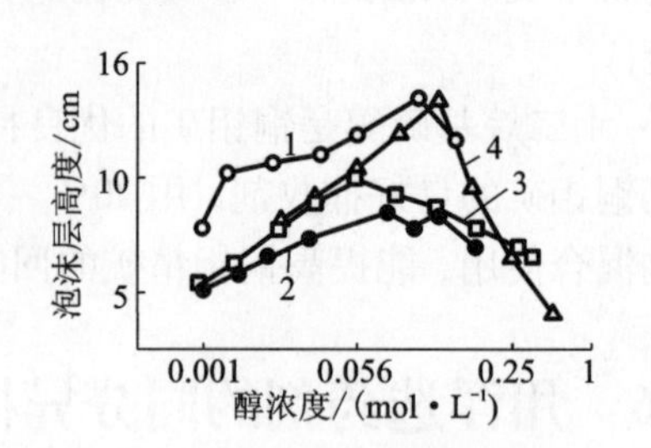

图 12－43　不同结构的己醇起泡能力比较

1—正己醇；2—己醇；

3—2－甲基戊醇；4—4 甲基戊醇－2

从图 12－43 中看出，正己醇和 4－甲基戊醇－2 的起泡能力最强。4－甲基戊醇－2 的结构式如下：

$$\begin{array}{l} CH_3—CHCH_2CH—CH_3 \\ \quad\quad\ \ | \quad\quad\quad\ | \\ \quad\quad CH_3 \quad\ \ OH \end{array}$$

4－甲基戊醇－2，这个名字是用系统命名法命名的，如改用甲醇系统命名法时，是以羟基取代的碳作为甲醇的碳，其上面有什么基取代，先叫出取代基的名字再叫甲醇。按这个方法命名，4－甲基戊醇－2 俗称作甲基异丁基甲醇(常称 MIBC)。MIBC 的起泡性能和正己醇相近，但原料来自石油加工产品，故在国外得到广泛推广使用，但在国内生产中应用时多用混合六碳醇。

12.18 1,1,3－三乙氧基丁烷和它的同分异构体二丙基二醇丁醚

1,1,3－三乙氧基丁烷(代号 TEB)与二丙基二醇丁醚是同分异构体，它们有相同的分子式，结构关系可用下式表示：

$$\underset{\text{1,1,3－三乙氧基丁烷 TEB}}{CH_3\underset{\underset{OC_2H_5}{|}}{C}HCH_2\overset{\overset{OC_2H_5}{|}}{C}H—OC_2H_5} \longleftarrow \underset{\text{分子式}}{C_{10}H_{22}O_3} \longrightarrow \underset{\text{二丙基二醇丁醚}}{C_4H_9OCH_2\underset{\underset{CH_3}{|}}{C}HOCH_2\overset{\overset{CH_3}{|}}{C}HOH}$$

在 TEB 结构式中有三个醚基，而在二丙基二醇丁醚分子中有两个醚基和一个羟基，即官能团有 2/3 相同，应该说很相似。根据浮选药剂的同分异构原理，当

浮选药剂的同分异构体官能团相似时，它们的浮选性能亦相似。1，1，3－三乙氧基丁烷是良好的起泡剂早已为选矿界熟识，二丙基二醇丁醚也是良好的起泡剂，实践再次证明浮选药剂的同分异构原理是正确的。

12.19　H 酸和芝加哥酸对黄玉的抑制性能

H 酸和芝加哥酸是同分异构体，它们有相同的分子式和官能团，只是磺酸基取代位置不同，属同系列同分异构体，异构关系可用下式表示：

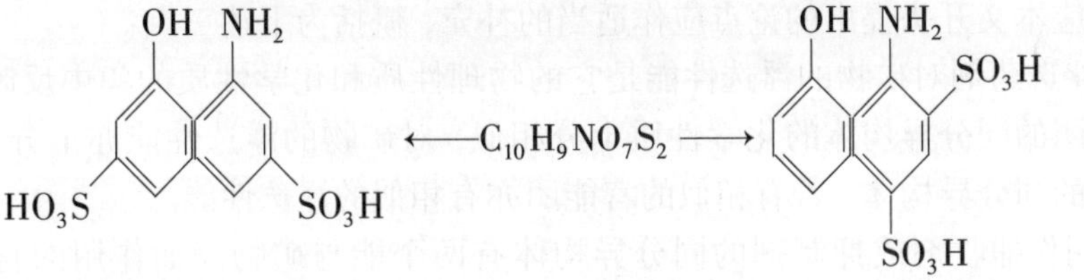

1－氨基－8－萘酚 3,6－二磺酸(H 酸)　　分子式　　1－氨基－8－萘酚－2 4－二磺酸(芝加哥酸)

用十一烷基 1,1－二羧酸作捕收剂时 H 酸对锡石的抑制能力很弱，而对黄玉的抑制能力很强；用 H 酸作抑制剂，用十一烷基 1，1－二羧酸作捕收剂能从黄玉与锡石混合矿中浮出锡石。根据浮选药剂的同分异构原理，芝加哥酸与 H 酸有相同的分子式和官能团且羟基和氨基均处于萘环的 1，8 位，能与黄玉表面的金属离子生成稳固的螯合物而固着于黄玉表面，只亲水基位置异构，亦应能抑制黄玉。实践证明芝加哥酸作抑制剂，十一烷基 1，1－二酸作捕收剂亦能从黄玉与锡石的混合矿中浮出锡石，实践证明浮选药剂同分异构原理是正确的。

12.20　羧基甲基纤维素和羧基甲基淀粉

作为调整剂的羧基甲基纤维素和羧基甲基淀粉，它们的结构式简写如下：

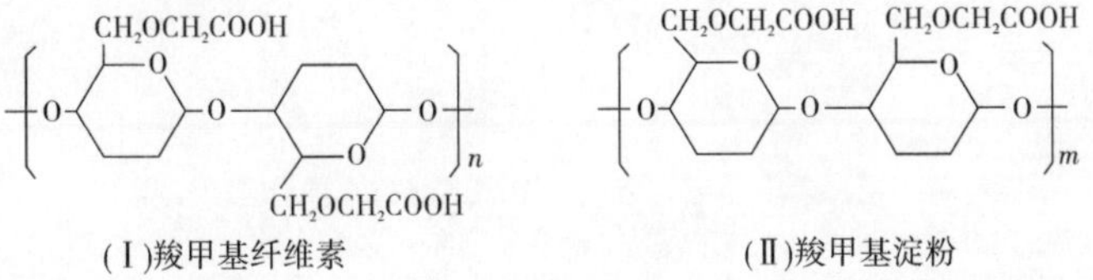

(Ⅰ)羧甲基纤维素　　(Ⅱ)羧甲基淀粉

当(Ⅰ)和(Ⅱ)分子中 $n = m$ 时，淀粉和纤维的主要不同在于前者是多个 α－葡萄糖1，4－脱水缩合而成，而纤维则是多个 β－葡萄糖 1，4－缩合而成，两个β－葡萄糖之间互相扭转 180°。因此，淀粉和纤维笼统地可看作是同分异构体，分别在它们每个葡萄糖单元的第 6 个碳原子的羟基中的氢位置，用羧基甲基取代，则成为(Ⅰ)和(Ⅱ)。因此，当 $n=m$ 时，也可视作同分异构体。它们有相同的功能团羟基和羧基，在浮选过程中，二者的抑制作用和絮凝作用十分相似，受到浮选药剂同分异构原理的支配。

12.21 结语

通过上述 20 个用同分异构原理寻找新浮选药剂的例子，浮选药剂的同分异构原理对应本文开头提出的论点应作适当的补充，概括为下述三点：

(1)浮选药剂对矿物的浮选性能是它的物理性质和化学性质的集中反映，有相同官能团的同分异构体的化学性质十分相似，对矿物的浮选性能亦十分相似；非同系列的同分异构体，若有相似的官能团亦有相似的浮选性能。

(2)用作捕收剂或抑制剂的同分异构体有两个能与矿物表面作用的官能团时，该两个官能团在烃基上的位置应互处于邻位，有利于生成五元环或六元环螯合物而固着于矿物表面，如果捕收剂烃基疏水则引起该矿物疏水而上浮，如 H_{205}、H_{203}、水杨醛肟等；如果抑制剂带亲水基的烃基亲水，则矿物被抑制，如 H 酸、芝加哥酸等。

(3)浮选药剂的同分异构原理在整个有机浮选药剂领域是客观存在的，在研究新浮选药剂时，可根据这一原理寻找原料来源广、价格便宜、合成线路短(最好一两步合成)的已有较好的浮选药剂的同分异构体为对象进行合成，往往能找到更好的浮选药剂。

我们利用浮选药剂的同分异构原理合成了多种浮选药剂的同分异构体，找到了苄基胂酸、苯甲羟肟酸等能用于工业生产的捕收剂，因此证明浮选药剂的同分异构原理是正确的，通过研究在理论和实践方面还会有进一步发展。

参考文献

[1] 朱建光. 同系列同分异构原则在研究苄基胂酸中的应用[J]. 湖南冶金, 1983(4): 18~23.
[2] 朱建光, 孙巧根. 苄基胂酸浮选黑钨矿细泥[J]. 有色金属(选矿部分), 1980(6): 20~23.
[3] 朱建光. 一种新的浮选黑钨和锡石细泥的捕收剂[J]. 中南矿冶学院学报, 1980(3): 25~34.
[4] 朱建光, 孙巧根. 苄基胂酸对锡石的捕收性能[J]. 有色金属, 1980(3): 36~40.
[5] 周文山, 黄顶. 苄基胂酸浮选长坡锡矿矿泥的探讨[J]. 有色金属(选矿部分), 1980(3): 53~56.
[6] 钟宏, 朱建光. 浮锡灵对锡石的捕收性能和作用机理[J]. 有色金属, 1985(4): 37~45.
[7] 程建国, 朱建光. 烷基亚磷酸酯对锡石的捕收性能及其作用机理的研究[J]. 有色金属, 1986(4): 37~43.
[8] 程建国, 朱建光. 应用基团电负性理论计算和同分异构原理发展新型锡石捕收剂[J]. 矿冶工程, 1986(4): 18~21.
[9] 朱建光, 伍喜庆. 同分异构原理在合成氧化矿捕收剂中的应用[J]. 有色金属, 1990(3): 32~37.
[10] 伍喜庆, 朱建光. 苯甲羟肟酸浮选菱锌矿及其机理[J]. 矿冶工程, 1991(2): 28~31.
[11] 徐金球, 朱建光. 水杨醛肟对黑钨矿的捕收性能及其作用机理的研究[J]. 有色金属, 1989(2): 28~33.
[12] 朱建光, 伍喜庆. 同分异构原理在合成氧化矿捕收剂中的应用[J]. 有色金属, 1990(3): 32~37.
[13] 伍喜庆, 朱建光. 苯甲羟肟酸浮选菱锌矿及其机理[J]. 矿冶工程, 1991(2): 28~31.
[14] 赵景云, 朱建光. BHA 浮选硫酸铅试验[J]. 有色金属(选矿部分), 1992(1): 26~29.
[15] 戴子林, 张秀玲, 高玉德. 苯甲羟肟酸浮选细粒黑钨矿的研究[J]. 矿冶工程, 1995(2): 24~27.
[16] 朱建光, 肖松文. F_(203)水杨羟肟酸混合物做捕收剂浮选锡石细泥[J]. 中南矿冶学院学报, 1992(6): 626~627.
[17] 王景伟, 徐金球. 我国氟碳铈矿选矿生产工艺进展[J]. 稀土, 1996, 17(6): 44~47.
[18] 朱一民, 周菁. 萘羟肟酸浮选黑钨细泥的试验研究[J]. 矿冶工程, 1998(4): 33~35.
[19] 朱一民, 周菁. 萘羟肟酸浮选黑钨矿作用机理研究[J]. 有色金属, 1999(4): 31~34.
[20] 徐金球, 徐晓军, 王景伟. 1－羟基2－萘甲羟肟酸的合成及对稀土矿物的捕收性能[J]. 有色金属, 2002, 54(3): 72~73.
[21] 朱一民, 周菁, 徐金球. 高效低毒锡石浮选剂 ZJ－3 浮选锡石细泥试验研究[J]. 有色金属(选矿部分), 2001(2): 38~41.
[22] 徐金球, 徐晓军. 新型捕收剂 2－羟基 1－萘甲醛肟的合成及其在稀土矿石浮选中的应用[J]. 国外金属矿选矿, 2001(5): 38~39.
[23] 王江飞, 杨建吉, 王平户. 提高新疆某金矿金回收率试验研究[J]. 黄金, 2010, 31(4): 39~41.

[24] 李西山，朱一民. 利用同分异构化学原理研究浮选药剂 Y－89 的同分异构体甲基异戊基黄药[J]. 湖南有色金属，2010，26(2)：19～21.

[25] 唐林生，李高宁，林强. O－乙基－N，N－二甲基硫氨酯的催化合成及浮选性能[J]. 有色金属(选矿部分)，2000(4)：31～34.

[26] 王德庭. 高效捕收剂 CSU－A 在德兴大山选矿厂的应用实践[J]. 湖南有色金属，2011，27(5)：13～15.

[27] 朱一民. 异丁基铵黑药的合成及浮选效果[J]. 金属矿山，2010(9)：68～79.

[28] 朱建光译. 一种优良的硫化矿捕收剂：十二烷基硫醇[J]. 国外金属矿选矿，1983(7)：1～11.

[29] 朱一民，朱建光. H 酸和芝加哥酸对黄玉的抑制性能[J]. 有色矿冶，2011，27(4)：27～29.

[30] 朱建光，朱一民. 浮选药剂的同分异构原理和混合用药[M]. 长沙：中南大学出版社，2011.

13　絮凝剂

在一种或多种微细颗粒悬浮于液相的体系中加入絮凝剂，会使这些微细颗粒之间起桥连作用生成絮团而沉降，这种现象称为絮凝作用。絮凝剂适用于精矿脱水，也用来处理尾矿，且易于澄清，便于使用回水。

选择性絮凝是20世纪60年代发展起来的一种新工艺，目的是更有效地选别细粒矿物。选择性絮凝是从两种或更多种矿物的分散体系中，使一种矿物絮凝。近年来对这种新工艺的研究很多，受到广泛重视。这种工艺也是利用不同矿物的表面性质差别来分离它们。

细粒矿物的特点是颗粒质量小，比表面积大，表面能大，表面活性大，不易分散，浮选时用药量大，难于选别。对细粒矿物的矿浆采取选择性絮凝的措施，是用来改变目的矿物颗粒的表面性质，适当增大颗粒尺寸，因而絮凝沉淀，与脉石分离。若沉降的絮团仍带有过多脉石，可进一步用浮选方法提高其品位，或加适量电解质将第一次得到的絮团分散再加絮凝剂进行絮凝。这样重复多次，可得到较高品位的精矿。

欲使选择性絮凝获得成功，必须具备下述条件：

(1)在矿浆中至少有一种矿物粒子呈良好的分散状态(即没有混杂絮团)。

(2)选择性絮凝剂仅仅吸附在欲被絮凝的矿粒上。

(3)有效地分离絮凝物。

在这些条件中，絮凝剂本身的特性是关键因素之一。絮凝剂除用于处理细粒给矿外，也可用于精矿脱水。若将精矿泡沫絮凝，能加速沉降速度，减少浓缩池溢流的流失，提高浓缩池和过滤机的工作效率。因此，加絮凝剂将浮选精矿泡沫絮凝，是提高脱水效率的措施之一。选择性絮凝过程可用图13－1表示。

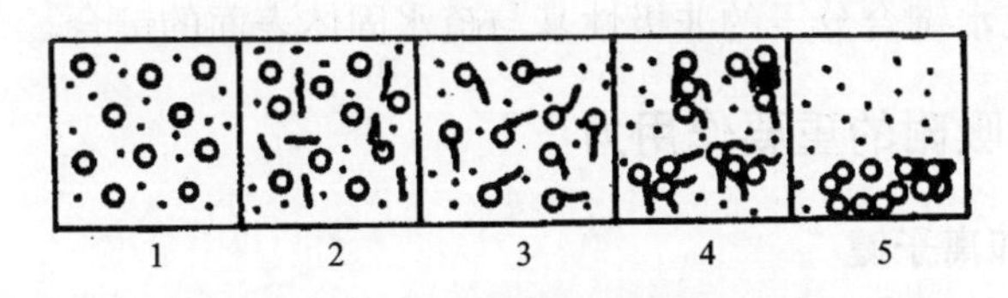

图13－1　选择性絮凝连续阶段示意图

1—分散的固体；2—添加絮凝剂；3—絮凝剂选择性吸附；4—选择性絮凝；5—沉积分离

絮凝剂是多功能团分子有机化合物，这种化合物在矿物颗粒－水界面发生多点吸附而起絮凝作用。可作为絮凝剂的有:树胶、淀粉、糊精、磷酸淀粉、改性纤维素、单宁、聚丙烯酰胺及其改性产物、聚氧化乙烯、聚乙烯醇、聚乙烯亚胺、聚丙烯酸、聚苯乙烯磺酸、壳聚糖、N－羧乙基壳聚糖等。

13.1 絮凝剂在固体表面的吸附机理

絮凝剂在矿物颗粒－水界面的多点吸附是由其本身的多功能团在矿物上多个位置附着，这种固着可以是物理吸附(长距离力)或化学吸附(短距离力)，或两者兼有。

13.1.1 物理吸附的重要作用力

1. 静电力(库仑力)

这是聚电解质絮凝剂在带异号电荷表面上的吸附力，不管它们之间的化学性质如何。典型的例子是阴离子型的聚丙烯酰胺在荷正电荷的萤石、重晶石、方解石上的吸附，以及阳离子型的聚丙烯酰胺在黏土上的吸附。这种吸附的键合能可大于 41.85×10^3 J/mol，因此几乎是不可逆的。絮凝剂在反号荷电颗粒上的吸附，甚至在相当低的浓度下，也能中和颗粒表面电荷，并且常常导致其电荷变号。荷电功能团数目众多的絮凝剂对多个颗粒发生吸附，其主要的吸附机理是静电吸引。

2. 偶极吸引力

非离子型絮凝剂可由偶极或诱导偶极在离子晶体上发生吸附。例如非离子型的聚丙烯酰胺在萤石上的吸附，这种作用的键合能较弱(小于 8.3×10^3 J/mol)。

3. 范德华引力

这种力是暂时偶极作用力，是中性分子或原子间的吸引力，其能量为 $8.3\sim41.8\times10^3$ J/mol。因为这种吸引力是叠加的，所以在分散颗粒间都存在这种相互吸引力。

此外还有疏水键合分子的非极性基与疏水固体表面的键合。

13.1.2 化学吸附的重要作用力

1. 共价键和离子键

絮凝剂的功能团与固体表面上的金属离子通过共价键或离子键形成不溶化合物。例如聚丙烯酸在含钙矿物如方解石、白钨矿上的吸附，在固体表面上形成了聚丙烯酸钙的沉淀。这种化学键的键能通常大于 41.85×10^3 J/mol。

2. 配位键

絮凝剂借配位键在固体表面上形成络合物或螯合物而固着。例如聚乙烯亚胺对碳酸铜的絮凝及螯合聚合物聚丙烯酰胺－乙二醛－双羟缩苯胺(PAMG)对铜矿物的絮凝就属这种情况。

3. 氢键

在有机化合物中，当氢原子与负电性强的原子(O、N)连接时，这个氢原子能够从固体表面的原子接受电子而形成氢键。例如，从氧化矿物水化表面的羟基的O原子接受电子对时，这个质子在两个负电性原子间共振。这种键能视两个负电性原子间的距离不同，介于$(8.3\sim41.85)\times10^3$ J/mol间。可作为例子的有聚丙烯酰胺在氧化物表面氢氧基上的吸附。

表面上的特性化学吸附也可以发生在同号电荷间，例如阴离子絮凝剂聚苯乙烯磺酸$\left[CH_2—CH—C_6H_4—SO_3\right]_n^{n-}$在负电荷石英表面上的特性化学吸附，其接近是靠范德华力或强力碰撞。

13.1.3 絮凝剂吸附的选择性

静电吸引的吸附缺乏选择性，氢键引起的吸附的选择性也较差，但静电作用力可借调节不同矿物的表面电位而给絮凝剂提供选择性条件。含有对特定金属离子有亲合力功能团的絮凝剂的化学吸附最具选择性，这与具有选择性化学吸附的捕收剂类相同。对矿物表面位置有竞争作用的调整剂可用作絮凝剂吸附的活化剂或抑制剂。

要达到选择性絮凝，须从三个方面考虑：

(1)矿物的表面电化学性质、溶解度及其他物理性质；

(2)水介质的pH、存在的电解质种类和浓度等；

(3)絮凝剂的功能团种类及其物理化学性质。

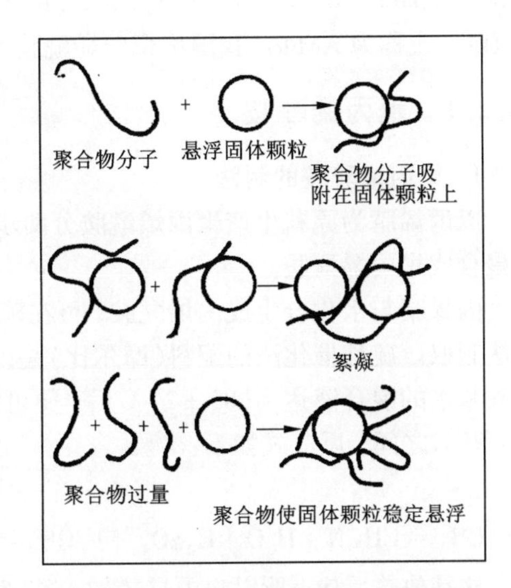

图 13－2 高分子絮凝剂絮凝机理模型

在絮凝剂方面，其选择性吸附可由引入的活性功能团与矿物表面上特定金属离子形成难溶化合物或稳定络合物来达到。例如，黄原酸盐及二硫代氨基甲酸盐能与重金属形成稳定的络合物。按络合物的结构理论，电子对给予体O或F倾向于选择性地与具有惰性气体构型的金属阳离子，如 Ba^{2+}、Ca^{2+}、Mg^{2+}、Al^{3+}、Ti^{4+} 等结合；含有 S 或 N 的配位原子的配位体较能选择性地与具有 $d^8 \sim d^9$ 电子构型的金属阳离子，如 Ag^+、Cu^+、Cd^{2+} 等结合；具有 $d^0 \sim d^{10}$ 电子构型的金属阳离子，如 Cu^{2+}、Ni^{2+}、Fe^{2+}、Mn^{2+} 等，也和 $d^8 \sim d^9$ 类阳离子一样，与 S 或 N 配位原子的结合比与 O 或 F 的结合更稳固。

因此，在某些高分子有机化合物中引入特定功能团，可以使它在絮凝作用中具有选择性，从而能作为选择性絮凝剂。高分子絮凝剂的絮凝机理可用图 13－2 模型表示。这个模型表示，当使用的高分子絮凝剂浓度合适时，则絮凝剂首先吸附在悬浮的固体颗粒上，并将吸附的固体颗粒桥联起来成为絮团(桥联作用)。当絮凝剂过量，即浓度太大时，吸附在单个悬浮颗粒上的絮凝剂分子太多，使颗粒稳定地分散于矿浆中而不絮凝。

13.2 聚丙烯酰胺及改性聚丙烯酰胺

使用高分子化合物作为抑制剂已相当普遍，前面叙述过的用作抑制剂的古尔胶、淀粉、糊精、单宁、羧甲基纤维素、木素磺酸等均是高分子化合物，这些高分子抑制剂也可用作絮凝剂。有关这些高分子化合物的结构和性质，第 11 章已叙述过，不再重复。

聚丙烯酰胺由于合成条件或水解条件不同，其组成和化学活性可以有很大的差别。国际上关于这一类化合物的商品名称也很多，例如，Separan Np10，Np20，Ap30，Separan 2610，Aerofle(R)550，(R)3000，(R)3171。聚丙烯酰胺俄文缩写为 ПАА 或称为 АМФ。我国称聚丙烯酰胺为 3 号絮凝剂。

13.2.1 聚丙烯酰胺

1. 聚丙烯酰胺的制法

以丙烯腈为原料生产聚丙烯酰胺分两步进行，首先制取单体丙烯酰胺，再将它聚合成聚丙烯酰胺。

丙烯腈与水化合生成丙烯酰胺，可在硫酸催化下进行，或用固定床非均相催化法制取。硫酸催化法的配料(摩尔比)是丙烯腈∶硫酸∶水＝1∶(1～1.05)∶1，当硫酸和水的混合液达到(85±2)℃后，便可缓慢加入丙烯腈，反应开始后维持在 90～95℃之间，反应式如下：

$$CH_2{=}CHCN + H_2O + H_2SO_4 \longrightarrow CH_2{=}CH\overset{O}{\overset{\|}{C}}{-}NH_2 \cdot H_2SO_4$$

这是放热反应，所以将丙烯腈加入酸液时，必须用水冷却。反应的初期和中期是激烈的，反应的后期就比较缓慢，所以，加完丙烯腈后，还必须将反应温度保持40 min左右，使反应完全。按这种操作方法丙烯腈的转化率为95%以上。

将水解液冷却至60℃以下，通入氨中和。

$$CH_2=CHC(=O)—NH_2\cdot H_2SO_4+2NH_3\longrightarrow CH_2=CHC(=O)—NH_2+(NH_4)_2SO_4$$

中和所得的硫酸铵和丙烯酰胺易溶于水，但丙烯酰胺的溶解度随温度的升高而增加，而硫酸铵在水中的溶解度随温度变化不大，如图13-3所示。中和至pH为5~6时，温度控制在50℃，离心过滤除去硫酸铵，将滤液冷却至5℃左右，丙烯酰胺结晶析出，在5~8℃进行过滤，得固体丙烯酰胺，纯度约90%，含硫酸铵约3%。丙烯酰胺结晶后的母液可以循环使用，硫酸铵则作化肥。

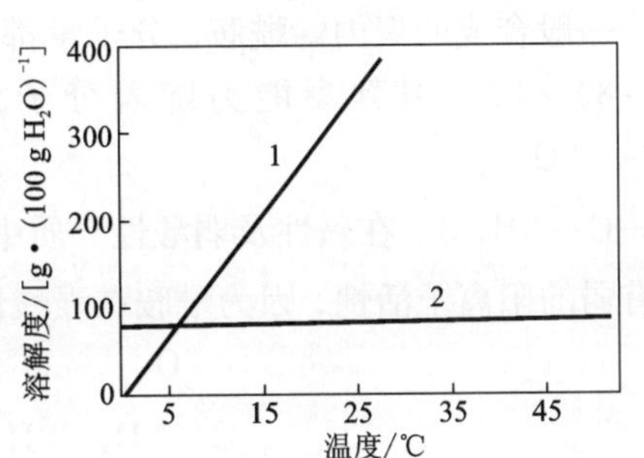

图13-3 丙烯酰胺、硫酸铵溶解度曲线

1— $CH_2=CHC(=O)—NH_2$；
2—$(NH_4)_2SO_4$

固定床非均相催化法制丙烯酰胺所用的催化剂有Cu-Al、Cu-Cr、Cu-Zn，其中以Cu-Al催化剂较为理想。这种催化剂是骨架铜和50%的电解铝在1200~1300℃下熔融制得的铜铝合金，然后碎成1~2.5 mm，放入25%的氢氧化钠(碱用量为氢氧化钠:Cu-Al催化剂(摩尔比)=1.8:1)水溶液中，于40℃下浸泡2~3 h。用无离子水洗去氢氧化钠，直至pH为7~7.5，再用酒精洗两次，并保存在酒精中，用时取出。

将7%~26%的丙烯腈和水的混合液，由定量泵注入装有骨架铜催化剂反应器中，连续进行水合反应，生成的丙烯酰胺连续流出，进入蒸馏塔进行减压蒸馏，蒸出含有少量未反应的丙烯腈的水，得到粗丙烯酰胺溶液。用这种方法生产的粗丙烯酰胺，一般是不能直接用来聚合的(除质量好的以外)，因为粗丙烯酰胺中含有杂质，特别是Cu^{2+}(5×10^{-4}左右)及SO_4^{2-}不除去，则不能聚合，所以必须经过净化。

净化的方法是将粗丙烯酰胺溶液依次通过已再生好的阳离子交换树脂和阴离子交换树脂，以除去Cu^{2+}和SO_4^{2-}等杂质，收集纯净的丙烯酰胺溶液。

制造8%的聚丙烯酰胺是将已净化的8%的丙烯酰胺溶液放入反应器中，当温度升至60℃时，加入0.04%(以纯丙烯酰胺计)高硫酸钾作引发剂，并搅拌均匀，经20~30 min溶液即开始变黏，此时应慢慢地不断搅拌，约0.5 h即聚合完毕，保温1 h，放置过夜，即可包装。

8%的聚丙烯酰胺，含水分90%以上，装包和运输都不方便。如采用30%~40%净化的丙烯酰胺溶液，加入煤油或汽油作分散剂，再加少量乳化剂，在搅拌下使水油形成稳定的乳液，加热至60~70℃，加入引发剂高硫酸钾则发生聚合反应。聚合的乳液用酒精沉析，在搅拌下加入酒精，聚丙烯酰胺中的水溶于酒精，聚丙烯酰胺不溶于煤油与酒精而析出，过滤得粉状聚丙烯酰胺。

2. 聚丙烯酰胺的性质

一般合成的聚丙烯酰胺，分子量都很大，最高分子量可达 12×10^6，一般在 $(4\sim8)\times10^6$。其絮凝能力随着分子量的增加而增强；活性基团是酰胺基（$-\overset{O}{\overset{\|}{C}}-NH_2$），在碱性及弱酸性介质中，都具有非离子的特性，在强酸性介质中具有弱的阳离子活性，因为酰胺在强酸性介质中有下述反应：

$$-\overset{O}{\overset{\|}{C}}-NH_2 + H^+ \longrightarrow -\overset{O}{\overset{\|}{C}}-NH_3^+$$

故显弱的阳离子特性，酰胺基能借助氢键与固体颗粒相结合而吸附在颗粒表面上，因其分子很长，能在颗粒之间起桥链作用将颗粒絮凝。它能在很宽的pH范围内使用，即使有阳离子存在也不会不灵敏。

因为聚丙烯酰胺的活性基团是酰胺基，故容易水解。粉状产品好保存和运输，含聚丙烯酰胺8%的凝胶状物，一般存放时间较长就可能有部分水解。当配成稀溶液时，或在较高的温度下，则水解较快。酰胺基水解的结果变为羧基，分子中有部分酰胺基水解成羧基，使球状的巨型分子伸展为线型，对絮凝性能有明显的增进。图13-4说明聚丙烯酰胺水解的特性反应。在图13-4中，可以看出：

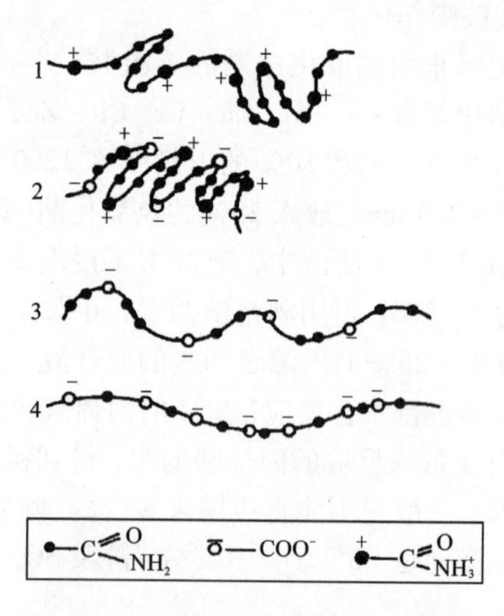

图13-4 聚丙烯酰胺水解特性效应

1—没有水解，弱正离子使链伸展，一般絮凝剂；
2—少量水解，非离子型(电中性等电点)，高度蜷伏，弱絮凝剂；
3—33%水解，阴离子使链伸展，较好的絮凝剂；
4—67%水解，强阴离子使链伸展，强絮凝剂

①没有水解的聚丙烯酰胺由于有小部分酰胺基与水中的 H^+ 作用而生成带正电的 $-\overset{O}{\overset{\|}{C}}-NH_3^+$ 基。这种基团在分子中互相排斥，使聚丙烯酰胺分子有一定的伸展，故有比较强的絮凝作用。

②当聚丙烯酰胺分子中有少量酰胺基水解为—COOH 时，羧基能电离成$—COO^-$，带有负电荷，在分子中能与带正电的 $—C(=O)—NH_3^+$ 互相吸引，使得聚丙烯酰胺分子具有电中性等电点，分子高度蜷伏，聚成一团，此时絮凝能力最小。

③当分子中的酰胺基大约有 1/3 水解为羧基时，分子中带负电的基团增多，负电互相排斥的力量增大，整个分子有更大的伸张，絮凝效率增高，成为较好的絮凝剂。

④当分子中的 2/3 酰胺基水解后，分子中羧基占了功能团数目的 2/3，带负电的羧基互相排斥，使分子基本上完全伸开，絮凝能力更强。用不同水解度的聚丙烯酰胺絮凝黏土的悬浮液时，证明这种说法是符合事实的。因此放置较长时间后，聚丙烯酰胺有部分水解，在某些使用场合反而增加絮凝作用。

3. 聚丙烯酰胺的絮凝性能

聚丙烯酰胺目前在我国得到比较广泛的使用，如石油、冶金、选矿、有机合成工业都用聚丙烯酰胺，其性能是良好的。例如，江西第四选矿厂试用聚丙烯酰胺取得良好的技术指标，细泥精矿脱水溢流(品位 1.6% WO_3)浓度由0.063%降低到0.027%，沉砂金属占有率由93.2%提高到97.0%；台前精矿脱水溢流(品位12% WO_3)浓度由 0.1%降低到 0.055%，沉砂金属占有率从68.21%提高到78.4%，台浮硫化矿脱水溢流(品位0.5% Mo、1.0% Bi)浓度由0.47%降低到0.027%，钼铋金属损失分别由4.6%、22.5%减少到0.61%及2.0%，18 m浓密机溢流(品位 0.5% WO_3)浓度由 0.515%降低到 0.236%，沉砂金属占有率由87.57%提高到92.73%。

通过上述指标可以认为聚丙烯酰胺对钨精矿脱水、加速矿泥沉降、净化回水、提高浓密机生产率起到良好的作用，尤其对高品位、低浓度粉钨矿的浓缩回收是很有效的。

又如东鞍山选厂，使过滤机的产量由 5.14 t/台时提高到 11.5 t/台时，第十一冶炼厂赤泥沉降过程中，聚丙烯酰胺不仅可以代替面粉，而且用量为面粉的1/2。

13.2.2 改性聚丙烯酰胺

聚丙烯酰胺对细粒矿泥的絮凝作用很强，但选择性较差，一般难于达到选择性絮凝目的矿物的要求，若将其改性，即将某一个对目的矿物有选择吸附特性的功能团联结到聚丙烯酰胺分子上，即成改性聚丙烯酰胺，这样得到的改性聚丙烯酰胺选择性提高。现将几种改性聚丙烯酰胺叙述如下。

1. 磺化聚丙烯酰胺

合成磺化聚丙烯酰胺的主要原料是聚丙烯酰胺、亚硫酸钠和含量为 36% ~

38%的甲醛溶液。聚丙烯酰胺为白色粉末，易溶于水，杂质含量小于5%，游离丙烯酰胺小于1%，水解度小于2%，平均相对分子质量(4~9)×10^6。胶体聚丙烯酰胺也可用，但以粉剂为好。亚硫酸钠为磺化剂，由于聚丙烯酰胺是长碳链高分子聚合物，为保护它在磺化过程中不发生急剧降解，不能采用三氧化硫和发烟硫酸等磺化剂，而要用亚硫酸钠。反应原理如下：

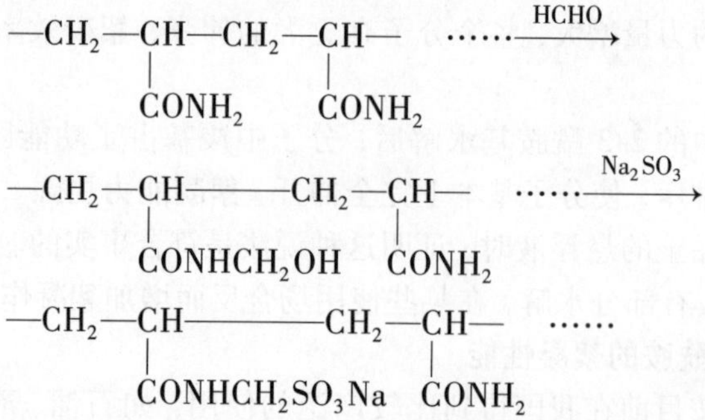

$$—CH_2—\underset{\displaystyle CONH_2}{\underset{|}{CH}}—CH_2—\underset{\displaystyle CONH_2}{\underset{|}{CH}}— \cdots\cdots \xrightarrow{HCHO}$$

$$—CH_2—\underset{\displaystyle CONHCH_2OH}{\underset{|}{CH}}—CH_2—\underset{\displaystyle CONH_2}{\underset{|}{CH}}— \cdots\cdots \xrightarrow{Na_2SO_3}$$

$$—CH_2—\underset{\displaystyle CONHCH_2SO_3Na}{\underset{|}{CH}}—CH_2—\underset{\displaystyle CONH_2}{\underset{|}{CH}}— \cdots\cdots$$

因为反应在碱性介质中进行，不可避免地有一部分酰胺基水解成羧基，也还有一部分羟基未被 Na_2SO_3 取代，故磺化后的最终产物是含有磺甲基、羟甲基、羧基和酰胺基的多功能团产品。据资料介绍，会以下列形式存在：

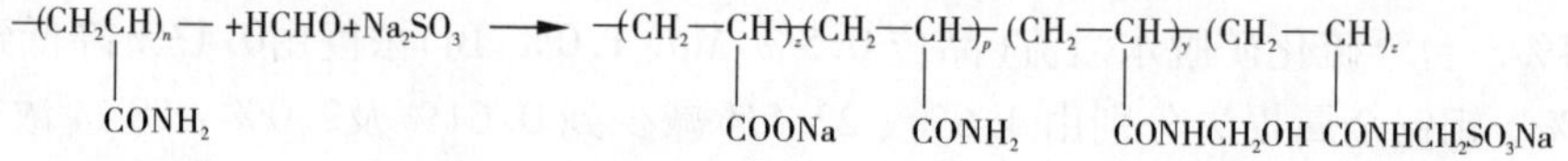

$$\left(\underset{\displaystyle CONH_2}{CH_2\underset{|}{CH}}\right)_n + HCHO + Na_2SO_3 \longrightarrow \left(CH_2—\underset{\displaystyle COONa}{\underset{|}{CH}}\right)_x \left(CH_2—\underset{\displaystyle CONH_2}{\underset{|}{CH}}\right)_p \left(CH_2—\underset{\displaystyle CONHCH_2OH}{\underset{|}{CH}}\right)_y \left(CH_2—\underset{\displaystyle CONHCH_2SO_3Na}{\underset{|}{CH}}\right)_z$$

磺化反应速度与介质 pH 及温度有关，当 pH 为10 时，甚至温度在 70~75℃，加热 2 h 也无明显的反应发生；当 pH 升高到 10.5 时，反应则明显地进行，在 50℃就有 60%的甲醛发生了反应；当反应在 70℃进行时，则最初速度大于 50℃时的速度。合成磺化聚丙烯酰胺的原料聚丙烯酰胺的平均分子量及分节整齐与否是决定产品絮凝性能的重要因素，要提高絮凝能力，必须选择分子规整且平均分子量大的聚丙烯酰胺为原料。

磺化聚丙烯酰胺无色、无臭、无毒，水溶性极好，对细粒石英质铁矿石有较好的选择性絮凝作用。用磺化聚丙烯酰胺与天然淀粉同时对山西岚县铁矿石进行絮凝对比，矿样主要金属矿物为假象赤铁矿和半假象赤铁矿，主要脉石矿物为石英、方解石及铁白云石，金属矿物和脉石的嵌布粒度极细，大部分颗粒在 0.045 mm 以下。用磺化聚丙烯酰胺一次选择性絮凝脱泥，可脱除产率为 22.60%、铁品位为 9.15% 的矿泥；经二次絮凝脱泥可脱除产率为 31.70%、铁品位为 8.8% 的矿泥，沉砂铁品位达到 43.85%，为下一步浮选创造了有利条件。在同样的条件下，玉米淀粉一次选择性絮凝脱泥，可脱除产率为 24.45%、铁品位为 7.05% 的矿泥；经二次絮凝脱泥可脱除产率为 31.23%、铁品位为 7.20% 的矿泥。相比之下，在选择性方面磺化聚丙烯酰胺比玉米淀粉略差，但絮凝能力比玉米淀粉强，用量仅为玉米淀粉的几十分之一。

2. 含羟肟基的聚丙烯酰胺

烷基羟肟酸是锡石的有效捕收剂，以石英为主要脉石的锡石矿泥可用烷基羟肟酸浮选，所以羟肟基是捕收锡石的有效功能团。若在聚丙烯酰胺分子中，引入羟肟基，对以石英为主要脉石的锡石细粒会有选择性。

这种絮凝剂的制法是将 8 g 纯聚丙烯酰胺（相对分子量 5.5×10^6）溶于 1 L 纯净水中，加热沸腾，在搅拌的同时逐步加入 32 mL 6 mol 氢氧化钠和 0.5 mol 溶于 200 mL 乙醇中的盐酸羟胺，保持沸腾至溶液总体积减少至 1 L 为止。溶液不经净化即可作絮凝剂。这种絮凝剂的组分如下：

$$\text{—}(CH_2\text{—}CH)_{0.23}\text{—}\ \cdots\cdots\ \text{—}(CH_2\text{—}CH)_{0.69}\text{—}\ \cdots\cdots\ \text{—}(CH_2\text{—}CH)_{0.08}\text{—}$$

（侧基依次为：COOH；$CONH_2$；CONHOH）

COOH：酰胺基水解而形成羧酸，占基体的23%

$CONH_2$：未发生变化的酰胺基，占基体的69%

CONHOH：取代产品，羟肟基，占基体的8%

用这种改性聚丙烯酰胺絮凝锡石和石英人工混合物料的结果列于表 13－1 中。从表中看出，可以达到分离效果。

表 13－1 含羟肟基 8% 的聚丙烯酰胺絮凝分离锡石石英混合物料的结果

（全部试验中，絮凝剂 0.4 mg/L，调浆 1～2 h）

悬浮液				收集到的精矿	
SnO_2 含量/g	SiO_2 含量/g	容积/L	pH	质量/g	SnO_2 含量/%
3.00	7.00	1.0	3.5	1.07	92
			4.5	1.67	87
			4.5	1.20	90
			5.2	1.60	88
			5.2	2.02	88
			6.0	1.41	92
			6.0	2.12	92
			7.0	1.03	86
3.00	27.00	1.0	6.0	1.60	87
3.00	297.00	2.0	6.0	2.50	51
3.00	297.000	20	6.0	1.60	21

3. 部分水解聚丙烯酰胺

聚丙烯酰胺的功能团是酰胺基，用等当量的氢氧化钠与聚丙烯酰胺溶液混合，在室温下放置过夜，便有30%左右的酰胺基发生水解，生成羧酸钠盐，若将混合物加热，水解速度更快。反应式如下：

```
—CH2—CH—CH2—CH—CH2—CH—CH2—CH—
      |        |        |        |
     C=O      C=O      C=O      C=O
      |        |        |        |
     NH2      NH2      NH2      NH2
                        |
                        | NaOH
                        ↓
—CH2—CH—CH2—CH—CH2—CH—CH2—CH—
      |        |        |        |
     C=O     COONa     C=O     COONa
      |                 |
     NH2               NH2
```

称取国产8%的聚丙烯酰胺50 g，加入2.256 g氢氧化钠(等当量)，然后用蒸馏水稀释至总重170 g，加热水解，由于加热时间不同，水解度亦不同，所制产品测定水解度，结果列于表13－2中。

表13－2 部分水解聚丙烯酰胺水解度分析结果

部分水解聚丙烯酰胺代号	水解度/%
9号	32.5
10号	23.26
12号	41.58

用部分水解聚丙烯酰胺絮凝铜绿山氧化铜矿精矿泡沫试验，所用絮凝剂为表13－2所列的9号、10号、12号部分水解聚丙烯酰胺，为了观察其絮凝能力，用未水解的聚丙烯酰胺及F_{703}作比较。用氢氧化钠溶液将F_{703}配成浓度为4/10000的溶液，其中F_{703}与氢氧化钠的质量比为1∶1，溶液煮沸后备用。其他四种絮凝剂均用蒸馏水配成4/10000溶液备用。所用精矿泡沫的pH为9，每100 mL含固体12.5～13.5 g，主要矿物为氧化铜矿和氧化铁矿。

试验时在100 mL圆柱体型量筒中进行，用硫酸或氢氧化钠调节精矿泡沫的pH，再加入浓度为4/10000的絮凝剂9滴(1 mL为16滴)，用胶塞将量筒塞紧，将量筒倒放到180°，再竖立，如此重复10次，使絮凝剂与精矿矿浆充分接触，然后静置絮凝，同时用秒表计算絮凝时间。精矿矿浆首先分层，分层界面逐渐下降，待分层界面下降到30 mL刻度时，计算所需时间，每个试验重复记录3个数据，取其平均值。分层界面下降到 30 mL 刻度，所需时间(s)与 pH 的关系如图 13－5 所示。从图 13－5 可以看出，所用的 5 种絮凝剂絮凝铜绿山氧化铜矿精矿泡沫时，絮凝胶团的沉降速度以 F_{703} 最慢，聚丙烯酰胺居中，9 号、10 号、12 号絮凝最快。对相应的 pH 来说，用 9 号、10 号、12 号代替 F_{703} 或聚丙烯酰胺是很有好处的。水解聚丙烯酰胺絮凝能力比聚丙烯酰胺强。其他文献也有报道。

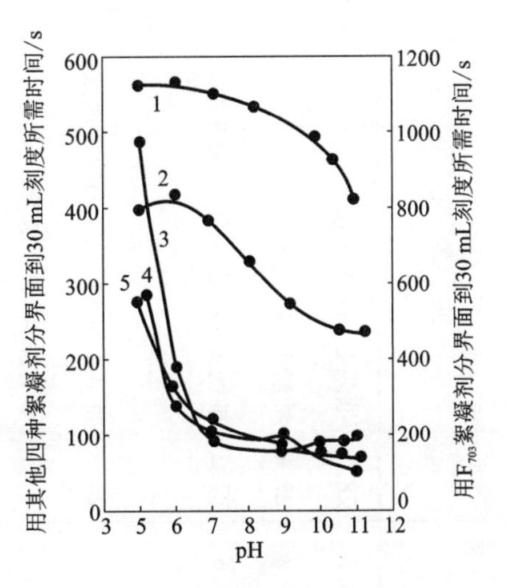

图 13－5 絮凝分界面到 30 mL 刻度时所需时间与 pH 的关系

1—F_{703}；2—聚丙烯酰胺；3—12 号；4—10 号；5—9 号

矿浆絮凝后抽滤，取 100 mL 铜绿山氧化铜精矿泡沫，置于 100 mL 量筒中(该矿浆 pH 为 9，做 pH 为 6 的试验时，用硫酸调节 pH)，加入浓度为 4/10000 的絮凝剂溶液 9 滴(1 mL 为 16 滴)，塞紧量筒并倒置量筒至 180°，又竖立，重复 10 次，使絮凝剂充分与矿浆混合，然后静置使其絮凝。当分层界面下降至 30 mL 刻度时，用虹吸方法将上层清液吸出，留下 30 mL 絮凝物，将絮凝物抽滤，抽滤的结果分别列于表 13－3 和表 13－4 中。

从表 13－3 看出，铜绿山氧化铜矿的精矿泡沫无须加酸或加碱，立即用表 13－2所列的絮凝剂絮凝，然后抽滤，在相同的条件下，滤饼含水量以 9 号、10 号絮凝剂絮凝的为最低，12 号絮凝剂絮凝的亦较低，聚丙烯酰胺絮凝的含水量较高，F_{703} 絮凝的滤饼含水量最高；从抽滤现象看，不管 9 号、10 号还是 12 号絮凝剂絮凝的滤饼都比 F_{703} 或聚丙烯酰胺的滤饼容易脱水，过滤快。

在 pH 为 6 时，絮凝抽滤结果见表 13－4。从表 13－4 看出，聚丙烯酰胺絮凝和 9 号絮凝的滤饼含水量大致相同，但从过滤速度来说，不管用 9 号、10 号还是 12 号絮凝的都比 F_{703} 和聚丙烯酰胺絮凝的为快。

既然过滤快，为什么滤饼含水量又高呢？因滤饼开裂，空气从裂缝进入抽滤瓶，不能达到抽滤作用，所以从脱水快慢来说，用 9 号、10 号或 12 号絮凝都比聚丙烯酰胺和 F_{703} 絮凝为优。

表 13-3　精矿矿浆在 pH 为 9 时用絮凝剂絮凝过滤结果[10]

絮凝剂名称	开始过滤时真空度 /(9.8×10^4Pa)	过滤后真空度 /(9.8×10^4Pa)	表面皿重 /g	表面皿和湿矿重 /g	表面皿和干矿重 /g	湿矿重 /g	干矿重 /g	水分重 /g	含水 /g	抽滤现象
F_{703}	9.9	8.1	30.7	47.2	42.5	16.5	11.8	4.7	28.5	抽滤 1 min 水还未干
F_{703}	9.9	7.6	24.1	41.5	36.7	17.4	12.6	4.8	27.6	抽滤 1 min 水还未干
聚丙烯酰胺	9.9	7.9	32.5	49.4	44.8	16.9	12.8	4.6	27.2	抽滤 1 min 滤饼面干,漏斗柄有水滴
聚丙烯酰胺	9.9	7.7	32.6	49.1	45.0	16.5	12.4	4.1	24.9	抽滤 1 min 后滤饼面很少地方不干,漏斗柄有水滴
9 号	9.9	5.9	19.0	36.0	32.0	17.0	13.2	3.8	22.3	抽滤 30 s 已干,滤饼开裂
9 号	9.9	5.8	24.4	40.6	37.0	16.2	12.6	3.6	22.2	抽滤 30 s 已干,滤饼开裂
10 号	9.9	6.5	26.4	42.2	38.0	15.8	12.2	3.6	22.8	抽滤 40 s 后已干,滤饼开裂
10 号	9.9	4.3	22.3	39.0	35.2	16.7	12.9	3.8	22.7	抽滤 40 s 后已干,滤饼开裂
12 号	9.9	1.6	32.6	49.4	45.3	16.8	12.7	4.1	24.3	抽滤 30 s 滤饼已干并开裂
12 号	9.9	3.5	24.4	41.0	36.9	16.6	12.5	4.1	24.6	抽滤 28 s 滤饼已干并开裂

表 13－4 精矿矿浆在 pH 为 6 时,用絮凝剂絮凝过滤结果

絮凝剂名称	开始过滤真空度/(9.8×10^4Pa)	过滤后真空度/(9.8×10^4Pa)	表面皿重/g	表面皿和湿矿重/g	表面皿和干矿重/g	湿矿重/g	干矿重/g	水分重/g	含水/g	抽滤现象
F_{703}	9.9	7.8	26.4	41.7	38.0	15.3	11.6	3.7	24.2	抽滤 1 min 后,漏斗下仍有水滴
F_{703}	9.9	7.8	31.2	47.5	43.5	16.3	12.3	4.0	24.5	抽滤 1 min 后,漏斗下仍有水滴
聚丙烯酰胺	9.9	8.1	14.0	31.5	27.5	17.5	13.5	4.0	22.8	抽滤 1 min 后,漏斗下仍有水滴
聚丙烯酰胺	9.9	8.1	19.0	35.0	31.3	16.0	12.3	3.7	23.1	抽滤 1 min 后,漏斗下仍有水滴
9 号	9.9	2.9	26.4	44.4	40.4	18.0	14.0	4.0	22.2	抽滤 30 s 后,滤饼干、开裂,漏斗下无水滴
9 号	9.9	3.8	27.0	44.5	40.5	17.5	13.5	4.0	22.9	抽滤 30 s 后,滤饼干、开裂,漏斗下无水滴
10 号	9.9	8.0	18.0	33.5	29.7	15.5	11.7	3.8	24.6	抽滤 1 min 未全干,滤饼有裂缝
10 号	9.9	7.8	31.1	47.0	43.0	15.9	11.9	4.0	25.1	抽滤 1 min 未全干,滤饼有裂缝
12 号	9.9	7.7	14.1	29.9	26.1	15.8	12.0	3.8	24.0	抽滤 28 s 滤饼开裂
12 号	9.9	8.2	19.1	33.9	30.5	14.8	11.4	3.4	23.0	抽滤 50 s 滤饼开裂

13.3 苯乙烯－马来酸酐聚合物及其他絮凝剂

13.3.1 苯乙烯－马来酸酐聚合物

苯乙烯－马来酸酐聚合的三甲基胺基丙基酰亚胺的季铵盐是高分子絮凝剂，是阳离子高分子絮凝剂的代表。

1. 苯乙烯－马来酸酐聚合的三甲基胺基丙基酰亚胺季铵盐的制法

首先是将苯乙烯－马来酸酐的聚合物和二甲基胺基丙胺反应，在马来酸酐单元上进行如下反应：先生成酰亚胺，方程式①的产品(除水外)再和碘甲烷按方程式②反应，生成酰亚胺的季铵盐。

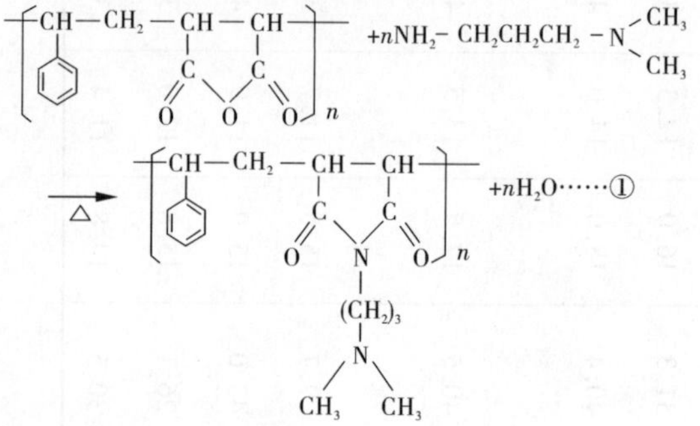

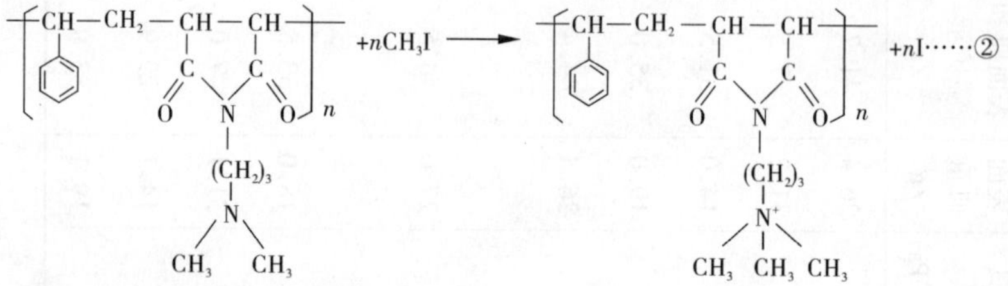

$$\left[CH(C_6H_5)-CH_2-CH-CH \right]_n(\text{C=O, O, C=O 酸酐环}) + nNH_2-CH_2CH_2CH_2-N(CH_3)_2 \xrightarrow{\triangle} \left[CH(C_6H_5)-CH_2-CH-CH \right]_n(\text{C=O, N, C=O 酰亚胺环; N}-(CH_2)_3-N(CH_3)_2) + nH_2O \cdots\cdots ①$$

$$\left[CH(C_6H_5)-CH_2-CH-CH \right]_n(\text{N}-(CH_2)_3-N(CH_3)_2) + nCH_3I \longrightarrow \left[CH(C_6H_5)-CH_2-CH-CH \right]_n(\text{N}-(CH_2)_3-N^+(CH_3)_3) + nI \cdots\cdots ②$$

在实验室制少量这种阳离子季铵盐絮凝剂时，可采用下述步骤进行：取100 g苯乙烯－马来酸酐共聚物(苯乙烯对马来酸酐的摩尔比为3:1，平均相对分子质量为1900)和300 g 3，3－二甲基胺基丙胺，在室温下将苯乙烯－马来酸酐树脂状的共聚物溶于3，3－二甲基胺基丙胺中，逐渐加热至固体溶解，在缓和的回流下将溶液搅拌1 h，然后经过蒸馏，直至反应产物的温度升至200℃为止。使用4.0 $\times 10^4$ Pa的真空除去微量的游离3，3－二甲基胺基丙胺，再加入碘甲烷反应便生成季铵盐。分析酰亚胺－胺产品和季铵盐的含氮量，分析结果列于表13－5中。

表 13－5 酰亚胺－胺和季铵盐分析

苯乙烯－马来酸酐聚合物	酰亚胺－胺(N/%①)	季铵盐(N②)
(*A*)苯乙烯－马来酸酐摩尔比 3/1，分子量 1900	5.6	3.9(57%)
(*B*)苯乙烯－马来酸酐摩尔比 3/1，分子量 1500	9.3	6.4(57%)
(*C*)苯乙烯－马来酸酐摩尔比 3/1，分子量 8000	9.6	4.3(38%)
(*D*)苯乙烯－马来酸酐摩尔比 3/1，分子量 20000	9.3	4.7(43%)
(*E*)苯乙烯－马来酸酐摩尔比 3/1，分子量 4300	9.3	10.3(92%)

注：①所有实验数值均为理论值的 95%；

②括号中的数值表示酰亚胺－胺生成季铵盐的转化率。

2. 苯乙烯－马来酸酐聚合物的三甲基胺基丙酰亚胺季铵盐的絮凝性能

取 2.0 g 黏土和 198 g 水放入 200 mL 量筒中，一起振荡，做成 1% 的黏土悬浮液，让悬浮液陈化 24 h，然后用稀氨水调节 pH 为 7.3，这样的悬浮液含 1% 的固体。

以 100 mg 细磨的干三甲基胺基丙酰亚胺季铵盐和 100 mL 蒸馏水一起振荡，制成溶液。取这种溶液 0.05 mL，加到上述悬浮液中，塞住量筒，从竖立的位置倾斜接近 180°，然后又竖立起来，这样重复两次以上。倾斜必须十分迅速，使悬浮液充分混合，但不能在液面上生成气泡。把量筒放成原来的竖立位置后，记录固体从液面(200 mL 刻度)沉降至 100 mL 刻度的时间，取上层澄清液用分光光度计测定 525 μm 的百分透射比。以上的搅拌和测定进行到增加絮凝剂量而溶液不进一步改善澄清程度为止。表 13－6 总结了按上述操作步骤，用苯乙烯－马来酸酐聚合物 A－E 制成的聚酰胺－胺季铵盐的试验结果。

表 13－6 以季铵盐絮凝黏土的试验结果

苯乙烯－马来酸酐聚合物	酰亚胺－胺季铵盐用量①	沉降时间/s	透射比/%②
A	400×10^{-6}	106	24(96)
B	800×10^{-6}	180	30(97)
C	400×10^{-6}	80	40(98)
D	400×10^{-6}	53	67(99.7)
E	400×10^{-6}	39	79(99.9)
未处理		24 h	太混浊

注：①达到 24% 的透射比要用 0.4 mL 0.1% 的聚合物 A 的酰亚胺－胺季铵盐溶液，补加絮凝剂无改善效果。

②括号中的数值表示用絮凝剂实际沉降悬浮液的百分数。

从表 13－6 中的数据可见，所用的季铵盐对无机粒子有强的吸附力，因为在它的分子中含有许多带正电的季铵基，故对表面带负电荷的颗粒絮凝作用更强，当保持快速沉降时，季铵盐至少能沉降 95% 的悬浮固体。

13.3.2 淀粉

淀粉是非离子型絮凝剂，它的结构已在有机调整剂中介绍。淀粉分子是由—OH通过氢键而吸附在固体颗粒上的，淀粉的絮凝特性，取决于制造方法。在制成水溶液的时候，温度很重要，因为只有经过较长时间的加热(高于98℃)，才能使所有的淀粉成分溶解。

淀粉用作絮凝剂已有很久的历史，1953 年便有报道用淀粉作絮凝剂分离磷酸盐，以及用木薯淀粉对赤铁矿－石英混合物中的赤铁矿进行絮凝。例如美国苏必利尔湖区的铁矿属氧化铁燧岩，处理这类矿石的主要环节包括细磨、高度分散、选择性絮凝铁矿物、脱泥除去呈分散状态的含硅细粒脉石，絮凝后的固体物料通过阳离子浮选浮出脱泥阶段未除去的硅质脉石，达到最终的品位要求，其中的选择性絮凝剂是淀粉。铁矿物矿浆的分散 pH 在 10～11 间，用烧碱和分散剂如水玻璃或三聚磷酸钠最有效，这是由于擦洗掉了矿物表面上的松散附着薄膜，矿物分散在分散剂中。石英或燧石、硅酸盐和氧化铁的等电点分别在 pH 为 2、5、7 左右，当矿浆的 pH 为 11 时，氧化铁燧岩矿浆中所有矿物都是高负电性而被分散。选择性絮凝剂淀粉非常强烈地吸附在氧化铁矿上，使铁矿物絮团沉降而与矿泥分离。铁矿物絮凝物适于用阳离子捕收剂浮选石英脉石。据美国矿山局一系列试验报道，药剂用量包括：加入磨矿机的烧碱 995 g/t、三聚磷酸钠 141 g/t、水玻璃 410 g/t；选择性絮凝剂苛性木薯淀粉 141 g/t；精选加入苛性糊精 275 g/t，阳离子捕收剂 95 g/t。

蒂尔登选矿厂每年处理含铁 36% 的矿石 10^7 t(矿石必须磨至 －25 μm 占 85%)，用选择性絮凝－阳离子浮选法生产出含铁 65% 的球团矿 4×10^6 t。

13.3.3 纤维素黄原酸钠

纤维素是高分子有机化合物，其结构式中的伯醇羟基较仲醇羟基活泼，比较容易和氢氧化钠、二硫化碳作用生成黄原酸钠盐。用18% 氢氧化钠溶液将纤维素粉末浸泡 30 min 后，除去过量的氢氧化钠溶液，置入密闭容器中，加二硫化碳搅拌 1 h，得黄色黏稠物，即为纤维素黄原酸钠盐，可用下式代表其反应：

$$\left[\cdots\text{—O—}\begin{matrix}\text{CH}_2\text{OH} \\ \cdots \\ \text{CH}_2\text{OH}\end{matrix}\cdots\right]_m \xrightarrow{\text{NaOH+CS}_2} \left[\cdots\text{—O—}\begin{matrix}\text{CH}_2\text{OCSSNa} \\ \cdots \\ \text{CH}_2\text{OCSSNa}\end{matrix}\cdots\right]_m$$

纤维素黄原酸钠的中性油乳化液用于 −2 μm的黄铜矿和石英的絮凝浮选，能较好地使两者分离，这是由于黄原酸对硫化矿有选择性吸附的特性，而不吸附在石英表面。

若将羟丙基纤维素代替纤维素与氢氧化钠、二硫化碳作用制造黄原酸钠，则得到羟丙基纤维素黄原酸钠。该高分子有机物对硫化矿也有选择性吸附特性，可以选择絮凝硫化矿。图 13 −6 是羟丙基纤维素黄原酸钠从黄铜矿 − 石英混合物中，选择性絮凝黄铜矿的结果。一次清洗作业后，就获得 75% 的分离指数，效果极好。

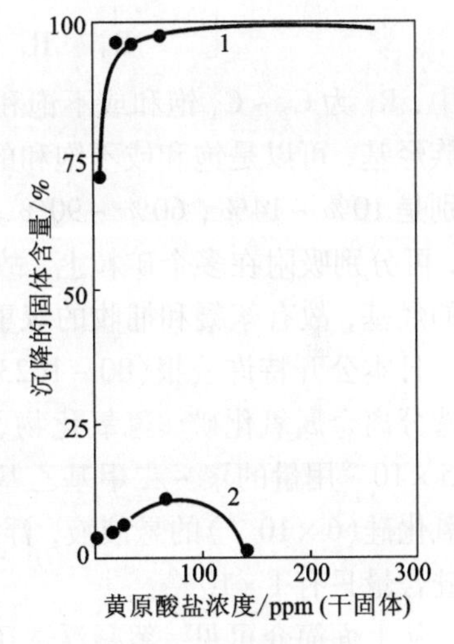

图 13 −6 羟丙基纤维素黄原酸盐絮凝黄铜矿 − 石英

1—黄铜矿(pH 为 3.61)；
2—石英(pH 为 7.0)

13.4 絮凝浮选剂

分离微细粒矿泥中的目的矿物，可用选择性絮凝法，前面曾介绍用淀粉作絮凝剂絮凝铁矿使之与脉石分离；用纤维黄药絮凝黄铜矿与石英分离。絮凝剂分子中，没有足够疏水烃基时，生成的絮团是亲水的，如有足够的疏水基团时，絮团是疏水的。因此，在有选择性絮凝剂分子中各个链节引入有足够长度的疏水烃基，使生成的絮团有疏水性，便可用浮选法分离絮团，达到目的矿物与其他矿物分离的目的。这种方法，称为絮凝浮选。絮凝浮选用的高分子聚合物捕收剂，是浮选药剂的新领域。

从 20 世纪 80 年代初开始，对絮凝浮选已有报道。苏联和日本研究得较多，白俄罗斯加盟共和国科学院普通和无机化学研究所发表了三篇专利(810286 号，818655 号，839575 号)，用高分子聚合物作捕收剂，从钾盐矿石中，浮选分离黏土，所用的高分子聚合物或共聚物捕收剂分别是：

(1)二甲氨乙基甲基丙烯酸酯 − 醋酸乙烯酯共聚物的碘甲烷盐；

(2)聚[1,3 − 双(二甲氨基)异丙基 − 甲基丙烯酸酯]；

(3)甲基丙烯腈－甲基丙烯酸共聚物。

亦有用丙烯酰胺和α，β－丙烯酸衍生物高聚物作捕收剂，浮选氯化钾矿中的黏土、碳酸盐，这种捕收剂的结构式如下：

$$\left[\left(-\underset{R_2}{\underset{|}{CH}}-\overset{COOH}{\overset{|}{\underset{R_1}{\underset{|}{C}}}}- \right)_x \left(-CH_2-\overset{\overset{NH_2}{|}}{\overset{C=O}{\overset{|}{CH}}}- \right)_y \right]_n$$

式中，R_1 为 $C_2 \sim C_3$ 饱和或不饱和烃基，可以是正构或异构；R_2 是含 $C_3 \sim C_{14}$ 的脂肪族烃基，可以是饱和或不饱和的，也可以是正构或异构的；x, y 是质量百分比，分别是10%～14%，60%～90%。这种捕收剂的每个链节都有能吸附矿物的功能团，可分别吸附在多个矿粒上，故能起絮凝作用生成絮团，分子中又有足够疏水性的烃基，故有絮凝和捕收的双重作用。

日本公开特许公报(80－162362号)，介绍了一种阳离子型聚合物作捕收剂，浮选分离金属氧化矿、氢氧化物、硫酸盐、碳酸盐或磷酸盐的细粒矿物。例如，用 5×10^{-6} 用量的聚－二甲基乙基2－甲基丙烯酸酯醋酸盐，浮选一种含有胶体二氧化硅(6×10^{-4})的悬液液，浮选5 min，二氧化硅回收率99.8%，尾液中二氧化硅含量只有 1×10^{-6}。

从上面简介可见，絮凝浮选还处于初期阶段。

实践证明，浮选药剂必须具有来源广、无毒或低毒、价格低廉、性能良好等特点，才符合工业要求，才有推广前景。中南工业大学钟宏研制的对－甲基苯胺树脂，是一种阳离子型的絮凝浮选新药剂，基本上能满足工业上对浮选药剂的要求，下面着重介绍这种絮凝捕收剂。

13.4.1 对－甲苯胺树脂的合成

对－甲苯胺与甲醛溶液混合，在盐酸催化下聚合而成，由于对－甲苯胺的对位有一甲基取代，因此，对－甲苯胺树脂结构均为线性产物。其反应如下：

$$n\,CH_3C_6H_4NH_2\cdot HCl + nH-\overset{O}{\overset{\|}{C}}-H \longrightarrow [CH_3C_6H_3(NH_2\cdot HCl)]-CH_2-\left[C_6H_2(CH_3)(NH_2\cdot HCl)-CH_2\right]_{n-2}-C_6H_3(CH_3)(NH_2\cdot HCl)-CH_2OH+(n-1)H_2O$$

调节反应条件可合成不同聚合度的对－甲苯胺树脂，共报道了三种产品，一种聚合度为4，代号PCA－4；一种聚合度为8，代号为PAC－8；另一种聚合度为

20，代号为 PCA－20。

13.4.2 对－甲苯胺树脂的浮选性能

1. 对石英单矿物的絮凝作用和捕收性能

对－甲苯胺树脂每一个链节均有一个对－甲苯胺结构，链节上的氨基是阳离子功能团，对表面带负电的石英颗粒有吸附作用。这种树脂分子有足够的长度时，链节上的氨基可分别吸附在多个矿物颗粒上，生成絮团，起絮凝作用。由于对－甲苯胺树脂烃基有足够的疏水性能，因此絮团是疏水的，故能用这种树脂将微细粒的石英絮凝浮选，试验结果见图 13－7 和图 13－8。图 13－7 曲线 1、5 是对－甲苯胺在 pH 为 6.5 和 10.5 时对－20 μm 石英的絮凝曲线，试验结果表明 MBA 即对－甲苯胺对－20 μm 的石英无絮凝能力；从图 13－7 曲线 2、3、4 看出，随着对－甲苯胺树脂聚合度的增加，对微细粒石英的聚合能力增强；将曲线 2、3、4 与曲线 6、7、8 分别对比看出，在 pH 为 10.5 时，对－甲苯胺树脂的絮凝能力均比在 pH 为 6.5 时强。

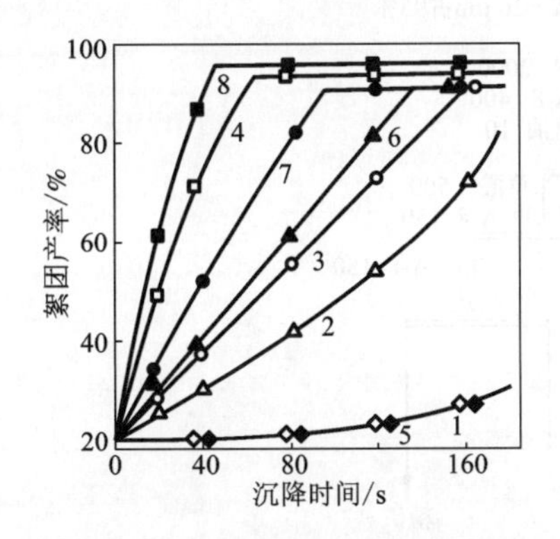

图 13－7 石英絮凝与沉降时间的关系

pH 为 6.5	pH 为 10.5
1—MBA	5—MBA
2—PCA－4	6—PCA－4
3—PCA－8	7—PCA－8
4—PCA－20	8—PCA－20

PCA 2.5 mg/L

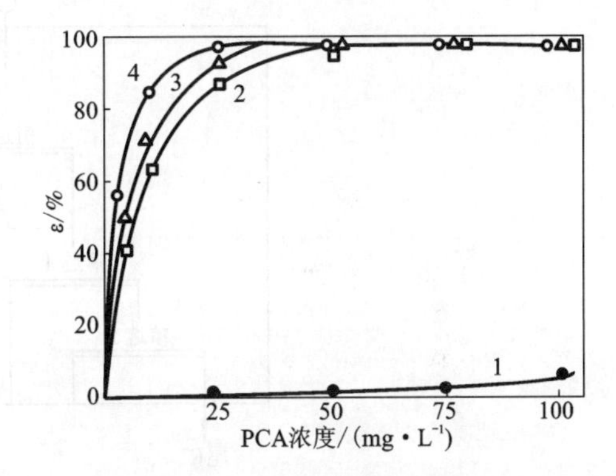

图 13－8 对－甲苯胺树脂对石英的捕收性能

1—MBA；2—PCA－4；3—PCA－8；4—PCA－20

从图 13－8 看出，单用 MBA 即对－甲苯胺，对－20 μm 的石英无捕收能力；而对－甲苯胺树脂在聚合度为 4 时，对石英已有很强的捕收能力；聚合度为 8 和 20 的对－甲苯胺树脂对石英的捕收能力更强。从图看出，聚合度为 8 的对－甲苯胺树脂对石英已有足够的捕收能力。

2. 浮选红铁矿泥

以 PCA－8 为捕收剂，对东鞍山铁矿－20 μm 铁矿泥进行了浮选试验。试验矿样取自东鞍山铁矿，属细粒嵌布贫红铁矿，原矿含铁 31.5%，经破碎磨矿制成－20 μm 粒级，经分析，浮选给矿－20 μm 粒级含量达 95%。

条件试验结果表明，PCA－8 在自然 pH 条件下，能有效地进行细粒红铁矿泥的反浮选。

对水玻璃、草酸、水解聚丙烯酰胺(HPAM)等几种抑制剂的试验结果表明，草酸具有最佳选择性抑制效果。

在开路试验的基础上进行了闭路试验，闭路流程见图 13－9，试验结果见表 13－7。从表 13－7 看出，以 PCA－8 为捕收剂，草酸为抑制剂，可以有效地实现细粒铁矿泥的阳离子反浮选，获得精矿品位 61.82%、回收率 73.76% 的浮选指标。

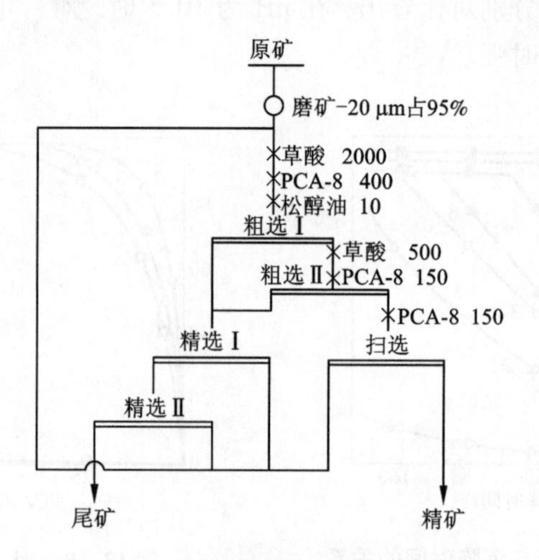

图 13－9 铁矿泥反浮选闭路试验流程

(药剂用量单位:g/t)

表 13－7 铁矿泥浮选闭路流程试验结果

产 物	产 率/%	Fe 品位/%	回收率/%
精 矿	37.63	61.82	73.76
尾 矿	62.37	13.27	26.24
原 矿	100	31.54	100

13.5 聚丙烯酸为絮凝剂、油酸钠为捕收剂浮选黑钨矿细泥絮团

13.5.1 矿物、药剂和试验方法

1. 矿物

黑钨矿和石英分别取自江西大吉山钨矿选厂跳汰精矿和长沙矿石粉厂，经手选挑拣、破碎、瓷球磨磨矿后，水析制取 -20 μm 粒级。石英矿样经酸洗处理，用 6 mol/L HCl 溶液浸泡 24 h 后，再用蒸馏水清洗至中性。经化学分析，黑钨矿样 WO_3 含量为 74. 59%，Mn/Fe 比摩尔为 1.20。石英矿样 SiO_2 含量为 99.28%。

2. 药剂

聚丙烯酸由广州有色金属研究院药剂室提供，试验所用的聚丙烯酸有 4 个品种，其代号及分子量为：PAA -3，5×10^3；PAA -4，6×10^4；PAA -5，8×10^5；PAA -6，3×10^6。

捕收剂油酸钠为化学纯试剂；pH 调整剂盐酸和氢氧化钠为分析纯试剂。

3. 试验方法

单矿物絮凝按沉降实验方法在 100 mL 带塞量筒中进行。单矿物浮选和混合矿浮选分离在容积为 50 mL 的挂槽式浮选机中进行，聚合物絮凝剂先于捕收剂添加，浮选机搅拌速度 1650 r/min，浮选时间 2 min。

13.5.2 试验结果与讨论

1. 聚丙烯酸对黑钨矿的絮凝性能

聚丙烯酸是阴离子型的线性聚合物，其分子结构式为$\text{+}CH_2\text{—}CH(COOH)\text{+}_n$。在矿物浮选领域，低分子量的聚丙烯酸通常用作浮选调整剂，高分子量的聚丙烯酸则用作絮凝剂。但目前尚未见有聚丙烯酸絮凝黑钨矿的研究报道。因此，首先进行了聚丙烯酸对细粒黑钨矿絮凝性能的研究。图 13 -10 是 4 种分子量的聚丙烯酸絮凝黑钨矿的 pH 试验结果。聚丙烯酸在中性 pH 范围对黑钨矿具有较好的絮凝能力，其最佳絮凝 pH 为 6.8，随 pH 的增大或减小，絮凝能力均会显著下降；聚丙烯酸的絮凝能力随其分子量的增大而增强，分子量为 3×10^6 的 PAA -6 絮凝能力最强，分子量为 5×10^3 的 PAA -3 对黑钨矿基本上无絮凝能力。

聚丙烯酸用量与黑钨矿絮凝的关系示于图 13 -11。PAA -5 和 PAA -6 随其用量的增大，对黑钨矿的絮凝能力增强；PAA -4 对黑钨矿的絮凝能力较弱，并且当用量大于 10 mg/L 时絮凝能力出现下降趋势；PAA -3 对黑钨矿无絮凝作用。

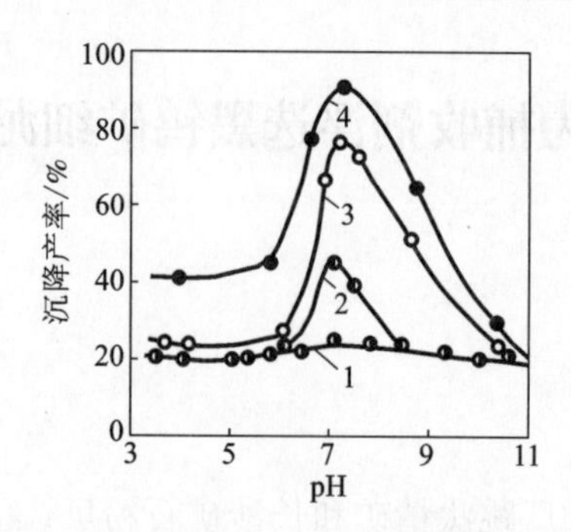

图 13-10 pH 对聚丙烯酸絮凝黑钨矿的影响

(药剂用量 5 mg/L, 沉降时间 40 s)

1—PAA-3; 2—PAA-4;

3—PAA-5; 4—PAA-6

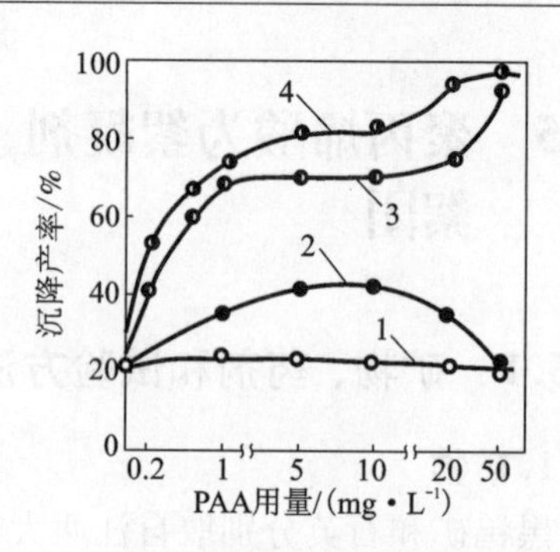

图 13-11 聚丙烯酸用量与黑钨矿絮凝的关系

(pH 6.8, 沉降时间 40 s)

1—PAA-3; 2—PAA-4;

3—PAA-5; 4—PAA-6

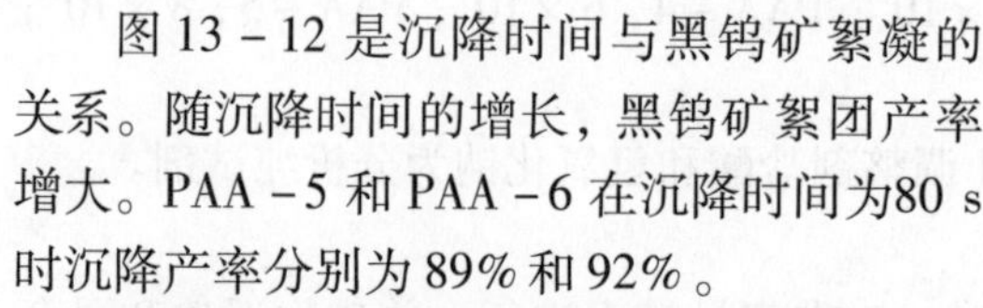

图 13-12 是沉降时间与黑钨矿絮凝的关系。随沉降时间的增长，黑钨矿絮团产率增大。PAA-5 和 PAA-6 在沉降时间为80 s 时沉降产率分别为 89% 和 92%。

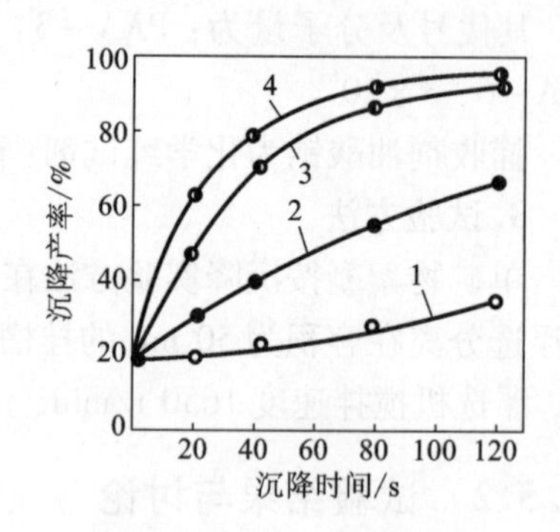

图 13-12 沉降时间与黑钨矿絮凝的关系

(pH 6.8, PAA 5 mg/L)

1—PAA-3; 2—PAA-4;

3—PAA-5; 4—PAA-6

2. 黑钨矿的絮团浮选行为

由于油酸钠浮选细粒黑钨矿的最佳 pH (见图 13-13) 与聚丙烯酸絮凝黑钨矿的最佳 pH 相一致，均为6.8，因此，确定浮选 pH 为6.8，用不同分子量的聚丙烯酸为絮凝剂，进行了细粒黑钨矿絮团浮选行为的研究。结果表明，聚丙烯酸活化黑钨矿浮选的用量范围随分子量的增大而向低用量方向移动。4 种分子量的 PAA 药剂以 PAA-5 的活化效果最为显著。在高用量范围，聚丙烯酸强烈抑制黑钨矿浮选，并且其分子量越大，抑制作用越强。因此，在细粒黑钨矿的絮团浮选中，应选用中等分子量的聚丙烯酸药剂，低分子量的 PAA-3 和 PAA-4 对黑钨矿无絮凝能力或絮凝能力很弱，其活化效果因而也不显著，而高分子量的 PAA-6 尽管絮凝能力强，但它对矿物的抑制作用也随之增强。

以 PAA-5 为絮凝剂，黑钨矿絮团浮选与 pH 的关系示于图 13-14。在低用量时(0.20~1 mg/L)，PAA-5 可在较宽的 pH 范围活化黑钨矿浮选，在 PAA-5 10 mg/L 用量下黑钨矿浮选受到抑制，其浮选 pH 区间缩小。在 PAA-5 50 mg/L

用量下黑钨矿浮选受到完全抑制。

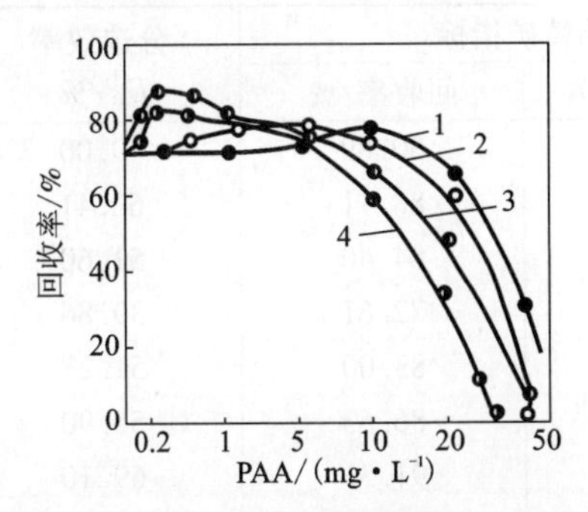

图 13-13 PAA 用量与黑钨矿浮选的关系

(pH 6.8, NaOL 60 mg/L)

1—PAA-3; 2—PAA-4; 3—PAA-5; 4—PPA-6

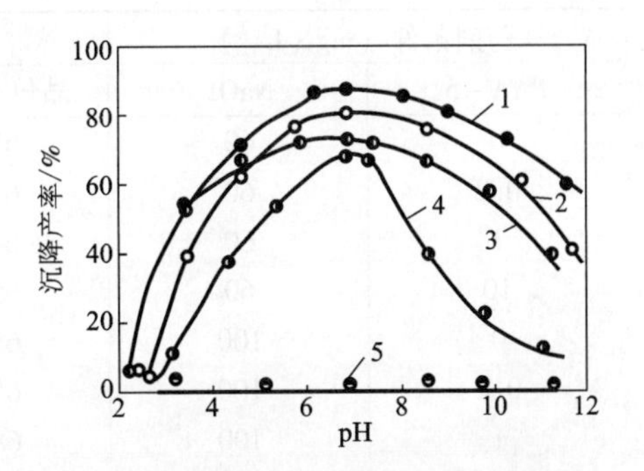

图 13-14 在不同 PAA-5 用量水平下黑钨矿浮选与 pH 的关系

(NaOL 60 mg/L)

PAA-5, mg/L: 3—0; 1—0.2; 2—1.0; 4—10.0; 5—50.0

图 13-15 是在不同 PAA-5 用量水平下黑钨矿浮选与油酸钠用量的关系。PAA-5 在低用量水平下可使细粒黑钨矿浮选的最大回收率由 80% 提高到 90%。

3. 黑钨矿与石英的絮团浮选分离

以 PAA-5 为絮凝剂，进行了 -20 μm黑钨矿-石英混合矿(质量比 1:1)的絮团浮选分离，结果见表 13-8。当油酸钠为 60 mg/L 时，PAA-5 用量为 0.2 mg/L 时获得最佳分离效果，絮凝浮选使分选效率由未加 PAA-5 的常规浮选的 49% 提高到 60.41%，在油酸钠 100 mg/L 时，PAA-5 用量为 1 mg/L时获得最佳分选效率，由常规浮选的 51.27% 提高到 69.10%，获得了精矿品位68.46% WO_3、回收率 91.31% 的指标。

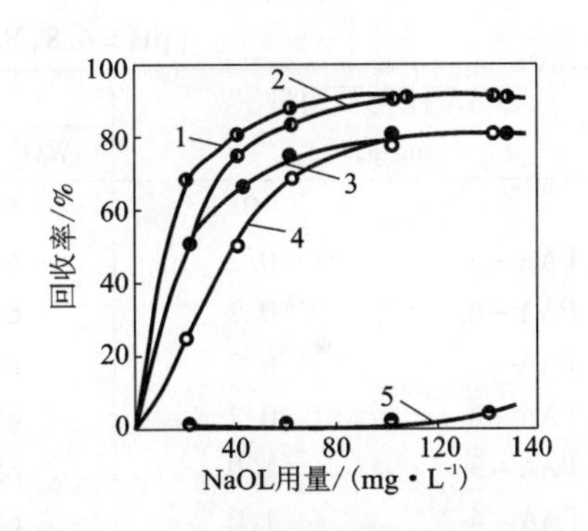

图 13-15 在不同 PAA-5 用量水平下黑钨矿浮选与油酸钠用量的关系(pH 6.8)

PAA-5, mg/L: 1—0; 2—0.2; 3—1.0; 4—10.0; 5—50.0

表 13-9 是在 pH=6.8、油酸钠 100 mg/L 的条件下，4 种分子量的聚丙烯酸药剂分离黑钨矿-石英混合矿的结果比较。由表可见，随分子量的增大，聚丙烯酸活化黑钨矿浮选的最佳用量向低用量方向移动，高分子量的 PAA-6 在 0.2 mg/L 获得最佳分选效果，低分子量的 PAA-3 及 PAA-4 对细粒黑钨矿的活化效果不太明显，4 种药剂以中等分子量的 PAA-5 效果最好。

表 13-8 -20 μm 黑钨矿-石英混合矿(质量比 1:1)絮团浮选分离结果(pH=6.8)

药剂条件/(mg·L^{-1})		钨精矿指标		分选效率
PAA-5	NaOL	品位/% WO_3	回收率/%	E[①]/%
0	60	65.59	30.89	49.00
0.2	60	66.73	88.11	60.41
1	60	64.91	84.40	51.60
10	60	65.26	72.61	39.86
0	100	65.52	83.00	51.27
0.2	100	65.61	86.63	55.90
1	100	68.46	91.31	69.10
5	100	67.28	81.62	53.39
10	100	65.65	67.76	36.16

注：①$E\% = \frac{(\beta-\alpha)(\varepsilon-\gamma)}{(\beta_{max}-\alpha)(100-\gamma)} \times 100\%$。

表 13-9 4 种聚丙烯酸分离黑钨矿-石英混合矿的结果比较

(pH=6.8, NaOL 100 mg/L)

PAA 种类及用量/(mg·L^{-1})		钨精矿指标		分选效率
		WO_3 品位/%	回收率/%	E/%
	0	65.52	83.00	51.27
PAA-3	0.2	65.59	82.87	51.27
PAA-4	0.2	64.96	83.57	50.73
PAA-5	0.2	65.61	86.63	55.90
PAA-6	0.2	66.15	88.21	59.20
PAA-3	1.0	65.50	83.42	51.73
PAA-4	1.0	66.32	85.23	55.73
PAA-5	1.0	68.46	91.31	69.10
PAA-6	1.0	66.23	87.82	58.87
PAA-3	5.0	66.37	82.45	52.45
PAA-4	5.0	67.45	84.74	57.62
PAA-5	5.0	67.28	81.62	53.39
PAA-6	5.0	64.38	67.43	33.79

13.5.3 聚丙烯酸为絮凝剂、油酸钠为捕收剂浮选细粒黑钨矿絮团的作用机理

通过药剂吸附研究、絮团粒度测定、絮团形貌分析以及絮团浮选动力学研究，讨论细粒黑钨矿的絮团浮选机理。

1. 聚丙烯酸对油酸钠在黑钨矿表面吸附的影响

聚丙烯酸和油酸钠同属羧酸类阴离子型化合物。黑钨矿 ζ 电位测定结果(见图 13－16)表明，两种药剂在广泛的 pH 范围均能在负电性的黑钨矿表面吸附，并使其 ζ 电位负值增大，这说明两种药剂在黑钨矿表面的吸附属于化学吸附。红外光谱分析结果表明，聚丙烯酸和油酸钠都是通过其羧酸基团与黑钨矿表面的 Mn^{2+} 或 Fe^{2+} 离子作用，形成金属羧酸盐化合物而吸附于黑钨矿表面。

在絮团浮选中，先添加的絮凝剂对后添加的捕收剂在矿物表面的吸附行为具有显著影响。图 13－17 是 pH＝6.8 时不同 PAA－5 用量下油酸钠在黑钨矿表面的吸附等温线。在所测油酸钠浓度范围里，油酸钠吸附量先随其浓度增大而增大，然后趋近饱和，属于典型的 Langmuir 型吸附等温线。随聚丙烯酸用量的增大，油酸钠在黑钨矿表面的吸附量显著减小，但吸附等温线的类型不变。

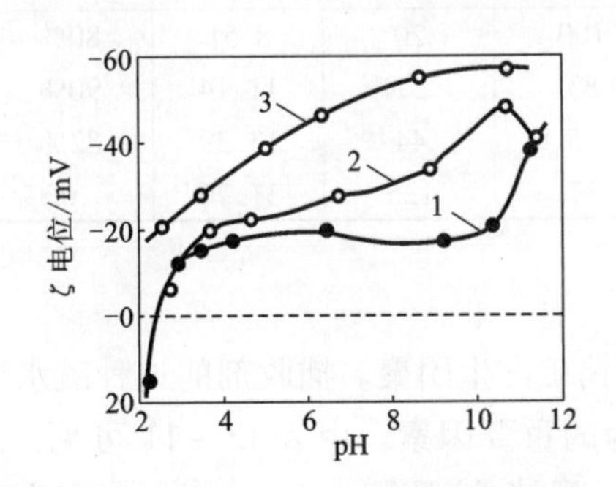

图 13－16 黑钨矿 ζ 电位与 pH 的关系

1—纯水；2—PAA－5 5 mg/L；3—NaOL 60 mg/L

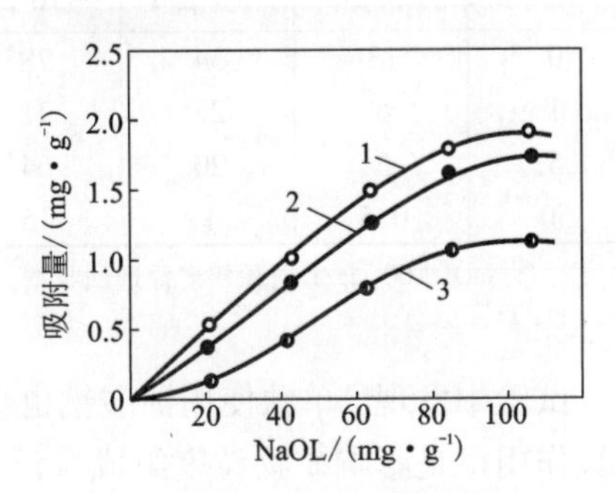

图 13－17 聚丙烯酸对油酸钠吸附的影响(pH＝6.8)

PAA－5，mg/L：1—0；2—1.0；3—5.0

由于聚丙烯酸和油酸钠都是通过其羧酸基团与黑钨矿表面的锰、铁离子作用生成金属羧酸盐而吸附于黑钨矿表面，因此在絮团浮选中两种药剂存在着“竞争吸附”。先添加的聚丙烯酸优先占据黑钨矿表面的吸附活性中心，阻碍了油酸钠在黑钨矿表面的吸附。此外，阴离子型的聚丙烯酸在黑钨矿表面的吸附使黑钨矿表面负电性增强，从而增大了对油酸钠吸附的静电斥力。二者均导致油酸钠在黑钨矿表面的吸附量减小。

上述结果说明，以聚丙烯酸为絮凝剂、油酸钠为捕收剂的絮团浮选工艺，聚丙烯酸的用量必须控制在低用量水平。这一结论与黑钨矿絮团浮选结果相吻合。

2. 絮凝剂和捕收剂与絮团粒度及浮选行为的关系

一般认为，絮团浮选工艺的基础是用高分子絮凝剂使细粒矿物选择性絮凝，增大其表观粒度，从而使其适应常规的浮选方法。应用激光粒度分析仪测定了聚丙烯酸不同用量下黑钨矿样品的粒度组成，结果见表 13－10。随 PAA－5 用量增大，絮团粒度增大，但可浮性并不与之成正比。在 PAA－5 1 mg/L 用量下，矿样中－3 μm 粒级含量由13%下降为4%，平均粒径由8.15 μm 增大到11.14 μm，矿物的可浮性由80%提高到90%。在 PAA－5 mg/L 用量下，尽管细粒级矿粒显著减少，平均粒径增大，但由于聚丙烯酸抑制油酸钠在矿物表面的吸附使油酸钠吸附量显著降低，矿物的可浮性并没有得到较大程度地提高。在 PAA－5 50 mg/L 的高用量下，矿粒形成粗大的絮团，最大粒径达125μ m。此时，除 PAA－5 抑制油酸钠吸附外，这种亲水的粗大絮团的形成，也是使其失去可浮性的原因之一。

表 13－10 PAA－5 对黑钨矿粒度组成及可浮性的影响(pH＝6.8)

PAA－5用量/(mg·L⁻¹)	细粒含量/%				最大粒度/μm	平均粒径/μm	可浮性[①]
	－3 μm	－5 μm	－10 μm	－20 μm			
0	13	34	78	100	20	8.51	80%
1	4	22	71	83	31	11.14	90%
5	5	20	64	75	44	13.39	82%
50	0.5	1	15	37	125	31.76	0

注：①NaOL 100 mg/L 时黑钨矿浮选回收率。

试验中发现，单独使用油酸钠也会使黑钨矿产生团聚。捕收剂的这种疏水性团聚作用也是影响矿物粒度组成及浮选行为的重要因素。由表 13－11 可见，在 PAA－5 不存在、油酸钠浓度为100 mg/L 时，黑钨矿试样中－3 μm 矿粒已基本不存在，且其余各细粒级含量也有较大幅度减少，平均粒径增大至23.5 μm，最大粒度达62 μm。这表明油酸钠对细粒黑钨矿具有强烈的疏水性团聚作用。

表 13－11 PAA－5 与油酸钠联合作用对黑钨矿粒度的影响(pH＝6.8)

药剂条件/(mg·L⁻¹)		细粒含量/%				最大粒度/μm	平均粒径/μm
PAA－5	NaOL	－3 μm	－5 μm	－10 μm	－20 μm		
0	0	13	34	78	100	20	8.51
1	0	4	22	71	83	31	11.14
0	100	1	13	34	56	62	23.51
1	100	2	4	23	45	88	29.82

值得注意的是，PAA－5 与油酸钠联合作用比单一 PAA－5 或单一油酸钠的团聚作用更为显著。在 PAA－5 1 mg/L、油酸钠 100 mg/L 的条件下，矿样中－5 μm粒级含量仅有4%，最大粒径达88 μm，平均粒径为29.82 μm，这基本上已具备适合常规浮选的粒度特性。在该用量条件下，聚丙烯酸对油酸钠在黑钨矿

表面的吸附量影响很小(见图 13－17)，因此所形成的絮团具有足够的疏水性。

应用显微摄影技术进行的絮团结构形貌分析(图 13－18)发现，聚丙烯酸絮凝黑钨矿产生的絮团比较疏松，且随其用量增大絮团增大；油酸钠所产生的黑钨矿疏水聚团则比较致密；聚丙烯酸与油酸钠联合作用所形成的黑钨矿絮团明显大于它们单独使用时产生的絮团。

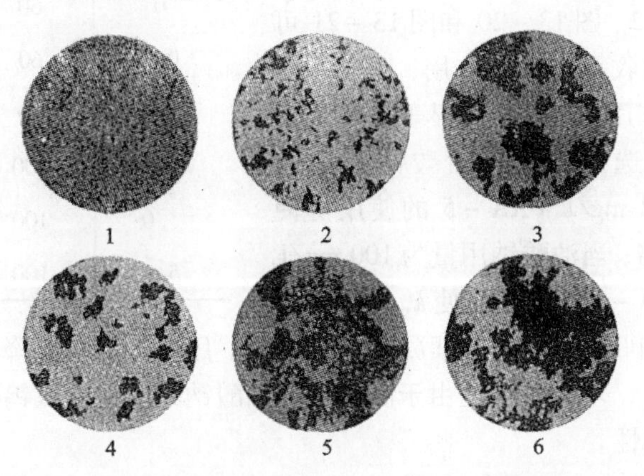

图 13－18 黑钨矿絮团结构(pH＝6.8，放大倍数 80)

1—原矿样；2—PPA－5 1 mg/L；3—PAA－5 5 mg/L；4—NaOL 100 mg/L；5—PAA－5 1 mg/L；NaOL 100 mg/L；6—PAA－5 5 mg/L；NaOL 100 mg/L

由此可见，在絮团浮选中，改变细粒特性的不仅仅是聚合物的絮凝作用，还应包括捕收剂所产生的疏水性团聚作用。聚合物与捕收剂的联合团聚作用决定着矿粒絮团的粒度组成和浮选行为。

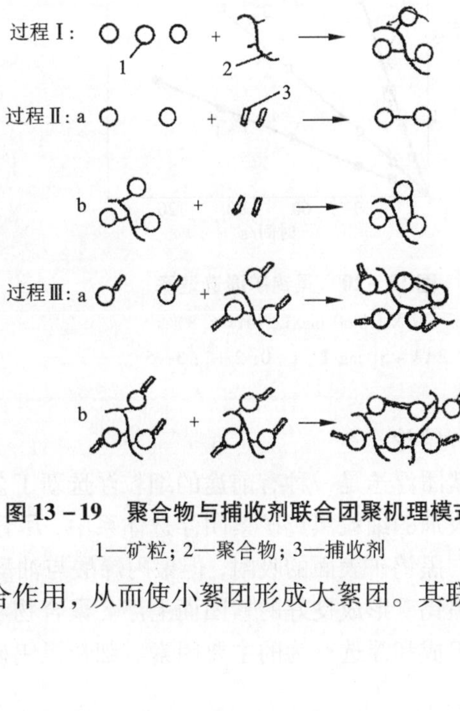

在黑钨矿的絮团浮选中，聚丙烯酸与油酸钠的联合团聚作用表现为：先添加的聚丙烯酸在矿粒表面吸附并形成小而疏松的絮团，后添加的油酸钠吸附于矿粒表面的剩余空位，在搅拌作用下产生疏水性团聚，并且聚丙烯酸与油酸钠分子间也可能产生缔合作用，从而使小絮团形成大絮团。其联合团聚机理模式示于图 13－19。

图 13－19 聚合物与捕收剂联合团聚机理模式

1—矿粒；2—聚合物；3—捕收剂

3. 絮团浮选动力学研究

试验发现，在一定的浮选时间内，细粒黑钨矿浮选和絮团浮选符合二级反应，即：

$$\frac{d\varepsilon}{dt}=k_1(1-\varepsilon)^2 \text{ 或 } \frac{\varepsilon}{1-\varepsilon}=k_1 t$$

由表 13－12、图 13－20 和图 13－21 可知，絮凝剂与捕收剂的联合作用，明显优于单一捕收剂的作用，絮团浮选显著提高了细粒黑钨矿的浮选速率。当油酸钠用量为 60 mg/L时，0.2 mg/L PAA－5 的使用可使 k_1 提高约7.5 倍；当油酸钠用量为 100 mg/L时，1 mg/L PAA－5 的使用可使 k_1 提高4.25倍。在一定的捕收剂用量下，絮凝剂必须适量，用量过大，k_1 降低。此外，随油酸钠用量增大，k_1 增大。这是由于高用量的油酸钠易使细粒黑钨矿产生疏水性团聚，并提高可浮性。

表 13－12　细粒黑钨矿的二级浮选速率常数 k_1(pH＝6.8)

药剂条件/(mg·L^{-1})		k_1/s^{-1}
PAA－5	油酸钠	
0	60	0.2
0.2	60	0.15
1.0	60	0.05
0	100	0.04
1.0	100	0.17
5.0	100	0.06

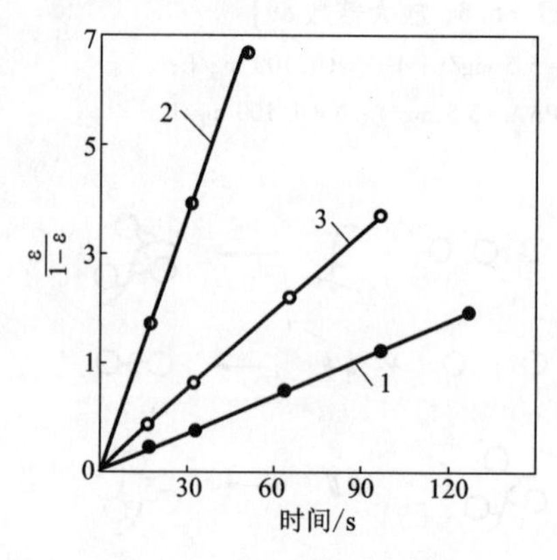

图 13－20　黑钨矿浮选速率

(NaOL 60 mg/L, pH＝6.8)

PAA－5，mg/L：1—0；2—1；3—5

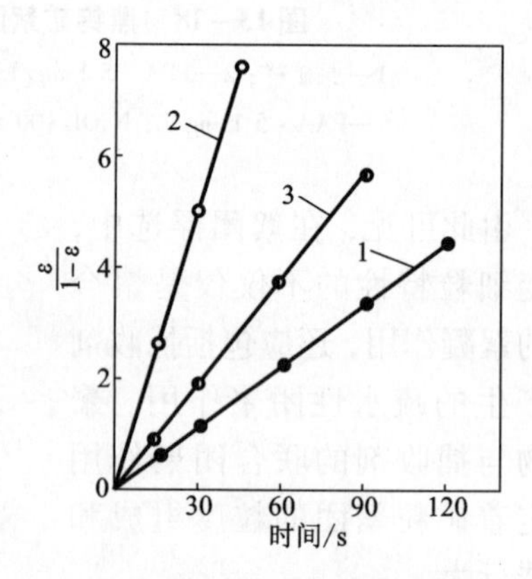

图 13－21　黑钨矿浮选速率

(NaOL 100 mg/L, pH＝6.8)

PAA－5，mg/L：1—0；2—1；3—5

4. 结论

絮团浮选是一种有前途的细粒浮选新工艺。在以聚丙烯酸为絮凝剂，油酸钠为捕收剂的细粒黑钨矿絮团浮选体系中，尽管聚丙烯酸会因“竞争吸附”而抑制油酸钠在黑钨矿表面的吸附，但聚丙烯酸与油酸钠会产生显著的联合团聚效应，使细粒黑钨矿形成良好的絮团而上浮。聚合物与捕收剂的联合团聚作用是决定絮团粒度组成和浮选行为的主要因素。细粒黑钨矿的浮选和絮团浮选符合二级反应方程，絮团浮选可显著提高细粒黑钨矿的浮选速率。在 PAA－5 1 mg/L、油酸钠 100 mg/L 的用量条件下，絮团浮选可使细粒黑钨矿的二级浮选速率常数由常规浮选的 0.04 s^{-1} 提高到 0.17 s^{-1}，提高了 4.25 倍。

参考文献

[1] 张翠玲，常青，黄丹. 巯基乙酰壳聚糖制备条件的优化及其絮凝性能[J]. 工业水处理，2010，30(8)：40～42.
[2] 嵇胜全，朱爱萍，潘颖楠. N－羧乙基壳聚糖对重金属汞离子絮凝效果的研究[J]. 工业水处理，2011，31(10)：71～74.
[3] 钟宏. 甲基苯胺树脂浮选铁矿泥的研究[J]. 矿冶工程，1993，13(4)：33～36.
[4] 钟宏，陈万雄，陈荩. 细粒浮选特效捕收剂的分子设计[J]. 中南矿冶学院学报，1991(1)：41～50.
[5] 卢毅屏，钟宏，黄兴华. 以聚丙烯酸为絮凝剂的细粒黑钨矿絮团浮选[J]. 矿冶工程，1994，14(1)：31～33.
[6] 卢毅屏，钟宏，黄兴华. 以聚丙烯酸为絮凝剂的细粒黑钨矿絮团浮选机理研究[J]. 矿冶工程，1994，14(2)：37～41.

附录1 荣誉证书

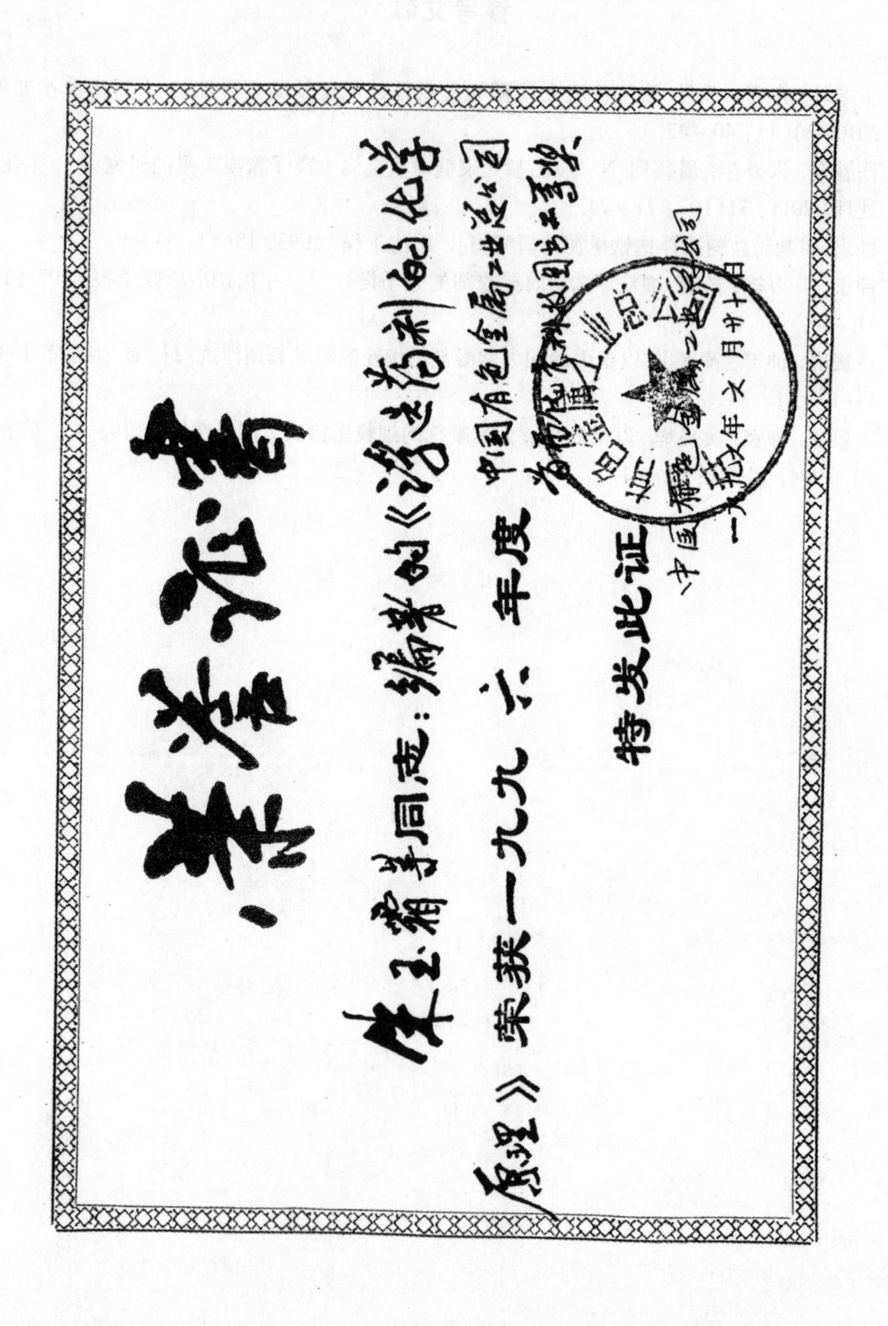

荣誉证书

朱玉霜同志：编著的《浮选药剂的化学原理》荣获一九九六年度中国有色金属工业总公司优秀科技图书二等奖

特发此证

中国有色金属工业总公司

一九九[illegible]年六月廿十日

附录 2　MOS 应用证明

1　引言

钛业公司选钛厂在 1979—1997 年间，抓住了国家把攀枝花钛资源的开发利用作为一项战略任务的发展契机，先后组织了国内多所科研院所、大专院校和生产厂矿对攀枝花钛资源的综合回收和利用技术进行了联合攻关，实现了从磁选尾矿中有效回收 +0.074 mm 粗粒级钛铁矿的技术，并解决了攀枝花钛精矿应用的技术难题，使钛精矿成功地应用于国内硫酸法钛白、海绵钛等的生产。目前该粒级回收已形成年产 12 万 t 的生产能力。

为回收磁选尾矿中二氧化钛金属量占到约 60% 的 -0.074 mm 细粒级钛铁矿，选钛厂在经过国家“七五”、“八五”、“九五”科技攻关后，确立了回收细粒级钛铁矿的最佳流程（强磁 - 浮选）。特别是“九五”期间，通过与数家研究院所、药剂研制单位三年多的共同努力，攻克了用捕收剂回收细粒级钛铁矿的关键技术，开发出具有自主知识产权的 MOS、ROB、R-2、HO 等高效钛铁矿浮选捕收剂，将选钛厂钛铁矿的有效回收粒级下限降到了 +0.038 mm。该技术迄今仍处于国际先进、国内领先水平，目前细粒级回收（0.074 ~ 0.038 mm 粒级）已形成年产 18 万 t 以上钛精矿的生产能力。

钛业公司选钛厂在细粒级钛铁矿浮选法回收技术上取得重大突破实现产业化后，国内一些单位，如承德黑山铁矿、西昌太和铁矿、红格龙蟒选厂因矿石难选或出于回收细粒级钛铁矿等目的，均采用浮选法生产钛精矿，形成了浮选法回收细粒级钛铁矿的技术格局，同理也培育出浮钛捕收剂大量需求的市场。预计 2008 年全国浮钛捕收剂的需求量约 4000 t，市值约 4000 万元；到 2010 年预测年消耗浮钛捕收剂用量约 5000 t，市值将达到 5000 万元。鉴于捕收剂市场的持续增长和药剂研制技术保密、基本无重复性，促进已掌握该技术的单位不断地涌入该市场，与国内浮选法回收技术最精、最强的钛业公司联合开展药剂试验。据不完全统计 1996—2007 年间在选钛厂开展过试验的单位不少于 15 家，但是由于攀枝花原生钛铁矿中钛辉石和钛铁矿矿物中都含有铁、钛离子的特性，需要较高的选择性才能达到选别出合格钛精矿的特定要求，因此出于攀枝花矿石的复杂性、市场优胜劣汰规则和公司对新药剂推广的严格论证等因素，能保留在选钛厂至今持续使用的捕收剂有 MOS(MOH)。

本文就目前选钛厂在使用的浮钛捕收剂实际情况和今后对药剂供应商的要求进行逐一论述。

2 浮钛捕收剂使用情况

2.1 选钛厂细粒级生产线发展历程

据统计浮选法回收钛铁矿技术在选钛厂实现产业化以后，历年来完成的主要技术经济指标和捕收剂用量分别见表1、表2。

表1 选钛厂微细粒生产线历年来完成的主要技术经济指标

年度	1998	1999	2000	2001	2002	2003	2004	2005	2006	2007
产量/t	6318.2	9435.19	15218.07	34063.88	72526.83	93966.86	1122887.88	1142912.89	133103.6	133381

表2 选钛厂历年来浮钛捕收剂用量情况统计

年度	2002	2003	2004	2005	2006	2007
用量/t	536.46	549.64	761.88	859.97	1129.73	1355.00

从表1可以看出，选钛厂从1998年建成第一条年产2万t的细粒级钛精矿生产线至2001年6月后八系列4万t细粒级钛精矿生产线的投产，至2004年2月前八系列6万t细粒级钛精矿生产线的建成，三条尾矿生产线的建成，促使选钛厂的钛精矿产量步入快速、高增长的发展，选钛回收率(相对于进入选钛的磁尾)从1980年的8.72%提高到目前的25%，每年的钛精矿产量以数万吨级增加，巩固了钛业分公司在国内钛原料市场的话语权和浮选技术的导向权。

从表2的捕收剂用量统计可以看出，钛业公司选钛厂在细粒级钛铁矿浮选法回收技术上实现产业化后，影响了国内其他企业在钛铁矿回收技术上的升级，培育出浮钛捕收剂的新产品市场，每年选钛厂消耗捕收剂用量的增长为供应单位创造了良好的经济效益，也提供了进行药剂深入优化的时间和空间。

2.2 浮钛捕收剂实际使用情况

目前在选钛厂生产使用较好的捕收剂主要是 MOS(MOH)。浮钛捕收剂 MOS 由朱建光教授研制合成，由湖北省石首市荆江选矿药剂有限责任公司生产，该药剂具备较好的研发技术和产品跟踪服务，据了解目前也在承德黑山铁矿、红格龙蟒选厂推广使用，曾参加选钛厂微细粒级钛铁矿回收的国家“九五”科研攻关项目，从 1996 年选钛厂建成第一条微细粒级浮选生产线以来就一直使用，后被 MOH 替代至今。浮选操作工对其药剂性能掌握很熟练，试验室指标列举见表 3。

表 3 MOS 实验室开路试验指标

时间＼指标	原矿	尾矿	精矿			备注
	品位/%	品位/%	品位/%	产率/%	回收率/%	实验原料
2006 年 9 月	16.73	5.09	47.43	16.96	48.11	前八

注：以上指标均来自试验报告。

从表 3 的指标可以看出，从 2006 年 9 月的前八尾矿生产线的浮选原矿经实验室开路试验，取得了浮选精矿品位为 47.43%，尾矿品位为 5.09%，开路浮选回收率达 48.1% 的较好的开路试验指标，由此说明该药剂性能较好且稳定。

为了降低微矿生产线的药剂消耗成本，钛业公司选钛厂与湖北省石首市荆江选矿药剂有限责任公司联合，开展了降低药剂消耗的攻关工作，并委托朱建光教授研制合成了新型浮钛捕收剂 MOH。试验结果见表 4。

表 4 MOH 实验室开路试验指标

时间＼指标	原矿	尾矿	精矿			备注
	品位/%	品位/%	品位/%	产率/%	回收率/%	实验原料
2006 年 9 月	16.96	4.66	47.37	20.04	55.97	前八

注：以上指标均来自试验报告。

由此说明，MOH 比 MOS 对选别攀枝花钛铁矿的效果更好，达到了攻关的目的，现在选钛厂已完全使用 MOH 浮选药剂。

3 结论

(1)选钛厂目前生产推广使用的捕收剂主要是 MOH(在以前，选钛厂还使用过 EM351、XT、SS 等浮选药剂，后因多种原因被取消)。浮选药剂是经过公司严格的药剂试验、论证程序后，才得到选钛厂推广使用，其药剂性能在多年的实际应用中被浮选操作工熟练地掌握。

(2)根据目前选钛厂三条微矿生产线的原料性质存在一定差别的客观事实，建议药剂供应商加强产品跟踪服务和及时掌握使用信息，并能及时有针对性地对浮选药剂进行优化，从而使药剂对矿石有更好的适应能力。

(3)浮钛捕收剂的销售定向性较强，钛业公司作为全国用量最大的用户，建议药剂供应商在药剂研究领域不应停留在目前回收粒限的水平。根据钛业公司“十一五”发展规划，浮选法回收磁选尾矿中的 -0. 038 mm 微细粒级钛铁矿技术攻关已经列入公司日常议程，而且该科研课题被列入(集团)科研计划，因此建议药剂供应商发挥在药剂研制领域的技术优势，紧密地和公司共同攻克难关。

选矿厂印

附录3 关于MOS浮选捕收剂在红格钒钛磁铁矿应用情况的说明

我公司在攀枝花市从事红格北矿区钒钛磁铁矿的综合开发利用，计划建设矿山、选厂及钢铁、钒钛加工工程。2004年动工兴建的红格钒钛磁铁矿一期200万t/a原矿选矿厂工程于2005年5月投入生产。经过生产调试，获得了很好的工艺指标。选矿工业化转化成果通过攀枝花市政府组织的成果鉴定。国内知名专家一致认为，该成果在钒钛磁铁矿选矿领域处于国际领先水平。

在选钛浮选上，应用了中南大学朱建光教授发明的MOS浮选捕收剂，取得了很好的效果。浮选作业回收率为80%以上。

特此说明

选矿厂印

附录4 MOS(MOH)捕收剂在四川龙蟒矿冶公司选厂的应用

四川龙蟒矿冶有限责任公司1500 kt/a选矿厂位于攀枝花市盐边县新酒乡，于2004年1月破土动工，2005年7月一系列进入单机试车和联动试车，2005年9月进行投料试车和试生产；2006年5月二系列进行投料试车和试生产。

在试生产过程中，浮选选钛工艺未能正常生产。现场技术人员通过多种捕收剂对比试验，选择了湖北荆江选矿药剂有限责任公司生产的MOS捕收剂进行现场扩大试验并取得了成功，浮选钛精矿品位达到TiO_2 47.46%。

自2005年10月MOS捕收剂在四川龙蟒矿冶公司选厂成功应用，通过工艺的不断改善，浮选工艺指标逐步提高。

1 历年选钛指标对比

表1中选铁尾矿即为选钛车间的入选原料。随着矿山开采原矿品位的降低，选钛入选原料的品位(TiO_2)也呈逐年下降趋势，这在一定程度上影响了选钛回收率的提高。表中钛精矿回收率是对选钛入选原料的回收率，为经过扫铁、强磁、脱泥脱水、浮选各工艺环节的总回收率，浮选作业的回收率远高于此指标。

表1 MOS(MOH)捕收剂历年平均指标对比 %

生产日期	选铁尾矿品位/%	钛精矿			选钛尾矿品位/%	备注
		品位/%	产率/%	回收率/%		
2005年10—12月	20.13	47.46	15.64	36.86	15.07	MOS捕收剂
2006年1—12月	19.36	46.91	20.59	49.90	12.21	MOS捕收剂
2007年1—7月	17.37	46.29	19.97	53.24	10.15	MOS捕收剂
2007年8—12月	14.32	46.76	18.39	60.06	7.01	MOH捕收剂
2008年1—6月	14.69	47.75	12.61	40.99	9.92	MOH捕收剂

2007年7月开始，开始推广应用朱建光教授研制的MOH捕收剂，钛精矿品位及回收率均较MOS捕收剂有一定幅度提高。

2　历年药剂消耗指标对比

自2005年底至2008年底历年主要药剂消耗指标对比见表2，表中指标为折合每吨钛精矿的药剂消耗量。

表2　历年主要药剂消耗指标对比

生产日期	硫酸/($\text{kg}\cdot\text{t}^{-1}$)	草酸/($\text{kg}\cdot\text{t}^{-1}$)	浮钛捕收剂/($\text{kg}\cdot\text{t}^{-1}$)		备　注
			MOS	MOH	
2005年10—12月	2.42	2.91	16.73	—	
2006年1—12月	1.33	2.58	11.02	—	
2007年1—7月	0.77	2.17	10.03	0.02	
2007年8—12月	0.72	2.17	7.89	3.26	
2008年1—6月	0.8	3.59	—	12.43	

从表2中可见，2008年MOH用量比2007年MOS用量增加，其主要原因为：在入选原矿钛品位降低的情况下为提高钛精矿品位，选钛回收率下降；同时选矿工艺调整也影响了选钛回收率，导致药剂单耗量相应增加。

3　对MOS(MOH)捕收剂应用情况的总结

MOS捕收剂作为浮钛捕收剂，在攀钢钛业公司首用，已达10年，虽然期间其他研究单位或个人也推出了不同的浮钛捕收剂，但MOS捕收剂仍然作为优良的浮钛捕收剂而得到用户的肯定，在龙蟒矿冶等钛铁矿选矿企业得到推广应用。在此基础上研制的MOH捕收剂，取得了比MOS更优良的指标，精矿品位和回收率均有明显提高，可完全取代MOS浮钛捕收剂而得到广泛应用。

四川龙蟒矿冶公司选厂

2008年8月26日

龙蟒公司印

附录5
关于MOS浮选捕收剂在红格钒钛磁铁矿应用情况的说明

我公司在攀枝花市从事红格北矿区钒钛磁铁矿的综合开发利用，建设矿山、选厂及钢铁、钒钛加工工程。2004年动工兴建的红格钒钛磁铁矿一期200万t/年原矿选矿厂工程于2005年5月投入生产。经过生产调试，获得了很好的工艺指标。选矿工业化转化成果通过攀枝花市政府组织的成果鉴定。国内知名专家一致认为，该成果在钒钛磁铁矿选矿领域处于国际领先水平。

在选钛浮选上，应用了中南大学朱建光教授发明的MOS浮选捕收剂，取得了很好的效果。浮选作业回收率为80%以上。

特此说明

龙蟒公司印

图书在版编目(CIP)数据

浮选药剂的化学原理／朱玉霜，朱建光编著．—3版．—长沙：中南大学出版社，2020.8

ISBN 978－7－5487－4056－8

Ⅰ．①浮…　Ⅱ．①朱…　②朱…　Ⅲ．①浮选药剂　Ⅳ．①TD923

中国版本图书馆 CIP 数据核字(2020)第 072191 号

浮选药剂的化学原理

FUXUAN YAOJI DE HUAXUE YUANLI

朱玉霜　朱建光　编著

□责任编辑　史海燕

□责任印制　易红卫

□出版发行　中南大学出版社

社址：长沙市麓山南路　　邮编：410083

发行科电话：0731－88876770　　传真：0731－88710482

□印　　装　长沙市宏发印刷有限公司

□开　　本　710 mm×1000 mm　1/16　□印张 40.75　□字数 819 千字

□版　　次　2020 年 8 月第 1 版　□2020 年 8 月第 1 次印刷

□书　　号　ISBN 978－7－5487－4056－8

□定　　价　160.00 元